Hans Kerner · Wolf von Wah

# Mathematik für Physiker

3., überarbeitete Auflage

Hans Kerner
Mathematisches Institut
Universität Bayreuth
Bayreuth, Deutschland

Wolf von Wahl
Lehrstuhl für Angewandte Mathematik
Universität Bayreuth
Bayreuth, Deutschland

ISSN 0937-7433
ISBN 978-3-642-37653-5          ISBN 978-3-642-37654-2 (eBook)
DOI 10.1007/978-3-642-37654-2

Mathematics Subject Classification (2010): 00A05, 00A06

Die Deutsche Nationalbibliothek verzeichnet diese Publikation in der Deutschen Nationalbibliografie; detaillierte bibliografische Daten sind im Internet über http://dnb.d-nb.de abrufbar.

Springer Spektrum
© Springer-Verlag Berlin Heidelberg 2006, 2007, 2013

Springer Spektrum ist eine Marke von Springer DE. Springer DE ist Teil der Fachverlagsgruppe Springer Science+Business Media
www.springer-spektrum.de

*Für Ilse Kerner und Eva-Marie von Wahl*

# Vorwort

## Vorwort zur dritten Auflage

Die Zustimmung, die die vorigen Auflagen gefunden haben, hat uns bewogen, Umfang und Inhalt des Werkes so zu lassen wie sie zuletzt waren. Wir haben einige mathematische Formulierungen und Bezeichnungen, etwa in Kapitel 13, überarbeitet. Natürlich haben wir auch die uns bekannt gewordenen Druckfehler beseitigt.

Wir konnten uns wieder auf die Unterstützung von Frau Oberregierungsrätin SABINE KERNER und Herrn Dipl.-Math. MARTIN KERNER verlassen und danken ihnen sehr herzlich für ihre wichtige Hilfe.

Bayreuth, im Mai 2013                                                      Hans Kerner
                                                                        Wolf von Wahl

## Vorwort zur zweiten Auflage

Neben der Berichtigung orthographischer und mathematischer Versehen enthält die zweite Auflage einige kurze Ergänzungen, die der inhaltlichen Klarstellung dienen, und ein zusätzliches kompaktes Kapitel. Es behandelt unbeschränkte Operatoren im Hilbertraum. Obwohl der Stoff dieses Kapitels über das in der ersten Auflage angesprochene Material für einen viersemestrigen Kurs hinausreicht, schien uns seine Aufnahme in unser Buch vertretbar. Es ist einerseits nicht lang und beeinträchtigt den Charakter des Gesamtwerks nicht. Andererseits sind die Operatoren der Quantenmechanik als Differentialoperatoren unbeschränkte Operatoren im Hilbertraum der im Unendlichen quadratintegrierbaren Funktionen und ihr Spektrum, auf das wir ebenfalls eingehen, weist einige Besonderheiten auf.

Bei der Herstellung des Manuskripts haben uns Frau Regierungsrätin SABINE KERNER und wie bei der ersten Auflage Herr Dipl.-Math. MARTIN KERNER umfangreiche und wichtige Hilfe geleistet, für die wir ihnen an dieser Stelle danken möchten.

Bayreuth, im Mai 2007                                      Hans Kerner
                                                         Wolf von Wahl

# Vorwort zur ersten Auflage

Dieses Buch behandelt im wesentlichen den Stoff der viersemestrigen vierstündigen Vorlesung „Mathematik für Physiker" wie sie von den Autoren an der Universität Bayreuth mehrfach gehalten wurde. An einigen Stellen gehen wir über diesen Umfang hinaus, einerseits um dem Dozenten eine Auswahlmöglichkeit zu bieten, andererseits um den Gebrauch als Nachschlagewerk zu ermöglichen.

Wir haben uns bemüht, einige neuere Konzepte der Mathematik, die in der Physik Eingang gefunden haben, einzubeziehen. Es handelt sich zum Beispiel um Distributionen, Mannigfaltigkeiten und Differentialformen, und funktionalanalytische Methoden.

Die Darstellung ist zügig gehalten, da die Autoren das dargebotene Material auf einen Band beschränken wollten. Dennoch werden meist vollständige Herleitungen der behandelten Sätze gegeben und zahlreiche Beispiele, die einen physikalischen Hintergrund haben, in ihrem mathematischen Kontext vorgestellt. Soweit dies erforderlich ist, stellen wir einem Kapitel eine kurze Einführung in den behandelten Stoff voraus. Ans Ende eines jeden Kapitels haben wir Übungsaufgaben teils leichterer teils schwierigerer Natur gestellt. Das letzte Kapitel enthält dann die Lösung jeder Aufgabe und, sofern es sich nicht um reine Rechenaufgaben handelt, auch den vollständigen Lösungsweg.

An dieser Stelle möchten wir Herrn Dipl.-Math. MARTIN KERNER für seine Hilfe bei der Herstellung des Manuskripts danken. Ohne ihn wäre dieses Werk in der vorliegenden Form nicht zu Stande gekommen.

Bayreuth, im Mai 2005

Hans Kerner
Wolf von Wahl

# Inhaltsverzeichnis

# 1

# Folgen und Reihen

## 1.1 Grundlegende Begriffe und Bezeichnungen

Wir stellen zunächst einige grundlegende Begriffe und Bezeichnungen zusammen (eine ausführliche Darstellung findet man in [3]).

**Mengen**

Der Begriff **Menge** wird nicht definiert.

Ist $A$ eine Menge und $x$ ein Element von $A$, so schreibt man $x \in A$. Wenn das Element $x$ nicht in der Menge $A$ liegt, schreibt man $x \notin A$.

Sind $A$ und $B$ Mengen, so heißt $A$ Teilmenge von $B$, wenn gilt: Ist $x \in A$, so folgt $x \in B$; man schreibt dann $A \subset B$.

Für beliebige Mengen $A$ und $B$ bezeichnet man mit $A \cap B$ den **Durchschnitt** von $A$ und $B$; $A \cap B$ besteht aus allen Elementen, die sowohl zu $A$ als auch zu $B$ gehören, also

$$A \cap B := \{x \mid x \in A, \ x \in B\}.$$

Die **Vereinigungsmenge** $A \cup B$ besteht aus allen Elementen, die zu $A$ oder zu $B$ gehören, also

$$A \cup B := \{x \mid x \in A \text{ oder } x \in B\}.$$

Für Mengen $X, A, B$ mit $A \subset X, B \subset X$ setzt man

$$A \setminus B := \{x \in X \mid x \in A, x \notin B\}.$$

Mit $A \times B$ bezeichnet man die Menge aller Paare $(a, b)$ mit $a \in A, b \in B$;

$$A \times B := \{(a, b) \mid a \in A, \ b \in B\}.$$

Die leere Menge, die kein Element enthält, bezeichnet man mit $\emptyset$.

H. Kerner, W. von Wahl, *Mathematik für Physiker*, Springer-Lehrbuch,
DOI 10.1007/978-3-642-37654-2_1, © Springer-Verlag Berlin Heidelberg 2013

**Zahlen**

Wichtige Mengen sind:

Die Menge $\mathbb{N}$ der natürlichen Zahlen $1, 2, 3, ...$;
die Menge $\mathbb{N}_0$ der natürlichen Zahlen einschließlich Null $0, 1, 2, 3, ...$;
die Menge $\mathbb{Z}$ der ganzen Zahlen $0, \pm 1, \pm 2, \pm 3, ...$;
die Menge $\mathbb{Q}$ der rationalen Zahlen $\frac{p}{q}$ mit $p \in \mathbb{Z}$, $q \in \mathbb{N}$;
die Menge $\mathbb{R}$ der reellen Zahlen, die wir anschließend genauer behandeln werden, sowie
die Menge $\mathbb{C}$ der komplexen Zahlen, die in 1.3.1 definiert wird. Es ist

$$\mathbb{N} \subset \mathbb{N}_0 \subset \mathbb{Z} \subset \mathbb{Q} \subset \mathbb{R} \subset \mathbb{C}.$$

Die Menge der positiven reellen Zahlen bezeichnen wir mit $\mathbb{R}^+$, die der reellen Zahlen $\neq 0$ mit $\mathbb{R}^*$ und die komplexen Zahlen $\neq 0$ mit $\mathbb{C}^*$; also

$$\mathbb{R}^+ := \{x \in \mathbb{R} \,|\, x > 0\}, \quad \mathbb{R}^* := \{x \in \mathbb{R} \,|\, x \neq 0\}, \quad \mathbb{C}^* := \{z \in \mathbb{C} \,|\, z \neq 0\}.$$

**Abbildungen**

Ein weiterer grundlegender Begriff ist der der **Abbildung**; auch dieser Begriff wird nicht näher definiert. Sind $A$ und $B$ Mengen und ist $f : A \to B$ eine Abbildung, so wird jedem $x \in A$ ein eindeutig bestimmtes Element $f(x) \in B$ zugeordnet. Die Menge

$$G_f = \{(x, y) \in A \times B \,|\, y = f(x)\}$$

bezeichnet man als den Graphen von $f$. Zu jedem $x \in A$ existiert genau ein $y \in B$ mit $(x, y) \in G_f$; nämlich $y = f(x)$.
Ist $f : A \to B$ eine Abbildung, so heißt Bild$f := f(A) := \{f(x) \,|\, x \in A\}$ das Bild von $f$. Man bezeichnet $A$ als Definitionsbereich und $f(A)$ als Wertebereich.
Eine Abbildung $f : A \to B$ heißt **surjektiv**, wenn $f(A) = B$ ist.
Sie heißt **injektiv**, wenn aus $x, y \in A$, $x \neq y$, immer $f(x) \neq f(y)$ folgt.
Eine Abbildung, die sowohl injektiv als auch surjektiv ist, bezeichnet man als **bijektiv**.
$f : A \to B$ ist genau dann bijektiv, wenn zu jedem $y \in B$ genau ein $x \in A$ existiert mit $y = f(x)$.
Bei einer bijektiven Abildung $f : A \to B$ ist die Umkehrabbildung $f^{-1} : B \to A$ definiert; für $y \in B$ ist $f^{-1}(y)$ *das* $x \in A$ mit $f(x) = y$.
Ist $f : A \to B$ eine beliebige Abbildung, so definiert man das **Urbild** einer Menge $M \subset B$ durch

$$\overset{-1}{f}(M) := \{x \in A \,|\, f(x) \in M\}.$$

Sind $A, B, C$ Mengen und $f : A \to B$, $g : B \to C$ Abbildungen, so definiert man eine Abbildung

$$g \circ f : A \to C, \ x \mapsto g(f(x)),$$

also $(g \circ f)(x) := g(f(x))$ für $x \in A$.

**Funktionen**

Eine Abbildung $f : A \to \mathbb{R}$ einer Menge $A$ in die reellen Zahlen bezeichnet man als (reelle) **Funktion**. Häufig hat man eine Teilmenge $D \subset \mathbb{R}$ und eine auf $D$ definierte Funktion $f : D \to \mathbb{R}$.

Ist $f$ explizit gegeben, etwa $f(x) = 2x + 3$, so schreiben wir

$$f : D \to \mathbb{R}, \ x \mapsto 2x + 3.$$

Wenn $f, g$ reelle Funktionen auf $D$ sind mit $f(x) > g(x)$ für alle $x \in D$, so schreiben wir: $f > g$.

Entsprechend ist $f \geq g$ definiert.

Eine Funktion $f$ heißt **gerade**, wenn $f(-x) = f(x)$ ist; sie heißt **ungerade**, wenn $f(-x) = -f(x)$ gilt.

Das Kronecker-Symbol (LEOPOLD KRONECKER (1823-1891)) ist definiert durch

$$\delta_{ij} := \begin{cases} 1 & \text{für} \quad i = j \\ 0 & \text{für} \quad i \neq j \end{cases}$$

In gewissen Situationen, nämlich bei Übergang zum dualen Vektorraum, ist es zweckmässig, $\delta_i^j$ an Stelle von $\delta_{ij}$ zu schreiben.

## 1.2 Die reellen Zahlen

Grundlage der Mathematik sind die reellen und die komplexen Zahlen. Es dauerte jedoch etwa 2500 Jahre, bis am Ende des 19. Jahrhunderts eine befriedigende Definition der reellen Zahlen $\mathbb{R}$ gelang. Die Schwierigkeit bestand vor allem in der Präzisierung der Lückenlosigkeit der Zahlengeraden, die man benötigt, um Aussagen wie das Cauchysche Konvergenzkriterium oder den Zwischenwertsatz zu beweisen. Diese Entwicklung wird in [3] ausführlich dargestellt. Dort findet man auch eine ausführliche Darstellung der Geschichte der komplexen Zahlen.

Wir nennen hier die Daten von Mathematikern, die wir noch mehrfach zitieren werden. Zuerst der „princeps mathematicorum"

CARL FRIEDRICH GAUSS (1777-1855)

und

BERNHARD BOLZANO (1781-1848)

GEORG CANTOR(1845-1918)

AUGUSTIN LOUIS CAUCHY (1789-1857)

RICHARD DEDEKIND (1831-1916)

LEONHARD EULER (1707-1783)

GOTTFRIED WILHELM LEIBNIZ (1646-1716)

ISAAC NEWTON (1643-1727)

KARL THEODOR WILHELM WEIERSTRASS (1815-1897).

**Einführung der reellen Zahlen**

Man kann die reellen Zahlen definieren, indem man von den natürlichen Zahlen $\mathbb{N}$ ausgeht, diese zum Ring $\mathbb{Z}$ der ganzen Zahlen und zum Körper $\mathbb{Q}$ der rationalen Zahlen erweitert; durch Vervollständigung von $\mathbb{Q}$ erhält man $\mathbb{R}$.

Eine andere Möglichkeit ist die axiomatische Charakterisierung; dabei wird die Vollständigkeit durch Intervallschachtelungen oder Dedekindsche Schnitte oder durch die Existenz des Supremums definiert.

Wir schildern letzteren Zugang und führen die reellen Zahlen $\mathbb{R}$ ein als angeordneten Körper, in dem das Vollständigkeitsaxiom gilt. Es gibt bis auf Isomorphie genau einen angeordneten Körper, der vollständig ist; diesen bezeichnet man als Körper der reellen Zahlen $\mathbb{R}$ (vgl. dazu [3]).

**Körperaxiome**

**Definition 1.2.1** *Es sei $K$ eine nichtleere Menge, in der zwei Verknüpfungen $+$ und $\cdot$ definiert sind. Jedem Paar $(x, y)$, $x \in K$, $y \in K$, wird also ein Element $x + y \in K$ und ein Element $x \cdot y \in K$ zugeordnet.*

*Die Menge $K$ mit den Verknüpfungen $+$ und $\cdot$ heißt ein* **Körper**, *wenn gilt:*

| $x + (y + z) = (x + y) + z$ | $x \cdot (y \cdot z) = (x \cdot y) \cdot z$ |
|---|---|
| $x + y = y + x$ | $x \cdot y = y \cdot x$ |
| *es gibt ein Nullelement $0 \in K$ mit* $0 + x = x$ *für alle $x \in K$* | *es gibt ein Einselement $1 \in K$, $1 \neq 0$, mit* $1 \cdot x = x$ *für alle $x \in K$* |
| *zu $x \in K$ existiert ein $-x$ mit* $-x + x = 0$ | *zu $x \in K$, $x \neq 0$, existiert ein $x^{-1} \in K$ mit* $x^{-1}x = 1$ |
| $x \cdot (y + z) = x \cdot y + x \cdot z$ ||

**Bemerkungen.** Man kann beweisen, dass es in einem Körper genau ein Nullelement $0$ und genau ein Einselement $1$ gibt. Auch das negative Element $-x$ und das inverse Element $x^{-1}$ ist eindeutig bestimmt; man setzt $y - x := y + (-x)$ und $\frac{y}{x} := x^{-1}y$ falls $x \neq 0$.

Aus den Axiomen kann man nun Rechenregeln herleiten, etwa $-(-x) = x$ oder $(-x) \cdot (-y) = x \cdot y$; dies soll hier nicht ausgeführt werden.

**Anordnungsaxiome**

**Definition 1.2.2** *Ein Körper $K$ heißt* **angeordnet**, *wenn eine Teilmenge $K^+$ von $K$ vorgegeben ist, so dass gilt:*

| *für jedes $x \in K$ ist entweder $x \in K^+$ oder $-x \in K^+$ oder $x = 0$* |
|---|
| *aus $x, y \in K^+$ folgt $x + y \in K^+$ und $x \cdot y \in K^+$* |

Statt $x \in K^+$ schreiben wir $x > 0$; dann besagen diese Axiome:
Für jedes $x \in K$ ist entweder $x > 0$ oder $-x > 0$ oder $x = 0$;
aus $x > 0$ und $y > 0$ folgt $x + y > 0$ und $x \cdot y > 0$.
Sind $x, y \in K$, so setzt man $y > x$, wenn $y - x > 0$ ist; $y \geq x$ bedeutet: $y > x$ oder $y = x$. Statt $y > x$ schreibt man auch $x < y$ und statt $y \geq x$ schreibt man $x \leq y$.

**Bemerkungen.** Man müßte nun Aussagen für das Rechnen in angeordneten Körpern herleiten. Zum Beispiel „darf man Ungleichungen addieren", d.h. aus $y_1 > x_1$ und $y_2 > x_2$ folgt $y_1 + y_2 > x_1 + x_2$. Darauf wollen wir nicht näher eingehen.

**Das Vollständigkeitsaxiom**
Um dieses Axiom formulieren zu können, benötigen wir einige Vorbereitungen:

**Definition 1.2.3** *Ist $K$ ein angeordneter Körper und $X$ eine nicht-leere Teilmenge von $K$, so heißt ein Element $t \in K$ eine* **obere Schranke** *von $X$, wenn für alle $x \in X$ gilt:*

$$x \leq t.$$

*$X$ heißt nach oben beschränkt, wenn es zu $X$ eine obere Schranke gibt.*
*Die kleinste obere Schranke $s$ von $X$ wird, falls sie existiert, als* **Supremum** *von $X$ bezeichnet; man schreibt*

$$s = \sup X.$$

$s$ ist also genau dann Supremum von $X$, wenn gilt:

(1) *Für alle $x \in X$ ist $x \leq s$ (d.h. $s$ ist obere Schranke von $X$),*
(2) *Ist $s' \in K$ und $s' < s$, so existiert ein $x \in X$ mit $s' < x$ (d.h. es gibt keine kleinere obere Schranke).*

Analog dazu heißt $t \in K$ untere Schranke einer Teilmenge $X$ von $K$, wenn für alle $x \in X$ gilt: $t \leq x$; die größte untere Schranke bezeichnet man als Infimum von $X$ und schreibt dafür inf $x$.

**Das Vollständigkeitsaxiom** lautet:

Jede nicht-leere nach oben beschränkte Teilmenge $X$ von $K$ besitzt ein Supremum.

**Definition 1.2.4** *Ein angeordneter Körper $K$ heißt* **vollständig**, *wenn jede nicht-leere nach oben beschränkte Teilmenge $X$ von $K$ ein Supremum besitzt.*

Man kann zeigen, dass es bis auf Isomorphie genau einen vollständig angeordneten Körper gibt (vgl. [3]); das bedeutet:
Sind $K$ und $\tilde{K}$ vollständig angeordnete Körper, so existiert eine bijektive Abbldung $f : K \to \tilde{K}$, so dass für alle $x, y \in K$ gilt:

$$f(x + y) \ = \ f(x) + f(y), \qquad f(x \cdot y) \ = \ f(x) \cdot f(y).$$

Daher ist es gerechtfertigt, von *dem* Körper der reellen Zahlen zu sprechen. Nun können wir definieren:

**Definition 1.2.5** *Ein vollständig angeordneter Körper heißt* **Körper der reellen Zahlen**; *er wird mit $\mathbb{R}$ bezeichnet.*

Wir können auf Einzelheiten nicht näher eingehen; eine ausführliche Darstellung findet man in [3] und [17].

Es soll noch skizziert werden, wie man die natürlichen Zahlen $\mathbb{N}$, die ganzen Zahlen $\mathbb{Z}$ und die rationalen Zahlen $\mathbb{Q}$ als Teilmengen von $\mathbb{R}$ erhält:

Die natürlichen Zahlen $\mathbb{N}$ bestehen aus den Elementen $1$, $1 + 1$, $1 + 1 + 1, \ldots$ ; genauer: es ist $1 \in \mathbb{N}$ und wenn $n \in \mathbb{N}$ gilt, dann ist auch $n + 1 \in \mathbb{N}$. Die Menge $\mathbb{N}$ ist die kleinste Teilmenge von $\mathbb{R}$, die diese beiden Eigenschaften besitzt.

Eine Zahl $q \in \mathbb{R}$ heißt ganze Zahl, wenn $q \in \mathbb{N}$ oder $-q \in \mathbb{N}$ oder $q = 0$ ist; die Menge der ganzen Zahlen wird mit $\mathbb{Z}$ bezeichnet.

Eine Zahl $r \in \mathbb{R}$ heißt rational, wenn es ein $q \in \mathbb{Z}$ und ein $p \in \mathbb{N}$ gibt mit $r = \frac{q}{p}$; die Menge der rationalen Zahlen bezeichnet man mit $\mathbb{Q}$.

Man kann beweisen, dass $\mathbb{Q}$ und auch $\mathbb{R} \setminus \mathbb{Q}$ dicht in $\mathbb{R}$ ist; in jedem Intervall $]a, b[$, $a < b$, liegen unendlich viele rationale und auch irrationale Zahlen.

Wir leiten nun aus den Axiomen eine Aussage her, die man als Satz des Archimedes bezeichnet (ARCHIMEDES (um 285-212)):

**Satz 1.2.6 (Satz von Archimedes)** *Die Menge $\mathbb{N}$ der natürlichen Zahlen ist nicht nach oben beschränkt: Zu jeder reellen Zahl $x$ existiert also eine natürliche Zahl $n$ mit $n > x$.*

**Beweis.** Wir nehmen an, $\mathbb{N}$ wäre nach oben beschränkt; dann existiert nach dem Vollständigkeitsaxiom das Supremum $s := \sup \mathbb{N}$. Es ist also $n \leq s$ für alle $n \in \mathbb{N}$. Weil $s - 1$ keine obere Schranke von $\mathbb{N}$ ist, existiert ein $n \in \mathbb{N}$ mit $s - 1 < n$. Dann folgt $s < n + 1$, und wegen $n + 1 \in \mathbb{N}$ ist dies ein Widerspruch.

Äquivalent zum Satz von Archimedes ist der von Eudoxos (EUDOXOS (408 - 355)):

**Satz 1.2.7 (Satz von Eudoxos)** *Zu jeder reellen Zahl $\varepsilon > 0$ existiert eine natürliche Zahl $n$ mit $\frac{1}{n} < \varepsilon$.*

**Beweis.** Nach dem Satz des Archimedes existiert zu $x := \frac{1}{\varepsilon}$ ein $n \in \mathbb{N}$ mit $n > \frac{1}{\varepsilon}$, also $\frac{1}{n} < \varepsilon$.  □

Wir bringen noch einige grundlegende Begriffe und Bezeichnungen. Im angeordneten Körper $\mathbb{R}$ kann man den **Betrag** $|x|$ definieren. Für $x \in \mathbb{R}$ setzt man

$$|x| := \begin{cases} x & \text{falls } x \geq 0 \\ -x & \text{falls } x < 0. \end{cases}$$

Es gilt:

**Satz 1.2.8** *(1) Für alle $x \in \mathbb{R}$ ist $|x| \geq 0$ und $|x| = 0$ gilt genau dann, wenn $x = 0$ ist.*
*(2) Für alle $x, y \in \mathbb{R}$ ist $|x \cdot y| = |x| \cdot |y|$.*
*(3) Für alle $x, y \in \mathbb{R}$ gilt die* **Dreiecksungleichung**

$$|x + y| \leq |x| + |y|.$$

Durch $|x|$ wird in $\mathbb{R}$ eine Norm im Sinne von 7.9.11 definiert.

**Beweis.** Wir beweisen die Dreiecksungleichung. Nach Definition des Betrages ist $x \leq |x|$, $-x \leq |x|$ und $y \leq |y|$, $-y \leq |y|$. Daraus folgt $x + y \leq |x| + |y|$ und $-(x + y) \leq |x| + |y|$, also $|x + y| \leq |x| + |y|$.    $\square$

Setzt man in der Dreiecksungleichung $y - x$ an Stelle von $y$ ein, so erhält man $|x + (y - x)| \leq |x| + |y - x|$, also $|y| - |x| \leq |y - x|$. Dann ist auch $|x| - |y| \leq |x - y|$, somit $\big| |y| - |x| \big| \leq |y - x|$.

Nun kann man den Begriff der $\varepsilon$-**Umgebung** eines Punktes $a \in \mathbb{R}$ definieren:

$$U_\varepsilon(a) := \{x \in \mathbb{R} | \, |x - a| < \varepsilon\}.$$

Eine Teilmenge $U$ von $\mathbb{R}$ heißt **Umgebung** von $a \in \mathbb{R}$, wenn es ein $\varepsilon > 0$ gibt mit $U_\varepsilon(a) \subset U$.

Eine Teilmenge $X$ von $\mathbb{R}$ heißt **offen**, wenn zu jedem $x \in X$ ein $\varepsilon > 0$ existiert mit $U_\varepsilon(x) \subset X$. Wichtige Teilmengen von $\mathbb{R}$ sind die **Intervalle**. Für $a, b \in \mathbb{R}$ setzt man

$$[a, b] := \{x \in \mathbb{R} | \, a \leq x \leq b\} \qquad ]a, b[ := \{x \in \mathbb{R} | \, a < x < b\}$$

$$[a, b[ := \{x \in \mathbb{R} | a \leq x < b\} \qquad ]a, b] := \{x \in \mathbb{R} | a < x \leq b\}$$

$[a, b]$ heißt das **abgeschlossene Intervall** mit den Randpunkten $a, b$, das Intervall $]a, b[$ bezeichnet man als **offenes Intervall**. Die Intervalle $[a, b[$ und $]a, b]$ heißen halboffen. Es ist $U_\varepsilon(a) = ]a - \varepsilon, a + \varepsilon[$. Die folgenden Mengen bezeichnet man als **uneigentliche Intervalle**:

$$[a, +\infty[ := \{x \in \mathbb{R} | \, a \leq x\} \qquad ]a, +\infty[ := \{x \in \mathbb{R} | \, a < x\}$$

$$] - \infty, a] := \{x \in \mathbb{R} | \, x \leq a\} \qquad ] - \infty, a[ := \{x \in \mathbb{R} | \, x < a\}.$$

## 1.3 Die komplexen Zahlen

Die Geschichte der komplexen Zahlen und deren Definition wird eingehend in [3] dargestellt. Bei der Behandlung vieler mathematischer Probleme erweist es sich als zweckmäßig, den Körper $\mathbb{R}$ der reellen Zahlen zu erweitern zum Körper $\mathbb{C}$ der komplexen Zahlen. Zum Beispiel ist es wichtig, die Nullstellen von Polynomen zu bestimmen; aber das einfache Beispiel des Polynoms $x^2 + 1$ zeigt, dass es Polynome gibt, die in $\mathbb{R}$ keine Nullstelle besitzen.

Beim Lösen von Gleichungen 2., 3. und 4. Grades treten Wurzeln auf und man möchte auch Wurzeln aus negativen Zahlen bilden.

Daher versucht man, $\mathbb{R}$ so zu erweitern, dass ein Element i existiert mit $i^2 = -1$. Der Erweiterungskörper soll aus Elementen der Form $x + iy$ mit $x, y \in \mathbb{R}$ bestehen. Mit diesen Elementen will man so rechnen:

$$(x + iy) + (u + iv) = (x + u) + i(y + v)$$
$$(x + iy) \cdot (u + iv) = xu + i(xv + yu) + i^2 yv$$

und weil $i^2 = -1$ sein soll, ergibt sich für die Multiplikation

$$(x + iy) \cdot (u + iv) = (xu - yv) + i(xv + yu).$$

Um die Existenz eines derartigen Körpers $\mathbb{C}$ zu beweisen, betrachtet man statt $x + iy$ das Paar $(x, y)$ reeller Zahlen; dies führt zu folgender Definition:

**Definition 1.3.1** *Unter dem* **Körper $\mathbb{C}$ der komplexen Zahlen** *versteht man die Menge $\mathbb{R}^2$ der Paare reeller Zahlen zusammen mit folgenden Verknüpfungen:*

$$(x, y) + (u, v) = (x + u \ , \ y + v)$$
$$(x, y) \cdot (u, v) = (xu - yv \ , \ xv + yu).$$

Man rechnet nach, dass $\mathbb{C}$ ein Körper ist. Für alle $x, u \in \mathbb{R}$ gilt

$$(x, 0) + (u, 0) = (x + u, 0), \qquad (x, 0) \cdot (u, 0) = (xu, 0).$$

Identifiziert man die reelle Zahl $x = x + i \cdot 0$ mit dem Paar $(x, 0)$, so kann man $\mathbb{R}$ als Teilmenge (und Unterkörper) von $\mathbb{C}$ auffassen.

Setzt man $i := (0, 1)$, so ist $i^2 = (0, 1) \cdot (0, 1) = (-1, 0)$ und da man $(-1, 0)$ mit $-1$ identifiziert, ist

$$i^2 = -1.$$

Für jedes Paar $z = (x, y) \in \mathbb{R}^2$ ist $z = (x, y) = (x, 0) + (0, y) = x + iy$, damit hat man die übliche Schreibweise. Man nennt $x$ den Realteil und $y$ den Imaginärteil von $z$ und schreibt: $\operatorname{Re}(x + iy) := x, \qquad \operatorname{Im}(x + iy) := y$.

Ist $z = x + iy$ eine komplexe Zahl, so nennt man

$$\overline{z} := x - iy$$

die zu $z$ konjugierte komplexe Zahl. Es gilt $\operatorname{Re} z = \frac{z + \overline{z}}{2}, \qquad \operatorname{Im} z = \frac{z - \overline{z}}{2i}$.

Man kann leicht zeigen:

**Hilfssatz 1.3.2** *Für $z, w \in \mathbb{C}$ gilt*

*(1)* $\overline{z + w} = \overline{z} + \overline{w}, \quad \overline{z \cdot w} = \overline{z} \cdot \overline{w},$

*(2)* $\overline{\overline{z}} = z,$

*(3)* $z$ *ist genau dann reell, wenn* $z = \overline{z}$ *ist.*

Den **Betrag** einer komplexen Zahl $z = x + iy$ definiert man so:

$$|z| := \sqrt{x^2 + y^2} = \sqrt{z\overline{z}}.$$

Damit kann man für $z = x + iy \in \mathbb{C}$, $z \neq 0$, die Zahl $\frac{1}{z}$ darstellen (und die Existenz von $\frac{1}{z}$ beweisen): man erweitert mit $\overline{z}$ und erhält im Nenner die reelle Zahl $z \cdot \overline{z} = |z|^2$:

$$\frac{1}{z} = \frac{\overline{z}}{z \cdot \overline{z}} = \frac{x}{x^2 + y^2} - i \frac{y}{x^2 + y^2}.$$

Nützlich ist auch die Zahl $z^* := \frac{1}{\overline{z}}$. In der Abbildung sind diese Zahlen und die Addition komplexer Zahlen veranschaulicht.

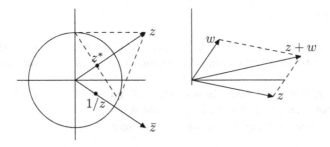

Für die Veranschaulichung der Multiplikation sind Polarkoordinaten erforderlich. Jede komplexe Zahl $z \neq 0$ kann man durch

$$z = r \cdot \mathrm{e}^{\mathrm{i}\varphi} = r(\cos\varphi + \mathrm{i} \cdot \sin\varphi)$$

darstellen; dabei ist $r = |z|$. Man nennt $r, \varphi$ Polarkoordinaten von $z$; wenn man $\varphi$ so wählt, dass $0 \leq \varphi < 2\pi$ gilt, dann ist $\varphi$ eindeutig bestimmt; die Existenz wird in 4.3.19 hergeleitet.

Mit Hilfe von Polarkoordinaten kann man die Multiplikation komplexer Zahlen beschreiben: Ist

$$z = r \cdot \mathrm{e}^{\mathrm{i}\varphi} \quad \text{und} \quad w = s \cdot \mathrm{e}^{\mathrm{i}\psi},$$

so ist

$$z \cdot w = (r \cdot s)\mathrm{e}^{\mathrm{i}(\varphi+\psi)}.$$

Das Produkt zweier komplexer Zahlen erhält man also, indem man die Beträge multipliziert und die Winkel addiert.

Bei $z^2$ verdoppelt sich der Winkel. Damit kann man sich die Potenzen $z^n$ veranschaulichen; in der folgenden Abbildung ist dies für $|z| > 1$, $|\zeta| = 1$, $|w| < 1$ dargestellt.

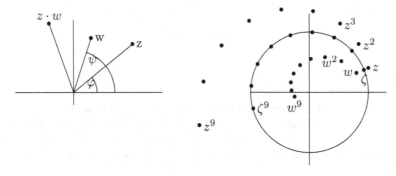

Beim Wurzelziehen halbiert sich der Winkel; sucht man etwa $\sqrt{\mathrm{i}}$, also die Lösungen von $z^2 = \mathrm{i}$, so liegt $z$ auf der Winkelhalbierenden und hat den Betrag 1, also ist $z = \pm\frac{\sqrt{2}}{2}(1 + \mathrm{i})$.

## 1.4 Folgen

Im Mittelpunkt der Analysis steht der Begriff des Grenzwerts. Bevor wir den Begriff des Grenzwerts einer Folge definieren, erläutern wir, was man unter einer Folge versteht.

Man erhält zum Beispiel durch fortgesetztes Halbieren die Folge $1, \frac{1}{2}, \frac{1}{4}, \frac{1}{8}, \ldots$ oder man betrachtet die Folge der Quadratzahlen $1, 4, 9, 16, 25, \ldots$. Es ist also jeder natürlichen Zahl $n$ eine reelle oder komplexe Zahl $a_n$ zugeordnet:

$$a_1, a_2, a_3, \ldots;$$

den Begriff der Folge kann man nun so präzisieren:

**Definition 1.4.1** *Unter einer* **Folge reeller oder komplexer Zahlen** *versteht man eine Abbildung*

$$\mathbb{N} \to \mathbb{R}, \ n \mapsto a_n, \quad oder \quad \mathbb{N} \to \mathbb{C}, \ n \mapsto a_n.$$

Für diese Abbildung schreibt man

$$(a_n)_{n \in \mathbb{N}} \quad oder \quad (a_n)_n \quad oder \quad (a_n).$$

Wir werden auch Folgen $a_0, a_1, a_2, \ldots$ oder auch $a_5, a_6, \ldots$ betrachten. Nun führen wir den Begriff des **Grenzwertes** einer Folge ein:

**Definition 1.4.2** *Eine Folge* $(a_n)_n$ *komplexer Zahlen heißt* **konvergent gegen** $a \in \mathbb{C}$, *wenn es zu jedem reellen* $\varepsilon > 0$ *eine natürliche Zahl* $N(\varepsilon)$ *gibt, so dass für alle* $n \in \mathbb{N}$ *mit* $n \geq N(\varepsilon)$ *gilt:*

$$|a_n - a| < \varepsilon.$$

Man bezeichnet dann $a$ als **Grenzwert** der Folge $(a_n)_n$ und schreibt:

$$\lim_{n \to \infty} a_n = a.$$

Wir schreiben dafür auch $a_n \to a, \ n \to \infty$.

Eine Folge $(a_n)_n$ heißt **konvergent**, wenn es ein $a \in \mathbb{C}$ gibt, so dass $(a_n)_n$ gegen $a$ konvergiert. Andernfalls heißt sie **divergent**. Mit dem Begriff der $\varepsilon$-Umgebung $U_\varepsilon(a) = \{x \in \mathbb{C} \mid |x - a| < \varepsilon\}$ von $a$ kann man die Konvergenz so formulieren: $(a_n)_n$ *konvergiert genau dann gegen* $a$, *wenn es zu jedem* $\varepsilon > 0$ *ein* $N(\varepsilon)$ *gibt mit*

$$a_n \in U_\varepsilon(a) \ \text{für} \ n \geq N(\varepsilon).$$

Jede beliebige Umgebung von $a$ enthält eine $\varepsilon$-Umgebung; somit gilt $\lim_{n \to \infty} a_n = a$ genau dann, wenn zu jeder Umgebung $U$ von $a$ ein Index $N(U) \in \mathbb{N}$ existiert mit

$$a_n \in U \ \text{für} \ n \geq N(U).$$

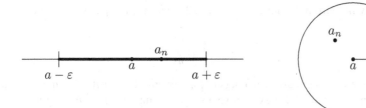

Nun zeigen wir, dass eine Folge höchstens einen Grenzwert besitzt:

**Hilfssatz 1.4.3** *Wenn die Folge $(a_n)_n$ gegen $a$ und gegen $b$ konvergiert, so folgt $a = b$.*

**Beweis.** Wenn $a \neq b$ ist, so setzen wir $\varepsilon := \frac{|b-a|}{2}$; dann existiert ein $N_1(\varepsilon)$ und ein $N_2(\varepsilon)$ mit

$$|a_n - a| < \varepsilon \text{ für } n \geq N_1(\varepsilon), \quad |a_n - b| < \varepsilon \text{ für } n \geq N_2(\varepsilon).$$

Für $n = N_1(\varepsilon) + N_2(\varepsilon)$ ist dann
$|b - a| = |(b - a_n) + (a_n - a)| \leq |b - a_n| + |a_n - a| < \varepsilon + \varepsilon = |b - a|$,
also wäre $|b - a| < |b - a|$.    □
Wir erläutern den Konvergenzbegriff an einigen Beispielen:

**Beispiel 1.4.4** Es gilt

$$\lim_{n \to \infty} \frac{1}{n} = 0.$$

Zum Beweis verwenden wir den Satz von Eudoxos 1.2.7 : Zu jedem $\varepsilon > 0$ existiert ein $N(\varepsilon) \in \mathbb{N}$ mit $\frac{1}{N(\varepsilon)} < \varepsilon$. Für $n \geq N(\varepsilon)$ ist dann $0 < \frac{1}{n} \leq \frac{1}{N(\varepsilon)} < \varepsilon$.    ■

**Beispiel 1.4.5** Es ist

$$\lim_{n \to \infty} \frac{n+1}{n} = 1,$$

denn $\left|\frac{n+1}{n} - 1\right| = \frac{1}{n}$ und nach dem vorhergehenden Beispiel existiert zu $\varepsilon > 0$ ein $N(\varepsilon)$ mit $\frac{1}{N(\varepsilon)} < \varepsilon$; für $n \geq N(\varepsilon)$ ist dann $\left|\frac{n+1}{n} - 1\right| = \frac{1}{n} \leq \frac{1}{N(\varepsilon)} < \varepsilon$.    ■

**Beispiel 1.4.6** Die Folge $((-1)^n)$ ist divergent.
Denn aus der Konvergenz würde folgen, dass ein $a \in \mathbb{R}$ existiert, so dass es zu $\varepsilon = \frac{1}{2}$ ein $N(\frac{1}{2})$ gibt mit $|(-1)^n - a| < \varepsilon$ für alle $n \geq N(\frac{1}{2})$. Für $n \geq N(\frac{1}{2})$ wäre dann

$$2 = |(-1)^{n+1} - (-1)^n| \leq |(-1)^{n+1} - a| + |(-1)^n - a| < \frac{1}{2} + \frac{1}{2} = 1.$$

■

**Beispiel 1.4.7** Wenn man die Folge $(a_n)$ mit

$$a_n := \frac{8n^2 - 2n + 5}{3n^2 + 7n + 1}$$

untersuchen will, wird man vielleicht auf die Idee kommen, $a_n$ so umzuformen:

$$a_n = \frac{8 - \frac{2}{n} + \frac{5}{n^2}}{3 + \frac{7}{n} + \frac{1}{n^2}}.$$

Dann wird man vermuten, dass $(a_n)$ gegen $\frac{8}{3}$ konvergiert; es dürfte aber nicht leicht sein, zu jedem $\varepsilon > 0$ ein $N(\varepsilon)$ explizit so anzugeben, dass für $n \geq N(\varepsilon)$ gilt:

$$\left| \frac{8n^2 - 2n + 5}{3n^2 + 7n + 1} - \frac{8}{3} \right| < \varepsilon.$$

∎

Es ist daher zweckmäßig, Rechenregeln für Grenzwerte herzuleiten. Es gilt:

**Satz 1.4.8** (**Rechenregeln**) *Es seien* $(a_n)_n$ *und* $(b_n)_n$ *konvergente Folgen in* $\mathbb{C}$ *und* $c \in \mathbb{C}$. *Dann sind auch die Folgen* $(a_n + b_n)_n$, $(c \cdot a_n)_n$, $(a_n \cdot b_n)_n$ *konvergent und es gilt:*

$$\lim_{n \to \infty} (a_n + b_n) = \lim_{n \to \infty} a_n + \lim_{n \to \infty} b_n$$

$$\lim_{n \to \infty} (c \cdot a_n) = c \cdot \lim_{n \to \infty} a_n$$

$$\lim_{n \to \infty} (a_n \cdot b_n) = \left( \lim_{n \to \infty} a_n \right) \cdot \left( \lim_{n \to \infty} b_n \right).$$

*Wenn außerdem* $\lim_{n \to \infty} b_n \neq 0$ *ist, dann existiert ein* $n_0 \in \mathbb{N}$ *mit* $b_n \neq 0$ *für* $n \geq n_0$ *und es gilt:*

$$\lim_{n \to \infty} \frac{a_n}{b_n} = \frac{\lim_{n \to \infty} a_n}{\lim_{n \to \infty} b_n}.$$

**Beweis.** Wir beweisen nur die erste Aussage: Sei $a := \lim_{n \to \infty} a_n$ und $b := \lim_{n \to \infty} b_n$. Dann gibt es zu $\varepsilon > 0$ ein $N_1(\frac{\varepsilon}{2})$ und $N_2(\frac{\varepsilon}{2})$ mit

$$|a_n - a| < \frac{\varepsilon}{2} \text{ für } n \geq N_1(\tfrac{\varepsilon}{2}), \qquad |b_n - b| < \frac{\varepsilon}{2} \text{ für } n \geq N_2(\tfrac{\varepsilon}{2}).$$

Setzt man $N(\varepsilon) := \max\{N_1(\frac{\varepsilon}{2}), N_2(\frac{\varepsilon}{2})\}$, so ist für $n \geq N(\varepsilon)$:

$$|(a_n + b_n) - (a + b)| \leq |a_n - a| + |b_n - b| < \frac{\varepsilon}{2} + \frac{\varepsilon}{2} = \varepsilon$$

und damit ist gezeigt:

$$\lim_{n \to \infty} (a_n + b_n) = a + b.$$

□

Insbesondere gilt:

**Satz 1.4.9** *Eine Folge komplexer Zahlen* $(z_n)_n$, $z_n = x_n + iy_n$, *konvergiert genau dann gegen* $c = a + ib \in \mathbb{C}$, *wenn* $(x_n)_n$ *gegen* $a$ *und* $(y_n)_n$ *gegen* $b$ *konvergiert.*

**Definition 1.4.10** *Eine Folge* $(a_n)$ *heißt beschränkt, wenn eine reelle Zahl* $M$ *existiert mit*

$$|a_n| \leq M \text{ für alle } n \in \mathbb{N}.$$

**Hilfssatz 1.4.11** *Jede konvergente Folge ist beschränkt.*

**Beweis.** Sei $(a_n)$ konvergent, $a := \lim_{n \to \infty} a_n$. Dann existiert zu $\varepsilon = 1$ ein Index $N(1)$ mit $|a_n - a| < 1$ für $n \geq N(1)$, also

$$|a_n| < |a| + 1 \text{ für } n \geq N(1).$$

Setzt man

$$M := \max\{|a_1|, \ldots, |a_{N(1)-1}|, |a| + 1\}$$

so folgt $|a_n| \leq M$ für alle $n \in \mathbb{N}$. $\qquad\square$

Von grundlegender Bedeutung ist der Begriff der Cauchy-Folge (AUGUSTIN LOUIS CAUCHY (1789-1857)):

**Definition 1.4.12** *Eine Folge* $(a_n)_n$ *in* $\mathbb{C}$ *heißt* **Cauchy-Folge**, *wenn es zu jedem* $\varepsilon > 0$ *ein* $N(\varepsilon) \in \mathbb{N}$ *gibt, so dass für alle* $n, k \in \mathbb{N}$ *mit* $n \geq N(\varepsilon)$, $k \geq N(\varepsilon)$ *gilt:*

$$|a_n - a_k| < \varepsilon.$$

Zunächst zeigen wir:

**Satz 1.4.13** *Jede konvergente Folge ist eine Cauchy-Folge.*

**Beweis.** Wenn $(a_n)$ gegen $a$ konvergiert, so existiert zu $\varepsilon > 0$ ein $N(\frac{\varepsilon}{2}) \in \mathbb{N}$ mit $|a_n - a| < \frac{\varepsilon}{2}$ für $n \geq N(\frac{\varepsilon}{2})$. Für $n, k \geq N(\frac{\varepsilon}{2})$ ist dann

$$|a_n - a_k| \leq |a_n - a| + |a_k - a| < \frac{\varepsilon}{2} + \frac{\varepsilon}{2} = \varepsilon.$$

$\qquad\square$

Nun behandeln wir Aussagen über reelle Folgen:

**Satz 1.4.14** *Es seien* $(a_n)_n$ *und* $(b_n)$ *konvergente Folgen in* $\mathbb{R}$ *und es gelte* $a_n \leq b_n$ *für alle* $n \in \mathbb{N}$*. Dann ist*

$$\lim a_n \leq \lim b_n.$$

**Beweis.** Wir setzen $a := \lim_{n \to \infty} a_n$ und $b := \lim_{n \to \infty} b_n$ und nehmen an, es sei $b < a$. Zu $\varepsilon := \frac{a-b}{2}$ existiert dann ein $n$ mit $|a_n - a| < \varepsilon$, $|b_n - b| < \varepsilon$. Dann ist $b_n < b + \varepsilon = a - \varepsilon < a_n$, also $b_n < a_n$; dies widerspricht der Voraussetzung. $\qquad\square$

Daraus folgt

**Satz 1.4.15** *Sei* $(x_n)_n$ *eine konvergente Folge in* $\mathbb{R}$ *und* $a \leq x_n \leq b$ *für alle* $n \in \mathbb{N}$*. Dann gilt*

$$a \leq \lim_{n \to \infty} x_n \leq b.$$

**Konvergenzkriterien**

Wir leiten zunächst Konvergenzkriterien für reelle Folgen her.

Wir benötigen nun den Begriff der monotonen Folge: Eine reelle Folge $(a_n)_n$ heißt *monoton wachsend*, wenn für alle $n \in \mathbb{N}$ gilt:

$$a_n \le a_{n+1}$$

also $a_1 \le a_2 \le a_3 \le \dots$ ;

sie heißt *streng* monoton wachsend, wenn für alle $n \in \mathbb{N}$ gilt:

$$a_n < a_{n+1}.$$

Analog heißt $(a_n)_n$ *monoton fallend*, falls $a_n \ge a_{n+1}$ gilt; sie heißt *streng* monoton fallend, falls $a_n > a_{n+1}$ ist ($n \in \mathbb{N}$).

Eine Folge heißt *monoton*, wenn sie monoton wachsend oder monoton fallend ist.

Ist $(a_n)_{n \in \mathbb{N}}$ eine Folge in $\mathbb{R}$ oder $\mathbb{C}$ und ist $(n_k)_{k \in \mathbb{N}}$ eine streng monoton wachsende Folge natürlicher Zahlen, so heißt $(a_{n_k})_{k \in \mathbb{N}}$ eine *Teilfolge* von $(a_n)_n$.

Ist zum Beispiel $n_k := 2k$, so erhält man die Teilfolge $(a_{2k})_{k \in \mathbb{N}}$, also die Folge $a_2, a_4, a_6 \dots$ . Es gilt:

**Hilfssatz 1.4.16** *Jede reelle Folge $(a_n)_n$ enthält eine monotone Teilfolge.*

**Beweis.** Wir nennen ein Folgenglied $a_s$ eine Spitze, wenn $a_s \ge a_n$ für alle $n \ge s$ ist. Wenn es unendlich viele Spitzen $a_{s_1}, a_{s_2}, \dots$ gibt ($s_1 < s_2 < \dots$), so ist nach Definition der Spitze

$$a_{s_1} \ge a_{s_2} \ge a_{s_3} \ge \dots$$

und daher bildet die Folge der Spitzen eine monoton fallende Teilfolge. Wenn es keine oder nur endlich viele Spitzen gibt, so existiert ein $n_1 \in \mathbb{N}$, so dass für $n \ge n_1$ kein $a_n$ eine Spitze ist. Weil $a_{n_1}$ keine Spitze ist, existiert ein $n_2 \in \mathbb{N}$ mit $n_2 > n_1$ und $a_{n_1} < a_{n_2}$.

Weil $a_{n_2}$ keine Spitze ist, gibt es ein $n_3$ mit $n_3 > n_2$ und $a_{n_2} < a_{n_3}$; auf diese Weise erhält man eine streng monoton wachsende Teilfolge $a_{n_1} < a_{n_2} < a_{n_3} < \dots$ .    □

Nun beweisen wir ein erstes Konvergenzkriterium.

**Satz 1.4.17** *Jede beschränkte monotone Folge in $\mathbb{R}$ ist konvergent.*

**Beweis.** Wir führen den Beweis für eine monoton wachsende Folge $a_n \le a_{n+1}$. Nach Voraussetzung ist die Menge $\{a_n \mid n \in \mathbb{N}\}$ beschränkt; aus dem Vollständigkeitsaxiom folgt, dass das Supremum

$$s := \sup\{a_n \mid n \in \mathbb{N}\}$$

existiert. Dann ist $a_n \le s$ für alle $n \in \mathbb{N}$. Ist $\varepsilon > 0$ vorgegeben, so ist $s - \varepsilon$ keine obere Schranke von $\{a_n \mid n \in \mathbb{N}\}$ und daher gibt es ein $N \in \mathbb{N}$ mit $s - \varepsilon < a_N$. Wegen der Monotonie der Folge ist $a_N \le a_n$ für $n \ge N$ und daher

$$s - \varepsilon < a_N \le a_n \le s,$$

also $|a_n - s| < \varepsilon$ für $n \geq N$. Somit ist gezeigt: $\lim_{n \to \infty} a_n = s$.    □

Aus 1.4.16 und 1.4.17 folgt der Satz von Bolzano-Weierstraß(BERNARD BOLZANO(1781-1848), KARL WEIERSTRASS (1815-1897)):

**Satz 1.4.18 (Satz von Bolzano-Weierstraß)** *Jede beschränkte Folge in $\mathbb{R}$ enthält eine konvergente Teilfolge.*

Wir behandeln nun wieder Folgen in $\mathbb{C}$ und zeigen, dass diese Aussage auch dafür gilt:

**Satz 1.4.19 (Satz von Bolzano-Weierstraß in $\mathbb{C}$)** *Jede beschränkte Folge in $\mathbb{C}$ enthält eine konvergente Teilfolge.*

**Beweis.** Es sei $(z_n)_n$ eine beschränkte Folge komplexer Zahlen $z_n = x_n + iy_n$. Die Folge $(x_n)_n$ ist ebenfalls beschränkt und enthält somit eine konvergente Teilfolge $(x_{n_k})_k$. Wählt man aus der beschränkten Folge $(y_{n_k})_k$ eine konvergente Teilfolge $(y_{n_{k_j}})_j$ aus, so erhält man eine konvergente Teilfolge $(x_{n_{k_j}} + iy_{n_{k_j}})_j$ von $(z_n)_n$.    □

Wenn eine Teilfolge von $(z_n)_n$ gegen $p$ konvergiert, so heißt $p$ ein Häufungspunkt oder auch eine Häufungsstelle von $(z_n)_n$; daher heißt dieser Satz auch das **Häufungsstellenprinzip von Bolzano-Weierstraß**. Es gilt auch im $\mathbb{R}^n$, aber nicht mehr im Unendlich-dimensionalen. Wir gehen darauf in 15.6 ein.

Nun können wir das wichtige Cauchysche Konvergenzkriterium beweisen: Jede Cauchy-Folge ist konvergent:

**Satz 1.4.20 (Cauchysches Konvergenzkriterium)** *Eine (reelle oder komplexe) Folge ist genau dann konvergent, wenn sie eine Cauchy-Folge ist.*

**Beweis.** Es ist zu zeigen, dass jede Cauchy-Folge $(a_n)_n$ in $\mathbb{C}$ konvergent ist. Zunächst zeigt man, dass jede Cauchy-Folge $(a_n)$ beschränkt ist. Es gibt nämlich zu $\varepsilon = 1$ ein $N(1)$ mit $|a_n - a_k| < 1$ für alle $n, k \geq N(1)$, also ist $|a_n - a_{N(1)}| < 1$ oder $|a_n| < |a_{N(1)}| + 1$ für $n \geq N(1)$ und wie im Beweis von 1.4.11 folgt daraus die Beschränktheit von $(a_n)$.

Nach 1.4.19 enthält $(a_n)_n$ eine Teilfolge $(a_{n_k})_{k \in \mathbb{N}}$, die gegen ein $a$ konvergiert. Wir zeigen, dass die Folge $(a_n)$ gegen $a$ konvergiert. Sei $\varepsilon > 0$ vorgegeben; dann gibt es, weil $(a_n)$ eine Cauchy-Folge ist, ein $N(\frac{\varepsilon}{2})$ mit $|a_n - a_k| < \frac{\varepsilon}{2}$ für $n, k \geq N(\frac{\varepsilon}{2})$. Wegen $\lim_{k \to \infty} a_{n_k} = a$ gibt es ein $k$ mit $n_k \geq N(\frac{\varepsilon}{2})$ und $|a_{n_k} - a| < \frac{\varepsilon}{2}$. Für alle $n$ mit $n \geq N(\frac{\varepsilon}{2})$ ist dann

$$|a_n - a| \leq |a_n - a_{n_k}| + |a_{n_k} - a| < \frac{\varepsilon}{2} + \frac{\varepsilon}{2} = \varepsilon.$$

Damit ist das Cauchysche Konvergenzkriterium bewiesen.    □

Wir behandeln noch ein Beispiel für eine konvergente Folge; dabei ergibt sich, dass für jede positive reelle Zahl $a$ die *Quadratwurzel* $\sqrt{a}$ existiert.

**Beispiel 1.4.21** Sei $a > 0$; wir geben eine Folge $(x_n)$ an, die gegen $\sqrt{a}$ konvergiert. Wir wählen $x_0 > 0$ beliebig, setzen $x_1 := \frac{1}{2}(x_0 + \frac{a}{x_0})$, $x_2 := \frac{1}{2}(x_1 + \frac{a}{x_1})$ und, wenn $x_n$ bereits definiert ist, sei

$$x_{n+1} := \frac{1}{2}(x_n + \frac{a}{x_n}).$$

Wir beweisen, dass die Folge $(x_n)$ gegen eine positive reelle Zahl $b$ mit

$$b^2 = a$$

konvergiert. Dazu zeigen wir zuerst die Monotonie: Für alle $n \in \mathbb{N}$ ist $x_n > 0$ und

$$x_n^2 - a = \frac{1}{4}\left(x_{n-1} + \frac{a}{x_{n-1}}\right)^2 - a = \frac{1}{4}\left(x_{n-1}^2 + 2a + \frac{a^2}{x_{n-1}^2} - 4a\right) =$$
$$= \frac{1}{4}\left(x_{n-1}^2 - 2a + \frac{a^2}{x_{n-1}^2}\right) = \frac{1}{4}\left(x_{n-1} - \frac{a}{x_{n-1}}\right)^2 \geq 0,$$

daher $x_n^2 - a \geq 0$ und $x_n - x_{n+1} = x_n - \frac{1}{2}(x_n + \frac{a}{x_n}) = \frac{1}{2x_n}(x_n^2 - a) \geq 0$; somit

$$x_n \geq x_{n+1}.$$

Die Folge $(x_n)$ ist also monoton fallend und somit ist $(\frac{a}{x_n})$ monoton wachsend. Aus $a \leq x_n^2$ folgt $\frac{a}{x_n} \leq x_n$, somit

$$\frac{a}{x_1} \leq \dots \leq \frac{a}{x_n} \leq x_n \leq \dots \leq x_1.$$

Für alle $n \in \mathbb{N}$ ist $0 < \frac{a}{x_1} \leq x_n$, daher existiert

$$b := \lim_{n \to \infty} x_n$$

und es gilt $b > 0$. Aus den Rechenregeln 1.4.8 folgt

$$b = \lim_{n \to \infty} x_{n+1} = \lim_{n \to \infty} \frac{1}{2}(x_n + \frac{a}{x_n}) = \frac{1}{2}(b + \frac{a}{b}),$$

somit $b = \frac{1}{2}(b + \frac{a}{b})$ also $2b^2 = b^2 + a$ und $b^2 = a$.

Damit ist gezeigt: Zu jedem $a > 0$ existiert ein $b > 0$ mit $b^2 = a$. Die Zahl $b$ ist eindeutig bestimmt, denn aus $c > 0$, $c^2 = a$, folgt

$$0 = b^2 - c^2 = (b + c) \cdot (b - c)$$

und wegen $b + c > 0$ ist $b - c = 0$, also $b = c$.

Zu $a \geq 0$ existiert also genau ein $b \geq 0$ mit $b^2 = a$ und man definiert nun

$$\sqrt{a} := b,$$

$\sqrt{a}$ heißt die Quadratwurzel von $a$.

Dies läßt sich verallgemeinern: Ist $k \in \mathbb{N}$ und $a > 0$, so existiert genau ein $b > 0$ mit $b^k = a$ und man setzt $\sqrt[k]{a} := b$.

## 1.5 Reihen

Bei der Behandlung mathematischer Probleme stößt man häufig auf Ausdrücke der Form

$$a_0 + a_1 + a_2 + \ldots ,$$

etwa

$$1 + \frac{1}{2} + \frac{1}{3} + \ldots + \frac{1}{n} + \ldots \qquad \text{oder} \qquad 1 + \frac{1}{2} + \frac{1}{4} + \ldots + \frac{1}{2^n} + \ldots .$$

Derartige Ausdrücke bezeichnet man als Reihen (reeller oder komplexer Zahlen). Man führt die Theorie der Reihen zurück auf die der Folgen und fasst den Ausdruck $a_0 + a_1 + a_2 + \ldots$ auf als Folge der „Partialsummen"

$$a_0, \quad a_0 + a_1, \quad a_0 + a_1 + a_2, \quad \ldots$$

(Wir betrachten häufig Reihen, die mit $a_0$ beginnen). Dies wird folgendermaßen präzisiert: Es sei $(a_n)_n$ eine Folge komplexer Zahlen, $n \in \mathbb{N}_0$, dann heißt

$$s_n := \sum_{k=0}^{n} a_k = a_0 + a_1 + \ldots + a_n$$

die zu $(a_n)_n$ gehörende $n$-te *Partialsumme*.

Die Folge der Partialsummen $(s_n)_n$ heißt die durch $(a_n)_n$ gegebene Reihe; man bezeichnet die Folge $(s_n)_n$ mit

$$\sum_{n=0}^{\infty} a_n.$$

**Definition 1.5.1** *Eine Reihe* $\sum\limits_{n=0}^{\infty} a_n$ *mit* $a_n \in \mathbb{C}$ *heißt* **konvergent***, wenn die Folge* $(s_n)_n$ *konvergiert; den Grenzwert von* $(s_n)_n$ *bezeichnet man ebenfalls mit* $\sum\limits_{n=0}^{\infty} a_n$:

$$\sum_{n=0}^{\infty} a_n := \lim_{n \to \infty} s_n.$$

Es gilt also $\sum\limits_{n=0}^{\infty} a_n = s$ genau dann, wenn es zu jedem $\varepsilon > 0$ ein $N(\varepsilon)$ gibt mit

$$|a_0 + \ldots + a_n - s| < \varepsilon \text{ für } n \geq N(\varepsilon).$$

Aus dem Cauchyschen Konvergenzkriterium für Folgen leiten wir nun ein entsprechendes Kriterium für Reihen her. Man bezeichnet eine Reihe als **Cauchyreihe**, wenn die Folge ihrer Partialsummen eine Cauchyfolge ist.

**Satz 1.5.2 (Cauchysches Konvergenzkriterium)** *Eine Reihe* $\sum_{n=0}^{\infty} a_n$ *komplexer Zahlen ist genau dann konvergent, wenn es zu jedem $\varepsilon > 0$ ein $N(\varepsilon)$ gibt, so dass für alle $n, m \in \mathbb{N}$ mit $n \geq m \geq N(\varepsilon)$ gilt:*

$$|\sum_{k=m}^{n} a_k| < \varepsilon.$$

**Beweis.** Die Folge $(s_n)_n$ ist genau dann konvergent, wenn es zu $\varepsilon > 0$ ein $N(\varepsilon)$ gibt, so dass für alle Indizes $n, m \geq N(\varepsilon)$ gilt: $|s_n - s_m| < \varepsilon$. Für $n \geq m \geq N(\varepsilon) + 1$ ist dann $|s_n - s_{m-1}| < \varepsilon$ und aus

$$s_n - s_{m-1} = \sum_{k=m}^{n} a_k$$

folgt die Behauptung.                                                                         □

Für $n = m$ ist $\sum_{k=n}^{n} a_k = a_n$ und somit ergibt sich

**Satz 1.5.3** *Wenn die Reihe $\sum_{n=0}^{\infty} a_n$ konvergiert, dann gilt $\lim_{n \to \infty} a_n = 0$.*

Aus den Rechenregeln für Folgen erhält man Rechenregeln für Reihen:

**Satz 1.5.4 (Rechenregeln)** *Sind $\sum_{n=0}^{\infty} a_n$ und $\sum_{n=0}^{\infty} b_n$ konvergent, und ist $c \in \mathbb{C}$, so sind auch die Reihen $\sum_{n=0}^{\infty} (a_n + b_n)$ und $\sum_{n=0}^{\infty} c a_n$ konvergent und*

$$\sum_{n=0}^{\infty} (a_n + b_n) = \sum_{n=0}^{\infty} a_n + \sum_{n=0}^{\infty} b_b, \qquad \sum_{n=0}^{\infty} c \cdot a_n = c \cdot \sum_{n=0}^{\infty} a_n.$$

Wir behandeln nun ein besonders wichtiges Beispiel:

**Die geometrische Reihe**

$$\sum_{n=0}^{\infty} z^n.$$

Zuerst zeigen wir

**Hilfssatz 1.5.5** *Ist $z \in \mathbb{C}$, $|z| < 1$, so gilt $\lim_{n \to \infty} z^n = 0$.*

**Beweis.** Es ist $|z|^n \geq |z|^{n+1}$. Die Folge $(|z|^n)_n$ ist also monoton fallend und beschränkt und daher konvergent. Sei $a := \lim_{n \to \infty} |z|^n$. Es gilt

$$a = \lim_{n \to \infty} |z|^n = \lim_{n \to \infty} |z|^{n+1} = |z| \cdot \lim_{n \to \infty} |z|^n = |z| \cdot a$$

und aus $a = |z| \cdot a$ und $|z| < 1$ folgt $a = 0$.                                          □

Nun können wir beweisen:

**Satz 1.5.6 (Geometrische Reihe)** *Für* $z \in \mathbb{C}$, $|z| < 1$, *konvergiert die geometrische Reihe* $\sum\limits_{n=0}^{\infty} z^n$ *und es gilt*

$$\boxed{\sum_{n=0}^{\infty} z^n = \frac{1}{1-z}.}$$

*Für* $|z| \geq 1$ *divergiert* $\sum\limits_{n=0}^{\infty} z^n$.

**Beweis.** Setzt man $s_n := \sum\limits_{k=0}^{n} z^k$, so ist

$$(1-z)s_n = \sum_{k=0}^{n} z^k - \sum_{k=1}^{n+1} z^k = 1 - z^{n+1}.$$

Für $z \neq 1$ ist daher

$$\sum_{k=0}^{n} z^k = \frac{1 - z^{n+1}}{1-z}$$

und für $|z| < 1$ ist $\lim\limits_{n \to \infty} z^{n+1} = 0$, also

$$\sum_{n=0}^{\infty} z^n = \lim_{n \to \infty} s_n = \lim_{n \to \infty} \frac{1 - z^{n+1}}{1-z} = \frac{1}{1-z}.$$

Für $|z| \geq 1$ ist $|z^n| \geq 1$ und daher ist $(z^n)_n$ keine Nullfolge, also ist nach 1.5.3 die Reihe $\sum\limits_{n=0}^{\infty} z^n$ für $|z| \geq 1$ divergent.    □

Wir notieren noch:

**Satz 1.5.7** *Für* $|z| < 1$ *ist*

$$\sum_{n=1}^{\infty} z^n = \frac{z}{1-z}.$$

**Beispiel 1.5.8** Setzt man in der geometrischen Reihe $z = \frac{1}{2}$, so ergibt sich

$$\sum_{n=0}^{\infty} \frac{1}{2^n} = 2$$

also

$$1 + \frac{1}{2} + \frac{1}{4} + \frac{1}{8} + \ldots = 2$$

Wir führen nun einen schärferen Konvergenzbegriff ein:

**Definition 1.5.9** *Eine Reihe $\sum\limits_{n=0}^{\infty} a_n$, $a_n \in \mathbb{C}$, heißt* **absolut konvergent**, *wenn die Reihe $\sum\limits_{n=0}^{\infty} |a_n|$ konvergiert.*

Aus dem Cauchyschen Konvergenzkriterium ergibt sich, dass jede absolut konvergente Reihe auch konvergiert.
Wir geben nun weitere wichtige Konvergenzkriterien an:

**Satz 1.5.10 (Majorantenkriterium)** *Es seien $\sum\limits_{n=0}^{\infty} a_n$ und $\sum\limits_{n=0}^{\infty} b_n$ Reihen; wenn für alle $n \in \mathbb{N}$ gilt: $|a_n| \leq b_n$ und wenn $\sum\limits_{n=0}^{\infty} b_n$ konvergiert, dann konvergiert $\sum\limits_{n=0}^{\infty} a_n$ absolut.*

**Beweis.** Zu $\varepsilon > 0$ existiert nach 1.5.2 ein $N(\varepsilon)$, so dass für $n \geq m \geq N(\varepsilon)$ gilt: $|\sum_{k=m}^{n} b_k| < \varepsilon$ und aus $|\sum_{k=m}^{n} a_k| \leq \sum_{k=m}^{n} |b_k| < \varepsilon$ für $n \geq m \geq N(\varepsilon)$ folgt mit 1.5.2 die Behauptung. □
Eine Reihe $\sum\limits_{n=0}^{\infty} b_n$ mit den angegebenen Eigenschaften nennt man **Majorante** zu $\sum\limits_{n=0}^{\infty} a_n$. Daraus ergibt sich ein weiteres Konvergenzkriterium:

**Satz 1.5.11 (Quotientenkriterium)** *Es sei $\sum\limits_{n=0}^{\infty} a_n$ eine Reihe mit $a_n \neq 0$ für alle $n \in \mathbb{N}$. Wenn ein $q \in \mathbb{R}$ existiert mit $0 < q < 1$ und*

$$\left| \frac{a_{n+1}}{a_n} \right| \leq q$$

*für alle $n \in \mathbb{N}$, dann konvergiert $\sum\limits_{n=0}^{\infty} a_n$ absolut.*

**Beweis.** Es ist $|a_1| \leq |a_0| \cdot q$, $|a_2| \leq |a_1| \cdot q \leq |a_0| \cdot q^2$ und

$$|a_{n+1}| \leq |a_n| \cdot q \leq \ldots \leq |a_0| \cdot q^{n+1}.$$

Daher ist $|a_0| \cdot \sum\limits_{n=0}^{\infty} q^n$ eine konvergente Majorante zu $\sum\limits_{n=0}^{\infty} a_n$. □
Wir beweisen noch das Leibnizsche Konvergenzkriterium für alternierende Reihen
(GOTTFRIED WILHELM LEIBNIZ (1646-1716))

$$a_0 - a_1 + a_2 - a_3 + a_4 - \ldots$$

**Satz 1.5.12 (Leibnizsches Konvergenzkriterium)** *Es sei $(a_n)_n$ eine monoton fallende Folge in $\mathbb{R}$ mit $a_n \geq 0$ für alle $n \in \mathbb{N}_0$ und $\lim\limits_{n \to \infty} a_n = 0$. Dann konvergiert die Reihe*

$$\sum_{n=0}^{\infty} (-1)^n a_n$$

*und es gilt*

$$|\sum_{n=0}^{\infty}(-1)^n a_n - \sum_{n=0}^{k}(-1)^n a_n| \leq a_{k+1}.$$

*Man kann also den Fehler, der entsteht, wenn man die Reihe bei $a_k$ abbricht, durch $a_{k+1}$ abschätzen.*

**Beweis** Wir setzen $s_k := \sum_{n=0}^{k}(-1)^n a_n$; dann ist $s_{2k+2} \geq s_{2k+1}$,

$$s_{2k+2} - s_{2k} = a_{2k+2} - a_{2k+1} \leq 0; \quad s_{2k+1} - s_{2k-1} = -a_{2k+1} + a_{2k} \geq 0.$$

Daher ist

$$s_1 \leq s_3 \leq \ldots \leq s_{2k-1} \leq s_{2k+1} \leq s_{2k+2} \leq s_{2k} \leq \ldots \leq s_2 \leq s_0.$$

Die Folgen $(s_{2k+1})_k$ und $(s_{2k})_k$ sind also monoton und beschränkt und daher konvergent; wegen $s_{2k+2} - s_{2k+1} = a_{2k+2}$ und $\lim a_n = 0$ konvergieren sie gegen den gleichen Grenzwert $s$ und $s$ liegt zwischen $s_{k+1}$ und $s_k$. Daraus folgt $|s - s_k| \leq a_{k+1}$. □

Es soll noch kurz die Multiplikation zweier Reihen behandelt werden. Dazu erinnern wir daran, dass man Summen so ausmultipliziert:

$$(a_0 + a_1 + a_2 + \ldots + a_m) \cdot (b_0 + b_1 + b_2 + \ldots + b_r) =$$
$$= a_0 b_0 + (a_0 b_1 + a_1 b_0) + (a_0 b_2 + a_1 b_1 + a_2 b_0) + \ldots + a_m b_r.$$

Für Reihen gilt der folgende Satz, den wir ohne Beweis angeben (ein Beweis findet sich in [6],[24]):

**Satz 1.5.13** *Die Reihen $\sum_{n=0}^{\infty} a_n$ und $\sum_{n=0}^{\infty} b_n$ seien absolut konvergent. Setzt man*

$$c_n := \sum_{k=0}^{n} a_k b_{n-k} = a_0 b_n + a_1 b_{n-1} + \ldots + a_n b_0,$$

*so konvergiert die Reihe $\sum_{n=0}^{\infty} c_n$ ebenfalls absolut und es gilt:*

$$(\sum_{n=0}^{\infty} a_n) \cdot (\sum_{n=0}^{\infty} b_n) = \sum_{n=0}^{\infty} c_n.$$

Bei Konvergenzuntersuchungen sollte man beachten, dass es das Konvergenzverhalten einer Folge oder Reihe nicht beeinflusst, wenn man endlich viele Glieder abändert. Daher kann man zum Beispiel das Quotientenkriterium verallgemeinern: Wenn zu einer Reihe $\sum_{n=0}^{\infty} a_n$ ein $q$ mit $0 < q < 1$ und ein $m \in \mathbb{N}$ existiert mit $a_n \neq 0$ für $n \geq m$ und $|\frac{a_{n+1}}{a_n}| \leq q$ für $n \geq m$, so konvergiert $\sum_{n=0}^{\infty} a_n$.

Wir erläutern dies an einem Beispiel:

**Beispiel 1.5.14** Für $z \in \mathbb{C}$, $|z| < 1$, ist

$$\sum_{n=1}^{\infty} n z^{n-1}$$

konvergent. Dies ergibt sich so: Sei $0 < |z| < 1$; dann wählt man ein $q \in \mathbb{R}$ mit $|z| < q < 1$. Nun wenden wir das Quotientenkriterium auf $a_n := n z^{n-1}$ an. Es ist

$$\left| \frac{a_{n+1}}{a_n} \right| = \frac{n+1}{n} \cdot |z| = (1 + \frac{1}{n}) \cdot |z|.$$

Weil $\frac{q}{|z|} > 1$ ist, gibt es ein $m \in \mathbb{N}$ mit $1 + \frac{1}{m} \leq \frac{q}{|z|}$. Daher ist für $n \geq m$

$$\left| \frac{a_{n+1}}{a_n} \right| = (1 + \frac{1}{n}) \cdot |z| \leq q$$

und daraus folgt die Konvergenz von $\sum_{n=1}^{\infty} n z^{n-1}$. Den Grenzwert können wir noch nicht berechnen; in 4.1.3 zeigen wir, dass man konvergente Potenzreihen gliedweise differenzieren darf. Damit ergibt sich:

$$\sum_{n=1}^{\infty} n z^{n-1} = \frac{\mathrm{d}}{\mathrm{d}z} \sum_{n=0}^{\infty} z^n = \frac{\mathrm{d}}{\mathrm{d}z} \left( \frac{1}{1-z} \right) = \frac{1}{(1-z)^2}.$$

∎

Wir behandeln nun weitere wichtige Beispiele. Zunächst eine Definition: Es sei $0! := 1$ und für $n \in \mathbb{N}$ setzt man

$$n! := 1 \cdot 2 \cdot 3 \cdot \ldots \cdot n.$$

**Beispiel 1.5.15** Die Reihe

$$\sum_{n=0}^{\infty} \frac{z^n}{n!} = 1 + z + \frac{z^2}{2} + \frac{z^3}{2 \cdot 3} + \ldots$$

konvergiert für alle $z \in \mathbb{C}$. Dies beweist man mit dem Quotientenkriterium 1.5.11. Es sei $z \in \mathbb{C}$; $z \neq 0$; setzt man $a_n := \frac{z^n}{n!}$, so ist

$$\left| \frac{a_{n+1}}{a_n} \right| = \left| \frac{z^{n+1} \cdot n!}{(n+1)! \cdot z^n} \right| = \frac{|z|}{n+1}.$$

Wählt man ein $k \in \mathbb{N}$ mit $k \geq 2 \cdot |z|$, so ist für $n \geq k$:

$$\left| \frac{a_{n+1}}{a_n} \right| = \frac{|z|}{n+1} \leq \frac{|z|}{k} \leq \frac{1}{2}$$

und nach dem Quotientenkriterium konvergiert $\sum\limits_{n=k}^{\infty} \frac{z^n}{n!}$ und daher auch $\sum\limits_{n=0}^{\infty} \frac{z^n}{n!}$. Die

Reihe $\sum\limits_{n=0}^{\infty} \frac{z^n}{n!}$ heißt die Exponentialreihe, man bezeichnet sie mit $e^z$ oder $\exp(z)$:

$$\exp(z) := e^z := \sum_{n=0}^{\infty} \frac{z^n}{n!}.$$

Die Exponentialfunktion $z \mapsto e^z$ untersuchen wir in 4.2. ∎

**Beispiel 1.5.16** Die sogenannte **harmonische Reihe**

$$\sum_{n=1}^{\infty} \frac{1}{n}$$

ist divergent. Um dies zu zeigen, schätzen wir die Partialsummen $s_k := \sum_{n=1}^{k} \frac{1}{n}$ so ab:

$$\begin{aligned}
s_2 &= 1 + \tfrac{1}{2}, \\
s_4 &= s_2 + (\tfrac{1}{3} + \tfrac{1}{4}) & \geq s_2 + (\tfrac{1}{4} + \tfrac{1}{4}) & = s_2 + \tfrac{1}{2} = 1 + \tfrac{2}{2}, \\
s_8 &= s_4 + (\tfrac{1}{5} + \ldots + \tfrac{1}{8}) & \geq s_4 + (\tfrac{1}{8} + \ldots + \tfrac{1}{8}) & = s_4 + \tfrac{1}{2} = 1 + \tfrac{3}{2}, \\
s_{16} &= s_8 + (\tfrac{1}{9} + \ldots + \tfrac{1}{16}) & \geq s_8 + (\tfrac{1}{16} + \ldots + \tfrac{1}{16}) & = s_8 + \tfrac{1}{2} = 1 + \tfrac{4}{2}.
\end{aligned}$$

Auf diese Weise zeigt man

$$s_{2^k} \geq 1 + \frac{k}{2},$$

daher ist die Folge $(s_k)$ divergent, somit divergiert auch $\sum\limits_{n=1}^{\infty} \frac{1}{n}$. ∎

**Beispiel 1.5.17** Die **alternierende harmonische Reihe**

$$\sum_{n=1}^{\infty} (-1)^{n-1} \frac{1}{n} = 1 - \frac{1}{2} + \frac{1}{3} - \frac{1}{4} + \ldots$$

ist nach dem Leibniz-Kriterium 1.5.12 konvergent. Den Grenzwert können wir noch nicht ausrechnen; in 6.2.10 werden wir zeigen, dass diese Reihe gegen $\ln 2$ konvergiert.

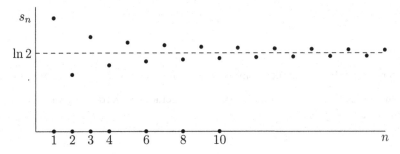

**Beispiel 1.5.18** Die Reihe

$$\sum_{n=1}^{\infty} \frac{1}{n^2}$$

ist konvergent; um dies zu zeigen, geben wir eine konvergente Majorante an: Für $n \geq 2$ ist

$$\frac{1}{n^2} < \frac{1}{n(n-1)}$$

und die $k$-te Partialsumme ($k \geq 2$)

$$s_k = \sum_{n=2}^{k} \frac{1}{n(n-1)}$$

lässt sich folgendermaßen berechnen: Für $n \geq 2$ ist

$$\frac{1}{n-1} - \frac{1}{n} = \frac{1}{n \cdot (n-1)}$$

und daher

$$s_k = \sum_{n=2}^{k} \frac{1}{n(n-1)} = \sum_{n=2}^{k} (\frac{1}{n-1} - \frac{1}{n}) = \sum_{n=2}^{k} \frac{1}{n-1} - \sum_{n=2}^{k} \frac{1}{n}$$

$$= (1 + \frac{1}{2} + \ldots + \frac{1}{k-1}) - (\frac{1}{2} + \ldots + \frac{1}{k-1} + \frac{1}{k}) = 1 - \frac{1}{k}.$$

Daher ist

$$\lim_{k \to \infty} s_k = \lim_{k \to \infty} (1 - \frac{1}{k}) = 1,$$

also

$$\sum_{n=2}^{\infty} \frac{1}{n(n-1)} = 1.$$

Daher ist diese Reihe eine konvergente Majorante von $\sum_{n=1}^{\infty} \frac{1}{n^2}$ und nach dem Majorantenkriterium konvergiert $\sum_{n=1}^{\infty} \frac{1}{n^2}$. Aus dem Majorantenkriterium folgt weiter, dass für jedes $s \in \mathbb{N}$ mit $s \geq 2$ die Reihe

$$\sum_{n=1}^{\infty} \frac{1}{n^s}$$

konvergent ist. Es ist ziemlich schwierig, den Grenzwert von $\sum_{n=1}^{\infty} \frac{1}{n^s}$ zu bestimmen; für ungerades $s$ ist keine Formel bekannt; für gerades $s$ werden wir in 14.11.9 den Grenzwert bestimmen. ∎

# 1.6 Vollständige Induktion

Für jedes $n \in \mathbb{N}$ sei $A(n)$ eine Aussage. Wenn man zeigen will, dass $A(n)$ für alle $n \in \mathbb{N}$ richtig ist, geht man häufig so vor: Man zeigt, dass $A(1)$ richtig ist und dass aus $A(1)$ die Aussage $A(2)$ folgt. Dann zeigt man: Aus $A(2)$ folgt $A(3)$ „und so weiter", d.h. aus $A(n)$ folgt $A(n + 1)$. Diese Schlussweise wird präzisiert im Beweisprinzip der vollständigen Induktion:

**Satz 1.6.1 (Vollständige Induktion)** *Für $n \in \mathbb{N}$ sei $A(n)$ eine Aussage; es gelte:*

*(1) $A(1)$ ist richtig.*
*(2) Für alle $n \in \mathbb{N}$ gelte: wenn $A(n)$ richtig ist, dann auch $A(n + 1)$;*

*dann ist $A(n)$ für alle $n \in \mathbb{N}$ richtig.*

**Bemerkung.** Man kann die Bedingung (2) auch ersetzen durch
(2') Für alle $n \in \mathbb{N}$ gelte: wenn $A(j)$ für alle $j \leq n$ richtig ist, dann auch $A(n+1)$.

Das Beweisprinzip der vollständigen Induktion folgt aus einer grundlegenden Eigenschaft der natürlichen Zahlen: Wenn für eine Teilmenge $M$ von $\mathbb{N}$ gilt: $1 \in M$ und aus $n \in M$ folgt: $n + 1 \in M$, so ist $M = \mathbb{N}$.
Wir erläutern die vollständige Induktion zunächst an einem einfachen Beispiel; anschließend beweisen wir mit Hilfe der vollständigen Induktion den binomischen Lehrsatz.

**Beispiel 1.6.2** Wir beweisen mit vollständiger Induktion die Formel

$$1 + 3 + 5 + 7 + 9 + \ldots + (2n - 1) = n^2.$$

Für $n \in \mathbb{N}$ sei $A(n)$ die Aussage

$$\sum_{k=1}^{n} (2k - 1) = n^2.$$

Für $n = 1$ steht auf der linken Seite dieser Formel $\sum_{k=1}^{1} (2k - 1) = 1$ und rechts $1^2 = 1$; also ist $A(1)$ richtig. Nun sei $A(n)$ richtig, also $\sum_{k=1}^{n}(2k - 1) = n^2$. Zu zeigen ist, dass auch $A(n + 1)$ richtig ist, nämlich $\sum_{k=1}^{n+1}(2k - 1) = (n + 1)^2$. Es gilt:

$$\sum_{k=1}^{n+1}(2k - 1) = \sum_{k=1}^{n}(2k - 1) + (2(n + 1) - 1) = n^2 + 2n + 1 = (n + 1)^2.$$

Damit ist $A(n + 1)$ hergeleitet und aus 1.6.1 folgt, dass $A(n)$ für alle $n$ richtig ist.
∎

Um die vollständige Induktion zu erläutern, behandeln wir zuerst den binomischen Lehrsatz und anschließend Polynome.

**Der binomische Lehrsatz**

Bekannt sind die Formeln

$$(x + y)^2 = x^2 + 2xy + y^2$$
$$(x + y)^3 = x^3 + 3x^2 y + 3xy^2 + y^3.$$

Wir suchen eine allgemeine Formel für $(x + y)^n$, $n \in \mathbb{N}$. Dazu definiert man:

**Definition 1.6.3** *Für $n \in \mathbb{N}_0$ und $k \in \mathbb{N}_0$ mit $0 \leq k \leq n$ sei*

$$\binom{n}{k} := \frac{n!}{k!(n-k)!} = \frac{n \cdot (n-1) \cdot \ldots \cdot (n-k+1)}{1 \cdot 2 \cdot \ldots \cdot k}.$$

*Die Zahlen $\binom{n}{k}$ heißen* **Binomialkoeffizienten.**

Wir zeigen zuerst

**Hilfssatz 1.6.4** *Für $n \in \mathbb{N}$, $n \geq 1$ und $k = 1, ..., n - 1$ gilt*

$$\boxed{\binom{n}{k} = \binom{n-1}{k-1} + \binom{n-1}{k}.}$$

*Außerdem ist*

$$\binom{n}{0} = 1, \quad \binom{n}{n} = 1.$$

**Beweis.** Es ist

$$\binom{n-1}{k-1} + \binom{n-1}{k} = \frac{(n-1)!}{(k-1)!(n-k)!} + \frac{(n-1)!}{k!(n-k-1)!} =$$

$$= \frac{(n-1)! \cdot k}{k!(n-k)!} + \frac{(n-1)! \cdot (n-k)}{k!(n-k)!} = \frac{(n-1)!}{k!(n-k)!} \cdot (k + n - k) = \frac{n!}{k!(n-k)!} = \binom{n}{k}.$$

$\square$

Auf die Bedeutung dieses Hilfssatzes gehen wir später ein. Nun zeigen wir:

**Satz 1.6.5 (Binomischer Lehrsatz)** *Für alle $n \in \mathbb{N}$ und $x, y \in \mathbb{C}$ gilt:*

$$\boxed{(x + y)^n = \sum_{k=0}^{n} \binom{n}{k} x^{n-k} y^k}$$

**Beweis.** Wir führen den Beweis durch vollständige Induktion. Der Induktionsanfang

$$(x + y)^1 = \binom{1}{0} x + \binom{1}{1} y$$

ist offensichtlich richtig. Nun setzen wir voraus, dass

$$(x + y)^{n-1} = \sum_{k=0}^{n-1} \binom{n-1}{k} x^{n-1-k} y^k$$

gilt. Multipliziert man diese Gleichung mit $x + y$, so erhält man

$$
\begin{aligned}
(x+y)^n ={}& (x+y) \cdot \sum_{k=0}^{n-1} \binom{n-1}{k} x^{n-1-k} y^k &&= \\
={}& x \cdot \sum_{k=0}^{n-1} \binom{n-1}{k} x^{n-1-k} y^k \quad+\quad y \cdot \sum_{k=0}^{n-1} \binom{n-1}{k} x^{n-1-k} y^k &&= \\
={}& \sum_{k=0}^{n-1} \binom{n-1}{k} x^{n-k} y^k \quad+\quad \sum_{k=0}^{n-1} \binom{n-1}{k} x^{n-(k+1)} y^{k+1} &&= \\
={}& \sum_{k=0}^{n-1} \binom{n-1}{k} x^{n-k} y^k \quad+\quad \sum_{l=1}^{n} \binom{n-1}{l-1} x^{n-l} y^l &&= \\
={}& \binom{n-1}{0} x^n \;+\; \sum_{k=1}^{n-1} \left[ \binom{n-1}{k} + \binom{n-1}{k-1} \right] x^{n-k} y^k \;+\; \binom{n-1}{n-1} y^n.
\end{aligned}
$$

Es ist $\binom{n-1}{0} = 1 = \binom{n}{0}$ und $\binom{n-1}{n-1} = 1 = \binom{n}{n}$; der erste Summand ist also $\binom{n}{0} x^n$ und der letzte ist $\binom{n}{n} y^n$. Für die in der Mitte stehende Summe ist nach Hilfssatz 1.6.4

$$\binom{n-1}{k} + \binom{n-1}{k-1} = \binom{n}{k};$$

und daher ergibt sich

$$(x+y)^n = \binom{n}{0} x^n + \sum_{k=1}^{n-1} \binom{n}{k} x^{n-k} y^k + \binom{n}{n} y^n = \sum_{k=0}^{n} \binom{n}{k} x^{n-k} y^k.$$

Damit ist der binomische Lehrsatz bewiesen. □

Nun soll gezeigt werden, wie man Hilfssatz 1.6.4 zur Berechnung der Binomialkoeffizienten verwenden kann.

Wählt man eine natürliche Zahl $n > 1$ und schreibt die zu $n - 1$ gehörenden Binomialkoeffizienten in eine Zeile, so erhält man durch Addition der nebeneinander stehenden Koeffizienten $\binom{n-1}{k-1} + \binom{n-1}{k}$ den Koeffizienten $\binom{n}{k}$:

$$\binom{n-1}{0} \; \binom{n-1}{1} \; \cdots \; \binom{n-1}{k-1} \; \binom{n-1}{k} \; \cdots \; \binom{n-1}{n-1}$$
$$\searrow \quad \swarrow$$
$$\binom{n}{k}$$

Beginnt man mit $\binom{0}{0} = 1$, so ist die nächste Zeile $\binom{1}{0} = 1$, $\binom{1}{1} = 1$, und man erhält auf diese Weise das **Pascalsche Dreieck** (BLAISE PASCAL (1623-1662)):

$$
\begin{array}{ccccccccccccc}
& & & & & & 1 & & & & & & \\
& & & & & 1 & & 1 & & & & & \\
& & & & 1 & & 2 & & 1 & & & & \\
& & & 1 & & 3 & & 3 & & 1 & & & \\
& & 1 & & 4 & & 6 & & 4 & & 1 & & \\
& 1 & & 5 & & 10 & & 10 & & 5 & & 1 & \\
1 & & 6 & & 15 & & 20 & & 15 & & 6 & & 1
\end{array}
$$

Die vorletzte Zeile liefert z.B. die Formel

$$
(x + y)^5 = x^5 + 5x^4 y + 10x^3 y^2 + 10x^2 y^3 + 5xy^4 + y^5.
$$

Wir zeigen noch:

**Satz 1.6.6** *Für* $n, k \in \mathbb{N}_0$, $0 \leq k \leq n$ *gilt:*
*Die Anzahl der k-elementigen Teilmengen einer n-elementigen Menge M ist* $\binom{n}{k}$.

**Beweis.** Wir beweisen die Aussage durch Induktion über $n$. Der Induktionsanfang $n = 0$ ist klar; für $n = 0$ ist $M = \emptyset$.

Nun sei $n \in \mathbb{N}$ und die Aussage sei für $n - 1$ richtig. Ist dann $M$ eine Menge mit $n$ Elementen, so wählen wir ein $p \in M$.

Die Anzahl der k-elementigen Teilmengen $A \subset M$ mit $p \notin A$ ist wegen $A \subset M \setminus \{p\}$ nach Induktionsannahme gleich $\binom{n-1}{k}$.

Alle k-elementigen Teilmengen $A$ von $M$ mit $p \in A$ erhält man so: man wählt eine (k-1)-elementige Teilmenge von $M \setminus \{p\}$ und fügt $p$ hinzu; die Anzahl der (k-1)-elementigen Teilmengen von $M \setminus \{p\}$ ist $\binom{n-1}{k-1}$.

Die Anzahl aller k-elementigen Teilmengen von $M$ ist also $\binom{n-1}{k} + \binom{n-1}{k-1}$, und dies ist nach 1.6.4 gleich $\binom{n}{k}$. □

**Polynome**

Ist

$$
p(X) = a_n X^n + a_{n-1} X^{n-1} + \ldots + a_1 X + a_0
$$

ein Polynom mit Koeffizienten $a_n \ldots, a_0 \in \mathbb{C}$, und ist $a_n \neq 0$, so ist $gr(p) := n$ der Grad von $p$. Es gilt $gr(p \cdot q) = gr(p) + gr(q)$.
Nun zeigen wir:

**Satz 1.6.7** *Ist $p$ ein Polynom n-ten Grades, $n > 1$, und ist $c$ eine Nullstelle von $p$, so existiert ein Polynom $q$ vom Grad $(n - 1)$ mit*

$$
\boxed{p(X) = (X - c)q(X).}
$$

**Beweis.** Zunächst sei $p(c)$ beliebig; wir zeigen, dass $p(X) - p(c)$ durch $X - c$ teilbar ist. Für den Spezialfall $p(X) = X^n$ ist dies klar: Setzt man $g_1(X) := 1$ und

$$
g_n(X) := X^{n-1} + c X^{n-2} + \ldots + c^{n-2} X + c^{n-1} \quad \text{für } n \geq 2,
$$

so gilt $(X - c)g_n(X) = X^n - c^n$.

Ist nun $p(X) = a_n X^n + a_{n-1} X^{n-1} + \ldots + a_1 X + a_0$ , so ist

$$p(X) - p(c) = \sum_{k=1}^{n} a_k (X^k - c^k) = (X - c) \sum_{k=1}^{n} a_k g_k(X) = (X - c)q(X)$$

$$\text{mit} \quad q(X) := \sum_{k=1}^{n} a_k g_k(X).$$

Falls $p(c) = 0$ ist, folgt die Aussage des Satzes.     □

Die Koeffizienten $b_k$ von $q(X) = b_{n-1}X^{n-1} + b_{n-2}X^{n-2} + \ldots + b_1 X + b_0$ und $p(c)$ erhält man folgendermaßen: Aus

$$a_n X^n + \ldots + a_0 - p(c) = (X - c)(b_{n-1}X^{n-1} + \ldots + b_0)$$

folgt $a_n = b_{n-1}, a_{n-1} = b_{n-2} - cb_{n-1}, \ldots, a_1 = b_0 - cb_1, a_0 - p(c) = -cb_0,$

also $b_{n-1} = a_n, b_{n-2} = a_{n-1} + cb_{n-1}, \ldots, b_0 = a_1 + cb_1, p(c) = a_0 + cb_0$

**Das Hornersche Schema**

Die Berechnung von $b_{n-1}, \ldots, b_0$ und $p(c)$ geschieht nach dem Hornerschen Schema (WILLIAM HORNER (1786-1837)):

Man schreibt die $a_n, \ldots, a_0$ in die erste Zeile; es ist $b_{n-1} = a_n$; dies multipliziert man mit $c$ , addiert es zu $a_{n-1}$ und erhält $b_{n-2}$. Dann multipliziert man $b_{n-2}$ mit $c$, addiert $c \cdot b_{n-2}$ zu $a_{n-2}$ und erhält $b_{n-3}$. Auf diese Weise errechnet man $b_{n-1}, \ldots, b_0$ und zuletzt $p(c)$.

| $a_n$ | $a_{n-1}$ | $a_{n-2}$ | $a_{n-3}$ | $\ldots$ | $a_1$ | $a_0$ |
|---|---|---|---|---|---|---|
| | $c \cdot b_{n-1}$ | $c \cdot b_{n-2}$ | $c \cdot b_{n-3}$ | $\ldots$ | $c \cdot b_1$ | $c \cdot b_0$ |
| $b_{n-1}$ | $b_{n-2}$ | $b_{n-3}$ | $b_{n-4}$ | $\ldots$ | $b_0$ | $p(c)$ |

**Beispiel 1.6.8** Es sei $p(X) = X^4 - X^3 - 2X - 4$ und $c = 2$. Man erhält

| 1 | $-1$ | 0 | $-2$ | $-4$ |
|---|---|---|---|---|
| | 2 | 2 | 4 | 4 |
| 1 | 1 | 2 | 2 | 0 |

Es ergibt sich $q(X) = X^3 + X^2 + 2X + 2$.

■

Daraus folgt:

**Satz 1.6.9** *Ein Polynom vom Grad $n \geq 1$ hat höchstens $n$ Nullstellen.*

**Beweis.** Wir beweisen den Satz mit vollständiger Induktion.

Für $n = 1$ ist $p(X) = a_1 X + a_0$ mit $a_1 \neq 0$ und dafür ist die Aussage offensichtlich richtig. Nun sei $n \geq 2$ und der Satz sei für Polynome vom Grad $\leq (n - 1)$ richtig. Ist dann $p$ ein Polynom vom Grad $n$ und ist $c$ eine Nullstelle von $p$, so hat man $p(X) = (X - c)q(X)$ mit $grq = n - 1$. Aus $p(c') = 0$ und $c \neq c'$ folgt $q(c') = 0$. Weil $q$ höchstens $n - 1$ Nullstellen hat, folgt: $p$ hat höchstens $n$ Nullstellen.  □

In 14.7.3 zeigen wir, dass in $\mathbb{C}$ jedes Polynom mindestens eine Nullstelle besitzt; durch Induktion ergibt sich daraus:

**Satz 1.6.10 (Fundamentalsatz der Algebra)** *Ist*

$$p(X) = a_n X^n + a_{n-1} X^{n-1} + \ldots + a_1 X + a_0$$

*ein Polynom vom Grad* $n \geq 1$ *mit* $a_n, \ldots, a_0 \in \mathbb{C}$; $a_n \neq 0$, *so existieren* $c_1, \ldots, c_n \in \mathbb{C}$ *mit*

$$\boxed{p(X) = a_n \cdot (X - c_1) \cdot \ldots \cdot (X - c_n)}$$

*Mit paarweise verschiedenen Nullstellen* $c_1 \ldots, c_m$ *ist*

$$\boxed{p(X) = a_n (X - c_1)^{r_1} \cdot \ldots \cdot (X - c_m)^{r_m}}$$

*dabei ist* $r_k \in \mathbb{N}$ *die Vielfachheit der Nullstelle* $c_k$.

**Beweis** Der Induktionsanfang $n = 1$ ist klar; nun sei $n \geq 2$ und der Satz sei für Polynome vom Grad $\leq n - 1$ richtig. Ist dann $p$ ein Polynom vom Grad $n$, so existiert nach 14.7.3 ein $c_1 \in \mathbb{C}$ mit $p(c_1) = 0$. Dann ist $p(X) = (X - c_1)q(X)$ und nach Induktionsannahme gibt es $c_2, \ldots, c_n \in \mathbb{C}$ mit $q(X) = a_n \cdot (X - c_2) \cdot \ldots \cdot (X - c_n)$, also $p(X) = a_n \cdot (X - c_1) \cdot (X - c_2) \cdot \ldots \cdot (X - c_n)$.  □

**Polynome 3. Grades**

Die Nullstellen eines Polynoms 2. Grades $aX^2 + bX + c$ kann man bekanntlich durch

$$\frac{-b \pm \sqrt{b^2 - 4ac}}{2a}$$

darstellen.

Schon vor 500 Jahren beschäftigten sich Mathematiker wie SCIPIONE DEL FERRO (1465-1526), NICOLO TARTAGLIA (1499/1500-1557), GIROLAMO CARDANO (1501-1576) mit der Lösung von Gleichungen 3. Grades. Dies soll kurz geschildert werden; eine ausführliche Darstellung findet man in [9].

Zunächst bringt man $X^3 + a_2 X^2 + a_1 X + a_0$, durch die Substitution $\tilde{X} = X + \frac{a_2}{3}$, auf die Form

$$X^3 + pX + q.$$

Nun macht man für die Nullstellen den Ansatz $x = u + v$; es ist $x^3 = u^3 + v^3 + 3uv(u + v)$ und daher

$$x^3 + px + q = (u^3 + v^3 + q) + (3uv + p)(u + v).$$

Man sucht nun $u, v$ so, dass

$$u^3 + v^3 = -q, \qquad 3uv = -p$$

ist. Es ist

$$\left(\frac{u^3 + v^3}{2}\right)^2 - \left(\frac{u^3 - v^3}{2}\right)^2 = u^3 v^3$$

also

$$\left(\frac{q}{2}\right)^2 - \left(\frac{u^3 - v^3}{2}\right)^2 = \left(-\frac{p}{3}\right)^3 .$$

Setzt man

$$d := \left(\frac{q}{2}\right)^2 + \left(\frac{p}{3}\right)^3 ,$$

so ergibt sich

$$\frac{u^3 + v^3}{2} = -\frac{q}{2}, \qquad \frac{u^3 - v^3}{2} = \sqrt{d}.$$

Daraus rechnet man $u, v$ aus:

$$u = \sqrt[3]{-\frac{q}{2} + \sqrt{d}}, \quad v = \sqrt[3]{-\frac{q}{2} - \sqrt{d}},$$

dabei wählt man die 3. Wurzeln so, dass $uv = -\frac{p}{3}$ ist. Nun sei $\varrho = -\frac{1}{2} + \frac{i}{2}\sqrt{3}$ eine 3. Einheitswurzel; dann sind die Lösungen von $x^3 + px + q = 0$ :

$$u + v; \quad \varrho u + \varrho^2 v; \quad \varrho^2 u + \varrho v.$$

Damit ergibt sich eine Formel, die nach CARDANO benannt ist:

**Satz 1.6.11 (Formel von Cardano)** *Die Nullstellen von $x^3 + px + q$ sind*

$$\sqrt[3]{-\frac{q}{2} + \sqrt{\left(\frac{q}{2}\right)^2 + \left(\frac{p}{3}\right)^3}} + \sqrt[3]{-\frac{q}{2} - \sqrt{\left(\frac{q}{2}\right)^2 + \left(\frac{p}{3}\right)^3}};$$

*dabei sind die 3. Wurzeln so zu wählen, dass ihr Produkt $-\frac{p}{3}$ ist.*

Auch für Polynome 4. Grades gibt es eine Formel für die Nullstellen. Dagegen hat NIELS HENRIK ABEL (1802-1829) im Jahr 1826 gezeigt, dass man die Nullstellen eines allgemeinen Polynoms 5. und höheren Grades nicht durch Radikale darstellen kann.

**Beispiel 1.6.12** Wir bringen ein Beispiel, das bereits von RAFFAEL BOMBELLI (1526-1572) behandelt wurde; es sollen die Nullstellen von

$$x^3 - 15x - 4$$

berechnet werden.

Es ist

$$\frac{q}{2} = -2, \quad \frac{p}{3} = -5, \quad d = -121.$$

Die Formel von Cardano liefert für die Nullstellen

$$\sqrt[3]{2 + \sqrt{-121}} + \sqrt[3]{2 - \sqrt{-121}} = \sqrt[3]{2 + 11i} + \sqrt[3]{2 - 11i}.$$

Es ist $(2 \pm i)^3 = 2 \pm 11i$ und daher erhält man eine Nullstelle $x_1$ so:

$$x_1 = (2 + i) + (2 - i) = 4.$$

Die anderen Nullstellen sind nach der Formel von Cardano:
$$x_2 = (2 + i)(-\tfrac{1}{2} + \tfrac{i}{2}\sqrt{3}) + (2 - i)(-\tfrac{1}{2} - \tfrac{i}{2}\sqrt{3}) =$$
$$= \tfrac{1}{2}(-2 - \sqrt{3} + i(-1 + 2\sqrt{3})) + \tfrac{1}{2}(-2 - \sqrt{3} + i(1 - 2\sqrt{3})) = -2 - \sqrt{3},$$
$$x_3 = -2 + \sqrt{3}.$$
(Natürlich kann man, wenn man die Nullstelle $x_1 = 4$ kennt, $x_2, x_3$ auch als Nullstellen von $(x^3 - 15x - 4) : (x - 4) = x^2 + 4x + 1$ ausrechnen.)

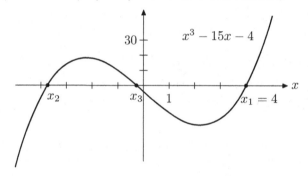

Man erhält also bei Anwendung der Formel von Cardano die drei reellen Nullstellen nur, wenn man mit komplexen Zahlen wie $\sqrt{-121} = 11i$ rechnet. Die Tatsache, dass man bei der Berechnung reeller Nullstellen komplexe Zahlen benötigt, hat bei der Einführung komplexer Zahlen eine große Rolle gespielt.

■

## Aufgaben

**1.1.** Zeigen Sie: Für $x, y \in \mathbb{R}$ gilt:

$$\max(x, y) = \frac{1}{2}(x + y + |x - y|); \quad \min(x, y) = \frac{1}{2}(x + y - |x - y|).$$

**1.2.** Zeigen Sie

$$\lim_{n \to \infty} \sqrt{\frac{1}{n}} = 0 \text{ und } \lim_{n \to \infty} (\sqrt{n + 1} - \sqrt{n}) = 0.$$

(Hinweis: $(x - y)(x + y) = x^2 - y^2$)

**1.3.** Sei $(a_n)_n$ eine Folge mit $a_n \in \{0, 1, 2, \ldots, 8, 9\}$; dann heißt $\sum\limits_{n=1}^{\infty} a_n \cdot 10^{-n}$ ein Dezimalbruch; zeigen Sie, dass jeder Dezimalbruch konvergiert.

Sei $a_n = 3$ für ungerade $n$ und $a_n = 7$ für gerade $n$; berechnen Sie den zugehörigen Dezimalbruch.

**1.4.** Konvergiert die Reihe

$$\sum_{n=1}^{\infty} \frac{n^3}{3^n} \ ?$$

**1.5.** Berechnen Sie

$$\sum_{n=2}^{\infty} \frac{1}{n^2 - 1}.$$

**1.6.** Zeigen Sie, dass für $n \in \mathbb{N}$ gilt:

$$1 + 2 + \ldots + n = \frac{1}{2}n(n+1), \qquad (1 + 2 + \ldots + n)^2 = 1^3 + 2^3 + \ldots + n^3.$$

**1.7.** Zeigen Sie für $m \in \mathbb{N}$:

$$\sum_{n=1}^{m} n^2 = \frac{1}{6}m(m+1)(2m+1).$$

**1.8.** Zeigen Sie für $n \in \mathbb{N}$:

$$\sum_{k=1}^{n} \binom{n}{k} = 2^n.$$

**1.9.** Geben Sie die folgenden komplexen Zahlen in der Form $x + iy$ mit $x, y \in \mathbb{R}$ an:

$$\frac{1}{3 + 2i}, \qquad \frac{1 + i}{1 - i}, \qquad \left(\frac{-1 + i\sqrt{3}}{2}\right)^{30}.$$

**1.10.** Berechnen Sie alle komplexen Nullstellen von $x^5 - x^4 + 2x^3 - 2x^2 + x - 1$.

**1.11.** Bestimmen Sie mit dem Ansatz $p(X) = c_0 + c_1 x + c_2 x(x - 1) + c_3 x(x - 1)(x - 2)$ ein Polynom $p$ mit

$$p(0) = 2, \quad p(1) = 0, \quad p(2) = -2, \quad p(3) = 2.$$

**1.12.** Für $n \in \mathbb{N}$ sei

$$a_n := \sum_{k=n}^{2n} \frac{1}{k}, \qquad b_n := \sum_{k=n+1}^{2n} \frac{1}{k}, \qquad c_n := \sum_{k=1}^{n} (-1)^{k+1} \cdot \frac{1}{k}.$$

Zeigen Sie, dass die Folgen $(a_n)$, $(b_n)$, $(c_n)$ konvergent sind und den gleichen Grenzwert $L$ besitzen. (In Aufgabe 5.7 und Beispiel 6.2.10 wird $L$ berechnet.)

# 2

# Stetige Funktionen

## 2.1 Stetigkeit

Nun führen wir den wichtigen Begriff der Stetigkeit ein; dabei geht man aus von der Vorstellung, dass bei einer stetigen Funktion gilt: „Wenn der Punkt $x$ nahe beim Punkt $a$ liegt, so ist der Funktionswert $f(x)$ nahe bei $f(a)$". Dies wird so präzisiert:

**Definition 2.1.1** *Es sei $D \subset \mathbb{R}$, eine Funktion $f : D \to \mathbb{R}$ heißt* **stetig im Punkt** $a \in D$, *wenn es zu jedem $\varepsilon > 0$ ein $\delta > 0$ gibt, so dass für alle $x \in D$ mit $|x-a| < \delta$ gilt:*

$$|f(x) - f(a)| < \varepsilon.$$

*Eine Funktion $f : D \to \mathbb{R}$ heißt* **stetig**, *wenn sie in jedem Punkt $a \in D$ stetig ist.*

Die Zahl $\delta$ hängt vom Punkt $a$ und von $\varepsilon$ ab, daher schreibt man auch $\delta = \delta(\varepsilon, a)$. Man nennt diese Definition kurz die $\varepsilon - \delta$-Definition der Stetigkeit.

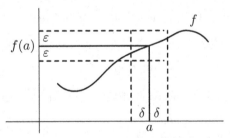

Die Stetigkeit einer Funktion kann man auch durch Konvergenz von Folgen ausdrücken. Die Stetigkeit einer Funktion $f$ im Punkt $a$ wird oft so veranschaulicht: „Wenn $x$ gegen $a$ strebt, dann strebt $f(x)$ gegen $f(a)$". Dies wird im folgenden Satz präzisiert:

**Satz 2.1.2** *Eine Funktion $f : D \to \mathbb{R}$ ist in $a \in D$ genau dann stetig, wenn für jede Folge $(x_n)_n$ in $D$, die gegen $a$ konvergiert, die Folge $(f(x_n))_n$ gegen $f(a)$ konvergiert.*

H. Kerner, W. von Wahl, *Mathematik für Physiker*, Springer-Lehrbuch,
DOI 10.1007/978-3-642-37654-2_2, © Springer-Verlag Berlin Heidelberg 2013

**Beweis.** a) Die Funktion $f$ sei in $a$ stetig und $\lim\limits_{n\to\infty} x_n = a$, $x_n \in D$; zu zeigen ist: $\lim\limits_{n\to\infty} f(x_n) = f(a)$. Sei $\varepsilon > 0$; dann existiert ein $\delta > 0$ mit $|f(x) - f(a)| < \varepsilon$ für $x \in D$, $|x - a| < \delta$. Weil $(x_n)_n$ gegen $a$ konvergiert, existiert ein $N \in \mathbb{N}$ mit $|x_n - a| < \delta$ für $n \geq N$. Für alle $n \geq N$ folgt dann $|f(x_n) - f(a)| < \varepsilon$ und damit ist die Behauptung bewiesen.

b) Um die Umkehrung zu beweisen, nehmen wir an, $f$ sei in $a$ unstetig. Dann gibt es ein $\varepsilon > 0$, so dass zu jedem $\delta_n = \frac{1}{n}$, $n \in \mathbb{N}$, ein $x_n \in D$ existiert mit $|x_n - a| < \frac{1}{n}$ und $|f(x_n) - f(a)| \geq \varepsilon$. Dann konvergiert $(x_n)_n$ gegen $a$, aber $(f(x_n))_n$ konvergiert nicht gegen $f(a)$.                                  □

Die soeben bewiesene Aussage kann man kürzer formulieren, wenn man den Begriff des Grenzwerts einer Funktion $f$ in einem Punkt $a \in \overline{D}$ einführt.

**Definition 2.1.3** *Ist $D$ eine Teilmenge von $\mathbb{R}$ und $a \in \mathbb{R}$, so heißt $a$ Häufungspunkt von $D$, wenn es eine Folge $(x_n)_n$ gibt mit $x_n \in D$, $x_n \neq a$ für alle $n \in \mathbb{N}$ und $\lim\limits_{n\to\infty} x_n = a$.*

*Die Vereinigung aus $D$ und allen Häufungspunkten von $D$ bezeichnet man mit $\overline{D}$.*

Ist z.B. $D = ]a, b[$, so ist $\overline{D} = [a, b]$. Man vergleiche dazu auch 9.1.

**Definition 2.1.4** *Es sei $D \subset \mathbb{R}$, $a \in \overline{D}$, $c \in \mathbb{R}$. Man sagt, $f : D \to \mathbb{R}$ besitzt in $a$ den Grenzwert $c$, wenn für jede Folge $(x_n)_n$ in $D$ mit $\lim\limits_{n\to\infty} x_n = a$ gilt: $\lim\limits_{n\to\infty} f(x_n) = c$; man schreibt dann*

$$\lim_{x\to a} f(x) = c.$$

Man kann leicht zeigen

**Hilfssatz 2.1.5** *Es gilt $\lim\limits_{x\to a} f(x) = c$ genau dann, wenn zu jedem $\varepsilon > 0$ ein $\delta > 0$ existiert, so dass für alle $x \in D$ mit $|x - a| < \delta$ gilt: $|f(x) - c| < \varepsilon$.*

Die Aussage von Satz 2.1.2 kann man nun so formulieren:

**Satz 2.1.6** *Eine Funktion $f : D \to \mathbb{R}$ ist in $a \in D$ genau dann stetig, wenn gilt:*

$$\lim_{x\to a} f(x) = f(a).$$

Aus den Rechenregeln für konvergente Folgen und Satz 2.1.2 ergibt sich

**Satz 2.1.7** *Sind $f : D \to \mathbb{R}$ und $g : D \to \mathbb{R}$ stetig, so auch $f + g$ und $f \cdot g$. Falls $g(x) \neq 0$ für $x \in D$ gilt, ist auch $\frac{f}{g}$ stetig.*

Wir bezeichnen den Vektorraum aller auf $D$ stetigen Funktionen mit

$$\mathcal{C}^0(D) := \{f : D \to \mathbb{R} |\ f \text{ ist stetig}\}.$$

(In 3.1 und Beispiel 7.2.7 behandeln wir den Vektorraum $\mathcal{C}^k(D)$ aller k-mal stetig differenzierbaren Funktionen.)

Unter geeigneten Voraussetzungen kann man Funktionen $f$ und $g$ „ineinander einsetzen", das heißt, man bildet die Funktion $x \mapsto g(f(x))$ :

**Definition 2.1.8** *Sind $D \subset \mathbb{R}$, $E \subset \mathbb{R}$, $f : D \to \mathbb{R}$ und $g : E \to \mathbb{R}$ und ist $f(D) \subset E$, so wird die Funktion $g \circ f$ definiert durch*

$$g \circ f : D \to \mathbb{R}, \ x \mapsto g(f(x)).$$

**Satz 2.1.9** *Sind $f : D \to \mathbb{R}$ und $g : E \to \mathbb{R}$ stetig und $f(D) \subset E$, so ist auch $g \circ f$ stetig.*

**Beweis.** Sei $a \in D$ und $(x_n)_n$ eine Folge in $D$ mit $\lim_{n \to \infty} x_n = a$. Aus der Stetigkeit der Funktion $f$ folgt $\lim_{n \to \infty} f(x_n) = f(a)$ und aus der Stetigkeit von $g$ folgt $\lim_{n \to \infty} g(f(x_n)) = g(f(a))$. $\qquad\square$

**Beispiel 2.1.10** Ist $c \in \mathbb{R}$, so ist die konstante Funktion $\mathbb{R} \to \mathbb{R}$, $x \mapsto c$, stetig. Um dies zu beweisen, kann man zu gegebenen $\varepsilon > 0$ immer $\delta := 1$ wählen. Auch die Funktion $\mathbb{R} \to \mathbb{R}$, $x \mapsto x$, ist stetig; zu $\varepsilon > 0$ kann man $\delta := \varepsilon$ wählen. Aus 2.1.7 folgt, dass auch die durch $x^2, x^3, ..., x^n, ...$ gegebenen Funktionen stetig sind. Ist $p(X) = a_0 + a_1 X + ... + a_n X^n$ ein Polynom mit reellen Koeffizienten $a_0, ..., a_n$, so ist die dadurch definierte Funktion $p : \mathbb{R} \to \mathbb{R}, x \mapsto p(x)$, ebenfalls stetig. $\qquad\blacksquare$

Wir zeigen nun: Wenn eine stetige Funktion in einem Punkt $x_0$ positiv ist, so ist sie in einer ganzen Umgebung von $x_0$ positiv:

**Satz 2.1.11** *Sei $f : D \to \mathbb{R}$ in $x_0 \in D$ stetig und $f(x_0) > 0$. Dann existiert ein $\delta > 0$, so dass für alle $x \in D$ mit $|x - x_0| < \delta$ gilt: $f(x) > 0$.*

**Beweis.** Zu $\varepsilon := \frac{1}{2} f(x_0) > 0$ existiert ein $\delta > 0$, so dass für $x \in D$, $|x - x_0| < \delta$, gilt: $f(x_0) - \varepsilon < f(x) < f(x_0) + \varepsilon$, also $0 < \frac{1}{2} f(x_0) < f(x)$. $\qquad\square$
Zur Charakterisierung der Stetigkeit kann man auch den Begriff der Umgebung und der offenen Menge verwenden. Wir erinnern an den Begriff der $\varepsilon$-Umgebung von $a$; für $\varepsilon > 0$ ist $U_\varepsilon(a) = \{x \in \mathbb{R} | \ |x - a| < \varepsilon\}$; eine Teilmenge $U \subset \mathbb{R}$ hatten wir als Umgebung von $a$ bezeichnet, wenn ein $\varepsilon > 0$ existiert mit $U_\varepsilon(a) \subset U$. Wir verallgemeinern diesen Begriff:

**Definition 2.1.12** *Sei $D$ eine beliebige Teilmenge von $\mathbb{R}$; dann heißt $U \subset D$ eine* **Umgebung von** $a \in D$ **bezüglich** $D$*, wenn ein $\varepsilon > 0$ existiert mit*

$$\{x \in D | \ |x - a| < \varepsilon\} \subset U.$$

*Eine Teilmenge $W \subset D$ heißt* **offen bezüglich** $D$*, wenn es zu jedem $w \in W$ ein $\varepsilon > 0$ gibt mit $\{x \in D | \ |x - w| < \varepsilon\} \subset W$.*

Die leere Menge ist offen bezüglich jeder Menge aus $\mathbb{R}$. Aus 2.1.1 folgt:

**Satz 2.1.13** *$f : D \to \mathbb{R}$ ist in $a \in D$ genau dann stetig, wenn es zu jeder Umgebung $V$ von $f(a)$ eine Umgebung $U$ von $a$ bezüglich $D$ gibt mit $f(U) \subset V$.*

Ist $f : D \to \mathbb{R}$ eine Funktion und $W \subset \mathbb{R}$, so ist $\overset{-1}{f}(W) := \{x \in D | \ f(x) \in W\}$ das Urbild von $W$. Damit können wir 2.1.13 so formulieren:

**Satz 2.1.14** $f : D \to \mathbb{R}$ *ist in* $a \in D$ *genau dann stetig, wenn für jede Umgebung* $V$ *von* $f(a)$ *gilt:* $\overset{-1}{f}(V)$ *ist Umgebung von* $a$ *bezüglich* $D$.

Daraus ergibt sich:

**Satz 2.1.15** $f : D \to \mathbb{R}$ *ist genau dann stetig, wenn für jede offene Menge* $W \subset \mathbb{R}$ *gilt:* $\overset{-1}{f}(W)$ *ist offen bezüglich* $D$.

## 2.2 Stetige Funktionen auf abgeschlossenen Intervallen

In diesem Abschnitt wird gezeigt, dass jede auf einem abgeschlossenen Intervall stetige Funktion $f : [a, b] \to \mathbb{R}$ Maximum und Minimum annimmt; das wichtigste Ergebnis ist der Zwischenwertsatz: Eine stetige Funktion, die positive und negative Werte annimmt, besitzt mindestens eine Nullstelle.

Zuerst zeigen wir:

**Hilfssatz 2.2.1** *Jede stetige Funktion* $f : [a, b] \to \mathbb{R}$ *ist beschränkt, d.h. es gibt ein* $M \in \mathbb{R}$ *mit*

$$|f(x)| \leq M \ \text{für alle } x \in [a, b].$$

**Beweis.** Wenn $f$ nicht beschränkt ist, dann existiert zu jedem $n \in \mathbb{N}$ ein $x_n \in [a, b]$ mit $|f(x_n)| > n$. Die Folge $(x_n)$ liegt in $[a, b]$; sie ist also beschränkt und nach 1.4.19 besitzt sie eine Teilfolge $(x_{n_k})_k$, die gegen ein $c \in [a, b]$ konvergiert. Wegen der Stetigkeit von $f$ ist $\lim\limits_{k \to \infty} f(x_{n_k}) = f(c)$. Nach 1.4.11 ist die Folge $(f(x_{n_k}))_k$ beschränkt, dies widerspricht $|f(x_{n_k})| > n_k$.    □

**Satz 2.2.2** *Jede stetige Funktion* $f : [a, b] \to \mathbb{R}$ *nimmt Maximum und Minimum an, d.h. es gibt Punkte* $p, q \in [a, b]$ *mit*

$$f(p) \leq f(x) \leq f(q) \ \text{für alle } x \in [a, b].$$

**Beweis.** Es genügt, zu zeigen, dass $f$ das Maximum annimmt; die Existenz des Minimums ergibt sich durch Übergang zu $-f$. Das Bild $f([a, b])$ ist beschränkt, daher existiert das Supremum

$$s := \sup f([a, b]).$$

Für $n \in \mathbb{N}$ ist $s - \frac{1}{n}$ keine obere Schranke von $f([a, b])$, daher existiert ein $x_n \in [a, b]$ mit $s - \frac{1}{n} < f(x_n) \leq s$. Wegen 1.4.19 darf man nach Übergang zu einer Teilfolge annehmen, dass $(x_n)$ gegen ein $q \in [a, b]$ konvergiert. Wegen der Stetigkeit von $f$ ist $\lim\limits_{n \to \infty} f(x_n) = f(q)$ und aus $s - \frac{1}{n} < f(x_n) \leq s$ folgt $\lim\limits_{n \to \infty} f(x_n) = s$, also ist $f(q) = s$ und daher $f(x) \leq f(q)$ für alle $x \in [a, b]$. Damit ist der Satz bewiesen.    □

Nun beweisen wir den Nullstellensatz und den Zwischenwertsatz. Der Nullstellensatz besagt, dass eine stetige Funktion $f$, die an einer Stelle $a$ negativ und an einer

Stelle $b$ positiv ist, dazwischen eine Nullstelle hat, Diese Ausage ist anschaulich so einleuchtend, dass Mathematiker früherer Jahrhunderte diesen Satz ohne Beweis verwendet haben. Dass hier die Vollständigkeit von $\mathbb{R}$ wesentlich ist, zeigt ein einfaches Beispiel:
Die Funktion $f : \{x \in \mathbb{Q} | \ 0 \le x \le 2\} \to \mathbb{Q}$, $x \mapsto x^2 - 2$, ist stetig und $f(0) = -2$, $f(2) = 2$. Es gibt aber keine rationale Zahl $x$ mit $x^2 = 2$ und daher hat $f$ (im nicht- vollständigen Körper $\mathbb{Q}$) keine Nullstelle.

**Satz 2.2.3 (Nullstellensatz von Bolzano)** *Sei* $f : [a, b] \to \mathbb{R}$ *eine stetige Funktion und* $f(a) < 0 < f(b)$. *Dann existiert ein* $\xi \in ]a, b[$ *mit*

$$f(\xi) = 0.$$

Wir geben für diesen wichtigen Satz zwei Beweise:
**1. Beweis.** Es sei

$$M := \{x \in [a, b] | \ f(x) < 0\}.$$

Weil $\mathbb{R}$ vollständig ist, existiert $s := \sup M$. Nach 2.1.11 ist $f$ in einer Umgebung von $a$ bezüglich $[a, b]$ negativ und in einer Umgebung von $b$ bezüglich $[a, b]$ positiv und daher ist $a < s < b$. Wir zeigen: $f(s) = 0$. Zuerst nehmen wir an, es sei $f(s) < 0$. Dann existiert nach 2.1.11 ein $\delta > 0$ mit $s + \delta < b$, so dass $f$ in $[s, s + \delta]$ negativ ist. Daraus folgt aber $\sup M \ge s + \delta$. - Nun sei $f(s) > 0$, dann existiert ein $\delta > 0$ mit $a < s - \delta$, so dass $f$ in $[s - \delta, s]$ positiv ist. Daraus folgt aber $M \subset [a, s - \delta]$, also wäre $\sup M \le s - \delta$. Daraus ergibt sich $f(s) = 0$.
**2. Beweis.** Diese Beweismethode ermöglicht eine näherungsweise Berechnung einer Nullstelle $\xi$ von $f$. Durch sukzessives Halbieren von Intervallen konstruiert man, beginnend mit $[a, b]$, eine Folge von Intervallen $[a_n, b_n]$ mit folgenden Eigenschaften:

(1) $[a_n, b_n] \supset [a_{n+1}, b_{n+1}]$,
(2) $b_{n+1} - a_{n+1} = \frac{1}{2}(b_n - a_n) = 2^{-(n+1)} \cdot (b - a)$,
(3) $f(a_n) \le 0$, $f(b_n) > 0$.

Man beginnt mit $a_0 := a$, $b_0 := b$, setzt $c_0 := \frac{a_0 + b_0}{2}$ und definiert $a_1, b_1$ so:

$$\text{für } f(c_0) > 0 \text{ sei } a_1 := a_0, \quad b_1 := c_0,$$
$$\text{für } f(c_0) \le 0 \text{ sei } a_1 := c_0, \quad b_1 := b_0.$$

Ist $[a_n, b_n]$ bereits konstruiert, so setzt man $c_n := \frac{a_n + b_n}{2}$ und definiert $a_{n+1}, b_{n+1}$ so:

$$\text{für } f(c_n) > 0 \text{ sei } a_{n+1} := a_n, \quad b_{n+1} := c_n,$$
$$\text{für } f(c_n) \le 0 \text{ sei } a_{n+1} := c_n, \quad b_{n+1} := b_n.$$

Dann ist die Folge $(a_n)$ monoton wachsend, $(b_n)$ ist monoton fallend, beide Folgen sind beschränkt und daher (wegen der Vollständigkeit von $\mathbb{R}$) konvergent. Wegen (2) haben sie den gleichen Grenzwert, den wir mit $\xi$ bezeichnen. Aus Eigenschaft (3) und der Stetigkeit von $f$ folgt

$$f(\xi) = \lim_{n \to \infty} f(a_n) \le 0, \qquad f(\xi) = \lim_{n \to \infty} f(b_n) \ge 0,$$

somit $f(\xi) = 0$.

Die Nullstelle $\xi$ liegt in $[a_n, b_n]$; damit hat man $\xi$ näherungsweise berechnet.    □

Eine etwas allgemeinere Aussage ergibt sich unmittelbar.

**Satz 2.2.4 (Zwischenwertsatz)** *Ist* $f : [a, b] \to \mathbb{R}$ *stetig und* $f(a) < f(b)$*, so existiert zu jeder reellen Zahl* $w$ *mit* $f(a) < w < f(b)$ *ein* $\xi \in [a, b]$ *mit*

$$f(\xi) = w.$$

Zum Beweis wendet man den Nullstellensatz auf die Funktion $g(x) := f(x) - w$ an.    □

Eine analoge Aussage gilt natürlich, falls $f(b) < f(a)$.

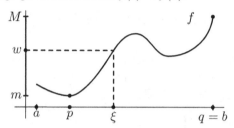

Die vorstehenden Sätze kann man so zusammenfassen:

**Satz 2.2.5** *Ist* $D \subset \mathbb{R}$ *und* $f : D \to \mathbb{R}$ *stetig, so ist das Bild jedes in* $D$ *liegenden abgeschlossenen Intervalls wieder ein abgeschlossenes Intervall.*

Ist nämlich $[a, b] \subset D$, so nimmt $f$ auf $[a, b]$ das Minimum $m$ und das Maximum $M$ an; für alle $x \in [a, b]$ ist also $m \leq f(x) \leq M$, somit $f([a, b]) \subset [m, M]$. Nach dem Zwischenwertsatz nimmt $f$ jeden Wert $w \in [m, M]$ an, daher ist $f([a, b]) = [m, M]$.

Aus dem Zwischenwertsatz folgt unmittelbar ein Fixpunktsatz; dabei heißt $p$ Fixpunkt von $f$, wenn $f(p) = p$ ist.

**Satz 2.2.6 (Fixpunktsatz)** *Jede stetige Abbildung* $f : [a, b] \to [a, b]$ *besitzt einen Fixpunkt* $p \in [a, b]$ .

**Beweis.** Man setzt $h : [a, b] \to \mathbb{R}, x \mapsto f(x) - x$. Wegen $a \leq f(x) \leq b$ ist $h(a) = f(a) - a \geq 0$ und $h(b) = f(b) - b \leq 0$. Nach dem Zwischenwertsatz existiert ein $p \in [a, b]$ mit $h(p) = 0$, also $f(p) = p$.    □

### Gleichmäßige Stetigkeit

Bei vielen Problemen, z.B. in der Integrationstheorie, benötigt man einen schärferen Begriff der Stetigkeit. Wenn eine Funktion $f : D \to \mathbb{R}$ stetig ist, dann bedeutet dies, dass zu jedem $a \in D$ und $\varepsilon > 0$ ein $\delta > 0$ existiert mit $|f(x) - f(a)| < \varepsilon$ für $x \in D$, $|x - a| < \delta$; die Zahl $\delta$ hängt also von $a$ und $\varepsilon$ ab. Bei der gleichmäßigen Stetigkeit wird gefordert, dass $\delta$ unabhängig vom Punkt $a \in D$ gewählt werden kann; man definiert also:

**Definition 2.2.7** *Eine Funktion* $f : D \to \mathbb{R}$ *heißt gleichmäßig stetig, wenn es zu jedem* $\varepsilon > 0$ *ein* $\delta > 0$ *gibt, so dass für alle* $x, x' \in D$ *mit* $|x - x'| < \delta$ *gilt:*

$$|f(x) - f(x')| < \varepsilon.$$

Es ist klar, dass jede gleichmäßig stetige Funktion auch stetig ist. Wir erläutern den Unterschied zwischen beiden Begriffen am Beispiel einer Funktion, die stetig, aber nicht gleichmäßig stetig ist.

**Beispiel 2.2.8** Die Funktion $f : \mathbb{R} \to \mathbb{R}, x \mapsto x^2$, ist nicht gleichmäßig stetig. Wenn nämlich $f$ gleichmäßig stetig wäre, müßte es zu $\varepsilon = 1$ ein geeignetes $\delta > 0$ geben. Wir wählen dann $x > \frac{1}{\delta}$ und setzen $x' := x + \frac{1}{x}$. Dann ist $|x' - x| = \frac{1}{x} < \delta$, aber $f(x') - f(x) = (x + \frac{1}{x})^2 - x^2 = 2 + \frac{1}{x^2} > 2$. ∎

Nun zeigen wir, dass auf abgeschlossenen Intervallen die beiden Stetigkeitsbegriffe übereinstimmen:

**Satz 2.2.9** *Jede auf einem abgeschlossenen Intervall stetige Funktion ist gleichmäßig stetig.*

**Beweis.** Wir nehmen an, $f : [a, b] \to \mathbb{R}$ sei stetig, aber nicht gleichmäßig stetig. Dann existiert ein $\varepsilon > 0$ mit folgender Eigenschaft: Zu jedem $\delta = \frac{1}{n}$, $n \in \mathbb{N}$, gibt es Punkte $x_n, x'_n \in [a, b]$, so dass $|x_n - x'_n| < \frac{1}{n}$ ist, aber $|f(x_n) - f(x'_n)| \geq \varepsilon$ für alle $n \in \mathbb{N}$. Nach 1.4.19 enthält $(x_n)_n$ eine konvergente Teilfolge $(x_{n_k})_k$, deren Grenzwert wir mit $c$ bezeichnen; aus 1.4.15 folgt $c \in [a, b]$. Wegen $|x_{n_k} - x'_{n_k}| < \frac{1}{n_k}$ konvergiert $(x'_{n_k})_k$ ebenfalls gegen $c$. Aus der Stetigkeit von $f$ im Punkt $c$ folgt, dass die Folgen $(f(x_{n_k}))_k$ und $(f(x'_{n_k}))_k$ gegen $f(c)$ konvergieren. Daher konvergiert $(f(x_{n_k}) - f(x'_{n_k}))_k$ gegen 0 und dies ergibt einen Widerspruch zu

$$|f(x_{n_k}) - f(x'_{n_k})| \geq \varepsilon \text{ für alle } k \in \mathbb{N}.$$

□

## Aufgaben

**2.1.** a) Beweisen Sie die gleichmäßige Stetigkeit der Funktion $b : \mathbb{R} \to \mathbb{R}, x \mapsto |x|$.
b) Sei $f : \mathbb{R} \to \mathbb{R}$ stetig; zeigen Sie, dass auch $|f|$ stetig ist.
c) Es sei $f : \mathbb{R} \to \mathbb{R}$ stetig und

$$f^+ : \mathbb{R} \to \mathbb{R}, x \mapsto \begin{cases} f(x) & \text{falls } f(x) \geq 0 \\ 0 & \text{falls } f(x) < 0 \end{cases} \qquad f^- : \mathbb{R} \to \mathbb{R}, x \mapsto \begin{cases} 0 & \text{falls } f(x) \geq 0 \\ -f(x) & \text{falls } f(x) < 0 \end{cases}$$

Zeigen Sie, dass die Funktionen $f^+$ und $f^-$ stetig sind.
d) Die Funktionen $f, g : \mathbb{R} \to \mathbb{R}$, seien stetig. Zeigen Sie, dass dann auch

$$\max(f, g) : \mathbb{R} \to \mathbb{R}, x \mapsto \max(f(x), g(x)), \quad \min(f, g) : \mathbb{R} \to \mathbb{R}, x \mapsto \min(f(x), g(x)),$$

stetig sind.

**2.2.** Ist die Funktion $\mathbb{R} \to \mathbb{R}, x \mapsto x^3$, gleichmäßig stetig ?

# 3

# Differenzierbare Funktionen

## 3.1 Differenzierbarkeit

Um den Begriff der Differenzierbarkeit einzuführen, kann man von der Frage ausgehen, wie man die Steigung einer Funktion $f$ im Punkt $x_0$ definiert. Für $x \neq x_0$ ist $\frac{f(x)-f(x_0)}{x-x_0}$ die Steigung der Geraden durch $(x_0, f(x_0))$ und $(x, f(x))$. Im Grenzwert für $x \to x_0$ erhält man die Steigung der Tangente, die man als Steigung von $f$ in $x_0$ interpretiert und mit $f'(x_0)$ oder $\frac{df}{dx}(x_0)$ bezeichnet.

Dies soll nun präzisiert werden. Wir setzen dazu immer voraus, dass es zu jedem $x_0 \in D$ eine Folge $(x_n)_n$ gibt mit $x_n \in D$, $x_n \neq x_0$ für $n \in \mathbb{N}$ und $\lim_{n \to \infty} x_n = x_0$. Jeder Punkt $x_0 \in D$ ist also Häufungspunkt von $D$ (vgl. 2.1.3).

Diese Voraussetzung ist erfüllt, wenn $D$ ein Intervall ist.

**Definition 3.1.1** *Eine Funktion $f : D \to \mathbb{R}$ heißt in $x_0 \in D$ differenzierbar, wenn es eine reelle Zahl $f'(x_0)$ gibt mit folgender Eigenschaft: Zu jedem $\varepsilon > 0$ existiert ein $\delta > 0$, so dass für alle $x \in D$ mit $0 < |x - x_0| < \delta$ gilt:*

$$\left| \frac{f(x) - f(x_0)}{x - x_0} - f'(x_0) \right| < \varepsilon.$$

*Dies ist gleichbedeutend mit*

$$f'(x_0) = \lim_{x \to x_0} \frac{f(x) - f(x_0)}{x - x_0}, \quad (x \in D, x \neq x_0);$$

*wir schreiben auch*

$$\frac{df}{dx}(x_0) := f'(x_0).$$

*Die Funktion $f$ heißt differenzierbar, wenn sie in jedem Punkt $x_0 \in D$ differenzierbar ist.*

Der Begriff „Differenzierbarkeit" soll noch erläutert und anders formuliert werden. Wir erinnern daran, dass eine Funktion $q$ in $x_0$ genau dann stetig ist, wenn $\lim_{x \to x_0} q(x) = q(x_0)$ gilt; daher ergibt sich:

H. Kerner, W. von Wahl, *Mathematik für Physiker*, Springer-Lehrbuch,
DOI 10.1007/978-3-642-37654-2_3, © Springer-Verlag Berlin Heidelberg 2013

**Satz 3.1.2** *Für jede Funktion* $f : D \to \mathbb{R}$ *gilt:*

*(1) Wenn* $f$ *in* $x_0 \in D$ *differenzierbar ist, so ist*

$$q : D \to \mathbb{R}, x \mapsto \begin{cases} \frac{f(x)-f(x_0)}{x-x_0} & \text{für } x \neq x_0 \\ f'(x_0) & \text{für } x = x_0 \end{cases}$$

*in* $x_0$ *stetig.*

*(2) Wenn es eine in* $x_0 \in D$ *stetige Funktion* $q : D \to \mathbb{R}$ *gibt mit* $q(x) = \frac{f(x)-f(x_0)}{x-x_0}$
*für* $x \neq x_0$, *so ist* $f$ *in* $x_0$ *differenzierbar und* $f'(x_0) = q(x_0)$.

**Bemerkung.** Man kann diese Aussage so formulieren: $f$ ist genau dann im Punkt $x_0$ differenzierbar, wenn der Differenzenquotient in den Punkt $x_0$ hinein stetig fortsetzbar ist; man vergleiche dazu 14.1.5.

Setzt man $c := f'(x_0) = q(x_0)$ und $\varphi(x) := q(x) - c$, so ist $\varphi(x) = \frac{f(x)-f(x_0)}{x-x_0} - c$
oder $f(x) - f(x_0) = c \cdot (x - x_0) + (x - x_0)\varphi(x)$ und man erhält:

**Hilfssatz 3.1.3** $f : D \to \mathbb{R}$ *ist in* $x_0 \in D$ *genau dann differenzierbar, wenn es ein*
$c \in \mathbb{R}$ *und eine Funktion* $\varphi : D \to \mathbb{R}$ *gibt mit* $\varphi(x_0) = 0$,

$$\boxed{f(x) = f(x_0) + c \cdot (x - x_0) + (x - x_0)\varphi(x) \quad \text{für } x \in D, \qquad \lim_{x \to x_0} \varphi(x) = 0;}$$

$c$ *und* $\varphi$ *sind eindeutig bestimmt,* $c = f'(x_0)$.

Mit $\psi(x) := (x - x_0) \cdot \varphi(x)$ erhält man:

**Hilfssatz 3.1.4** $f : D \to \mathbb{R}$ *ist in* $x_0 \in D$ *genau dann differenzierbar, wenn es ein*
$c \in \mathbb{R}$ *und eine Funktion* $\psi : D \to \mathbb{R}$ *gibt mit* $\psi(x_0) = 0$,

$$\boxed{f(x) = f(x_0) + c \cdot (x - x_0) + \psi(x) \quad \text{für } x \in D, \qquad \lim_{x \to x_0} \frac{\psi(x)}{x - x_0} = 0;}$$

$c$ *und* $\psi$ *sind eindeutig bestimmt,* $c = f'(x_0)$.

Hier wird die Grundidee der Differentialrechnung, nämlich die Linearisierung, deutlich: Man ersetzt $f$ durch die Funktion $x \mapsto f(x_0) + c \cdot (x - x_0)$, deren Graph die Tangente ist; der „Fehler" ist $\psi$ ; dieser geht für $x \to x_0$ so gegen Null, dass sogar $\lim_{x \to x_0} \frac{\psi(x)}{x-x_0} = 0$ ist.

Nun ergibt sich

**Satz 3.1.5** *Jede differenzierbare Funktion ist stetig.*

**Beweis.** $\lim_{x \to x_0} f(x) = f(x_0) + \lim_{x \to x_0} (c(x - x_0) + \psi(x)) = f(x_0)$.    $\square$

Wir notieren nun die Rechenregeln für differenzierbare Funktionen :

**Satz 3.1.6** *Es seien* $f : D \to \mathbb{R}$ *und* $g : D \to \mathbb{R}$ *differenzierbare Funktionen. Dann*
*sind auch* $f + g$ *und* $f \cdot g$ *differenzierbar und es gilt:*

$$(f + g)' = f' + g' \tag{1}$$

$$(f \cdot g)' = f'g + f \cdot g' \qquad \text{(Produktregel)}. \qquad (2)$$

*Falls g keine Nullstelle hat, ist auch $\frac{f}{g}$ differenzierbar und*

$$(\frac{f}{g})' = \frac{f'g - fg'}{g^2} \qquad \text{(Quotientenregel)}. \qquad (3)$$

**Beweis.** Wir beweisen die Produktregel (2) und verwenden dazu Hilfssatz 3.1.3: Ist $x_0 \in D$, so gibt es Funktionen $\varphi_1 : D \to \mathbb{R}$ und $\varphi_2 : D \to \mathbb{R}$ mit

$$f(x) = f(x_0) + f'(x_0) \cdot (x - x_0) + (x - x_0) \cdot \varphi_1(x), \qquad \lim_{x \to x_0} \varphi_1(x) = 0,$$

$$g(x) = g(x_0) + g'(x_0) \cdot (x - x_0) + (x - x_0) \cdot \varphi_2(x), \qquad \lim_{x \to x_0} \varphi_2(x) = 0.$$

Daraus ergibt sich

$$f(x) \cdot g(x) = f(x_0) \cdot g(x_0) + \underbrace{(f'(x_0)g(x_0) + f(x_0) \cdot g'(x_0))} \cdot (x - x_0) + (x - x_0) \cdot \eta(x)$$

mit

$$\eta(x) := f(x_0)\varphi_2(x) + g(x_0)\varphi_1(x) + f'(x_0)\varphi_2(x)(x - x_0) +$$
$$+ g'(x_0) \cdot \varphi_1(x) \cdot (x - x_0) + f'(x_0) \cdot g'(x_0) \cdot (x - x_0) + \varphi_1(x) \cdot \varphi_2(x) \cdot (x - x_0).$$

Offensichtlich ist $\lim_{x \to x_0} \eta(x) = 0$ und aus Hilfssatz 3.1.3 folgt, dass $f \cdot g$ differenzierbar ist und

$$(f \cdot g)'(x_0) = f'(x_0) \cdot g(x_0) + f(x_0) \cdot g'(x_0).$$

Die Quotientenregel (3) beweisen wir in 3.1.10. $\qquad \square$

Besonders wichtig ist die Kettenregel; diese gibt an, wie man die Ableitung einer Funktion $(g \circ f)(x) = g(f(x))$ erhält:

**Satz 3.1.7 (Kettenregel)** *Sind $f : D \to \mathbb{R}$ und $g : E \to \mathbb{R}$ differenzierbar und $f(D) \subset E$, so ist auch $g \circ f : D \to \mathbb{R}$, $x \mapsto g(f(x))$, differenzierbar und es gilt*

$$\boxed{(g \circ f)'(x) = g'(f(x)) \cdot f'(x).}$$

**Beweis.** Sei $x_0 \in D$ und $y_0 := f(x_0)$; nach Hilfssatz 3.1.3 gibt es Funktionen $\varphi_1 : D \to \mathbb{R}$ und $\varphi_2 : E \to \mathbb{R}$, so dass für $x \in D, y \in E$ gilt:

$$f(x) = f(x_0) + f'(x_0) \cdot (x - x_0) + (x - x_0) \cdot \varphi_1(x), \qquad \lim_{x \to x_0} \varphi_1(x) = 0,$$

$$g(y) = g(y_0) + g'(y_0) \cdot (y - y_0) + (y - y_0) \cdot \varphi_2(y), \qquad \lim_{y \to y_0} \varphi_2(y) = 0.$$

Setzt man $y := f(x)$, so ergibt die 1. Gleichung

$$y - y_0 = f'(x_0) \cdot (x - x_0) + (x - x_0)\varphi_1(x)$$

und mit der 2. Gleichung erhält man

$$g(f(x)) = g(f(x_0)) + \underbrace{(g'(f(x_0)) \cdot f'(x_0))} \cdot (x - x_0) + (x - x_0) \cdot \eta(x),$$

wobei wir

$$\eta(x) := g'(f(x_0)) \cdot \varphi_1(x) + f'(x_0) \cdot \varphi_2(f(x)) + \varphi_2(f(x)) \cdot (f'(x_0) + \varphi_1(x))$$

gesetzt haben. Es ist $\lim\limits_{x \to x_0} \eta(x) = 0$ und aus Hilfssatz 3.1.3 folgt, dass die Ableitung von $g \circ f$ in $x_0$ existiert und gleich $g'(f(x_0)) \cdot f'(x_0)$ ist.     □

Wenn man für die Ableitung die Leibnizsche Schreibweise $\frac{\mathrm{d}y}{\mathrm{d}x}$ verwendet, so kann man sich die Kettenregel leicht merken: Man hat Funktionen $y = y(x)$ und $x = x(t)$ sowie $y = y(t) = y(x(t))$; nach der Kettenregel ist

$$\frac{\mathrm{d}y}{\mathrm{d}t} = \frac{\mathrm{d}y}{\mathrm{d}x} \cdot \frac{\mathrm{d}x}{\mathrm{d}t}.$$

**Beispiel 3.1.8** Ist $c \in \mathbb{R}$ und $f(x) := c$ für $x \in \mathbb{R}$, so ist offensichtlich $f'(x) = 0$. Für $f(x) := x$ gilt: $f'(x) = 1$, denn $\lim\limits_{h \to 0} \frac{f(x+h) - f(x)}{h} = \lim\limits_{h \to 0} \frac{h}{h} = 1$.

Für $n \in \mathbb{N}$ ist

$$\frac{\mathrm{d}}{\mathrm{d}x} x^n = n \cdot x^{n-1}.$$

Dies folgt mit vollständiger Induktion und der Produktregel:

$$\frac{\mathrm{d}}{\mathrm{d}x} x^{n+1} = \frac{\mathrm{d}}{\mathrm{d}x}(x \cdot x^n) = 1 \cdot x^n + x \cdot n x^{n-1} = (n+1)x^n.$$

Daraus ergibt sich: Ist $p(X) := a_0 + a_1 X + \ldots + a_n X^n = \sum\limits_{k=0}^{n} a_k X^k$ ein Polynom, so ist die Funktion $p : \mathbb{R} \to \mathbb{R}, x \mapsto p(x)$, differenzierbar und

$$p'(x) = a_1 + 2a_2 x + \ldots + n a_n x^{n-1} = \sum_{k=1}^{n} k a_k x^{k-1}.$$

$\blacksquare$

In 4.1.3 werden wir beweisen, dass man auch konvergente Potenzreihen gliedweise differenzieren darf:

$$\frac{\mathrm{d}}{\mathrm{d}x} \sum_{n=0}^{\infty} a_n x^n = \sum_{n=1}^{\infty} n a_n x^{n-1}.$$

Daraus folgt dann:

**Beispiel 3.1.9** Es ist $\frac{\mathrm{d}}{\mathrm{d}x} e^x = e^x$, denn

$$\frac{\mathrm{d}}{\mathrm{d}x} e^x = \frac{\mathrm{d}}{\mathrm{d}x} \sum_{n=0}^{\infty} \frac{x^n}{n!} = \sum_{n=1}^{\infty} \frac{n x^{n-1}}{n!} = \sum_{n=1}^{\infty} \frac{x^{n-1}}{(n-1)!} = e^x.$$

$\blacksquare$

**Beispiel 3.1.10** Sei $D := \{x \in \mathbb{R}| x \neq 0\}$ und $\varphi : D \to \mathbb{R}$, $x \mapsto \frac{1}{x}$. Dann ist $\varphi'(x) = -\frac{1}{x^2}$, denn

$$\lim_{h \to 0} \frac{1}{h} (\frac{1}{x+h} - \frac{1}{x}) = \lim_{h \to 0} \frac{-h}{h(x+h)x} = \lim_{h \to 0} \frac{-1}{(x+h)x} = -\frac{1}{x^2}.$$

Ist $g$ eine differenzierbare Funktion mit $g(x) \neq 0$, so folgt nach der Kettenregel 3.1.7 (mit $\varphi(x) = \frac{1}{x}$):

$$(\frac{1}{g})' = (\varphi \circ g)' = -\frac{1}{g^2} g', \text{ also } (\frac{1}{g})' = -\frac{g'}{g^2}.$$

Ist $f$ differenzierbar, so ergibt sich nach der Produktregel 3.1.6 (2):

$$(\frac{f}{g})' = (f \cdot \frac{1}{g})' = f' \cdot \frac{1}{g} + f \cdot (-\frac{g'}{g^2}) = \frac{f'g - g'f}{g^2};$$

damit ist die Quotientenregel 3.1.6 (3) bewiesen.    ∎

Wir führen noch einige Begriffe ein.

**Definition 3.1.11** *Eine Funktion $f : D \to \mathbb{R}$ heißt* **stetig differenzierbar,** *wenn $f$ differenzierbar und $f'$ stetig ist. Sie heißt* **zweimal differenzierbar,** *wenn $f$ und auch $f'$ differenzierbar sind; man schreibt $f'' := (f')'$. Induktiv definiert man die n-te Ableitung von $f$ durch*

$$f^{(n)} := (f^{(n-1)})',$$

*man schreibt auch $\frac{d^n f}{dx^n} := f^{(n)}$. Eine Funktion $f$ heißt* **n-mal stetig differenzierbar,** *wenn $f^{(n)}$ existiert und stetig ist. Man setzt außerdem $f^{(0)} := f$.*
*Für $n \in \mathbb{N}_0$ und auch $n = \infty$ bezeichnet man den Vektorraum (siehe 7.2.7) der n-mal stetig differenzierbaren Funktionen auf $D$ mit $\mathcal{C}^n(D)$, also*

$$\mathcal{C}^0(D) := \{f : D \to \mathbb{R}| \ f \text{ ist stetig}\},$$

$$\mathcal{C}^n(D) := \{f : D \to \mathbb{R}| \ f \text{ ist n-mal stetig differenzierbar}\}, \quad n \in \mathbb{N},$$

$$\mathcal{C}^\infty(D) := \{f : D \to \mathbb{R}| \ f \text{ ist beliebig oft stetig differenzierbar}\}.$$

*In 6.2.1 werden wir den Vektorraum $\mathcal{C}^\omega(D)$ der auf einem offenen Intervall $D$ analytischen Funktionen einführen.*

Wir führen hier gleich den Begriff der differenzierbaren Funktionen mit kompaktem Träger ein. Die Begriffe „Kompaktheit" und „Träger einer Funktion" behandeln wir in einer allgemeineren Situation in 9.1.23.

**Definition 3.1.12** *Eine Funktion $f : \mathbb{R} \to \mathbb{R}$ besitzt* **kompakten Träger,** *wenn es reelle Zahlen $a < b$ gibt mit $f(x) = 0$ für alle $x \notin [a, b]$. Man definiert für $n \in \mathbb{N}_0$ und $n = \infty$:*

$$\mathcal{C}_0^n(\mathbb{R}) := \{f \in \mathcal{C}^n(\mathbb{R}) \mid f \text{ hat kompakten Träger} \}.$$

Wenn man ein Produkt mehrmals differenziert, erhält man:

$(f \cdot g)' = f' \cdot g + f \cdot g'$
$(f \cdot g)'' = f'' \cdot g + 2f' \cdot g' + f \cdot g'',$
$(f \cdot g)^{(3)} = f^{(3)} \cdot g + 3f^{(2)} \cdot g' + 3f' \cdot g^{(2)} + g^{(3)}.$

Dies erinnert an die binomische Formel; analog zum Beweis des binomischen Lehrsatzes ergibt sich durch Induktion nach $n \in \mathbb{N}$:

**Satz 3.1.13 (Leibnizsche Regel)** *Für n-mal differenzierbare Funktionen $f, g$ : $D \to \mathbb{R}$ gilt:*

$$(f \cdot g)^{(n)} = \sum_{k=0}^{n} \binom{n}{k} f^{(n-k)} \cdot g^{(k)}.$$

## 3.2 Die Mittelwertsätze der Differentialrechnung

Die Mittelwertsätze, die wir in diesem Abschnitt herleiten, sind für zahlreiche Anwendungen der Differentialrechnung von zentraler Bedeutung. Wir benötigen zunächst einige Begriffe und Vorbereitungen.

**Definition 3.2.1** *Man sagt, eine Funktion $f : D \to \mathbb{R}$ besitzt in $x_0 \in D$ ein* **lokales Maximum,** *wenn es ein $\delta > 0$ gibt mit $U_\delta(x_0) \subset D$ und*

$$f(x) \leq f(x_0) \quad \text{für alle } x \in U_\delta(x_0);$$

*sie besitzt in $x_0$ ein* **isoliertes** *lokales Maximum, wenn gilt:*

$$f(x) < f(x_0) \quad \text{für alle } x \in U_\delta(x_0), x \neq x_0.$$

Entsprechend führt man den Begriff „lokales Minimum" ein: $f(x) \geq f(x_0)$ für $x \in U_\delta(x_0)$. Man beachte, dass bei einem lokalen Extremum $]x_0 - \delta, x_0 + \delta[ \subset D$ vorausgesetzt wird; $x_0$ darf also kein Randpunkt von $D$ sein.

**Hilfssatz 3.2.2** *Wenn $f : D \to \mathbb{R}$ differenzierbar ist und in $x_0 \in D$ ein lokales Maximum oder Minimum besitzt, so gilt $f'(x_0) = 0$.*

**Beweis.** Wir nehmen an, dass $f$ in $x_0$ ein lokales Maximum besitzt. Dann existiert ein $\delta > 0$, so dass für alle $x \in \mathbb{R}$ mit $|x - x_0| < \delta$ gilt: $x \in D$ und $f(x) - f(x_0) \leq 0$. Definiert man wie in 3.1.2 die Funktion $q : D \to \mathbb{R}$ durch

$$q(x) := \frac{f(x) - f(x_0)}{x - x_0} \text{ für } x \neq x_0, \qquad q(x_0) := f'(x_0),$$

so ist $q$ in $x_0$ stetig und für $x_0 - \delta < x < x_0$ ist $q(x) \geq 0$; für $x_0 < x < x_0 + \delta$ ist $q(x) \leq 0$, und nach 2.1.11 folgt daraus: $q(x_0) = 0$, also $f'(x_0) = 0$. Analog behandelt man den Fall eines lokalen Minimums. $\square$

Daraus leiten wir den Satz von Rolle her (MICHEL ROLLE (1652-1719)):

**Satz 3.2.3 (Satz von Rolle)** *Ist* $f : [a, b] \to \mathbb{R}$ *stetig und in* $]a, b[$ *differenzierbar und gilt* $f(a) = f(b)$, *so existiert ein* $\xi \in ]a, b[$ *mit*

$$f'(\xi) = 0.$$

**Beweis.** Nach 2.2.2 nimmt die stetige Funktion $f$ in $[a, b]$ Maximum $M$ und Minimum $m$ an. Wenn die Extremwerte nur in den Randpunkten $a, b$ angenommen werden, so folgt aus $f(a) = f(b)$, dass $M = m$ ist. Dann ist $f$ konstant und $f'(x) = 0$ für alle $x \in ]a, b[$. Andernfalls nimmt $f$ das Maximum oder das Minimum in einem Punkt $\xi \in ]a, b[$ an; dann ist nach 3.2.2 $f'(\xi) = 0$.          □

Nun können wir die beiden Mittelwertsätze beweisen:

**Satz 3.2.4 (1. Mittelwertsatz der Differentialrechnung)** *Wenn* $f : [a, b] \to \mathbb{R}$ *stetig und in* $]a, b[$ *differenzierbar ist, dann existiert ein* $\xi \in ]a, b[$ *mit*

$$\boxed{\frac{f(b) - f(a)}{b - a} = f'(\xi).}$$

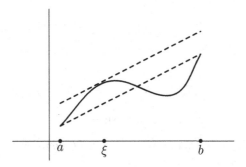

**Beweis.** Wir definieren $h : [a, b] \to \mathbb{R}$ durch

$$h(x) := f(x) - \frac{f(b) - f(a)}{b - a} \cdot (x - a).$$

Dann ist $h(a) = h(b)$ und die Voraussetzungen des Satzes von Rolle sind erfüllt. Daher existiert ein $\xi \in ]a, b[$ mit

$$0 = h'(\xi) = f'(\xi) - \frac{f(b) - f(a)}{b - a}$$

und daraus folgt die Behauptung.          □

**Satz 3.2.5 (2. Mittelwertsatz der Differentialrechnung)** *Seien* $f$ *und* $g$ *stetige Funktionen in* $[a, b]$, *die im offenen Intervall* $]a, b[$ *differenzierbar sind;* $g'$ *besitze keine Nullstelle in* $]a, b[$. *Dann existiert ein* $\xi \in ]a, b[$ *mit*

$$\boxed{\frac{f(b) - f(a)}{g(b) - g(a)} = \frac{f'(\xi)}{g'(\xi)}.}$$

**Beweis.** Es ist $g(a) \neq g(b)$, denn aus $g(a) = g(b)$ würde nach dem Satz von Rolle folgen, dass $g'$ eine Nullstelle hat. Nun setzt man

$$h(x) := f(x) - \frac{f(b) - f(a)}{g(b) - g(a)} \cdot (g(x) - g(a)).$$

Wie oben ergibt sich aus $h(a) = h(b)$, dass $h'$ eine Nullstelle $\xi \in\, ]a, b[$ besitzt und aus

$$0 = h'(\xi) = f'(\xi) - \frac{f(b) - f(a)}{g(b) - g'(a)} \cdot g'(\xi)$$

folgt die Behauptung.                                                                    □

Wir zeigen nun, wie man diese Sätze anwenden kann; bei den folgenden Aussagen sei immer $f : [a, b] \to \mathbb{R}$ eine differenzierbare Funktion.

Aus dem Satz von Rolle erhält man

**Satz 3.2.6** *Zwischen zwei Nullstellen von $f$ liegt immer eine Nullstelle von $f'$. Falls $f$ $n$ verschiedene Nullstellen besitzt, so hat $f'$ mindestens $n - 1$ Nullstellen.*

**Satz 3.2.7** *Wenn $f'(x) = 0$ für alle $x \in [a, b]$ ist, dann ist $f$ konstant.*

**Beweis.** Seien $x_1, x_2 \in [a, b]$ und $x_1 < x_2$. Dann existiert ein $\xi \in [x_1, x_2]$ mit

$$\frac{f(x_2) - f(x_1)}{x_2 - x_1} = f'(\xi) = 0,$$

also ist $f(x_1) = f(x_2)$ und daher ist $f$ konstant.                                    □

**Definition 3.2.8** *Eine Funktion $f : D \to \mathbb{R}$ heißt* **monoton wachsend,** *wenn für alle $x_1, x_2 \in D$ mit $x_1 < x_2$ gilt: $f(x_1) \leq f(x_2)$; sie heißt* **streng** *monoton wachsend, falls sogar $f(x_1) < f(x_2)$ ist.*

Analog definiert man monoton fallend ($f(x_1) \geq f(x_2)$) bzw. streng monoton fallend ($f(x_1) > f(x_2)$).

**Satz 3.2.9** *Wenn für alle $x \in [a, b]$ gilt: $f'(x) \geq 0$, so ist $f$ monoton wachsend, falls $f'(x) > 0$, so ist $f$ streng monoton wachsend.*

Entsprechende Aussagen gelten für „monoton fallend".

**Beweis.** Sind $x_1 < x_2$ aus $[a, b]$, so existiert nach dem 1. Mittelwertsatz ein $\xi \in [x_1, x_2]$ mit

$$f(x_2) - f(x_1) = f'(\xi) \cdot (x_2 - x_1).$$

Falls $f'$ überall positiv ist, ist die rechte Seite dieser Gleichung positiv und daher $f(x_2) - f(x_1) > 0$. Analog beweist man die anderen Aussagen.                              □

In 3.2.2 wurde gezeigt: Wenn $f$ an einer Stelle $x_0$ ein lokales Extremum besitzt, dann ist $f'(x_0) = 0$. Einfache Beispiele zeigen, dass diese Bedingung nicht hinreichend ist (etwa $f(x) := x^3$, $x_0 := 0$). Ein hinreichendes Kriterium liefert der folgende Satz:

**Satz 3.2.10** *Die Funktion* $f :]a, b[\to \mathbb{R}$ *sei zweimal differenzierbar. Sei* $x_0 \in ]a, b[$ *und*

$$f'(x_0) = 0, \quad f''(x_0) < 0.$$

*Dann besitzt* $f$ *in* $x_0$ *ein isoliertes lokales Maximum.*

**Beweis.** Man wendet 3.1.2 auf $f'$ an Stelle von $f$ an und setzt

$$q(x) := \frac{f'(x) - f'(x_0)}{x - x_0} \quad \text{für } x \neq x_0, \quad q(x_0) := f''(x_0).$$

Dann ist $q$ in $x_0$ stetig und $q(x_0) < 0$. Nach 2.1.11 existiert ein $\delta > 0$, so dass für alle $x \in \mathbb{R}$ mit $0 < |x - x_0| < \delta$ gilt: $x \in ]a, b[$ und $q(x) < 0$, also wegen $f'(x_0) = 0$ :

$$\frac{f'(x)}{x - x_0} < 0.$$

Für alle $x$ mit $x_0 < x < x_0 + \delta$ ist dann $x - x_0 > 0$, daher $f'(x) < 0$ und analog folgt: $f'(x) > 0$ für $x_0 - \delta < x < x_0$. Nach 3.2.9 ist $f$ in $]x_0 - \delta, x_0]$ streng monoton wachsend und in $[x_0, x_0 + \delta[$ streng monoton fallend. Daraus folgt die Behauptung. □

**Beispiel 3.2.11 (Brechung eines Lichtstrahls)** Ein Lichtstrahl laufe von einem Punkt $(0, h)$ der oberen Halbebene zu einem Punkt $(a, -b)$ der unteren Halbebene; $h, a, b > 0$. In der oberen Halbebene sei die Lichtgeschwindigkeit $c_1$, in der unteren $c_2$. Der Strahl läuft geradlinig von $(0, h)$ zu einem Punkt $(x, 0)$ und dann zu $(a, -b)$. Nach dem Fermatschen Prinzip (PIERRE DE FERMAT (1601 - 1665)) durchläuft er den Weg so, dass die Zeit extremal ist.
Die Zeit ist

$$t(x) = \frac{1}{c_1}\sqrt{x^2 + h^2} + \frac{1}{c_2}\sqrt{(a - x)^2 + b^2}$$

und

$$\frac{\mathrm{d}t}{\mathrm{d}x}(x) = \frac{x}{c_1\sqrt{x^2 + h^2}} - \frac{a - x}{c_2\sqrt{(a - x)^2 + b^2}}.$$

Aus $\frac{\mathrm{d}t}{\mathrm{d}x}(x) = 0$ folgt

$$\frac{\sin \alpha}{\sin \beta} = \frac{c_1}{c_2}.$$

Dies ist das Snelliussche Brechungsgesetz: Das Verhältnis des Sinus des Einfallswinkels zum Sinus des Ausfallswinkels ist gleich dem Verhältnis der Lichgeschwindigkeiten.

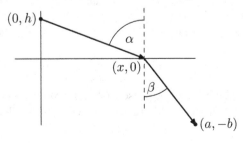

Die 2. Ableitung ist

$$\frac{d^2t}{dx^2}(x) = \frac{h^2}{c_1(\sqrt{x^2+h^2})^3} + \frac{b^2}{c_2(\sqrt{(a-x)^2+b^2})^3};$$

aus $\frac{d^2t}{dx^2} > 0$ und $\frac{dt}{dx}(0) < 0$, $\frac{dt}{dx}(a) > 0$ folgt, dass $\frac{dt}{dx}$ in $0 \leq x \leq a$ monoton wächst und genau eine Nullstelle besitzt; die Funktion $t$ nimmt dort das Minimum an.  ∎

**Beispiel 3.2.12 (Das PLANCKsche Strahlungsgesetz)** Das PLANCKsche Strahlungsgesetz beschreibt das Emissionsvermögen $E$ eines schwarzen Körpers. Es sei $h$ die Plancksche Konstante, $k$ die Boltzmannsche Konstante, $c$ die Lichtgeschwindigkeit im Vakuum, $T$ die Temperatur und $\lambda$ die Wellenlänge der Strahlung. Dann lautet das Plancksche Strahlungsgesetz:

$$E(\lambda) = \frac{hc^2}{\lambda^5} \cdot \frac{1}{exp(ch/kT\lambda) - 1}.$$

(MAX PLANCK (1858-1947), LUDWIG BOLTZMANN (1844-1906))
Es soll gezeigt werden, dass bei fester Temperatur $T$ die Emission $E$ an genau einer Stelle $\lambda_m$ ein Maximum besitzt (man vergleiche dazu [23] und [17]). Wir zeigen dazu, dass es genau ein $\lambda_m$ gibt, so dass $E'$ links davon positiv und rechts davon negativ ist. Um die Rechnung zu vereinfachen, setzen wir $g := \frac{hc^2}{E}$, also $E = \frac{hc^2}{g}$. Wegen $\left(\frac{1}{g}\right)' = -\frac{g'}{g^2}$ genügt es, zu untersuchen, an welchen Stellen $g'$ positiv oder negativ ist. Es ist

$$g(\lambda) := \lambda^5 \cdot (exp(\frac{ch}{kT\lambda}) - 1),$$

$$g'(\lambda) = 5\lambda^4(exp(\frac{ch}{kT\lambda}) - 1) - \lambda^5 \cdot \frac{ch}{kT\lambda^2}exp(\frac{ch}{kT\lambda}) =$$
$$= \lambda^4 \cdot \left(5(exp(\frac{ch}{kT\lambda}) - 1) - \frac{ch}{kT\lambda}(exp(\frac{ch}{kT\lambda}))\right).$$

Nun setzen wir

$$x := \frac{ch}{kT\lambda} \quad \text{und} \quad \varphi(x) := xe^x - 5e^x + 5.$$

Es ist $\varphi'(x) = (x-4)e^x$, $\varphi(0) = 0$, $\varphi(4) = 5 - e^4 < 0$, $\varphi(5) = 5$. Daraus folgt: In $0 < x < 4$ ist $\varphi$ streng monoton fallend und negativ, in $x > 4$ ist $\varphi$ streng monoton wachsend und besitzt genau eine Nullstelle $x_m$ mit $4 < x_m < 5$. (Man rechnet nach, dass $x_m = 4,965...$ ist.) Setzt man $\lambda_m := \frac{ch}{kTx_m}$, so ergibt sich: Es ist $E'(\lambda_m) = 0$ und $E$ wächst in $]0, \lambda_m[$ und fällt in $]\lambda_m, \infty[$. Daher nimmt $E$ an der Stelle $\lambda_m$ das Maximum an.
Es ist

$$\lambda_m \cdot T = \frac{ch}{kx_m},$$

dies ist das WIENsche Verschiebungsgesetz (WILHELM WIEN (1864- 1928)): $\lambda_m \cdot T$ ist konstant, mit steigender Temperatur wird die Wellenlänge maximaler Emission kürzer.  ∎

Wir leiten aus dem 2. Mittelwertsatz die Regel von de l'Hospital her (GUILLAUME FRANCOIS ANTOINE DE L'HOSPITAL (1661-1704)). Mit dieser Regel kann man oft Grenzwerte

$$\lim_{x \to a} \frac{f(x)}{g(x)}$$

berechnen, wobei $\lim_{x \to a} f(x) = 0$ und auch $\lim_{x \to a} g(x) = 0$ ist. Entsprechendes gilt auch, wenn $\lim_{x \to a} f(x) = \infty$ und $\lim_{x \to a} g(x) = \infty$ ist; kurz zuammengefasst: man untersucht Grenzwerte der Form $\frac{0}{0}$ und $\frac{\infty}{\infty}$.

**Satz 3.2.13 (Regel von de l'Hospital).** *Seien* $f : ]a,b[ \to \mathbb{R}$ *und* $g : ]a,b[ \to \mathbb{R}$ *differenzierbar,* $g'$ *besitze keine Nullstelle; es sei* $\lim_{x \to a} f(x) = 0$ *und* $\lim_{x \to a} g(x) = 0$.

*Dann gilt: Wenn* $\lim_{x \to a} \frac{f'(x)}{g'(x)}$ *existiert, dann existiert auch* $\lim_{x \to a} \frac{f(x)}{g(x)}$ *und es ist*

$$\boxed{\lim_{x \to a} \frac{f(x)}{g(x)} = \lim_{x \to a} \frac{f'(x)}{g'(x)}.}$$

**Beweis.** Wir setzen $f(a) := 0$; dann ist die Funktion $f$ auf dem halboffenen Intervall $[a,b[$ definiert und aus $\lim_{x \to a} f(x) = 0$ folgt, dass $f : [a,b[ \to \mathbb{R}$ stetig in $a$ ist. Analog setzen wir $g(a) = 0$. Nun sei $(x_n)_n$ eine Folge in $]a,b[$, die gegen $a$ konvergiert. Nach dem 2. Mittelwertsatz existieren $\xi_n \in ]a, x_n[$ mit

$$\frac{f(x_n) - f(a)}{g(x_n) - g(a)} = \frac{f'(\xi_n)}{g'(\xi_n)}.$$

Es gilt also für alle $n \in \mathbb{N}$:

$$\frac{f(x_n)}{g(x_n)} = \frac{f'(\xi_n)}{g'(\xi_n)}.$$

Weil $(\xi_n)_n$ gegen $a$ konvergiert, folgt

$$\lim_{n \to \infty} \frac{f(x_n)}{g(x_n)} = \lim_{n \to \infty} \frac{f'(\xi_n)}{g'(\xi_n)} = \lim_{x \to a} \frac{f'(x)}{g'(x)}$$

und daraus ergibt sich die Behauptung.
Eine analoge Aussage gilt natürlich für $x \to b$. □

Wir beweisen nun einen Zwischenwertsatz für $f'$, dazu benötigen wir:

**Hilfssatz 3.2.14** *Ist* $f : D \to \mathbb{R}$ *in* $x_0 \in D$ *differenzierbar und* $f'(x_0) > 0$, *so existiert ein* $\delta > 0$, *so dass für* $x \in D$ *gilt:*

$$f(x) < f(x_0) \ \textit{falls} \ x_0 - \delta < x < x_0, \qquad f(x) > f(x_0) \ \textit{falls} \ x_0 < x < x_0 + \delta$$

**Beweis.** Wir definieren $q$ wie in 3.1.2. Aus $q(x_0) = f'(x_0) > 0$ und der Stetigkeit von $q$ folgt: Es gibt ein $\delta > 0$, so dass für alle $x \in D$ mit $0 < |x - x_0| < \delta$ gilt:

$$\frac{f(x) - f(x_0)}{x - x_0} > 0.$$

Ist $x < x_0$, so ist der Nenner des Differenzenquotienten negativ und daher ist $f(x) - f(x_0) < 0$. Für $x > x_0$ ist der Nenner positiv, somit $f(x) - f(x_0) > 0$.  □
Nun können wir zeigen, dass bei jeder differenzierbaren Funktion $f$ für die Ableitung $f'$ der Zwischenwertsatz gilt, obwohl $f'$ unstetig sein kann.

**Satz 3.2.15 (Zwischenwertsatz für $f'$)** *Ist $f : [a, b] \to \mathbb{R}$ differenzierbar, so existiert zu jedem $w$ mit $f'(a) < w < f'(b)$ (bzw. $f'(b) < w < f'(a)$ ) ein $\xi \in [a, b]$ mit*

$$f'(\xi) = w.$$

**Beweis.** Wir dürfen $w = 0$ annehmen, sonst betrachten wir $x \mapsto f(x) - w \cdot x$. Sei also $f'(a) < 0 < f'(b)$. Die Funktion $f$ ist stetig und nimmt nach 2.2.2 ihr Minimum an. Nach dem soeben bewiesenen Hilfssatz gibt es ein $\delta > 0$ mit $f(x) < f(a)$ für $a < x < a + \delta$ und $f(x) < f(b)$ für $b - \delta < x < b$. Daher nimmt $f$ das Minimum nicht in den Randpunkten $a$ oder $b$, sondern in einem Punkt $\xi \in {]}a, b{[}$ an und nach 3.2.2 ist $f'(\xi) = 0$.  □

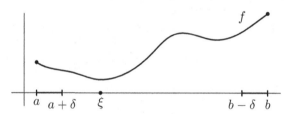

Aus dem Zwischenwertsatz für die Ableitung folgt, dass $f'$ keine Sprungstelle haben kann; zum Beispiel existiert zur Funktion $h(x) := 0$ für $x \leq 0$ und $h(x) = 1$ für $x > 0$ keine differenzierbare Funktion $f$ mit $f' = h$. Die Unstetigkeit einer Ableitung kann man sich etwa so vorstellen, wie es bei der oszillierenden Funktion $x^2 \sin(1/x)$ der Fall ist; diese wird in 4.3.20 untersucht.

## 3.3 Die Umkehrfunktion

Eine Funktion $f : D \to \mathbb{R}$ ordnet jedem $x \in D$ ein $y = f(x) \in \mathbb{R}$ zu. Unter der Umkehrfunktion $f^{-1}$ von $f$ versteht man die Funktion, die einem $y \in \mathbb{R}$ *das* $x \in D$ zuordnet, für das $f(x) = y$ gilt; es ist also $f(f^{-1}(y)) = y$. Ist etwa $f(x) = 5x - 2$, so setzt man $y = 5x - 2$, bestimmt daraus $x = \frac{1}{5}(y + 2)$, also ist $f^{-1}(y) = \frac{1}{5}(y + 2)$. Um sicherzustellen, dass es zu $y$ ein derartiges $x$ gibt, muß man $y \in f(D)$ voraussetzen; um zu erreichen, dass $x$ eindeutig bestimmt ist, setzt man $f$ als injektiv voraus (Das bedeutet: Aus $x_1 \neq x_2$ folgt $f(x_1) \neq f(x_2)$).

**Definition 3.3.1** *Es sei* $f : D \to \mathbb{R}$ *eine Funktion; dann heißt* $f^{-1} : E \to \mathbb{R}$
*Umkehrfunktion zu* $f$, *wenn gilt:*

- $f$ *ist injektiv,*
- $E = f(D),$
- *für alle* $y \in E$ *gilt* : $f(f^{-1}(y)) = y.$

**Satz 3.3.2** *Zu jeder injektiven Funktion* $f : D \to \mathbb{R}$ *existiert genau eine Umkehr-funktion* $f^{-1} : E \to \mathbb{R}$, $E = f(D)$. *Für* $x \in D$, $y \in E$ *gilt* $y = f(x)$ *genau dann, wenn* $x = f^{-1}(y)$ *ist. Für alle* $x \in D$ *ist*

$$f^{-1}(f(x)) = x.$$

**Beweis.** Zu $y \in E = f(D)$ existiert ein $x \in D$ mit $y = f(x)$; weil $f$ injektiv ist, gibt es genau ein derartiges $x$ und man setzt $f^{-1}(y) := x$. Alle übrigen Aussagen des Satzes ergeben sich aus der Definition von $f^{-1}$. □
Der Graph von $f$ ist

$$G_f = \{(x, y) \in D \times E | y = f(x)\}$$

und der Graph von $f^{-1}$ ist

$$G_{f^{-1}} = \{(y, x) \in E \times D | x = f^{-1}(y)\}.$$

Nun ist $y = f(x)$ äquivalent zu $x = f^{-1}(y)$ und daher

$$G_{f^{-1}} = \{(y, x) \in E \times D | y = f(x)\};$$

man erhält also $G_{f^{-1}}$ aus $G_f$ durch Spiegelung an der Geraden $y = x$.
Jede streng monotone Funktion ist injektiv und besitzt daher eine Umkehrfunktion.
Für stetige Funktionen $f : I \to \mathbb{R}$ auf einem Intervall $I$ gilt auch die Umkehrung;
dabei darf $I$ offen, abgeschlossen, halboffen oder auch uneigentlich sein.

**Hilfssatz 3.3.3** *Ist* $f : I \to \mathbb{R}$ *stetig und injektiv, so ist* $f$ *streng monoton.*

**Beweis.** Wenn $f$ nicht streng monoton ist, dann gibt es in $I$ Punkte $x_0, x_1, y_0, y_1$
mit

$$x_0 < y_0 \text{ und } f(x_0) > f(y_0),$$
$$x_1 < y_1 \text{ und } f(x_1) < f(y_1).$$

Für $t \in [0, 1]$ setzt man

$$x(t) := (1 - t)x_0 + tx_1, \qquad y(t) = (1 - t)y_0 + ty_1.$$

Dann liegt $x(t)$ zwischen $x_0$ und $x_1$, also $x(t) \in I$ und auch $y(t) \in I$.
Aus $x_0 < y_0$ und $x_1 < y_1$ folgt $x(t) < y(t)$.
Die Funktion

$$h : [0,1] \to \mathbb{R}, \quad t \mapsto f(y(t)) - f(x(t))$$

ist stetig, $h(0) = f(y_0) - f(x_0) < 0$ und $h(1) = f(y_1) - f(x_1) > 0$. Daher besitzt $h$ eine Nullstelle $t_0$, also ist

$$x(t_0) < y(t_0), \quad f(x(t_0)) = f(y(t_0));$$

dann ist aber $f$ nicht injektiv.    □

Nun zeigen wir, dass die Umkehrfunktion einer stetigen Funktion ebenfalls stetig ist.

**Satz 3.3.4 (Satz von der Stetigkeit der Umkehrfunktion)** *Ist $f : I \to \mathbb{R}$ injektiv und stetig, so ist auch $f^{-1}$ stetig.*
*Wenn $f : I \to \mathbb{R}$ streng monoton wachsend ist, dann auch $f^{-1}$; eine analoge Aussage gilt für monoton fallende Funktionen.*

**Beweis.** Wir beweisen zuerst die zweite Aussage und nehmen an, die Funktion $f^{-1}$ sei nicht streng monoton wachsend. Dann gibt es in $f(I)$ Punkte mit $y_1 < y_2$ und $f^{-1}(y_1) \geq f^{-1}(y_2)$; daraus folgt aber $f(f^{-1}(y_1)) \geq f(f^{-1}(y_2))$, also $y_1 \geq y_2$.
Nun sei $f$ injektiv und stetig. Nach dem vorhergehenden Satz ist $f$ streng monoton; wir behandeln den Fall, dass $f$ streng monoton wachsend ist und zeigen, dass $f^{-1}$ in jedem Punkt $q \in f(I)$ stetig ist.
Es sei $q = f(p)$ und wir nehmen zuerst an, dass $p$ ein innerer Punkt von $I$ ist. Es sei $\varepsilon > 0$ vorgegeben und $[p - \varepsilon, p + \varepsilon] \subset I$. Wir setzen $p_1 := p - \varepsilon$; $p_2 := p + \varepsilon$ und $V := [p_1, p_2]$; außerdem sei $q_1 := f(p_1)$, $q_2 := f(p_2)$ und $U := [q_1, q_2]$. Weil $f$ streng monoton wachsend ist, gilt $q_1 < q < q_2$, und daher ist $U$ eine Umgebung von $q$.
Aus $p_1 \leq x \leq p_2$ folgt $q_1 \leq f(x) \leq q_2$. Daher gilt $f(V) \subset U$ und aus dem Zwischenwertsatz folgt $f(V) = U$. Dann ist $f^{-1}(U) = V$ und daraus folgt, dass $f^{-1}$ in $q$ stetig ist.
Wenn $p$ ein Randpunkt von $I$ ist, etwa $I = [a, b]$ und $p = a$, dann betrachtet man zu vorgegebenem $\varepsilon > 0$ die Intervalle $V := [p, p + \varepsilon] \subset I$ und $U := [q, f(p + \varepsilon)]$. Es ergibt sich wieder $f(V) = U$ und daher $f^{-1}(U) = V$. Daraus folgt die Stetigkeit von $f^{-1}$ in $q$.    □

**Bemerkung.** Man nennt eine Abbildung offen, wenn das Bild jeder offenen Menge wieder offen ist (vgl. 14.8.1). Wir haben gezeigt: Ist $I \subset \mathbb{R}$ ein offenes Intervall und $f : I \to \mathbb{R}$ injektiv und stetig, so ist die Abbildung $f$ offen.

Wir behandeln nun die Frage, wann eine Umkehrfunktion $f^{-1}$ differenzierbar ist. Falls $f$ und $f^{-1}$ differenzierbar sind, können wir die Gleichung $f^{-1}(f(x)) = x$ nach der Kettenregel differenzieren und erhalten $(f^{-1})'(f(x)) \cdot f'(x) = 1$. Daraus folgt: Wenn $f'(x) = 0$ ist, dann kann $f^{-1}$ in $f(x)$ nicht differenzierbar sein.

**Satz 3.3.5 (Satz von der Differenzierbarkeit der Umkehrfunktion)** *Die Funktion $f : I \to \mathbb{R}$ sei injektiv und differenzierbar; für $x_0 \in I$ gelte $f'(x_0) \neq 0$. Dann ist $f^{-1}$ in $y_0 := f(x_0)$ differenzierbar und*

$$(f^{-1})'(y_0) = \frac{1}{f'(x_0)}.$$

**Beweis.** Es sei $(y_n)_n$ eine Folge in $f(I)$, $y_n \neq y_0$ für $n \in \mathbb{N}$, $\lim_{n\to\infty} y_n = y_0$. Setzt man $x_n := f^{-1}(y_n)$, so ist $x_n \neq x_0$ und wegen der Stetigkeit von $f^{-1}$ konvergiert $(x_n)_n$ gegen $x_0$. Wegen $f'(x_0) \neq 0$ existiert

$$\lim_{n\to\infty} \frac{f^{-1}(y_n) - f^{-1}(y_0)}{y_n - y_0} = \lim_{n\to\infty} \frac{x_n - x_0}{f(x_n) - f(x_0)} = \frac{1}{f'(x_0)}.$$

$\square$

Der Satz sagt aus, dass eine auf einem Intervall differenzierbare Funktion mit nirgends verschwindender Ableitung ein Diffeomorphismus ist (man vergleiche dazu Definition 9.3.3).

Man merkt sich diese Formel, wenn man die Umkehrfunktion von $y = y(x)$ in der Form $x = x(y)$ schreibt; dann ist

$$\frac{\mathrm{d}x}{\mathrm{d}y} = \frac{1}{\frac{\mathrm{d}y}{\mathrm{d}x}}.$$

Als Beispiel behandeln wir die Funktion $\sqrt[n]{x}$:

**Beispiel 3.3.6** Für alle $n \in \mathbb{N}$ ist die Funktion $\mathbb{R}^+ \to \mathbb{R}$, $x \mapsto x^n$, streng monoton wachsend und nimmt alle positiven Werte an. Die Ableitung ist $n \cdot x^{n-1} > 0$; also existiert die Umkehrfunktion $\mathbb{R}^+ \to \mathbb{R}$, $x \mapsto \sqrt[n]{x}$. Die Ableitung der Umkehrfunktion ist

$$\frac{\mathrm{d}}{\mathrm{d}x} \sqrt[n]{x} = \frac{1}{n(\sqrt[n]{x})^{n-1}}.$$

Falls $n$ ungerade ist, ist $x \mapsto x^n$ sogar auf ganz $\mathbb{R}$ streng monoton wachsend und man hat die Umkehrfunktion $\mathbb{R} \to \mathbb{R}$, $x \mapsto \sqrt[n]{x}$, die auf ganz $\mathbb{R}$ definiert und stetig ist; sie ist für $x \neq 0$ differenzierbar.

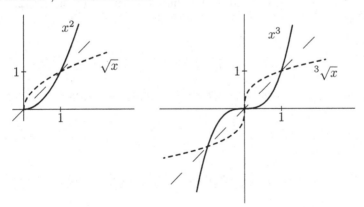

## 3.4 Uneigentliche Grenzwerte

In 2.1.4 hatten wir für reelle Zahlen $a, c$ den Limes $\lim\limits_{x \to a} f(x) = c$ definiert. Nun sollen auch Formeln wie $\lim\limits_{x \to 0} \frac{1}{x^2} = \infty$ oder $\lim\limits_{x \to \infty} \frac{1}{1+x^2} = 0$ behandelt werden; es ist also $a$ oder $c$ gleich $\pm\infty$.

**Definition 3.4.1** *Ist* $(a_n)_n$ *eine Folge reeller Zahlen, so definiert man*

$$\lim_{n \to \infty} a_n = +\infty,$$

*wenn es zu jedem* $M > 0$ *ein* $N \in \mathbb{N}$ *gibt mit* $a_n > M$ *für* $n \geq N$.
*Ist* $D \subset \mathbb{R}$, $f : D \to \mathbb{R}$ *und* $a \in \overline{D}$, *so definiert man*

$$\lim_{x \to a} f(x) = +\infty,$$

*wenn es zu jedem* $M > 0$ *ein* $\delta > 0$ *gibt, so dass für alle* $x \in D$ *mit* $|x - a| < \delta$ *gilt:* $f(x) > M$.
*Man setzt* $\lim\limits_{n \to \infty} a_n = -\infty$, *falls* $\lim\limits_{n \to \infty} (-a_n) = +\infty$,
$\lim\limits_{x \to a} f(x) = -\infty$, *falls* $\lim\limits_{x \to a} (-f(x)) = +\infty$.

**Definition 3.4.2** *Ist* $D \subset \mathbb{R}$ *und* $[a, \infty[ \subset D$ *und* $f : D \to \mathbb{R}$, $c \in \mathbb{R}$, *so setzt man* $\lim\limits_{x \to \infty} f(x) = c$, *wenn es zu jedem* $\varepsilon > 0$ *ein* $R > 0$ *gibt, so dass* $|f(x) - c| < \varepsilon$ *ist für alle* $x \in D$ *mit* $x > R$.

**Definition 3.4.3** *Ist* $D \subset \mathbb{R}$, $[a, \infty[ \subset D$ *und* $f : D \to \mathbb{R}$, *so definiert man* $\lim\limits_{x \to \infty} f(x) = +\infty$, *wenn es zu jedem* $M > 0$ *ein* $R > 0$ *gibt, so dass für alle* $x \in D$ *mit* $x > R$ *gilt:* $f(x) > M$.

Entsprechend definiert man $\lim\limits_{x \to -\infty} f(x)$.
Man kann leicht beweisen, dass die de l'Hospitalsche Regel 3.2.13 auch für uneigentliche Grenzwerte gilt; Beispiele dazu finden sich in 4.2.11 und 4.2.12.
Wir zeigen:

**Satz 3.4.4** *Ist*

$$p(X) = X^n + a_{n-1} X^{n-1} + \ldots + a_1 X + a_0$$

*ein Polynom ungeraden Grades mit reellen Koeffizienten, so gilt:*

$$\lim_{x \to -\infty} p(x) = -\infty, \qquad \lim_{x \to +\infty} p(x) = +\infty.$$

**Beweis.** Für $x \neq 0$ ist

$$p(x) = x^n (1 + \frac{a_{n-1}}{x} + \ldots + \frac{a_0}{x^n})$$

und daraus ergibt sich leicht die Behauptung (man vergleiche dazu 14.7.2).     □
Mit dem Zwischenwertsatz folgt daraus:

**Satz 3.4.5** *Ist*

$$p(X) = X^n + a_{n-1}X^{n-1} + \ldots + a_1 X + a_0$$

*ein Polynom ungeraden Grades ($a_{n-1}, \ldots, a_0 \in \mathbb{R}$, ) so besitzt die Funktion*

$$p : \mathbb{R} \to \mathbb{R}, x \mapsto p(x),$$

*mindestens eine reelle Nullstelle.*

## Aufgaben

**3.1.** Sei $a < b < c$; die Funktionen $f : [a, b] \to \mathbb{R}$ und $g : [b, c] \to \mathbb{R}$ seien differenzierbar und es gelte $f(b) = g(b)$ und $f'(b) = g'(b)$. Zeigen Sie, dass

$$h : [a, c] \to \mathbb{R}, x \mapsto \begin{cases} f(x) & \text{für } x \in [a, b] \\ g(x) & \text{für } x \in ]b, c] \end{cases}$$

in $b$ differenzierbar ist.

**3.2.** Sei $f : \mathbb{R} \to \mathbb{R}$ stetig; zeigen Sie, dass $g : \mathbb{R} \to \mathbb{R}, x \mapsto x \cdot f(x)$, im Nullpunkt differenzierbar ist.

**3.3.** Eine Funktion $f : \mathbb{R} \to \mathbb{R}$ heißt Lipschitz-stetig, wenn ein $L > 0$ existiert mit

$$|f(x) - f(x')| \le L \cdot |x - x'| \text{ für alle } x, x' \in \mathbb{R}.$$

Zeigen Sie:

a) Ist $f$ differenzierbar und $f'$ beschränkt, so ist $f$ Lipschitz-stetig.
b) Jede Lipschitz-stetige Funktion ist gleichmäßig stetig.

**3.4.** Die Funktion $f : \mathbb{R} \to \mathbb{R}$ sei definiert durch $f(x) := \frac{x^4 - 2x^3 - 5x^2 + 4x + 2}{x - 1}$ für $x \ne 1$ und $f(1) := -8$. Untersuchen Sie, ob $f$ im Punkt $x_0 = 1$ differenzierbar ist.

**3.5.** Sei

$$f : ] - 1, +1[ \to \mathbb{R}, x \mapsto \frac{1}{1 - x}$$

berechnen Sie $f^{(k)}$ für $k \in \mathbb{N}$.

**3.6.** Sei

$$f : \mathbb{R} \to \mathbb{R}, x \mapsto \begin{cases} x^2 & \text{für} \quad x \le 0 \\ x^3 & \text{für} \quad x > 0 \end{cases}$$

Existiert $f'(0)$ und $f''(0)$ ?

Weitere Aufgaben zur Differentialrechnung finden sich beim nächsten Kapitel, denn dort stehen uns die elementaren Funktionen zur Verfügung.

**4**

# Potenzreihen und elementare Funktionen

## 4.1 Potenzreihen

Wir behandeln zunächst Potenzreihen in $\mathbb{C}$. Ist $(a_n)_n$ eine Folge komplexer Zahlen und $z_0 \in \mathbb{C}$, so heißt

$$\sum_{n=0}^{\infty} a_n (z - z_0)^n$$

eine Potenzreihe. Wir untersuchen zuerst das Konvergenzverhalten von Potenzreihen; dann zeigen wir, dass man konvergente Potenzreihen gliedweise differenzieren darf (dazu vergleiche man [22] und [28]). Durch eine Substitution kann man $z_0 = 0$ erreichen; wir behandeln daher häufig Potenzreihen

$$\sum_{n=0}^{\infty} a_n z^n.$$

Zuerst zeigen wir, dass eine Potenzreihe, die in einem Punkt $w \in \mathbb{C}$ konvergiert, auch in der offenen Kreisscheibe um 0 mit Radius $|w|$ konvergiert.

**Satz 4.1.1** *Sei $\sum\limits_{n=0}^{\infty} a_n z^n$ eine Potenzreihe und $w \in \mathbb{C}$, $w \neq 0$. Wenn $\sum\limits_{n=0}^{\infty} a_n w^n$ konvergent ist, dann sind die folgenden Reihen für alle $z \in \mathbb{C}$ mit $|z| < |w|$ absolut konvergent:*

$$\sum_{n=0}^{\infty} a_n z^n, \qquad \sum_{n=1}^{\infty} n a_n z^{n-1}, \qquad \sum_{n=2}^{\infty} (n-1) n a_n z^{n-2}.$$

**Beweis.** Die Reihe $\sum\limits_{n=0}^{\infty} a_n w^n$ konvergiert, daher ist $(a_n w^n)_n$ eine Nullfolge; somit existiert ein $M > 0$ mit $|a_n w^n| \leq M$ für alle $n \in \mathbb{N}_0$. Sei $z \in \mathbb{C}$ und $|z| < |w|$; wir setzen $q := \frac{|z|}{|w|}$. Dann ist $0 \leq q < 1$ und für alle $n \in \mathbb{N}_0$ gilt

$$|a_n z^n| = |a_n w^n q^n| \leq M \cdot q^n.$$

H. Kerner, W. von Wahl, *Mathematik für Physiker*, Springer-Lehrbuch,
DOI 10.1007/978-3-642-37654-2_4, © Springer-Verlag Berlin Heidelberg 2013

Nach dem Majorantenkriterium konvergiert $\sum\limits_{n=0}^{\infty} a_n z^n$ absolut. Für $n \geq 1$ ist

$$\left| n a_n z^{n-1} \right| = \frac{1}{|w|} \cdot |n a_n w^n q^{n-1}| \leq \frac{M}{|w|} |n q^{n-1}|.$$

Nach 1.5.14 konvergiert $\sum\limits_{n=1}^{\infty} n q^{n-1}$ und nach dem Majorantenkriterium ist die Reihe $\sum\limits_{n=1}^{\infty} n a_n z^{n-1}$ absolut konvergent. Wendet man die soeben bewiesene Aussage auf $\sum\limits_{n=1}^{\infty} n a_n z^{n-1}$ an, so folgt die absolute Konvergenz von $\sum\limits_{n=2}^{\infty} (n-1) n a_n z^{n-2}$. $\square$

Aufgrund dieses Satzes ist es sinnvoll, den Konvergenzradius einer Potenzreihe zu definieren:

$$R := \sup \{ |z - z_0| \mid \sum\limits_{n=0}^{\infty} a_n (z - z_0)^n \text{ ist konvergent} \}$$

heißt der **Konvergenzradius** von $\sum\limits_{n=0}^{\infty} a_n (z - z_0)^n$; $R = \infty$ ist zugelassen.

Es gilt: Für $|z - z_0| < R$ ist die Potenzreihe konvergent, für $|z - z_0| > R$ ist sie divergent; über die Punkte auf $|z - z_0| = R$ kann man keine allgemeine Aussage machen.

Nun soll gezeigt werden, dass man eine Potenzreihe gliedweise differenzieren darf; dazu benötigen wir eine Abschätzung für den Abstand zwischen Differenzenquotient und Differentialquotient, die wir zuerst für $f(x) = x^n$ herleiten (vgl. [22]):

**Hilfssatz 4.1.2** *Sei $n \in \mathbb{N}, n \geq 2, \varrho, x, x + h \in \mathbb{R}, |x| \leq \varrho, |x + h| \leq \varrho, h \neq 0$, dann gilt:*

$$\left| \frac{(x+h)^n - x^n}{h} - n x^{n-1} \right| \leq \frac{1}{2}(n-1) n \varrho^{n-2} \cdot |h|.$$

**Beweis.** Es sei $x \in \mathbb{R}$, wir definieren für $n \geq 2$

$$g_n : \mathbb{R} \to \mathbb{R}, t \mapsto t^{n-1} + t^{n-2} x + \ldots + t^2 x^{n-3} + t x^{n-2} + x^{n-1};$$

dann ist $(t - x) g_n(t) = t^n - x^n$ und daher

$$g_n(t) = \frac{t^n - x^n}{t - x} \quad \text{für } t \neq x; \qquad g_n(x) = n x^{n-1}.$$

Für $|x| \leq \varrho$, $|t| \leq \varrho$ ist

$$|g'_n(t)| = |(n-1) t^{n-2} + (n-2) t^{n-3} x + \ldots + 2 t x^{n-3} + x^{n-2}| \leq$$

$$\leq \left( (n-1) + (n-2) + \ldots + 2 + 1 \right) \cdot \varrho^{n-2} = \frac{1}{2}(n-1) n \cdot \varrho^{n-2}.$$

Nun sei $t \neq x$; nach dem Mittelwertsatz existiert ein $\xi$ zwischen $x$ und $t$ mit

$$g_n(t) - g_n(x) = (t - x)g_n'(\xi).$$

Daher ist

$$\left| \frac{t^n - x^n}{t - x} - nx^{n-1} \right| \le |t - x| \cdot \frac{1}{2}(n-1)n \cdot \varrho^{n-2}$$

und mit $t = x + h$ folgt die Behauptung.

Der Hilfssatz gilt auch für $x, x + h \in \mathbb{C}$; an Stelle des Mittelwertsatzes geht man von der Gleichung $g_n(t) - g_n(x) = \int_x^t g_n'(s)\mathrm{d}s$ aus und schätzt nun das Integral nach 14.3.5 ab: $|\int_x^t g_n'(s)\mathrm{d}s| \le |t - x| \frac{1}{2}(n-1)n\varrho^{n-2}$.    □

Nun können wir beweisen (vgl. [22] und [28]):

**Satz 4.1.3** *Wenn die Potenzreihe $\sum\limits_{n=0}^{\infty} a_n x^n$ mit $a_n \in \mathbb{R}$ für $|x| < r$ konvergiert, dann ist die Funktion*

$$f :] - r, r[ \to \mathbb{R}, \quad x \mapsto \sum_{n=0}^{\infty} a_n x^n$$

*differenzierbar und es gilt:*

$$f'(x) = \sum_{n=1}^{\infty} na_n x^{n-1}.$$

**Beweis.** Es sei $|x| < r$ und es sei $\varepsilon > 0$ vorgegeben; wir wählen dazu $\varrho \in \mathbb{R}$ mit $|x| < \varrho < r$; dann existiert

$$c := \sum_{n=2}^{\infty} (n-1)n|a_n|\rho^{n-2}.$$

Nun wählen wir $\delta > 0$ so, dass $|x| + \delta < \varrho$ und $c\delta < \varepsilon$ ist.

Mit dem Hilfssatz ergibt sich für $0 < |h| < \delta$:

$$\left| \frac{f(x + h) - f(x)}{h} - \sum_{n=1}^{\infty} na_n x^{n-1} \right| \le \sum_{n=2}^{\infty} |a_n| \cdot \left| \frac{(x + h)^n - x^n}{h} - nx^{n-1} \right| \le$$

$$\le \frac{1}{2} \sum_{n=2}^{\infty} (n-1)n|a_n|\rho^{n-2} \cdot |h| < c \cdot |h| < \varepsilon.$$

□

Die Aussage dieses Satzes kann man so formulieren: Man darf konvergente Potenzreihen gliedweise differenzieren:

$$\boxed{\frac{\mathrm{d}}{\mathrm{d}x}\left( \sum_{n=0}^{\infty} a_n x^n \right) = \sum_{n=0}^{\infty} \frac{\mathrm{d}}{\mathrm{d}x}(a_n x^n).}$$

Wendet man diese Aussage auf $f'(x) = \sum\limits_{n=1}^{\infty} n a_n x^{n-1}$ an, so erhält man:

$$f''(x) = \sum_{n=2}^{\infty} (n-1) n a_n x^{n-2}.$$

Auf diese Weise ergibt sich

**Satz 4.1.4** *Wenn $\sum\limits_{n=0}^{\infty} a_n x^n$ mit $a_n \in \mathbb{R}$ für $|x| < r$ konvergiert, so ist die Funktion*

$f(x) = \sum\limits_{n=0}^{\infty} a_n x^n$ *in $]-r, r[$ beliebig oft differenzierbar; für $k \in \mathbb{N}$ gilt:*

$$f^{(k)}(x) = \sum_{n=0}^{\infty} (n+k) \cdot (n+k-1) \cdot \ldots \cdot (n+1) a_{n+k} x^n;$$

*insbesondere ist*

$$a_k = \frac{1}{k!} f^{(k)}(0).$$

## 4.2 Exponentialfunktion und Logarithmus

In 1.5.15 hatten wir gezeigt, dass die „Exponentialreihe"

$$\sum_{n=0}^{\infty} \frac{z^n}{n!} = 1 + z + \frac{z^2}{2!} + \frac{z^3}{3!} + \ldots$$

für alle $z \in \mathbb{C}$ konvergiert.
Die Funktion

$$\exp : \mathbb{C} \to \mathbb{C}, \quad z \mapsto \sum_{n=0}^{\infty} \frac{z^n}{n!}$$

heißt die Exponentialfunktion. Die Zahl

$$\mathrm{e} := \exp(1) = \sum_{n=0}^{\infty} \frac{1}{n!}$$

heißt die Eulersche Zahl; es ist $\mathrm{e} = 2,7182818\ldots$.
Man schreibt auch $\mathrm{e}^z := exp(z)$. Wir untersuchen nun die Exponentialfunktion im Reellen:

**Satz 4.2.1** *Die Exponentialfunktion $\exp : \mathbb{R} \to \mathbb{R}$ ist differenzierbar und*

$$\frac{\mathrm{d}}{\mathrm{d}x} \exp(x) = \exp(x).$$

**Beweis.** Nach 4.1.3 ist

$$\frac{\mathrm{d}}{\mathrm{d}x} \sum_{n=0}^{\infty} \frac{x^n}{n!} = \sum_{n=1}^{\infty} \frac{nx^{n-1}}{n!} = \sum_{n=1}^{\infty} \frac{x^{n-1}}{(n-1)!} = \exp(x).$$

□

**Satz 4.2.2 (Funktionalgleichung der Exponentialfunktion)** *Für alle* $x, y \in \mathbb{R}$ *gilt:*

$$\boxed{\exp(x + y) = \exp(x) \cdot \exp(y).}$$

**Beweis.** Für $t \in \mathbb{R}$ setzt man

$$f(x) := \exp(x) \cdot \exp(t - x),$$

dann ist

$$f'(x) = \exp(x) \cdot \exp(t - x) + \exp(x) \cdot (-\exp(t - x)) = 0,$$

daher ist $f : \mathbb{R} \to \mathbb{R}$ konstant, also $f(x) = f(0)$ :

$$\exp(x) \exp(t - x) = \exp(t)$$

und für $t := x + y$ erhält man

$$\exp(x) \exp(y) = \exp(x + y).$$

□

Diese Funktionalgleichung gilt auch in $\mathbb{C}$. Aus der Funktionalgleichung kann man nun leicht die wichtigsten Aussagen über die Exponentialfunktion herleiten:

**Satz 4.2.3** *Die Exponentialfunktion ist streng monoton wachsend und nimmt jeden positiven reellen Wert genau einmal an.*

**Beweis.** Für $x \in \mathbb{R}$ ist $\exp(x) \cdot \exp(-x) = \exp(0) = 1$; daher hat die Exponentialfunktion keine Nullstelle und es ist

$$\exp(-x) = \frac{1}{\exp(x)}.$$

Es ist $\exp(0) = 1 > 0$; daher nimmt $\exp(x)$ keinen negativen Wert an, denn sonst hätte die Exponentialfunktion nach dem Zwischenwertsatz eine Nullstelle. Es ist also $\exp(x) > 0$ und daher auch $\frac{\mathrm{d}}{\mathrm{d}x} \exp(x) > 0$ für $x \in \mathbb{R}$ und daher ist die Funktion streng monoton wachsend. Aus der Definition folgt für $x > 0$:

$$\exp(x) = 1 + x + \frac{x^2}{2!} + \ldots \geq 1 + x$$

und daher nimmt $\exp(x)$ in $[0, \infty[$ jeden Wert $y \geq 1$ an. Wegen $\exp(-x) = \frac{1}{\exp(x)}$ nimmt diese Funktion in $]-\infty, 0[$ jeden Wert aus $]0, 1[$ an. □

Wir bemerken noch, dass für alle $n \in \mathbb{N}$ gilt:

$$\exp(n) = e \cdot \ldots \cdot e \quad (\text{n-mal}),$$

also $\exp(n) = e^n$, denn es ist $\exp(1) = e$ und aus $\exp(n) = e^n$ folgt:

$$\exp(n+1) = \exp(n) \cdot \exp(1) = e^n \cdot e = e^{n+1}.$$

Wir schreiben nun auch

$$e^x := \exp(x) \quad \text{für} \ x \in \mathbb{R}.$$

Nun zeigen wir, dass die Exponentialfunktion die einzige differenzierbare Funktion $f$ mit $f' = f$ ist, wenn man noch $f(0) = 1$ normiert:

**Satz 4.2.4** *Ist* $f : \mathbb{R} \to \mathbb{R}$ *differenzierbar und* $f' = f$, $f(0) = 1$, *so gilt* $f(x) = e^x$ *für alle* $x \in \mathbb{R}$.

**Beweis.** Sei $g(x) := f(x) \cdot e^{-x}$; dann ist $g'(x) = f'(x)e^{-x} - f(x)e^{-x} = 0$; somit ist $g$ konstant: $g(x) = g(0) = f(0) \cdot e^0 = 1$ für $x \in \mathbb{R}$ und daher $f(x)e^{-x} = 1$ oder $f(x) = e^x$. □

Nach 4.2.3 ist $e^x$ streng monoton wachsend und nimmt jeden positiven reellen Wert genau einmal an; daher existiert die Umkehrfunktion der Exponentialfunktion:

**Definition 4.2.5** *Die Umkehrfunktion der Exponentialfunktion heißt Logarithmus und wird mit*

$$\ln : \mathbb{R}^+ \to \mathbb{R}$$

*bezeichnet; es gilt also*

$$e^{\ln y} = y \quad \text{für} \ y \in \mathbb{R}^+, \qquad \ln(e^x) = x \quad \text{für} \ x \in \mathbb{R}.$$

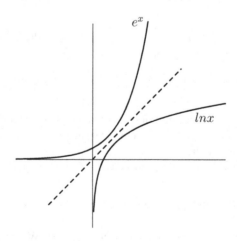

**Satz 4.2.6** *Der Logarithmus* $\ln : \mathbb{R}^+ \to \mathbb{R}$ *ist eine streng monoton wachsende differenzierbare Funktion, die jeden reellen Wert genau einmal annimmt; für $x > 0$ gilt:*

$$\boxed{\frac{\mathrm{d}}{\mathrm{d}x} \ln x = \frac{1}{x}.}$$

**Beweis.** Nach dem Satz von der Differenzierbarkeit der Umkehrfunktion 3.3.5 ist für $x > 0$

$$\frac{\mathrm{d}}{\mathrm{d}x} \ln x = \frac{1}{\exp(\ln x)} = \frac{1}{x};$$

und daraus ergeben sich alle übrigen Behauptungen.    □

Wir bemerken noch, dass für alle $x \neq 0$ gilt:

$$\frac{\mathrm{d}}{\mathrm{d}x} \ln |x| = \frac{1}{x},$$

denn für $x < 0$ ist $(\ln |x|)' = (\ln(-x))' = -\frac{1}{-x}$.

Aus der Funktionalgleichung für die Exponentialfunktion folgt eine Funktionalgleichung für den Logarithmus:

**Satz 4.2.7 (Funktionalgleichung des Logarithmus)** *Für alle $x, y \in \mathbb{R}^+$ gilt:*

$$\boxed{\ln(x \cdot y) = \ln x + \ln y.}$$

**Beweis.** Wir setzen $v := \ln x$ und $w := \ln y$; dann ist $\mathrm{e}^v = x$ und $\mathrm{e}^w = y$ und es gilt:

$$\mathrm{e}^{v+w} = \mathrm{e}^v \cdot \mathrm{e}^w = x \cdot y,$$

daher

$$\ln(x \cdot y) = \ln(\mathrm{e}^{v+w}) = v + w = \ln x + \ln y.$$

□

Mit Hilfe des Logarithmus kann man nun allgemeine Potenzen $a^r$ für reelle Zahlen $a, r$ mit $a > 0$ definieren.

**Definition 4.2.8** *Für $a, r \in \mathbb{R}, a > 0$, sei*

$$a^r := \exp(r \cdot \ln a).$$

Für $n \in \mathbb{N}$ und $r = \frac{1}{n}, a > 0$, ist
$$(a^{1/n})^n = (\exp(\tfrac{1}{n} \ln a))^n = \exp(\tfrac{1}{n} \ln a) \cdot \ldots \cdot \exp(\tfrac{1}{n} \ln a) = \exp(n \cdot \tfrac{1}{n} \ln a) = a,$$
also

$$a^{1/n} = \sqrt[n]{a}.$$

Wir geben noch die Ableitung von $a^r$ an, wobei wir zuerst $r$ und dann $a$ als Variable betrachten:

**Beispiel 4.2.9** Für $a > 0$ sei

$$f : \mathbb{R} \to \mathbb{R}, \quad x \mapsto a^x,$$

dann ist $f'(x) = \frac{\mathrm{d}}{\mathrm{d}x}(\exp(x \ln a)) = \exp(x \ln a) \cdot \ln a = a^x \ln a$, also

$$\frac{\mathrm{d}}{\mathrm{d}x} a^x = a^x \cdot \ln a.$$

∎

**Beispiel 4.2.10** Für $r \in \mathbb{R}$ sei

$$g : \mathbb{R}^+ \to \mathbb{R}, \quad x \mapsto x^r,$$

dann ist $g'(x) = \frac{\mathrm{d}}{\mathrm{d}x}(\exp(r \ln x)) = \exp(r \ln x) \cdot \frac{r}{x} = x^r \cdot \frac{r}{x} = r \cdot x^{r-1}$, also

$$\frac{\mathrm{d}}{\mathrm{d}x} x^r = r \cdot x^{r-1},$$

damit haben wir die für $r \in \mathbb{N}$ geltende Formel verallgemeinert. ∎

Die Funktion $x^x$ wird in Aufgabe 4.9 behandelt.

Nun untersuchen wir das Verhalten von Exponentialfunktion und Logarithmus für $x \to \infty$.

**Satz 4.2.11** *Für alle* $n \in \mathbb{N}$ *gilt*

$$\lim_{x \to \infty} \frac{e^x}{x^n} = +\infty.$$

**Beweis.** Für $x \geq 0$ ist $e^x \geq 1 + x$ und daher $\lim\limits_{x \to \infty} e^x = +\infty$. Für $n \in \mathbb{N}$ erhält man durch Anwendung der de l'Hospitalschen Regel

$$\lim_{x \to +\infty} \frac{e^x}{x^n} = \lim_{x \to \infty} \frac{e^x}{nx^{n-1}} = \ldots = \lim_{x \to \infty} \frac{e^x}{n!} = +\infty.$$

□

Ähnlich beweist man

**Satz 4.2.12** *Für jedes* $a > 0$ *gilt:*

$$\lim_{x \to +\infty} \frac{\ln x}{x^a} = 0.$$

Satz 4.2.11 besagt: Zu jedem $n \in \mathbb{N}$ und $M > 0$ existiert ein $R > 0$ mit

$$\frac{e^x}{x^n} > M \quad \text{für} \quad x > R,$$

also

$$e^x > M \cdot x^n \text{ für } x > R.$$

Man interpretiert diese Aussage so: Die Exponentialfunktion wächst schneller als jede noch so große Potenz von $x$. .

Satz 4.2.12 bedeutet: Zu jedem $a > 0$ und $\varepsilon > 0$ existiert ein $R > 0$ mit

$$\left|\frac{\ln x}{x^a}\right| < \varepsilon \text{ für } x > R,$$

daher

$$\ln x < \varepsilon \cdot x^a \text{ für } x > R;$$

der Logarithmus wächst also langsamer als jede Potenz $x^a$ mit positivem Exponenten $a$.

Wir bringen noch ein einfaches Beispiel:

**Beispiel 4.2.13** Für $c \in \mathbb{R}$ sei

$$f_c : \mathbb{R} \to \mathbb{R}, x \mapsto e^x - c \cdot x.$$

Wir untersuchen den Verlauf von $f_c$, insbesondere die Anzahl der Nullstellen. Diese sind die Schnittpunkte der Geraden $y = c \cdot x$ mit $y = e^x$. Man wird erwarten, dass es für $c < 0$ genau einen Schnittpunkt gibt; falls $c > 0$, aber klein ist, dürfte es keinen Schnittpunkt geben, für große $c$ erwartet man zwei Schnittpunkte und bei einer Grenzlage, wenn $y = c \cdot x$ Tangente ist, einen Schnittpunkt.

Dies rechnen wir nun nach:

Für $c < 0$ ist $f_c$ streng monoton wachsend; wegen $\lim\limits_{x \to -\infty} f_c(x) = -\infty$; und $\lim\limits_{x \to +\infty} f_c(x) = +\infty$ hat $f_c$ genau eine Nullstelle.

Für $c > 0$ hat $f_c'(x) = e^x - c$ die Nullstelle $\ln c$. Weil $f_c'$ streng monoton wächst, ist $f_c'$ links von $\ln c$ negativ und rechts positiv. Daher hat $f_c$ genau im Punkt $\ln c$ ein Minimum. Wegen $f_c(\ln c) = c(1 - \ln c)$ ist $f_c(\ln c) > 0$ für $0 < c < e$ und $f_c$ hat keine Nullstelle. Für $c = e$ gibt es genau eine Nullstelle und für $c > e$ zwei Nullstellen.

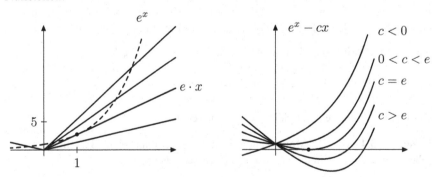

## 4.3 Die trigonometrischen Funktionen

Für $z \in \mathbb{C}$ definiert man

$$\cos z := \sum_{n=0}^{\infty} (-1)^n \cdot \frac{z^{2n}}{(2n)!} = 1 - \frac{z^2}{2!} + \frac{z^4}{4!} - \frac{z^6}{6!} + \cdots,$$

$$\sin z := \sum_{n=0}^{\infty} (-1)^n \cdot \frac{z^{2n+1}}{(2n+1)!} = z - \frac{z^3}{3!} + \frac{z^5}{5!} - \frac{z^7}{7!} + \cdots,$$

aus dem Quotientenkriterium folgt, dass beide Reihen für $z \in \mathbb{C}$ konvergieren. Grundlegend für die Behandlung dieser Funktionen ist die Eulersche Formel (LEONHARD EULER (1707-1783)):

**Satz 4.3.1 (Eulersche Formel)** *Für alle $z \in \mathbb{C}$ gilt:*

$$e^{iz} = \cos z + i \sin z.$$

*und daher*

$$\cos z = \frac{1}{2}(e^{iz} + e^{-iz}), \qquad \sin z = \frac{1}{2i}(e^{iz} - e^{-iz}).$$

**Beweis.** $e^{iz} = \sum_{n=0}^{\infty} i^n \cdot \frac{z^n}{n!} = \sum_{n=0}^{\infty} i^{2n} \cdot \frac{z^{2n}}{(2n)!} + i \sum_{n=0}^{\infty} i^{2n} \cdot \frac{z^{2n+1}}{(2n+1)!} = \cos z + i \sin z.$ $\square$

Aus der Funktionalgleichung der Exponentialfunktion 4.2.2 leiten wir mit Hilfe der Eulerschen Formel die Additionstheoreme für $\cos x$ und $\sin x$ her:

**Satz 4.3.2 (Additionstheoreme)** *Für alle $x, y \in \mathbb{C}$ gilt:*

$$\sin(x + y) = \sin x \cos y + \cos x \sin y$$

$$\cos(x + y) = \cos x \cos y - \sin x \sin y.$$

**Beweis.** $\cos(x+y) + i \sin(x+y) = e^{i(x+y)} = e^{ix} \cdot e^{iy} =$
$= (\cos x + i \sin x) \cdot (\cos y + i \sin y) =$
$= (\cos x \cos y - \sin x \sin y) + i(\cos x \sin y + \sin x \cos y).$ $\square$

Auch die Formel von Moivre (ABRAHAM DE MOIVRE (1667-1754)) erhält man unmittelbar aus der Eulerschen Formel und der Gleichung $(e^{iz})^n = e^{inz}$:

**Satz 4.3.3 (Moivresche Formeln)** *Für alle $n \in \mathbb{N}$, $z \in \mathbb{C}$ gilt:*

$$(\cos z + i \sin z)^n = \cos nz + i \sin nz.$$

**Beweis.** Die linke Seite ist gleich $(e^{iz})^n$, die rechte ist $e^{i(nz)}$. $\square$

**Beispiel 4.3.4** Aus den Moivreschen Formeln kann man leicht Beziehungen zwischen $\cos nx$, $\sin nx$ und $\cos^n x$, $\sin^n x$ herleiten. Es ist

$$\cos 2x + i \sin 2x = (\cos x + i \sin x)^2 = \cos^2 x + 2i \cos x \sin x - \sin^2 x,$$

also
$$\cos 2x = \cos^2 x - \sin^2 x, \qquad \sin 2x = 2\cos x \sin x.$$

Analog erhält man

$$\cos 3x = \cos^3 x - 3\cos x \sin^2 x \qquad \sin 3x = 3\cos^2 x \sin x - \sin^3 x.$$

∎

Nun sollen die trigonometrischen Funktionen im Reellen weiter untersucht werden. Durch gliedweises Differenzieren der Potenzreihen erhält man:

**Satz 4.3.5** *Für alle $x \in \mathbb{R}$ ist*

$$\frac{\mathrm{d}}{\mathrm{d}x}\sin x = \cos x, \qquad \frac{\mathrm{d}}{\mathrm{d}x}\cos x = -\sin x.$$

**Hilfssatz 4.3.6** *Für alle $x \in \mathbb{R}$ gilt:*

$$\begin{array}{lll}
(1) & \sin(-x) = -\sin x, & \cos(-x) = \cos x, \\
(2) & (\sin x)^2 + (\cos x)^2 = 1, & \\
(3) & |\sin x| \le 1, & |\cos x| \le 1.
\end{array}$$

**Beweis.** (1) ergibt sich aus der Definition von $\sin x$ und $\cos x$. Um (2) zu beweisen, setzt man bei $\cos(x + y)$ im Additionstheorem 4.3.2 $y = -x$; man erhält:

$$1 = \cos 0 = \cos x \cdot \cos(-x) - \sin x \cdot \sin(-x) = (\cos x)^2 + (\sin x)^2.$$

Die Aussage (3) folgt aus (2).                                                    □

Nun behandeln wir die Nullstellen der trigonometrischen Funktionen und definieren die Zahl $\pi$:

**Satz 4.3.7 (Definition von $\pi$)** *Der Cosinus besitzt im Intervall $]0,2[$ genau eine Nullstelle, die wir mit $\frac{\pi}{2}$ bezeichnen.*

**Beweis.** Es ist $\cos 0 = 1 > 0$; wir zeigen: $\cos 2 < 0$; aus dem Zwischenwertsatz folgt dann die Existenz einer Nullstelle. Es ist

$$\cos x = 1 - \frac{x^2}{2!} + \frac{x^4}{4!} - \frac{x^6}{6!} + \frac{x^8}{8!} - \ldots = 1 - \frac{x^2}{2!}\left(1 - \frac{x^2}{3 \cdot 4}\right) - \frac{x^6}{6!}\left(1 - \frac{x^2}{7 \cdot 8}\right) - \ldots.$$

Für $x = 2$ sind die in den Klammern stehenden Ausdrücke positiv und man erhält:

$$\cos 2 < 1 - \frac{2^2}{2!}\left(1 - \frac{2^2}{3 \cdot 4}\right) = -\frac{1}{3},$$

also $\cos 2 < 0$.

Um zu zeigen, dass $\cos x$ im Intervall $]0,2[$ streng monoton fällt, betrachtet man

$$\sin x = x - \frac{x^3}{3!} + \frac{x^5}{5!} - \frac{x^7}{7!} + \ldots = x \cdot \left(1 - \frac{x^2}{2 \cdot 3}\right) + \frac{x^5}{5!}\left(1 - \frac{x^2}{6 \cdot 7}\right) + \ldots$$

Für $0 < x < 2$ sind alle Summanden positiv, also ist $\sin x > 0$ in $]0, 2[$ und

$$\frac{\mathrm{d}}{\mathrm{d}x} \cos x = -\sin x < 0.$$

Daher ist der Cosinus in diesem Intervall streng monoton fallend und besitzt somit genau eine Nullstelle; wir bezeichnen sie mit $\frac{\pi}{2}$; also $\cos \frac{\pi}{2} = 0$ und $\sin \frac{\pi}{2} > 0$.   □
Die ursprüngliche Definition der Zahl $\pi$ hängt mit der Bestimmung des Umfangs $U(r)$ und des Flächeninhalts $F(r)$ eines Kreises vom Radius $r$ zusammen. Schon ARCHIMEDES (287-212) war bekannt, dass für alle Kreise das Verhältnis von Umfang zum Durchmesser und auch das Verhältnis von Flächeninhalt zum Quadrat des Radius konstant ist; diese beiden Konstanten sind gleich und werden mit $\pi$ bezeichnet. Es ist also

$$\frac{U(r)}{2r} = \pi = \frac{F(r)}{r^2}.$$

Die ersten zwanzig Dezimalstellen für $\pi$ lauten:

$$\pi = 3,14159265358979323846\ldots$$

Die Geschichte der Zahl $\pi$ wird ausführlich in [3] dargestellt. Wir gehen auf Flächeninhalt und Umfang des Kreises in 5.4.9 und 9.5.11 ein.

Nun beweisen wir, dass Sinus und Cosinus periodische Funktionen mit der Periode $2\pi$ sind:

**Satz 4.3.8** *Für alle $x \in \mathbb{R}$ gilt:*

$$
\begin{array}{ll}
(1)\ \sin(x + \tfrac{\pi}{2}) = \cos x, & (2)\ \cos(x + \tfrac{\pi}{2}) = -\sin x, \\
(3)\ \sin(x + \pi) = -\sin x, & (4)\ \cos(x + \pi) = -\cos x, \\
(5)\ \sin(x + 2\pi) = \sin x, & (6)\ \cos(x + 2\pi) = \cos x.
\end{array}
$$

*Die Nullstellen von $\sin x$ sind $k \cdot \pi$ mit $k \in \mathbb{Z}$, die Nullstellen von $\cos x$ sind $k \cdot \pi + \frac{\pi}{2}$, $k \in \mathbb{Z}$; es gibt keine weiteren Nullstellen.*

**Beweis.** Nach Definition von $\frac{\pi}{2}$ ist $\cos \frac{\pi}{2} = 0$ und aus $(\sin \frac{\pi}{2})^2 + (\cos \frac{\pi}{2})^2 = 1$ folgt $\sin \frac{\pi}{2} = \pm 1$. In 4.3.7 ergab sich $\sin \frac{\pi}{2} > 0$, also ist $\sin \frac{\pi}{2} = +1$.
Das Additionstheorem 4.3.2 liefert mit $y := \frac{\pi}{2}$ die Aussage (1):
$\sin(x + \frac{\pi}{2}) = \sin x \cdot \cos \frac{\pi}{2} + \cos x \cdot \sin \frac{\pi}{2} = \cos x$.
Wenn man (1) differenziert, erhält man (2).
Daraus folgt (3): $\sin(x + \pi) = \sin((x + \frac{\pi}{2}) + \frac{\pi}{2}) = \cos(x + \frac{\pi}{2}) = -\sin x$;
Differenzieren liefert (4).
Nun ergibt sich (5): $\sin(x + 2\pi) = \sin((x + \pi) + \pi) = -\sin(x + \pi) = \sin x$
und durch Differenzieren erhält man (6).
Aus (3) und $\sin 0 = 0$ folgt für $k \in \mathbb{Z}$: $\sin k\pi = 0$
und aus (2) folgt dann $\cos(k\pi + \frac{\pi}{2}) = 0$.
Aus der Definition von $\frac{\pi}{2}$ folgt zunächst $\cos x > 0$ in $0 \leq x < \frac{\pi}{2}$ und daher

$$\cos x > 0 \text{ für } -\frac{\pi}{2} < x < \frac{\pi}{2}, \qquad \text{wegen (1) ist dann } \sin x > 0 \text{ für } 0 < x < \pi.$$

Aus (4) und (3) folgt

$$\cos x < 0 \text{ für } \frac{\pi}{2} < x < \frac{3\pi}{2}, \qquad \sin x < 0 \text{ für } \pi < x < 2\pi.$$

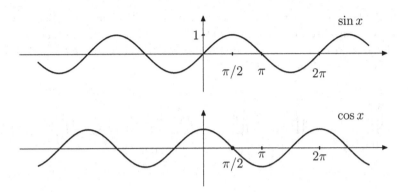

Wir bringen nun ein einfaches Beispiel für die de l'Hospitalsche Regel:

**Beispiel 4.3.9** Es ist

$$\lim_{x \to 0} \frac{\sin x}{x} = 1.$$

Dies folgt aus $\lim_{x \to 0} \frac{\sin x}{x} = \lim_{x \to 0} \frac{\cos x}{1} = 1$; man kann diese Ausssage auch aus der Potenzreihe herleiten: $\frac{\sin x}{x} = 1 - \frac{x^2}{3!} + \dots$.

In der Abbildung sind die Funktionen $\frac{\sin x}{x}$ und $\sin x$ sowie $\frac{1}{x}$ dargestellt.

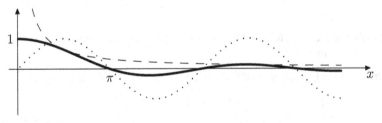

**Beispiel 4.3.10** Aus den Additionstheoremen leiten wir Aussagen über Überlagerungen von Schwingungen her. Wenn man zwei Saiten eines Musikinstruments, die fast gleiche Tonhöhe haben, anschlägt, bemerkt man ein An- und Abschwellen des Tones; es entsteht eine Schwebung. Wir wollen nun das Verhalten einer Summe von Schwingungen mit der Amplitude 1, also $\sin \omega_1 t + \sin \omega_2 t$ untersuchen. Aus den Additionstheoremen folgt zunächst:

$$\sin(x + y) + \sin(x - y) = 2 \cdot \sin x \cdot \cos y.$$

Nun seien die Schwingungen von zwei Saiten eines Musikinstruments beschrieben durch $\sin\omega_1 t$ und $\sin\omega_2 t$. Es sei $\omega_1 > \omega_2$ und wir setzen $\omega := \frac{1}{2}(\omega_1 + \omega_2)$ und $\vartheta := \frac{1}{2}(\omega_1 - \omega_2)$. Durch Überlagerung der beiden Saitenschwingungen ergibt sich dann

$$\sin\omega_1 t + \sin\omega_2 t \;=\; 2 \cdot \sin\omega t \cdot \cos\vartheta t.$$

Wenn die beiden Frequenzen fast gleich sind, ist $\vartheta$ klein und man erhält eine Sinusschwingung $\sin\omega t$ mit der Amplitude $2 \cdot \cos\vartheta t$, also eine Schwebung. In der Abbildung ist oben $\omega_1 = 11$, $\omega_2 = 12$, also $\vartheta = 1$; bei der unteren Abbildung ist $\omega_1 = 11.5$, $\omega_2 = 12$ und $\vartheta = 0.5$.

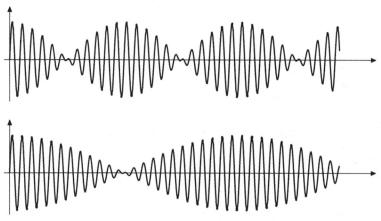

Man vergleiche dazu auch die Schwingung bei gekoppelten Pendeln, die wir in Beispiel 8.4.9 untersuchen.

■

Nachdem wir die Nullstellen von $\sin x$ und $\cos x$ kennen, können wir Tangens und Cotangens definieren:

**Definition 4.3.11** *Tangens und Cotangens sind definiert durch*

$$tg : \{x \in \mathbb{R}\mid x \neq k\pi + \tfrac{\pi}{2}\; \textit{für}\; k \in \mathbb{Z}\} \to \mathbb{R}, \quad x \mapsto \tfrac{\sin x}{\cos x},$$

$$cotg : \{x \in \mathbb{R}\mid x \neq k\pi\; \textit{für}\; k \in \mathbb{Z}\} \to \mathbb{R}, \quad x \mapsto \tfrac{\cos x}{\sin x}.$$

Wir geben nun die wichtigsten Eigenschaften dieser Funktionen an (dabei soll $x$ immer im Definitionsbereich liegen):

**Satz 4.3.12** *Es gilt*

$$\boxed{\frac{\mathrm{d}}{\mathrm{d}x} tgx = 1 + (tg\,x)^2, \qquad \frac{\mathrm{d}}{\mathrm{d}x} cotg\,x = -1 - (cotg\,x)^2.}$$

**Beweis.** $\frac{\mathrm{d}}{\mathrm{d}x}\,tgx = \frac{\mathrm{d}}{\mathrm{d}x}\big(\frac{\sin x}{\cos x}\big) = \frac{\cos x \cdot \cos x - \sin x \cdot (-\sin x)}{(\cos x)^2} = 1 + \big(\frac{\sin x}{\cos x}\big)^2 = 1 + (tgx)^2$; analog berechnet man die Ableitung von cotg $x$. $\qquad\square$

**Satz 4.3.13** *Es gilt*

$$
\begin{aligned}
tg(-x) &= & -tgx, & \quad cotg(-x) &= -cotgx, \\
tg(x+\pi) &= & tgx, & \quad cotg(x+\pi) &= cotgx, \\
tg(x+\tfrac{\pi}{2}) &= & -cotgx, & \quad cotg(x+\tfrac{\pi}{2}) &= -tgx.
\end{aligned}
$$

Aus dem Verhalten von $\sin x$ und $\cos x$ und aus $\frac{\mathrm{d}}{\mathrm{d}x}\mathrm{tg}\,x \geq 1 > 0$ ergibt sich:

**Satz 4.3.14** *Der Tangens ist im Intervall* $\,]-\frac{\pi}{2},\frac{\pi}{2}[$ *streng monoton wachsend und nimmt dort jeden reellen Wert genau einmal ein; die Abbildung*

$$
]-\frac{\pi}{2},\frac{\pi}{2}[\to \mathbb{R},\; x \mapsto tgx,
$$

*ist also bijektiv.*

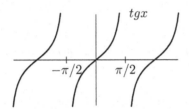

Wir behandeln nun die Umkehrfunktionen der trigonometrischen Funktionen. Der Begriff der Umkehrfunktion ist nur für injektive Funktionen definiert. Sinus und Cosinus sind nicht injektiv; um Umkehrfunktionen definieren zu können, schränkt man diese Funktionen auf Intervalle ein, die so gewählt sind, dass sie dort streng monoton sind. Nach 4.3.7 ist der Sinus im abgeschlossenen Intervall $[-\frac{\pi}{2},\frac{\pi}{2}]$ streng monoton wachsend; er nimmt dort jeden Wert aus $[-1,1]$ genau einmal an. Die Abbildung

$$
[-\frac{\pi}{2},+\frac{\pi}{2}] \to [-1,+1],\; x \mapsto \sin x,
$$

ist also bijektiv. Analog gilt: $\cos|\,[0,\pi] \to [-1,+1]$ ist bijektiv; daher können wir definieren:

**Definition 4.3.15** *Die Umkehrfunktion von* $\sin|[-\frac{\pi}{2},+\frac{\pi}{2}] \to \mathbb{R}$ *heißt Arcus-Sinus; man bezeichnet sie mit*

$$
\arcsin : [-1,+1] \to \mathbb{R}.
$$

*Die Umkehrfunktion von* $\cos|\,[0,\pi] \to \mathbb{R}$ *bezeichnet man mit*

$$
\arccos : [-1,+1] \to \mathbb{R}.
$$

Für alle $y \in [-1,+1]$ und $x \in [-\frac{\pi}{2},+\frac{\pi}{2}]$ ist also

$$
\sin(\arcsin y) = y,\quad \arcsin(\sin x) = x.
$$

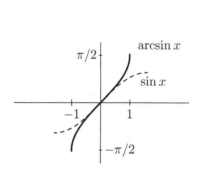

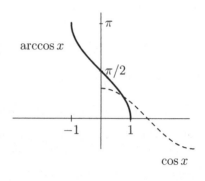

Es gilt:

**Satz 4.3.16** *Die Funktion*

$$\arcsin : [-1, +1] \to \mathbb{R}$$

*ist stetig und streng monoton wachsend; im offenen Intervall ist sie differenzierbar und für $x \in ]-1, +1[$ gilt:*

$$\boxed{\frac{\mathrm{d}}{\mathrm{d}x} \arcsin x = \frac{1}{\sqrt{1 - x^2}}.}$$

*Die Funktion* $\arccos : [-1, +1] \to \mathbb{R}$ *ist stetig und streng monoton fallend, es gilt:*

$$\arccos x = \frac{\pi}{2} - \arcsin x$$

*und daher ist für $x \in ]-1, +1[$:*

$$\boxed{\frac{\mathrm{d}}{\mathrm{d}x} \arccos x = -\frac{1}{\sqrt{1 - x^2}}.}$$

**Beweis.** Mit $y := \arcsin x$, ergibt sich

$$\frac{\mathrm{d}}{\mathrm{d}x} \arcsin x = \frac{1}{\cos y} = \frac{1}{\sqrt{1 - (\sin y)^2}} = \frac{1}{\sqrt{1 - x^2}}.$$

Nach 4.3.8 ist $\cos(\frac{\pi}{2} - y) = \sin y$; setzt man $y := \arcsin x$ ein, so erhält man $\cos(\frac{\pi}{2} - y) = x$, also $\frac{\pi}{2} - y = \arccos x$.    $\square$

Der Tangens bildet das offene Intervall $]-\frac{\pi}{2}, +\frac{\pi}{2}[$ bijektiv auf $\mathbb{R}$ ab; man definiert:

**Definition 4.3.17** *Die Umkehrfunktion von*

$$tg | ] - \frac{\pi}{2}, +\frac{\pi}{2}[ \to \mathbb{R}$$

*heißt*

$$arctg : \mathbb{R} \to \mathbb{R}.$$

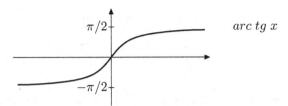

**Definition 4.3.18** *Die Funktion*

$$arctg : \mathbb{R} \to \mathbb{R}$$

*ist streng monoton wachsend und differenzierbar; für $x \in \mathbb{R}$ ist*

$$\boxed{\frac{\mathrm{d}}{\mathrm{d}x} arctg\, x = \frac{1}{1+x^2}.}$$

**Beweis.** Es ist $\frac{\mathrm{d}}{\mathrm{d}x} \mathrm{tg}\, y = 1 + (\mathrm{tg}\, y)^2$; setzt man $y := \mathrm{arctg}\, x$, so ergibt sich

$$\frac{\mathrm{d}}{\mathrm{d}x} \mathrm{arctg}\, x = \frac{1}{1+(tgy)^2} = \frac{1}{1+x^2}.$$

$\square$

Wir gehen noch auf Polarkoordinaten ein:

**Satz 4.3.19  (Polarkoordinaten)** *Zu $(x,y) \in \mathbb{R}^2$ mit $x^2 + y^2 = 1$ existiert genau ein $\varphi$ mit*

$$x = \cos\varphi, \quad y = \sin\varphi, \qquad 0 \le \varphi < 2\pi.$$

*Daher kann man jede komplexe Zahl $z \ne 0$ eindeutig darstellen in der Form*

$$z = r \cdot \mathrm{e}^{\mathrm{i}\varphi} = r \cdot (\cos\varphi + \mathrm{i}\sin\varphi) \quad mit \quad r = |z|, \quad 0 \le \varphi < 2\pi.$$

**Beweis.** Aus $x^2 + y^2 = 1$ folgt $-1 \le x \le 1$ und daher existiert genau ein $\varphi \in [0, \pi]$ mit $\cos\varphi = x$, nämlich $\varphi := \arccos x$.
Dann ist $y = \pm\sqrt{1 - \cos^2\varphi} = \pm\sin\varphi$.
Wenn $y = +\sin\varphi$ ist, dann ist ein $\varphi$ gefunden.
Falls $y = -\sin\varphi$ ist, ersetzt man $\varphi$ durch $2\pi - \varphi$.
Dann ist

$$x = \cos\varphi = \cos(2\pi - \varphi), \quad y = -\sin\varphi = \sin(2\pi - \varphi) \quad mit \quad \pi < (2\pi - \varphi) < 2\pi.$$

Die eindeutige Bestimmtheit von $\varphi$ zeigt man, indem man in

$$\cos\varphi = \cos\tilde\varphi, \quad \sin\varphi = \sin\tilde\varphi$$

die Annahme: $\varphi \in [0, \pi]$ und $\tilde\varphi \in ]\pi, 2\pi[$ zum Widerspruch führt.

Daraus folgt für $z \in \mathbb{C}, z \neq 0, r := |z|$ die Darstellung :

$$\frac{z}{r} = \cos\varphi + \mathrm{i}\sin\varphi = \mathrm{e}^{\mathrm{i}\varphi}.$$

$\square$

Mit $\sin x$ können wir nun ein Beispiel einer differenzierbaren Funktion $f$ angeben, bei der $f'$ unstetig ist; somit existiert $f''$ nicht:

**Beispiel 4.3.20** Es sei

$$f : \mathbb{R} \to \mathbb{R}, x \mapsto \begin{cases} x^2 \cdot \sin\frac{1}{x} & \text{für } x \neq 0 \\ 0 & \text{für } x = 0 \end{cases}$$

Für $x \neq 0$ ist $|\sin\frac{1}{x}| \leq 1$ und daher existiert

$$f'(0) = \lim_{h \to 0} \frac{f(h) - f(0)}{h} = \lim_{h \to 0} h \cdot \sin\frac{1}{h} = 0.$$

Für $x \neq 0$ kann man $f'(x)$ leicht ausrechnen und es ergibt sich:

$$f'(x) = \begin{cases} 2x \cdot \sin\frac{1}{x} - \cos\frac{1}{x} & \text{für } x \neq 0 \\ 0 & \text{für } x = 0 \end{cases}$$

Im Nullpunkt ist $f'$ unstetig, denn es existiert $\lim_{x \to 0} 2x \cdot \sin\frac{1}{x} = 0$; wenn $f'$ in 0 stetig wäre, würde auch $\lim_{x \to 0} \cos\frac{1}{x}$ existieren. Für $x_n := \frac{1}{n\pi}$ ist aber $\lim_{n \to \infty} x_n = 0$ und $\cos\frac{1}{x_n} = 1$ für gerades $n$ und $\cos\frac{1}{x_n} = -1$ für ungerades $n$. $\blacksquare$

Zum Abschluss gehen wir noch kurz auf die **hyperbolischen Funktionen** $\sinh x$ und $\cosh x$ ein; diese sind definiert durch

$$\cosh x := \frac{1}{2}(e^x + e^{-x}), \qquad \sinh x := \frac{1}{2}(e^x - e^{-x}).$$

Die Umkehrfunktionen bezeichnet man mit ar cosh x und ar sinh x; es gilt

$$\text{ar cosh} x = \ln(x + \sqrt{x^2 - 1}) \quad \text{für } x > 1,$$

$$\text{ar sinh } x = \ln(x + \sqrt{x^2 + 1}) \quad \text{für alle } x \in \mathbb{R}.$$

**Aufgaben**

**4.1.** Differenzieren Sie folgende Funktionen:

$$\sin^2 x, \qquad \cos^2 x, \qquad \sin(x^2), \qquad e^{\sin x}, \qquad \sin(e^x).$$

**4.2.** Differenzieren Sie $(x > 0)$:    $e^x \cdot \ln x, \qquad x^2 \cdot \ln x, \qquad \frac{\ln x}{x^2}.$

**4.3.** Die Funktion $f : \mathbb{R} \to \mathbb{R}$ sei differenzierbar und positiv; differenzieren Sie

$$\frac{1}{f^2}, \qquad e^f, \qquad f \cdot \ln f, \qquad f^f.$$

**4.4.** Berechnen Sie folgende Grenzwerte:

$a)$ $\lim\limits_{x \to 0} \frac{e^x - 1 - x}{x^2},$      $b)$ $\lim\limits_{x \to 0} \frac{e^x - 1 + x}{x^2 + 1},$      $c)$ $\lim\limits_{x \to 0} \frac{\sin \frac{1}{x}}{\frac{1}{x}}.$

**4.5.** Beweisen Sie

$$\operatorname{ar\,sinh} x = \ln(x + \sqrt{x^2 + 1}) \quad \text{für alle } x \in \mathbb{R}.$$

**4.6.** Zeigen Sie

$$\sum_{n=1}^{\infty} \frac{n}{10^n} = \frac{10}{81}$$

und

$$\frac{1}{10} + \frac{1}{200} + \frac{1}{3000} + \frac{1}{40000} + \frac{1}{500000} + \frac{1}{6000000} + \ldots = \ln \frac{10}{9}.$$

**4.7.** Untersuchen Sie für $x > 0$ die Funktion

$$f(x) := x^2 \ln x - \frac{1}{2} x^2.$$

**4.8.** Untersuchen Sie die Funktion

$$f(x) := \sin^2 x + \frac{1}{2} \cos 2x.$$

**4.9.** Untersuchen Sie den Verlauf von

$$f : ]0, \infty[ \to \mathbb{R}, \ x \mapsto x^x$$

und berechnen Sie $\lim\limits_{x \to 0} x^x$.

**4.10.** Sie wollen den Graphen von $\ln x$ für $x \geq 1$ aufzeichnen; Ihr Blatt ist so lang wie der Erdumfang, also etwa 40000 km, aber nur 4 km hoch; als Einheit wählen Sie 1 cm. Ist das Blatt hoch genug? Um wieviel muss es beim doppelten Erdumfang höher sein? (Benutzen Sie $\ln 2 = 0,69\ldots$ und $\ln 10 = 2,3\ldots$)

# 5

# Integration

## 5.1 Riemannsches Integral

Die Integralrechnung behandelt zwei Problemstellungen:
1) Flächenmessung,
2) Umkehrung der Differentiation.
Wir gehen von der Flächenmessung aus; das zweite Problem, aus einer gegebenen Ableitung $f'$ die Funktion $f$ zu rekonstruieren, wird durch den Hauptsatz gelöst. Wir behandeln also das Problem, wie man Flächeninhalte definieren und berechnen kann. Ist etwa $f : [a, b] \to \mathbb{R}$ eine positive Funktion, so soll der Flächeninhalt von

$$\{(x, y) \in \mathbb{R}^2 : a \le x \le b,\ 0 \le y \le f(x)\}$$

bestimmt werden. Bei dem hier behandelten Riemannschen Integral (BERNHARD RIEMANN (1826-1866)) geht man folgendermaßen vor: Man approximiert die durch $f$ beschriebene „Fläche" jeweils durch endlich viele Rechtecke von „unten" und von „oben". Wenn bei Verfeinerung der Zerlegungen die „Untersummen" und „Obersummen" gegen den gleichen Grenzwert streben, ist dieser der gesuchte Flächeninhalt, den man mit

$$\int_a^b f(x)\, \mathrm{d}x \quad \text{oder} \quad \int_a^b f\, \mathrm{d}x$$

bezeichnet. Dies soll nun präzisiert werden:
Ist $[a, b]$ ein abgeschlossenes Intervall, so bezeichnet man ein $(r + 1)$-Tupel

$$Z = (x_0, x_1, ..., x_r) \text{ mit } a = x_0 < x_1 < ... < x_{r-1} < x_r = b$$

als Zerlegung von $[a, b]$.
Nun sei $f : [a, b] \to \mathbb{R}$ eine beschränkte Funktion; und $Z = (x_0, ..., x_r)$ eine Zerlegung von $[a, b]$. Dann existieren

H. Kerner, W. von Wahl, *Mathematik für Physiker*, Springer-Lehrbuch,
DOI 10.1007/978-3-642-37654-2_5, © Springer-Verlag Berlin Heidelberg 2013

$$m_k := \inf\{f(x) : x_{k-1} \le x \le x_k\} \qquad M_k := \sup\{f(x) : x_{k-1} \le x \le x_k\}$$

und man definiert die zu $Z$ gehörende **Untersumme** $\underline{S}_Z(f)$ und die **Obersumme** $\overline{S}_Z(f)$ von $f$ durch

$$\underline{S}_Z(f) := \sum_{k=1}^{r} m_k \cdot (x_k - x_{k-1}), \qquad \overline{S}_Z(f) := \sum_{k=1}^{r} M_k \cdot (x_k - x_{k-1}).$$

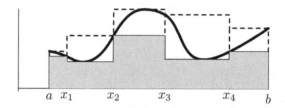

Nun sei

$$m := \inf\{f(x) : a \le x \le b\}, \qquad M := \sup\{f(x) : a \le x \le b\}.$$

Für jede Zerlegung $Z$ ist $m \cdot (b - a) \le \underline{S}_Z(f) \le \overline{S}_Z(f) \le M \cdot (b - a)$. Dann existieren, wenn wir mit $\mathcal{Z}[a, b]$ die Menge aller Zerlegungen von $[a, b]$ bezeichnen,

$$\sup\{\underline{S}_Z(f)|\ Z \in \mathcal{Z}[a, b]\} =: \mathcal{U}(f), \qquad \inf\{\overline{S}_Z(f)|\ Z \in \mathcal{Z}[a, b]\} =: \mathcal{O}(f).$$

$\mathcal{U}(f)$ heißt das **Unterintegral** von $f$ und $\mathcal{O}(f)$ das **Oberintegral**. Nun definiert man:

**Definition 5.1.1** *Eine beschränkte Funktion* $f : [a, b] \to \mathbb{R}$ *heißt* **Riemann-integrierbar**, *wenn das Unterintegral gleich dem Oberintegral ist; man setzt dann*

$$\int_a^b f(x)\,dx := \mathcal{U}(f) = \mathcal{O}(f).$$

*Die Menge aller Riemann-integrierbaren Funktionen auf* $[a, b]$ *bezeichnen wir mit*

$$\mathcal{R}([a, b]).$$

In diesem Abschnitt bezeichnen wir Riemann-integrierbare Funktionen kurz als integrierbar; in 10.1.10 führen wir Lebesgue-integrierbare Funktionen ein, so dass wir dann diese beiden Integralbegriffe unterscheiden müssen.

Wir untersuchen nun das Verhalten von Unter- und Obersummen, wenn man die Zerlegung $Z$ verfeinert. Eine Zerlegung $Z'$ heißt feiner als $Z$, wenn jeder Teilpunkt von $Z$ auch in $Z'$ vorkommt. Es gilt:

**Hilfssatz 5.1.2** *Ist* $Z'$ *feiner als* $Z$, *so gilt:*

$$\underline{S}_Z(f) \le \underline{S}_{Z'}(f), \qquad \overline{S}_Z(f) \ge \overline{S}_{Z'}(f).$$

**Beweis.** Wir beweisen die zweite Ungleichung. Es genügt, den Fall zu behandeln, dass $Z'$ aus $Z$ durch Hinzufügen eines weiteren Teilpunktes $x'$ entsteht; also

$$Z = (x_0, ..., x_{k-1}, x_k, ..., x_r), \quad Z' = (x_0, ..., x_{k-1}, x', x_k, ..., x_r).$$

Setzt man

$$M' := \sup f([x_{k-1}, x']), \quad M'' := \sup f([x', x_k]), \quad M_k = \sup f([x_{k-1}, x_k]),$$

so ist $M' \leq M_k$ und $M'' \leq M_k$. In $\overline{S}_Z(f)$ kommt der Summand $M_k \cdot (x_k - x_{k-1})$ vor, in $\overline{S}_{Z'}(f)$ hat man $M' \cdot (x' - x_{k-1}) + M''(x_k - x')$, alle übrigen Summanden sind gleich. Aus

$$M' \cdot (x' - x_{k-1}) + M''(x_k - x') \leq M_k(x_k - x_{k-1})$$

folgt $\overline{S}_{Z'}(f) \leq \overline{S}_Z(f)$. $\qquad\qquad\qquad\qquad\qquad\qquad\qquad\qquad\qquad\qquad$ □

Nun zeigen wir

**Hilfssatz 5.1.3** *Sind $Z_1$ und $Z_2$ beliebige Zerlegungen von $[a, b]$, so ist*

$$\underline{S}_{Z_1}(f) \leq \overline{S}_{Z_2}(f) \quad \text{und daher} \quad \mathcal{U}(f) \leq \mathcal{O}(f).$$

**Beweis.** Es sei $Z$ die gemeinsame Verfeinerung von $Z_1$ und $Z_2$; die Teilpunkte von $Z$ sind genau die Punkte, die in $Z_1$ oder $Z_2$ vorkommen. Dann ist

$$\underline{S}_{Z_1}(f) \leq \underline{S}_Z(f) \leq \overline{S}_Z(f) \leq \overline{S}_{Z_2}(f).$$

$\qquad\qquad\qquad\qquad\qquad\qquad\qquad\qquad\qquad\qquad\qquad\qquad\qquad\qquad\qquad\qquad$ □

Damit erhalten wir ein wichtiges Kriterium für die Integrierbarkeit einer Funktion.

**Satz 5.1.4 (Riemannsches Integrabilitätskriterium)** *Eine beschränkte Funktion $f : [a, b] \rightarrow \mathbb{R}$ ist genau dann integrierbar, wenn zu jedem $\varepsilon > 0$ eine Zerlegung $Z$ von $[a, b]$ existiert mit*

$$\overline{S}_Z(f) - \underline{S}_Z(f) < \varepsilon.$$

**Beweis.** Wenn $f$ integrierbar ist, dann ist $\int_a^b f(x)\,\mathrm{d}x$ gleich dem Oberintegral und auch gleich dem Unterintegral. Zu $\varepsilon > 0$ gibt es daher Zerlegungen $Z_1$ und $Z_2$ mit

$$\int_a^b f(x)\,\mathrm{d}x - \underline{S}_{Z_1}(f) < \tfrac{\varepsilon}{2}, \qquad \overline{S}_{Z_2}(f) - \int_a^b f(x)\,\mathrm{d}x < \tfrac{\varepsilon}{2}.$$

Für die gemeinsame Verfeinerung $Z$ von $Z_1$ und $Z_2$ ist $\underline{S}_{Z_1}(f) \leq \underline{S}_Z(f)$ und $\overline{S}_{Z_2}(f) \geq \overline{S}_Z(f)$ und daher

$$\int_a^b f(x)\,\mathrm{d}x - \underline{S}_Z(f) < \tfrac{\varepsilon}{2}, \qquad \overline{S}_Z(f) - \int_a^b f(x)\,\mathrm{d}x < \tfrac{\varepsilon}{2}$$

und somit $\overline{S}_Z(f) - \underline{S}_Z(f) < \varepsilon$.

Nun nehmen wir an, zu jedem $\varepsilon > 0$ existiere ein $Z$ mit $\overline{S}_Z(f) - \underline{S}_Z(f) < \varepsilon$. Es ist $\underline{S}_Z(f) \leq \mathcal{U}(f) \leq \mathcal{O}(f) \leq \overline{S}_Z(f)$, daher $0 \leq \mathcal{O}(f) - \mathcal{U}(f) < \varepsilon$. Daraus folgt $\mathcal{O}(f) = \mathcal{U}(f)$ und daher ist $f$ integrierbar.    □

Bei der Auswertung von Ober- und Untersummen kann man sich auf Zerlegungs-folgen $(Z_n)$, $Z_n = (a = x_0^{(n)}, x_1^{(n)}, \ldots, x_{r(n)}^{(n)} = b)$, beschränken, deren Feinheiten

$$\eta_n := \max_{1 \leq k \leq r(n)} (x_k^{(n)} - x_{k-1}^{(n)})$$

für $n \to \infty$ gegen Null konvergieren. Dann gilt

$$\lim_{n \to \infty} \underline{S}_{Z_n}(f) = \mathcal{U}(f), \qquad \lim_{n \to \infty} \overline{S}_{Z_n}(f) = \mathcal{O}(f)$$

für jede beschränkte Funktion $f : [a,b] \to \mathbb{R}$ (s. [32]).

Folgende Aussagen sind leicht zu beweisen:

**Hilfssatz 5.1.5** *Sind $f : [a,b] \to \mathbb{R}$ und $g : [a,b] \to \mathbb{R}$ integrierbar und $c_1, c_2 \in \mathbb{R}$, so ist $c_1 f + c_2 g$ integrierbar und*

$$\int_a^b (c_1 f(x) + c_2 g(x)) \, \mathrm{d}x = c_1 \int_a^b f(x) \, \mathrm{d}x + c_2 \int_a^b g(x) \, \mathrm{d}x.$$

*Falls $f(x) \leq g(x)$ für alle $x \in [a,b]$ gilt, folgt*

$$\int_a^b f(x) \, \mathrm{d}x \leq \int_a^b g(x) \, \mathrm{d}x.$$

Daraus ergibt sich, dass die Menge $\mathcal{R}([a,b])$ aller Riemann-integrierbaren Funktionen auf $[a,b]$ ein Vektorraum über $\mathbb{R}$ ist (man vergleiche dazu 7.2.7); die Abbildung $\mathcal{R}([a,b]) \to \mathbb{R}, f \mapsto \int_a^b f(x) \mathrm{d}x$, ist linear und monoton.

Man kann zeigen, dass das Produkt Riemann-integrierbarer Funktionen wieder Riemann-integrierbar ist (vgl. [6] und [17]).

**Hilfssatz 5.1.6** *Ist $a < b < c$ und $f : [a,c] \to \mathbb{R}$ integrierbar, so gilt: $f|[a,b] \to \mathbb{R}$, und $f|[b,c] \to \mathbb{R}$ sind integrierbar und*

$$\int_a^b f(x) \, \mathrm{d}x + \int_b^c f(x) \, \mathrm{d}x = \int_a^c f(x) \, \mathrm{d}x.$$

*Sind umgekehrt $f|[a,b]$ und $f|[b,c]$ integrierbar, so auch $f$ über $[a,c]$.*

Für $a < b$ setzt man $\int_b^a f(x) \, \mathrm{d}x := - \int_a^b f(x) \, \mathrm{d}x$, dann gilt zum Beispiel auch

$$\int_a^c f(x) \, \mathrm{d}x + \int_c^b f(x) \, \mathrm{d}x = \int_a^b f(x) \, \mathrm{d}x.$$

**Satz 5.1.7** *Jede stetige Funktion* $f : [a, b] \to \mathbb{R}$ *ist integrierbar.*

**Beweis.** Wir wenden das Riemannsche Integrabilitätskriterium 5.1.4 an; es sei also $\varepsilon > 0$ vorgegeben. Weil $f$ gleichmäßig stetig ist, existiert ein $\delta > 0$, so dass aus $x, x' \in [a, b]$, $|x - x'| \leq \delta$, folgt: $|f(x) - f(x')| \leq \frac{\varepsilon}{2(b-a)}$.
Wählt man eine Zerlegung $Z = (x_0, ..., x_r)$ von $[a, b]$ so, dass $|x_k - x_{k-1}| \leq \delta$ für $k = 1, ..., r$ gilt, so ist $M_k - m_k \leq \frac{\varepsilon}{2(b-a)}$ für $k = 1, ..., r$ und daher

$$\overline{S}_Z(f) - \underline{S}_Z(f) = \sum_{k=1}^{r} (M_k - m_k) \cdot (x_k - x_{k-1}) \leq \frac{\varepsilon}{2} < \varepsilon.$$

Daraus folgt, dass $f$ integrierbar ist.    $\square$
Wir zeigen noch:

**Satz 5.1.8** *Sei* $f : [a, b] \to \mathbb{R}$ *stetig,* $f(x) \geq 0$ *für alle* $x \in [a, b]$; *es existiere ein* $p \in [a, b]$ *mit* $f(p) > 0$. *Dann ist* $\int\limits_a^b f(x)\mathrm{d}x > 0$.

**Beweis.** Man wählt eine Zerlegung $Z$ so, dass die stetige Funktion $f$ in einem Teilintervall $[x_{k-1}, x_k]$, in dem $p$ liegt, $\geq \frac{1}{2}f(p)$ ist. Dann ist $\underline{S}_Z(f) > 0$ und daraus folgt die Behauptung.    $\square$
Daraus leiten wir nun eine Aussage her, die man in der Variationsrechnung benötigt:

**Hilfssatz 5.1.9 (Lemma der Variationsrechnung)** *Sei* $f : [a, b] \to \mathbb{R}$ *stetig; für jede unendlich oft differenzierbare Funktion* $\varphi : [a, b] \to \mathbb{R}$ *sei* $\int\limits_a^b f(x)\varphi(x)\mathrm{d}x = 0$. *Dann folgt* $f = 0$.

**Beweis.** Wir nehmen an, es existiere ein $p \in [a, b]$ mit $f(p) \neq 0$ und behandeln den Fall $f(p) > 0$ (sonst gehen wir zu $-f$ über). Dann gibt es Punkte $p_1 < p_2$ in $[a, b]$, so dass $f$ in $[p_1, p_2]$ positiv ist. Wie in 13.2.1 gezeigt wird, gibt es eine unendlich oft differenzierbare Funktion $\varphi : [a, b] \to \mathbb{R}$, die in $]p_1, p_2[$ positiv und sonst 0 ist.
Dann ist aber $\int\limits_a^b f(x)\varphi(x)\mathrm{d}x > 0$.    $\square$

Wir geben nun ein Beispiel einer beschränkten Funktion an, die nicht integrierbar ist.

**Beispiel 5.1.10** Es sei

$$f : [0, 1] \to \mathbb{R}, \; x \mapsto \begin{cases} 1 & \text{falls} \quad x \in \mathbb{Q} \\ 0 & \text{falls} \quad x \notin \mathbb{Q} \end{cases}$$

Dann ist $f : [0, 1] \to \mathbb{R}$ nicht integrierbar, denn in jedem Teilintervall $[x_{k-1}, x_k]$ von $[0, 1]$ gibt es rationale und irrationale Punkte. Daher ist $m_k = 0$ und $M_k = 1$.
Für jede Zerlegung $Z$ von $[0, 1]$ ist dann $\underline{S}_Z(f) = 0$ und $\overline{S}_Z(f) = 1$. Somit ist das Unterintegral gleich 0 und das Oberintegral gleich 1.
Man nennt diese Funktion die Dirichlet-Funktion.    ■

**Bemerkung.** Man kann das Integral auch mit Hilfe Riemannscher Summen einführen. Ist $Z = (x_0, ..., x_r)$ eine Zerlegung von $[a, b]$ und sind $\xi_k \in [x_{k-1}, x_k]$ beliebige Punkte, so heißt

$$R_Z(f) := \sum_{k=1}^{r} f(\xi_k) \cdot (x_k - x_{k-1})$$

die zu $Z$ und $\xi_1, ..., \xi_r$ gehörende Riemannsche Summe. Es ist

$$\underline{S}_Z(f) \leq R_Z(f) \leq \overline{S}_Z(f).$$

Wenn $f$ integrierbar ist, dann existiert zu $\varepsilon > 0$ ein $Z$ mit $\overline{S}_Z(f) - \underline{S}_Z(f) < \varepsilon$. Für jede Wahl der Zwischenpunkte gilt dann

$$|\int_a^b f(x)\,\mathrm{d}x - R_Z(f)| < \varepsilon;$$

Man kann also das Integral durch Riemannsche Summen approximieren.

## 5.2 Die Mittelwertsätze der Integralrechnung

**Satz 5.2.1 (1. Mittelwertsatz der Integralrechnung)** *Ist $f : [a, b] \to \mathbb{R}$ stetig, so existiert ein $\xi \in [a, b]$ mit*

$$\int_a^b f(x)\,\mathrm{d}x = (b - a) \cdot f(\xi).$$

**Beweis.** Die stetige Funktion $f$ nimmt das Minimum $m$ und das Maximum $M$ an. Für jede Zerlegung $Z$ von $[a, b]$ ist

$$m \cdot (b - a) \leq \underline{S}_z(f) \leq \int_a^b f(x)\,\mathrm{d}x \leq \overline{S}_z(f) \leq M \cdot (b - a),$$

also

$$m \leq \frac{1}{b - a} \int_a^b f(x)\,\mathrm{d}x \leq M$$

und nach dem Zwischenwertsatz existiert ein $\xi \in [a, b]$ mit

$$f(\xi) = \frac{1}{b - a} \int_a^b f(x)\,\mathrm{d}x.$$

$\square$

**Satz 5.2.2 (2. Mittelwertsatz der Integralrechnung)** *Es seien* $f : [a, b] \to \mathbb{R}$ *und* $g : [a, b] \to \mathbb{R}$ *stetige Funktionen und es gelte* $g(x) > 0$ *für alle* $x \in [a, b]$. *Dann existiert ein* $\xi \in [a, b]$ *mit*

$$\int_a^b f(x)g(x)\,\mathrm{d}x = f(\xi) \cdot \int_a^b g(x)\,\mathrm{d}x.$$

**Beweis.** Wir bezeichnen wieder mit $m$ das Minimum und mit $M$ das Maximum von $f$. Aus

$$m \cdot g(x) \le f(x) \cdot g(x) \le M \cdot g(x)$$

folgt

$$m \cdot \int_a^b g(x)\,\mathrm{d}x \le \int_a^b f(x) \cdot g(x)\,\mathrm{d}x \le M \cdot \int_a^b g(x)\,\mathrm{d}x.$$

Setzt man $c := \int_a^b g(x)\,\mathrm{d}x$, so ist $c > 0$ und

$$m \le \frac{1}{c} \int_a^b f(x)g(x)\,\mathrm{d}x \le M.$$

Nach dem Zwischenwertsatz existiert ein $\xi \in [a, b]$ mit

$$f(\xi) = \frac{1}{c} \int_a^b f(x)g(x)\,\mathrm{d}x$$

und damit ist der Satz bewiesen. $\qquad\square$

## 5.3 Der Hauptsatz der Differential- und Integralrechnung

Der Hauptsatz stellt eine Beziehung zwischen Differentiation und Integration her; er besagt, dass man Integration als Umkehrung der Differentiation auffassen kann.

**Definition 5.3.1** *Es sei* $f : [a, b] \to \mathbb{R}$ *eine Funktion.* $F : [a, b] \to \mathbb{R}$ *heißt* **Stammfunktion** *von* $f$, *wenn* $F$ *differenzierbar ist und*

$$F' = f.$$

Wir führen noch folgende Schreibweise ein:

$$F\big|_a^b = F(b) - F(a)$$

Es gilt:

**Satz 5.3.2** *Ist $F$ eine Stammfunktion von $f$ und $c \in \mathbb{R}$, so ist auch $F + c$ eine Stammfunktion von $f$. Sind $F$ und $G$ Stammfunktionen von $f$, so ist $G - F$ konstant.*

**Beweis.** Die erste Behauptung ist trivial, die zweite folgt aus $(G - F)' = f - f = 0$.

$\qquad\qquad\qquad\qquad\qquad\qquad\qquad\qquad\qquad\qquad\qquad\qquad\qquad\qquad\qquad\square$

### Satz 5.3.3 (Hauptsatz der Differential- und Integralrechnung)

*Ist $f : [a, b] \to \mathbb{R}$ eine stetige Funktion, so gilt:*

*1) Die Funktion*

$$F : [a, b] \to R, \ x \mapsto \int_a^x f(t) \, dt,$$

*ist eine Stammfunktion von $f$.*

*(2) Wenn $G$ eine Stammfunktion von $f$ ist, dann gilt*

$$\int_a^b f(t) \, dt = G\big|_a^b = G(b) - G(a).$$

**Beweis.** (1) Für $x, x + h \in [a, b]$, $h \neq 0$, gilt:

$$\frac{F(x + h) - F(x)}{h} = \frac{1}{h} \left( \int_a^{x+h} f(t) \, dt - \int_a^x f(t) \, dt \right) = \frac{1}{h} \int_x^{x+h} f(t) \, dt.$$

Weil $f$ stetig ist, existiert nach dem 1. Mittelwertsatz der Integralrechnung ein $\xi_h$ zwischen $x$ und $x + h$ mit

$$\frac{1}{h} \int_x^{x+h} f(t) \, dt = f(\xi_h).$$

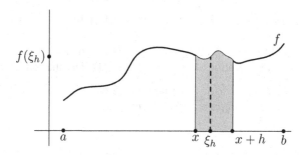

Es ist $\lim\limits_{h \to 0} \xi_h = x$ und wegen der Stetigkeit von $f$ folgt:

$$\lim_{h \to 0} \frac{F(x + h) - F(x)}{h} = \lim_{h \to 0} f(\xi_h) = f(x).$$

Damit ist gezeigt, dass $F'(x)$ existiert und $F'(x) = f(x)$ ist.
(2) Nach 5.3.2 ist $G - F$ konstant und daher

$$G(b) - G(a) = F(b) - F(a) = \int_a^b f(t)\,\mathrm{d}t.$$

Damit ist der Hauptsatz bewiesen.                                □

**Bemerkungen.** Der Hauptsatz besagt insbesondere, dass jede stetige Funktion $f$ eine Stammfunktion besitzt.
Die Aussage des Hauptsatzes kann man so interpretieren: Integration ist die Umkehrung der Differentiation, denn für jede stetige Funktion ist

$$\frac{\mathrm{d}}{\mathrm{d}x} \int_a^x f(t)\,\mathrm{d}t = f(x).$$

und für jede stetig differenzierbare Funktion $f$ mit $f(a) = 0$ ist

$$\int_a^x \frac{\mathrm{d}f}{\mathrm{d}t}(t)\,\mathrm{d}t = f(x).$$

Im Anschluss an den Hauptsatz führt man den Begriff des **unbestimmten Integrals** ein: Ist $f$ stetig und $F$ eine Stammfunktion von $f$, so heißt

$$\int f(x)\mathrm{d}x := \{F + c \mid c \in \mathbb{R}\}$$

das unbestimmte Integral von $f$; es ist also die Menge aller Stammfunktionen. Oft schreibt man dafür kurz

$$\int f(x)\mathrm{d}x = F + c$$

oder auch

$$\int f(x)\mathrm{d}x = F,$$

allerdings darf man dann aus Gleichungen wie

$$\int \sin x \cdot \cos x\,\mathrm{d}x = \frac{1}{2}\sin^2 x \quad ; \quad \int \sin x \cdot \cos x\,\mathrm{d}x = -\frac{1}{2}\cos^2 x$$

keine falschen Schlüsse ziehen.
Wenn wir schreiben: Man berechne $\int f(x)\mathrm{d}x$, so ist damit gemeint: Man gebe eine Stammfunktion von $f$ an.

## 5.4 Partielle Integration und Substitutionsregel

Mit Hilfe des Hauptsatzes leiten wir aus der Produktregel $(fg)' = f'g + fg'$ und der Kettenregel $f(g(x))' = f'(g(x)) \cdot g'(x)$ Rechenregeln für die Integration her, nämlich die partielle Integration und die Substitutionsregel.

**Satz 5.4.1 (Partielle Integration).** *Sind $f : [a,b] \to \mathbb{R}$ und $g : [a,b] \to \mathbb{R}$ stetig und sind $F, G$ Stammfunktionen zu $f, g$ so gilt:*

$$\int_a^b f(x)G(x)\,\mathrm{d}x = F \cdot G|_a^b - \int_a^b F(x)g(x)\,\mathrm{d}x.$$

**Beweis.** Wegen $F' = f$ und $G' = g$ folgt aus der Produktregel $(F \cdot G)' = fG + Fg$ und mit dem Hauptsatz 5.3.3 erhält man

$$\int_a^b f(x)G(x)\,\mathrm{d}x + \int_a^b F(x)g(x)\,\mathrm{d}x = F \cdot G|_a^b.$$

$\square$

**Satz 5.4.2 (Substitutionsregel)** *Sei $f : [a,b] \to \mathbb{R}$ stetig und $g : [a',b'] \to \mathbb{R}$ stetig differenzierbar, $g([a',b']) \subset [a,b]$. Dann gilt:*

$$\int_{g(a')}^{g(b')} f(y)\,\mathrm{d}y = \int_{a'}^{b'} f(g(x)) \cdot g'(x)\,\mathrm{d}x.$$

**Beweis.** Aus dem Hauptsatz 5.3.3 folgt, dass zu $f$ eine Stammfunktion $F$ existiert, nach der Kettenregel 3.1.7 ist $(F \circ g)'(x) = f(g(x)) \cdot g'(x)$. Wir wenden zweimal den Hauptsatz an und erhalten:

$$\int_{a'}^{b'} f(g(x)) \cdot g'(x)\,\mathrm{d}x = F \circ g|_{a'}^{b'} = F(g(b')) - F(g(a'))$$

$$\int_{g(a')}^{g(b')} f(y)\,\mathrm{d}y \qquad = F|_{g(a')}^{g(b')} = F(g(b')) - F(g(a')).$$

$\square$

Setzt man $f(y) := \frac{1}{y}$, so ergibt sich:

**Hilfssatz 5.4.3** *Ist $g : [a,b] \to \mathbb{R}$ stetig differenzierbar und $g(x) > 0$ für $x \in [a,b]$, so ist*

$$\int_a^b \frac{g'(x)}{g(x)}\,\mathrm{d}x = \ln g|_a^b.$$

Wir können nun weitere Beispiele behandeln:

**Beispiel 5.4.4** Für $x > 0$ berechnen wir $\int \ln x \, dx$ durch partielle Integration.
Wir setzen $f(x) := 1$, $G(x) := \ln x$ und wählen $F(x) = x$; es ist $g(x) = \frac{1}{x}$, daher

$$\int \ln x \, dx = x \cdot \ln x - \int x \cdot \frac{1}{x} dx = x \cdot \ln x - x.$$

■

**Beispiel 5.4.5** Für $-\frac{\pi}{2} < x < \frac{\pi}{2}$ berechnen wir $\int \mathrm{tg} x \, dx$. Aus der Substitutionsregel 5.4.2 mit $g(x) := \cos x$ oder direkt aus 5.4.3 folgt:

$$\int \mathrm{tg} x \, dx = -\ln(\cos x).$$

■

**Beispiel 5.4.6** Für $-1 < x < 1$ berechnen wir $\int \arcsin x \, dx$.
Setzt man $f(x) = 1$, $G(x) = \arcsin x$ sowie $F(x) = x$, $g(x) = \frac{1}{\sqrt{1-x^2}}$, so erhält man durch partielle Integration

$$\int \arcsin x \, dx = x \cdot \arcsin x - \int \frac{x}{\sqrt{1-x^2}} \, dx.$$

Die Substitution $y := 1 - x^2$ liefert

$$\int \frac{x}{\sqrt{1-x^2}} \, dx = -\int \frac{dy}{2\sqrt{y}} = -\sqrt{y} = -\sqrt{1-x^2}.$$

Daher ist $x \cdot \arcsin x + \sqrt{1-x^2}$ eine Stammfunktion von $\arcsin x$.    ■

**Beispiel 5.4.7** Durch partielle Integration erhält man:

$$\int \mathrm{arctg}\, x \, dx = x \cdot \mathrm{arctg}\, x - \int x \cdot \frac{1}{1+x^2} \, dx = x \cdot \mathrm{arctg}\, x - \frac{1}{2}\ln(1+x^2).$$

■

**Beispiel 5.4.8** $\int \sin^2 x \, dx$ kann man mit partieller Integration behandeln. Eine andere Methode ergibt sich, wenn man aus den Gleichungen $\sin 2x = 2\sin x \cos x$ und $\cos 2x = \cos^2 x - \sin^2 x = 1 - 2\sin^2 x$ herleitet:

$$\sin^2 x = \frac{1 - \cos 2x}{2}.$$

Eine Stammfunktion zu $\sin^2 x$ ist also

$$\frac{1}{2}\left(x - \frac{1}{2}\sin 2x\right) = \frac{1}{2}(x - \sin x \cos x).$$

Analog ergibt sich, dass $\frac{1}{2}(x + \sin x \cos x)$ eine Stammfunktion zu $\cos^2 x$ ist.    ■

**Beispiel 5.4.9** Für $r > 0$ gibt $\int\limits_0^r \sqrt{r^2 - x^2}\, dx$ ein Viertel der Fläche des Kreises mit Radius $r$ an. Mit der Substitution $x = r \cdot \sin t$, $t \in [0, \frac{\pi}{2}]$, erhält man

$$\int\limits_0^r \sqrt{r^2 - x^2}\, dx = \int\limits_0^{\pi/2} \sqrt{r^2 - r^2 \sin^2 t} \cdot r \cos t\, dt =$$

$$= r^2 \int\limits_0^{\pi/2} \cos^2 t\, dt = \frac{r^2}{2}(t + \sin t \cos t)\Bigg|_0^{\pi/2} = \frac{\pi}{4} r^2.$$

Die Fläche des Kreises mit Radius $r$ ist also $r^2 \pi$.    ∎

Wir fassen unsere Ergebnisse zusammen und geben zu stetigen Funktionen $f$ eine Stammfunktion $F$ an:

| $f$ | $F$ | Definitionsbereich |
|---|---|---|
| $x^n$ | $\frac{1}{n+1} x^{n+1}$ | $n \in \mathbb{N}$ |
| $x^r$ | $\frac{1}{r+1} x^{r+1}$ | $r \in \mathbb{R}, r \neq -1, x > 0$ |
| $\frac{1}{x}$ | $\ln|x|$ | $x \neq 0$ |
| $e^x$ | $e^x$ | |
| $\sin x$ | $-\cos x$ | |
| $\cos x$ | $\sin x$ | |
| $\frac{1}{1+x^2}$ | $\operatorname{arctg} x$ | |
| $\frac{1}{\sqrt{1-x^2}}$ | $\arcsin x$ | $|x| < 1$ |
| $\ln x$ | $x \ln x - x$ | $x > 0$ |
| $\operatorname{tg} x$ | $-\ln(\cos x)$ | $|x| < \frac{\pi}{2}$ |
| $\arcsin x$ | $x \arcsin x + \sqrt{1 - x^2}$ | $|x| < 1$ |
| $\operatorname{arctg} x$ | $x \operatorname{arctg} x + \frac{1}{2}\ln(1 + x^2)$ | |

## 5.5 Uneigentliche Integrale

Es sollen nun Integrale wie

$$\int_0^\infty \frac{\mathrm{d}x}{1+x^2}, \quad \int_0^1 \frac{\mathrm{d}x}{x^3}$$

behandelt werden. Beim ersten Beispiel wird über ein uneigentliches Intervall integriert; beim zweiten Beispiel ist die zu integrierende Funktion am Randpunkt 0 nicht definiert.

**Definition 5.5.1** *Die Funktion $f : [a, \infty[ \to \mathbb{R}$ sei stetig und es existiere*
$\lim\limits_{R \to \infty} \int_a^R f(x)\,\mathrm{d}x$; *dann setzt man*

$$\int_a^\infty f(x)\,\mathrm{d}x := \lim_{R \to \infty} \int_a^R f(x)\,\mathrm{d}x.$$

*Analog definiert man $\int_{-\infty}^a f(x)\,\mathrm{d}x := \lim\limits_{R \to -\infty} \int_R^a f(x)\,\mathrm{d}x$.*

**Definition 5.5.2** *Es sei $f :\,]a, b] \to \mathbb{R}$ stetig, dann setzt man*

$$\int_a^b f(x)\,\mathrm{d}x := \lim_{\substack{\varepsilon \to 0 \\ \varepsilon > 0}} \int_{a+\varepsilon}^b f(x)\,\mathrm{d}x,$$

*falls dieser Grenzwert existiert;*
*für $f : [a, b[ \to \mathbb{R}$ definiert man $\int_a^b f(x)\,\mathrm{d}x := \lim\limits_{\substack{\varepsilon \to 0 \\ \varepsilon > 0}} \int_a^{b-\varepsilon} f(x)\,\mathrm{d}x$.*

**Definition 5.5.3** *Sind $a, b$ reelle Zahlen oder auch $a = -\infty$ oder $b = +\infty$ und ist $f :\,]a, b[ \to \mathbb{R}$ stetig, so wählt man ein $c$ mit $a < c < b$ und setze*

$$\int_a^b f(x)\,\mathrm{d}x := \int_a^c f(x)\,\mathrm{d}x + \int_c^b f(x)\,\mathrm{d}x.$$

Diese Definitionen sollen nun an Beispielen erläutert werden.

**Beispiel 5.5.4** Es sei $s \in \mathbb{R}$, dann gilt:

$$\int_1^\infty \frac{\mathrm{d}x}{x^s} = \frac{1}{s-1} \quad \text{für} \quad s > 1, \qquad \int_0^1 \frac{\mathrm{d}x}{x^s} = \frac{1}{1-s} \quad \text{für} \quad s < 1,$$

denn für $s > 1$ ist $\int\limits_{1}^{R} x^{-s}\,\mathrm{d}x = \frac{1}{1-s}x^{1-s}|_{1}^{R}$ und $\lim\limits_{R\to\infty}\frac{1}{1-s}R^{1-s} = 0$;

für $s < 1$ gilt $\int\limits_{\varepsilon}^{1} x^{-s}\,\mathrm{d}x = \frac{1}{1-s}x^{1-s}|_{\varepsilon}^{1}$ und $\lim\limits_{\varepsilon\to 0}\frac{1}{1-s}\varepsilon^{1-s} = 0$ . ∎

**Beispiel 5.5.5** Es ist $\int\limits_{0}^{\infty}\frac{\mathrm{d}x}{1+x^2} = \lim\limits_{R\to\infty}\mathrm{arctg}R = \frac{\pi}{2}$ und $\int\limits_{-\infty}^{+\infty}\frac{\mathrm{d}x}{1+x^2} = \pi$. ∎

Eine Beziehung zwischen der Konvergenz einer Reihe und der Existenz eines uneigentlichen Integrals liefert folgendes Vergleichskriterium:

**Satz 5.5.6 (Vergleichskriterium)** *Die Funktion $f : [1,\infty[\to \mathbb{R}$ sei stetig, monoton fallend und positiv. Dann gilt: Die Reihe $\sum\limits_{n=1}^{\infty} f(n)$ ist genau dann konvergent, wenn das uneigentliche Integral $\int\limits_{1}^{\infty} f(x)\,\mathrm{d}x$ existiert.*

**Beweis.** Sei $N \in \mathbb{N}$; wegen der Monotonie von $f$ ist $\sum\limits_{n=2}^{N} f(n)$ die Untersumme für $f|[1,N]$ zur Zerlegung $Z = (1,2,...,N-1,N)$ und $\sum\limits_{n=2}^{N} f(n-1) = \sum\limits_{n=1}^{N-1} f(n)$ die Obersumme. Daher gilt

$$\sum_{n=2}^{N} f(n) \leq \int_{1}^{N} f(x)\,\mathrm{d}x \leq \sum_{n=1}^{N-1} f(n)$$

und daraus folgt die Behauptung.    □

Daraus ergibt sich eine Aussage, die wir für $s \in \mathbb{N}$ bereits in 1.5.18 bewiesen haben:

**Satz 5.5.7** *Die Reihe $\sum\limits_{n=1}^{\infty}\frac{1}{n^s}$ ist für alle $s \in \mathbb{R}$, $s > 1$, konvergent und für $s \leq 1$ divergent.*

**Beweis.** Die Konvergenz für $s > 1$ folgt aus dem Vergleichskriterium mit

$$f(x) := x^{-s}.$$

Die Divergenz für $s \leq 1$ folgt aus der Divergenz von $\sum\limits_{n=1}^{\infty}\frac{1}{n}$ und $\frac{1}{n} \leq \frac{1}{n^s}$.    □

Die für $s > 1$ definierte Funktion

$$\zeta(s) := \sum_{n=1}^{\infty}\frac{1}{n^s}$$

heißt die **Riemannsche Zeta-Funktion.**

In 14.11.9 werden wir $\sum\limits_{n=1}^{\infty}\frac{1}{n^{2s}}$ für $s \in \mathbb{N}$ berechnen.

## Aufgaben

**5.1.** Man berechne folgende Integrale

a) $\displaystyle\int_0^1 \frac{x^4}{1+x^5}\,\mathrm{d}x$,    b) $\displaystyle\int_0^1 \frac{x}{1+x^4}\,\mathrm{d}x$,    c) $\displaystyle\int_0^{\pi/2} x^2\cdot\sin x\,\mathrm{d}x$,    d) $\displaystyle\int_0^{\pi/4} \frac{\cos x - \sin x}{\cos x + \sin x}\,\mathrm{d}x$.

**5.2.** Zu folgenden Funktionen bestimme man eine Stammfunktion ($x > 0$):

a) $x\cdot\ln x$,    b) $\dfrac{1}{x}\cdot\ln x$,    c) $\dfrac{1}{x^2}\cdot\ln x$,    d) $(\ln x)^2$.

**5.3.** Berechnen Sie

a) $\displaystyle\int \frac{(x-3)\mathrm{d}x}{(x^2-6x+10)^2}$,    b) $\displaystyle\int \frac{(x-3)\mathrm{d}x}{x^2-6x+10}$,    c) $\displaystyle\int \frac{\mathrm{d}x}{x^2-6x+10}$,    d) $\displaystyle\int \frac{x\,\mathrm{d}x}{x^2-6x+10}$.

**5.4.** Berechnen Sie den Flächeninhalt der Ellipse:

$$\frac{x^2}{9} + \frac{y^2}{4} = 1.$$

**5.5.** Es sei

$$a_n := \int_0^{\pi/2} \sin^n x\,\mathrm{d}x.$$

Drücken Sie $a_n$ durch $a_{n-2}$ aus und berechnen Sie $a_n$ für alle geraden und ungeraden $n \in \mathbb{N}$.

**5.6.** Für $n \in \mathbb{N}_0$ sei

$$a_n := \int_0^1 x^n \mathrm{e}^x\,\mathrm{d}x,$$

geben Sie eine Rekursionsformel für $a_n$ an und berechnen Sie $a_0, \dots, a_3$.

**5.7.** Die Bezeichnungen seien wie in Aufgabe 1.12. Behandeln Sie das Integral

$$\int_n^{2n} \frac{\mathrm{d}x}{x},$$

stellen Sie $b_n$ als eine Untersumme dar und berechnen Sie damit den Grenzwert $L$ von Aufgabe 1.12. (In 6.2.10 wird $L$ auf andere Weise berechnet.)

**5.8.** Sie berechnen $\displaystyle\sum_{n=1}^{\infty} \frac{1}{n^{12}}$ näherungsweise durch die ersten drei Glieder:

$$1 + \frac{1}{2^{12}} + \frac{1}{3^{12}} \quad;$$

zeigen Sie, dass der Fehler $< 10^{-6}$ ist.

**6**

# Analytische Funktionen

## 6.1 Gleichmäßige Konvergenz

Es seien $f_n$ und $f$ Funktionen auf $D$ und es sei $\lim\limits_{n\to\infty} f_n = f$, das heißt, für jeden
Punkt $x \in D$ gelte: $\lim\limits_{n\to\infty} f_n(x) = f(x)$. Dann ergeben sich folgende Fragen:
Wenn alle $f_n$ stetig bzw. differenzierbar sind, gilt dies auch für die Grenzfunktion?
Darf man Grenzprozesse vertauschen; gelten also Gleichungen wie

$$\frac{d}{dx} \lim_{n\to\infty} f_n = \lim_{n\to\infty} \frac{df}{dx} \quad \text{oder} \quad \int_a^b \lim_{n\to\infty} f_n(x)\,dx = \lim_{n\to\infty} \int_a^b f_n(x)\,dx \;?$$

Zuerst zeigen wir an einfachen Beispielen, dass die Grenzfunktion einer Folge stetiger Funktionen nicht stetig zu sein braucht und dass man Limes und Integration
und auch Limes und Differentiation nicht immer vertauschen darf.

**Beispiel 6.1.1** Für $n \in \mathbb{N}$ sei

$$f_n : [0,1] \to \mathbb{R}, \; x \mapsto x^n;$$

für jedes $x$ mit $0 \leq x < 1$ gilt nach 1.5.5 $\lim\limits_{n\to\infty} f_n(x) = 0$. Es ist $\lim\limits_{n\to\infty} f_n(1) = 1$.
Die Folge stetiger (sogar beliebig oft differenzierbarer) Funktionen $(f_n)_n$ konver-
giert also gegen die unstetige Funktion

$$f : [0,1] \to \mathbb{R}, x \mapsto \begin{cases} 0 & \text{für} \quad 0 \leq x < 1 \\ 1 & \text{für} \quad x = 1. \end{cases}$$

Wir wollen das Konvergenzverhalten genauer untersuchen: Es sei etwa $\varepsilon = \frac{1}{10}$
gewählt; zu $x$ geben wir das kleinste $N$ mit $x^N < \frac{1}{10}$ an.

| $x$ | $0,5$ | $0,8$ | $0,9$ | $0,99$ | $0,999$ |
|---|---|---|---|---|---|
| $N$ | $4$ | $11$ | $22$ | $230$ | $2301$ |

H. Kerner, W. von Wahl, *Mathematik für Physiker*, Springer-Lehrbuch,
DOI 10.1007/978-3-642-37654-2_6, © Springer-Verlag Berlin Heidelberg 2013

Die Konvergenz wird also um so „schlechter", je näher $x$ bei 1 liegt; sie ist „ungleichmäßig". Dies ist der Grund dafür, dass die Grenzfunktion unstetig ist.
Zum Problem der Vertauschung von Limes und Integration betrachten wir

$$
g_n : [0,2] \to \mathbb{R}, x \mapsto
\begin{cases}
n^2 x & \text{für } 0 \leq x \leq \frac{1}{n} \\
2n - n^2 x & \text{für } \frac{1}{n} < x \leq \frac{2}{n} \\
0 & \text{für } \frac{2}{n} < x \leq 2
\end{cases}
$$

Wir zeigen: für jedes $x \in [0,2]$ ist $\lim_{n\to\infty} g_n(x) = 0$. Für $x = 0$ ist dies klar; nun sei
$x$ mit $0 < x \leq 2$ vorgegeben. Wir wählen $N \in \mathbb{N}$ so, dass $N > \frac{2}{x}$ ist. Für $n \geq N$
ist dann $\frac{2}{n} < x$, also $g_n(x) = 0$ und somit $\lim_{n\to\infty} g_n(x) = 0$.

Für alle $n \in \mathbb{N}$ ist die Dreiecksfläche $\int_0^2 g_n(x)\mathrm{d}x = 1$ und daher

$$
1 = \lim_{n\to\infty} \int_0^2 g_n(x)\mathrm{d}x \neq \int_0^2 (\lim_{n\to\infty} g_n(x))\mathrm{d}x = 0.
$$

Die Differentiation untersuchen wir mit der Folge

$$
h_n : [0, 2\pi] \to \mathbb{R}, x \mapsto \frac{1}{n}\sin(n^2 x).
$$

Wegen $|h_n(x)| \leq \frac{1}{n}$ gilt $\lim_{n\to\infty} h_n(x) = 0$ für alle $x \in [0, 2\pi]$;
es ist $h_n'(x) = n\cdot\cos(n^2 x)$ und diese Folge ist offensichtlich nicht konvergent; zum
Beispiel ist $h_n'(0) = n$.

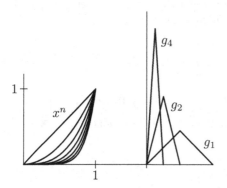
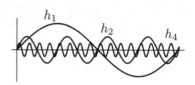

Wir führen nun einen schärferen Konvergenzbegriff ein, nämlich den der gleichmäßigen Konvergenz.

**Definition 6.1.2** *Sei $D \subset \mathbb{R}$ und $f_n : D \to \mathbb{R}$ sowie $f : D \to \mathbb{R}$. Die Funktionenfolge $(f_n)_n$ heißt* **gleichmäßig konvergent** *gegen $f$, wenn es zu jedem $\varepsilon > 0$ ein $N(\varepsilon) \in \mathbb{N}$ gibt mit $|f_n(x) - f(x)| < \varepsilon$ für alle $n \geq N(\varepsilon)$ und alle $x \in D$.*
*Falls für jedes $x \in D$ die Folge $(f_n(x))_n$ gegen $f(x)$ konvergiert, bezeichnen wir dies als* **punktweise Konvergenz**. *In diesem Fall gibt es zu jedem $x \in D$ und $\varepsilon > 0$ ein $N(x, \varepsilon) \in \mathbb{N}$ mit $|f_n(x) - f(x)| < \varepsilon$ für alle $n \geq N(x, \varepsilon)$. Der Index $N(x, \varepsilon)$ hängt also nicht nur von $\varepsilon$, sondern auch vom Punkt $x$ ab.*

Natürlich ist jede gleichmäßig konvergente Folge auch punktweise konvergent. Gleichmäßige Konvergenz kann man sich so veranschaulichen: Für $n \geq N$ liegt $f_n$ im $\varepsilon$-Schlauch um $f$.

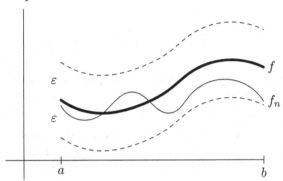

Es ist leicht zu sehen, dass die im Beispiel behandelten Folgen $(f_n)_n$ und $(g_n)_n$ nicht gleichmäßig konvergieren; dagegen konvergiert $(h_n)_n$ gleichmäßig gegen 0. Nun zeigen wir, dass bei gleichmäßiger Konvergenz stetiger Funktionen die Grenzfunktion stetig ist und dass man gliedweise integrieren darf.

**Satz 6.1.3 (Satz von der Stetigkeit der Grenzfunktion)** *Wenn die Folge $(f_n)$ stetiger Funktionen $f_n : D \to \mathbb{R}$ gleichmäßig gegen $f : D \to \mathbb{R}$ konvergiert, so ist auch $f$ stetig.*

**Beweis.** Es ist zu zeigen, dass $f$ in jedem Punkt $x_0 \in D$ stetig ist. Zu jedem $\varepsilon > 0$ existiert ein $N \in \mathbb{N}$ mit $|f_n(x) - f(x)| < \frac{\varepsilon}{3}$ für $n \geq N$ und $x \in D$. Weil $f_N$ in $x_0$ stetig ist, existiert eine Umgebung $U$ von $x_0$ mit $|f_N(x) - f_N(x_0)| < \frac{\varepsilon}{3}$ für $x \in U \cap D$. Dann gilt für $x \in U \cap D$:

$$|f(x) - f(x_0)| \leq |f(x) - f_N(x)| + |f_N(x) - f_N(x_0)| + |f_N(x_0) - f(x_0)| <$$
$$< \quad \frac{\varepsilon}{3} \quad + \quad \frac{\varepsilon}{3} \quad + \quad \frac{\varepsilon}{3} \quad = \varepsilon.$$

$\square$

**Satz 6.1.4 (Vertauschung von Limes und Integration)** *Die Folge $(f_n)_n$ stetiger Funktionen $f_n : [a, b] \to \mathbb{R}$ konvergiere gleichmäßig gegen $f : [a, b] \to \mathbb{R}$. Definiert man für $x \in [a, b]$ Funktionen*

$$F_n(x) := \int_a^x f_n(t)\, dt, \qquad F(x) := \int_a^x f(t)\, dt,$$

*so gilt:* $(F_n)_n$ *konvergiert gleichmäßig gegen F; insbesondere gilt*

$$\lim_{n \to \infty} \int_a^b f_n(x)\, dx = \int_a^b (\lim_{n \to \infty} f_n(x))\, dx.$$

**Beweis.** Zu $\varepsilon > 0$ existiert ein $N$ mit $|f_n(t) - f(t)| < \varepsilon$ für $n \geq N$ und $t \in [a, b]$. Dann gilt für $n \geq N$; $x \in [a, b]$ :

$$\left| \int_a^x f_n(t)\, dx - \int_a^x f(t)\, dt \right| \leq \varepsilon \cdot (x - a) \leq \varepsilon \cdot (b - a)$$

und daraus folgt die Behauptung.                                                                 □

Aus diesen beiden Sätzen folgt, dass die im Beispiel 6.1.1 behandelten Folgen $(f_n)_n$ und $(g_n)_n$ nicht gleichmäßig konvergieren. Dagegen ist die Folge $(h_n)_n$ wegen $|h_n(x)| \leq \frac{1}{n}$ gleichmäßig konvergent, trotzdem darf man nicht gliedweise differenzieren. Bei Vertauschung von Limes und Differentiation benötigt man eine Voraussetzung über die gleichmäßige Konvergenz der Folge der Ableitungen.

**Satz 6.1.5 (Vertauschung von Limes und Differentiation)** *Es sei* $(f_n)_n$ *eine Folge stetig differenzierbarer Funktionen auf* $[a, b]$. *In einem Punkt* $x_0 \in [a, b]$ *konvergiere* $(f_n(x_0))_n$; *die Folge* $(f_n')_n$ *sei gleichmäßig konvergent. Dann konvergiert* $(f_n)_n$ *gleichmäßig gegen eine stetig differenzierbare Funktion* $f$ *und* $(f_n')$ *konvergiert gleichmäßig gegen* $f'$.

**Beweis.** Nach Voraussetzung konvergiert $(f_n')_n$ gleichmäßig gegen eine Funktion $g : [a, b] \to \mathbb{R}$, die nach 6.1.3 stetig ist. Es sei $c := \lim_{n \to \infty} f_n(x_0)$. Aus dem Hauptsatz der Differential- und Integralrechnung folgt

$$f_n(x) = f_n(x_0) + \int_{x_0}^x f_n'(t)\, dt.$$

Man definiert $f(x) := c + \int_{x_0}^x g(t)\, dt$; dann folgt aus 6.1.4, dass $(f_n)_n$ gleichmäßig gegen $f$ konvergiert. Nach dem Hauptsatz ist $f' = g$ und damit sind alle Behauptungen bewiesen.                                                                 □

Diese Aussagen sollen nun auf Reihen von Funktionen übertragen werden. Für jedes $n \in \mathbb{N}$ sei $f_n : D \to \mathbb{R}$ eine Funktion, man setzt $s_n := \sum_{k=1}^n f_k$. Die Reihe $\sum_{n=1}^\infty f_n$ heißt gleichmäßig konvergent, wenn die Folge der Partialsummen $(s_n)_n$ gleichmäßig konvergent ist; die Grenzfunktion bezeichnet man ebenfalls mit $\sum_{n=1}^\infty f_n$. Die oben bewiesenen Aussagen fassen wir nun in einem Satz zusammen:

**Satz 6.1.6** *Für $n \in \mathbb{N}$ sei $f_n : [a, b] \to \mathbb{R}$ stetig. Wenn die Reihe $\sum\limits_{n=1}^{\infty} f_n$ gleichmäßig*

*konvergiert, dann ist auch die Grenzfunktion $\sum\limits_{n=1}^{\infty} f_n$ stetig und für $x \in [a, b]$ gilt:*

$$\int\limits_a^x \sum_{n=1}^{\infty} f_n(t)\, \mathrm{d}t = \sum_{n=1}^{\infty} \int\limits_a^x f_n(t)\, \mathrm{d}t.$$

*Wenn alle $f_n$ stetig differenzierbar sind und $\sum\limits_{n=1}^{\infty} f_n(x_0)$ für ein $x_0 \in [a, b]$ konver-*

*giert und wenn außerdem $\sum\limits_{n=1}^{\infty} f_n'$ gleichmäßig konvergent ist, dann konvergiert auch*

$\sum\limits_{n=1}^{\infty} f_n$ *gleichmäßig und es gilt:*

$$\frac{\mathrm{d}}{\mathrm{d}x} \sum_{n=1}^{\infty} f_n = \sum_{n=1}^{\infty} \frac{\mathrm{d}}{\mathrm{d}x} f_n.$$

Für gleichmäßige Konvergenz gibt es auch ein Cauchy-Kriterium:

**Satz 6.1.7 (Cauchy-Kriterium für gleichmäßige Konvergenz)** *Es sei $(f_n)_n$ eine Folge von Funktionen $f_n : D \to \mathbb{R}$ ; wenn zu jedem $\varepsilon > 0$ ein $N(\varepsilon)$ existiert mit $|f_n(x) - f_k(x)| < \varepsilon$ für alle $n, k \geq N(\varepsilon)$ und alle $x \in D$, dann konvergiert die Folge $(f_n)_n$ gleichmäßig.*

**Beweis.** Für jedes $x \in D$ ist $(f_n(x))_n$ eine Cauchy-Folge und daher konvergent; wir setzen $f(x) := \lim\limits_{n \to \infty} f_n(x)$. Nun sei $\varepsilon > 0$ vorgegeben; wir wählen $N(\varepsilon)$ wie oben. Für alle $n \geq N(\varepsilon)$ und alle $x \in D$ gilt : Für jedes $k \in \mathbb{N}$ ist

$$|f_n(x) - f(x)| \leq |f_n(x) - f_k(x)| + |f_k(x) - f(x)|.$$

Zu $x \in D$ kann man $k \geq N(\varepsilon)$ so wählen, dass $|f_k(x) - f(x)| < \varepsilon$ ist. Daraus folgt

$$|f_n(x) - f(x)| < 2\varepsilon \quad \text{für alle } n \geq N(\varepsilon) \quad \text{und alle } x \in D.$$

$\square$

Daraus leiten wir her:

**Satz 6.1.8 (Majorantenkriterium für gleichmäßige Konvergenz)** *Es seien $f_n : D \to \mathbb{R}$ Funktionen und $c_n$ reelle Zahlen; für alle $n \in \mathbb{N}$ und alle $x \in D$ sei $|f_n(x)| \leq c_n$. Dann gilt:*

*Wenn $\sum\limits_{n=1}^{\infty} c_n$ konvergiert, dann ist die Reihe $\sum\limits_{n=1}^{\infty} f_n$ gleichmäßig konvergent.*

**Beweis.** Wir setzen $s_n := \sum_{j=1}^{n} f_j$ und zeigen, dass die Folge $(s_n)_n$ gleichmäßig konvergiert. Für $n > k$ und $x \in D$ ist

$$|s_n(x) - s_k(x)| \le \sum_{j=k+1}^{n} |f_j(x)| \le \sum_{j=k+1}^{n} c_j.$$

Weil $\sum_{j=1}^{\infty} c_j$ konvergiert, existiert zu $\varepsilon > 0$ ein $N(\varepsilon)$, so dass für $n > k \ge N(\varepsilon)$ gilt: $\sum_{j=k+1}^{n} c_j < \varepsilon$. Daher gilt

$$|s_n(x) - s_k(x)| < \varepsilon \quad \text{für } n > k \ge N(\varepsilon) \text{ und alle } x \in D.$$

Daraus folgt nach dem soeben bewiesenen Kriterium, dass die Folge $(s_n)_n$ und damit auch die Reihe $\sum_{n=1}^{\infty} f_n$ gleichmäßig konvergiert.    □

Wir merken noch an, dass diese Aussagen auch für komplexe Funktionen, also $f_n : D \to \mathbb{C}$ mit $D \subset \mathbb{C}$ gelten.

## 6.2 Die Taylorreihe

Wichtige Funktionen, wie $e^x$, $\sin x$, haben wir durch eine Potenzreihe definiert. Nun soll die Frage behandelt werden, unter welchen Voraussetzungen man eine gegebene Funktion durch eine Potenzreihe darstellen kann. Eine Funktion, die man um jeden Punkt in eine Potenzreihe entwickeln kann, bezeichnet man als analytisch; die Potenzreihe heißt Taylorreihe (BROOK TAYLOR (1685-1731)). Wir betrachten in diesem Abschnitt Funktionen, die auf einem offenen Intervall $I = ]a, b[$ definiert sind; dabei darf $I$ auch ein uneigentliches Intervall sein.

**Definition 6.2.1** *Eine Funktion* $f : I \to \mathbb{R}$ *heißt* **analytisch**, *wenn es zu jedem Punkt* $x_0 \in I$ *eine Umgebung* $U_\delta(x_0) \subset I$ *und eine Potenzreihe* $\sum_{n=0}^{\infty} a_n(x - x_0)^n$ *gibt, so dass für* $x \in U_\delta(x_0)$ *gilt:*

$$f(x) = \sum_{n=0}^{\infty} a_n(x - x_0)^n.$$

*Die Menge der in I analytischen Funktionen bezeichnen wir mit*

$$\mathcal{C}^{\omega}(I).$$

Aus 4.1.3 folgt:

**Satz 6.2.2** *Ist* $f(x) = \sum\limits_{n=0}^{\infty} a_n(x - x_0)^n$ *in* $|x - x_0| < r$, *so ist* $f$ *beliebig oft differenzierbar und* $f^{(n)}(x_0) = n!a_n$, *also*

$$f(x) = \sum_{n=0}^{\infty} \frac{1}{n!} f^{(n)}(x_0) \cdot (x - x_0)^n.$$

Für die weiteren Untersuchungen führen wir den Begriff der Taylorreihe ein; deren Partialsummen heißen Taylorpolynome.

**Definition 6.2.3** *Für eine beliebig oft differenzierbare Funktion* $f : I \to \mathbb{R}$, $x_0 \in I$, *heißt*

$$\sum_{n=0}^{\infty} \frac{1}{n!} f^{(n)}(x_0) \cdot (x - x_0)^n$$

*die* **Taylorreihe** *von* $f$ *um* $x_0$. *Für* $n \in \mathbb{N}_0$ *heißt*

$$T_n(x) := \sum_{k=0}^{n} \frac{1}{k!} f^{(k)}(x_0) \cdot (x - x_0)^k$$

*das* **n-te Taylorpolynom***;*

$$R_{n+1}(x) := f(x) - T_n(x)$$

*heißt das zugehörige* **Restglied**.

$(T_n)_n$ ist die Folge der Partialsummen der Taylorreihe; die Taylorreihe um $x_0$ konvergiert für $x \in I$ genau dann gegen $f(x)$, wenn gilt:

$$\lim_{n \to \infty} R_n(x) = 0.$$

In der Abbildung sind für die Funktion $\cos x$ die Taylorpolynome $T_2$, $T_4$, $T_6$, $T_8$ dargestellt.

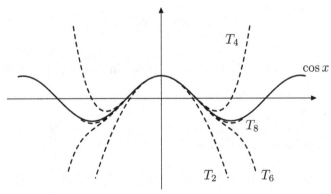

Wir geben nun ein Beispiel einer beliebig oft differenzierbaren Funktion $f$ an, die nicht analytisch ist. Bei dieser Funktion konvergiert die Taylorreihe, aber sie konvergiert gegen 0 und nicht gegen $f$.

**Beispiel 6.2.4** Es sei

$$f : \mathbb{R} \to \mathbb{R},\ x \mapsto \begin{cases} \exp(-\frac{1}{x^2}) & \text{für } x \neq 0 \\ 0 & \text{für } x = 0 \end{cases}$$

Wir zeigen: $f$ ist beliebig oft differenzierbar und für alle $n \in \mathbb{N}$ gilt $f^{(n)}(0) = 0$. Daraus folgt: Die Taylorreihe von $f$ um 0 ist identisch null; sie stellt also die Funktion $f$ nicht dar und somit ist $f$ nicht analytisch.

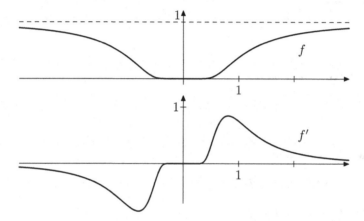

Die Funktion $f$ ist für $x \neq 0$ positiv; jedoch ist zum Beispiel $f(0, 4) < 2 \cdot 10^{-3}$ und $f(0, 2) < 2 \cdot 10^{-11}$ ; daher hat man den Eindruck, dass sie in einer Umgebung des Nullpunkts identisch veschwindet.

Wir geben zunächst für $x \neq 0$ die ersten drei Ableitungen dieser Funktion an:

$$f'(x) = \frac{2}{x^3} \cdot \exp(-\frac{1}{x^2}), \qquad f''(x) = \left(\frac{4}{x^6} - \frac{6}{x^4}\right) \cdot \exp(-\frac{1}{x^2}),$$

$$f^{(3)}(x) = \left(\frac{8}{x^9} - \frac{36}{x^7} + \frac{24}{x^5}\right) \cdot \exp(-\frac{1}{x^2}).$$

Es ist $f''(\sqrt{\frac{2}{3}}) = 0$ und die Funktion $f'$ nimmt im Punkt $\sqrt{\frac{2}{3}} = 0, 816\ldots$ das Maximum $f(\sqrt{\frac{2}{3}}) = 0, 819\ldots$ an.

Nun zeigen wir:

$f$ ist beliebig oft differenzierbar und für $n \in \mathbb{N}$ gilt: $f^{(n)}(0) = 0$.

In 4.2.11 wurde für $k \in \mathbb{N}$ hergeleitet :

$$\lim_{x \to \infty} x^{-k} e^x = \infty, \quad \text{daher} \quad \lim_{x \to \infty} x^k e^{-x} = 0 \quad \text{und} \quad \lim_{h \to 0} h^{-k} \exp(-h^{-2}) = 0.$$

Somit existiert

$$f'(0) = \lim_{h \to 0} \frac{f(h) - f(0)}{h} = \lim_{h \to 0} \frac{1}{h} \exp(-h^{-2}) = 0.$$

Nun zeigen wir durch vollständige Induktion, dass für $n \in \mathbb{N}$ gilt:

$$f^{(n)}(0) = 0 \quad \text{und} \quad f^{(n)}(x) = p_n(\frac{1}{x}) \cdot \exp(-x^{-2}) \quad \text{für} \quad x \neq 0;$$

dabei ist $p_n$ ein Polynom.

Der Induktionsanfang $n = 1$ wurde bereits bewiesen; wir nehmen an, die Aussage sei für ein $n$ richtig; dann ist für $x \neq 0$:

$$f^{(n+1)}(x) = \tfrac{\mathrm{d}}{\mathrm{d}x}\left(p_n(\tfrac{1}{x})\exp(-x^{-2})\right) = \left(-p_n'(\tfrac{1}{x})\tfrac{1}{x^2} + \tfrac{2}{x^3}p_n(\tfrac{1}{x})\right)\exp(-x^{-2}) =$$

$$= p_{n+1}(\tfrac{1}{x})\exp(-x^{-2}) \quad \text{mit} \quad p_{n+1}(\tfrac{1}{x}) := -p_n'(\tfrac{1}{x}) \cdot \tfrac{1}{x^2} + \tfrac{2}{x^3}p_n(\tfrac{1}{x}).$$

Somit ist $f^{(n)}(x)$ eine Linearkombination von $x^{-k}\exp(-x^{-2})$ und daraus folgt:

$$f^{(n+1)}(0) = \lim_{h \to 0} \frac{f^{(n)}(h)) - f^{(n)}(0)}{h} = \lim_{h \to 0} \frac{1}{h} \cdot p_n(\frac{1}{h}) \cdot \exp(-h^{-2}) = 0.$$

Damit sind alle Behauptungen bewiesen.

$\blacksquare$

**Beispiel 6.2.5** Mit diesen Methoden kann man auch zeigen, dass die Funktion

$$g : \mathbb{R} \to \mathbb{R}, x \mapsto \begin{cases} \exp(-\frac{1}{1-x^2}) & \text{für} \quad |x| < 1 \\ 0 & \text{für} \quad |x| \geq 1 \end{cases}$$

beliebig oft differenzierbar ist. Man beweist, dass alle Ableitungen in $x = \pm 1$ existieren und gleich 0 sind. Die Taylorreihen um $\pm 1$ sind identisch null und stellen somit die Funktion $g$ nicht dar. Diese Funktion ist unendlich oft differenzierbar und hat kompakten Träger, nämlich $[-1, +1]$; es ist also $g \in \mathcal{C}_0^\infty(\mathbb{R})$. Wir werden in 13.2.1 diese Funktion bei der Konstruktion der Teilung der Eins heranziehen. Eine nicht-identisch verschwindende analytische Funktion mit kompaktem Träger existiert nicht; dies kann man leicht aus dem Identitätssatz für Potenzreihen 14.7.7 herleiten. Für $|x| < 1$ ist

$$g'(x) = \frac{-2x}{(x^2 - 1)^2} \cdot \exp(-\frac{1}{1-x^2}), \qquad g''(x) = \frac{6x^4 - 2}{(x^2 - 1)^4} \cdot \exp(-\frac{1}{1-x^2})$$

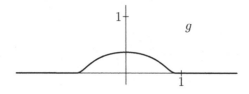

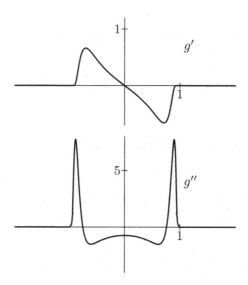

Nun sollen für das Restglied zwei Darstellungen hergeleitet werden, die eine, nach Cauchy, durch ein Integral, die andere, nach Lagrange, durch die (n+1)-te Ableitung:

**Satz 6.2.6 (Darstellungen des Restgliedes)** *Sei $n \in \mathbb{N}_0$ und $f : I \to \mathbb{R}$ eine $(n+1)$-mal stetig differenzierbare Funktion. Dann gilt für $x_0, x \in I$:*

$$(1) \qquad R_{n+1}(x) = \frac{1}{n!} \int_{x_0}^{x} (x-t)^n f^{(n+1)}(t)\, \mathrm{d}t \qquad (\text{Cauchy})$$

*(2) Es gibt ein $\xi$ zwischen $x_0$ und $x$ mit*

$$R_{n+1}(x) = \frac{1}{(n+1)!} f^{(n+1)}(\xi) \cdot (x-x_0)^{n+1} \qquad (\text{Lagrange})$$

*und daher gilt die* **Taylorsche Formel***:*

$$f(x) = \sum_{k=0}^{n} \frac{1}{k!} f^{(k)}(x_0) \cdot (x - x_0)^k + \frac{1}{(n+1)!} f^{(n+1)}(\xi) \cdot (x - x_0)^{n+1}.$$

**Beweis zu (1).** Wir führen den Beweis durch Induktion nach $n$. Für $n = 0$ liefert

$$R_1(x) = f(x) - f(x_0) = \int_{x_0}^{x} f'(t)\, dt$$

die Behauptung. Nun sei $n \geq 1$ und die Aussage sei für $n - 1$ richtig, also

$$R_n(x) = \frac{1}{(n-1)!} \int_{x_0}^{x} (x - t)^{n-1} f^{(n)}(t)\, dt.$$

Durch partielle Integration erhält man

$$R_n(x) = -\frac{1}{n!}(x - t)^n f^{(n)}(t)|_{x_0}^{x} + \frac{1}{n!} \int_{x_0}^{x} (x - t)^n f^{(n+1)}(t)\, dt =$$

$$= +\frac{1}{n!}(x - x_0)^n f^{(n)}(x_0) + \frac{1}{n!} \int_{x_0}^{x} (x - t)^n f^{(n+1)}(t)\, dt.$$

Wegen

$$R_{n+1}(x) = R_n(x) - \frac{1}{n!} f^{(n)}(x_0) \cdot (x - x_0)^n$$

folgt daraus die Aussage für $n$.

**Beweis zu (2).** Nach dem 2. Mittelwertsatz der Integralrechnung 5.2.2 existiert ein $\xi$ zwischen $x_0$ und $x$ mit

$$R_{n+1}(x) = \frac{1}{n!} \int_{x_0}^{x} (x - t)^n f^{(n+1)}(t)\, dt = \frac{1}{n!} f^{(n+1)}(\xi) \int_{x_0}^{x} (x - t)^n\, dt =$$

$$= -\frac{1}{n!} f^{(n+1)}(\xi) \cdot \left[ \frac{(x - t)^{n+1}}{n + 1} \right]_{x_0}^{x} = \frac{1}{(n+1)!} f^{(n+1)}(\xi) \cdot (x - x_0)^{n+1}.$$

$\square$

Nun geben wir eine Bedingung dafür an, dass die Taylorreihe von $f : I \to \mathbb{R}$ um jedes $x_0 \in I$ auf ganz $I$ gegen $f$ konvergiert.

**Satz 6.2.7** *Sei* $f : [a, b] \to \mathbb{R}$ *beliebig oft differenzierbar; es existiere ein* $M > 0$ *und* $c > 0$ *mit*

$$|f^{(n)}(x)| \leq M \cdot c^n \qquad \text{für} \quad n \in \mathbb{N}_0 \quad \text{und} \quad x \in I.$$

*Dann gilt für $x_0, x \in I$:*

$$f(x) = \sum_{n=0}^{\infty} \frac{1}{n!} f^{(n)}(x_0) \cdot (x - x_0)^n.$$

**Beweis.** Es ist $|R_n(x)| = |\frac{1}{n!} f^{(n)}(\xi) \cdot (x - x_0)^n| \leq \frac{1}{n!} M c^n \cdot (b - a)^n$ und aus $\lim\limits_{n \to \infty} \frac{1}{n!} c^n (b - a)^n = 0$ folgt $\lim\limits_{n \to \infty} R_n(x) = 0$. $\qquad\square$

Mit einer anderen Abschätzung der $f^{(n)}$ erhält man die schwächere Aussage: Die Taylorreihe um $x_0$ konvergiert in einer Umgebung von $x_0$ gegen $f$:

**Satz 6.2.8** *Sei $f : I \to \mathbb{R}$ beliebig oft differenzierbar; es existiere $M > 0$ und $c > 0$ mit*

$$|f^{(n)}(x)| \leq n! \cdot M \cdot c^n \qquad \text{für} \quad n \in \mathbb{N}_0 \quad \text{und} \quad x \in I.$$

*Dann ist $f$ analytisch.*

**Beweis.** Sei $x_0 \in I$; wir wählen $\delta > 0$ so, dass $\delta < \frac{1}{c}$ und $[x_0 - \delta, x_0 + \delta] \subset I$ ist. Für $|x - x_0| \leq \delta$ gilt dann für das Restglied der Taylorreihe um $x_0 : |R_n(x)| \leq M c^n \delta^n$ und wegen $\delta c < 1$ ist $\lim\limits_{n \to \infty} R_n(x) = 0$. $\qquad\square$

Nun zeigen wir, dass eine Funktion, die durch eine konvergente Potenzreihe gegeben ist, immer analytisch ist.

**Satz 6.2.9** *Wenn die Potenzreihe $\sum\limits_{n=a}^{\infty} a_n x^n$ für $|x| < R$ konvergiert, dann ist die Funktion*

$$f :] - R, +R[ \to \mathbb{R}, \quad x \mapsto \sum_{n=0}^{\infty} a_n x^n,$$

*analytisch.*

**Beweis.** Wir zeigen, dass für die Ableitungen von $f$ Abschätzungen wie in 6.2.8 gelten. Es ist

$$f^{(k)}(x) = \sum_{n=k}^{\infty} n(n-1) \cdot \ldots \cdot (n-k+1) a_n x^{n-k}.$$

Um diesen Ausdruck abschätzen zu können, verwenden wir die $k$-te Ableitung der geometrischen Reihe: Für $|x| < 1$ ist

$$\sum_{n=k}^{\infty} n(n-1) \cdot \ldots \cdot (n-k+1) x^{n-k} = \frac{\mathrm{d}^k}{\mathrm{d}x^k}\left(\frac{1}{1-x}\right) = \frac{k!}{(1-x)^{k+1}}.$$

Für reelle Zahlen $\rho, r$ mit $0 < \rho < r < R$ gilt dann: $\sum\limits_{n=0}^{\infty} a_n r^n$ ist konvergent, also existiert ein $M > 0$ mit $|a_n r^n| \leq M$ für $n \in \mathbb{N}_0$. Wir setzen $q := \frac{\rho}{r}$, dann ist $0 < q < 1$, und für $|x| \leq \rho$, $n \geq k$, gilt:

$$|a_n x^{n-k}| \leq |a_n \rho^{n-k}| = |a_n r^n| \cdot r^{-k} q^{n-k} \leq r^{-k} M q^{n-k}.$$

Daher gilt für $|x| \leq \rho$:

$$|f^{(k)}(x)| \leq r^{-k} M \cdot \frac{k!}{(1-q)^{k+1}} = \frac{M}{1-q} \cdot k! \cdot \left(\frac{1}{r(1-q)}\right)^k.$$

Aus 6.2.8 folgt dann, dass $f$ in $]-\rho, +\rho[$ analytisch ist; da dies für jedes $\rho$ mit $0 < \rho < R$ gilt, folgt: $f$ ist in $]-R, +R[$ analytisch. $\qquad\square$

Funktionen wie $e^x$, $\sin x$, $\cos x$ hatten wir durch Potenzreihen definiert; aus 6.2.9 folgt, dass diese Funktionen analytisch sind.

**Bemerkung.** Wir werden diesen Satz in 14.6.3 nochmals mit anderen Methoden erhalten. Wenn die Reihe $\sum\limits_{n=0}^{\infty} a_n z^n$ in $\{x \in \mathbb{R} |\ |x| < r\}$ konvergent ist, so konvergiert sie auch in $\{z \in \mathbb{C} |\ |z| < r\}$ und darf gliedweise differenziert werden. Daher stellt sie dort eine holomorphe Funktion dar. In Satz 14.6.3 ergibt sich, dass jede holomorphe Funktion analytisch ist.

Wir geben nun weitere Beispiele an:

**Beispiel 6.2.10** Für $|x| < 1$ ist

$$\ln(1+x) = \sum_{n=1}^{\infty} (-1)^{n+1} \cdot \frac{x^n}{n} = x - \frac{x^2}{2} + \frac{x^3}{3} - \frac{x^4}{4} + \ldots.$$

Diese Reihenentwicklung erhält man aus

$$\frac{1}{1+t} = 1 - t + t^2 - t^3 + \ldots$$

durch gliedweise Integration:

$$\ln(1+x) = \int_0^x \frac{dt}{1+t} = x - \frac{x^2}{2} + \ldots \text{ für } |x| < 1.$$

Wir zeigen, dass diese Formel auch noch für $x = 1$ gilt: Für $t \neq -1$ ist nach 1.5.6:

$$1 - t + t^2 - t^3 - \ldots + (-t)^{n-1} = \frac{1 - (-t)^n}{1+t},$$

also ist

$$\ln 2 = \int_0^1 \frac{dt}{1+t} = \int_0^1 \left(1 - t + t^2 - \ldots + (-t)^{n-1} + \frac{(-t)^n}{1+t}\right) dt =$$

$$= 1 - \frac{1}{2} + \frac{1}{3} - \frac{1}{4} + \ldots + \frac{(-1)^{n-1}}{n} + (-1)^n \int_0^1 \frac{t^n}{1+t}\, dt.$$

Wegen $0 \leq \int_0^1 \frac{t^n}{1+t}\,dt \leq \int_0^1 t^n\,dt = \frac{1}{n+1}$ folgt: $\lim\limits_{n\to\infty} \int_0^1 \frac{t^n}{1+t}\,dt = 0$ und damit haben wir den Grenzwert für die alternierende harmonische Reihe:

$$\ln 2 = \sum_{n=1}^{\infty}(-1)^{n+1}\cdot\frac{1}{n} = 1 - \frac{1}{2} + \frac{1}{3} - \frac{1}{4} + \dots .$$

Man vergleiche dazu die Aufgaben 1.12 und 5.7.

■

**Beispiel 6.2.11** Analog erhalten wir die Reihenentwicklung für arc tg $x$. Es ist arc tg $x = \int_0^x \frac{dt}{1+t^2}$ und $\frac{1}{1+t^2} = \sum_{n=0}^{\infty}(-1)^n t^{2n}$ für $|t| < 1$. Daraus folgt für $|x| < 1$:

$$\text{arc tg } x = \sum_{n=0}^{\infty}(-1)^n\cdot\frac{x^{2n+1}}{2n+1} = x - \frac{x^3}{3} + \frac{x^5}{5} - \frac{x^7}{7} + \dots .$$

Wie im vorhergehenden Beispiel zeigt man, dass dies auch für $x = 1$ und $x = -1$ gilt. Wir sezten $t^2$ statt $t$ ein und erhalten analog:

$$\frac{\pi}{4} = \text{arc tg } 1 = \int_0^1 \frac{dt}{1+t^2} = 1 - \frac{1}{3} + \frac{1}{5} - \dots + (-1)^{n-1}\frac{1}{2n-1} + (-1)^n \int_0^1 \frac{t^{2n}}{1+t^2}\,dt.$$

Für $0 \leq t \leq 1$ ist $1 \leq 1 + t^2 \leq 2$ und daher

$$\frac{1}{2(2n+1)} \leq \int_0^1 \frac{t^{2n}}{1+t^2}\,dt \leq \frac{1}{2n+1}.$$

Dieses Restglied geht also für $n \to \infty$ gegen 0 und wir erhalten

$$\frac{\pi}{4} = 1 - \frac{1}{3} + \frac{1}{5} - \frac{1}{7} + \dots$$

Die Abschätzung zeigt aber auch, dass diese Reihe ziemlich langsam konvergiert; wenn man zum Beispiel $\frac{\pi}{4}$ durch $1 - \frac{1}{3} + \dots + \frac{1}{97} - \frac{1}{99}$ approximiert, liegt der Fehler zwischen $\frac{1}{202}$ und $\frac{1}{101}$.

Die Abbildung mit den Taylorpolynomen $T_3, \dots, T_9$ zu $arc\ tgx$ vermittelt einen Eindruck von der Konvergenz der Arcustangens-Reihe in $|x| \leq 1$ und der Divergenz in $|x| > 1$.

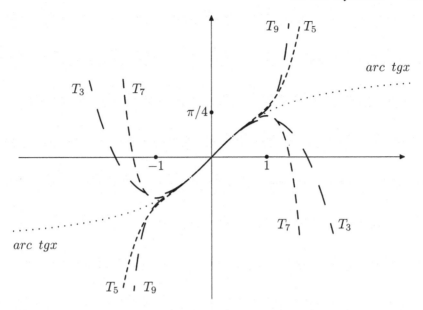

## Aufgaben

**6.1.** Geben Sie die Taylorentwicklung von $\frac{1+x}{1-x}$ um $x_0 = 0$ an.

**6.2.** Geben Sie die Taylorentwicklung von $\frac{1}{1+x+x^2+x^3+x^4+x^5}$ um $x_0 = 0$ an.

**6.3.** Sei $0 < a < b$; geben Sie die Taylorentwicklung von $\frac{1}{(x+a)(x-b)}$ um $x_0 = 0$ an.

**6.4.** Es seien in $|x| < 1$ die Funktionen

$$f(x) := \frac{x(1+x)}{(1-x)^3} \quad \text{und} \quad g(x) := \frac{1}{1-x}$$

gegeben. Zeigen Sie

$$f(x) = x \cdot \Big( x \cdot g'(x) \Big)',$$

geben Sie dann die Taylorreihe von $f$ um $x_0 = 0$ an und berechnen Sie $\sum\limits_{n=1}^{\infty} \frac{n^2}{2^n}$.

**6.5.** Geben Sie (mit Aufgabe 3.5) die Taylorreihen von

$$\frac{1}{(1-x)^3} \quad \text{und von} \quad \frac{x+x^2}{(1-x)^3}$$

um $x_0 = 0$ an und vergleichen Sie mit der vorhergehenden Aufgabe.

**6.6.** Zeigen Sie, dass für $|x| \leq \frac{1}{2}$ gilt: $\left| \sin x - \left( x - \frac{x^3}{3!} + \frac{x^5}{5!} \right) \right| \leq 2 \cdot 10^{-6}$.

# Lineare Algebra

## 7.1 Gruppen, Ringe, Körper

Wir stellen zuerst die Grundbegriffe über Gruppen, Ringe und Körper zusammen; anschließend bringen wir eine Einführung in die Gruppentheorie.

**Definition 7.1.1** *Eine* **Gruppe** *ist ein Paar* $(G, \circ)$, *bestehend aus einer nichtleeren Menge $G$ und einer Verknüpfung*

$$G \times G \to G, (a, b) \mapsto a \circ b,$$

*mit folgenden Eigenschaften:*

| | |
|---|---|
| *Für alle $a, b, c \in G$ ist* | $(a \circ b) \circ c = a \circ (b \circ c)$ |
| *Es gibt ein $e \in G$, so dass für alle $a \in G$ gilt* | $e \circ a = a$ |
| *Zu jedem $a \in G$ existiert ein $a^{-1} \in G$ mit* | $a^{-1} \circ a = e$ |

$(G, \circ)$ *heißt* **abelsch oder kommutativ**, *wenn für alle $a, b \in G$ gilt: $a \circ b = b \circ a$.*
*An Stelle von $(G, \circ)$ schreiben wir meistens $G$ und statt $a \circ b$ schreiben wir ab.*
*Sind $G_1$ und $G_2$ Gruppen und ist $f : G_1 \to G_2$ eine Abbildung, so heißt $f$*
**(Gruppen-) Homomorphismus** *wenn für alle $a, b \in G_1$ gilt:*

$$f(ab) = f(a)f(b).$$

*Eine Teilmenge $U$ einer Gruppe $G$ heißt* **Untergruppe** *von $G$, wenn sie, versehen mit der in $G$ definierten Verknüpfung $\circ$, ebenfalls eine Gruppe ist; dies ist genau dann der Fall, wenn gilt: (1) $e \in U$, (2) für $a, b \in U$ sind $ab \in U$ und $a^{-1}, b^{-1} \in U$.*

Man kann leicht zeigen, dass eine nichtleere Teilmenge $U$ von $G$ genau dann eine Untergruppe ist, wenn für alle $a, b \in U$ gilt: $ab^{-1} \in U$.

**Definition 7.1.2** *Ein (kommutativer)* **Ring** *ist ein Tripel $(R, +, \cdot)$, bestehend aus einer nichtleeren Teilmenge $R$ und zwei Verknüpfungen*

H. Kerner, W. von Wahl, *Mathematik für Physiker*, Springer-Lehrbuch,
DOI 10.1007/978-3-642-37654-2_7, © Springer-Verlag Berlin Heidelberg 2013

$$R \times R \to R, (a, b) \mapsto a + b, \qquad R \times R \to R, (a, b) \mapsto a \cdot b,$$

*so dass gilt (a, b, c ∈ R):*

| $(R, +)$ *ist eine abelsche Gruppe* |
| :---: |
| $a \cdot (b \cdot c) = (a \cdot b) \cdot c$ |
| $a \cdot b = b \cdot a$ |
| $a \cdot (b + c) = a \cdot b + a \cdot$ |

Das neutrale Element von $(R, +)$ bezeichnet man mit 0. $R$ heißt Ring mit Einselement, wenn ein $1 \in R$ existiert mit $1 \neq 0$ und $1 \cdot a = a$ für alle $a \in R$.
Sind $R_1$ und $R_2$ Ringe, so heißt $f : R_1 \to R_2$ **Ringhomomorphismus**, wenn für alle $a, b \in R_1$ gilt:

$$f(a + b) = f(a) + f(b), \qquad f(a \cdot b) = f(a) \cdot f(b).$$

Ist $(R, +, \cdot)$ ein Ring, so heißt $S \subset R$ ein **Unterring**, wenn $S$ mit den Verknüpfungen $+, \cdot$ ein Ring ist. Dies ist genau dann der Fall, wenn $S$ nichtleer ist und für alle $a, b \in S$ gilt: $a - b \in S$, $a \cdot b \in S$.
Die Körperaxiome 1.2.1 können wir nun so formulieren:
$(K, +, \cdot)$ ist ein Körper, wenn gilt:
$(K, +, \cdot)$ ist ein Ring mit Einselement und $(K \setminus \{0\}, \cdot)$ ist eine abelsche Gruppe.
Seien $K_1$ und $K_2$ Körper; $f : K_1 \to K_2$ heißt **Körperhomomorphismus**, wenn $f$ ein Ringhomomorphismus ist, also $f(a+b) = f(a)+f(b)$, $f(ab) = f(a)f(b)$.

Ist $(K, +, \cdot)$ ein Körper, so heißt $L \subset K$ ein **Unterkörper**, wenn $L$ mit $+, \cdot$ ein Körper ist. Dies ist genau dann der Fall, wenn $L$ nichtleer ist und aus $a, b \in L$, $b \neq 0$ folgt: $a - b \in L$, $a \cdot b^{-1} \in L$.
Bei Gruppen, Ringen und Körpern bezeichnet man einen bijektiven Homomorphismus als **Isomorphismus**.

## Gruppen
Wir geben eine kurze Einführung in die Gruppentheorie. Es sei immer $G$ eine Gruppe. Ist $U \subset G$ eine Untergruppe und sind $a, b \in G$, so setzt man

$$aU := \{ax \mid x \in U\}, \qquad Ua := \{xa \mid x \in U\}, \qquad aUb := \{axb \mid x \in U\}.$$

Man bezeichnet $aU$ als Linksnebenklasse. Ist $u \in U$, so ist $(au)U = aU$ und daher gilt:

$$aU = bU \text{ ist äquivalent zu } a^{-1}b \in U.$$

Zwei Linksnebenklassen $aU$, $bU$ sind entweder disjunkt oder sie sind gleich, denn aus $c \in (aU) \cap (bU)$ folgt $c = ax = by$ mit $x, y \in U$ und daher $a^{-1}b \in U$, somit $aU = bU$.
Eine Untergruppe $N \subset G$ heißt **Normalteiler,** wenn gilt:

$$aN = Na \quad \text{für alle } a \in G.$$

Dies ist genau dann der Fall, wenn für alle $a \in G$ gilt: $aNa^{-1} = N$; dies ist gleichbedeutend mit $axa^{-1} \in N$ für alle $a \in G, x \in N$.

Ist $f : G \to G'$ ein Gruppenhomomorphismus und $e' \in G'$ das neutrale Element in $G'$, so gilt

$$\mathrm{Ker} f := \{x \in G \mid f(x) = e'\} \text{ ist ein Normalteiler.}$$

Ist $N \subset G$ ein Normalteiler, so kann man die Faktorgruppe $G/N$ bilden. Die Menge $G/N$ ist die Menge aller $aN$, $a \in G$; als Verknüpfung definiert man

$$(aN) \cdot (bN) := (ab)N.$$

Wir zeigen, dass bei einem Normalteiler diese Verknüpfung unabhängig von der Wahl von $a, b$ ist:
Es ist also zu beweisen: Aus $aN = a'N$, $bN = b'N$ folgt $(ab)N = (a'b')N$.
Aus $a' \in aN$ und $b' \in bN = Nb$ folgt: Es gibt $x, y \in N$ mit $a' = ax$, $b' = yb$.
Dann ist $a'b' = axyb$ und wegen $xyb \in Nb = bN$ gibt es ein $z \in N$ mit $xyb = bz$.
Daraus folgt $a'b' = abz$ und somit $(a'b')N = (ab)N$.
Daher kann man definieren:

**Definition 7.1.3** *Ist $G$ eine Gruppe und $N$ ein Normalteiler in $G$, so ist die Menge $G/N$ aller Linksnebenklassen mit der Verknüpfung*

$$(aN) \cdot (bN) := (ab)N$$

*eine Gruppe; sie heißt die* **Faktorgruppe** *von $G$ modulo $N$.*

Wir formulieren dies noch etwas anders: Ist $N \subset G$ ein Normalteiler, so nennt man zwei Elemente $a, b \in N$ äquivalent (bezüglich N), wenn $a^{-1}b \in N$ ist; man bezeichnet die zu einem Element $a \in G$ gehörende Äquivalenzklasse mit

$$[a] := \{b \in G \mid a^{-1}b \in N\}.$$

Dann ist $[a] = aN$; die Verknüpfung ist definiert durch $[a] \cdot [b] = [a \cdot b]$.
Ein einfaches Beispiel: Wir betrachten die Gruppe $(\mathbb{Z}, +)$ und für $m \in \mathbb{N}$ die Untergruppe $m\mathbb{Z} := \{mk \mid k \in \mathbb{Z}\}$. Weil $(\mathbb{Z}, +)$ abelsch ist, ist $m\mathbb{Z}$ Normalteiler. Die Faktorgruppe $\mathbb{Z}_m := \mathbb{Z}/m\mathbb{Z}$ besteht aus m Elementen.

**Endliche Gruppen**
Wir bringen nun einige Aussagen über endliche Gruppen.

**Definition 7.1.4** *Wenn eine Gruppe $G$ nur endlich viele Elemente besitzt, so nennt man die Anzahl der Elemente von $G$ die* **Ordnung** *von $G$ und bezeichnet sie mit ord $G$.*
*Ist $U$ eine Untergruppe von $G$, so nennt man die Anzahl der verschiedenen Linksnebenklassen $aU, a \in G$, den* **Index** *von $U$ in $G$ und bezeichnet ihn mit $[G : U]$.*

Für endliche Gruppen gilt der Satz von Lagrange (JOSEPH LOUIS LAGRANGE (1736 - 1813)):

**Satz 7.1.5 (Satz von Lagrange)** *Ist $U$ eine Untergruppe der endlichen Gruppe $G$, so gilt:*

$$\operatorname{ord} G \;=\; [G : U] \cdot \operatorname{ord} U;$$

*insbesondere ist also ord $U$ ein Teiler von ord $G$.*

**Beweis.** Die Abbildung $U \to aU, x \mapsto ax$, ist bijektiv, daher gilt: Jede Nebenklasse $aU$ besitzt ord $U$ Elemente. Zwei verschiedene Nebenklassen sind immer disjunkt und $G$ ist die Vereinigung von $[G : U]$ disjunkten Nebenklassen. Daraus folgt die Behauptung. □

Für $a \in G$ nennt man $< a >:= \{a^n | n \in \mathbb{Z}\}$ die von $a$ erzeugte Untergruppe und setzt ord $a := \operatorname{ord} \; < a >$ . Aus dem Satz von Lagrange folgt, dass die Ordnung eines Elements immer ein Teiler der Gruppenordnung ist. Eine Gruppe $G$ heißt **zyklisch**, wenn es ein $a \in G$ gibt mit $G =< a >$.

Als Beispiel für die Anwendbarkeit des Satzes von Lagrange zeigen wir:

**Satz 7.1.6** *Jede Gruppe von Primzahlordnung ist zyklisch.*

**Beweis.** Sei $p = \operatorname{ord} G$ eine Primzahl. Wir wählen ein $a \in G$, mit $a \neq e$; dann ist ord $< a >$ ein Teiler von $p$ und $> 1$; daraus folgt ord $< a >= p$ und daher ist $< a >= G$. □

### Permutationsgruppen

Wichtige Beispiele von Gruppen sind die Permutationsgruppen, auf die wir etwas ausführlicher eingehen wollen. Permutationsgruppen benötigen wir bei der Theorie der Determinanten (7.7).

**Definition 7.1.7** *Es sei $n \in \mathbb{N}$; unter einer **Permutation** der Menge $\{1, 2, \ldots, n\}$ versteht man eine bijektive Abbildung*

$$\sigma : \{1, ..., n\} \to \{1, ..., n\}.$$

*Sind $\sigma$ und $\tau$ Permutationen von $\{1, ..., n\}$, so ist auch die Abbildung*

$$\tau \circ \sigma : \{1, ..., n\} \to \{1, ..., n\}, j \mapsto \tau(\sigma(j)),$$

*bijektiv, also ist $\tau \circ \sigma$ eine Permutation.*
*Die Menge $S_n$ aller Permutationen von $\{1, ..., n\}$ ist mit dieser Verknüpfung eine Gruppe, sie heißt Permutationsgruppe.*

Für $\tau \circ \sigma$ schreibt man nur $\tau\sigma$. Für das Rechnen mit Permutationen ist es zweckmäßig, $\sigma \in S_n$ so zu schreiben:

$$\sigma = \begin{pmatrix} 1 & 2 & 3 & ... & n \\ \sigma(1) & \sigma(2) & \sigma(3) & ... & \sigma(n) \end{pmatrix}.$$

In dieser Schreibweise ist die Permutation id $= \begin{pmatrix} 1 & 2 & 3 & ... & n \\ 1 & 2 & 3 & ... & n \end{pmatrix}$ das neutrale Element von $S_n$. Zum Beispiel ist

$$\sigma = \begin{pmatrix} 1\ 2\ 3\ 4 \\ 3\ 1\ 4\ 2 \end{pmatrix} \in S_4$$

die Abbildung mit

$$\sigma(1) = 3,\ \sigma(2) = 1,\ \sigma(3) = 4,\ \sigma(4) = 2.$$

Setzt man $\tau = \begin{pmatrix} 1\ 2\ 3\ 4 \\ 2\ 4\ 3\ 1 \end{pmatrix}$, so ist $\tau\sigma = \begin{pmatrix} 1\ 2\ 3\ 4 \\ 3\ 2\ 1\ 4 \end{pmatrix}$ und $\sigma\tau = \begin{pmatrix} 1\ 2\ 3\ 4 \\ 1\ 2\ 4\ 3 \end{pmatrix}$.

Für $\sigma \in S_n$ definiert man das **Signum** von $\sigma$ durch

$$\mathrm{sign}(\sigma) := \prod_{i<j} \frac{\sigma(j) - \sigma(i)}{j - i},$$

dabei bildet man das Produkt über alle Paare $(i, j), i, j = 1, \ldots, n$ mit $i < j$. Es ist immer $\mathrm{sign}(\sigma) = \pm 1$. Eine Permutation $\sigma$ mit $\mathrm{sign}(\sigma) = +1$ heißt gerade, andernfalls ungerade. Für $\sigma, \tau \in S_n$ gilt

$$\mathrm{sign}(\sigma\tau) = \mathrm{sign}(\sigma)\mathrm{sign}(\tau).$$

Ein einfaches Beispiel soll klarmachen, warum das Signum immer $\pm 1$ ist. Es sei wieder $\sigma = \begin{pmatrix} 1\ 2\ 3\ 4 \\ 3\ 1\ 4\ 2 \end{pmatrix}$, dann ist

$$\mathrm{sign}(\sigma) = \frac{1-3}{2-1} \cdot \frac{4-3}{3-1} \cdot \frac{2-3}{4-1} \cdot \frac{4-1}{3-2} \cdot \frac{2-1}{4-2} \cdot \frac{2-4}{4-3} = -1.$$

(Man soll die Differenzen nicht ausrechnen, sondern feststellen, dass bis auf das Vorzeichen in Zähler und Nenner die gleichen Differenzen vorkommen.)

Eine Permutation $\tau$ heißt *Transposition*, wenn sie zwei Elemente $j, k$ vertauscht und die übrigen festlässt; man schreibt dann $\tau = (j\ k)$. Für jede Transposition $\tau$ ist $\mathrm{sign}(\tau) = -1$.

Das neutrale Element schreibt man als $\mathrm{id} = (1)$.

Man kann zeigen (vgl. [4]):

**Hilfssatz 7.1.8** *Jede Permutation lässt sich als Produkt von Transpositionen darstellen. Eine Permutation $\sigma$ ist genau dann gerade, wenn sie als Produkt einer geraden Zahl von Transpositionen darstellbar ist.*

Bei unseren Beispiel ist

$$\sigma = (1\ 2)(1\ 4)(1\ 3).$$

In der Matrizenrechnung behandelt man Gruppen, die in der Geometrie und auch in der Physik wichtig sind:

Die allgemeine lineare Gruppe $GL(n, K)$ der invertierbaren Matrizen $A \in K^{(n,n)}$,

die orthogonale Gruppe $O(n)$ der $A \in GL(n, K)$ mit $A^{-1} = A^t$,

die spezielle orthogonale Gruppe $SO(n)$ aller $A \in O(n)$ mit $\det A = 1$.

## 7.2 Vektorräume

Es bezeichne $K$ immer einen (kommutativen) Körper.

**Definition 7.2.1** *Ein* **Vektorraum** *über* $K$ *ist ein Tripel* $(V, +, \cdot)$, *bestehend aus einer Menge* $V$ *und zwei Verknüpfungen*

$$V \times V \to V, \quad (v, w) \mapsto v + w, \qquad K \times V \to V, \quad (\lambda, v) \mapsto \lambda v,$$

*mit folgenden Eigenschaften* $(v, w \in V; \ \lambda, \mu \in K)$:

| $(V, +)$ *ist eine abelsche Gruppe* |
|:---:|
| $\lambda(\mu v) = (\lambda \mu) v$ |
| $(\lambda + \mu) v = \lambda v + \mu v$ |
| $\lambda(v + w) = \lambda v + \lambda w$ |
| $1v = v$ |

*Sind* $V$ *und* $W$ *Vektorräume über* $K$, *so heißt eine Abbildung* $f : V \to W$ **linear** *(oder Vektorraum-Homomorphismus), wenn für alle* $\lambda, \mu \in K$ *und* $v, w \in V$ *gilt:*

$$f(\lambda v + \mu w) = \lambda f(v) + \mu f(w).$$

*Äquivalent dazu ist:*

$$f(v + w) = f(v) + f(w), \quad f(\lambda v) = \lambda f(v).$$

*Eine bijektive lineare Abbildung* $f : V \to W$ *heißt* **Isomorphismus**, *eine lineare Abbildung* $f : V \to V$, *also* $V = W$, *bezeichnet man als* **Endomorphismus**.
*Ist* $(V, +, \cdot)$ *ein Vektorraum und* $U$ *eine nicht-leere Teilmenge von* $V$, *so heißt* $U$
**Untervektorraum** *(auch* **Unterraum** *oder* **Teilraum***) von* $V$, *wenn gilt:*

$$\text{aus } u, v \in U \text{ und } \lambda, \mu \in K \text{ folgt}: \quad \lambda u + \mu v \in U.$$

$U$ *ist dann mit den auf* $U$ *eingeschränkten Verknüpfungen* $+$ *und* $\cdot$ *ein Vektorraum.*

**Hilfssatz 7.2.2** *Sind* $V, W, Y$ *Vektorräume über* $K$ *und sind* $f : V \to W$ *und* $g : W \to Y$ *linear, so ist auch* $g \circ f : V \to Y$ *linear.*

**Hilfssatz 7.2.3** *Wenn* $f : V \to W$ *linear und bijektiv ist, dann ist auch die Umkehrabbildung* $f^{-1} : W \to V$ *linear.*

**Beweis.** Seien $\lambda_1, \lambda_2 \in K$, $w_1, w_2 \in W$ und $v_1 := f^{-1}(w_1)$, $v_2 := f^{-1}(w_2)$. Dann ist
$f^{-1}(\lambda_1 w_1 + \lambda_2 w_2) = f^{-1}(\lambda_1 f(v_1) + \lambda_2 f(v_2)) = f^{-1}(f(\lambda_1 v_1 + \lambda_2 v_2)) =$
$= \lambda_1 v_1 + \lambda_2 v_2 = \lambda_1 f^{-1}(w_1) + \lambda_2 f^{-1}(w_2).$ □

**Definition 7.2.4** *Ist* $f : V \to W$ *linear, so definiert man den Kern von* $f$ *und das Bild von* $f$:

$$Ker\ f := \{v \in V | f(v) = 0\}$$

$$Bild\ f := f(V) = \{f(v) | v \in V\}.$$

Es ist leicht zu zeigen, dass Ker $f \subset V$ und Bild $f \subset W$ Untervektorräume sind. Wir beweisen:

**Hilfssatz 7.2.5** *Eine lineare Abbildung $f : V \to W$ ist genau dann injektiv, wenn Ker $f = \{0\}$ ist.*

**Beweis.** 1) Sei $f$ injektiv und $v \in$ Ker $f$. Dann ist $f(v) = 0 = f(0)$, also $v = 0$, daher Ker $f = \{0\}$.
2) Es sei Ker $f = \{0\}$ und es seien $v_1, v_2 \in V$ mit $f(v_1) = f(v_2)$; dann ist $f(v_1 - v_2) = f(v_1) - f(v_2) = 0$, also $v_1 - v_2 \in$ Ker $f = \{0\}$, somit $v_1 - v_2 = 0$ und daher ist $f$ injektiv. $\qquad\qquad\square$

**Beispiel 7.2.6 (Der Vektorraum aller n-Tupel)** Sei $K$ ein kommutativer Körper und $n \in \mathbb{N}$. Man bezeichnet mit

$$K^n = K \times \ldots \times K$$

die Menge aller $n$-Tupel $(x_1, ..., x_n)$ von Elementen $x_1, ..., x_n \in K$.
Die Verknüpfungen definiert man komponentenweise:
Für $x = (x_1, ..., x_n), y := (y_1, ..., y_n) \in K^n$, $\lambda \in K$ setzt man

$$(x_1, ..., x_n) + (y_1, ..., y_n) := (x_1 + y_1, ..., x_n + y_n)$$
$$\lambda(x_1, ..., x_n) := (\lambda x_1, ..., \lambda x_n).$$

Man prüft leicht nach, dass dann $K^n$ ein Vektorraum über $K$ ist.    ∎

**Beispiel 7.2.7 (Der Vektorraum $K^X$ aller Abbildungen $X \to K$)**
Besonders wichtig ist das folgende Beispiel:
Es sei $X$ eine nichtleere Menge und es sei $K^X$ die Menge aller Abbildungen

$$v : X \to K.$$

Man definiert für $v, w \in K^X$ und $\lambda \in K$

$$v + w : X \to K, x \mapsto v(x) + w(x)$$
$$\lambda v : X \to K, x \mapsto \lambda \cdot v(x),$$

dann gilt $v + w \in K^X$ und $\lambda v \in K^X$; es ist leicht zu zeigen, dass $K^X$ mit diesen Verknüpfungen ein Vektorraum über $K$ ist.
Alle interessanten Beispiele von Vektorräumen erhalten wir als Spezialfälle oder als Untervektorräume eines Vektorraums $K^X$.
**Der Vektorraum aller Folgen in K:**
Man wählt $X := \mathbb{N}$; dann ist $v \in K^{\mathbb{N}}$ eine Abbildung $v : \mathbb{N} \to K$, also eine Folge.
Setzt man $a_n := v(n)$ für $n \in \mathbb{N}$, so ist $(a_n)_n$ die durch $v$ gegebene Folge in $K$ in

der üblichen Schreibweise. Der Vektorraum $K^{\mathbb{N}}$ ist also der Vektorraum aller Folgen in $K$.

**Der Vektorraum der konvergenten Folgen:**
In $\mathbb{R}^{\mathbb{N}}$ hat man die Teilmenge aller konvergenten Folgen; sind $(a_n)$ und $(b_n)$ konvergent und ist $c \in \mathbb{R}$, so sind auch $(a_n + b_n)$ und $(ca_n)$ konvergent und daher ist diese Teilmenge ein Untervektorraum des $\mathbb{R}^{\mathbb{N}}$, der Vektorraum aller konvergenten Folgen.

**Der Vektorraum $K^n$:**
Das vorhergehende Beispiel $K^n$ erhalten wir so: Ist $n \in \mathbb{N}$ und $X = \{1, \ldots, n\}$, so kann man $v \in K^{\{1,\ldots,n\}}$ mit $(x_1, \ldots, x_n) \in K^n$ identifizieren, wobei man $x_1 := v(1), \ldots, x_n := v(n)$ setzt. $K^{\{1,\ldots,n\}}$ ist also isomorph zu $K^n$.

**Der Vektorraum $\mathcal{C}^0(I)$ der stetigen Funktionen:**
Wir kommen nun zum Vektorraum der stetigen Funktionen. Ist etwa $X = I \subset \mathbb{R}$ ein Intervall, und $K = \mathbb{R}$, so ist $\mathbb{R}^I$ der Vektorraum aller reellen Funktionen $f : I \to \mathbb{R}$. Sind $f$ und $g$ stetig und ist $c \in \mathbb{R}$, so sind auch $f + g$ und $cf$ stetig; daher ist die Menge aller stetigen Funktionen $f : I \to \mathbb{R}$, die wir mit $\mathcal{C}^0(I)$ bezeichnet haben, ein Untervektorraum von $\mathbb{R}^I$; insbesondere ergibt sich, dass es sich um einen Vektorraum handelt.

Für $k \in \mathbb{N}$ und $k = \infty$ haben wir in 3.1.11 definiert:

$$\mathcal{C}^k(I) := \{f : I \to \mathbb{R} \,|\, f \text{ ist } k\text{-mal stetig differenzierbar}\}.$$

$\mathcal{C}^k(I)$ ist ebenfalls ein Untervektorraum von $\mathbb{R}^I$. Dies gilt auch für die Menge $\mathcal{C}^\omega(I)$ der analytischen und die Menge $\mathcal{R}(I)$ der Riemann-integrierbaren Funktionen. Man hat also die Untervektorräume

$$\mathcal{C}^\omega(I) \subset \mathcal{C}^\infty(I) \subset \mathcal{C}^k(I) \subset \mathcal{C}^{k-1}(I) \subset \ldots \subset \mathcal{C}^0(I) \subset \mathcal{R}(I) \subset \mathbb{R}^I.$$

∎

## 7.3 Basis

Es bezeichne immer $V$ einen Vektorraum über einem (kommutativen) Körper $K$. Wir führen nun drei fundamentale Begriffe ein:

• Erzeugendensystem,
• lineare Unabhängigkeit ,
• Basis.

**Definition 7.3.1** *Vektoren $v_1, \ldots, v_k \in V$ nennt man ein* **Erzeugendensystem** *von $V$, wenn es zu jedem $v \in V$ Elemente $\lambda_1, \ldots, \lambda_k \in K$ gibt mit*

$$v = \lambda_1 v_1 + \ldots + \lambda_k v_k.$$

*Vektoren $v_1, \ldots, v_k$ heißen* **linear unabhängig**, *wenn gilt:*
*Sind $\lambda_1, \ldots, \lambda_k \in K$ und ist $\lambda_1 v_1 + \ldots + \lambda_k v_k = 0$, so folgt: $\lambda_1 = 0, \ldots, \lambda_k = 0$.*

*Ein $n$-Tupel $(b_1, ..., b_n)$ von Vektoren $b_1, ..., b_n$ aus $V$ heißt eine **Basis** von $V$, wenn gilt:*
(1)    $b_1, ..., b_n$ *ist ein Erzeugendensystem von $V$,*
(2)    $b_1, ..., b_n$ *sind linear unabhängig.*

Wenn $(b_1, ..., b_n)$ eine Basis von $V$ ist, dann gibt es wegen (1) zu jedem $v \in V$ Elemente $x_1, ..., x_n \in K$ mit $v = \sum_{j=1}^{n} x_j b_j$. Aus $v = \sum_{j=1}^{n} x_j b_j = \sum_{j=1}^{n} y_j b_j$ ergibt sich $\sum_{j=1}^{n} (x_j - y_j) b_j = 0$ und aus (2) folgt $x_j = y_j$ für $j = 1, ..., n$. Damit erhält man folgende Charakterisierung einer Basis:

**Satz 7.3.2** *$(b_1, ..., b_n)$ ist genau dann eine Basis von $V$, wenn jeder Vektor $v \in V$ eindeutig als Linearkombination $v = x_1 b_1 + ... + x_n b_n$ mit $x_1, ..., x_n \in K$ darstellbar ist.*

Die Koeffizienten $x_1, ..., x_n$ bezeichnet man als die **Koordinaten** von $v$ und der Vektor $x := (x_1, ..., x_n) \in K^n$ heißt der **Koordinatenvektor** von $v$ bezüglich $(b_1, ..., b_n)$. Es gilt:
$(b_1, ..., b_n)$ ist genau dann eine Basis von $V$, wenn die Abbildung

$$h : K^n \to V, \quad (x_1, ..., x_n) \mapsto x_1 b_1 + ... + x_n b_n$$

ein Isomorphismus ist. Die Umkehrabbildung $h^{-1}$ ordnet jedem Vektor $v \in V$ den Koordinatenvektor $x = (x_1, ..., x_n)$ mit $v = x_1 b_1 + ... + x_n b_n$ zu.
In der Matrizenrechnung ist es zweckmäßig, den Koordinatenvektor $x$ als Spaltenvektor

$$x = \begin{pmatrix} x_1 \\ \vdots \\ x_n \end{pmatrix}$$

zu schreiben.

**Beispiel 7.3.3** Es sei $V := K^n$, wir setzen

$$e_1 := \begin{pmatrix} 1 \\ 0 \\ \vdots \\ 0 \end{pmatrix}, \quad e_2 := \begin{pmatrix} 0 \\ 1 \\ \vdots \\ 0 \end{pmatrix}, \quad ..., \quad e_n := \begin{pmatrix} 0 \\ \vdots \\ 0 \\ 1 \end{pmatrix}.$$

Dann kann man jeden Vektor $x = \begin{pmatrix} x_1 \\ \vdots \\ x_n \end{pmatrix} \in K^n$ eindeutig darstellen als

$$x = x_1 e_1 + ... + x_n e_n$$

und daher ist $(e_1, ..., e_n)$ eine Basis des $K^n$. Diese Basis bezeichnet man als **kanonische Basis** des $K^n$. ∎

Diese Begriffe sollen nun eingehend behandelt werden.

**Definition 7.3.4** *Sind* $v_1, \ldots, v_k \in V$, *so heißt*

$$span(v_1, \ldots, v_k) := \{\lambda_1 v_1 + \ldots + \lambda_k v_k \mid \lambda_1, \ldots, \lambda_k \in K\}$$

*der von* $v_1, \ldots, v_k$ **aufgespannte Untervektorraum**.

Natürlich gilt: $v_1, \ldots, v_k$ ist genau dann ein Erzeugendensystem von $V$, wenn $span(v_1, \ldots, v_k) = V$ ist. Man kann die lineare Unabhängigkeit folgendermaßen charakterisieren:

**Satz 7.3.5** *Vektoren* $v_1, \ldots, v_k$ *sind genau dann linear abhängig, wenn ein Index* $j \in \{1, \ldots, k\}$ *existiert mit*

$$v_j \in span(v_1, \ldots, v_{j-1}, v_{j+1}, \ldots, v_k).$$

**Beweis.** Wenn $v_1, \ldots, v_k$ linear abhängig sind, dann gibt es $\lambda_1, \ldots, \lambda_k \in K$ und ein $j$ mit $\lambda_j \neq 0$ und $\lambda_1 v_1 + \ldots + \lambda_k v_k = 0$. Dann ist

$$v_j = -\lambda_j^{-1}(\lambda_1 v_1 + \ldots + \lambda_{j-1} v_{j-1} + \lambda_{j+1} v_{j+1} + \ldots + \lambda_k v_k),$$

also $v_j \in span(v_1, \ldots, v_{j-1}, v_{j+1}, \ldots, v_k)$. Die Umkehrung der Aussage ist leicht zu sehen. $\square$

Nun zeigen wir: Vektoren $(v_1, \ldots, v_n)$ sind genau dann eine Basis, wenn $v_1, \ldots, v_n$ ein unverkürzbares Erzeugendensystem ist; das bedeutet: Wenn man aus dem Erzeugendensystem einen Vektor weglässt, erzeugt es $V$ nicht mehr. Analog dazu charakterisieren wir die Basis $(v_1, \ldots, v_n)$ als unverlängerbar linear unabhängig: Wenn man einen weiteren Vektor $v$ hinzufügt, dann sind $v_1, \ldots, v_n, v$ linear abhängig.

**Satz 7.3.6** *Für* $v_1, \ldots, v_n \in V$ *sind folgende Aussagen äquivalent:*
(1)  $( v_1, \ldots, v_n )$  *ist eine Basis von* $V$,
(2)  $v_1, \ldots, v_n$  *ist ein unverkürzbares Erzeugendensystem von* $V$,
(3)  $v_1, \ldots, v_n$  *sind unverlängerbar linear unabhängig.*

**Beweis.** Nach 7.3.5 ist ein Erzeugendensystem genau dann linear unabhängig, wenn es unverkürzbar ist; daher sind (1) und (2) äquivalent.

Nun zeigen wir: Aus (1) folgt (3): Es sei $(v_1, \ldots, v_n)$ eine Basis. Für jedes $v \in V$ gilt $v \in span\{v_1, \ldots, v_n\}$ und nach 7.3.5 sind $v_1, \ldots, v_n, v$ linear abhängig. Somit gilt (3).

Es ist noch zu zeigen: Aus (3) folgt (1). Wenn die Vektoren $v_1, \ldots, v_n$ unverlängerbar linear unabhängig sind, dann gilt für jedes $v \in V$, dass $v_1, \ldots, v_n, v$ linear abhängig sind. Es ist also $\lambda_1 v_1 + \ldots + \lambda_n v_n + \lambda v = 0$ und nicht alle $\lambda_i, \lambda$ sind null. Aus $\lambda = 0$ würde folgen, dass $v_1, \ldots, v_n$ linear abhängig sind. Somit ist $\lambda \neq 0$ und daher $v = -\lambda^{-1}(\lambda_1 v_1 + \ldots + \lambda_n v_n) \in span(v_1, \ldots, v_n)$. Dies gilt für jedes $v \in V$ und daher ist $(v_1, \ldots, v_n)$ eine Basis. $\square$

Aus diesem Satz folgt, dass man aus einem Erzeugendensystem immer eine Basis auswählen kann:

**Satz 7.3.7** *Wenn $v_1, ..., v_k$ ein Erzeugendensystem von $V$ ist, dann existieren Indizes $i_1, ..., i_n \in \{1, ..., k\}$, so dass $(v_{i_1}, ..., v_{i_k})$ eine Basis von $V$ ist.*

**Beweis.** Wenn die Vektoren $v_1, ..., v_k$ ein Erzeugendensystem bilden und linear abhängig sind, dann kann man einen Vektor, etwa $v_k$, weglassen und hat dann das verkürzte Erzeugendensystem $v_1, ..., v_{k-1}$. Dies wiederholt man so lange, bis man ein unverkürzbares Erzeugendensystem hat; dieses ist eine Basis. $\square$

Wir zeigen nun: Ist $(b_1, ..., b_n)$ eine Basis und $v$ ein Vektor, dessen $k$-te Koordinate nicht verschwindet, so kann man $b_k$ durch $v$ ersetzen:

**Satz 7.3.8 (Austauschlemma)** *Es sei $(b_1, ..., b_n)$ eine Basis von $V$ und*

$$v = \lambda_1 b_1 + ... + \lambda_k b_k + ... + \lambda_n b_n, \quad \lambda_k \neq 0.$$

*Dann ist auch $(b_1, ..., b_{k-1}, v, b_{k+1}, ..., b_n)$ eine Basis von $V$.*

**Beweis.** Es ist

$$b_k = v - \lambda_k^{-1}(\lambda_1 b_1 + ... + \lambda_{k-1} b_{k-1} + \lambda_{k+1} b_{k+1} + ... + \lambda_n b_n),$$

also $b_k \in \mathrm{span}(b_1, ..., b_{k-1}, v, b_{k+1}, ..., b_n)$. Daher sind diese Vektoren ein Erzeugendensystem von $V$. Man rechnet leicht nach, dass sie auch linear unabhängig sind. $\square$

Daraus ergibt sich der Steinitzsche Austauschsatz (ERNST STEINITZ (1871-1928)):

**Satz 7.3.9 (Austauschsatz von Steinitz)** *Ist $(b_1, ..., b_n)$ eine Basis von $V$ und sind $a_1, ..., a_k \in V$ linear unabhängig, so ist $k \leq n$ und man kann die $(b_1, ..., b_n)$ so nummerieren, dass $(a_1, ..., a_k, b_{k+1}, ..., b_n)$ eine Basis von $V$ ist.*

**Beweis.** Es ist $a_1 = \lambda_1 b_1 + ... + \lambda_n b_n$ und $a_1 \neq 0$. Man darf (nach Umnummerierung der $b_1, ..., b_n$) annehmen, dass $\lambda_1 \neq 0$ ist. Nach 7.3.8 ist dann $(a_1, b_2, ..., b_n)$ eine Basis. Daher kann man $a_2$ darstellen als $a_2 = \mu_1 a_1 + \mu_2 b_2 + ... + \mu_n b_n$. Aus $\mu_2 = 0, ..., \mu_n = 0$ würde $a_2 = \mu_1 a_1$ folgen; dann wären $a_1, a_2, ..., a_k$ linear abhängig. Nach Umnummerierung der $b_2, ..., b_n$ dürfen wir $\mu_2 \neq 0$ annehmen. Nach 7.3.8 ist dann $(a_1, a_2, b_3, ..., b_n)$ eine Basis. Wenn man dieses Verfahren fortsetzt, ergibt sich die Behauptung. $\square$

Daraus folgt, dass je zwei Basen eines Vektorraums die gleiche Anzahl von Elementen haben:

**Satz 7.3.10** *Sind $(b_1, ..., b_n)$ und $(\tilde{b}_1, ..., \tilde{b}_m)$ Basen von $V$, so ist $n = m$.*

**Definition 7.3.11** *Ein Vektorraum $V$ heißt* **endlich erzeugt**, *wenn es endlich viele $v_1, ..., v_k \in V$ gibt, die ein Erzeugendensystem von $V$ sind.*

Aus 7.3.7 folgt, dass jeder endlich erzeugte Vektorraum eine Basis besitzt.

Aus 7.3.9 ergibt sich der folgende Basisergänzungssatz:

**Satz 7.3.12 (Basisergänzungssatz)** *Zu linear unabhängigen Vektoren $a_1, ..., a_k$ in einem endlich erzeugten Vektorraum $V$ existieren $a_{k+1}, ..., a_n \in V$, so dass $(a_1, ..., a_k, a_{k+1}, ..., a_n)$ eine Basis von $V$ ist.*

Wir gehen noch auf den Begriff der Basis bei Vektorräumen ein, die nicht endlich-erzeugt sind (wir werden diese im nächsten Abschnitt als unendlich-dimensional bezeichnen):

Es sei $V$ ein Vektorraum über einem Körper $K$, $I$ eine Menge, die wir als Index-menge bezeichnen, und $I \to V$, $i \mapsto v_i$ eine Abbildung; dann heißt $(v_i)_i$ eine Familie von Vektoren aus $V$.

**Definition 7.3.13** *Eine Familie $(v_i)_i$ heißt Erzeugendensystem von $V$, wenn es zu jedem $v \in V$ endlich viele $i_1, \ldots, i_k \in I$ und $x_{i_1}, \ldots, x_{i_k} \in K$ gibt mit*
$$v = x_{i_1} v_{i_1} + \ldots + x_{i_k} v_{i_k}.$$
*Die Familie $(v_i)_i$ heißt linear unabhängig, wenn gilt: Sind $i_1, \ldots, i_k \in I$ endlich viele verschiedene Elemente, so sind $v_{i_1}, \ldots, v_{i_k}$ linear unabhängig.*
*Eine Familie $(v_i)_i$ heißt* **Basis** *von $V$, wenn sie ein linear unabhängiges Erzeugen-densystem von $V$ ist.*
*Zu jedem $v \in V$ gibt es dann endlich viele $i_1, \ldots, i_k \in I$ und $x_{i_1}, \ldots, x_{i_k} \in K$ mit*
$$v = x_{i_1} v_{i_1} + \ldots + x_{i_k} v_{i_k}$$
*und diese Darstellung ist eindeutig.*

Man kann (mit Hilfe des Zornschen Lemmas) beweisen, dass jeder Vektorraum eine Basis besitzt ([4] [3]).

In 10.4.11 werden wir in Hilberträumen $\mathcal{H}$ den Begriff der Hilbertbasis einführen. Eine Hilbertbasis ist keine Basis in dem soeben definierten Sinn. Der von einer Hil-bertbasis aufgespannte Raum ist nicht notwendig $\mathcal{H}$, sondern liegt dicht in $\mathcal{H}$. Daher werden bei einer Hilbertbasis die Elemente des Raumes durch *Reihen* dargestellt, nicht, wie hier, durch Summen endlich vieler Elemente.

**Basen und lineare Abbildungen**

Wir nehmen nun an, dass in $V$ eine Basis $(b_1, \ldots, b_n)$ gegeben ist und behandeln die Frage, was man über eine lineare Abbildung $f : V \to W$ aussagen kann, wenn man $f$ auf der Basis kennt.

Zunächst ein einfacher Existenz- und Eindeutigkeitssatz:

**Satz 7.3.14** *Wenn zwei lineare Abbildungen $f, g : V \to W$ auf einer Basis $(b_1, \ldots, b_n)$ von $V$ übereinstimmen, dann ist $f = g$. Zu gegebenen $w_1, \ldots, w_n \in W$ existiert genau eine lineare Abbildung $f : V \to W$ mit $f(b_j) = w_j$ für $j = 1, \ldots, n$.*

**Beweis.** Die erste Behauptung folgt aus $f(\sum_{j=1}^{n} x_j b_j) = \sum_{j=1}^{n} x_j f(b_j)$.

Um die Existenzaussage zu beweisen, setzt man $f(\sum_{j=1}^{n} x_j b_j) := \sum_{j=1}^{n} x_j w_j.$ $\square$

Ein Kriterium für Injektivität bzw. Surjektivität erhält man folgendermaßen:

**Satz 7.3.15** *Ist $f : V \to W$ eine lineare Abbildung und $(b_1, \ldots, b_n)$ eine Basis von $V$, so gilt:*

*(1) $f$ ist genau dann injektiv, wenn die Bildvektoren $f(b_1), \ldots, f(b_n)$ linear un-abhängig sind.*

*(2) $f$ ist genau dann surjektiv, wenn $f(b_1), ..., f(b_n)$ ein Erzeugendensystem von $W$*
*ist.*
*(3) $f$ ist genau dann bijektiv, wenn $(f(b_1), ..., f(b_n))$ eine Basis von $W$ ist.*

**Beweis.** (1) Sei $f$ injektiv und $\sum \lambda_j f(b_j) = 0$. Dann ist $f(\sum \lambda_j b_j) = 0$ und, weil
$f$ injektiv ist, gilt $\sum \lambda_j b_j = 0$, also $\lambda_1 = 0, ..., \lambda_n = 0$. Daher sind $f(b_1), ..., f(b_n)$
linear unabhängig.
Nun seien $f(b_1), ..., f(b_n)$ linear unabhängig. Ist dann $v = \sum \lambda_j b_j \in \text{Ker } f$, so
folgt $\sum \lambda_j f(b_j) = f(v) = 0$; nach Voraussetzung gilt dann $\lambda_1 = 0, ..., \lambda_n = 0$.
Daraus folgt $v = 0$, somit $\text{Ker } f = \{0\}$ und daher ist $f$ injektiv.
(2) Die Behauptung folgt aus

$$f(V) = \{\sum \lambda_j f(b_j) | \lambda_j \in K\} = \text{span } \{f(b_1), ..., f(b_n)\},$$

(3) folgt aus (1), (2). □

Für die Untersuchung einer linearen Abbildung $f : V \to W$ ist es zweckmäßig,
geeignete Basen in $V$ und in $W$ zu wählen, die eine einfache Beschreibung von $f$
ermöglichen. Dies geschieht im folgenden Satz, den wir wegen seiner Bedeutung
für die weiteren Untersuchungen als Fundamentallemma bezeichnen.

**Satz 7.3.16 (Fundamentallemma)** *Zu jeder linearen Abbildung $f : V \to W$ endlich erzeugter Vektorräume $V, W$ gibt es Basen*

$$\begin{aligned} (v_1, ..., v_r, \quad u_1, ..., u_d) &\quad von \ V, \\ (w_1, ..., w_r, \quad w_{r+1}, ..., w_m) &\quad von \ W \end{aligned}$$

*mit folgenden Eigenschaften:*

*(1)* $(u_1, ..., u_d)$ *ist eine Basis von Ker $f$,*
*(2)* $(w_1, ..., w_r)$ *ist eine Basis von Bild $f$,*
*(3)* *es ist $f(v_1) = w_1, \ ..., \ f(v_r) = w_r$.*

$$\begin{array}{ccccccc} v_1 & \cdots & v_r & u_1 & \cdots & u_d \\ \downarrow & & \downarrow & \downarrow & & \downarrow \\ w_1 & \cdots & w_r & 0 & \cdots & 0 \end{array}$$

**Beweis.** Man wählt eine Basis $(u_1, ..., u_d)$ von Ker $f$ und ergänzt diese zu einer
Basis $(u_1, ..., u_d, v_1, ..., v_r)$ von $V$; dann ist auch $(v_1, ..., v_r, u_1, ..., u_d)$ eine Basis
von $V$. Wir setzen nun $w_1 := f(v_1), ..., w_r := f(v_r)$ und zeigen: $(w_1, ..., w_r)$ ist
eine Basis von Bild $f$. Jedes $v \in V$ ist darstellbar als $v = \sum_{j=1}^{r} x_j v_j + \sum_{i=1}^{d} y_i u_i$. Wegen
$f(u_i) = 0$ ist $f(v) = \sum_j x_j w_j$ und daher ist $\{w_1, ..., w_r\}$ ein Erzeugendensystem
von Bild $f$. Nun sei $\sum_{j=1}^{r} x_j w_j = 0$; setzt man $v := \sum x_j v_j$, so ist $f(v) = 0$, also
$v \in \text{Ker } f$, und daher ist $v$ Linearkombination der $u_1, ..., u_d$. Die Darstellung von
$v = \sum x_j v_j + \sum y_i u_i$ als Linearkombination der $v_1, ..., v_r, u_1, ..., u_d$ ist eindeutig,

somit sind alle $x_j = 0$ und damit ist gezeigt, dass die Vektoren $w_1, ..., w_r$ linear unabhängig sind. Somit ist $(w_1, ..., w_r)$ eine Basis von Bild $f$, die man zu einer Basis $(w_1, ..., w_r, w_{r+1}, ..., w_m)$ von $W$ ergänzen kann.    □

Aus diesem Lemma werden wir folgende Aussagen herleiten:

- Die Dimensionsformel 7.4.7
- Jede Matrix vom Rang $r$ ist äquivalent zu einer Matrix $E_{[r]}$, die aus $r$ Einsen und sonst 0 besteht (Satz 7.5.21)
- Für jede Matrix gilt $rg A = rg A^t$ (Satz 7.5.24).

## 7.4 Dimension

In 7.3.10 wurde gezeigt, dass je zwei Basen von $V$ gleiche Länge haben; daher ist folgende Definition sinnvoll:

**Definition 7.4.1** *Ist $V$ ein endlich erzeugter Vektorraum und $(b_1, ..., b_n)$ eine Basis, so setzt man*

$$\dim V := n.$$

*Wenn $V = \{0\}$ der Nullvektorraum ist, setzt man $\dim V := 0$. Falls $V$ nicht endlich erzeugt ist, setzt man $\dim V := \infty$.*

Man kann dies so formulieren:

$\dim V = n$ bedeutet: Es gibt $n$ linear unabhängige Vektoren in $V$ und je $(n + 1)$ Vektoren sind immer linear abhängig.

Die Dimension von $V$ ist die Maximalzahl linear unabhängiger Vektoren.

**Beispiel 7.4.2** Ist $n \in \mathbb{N}$, so hat man im Vektorraum $K^n$ die kanonische Basis $(e_1, ..., e_n)$ und daher ist $\dim K^n = n$.    ■

**Beispiel 7.4.3** Ist $K^X$ der in 7.2.7 definierte Vektorraum aller Abbildungen einer Menge $X$ in $K$, so definiert man zu $p \in X$ die Abbildung $v_p \in K^X$ durch

$$v_p : X \to K, x \mapsto \begin{cases} 1 & \text{für } x = p \\ 0 & \text{für } x \neq p \end{cases}.$$

Es ist leicht zu zeigen: Wenn $\{p_1, ..., p_n\} = X$ gilt, dann ist $v_{p_1}, ..., v_{p_n}$ ein Erzeugendensystem von $K^X$. Sind $p_1, ..., p_n \in X$ verschiedene Elemente, so sind $v_{p_1}, ..., v_{p_n} \in K^X$ linear unabhängig. Ist also X eine Menge, die aus unendlich vielen Elementen besteht, so gilt:

$$\dim K^X = \infty.$$

■

**Beispiel 7.4.4** Wir geben noch ein weiteres Beispiel eines unendlich-dimensionalen Vektorraumes an. Für $a, b \in \mathbb{R}$, $a < b$, sei $\mathcal{C}^0([a, b])$ der Vektorraum aller stetigen Funktionen $f : [a, b] \to \mathbb{R}$. Wir zeigen: Ist $f$ nicht-konstant, so gilt für jedes $n \in \mathbb{N}$: Die Potenzen

$$1, f, f^2, f^3, ..., f^n$$

sind linear unabhängig.

Andernfalls gibt es $c_0, ..., c_n \in \mathbb{R}$, die nicht alle 0 sind, mit

$$c_0 + c_1 f(x) + c_2 (f(x))^2 + ... + c_n (f(x))^n = 0$$

für alle $x \in [a, b]$. Das Polynom $p(X) := c_0 + c_1 X + ... + c_n X^n$ hat nur endlich viele Nullstellen und für jedes $x \in [a, b]$ ist $p(f(x)) = 0$. Dann kann $f$ nur endlich viele Werte annehmen; aus dem Zwischenwertsatz folgt aber, dass $f$ unendlich viele Werte annimmt. Damit ist die Behauptung bewiesen und daraus folgt:

$$\dim \mathcal{C}^0([a, b]) = \infty.$$

∎

**Satz 7.4.5** *Ist $V$ endlich-dimensional und ist $U$ ein Untervektorraum von $V$, so gilt* $\dim U \leq \dim V$ *und aus* $\dim U = \dim V$ *folgt* $U = V$.

**Beweis.** Man wählt eine Basis $(u_1, ..., u_d)$ von $U$ und ergänzt diese zu einer Basis $(u_1, ..., u_d, v_{d+1}, ..., v_n)$ von $V$; aus $d = \dim U$, $n = \dim V$, ergibt sich die Behauptung.    □

Nun definiert man den Rang einer linearen Abbildung als die Dimension des Bildes:

**Definition 7.4.6** *Ist $f : V \to W$ linear, so heißt*

$$rg\, f := \dim f(V)$$

*der **Rang** von $f$.*

Es seien $V, W$ immer endlich-dimensionale Vektorräume. Wir leiten nun aus 7.3.16 die wichtige Dimensionsformel für lineare Abbildungen her.

**Satz 7.4.7 (Dimensionsformel für lineare Abbildungen)** *Für jede lineare Abbildung $f : V \to W$ gilt:*

$$\boxed{\dim(Ker\, f) + \dim(Bild\, f) = \dim V,}$$

*also*

$$\boxed{\dim(Ker\, f) + rg\, f = \dim V.}$$

**Beweis.** Man wählt wie in 7.3.16 eine Basis $(v_1, ..., v_r, u_1, ..., u_d)$ in $V$; dann ist $\dim V = r + d = rgf + \dim(Kerf)$.    □

Aus der Dimensionsformel (oder aus 7.3.15) folgt:

**Satz 7.4.8** *Wenn $f : V \to W$ ein Isomorphismus ist, dann gilt:* $\dim V = \dim W$.

Als Anwendung der Dimensionsformel beweisen wir eine Aussage, die nur für endlich-dimensionale Vektorräume richtig ist:

**Satz 7.4.9** *Es sei $V$ ein endlich-dimensionaler Vektorraum und $f : V \to V$ linear. Dann sind folgende Aussagen äquivalent:*

*(1) $f$ ist injektiv;*
*(2) $f$ ist surjektiv;*
*(3) $f$ ist ein Isomorphismus.*

**Beweis.** Wir zeigen: Aus (1) folgt (2): Wenn $f$ injektiv ist, dann ist $\dim(\text{Ker } f) = 0$ und nach der Dimensionsformel ist $\dim(\text{Bild } f) = \dim V$, also Bild $f = V$; daher ist $f$ surjektiv.

Nun beweisen wir: Aus (2) folgt (1): Wenn $f$ surjektiv ist, gilt $\dim (\text{Bild } f) = \dim V$, also $\dim(\text{Ker } f) = 0$ und somit Ker $f = \{0\}$. Daher ist $f$ injektiv. - Damit ist der Satz bewiesen.    □

**Bemerkung.** Bei unendlich-dimensionalen Vektorräumen gilt dieser Satz nicht. So ist die lineare Abbildung

$$K^{\mathbb{N}} \to K^{\mathbb{N}}, \; (x_1, x_2, \ldots) \mapsto (0, x_1, x_2, \ldots)$$

injektiv, aber nicht surjektiv. Dies führt dazu, dass man in der Funktionalanalysis, die wir in 15.7 behandeln, zwischen Eigenwerten und Spektralwerten einer linearen Abbildung $T : V \to V$ unterscheidet. Ein Element $\lambda \in K$ heißt Eigenwert von $T$, wenn es ein $v \in V, v \neq 0$, gibt mit $Tv = \lambda v$. Dies ist genau dann der Fall, wenn $T - \lambda id_V$ nicht injektiv ist, dabei ist $id_V : V \to V, v \mapsto v$, die identische Abbildung. $\lambda \in K$ heißt Spektralwert von $T$, wenn $T - \lambda \cdot id_V$ kein Isomorphismus ist. Satz 7.4.9 besagt, dass bei endlich-dimensionalen Vektorräumen die Begriffe Spektralwert und Eigenwert übereinstimmen. Dagegen gibt es bei unendlich-dimensionalen Vektorräumen Spektralwerte, die keine Eigenwerte sind.

Wir gehen noch auf Summen, insbesondere direkte Summen, von Untervektorräumen von $V$ ein.

**Definition 7.4.10** *Es seien $U, U'$ Untervektorräume von $V$; dann heißt der Untervektorraum*

$$U + U' := \{u + u' | u \in U, \; u' \in U'\}$$

*die **Summe** von $U$ und $U'$. Falls $U \cap U' = \{0\}$ ist, schreibt man*

$$U \oplus U' := U + U'$$

*und bezeichnet $U \oplus U'$ als **direkte Summe** von $U$ und $U'$.*

Wir geben ohne Beweis die Dimensionsformel für Untervektorräume an:

**Satz 7.4.11 (Dimensionsformel für Untervektorräume)** *Sind $U, U'$ Untervektorräume von $V$, so gilt:*

$$\dim(U + U') + \dim(U \cap U') = \dim U + \dim U'.$$

Wenn $V = U + U'$ gilt, so kann man jedes $v \in V$ als $v = u + u'$ mit $u \in U$, $u' \in U'$ darstellen.

Für direkte Summen ist diese Darstellung eindeutig, denn aus $v = u + u' = w + w'$ mit $u, w \in U$, $u', w' \in U'$ folgt $u - w = w' - u' \in U \cap U' = \{0\}$, also $u = w$, $u' = w'$. Somit ergibt sich:

**Satz 7.4.12** $V = U \oplus U'$ *gilt genau dann, wenn man jedes $v \in V$ eindeutig als $v = u + u'$ mit $u \in U$, $u' \in U'$, darstellen kann.*

Daraus ergibt sich:

**Satz 7.4.13** *Ist $(v_1, \ldots, v_k, v_{k+1}, \ldots, v_n)$ eine Basis von $V$, $1 < k < n$, und setzt man*

$$U := span\{v_1, \ldots, v_k\}, \quad U' := span\{v_{k+1}, \ldots, v_n\},$$

*so ist $V = U \oplus U'$.*

Daraus kann man herleiten:

**Satz 7.4.14** *Zu jedem Untervektorraum $U$ eines endlich-dimensionalen Vektorraumes $V$ existiert ein Untervektorraum $U'$ mit $V = U \oplus U'$.*

**Beweis.** Man wählt eine Basis $(v_1, \ldots, v_k)$ von $U$ und ergänzt sie zu einer Basis $(v_1, \ldots, v_k, v_{k+1}, \ldots, v_n)$ von $V$; nun setzt man $U' := span\{v_{k+1}, \ldots, v_n\}$. $\square$

## 7.5 Matrizen

In der linearen Algebra spielt die Theorie der linearen Gleichungssysteme eine große Rolle. In einem Körper $K$ seien Elemente $a_{ij} \in K$ und $b_i \in K$ gegeben $(i = 1, \ldots, m; j = 1, \ldots, n)$; gesucht sind $x_1, \ldots, x_n \in K$ mit

$$\begin{aligned}
a_{11}x_1 + a_{12}x_2 + \cdots + a_{1n}x_n &= b_1 \\
a_{21}x_1 + a_{22}x_2 + \cdots + a_{2n}x_n &= b_2 \\
&\cdots\cdots\cdots\cdots\cdots\cdots\cdots \\
a_{m1}x_1 + a_{m2}x_2 + \cdots + a_{mn}x_n &= b_m
\end{aligned}$$

Schreibt man die Koeffizienten $a_{ij}$ dieses linearen Gleichungssystems als Schema mit $m$ Zeilen und $n$ Spalten, so erhält man eine $(m \times n)$-Matrix

$$A = \begin{pmatrix} a_{11} & a_{12} & \ldots & a_{1n} \\ & \cdots\cdots\cdots\cdots & \\ a_{m1} & a_{m2} & \ldots & a_{mn} \end{pmatrix}.$$

Setzt man

$$x := \begin{pmatrix} x_1 \\ \vdots \\ x_n \end{pmatrix} \quad \text{und} \quad b := \begin{pmatrix} b_1 \\ \vdots \\ b_m \end{pmatrix}$$

und definiert das Produkt der Matrix $A$ mit dem Vektor $x$ durch

$$A \cdot x := \begin{pmatrix} a_{11}x_1 + \ldots + a_{1n}x_n \\ \ldots\ldots\ldots\ldots\ldots\ldots\ldots \\ a_{m1}x_1 + \ldots + a_{mn}x_n \end{pmatrix},$$

so kann man das lineare Gleichungssystem in der Form

$$A \cdot x = b$$

schreiben.

Um die Schreibweise zu vereinfachen, schreiben wir oft $A = (a_{ij}) \in K^{(m,n)}$ und für einen Spaltenvektor $x = (x_k) \in K^{(n,1)} = K^n$.

Wir stellen nun die Grundbegriffe der Matrizenrechnung zusammen:

**Definition 7.5.1** *Sind* $m, n \in \mathbb{N}$ *und* $a_{ij} \in K$, $i = 1, ..., m$; $j = 1, ..., n$, *so heißt*

$$A = \begin{pmatrix} a_{11} & a_{12} & \ldots & a_{1n} \\ \ldots\ldots\ldots\ldots\ldots\ldots \\ a_{m1} & a_{m2} & \ldots & a_{mn} \end{pmatrix}$$

*eine* $(m \times n)$-*Matrix mit Koeffizienten aus* $K$.
*Die Menge der* $(m \times n)$-*Matrizen bezeichnet man mit* $K^{(m,n)}$.
*Für* $A = (a_{ij}) \in K^{(m,n)}$, $B = (b_{ij}) \in K^{(m,n)}$, $\lambda \in K$ *setzt man*

$$A + B := \begin{pmatrix} a_{11} + b_{11} & \ldots & a_{1n} + b_{1n} \\ \ldots\ldots\ldots\ldots\ldots\ldots\ldots\ldots \\ a_{m1} + b_{m1} & \ldots & a_{mn} + b_{mn} \end{pmatrix}, \quad \lambda A := \begin{pmatrix} \lambda a_{11} & \ldots & \lambda a_{1n} \\ \ldots\ldots\ldots\ldots \\ \lambda a_{m1} & \ldots & \lambda a_{mn} \end{pmatrix}.$$

*Mit diesen Verknüpfungen* $A + B$, $\lambda A$ *wird* $K^{(m,n)}$ *zu einem Vektorraum der Dimension* $m \cdot n$. *Das Nullelement ist die Matrix*

$$0 = \begin{pmatrix} 0 \ldots 0 \\ \ldots\ldots \\ 0 \ldots 0 \end{pmatrix} \in K^{(m,n)}.$$

*Für* $A \in K^{(m,n)}$ *und* $x \in K^n$ *definiert man*

$$A \cdot x := \begin{pmatrix} \sum_{j=1}^{n} a_{1j}x_j \\ \vdots \\ \sum_{j=1}^{n} a_{mj}x_j \end{pmatrix} = \begin{pmatrix} a_{11}x_1 + \ldots + a_{1n}x_n \\ \ldots\ldots\ldots\ldots\ldots\ldots\ldots \\ a_{m1}x_1 + \ldots + a_{mn}x_n \end{pmatrix}.$$

*Für* $A \in K^{(m,n)}$, $x, y \in K^n$, $\lambda, \mu \in K$ *gilt:*

$$A(\lambda x + \mu y) = \lambda Ax + \mu Ay.$$

Wir wollen $A \cdot x$ noch genauer erläutern; dazu betrachten wir die Spaltenvektoren $a_j$ von $A$, $j = 1, ..., n$, also

$$a_j := \begin{pmatrix} a_{1j} \\ \vdots \\ a_{mj} \end{pmatrix};$$

für $x \in K^n$ ist

$$Ax = \begin{pmatrix} a_{11}x_1 + ... + a_{1n}x_n \\ \cdots\cdots\cdots\cdots\cdots \\ a_{m1}x_1 + ... + a_{mn}x_n \end{pmatrix} = \sum_{j=1}^{n} x_j \cdot \begin{pmatrix} a_{1j} \\ \vdots \\ a_{mj} \end{pmatrix},$$

somit

$$\boxed{A \cdot x = \sum_{j=1}^{n} x_j a_j.}$$

Der Vektor $Ax$ ist also *die* Linearkombination der Spalten von $A$, bei der die Koeffizienten die Komponenten $x_1, ..., x_n$ von $x$ sind.

Insbesondere gilt für die kanonischen Basisvektoren $e_1, ..., e_n \in K^n$:

$$A \cdot e_j = a_j.$$

**Matrizenprodukt**

Nun soll für Matrizen $A \in K^{(m,n)}$ und $B \in K^{(n,r)}$ das Matrizenprodukt $C := A \cdot B$ erklärt werden. Es ist naheliegend, dies spaltenweise zu definieren: Sind $b_1, ..., b_r$ die Spalten von $B$, so soll $C = A \cdot B$ die Matrix mit den Spaltenvektoren $Ab_1, ..., Ab_r$ sein. Die k-te Spalte $c_k$ von $A \cdot B$ ist also

$$c_k = A \begin{pmatrix} b_{1k} \\ \vdots \\ b_{nk} \end{pmatrix} = \begin{pmatrix} \sum\limits_{j=1}^{n} a_{1j}b_{jk} \\ \vdots \\ \sum\limits_{j=1}^{n} a_{mj}b_{jk} \end{pmatrix}.$$

Daher definieren wir das Matrizenprodukt folgendermaßen:

**Definition 7.5.2** *Für* $A = (a_{ij}) \in K^{(m,n)}$ *und* $B = (b_{jk}) \in K^{(n,r)}$ *setzt man*

$$c_{ik} := \sum_{j=1}^{n} a_{ij}b_{jk} \quad (i = 1, ..., m; \ k = 1, ..., r);$$

*dann heißt* $A \cdot B := (c_{ik}) \in K^{(m,r)}$ *das* **Produkt** *der Matrizen* $A, B$; *ausführlich geschrieben:*

$$
\begin{pmatrix} a_{11} \ldots a_{1n} \\ \cdots\cdots\cdots \\ a_{m1} \ldots a_{mn} \end{pmatrix} \cdot \begin{pmatrix} b_{11} \ldots b_{1r} \\ \cdots\cdots\cdots \\ b_{n1} \ldots b_{nr} \end{pmatrix} := \begin{pmatrix} \sum_{j=1}^{n} a_{1j}b_{j1} \ldots \sum_{j=1}^{n} a_{1j}b_{jr} \\ \cdots\cdots\cdots\cdots\cdots\cdots \\ \sum_{j=1}^{n} a_{mj}b_{j1} \ldots \sum_{j=1}^{n} a_{mj}b_{jr} \end{pmatrix} .
$$

Wir stellen das Matrizenprodukt nochmals schematisch dar: Man „faltet" die i-te Zeile von $A$ mit der k-ten Spalte von $B$ und erhält so das Element

$$
c_{ik} = a_{i1}b_{1k} + a_{i2}b_{2k} + \ldots + a_{in}b_{nk}
$$

von $A \cdot B$:

$$
\begin{pmatrix} \cdots\cdots\cdots \\ \boxed{a_{i1} \ \ldots \ a_{in}} \\ \cdots\cdots\cdots \end{pmatrix} \cdot \begin{pmatrix} & \boxed{b_{1k}} & \\ \cdots & \vdots & \cdots \\ & b_{nk} & \end{pmatrix} = \begin{pmatrix} \cdots \ \cdots \ \cdots \\ \cdots \boxed{c_{ik}} \cdots \\ \cdots \ \cdots \ \cdots \end{pmatrix} .
$$

Man beachte, dass $A \cdot B$ nur definiert ist, wenn gilt:

Spaltenzahl von $A =$ Zeilenzahl von $B$.

Es gilt:

**Satz 7.5.3** *Für* $A \in K^{(m,n)}, B \in K^{(n,r)}, x \in K^r$ *gilt:*

$$
(A \cdot B) \cdot x = A \cdot (B \cdot x).
$$

**Beweis.** Man rechnet dies nach

$$
A(Bx) = A \cdot (\sum_{k=1}^{n} b_{jk}x_k) = (\sum_{j=1}^{n} \sum_{k=1}^{r} a_{ij}b_{jk}x_k) = (\sum_{k=1}^{r} (\sum_{j=1}^{n} a_{ij}b_{jk})x_k) = (A \cdot B) \cdot x.
$$

Die Aussage folgt auch so: Es genügt, die Behauptung für $x = e_k$ zu beweisen. Nun ist $(A \cdot B)e_k$ die k-te Spalte von $(A \cdot B)$, also nach Definition des Matrizenprodukts gleich $Ab_k$; wegen $b_k = Be_k$ ist $(A \cdot B)e_k = Ab_k = A(Be_k)$. $\qquad\square$

Für quadratische Matrizen $A, B \in K^{(n,n)}$ ist das Produkt $A \cdot B$ immer definiert; die Matrix

$$
E = \begin{pmatrix} 1 & 0 & \ldots 0 \\ 0 & 1 & \ldots 0 \\ & \cdots\cdots & \\ 0 & \ldots & 0 \ 1 \end{pmatrix} \in K^{(n,n)}
$$

heißt die Einheitsmatrix; ihre Spalten sind $e_1, \ldots, e_n \in K^n$. Für alle $A \in K^{(n,n)}$ gilt:

$$
E \cdot A = A, \qquad A \cdot E = A.
$$

**Definition 7.5.4** *Eine Matrix* $A \in K^{(n,n)}$ *heißt* **invertierbar**, *wenn eine Matrix* $A^{-1} \in K^{(n,n)}$ *existiert mit* $A^{-1} \cdot A = E$.

Sind $A, B \in K^{(n,n)}$ invertierbare Matrizen, so ist $B^{-1}A^{-1}AB = E$, also $(AB)^{-1} = B^{-1}A^{-1}$; es ergibt sich:

Die Menge der invertierbaren $(n \times n)$-Matrizen, versehen mit der Matrizenmultiplikation, ist eine Gruppe; sie wird mit $GL(n, K)$ bezeichnet.

**Matrizen und lineare Abbildungen**

Wir behandeln nun die Beziehungen zwischen Matrizen $A \in K^{(m,n)}$ und linearen Abbildungen $K^n \to K^m$. Jede Matrix $A \in K^{(m,n)}$ definiert eine lineare Abbildung $K^n \to K^m$, $x \mapsto Ax$. Wir bezeichnen diese Abbildung ebenfalls mit $A$, schreiben also

$$A : K^n \to K^m, \quad x \mapsto Ax.$$

Für das Bild dieser Abbildung gilt (mit $a_1, ..., a_n$ bezeichnen wir wieder die Spalten von $A$):

Bild $A = \{Ax | x \in K^n\} = \{x_1 a_1 + ... + x_n a_n | x_1, ..., x_n \in K\} = \text{span}\{a_1, ..., a_n\}$.

**Definition 7.5.5** $rg\ A := \dim span\{a_1, ..., a_n\}$ *heißt der* **Rang** *der Matrix A.*

rg $A$ ist also gleich der Maximalzahl der linear unabhängigen Spaltenvektoren $a_1, ..., a_n$ von $A$.                                                                                    □

Wir zeigen nun, dass jede lineare Abbildung $f : K^n \to K^m$ durch eine Matrix $A$ gegeben wird.

**Satz 7.5.6** *Zu jeder linearen Abbildung* $f : K^n \to K^m$ *existiert genau eine Matrix* $A \in K^{(n,m)}$ *mit* $f(x) = Ax$ *für* $x \in K^n$, *nämlich* $A = (f(e_1), \ldots, f(e_n))$.

**Beweis.** Für $j = 1, ..., n$ sei $a_j := f(e_j)$. Definiert man $A$ als die Matrix mit den Spalten $a_1, ..., a_n$, so folgt $Ae_j = a_j = f(e_j)$, also $Ax = f(x)$ für alle $x \in K^n$ und $A$ ist dadurch eindeutig bestimmt.                                                □

Damit hat man eine Methode gefunden, wie man zu einer Abbildung die zugehörige Matrix erhalten kann: Die Spalten von $A$ sind die Bilder von $e_1, \ldots, e_n$.

**Beispiel 7.5.7** Es soll die Matrix $A$ angegeben werden, die die Drehung der Ebene um $90^o$ beschreibt. Bezeichnen wir diese Drehung mit $f : \mathbb{R}^2 \to \mathbb{R}^2$, so ist

$$f(e_1) = e_2, \qquad f(e_2) = -e_1.$$

Die erste Spalte von $A$ ist also $e_2$ und die zweite ist $-e_1$, somit ist

$$A = \begin{pmatrix} 0 & -1 \\ 1 & 0 \end{pmatrix}$$

die gesuchte Matrix. Bei einer Drehung um einen Winkel $\alpha$ ist die dazugehörende Matrix

$$\begin{pmatrix} \cos \alpha & -\sin \alpha \\ \sin \alpha & \cos \alpha \end{pmatrix},$$

die Abbildung ist

$$\begin{pmatrix} x_1 \\ x_2 \end{pmatrix} \mapsto \begin{pmatrix} x_1 \cos\alpha - x_2 \sin\alpha \\ x_1 \sin\alpha + x_2 \cos\alpha \end{pmatrix}.$$

∎

Nun seien $V$ und $W$ beliebige endlich-dimensionale Vektorräume. Um jeder linearen Abbildung $f : V \to W$ eine Matrix $A$ zuordnen zu können, wählen wir eine Basis $(v_1, ..., v_n)$ in $V$ und eine Basis $(w_1, ..., w_m)$ in $W$. Dann existieren eindeutig bestimmte $a_{ij} \in K$ mit

$$f(v_j) = \sum_{i=1}^{m} a_{ij} w_i \quad (j = 1, ..., n).$$

**Definition 7.5.8** *Die durch $f(v_j) = \sum_{i=1}^{n} a_{ij} w_i$ definierte Matrix $A = (a_{ij})$ heißt* **die zu $f : V \to W$ bezüglich der Basen** $(v_j), (w_i)$ **gehörende Matrix**; *wir schreiben*

$$M(f; (v_j), (w_i)) := A.$$

*Ist $f : V \to V$ ein Endomorphismus, so setzt man*

$$M(f; (v_j)) := M(f; (v_j), (v_j)).$$

Der Spaltenvektor $a_j$ von $A \in K^{(m,n)}$ ist also der Koordinatenvektor von $f(v_j)$ bezüglich $(w_1, ..., w_m)$.
Ausführlich geschrieben hat man für $A = (a_{ij})$ die Gleichungen

$$f(v_1) = a_{11} w_1 + a_{21} w_2 + \cdots + a_{m1} w_m$$
$$f(v_2) = a_{12} w_1 + a_{22} w_2 + \cdots + a_{m2} w_m$$
$$\ldots\ldots\ldots\ldots\ldots\ldots\ldots\ldots\ldots\ldots\ldots\ldots\ldots\ldots\ldots\ldots$$
$$f(v_n) = a_{1n} w_1 + a_{2n} w_2 + \cdots + a_{mn} w_m.$$

Man beachte, dass die Koeffizienten, die in der ersten **Zeile** stehen, die erste **Spalte** von $A$ bilden.

Es ist leicht zu zeigen:

**Satz 7.5.9**  *rg $A$ = rg $f$.*

Die zu $f$ gehörende Matrix $A$ wird durch folgenden Satz charakterisiert:

**Satz 7.5.10**  *Für $A = M(f; (v_j), (w_i))$ gilt:*
*Ist $x \in K^n$ der Koordinatenvektor von $v \in V$ bezüglich $(v_j)$, so ist $Ax$ der Koordinatenvektor von $f(v)$ bezüglich $(w_i)$.*
*Umgekehrt gilt: Ist $A \in K^{(m,n)}$ eine Matrix mit dieser Eigenschaft, so folgt $A = M(f; (v_j), w_i)$.*

**Beweis.** 1) Aus $v = \sum\limits_{j=1}^{n} x_j v_j \in V$ folgt:

$$f(v) = \sum_i x_j f(v_j) = \sum_j x_j \sum_i a_{ij} w_i = \sum_i (\sum_j a_{ij} x_j) w_i.$$

2) Sei umgekehrt $A$ eine Matrix mit dieser Eigenschaft. Der Vektor $v_j$ hat bezüglich $(v_1, ..., v_n)$ den Koordinatenvektor $e_j$; dann ist $Ae_j = a_j$ der Koordinatenvektor von $f(v_j)$ bezüglich $(w_1, ..., w_m)$, also $A = M(f; (v_j), (w_i))$.  $\square$

Nun seien $U, V, W$ Vektorräume und $g : U \to V$, $f : V \to W$ lineare Abbildungen. Wir zeigen: Sind in $U, V, W$ Basen gewählt und ist $B$ die zu $g$ gehörende Matrix und $A$ die Matrix zu $f$, so ist die zu $f \circ g$ gehörende Matrix gleich $A \cdot B$. Der Komposition linearer Abbildungen entspricht also das Matrizenprodukt.

**Satz 7.5.11 (Produktregel)** *Gegeben seien Vektorräume $U$, $V$, $W$, eine Basis $(u_k)$ in $U$, eine Basis $(v_j)$ in $V$ und eine Basis $(w_i)$ in $W$. Sind dann $g : U \to V$ und $f : V \to W$ lineare Abbildungen, so gilt:*

$$\boxed{M(f \circ g; (u_k), (w_i)) = M(f; (v_j), (w_i)) \cdot M(g; (u_k), (v_j)).}$$

**Beweis.** Es sei (jeweils bezüglich der gegebenen Basen) $A$ die Matrix zu $f$ und $B$ die Matrix zu $g$. Ist dann $u \in U$ und $x$ der Koordinatenvektor zu $u$, so ist $Bx$ der Koordinatenvektor zu $g(u)$ und $A \cdot (Bx)$ der Koordinatenvektor zu $f(g(u))$. Wegen $A \cdot (Bx) = (A \cdot B)x$ ist $A \cdot B$ die Matrix zu $f \circ g$.  $\square$

Daraus folgt:

**Satz 7.5.12** $f : V \to W$ *ist genau dann ein Isomorphismus, wenn $A$ invertierbar ist.*

Nun soll untersucht werden, wie sich die zu $f$ gehörende Matrix ändert, wenn man zu anderen Basen übergeht.

Seien $(v_1, ..., v_n)$ und $(\tilde{v}_1, ..., \tilde{v}_n)$ Basen von $V$; es gibt eindeutig bestimmte $t_{ij} \in K$ mit

$$v_j = \sum_{i=1}^{n} t_{ij} \tilde{v}_i; \qquad j = 1, ..., n.$$

**Definition 7.5.13** *Die Matrix* $T = (t_{ij}) \in K^{(n,n)}$ *mit* $v_j = \sum\limits_{i=1} t_{ij} \tilde{v}_i$ *für* $j = 1, ..., n$ *heißt die* **Transformationsmatrix** *von $(v_j)$ zu $(\tilde{v}_j)$.*

Analog gibt es eindeutig bestimmte $\hat{t}_{kl} \in K$ mit

$$\tilde{v}_l = \sum_{k=1}^{n} \hat{t}_{kl} v_k, \qquad l = 1, ..., n,$$

und es gilt $v_j = \sum_i t_{ij} (\sum_k \hat{t}_{ki} v_k) = \sum_k (\sum_i \hat{t}_{ki} \cdot t_{ij}) \cdot v_k$; daraus folgt $\sum_i \hat{t}_{ki} \cdot t_{ij} = \delta_{kj}$.

Setzt man $\hat{T} := (\hat{t}_{kl})$, so gilt $\hat{T} \cdot T = E$. Die Transformationsmatrix $T$ von $(v_j)$ zu $(\tilde{v}_j)$ ist also invertierbar und $\hat{T} = T^{-1}$ ist die Transformationsmatrix von $(\tilde{v}_j)$ zu $(v_j)$.

Die Transformationsmatrix ergibt sich als Spezialfall der zur Abbildung $f = id_V$ gehörenden Matrix: Ist

$$id_V : V \to V, v \mapsto v,$$

die identische Abbildung, so ist $T$ die zu $id_V$ gehörende Matrix bezüglich der Basen $(v_j), (\tilde{v}_j)$:

$$T = M(id_V; (v_j), (\tilde{v}_j)).$$

Aus 7.5.10 folgt daher:

**Satz 7.5.14** *Ist $v \in V$ und ist $x \in K^n$ der Koordinatenvektor von $v$ bezüglich $(v_j)$, so ist $Tx$ der Koordinatenvektor von $v$ bezüglich $(\tilde{v}_j)$ .*

Man kann dies natürlich auch direkt nachrechnen:

$$v = \sum_{j=1}^{n} x_j v_j = \sum_{j=1}^{n} x_j \sum_{i=1}^{n} t_{ij} \tilde{v}_i = \sum_{i=1}^{n} (\sum_{j=1}^{n} t_{ij} x_j) \tilde{v}_i.$$

Aus der Produktregel können wir nun die wichtige Transformationsregel herleiten:

**Satz 7.5.15 (Transformationsregel)** *Es sei $f : V \to W$ linear; seien $(v_j), (\tilde{v}_j)$ Basen in $V$ und $T$ die Transformationsmatrix von $(v_j)$ zu $(\tilde{v}_j)$; weiter seien $(w_i), (\tilde{w}_i)$ Basen in $W$ und $S$ die Transformationsmatrix von $(w_i)$ zu $(\tilde{w}_i)$. Ist dann $A := M(f; (v_j), (w_i))$ und $\tilde{A} := M(f; (\tilde{v}_j), (\tilde{w}_i))$, so gilt:*

$$\boxed{\tilde{A} = S \cdot A \cdot T^{-1}.}$$

**Beweis.** Es ist $f = id_W \circ f \circ id_V$ und

$$T^{-1} = M(id_V; (\tilde{v}_j), (v_j)); \quad S = M(id_W; (w_i), (\tilde{w}_i));$$

und aus der Produktregel folgt:

$$M(f; (\tilde{v}_j), (\tilde{w}_i)) = M(id_W; (w_i), (\tilde{w}_i)) \cdot M(f; (v_j), (w_i)) \cdot M(id_V; (\tilde{v}_j), (v_j)),$$

also

$$\tilde{A} = S \cdot A \cdot T^{-1}.$$

$\square$

Ist $f : V \to V$ ein Endomorphismus, so ist in diesem Satz $V = W$ und $S = T$; man erhält:

**Satz 7.5.16 (Transformationsregel für Endomorphismen)** *Sei $f : V \to V$ linear, seien $(v_j)$ und $(\tilde{v}_j)$ Basen in $V$ und $T$ die Transformationsmatrix von $(v_j)$ zu $(\tilde{v}_j)$. Ist dann $A := M(f; (v_j), (v_j))$ und $\tilde{A} := M(f; (\tilde{v}_j), (\tilde{v}_j))$, so gilt:*

$$\boxed{\tilde{A} = T \cdot A \cdot T^{-1}.}$$

Nun sollen diese Aussagen mit Hilfe kommutativer Diagramme übersichtlich dargestellt werden.

Durch Wahl einer Basis $(v_1, ..., v_n)$ in einem Vektorraum $V$ wird ein Isomorphismus

$$h : K^n \to V, \quad x \mapsto \sum_{j=1}^{n} x_j v_j,$$

gegeben; für $v \in V$ ist $v = \sum x_j v_j$ mit eindeutig bestimmtem $x \in K^n$; $x = h^{-1}(v)$ ist der Koordinatenvektor von $v$. Ist $(w_1, ..., w_m)$ eine Basis in $W$, so hat man $k : K^m \to W, y \mapsto \sum y_i w_i$; analog sind die durch Wahl einer Basis bestimmten Abbildungen $l, ..., \bar{k}$ definiert. Nun sei eine lineare Abbildung $f : V \to W$ gegeben; es gibt zu $k^{-1} \circ f \circ h : K^n \to K^m$ genau eine Matrix $A \in K^{(m,n)}$ mit $(k^{-1} \circ f \circ h)(x) = A \cdot x$ für $x \in K^n$. Wenn wir die Abbildung $x \mapsto Ax$ wieder mit $A$ bezeichnen, so gilt also $k^{-1} \circ f \circ h = A$ oder $f \circ h = k \circ A$. Wir stellen dies im Diagramm dar:

$$
\begin{array}{ccc}
K^n & \xrightarrow{A} & K^n \\
h \downarrow & & \downarrow k \\
V & \xrightarrow{f} & W
\end{array}
$$

Ein derartiges Diagramm mit $f \circ h = k \circ A$ bezeichnet man als kommutativ.

Nun stellen wir die oben hergeleiteten Aussagen durch Diagramme dar; dabei stehen in der 2. Zeile die linearen Abbildungen, in der 1. Zeile die zugehörigen Matrizenabbildungen; die senkrechten Pfeile sind die Koordinatenabbildungen. Diese Sätze besagen, dass die entsprechenden Diagramme kommutativ sind und umgekehrt.

**Produktregel:**

$$
\begin{array}{ccccc}
K^r & \xrightarrow{B} & K^n & \xrightarrow{A} & K^m \\
\downarrow l & & \downarrow h & & \downarrow k \\
U & \xrightarrow{g} & V & \xrightarrow{f} & W
\end{array}
$$

**Transformationsregel:**

$$
\begin{array}{ccccccc}
K^n & \xrightarrow{T^{-1}} & K^n & \xrightarrow{A} & K^m & \xrightarrow{S} & K^m \\
\downarrow \tilde{h} & & \downarrow h & & \downarrow k & & \downarrow \tilde{k} \\
V & \xrightarrow{id_V} & V & \xrightarrow{f} & W & \xrightarrow{id_W} & W
\end{array}
$$

**Transformationsregel für Endomorphismen:**

$$
\begin{array}{ccccccc}
K^n & \xrightarrow{T^{-1}} & K^n & \xrightarrow{A} & K^n & \xrightarrow{T} & K^n \\
\downarrow \tilde{h} & & \downarrow h & & \downarrow h & & \downarrow \tilde{h} \\
V & \xrightarrow{id_V} & V & \xrightarrow{f} & V & \xrightarrow{id_V} & V
\end{array}
$$

**Beispiel 7.5.17** Es sei $V := \mathbb{R}^2$ und

$$v_1 := \begin{pmatrix} 1 \\ 2 \end{pmatrix}, v_2 := \begin{pmatrix} 3 \\ 5 \end{pmatrix} \text{ und } \tilde{v}_1 := \begin{pmatrix} 1 \\ 0 \end{pmatrix}, \tilde{v}_2 := \begin{pmatrix} 0 \\ 1 \end{pmatrix}.$$

Dann ist

$$v_1 = 1 \cdot \tilde{v}_1 + 2 \cdot \tilde{v}_2$$
$$v_2 = 3 \cdot \tilde{v}_1 + 5 \cdot \tilde{v}_2.$$

Die Transformationsmatrix $T$ von der Basis $(v_1, v_2)$ zur kanonischen Basis $(\tilde{v}_1, \tilde{v}_2)$ ist also

$$T = \begin{pmatrix} 1 & 3 \\ 2 & 5 \end{pmatrix} \quad \text{und es ist} \quad T^{-1} = \begin{pmatrix} -5 & 3 \\ 3 & -1 \end{pmatrix}.$$

Nun sei

$$f : \mathbb{R}^2 \longrightarrow \mathbb{R}^2, \begin{pmatrix} x_1 \\ x_2 \end{pmatrix} \longrightarrow \begin{pmatrix} -x_2 \\ x_1 \end{pmatrix}.$$

Die zu $f$ bezüglich der kanonischen Basis $(\tilde{v}_1, \tilde{v}_2)$ gehörende Matrix ist

$$\tilde{A} = \begin{pmatrix} 0 & -1 \\ 1 & 0 \end{pmatrix}.$$

Nach der Transformationsregel gilt für die zu $f$ bezüglich $(v_1, v_2)$ gehörende Matrix $A$:

$$A = T^{-1} \tilde{A} T = \begin{pmatrix} 13 & 34 \\ -5 & -13 \end{pmatrix}.$$

Dies bedeutet:

$$f(v_1) = 13 \cdot \begin{pmatrix} 1 \\ 2 \end{pmatrix} - 5 \cdot \begin{pmatrix} 3 \\ 5 \end{pmatrix} = \begin{pmatrix} -2 \\ 1 \end{pmatrix}$$

$$f(v_2) = 34 \cdot \begin{pmatrix} 1 \\ 2 \end{pmatrix} - 13 \cdot \begin{pmatrix} 3 \\ 5 \end{pmatrix} = \begin{pmatrix} -5 \\ 3 \end{pmatrix}.$$

■

Die Transformationsregeln führen zu folgender Definition:

**Definition 7.5.18** *Zwei Matrizen $A, B \in K^{(m,n)}$ heißen **äquivalent**, wenn es invertierbare Matrizen $S \in K^{(m,m)}$ und $T \in K^{(n,n)}$ gibt mit*

$$B = S \cdot A \cdot T^{-1}.$$

*$A, B \in K^{(n,n)}$ heißen **ähnlich**, wenn eine invertierbare Matrix $T \in K^{(n,n)}$ existiert mit*

$$B = T \cdot A \cdot T^{-1}.$$

Es gilt:

**Satz 7.5.19** *Zwei Matrizen $A, B \in K^{(m,n)}$ sind genau dann äquivalent, wenn sie zur gleichen linearen Abbildung $f : V \to W$ (bezüglich geeigneter Basen) gehören; dabei ist $\dim V = n$, $\dim W = m$. Äquivalente Matrizen haben gleichen Rang. Matrizen $A, B \in K^{(n,n)}$ sind genau dann ähnlich, wenn sie zum gleichen Endomorphismus $f : V \to V$ gehören; $\dim V = n$.*

Nun bezeichne $E_{[r]} \in K^{(m,n)}$ die Matrix $E_{[r]} = (\varepsilon_{ij})$ mit $\varepsilon_{ii} = 1$ für $i = 1, ..., r$; alle übrigen Elemente sind Null, also

$$E_{[r]} := \begin{pmatrix} 1 & 0 & .. & 0 & .. & 0 \\ 0 & 1 & .. & 0 & .. & 0 \\ .. & .. & .. & .. & .. & .. \\ 0 & 0 & .. & 1 & .. & 0 \\ 0 & 0 & .. & 0 & .. & 0 \\ 0 & .. & .. & 0 & .. & 0 \end{pmatrix}$$

(in der Hauptdiagonale steht $r$ mal die 1). Es gilt:

**Satz 7.5.20** *Ist $f : V \to W$ linear, $r = rg\, f$, und wählt man wie im Fundamentallemma 7.3.16 Basen $(v_1, ..., v_r, u_1, ..., u_d)$ in $V$ und $(w_1, ..., w_r, ..., w_m)$ in $W$, so ist die zu $f$ gehörende Matrix gleich $E_{[r]}$.*

**Beweis.** Für $i = 1, ..., r$ ist $f(v_i) = w_i$ und für $j = 1, ..., d$ ist $f(u_j) = 0$; daraus folgt die Behauptung.    □

Daraus ergibt sich:

**Satz 7.5.21** *Jede Matrix $A \in K^{(m,n)}$ vom Rang $r$ ist äquivalent zu $E_{[r]} \in K^{(m,n)}$ und daher sind Matrizen $A, B \in K^{(m,n)}$ genau dann äquivalent, wenn sie gleichen Rang haben.*

**Definition 7.5.22** *Ist $A = (a_{ij}) \in K^{(m,n)}$ und setzt man $b_{ij} := a_{ji}$, so heißt*

$$A^t := (b_{ij}) \in K^{(n,m)}$$

*die* **transponierte Matrix***; es ist also*

$$A = \begin{pmatrix} a_{11} & a_{12} & \cdots & a_{1n} \\ \cdots\cdots\cdots\cdots\cdots \\ a_{m1} & a_{m2} & \cdots & a_{mn} \end{pmatrix}, \quad A^t = \begin{pmatrix} a_{11} & \cdots & a_{m1} \\ a_{12} & \cdots & a_{m2} \\ \cdots\cdots\cdots\cdots \\ a_{1n} & \cdots & a_{mn} \end{pmatrix}.$$

*Die Spalten von $A^t$ sind die Zeilen von $A$.*

Es gilt:

**Hilfssatz 7.5.23** *Für $A \in K^{(m,n)}$ und $B \in K^{(n,r)}$ ist*

$$\boxed{(A \cdot B)^t = B^t A^t.}$$

Wenn $A, B$ äquivalent sind, dann auch $A^t, B^t$, denn aus $B = SAT^{-1}$ folgt $B^t = (T^{-1})^t A^t S^t$. Daraus ergibt sich:

**Satz 7.5.24** *Für* $A \in K^{(m,n)}$ *gilt:*

$$\boxed{rg\ A^t = rg\ A.}$$

**Beweis.** Wenn $r = rg\ A$ gilt, dann ist $A$ äquivalent zu $E_{[r]}$; daher ist $A^t$ äquivalent zu $E_{[r]}^t$ und offensichtlich ist $rg\ E_{[r]}^t = r$. $\qquad\square$

Es seien $a'_1, ..., a'_m$ die Zeilen von $A$; dann heißt dim span $\{a'_1, ..., a'_m\}$ der Zeilen-rang von $A$. Zur Unterscheidung nennt man nun $rg\ A = $ dim span $\{a_1, ..., a_n\}$ den Spaltenrang. Die Zeilen von $A$ sind gleich den Spalten von $A^t$ und 7.5.24 besagt daher, dass der Zeilenrang gleich dem Spaltenrang ist.

**Elementare Umformungen von Matrizen**

Nun definieren wir elementare Umformungen, mit deren Hilfe man den Rang von Matrizen berechnen kann.

**Definition 7.5.25** *Unter* **elementaren Spaltenumformungen** *von* $A \in K^{(m,n)}$ *versteht man folgende Umformungen:*

*(1) Multiplikation einer Spalte von* $A$ *mit einem* $\lambda \in K$, $\lambda \neq 0$;
*(2) Vertauschung zweier Spalten;*
*(3) Addition des* $\lambda$-*fachen einer Spalte zu einer davon verschiedenen Spalte.*

Analog definiert man **elementare Zeilenumformungen**.

**Satz 7.5.26** *Bei elementaren Spalten- und Zeilenumformungen ändert sich der Rang einer Matrix nicht.*

**Beweis.** Für Spaltenumformungen folgt dies aus

(1) span$\{..., \lambda a_j, ...\} = $ span$\{..., a_j, ...\}$
(2) span$\{..., a_j, ..., a_k, ...\} = $ span$\{..., a_k, ..., a_j, ...\}$
(3) span$\{..., \lambda a_k + a_j, ..., a_k, ...\} = $ span$\{..., a_j, ..., a_k, ...\}$.

Wegen 7.5.24 gilt dies auch für Zeilenumformungen. $\qquad\square$

Elementare Spaltenumformungen kann man auch erreichen, indem man $A$ von rechts mit einer der folgenden Matrizen multipliziert:

$$\begin{pmatrix} 1 & & & & \\ & \ddots & & & \\ & & \lambda & & \\ & & & \ddots & \\ & & & & 1 \end{pmatrix}, \quad \begin{pmatrix} 1 & & & & & \\ & \ddots & & & & \\ & & 0 & \dots & 1 & \\ & & \vdots & & \vdots & \\ & & 1 & \dots & 0 & \\ & & & & & \ddots \\ & & & & & & 1 \end{pmatrix}, \quad \begin{pmatrix} 1 & & & & \\ & \ddots & & \lambda & \\ & & \ddots & & \\ & & & \ddots & \\ & & & & 1 \end{pmatrix}.$$

Bei der ersten Matrix steht das Element $\lambda$ an der Stelle $(j,\,j)$,
bei der zweiten Matrix ist die $j$-te Spalte gleich $e_k$ und die $k$-te Spalte ist $e_j$;
bei der dritten Matrix steht $\lambda$ an der Stelle $(k,\,j)$ mit $k \neq j$.
Zeilenumformungen kann man durch Linksmultiplikation mit entsprechenden Matrizen darstellen. Wir zeigen nun, wie man durch elementare Umformungen den Rang einer Matrix berechnen kann:
Man geht dabei so vor: Wenn nicht alle $a_{ij} = 0$ sind, erreicht man durch Vertauschung von Zeilen und Spalten, dass $a_{11} \neq 0$ ist. Multipliziert man die 1. Zeile oder Spalte mit $a_{11}^{-1}$, so darf man $a_{11} = 1$ annehmen. Nun multipliziert man die 1. Zeile mit $(-a_{21})$ und addiert sie zur 2. Zeile; an der Stelle $a_{21}$ steht dann 0. Auf diese Weise macht man die weiteren Elemente der 1. Spalte zu 0 und erhält eine Matrix der Form

$$\begin{pmatrix} 1 & * & \cdots & * \\ 0 & & & \\ \vdots & & & \\ 0 & * & \cdots & * \end{pmatrix} \quad \text{und daraus ergibt sich unmittelbar} \quad \begin{pmatrix} 1 & 0 & \cdots & 0 \\ 0 & * & \cdots & * \\ \vdots & & & \\ 0 & * & \cdots & * \end{pmatrix}.$$

Wenn nicht alle weiteren Elemente Null sind, kann man annehmen, dass in der 2. Zeile und 2. Spalte 1 steht; damit macht man alle anderen Elemente der 2. Spalte und der 2. Zeile zu null. Das Verfahren endet, wenn die Matrix $E_{[r]}$ erreicht ist, dabei ist $r = \operatorname{rg} A$.
Wir erläutern das Verfahren an einem einfachen Beispiel.

**Beispiel 7.5.27** Es sei

$$A := \begin{pmatrix} 2 & -6 & 4 & 8 \\ 3 & -6 & 3 & 6 \\ -2 & 5 & -3 & -6 \end{pmatrix}.$$

Man macht folgende Umformungen:

$$\begin{pmatrix} 2 & -6 & 4 & 8 \\ 3 & -6 & 3 & 6 \\ -2 & 5 & -3 & -6 \end{pmatrix} \rightarrow \begin{pmatrix} \boxed{1} & -3 & 2 & 4 \\ 3 & -6 & 3 & 6 \\ -2 & 5 & -3 & -6 \end{pmatrix} \rightarrow \begin{pmatrix} 1 & -3 & 2 & 4 \\ \boxed{0} & 3 & -3 & -6 \\ -2 & 5 & -3 & -6 \end{pmatrix} \rightarrow$$

$$\rightarrow \begin{pmatrix} 1 & -3 & 2 & 4 \\ 0 & 3 & -3 & -6 \\ \boxed{0} & -1 & 1 & 2 \end{pmatrix} \rightarrow \begin{pmatrix} 1 & \boxed{0} & \boxed{0} & \boxed{0} \\ 0 & 3 & -3 & -6 \\ 0 & -1 & 1 & 2 \end{pmatrix} \rightarrow \begin{pmatrix} 1 & 0 & 0 & 0 \\ 0 & \boxed{1} & -1 & -2 \\ 0 & -1 & 1 & -2 \end{pmatrix} \rightarrow$$

$$\rightarrow \begin{pmatrix} 1 & 0 & 0 & 0 \\ 0 & 1 & -1 & -2 \\ 0 & \boxed{0} & 0 & 0 \end{pmatrix} \rightarrow \begin{pmatrix} 1 & 0 & 0 & 0 \\ 0 & 1 & \boxed{0} & \boxed{0} \\ 0 & 0 & 0 & 0 \end{pmatrix}$$

Somit ist $\operatorname{rg} A = 2$.

■

## 7.6 Lineare Gleichungssysteme

Ein System von $m$ linearen Gleichungen in $n$ Unbekannten $x_1, ..., x_n$

$$
\begin{array}{l}
a_{11}x_1 + a_{12}x_2 + \ldots + a_{1n}x_n = b_1 \\
a_{21}x_1 + a_{22}x_2 + \ldots + a_{2n}x_n = b_2 \\
\ldots\ldots\ldots\ldots\ldots\ldots\ldots\ldots\ldots\ldots\ldots \\
a_{m1}x_1 + a_{m2}x_2 + \ldots + a_{mn}x_n = b_m
\end{array}
$$

kann man in der Form $Ax = b$ schreiben, dabei ist $A \in K^{(m,n)}$ eine Matrix mit den Spalten $a_1, ..., a_n \in K^m$ und es ist $b \in K^m$.

Bei der praktischen Rechnung ist es oft zweckmäßig, das Gleichungssystem so zu schreiben:

$$
\begin{array}{cccc|c}
a_{11} & a_{12} & \ldots a_{1n} & & b_1 \\
a_{21} & a_{22} & \ldots a_{2n} & & b_2 \\
& \ldots\ldots\ldots & & \\
a_{m1} & a_{m2} & \ldots a_{mn} & & b_m
\end{array}
$$

**Definition 7.6.1** *Für $A \in K^{(m,n)}$ und $b \in K^m$ bezeichnet man die Menge aller Lösungen von $Ax = b$ mit*

$$L(A, b) := \{x \in K^n | Ax = b\},$$

*insbesondere*

$$L(A, 0) := \{x \in K^n | Ax = 0\}.$$

*Die Gleichung $Ax = 0$ heißt die zu $Ax = b$ gehörende homogene Gleichung.*

Wir wollen zunächst den einfachen Fall von zwei Gleichungen mit zwei Unbekannten durchrechnen.

**Beispiel 7.6.2** Ist $A \in K^{(2,2)}$, $A \neq 0$, und $b \in K^2$, so bedeutet die Gleichung $Ax = b$ :

$$
\begin{array}{l}
a_{11}x_1 + a_{12}x_2 = b_1 \\
a_{21}x_1 + a_{22}x_2 = b_2.
\end{array}
$$

Nun nehmen wir an, $x = \begin{pmatrix} x_1 \\ x_2 \end{pmatrix}$ sei eine Lösung. Multipliziert man dann die erste Gleichung mit $a_{22}$, die zweite Gleichung mit $a_{12}$ und subtrahiert, so fällt $a_{12}a_{22}x_2$ weg und man erhält:

$$(a_{11}a_{22} - a_{12}a_{21})x_1 = (a_{22}b_1 - a_{12}b_2).$$

Analog (durch Multiplikation mit $a_{21}, a_{11}$ und Subtraktion) ergibt sich

$$(a_{11}a_{22} - a_{12}a_{21})x_2 = (a_{11}b_2 - a_{21}b_1).$$

Falls $a_{11}a_{22} - a_{12}a_{21} \neq 0$ ist, gibt es also höchstens eine Lösung $x = \begin{pmatrix} x_1 \\ x_2 \end{pmatrix}$, nämlich

$$x_1 = \frac{a_{22}b_1 - a_{12}b_2}{a_{11}a_{22} - a_{12}a_{21}}, \qquad x_2 = \frac{a_{11}b_2 - a_{21}b_1}{a_{11}a_{22} - a_{12}a_{21}}.$$

Durch Einsetzen sieht man, dass dies wirklich eine Lösung ist.

Wir werden im nächsten Abschnitt Determinanten einführen; für $A \in K^{(2,2)}$ ist $\det A = a_{11}a_{22} - a_{12}a_{21}$ und wir haben gezeigt: Wenn $\det A \neq 0$ ist, dann gibt es genau eine Lösung; wir werden diese mit der Cramerschen Regel 7.7.13 nochmals darstellen.

Nun sei $a_{11}a_{22} - a_{12}a_{21} = 0$ und $a_{22} \neq 0$. Setzt man $\lambda := \frac{a_{12}}{a_{22}}$, so ist $a_{11} = \lambda a_{21}$, $a_{12} = \lambda a_{22}$, und das Gleichungssystem lautet:

$$\lambda a_{21}x_1 + \lambda a_{22}x_2 = b_1$$
$$a_{21}x_1 + a_{22}x_2 = b_2.$$

Für $b_1 \neq \lambda b_2$ ist es offensichtlich unlösbar. Falls $b_1 = \lambda b_2$ ist, genügt es, die Gleichung

$$a_{21}x_1 + a_{22}x_2 = b_2$$

zu behandeln. Wenn $x$ eine Lösung ist, dann gilt $x_2 = (b_2/a_{22}) - (a_{21}/a_{22}) \cdot x_1$ und man kann $x_1$ beliebig wählen. Somit ergibt sich in diesem Fall:

$$L(A, b) = \left\{ \begin{pmatrix} 0 \\ b_2/a_{22} \end{pmatrix} + c \cdot \begin{pmatrix} 1 \\ -(a_{21}/a_{22}) \end{pmatrix} \mid c \in K \right\}.$$

Falls $a_{22} = 0$ ist, vertauscht man die Gleichungen oder die Unbekannten und verfährt analog.

Es hat sich also ergeben:

wenn $a_{11}a_{22} - a_{12}a_{21} \neq 0$ ist, gibt es genau eine Lösung,

wenn $a_{11}a_{22} - a_{12}a_{21} = 0$ ist, gibt es entweder keine Lösung, oder, falls $K = \mathbb{R}$ ist, unendlich viele, $L(A, b)$ ist dann eine Gerade.

Dazu noch ein Zahlenbeispiel ($K = \mathbb{R}$):

$$\begin{array}{lll} 3x_1 + 2x_2 = 5 & 3x_1 + 2x_2 = 5 & 3x_1 + 2x_2 = 5 \\ 5x_1 + 4x_2 = 7 & 6x_1 + 4x_2 = 7 & 6x_1 + 4x_2 = 10 \end{array}$$

Das erste Gleichungssystem hat genau eine Lösung, nämlich $\begin{pmatrix} 3 \\ -2 \end{pmatrix}$, das zweite ist unlösbar und das dritte hat unendlich viele Lösungen; die Lösungsmenge ist eine Gerade.  ∎

Nun behandeln wir die Fragen:

• Wann ist ein Gleichungssystem lösbar ?

• Wie kann man die Lösungsmenge beschreiben; welche Struktur hat $L(A, b)$ ?

Wir untersuchen zuerst die Lösbarkeit.

**Satz 7.6.3** *Sei $A \in K^{(m,n)}$ und $b \in K^m$. Das Gleichungssystem $Ax = b$ ist genau dann lösbar, wenn gilt:*

$$\boxed{rg\, A = rg(A, b)}$$

*dabei ist* $(A, b)$ *die Matrix mit den Spalten* $a_1, ..., a_n, b$, *also*

$$(A, b) := \begin{pmatrix} a_{11} \cdots a_{1n} & b_1 \\ \cdots\cdots\cdots\cdots \\ a_{m1} \cdots a_{mn} & b_m \end{pmatrix} \in K^{(m, n+1)}.$$

**Beweis.** $Ax = b$ bedeutet $\sum_{i=1}^{n} x_i a_i = b$. Es gibt also genau dann ein $x \in K^n$ mit $Ax = b$, wenn $b$ Linearkombination der $a_1, ..., a_n$ ist, also $b \in \text{span}\{a_1, ..., a_n\}$ oder $\text{span}\{a_1, ..., a_n\} = \text{span}\{a_1, ..., a_n, b\}$.

Dies ist gleichbedeutend mit $\dim \text{span}\{a_1, ..., a_n\} = \dim \text{span}\{a_1, ..., a_n, b\}$, also $rg\, A = rg(A, b)$. □

Wir untersuchen nun den Lösungsraum $L(A, 0)$ der homogenen Gleichung:

**Satz 7.6.4** *Ist* $A \in K^{(m, n)}$ *eine Matrix vom Rang* $r$, *so ist* $L(A, 0)$ *ein* $(n - r)$-*dimensionaler Untervektorraum des* $K^n$.

**Beweis.** Die Matrix $A$ definiert eine lineare Abbildung $A : K^n \to K^m$. Es ist $L(A, 0) = \text{Ker}\, A$ und nach der Dimensionsformel 7.4.7 gilt $n = \dim \text{Ker}\, A + r$. □

Zur Beschreibung des Lösungsraumes $L(A, b)$ der inhomogenen Gleichung $Ax = b$ benötigen wir den Begriff des affinen Unterraumes.

**Definition 7.6.5** *Ist* $V$ *ein Vektorraum über* $K$, $U \subset V$ *ein Untervektorraum und* $x \in V$, *so heißt*

$$x + U := \{x + u \in V | u \in U\}$$

*ein* **affiner Unterraum** *von* $V$; $U$ *heißt der zu* $x + U$ *gehörende Untervektorraum. Man setzt* $\dim(x + U) := \dim U$.

Nun zeigen wir, dass $L(A, b)$ ein $(n - r)$-dimensionaler affiner Unterraum ist:

**Satz 7.6.6** *Sei* $A \in K^{(m, n)}$ *eine Matrix vom Rang* $r$ *und* $b \in K^m$. *Wenn die Gleichung* $Ax = b$ *eine Lösung* $\tilde{x}$ *besitzt, dann ist* $L(A, b)$ *ein* $(n - r)$-*dimensionaler affiner Unterraum von* $K^n$, *nämlich*

$$L(A, b) = \tilde{x} + L(A, 0).$$

**Beweis.** Ist $x \in L(A, b)$, so gilt $A(\tilde{x} - x) = b - b = 0$, also ist $u := \tilde{x} - x \in L(A, 0)$ und $x = \tilde{x} + u \in \tilde{x} + L(A, 0)$, somit $L(A, b) \subset \tilde{x} + L(A, 0)$.

Ist $u \in L(A, 0)$, so gilt $A(\tilde{x} + u) = b + 0$, also $\tilde{x} + u \in L(A, b)$ und daher $x + L(A, 0) \subset L(A, b)$. □

Man interpretiert diesen Satz so:

> Man erhält die Gesamtheit der Lösungen des inhomogenen Systems dadurch, dass man zu einer speziellen Lösung der inhomogenen Gleichung die Gesamtheit der Lösungen des homogenen Systems addiert.

Damit kann man die Lösungsmenge genau beschreiben: Ist $\tilde{x} \in L(A, b)$ und hat man eine Basis $(u_1, \ldots, u_{n-r})$ des Vektorraums $L(A, 0)$; dann gibt es zu jedem $x \in L(A, b)$ eindeutig bestimmte Koeffizienten $c_1, \ldots, c_{n-r} \in K$ mit

$$x = \tilde{x} + c_1 u_1 + \ldots + c_{n-r} u_{n-r}.$$

Wir geben noch einige Folgerungen an:

**Satz 7.6.7** *Wenn $A \in K^{(m,n)}$ den Rang $m$ hat, so ist die Gleichung $Ax = b$ für jedes $b \in K^m$ lösbar.*

**Beweis.** Aus $rg\, A = \dim \text{Bild}\, A = m$ folgt, dass $A : K^n \to K^m$ surjektiv ist.  □

**Satz 7.6.8** *Wenn $A \in K^{(m,n)}$ den Rang $n$ hat, dann gibt es zu $b \in K^m$ höchstens ein $x \in K^n$ mit $Ax = b$.*

**Beweis.** Es ist $\dim(Ker A) = n - rg\, A = 0$, daher ist $A : K^n \to K^m$ injektiv.  □

**Satz 7.6.9** *Für $A \in K^{(n,n)}$ gilt: Das Gleichungssystem $Ax = 0$ besitzt genau dann Lösungen $x \neq 0$, wenn $rg\, A < n$ ist.*

**Beweis.** Wegen $n = \dim(Ker A) + rg\, A$ ist $rg\, A < n$ gleichbedeutend mit $\dim(Ker A) > 0$.  □

**Beispiel 7.6.10** Wir behandeln die beiden Gleichungssysteme

$$
\begin{array}{rrrrl}
x_1 & +5x_2 & +4x_3 &       & = 1 \\
    &   x_2 &  -x_3 & +3x_4 & = 1 \\
x_1 & +7x_2 & +2x_3 & +6x_4 & = 3
\end{array}
\qquad
\begin{array}{rrrrl}
x_1 & +5x_2 & +4x_3 &       & = 1 \\
    &   x_2 &  -x_3 & +3x_4 & = 2 \\
x_1 & +7x_2 & +2x_3 & +6x_4 & = 3
\end{array}
$$

Wir schreiben diese in Kurzform und machen Zeilenumformungen:

| 1 | 5 | 4 | 0 | 1 |   | 1 | 5 | 4 | 0 | 1 |
|---|---|---|---|---|---|---|---|---|---|---|
| 0 | 1 | -1 | 3 | 1 |   | 0 | 1 | -1 | 3 | 2 |
| 1 | 7 | 2 | 6 | 3 |   | 1 | 7 | 2 | 6 | 3 |
| 1 | 5 | 4 | 0 | 1 |   | 1 | 5 | 4 | 0 | 1 |
| 0 | 1 | -1 | 3 | 1 |   | 0 | 1 | -1 | 3 | 2 |
| 0 | 2 | -2 | 6 | 2 |   | 0 | 2 | -2 | 6 | 2 |
| 1 | 5 | 4 | 0 | 1 |   | 1 | 5 | 4 | 0 | 1 |
| 0 | 1 | -1 | 3 | 1 |   | 0 | 1 | -1 | 3 | 2 |
| 0 | 0 | 0 | 0 | 0 |   | 0 | 0 | 0 | 0 | -2 |
| 1 | 0 | 9 | -15 | -4 |   | 1 | 0 | 9 | -15 | -4 |
| 0 | 1 | -1 | 3 | 1 |   | 0 | 1 | -1 | 3 | 2 |
| 0 | 0 | 0 | 0 | 0 |   | 0 | 0 | 0 | 0 | -2 |

Daraus ergibt sich: Das 2. Gleichungssystem hat keine Lösung; beim ersten kann man $x_3, x_4$ beliebig wählen und erhält als Lösungsmenge

$$L(A,b) = \{(-4,1,0,0) + c_1(-9,1,1,0) + c_2(15,-3,0,1)\,|\, c_1, c_2 \in \mathbb{R}\}.$$

(Wir haben die Lösungen als Zeilen geschrieben, bei der Berechnung sollten sie als Spalten geschrieben werden.)

■

## 7.7 Determinanten

Bei den Determinanten, die von G. W. Leibniz eingeführt wurden, handelt es sich um einen mathematisch tiefliegenden Begriff.

Eine Determinante haben wir schon bei der Lösung linearer Gleichungssysteme in Beispiel 7.6.2 erhalten; dort haben wir gezeigt: Wenn $a_{11}a_{22} - a_{12}a_{21} \neq 0$ ist, dann besitzt das Gleichungssystem $Ax = b$ genau eine Lösung. Es wird sich ergeben, dass $a_{11}a_{22} - a_{12}a_{21} = \det A$ ist; Determinanten kommen also bei der Behandlung linearer Gleichungssysteme vor.

Eine geometrische Interpretation ist die folgende:

Zwei Vektoren $a_1 = \binom{a_{11}}{a_{21}}$ und $a_2 = \binom{a_{12}}{a_{22}}$ des $\mathbb{R}^2$ spannen ein Parallelogramm mit dem Flächeninhalt $|a_{11}a_{22} - a_{12}a_{21}|$ auf. Bis auf das Vorzeichen ist die Determinante also ein Flächeninhalt. Bei Vertauschung von $a_1$, $a_2$ ändert sich das Vorzeichen von $\det A$, so dass man $\det(a_1, a_2)$ als einen „orientierten" Flächeninhalt interpretiert. Im $\mathbb{R}^3$ ist $\det(a_1, a_2, a_3)$ das mit Vorzeichen versehene Volumen des von $a_1, a_2, a_3$ aufgespannten Spats.

Wir definieren eine Determinante als normierte alternierende multilineare Abbildung. Zuerst erläutern wir den Begriff der multilinearen Abbildung:

**Definition 7.7.1** *Ist $V$ ein Vektorraum über $K$ und $n \in \mathbb{N}$, so heißt eine Abbildung*

$$f : V \times ... \times V \to K, \quad (v_1, ..., v_n) \to f(v_1, ..., v_n),$$

**multilinear**, *wenn für $v_1, ..., v_n, v, w \in V$, $\lambda, \mu \in K$, gilt:*

$$f(v_1, ..., v_{i-1}, \lambda v + \mu w, v_{i+1}, ..., v_n) =$$

$$= \lambda f(v_1, ..., v_{i-1}, v, v_{i+1}, ..., v_n) + \mu f(v_1, ..., v_{i-1}, w, v_{i+1}, ..., v_n).$$

*Für $n = 2$ nennt man $f : V \times V \to K$ **bilinear**, es ist also*

$$f(\lambda v + \mu w, v_2) = \lambda f(v, v_2) + \mu f(w, v_2), \quad f(v_1, \lambda v + \mu w) = \lambda f(v_1, v) + \mu f(v_1, w).$$

Nun können wir den Begriff der Determinante definieren. Wir fassen eine Matrix $A \in K^{(n,n)}$ auf als $n$-Tupel ihrer Spaltenvektoren, also $A = (a_1, ..., a_n)$, d.h. wir identifizieren $K^{(n,n)}$ mit $K^n \times ... \times K^n$.

**Definition 7.7.2** *Sei $n \in \mathbb{N}$; eine Abbildung*

$$\Delta : K^{(n,n)} \to K$$

*heißt **Determinante**, wenn gilt:*

*(1) $\Delta$ ist multilinear,*

*(2) $\Delta$ ist alternierend, d.h. wenn es Indizes $i \neq j$ gibt mit $a_i = a_j$, so ist*

$$\Delta(a_1, ..., a_i, ..., a_j, ..., a_n) = 0,$$

*(3) $\Delta$ ist normiert, d.h. $\Delta(e_1, ..., e_n) = 1$.*

Eine Determinante ist also eine multilineare Abbildung mit folgenden Eigenschaften:

Wenn eine Matrix $A \in K^{(n,n)}$ zwei gleiche Spalten hat, dann ist $\Delta(A) = 0$; für die Einheitsmatrix $E$ ist $\Delta(E) = 1$.

Es gilt:

**Satz 7.7.3** *Wenn $\Delta$ eine Determinante ist, so gilt:*

$$\Delta(a_1, ..., a_i, ..., a_k, ..., a_n) = -\Delta(a_1, ..., a_k, ..., a_i, ..., a_n);$$

*d.h. eine Determinante ändert ihr Vorzeichen, wenn man zwei Spalten vertauscht.*

**Beweis.** Zur Abkürzung schreiben wir $\Delta(a_i, a_k)$ für $\Delta(a_1, ..., a_i, ..., a_k, ..., a_n)$. Dann ist $0 = \Delta(a_i + a_k, a_i + a_k) = \Delta(a_i, a_i + a_k) + \Delta(a_k, a_i + a_k) =$
$= \Delta(a_i, a_i) + \Delta(a_i, a_k) + \Delta(a_k, a_i) + \Delta(a_k, a_k) = \Delta(a_i, a_k) + \Delta(a_k, a_i)$, also $\Delta(a_i, a_k) = -\Delta(a_k, a_i)$. $\qquad\qquad\square$

Man kann jede Permutation $\sigma$ von $\{1, ..., n\}$ als Produkt von $m$ Transpositionen darstellen und es ist $\operatorname{sign} \sigma = (-1)^m$ (vgl. dazu 7.1.8); daraus folgt:

**Satz 7.7.4** *Ist $\Delta$ eine Determinante und $\sigma \in S_n$, so gilt für jedes $A \in K^{(n,n)}$:*

$$\Delta(a_{\sigma(1)}, ..., a_{\sigma(n)}) = sign(\sigma) \cdot \Delta(a_1, ..., a_n).$$

Nun zeigen wir

**Hilfssatz 7.7.5** *Ist $\Delta : K^{(n,n)} \to K$ eine Determinante, so gilt für $A, B \in K^{(n,n)}$ :*

$$\Delta(B \cdot A) = \Delta(B) \cdot \left( \sum_{\sigma \in S_n} sign(\sigma) a_{\sigma(1),1} \cdot ... \cdot a_{\sigma(n),n} \right).$$

**Beweis.** Die erste Spalte der Matrix $B \cdot A$ ist gleich $Ba_1 = \sum_{i_1} a_{i_1,1} b_{i_1}$; daher ist

$$\Delta(B \cdot A) = \Delta(Ba_1, ..., Ba_n) = \sum_{i_1} a_{i_1,1} \Delta(b_{i_1}, Ba_2, ..., Ba_n).$$

Setzt man nun die weiteren Spalten

$$Ba_2 = \sum_{i_2} a_{i_2,2} b_{i_2}, ..., Ba_n = \sum_{i_n} a_{i_n,n} b_{i_n}$$

ein, so ergibt sich:

$$\Delta(B \cdot A) = \sum_{i_1, ..., i_n} a_{i_1,1} \cdot ... \cdot a_{i_n,n} \Delta(b_{i_1}, ..., b_{i_n}).$$

Dabei ist über alle $n$-Tupel $(i_1, ..., i_n)$ von Indizes aus $\{1, ..., n\}$ zu summieren. Falls in $(i_1, ..., i_n)$ zwei gleiche Indizes vorkommen, ist $\Delta(b_{i_1}, ..., b_{i_n}) = 0$. Es genügt daher, über die $n$-Tupel zu summieren, bei denen $(i_1, ..., i_n)$ eine Permutation ist, also

$$\sigma = \begin{pmatrix} 1, \ \cdots, \ n \\ i_1, \ \cdots, \ i_n \end{pmatrix} \in S_n.$$

Dann erhält man

$$\Delta(B \cdot A) = \sum_{\sigma \in S_n} a_{\sigma(1),1} \cdot \ldots \cdot a_{\sigma(n),n} \Delta(b_{\sigma(1)}, \ldots, b_{\sigma(n)}) =$$
$$= \sum_{\sigma \in S_n} \text{sign}(\sigma) \cdot a_{\sigma(1),1} \cdot \ldots \cdot a_{\sigma(n),n} \cdot \Delta(b_1, \ldots, b_n).$$

$\square$

Setzt man in diesem Hilfssatz $B := E$ ein, so ergibt sich: Es existiert höchstens eine Determinante, nämlich

$$\Delta(A) = \sum_{\sigma \in S_n} \text{sign}(\sigma) \cdot a_{\sigma(1),1} \cdot \ldots \cdot a_{\sigma(n),n}.$$

Nun rechnet man nach, dass die so definierte Abbildung eine Determinante ist. Damit erhält man:

**Satz 7.7.6** *Für jedes $n \in \mathbb{N}$ existiert genau eine Determinante $\Delta : K^{(n,n)} \to K$, nämlich*

$$\boxed{\Delta(A) := \sum_{\sigma \in S_n} sign(\sigma) \cdot a_{\sigma(1),1} \cdot \ldots \cdot a_{\sigma(n),n};}$$

*für die Determinante sind folgende Schreibweisen üblich:*

$$\det A := \begin{vmatrix} a_{11} \ \ldots \ a_{1n} \\ \ldots\ldots\ldots \\ a_{n1} \ \ldots \ a_{nn} \end{vmatrix} := \Delta(A).$$

Aus Hilfssatz 7.7.5 folgt

**Satz 7.7.7 (Determinantenmultiplikationssatz)** *Für $A, B \in K^{(n,n)}$ gilt:*

$$\boxed{\det(A \cdot B) = (\det A) \cdot (\det B).}$$

Daraus ergibt sich:

**Satz 7.7.8** *Eine Matrix $A \in K^{(n,n)}$ ist genau dann invertierbar, wenn $\det A \neq 0$ ist; es gilt dann:*

$$\det A^{-1} = \frac{1}{\det A}.$$

**Beweis.** Wenn $A$ invertierbar ist, so gilt nach dem Determinantenmultiplikationssatz:

$$(\det A^{-1}) \cdot (\det A) = \det(A^{-1}A) = \det E = 1,$$

insbesondere $\det A \neq 0$. - Wenn $A$ nicht invertierbar ist, dann ist rg $A < n$ und die Spalten $a_1, ..., a_n$ sind linear abhängig. Dann ist etwa $a_1 = \lambda_2 a_2 + ... + \lambda_n a_n$ und $\det(a_1, a_2, ..., a_n) = \lambda_2 \det(a_2, a_2, ..., a_n) + ... + \lambda_n \det(a_n, a_2, ..., a_n) = 0.$    $\square$

Für $n = 2$ und $n = 3$ geben wir nun die Determinante explizit an:

**Beispiel 7.7.9** Die Gruppe $S_2$ besteht aus den beiden Elementen $\left(\begin{smallmatrix} 1 & 2 \\ 1 & 2 \end{smallmatrix}\right)$ und $\left(\begin{smallmatrix} 1 & 2 \\ 2 & 1 \end{smallmatrix}\right)$ und daher ist

$$\begin{vmatrix} a_{11} & a_{12} \\ a_{21} & a_{22} \end{vmatrix} = a_{11}a_{22} - a_{21}a_{12}.$$

∎

**Beispiel 7.7.10** Die Gruppe $S_3$ besteht aus den 6 Elementen

$$\left(\begin{smallmatrix} 1 & 2 & 3 \\ 1 & 2 & 3 \end{smallmatrix}\right) = \;(1), \quad \left(\begin{smallmatrix} 1 & 2 & 3 \\ 1 & 3 & 2 \end{smallmatrix}\right) = \;(2\;3)$$

$$\left(\begin{smallmatrix} 1 & 2 & 3 \\ 2 & 1 & 3 \end{smallmatrix}\right) = (1\;2), \quad \left(\begin{smallmatrix} 1 & 2 & 3 \\ 2 & 3 & 1 \end{smallmatrix}\right) = (1\;2\;3)$$

$$\left(\begin{smallmatrix} 1 & 2 & 3 \\ 3 & 2 & 1 \end{smallmatrix}\right) = (1\;3), \quad \left(\begin{smallmatrix} 1 & 2 & 3 \\ 3 & 1 & 2 \end{smallmatrix}\right) = (1\;3\;2)$$

Dabei haben wir zuerst die beiden Permutationen $\sigma$ mit $\sigma(1) = 1$, dann die mit $\sigma(1) = 2$ und sodann die mit $\sigma(1) = 3$ angegeben. Es ergibt sich:

$$\begin{vmatrix} a_{11} & a_{12} & a_{13} \\ a_{21} & a_{22} & a_{23} \\ a_{31} & a_{32} & a_{33} \end{vmatrix} = \left\{ \begin{array}{l} a_{11}a_{22}a_{33} + a_{12}a_{23}a_{31} + a_{13}a_{21}a_{32} \\ - a_{13}a_{22}a_{31} - a_{11}a_{23}a_{32} - a_{12}a_{21}a_{33} \end{array} \right.$$

Diese Determinante kann man nach der Regel von Sarrus (P. F. SARRUS (1798-1861)) so ausrechnen: Man schreibt die ersten beiden Spalten nochmals dahinter und bildet die Produkte gemäß den Pfeilrichtungen:

Es ist

$$\begin{vmatrix} a_{11} & a_{12} & a_{13} \\ a_{21} & a_{22} & a_{23} \\ a_{31} & a_{32} & a_{33} \end{vmatrix} = a_{11} \begin{vmatrix} a_{22} & a_{23} \\ a_{32} & a_{33} \end{vmatrix} - a_{21} \begin{vmatrix} a_{12} & a_{13} \\ a_{32} & a_{33} \end{vmatrix} + a_{31} \begin{vmatrix} a_{12} & a_{13} \\ a_{22} & a_{23} \end{vmatrix}$$

∎

Dies ist ein Spezialfall des folgenden Laplaceschen Entwicklungssatzes (PIERRE SIMON MARQUIS DE LAPLACE (1749-1827)):

**Satz 7.7.11 (Laplacescher Entwicklungssatz)** *Es sei $A \in K^{(n,n)}$ und wir bezeichnen mit $A_{ij} \in K^{(n-1,n-1)}$ die Matrix, die entsteht, wenn man in $A$ die $i$-te Zeile und $j$-te Spalte streicht. Dann gilt für $j = 1, ..., n$ :*

$$\det A = \sum_{i=1}^{n} (-1)^{i+j} a_{ij} \cdot \det A_{ij}.$$

Man bezeichnet diese Formel als Entwicklung nach der $j$-ten Spalte. Diese Aussage soll hier nicht bewiesen werden; ein Beweis findet sich in [4]. Für $n = 3$ haben wir sie im Beispiel hergeleitet. Aus dem Entwicklungssatz folgt:

**Satz 7.7.12** *Ist $A \in K^{(n,n)}$ eine Dreiecksmatrix, also $a_{ij} = 0$ für $i > j$, so gilt:*

$$\det A = a_{11} \cdot a_{22} \cdot \ldots \cdot a_{nn}.$$

Beweis durch Induktion nach $n$: Die Aussage sei für $(n-1) \times (n-1)$-Matrizen richtig. Entwicklung von $A$ nach der ersten Spalte ergibt $\det A = a_{11} \cdot \det A_{11}$ und nach Induktionsannahme ist $\det A_{11} = a_{22} \cdot \ldots \cdot a_{nn}$, also

$$\begin{vmatrix} a_{11} & \ldots & \ldots & a_{1n} \\ 0 & a_{22} & \ldots & \ldots \\ 0 & 0 & a_{33} & \ldots \\ 0 & \ldots & 0 & a_{nn} \end{vmatrix} = a_{11} \cdot \ldots \cdot a_{nn}.$$

$\square$

Insbesondere gilt für Diagonalmatrizen ($a_{ii} = \lambda_i$, $a_{ij} = 0$ für $i \neq j$):

$$\begin{vmatrix} \lambda_1 & & 0 \\ & \ddots & \\ 0 & & \lambda_n \end{vmatrix} = \lambda_1 \cdot \ldots \cdot \lambda_n.$$

Nun zeigen wir, wie man Lösungen linearer Gleichungssysteme mit Hilfe von Determinanten angeben kann. Ist $A \in K^{(n,n)}$ eine invertierbare Matrix, so besitzt die Gleichung $Ax = b$ für jedes $b \in K^n$ genau eine Lösung, nämlich $x = A^{-1}b$. Es gilt die Cramersche Regel (GABRIEL CRAMER (1704-1752)):

**Satz 7.7.13 (Cramersche Regel)** *Ist $A \in K^{(n,n)}$, $\det A \neq 0$, $b \in K^n$, so erhält man die Lösung $x$ von $Ax = b$ folgendermaßen: Man ersetzt in der Matrix $A$ die $i$-te Spalte $a_i$ durch den Vektor $b$; für $i = 1, ..., n$ ist dann*

$$x_i = \frac{\det(a_1, ..., a_{i-1}, b, a_{i+1}, ..., a_n)}{\det(a_1, ..., a_n)},$$

*also*

$$\boxed{x_i = \frac{1}{\det A} \begin{vmatrix} a_{11} & \ldots & b_1 & \ldots & a_{1n} \\ & & \ldots\ldots\ldots & & \\ a_{n1} & \ldots & b_n & \ldots & a_{nn} \end{vmatrix}}$$

**Beweis.** Ist $x$ die Lösung von $Ax = b$, so gilt $x_1 a_1 + ... + x_n a_n = b$ und daher ist

$\det(b, a_2, ..., a_n) = \det(x_1 a_1 + ... + x_n a_n, a_2, ..., a_n) =$
$= x_1 \det(a_1, a_2, ..., a_n) + x_2 \det(a_2, a_2, ..., a_n) + ... + x_n \det(a_n, a_2, ..., a_n) =$
$= x_1 \cdot \det A.$

Daraus folgt die Behauptung für $x_1$, analog beweist man sie für $x_2, \ldots, x_n$.    $\square$
Für $n = 2$ haben wir dieses Ergebnis schon in 7.6.2 erhalten.

**Beispiel 7.7.14** Ist $A \in K^{(2,2)}$ und $\det A \neq 0$, so ist $A$ invertierbar; wir berechnen $A^{-1}$ mit der Cramerschen Regel.

Die erste Spalte von $A^{-1}$ ist die Lösung von $Ax = \binom{1}{0}$, die zweite Spalte ist die Lösung von $Ax = \binom{0}{1}$; nach der Cramerschen Regel sind dies

$$\frac{1}{\det A} \left( \frac{\begin{vmatrix} 1 & a_{12} \\ 0 & a_{22} \end{vmatrix}}{\begin{vmatrix} a_{11} & 1 \\ a_{21} & 0 \end{vmatrix}} \right) = \frac{1}{\det A} \begin{pmatrix} a_{22} \\ -a_{21} \end{pmatrix}, \quad \frac{1}{\det A} \left( \frac{\begin{vmatrix} 0 & a_{12} \\ 1 & a_{22} \end{vmatrix}}{\begin{vmatrix} a_{11} & 0 \\ a_{21} & 1 \end{vmatrix}} \right) = \frac{1}{\det A} \begin{pmatrix} -a_{12} \\ a_{11} \end{pmatrix}.$$

Damit erhalten wir

$$\boxed{\begin{pmatrix} a_{11} & a_{12} \\ a_{21} & a_{22} \end{pmatrix}^{-1} = \frac{1}{\det A} \cdot \begin{pmatrix} a_{22} & -a_{12} \\ -a_{21} & a_{11} \end{pmatrix}}$$

Mit dieser Methode kann man auch für $A \in K^{(3,3)}$, $\det A \neq 0$, die Matrix $A^{-1}$ ausrechnen. Die erste Spalte von $A^{-1}$ ist wieder die Lösung von

$$Ax = \begin{pmatrix} 1 \\ 0 \\ 0 \end{pmatrix},$$

die erste Komponente davon ist nach der Cramerschen Regel

$$\frac{1}{\det A} \begin{vmatrix} 1 & a_{12} & a_{13} \\ 0 & a_{22} & a_{23} \\ 0 & a_{32} & a_{33} \end{vmatrix} = \frac{1}{\det A} \begin{vmatrix} a_{22} & a_{23} \\ a_{32} & a_{33} \end{vmatrix}.$$

Auf diese Weise erhält man :

$$A^{-1} = \frac{1}{\det A} \begin{pmatrix} +\begin{vmatrix} a_{22} & a_{23} \\ a_{32} & a_{33} \end{vmatrix} & -\begin{vmatrix} a_{12} & a_{13} \\ a_{32} & a_{33} \end{vmatrix} & +\begin{vmatrix} a_{12} & a_{13} \\ a_{22} & a_{23} \end{vmatrix} \\ -\begin{vmatrix} a_{21} & a_{23} \\ a_{31} & a_{33} \end{vmatrix} & +\begin{vmatrix} a_{11} & a_{13} \\ a_{31} & a_{33} \end{vmatrix} & -\begin{vmatrix} a_{12} & a_{13} \\ a_{21} & a_{23} \end{vmatrix} \\ +\begin{vmatrix} a_{21} & a_{22} \\ a_{31} & a_{32} \end{vmatrix} & -\begin{vmatrix} a_{11} & a_{12} \\ a_{31} & a_{32} \end{vmatrix} & +\begin{vmatrix} a_{11} & a_{12} \\ a_{21} & a_{22} \end{vmatrix} \end{pmatrix}.$$

■

**Beispiel 7.7.15**

$$\begin{pmatrix} 1 & 2 \\ 3 & 8 \end{pmatrix}^{-1} = \frac{1}{2} \begin{pmatrix} 8 & -2 \\ -3 & 1 \end{pmatrix}.$$

■

## 7.8 Eigenwerte

**Definition 7.8.1** *Sei $A \in K^{(n,n)}$ eine quadratische Matrix. Ein Element $\lambda \in K$ heißt **Eigenwert** von A, wenn ein $x \in K^n$ existiert mit*

$$Ax = \lambda x \quad und \quad x \neq 0,$$

*der Vektor x heißt ein **Eigenvektor** von A zum Eigenwert $\lambda$.*

$$E_\lambda := \{x \in K^n | Ax = \lambda x\} = Ker(\lambda E - A)$$

*heißt der **Eigenraum** von A zu $\lambda$.*

$E_\lambda$ ist ein Untervektorraum von $K^n$ und $\lambda$ ist genau dann Eigenwert von $A$, wenn $E_\lambda \neq \{0\}$ gilt; $E_\lambda \setminus \{0\}$ ist die Menge aller Eigenvektoren zu $\lambda$.
Ein Element $\lambda \in K$ ist genau dann Eigenwert von $A$, wenn $(\lambda E - A)x = 0$ eine Lösung $x \neq 0$ besitzt; nach 7.6.9 ist dies genau dann der Fall, wenn $rg(\lambda E - A) < n$ oder $\det(\lambda E - A) = 0$ gilt. Wir definieren daher:

**Definition 7.8.2** *Ist $A \in K^{(n,n)}$, so heißt*

$$\chi_A(t) := \det(t \cdot E - A) = \begin{vmatrix} t - a_{11} & -a_{12} & \cdots & -a_{1n} \\ -a_{21} & t - a_{22} & \cdots & -a_{2n} \\ \cdots & \cdots & \cdots & \cdots \\ -a_{n1} & -a_{n2} & \cdots & t - a_{nn} \end{vmatrix}$$

*das **charakteristische Polynom** von A, außerdem bezeichnet man*

$$sp\, A := a_{11} + \ldots + a_{nn}$$

*als die **Spur** von A.*

$\chi_A$ ist ein Polynom $n$-ten Grades; das konstante Glied ist $\chi_A(0) = \det(-A)$, somit

$$\chi_A(t) = t^n - (a_{11} + \ldots + a_{nn})t^{n-1} + \ldots + (-1)^n \det A,$$

also

$$\chi_A(t) = t^n - (sp\, A) \cdot t^{n-1} + \ldots + (-1)^n \det A.$$

Für n=2 hat man

$$\chi_A(t) = t^2 - (sp\, A)t + \det A.$$

Es gilt:

**Satz 7.8.3** *Die Eigenwerte von A sind genau die Nullstellen von $\chi_A$.*

Aus dem Fundamentalsatz der Algebra folgt, dass jede komplexe Matrix $A \in \mathbb{C}^{(n,n)}$ mindestens einen Eigenwert hat. Im Reellen gibt es Polynome, die keine Nullstelle besitzen, man wird also vermuten, dass es Matrizen $A \in \mathbb{R}^{(n,n)}$ gibt, die keinen Eigenwert haben. Jedoch hat jedes reelle Polynom ungeraden Grades mindestens eine reelle Nullstelle. Wir fassen zusammen:

**Satz 7.8.4** *Eine Matrix $A \in K^{(n,n)}$ hat höchstens $n$ Eigenwerte.*
*Jede Matrix $A \in \mathbb{C}^{(n,n)}$ besitzt mindestens einen (komplexen) Eigenwert.*
*Ist $n$ ungerade, so hat jede Matrix $A \in \mathbb{R}^{(n,n)}$ mindestens einen (reellen) Eigenwert.*

Bei Dreiecksmatrizen kann man die Eigenwerte sofort angeben:

**Beispiel 7.8.5** Sei $A = (a_{ij}) \in K^{(n,n)}$ eine Dreiecksmatrix, also $a_{ij} = 0$ für $i > j$. Bei einer Dreiecksmatrix ist die Determinante gleich dem Produkt der Diagonalelemente; also ist

$$\chi_A(t) = (t - a_{11}) \cdot \ldots \cdot (t - a_{nn});$$

das charakteristische Polynom zerfällt somit in Linearfaktoren und die Eigenwerte von $A$ sind $a_{11}, \ldots, a_{nn}$.    ∎

Nun geben wir eine reelle Matrix an, die keine Eigenwerte besitzt:

**Beispiel 7.8.6** Wenn wir eine Matrix $A \in \mathbb{R}^{(2,2)}$ finden wollen, die keinen Eigenwert besitzt, so gehen wir von der geometrischen Interpretation des Eigenvektors aus: $A$ definiert eine Abbildung $A : \mathbb{R}^2 \to \mathbb{R}^2$, $x \mapsto Ax$, und $x \in \mathbb{R}^2$, $x \neq 0$, ist Eigenvektor, wenn $Ax$ die „gleiche Richtung" wie $x$ besitzt. Bei einer Drehung, etwa um $90^o$, ändert jeder Vektor $x \neq 0$ seine Richtung. Man darf also vermuten, dass die Matrix

$$A := \begin{pmatrix} 0 & -1 \\ 1 & 0 \end{pmatrix} \in \mathbb{R}^{(2,2)},$$

die diese Drehung beschreibt, keinen Eigenwert hat. Es ist

$$\chi_A(t) = \begin{vmatrix} t & +1 \\ -1 & t \end{vmatrix} = t^2 + 1;$$

dieses Polynom hat keine Nullstelle in $\mathbb{R}$, somit besitzt $A \in \mathbb{R}^{(2,2)}$ keinen Eigenwert.
Fasst man diese Matrix als komplexe Matrix $A \in \mathbb{C}^{(2,2)}$ auf, so hat sie die beiden Eigenwerte $i, -i$, denn es ist $\chi_A(t) = (t - i)(t + i)$. Wir geben alle Eigenvektoren an: Für $x = \begin{pmatrix} x_1 \\ x_2 \end{pmatrix} \in \mathbb{C}^2$ bedeutet $Ax = ix$ explizit: $-x_2 = ix_1$, $x_1 = ix_2$, alle Lösungen dieses Gleichungssystems sind $c \cdot \begin{pmatrix} i \\ 1 \end{pmatrix}$ mit $c \in \mathbb{C}$ und für $c \neq 0$ erhält man alle Eigenvektoren zu $i$. Analog sind $c \cdot \begin{pmatrix} -i \\ 1 \end{pmatrix}$, $c \in \mathbb{C}$, $c \neq 0$, die Eigenvektoren zu $-i$. Die Eigenräume sind $E_i = \text{span}\{\begin{pmatrix} i \\ 1 \end{pmatrix}\}$ und $E_{-i} = \text{span}\{\begin{pmatrix} -i \\ 1 \end{pmatrix}\}$. Die Eigenvektoren $\begin{pmatrix} i \\ 1 \end{pmatrix}$, $\begin{pmatrix} -i \\ 1 \end{pmatrix}$ bilden eine Basis des $\mathbb{C}^2$, es ist $\mathbb{C}^2 = E_i \oplus E_{-i}$.    ∎

In 7.5.18 haben wir zwei Matrizen $A, B \in K^{(n,n)}$ ähnlich genannt, wenn es eine invertierbare Matrix $T \in K^{(n,n)}$ gibt mit $B = T^{-1}AT$.
Aus dem Determinantenmultiplikationssatz folgt $\det(T^{-1}) \cdot \det T = \det(T^{-1}T) = \det E = 1$ und daher $\det(T^{-1}AT) = \det(T^{-1}) \cdot \det A \cdot \det T = \det A$. Ähnliche Matrizen haben also gleiche Determinante; man kann zeigen, dass auch das charakteristische Polynom dasselbe ist:

**Satz 7.8.7** *Sind $A, B$ ähnlich, so gilt* $\det A = \det B$ *und* $\chi_A = \chi_B$; *insbesondere haben ähnliche Matrizen die gleichen Eigenwerte:*
*Ist $B = T^{-1}AT$ und ist $x \in K^n$ ein Eigenvektor von $B$ zum Eigenwert $\lambda$, so ist $Tx$ ein Eigenvektor von $A$ zum Eigenwert $\lambda$.*

**Beweis.** Aus $Bx = \lambda x$, $x \neq 0$, folgt $Tx \neq 0$ und $A(Tx) = T(Bx) = T(\lambda x) = \lambda(Tx)$. $\qquad\qquad\qquad\qquad\qquad\qquad\qquad\qquad\qquad\qquad\qquad\qquad\qquad\qquad\square$

Wir wollen nun untersuchen, wann eine Matrix zu einer Dreiecks- oder Diagonalmatrix ähnlich ist. Eine einfache notwendige Bedingung, von der wir anschließend zeigen werden, dass sie auch hinreichend ist, lautet:

**Satz 7.8.8** *Wenn $A$ zu einer Dreiecksmatrix ähnlich ist, dann zerfällt $\chi_A$ in Linearfaktoren.*

**Beweis.** Ähnliche Matrizen haben das gleiche charakteristische Polynom und nach 7.8.5 zerfällt das charakteristische Polynom einer Dreiecksmatrix in Linearfaktoren. $\qquad\qquad\qquad\qquad\qquad\qquad\qquad\qquad\qquad\qquad\qquad\qquad\qquad\qquad\qquad\qquad\square$

In 7.5.19 haben wir gezeigt: Ist $f : V \to V$ linear und sind $A$ und $\tilde{A}$ die zu $f$ bezüglich verschiedener Basen gehörende Matrizen, so sind $A, \tilde{A}$ ähnlich. Wegen 7.8.7 ist folgende Definition sinnvoll:

**Definition 7.8.9** *Sei $f : V \to V$ linear, $\dim V < \infty$. Sei $(b_1, ..., b_n)$ eine Basis von $V$ und $A := M(f;(b_i))$; dann setzt man $\det f := \det A$ und $\chi_f := \chi_A$.*

Nun können wir auch Eigenwerte linearer Abbildungen $f : V \to V$ behandeln:

**Definition 7.8.10** *Ist $f : V \to V$ linear, so heißt $\lambda \in K$ ein **Eigenwert** von $f$, wenn ein $v \in V$ existiert mit $v \neq 0$ und $f(v) = \lambda v$. Der Vektor $v$ heißt dann **Eigenvektor** von $f$ zu $\lambda$;*

$$E_\lambda := \{v \in V | f(v) = \lambda v\} = Ker(\lambda \cdot id_V - f)$$

*heißt der **Eigenraum** von $f$ zu $\lambda$.*

Ist $v = \sum x_i b_i$ und $y := Ax$, so ist $f(v) = \sum y_i b_i$. Die Gleichung $f(v) = \lambda v$ ist also äquivalent zu $Ax = \lambda x$ : Die Eigenwerte von $f$ stimmen mit den Eigenwerten von $A$ überein, $v = \sum x_i b_i$ ist genau dann Eigenvektor von $f$ zu $\lambda$, wenn $x$ Eigenvektor von $A$ zu $\lambda$ ist.
Wir zeigen nun, dass Eigenvektoren zu verschiedenen Eigenwerten immer linear unabhängig sind.

**Satz 7.8.11** *Ist $f : V \to V$ linear und sind $\lambda_1, ..., \lambda_k$ verschiedene Eigenwerte und $v_1, ..., v_k$ jeweils zugehörige Eigenvektoren, so sind $v_1, ..., v_k$ linear unabhängig.*

**Beweis.** Wir beweisen die Aussage durch Induktion nach $k$. Der Induktionsanfang $k = 1$ ist klar, denn es ist $v_1 \neq 0$, also ist $v_1$ linear unabhängig. Nun sei $k \geq 2$, und die Aussage sei für $k - 1$ Vektoren richtig. Es gelte $f(v_i) = \lambda_i v_i$, $v_i \neq 0$, $i = 1, ..., k$, und es sei $\sum_{i=1}^{k} c_i v_i = 0$ mit $c_1, ..., c_k \in K$. Wir wenden auf diese Gleichung zuerst $f$ an, dann multiplizieren wir sie mit $\lambda_k$; dies ergibt:

$$\sum_{i=1}^{k} c_i \lambda_i v_i = 0, \qquad \sum_{i=1}^{k} c_i \lambda_k v_i = 0.$$

Wenn wir diese Gleichungen subtrahieren, dann fällt der letzte Summand $c_k \lambda_k v_k$ weg und wir erhalten: $\sum_{i=1}^{k-1} c_i(\lambda_i - \lambda_k)v_i = 0$. Aus der Induktionsannahme folgt für $i = 1, ..., k-1 : c_i(\lambda_i - \lambda_k) = 0$ und wegen $\lambda_i \neq \lambda_k$ erhält man $c_i = 0$. Aus $c_k v_k = 0$ folgt schließlich $c_k = 0$.    □

Nach Satz 7.5.19 sind Matrizen genau dann ähnlich, wenn sie die gleiche lineare Abbildung beschreiben. Wir definieren daher:

**Definition 7.8.12** *Eine Matrix $A \in K^{(n,n)}$ heißt* **diagonalisierbar,** *wenn sie zu einer Diagonalmatrix ähnlich ist; sie heißt* **trigonalisierbar,** *wenn sie zu einer Dreiecksmatrix ähnlich ist.*

*Eine lineare Abbildung $f : V \to V$ heißt* **diagonalisierbar,** *wenn es eine Basis $(b_1, ..., b_n)$ von $V$ gibt, so dass $A := M(f; (b_i))$ eine Diagonalmatrix ist. Sie heißt* **trigonalisierbar,** *wenn es eine Basis gibt, so dass $A$ eine Dreiecksmatrix ist.*

**Satz 7.8.13** *Eine lineare Abbildung $f : V \to V$ ist genau diagonalisierbar, wenn es eine Basis $(b_1, ..., b_n)$ von $V$ gibt, die aus Eigenvektoren von $f$ besteht.*

**Beweis.** Nach Definition von $A = M(f; (b_i))$ ist $f(b_j) = \sum_{i=1}^{n} a_{ij} b_i$.

Wenn $f(b_j) = \lambda_j b_j$ gilt, so folgt $a_{jj} = \lambda_j$ und $a_{ij} = 0$ für $i \neq j$; also ist

$$A = \begin{pmatrix} \lambda_1 & & 0 \\ & \ddots & \\ 0 & & \lambda_n \end{pmatrix}$$

eine Diagonalmatrix. Ist umgekehrt $A$ eine Diagonalmatrix, so ist $a_{ij} = 0$ für $i \neq j$ und daher $f(b_j) = a_{jj} b_j$; die $b_j$ sind also Eigenvektoren.    □

Dies liefert nun eine hinreichende Bedingung für die Diagonalisierbarkeit:

**Satz 7.8.14** *Sei $f : V \to V$ linear, $n = \dim V$. Wenn $\chi_f$ $n$ verschiedene Nullstellen $\lambda_1, ..., \lambda_n$ besitzt, dann ist $f$ diagonalisierbar.*

**Beweis.** Für $j = 1, ..., n$ sei $b_j$ ein Eigenvektor von $f$ zu $\lambda_j$. Nach 7.8.11 sind $b_1, ..., b_n$ linear unabhängig. Dann ist $(b_1, ..., b_n)$ eine Basis von $V$ aus Eigenvektoren und aus 7.8.13 folgt die Behauptung.    □

Wir formulieren diese Aussagen nun für Matrizen:

Nach 7.8.13 ist $A$ genau dann diagonalisierbar, wenn n linear unabhängige Eigenvektoren existieren. Wir wollen diese Aussage nochmals erläutern. Diagonalisierbarkeit von $A$ bedeutet: Es gibt eine invertierbare Matrix $T \in K^{(n,n)}$, so dass gilt:

$$T^{-1}AT = \begin{pmatrix} \lambda_1 & & 0 \\ & \ddots & \\ 0 & & \lambda_n \end{pmatrix} =: D.$$

Wir bezeichnen die Spalten von $T$ wieder mit $t_1, ..., t_n$; die Spalten von $D$ sind $\lambda_1 e_1, ..., \lambda_n e_n$. Die Gleichung $T^{-1}AT = D$ ist äquivalent zu $AT = TD$ oder $At_j = T(\lambda_j e_j)$, also $At_j = \lambda_j t_j$. Die Spalten von $T$ sind also Eigenvektoren von $A$.

Wir bringen dazu ein einfaches Beispiel.

**Beispiel 7.8.15** Es sei

$$A = \begin{pmatrix} 4 & 1 \\ 2 & 3 \end{pmatrix} \in \mathbb{R}^{(2,2)};$$

dann ist $\chi_A(t) = t^2 - 7t + 10 = (t-2)(t-5)$ und $A$ hat die Eigenwerte 2 und 5; daher ist $A$ diagonalisierbar. Die Eigenvektoren zum Eigenwert 2 sind die nichttrivialen Lösungen von $(2E - A)x = 0$, also von $\begin{pmatrix} -2 & -1 \\ -2 & -1 \end{pmatrix} x = 0$. Somit ist $\begin{pmatrix} 1 \\ -2 \end{pmatrix}$ ein Eigenvektor zu 2. Analog zeigt man, dass $\begin{pmatrix} 1 \\ 1 \end{pmatrix}$ ein Eigenvektor zu 5 ist. Diese Eigenvektoren sind linear unabhängig und die daraus gebildete Matrix $T := \begin{pmatrix} 1 & 1 \\ -2 & 1 \end{pmatrix}$ ist invertierbar: $T^{-1} = \frac{1}{3}\begin{pmatrix} 1 & -1 \\ 2 & 1 \end{pmatrix}$. Es ergibt sich:

$$T^{-1}AT = \begin{pmatrix} 2 & 0 \\ 0 & 5 \end{pmatrix}.$$

∎

Wir geben nun ein Beispiel einer Matrix $A$ an, bei der $\chi_A$ zwar in Linearfaktoren zerfällt, die aber nicht diagonalisierbar ist.

**Beispiel 7.8.16** Sei $A := \begin{pmatrix} 1 & 1 \\ 0 & 1 \end{pmatrix} \in \mathbb{R}^{(2,2)}$. Dann ist 1 der einzige Eigenwert der Dreiecksmatrix $A$. Wir berechnen die Eigenvektoren aus der Gleichung $Ax = x$, also $x_1 + x_2 = x_1$, $x_2 = x_2$. Daraus folgt $x_2 = 0$ und daher ist der zum Eigenwert 1 gehörende Eigenraum $E_1 = \text{span}\{\begin{pmatrix} 1 \\ 0 \end{pmatrix}\}$. Daher existiert keine Basis des $\mathbb{R}^2$, die aus Eigenvektoren von $A$ besteht und nach 7.8.13 ist $A$ nicht diagonalisierbar. Dies sieht man auch unmittelbar: Wenn es ein $T$ gibt, so dass $T^{-1}AT$ Diagonalmatrix ist, so stehen in der Diagonale die Eigenwerte, also 1, also ist $T^{-1}AT = E$ die Einheitsmatrix. Daraus folgt aber $A = TET^{-1} = E$; ein Widerspruch.

∎

Diese Matrix ist nicht diagonalisierbar, weil $\lambda = 1$ eine zweifache Nullstelle von $\chi_A$ ist, aber der Eigenraum $E_1$ nur eindimensional ist. Man wird vermuten, dass eine Matrix dann diagonalisierbar ist, wenn gilt: Ist $\lambda$ eine $m$-fache Nullstelle von $\chi_A$, so ist $\dim E_\lambda = m$. Dies besagt der folgende Satz:

**Satz 7.8.17** *Eine Matrix $A \in K^{(n,n)}$ ist genau dann diagonalisierbar, wenn das charakteristische Polynom $\chi_A$ in Linearfaktoren zerfällt und wenn gilt: Ist $\lambda \in K$ eine $m$-fache Nullstelle von $\chi_A$, so ist $\dim E_\lambda = m$.*

Man bezeichnet $\dim E_\lambda$ als geometrische Vielfachheit von $\lambda$; wenn $\lambda$ eine m-fache Nullstelle von $\chi_A$ ist, nennt man zur Unterscheidung $m$ die algebraische Vielfachheit. Dann besagt der Satz: $A$ ist genau dann diagonalisierbar, wenn $\chi_A$ in Linearfaktoren zerfällt und bei jedem Eigenwert die geometrische und die algebraische

Vielfachheit übereinstimmen.

Wir skizzieren die Beweisidee: Es sei

$$\chi_A(t) = (t - \lambda_1)^{m_1} \cdot \ldots \cdot (t - \lambda_r)^{m_r}$$

mit verschiedenen $\lambda_1, \ldots, \lambda_r \in K$. Man wählt in jedem $E_{\lambda_j}$ eine Basis. Wegen 7.8.11 ist die Menge aller dieser Basisvektoren linear unabhängig.

Wenn $\dim E_{\lambda_j} = m_j$ für $j = 1, \ldots, r$ gilt, dann besteht diese Menge aus $n$ Elementen und damit hat man eine Basis von $K^n$ aus Eigenvektoren. Nach 7.8.13 ist dann $A$ diagonalisierbar. Wenn $\dim E_{\lambda_j} < m_j$ für ein $j$ gilt, dann gibt es in $K^n$ höchstens $(n-1)$ linear unabhängige Vektoren und $A$ ist nicht diagonalisierbar.  □

In Satz 7.10.8 werden wir zeigen, dass jede reelle symmetrische Matrix diagonalisierbar ist.

Wir behandeln nun die Frage, wann eine Matrix zu einer Dreiecksmatrix ähnlich ist. Es gilt:

**Satz 7.8.18** *Eine lineare Abbildung* $f : V \to V$, $\dim V < \infty$, *ist genau dann trigonalisierbar, wenn es eine Basis* $(b_1, \ldots, b_n)$ *von* $V$ *gibt mit*

$$f(b_j) \in span\{b_1, \ldots, b_j\} \ \text{für} \ j = 1, \ldots, n,$$

*also*

$$f(b_1) \in span\{b_1\}$$
$$f(b_2) \in span\{b_1, b_2\}$$
$$\ldots\ldots\ldots\ldots\ldots\ldots\ldots\ldots\ldots$$
$$f(b_{n-1}) \in span\{b_1, \ldots, b_{n-1}\}$$

**Beweis.** Ist $A = (a_{ij})$ die zu $f$ bezüglich einer Basis $(b_1, \ldots, b_n)$ gehörende Matrix, so gilt: $f(b_j) = a_{1j}b_1 + \ldots + a_{nj}b_n$. $A$ ist genau dann eine Dreiecksmatrix, wenn $a_{ij} = 0$ für $i > j$ ist, also $f(b_j) = a_{1j}b_1 + \ldots + a_{jj}b_j$ oder $f(b_j) \in span\{b_1, \ldots, b_j\}$.  □

Das Hauptergebnis über Trigonalisierbarkeit ist der folgende Satz:

**Satz 7.8.19** *Es sei* $V$ *ein endlich-dimensionaler Vektorraum über* $K$. *Eine lineare Abbildung* $f : V \to V$ *ist genau dann trigonalisierbar, wenn das charakteristische Polynom* $\chi_f$ *über* $K$ *in Linearfaktoren zerfällt.*

**Beweis.** In 7.8.8 wurde bereits gezeigt, dass $\chi_f$ zerfällt, wenn $f$ trigonalisierbar ist. Wir zeigen nun mit Induktion nach $n = \dim V$: Wenn $\chi_f$ zerfällt, dann ist $f$ trigonalisierbar. Für $n = 1$ ist nichts zu beweisen. Es sei also $n > 1$; der Satz sei richtig für $\dim V = n - 1$ und es sei $\chi_f(t) = (t - \lambda_1) \cdot \ldots \cdot (t - \lambda_n)$. Wegen $\chi_f(\lambda_1) = 0$ existiert ein $b_1 \in V$, $b_1 \neq 0$, mit $f(b_1) = \lambda_1 b_1$. Wir ergänzen $b_1$ zu einer Basis $(b_1, v_2, \ldots, v_n)$ von $V$; die zu $f$ bezüglich $(b_1, v_2, \ldots, v_n)$ gehörende Matrix ist dann von der Form

$$A = \begin{pmatrix} \lambda_1 & a_{12} & \ldots & a_{1n} \\ 0 & & & \\ & & A' & \\ 0 & & & \end{pmatrix} \text{ mit } A' = \begin{pmatrix} a_{22} & \ldots & a_{2n} \\ & \ldots\ldots & \\ a_{n2} & \ldots & a_{nn} \end{pmatrix} \in K^{(n-1, n-1)}.$$

Für $j = 2, \ldots, n$ ist $f(v_j) = a_{1j}b_1 + a_{2j}v_2 + \ldots + a_{nj}v_n$.

Nun setzen wir $U := \text{span}\{b_1\}$, $W := \text{span}\{v_2, \ldots, v_n\}$; dann ist $V = U \oplus W$. Wir projizieren $V$ in $W$, dazu definieren wir eine lineare Abbildung

$$q : V \to W, \ c_1b_1 + c_2v_2 + \ldots + c_nv_n \mapsto c_2v_2 + \ldots + c_nv_n.$$

Dann setzen wir

$$g : W \to W, w \mapsto q(f(w)).$$

Für $w \in W$ gilt $f(w) - g(w) \in U$, daher ist $g(v_j) = a_{2j}v_2 + \ldots + a_{nj}v_n$ für $j = 2, \ldots, n$. Somit ist die zu $g$ bezüglich $(v_2, \ldots, v_n)$ gehörende Matrix gleich $A'$ und es gilt $\chi_A(t) = (t - \lambda_1) \cdot \chi_{A'}(t)$; also $\chi_{A'}(t) = (t - \lambda_2) \cdot \ldots \cdot (t - \lambda_n)$. Nach Induktionsannahme gibt es eine Basis $(b_2, \ldots, b_n)$ von $W$, so dass die zu $g$ bezüglich $(b_2, \ldots, b_n)$ gehörende Matrix eine Dreiecksmatrix $\tilde{A}'$ ist. Wegen $f(b_j) - g(b_j) \in U$ $(j = 2, \ldots, n)$ gibt es $\tilde{a}_{1j} \in K$ mit $f(b_j) - g(b_j) = \tilde{a}_{1j}b_1$. Daher ist die zu $f$ bezüglich $(b_1, b_2, \ldots, b_n)$ gehörende Matrix gleich

$$\begin{pmatrix} \lambda_1, & \tilde{a}_{12}, & \ldots, & \tilde{a}_{1n} \\ 0 & & & \\ \vdots & & \tilde{A}' & \\ 0 & & & \end{pmatrix},$$

also eine Dreiecksmatrix. $\qquad\qquad\qquad\qquad\qquad\qquad\qquad\qquad\qquad\qquad\square$

Nach dem Fundamentalsatz der Algebra zerfällt jedes Polynom mit komplexen Koeffizienten über $\mathbb{C}$ in Linearfaktoren; somit folgt:

**Satz 7.8.20** *Jede Matrix $A \in \mathbb{C}^{(n,n)}$ ist trigonalisierbar.*

Wir bringen noch ein Beispiel einer Matrix, die trigonalisierbar, aber nicht diagonalisierbar ist.

**Beispiel 7.8.21** Es sei

$$A = \begin{pmatrix} 4 & -1 \\ 4 & 0 \end{pmatrix}.$$

Das charakteristische Polynom $\chi_A(t) = t^2 - 4t + 4 = (t - 2)^2$ zerfällt in Linearfaktoren und daher ist $A$ trigonalisierbar. Die Eigenvektoren sind die nichttrivialen Lösungen der Gleichung $(2E - A)x = \begin{pmatrix} -2 & 1 \\ -4 & 2 \end{pmatrix}x = 0$, also $c\begin{pmatrix} 1 \\ 2 \end{pmatrix}$ mit $c \in \mathbb{R}$, $c \neq 0$. Daher gibt es keine Basis des $\mathbb{R}^2$ aus Eigenvektoren und $A$ ist nicht diagonalisierbar. Eine zu $A$ ähnliche Dreiecksmatrix erhält man so: Man wählt einen Eigenvektor, etwa $b_1 = \begin{pmatrix} 1 \\ 2 \end{pmatrix}$ und ergänzt ihn zu einer Basis $(b_1, b_2)$; man kann $b_2 = \begin{pmatrix} 2 \\ 3 \end{pmatrix}$ wählen. Die Matrix $T = \begin{pmatrix} 1 & 2 \\ 2 & 3 \end{pmatrix}$ ist invertierbar und $T^{-1} = \begin{pmatrix} -3 & 2 \\ 2 & -1 \end{pmatrix}$. Man erhält:

$$T^{-1}AT = \begin{pmatrix} 2 & 1 \\ 0 & 2 \end{pmatrix}.$$

(Bei der Dreiecksmatrix stehen in der Diagonale die Eigenwerte.)

$\blacksquare$

## 7.9 Euklidische Vektorräume

In diesem Abschnitt behandeln wir euklidische Vektorräume, darunter versteht man Vektorräume $V$ über $\mathbb{R}$, in denen ein Skalarprodukt definiert ist. Wenn ein Skalarprodukt gegeben ist, dann kann man auch den Begriff der Norm einführen; damit ist auch eine Metrik gegeben. Mit Hilfe des Skalarprodukts ist auch der Winkel zwischen zwei Vektoren definiert; insbesondere hat man den Begriff der Orthogonalität.

**Definition 7.9.1** *Unter einem* **Skalarprodukt** *auf einem Vektorraum $V$ über $\mathbb{R}$ versteht man eine Abbildung*

$$V \times V \to \mathbb{R}, (v, w) \mapsto\, < v, w >,$$

*mit folgenden Eigenschaften ($\lambda, \mu \in \mathbb{R}$, $u, v, w \in V$)*

$$
\begin{aligned}
(1) \quad & < \lambda u + \mu v, w > = \lambda < u, w > + \mu < v, w > \\
& < w, \lambda u + \mu v > = \lambda < w, u > + \mu < w, v > \\
(2) \quad & < v, w > = < w, v > \\
(3) \quad & \text{für } v \neq 0 \text{ ist} \quad < v, v > \, > 0.
\end{aligned}
$$

*Ist $<\,,\,>$ ein Skalarprodukt in $V$, so bezeichnet man $(V, <\,,\,>)$ oder kurz $V$ als* **euklidischen Vektorraum**.

Bedingung (1) besagt, dass die Abbildung $V \times V \to \mathbb{R}$, $(v, w) \mapsto\, < v, w >$, bilinear ist. Bedingung (2) ist die Symmetrie und (3) bedeutet, dass das Skalarprodukt positiv definit ist.

Im euklidischen Vektorraum $(V, <\,,\,>)$ hat man eine Norm; für $v \in V$ setzt man

$$\|v\| := \sqrt{< v, v >}.$$

Auf den Begriff der Norm und des normierten Raumes gehen wir weiter unten ein. Wir geben nun drei wichtige Beispiele für euklidische Vektorräume an.

**Beispiel 7.9.2** Es sei $n \in \mathbb{N}$; im $\mathbb{R}^n$ definiert man für $x, y \in \mathbb{R}^n$:

$$< x, y > := x_1 y_1 + \ldots + x_n y_n.$$

Man prüft leicht nach, dass dadurch ein Skalarprodukt auf dem $\mathbb{R}^n$ definiert wird. Man bezeichnet es als das **kanonische Skalarprodukt** auf $\mathbb{R}^n$. Die dadurch definierte Norm ist

$$\|x\| = \sqrt{x_1^2 + \ldots + x_n^2}.$$

Das kanonische Skalarprodukt schreibt man oft folgendermaßen: Man schreibt $x, y \in \mathbb{R}^n$ als Spaltenvektoren und fasst sie als einspaltige Matrizen auf. Dann ist $x^t$ eine Matrix, die aus einer Zeile besteht und das Matrizenprodukt $x^t y$ ist eine Matrix, die aus einem einzigen Element besteht:

$$x^t y = (x_1 y_1 + \ldots + x_n y_n).$$

Nun lässt man auf der rechten Seite die Klammern weg und schreibt

$$\boxed{x^t y = x_1 y_1 + \ldots + x_n y_n \ = <x, y>\ .}$$

∎

**Beispiel 7.9.3** Eine naheliegende Verallgemeinerung des $\mathbb{R}^n$ erhält man, wenn man als Vektoren nicht $n$-Tupel $(x_1, \ldots, x_n)$, sondern Folgen $(x_1, x_2, \ldots, x_n, \ldots)$ betrachtet. Um analog wie im vorhergehenden Beispiel ein Skalarprodukt definieren zu können, betrachtet man nur solche reellen Folgen, bei denen $\sum_{n=1}^{\infty} x_n^2$ konvergent ist. Man definiert also:

$$l_2 := \left\{ (x_n)_{n \in \mathbb{N}} \Big| \ \sum_{n=1}^{\infty} x_n^2 \ \text{ist konvergent} \right\}.$$

Mit der komponentenweisen Addition und Multiplikation

$$(x_n) + (y_n) := (x_n + y_n), \qquad \lambda(x_n) := (\lambda x_n)$$

ist $l_2$ ein Vektorraum; man setzt für $x = (x_n)_n$ und $y = (y_n)_n$

$$<x, y> := \sum_{n=1}^{\infty} x_n y_n$$

und rechnet (mit 7.9.10) nach, dass diese Reihe konvergiert und dass $\langle x, y \rangle$ ein Skalarprodukt auf $l_2$ ist. ∎

**Beispiel 7.9.4** Im Vektorraum $C^0([a, b])$ der auf dem Intervall $[a, b]$ stetigen Funktionen definiert man ein Skalarprodukt durch

$$<f, g> := \int_a^b f(x) \cdot g(x) \, \mathrm{d}x.$$

Für die dazu gehörende Norm gilt:

$$\|f\|^2 = \int_a^b (f(x))^2 \mathrm{d}x.$$

∎

**Definition 7.9.5** *Zwei Vektoren $v, w$ eines euklidischen Vektorraums $V$ sind zueinander* **orthogonal** *(stehen aufeinander senkrecht), wenn $<v, w> = 0$ ist. Wir schreiben dann auch*

$$v \perp w.$$

*Sind $U, W$ Untervektorräume von $V$ und gilt $<u, w> = 0$ für alle $u \in U$, $w \in W$, so schreibt man*

$$U \perp W.$$

Nun zeigen wir:

**Hilfssatz 7.9.6** *In einem euklidischen Vektorraum $V$ gilt für $v, w \in V$:*

$$< v, w > = \frac{1}{2} \left( \|v + w\|^2 - \|v\|^2 - \|w\|^2 \right).$$

**Beweis.** Es ist $< v + w, v + w > = < v, v > + 2 < v, w > + < w, w >$, also

$$\|v + w\|^2 = \|v\|^2 + 2 < v, w > + \|w\|^2.$$

$\square$

Daraus folgt:

**Satz 7.9.7 (Satz von Pythagoras)** *Für $v, w \in V$ gilt*

$$\boxed{v \perp w}$$

*genau dann, wenn*

$$\boxed{\|v + w\|^2 = \|v\|^2 + \|w\|^2.}$$

Setzen wir in 7.9.6 $-w$ an Stelle von $w$ ein und addieren beide Gleichungen, so erhalten wir:

**Satz 7.9.8 (Parallelogrammgleichung)** *Ist $V$ ein euklidischer Vektorraum, so gilt für $v, w \in V$:*

$$\boxed{\|v + w\|^2 + \|v - w\|^2 = 2\|v\|^2 + 2\|w\|^2.}$$

Besonders wichtig ist die Cauchy-Schwarzsche Ungleichung, die wir nun herleiten wollen:

**Satz 7.9.9 (Cauchy-Schwarzsche Ungleichung)** *Ist $V$ ein euklidischer Vektorraum, so gilt für alle $v, w \in V$:*

$$\boxed{| < v, w > | \leq \|v\| \cdot \|w\|.}$$

*Das Gleichheitszeichen gilt genau dann, wenn $v, w$ linear abhängig sind.*

**Beweis.** Für $w = 0$ oder $v = \lambda w$ ist diese Ungleichung trivialerweise richtig und es gilt das Gleichheitszeichen. Nun sei $w \neq 0$ und wir definieren einen zu $w$ orthogonalen Vektor $u$ durch

$$u := v - \frac{< v, w >}{\|w\|^2} \cdot w.$$

Es ist $< u, w > = 0$ und $v = u + \frac{< v, w >}{\|w\|^2} \cdot w$. Aus dem Satz von Pythagoras folgt:

$$\|v\|^2 = \|u\|^2 + \frac{(< v, w >)^2}{\|w\|^4} \cdot \|w\|^2 \geq \frac{(< v, w >)^2}{\|w\|^2},$$

also $\|v\|^2 \cdot \|w\|^2 \geq (< v, w >)^2$.

Das Gleichheitszeichen gilt genau dann, wenn $u = 0$ ist; dann sind $v, w$ linear abhängig.

$\square$

**Beispiel 7.9.10** Für den euklidischen Vektorraum $\mathbb{R}^n$, versehen mit dem kanonischen Skalarprodukt, besagt die Cauchy-Schwarzsche Ungleichung:
Für $x_1, ..., x_n, y_1, ..., y_n \in \mathbb{R}$ ist

$$\left( \sum_{i=1}^{n} x_i y_i \right)^2 \leq \left( \sum_{i=1}^{n} x_i^2 \right) \cdot \left( \sum_{i=1}^{n} y_i^2 \right)$$

und für den euklidischen Vektorraum der stetigen Funktionen $f, g : [a, b] \to \mathbb{R}$ folgt aus der Cauchy-Schwarzschen Ungleichung

$$\left( \int_a^b f(x)g(x)\, \mathrm{d}x \right)^2 \leq \left( \int_a^b (f(x))^2\, \mathrm{d}x \right) \cdot \left( \int_a^b g(x))^2\, \mathrm{d}x \right).$$

∎

Wir gehen jetzt auf normierte Räume ein:

**Definition 7.9.11** *Unter einer* **Norm** *auf einem Vektorraum $V$ über $\mathbb{R}$ versteht man eine Abbildung*

$$V \to \mathbb{R}, v \mapsto \|v\|,$$

*mit folgenden Eigenschaften:*

*(1) Für alle $v, w \in V$ ist $\|v + w\| \leq \|v\| + \|w\|$ (Dreiecksungleichung).*
*(2) Für alle $\lambda \in \mathbb{R}$, $v \in V$ ist $\|\lambda v\| = |\lambda| \cdot \|v\|$.*
*(3) Für alle $v \in V$ mit $v \neq 0$ ist $\|v\| > 0$.*

*Das Paar $(V, \| \; \|)$ heißt* **normierter Vektorraum** *oder kurz* **normierter Raum***; wir schreiben oft $V$ statt $(V, \| \; \|)$.*

Es gilt:

**Satz 7.9.12** *Ist $(V, <, >)$ ein euklidischer Vektorraum und setzt man für $v \in V$,*

$$\|v\| := \sqrt{<v, v>},$$

*so ist $(V, \| \; \|)$ ein normierter Raum.*

**Beweis.** Wir zeigen, dass die Dreiecksungleichung aus der Cauchy-Schwarzschen Ungleichung folgt: Für $v, w \in V$ ist

$$\|v + w\|^2 = <v + w, v + w> = \|v\|^2 + 2 <v, w> + \|w\|^2 \leq$$
$$\leq \|v\|^2 + 2\|v\| \cdot \|w\| + \|w\|^2 = (\|v\| + \|w\|)^2.$$

□

**Bemerkung.** In einem euklidischen Vektorraum $V$ kann man nicht nur die Orthogonalität definieren, sondern allgemein den Winkel zwischen zwei Vektoren. Für $v, w \in V$, $v \neq 0$, $w \neq 0$, ist nach der Cauchy-Schwarzschen Ungleichung

$$\left| \frac{<v, w>}{\|v\| \cdot \|w\|} \right| \leq 1,$$

somit kann man den Winkel zwischen $v$ und $w$ definieren durch

$$\varphi := \arccos\left( \frac{<v, w>}{\|v\| \cdot \|w\|} \right).$$

Es ist dann

$$<v, w> = \|v\| \cdot \|w\| \cdot \cos\varphi.$$

**Orthonormalbasen**

In einem endlich-dimensionalen euklidischen Raum gibt es immer eine Orthonormalbasis:

**Definition 7.9.13** *Eine Basis* $(b_1, ..., b_n)$ *von $V$ heißt eine* **Orthonormalbasis**, *wenn für alle $i, j$ gilt:*

$$<b_i, b_j> = \delta_{ij}.$$

*Es ist also $b_i \perp b_j$ für $i \neq j$ und für alle $i$ gilt $\|b_i\| = 1$.*

Wir beweisen nun nicht nur die Existenz einer derartigen Basis, sondern geben ein Verfahren an, wie man aus einer beliebigen Basis eine Orthonormalbasis erhalten kann, nämlich das Erhard Schmidtsche Orthonormalisierungsverfahren (ERHARD SCHMIDT (1876-1959)):

**Satz 7.9.14 (Erhard Schmidtsches Orthonormalisierungsverfahren)**
*Jeder endlich-dimensionale euklidische Vektorraum besitzt eine Orthonormalbasis. Ist $(v_1, ..., v_n)$ eine Basis des euklidischen Vektorraums $V$, so erhält man eine Orthonormalbasis $(b_1, ..., b_n)$ von $V$ auf folgende Weise: Man setzt*

$$b_1 := \frac{1}{\|v_1\|} \cdot v_1;$$

$$\tilde{b}_2 := v_2 - <v_2, b_1> \cdot b_1, \qquad\qquad b_2 := \frac{1}{\|\tilde{b}_2\|} \cdot \tilde{b}_2;$$
$$\tilde{b}_3 := v_3 - <v_3, b_1> \cdot b_1 - <v_3, b_2> \cdot b_2, \qquad b_3 := \frac{1}{\|\tilde{b}_3\|} \cdot \tilde{b}_3.$$

*Sind $b_1, ..., b_{k-1}$ bereits konstruiert $(k \leq n)$, so definiert man*

$$\tilde{b}_k := v_k - \sum_{i=1}^{k-1} <v_k, b_i> \cdot b_i, \qquad b_k := \frac{1}{\|\tilde{b}_k\|} \tilde{b}_k.$$

**Beweis.** Man rechnet nach, dass $\tilde{b}_k$ senkrecht auf $b_1, ..., b_{k-1}$ steht. Außerdem ist $\tilde{b}_k \neq 0$, denn aus $\tilde{b}_k = 0$ würde folgen, dass $b_1, ..., b_{k-1}, v_k$ linear abhängig sind; dann sind aber auch $v_1, ..., v_k$ linear abhängig. $\square$

Mit Orthonormalbasen kann man besonders einfach rechnen: Die Koordinaten $x_i$ eines Vektors $v$ bezüglich einer Orthonormalbasis $(b_1, ..., b_n)$ sind die Skalarprodukte $<v, b_i>$:

**Satz 7.9.15 (Rechnen in Orthonormalbasen)** *Ist* $(b_1, ..., b_n)$ *eine Orthonormalbasis im euklidischen Vektorraum V, so gilt für* $v = \sum\limits_{i=1}^{n} x_i b_i$, $w = \sum\limits_{i=1}^{n} y_i b_i$ :

$$v = \sum_{i=1}^{n} <v, b_i> b_i, \quad also \quad x_i = <v, b_i>,$$

$$<v, w> = \sum_{i=1}^{n} <v, b_i> \cdot <w, b_i> = \sum_{i=1}^{n} x_i y_i = <x, y>,$$

$$\|v\|^2 = \sum_{i=1}^{n} x_i^2 = \|x\|^2.$$

**Beweis.** Ist $v = \sum\limits_{i=1}^{n} x_i b_i$, so folgt $<v, b_k> = \sum\limits_{i} x_i \cdot <b_i, b_k> = x_k$. Die weiteren Aussagen rechnet man leicht nach.                                                                              □

Das Schmidtsche Orthonormalisierungsverfahren erläutern wir am Beispiel der Legendre-Polynome (ADRIEN-MARIE LEGENDRE (1752-1833)):

**Beispiel 7.9.16 (Legendre-Polynome)** Wir gehen aus vom Vektorraum $V_n$ der Polynome vom Grad $\leq n$, versehen mit dem Skalarprodukt

$$<f, g> := \int\limits_{-1}^{+1} f(x)g(x)\mathrm{d}x.$$

Die Polynome $(1, x, x^2, ..., x^n)$ bilden eine Basis von $V_n$, auf die wir das Erhard Schmidtsche Orthonormalisierungsverfahren anwenden. Mit den Bezeichnungen dieses Satzes setzen wir

$$v_k := x^k, \qquad k = 0, ..., n.$$

Es ist $\|v_0\|^2 = \int_{-1}^{1} 1\mathrm{d}x = 2$ und somit $b_0 = \sqrt{\frac{1}{2}}$.

Weiter ist $\tilde{b}_1 = v_1 - <v_1, b_0> b_0$ und wegen $<v_1, b_0> = 0$ erhält man $\tilde{b}_1 = x$.
Es ist $\|\tilde{b}_1\|^2 = \int_{-1}^{1} x^2 \mathrm{d}x = \frac{2}{3}$, also $b_1 = \sqrt{\frac{3}{2}}x$.

Bei der Berechnung von $b_2$ ergibt sich $<v_2, b_0> = \frac{\sqrt{2}}{3}$ und $<v_2, b_1> = 0$; damit erhält man $\tilde{b}_2 = x^2 - \frac{1}{3}$ und $b_2 = \frac{\sqrt{5}}{2\sqrt{2}}(3x^2 - 1)$.

Diese Polynome werden wir in 12.7 als Eigenfunktionen des Legendreschen Differentialoperators nochmals behandeln. Für die dort behandelten Polynome $Q_n$ und $L_n$ gilt: $\tilde{b}_n = Q_n$ und $b_n = L_n$; dort geben wir diese Polynome für $n = 0, \ldots, 5$ an.

**Orthgonale Matrizen**

In naheliegender Weise kommt man zum Begriff der orthogonalen Abbildung und der orthogonalen Matrix:

Die linearen Abbildungen, die das Skalarprodukt invariant lassen, bezeichnet man als orthogonale Abbildungen:

**Definition 7.9.17** *Eine lineare Abbildung* $f : V \to V$ *eines euklidischen Vektorraums heißt* **orthogonal**, *wenn für alle* $v, w \in V$ *gilt:*

$$< f(v), f(w) > \; = \; < v, w > .$$

Setzt man $v = w$, so folgt $\|f(v)\| = \|v\|$; eine derartige Abbildung bezeichnet man als Isometrie. Jede orthogonale Abbildung ist also eine Isometrie. Es gilt auch die Umkehrung:

**Satz 7.9.18** *Sei* $f : V \to V$ *eine lineare Abbildung eines euklidischen Vektorraums; wenn für alle* $v \in V$ *gilt:* $\|f(v)\| = \|v\|$, *dann ist* $f$ *orthogonal.*

**Beweis.** In 7.9.6 wurde gezeigt, dass man das Skalarprodukt durch Normen ausdrücken kann:

$$< v, w > \; = \; \frac{1}{2} \left( \|v + w\|^2 - \|v\|^2 - \|w\|^2 \right) ;$$

daraus folgt: wenn $f$ die Norm invariant lässt, dann auch das Skalarprodukt. $\square$

**Bemerkung.** Aufgrund dieser Gleichung könnte man vermuten, dass jede Norm von einem Skalarprodukt induziert wird. Dies ist jedoch nicht der Fall. Man kann zeigen, dass durch $\frac{1}{2} \left( \|v + w\|^2 - \|v\|^2 - \|w\|^2 \right)$ genau dann ein Skalarprodukt definiert wird, wenn die Parallelogrammgleichung 7.9.8 erfüllt ist.

**Definition 7.9.19** *Eine Matrix* $T \in \mathbb{R}^{(n,n)}$ *heißt* **orthogonal**, *wenn die Spalten* $(t_1, ..., t_n)$ *von* $T$ *eine Orthonormalbasis des* $\mathbb{R}^n$ *sind.*

Bei der transponierten Matrix $T^t$ sind die Zeilen jeweils die Spalten von $T$ und beim Matrizenprodukt $T^t T$ steht an der Stelle $(i, j)$ das Skalarprodukt $< t_i, t_j >$. Daher gilt:

**Satz 7.9.20** *Eine Matrix* $T \in \mathbb{R}^{(n,n)}$ *ist genau dann orthogonal, wenn* $T^t T = E$, *also* $T^{-1} = T^t$, *gilt.*

Eine orthogonale Matrix lässt Skalarprodukt und Norm unverändert; die zu $T$ gehörende Abbildung ist also orthogonal.

**Satz 7.9.21** *Ist* $T \in \mathbb{R}^{(n,n)}$ *orthogonal, so ist die Abbildung*

$$T : \mathbb{R}^n \to \mathbb{R}^n, \; x \mapsto Tx,$$

*orthogonal; für* $x, y \in \mathbb{R}^n$ *gilt also*

$$< Tx, Ty > \; = \; < x, y >, \qquad \|Tx\| = \|x\|;$$

*außerdem ist*

$$\det T = \pm 1.$$

**Beweis.** Es ist $< Tx, Ty > = (Tx)^t(Ty) = x^t T^t Ty = x^t y = < x, y >$. Mit $x = y$ ergibt sich die zweite Aussage. Aus $T^t T = E$ folgt $(\det T)^2 = \det E = 1$.   $\square$

Man rechnet leicht nach, dass die Menge der orthogonalen Matrizen $T \in \mathbb{R}^{(n,n)}$ eine Untergruppe der $GL(n, \mathbb{R})$ ist.

**Definition 7.9.22**

$$O(n) := \{T \in GL(n, \mathbb{R})| \ T^{-1} = T^t\} \qquad \textit{heißt die orthogonale Gruppe,}$$

$$SO(n) := \{T \in O(n)| \ \det T = 1\} \qquad \textit{heißt die spezielle orthogonale Gruppe.}$$

**Zerlegungssatz und Projektionssatz**

Nun behandeln wir folgendes Problem:

Im euklidischen Vektorraum $V$ sei ein Untervektorraum $U$ und ein Element $v \in V$ gegeben; gesucht ist das Element $v_0 \in U$, das kleinsten Abstand zu $v$ hat, also

$$\|v - v_0\| < \|v - u\| \quad \text{für alle} \quad u \in U, u \neq v_0.$$

Es ist leicht zu sehen, dass es höchstens ein derartiges $v_0$ gibt. Man kann Beispiele angeben, bei denen kein $v_0$ mit minimalem Abstand existiert; bei diesen Beispielen ist $U$ (und natürlich auch $V$) unendlich-dimensional. Es müssen also zusätzliche Voraussetzungen gemacht werden; naheliegend ist, dim $V < \infty$ vorauszusetzen. Andererseits hat man bei interessanten Anwendungen Vektorräume von Funktionen, die unendlichdimensional sind; daher ist es wichtig, auch diesen Fall zu untersuchen. Wir werden hier den Fall behandeln, dass dim $U < \infty$ ist; dim $V$ darf auch $\infty$ sein. In 10.4.4 werden wir auch dim $U = \infty$ zulassen; wir setzen dort voraus, dass $U$ ein abgeschlossener Untervektorraum in einem Hilbertraum $\mathcal{H}$ ist.

Bei den Vorbereitungen benötigen wir keine Dimensionsvoraussetzung. Wir zeigen zuerst: Wenn es ein solches $v_0$ gibt, dann ist es charakterisiert durch die Bedingung:

$$v - v_0 \text{ steht senkrecht auf } U.$$

Wir definieren:

**Definition 7.9.23** *Ist $U$ ein Untervektorraum von $V$, so setzt man*

$$U^\perp := \{v \in V| \ v \perp u \ \textit{für alle } u \in U\}.$$

$U^\perp$ ist wieder ein Untervektorraum von $V$; es ist $U \cap U^\perp = \{0\}$, denn für jedes $v \in U \cap U^\perp$ gilt $< v, v > = 0$ und daher $v = 0$.

**Satz 7.9.24** *Es sei $U$ ein Untervektorraum von $V$ und $v \in V$, $v_0 \in U$. Wenn*

$$\boxed{v - v_0 \in U^\perp}$$

*ist, dann gilt*

$$\boxed{\|v - v_0\| < \|v - u\| \quad \textit{für alle} \quad u \in U, u \neq v_0}$$

**Beweis.** Sei $v - v_0 \in U^\perp$. Dann ist für jedes $u \in U$ auch $v_0 - u \in U$ und daher $(v_0 - u) \perp (v - v_0)$. Aus dem Satz von Pythagoras folgt für $u \neq v_0$ :

$$\|v - u\|^2 = \|(v - v_0) + (v_0 - u)\|^2 = \|v - v_0\|^2 + \|v_0 - u\|^2 > \|v - v_0\|^2.$$

$\square$

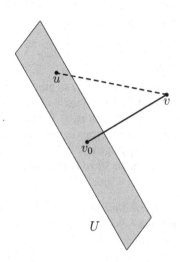

Für die umgekehrte Richtung zeigen wir:

**Satz 7.9.25** *Es sei U ein Untervektorraum von V und $v \in V$, $v_0 \in U$. Wenn gilt*

$$\boxed{\|v - v_0\| \leq \|v - u\| \quad \text{für alle} \quad u \in U,}$$

*dann ist*

$$\boxed{v - v_0 \in U^\perp}$$

**Beweis.** Es sei $v - v_0 \notin U^\perp$ ; wir zeigen, dass dann $v_0$ nicht minimalen Abstand hat. Aus $v - v_0 \notin U^\perp$ folgt: es gibt ein $u \in U$ mit $< v - v_0, u > \neq 0$; wir wählen $u$ so, dass $\|u\| = 1$ ist. Nun setzen wir

$$\lambda := < v - v_0, u >$$

und zeigen $\|v - (v_0 + \lambda u)\| < \|v - v_0\|$. Dies folgt aus

$$
\begin{aligned}
\|v - (v_0 + \lambda u)\|^2 &= < (v - v_0) - \lambda u \, , \, (v - v_0) - \lambda u > = \\
&= \|v - v_0\|^2 - 2\lambda < v - v_0, u > + \lambda^2 \|u\|^2 = \\
&= \|v - v_0\|^2 - 2\lambda^2 + \lambda^2 = \|v - v_0\|^2 - \lambda^2 < \|v - v_0\|^2.
\end{aligned}
$$

$\square$

Damit können wir zeigen:

**Satz 7.9.26** *Ist $U$ ein Untervektorraum im euklidischen Vektorraum $V$, so sind folgende Aussagen äquivalent:*
*(1)*

$$\boxed{V = U \oplus U^\perp}$$

*(2)    Zu jedem $v \in V$ existiert ein $v_0 \in U$ mit*

$$\boxed{\|v - v_0\| \leq \|v - u\| \quad \text{für alle} \quad u \in U}$$

**Beweis.** a) Aus (1) folgt (2): Ist $V = U \oplus U^\perp$, so gibt es zu $v \in V$ Elemente $v_0 \in U$ und $v_1 \in U^\perp$ mit $v = v_0 + v_1$. Dann ist $v - v_0 = v_1 \in U^\perp$ und aus 7.9.24 folgt (2).
b) Aus (2) folgt (1): Zu $v \in V$ wählt man $v_0 \in U$ wie in (2); nach 7.9.25 ist dann $v_1 := v - v_0 \in U^\perp$; somit ist $v = v_0 + v_1$ mit $v_0 \in U$, $v_1 \in U^\perp$. Daher ist $V = U + U^\perp$; aus $U \cap U^\perp = \{0\}$ folgt $V = U \oplus U^\perp$.    □
Um die Beweisidee für die folgenden Sätze klarzumachen, behandeln wir zunächst den einfachen Fall, nämlich $\dim V < \infty$.

**Satz 7.9.27** *Es sei $V$ ein endlich-dimensionaler euklidischer Vektorraum und $U$ ein Untervektorraum. Wählt man eine Orthonormalbasis $(b_1, \ldots, b_d)$ von $U$ und ergänzt sie zu einer Orthonormalbasis $(b_1, \ldots, b_d, b_{d+1}, \ldots, b_n)$ von $V$, so gilt: Ist $v = x_1 b_1 + \ldots + x_d b_d + x_{d+1} b_{d+1} + \ldots + x_n b_n$, so ist*

$$\boxed{v_0 = x_1 b_1 + \ldots + x_d b_d = <v, b_1> b_1 + \ldots + <v, b_d> b_d}$$

*das Element aus $U$ mit minimalem Abstand zu $v$.*

**Beweis.** Es ist $v - v_0 = x_{d+1} b_{d+1} + \ldots + x_n b_n \in U^\perp$ und aus 7.9.24 folgt die Behauptung.    □
Dies liefert die Beweisidee für den Fall $\dim U < \infty$, dabei darf $\dim V = \infty$ sein. Dann hat man zwar keine (endliche) Basis in $V$, aber man kann eine Orthonormalbasis in $U$ wählen und $v_0$ wie oben definieren. Es ergibt sich:

**Satz 7.9.28 (Zerlegungssatz)** *Ist $U$ ein endlich-dimensionaler Untervektorraum des euklidischen Vektorraums $V$, so gilt:*
*(1)*

$$\boxed{V = U \oplus U^\perp}$$

*(2) Zu jedem $v \in V$ existiert genau ein $v_0 \in U$ mit $\|v - v_0\| < \|v - u\|$ für alle $u \in U$, $u \neq v_0$.*
*Ist $(b_1, \ldots, b_d)$ eine Orthonormalbasis von $U$, so ist*

$$\boxed{v_0 = \sum_{i=1}^{d} <v, b_i> b_i.}$$

**Beweis.** Man wählt eine Orthonormalbasis $(b_1, ..., b_d)$ in $U$ und setzt

$$v_0 := \sum_{i=1}^{d} x_i b_i \quad \text{mit } x_i := <v, b_i>.$$

Für $k = 1, ..., d$ gilt $<v_0, b_k> = \sum_i x_i <b_i, b_k> = x_k = <v, b_k>$, daraus

folgt $<v - v_0, b_k> = 0$. Somit ist $v - v_0 \in U^\perp$ und mit 7.9.24 folgt die zweite Behauptung und aus 7.9.26 die erste.     □

Wir führen nun den Begriff der Projektion ein:

**Definition 7.9.29** *Ist $V$ ein Vektorraum und $P : V \to V$ eine lineare Abbildung, so heißt $P$* **Projektion**, *wenn gilt:*

$$P \circ P = P,$$

*also $P(P(v)) = P(v)$ für $v \in V$.*

Wir schreiben oft $Pv$ an Stelle von $P(v)$. Es gilt:

**Satz 7.9.30** *Ist $V$ ein Vektorraum und $P : V \to V$ eine Projektion, so ist*

$$V = (KerP) \oplus (BildP).$$

**Beweis.** Sei $v \in V$ und $v_1 := P(v)$; dann ist $P(v - v_1) = P(v) - P(P(v)) = 0$, also $v_0 := v - v_1 \in KerP$, somit $V = (KerP) + (BildP)$.
Ist $v \in (KerP) \cap (BildP)$, so existiert ein $w \in V$ mit $v = P(w)$ und es folgt $v = P(w) = P(P(w)) = P(v) = 0$; somit $(KerP) \cap (BildP) = \{0\}$.     □

Bei euklidischen Vektorräumen hat man den Begriff der selbstadjungierten Abbildung, diese werden wir ausführlich in 7.10 behandeln; $P : V \to V$ heißt selbstadjungiert, wenn für $v, w \in V$ gilt: $<Pv, w> = <v, Pw>$.

**Satz 7.9.31** *Eine Projektion $P : V \to V$ in einem euklidischen Vektorraum $V$ ist genau dann selbstadjungiert, wenn gilt:*

$$(KerP) \perp (BildP).$$

**Beweis.** a) Sei $P$ selbstadjungiert und $u \in KerP$, $v = Pw \in BildP$; dann ist

$$<u, v> = <u, Pw> = <Pu, w> = 0.$$

b) Nun sei $BildP \perp KerP$; und $v, w \in V$;
für $v = v_0 + v_1$ und $w = w_0 + w_1$ mit $v_0, w_0 \in KerP$, $v_1, w_1 \in BildP$ ist
$<Pv, w> = <v_0, w_0 + w_1> = <v_0, w_0> = <v_0 + v_1, w_0> = <v, Pw>$.     □

**Definition 7.9.32** *Ist $V = U \oplus U^\perp$ und stellt man $v \in V$ dar als $v = v_0 + v_1$ mit $v_0 \in U, v_1 \in U^\perp$, so heißt*

$$\mathcal{P}_U : V \to V, v \mapsto v_0,$$

*die* **Projektion auf U.**

Für $v_0 \in U$ ist $\mathcal{P}_U v_0 = v_0$, also $\mathcal{P}_U \circ \mathcal{P}_U = \mathcal{P}_U$; somit ist $\mathcal{P}_U$ eine Projektion gemäß 7.9.29 und $\mathcal{P}_U v$ ist das Element aus $U$, das minimalen Abstand zu $v$ hat. Der Zerlegungssatz liefert nun folgenden Projektionssatz:

**Satz 7.9.33 (Projektionssatz)** *Ist $U$ ein endlich-dimensionaler Untervektorraum des euklidischen Vektorraumes $V$, so ist $V = U \oplus U^\perp$ und $\mathcal{P}_U$ ist eine Projektion, deren Bild $U$ und deren Kern $U^\perp$ ist. Die Projektion $\mathcal{P}_U$ ist selbstadjungiert.*

Die Selbstadjungiertheit folgt aus $Ker\mathcal{P}_U = U^\perp$ und $Bild\mathcal{P}_U = U$.

**Fourierpolynome**

Wir bringen noch ein Beispiel, das zeigen soll, wie man mit diesen Begriffen der Linearen Algebra zu Funktionen kommt, die in der Analysis wichtig sind, nämlich zu den Fourierpolynomen.
Wir gehen aus von folgender Problemstellung: Es sei

$$f : [-\pi, \pi] \to \mathbb{R}$$

eine stetige Funktion und $m \in \mathbb{N}$. Wie muss man die Koeffizienten $a_0, ..., b_m$ wählen, damit das trigonometrische Polynom

$$s_m(x) := \frac{a_0}{2} + \sum_{n=1}^{m} (a_n \cos nx + b_n \sin nx)$$

die Funktion $f$ am besten approximiert? Dabei bedeutet beste Approximation: Man soll die Koeffizienten $a_0, \ldots, b_m$ so wählen, dass das Integral

$$\int_{-\pi}^{\pi} \left( f(x) - (\frac{a_0}{2} + \sum_{n=1}^{m} (a_n \cos nx + b_n \sin nx)) \right)^2 \mathrm{d}x$$

minimal wird.
Mit den soeben bewiesenen Aussagen löst man das Problem. Es sei $V$ der Vektorraum aller stetigen Funktionen $f : [-\pi, \pi] \to \mathbb{R}$, versehen mit dem Skalarprodukt

$$< f, g >:= \int_{-\pi}^{\pi} f(x)g(x)\mathrm{d}x.$$

Man definiert einen endlich-dimensionalen Untervektorraum $U_m$ durch

$$U_m := \mathrm{span}(1, \cos x, \sin x, \cos 2x, \sin 2x, ..., \cos mx, \sin mx).$$

Wir wollen nun den Zerlegungssatz 7.9.28 anwenden; dazu benötigen wir in $U_m$ eine Orthonormalbasis. Zur Vorbereitung zeigen wir:

**Satz 7.9.34** *Für* $n, k \in \mathbb{N}$ *gilt:*

$$\int\limits_{-\pi}^{\pi} \cos nx \cdot \sin kx \, dx = 0,$$

$$\int\limits_{-\pi}^{\pi} \cos nx \cdot \cos kx \, dx = \int\limits_{-\pi}^{\pi} \sin nx \cdot \sin kx \, dx = \begin{cases} 0 & \text{\textit{falls}} \quad n \neq k \\ \pi & \text{\textit{falls}} \quad n = k \end{cases}.$$

**Beweis.**1) Die Funktion $\cos nx \sin kx$ ist ungerade, daher $\int\limits_{-\pi}^{\pi} \cos nx \sin kx \, dx = 0$.

2) Für $k \neq m$ ist

$$\frac{d}{dx}\left[\frac{1}{2}\left(\frac{1}{k+m}\sin(k+m)x + \frac{1}{k-m}\sin(k-m)x\right)\right] =$$
$$= \frac{1}{2}\left(\cos(k+m)x + \cos(k-m)x\right) = \cos kx \cdot \cos mx \, ;$$

daraus folgt

$$\int\limits_{-\pi}^{\pi} \cos nx \cdot \cos kx \, dx = 0.$$

3) Aus $\cos^2 x = \frac{1}{2}\cos 2x + \frac{1}{2}$ folgt: $\int\limits_{-\pi}^{\pi} \cos^2 nx \, dx = \left(\frac{1}{4n}\sin 2nx + \frac{x}{2}\right)\big|_{-\pi}^{\pi} = \pi$.

Analog beweist man die übrigen Aussagen.    □

Daraus folgt:

**Satz 7.9.35** *Die Funktionen* $u_n : [-\pi, \pi] \to \mathbb{R}$ *seien definiert durch*

$$u_0(x) := \frac{1}{\sqrt{2\pi}}, \quad u_{2n-1}(x) := \frac{1}{\sqrt{\pi}}\cos nx, \quad u_{2n}(x) := \frac{1}{\sqrt{\pi}}\sin nx, \quad (n \in \mathbb{N});$$

*dann ist* $(u_0, u_1, \ldots, u_{2m})$ *eine Orthonormalbasis in* $U_m$.

Aus 7.9.28 ergibt sich: das Polynom

$$s_m := \sum_{n=0}^{2m} <f, u_n> u_n$$

hat minimalen Abstand zu $f$. Wir wählen als Koeffizienten nun $\frac{1}{\sqrt{\pi}} <f, u_n>$ und erhalten die Fourier-Koeffizienten:

**Definition 7.9.36** *Die Koeffizienten*

$$a_n := \frac{1}{\pi} \int\limits_{-\pi}^{\pi} f(x) \cos nx \, \mathrm{d}x \quad (n \in \mathbb{N}_0) \qquad b_n := \frac{1}{\pi} \int\limits_{-\pi}^{\pi} f(x) \sin nx \, \mathrm{d}x \quad (n \in \mathbb{N})$$

*heißen die* **Fourier-Koeffizienten** *von f. Das Polynom*

$$s_m(x) := \frac{a_0}{2} + \sum_{n=1}^{m} (a_n \cos nx + b_n \sin nx)$$

*heißt das* **m-te Fourierpolynom** *von f:*

Aus 7.9.28 folgt:

**Satz 7.9.37** *Das Fourier-Polynom $s_m$ ist das trigonometrische Polynom, das f „im quadratischen Mittel" am besten approximiert;*

$$\int\limits_{-\pi}^{\pi} (f(x) - s_m(x))^2 \mathrm{d}x$$

*ist minimal.*

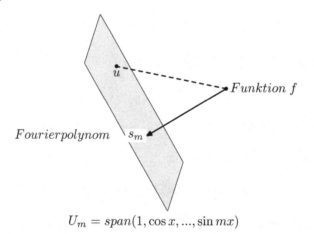

$$U_m = span(1, \cos x, ..., \sin mx)$$

In der Theorie der Fourierreihen behandelt man die Frage, wann die *Reihe*

$$\frac{a_0}{2} + \sum_{n=1}^{\infty} (a_n \cos nx + b_n \sin nx)$$

gleich f ist; man vergleiche dazu 10.4.18.

**Das Vektorprodukt**

Zum Abschluss behandeln wir noch das **Vektorprodukt** oder **Kreuzprodukt** $v \times w$, das in dem hier behandelten Kontext nur im $\mathbb{R}^3$ definiert ist.

**Definition 7.9.38** *Für $v, w \in \mathbb{R}^3$ setzt man*

$$v \times w := (v_2 w_3 - v_3 w_2, v_3 w_1 - v_1 w_3, v_1 w_2 - v_2 w_1) = \left( \begin{vmatrix} v_2 & w_2 \\ v_3 & w_3 \end{vmatrix}, \begin{vmatrix} v_3 & w_3 \\ v_1 & w_1 \end{vmatrix}, \begin{vmatrix} v_1 & w_1 \\ v_2 & w_2 \end{vmatrix} \right).$$

Zuerst zeigen wir:

**Satz 7.9.39** *Für $u, v, w \in \mathbb{R}^3$ ist*

$$\boxed{\det(u, v, w) = <u, v \times w>}$$

Dabei versieht man $\mathbb{R}^3$ mit dem kanonischen Skalarprodukt.
**Beweis.** Nach Beispiel 7.7.15 ist

$$\begin{vmatrix} u_1 & v_1 & w_1 \\ u_2 & v_2 & w_2 \\ u_3 & v_3 & w_3 \end{vmatrix} = u_1 \begin{vmatrix} v_2 & w_2 \\ v_3 & w_3 \end{vmatrix} + u_2 \begin{vmatrix} v_3 & w_3 \\ v_1 & w_1 \end{vmatrix} + u_3 \begin{vmatrix} v_1 & w_1 \\ v_2 & w_2 \end{vmatrix} = <u, v \times w>.$$

$\square$

Setzt man in $\det(u, v, w)$ speziell $u = v$ oder $u = w$ ein, so verschwindet diese Determinante und man erhält:

**Satz 7.9.40** *Der Vektor $v \times w$ ist orthogonal zu $v$ und zu $w$.*

Durch Nachrechnen ergibt sich ein Satz von Lagrange (JOSEPH LOUIS LAGRANGE (1736-1813)):

**Satz 7.9.41 (Lagrange)** *Für alle $v, w \in \mathbb{R}^3$ gilt:*

$$\boxed{\|v \times w\|^2 + (<v, w>)^2 = \|v\|^2 \|w\|^2.}$$

Damit kann man das Vektorprodukt geometrisch interpretieren: Es sei $\varphi$ der Winkel zwischen $v$ und $w$; dieser Winkel ist definiert durch $<v, w> = \|v\| \cdot \|w\| \cos \varphi$; dann folgt $\|v \times w\|^2 = \|v\|^2 \|w\|^2 (1 - \cos^2 \varphi)$, also

$$\|v \times w\| = \pm \|v\| \cdot \|w\| \cdot \sin \varphi.$$

Somit ist $\|v \times w\|$ der Flächeninhalt des von $v$ und $w$ aufgespannten Parallelogramms und $<u, v \times w> = \det(u, v, w)$ ist das Volumen des von $u, v, w$ aufgespannten Parallelotops oder Spats.
Wir erhalten noch:

**Satz 7.9.42** *Vektoren $v, w \in \mathbb{R}^3$ sind genau dann linear abhängig, wenn $v \times w = 0$ ist.*

**Beweis.** Nach der Cauchy-Schwarzschen Ungleichung sind $v, w$ genau dann linear abhängig, wenn $(< v, w >)^2 = \|v\|^2 \|w\|^2$ ist und dies ist nach dem Satz von Lagrange äquivalent zu $\|v \times w\|^2 = 0$ oder $v \times w = 0$.                    □

Nun führen wir den Begriff der positiv orientierten Basis ein, den wir in 13.5 benötigen:

**Definition 7.9.43** *Eine Basis* $(b_1, \ldots, b_n)$ *des* $\mathbb{R}^n$ *heißt* **positiv orientiert**, *wenn gilt:*

$$\det(b_1, \ldots, b_n) > 0.$$

Es gilt:

**Satz 7.9.44** *Wenn* $v, w \in \mathbb{R}^3$ *linear unabhängig sind, dann ist* $(v, w, v \times w)$ *eine positiv orientierte Basis des* $\mathbb{R}^3$.

**Beweis.** Nach 7.9.39 ist

$$\det(v, w, v \times w) = \|v \times w\|^2 > 0.$$

□

Damit kann man sich $v \times w$ so veranschaulichen: Durch $v \times w \perp v$ und $v \times w \perp w$ ist die Richtung von $v \times w$ bis auf das Vorzeichen festgelegt; die Länge dieses Vektors ist der Flächeninhalt des Parallelogramms. Durch die Eigenschaft, dass $(v, w, v \times w)$ positiv orientiert ist, wird $v \times w$ eindeutig festgelegt; dies entspricht der bekannten „Dreifinger-Regel".

## 7.10 Eigenwerte selbstadjungierter Abbildungen

Wir zeigen zuerst, dass eine lineare Abbildung genau dann selbstadjungiert ist, wenn die zugehörige Matrix symmetrisch ist. Hauptergebnis ist die Aussage, dass bei einer selbstadjungierten Abbildung immer eine Orthonormalbasis existiert, die aus Eigenvektoren besteht. Daraus folgt dann, dass jede reelle symmetrische Matrix diagonalisierbar ist.

In diesem Abschnitt sei $V$ immer ein euklidischer Vektorraum; $\mathbb{R}^n$ sei immer mit dem Skalarprodukt $< x, y >= x_1 y_1 + \ldots + x_n y_n = x^t y$ versehen.

**Definition 7.10.1** *Eine lineare Abbildung* $f : V \to V$ *heißt* **selbstadjungiert**, *wenn für alle* $v, w \in V$ *gilt:*

$$< f(v), w >=< v, f(w) > .$$

*Eine Matrix* $A = (a_{ij}) \in K^{(n,n)}$ *ist* **symmetrisch**, *wenn* $A^t = A$, *also* $a_{ij} = a_{ji}$ *gilt.*

Wir werden in 7.12.10 den Begriff der adjungierten Abbildung $f^*$ definieren durch die Eigenschaft $< f^*(w), v >=< w, f(v) >$ ; $f$ ist also genau dann selbstadjungiert, wenn $f = f^*$ gilt.

**Beispiel 7.10.2** Ist $A \in \mathbb{R}^{(n,n)}$, so ist die Abbildung $A : \mathbb{R}^n \to \mathbb{R}^n$, $x \mapsto Ax$, genau dann selbstadjungiert, wenn $A$ symmetrisch ist.

Es ist nämlich $\langle Ax, y \rangle = (Ax)^t y = x^t A^t y$ und $\langle x, Ay \rangle = x^t Ay$. Somit folgt aus $A^t = A$, dass die Abbildung $A$ selbstadjungiert ist. Wenn umgekehrt $A$ selbstadjungiert ist, so folgt: $a_{lk} = \langle Ae_k, e_l \rangle = \langle e_k, Ae_l \rangle = a_{kl}$.

■

**Satz 7.10.3** *Sei $(b_1, ..., b_n)$ eine Orthonormalbasis in $V$ und $f : V \to V$ eine lineare Abbildung; dann gilt: $f$ ist genau dann selbstadjungiert, wenn die zu $f$ gehörende Matrix $A = M(f; (b_j))$ symmetrisch ist.*

**Beweis.** Es seien $v, w \in V$ Vektoren mit den Koordinatenvektoren $x, y \in \mathbb{R}^n$; dann sind nach Satz 7.5.10 $Ax$, $Ay$ die Koordinatenvektoren von $f(v)$, $f(w)$. Wegen 7.9.15 ist $< v, w > = < x, y >$ und daher ist $< f(v), w > = < Ax, y >$ und auch $< v, f(w) > = < x, Ay >$; daraus ergibt sich die Behauptung.    □

Nun zeigen wir, dass eine symmetrische Matrix immer einen reellen Eigenwert besitzt:

**Hilfssatz 7.10.4** *Ist $A \in \mathbb{R}^{(n,n)}$ symmetrisch, $\lambda \in \mathbb{C}$ und $\chi_A(\lambda) = 0$, so folgt $\lambda \in \mathbb{R}$. Jede symmetrische Matrix besitzt daher mindestens einen reellen Eigenwert.*

**Beweis.** Ist $\lambda \in \mathbb{C}$ und $\chi_A(\lambda) = 0$, so existiert ein $z \in \mathbb{C}^n$ mit $z \neq 0$ und $Az = \lambda z$, also $\sum_j a_{ij} z_j = \lambda z_i$, $i = 1, ..., n$. Übergang zum Konjugiert-Komplexen liefert $\sum_j a_{ij} \bar{z}_j = \bar{\lambda} \bar{z}_i$. Daraus folgt $\lambda \cdot (\sum_i z_i \bar{z}_i) = \sum_{i,j} a_{ij} z_j \bar{z}_i$ und

$$\bar{\lambda}(\sum_i \bar{z}_i z_i) = \sum_{i,j} a_{ij} \bar{z}_j z_i = \sum_{i,j} a_{ji} z_j \bar{z}_i.$$

Wegen $a_{ij} = a_{ji}$ erhält man $\lambda(\sum_i z_i \bar{z}_i) = \bar{\lambda}(\sum_i z_i \bar{z}_i)$, also $\lambda = \bar{\lambda}$ und daher ist $\lambda$ reell. Aus dem Fundamentalsatz der Algebra folgt, dass $\chi_A$ eine Nullstelle $\lambda \in \mathbb{C}$ besitzt und diese liegt in $\mathbb{R}$.    □

In 7.8.11 haben wir gezeigt, dass Eigenvektoren, die zu verschiedenen Eigenwerten gehören, linear unabhängig sind; bei selbstadjungierten Abbildungen gilt eine schärfere Aussage: sie stehen aufeinander senkrecht; Eigenräume $E_\lambda$, die zu verschiedenen Eigenwerten gehören, sind zueinander orthogonal.

**Satz 7.10.5** *Ist $f : V \to V$ selbstadjungiert, so sind Eigenvektoren, die zu verschiedenen Eigenwerten von $f$ gehören, zueinander orthogonal:*

$$\boxed{E_\lambda \perp E_\mu \quad \text{für} \quad \lambda \neq \mu}$$

**Beweis.** Sei $\lambda \neq \mu$, $f(v) = \lambda v$, $f(w) = \mu w$. Dann ist
$\lambda < v, w > = < \lambda v, w > = < f(v), w > = < v, f(w) > = < v, \mu w > = \mu < v, w >$,
also $(\lambda - \mu) < v, w > = 0$ und daher $< v, w > = 0$.    □

**Satz 7.10.6** *Ist $f : V \to V$ selbstadjungiert und ist $U \subset V$ ein Untervektorraum mit $f(U) \subset U$, so gilt: $f(U^\perp) \subset U^\perp$.*

**Beweis.** Sei $v \in U^\perp$ und $u \in U$; wegen $f(u) \in U$ ist $< v, f(u) >= 0$, also $< f(v), u >=< v, f(u) >= 0$; daraus folgt $f(v) \in U^\perp$.                    $\square$

Nun können wir das Hauptresultat über selbstadjungierte Abbildungen herleiten.

**Satz 7.10.7** *Ist $V$ ein $n$-dimensionaler euklidischer Vektorraum und $f : V \to V$ selbstadjungiert, so existiert eine Orthonormalbasis $(b_1, ..., b_n)$ von $V$, die aus Eigenvektoren von $f$ besteht.*

**Beweis** durch Induktion nach $n$. Aus 7.10.4 folgt, dass $f$ mindestens einen Eigenwert $\lambda_1 \in \mathbb{R}$ besitzt. Es existiert also ein $b_1 \in V$ mit $\|b_1\| = 1$ und $f(b_1) = \lambda_1 b_1$. Damit ist die Aussage für $n = 1$ bewiesen. Nun sei $n > 1$ und wir nehmen an, dass die Aussage für $(n - 1)$-dimensionale Vektorräume richtig ist. Nun wählen wir ein $b_1$ wie oben und setzen $U := \mathrm{span}\{b_1\}$. Dann ist $f(U) \subset U$ und nach 7.10.6 ist auch $f(U^\perp) \subset U^\perp$. Daher ist die Einschränkung $f|U^\perp \to U^\perp$ wohldefiniert und wieder selbstadjungiert; $\dim U^\perp = n - 1$. Nach Induktionsannahme existiert eine Orthonormalbasis $(b_2, ..., b_n)$ von $U^\perp$ aus Eigenvektoren. Dann ist $(b_1, b_2, ..., b_n)$ eine Orthonormalbasis von $V$, die aus Eigenvektoren von $f$ besteht.             $\square$

Nun erhalten wir die analoge Aussage für symmetrische Matrizen; insbesondere ergibt sich, dass man jede symmetrische Matrix mit Hilfe einer orthogonalen Koordinatentransformation auf Diagonalgestalt transformieren kann; man bezeichnet dies auch als Hauptachsentransformation:

**Satz 7.10.8 (Hauptachsentransformation)**
*Für jede symmetrische Matrix $A \in \mathbb{R}^{(n,n)}$ gilt:*

*(1) Es gibt $\lambda_1, ..., \lambda_n \in \mathbb{R}$ mit $\chi_A(t) = (t - \lambda_1) \cdot ... \cdot (t - \lambda_n)$.*
*(2) Es existiert eine orthogonale Matrix $T \in \mathbb{R}^{(n,n)}$ mit*

$$T^{-1}AT = T^t AT = \begin{pmatrix} \lambda_1 & & 0 \\ & \ddots & \\ 0 & & \lambda_n \end{pmatrix}$$

*(3) Die Spalten $t_1, ..., t_n$ von $T$ sind Eigenvektoren von $A$ zu $\lambda_1, ..., \lambda_n$.*

**Beweis.** Die Abbildung $A : \mathbb{R}^n \to \mathbb{R}^n$, $x \mapsto Ax$, ist selbstadjungiert; daher gibt es eine Orthonormalbasis $(t_1, ..., t_n)$ des $\mathbb{R}^n$, die aus Eigenvektoren von $A$ besteht; die Matrix $T$ mit den Spalten $t_1, ..., t_n$ ist orthogonal. Seien $\lambda_1, ..., \lambda_n$ die zugehörigen Eigenwerte, also $At_j = \lambda_j t_j$. Es ist $t_j = Te_j$, also gilt $ATe_j = T(\lambda_j e_j)$ oder $T^{-1}ATe_j = \lambda_j e_j$. Dies bedeutet, dass die $j$-te Spalte von $T^{-1}AT$ gleich $\lambda_j e_j$ ist. Daher ist $T^{-1}AT =: D$ eine Diagonalmatrix; in der Diagonale stehen die $\lambda_j$.
Das charakteristische Polynom von $D$ ist $\chi_D(t) = (t - \lambda_1) \cdot ... \cdot (t - \lambda_n)$ und es gilt $\chi_A = \chi_D$.             $\square$

Kurz zusammengefasst besagt der soeben bewiesene Satz, dass es zu jeder symmetrischen Matrix $A$ eine orthogonale Matrix $T$ gibt, so dass $T^{-1}AT = T^t AT$ eine Diagonalmatrix ist; in der Diagonale stehen die Eigenwerte von $A$ und die Spalten von $T$ sind Eigenvektoren von $A$.

Wir zeigen die Bedeutung dieses Satzes an zwei Fragestellungen:

- Wie sieht der Kegelschnitt $5x_1^2 - 4x_1x_2 + 2x_2^2 = 1$ aus?
- Wie löst man ein „gekoppeltes" Differentialgleichungssystem

$$\begin{aligned} x_1' &= \phantom{-}5x_1 - 2x_2 \\ x_2' &= -2x_1 + 2x_2. \end{aligned}$$

Die erste Frage behandelt man so (vgl. 7.10.13): Der Kegelschnitt wird durch die Matrix $\begin{pmatrix} 5 & -2 \\ -2 & 2 \end{pmatrix}$ gegeben; durch eine Hauptachsentransformation diagonalisiert man diese Matrix. Man erhält $\begin{pmatrix} 6 & 0 \\ 0 & 1 \end{pmatrix}$; in den neuen Koordinaten ist der Kegelschnitt $6y_1^2 + y_2^2 = 1$, also eine Ellipse.

Beim zweiten Problem erhält man durch Hauptachsentransformation das einfachere „entkoppelte" System

$$\begin{aligned} y_1' &= 6y_1 \\ y_2' &= \phantom{6}y_2 \end{aligned}$$

das leicht zu lösen ist; Rücktransformation liefert die Lösungen des ursprünglichen Systems (vgl. 8.3.15).

Wir zeigen nun, wie man den Satz von der Hauptachsentransformation auf quadratische Formen anwenden kann; dabei beschränken wir uns auf den Fall $n = 2$. Einer symmetrischen Matrix $A \in \mathbb{R}^{(2,2)}$ ordnet man die Funktion

$$q_A : \mathbb{R}^2 \to \mathbb{R}, x \mapsto \, < Ax, x >,$$

zu; man bezeichnet $q_A$ als die zu $A$ gehörende quadratische Form. Es ist

$$q_A(x) = x^t A x = a_{11}x_1^2 + 2a_{12}x_1x_2 + a_{22}x_2^2.$$

Wir untersuchen $q_A$ auf der Kreislinie

$$S_1 := \{x \in \mathbb{R}^2 | x_1^2 + x_2^2 = 1\}.$$

**Satz 7.10.9** *Ist $A \in \mathbb{R}^{(2,2)}$ eine symmetrische Matrix und sind $\lambda_1 \leq \lambda_2$ die Eigenwerte von A, so gilt:*

$$\lambda_1 \leq x^t A x \leq \lambda_2 \quad \text{für } x \in S_1.$$

*Wenn $\lambda_1 < \lambda_2$ ist, dann gilt:*

$$\lambda_1 = \min \, q_A|S_1, \qquad \lambda_2 = \max \, q_A|S_1;$$

*ist $t_1 \in S_1$ ein Eigenvektor von A zu $\lambda_1$ und $t_2 \in S_1$ einer zu $\lambda_2$, so wird das Minimum von $q_A$ genau an den Stellen $\pm t_1$ und das Maximum genau an $\pm t_2 \in S_1$ angenommen.*

**Beweis.** Es gibt eine orthogonale Matrix $T$ mit

$$T^t A T = \begin{pmatrix} \lambda_1 & 0 \\ 0 & \lambda_2 \end{pmatrix}.$$

Für $x \in S_1$ ist auch $y := T^t x \in S_1$ und es gilt:

$$q_A(x) = x^t A x = y^t T^t A T y = y^t \begin{pmatrix} \lambda_1 & 0 \\ 0 & \lambda_2 \end{pmatrix} y = \lambda_1 y_1^2 + \lambda_2 y_2^2.$$

Wegen $y_1^2 + y_2^2 = 1$ ist $q_A(x) = (\lambda_2 - \lambda_1)y_2^2 + \lambda_1$.
Für $\lambda_1 = \lambda_2$ folgt dann: $q_A(x) = \lambda_1$ .
Nun sei $\lambda_1 < \lambda_2$. Dann wird $q_A$ minimal genau für $y_2 = 0$, also an der Stelle $y = \pm e_1$ oder $x = \pm T e_1 = \pm t_1$ und der minimale Wert ist $\lambda_1$.
Das Maximum $\lambda_2$ wird an den Stellen $\pm t_2$ angenommen.                □
Damit erhält man folgende Charakterisierung der Eigenwerte einer symmetrischen Matrix $A \in \mathbb{R}^{(2,2)}$: Die Eigenwerte sind die Extremalwerte von $q_A$ auf $S_1$ und die Eigenvektoren der Länge 1 sind die Extremalstellen. Wir werden diese Aussagen in 9.4.9 mit Hilfe der Differentialrechnung nochmals herleiten.
Nun kann man $q_A$ auf dem ganzen $\mathbb{R}^2$ untersuchen. Für das homogene Polynom $q_A$ gilt

$$q_A(cx) = c^2 q_A(x) \quad \text{für } c \in \mathbb{R}.$$

Ist $x \in \mathbb{R}^2, x \neq 0$, so gilt $q_A(x) = \|x\|^2 q_A(\frac{x}{\|x\|})$. Wegen $\frac{x}{\|x\|} \in S_1$ ergibt sich:

**Satz 7.10.10** *Ist $A \in \mathbb{R}^{(2,2)}$ eine symmetrische Matrix mit den Eigenwerten $\lambda_1 \leq \lambda_2$, so gilt für alle $x \in \mathbb{R}^2$:*

$$\boxed{\lambda_1 \|x\|^2 \leq x^t A x \leq \lambda_2 \|x\|^2}$$

Man definiert nun

**Definition 7.10.11** *Eine symmetrische Matrix $A \in \mathbb{R}^{(2,2)}$ heißt* **positiv definit,** *wenn für alle $x \in \mathbb{R}^2, x \neq 0$, gilt: $x^t A x > 0$, also $a_{11}x_1^2 + 2a_{12}x_1 x_2 + a_{22}x_2^2 > 0$.*

Aus 7.10.10 erhält man:

**Satz 7.10.12** *Eine symmetrische Matrix ist genau dann positiv definit, wenn beide Eigenwerte positiv sind.*

Analoge Aussagen gelten für $(n \times n)$-Matrizen.
Wir erläutern diese Sätze an einem Beispiel:

**Beispiel 7.10.13** Sei

$$A = \begin{pmatrix} 5 & -2 \\ -2 & 2 \end{pmatrix}.$$

Dann ist $\chi_A(t) = t^2 - 7t + 6 = (t - 6) \cdot (t - 1)$; die Eigenwerte sind also $\lambda_1 = 6$ und $\lambda_2 = 1$ und $A$ ist positiv definit. Eigenvektoren zu $\lambda_1 = 6$ erhält man als nichttriviale Lösungen von $(6E - A)x = 0$, also

$$x_1 + 2x_2 = 0$$
$$2x_1 + 4x_2 = 0$$

Daraus erhält man zum Eigenwert 6 den Eigenvektor $t_1 = \frac{1}{\sqrt{5}}\binom{2}{-1} \in S_1$. Analog berechnet man den Eigenvektor $t_2 = \frac{1}{\sqrt{5}}\binom{1}{2}$ zu $\lambda_2 = 1$. Wie in 7.10.5 gezeigt wurde, ist $t_1 \perp t_2$. Die Matrix

$$T := \frac{1}{\sqrt{5}}\begin{pmatrix} 2 & 1 \\ -1 & 2 \end{pmatrix}$$

ist orthogonal und $T^t \cdot A \cdot T = \begin{pmatrix} 6 & 0 \\ 0 & 1 \end{pmatrix}$. Für $q_A(x) = x^t A x = 5x_1^2 - 4x_1 x_2 + 2x_2^2$ rechnet man nach, dass $q_A(t_1) = 6$ und $q_A(t_2) = 1$ ist.
Wenn man die durch $5x_1^2 - 4x_1 x_2 + 2x_2^2 = 1$ gegebene Niveaumenge von $q_A$ untersuchen will, setzt man $y = Tx$, also $x = T^t y$, ausführlich geschrieben

$$x_1 = \frac{1}{\sqrt{5}}(2y_1 + y_2), \qquad x_2 = \frac{1}{\sqrt{5}}(-y_1 + 2y_2).$$

Setzt man dies ein, so ergibt sich natürlich $5x_1^2 - 4x_1 x_2 + 2x_2^2 = 6y_1^2 + y_2^2$. Die Gleichung $6y_1^2 + y_2^2 = 1$ beschreibt eine Ellipse und somit ist auch die Niveaumenge $\{x \in \mathbb{R}^2 \,|\, x^t A x = 1\}$ eine Ellipse. Wir werden dieses Beispiel in 9.4.9 mit Methoden der Differentialrechnung behandeln.

■

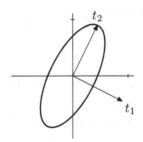

## 7.11 Unitäre Vektorräume

Wir behandeln nun Vektorräume über dem Körper der *komplexen* Zahlen, in denen ein Skalarprodukt erklärt ist.
Im $\mathbb{R}^n$ definiert man das Skalarprodukt durch $< x, y > = x_1 y_1 + \ldots + x_n y_n$.
Bei einer analogen Definition im $\mathbb{C}^n$ würde aus $< x, x > = 0$ nicht immer $x = 0$ folgen, etwa für $x = (1, i) \in \mathbb{C}^2$. Ein sinnvolles Skalarprodukt, das man hier als positiv definite hermitesche Form bezeichnet, erhält man, wenn man für $x, y \in \mathbb{C}^n$ setzt:

$$< x, y > := x_1 \bar{y}_1 + \ldots + x_n \bar{y}_n.$$

Man geht also bei einem (etwa beim zweiten) Faktor zur konjugiert-komplexen Zahl über. Dann ist

$$< x, x > = |x_1|^2 + \ldots + |x_n|^2$$

und aus $< x, x > = 0$ folgt $x = 0$.

Dies führt zu folgenden Definitionen:

**Definition 7.11.1** *Ist $V$ ein Vektorraum über $\mathbb{C}$, so heißt eine Abbildung*

$$V \times V \to \mathbb{C}, (v, w) \mapsto < v, w >$$

*eine* **positiv definite Hermitesche Form**, *wenn für $u, v, w \in V, \lambda, \mu \in \mathbb{C}$ gilt*

$$
\begin{aligned}
(1) \quad & < \lambda u + \mu v, w > = \lambda < u, w > + \mu < v, w > \\
& < u, \lambda v + \mu w > = \overline{\lambda} < u, v > + \overline{\mu} < u, w > \\
(2) \quad & < w, v > = \overline{< v, w >} \\
(3) \quad & \text{für } v \neq 0 \text{ ist} \quad < v, v > > 0.
\end{aligned}
$$

*Eine positiv-definite Hermitesche Form auf einem Vektorraum $V$ über $\mathbb{C}$ bezeichnet man wieder als* **Skalarprodukt**. *Ist $V$ ein Vektorraum über $\mathbb{C}$ und $< , >$ eine positiv-definite Hermitesche Form auf $V$, so heißt $(V, < , >)$ ein* **unitärer Vektorraum** *oder* **unitärer Raum**. *An Stelle von $(V, < , >)$ schreibt man oft $V$.*

Das Skalarprodukt in einem unitären Raum ist also in der ersten Variablen linear, aber in der zweiten Variablen antilinear.

Wie in euklidischen Vektorräumen definiert man die Norm und den Abstand

$$\|v\| := \sqrt{< v, v >}, \qquad d(v, w) := \|v - w\|.$$

Wichtige Beispiele sind nun der $\mathbb{C}^n$ und der Vektorraum der stetigen komplexwertigen Funktionen.

**Beispiel 7.11.2** Im $\mathbb{C}^n$ definiert man das kanonische Skalarprodukt

$$< x, y > := x_1 \bar{y}_1 + \ldots + x_n \bar{y}_n = x^t \cdot \bar{y}.$$

Im Vektorraum der stetigen Funktionen $f : [a, b] \to \mathbb{C}$ definiert man das Riemann-Integral so: man zerlegt $f$ in Real- und Imaginärteil $f = f_1 + \mathrm{i} \cdot f_2$, $f_1, f_2$ reell, und setzt $\int\limits_a^b f \mathrm{d}x := \int\limits_a^b f_1 \mathrm{d}x + \mathrm{i} \cdot \int\limits_a^b f_2 \mathrm{d}x$, das Skalarprodukt definiert man dann durch

$$< f, g > := \int\limits_a^b f(x) \cdot \overline{g(x)} \mathrm{d}x.$$

∎

Auch in unitären Vektorräumen gilt die **Cauchy-Schwarzsche Ungleichung**

$$| < v, w > | \leq \|v\| \cdot \|w\|.$$

Man definiert wieder die Orthogonalität $v \perp w$ durch $< v, w >= 0$ und bezeichnet eine Basis $(b_1, \ldots, b_n)$ als Orthonormalbasis, wenn $< b_i, b_j >= \delta_{ij}$ ist.

Es gilt auch die Aussage des Schmidtschen Orthonormalisierungsverfahrens; daher besitzt jeder endlich-dimensionale unitäre Raum eine Orthonormalbasis.

An die Stelle der orthogonalen Matrix mit $(T^t \cdot T = E)$ tritt nun die unitäre Matrix mit $(\overline{T}^t \cdot T = E)$, dabei ist das Konjugiert-komplexe einer Matrix elementweise zu verstehen:

**Definition 7.11.3** *Eine Matrix* $T \in \mathbb{C}^{(n,n)}$ *heißt* **unitär**, *wenn gilt:*

$$\overline{T}^t \cdot T = E, \qquad \text{also} \quad T^{-1} = \overline{T}^t;$$

$$U(n) := \{T \in Gl(n, \mathbb{C}) | \overline{T}^t = T^{-1}\} \qquad \text{heißt die unitäre Gruppe.}$$

Eine Matrix $T$ ist genau dann unitär, wenn ihre Spalten eine Orthonormalbasis des $\mathbb{C}^n$ bilden. Wie in euklidischen Vektorräumen gilt:

**Satz 7.11.4** *Ist* $T \in \mathbb{C}^{(n,n)}$ *eine unitäre Matrix, so gilt für* $x, y \in \mathbb{C}^n$:

$$< Tx, Ty > = < x, y >, \qquad \|Tx\| = \|x\|.$$

**Beweis.** $< Tx, Ty, >= (Tx)^t \overline{(Ty)} = x^t T^t \overline{T} \bar{y} = x^t \bar{y} =< x, y >$ . $\qquad \square$

Wir behandeln nun selbstadjungierte Abbildungen unitärer Vektorräume:

**Definition 7.11.5** *Eine lineare Abbildung* $f : V \to V$ *heißt* **selbstadjungiert**, *wenn für* $x, y \in V$ *gilt:*

$$< f(v), w >=< v, f(w) > .$$

An die Stelle der symmetrischen Matrix, also $A = A^t$ tritt die hermitesche Matrix:

**Definition 7.11.6** *Eine Matrix* $A \in \mathbb{C}^{(n,n)}$ *heißt* **hermitesch**, *wenn gilt:*

$$A = \overline{A}^t.$$

Analog zu 7.10.3 beweist man:

**Satz 7.11.7** *Ist* $(b_1, \ldots, b_n)$ *eine Orthonormalbasis im unitären Vektorraum* $V$, *so ist eine lineare Abbildung* $f : V \to V$ *genau dann selbstadjungiert, wenn die Matrix* $A := M(f; (b_j))$ *hermitesch ist.*

Wie bei euklidischen Vektorräumen gilt:

**Satz 7.11.8** *Ist* $V$ *ein unitärer Vektorraum und ist* $\lambda \in \mathbb{C}$ *ein Eigenwert der selbstadjungierten Abbildung* $f : V \to V$, *so folgt* $\lambda \in \mathbb{R}$.

**Beweis.** Es existiert ein $v \in V, v \neq 0$ mit $f(v) = \lambda v$; dann ist
$\lambda < v, v >=< f(v), v >=< v, f(v) >= \bar{\lambda} < v, v >$.
Daraus folgt $\lambda = \bar{\lambda}$ also $\lambda \in \mathbb{R}$. $\qquad \square$
Damit ergibt sich der Satz über die Diagonalisierbarkeit:

**Satz 7.11.9** *Ist* $A \in \mathbb{C}^{(n,n)}$ *eine hermitesche Matrix, so existieren* $\lambda_1, \ldots, \lambda_n \in \mathbb{R}$ *und eine unitäre Matrix* $T \in \mathbb{C}^{(n,n)}$ *mit*

$$\chi_A(t) = (t - \lambda_1) \cdot \ldots \cdot (t - \lambda_n)$$

*und*

$$\overline{T}^t A T = \begin{pmatrix} \lambda_1 & \ldots & 0 \\ & \ddots & \\ 0 & \ldots & \lambda_n \end{pmatrix}.$$

Wir behandeln nun unitäre Abbildungen unitärer Vektorräume:

**Definition 7.11.10** *Eine lineare Abbildung* $f : V \to V$ *heißt* **unitär**, *wenn für* $x, y \in V$ *gilt:*

$$< f(v), f(w) >=< v, w > .$$

Analog zu 7.9.18 gilt:

**Satz 7.11.11** *Sei* $f : V \to V$ *linear; wenn für alle* $v \in V$ *gilt:* $\|f(v)\| = \|v\|$, *so ist* $f$ *unitär.*

**Beweis.** Wegen $< v, w >= \overline{< w, v >}$ ist die Rechnung hier etwas anders als bei euklidischen Vektorräumen. Man rechnet nach, dass für $v, w \in V$ gilt:

$$< v, w >= \frac{1}{4} \left( \|v + w\| - \|v - w\| + \mathrm{i}\|v - \mathrm{i}w\| - \|v + \mathrm{i}w\| \right).$$

Man kann also wieder das Skalarprodukt durch Normen ausdrücken. Daraus folgt: wenn $f$ die Norm invariant lässt, dann auch das Skalarprodukt.    □

Wir fassen die entsprechenden Begriffe bei euklidischen und unitären Vektorräumen zusammen:

| euklidischer Vektorraum $V$ über $\mathbb{R}$ | unitärer Vektorraum $V$ über $\mathbb{C}$ |
|---|---|
| Skalarprodukt mit $< v, w >=< w, v >$ | Skalarprodukt mit $< v, w >= \overline{< w, v >}$ |
| orthogonale Abbildung: $< f(v), f(w) >=< v, w >$ | unitäre Abbildung: $< f(v), f(w) >=< v, w >$ |
| orthogonale Matrix: $T^t \cdot T = E$ | unitäre Matrix: $\overline{T}^t \cdot T = E$ |
| selbstadjungierte Abbildung: $< f(v), w >=< v, f(w) >$ | selbstadjungierte Abbildung: $< f(v), w >=< v, f(w) >$ |
| symmetrische Matrix: $A = A^t$ | hermitesche Matrix: $A = \overline{A}^t$ |

# 7.12 Dualität

Wir erläutern, wie man jedem Vektorraum $V$ den dualen Vektorraum $V^*$ und jeder linearen Abbildung $f : V \to W$ die duale Abbildung $^*f : W^* \to V^*$ zuordnen kann. Ist $V$ endlich-dimensional und $(v_1, \dots, v_n)$ eine Basis in $V$, so hat man eine duale Basis $(v^1, \dots, v^n)$ in $V^*$.

**Definition 7.12.1** *Ist $V$ ein Vektorraum über $K$, so heißt*

$$V^* := \{\varphi : V \to K \,|\, \varphi \text{ linear}\}$$

*der zu $V$* **duale Vektorraum**.

Sind $\varphi, \psi \in V^*$ und $\lambda \in K$, so sind die Abbildungen

$$\varphi + \psi : V \to K, v \mapsto \varphi(v) + \psi(v) \quad \lambda\varphi : V \to K, v \mapsto \lambda\varphi(v),$$

linear, somit $\varphi + \psi \in V^*$, $\lambda\varphi \in V^*$; mit diesen Verknüpfungen ist $V^*$ ein Vektorraum.

**Definition 7.12.2** *Ist $f : V \to W$ linear, so heißt $^*f : W^* \to V^*$, $\psi \mapsto \psi \circ f$, die zu $f$* **duale Abbildung**.

(Wir verwenden für die duale Abbildung die Bezeichnung $^*f$, denn es ist üblich, mit $f^*$ die adjungierte Abbildung zu bezeichnen; vgl. Definition 7.12.10.)
Für $\psi \in W^*$ ist $\psi \circ f : V \to K$ linear, also $\psi \circ f \in V^*$; man rechnet leicht nach, dass $^*f$ linear ist.
Es gilt:

**Hilfssatz 7.12.3** *Sind $g : U \to V$ und $f : V \to W$ linear, so gilt: $^*(f \circ g) = {}^* g \circ {}^* f$.*

**Dualität bei endlich-dimensionalen Vektorräumen**
Nun führen wir den Begriff der dualen Basis ein; dazu erinnern wir an 7.3.14: Ist $(v_1, \dots, v_n)$ eine Basis von $V$ und sind $c_1, \dots, c_n \in K$ beliebige Elemente, so existiert genau eine lineare Abbildung

$$\varphi : V \to K \quad \text{mit} \quad \varphi(v_j) = c_j, \; (j = 1, \dots, n), \text{nämlich} \quad \varphi\left(\sum_{j=1}^{n} x_j v_j\right) = \sum_{j=1}^{n} x_j c_j.$$

Insbesondere gilt für jedes $k = 1, \dots, n$: Es gibt genau eine lineare Abbildung

$$v^k : V \to K \quad \text{mit} \quad v^k(v_j) = \delta_j^k, \quad \text{nämlich} \quad v^k\left(\sum_{j=1}^{n} x_j v_j\right) = x_k,$$

(mit $\delta_j^k = 0$ für $j \neq k$, und $\delta_j^j = 1$.)
Damit sind Elemente $v^1, \dots, v^n \in V^*$ definiert und man sieht leicht, dass $(v^1, \dots, v^n)$ eine Basis von $V^*$ ist: Man kann jedes $\varphi \in V^*$ eindeutig darstellen durch

$$\varphi = \sum_{j=1}^{n} c_j v^j \quad \text{mit} \quad c_j := \varphi(v_j).$$

**Definition 7.12.4** *Ist* $(v_1, ..., v_n)$ *eine Basis von* $V$, *so heißt* $(v^1, ..., v^n)$ *die* **duale Basis** *von* $V^*$.

Daraus folgt:

**Satz 7.12.5** *Für jeden endlich-dimensionalen Vektorraum* $V$ *ist* $\dim V^* = \dim V$.

Wir behandeln nun die Frage, durch welche Matrix die duale Abbildung $^*f$ dargestellt wird. Es ergibt sich, dass es die transponierte Matrix ist:
Ist $A$ die Matrix zu einer linearen Abbildung $f : V \to W$ bezüglich Basen in $V, W$, so ist $A^t$ die Matrix zur dualen Abbildung $^*f$ bezüglich der dualen Basen:

**Satz 7.12.6** *Ist* $f : V \to W$ *linear, ist* $(v_j)$ *eine Basis in* $V$ *und* $(w_i)$ *eine Basis in* $W$ *und ist* $A := M(f; (v_j), (w_i))$, *so gilt:*

$$A^t = M(^*f; (w^i), (v^j)).$$

**Beweis.** $A = (a_{ij})$ ist definiert durch $f(v_j) = \sum_i a_{ij} w_i$. Ist $B = (b_{kl})$ die zu $^*f$ bezüglich der dualen Basen gehörende Matrix, so ist $^*f(w^l) = \sum_k b_{kl} v^k$. Es gilt $^*f(w^l)(v_j) = \sum_k b_{kl} v^k(v_j) = b_{jl}$. Wegen $^*f(w^l) = w^l \circ f$ erhält man $^*f(w^l)(v_j) = w^l(f(v_j)) = w^l(\sum_i a_{ij} w_i) = \sum_i a_{ij} w^l(w_i) = a_{lj}$ und daraus folgt $b_{jl} = a_{lj}$, also $B = A^t$.    $\square$
Nach 7.5.24 ist $\operatorname{rg} A^t = \operatorname{rg} A$ und somit folgt:

**Satz 7.12.7** *Für jede lineare Abbildung* $f : V \to W$ *gilt:* $\operatorname{rg} {}^*f = \operatorname{rg} f$.

Wir untersuchen nun noch das Transformationsverhalten der dualen Basen:
Es sei $T = (t_{ij})$ die Transformationsmatrix der Basis $(v_1, \ldots, v_n)$ von $V$ zu einer anderen Basis $(\tilde{v}_1, \ldots, \tilde{v}_n)$ und $T^{-1} = (\hat{t}_{kl})$; die dualen Basen transformieren sich folgendermaßen:

**Satz 7.12.8 (Transformation dualer Basen)** *Für* $j, k = 1, \ldots, n$ *sei*

$$v_j = \sum_{i=1}^n t_{ij} \tilde{v}_i, \qquad \tilde{v}_k = \sum_{l=1}^n \hat{t}_{lk} v_l;$$

*dann gilt:*

$$\boxed{v^j = \sum_{i=1}^n \hat{t}_{ji} \cdot \tilde{v}^i, \qquad \tilde{v}^k = \sum_{l=1}^n t_{kl} \cdot v^l}$$

**Beweis.** Es gibt $c_{ij} \in K$ mit $v^j = \sum_{i=1}^n c_{ij} \tilde{v}^i$. Dann ist

$$v^j(\tilde{v}_k) = (\sum_{i=1}^n c_{ij} \tilde{v}^i)(\tilde{v}_k) = \sum_{i=1}^n c_{ij}(\tilde{v}^i \tilde{v}_k) = c_{kj}.$$

Außerdem ist $v^j(\tilde{v}_k) = v^j(\sum_{l=1}^{n} \hat{t}_{lk}v_l) = \sum_{l=1}^{n} \hat{t}_{lk}v^j(v_l) = \hat{t}_{jk}$, somit $c_{kj} = \hat{t}_{jk}$.

Analog ergibt sich die zweite Behauptung. □

**Bemerkung.** Bei Dualitätsaussagen und vor allem in der Tensorrechnung ist folgende **Summationskonvention** zweckmäßig:

*Über gleiche Indizes, von denen einer oben und der andere unten steht, ist zu summieren.*

Sind etwa $x_j$ die Koordinaten von $v$ bezüglich $(v_j)$, so schreibt man $x^j$ an Stelle von $x_j$ und vereinbart $x^j v_j := \sum_j x^j v_j$.

Die Aussage des vorhergehenden Satzes formuliert man dann so:
Ist $v_j = t_j^i \tilde{v}_i$ und $\tilde{v}_k = \hat{t}_k^l v_l$ , so gilt für die dualen Basen:

$$v^j = \hat{t}_i^j \tilde{v}^i, \qquad \tilde{v}^k = t_l^k v^l.$$

Der Zeilenindex einer Matrix wird nach oben gesetzt, der Spaltenindex nach unten.

**Dualität bei endlich-dimensionalen euklidischen Vektorräumen**

In euklidischen Vektorräumen ist ein Skalarprodukt gegeben; das Skalarprodukt ist bilinear, daher definiert jedes $v \in V$ eine lineare Abbildung

$$v^* : V \to \mathbb{R}, x \mapsto <v, x> .$$

Nun ist es naheliegend, zu fragen, ob man auf diese Weise jede lineare Abbildung $V \to \mathbb{R}$ erhält. Für endlich-dimensionales $V$ ist dies leicht zu beweisen; wenn $V$ ein (unendlich-dimensionaler) Hilbertraum ist, dann wird diese Frage durch den Darstellungssatz von Riesz-Fréchet 15.2.8 beantwortet.

**Satz 7.12.9** *Ist $V$ ein endlich-dimensionaler euklidischer Vektorraum, so ist die Abbildung*

$$J : V \to V^*, v \mapsto v^* \quad mit \quad v^* : V \to \mathbb{R}, x \mapsto <v, x>,$$

*ein Isomorphismus.*
*Zu jedem $\varphi \in V^*$ existiert daher genau ein $v \in V$ mit $\varphi(x) = <v, x>$ für alle $x \in V$.*

**Beweis.** Aus $v^* = 0$ folgt $<v, x> = 0$ für alle $x \in V$, insbesondere ist dann $<v, v> = 0$, also $v = 0$. Somit ist die Abbildung $J : V \to V^*, v \mapsto v^*$, injektiv. Wegen $\dim V = \dim V^*$ ist sie auch surjektiv. □

Wir behandeln nun den Begriff der adjungierten Abbildung $f^*$:

**Definition 7.12.10** *Es seien $V, W$ euklidische Vektorräume und $f : V \to W$ eine lineare Abbildung. Eine lineare Abbildung $f^* : W \to V$ heißt **adjungiert** zu $f$, wenn für alle $v \in V, w \in W$ gilt:*

$$< f(v), w > = < v, f^*(w), > .$$

Wir werden in Satz 15.3.7 zeigen, dass man aus dem Darstellungssatz von Riesz-Fréchet die Existenz der adjungierten Abbildung für stetige lineare Abbildungen von Hilberträumen herleiten kann.

Für endlich-dimensionale Vektorräume kann man die adjungierte Abbildung explizit mit Hilfe von Orthonormalbasen angeben und erhält damit für diesen Fall einen einfachen Existenzbeweis:

**Satz 7.12.11** *Sind $V$ und $W$ endlich-dimensionale euklidische Vektorräume, so existiert zu jeder linearen Abbildung $f : V \to W$ genau eine adjungierte Abbildung $f^* : W \to V$.*
*Ist $(v_1, \ldots, v_n)$ eine Orthonormalbasis in $V$, so gilt für $w \in W$:*

$$f^*(w) = \sum_{j=1}^{n} < f(v_j), w > v_j.$$

*Ist außerdem $(w_1, \ldots, w_m)$ eine Orthonormalbasis in $W$ und ist $A$ die Matrix zu $f$ bezüglich $(v_j), (w_i)$, so ist $A^t$ die Matrix zu $f^*$ bezüglich $(w_i), (v_j)$.*

**Beweis.** Wir nehmen zuerst an, es existiere eine adjungierte Abbildung $f^*$. Ist dann $w \in W$, so gibt es $c_k \in \mathbb{R}$ mit $f^*(w) = \sum_k c_k v_k$ und für $j = 1, \ldots, n$ ist

$$c_j = < v_j, \sum_k c_k v_k > = < v_j, f^*(w) > = < f(v_j), w > .$$

Es gibt also höchstens eine adjungierte Abbildung. Nun ist klar, wie man die Existenz von $f^*$ beweist: Man setzt

$$f^* : W \to V, \; w \mapsto \sum_{j=1}^{n} < f(v_j), w > v_j.$$

Für $v = \sum_k x_k v_k \in V$ und $w \in W$ ist dann

$$< v, f^*(w) > = \sum_k x_k < v_k, f^*(w) > = \sum_k x_k < f(v_k), w > = < f(v), w >$$

und daher ist die so definierte Abbildung $f^*$ die adjungierte Abbildung zu $f$.
Ist $A = (a_{ij})$ die Matrix von $f$ bezüglich $(v_j), (w_i)$, so gilt $a_{ij} = < f(v_j), w_i >$ und für die Matrix $B = (b_{ji})$ von $f^*$ bezüglich $(w_i), (v_j)$ ist

$$b_{ji} = < f^*(w_i), v_j > = < w_i, f(v_j) > = a_{ij},$$

also $B = A^t$.    $\square$

Nun sei $V = W$; eine lineare Abbildung $f : V \to V$ heißt selbstadjungiert, wenn

$$f^* = f$$

ist, also $< f(v), w > = < v, f(w) >$ für $v, w \in V$; diesen Fall haben wir in 7.10 behandelt.
Wir geben noch ein Beispiel an, bei dem wir den Darstellungssatz 7.12.9 anwenden:

**Beispiel 7.12.12** Es sei $V = \mathbb{R}^3$, versehen mit dem kanonischen Skalarprodukt. Wir wählen $v, w \in \mathbb{R}^3$; dann ist

$$\mathbb{R}^3 \to \mathbb{R}, \ u \mapsto \det(u, v, w)$$

eine lineare Abbildung, also ein Element aus $(\mathbb{R}^3)^*$. Nach 7.12.9 existiert genau ein $z \in \mathbb{R}^3$ mit

$$\det(u, v, w) = <z, u> \quad \text{für alle} \quad u \in \mathbb{R}^3.$$

Aus 7.9.39 folgt

$$z = v \times w.$$

Das Vektorprodukt $v \times w$ ist also charakterisiert durch

$$\det(u, v, w) = <v \times w, u> \quad \text{für alle} \quad u \in \mathbb{R}^3.$$

∎

## 7.13 Alternierende Multilinearformen

Die folgenden Begriffe erscheinen zunächst sehr abstrakt und schwer verständlich; wir wollen sie hier auch nicht eingehend erläutern, sondern nur kurz darstellen. Wir benötigen sie für die Theorie der alternierenden Differentialformen in 11.3. Mit Hilfe der alternierenden Multilinearformen kann man Differentialformen definieren und es zeigt sich, dass man mit Differentialformen recht einfach rechnen kann; im Kalkül der Differentialformen lassen sich Integralsätze und Aussagen über Vektorfelder übersichtlich und koordinateninvariant darstellen.

Es sei $V$ ein $n$-dimensionaler Vektorraum über $\mathbb{R}$ und $k \in \mathbb{N}$; wir setzen

$$V^k := V \times ... \times V, \quad \text{(k-mal)}.$$

Wir erinnern an den Begriff der multilinearen Abbildung, den wir in 7.7.1 eingeführt hatten:

$$\omega : V^k \to \mathbb{R}$$

heißt multilinear, wenn für $\lambda, \mu \in \mathbb{R}$ und $v, w \in V$ gilt:

$$\omega(..., \lambda v + \mu w, ...) = \lambda \omega(..., v, ...) + \mu \omega(..., w, ...).$$

Nach 7.7.2 heißt $\omega$ alternierend, wenn gilt:

Aus $1 \leq j < l \leq n$ und $v_j = v_l$ folgt $\omega(..., v_j, ..., v_l, ...) = 0$.

Äquivalent dazu ist die Aussage, dass $\omega$ bei Vertauschung zweier Argumente das Vorzeichen ändert:

$$\omega(..., v, ..., w, ...) = -\omega(..., w, ..., v, ...).$$

Nun definieren wir:

**Definition 7.13.1** *Eine multilineare alternierende Abbildung* $w : V^k \to \mathbb{R}$ *heißt* $k$-**Form auf** $V$. *Der Vektorraum aller* $k$-*Formen wird mit*

$$\Lambda^k V^*$$

*bezeichnet. Man setzt noch* $\Lambda^0 V^* := \mathbb{R}$; *für* $k = 1$ *ist* $\Lambda^1 V^* = V^*$.

Für linear abhängige Vektoren $v_1, ..., v_k$ ist $\omega(v_1, ..., v_k) = 0$ und daher gilt

$$\Lambda^k V^* = 0 \text{ für } k > n.$$

Wichtig ist das äußere Produkt oder **Dach-Produkt**, das wir zuerst für 1-Formen erklären:

**Definition 7.13.2** *Für* $\varphi_1, ..., \varphi_k \in V^*$ *und* $v = (v_1, ..., v_k) \in V^k$ *setzt man*

$$(\varphi_1 \wedge ... \wedge \varphi_k)(v_1, ..., v_k) := \det \begin{pmatrix} \varphi_1(v_1), ..., \varphi_1(v_k) \\ \cdots \\ \varphi_k(v_1), ..., \varphi_k(v_k) \end{pmatrix}.$$

*Nach 7.7.2 ist die Determinante multilinear und alternierend und daher ist*

$$\varphi_1 \wedge ... \wedge \varphi_k : V^k \to \mathbb{R}$$

*eine multilineare alternierende Abbildung, also*

$$\varphi_1 \wedge ... \wedge \varphi_k \in \Lambda^k V^*.$$

Es gilt:

**Satz 7.13.3** *Wenn* $(\varphi_1, ..., \varphi_n)$ *eine Basis von* $V^*$ *ist, dann ist*

$$(\varphi_{i_1} \wedge ... \wedge \varphi_{i_k} \mid 1 \leq i_1 < ... < i_k \leq n)$$

*eine Basis von* $\Lambda^k V^*$. *Daher ist*

$$\boxed{\dim \Lambda^k V^* = \binom{n}{k}.}$$

Nun kann man das **Dach-Produkt für beliebige** $k$-**Formen und** $l$-**Formen** definieren:

**Definition 7.13.4** *Sei* $(\varphi_1, ..., \varphi_n)$ *eine Basis von* $V^*$; *für* $\omega \in \Lambda^k V^*$ *und* $\sigma \in \Lambda^l V^*$ *hat man eine eindeutige Darstellung*

$$\omega = \sum a_{i_1,...,i_k} \varphi_{i_1} \wedge ... \wedge \varphi_{i_k}, \qquad \sigma = \sum b_{j_1,...,j_l} \varphi_{j_1} \wedge ... \wedge \varphi_{j_l};$$

*man setzt*

$$\omega \wedge \sigma := \sum_{(i_1,..,i_k)} \sum_{(j_1,...,j_l)} a_{i_1,...,i_k} b_{j_1,...,j_l} \varphi_{i_1} \wedge ... \wedge \varphi_{i_k} \wedge \varphi_{j_1} \wedge ... \wedge \varphi_{j_l}$$

*(Dabei ist jeweils über alle k-Tupel $(i_1, \ldots, i_k)$ mit $1 \leq i_1 < i_2 < \ldots < i_k \leq n$ und über alle l-Tupel $(j_1, \ldots, j_l)$ mit $1 \leq j_1 < \ldots < j_l \leq n$ zu summieren.) Dadurch wird ein Element*

$$\omega \wedge \sigma \in \Lambda^{k+l} V^*$$

*definiert.*

## 7.14 Tensoren

Bei Deformationen elastischer Körper, etwa bei der Biegung eines Balkens oder bei Erdbeben, treten Spannungskräfte auf; diese werden bezüglich eines Koordinatensystems durch Grössen $P_{ij}$ beschrieben, die bei Übergang zu anderen Koordinaten ein bestimmtes Transformationsverhalten aufweisen. Derartige Tupel bezeichnet man als Tensoren. Sie treten auch bei der Beschreibung der Trägheit von Körpern auf. Tensoren spielen auch in Gebieten der Mathematik eine wichtige Rolle, etwa in der Differentialgeometrie; dort hat man Fundamentaltensoren $g_{ij}$ und $h_{ij}$ oder auch den Riemannschen Krümmungstensor $R_i{}^m{}_{jk}$ .

Früher hat man Tensoren definiert als Größen, die bezüglich einer Basis gegeben sind und sich bei Übergang zu einer anderen Basis in bestimmter Weise transformieren, nämlich so wie in 7.14.3. Mit Hilfe der multilinearen Algebra kann man dies so präzisieren:

**Definition 7.14.1** *Seien $p, q \in \mathbb{N}_0$; sei $V$ ein Vektorraum über einem Körper $K$ und $V^*$ der duale Vektorraum. Eine multilineare Abbildung*

$$\mathsf{T} : \underbrace{V^* \times \ldots \times V^*}_{p} \times \underbrace{V \times \ldots \times V}_{q} \to K$$

*heißt* **p-fach kontravarianter und q-fach kovarianter Tensor** *( auf V); kurz ein $(p,q)$-Tensor.*

Wir setzen

$$V^{*p} := \underbrace{V^* \times \ldots \times V^*}_{p}, \qquad V^q := \underbrace{V \times \ldots \times V}_{q};$$

ein (p,q)-Tensor ist also eine multilineare Abbildung $\mathsf{T} : V^{*p} \times V^q \to K$.

**Definition 7.14.2** *Es sei $V$ ein endlich-dimensionaler Vektorraum über $K$ und $\mathsf{T}$ ein $(p,q)$-Tensor. Ist dann $(v_1, \ldots, v_n)$ eine Basis in $V$ und $(v^1, \ldots, v^n)$ die duale Basis in $V^*$ , so heißen*

$$a^{j_1,\ldots,j_p}_{i_1,\ldots,i_q} := \mathsf{T}(v^{j_1}, \ldots, v^{j_q}, v_{i_1}, \ldots, v_{i_p})$$

*die* **Komponenten** *des Tensors $\mathsf{T}$ bezüglich $(v_1, \ldots, v_n)$.*

Nun seien $(v_1, \ldots, v_n)$ und $(\tilde{v}_1, \ldots, \tilde{v}_n)$ Basen in $V$, sei $T = (t_i^j)$ die Transformationsmatrix von $(v_1, \ldots, v_n)$ zu $(\tilde{v}_1, \ldots, \tilde{v}_n)$ und $T^{-1} = (\hat{t}_i^k)$; nach 7.12.8 ist

$$v_i = t_i^j \tilde{v}_j, \qquad \tilde{v}_k = \hat{t}_k^l v_l, \qquad v^i = \hat{t}_j^i \tilde{v}^j \qquad \tilde{v}^j = t_l^j v^l.$$

Dabei verwenden wir wieder die **Summationskonvention** wie in 7.12; z. B. bedeutet $t_i^j \tilde{v}_j = \sum_{j=1}^{n} t_i^j \tilde{v}_j$.

Dann transformieren sich die Tensorkomponenten folgendermaßen:

**Satz 7.14.3 (Transformationsformel)** *Sei*

$$\mathsf{T} : \underbrace{V^* \times \ldots \times V^*}_{p} \times \underbrace{V \times \ldots \times V}_{q} \to K$$

*ein $(p, q)$-Tensor, seien*

$a_{i_1, \ldots, i_q}^{j_1, \ldots, j_p}$ *die Komponenten von* $\mathsf{T}$ *bezüglich* $(v_1, \ldots, v_n)$,

$\tilde{a}_{i_1, \ldots, i_q}^{j_1, \ldots, j_p}$ *die Komponenten von* $\mathsf{T}$ *bezüglich* $(\tilde{v}_1, \ldots, \tilde{v}_n)$;

*dann gilt:*

$$\boxed{\tilde{a}_{i_1, \ldots, i_q}^{j_1, \ldots, j_p} = t_{l_1}^{j_1} \cdot \ldots \cdot t_{l_p}^{j_p} \cdot \hat{t}_{i_1}^{k_1} \cdot \ldots \cdot \hat{t}_{i_q}^{k_q} \cdot a_{k_1, \ldots, k_q}^{l_1, \ldots, l_p}}$$

**Beweis.** Man setzt $\tilde{v}_i = \hat{t}_i^k v_k$, $\tilde{v}^j = t_l^j v^l$ ein und erhält:

$$\tilde{a}_{i_1, \ldots, i_q}^{j_1, \ldots, j_p} = \mathsf{T}(\tilde{v}^{j_1}, \ldots, \tilde{v}_{i_1}, \ldots) =$$

$$= \mathsf{T}(t_{l_1}^{j_1} v^{l_1}, \ldots, \hat{t}_{i_1}^{k_1} v_{k_1}, \ldots) = t_{l_1}^{j_1} \cdot \ldots \cdot \hat{t}_{i_1}^{k_1} \cdot \ldots \cdot \mathsf{T}(v^{l_1}, \ldots, v_{k_1}, \ldots) =$$

$$= t_{l_1}^{j_1} \cdot \ldots \cdot t_{l_p}^{j_p} \cdot \hat{t}_{i_1}^{k_1} \cdot \ldots \cdot \hat{t}_{i_q}^{k_q} \cdot a_{k_1, \ldots, k_q}^{l_1, \ldots, l_p}.$$

$\square$

**Addition und Multiplikation von Tensoren**

**Definition 7.14.4** *Seien* $\mathsf{T}$ *und* $\mathsf{S}$ *$(p, q)$-Tensoren; dann definiert man die Summe so ($u \in V^{*p}$, $w \in V^q$):*

$$\mathsf{T} + \mathsf{S} : V^{*p} \times V^q \to K, \quad (u, w) \mapsto \mathsf{T}(u, w) + \mathsf{S}(u, w).$$

Man sieht leicht, dass sich dabei die Komponenten addieren.

**Definition 7.14.5** *Ist* $\mathsf{T}$ *ein $(p, q)$-Tensor und* $\mathsf{S}$ *ein $(r, s)$-Tensor, so definiert man den Produkttensor* $\mathsf{T} \cdot \mathsf{S}$ *folgendermaßen: Für* $u \in V^{*p}$, $x \in V^{*r}$, $w \in V^q$, $w \in V^s$, *sei*

$$\mathsf{T} \cdot \mathsf{S} : V^{*(p+r)} \times V^{(q+s)} \to K, \quad (u, x; w, y) \mapsto \mathsf{T}(u, w) \cdot \mathsf{S}(x, y).$$

Dann ist $\mathsf{T} \cdot \mathsf{S}$ ein $(p+r, q+s)$-Tensor; sind $a_{i_1,\ldots,i_q}^{j_1,\ldots,j_p}$ und $b_{k_1,\ldots,k_r}^{l_1,\ldots,l_s}$ die Komponenten von $\mathsf{T}$ bzw. $\mathsf{S}$ bezüglich einer Basis, so hat $\mathsf{T} \cdot \mathsf{S}$ die Komponenten

$$c_{i_1,\ldots,i_q,k_1,\ldots,k_r}^{j_1,\ldots,j_p,l_1,\ldots,l_s} = a_{i_1,\ldots,i_q}^{j_1,\ldots,j_p} \cdot b_{k_1,\ldots,k_r}^{l_1,\ldots,l_s}.$$

In den folgenden Beispielen sei immer $V$ ein Vektorraum über $\mathbb{R}$; für die Basen $(v_i)$, $(\tilde{v}_j)$ und die Transformationsmatrizen verwenden wir die oben eingeführten Bezeichnungen.

Außerdem ist wieder $\delta_{ik} = 1$ für $i = k$ und $= 0$ sonst; wir setzen auch $\delta_i^k = 1$ für $i = k$ und $= 0$ sonst.

**Beispiel 7.14.6** Die Elemente von $V$ definieren $(1, 0)$-Tensoren; die Elemente von $V^*$ sind $(0, 1)$-Tensoren. Wir beschreiben diese beiden Tensoren:
Sei $x \in V$, $x = x^k v_k$; dann ist die Abbildung

$$x : V^* \to \mathbb{R}, u \mapsto u(x)$$

linear und daher ein $(1, 0)$-Tensor. Die Komponenten bezüglich $(v_k)$ sind

$$x(v^k) = v^k(x) = x^k.$$

Geht man zu einer neuen Basis $(\tilde{v}_k)$ über, so ergibt sich:

$$\tilde{x}^k = x(\tilde{v}^k) = x(t_i^k v^i) = t_i^k x^i.$$

Nun sei $u \in V^*$, $u = u_i v^i$, dann ist $u : V \to \mathbb{R}$ linear, d.h. $u$ ist $(0, 1)$-Tensor, der bezüglich $(v^i)$ die Komponenten $u_i$ besitzt. Übergang zu neuer Basis ergibt

$$u_i = u(v_i) = t_i^k \tilde{u}_k, \qquad \tilde{u}_k = \hat{t}_k^i u_i.$$

■

**Beispiel 7.14.7** Besonders einfach zu beschreiben ist der $(1, 1)$-Tensor

$$\mathsf{T} : V^* \times V \to \mathbb{R}, (u, x) \mapsto u(x).$$

Für jede Basis $(v_1, \ldots, v_n)$ sind die Komponenten gleich

$$\mathsf{T}(v^k, v_i) = v^k(v_i) = \delta_i^k.$$

Bei Basiswechsel ändern sich die Komponenten $\delta_i^k$ nicht.
Für $x = x^i v_i \in V$ und $u = u_k v^k \in V^*$ ist

$$u(x) = u_k v^k(x^i v_i) = \delta_i^k u_k x^i = u_k v^k.$$

■

**Beispiel 7.14.8** Die $k$-Formen aus 7.13.1 sind $(0, k)$-Tensoren.    ■

**Beispiel 7.14.9** Es sei nun $(V, < >)$ ein endlich-dimensionaler euklidischer Vektorraum. Das Skalarprodukt ist ein $(0, 2)$-Tensor

$$\mathsf{T} : V \times V \to \mathbb{R}, (x, y) \mapsto < x, y >,$$

man bezeichnet ihn als sogenannten Fundamentaltensor oder metrischen Tensor. Die Komponenten von $\mathsf{T}$ bezüglich $(v_1, \ldots, v_n)$ sind

$$g_{ik} = \mathsf{T}(v_i, v_k) = < v_i, v_k > .$$

Für $x = x^i v_i$ und $y = y^k v_k$ ist also

$$\mathsf{T}(x, y) = g_{ik} x^i y^k.$$

Aus der Symmetrie des Skalarprodukts folgt

$$g_{ik} - g_{ki} = 0;$$

die Matrix $G := (g_{ik})$ ist invertierbar und positiv definit; es gilt $\det G > 0$. Wir benötigen diese Matrix in 13.2, insbesondere 13.2.2, bei der Integration auf Untermannigfaltigkeiten und bezeichnen sie dort als Gramsche Matrix.
Im euklidischen Vektorraum $V$ hat man nach Satz 7.12.9 den Isomorphismus

$$J : V \to V^*, v \mapsto v^*, \quad \text{mit} \quad v^* : V \to \mathbb{R}, x \mapsto < v, x > .$$

Ist $(v_i)$ eine Basis in $V$ und $(v^k)$ die duale Basis, so ist für $x \in V$:

$$J(v_i)(x) = < v_i, x >; \quad \text{also} \quad J(v_i)(v_k) = < v_i, v_k > = g_{ik}.$$

Daraus folgt

$$J(v_i) = g_{ik} v^k$$

und daher ist die zu $J$ bezüglich $(v_i)$, $(v^k)$ gehörende Matrix gleich $G = (g_{ik})$.
Die Abbildung $J$ ordnet also jedem kontravarianten Vektor $x = x^k v_k \in V$ den kovarianten Vektor $u = u_i v^i \in V^*$ mit $u_i = g_{ik} x^k$ zu. Ist die Basis $(v_1, \ldots, v_n)$ orthonormiert (cartesisch, wie man in diesem Zusammenhang auch sagt), so ist $g_{ik} = \delta_{ik}$ und daher $u_i = x^i$.
Wir betrachten nun die inverse Matrix $G^{-1} = (g^{ik})$; es ist also $g^{mi} g_{ik} = \delta_k^m$. Für $u = u_i v^i \in V^*$ ist $J^{-1} u = x^k v_k$ mit $u_i = g_{ik} x^k$; daraus folgt

$$g^{mi} u_i = g^{mi} g_{ik} x^k = \delta_k^m x^k = x^m.$$

Definieren wir nun den $(2, 0)$-Tensor

$$\mathsf{S} : V^* \times V^* \to \mathbb{R}, (u, w) \mapsto < J^{-1} u, J^{-1} w >,$$

so ergibt sich: Die Komponenten von $\mathsf{S}$ bezüglich $(v^k)$ sind

$$\mathsf{S}(v^i, v^k) = g^{ik}.$$

Beim euklidischen Vektorraum $V$ identifiziert man gelegentlich $V$ mit $V^*$ und unterscheidet nicht zwischen kontravarianten und kovarianten Vektoren, sondern nur zwischen den kovarianten Komponenten $u_k$ und den kontravarianten $x^k = g^{ki}u_i$ bzw. zwischen $x^k$ und $u_i = g_{ik}x^k$. Ist die Basis $(v_1, \dots, v_n)$ orthonormiert, so ist

$$u_i = x^i.$$

■

**Verjüngung eines Tensors**
Seien $p, q \in \mathbb{N}$, sei $V$ ein n-dimensionaler Vektorraum über einem Körper $K$ und

$$\mathsf{T} : V^{*p} \times V^q \to K$$

ein (p,q)-Tensor. Wir schreiben nun

$$(v, w) \in V^{*p} \text{ mit } v \in V^*, \ w \in V^{*\, p-1}; \quad (y, z) \in V^q \text{ mit } y \in V, \ z \in V^{q-1},$$

also
$$\mathsf{T} : V^{*p} \times V^q \to K, \ (v, w, \ y, z) \mapsto \mathsf{T}(v, w, \ y, z).$$

**Definition 7.14.10** *Es sei $(v_1, \dots, v_n)$ eine Basis in $V$ und $(v^1, \dots, v^n)$ die zugehörige duale Basis in $V^*$. Ist dann $\mathsf{T}$ ein $(p, q)$-Tensor, so heißt*

$$\widehat{\mathsf{T}} : V^{*p-1} \times V^{q-1} \to K, \ (w, z) \mapsto \mathsf{T}(v^i, w, \ v_i, z)$$

*die* **Verjüngung** *von $\mathsf{T}$ über die erste kontravariante Variable $u$ und die erste kovariante Variable $y$.*

*Nach unserer Summationskonvention ist $\widehat{\mathsf{T}}(w, z) = \sum\limits_{i=1}^{n} \mathsf{T}(v^i, w, \ v_i, z).$*

**Bemerkung** Der Wert $\widehat{\mathsf{T}}(w, z)$ ist unabhängig von der Wahl der Basis, denn der Übergang zu einer neuen Basis $(\tilde{v}_i)$ ist durch

$$\tilde{v}_i = t_i^k v_k, \qquad \tilde{v}^i = \hat{t}_l^i v^l$$

gegeben. Dann ist

$$\mathsf{T}(\tilde{v}^i, w, \ \tilde{v}_i, z) = \hat{t}_l^i t_i^k \mathsf{T}(v^l, w, v_k, z) = \delta_l^k \mathsf{T}(v^l, w, v_k, z) = \mathsf{T}(v^k, w, v_k, z).$$

Aus der Definition von $\widehat{\mathsf{T}}$ folgt unmittelbar:

**Satz 7.14.11** *Sind $a_{i_1,\dots,i_q}^{j_1,\dots,j_p}$ die Komponenten von $\mathsf{T}$ bezüglich $(v_1, \dots, v_n)$, so hat der über $v^1$ und $v_1$ verjüngte Tensor $\widehat{\mathsf{T}}$ die Komponenten*

$$a_{i,\, i_2,\dots,i_q}^{i,\, j_2,\dots,j_p}.$$

Man beachte, dass hier wieder $\sum\limits_{i=1}^{n}$ zu bilden ist; die Komponenten des $(p-1,\, q-1)$-Tensors $\widehat{\mathsf{T}}$ hängen also von $j_2, \ldots, j_p,\ i_2, \ldots, i_q$ ab.

Die Verjüngung über $m \leq \min(p,q)$ kontravariante und $m$ kovariante Variable ist analog definiert.

Unter den Begriff Verjüngung fällt auch die Bildung von Invarianten. Dies sind Tensoren nullter Stufe, also Konstanten. Es ist zweckmäßig, die Verjüngung eines Tensors durch die Verjüngung seiner Komponenten gemäß 7.14.11 zu beschreiben.

**Beispiel 7.14.12** Sei $\mathsf{T}$ ein $(p,q)$-Tensor mit Komponenten $a_{i_1,\ldots,i_q}^{j_1,\ldots,j_p}$ und es seien $u = (u_1, \ldots, i_p) \in V^{*p}, x = (x^1, \ldots, x^q)$. Der Produkttensor (s. Beispiel 7.14.6) $\mathsf{T}u_1 \ldots u_p x_1 \ldots x^q$ ist ein $(p+q, p+q)$-Tensor mit den Komponenten

$$a_{i_1,\ldots,i_q}^{j_1,\ldots,j_p} u_{1j_1} \ldots u_{pj_p} x^{1i_1} \ldots x^{qi_q}.$$

Durch $(p+q)$-fache Verjüngung erhält man den Zahlenwert

$$\mathsf{T}(u,v) = a_{i_1,\ldots,i_q}^{j_1,\ldots,j_p} u_{j_1} \ldots u_{pj_p} x^{1i_1} \ldots x^{qi_q}$$

als Invariante. Man vergleiche hierzu Beispiel 7.14.9.    ∎

**Beispiel 7.14.13** (Indexziehen) Sei $V$ euklidisch und $\mathsf{T}$ ein $(p,q)$-Tensor. Wir bilden $< x, y > \mathsf{T}(u,v)$ als Tensorprodukt mit den Komponenten $g_{ik} a_{i_1,\ldots,i_q}^{i_1,\ldots,j_q}$ und verjüngen zum Beispiel über $k$ und $j_1$. Dann heißen

$$b_{i,i_1,\ldots,i_q}^{j_2,\ldots,j_p} = g_{ik} a_{i_1,\ldots,i_q}^{k,j_2,\ldots,j_p}$$

$(p-1)$-fach kontravariante, $(q+1)$-fach kovariante Komponenten von $\mathsf{T}$. Entsprechend heißen

$$b_{i_2,\ldots,i_q}^{i,j_1,\ldots,j_p} = g^{ik} a_{k,i_2,\ldots,i_q}^{j_1,\ldots,j_p}$$

$(p+1)$-fach kontravariante, $(q-1)$-fach kovariante Komponenten von $\mathsf{T}$. Dies entspricht der Einführung der kovarianten und kontravarianten Komponenten eines Vektors in 7.14.9. Für die Größen $\delta_i^k, \delta_{ik}$ gilt nur bei Verwendung orthonomierter (cartesischer) Basen $g_{ij}\delta_k^i = \delta_{jk}$.    ∎

**Beispiel 7.14.14** In der Differentialgeometrie hat man den zu einer Fläche gehörenden Fundamentaltensor mit den Komponenten $g_{ik}$ und Riemannsche Krümmungstensoren: den $(1,3)$-Tensor mit den Komponenten $R_i{}^m{}_{jk}$ und den $(0,4)$-Tensor mit $R_{iljk}$. Multiplikation dieser beiden Tensoren und Verjüngung liefert

$$R_{iljk} = g_{lm} R_i{}^m{}_{jk}.$$

Für die umgekehrte Richtung gilt: Ist $(g^{ik})$ die zu $(g_{ik})$ inverse Matrix, so ist

$$R_i{}^m{}_{jk} := g^{lm} R_{iljk}.$$

∎

**Definition 7.14.15** *Man definiert* $\varepsilon_{ijk}$ *folgendermaßen: Für* $i, j, k \in \{1, 2, 3\}$ *sei*

$$
\varepsilon_{ijk} := \begin{cases} 1 & falls & (i, j, k) & eine\ gerade\ Permutation\ ist \\ -1 & falls & (i, j, k) & eine\ ungerade\ Permutation\ ist \\ 0 & falls & (i, j, k) & keine\ Permutation\ ist \end{cases}
$$

*also*

$$
\varepsilon_{ijk} := \begin{cases} 1 & für & (i, j, k) \in \{(123), (231), (312)\} \\ -1 & für & (i, j, k) \in \{(213), (321), (132)\} \\ 0 & falls & (i, j, k)\ keine\ Permutation\ von\ \{1, 2, 3\}\ ist. \end{cases}
$$

*Wenn* $(i, j, k)$ *eine Permutation* $\sigma \in S_3$ *ist, dann ist* $\varepsilon_{ijk} = sign\ (\sigma)$, *andernfalls ist* $\varepsilon_{ijk} = 0$.

Ist dann $(v_1, v_2, v_3)$ eine Basis in einem dreidimensionalen reellen Vektorraum $V$, so heißt der $(0, 3)$-Tensor mit den Komponenten $\varepsilon_{ijk}$ der $\varepsilon$-**Tensor** oder der **total antisymmetrische** Tensor (vgl. [15]).

Daraus folgt, dass diese Komponenten unabhängig von der Wahl der Basis sind, wenn wir uns auf die Transformationen $T$ mit $\det T = 1$ beschränken. Die $(n, n)$Matrizen $T$ mit $\det T = 1$ bilden eine Untergruppe der Gruppe $GL(n, \mathbb{R})$ der $(n, n)$-Matrizen mit nichtverschwindender Determinante. In Aufgabe 13.9 ist die folgende Formel nützlich:

**Satz 7.14.16** *Es gilt*

$$
\sum_{k=1}^{3} \varepsilon_{ijk} \varepsilon_{lmk} = \varepsilon_{ij1} \varepsilon_{lm1} + \varepsilon_{ij2} \varepsilon_{lm2} + \varepsilon_{ij3} \varepsilon_{lm3} = \delta_{il} \delta_{jm} - \delta_{jl} \delta_{im}.
$$

Zwischen dem $\varepsilon$-Tensor und dem in 7.9.38 eingeführten Vektorprodukt in $V = \mathbb{R}^3$ besteht ein enger Zusammenhang; aus der Definition von $x \times y$ und 7.14.15 ergibt sich:

**Satz 7.14.17** *In* $V = \mathbb{R}^3$ *wählen wir die kanonische Basis* $e_1, e_2, e_3$. *Seien* $x, y \in V$. *Da* $V$ *euklidisch ist, identifizieren wir* $V$ *und* $V^*$. *Lassen wir nur die Gruppe* $SO(n)$ *der speziellen orthogonalen Matrizen* $T$ *als Transformationsmatrizen zu, so stimmen insbesondere die kontravarianten Komponenten* $x^i$ *von* $x \in V$ *immer mit den kovarianten Komponenten* $x_i$ *überein, und es folgt*

$$
(x \times y)^i = (x \times y)_i = \varepsilon_{ijk} x^j y^k.
$$

**Aufgaben**

**7.1.** Geben Sie bei (1)-(8) alle Lösungen des jeweiligen Gleichungssystems an:

(1)
$$\begin{array}{rrr|r} 1 & 3 & -2 & 4 \\ 2 & 1 & -1 & -1 \\ 0 & 1 & -1 & 1 \end{array}$$

(2)
$$\begin{array}{rrr|r} 1 & 1 & 5 & 24 \\ 2 & -1 & 1 & 3 \\ 3 & -1 & 3 & 12 \end{array}$$

(3)
$$\begin{array}{rrrr|r} 1 & 3 & -1 & 2 & 7 \\ -1 & -2 & 2 & -3 & -5 \\ 1 & 1 & -3 & 4 & 3 \end{array}$$

(4)
$$\begin{array}{rrr|r} 1 & 2 & 3 & 1 \\ 4 & 5 & 6 & -2 \\ 7 & 8 & 9 & 2 \end{array}$$

(5)
$$\begin{array}{rrr|r} 1 & 2 & 1 & 0 \\ -1 & -3 & -3 & -1 \\ 2 & 5 & 4 & 1 \\ 3 & 7 & 5 & 1 \end{array}$$

(6)
$$\begin{array}{rrrr|r} 1 & -1 & 3 & 8 & 7 \\ 2 & -3 & 1 & -1 & 12 \\ -1 & 2 & -3 & -6 & -10 \\ 3 & -5 & 3 & 2 & 21 \end{array}$$

(7)
$$\begin{array}{rrr|r} 1 & 2 & 3 & 20 \\ -2 & 1 & -1 & 10 \\ 3 & -1 & 2 & 18 \end{array}$$

(8)
$$\begin{array}{rrr|r} 1 & 2 & 3 & 20 \\ -2 & 1 & -1 & -10 \\ 3 & -1 & 2 & 18 \end{array}$$

**7.2.** Fassen Sie die Matrizen (1)-(10) als Elemente von $\mathbb{R}^{(2,2)}$ beziehungsweise $\mathbb{R}^{(3,3)}$ auf und bestimmen Sie alle Eigenwerte, geben Sie zu jedem Eigenwert Eigenvektoren an; untersuchen Sie, ob die Matrix diagonalisierbar oder trigonalisierbar ist.

(1) $\begin{pmatrix} -2 & -6 \\ -6 & 7 \end{pmatrix}$

(2) $\begin{pmatrix} 2 & 2 \\ -2 & -3 \end{pmatrix}$

(3) $\begin{pmatrix} 0 & 1 \\ 1 & 0 \end{pmatrix}$

(4) $\begin{pmatrix} 17 & 1 \\ -4 & 13 \end{pmatrix}$

(5) $\begin{pmatrix} 4 & 1 \\ 2 & 3 \end{pmatrix}$

(6) $\begin{pmatrix} 2 & -3 \\ 2 & 1 \end{pmatrix}$

(7) $\begin{pmatrix} 3 & -1 & 2 \\ 1 & 1 & -4 \\ 1 & -1 & 1 \end{pmatrix}$

(8) $\begin{pmatrix} 1 & 0 & 3 \\ -1 & 1 & -2 \\ 0 & 0 & 2 \end{pmatrix}$

(9) $\begin{pmatrix} 1 & 0 & 0 \\ -3 & 1 & 3 \\ -1 & 0 & 2 \end{pmatrix}$

(10) $\begin{pmatrix} 0 & 0 & 1 \\ 0 & 0 & 0 \\ 0 & 0 & 0 \end{pmatrix}$

**7.3.** Sei $f : V \to W$ linear und seien $v_1, \ldots, v_k \in V$. Zeigen Sie: Wenn $f(v_1), \ldots, f(v_k)$ linear unabhängig sind, dann auch $v_1, \ldots, v_k$.

**7.4.** Wenden Sie auf die Vektoren

$$\begin{pmatrix} 1 \\ 1 \\ 0 \end{pmatrix}, \begin{pmatrix} 1 \\ 0 \\ 0 \end{pmatrix}, \begin{pmatrix} 0 \\ 0 \\ 1 \end{pmatrix}$$

das Schmidtsche Orthonormalisierungsverfahren an (im $\mathbb{R}^3$ mit dem kanonischen Skalarprodukt).

**7.5.** Gegeben sei die lineare Abbildung

$$f : \mathbb{R}^2 \to \mathbb{R}^2, \ \begin{pmatrix} x_1 \\ x_2 \end{pmatrix} \mapsto \begin{pmatrix} 2x_1 + x_2 \\ -4x_1 - 2x_2 \end{pmatrix}.$$

Geben Sie jeweils eine Basis von Bild $f$ und Ker $f$ an und beschreiben Sie $f \circ f$.

**7.6.** Sei

$$f : \mathbb{R}^2 \to \mathbb{R}^2, \ \begin{pmatrix} x_1 \\ x_2 \end{pmatrix} \mapsto \begin{pmatrix} 3x_1 - 2x_2 \\ 4x_1 - 3x_2 \end{pmatrix}.$$

Beschreiben Sie Bild $f$, Ker $f$, $f \circ f$ und $f^{-1}$.

**7.7.** Geben Sie jeweils die Matrix $A \in \mathbb{R}^{(2,2)}$ an, die folgende lineare Abbildung $f : \mathbb{R}^2 \to \mathbb{R}^2$ beschreibt:

(a) Spiegelung am Nullpunkt
(b) Spiegelung an der reellen Achse
(c) Spiegelung an der Winkelhalbierenden $x_1 = x_2$.

**7.8.** Sei $A = \begin{pmatrix} a_{11} & a_{12} \\ a_{21} & a_{22} \end{pmatrix} \in K^{(2,2)}$ und $E = \begin{pmatrix} 1 & 0 \\ 0 & 1 \end{pmatrix} \in K^{(2,2)}$; berechnen Sie die Matrix

$$A^2 - (spA) \cdot A + (\det A) \cdot E.$$

Behandeln Sie mit diesem Ergebnis nochmals Aufgabe 7.6 und Aufgabe 7.7.

**7.9.** Sei $A = \begin{pmatrix} a_{11} & a_{12} \\ a_{21} & a_{22} \end{pmatrix} \in \mathbb{R}^{(2,2)}$, $a_{12} = a_{21}$; es gelte $a_{11} > 0$ und $\det A > 0$; zeigen Sie: $A$ ist positiv definit.

# 8

# Differentialgleichungen

## 8.1 Der Existenz- und Eindeutigkeitssatz

Wir behandeln zunächst Differentialgleichungen der Form

$$y' = f(x, y)$$

und zeigen, dass durch jeden Punkt genau eine Lösungskurve $(x, y(x))$ geht. Dabei setzt man unter anderem voraus, dass die Funktion $f : D \to \mathbb{R}$ mit $D \subset \mathbb{R}^2$ stetig ist; wie in 9.1.9 erklärt wird, bedeutet dies, dass zu jedem $a \in D$ und jedem $\varepsilon > 0$ ein $\delta > 0$ existiert mit $|f(x) - f(a)| < \varepsilon$ für alle $x \in D$ mit $\|x - a\| < \delta$.

Eine Differentialgleichung $y' = f(x, y)$ kann man als Vorgabe eines Richtungsfeldes interpretieren. In jedem Punkt $(x, y)$ ist eine Richtung $f(x, y)$, d.h. die Steigung der Tangente an die Kurve $(x, y(x))$, vorgegeben; gesucht wird eine Funktion $\varphi$, deren Graph die durch $f$ gegebene Richtung hat, also $\varphi'(x) = f(x, \varphi(x))$.

In der ersten Abbildung ist das Richtungsfeld zu $f(x, y) = y$ skizziert und die Lösung durch $(0, 1)$, nämlich $\varphi(x) = \mathrm{e}^x$.

Die zweite Abbildung zeigt das Richtungsfeld zu $f(x, y) = -y^2$ und die durch $(1, 1)$ gehende Lösung $\varphi(x) = \frac{1}{x}$ (vgl. Beispiel 8.2.3).

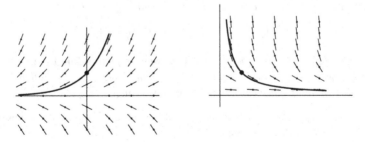

Zunächst soll der Begriff der Lösung präzisiert werden.

H. Kerner, W. von Wahl, *Mathematik für Physiker*, Springer-Lehrbuch,
DOI 10.1007/978-3-642-37654-2_8, © Springer-Verlag Berlin Heidelberg 2013

**Definition 8.1.1** *Seien $I$ und $I'$ beliebige Intervalle in $\mathbb{R}$, sei*

$$f : I \times I' \to \mathbb{R}, \ (x, y) \mapsto f(x, y),$$

*eine Funktion und $(x_0, y_0) \in I \times I'$. Unter einer* **Lösung** *der Differentialgleichung $y' = f(x, y)$ durch $(x_0, y_0)$ versteht man eine differenzierbare Funktion*

$$\varphi : [a, b] \to I'$$

*(dabei sei $x_0 \in [a, b] \subset I$), so dass gilt:*

$$\varphi'(x) = f(x, \varphi(x)) \quad \text{für alle } x \in [a, b], \quad \text{und} \quad \varphi(x_0) = y_0.$$

Nun führen wir die Differentialgleichung auf eine Integralgleichung zurück.

**Satz 8.1.2** *Ist $f : I \times I' \to \mathbb{R}$ stetig, so gilt: Eine stetige Funktion $\varphi : I \to I'$ ist genau dann Lösung der Differentialgleichung $y' = f(x, y)$ durch $(x_0, y_0)$, wenn für alle $x \in I$ gilt:*

$$\boxed{\varphi(x) = y_0 + \int_{x_0}^{x} f(t, \varphi(t)) \, \mathrm{d}t.}$$

**Beweis.** Wir wenden den Hauptsatz der Differential- und Integralrechnung an:
(1) Ist $\varphi$ eine Lösung durch $(x_0, y_0)$, so gilt $\varphi'(x) = f(x, \varphi(x))$ und daher
$\int_{x_0}^{x} f(t, \varphi(t)) \, \mathrm{d}t = \varphi(x) - \varphi(x_0) = \varphi(x) - y_0$.

(2) Aus $\varphi(x) = y_0 + \int_{x_0}^{x} f(t, \varphi(t)) \, \mathrm{d}t$ folgt $\varphi'(x) = f(x, \varphi(x))$ und $\varphi(x_0) = y_0$.
$\square$

Für die weiteren Untersuchungen ist es zweckmäßig, nicht nur die Stetigkeit von $f$ vorauszusetzen, sondern auch noch eine Lipschitz-Bedingung zu fordern (RUDOLF LIPSCHITZ (1832-1903)):

**Definition 8.1.3** *Eine Funktion $f : I \times I' \to \mathbb{R}$ genügt einer* **Lipschitz-Bedingung,** *wenn es ein $L > 0$ gibt, so dass für alle $x \in I$ und $y, \tilde{y} \in I'$ gilt:*

$$|f(x, y) - f(x, \tilde{y})| \leq L \cdot |y - \tilde{y}|.$$

*$L$ heißt eine Lipschitz-Konstante zu $f$. Man sagt, $f$ genügt* **lokal** *einer Lipschitz-Bedingung, wenn es zu jedem Punkt von $I \times I'$ eine Umgebung bezüglich $I \times I'$ (s. 2.1.12) gibt, in der $f$ einer Lipschitz-Bedingung genügt.*

In vielen Fällen ist leicht zu sehen, dass $\frac{\partial f}{\partial y}$ stetig ist (zur Definition vergleiche man 9.2.1). Daher ist folgende Aussage nützlich:

**Satz 8.1.4** *Wenn $\frac{\partial f}{\partial y}$ existiert und beschränkt ist, so genügt $f$ einer Lipschitz-Bedingung. Insbesondere genügt jede Funktion $f$, die stetig partiell nach der zweiten Variablen $y$ differenzierbar ist, lokal einer Lipschitz-Bedingung.*

**Beweis.** Nach dem Mittelwertsatz existiert zu $x \in I$, $y, \tilde{y} \in I'$ ein $\eta$ zwischen $y, \tilde{y}$ mit

$$f(x, y) - f(x, \tilde{y}) = \frac{\partial f}{\partial y}(x, \eta) \cdot (y - \tilde{y}).$$

Daraus folgt die Behauptung.   $\square$

Nun können wir zeigen, dass durch jeden Punkt höchstens eine Lösung geht:

**Satz 8.1.5 (Eindeutigkeitssatz)** *Die Funktion $f : I \times I' \to \mathbb{R}$ sei stetig und genüge lokal einer Lipschitz-Bedingung; $\varphi : I \to I'$ und $\psi : I \to I'$ seien Lösungen von $y' = f(x, y)$. Es existiere ein $x_0 \in I$ mit $\varphi(x_0) = \psi(x_0)$. Dann gilt $\varphi(x) = \psi(x)$ für alle $x \in I$.*

**Beweis.** Wir zeigen: Ist $x_0 \in [a, b] \subset I$, so gilt $\varphi(x) = \psi(x)$ für alle $x \in [a, b]$. Wir zeigen dies für $x_0 \leq x \leq b$; die Aussage für $a \leq x \leq x_0$ beweist man analog. Es sei

$$T := \{x \in [x_0, b] \,|\, \varphi(t) = \psi(t) \text{ für alle } t \in [x_0, x]\}.$$

Diese Menge ist wegen $x_0 \in T$ nichtleer und nach oben beschränkt, daher existiert $s := \sup T$. Weil $\varphi$ und $\psi$ stetig sind, gilt $\varphi(s) = \psi(s) =: w$. Zu zeigen ist $s = b$. Wir nehmen an, es sei $s < b$. Nun wählen wir $\delta_1 > 0$ und $\varepsilon > 0$ so, dass gilt: es ist $s + \delta_1 < b$, $f$ genügt in $[s, s + \delta_1] \times [w - \varepsilon, w + \varepsilon] \subset I \times I'$ einer Lipschitzbedingung mit einer Lipschitz-Konstanten $L$ und $|\varphi(x) - w| < \varepsilon$, $|\psi(x) - w| < \varepsilon$ für alle $x \in [s, s + \delta_1]$. Dann sei $\delta$ so gewählt, dass $0 < \delta < \delta_1$ und $\delta < \frac{1}{2L}$ ist. Nun setzen wir

$$S := \sup\{|\varphi(t) - \psi(t)| \,|\, t \in [s, s + \delta]\}.$$

Nach 8.1.2 ist

$$\varphi(x) = w + \int_s^x f(t, \varphi(t)) \, \mathrm{d}t, \qquad \psi(x) = w + \int_s^x f(t, \psi(t)) \, \mathrm{d}t.$$

Für $x \in [s, s + \delta]$ gilt dann

$$|\varphi(x) - \psi(x)| \leq \int_s^x |f(t, \varphi(t)) - f(t, \psi(t))| \, \mathrm{d}t \leq$$

$$\leq L \cdot \int_s^x |\varphi(t) - \psi(t)| \, \mathrm{d}t \leq L \cdot S \cdot \delta \leq \frac{S}{2}.$$

Daraus folgt $S \leq \frac{S}{2}$, also $S = 0$. Das bedeutet, dass $\varphi$ und $\psi$ auf $[x_0, s + \delta]$ übereinstimmen; dies widerspricht der Definition von $s$.   $\square$

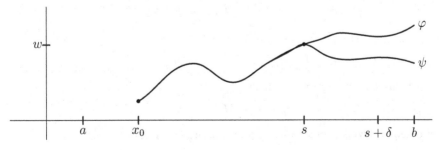

Nun beweisen wir den Existenzsatz von Picard-Lindelöf (EMILE PICARD (1856-1941), ERNST LINDELÖF (1870-1946)):

**Satz 8.1.6 (Existenzsatz von Picard-Lindelöf)**    *Sind $I$, $I'$ Intervalle und ist $f : I \times I' \to \mathbb{R}$ eine stetige Funktion, die lokal einer Lipschitz-Bedingung genügt, so existiert durch jeden Punkt $(x_0, y_0) \in I \times I'$ eine Lösung der Differentialgleichung $y' = f(x, y)$.*

**Beweis.** Seien der Einfachheit halber $I, I'$ offen. Der nachfolgende Beweis läßt sich sofort auf den allgemeinen Fall übertragen. Wir zeigen, dass es eine stetige Funktion $\varphi$ gibt mit

$$\varphi(x) = y_0 + \int_{x_0}^{x} f(t, \varphi(t)) \, dt.$$

Diese erhalten wir als Grenzwert einer Folge $(\varphi_n)$. Wir wählen $\delta_1 > 0$ und $\varepsilon > 0$ so, dass $f$ in $[x_0 - \delta_1, x_0 + \delta_1] \times [y_0 - \varepsilon, y_0 + \varepsilon] \subset I \times I'$ einer Lipschitz-Bedingung mit einer Lipschitz-Konstanten $L$ genügt. Weil $f$ stetig ist, existiert ein $M > 0$ mit

$$|f(x, y)| \leq M \text{ für } (x, y) \in [x_0 - \delta_1, x_0 + \delta_1] \times [y_0 - \varepsilon, y_0 + \varepsilon].$$

Nun wählen wir $\delta > 0$ so, dass $\delta \leq \delta_1$ und $\delta \leq \frac{\varepsilon}{M}$ ist. Auf $[x_0 - \delta, x_0 + \delta]$ definiert man die Folge $\varphi_n : [x_0 - \delta, x_0 + \delta] \to \mathbb{R}$ durch

$$\varphi_0(x) := y_0$$
$$\varphi_1(x) := y_0 + \int_{x_0}^{x} f(t, \varphi_0(t)) \, dt$$
$$\dotsb\dotsb\dotsb\dotsb\dotsb\dotsb\dotsb\dotsb\dotsb\dotsb$$
$$\varphi_{n+1}(x) := y_0 + \int_{x_0}^{x} f(t, \varphi_n(t)) \, dt.$$

Nun zeigen wir durch vollständige Induktion folgende Aussagen ($n \in \mathbb{N}_0$, $x \in [x_0 - \delta, x_0 + \delta]$):

(1)    $|\varphi_n(x) - y_0| \leq \varepsilon$; daher ist $f(x, \varphi_n(x))$ definiert.

Die Behauptung folgt aus

$$|\varphi_{n+1}(x) - y_0| \leq \left| \int_{x_0}^{x} |f(t, \varphi_n(t))| \, dt \right| \leq \delta \cdot M \leq \varepsilon.$$

(2)    $|\varphi_{n+1}(x) - \varphi_n(x)| \leq \frac{M}{(n+1)!} \cdot L^n \cdot |x - x_0|^{n+1}$.

Der Induktionsanfang ergibt sich aus
$$|\varphi_1(x) - \varphi_0(x)| = \left| \int_{x_0}^{x} f(t, y_0) \, dt \right| \leq M \cdot |x - x_0|.$$
Wir zeigen jetzt den Induktionsschritt von $n$ auf $n + 1$: Es ist

$$|\varphi_{n+2}(x) - \varphi_{n+1}(x)| \leq |\int_{x_0}^{x} |f(t, \varphi_{n+1}(t)) - f(t, \varphi_n(t))| \, dt| \leq$$

$$\leq L \cdot |\int_{x_0}^{x} |\varphi_{n+1}(t) - \varphi_n(t)| \, dt| \leq L \cdot \frac{M}{(n+1)!} L^n \cdot |\int_{x_0}^{x} |t - x_0|^{n+1} \, dt| =$$

$$= \frac{M}{(n+2)!} L^{n+1} \cdot |x - x_0|^{n+2}.$$

Nun schreiben wir $\varphi_k = y_0 + \sum_{n=1}^{k}(\varphi_n - \varphi_{n-1})$. Die Reihe $\sum_{n=1}^{\infty}(\varphi_n - \varphi_{n-1})$ ist gleichmäßig konvergent, denn $\frac{M}{L}\sum_{n=1}^{\infty}\frac{1}{n!}L^n\delta^n$ ist eine Majorante. Daher existiert $\varphi := \lim_{n\to\infty}\varphi_n$ und ist stetig; aus

$$|f(x, \varphi_n(x)) - f(x, \varphi(x))| \leq L \cdot |\varphi_n(x) - \varphi(x)|$$

folgt, dass auch die Folge $(f(x, \varphi_n(x)))_n$ gleichmäßig gegen $f(x, \varphi(x))$ konvergiert. Daher darf man Limes und Integration vertauschen:

$$\varphi(x) = \lim_{n\to\infty}\varphi_{n+1}(x) = y_0 + \lim_{n\to\infty}\int_{x_0}^{x} f(t, \varphi_n(t)) \, dt = y_0 + \int_{x_0}^{x} f(t, \varphi(t)) \, dt.$$

Aus 8.1.2 folgt, dass $\varphi$ eine Lösung von $y' = f(x, y)$ durch $(x_0, y_0)$ ist. □

**Bemerkung.** Es handelt sich bei dieser Beweismethode um einen Spezialfall eines Fixpunktsatzes. Man definiert (in einem geeigneten Raum) den Operator $T$ durch

$$(T\varphi)(x) := y_0 + \int_{x_0}^{x} f(t, \varphi(t)) \, dt.$$

Wegen 8.1.2 ist $\varphi$ genau dann Lösung von $y' = f(x, y)$, wenn $T\varphi = \varphi$ ist. Man sucht also einen Fixpunkt von $T$. Dazu definiert man eine Folge $(\varphi_n)_n$ durch $\varphi_{n+1} := T\varphi_n$, unter geeigneten Voraussetzungen konvergiert $(\varphi_n)$ gegen einen Fixpunkt $\varphi$.

Aus dem Eindeutigkeitssatz ergibt sich zum Beispiel: Wenn $f$ stetig ist und einer Lipschitzbedingung genügt und wenn $f(x, 0) = 0$ für alle $x$ gilt, dann ist $y \equiv 0$ eine Lösung von $y' = f(x, y)$ und aus dem Eindeutigkeitssatz folgt: Ist $\varphi$ eine Lösung von $y' = f(x, y)$, und besitzt $\varphi$ eine Nullstelle, so ist $\varphi$ identisch Null. Jede nichttriviale Lösung besitzt keine Nullstelle. Zum Beispiel ist $e^x$ Lösung von $y' = y$, daher besitzt die Exponentialfunktion keine Nullstelle.

Wir bringen zum Existenz- und Eindeutigkeitssatz zwei Beispiele:

**Beispiel 8.1.7 (zum Eindeutigkeitssatz)** Wir geben ein Beispiel einer Differentialgleichung $y' = f(x, y)$ an, bei der durch $(0, 0)$ mehrere Lösungen gehen. Setzt man $f(x, y) := 3y^{2/3}$, so kann man leicht zeigen, dass $f$ in $U(0, 0)$ keiner Lipschitz-Bedingung genügt. Die Differentialgleichung

$$y' = 3y^{2/3}, \qquad y(0) = 0,$$

hat die Lösung $y = 0$, aber auch $\varphi(x) = x^3$ ist eine Lösung durch $(0,0)$. Man kann leicht zeigen, dass es unendlich viele Lösungen durch $(0,0)$ gibt:
Sei $a < 0 < b$; man definiert $\varphi : \mathbb{R} \to \mathbb{R}$ durch

$$\varphi(x) := \begin{cases} (x-a)^3 & \text{für } x < a \\ 0 & \text{für } a \le x \le b \\ (x-b)^3 & \text{für } b < x \end{cases}$$

dann ist $\varphi$ eine Lösung dieser Differentialgleichung durch $(0,0)$.    ∎

**Beispiel 8.1.8 (zum Existenzsatz)** Nach dem Existenzsatz gibt es durch $(x_0, y_0)$ eine Lösung von $y' = f(x,y)$, die in einer Umgebung von $x_0$ definiert ist. Im allgemeinen gibt es keine Lösungen, die in ganz $\mathbb{R}$ definiert sind. Dies sieht man an der Differentialgleichung

$$y' = 1 + y^2.$$

Die Funktion $f(x,y) = 1 + y^2$ ist im ganzen $\mathbb{R}^2$ definiert, aber die (eindeutig bestimmte) Lösung durch $(0, 0)$ ist $\varphi(x) = \operatorname{tg} x$, und diese ist nur auf dem Intervall $]-\frac{\pi}{2}, +\frac{\pi}{2}[$ definiert.    ∎

Wenn man einen Überblick über *alle* Lösungen einer Differentialgleichung haben will, benötigt man die allgemeine Lösung (vgl. [12]); diese ist folgendermaßen definiert:

**Definition 8.1.9** *Wenn $f$ stetig ist und lokal einer Lipschitz-Bedingung genügt, so geht durch jeden Punkt $(x_0, y_0)$ genau eine Lösung von $y' = f(x,y)$. Wir bezeichnen nun diese Lösung mit $\varphi(x; x_0, y_0)$; sie heißt die* **allgemeine Lösung.** *Es ist also*

$$\frac{\mathrm{d}}{\mathrm{d}x}\varphi(x; x_0, y_0) = f(x, \varphi(x; x_0, y_0)), \qquad \varphi(x_0; x_0, y_0) = y_0.$$

Wir erläutern dies an einem einfachen Beispiel: Die Lösungen von $y' = y$ sind $y = c \cdot \mathrm{e}^x$, die Lösung durch $(x_0, y_0)$ ergibt sich mit $c := y_0 \cdot \mathrm{e}^{-x_0}$; somit ist die allgemeine Lösung

$$\varphi(x; x_0, y_0) = y_0 \cdot \mathrm{e}^{x - x_0}.$$

## 8.2 Einige Lösungsmethoden

Wir geben folgende Lösungsmethoden an:
Trennung der Variablen, Substitution, Variation der Konstanten.

### Trennung der Variablen
Wenn man $f$ darstellen kann als Produkt $f(x,y) = g(x) \cdot h(y)$ mit stetigen Funktionen $g, h$, dann hat man die Differentialgleichung

$$\frac{\mathrm{d}y}{\mathrm{d}x} = g(x) \cdot h(y).$$

Man „trennt" nun die Variablen und schreibt, falls $h(y) \neq 0$ ist, symbolisch

$$\frac{\mathrm{d}y}{h(y)} = g(x)\,\mathrm{d}x.$$

Die Gleichung

$$\int \frac{\mathrm{d}y}{h(y)} = \int g(x)\,\mathrm{d}x$$

ist dann wieder sinnvoll und bedeutet: Ist $H$ eine Stammfunktion von $\frac{1}{h}$ und $G$ eine von $g$, so ist $H(y) = G(x)$; wegen $H'(y) = \frac{1}{h(y)} \neq 0$ kann man diese Gleichung lokal nach $y$ auflösen und erhält eine Lösung $y = H^{-1}(G(x))$. Dass $\varphi(x) = H^{-1}(G(x))$ eine Lösung ist, rechnet man nach: Es ist $H(\varphi(x)) = G(x)$, also $H'(\varphi(x))\varphi'(x) = G'(x)$, somit $\frac{\varphi'(x)}{h(\varphi(x))} = g(x)$.

Wir bringen dazu einige Beispiele:

**Beispiel 8.2.1** Für die Differentialgleichung

$$y' = \frac{y}{x}, \quad x > 0$$

ergibt sich $\frac{\mathrm{d}y}{y} = \frac{\mathrm{d}x}{x}$, also $\ln|y| = \ln|x| + C$ und daher $y = \pm e^C \cdot x$; die Lösungen sind also

$$y = cx \text{ mit } c \in \mathbb{R}$$

und die Lösung durch $(x_0, y_0)$, $x_0 > 0$, ist $y = \frac{y_0}{x_0} \cdot x$. Die allgemeine Lösung ist also

$$\varphi(x; x_0, y_0) = \frac{y_0}{x_0} \cdot x, \quad x_0 > 0.$$

∎

**Beispiel 8.2.2** Um

$$y' = -\frac{x}{y}, \quad y > 0$$

zu lösen, schreibt man $\frac{\mathrm{d}y}{\mathrm{d}x} = -\frac{x}{y}$ ; Trennung der Variablen ergibt $y\,\mathrm{d}y = -x\,\mathrm{d}x$, daraus folgt $\frac{1}{2}y^2 = -\frac{1}{2}x^2 + c$ und somit $y^2 + x^2 = r^2$ mit $r^2 = 2c$, also

$$y = \sqrt{r^2 - x^2} \text{ für } |x| < r.$$

Die allgemeine Lösung ist

$$\varphi(x; x_0, y_0) = \sqrt{y_0^2 + x_0^2 - x^2},$$

sie ist definiert in $\{(x; x_0, y_0) \in \mathbb{R}^3 | y_0 > 0,\ |x| < \sqrt{x_0^2 + y_0^2}\}$.
Wir gehen in 11.5 nochmals auf diese Differentialgleichung ein.

∎

**Beispiel 8.2.3** Wir behandeln die Differentialgleichung

$$y' = -y^2,$$

das zugehörige Richtungsfeld haben wir oben skizziert.
Die Funktion $f(x, y) = -y^2$ genügt lokal einer Lipschitz-Bedingung und daher geht durch jeden Punkt $(x_0, y_0) \in \mathbb{R}^2$ genau eine Lösung. Man hat die triviale Lösung $y \equiv 0$; daraus folgt, dass alle anderen Lösungen keine Nullstelle besitzen. Trennung der Variablen liefert $-y^{-2}\mathrm{d}y = \mathrm{d}x$ und $y^{-1} = x + c$; also $y = \frac{1}{x+c}$ mit $c \in \mathbb{R}$.
Die allgemeine Lösung ist somit

$$\varphi(x; x_0, y_0) = \frac{1}{x - x_0 + (1/y_0)} \quad \text{für } y_0 \neq 0; \qquad \varphi(x; x_0, 0) = 0.$$

Die Funktion $x \mapsto \frac{1}{x-x_0+(1/y_0)}$ ist für $y_0 < 0$ in $]-\infty, x_0 - \frac{1}{y_0}[$ definiert und für $y_0 > 0$ in $]x_0 - \frac{1}{y_0}, +\infty[$.
Auch dieses Beispiel zeigt, dass es nicht notwendig Lösungen gibt, die in ganz $\mathbb{R}$ definiert sind, auch wenn $f(x, y)$ in der ganzen Ebene $\mathbb{R}^2$ definiert ist.    ∎

**Substitutionsmethode**
In manchen Fällen kann man eine Differentialgleichung durch eine geeignete Substitution vereinfachen und dann lösen. Ist etwa

$$y' = f(\frac{y}{x}),$$

so setzt man $v := \frac{y}{x}$, also $y = xv$ und $y' = v + xv'$; dann hat man $v + xv' = f(v)$ oder

$$\frac{\mathrm{d}v}{\mathrm{d}x} = \frac{f(v) - v}{x};$$

darauf wendet man Trennung der Variablen an.
Wenn man mit dieser Methode wieder $y' = \frac{y}{x}$ ($x \neq 0$) behandelt, so hat man $v := \frac{y}{x}$, $y' = v + xv'$, also $v + xv' = v$ oder $xv' = 0$, also ist $v = c$ konstant und $y = cx$.

**Variation der Konstanten**
Sind $g, h : [a, b] \to \mathbb{R}$ stetige Funktionen, so heißt

$$y' = g(x) \cdot y + h(x)$$

eine lineare Differentialgleichung. Die Differentialgleichung $y' = g \cdot y$ heißt die zugehörige homogene Gleichung. Um sie zu lösen, wählt man eine Stammfunktion $G$ zu $g$ und erhält alle Lösungen in der Form

$$y = c \cdot \mathrm{e}^{G(x)} \text{ mit } c \in \mathbb{R}.$$

Um eine Lösung der inhomogenen Gleichung $y' = g \cdot y + h$ zu finden, macht man den Ansatz

$$y = c(x) \cdot \mathrm{e}^{G(x)},$$

den man als Variation der Konstanten bezeichnet. Man bestimmt die gesuchte Funktion $c : [a, b] \to \mathbb{R}$ folgendermaßen: Es ist

$$y' = c' \mathrm{e}^{G} + cg\mathrm{e}^{G} = gy + c' \mathrm{e}^{G}.$$

Es soll $y' = gy + h$ sein, also $c' \mathrm{e}^{G} = h$ oder

$$c' = h\mathrm{e}^{-G};$$

$c$ erhält man als Stammfunktion von $h\mathrm{e}^{-G}$. Ist $\tilde{y}$ eine Lösung von $y' = g \cdot y + h$, so ist

$$\{\tilde{y} + c\mathrm{e}^{G} | c \in \mathbb{R}\}$$

die Menge aller Lösungen von $y' = g \cdot y + h$. Es genügt also, eine einzige Lösung der inhomogenen Gleichung zu finden; dann hat man alle Lösungen dieser Gleichung. Die Methode der Variation der Konstanten erläutern wir am Beispiel:

**Beispiel 8.2.4** Es sei

$$y' = y + x.$$

Die homogene Gleichung $y' = y$ hat die Lösungen $y = c\mathrm{e}^{x}$. Variation der Konstanten erfolgt durch den Ansatz $y = c(x)\mathrm{e}^{x}$, also $y' = c'(x)\mathrm{e}^{x} + c(x)\mathrm{e}^{x}$, dies soll gleich $c(x)\mathrm{e}^{x} + x$ sein; somit folgt $c'(x)\mathrm{e}^{x} = x$ oder

$$c'(x) = x \cdot \mathrm{e}^{-x}.$$

Eine Stammfunktion von $x\mathrm{e}^{-x}$ ist $c(x) = -(x + 1)\mathrm{e}^{-x}$ und eine Lösung der inhomogenen Gleichung ist somit $(-(x + 1)\mathrm{e}^{-x})\mathrm{e}^{x} = -(x + 1)$. Alle Lösungen von $y' = y + x$ sind

$$c\mathrm{e}^{-x} - x - 1, \quad c \in \mathbb{R}.$$

Die Methode der Variation der Konstanten erfordert oft längere Rechnungen, denn man benötigt zuerst eine Stammfunktion $G$ von $g$ und dann eine von $h\mathrm{e}^{-G}$.

Das Beispiel $y' = y + x$ kann man einfacher behandeln: Man sucht eine Lösung durch den Ansatz $y = ax + b$ mit gewissen $a, b \in \mathbb{R}$. Dies führt auf die Gleichung $a = (ax + b) + x$; daraus folgt $a = b$ und $a = -1$ und damit erhält man die Lösung $-x - 1$ und alle Lösungen sind $-x - 1 + c\mathrm{e}^{-x}$.                                    ∎

Wir bringen nun einige Beispiele, bei denen die Variable als Zeit interpretiert wird; wie üblich bezeichnen wir sie mit $t$. Die gesuchte Funktion bezeichnet man oft mit $x = x(t)$ und für die Ableitung schreibt man $\dot{x} := \frac{\mathrm{d}x}{\mathrm{d}t}$.

**Beispiel 8.2.5 (Wachstum und Zerfall)** Beim einfachsten Modell für einen Wachstumsprozess einer Bakterienkultur nimmt man an, dass die Zunahme $\mathrm{d}x$ proportional zur Zahl $x(t)$ der zur Zeit $t$ vorhandenen Bakterien und auch proportional zur Zeitspanne $\mathrm{d}t$ ist. Man setzt also an

$$\mathrm{d}x = ax\,\mathrm{d}t$$

mit einer Wachstumskonstanten $a > 0$. Dies liefert die Differentialgleichung

$$\dot{x} = ax$$

mit den Lösungen $x(t) = c\mathrm{e}^{at}$, $c \in \mathbb{R}$, $c = x(0)$. Der Zerfall einer radioaktiven Substanz wird durch $\dot{x} = -ax$ mit der Zerfallskonstanten $a > 0$ beschrieben. Die Lösungen sind $x(t) = c\mathrm{e}^{-at}$ mit $c = x(0)$. Die Zeit $T$, zu der die Hälfte der zur Zeit $t = 0$ vorhandenden Substanz zerfallen ist, bezeichnet man als Halbwertszeit. Es ist also $c\mathrm{e}^{-aT} = \frac{1}{2}c$ oder

$$T = \frac{1}{a}\ln 2.$$

∎

**Beispiel 8.2.6 (Wachstum und Zuwanderung)** Wir nehmen nun an, dass zum Wachstum mit einer Wachstumskonstanten $a > 0$ (oder Zerfall für $a < 0$) noch eine zeitlich konstante Zuwanderung kommt, die durch eine Konstante $b > 0$ beschrieben wird; für $b < 0$ hat man eine Auswanderung. Dies führt auf die Differentialgleichung

$$\dot{x} = ax + b;$$

eine Lösung ist die Konstante $-\frac{b}{a}$, alle Lösungen sind von der Form $-\frac{b}{a} + C\mathrm{e}^{at}$. Zu vorgegebenem Anfangswert $c > 0$ ist

$$\varphi(t) = -\frac{b}{a} + (c + \frac{b}{a})\mathrm{e}^{at}$$

die Lösung mit $\varphi(0) = c$. Es ist

$$\dot{\varphi}(t) = a \cdot (c + \frac{b}{a})\mathrm{e}^{at}.$$

Wir untersuchen den Verlauf von $\varphi$.

Für $a > 0$, $b > 0$, also Wachstum und Zuwanderung, ist $\varphi$ streng monoton wachsend und $\lim\limits_{t \to \infty} \varphi(t) = +\infty$; die Population wächst unbegrenzt.

Falls $a < 0$ und $b < 0$ ist (Zerfall und Auswanderung), ist $\dot{\varphi}(t) < 0$ und $\varphi$ ist streng monoton fallend. Die Funktion $\varphi$ hat eine Nullstelle $t_0 > 0$, nämlich

$$t_0 = \frac{1}{a}\ln\frac{\frac{b}{a}}{c + \frac{b}{a}}.$$

Die Population nimmt also ständig ab, zum Zeitpunkt $t_0$ ist sie ausgestorben.
Wenn $a, b$ verschiedene Vorzeichen haben, so kann man nicht ohne genauere Untersuchung vorhersagen, ob die Population unbegrenzt wächst oder ausstirbt.
Wir betrachten zuerst den Fall $a < 0$ und $b > 0$ (Zerfall und Zuwanderung). Es gilt

$$\lim_{t\to\infty} \varphi(t) = -\frac{b}{a} > 0.$$

Die Population strebt in jedem Fall, unabhängig vom Anfangswert $c$, gegen $-\frac{b}{a}$.
Für $c < -\frac{b}{a}$ ist $\dot{\varphi}(t) > 0$ und $\varphi$ geht monoton wachsend gegen $-\frac{b}{a}$.
Für $c > -\frac{b}{a}$ ist $\dot{\varphi}(t) < 0$ und $\varphi$ geht monoton fallend gegen $-\frac{b}{a}$.
Für $c = -\frac{b}{a}$ ist $\varphi$ natürlich konstant.
Wenn $a > 0$ und $b < 0$ ist (also Wachstum und Auswanderung), dann gilt für
$0 < c < -\frac{b}{a}$: Die Funktion $\varphi$ ist streng monoton fallend und besitzt eine Nullstelle
$t_0 > 0$, die wir oben bereits angegeben haben. Dagegen ist die Funktion $\varphi$ für
$c > -\frac{b}{a}$ streng monoton wachsend und $\lim_{t\to\infty} \varphi(t) = +\infty$. Nun hängt das Verhalten
der Population also vom Anfangswert $c$ ab: Für $c < -\frac{b}{a}$ nimmt sie ab und stirbt aus,
bei $c = -\frac{b}{a}$ ist sie konstant und für $c > -\frac{b}{a}$ wächst sie unbegrenzt.

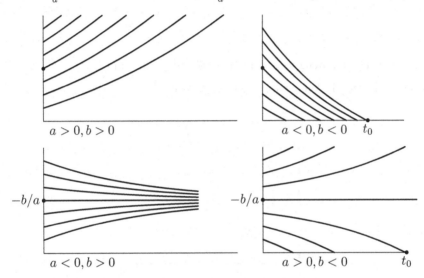

**Beispiel 8.2.7 (Wachstum bei begrenzter Nahrung)** Wir nehmen nun an, dass
eine Bakterienkultur zwar durch Vermehrung anwächst; sie kann jedoch nicht unbegrenzt wachsen, da die Nahrung jeweils nur für $N$ Bakterien ausreicht. Die Zunahme der Kultur ist dann proportional zur Zahl der vorhandenen Bakterien $x$, aber
auch zu $(N - x)$ und zur Zeitspanne $dt$. Damit hat man den Ansatz

$$dx = ax(N - x)\, dt,$$

der zur Differentialgleichung

$$\dot{x} = ax(N - x)$$

führt. Trennung der Variablen liefert

$$\int \frac{dx}{x(N-x)} = a \int dt.$$

Die linke Seite formt man durch Partialbruchzerlegung um:

$$\frac{1}{x(N-x)} = \frac{1}{N}\left(\frac{1}{N-x} + \frac{1}{x}\right).$$

Man erhält dann für $0 < x < N$: $\frac{1}{N}(-\ln(N-x) + \ln x) = at + c_1$  oder $\ln \frac{x}{N-x} = a \cdot N \cdot t + c_1$  und damit

$$c\frac{x}{N-x} = e^{aNt}$$

mit einer Konstanten $c > 0$. Daraus rechnet man $x$ aus:

$$x = \frac{N}{1 + ce^{-aNt}}.$$

Diese Funktion ist streng monoton wachsend und es gilt: $\lim_{t \to +\infty} x(t) = N$. Wählt man etwa als Anfangswert $x(0) = \frac{N}{10}$, so ist

$$x = \frac{N}{1 + 9e^{-aNt}}.$$

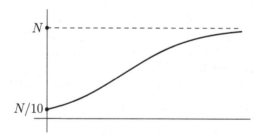

## 8.3 Systeme von Differentialgleichungen

Wir behandeln nun Systeme von Differentialgleichungen; diese sind von der Form

$$y_1' = f_1(x, y_1, ..., y_n)$$
$$\dotfill$$
$$y_n' = f_n(x, y_1, ..., y_n).$$

Um die Schreibweise zu vereinfachen, führen wir folgende Bezeichnungen ein: Es sei $U \subset \mathbb{R}^{n+1}$ offen; die Punkte von $U$ schreiben wir nun in der Form

$(x, y_1, ..., y_n)$; außerdem sei $y := (y_1, ..., y_n)$, also $(x, y_1, ..., y_n) = (x, y)$. Eine Abbildung $f : U \to \mathbb{R}^n$ wird durch $n$ Funktionen $f_1, ..., f_n$ gegeben, also $f : U \to \mathbb{R}^n$, $(x, y) \mapsto (f_1(x, y), ..., f_n(x, y))$. Das Differentialgleichungssystem $y'_1 = f_1(x, y_1, ..., y_n), ..., y'_n = f_n(x, y_1, ..., y_n)$ können wir dann in der Form

$$y' = f(x, y)$$

schreiben.

**Definition 8.3.1** *Sei $U \subset \mathbb{R}^{n+1}$ offen, $f : U \to \mathbb{R}^n$ stetig, $c = (c_1, ..., c_n) \in \mathbb{R}^n$; $(x_0, c) \in U$. Eine differenzierbare Abbildung*

$$\varphi : [x_0 - \delta, x_0 + \delta] \to \mathbb{R}^n, \; x \mapsto (\varphi_1(x), ..., \varphi_n(x)),$$

*heißt* **Lösung von** $y' = f(x, y)$ **durch** $(x_0, c)$, *wenn für alle $x \in [x_0 - \delta, x_0 + \delta]$ gilt:*

*(1)*  $(x, \varphi(x)) \in U$,
*(2)*  $\varphi'_1(x) = f_1(x, \varphi_1(x), ..., \varphi_n(x)), ..., \varphi'_n(x) = f_n(x, \varphi_1(x), ..., \varphi_n(x))$,
*(3)*  $\varphi_1(x_0) = c_1, ..., \varphi_n(x_0) = c_n$.

Analog zu 8.1.3 definiert man

**Definition 8.3.2** *Eine Abbildung $f : U \to \mathbb{R}^n$ genügt einer* **Lipschitz-Bedingung**, *wenn ein $L > 0$ existiert mit*

$$\|f(x, y) - f(x, \tilde{y})\| \leq L \cdot \|y - \tilde{y}\|$$

*für alle $(x, y), (x, \tilde{y}) \in U$ (dabei ist $\|y\| = \sqrt{y_1^2 + ... + y_n^2}$).*
*$f$ genügt lokal einer Lipschitz-Bedingung, wenn es zu jedem Punkt von $U$ eine Umgebung $U' \subset U$ gibt, in der $f$ einer Lipschitz-Bedingung genügt.*

Ähnlich wie in 8.1.5 und 8.1.6 beweist man:

**Satz 8.3.3 (Existenz- und Eindeutigkeitssatz)** *Es sei $U \subset \mathbb{R}^{n+1}$ offen, die Abbildung $f : U \to \mathbb{R}^n$ sei stetig und genüge lokal einer Lipschitz-Bedingung. Dann existiert durch jeden Punkt $(x_0, c) \in U$ genau eine Lösung $\varphi : [x_0 - \delta, x_0 + \delta] \to \mathbb{R}^n$ der Differentialgleichung $y' = f(x, y)$.*

**Lineare Differentialgleichungssysteme**

Es sei $I$ ein offenes Intervall; für $i, j = 1, ..., n$ seien $a_{ij} : I \to \mathbb{R}$ und $b_i : I \to \mathbb{R}$ stetige Funktionen; setzt man

$$A(x) = \begin{pmatrix} a_{11}(x) \dots a_{1n}(x) \\ \dots\dots\dots \\ a_{n1}(x) \dots a_{nn}(x) \end{pmatrix}, \qquad b(x) = \begin{pmatrix} b_1(x) \\ \dots \\ b_n(x) \end{pmatrix},$$

so ist $A : I \to \mathbb{R}^{n^2}$, $x \mapsto A(x)$, eine stetige Matrix und $b : I \to \mathbb{R}^n$, $x \mapsto b(x)$, ein stetiger Vektor.

Dann heißt

$$y' = A(x)y + b(x)$$

ein lineares Differentialgleichungssystem; ausführlich geschrieben lautet es:

$$
\begin{aligned}
y_1' &= a_{11}(x)y_1 + a_{12}(x)y_2 + \ldots + a_{1n}(x)y_n + b_1(x) \\
y_2' &= a_{21}(x)y_1 + a_{22}(x)y_2 + \ldots + a_{2n}(x)y_n + b_2(x) \\
&\;\;\ldots\ldots\ldots\ldots\ldots\ldots\ldots\ldots\ldots\ldots\ldots\ldots \\
y_n' &= a_{n1}(x)y_1 + a_{n2}(x)y_2 + \ldots + a_{nn}(x)y_n + b_n(x)
\end{aligned}
$$

Es ist leicht zu zeigen, dass die Funktion $A(x)y + b(x)$ einer Lipschitz-Bedingung genügt; somit geht durch jeden Punkt genau eine Lösung. Man kann beweisen, dass in diesem Fall die Lösungen auf ganz $I$ existieren. Wir setzen

$$L(A, b) := \{\varphi : I \to \mathbb{R}^n \,|\, \varphi \text{ ist differenzierbar und } \varphi' = A\varphi + b\};$$

$L(A, b)$ ist also die Menge aller Lösungen von $y' = Ay + b$ und $L(A, 0)$ die Lösungsmenge des zugehörigen homogenen Gleichungssystems $y' = Ay$. Es gilt:

**Satz 8.3.4** $L(A, b)$ *ist ein affiner Raum und* $L(A, 0)$ *der zugehörige Vektorraum. Ist* $\varphi \in L(A, b)$*, so ist*

$$\boxed{L(A; b) = \varphi + L(A, 0).}$$

**Beweis.** Aus $\varphi \in L(A, b)$ und $\psi \in L(A, 0)$ folgt $\varphi + \psi \in L(A, b)$, und aus $\varphi, \tilde{\varphi} \in L(A, b)$ folgt $\varphi - \tilde{\varphi} \in L(A, 0)$. Daraus ergibt sich die Behauptung. $\square$

Nun soll $L(A, 0)$ näher untersucht werden. Wir erinnern dazu an den Begriff der linearen Abhängigkeit: $\varphi_1, ..., \varphi_k \in L(A, 0)$ heißen linear abhängig, wenn es $(c_1, ..., c_k) \neq (0, ..., 0)$ gibt mit $c_1\varphi_1 + ... + c_k\varphi_k = 0$, also

$$c_1\varphi_1(x) + ... + c_k\varphi_k(x) = 0 \quad \text{für alle } x \in I.$$

Elemente $\varphi_1, ..., \varphi_k \in L(A, 0)$ sind linear abhängig in einem Punkt $x_0 \in I$, wenn es $(c_1, ..., c_k) \neq (0, ..., 0)$ gibt mit $c_1\varphi_1(x_0) + ... + c_k\varphi_k(x_0) = 0$.

Das homogene System $y' = A(x)y$ hat die triviale Lösung $y \equiv 0$, aus dem Eindeutigkeitssatz folgt daher: Ist $\varphi \in L(A, 0)$ und besitzt $\varphi$ eine Nullstelle, so ist $\varphi \equiv 0$. Es gilt der wichtige Satz

**Satz 8.3.5** *Elemente* $\varphi_1, .., \varphi_k \in L(A, 0)$ *sind genau dann linear abhängig, wenn sie in einem Punkt* $x_0 \in I$ *linear abhängig sind.*

**Beweis.** Es sei $x_0 \in I$, $(c_1, ..., c_k) \neq (0, ..., 0)$ und $c_1\varphi_1(x_0) + ... + c_k\varphi_k(x_0) = 0$. Wir setzen $\psi := c_1\varphi_1 + ... + c_k\varphi_k$; dann ist $\psi \in L(A, 0)$ und $\psi(x_0) = 0$. Aus dem Eindeutigkeitssatz 8.1.5 folgt $\psi(x) = 0$ für alle $x \in I$ und damit folgt die Behauptung. $\square$

**Definition 8.3.6** *Eine Basis* $(\varphi_1, ..., \varphi_n)$ *von* $L(A, 0)$ *bezeichnet man auch als* **Fundamentalsystem** *zur Differentialgleichung* $y' = A(x) \cdot y$.

**Satz 8.3.7** *Der Vektorraum $L(A,0)$ hat die Dimension $n$. Ein $n$-Tupel $(\varphi_1, ..., \varphi_n)$ von Elementen aus $L(A,0)$ ist genau dann ein Fundamentalsystem, wenn ein $x_0 \in I$ existiert, so dass $\varphi_1(x_0), ..., \varphi_n(x_0)$ linear unabhängig (im $\mathbb{R}^n$) sind.*

**Beweis.** Es sei $x_0 \in I$ und $(\varphi_1(x_0), ..., \varphi_n(x_0))$ eine Basis des $\mathbb{R}^n$. Wir zeigen, dass jedes $\psi \in L(A,0)$ eindeutig als Linearkombination der $\varphi_1, ..., \varphi_n$ darstellbar ist. Zu $\psi(x_0)$ gibt es nach Voraussetzung genau ein $n$-Tupel $(\lambda_1, ..., \lambda_n) \in \mathbb{R}^n$ mit $\psi(x_0) = \lambda_1\varphi_1(x_0) + ... + \lambda_n\varphi_n(x_0)$. Aus dem Eindeutigkeitssatz 8.1.5 folgt dann $\psi(x) = \lambda_1\varphi_1(x) + ... + \lambda_n\varphi_n(x)$ für alle $x \in I$ und damit ist die Behauptung bewiesen.    □

**Definition 8.3.8** *Es sei $(\varphi_1, ..., \varphi_n)$ ein $n$-Tupel aus $L(A,0)$; dann heißt*

$$W := \det(\varphi_1, ..., \varphi_n)$$

*die* **Wronski-Determinante** *von $(\varphi_1, ..., \varphi_n)$.*

Aus 8.3.5 folgt:

**Satz 8.3.9** *Wenn die Wronski-Determinante $W$ zu $(\varphi_1, ..., \varphi_n)$ eine Nullstelle besitzt, dann ist sie identisch Null. $(\varphi_1, ..., \varphi_n)$ ist genau dann ein Fundamentalsystem zu $y' = A(x)y$, wenn $W$ nicht identisch Null ist.*

Die Wronski-Determinante genügt einer Differentialgleichung (die Spur von $A$ hatten wir definiert durch $\mathrm{sp}A := a_{11} + ... + a_{nn}$ ), es gilt:

**Satz 8.3.10** *Ist $W$ die Wronski-Determinante eines $n$-Tupels $(\varphi_1, ..., \varphi_n)$ aus $L(A,0)$, so gilt:*

$$W' = (\mathrm{sp}A(x)) \cdot W.$$

Diese Aussage soll für $n = 2$ bewiesen werden. Es sei

$$A = \begin{pmatrix} a_{11} & a_{12} \\ a_{21} & a_{22} \end{pmatrix}, \varphi_1 = \begin{pmatrix} \varphi_{11} \\ \varphi_{21} \end{pmatrix}, \varphi_2 = \begin{pmatrix} \varphi_{12} \\ \varphi_{22} \end{pmatrix}.$$

Wegen $\varphi_1, \varphi_2 \in L(A,0)$ ist $\varphi'_{ij} = a_{i1}\varphi_{1j} + a_{i2}\varphi_{2j}$ für $i, j = 1, 2$. Daher gilt

$$\begin{aligned} W' &= (\varphi'_{11}\varphi_{22} - \varphi'_{12}\varphi_{21}) + (\varphi_{11}\varphi'_{22} - \varphi_{12}\varphi'_{21}) = \\ &= (a_{11}\varphi_{11}\varphi_{22} + a_{12}\varphi_{21}\varphi_{22} - a_{11}\varphi_{12}\varphi_{21} - a_{12}\varphi_{22}\varphi_{21}) + \\ &\quad + (a_{21}\varphi_{12}\varphi_{11} + a_{22}\varphi_{22}\varphi_{11} - a_{21}\varphi_{11}\varphi_{12} - a_{22}\varphi_{21}\varphi_{12}) = \\ &= (a_{11} + a_{22})(\varphi_{11}\varphi_{22} - \varphi_{12}\varphi_{21}) = (\mathrm{sp}A) \cdot W. \end{aligned}$$

□

Somit gilt: Ist $S : I \to \mathbb{R}$ eine Stammfunktion von $\mathrm{sp}\,A$, so ist

$$W = c \cdot e^S, \quad c \in \mathbb{R}.$$

Daraus folgt wieder, dass $W$ entweder keine Nullstelle besitzt oder identisch verschwindet.

Wir behandeln nun das inhomogene System

$$y' = A(x)y + b(x).$$

Ist $\psi : I \to \mathbb{R}^n$ eine („spezielle") Lösung davon, so ist nach 8.3.4

$$L(A, b) = \psi + L(A, 0).$$

Wenn $(\varphi_1, ..., \varphi_n)$ ein Fundamentalsystem zu $y' = A(x)y$ ist, so kann man jede Lösung des inhomogenen Systems darstellen in der Form

$$\psi + c_1\varphi_1 + ... + c_n\varphi_n,$$

dabei sind die Konstanten $c_1, ..., c_n \in \mathbb{R}$ eindeutig bestimmt. Wir definieren nun die Matrix

$$\phi := (\varphi_1, ..., \varphi_n),$$

dann ist $\phi' = (\varphi_1', ..., \varphi_n')$, $\phi' = A \cdot \phi$ und $c_1\varphi_1 + ... + c_n\varphi_n = \phi \cdot c$ mit $c \in \mathbb{R}^n$. Eine Lösung $\psi$ der inhomogenen Gleichung kann man wieder durch Variation der Konstanten finden. Mit einer differenzierbaren Abbildung $c : I \to \mathbb{R}^n$ hat man den Ansatz $\psi = \phi \cdot c$. Setzt man $\psi' = \phi' \cdot c + \phi \cdot c' = A \cdot \phi c + \phi \cdot c' = A\psi + \phi \cdot c'$. Daraus folgt $\phi \cdot c' = b$ oder

$$c' = \phi^{-1} \cdot b;$$

daraus kann man $c$ berechnen.

**Lineare Differentialgleichungssysteme mit konstanten Koeffizienten**
Nun behandeln wir den Spezialfall, dass $A$ konstant ist, also $A \in \mathbb{R}^{(n,n)}$. Man rechnet leicht nach:

**Satz 8.3.11** *Ist $\lambda$ ein Eigenwert von $A \in \mathbb{R}^{(n,n)}$ und $v \in \mathbb{R}^n$ ein Eigenvektor zu $\lambda$, so ist*

$$\varphi : \mathbb{R} \to \mathbb{R}^n, \quad x \mapsto e^{\lambda x} \cdot v,$$

*eine Lösung von $y' = Ay$.*

**Beweis.** Aus $Av = \lambda v$ folgt $(e^{\lambda x}v)' = e^{\lambda x}\lambda v = e^{\lambda x}Av = A(e^{\lambda x}v)$.    □
Wenn man eine Basis des $\mathbb{R}^n$ hat, die aus Eigenvektoren von $A$ besteht, so gilt:

**Satz 8.3.12** *Ist $(v_1, ..., v_n)$ eine Basis des $\mathbb{R}^n$, die aus Eigenvektoren von $A$ besteht und sind $\lambda_1, ..., \lambda_n$ die zugehörigen Eigenwerte, so ist*

$$(e^{\lambda_1 x}v_1, \ ..., \ e^{\lambda_n x}v_n)$$

*ein Fundamentalsystem zu $y' = A \cdot y$.*

**Beweis.** Für $j = 1, ..., n$ seien die Abbildungen $\varphi_j$ definiert durch

$$\varphi_j : \mathbb{R} \to \mathbb{R}^n, \quad x \mapsto e^{\lambda_j x}v_j,$$

zu zeigen ist, dass $(\varphi_1, ..., \varphi_n)$ ein Fundamentalsystem ist. Nach 8.3.11 sind die $\varphi_j$ Lösungen von $y' = Ay$. Es ist $\varphi_j(0) = v_j$, daher sind $\varphi_1(0), ..., \varphi_n(0)$ und nach 8.3.5 auch $\varphi_1, ..., \varphi_n$ linear unabhängig. $\qquad\square$

Einen anderen Zugang zu diesen Aussagen erhält man, wenn man die Lösungen von $y' = Ay$ und $y' = (T^{-1}AT)y$ vergleicht:

**Satz 8.3.13** *Es seien $A, T \in \mathbb{R}^{(n,n)}$, die Matrix $T$ sei invertierbar, dann gilt: Wenn $\psi$ eine Lösung von $y' = (T^{-1}AT)y$ ist, dann ist $T\psi$ eine Lösung von $y' = Ay$.*

**Beweis.** Sei $\varphi := T\psi$; dann ist $\varphi' = T\psi' = T(T^{-1}AT)\psi = AT\psi = A\varphi$. $\qquad\square$

Diese Aussage liefert folgende Methode: Um $y' = Ay$ zu lösen, geht man zu einer „einfacheren" Matrix $T^{-1}AT$ über und löst $y' = (T^{-1}AT)y$. Mit jeder Lösung $\psi$ dieser Gleichung erhält man eine Lösung von $y' = Ay$, nämlich $T\psi$. Unter einer „einfacheren" Matrix kann man etwa eine Diagonalmatrix oder Dreiecksmatrix verstehen. In 7.10.8 wurde gezeigt, dass jede symmetrische Matrix diagonalisierbar ist. Wenn man komplexe Matrizen zulässt, so ist nach 7.8.20 jede Matrix zu einer Dreiecksmatrix ähnlich.

Falls $A$ diagonalisierbar ist, existiert ein $T$ mit

$$T^{-1}AT = \begin{pmatrix} \lambda_1 & & 0 \\ & \ddots & \\ 0 & & \lambda_n \end{pmatrix}.$$

Die Gleichung $y' = T^{-1}ATy$ ist dann

$$y_1' = \lambda_1 y_1, \quad y_2' = \lambda_2 y_2, \quad ......, \quad y_n' = \lambda_n y_n.$$

Ein Fundamentalsystem ist

$$(\mathrm{e}^{\lambda_1 x} \cdot e_1, ..., \mathrm{e}^{\lambda_n x} \cdot e_n).$$

Nach 8.3.13 sind dann $\mathrm{e}^{\lambda_j x} \cdot t_j$ Lösungen von $y' = Ay$; dabei ist $t_j$ der $j$-te Spaltenvektor von $T$ und $t_j$ ist Eigenvektor von $A$; damit hat man wieder 8.3.12.

Falls $T^{-1}AT$ eine Dreiecksmatrix ist, löst man die Gleichungen „von unten nach oben". Wir erläutern dies für $n = 2$. Es sei also

$$T^{-1}AT = \begin{pmatrix} a_{11} & a_{12} \\ 0 & a_{22} \end{pmatrix},$$

dann hat man die Differentialgleichung

$$\begin{aligned} y_1' &= a_{11}y_1 + a_{12}y_2, \\ y_2' &= \phantom{a_{11}y_1 +} a_{22}y_2. \end{aligned}$$

Die Lösungen der 2. Gleichung sind $c \cdot \mathrm{e}^{a_{22}x}$ mit $c \in \mathbb{R}$; dies setzt man in die 1. Gleichung ein und löst die inhomogene Gleichung

$$y_1' = a_{11}y_1 + a_{12}c\mathrm{e}^{a_{22}x}.$$

Wir bringen noch einige Beispiele. Dabei bezeichnen wir die Variable mit $t$, die gesuchten Funktionen mit $x(t), y(t)$ und die Ableitung mit $\dot{x} := \frac{\mathrm{d}x}{\mathrm{d}t}$.

**Beispiel 8.3.14** Gegeben seien zwei Bakterienkulturen, die sich gegenseitig bekämpfen. Die Anzahl der Bakterien zum Zeitpunkt $t$ sei $x(t)$ bzw. $y(t)$. Die „Kampfkraft" wird ausgedrückt durch positive Konstante, die wir in der Form $a^2, b^2$ mit $a, b \in \mathbb{R}$, $a > 0$, $b > 0$, schreiben. Dann hat man ein Differentialgleichungssystem

$$\begin{aligned} \dot{x} &= -a^2 y, \\ \dot{y} &= -b^2 x; \end{aligned}$$

also

$$\begin{pmatrix} \dot{x} \\ \dot{y} \end{pmatrix} = A \begin{pmatrix} x \\ y \end{pmatrix} \quad \text{mit} \quad A := \begin{pmatrix} 0 & -a^2 \\ -b^2 & 0 \end{pmatrix}.$$

Die Eigenwerte von $A$ sind $a \cdot b$ und $-a \cdot b$; ein Eigenvektor zu $a \cdot b$ ist $\begin{pmatrix} -a \\ b \end{pmatrix}$ und ein Eigenvektor zu $-a \cdot b$ ist $\begin{pmatrix} a \\ b \end{pmatrix}$. Nach Satz 8.3.12 ist

$$\left( \begin{pmatrix} -a \\ b \end{pmatrix} \cdot e^{abt} \quad , \quad \begin{pmatrix} a \\ b \end{pmatrix} \cdot e^{-abt} \right)$$

ein Fundamentalsystem. Nun seien positive Anfangswerte $A, B$ vorgegeben; die Lösung mit $x(0) = A$ und $y(0) = B$ ist dann

$$\begin{aligned} x(t) &= aD e^{abt} + aC e^{-abt} \\ y(t) &= -bD e^{abt} + bC e^{-abt} \end{aligned}$$

dabei haben wir

$$C := \frac{1}{2} \left( \frac{A}{a} + \frac{B}{b} \right) \quad , \quad D := \frac{1}{2} \left( \frac{A}{a} - \frac{B}{b} \right)$$

gesetzt. Wir unterscheiden nun die Fälle $D > 0$ und $D = 0$. Für $D > 0$, also $\frac{A}{a} > \frac{B}{b}$ ist $x(t) > 0$ für alle $t \geq 0$; dagegen besitzt $y(t)$ eine Nullstelle $t_0 > 0$, nämlich

$$t_0 = \frac{1}{2ab} \ln \frac{C}{D}.$$

Die zweite Population $y(t)$ ist also zum Zeitpunkt $t_0$ ausgestorben. Aus der Differentialgleichung folgt $\dot{x}(t_0) = 0$; die erste Population $x(t)$ besitzt in $t_0$ ein Minimum. Bei unserer Interpretation ist es nicht sinnvoll, den Verlauf für $t > t_0$, also $y(t) < 0$, zu betrachten.

Den Fall $D < 0$ können wir durch Vertauschung der beiden Funktionen auf den ersten Fall zurückführen.

Nun sei $D = 0$, also $\frac{A}{a} = \frac{B}{b} = C$. Dann ist

$$\begin{aligned} x(t) &= A \cdot e^{-abt} \\ y(t) &= B \cdot e^{-abt} \end{aligned}$$

die beiden Populationen sterben nie aus, gehen aber monoton fallend gegen 0; der Quotient $\frac{x(t)}{y(t)}$ ist konstant.  ∎

**Beispiel 8.3.15** Wie im vorhergehenden Beispiel betrachten wir zwei Populationen $x(t)$ und $y(t)$, die sich gegenseitig bekämpfen; außerdem nehmen wir an, dass noch Vermehrung (oder Zerfall) vorliegt. Wir haben dann ein Differentialgleichungssystem

$$\begin{aligned} \dot{x} &= ax - by \\ \dot{y} &= -bx + cy \end{aligned}$$

Die Konstanten $a$ und $c$ interpretieren wir als Wachstum (oder Zerfall) der Population $x$ bzw. $y$; die Konstante $b > 0$ wird als Intensität des gegenseitigen Bekämpfens aufgefasst. Wir nehmen jeweils gleiche „Kampfkraft" an, nicht nur wegen der Chancengleichheit, sondern vor allem, um eine symmetrische Matrix

$$A = \begin{pmatrix} a & -b \\ -b & c \end{pmatrix}$$

zu erhalten. Nach 7.10.8 besitzt $A$ reelle Eigenwerte und es gibt eine Orthonormalbasis von Eigenvektoren. Die Eigenwerte sind

$$\frac{a + c \pm \sqrt{(a-c)^2 + 4b^2}}{2}.$$

Wir behandeln als erstes Beispiel

$$\begin{aligned} \dot{x} &= 5x - 2y \\ \dot{y} &= -2x + 2y \end{aligned}$$

Die Eigenwerte sind 6 und 1; ein Eigenvektor zu 6 ist $\begin{pmatrix} -2 \\ 1 \end{pmatrix}$, einer zu 1 ist $\begin{pmatrix} 1 \\ 2 \end{pmatrix}$ und man erhält die Lösungen

$$\begin{aligned} x(t) &= -2c_1 e^{6t} + c_2 e^t \\ y(t) &= c_1 e^{6t} + 2c_2 e^t \end{aligned}$$

Wählt man gleiche Anfangswerte, etwa $x(0) = y(0) = 5$, so ist

$$\begin{aligned} x(t) &= 2e^{6t} + 3e^t \\ y(t) &= -e^{6t} + 6e^t \end{aligned}$$

Die erste Population wächst unbegrenzt, die zweite stirbt zum Zeitpunkt $t_0 = \frac{1}{5}\ln 6$ aus. Dieses Ergebnis war zu erwarten: Bei gleichen Anfangswerten ist die erste Population, die den größeren Wachstumsfaktor hat, überlegen. Gibt man der zweiten Population einen hinreichend großen Startvorteil, etwa $x(0) = 2$ und $y(0) = 9$, so ergibt sich

$$\begin{aligned} x(t) &= -2e^{6t} + 4e^t \\ y(t) &= e^{6t} + 8e^t \end{aligned}$$

Nun stirbt die erste Population bei $t_0 = \frac{1}{5}\ln 2$ aus. ∎

## 8.4 Differentialgleichungen höherer Ordnung

Wir behandeln nun Differentialgleichungen $n$-ter Ordnung, $n \geq 2$, von der Form

$$y^{(n)} = f(x, y, y', \ldots, y^{(n-1)}).$$

Diese lassen sich zurückführen auf ein System von $n$ Differentialgleichungen 1. Ordnung. Setzt man nämlich

$$y_1 := y, \quad y_2 := y' \quad, \ldots, \quad y_n := y^{(n-1)},$$

so ist

$$y^{(n)} = f(x, y, y', \ldots, y^{(n-1)})$$

äquivalent zu

$$y_1' = y_2,$$
$$y_2' = y_3,$$
$$\ldots\ldots$$
$$y_{n-1}' = y_n,$$
$$y_n' = f(x, y_1, y_2, \ldots, y_n).$$

Der Existenz- und Eindeutigkeitssatz 8.3.3 für Differentialgleichungssysteme liefert damit eine entsprechende Aussage für Differentialgleichungen höherer Ordnung. Wir stellen nun die Definitionen und Sätze zusammen.

**Definition 8.4.1** *Sei $U \subset \mathbb{R}^{n+1}$ offen, $f : U \to \mathbb{R}$ eine stetige Funktion und $(x_0, c_0, c_1, \ldots, c_{n-1}) \in U$.*
*Eine $n$-mal differenzierbare Funktion $\varphi : [x_0 - \delta, x_0 + \delta] \to \mathbb{R}$ heißt* **Lösung** *von*

$$y^{(n)} = f(x, y, y', \ldots, y^{(n-1)})$$

*durch $(x_0, c_0, c_1, \ldots, c_{n-1})$, wenn für alle $x \in [x_0 - \delta, x_0 + \delta]$ gilt:*

*(1)   $(x, \varphi(x), \ldots, \varphi^{(n-1)}(x)) \in U$,*
*(2)   $\varphi^{(n)}(x) = f(x, \varphi(x), \varphi'(x), \ldots, \varphi^{(n-1)}(x))$,*
*(3)   $\varphi(x_0) = c_0, \quad \varphi'(x_0) = c_1, \quad \ldots, \quad \varphi^{(n-1)}(x_0) = c_{n-1}$.*

**Satz 8.4.2 (Existenz- und Eindeutigkeitssatz)** *Sei $U \subset \mathbb{R}^{n+1}$ offen; wenn die Funktion $f : U \to \mathbb{R}$ stetig ist und lokal einer Lipschitz-Bedingung genügt, dann existiert durch jeden Punkt $(x_0, c_0, \ldots, c_{n-1}) \in U$ genau eine Lösung der Differentialgleichung $y^{(n)} = f(x, y, y', \ldots, y^{(n-1)})$.*

Wir erläutern den Fall $n = 2$, also

$$y'' = f(x, y, y').$$

Diese Differentialgleichung ist äquivalent zum System 1. Ordnung

$$y_1' = y_2,$$
$$y_2' = f(x, y_1, y_2);$$

das heißt: Ist $\varphi$ eine Lösung von $y'' = f(x, y, y')$, so ist $\binom{\varphi}{\varphi'}$ eine Lösung des Systems. Ist umgekehrt $\binom{\varphi_1}{\varphi_2}$ eine Lösung des Systems, so löst $\varphi_1$ die Differential-gleichung $y'' = f(x, y, y')$.

Lineare Differentialgleichungen $n$-ter Ordnung mit Koeffizienten $a_0, \ldots, a_{n-1}, b$, die auf einem Intervall $I$ stetig sind, schreiben wir in der Form

$$y^{(n)} + a_{n-1}(x)y^{(n-1)} + \ldots + a_1(x)y' + a_0(x)y = b(x).$$

Die Lösungen sind wieder auf ganz $I$ definiert; es gilt:

**Satz 8.4.3** *Sind* $a_0, \ldots, a_{n-1}, b : I \to \mathbb{R}$ *stetig, so existiert zu* $x_0 \in I$ *und* $(c_0, \ldots, c_{n-1}) \in \mathbb{R}^n$ *genau eine Lösung* $\varphi : I \to \mathbb{R}$ *von*

$$y^{(n)} + a_{n-1}(x)y^{n-1} + \ldots + a_0(x)y = b(x)$$

*mit* $\varphi(x_0) = c_0$, $\varphi'(x_0) = c_1, \ldots, \varphi^{(n-1)}(x_0) = c_{n-1}$. *Die Menge aller Lösungen der homogenen Gleichung*

$$y^{(n)} + a_{n-1}(x)y^{(n-1)} + \ldots + a_0(x)y = 0$$

*ist ein* $n$-*dimensionaler Vektorraum.*

Analog zu 8.3.8 definiert man: Sind $\varphi_1, \ldots, \varphi_n$ Lösungen der homogenen Gleichung, so heißt

$$W := \begin{vmatrix} \varphi_1 & \cdots & \varphi_n \\ \varphi_1' & \cdots & \varphi_n' \\ \cdots & \cdots & \cdots \\ \varphi_1^{(n-1)} & \cdots & \varphi_n^{(n-1)} \end{vmatrix}$$

die Wronski-Determinante. Wenn $W$ eine Nullstelle hat, dann ist $W \equiv 0$. Lösungen $\varphi_1, \ldots, \varphi_n$ sind genau dann linear unabhängig, also ein Fundamentalsystem, wenn $W \neq 0$ ist.

**Lineare Differentialgleichungen n-ter Ordnung mit konstanten Koeffizienten**

Wir behandeln nun Differentialgleichungen $n$-ter Ordnung mit konstanten Koeffizi-enten $a_0, \ldots, a_{n-1}$; die Lösungen sind nun auf ganz $\mathbb{R}$ definiert.

Zunächst versuchen wir mit elementaren Mitteln, Lösungen von

$$y^{(n)} + a_{n-1}y^{(n-1)} + \ldots + a_0y = 0$$

zu finden. Wir machen den Ansatz $y = e^{\lambda x}$; die $k$-te Ableitung dieser Funktion ist $\lambda^k e^{\lambda x}$ und somit erhalten wir

$$(\lambda^n + a_{n-1}\lambda^{n-1} + \ldots + a_1\lambda + a_0)e^{\lambda x} = 0.$$

Ist also $\lambda$ eine Nullstelle des Polynoms $p(t) := t^n + a_{n-1}t^{n-1} + \ldots + a_1 t + a_0$, so ist $e^{\lambda x}$ eine Lösung der Differentialgleichung. Nun taucht folgendes Problem auf: Wenn $p$ mehrfache Nullstellen hat, dann erhält man auf diese Weise weniger als $n$ Lösungen, also kein Fundamentalsystem.

Zur weiteren Behandlung ist es zweckmäßig, den Begriff des (linearen) Differentialoperators einzuführen. Wir schreiben

$$D := \frac{\mathrm{d}}{\mathrm{d}x}, \quad D^n := \frac{\mathrm{d}^n}{\mathrm{d}x^n},$$

und für ein Polynom

$$p(t) = t^n + a_{n-1}t^{n-1} + \ldots + a_1 t + a_0$$

setzen wir

$$L := p(D) = D^n + a_{n-1}D^{n-1} + \ldots + a_1 D + a_0.$$

Dann heißt $L$ ein (linearer) Differentialoperator. Für eine beliebig oft differenzierbare Funktion $f$ ist

$$Df = f', \qquad D^n f = f^{(n)}, \qquad L(f) = f^{(n)} + a_{n-1}f^{(n-1)} + \ldots + a_1 f' + a_0 f;$$

die Differentialgleichung

$$y^{(n)} + a_{n-1}y^{(n-1)} + \ldots + a_1 y' + a_0 y = 0, \qquad a_{n-1}, \ldots a_0 \in \mathbb{R},$$

kann man dann in der Form

$$Ly = 0 \text{ mit } L = p(D)$$

schreiben. Zum Polynom $p'(t) = \sum\limits_{k=1}^{n} k a_k t^{k-1}$, $a_n = 1$, gehört der Differentialoperator

$$L_1 := p'(D), \quad \text{also} \quad L_1 y = ny^{(n-1)} + (n-1)a_{n-1}y^{(n-2)} + \ldots + a_1 y.$$

Wir zeigen:

**Satz 8.4.4** *Ist $f : \mathbb{R} \to \mathbb{R}$ beliebig oft differenzierbar, so gilt:*

$$L_1(f) = L(xf) - xL(f).$$

**Beweis.** Mit $xf$ ist die Funktion $x \mapsto xf(x)$ gemeint. Es ist $(xf)' = f + xf'$ und $(xf)'' = 2f' + xf''$; allgemein gilt für $k \in \mathbb{N}$:

$$(xf)^{(k)} = kf^{(k-1)} + xf^{(k)}.$$

Daraus folgt $(a_n = 1)$ :

$$L(xf) = \sum_{k=0}^{n} a_k(xf)^{(k)} = \sum_{k=0}^{n} a_k(kf^{(k-1)} + xf^{(k)}) = L_1(f) + xL(f).$$

$\square$

Nun ergibt sich

**Satz 8.4.5** *Es sei $\lambda$ eine $r$-fache Nullstelle des Polynoms*

$$p(t) = t^n + a_{n-1}t^{n-1} + \ldots + a_1 t + a_0;$$

*dann sind die Funktionen*

$$e^{\lambda x}, \quad x \cdot e^{\lambda x}, \quad \ldots, x^{r-1}e^{\lambda x}$$

*Lösungen der Differentialgleichung $y^{(n)} + a_{n-1}y^{(n-1)} + \ldots + a_0 y = 0$.*

**Beweis.** Wir setzen $L := p(D)$ und $L_1 := p'(D)$; außerdem sei $f(x) = e^{\lambda x}$. Dann ist

$$L(e^{\lambda x}) = \sum_{k=0}^{n} a_k \lambda^k e^{\lambda x} = p(\lambda) \cdot e^{\lambda x}.$$

Wenn $\lambda$ eine Nullstelle von $p$ ist, folgt $L(e^{\lambda x}) = 0$. Falls $\lambda$ zweifache Nullstelle von $p$ ist, gilt auch $p'(\lambda) = 0$, daher $L_1(e^{\lambda x}) = 0$ und es folgt

$$L(xe^{\lambda x}) = L_1(e^{\lambda x}) + xL(e^{\lambda x}) = 0.$$

Bei einer dreifachen Nullstelle betrachtet man $p'(D)$ an Stelle von $p(D)$. Auf diese Weise erhält man die Behauptung.     $\square$

Allgemein gilt:

**Satz 8.4.6** *Es sei $p(t) = t^n + a_{n-1}t^{n-1} + \ldots + a_0$ und $L := p(D)$. Mit paarweise verschiedenen $\lambda_1, \ldots, \lambda_m$ gelte*

$$p(t) = (t - \lambda_1)^{r_1} \cdot \ldots \cdot (t - \lambda_m)^{r_m}.$$

*Dann bilden die folgenden Funktionen ein Fundamentalsystem zu $Ly = 0$ :*

$$e^{\lambda_1 x}, \quad xe^{\lambda_1 x}, \quad \ldots, x^{r_1-1}e^{\lambda_1 x},$$
$$\ldots\ldots\ldots\ldots\ldots\ldots\ldots\ldots\ldots\ldots\ldots$$
$$e^{\lambda_m x}, \quad xe^{\lambda_m x}, \quad \ldots, x^{r_m-1}e^{\lambda_m x}.$$

Die lineare Unabhängigkeit dieser Funktionen wird in [7] bewiesen.

**Lineare Differentialgleichungen 2. Ordnung mit konstanten Koeffizienten**

**Beispiel 8.4.7** Wir behandeln nun noch lineare Differentialgleichungen 2. Ordnung mit konstanten Koeffizienten; diese schreiben wir nun in der Form

$$y'' + 2ay' + by = 0.$$

Diese Differentialgleichung bezeichnet man als Schwingungsgleichung. Sie beschreibt die Bewegung eines Körpers der Masse 1, der an einer elastischen Feder befestigt ist; die rücktreibende Kraft ist $by$, dabei ist $y(x)$ die Entfernung von der Ruhelage zur Zeit $x$. Die Reibung ist proportional zur Geschwindigkeit, also $-2ay'$. Wir nehmen nun an, dass

$$a \geq 0 \text{ und } b > 0$$

ist. Das Polynom $p(t) := t^2 + 2at + b$ hat die Nullstellen

$$\lambda_1 = -a + \sqrt{a^2 - b}, \ \lambda_2 = -a - \sqrt{a^2 - b}.$$

Es gilt: Für $a^2 \neq b$ ist

$$e^{\lambda_1 x}, \ e^{\lambda_2 x}$$

ein Fundamentalsystem; für $a^2 = b$ ist es

$$e^{-ax}, \ x \cdot e^{-ax}.$$

Falls $a^2 > b$ ist („große" Reibung), sind $\lambda_1, \lambda_2$ reell und negativ, alle Lösungen

$$c_1 e^{\lambda_1 x} + c_2 e^{\lambda_2 x}, \ c_1, c_2 \in \mathbb{R},$$

gehen gegen Null. Für $a^2 = b$ sind

$$(c_1 + c_2 x)e^{-ax}, \ c_1, c_2 \in \mathbb{R},$$

die Lösungen, die ebenfalls gegen Null gehen. Wenn $a^2 < b$ ist („kleine" Reibung), dann setzt man $\omega := \sqrt{b - a^2}$; dann sind $\lambda_1 = -a + i\omega$ und $\lambda_2 = -a - i\omega$ komplex und man hat zunächst komplexwertige Lösungen

$$e^{-ax}(c_1 e^{i\omega x} + c_2 e^{-i\omega x}), c_1, c_2 \in \mathbb{C}.$$

Real- und Imaginärteil davon sind ebenfalls Lösungen. Wegen der Eulerschen Formel $e^{i\omega x} = \cos \omega x + i \sin \omega x$ sind dann die reellen Lösungen

$$e^{-ax}(c_1 \cdot \cos \omega x + c_2 \sin \omega x), c_1, c_2 \in \mathbb{R}.$$

Wir können $(c_1, c_2) \neq (0, 0)$ annehmen und setzen $r := \sqrt{c_1^2 + c_2^2}$. Wegen

$$\sin(x + \vartheta) = \cos x \sin \vartheta + \sin x \cos \vartheta$$

kann man $\vartheta$ so wählen, dass gilt:

$$c_1 \cdot \cos \omega x + c_2 \cdot \sin \omega x = r \cdot \sin \omega (x + \vartheta).$$

Für $a^2 < b$ sind also alle reellen Lösungen von der Form

$$r \cdot e^{-ax} \cdot \sin \omega (x + \vartheta) \text{ mit } r \geq 0, \ \vartheta \in \mathbb{R}.$$

Dies stellt für $0 < a < \sqrt{b}$ eine gedämpfte Schwingung dar, die Amplitude geht unter dem Einfluss der Reibung gegen 0. Die Wellenlänge ist $\frac{2\pi}{\omega} = \frac{2\pi}{\sqrt{b-a^2}}$. Für $a = 0$ ist die Schwingung ungedämpft und die Wellenlänge gleich $\frac{2\pi}{\sqrt{b}}$. Wir geben noch die Lösung $\varphi$ von $y'' + 2ay' + b = 0$ an mit

$$\varphi(0) = 1, \quad \varphi'(0) = 0$$

für $a^2 > b$ ist  $\varphi(x) = \frac{1}{2w}(u \cdot \mathrm{e}^{vx} + v \cdot \mathrm{e}^{-ux})$
  mit  $w := \sqrt{a^2 - b},\ u := w + a,\ v := w - a,$
für $a^2 = b$ ist  $\varphi(x) = (1 + ax) \cdot \mathrm{e}^{-ax},$
für $a^2 < b$ ist  $\varphi(x) = \mathrm{e}^{-ax} \cdot (\cos \omega x + \frac{a}{\omega} \sin \omega x)$  mit  $\omega := \sqrt{b - a^2}.$

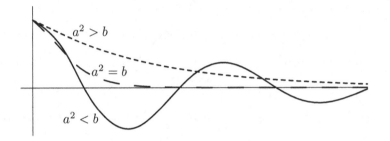

**Beispiel 8.4.8 (Schwingung eines Pendels)** Wir behandeln die Schwingung eines Pendels mit der Masse $m$, die an einem Faden der Länge $l$ hängt und beschreiben die Bewegung durch den Auslenkungswinkel $\varphi(t)$ als Funktion der Zeit $t$. Die Komponente der an $m$ angreifenden Schwerkraft in Richtung der Bahntangente ist $m \cdot g \cdot \sin \varphi$; dabei ist $g$ die Fallbeschleunigung. Der Weg ist $l\varphi$, die Beschleunigung ist also $l \cdot \ddot{\varphi}$ und man erhält die Gleichung

$$ml\frac{\mathrm{d}^2\varphi}{\mathrm{d}t^2} + mg\sin\varphi = 0.$$

Diese Gleichung kann mit elementaren Methoden nicht gelöst werden. Wir behandeln sie noch einmal in Beispiel 11.5.8. Man nimmt nun an, dass die Auslenkung $\varphi$ so klein ist, dass man $\sin \varphi$ durch $\varphi$ ersetzen kann. Damit erhält man

$$\frac{\mathrm{d}^2\varphi}{\mathrm{d}t^2} + \frac{g}{l} \cdot \varphi = 0.$$

Wählt man als Anfangsbedingung $\varphi(0) = \varepsilon;\ \dot{\varphi}(0) = 0$, so ist die Lösung

$$\varphi(t) = \varepsilon \cdot \cos \omega \cdot t \quad \text{mit} \quad \omega = \sqrt{\frac{g}{l}}$$

und die Schwingungsdauer ist $T = 2\pi\sqrt{\frac{l}{g}}.$

**Beispiel 8.4.9 (Gekoppelte Pendel)** Wir behandeln nun die Schwingung von gekoppelten Pendeln: wir betrachten zwei Pendel mit gleicher Masse $m$ und gleicher Länge $l$, die durch eine Feder miteinander verbunden sind.

Im Experiment kann man folgendes beobachten: Zur Zeit $t = 0$ seien beide Pendel in der Ruhelage; versetzt man nun das erste Pendel in eine Schwingung, dann beginnt auch das zweite Pendel, zuerst mit kleiner Amplitude, zu schwingen. Beim ersten Pendel wird die Amplitude immer kleiner, bis es ruht; die Amplitude beim zweiten Pendel wird größer. Dann wiederholt sich der Vorgang in umgekehrter Richtung.

Die Auslenkungswinkel zur Zeit $t$ bezeichnen wir mit $\varphi_1(t)$ und $\varphi_2(t)$; die Konstante $k$ gibt die Federkraft an.

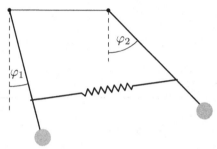

Wenn wir wieder $\sin \varphi$ durch $\varphi$ ersetzen, erhalten wir nun die „gekoppelten" Gleichungen

$$\ddot{\varphi}_1 = -\frac{g}{l} \cdot \varphi_1 + \frac{k}{ml} \cdot (\varphi_2 - \varphi_1)$$
$$\ddot{\varphi}_2 = -\frac{g}{l} \cdot \varphi_2 - \frac{k}{ml} \cdot (\varphi_2 - \varphi_1).$$

Mit

$$a := \frac{g}{l}, \quad b := \frac{k}{ml}$$

ergibt sich

$$\ddot{\varphi}_1 = -(a + b) \cdot \varphi_1 + b \cdot \varphi_2$$
$$\ddot{\varphi}_2 = b \cdot \varphi_2 - (a + b) \cdot \varphi_2.$$

Die Matrix

$$A = \begin{pmatrix} -a - b & b \\ b & -a - b \end{pmatrix}$$

hat das charakteristische Polynom

$$\chi_A(\lambda) = (\lambda + a + b)^2 - b^2, \quad \text{die Eigenwerte sind} \quad \lambda_1 = -a; \; \lambda_2 = -a - 2b.$$

Ein Eigenvektor zu $-a$ ist $\binom{1}{1}$; ein Eigenvektor zu $-a - 2b$ ist $\binom{1}{-1}$; die daraus gebildete Transformationsmatrix ist $T = \begin{pmatrix} 1 & 1 \\ 1 & -1 \end{pmatrix}$ und $T^{-1} = \frac{1}{2} \begin{pmatrix} 1 & 1 \\ 1 & -1 \end{pmatrix}$.

Setzt man $\binom{\psi_1}{\psi_2} := T^{-1} \binom{\varphi_1}{\varphi_2}$, also

$$\psi_1 = \frac{1}{2}(\varphi_1 + \varphi_2), \quad \psi_2 = \frac{1}{2}(\varphi_1 - \varphi_2),$$

so erhält man die „entkoppelten" Differentialgleichungen

$$\ddot{\psi}_1 = \lambda_1 \psi_1$$
$$\ddot{\psi}_2 = \lambda_2 \psi_2$$

Daraus ergibt sich mit

$$\omega_1 := \sqrt{a}, \quad \omega_2 := \sqrt{a + 2b}$$

die Lösung

$$\psi_1 = c_1 \sin \omega_1 t + c_2 \cos \omega_2 t$$
$$\psi_2 = \tilde{c}_1 \sin \omega_1 t + \tilde{c}_2 \cos \omega_2 t$$

Aus $\varphi_1 = \psi_1 + \psi_2$, $\varphi_2 = \psi_1 - \psi_2$ erhält man dann $\varphi_1$, $\varphi_2$.
Wir geben nun folgende Anfangsbedingungen vor:

$$\varphi_1(0) = 2, \quad \dot{\varphi}_1(0) = 0, \quad \varphi_2(0) = 0, \quad \dot{\varphi}_2(0) = 0.$$

Die Lösung dazu ist

$$\varphi_1(t) = \cos \omega_1 t + \cos \omega_2 t$$
$$\varphi_2(t) = \cos \omega_1 t - \sin \omega_2 t$$

mit

$$\omega_1 = \sqrt{\frac{g}{l}}, \qquad \omega_2 = \sqrt{\frac{g}{l} + \frac{2k}{ml}}.$$

Wie in Beispiel 4.3.10 setzen wir nun

$$\omega := \frac{1}{2}(\omega_1 + \omega_2), \quad \vartheta := \frac{1}{2}(\omega_1 - \omega_2),$$

dann ist die Lösung

$$\varphi_1(t) = 2 \cos \omega t \cdot \cos \vartheta t$$
$$\varphi_2(t) = -2 \sin \omega t \cdot \sin \vartheta t.$$

Wenn die Federkraft $k$ klein ist, hat man wieder wie in Beispiel 4.3.10 eine Schwebung: Das erste Pendel schwingt zur Zeit $t = 0$ mit Amplitude 2, während das zweite ruht; dann wird die Amplitude des ersten Pendels kleiner und die des zweiten nimmt zu; zur Zeit $t = \frac{\pi}{2\vartheta}$ hat das zweite Pendel maximale Amplitude 2 und das erste ruht.

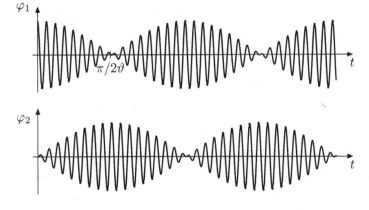

## Aufgaben

**8.1.** Berechnen Sie die allgemeine Lösung von $y' = y + x - 1$.

**8.2.** Geben Sie die Lösung von $y' = y + \frac{e^x}{x}$ mit $y(1) = 1$ an.

**8.3.** Geben Sie die allgemeine Lösung von $y' = y + e^x$ an.

**8.4.** Bestimmen Sie die allgemeine Lösung von $y' = y^2 + 1$.

**8.5.** Bakterien vermehren sich gemäß $dy = ay dt$, dabei ist $y(t)$ die Anzahl der Bakterien zur Zeit $t$. Zur Bekämpfung der Bakterien wird außerdem ein Giftstoff zugeführt; die dadurch verursachte Abnahme der Bakterienzahl sei proportional zu $y$ und zu $t$; also $dy = -bty dt$. Insgesamt ist also $dy = ay dt - bty dt$. Damit ergibt sich die Differentialgleichung

$$\frac{dy}{dt} = ay - bty;$$

dabei sind $a, b$ positive reelle Zahlen. Nun sei $c > 0$; geben Sie die Lösung mit $y(0) = c$ an und beschreiben Sie deren Verlauf für $t \geq 0$. Wachsen die Bakterien unbegrenzt oder sterben sie zu einem Zeitpunkt $t^* > 0$ aus?

**8.6.** Lösen Sie $y'' + 7y' + 12y = 0$.

**8.7.** Lösen Sie $y'' + 2y' + 5y = 0$.

**8.8.** Lösen Sie $y'' + 4y' + 4y = 0$.

**8.9.** Lösen Sie

$$\begin{aligned} y_1' &= -y_1 &&- 3\sqrt{3}\, y_2 \\ y_2' &= -3\sqrt{3}\, y_1 &&+ 5\, y_2 \end{aligned}$$

**8.10.** Lösen Sie

$$\begin{aligned} y_1' &= (1 + \tfrac{1}{2}\sqrt{3})y_1 &&+ \tfrac{1}{2}\, y_2 \\ y_2' &= -\tfrac{3}{2}y_1 &&+ (1 - \tfrac{1}{2}\sqrt{3})y_2 \end{aligned}$$

Hinweis: Bestimmen Sie für die zugehörige Matrix $A$ einen Eigenvektor $t_1$ mit $\|t_1\| = 1$; geben Sie dann eine orthogonale Matrix $T$ an, deren erste Spalte $t_1$ ist. Berechnen Sie nun die Dreiecksmatrix $T^{-1}AT$.

# 9

# Differentialrechnung im $\mathbb{R}^n$

## 9.1 Metrische Räume

Im nächsten Abschnitt untersuchen wir Funktionen $f(x_1, \ldots, x_n)$ von $n$ reellen Variablen $x_1, \ldots, x_n$; diese sind in Teilmengen des $\mathbb{R}^n$ definiert. Daher benötigen wir die topologischen Grundbegriffe für den $\mathbb{R}^n$; darunter versteht man vor allem die Begriffe Umgebung und offene Menge, außerdem soll die Konvergenz von Folgen im $\mathbb{R}^n$ und die Stetigkeit von Funktionen im $\mathbb{R}^n$ behandelt werden.

Dabei stellt sich die Frage, ob der Satz von Bolzano-Weierstrass, dass jede beschränkte Folge in $\mathbb{R}$ eine konvergente Teilfolge besitzt, auch im $\mathbb{R}^n$ gilt. Bei stetigen Funktionen $f$ auf abgeschlossenen Intervallen $[a, b] \subset \mathbb{R}$ hat man die Aussagen, dass $f$ Maximum und Minimum annimmt und gleichmäßig stetig ist. Wie lässt sich dies auf Funktionen im $\mathbb{R}^n$ übertragen?

Wir behandeln diese Fragen allgemein für metrische Räume, damit können wir diese Aussagen auch auf normierte Vektorräume, insbesondere Banach- und Hilberträume, anwenden.

**Definition 9.1.1 (Metrischer Raum)** *Unter einer* **Metrik** *$d$ auf einer Menge $X$ versteht man eine Abbildung*

$$d : X \times X \to \mathbb{R}$$

*mit folgenden Eigenschaften:*
*(1) $d(x, y) = d(y, x)$ für $x, y \in X$*
*(2) $d(x, z) \leq d(x, y) + d(y, z)$ für $x, y, z \in X$*
*(3) $d(x, y) = 0$ gilt genau dann, wenn $x = y$ ist.*
*Das Paar $(X, d)$ heißt dann* **metrischer Raum**, *wir schreiben kurz $X$ statt $(X, d)$.*

Ist $(X, d)$ ein metrischer Raum, $Y$ eine beliebige Teilmenge von $X$ und definiert man $d_Y(x, y) := d(x, y)$ für $x, y \in Y$, so ist $(Y, d_Y)$ wieder ein metrischer Raum; man kann also jede Teilmenge eines metrischen Raumes wieder als metrischen Raum, versehen mit der induzierten Metrik, auffassen.

H. Kerner, W. von Wahl, *Mathematik für Physiker*, Springer-Lehrbuch,
DOI 10.1007/978-3-642-37654-2_9, © Springer-Verlag Berlin Heidelberg 2013

**Beispiel 9.1.2** Im $\mathbb{R}^n$ haben wir für $x = (x_1, ..., x_n)$, $y = (y_1, ..., y_n) \in \mathbb{R}^n$ das kanonische Skalarprodukt

$$< x, y > = x^t y = x_1 y_1 + ... + x_n y_n$$

und die Norm

$$\|x\| = \sqrt{< x, x >} = \sqrt{x_1^2 + ... + x_n^2}.$$

Damit definiert man die „euklidische" Metrik

$$d(x, y) := \|x - y\| = \sqrt{(x_1 - y_1)^2 + ... + (x_n - y_n)^2}.$$

Wir denken uns $\mathbb{R}^n$ immer mit dieser Metrik versehen.

Allgemein gilt: Ist $(V, \| \ \|)$ ein normierter Vektorraum über $\mathbb{R}$ oder $\mathbb{C}$, so definiert man durch $d(x, y) := \|x - y\|$ eine Metrik in $V$.

■

**Umgebungen, offene Mengen**

Es sei $X$ immer ein metrischer Raum; wir definieren nun die topologischen Grundbegriffe Umgebung, offene und abgeschlossene Menge:

**Definition 9.1.3** *Für $p \in X$, $r \in \mathbb{R}, r > 0$, sei $U_r(p) := \{x \in X \mid d(x, p) < r\}$.*
*Ist $p \in X$, so heißt eine Menge $V \subset X$* **Umgebung von** *$p$, wenn ein $r > 0$ existiert mit $U_r(p) \subset V$.*
*Eine Teilmenge $W \subset X$ heißt* **offen**, *wenn zu jedem $x \in W$ ein $r > 0$ existiert mit $U_r(x) \subset W$.*
*Eine Menge $A \subset X$ heißt* **abgeschlossen**, *wenn $X \backslash A := \{x \in X \mid x \notin A\}$ offen ist; zu jedem $p \notin A$ existiert also ein $r > 0$ mit $A \cap U_r(p) = \emptyset$.*

X und die leere Menge $\emptyset$ sind offen und abgeschlossen.

Sei $J$ eine beliebige Indexmenge. Seien $W_j$, $j \in J$, offen und $A_j$, $j \in J$, abgeschlossen. Dann ist $\bigcup_{j \in J} W_j$ offen und wegen $X \setminus \bigcap_{j \in J} A_j = \bigcup_{j \in J} (X \setminus A_j)$ ist $\bigcap_{j \in J} A_j$ ist abgeschlossen.

Die endlichen Durchschnitte offener und die endlichen Vereinigungen abgeschlossener Mengen sind wieder offen bzw. abgeschlossen.

Ist $M \subset X$ eine beliebige Menge, so heißt die Vereinigung aller offenen Mengen $W$ mit $W \subset M$ der **offene Kern** von $M$, man bezeichnet ihn mit $\overset{o}{M}$. Dies ist also die größte offene Menge, die in $M$ enthalten ist. Es gilt:

$$\overset{o}{M} = \{p \in X \mid \text{es gibt ein } r > 0 \text{ mit } U_r(p) \subset M\}.$$

Für $M \subset X$ heißt der Durchschnitt aller abgeschlossenen Mengen $A$ mit $M \subset A$ die **abgeschlossene Hülle** oder **Abschließung** von $M$; sie wird mit $\overline{M}$ bezeichnet. $\overline{M}$ ist die kleinste abgeschlossene Menge, die $M$ enthält. Es gilt:

$$\overline{M} = \{p \in X \mid \text{für alle } r > 0 \text{ ist } U_r(p) \cap M \neq \emptyset\}.$$

Ist $M \subset X$, so heißt $p \in X$ **Randpunkt** von $M$, wenn für jedes $r > 0$ gilt:

$$U_r(p) \cap M \neq \emptyset \quad \text{und} \quad U_r(p) \cap (X \backslash M) \neq \emptyset.$$

In jeder Umgebung eines Randpunktes von $M$ liegen also Punkte, die zu $M$ gehören und Punkte, die nicht zu $M$ gehören. Die Menge aller Randpunkte von $M$ bezeichnet man mit $\partial M$. Es gilt $\overset{o}{M} = M \backslash \partial M$, $\overline{M} = M \cup \partial M$.
Eine Menge $M \subset X$ heißt **dicht** in $X$, wenn $\overline{M} = X$ ist.

**Konvergenz, Stetigkeit**
Nun übertragen wir die Begriffe „Konvergenz" und „ Stetigkeit":

**Definition 9.1.4 (Cauchy-Folge, Konvergenz)** *Eine Folge* $(x_k)_k$, $x_k \in X$, *heißt* **konvergent** *gegen* $p \in X$, *wenn zu jedem* $\varepsilon > 0$ *ein Index* $N(\varepsilon)$ *existiert mit* $d(x_k, p) < \varepsilon$ *für* $k \geq N(\varepsilon)$. *Man schreibt dann* $\lim\limits_{k \to \infty} x_k = p$.
*Eine Folge* $(x_k)_k$ *in* $X$ *heißt* **Cauchy-Folge,** *wenn es zu jedem* $\varepsilon > 0$ *ein* $N(\varepsilon)$ *gibt mit* $d(x_k, x_l) < \varepsilon$ *für* $k, l \geq N(\varepsilon)$.

Analog zu 2.1.3 definieren wir:

**Definition 9.1.5** *Ist* $M \subset X$, *so heißt* $p \in X$ **Häufungspunkt** *von* $M$, *wenn es eine Folge* $(x_k)_k, x_k \in M$, *gibt mit* $x_k \neq p$ *und* $\lim\limits_{k \to \infty} x_k = p$.

Aus der Definition der abgeschlossenen Menge folgt unmittelbar:

**Hilfssatz 9.1.6** *Ist* $A \subset X$ *abgeschlossen und ist* $(x_k)$ *eine Folge in* $A$, *die gegen ein* $p \in X$ *konvergiert, so folgt* $p \in A$.

**Beweis.** Ist $p \notin A$, so existiert ein $r > 0$ mit $U_r(p) \cap A = \emptyset$, also gibt es keine Folge aus $A$, die gegen $p$ konvergiert. $\qquad\square$

**Beispiel 9.1.7** Sei $X = \mathbb{R}^n$ mit der in 9.1.2 eingeführten Metrik.
Die Menge $M := \{x \in X | \; \|x\| < 1\}$ ist offen, $\partial M = \{x \in X | \; \|x\| = 1\}$ und $\overline{M} = \{x \in X | \; \|x\| \leq 1\}$.
Nun sei $p := (0, \ldots, 0, 2)$ und $M_1 := \{x \in X | \; \|x\| < 1\} \cup \{p\}$. Dann ist $\|p\| = 2$ und $\overline{M_1} = \overline{M} \cup \{p\}$, $\partial M_1 = \partial M \cup \{p\}$. Der Punkt $p$ ist kein Häufungspunkt von $M_1$, aber Randpunkt. Deswegen ist $\overset{o}{M_1} = M$. $\qquad\blacksquare$

Aus der Definition von $\overline{M}$ ergibt sich:

**Hilfssatz 9.1.8** *Wenn* $M \subset X$ *dicht in* $X$ *ist, dann existiert zu jedem* $p \in X$ *eine Folge* $(x_k)$ *in* $M$, *die gegen* $p$ *konvergiert.*

**Definition 9.1.9 (Stetigkeit, gleichmäßige Stetigkeit)** *Seien* $(X, d_X)$ *und* $(Y, d_Y)$ *metrische Räume. Eine Abbildung* $f : X \to Y$ *heißt in* $p \in X$ **stetig,** *wenn es zu jedem* $\varepsilon > 0$ *ein* $\delta > 0$ *gibt, so dass für alle* $x \in X$ *mit* $d_X(x, p) < \delta$ *gilt:* $d_Y(f(x), f(p)) < \varepsilon$.
*f heißt* **stetig,** *wenn* $f$ *in jedem Punkt* $p \in X$ *stetig ist.*
*f heißt* **gleichmäßig stetig,** *wenn es zu jedem* $\varepsilon > 0$ *ein* $\delta > 0$ *gibt, so dass für alle* $x, y \in X$ *mit* $d_X(x, y) < \delta$ *gilt:* $d_Y(f(x), f(y)) < \varepsilon$.

Nun beweisen wir, dass $f$ genau dann stetig ist, wenn das Urbild jeder offenen Menge wieder offen ist:

**Satz 9.1.10 (Charakterisierung der Stetigkeit)** *Eine Abbildung $f : X \to Y$ ist genau dann stetig, wenn gilt: Ist $W \subset Y$ eine offene Menge, so ist auch das Urbild $\overset{-1}{f}(W) = \{x \in X \mid f(x) \in W\}$ offen.*

**Beweis.** Sei $f$ stetig und $W \subset Y$ offen. Ist dann $p \in \overset{-1}{f}(W)$, so ist $q := f(p) \in W$; weil $W$ offen ist, existiert ein $\varepsilon > 0$ mit $U_\varepsilon(q) \subset W$. Wegen der Stetigkeit von $f$ gibt es ein $\delta > 0$ mit $f(U_\delta(p)) \subset U_\varepsilon(q) \subset W$. Daher ist $U_\delta(p) \subset \overset{-1}{f}(W)$ und damit ist gezeigt, dass $\overset{-1}{f}(W)$ offen ist.

Nun sei das Urbild jeder offenen Menge $W \subset Y$ offen. Ist dann $p \in X$ und $\varepsilon > 0$, so ist $W := U_\varepsilon(f(p))$ offen und daher auch $\overset{-1}{f}(W)$. Wegen $p \in \overset{-1}{f}(W)$ existiert ein $\delta > 0$ mit $U_\delta(p) \subset \overset{-1}{f}(W)$. Daraus folgt $f(U_\delta(p)) \subset U_\varepsilon(f(q))$ und damit ist die Stetigkeit von $f$ in $p$ gezeigt.    $\square$

Durch Übergang zum Komplement erhält man eine analoge Charakterisierung der Stetigkeit durch abgeschlossene Mengen:

**Satz 9.1.11** *Eine Abbildung $f : X \to Y$ ist genau dann stetig, wenn gilt: Ist $A \subset Y$ abgeschlossen, so ist auch $\overset{-1}{f}(A) = \{x \in X \mid f(x) \in A\}$ abgeschlossen.*

Daraus ergibt sich: Ist $f : X \to \mathbb{R}$ eine stetige Funktion, so ist das Nullstellengebilde $\{x \in X \mid f(x) = 0\}$ abgeschlossen; etwas allgemeiner:

Für jedes $c \in \mathbb{R}$ ist die **Niveaumenge** $N_c := \overset{-1}{f}(c) = \{x \in X \mid f(x) = c\}$ abgeschlossen.

**Definition 9.1.12** *Eine bijektive Abbildung $f : X \to Y$ metrischer Räume heißt* **topologische Abbildung** *oder* **Homöomorphismus***, wenn $f$ und $f^{-1}$ stetig sind.*

**Kompaktheit**

**Definition 9.1.13** *Eine Teilmenge $K$ eines metrischen Raumes $X$ heißt* **kompakt***, wenn gilt: Ist $J$ eine Indexmenge und sind $U_j \subset X$ offene Mengen, $j \in J$, mit $K \subset \bigcup_{j \in J} U_j$, so gibt es endlich viele Indizes $j_1, .., j_k \in J$ mit $K \subset U_{j_1} \cup ... \cup U_{j_k}$.*

Kurz formuliert man dies so: Eine Familie $(U_j)_{j \in J}$ offener Mengen $U_j \subset X$ mit $\bigcup_{j \in I} U_j \supset K$ bezeichnet man als offene Überdeckung von $K$; dann heißt $K$ kompakt, wenn jede beliebige offene Überdeckung von $K$ eine endliche Überdeckung enthält.

Z.B. ist eine konvergente Folge zusammen mit ihrem Grenzwert kompakt. Es gilt

**Hilfssatz 9.1.14** *Jede kompakte Teilmenge $K \subset X$ ist abgeschlossen. Ist $K$ kompakt und $A \subset K$ abgeschlossen, so ist $A$ kompakt.*

Zur Charakterisierung der kompakten Mengen im $\mathbb{R}^n$ definiert man:

**Definition 9.1.15** *Eine Menge $B \subset \mathbb{R}^n$ heißt* **beschränkt**, *wenn ein $R > 0$ existiert mit $\|x\| \leq R$ für alle $x \in B$.*

Es gilt der Satz von Heine-Borel (HEINRICH EDUARD HEINE (1821-1881), FELIX EDUOARD JUSTIN EMILE BOREL (1871-1956)):

**Satz 9.1.16** (**Satz von Heine-Borel**) *Eine Menge $K \subset \mathbb{R}^n$ ist genau dann kompakt, wenn sie beschränkt und abgeschlossen ist.*

Einfache Beispiele kompakter Mengen im $\mathbb{R}^n$ sind:
abgeschlossene Intervalle $[a, b] \subset \mathbb{R}$,
abgeschlossene Quader $Q \subset \mathbb{R}^n$,
abgeschlossene Kugeln $\{x \in \mathbb{R}^n \,|\, x_1^2 + \ldots + x_n^2 \leq r^2\}$,
Sphären $\{x \in \mathbb{R}^n \,|\, x_1^2 + \ldots + x_n^2 = r^2\}$.
Auf kompakten Mengen gilt:

**Satz 9.1.17** (**Satz von Bolzano-Weierstrass**) *Ist $K$ eine kompakte Teilmenge des metrischen Raumes $X$, so besitzt jede Folge in $K$ eine konvergente Teilfolge.*

Für Folgen im $\mathbb{R}^n$ gilt:

**Hilfssatz 9.1.18** *Für $x_k = (x_{1k}, \ldots, x_{nk}) \in \mathbb{R}^n$ und $a = (a_1, \ldots, a_n)$ gilt*

$$\lim_{k \to \infty} x_k = a \text{ genau dann, wenn } \lim_{k \to \infty} x_{1k} = a_1, \ldots, \lim_{k \to \infty} x_{nk} = a_n \text{ ist.}$$

Aus dem Cauchy-Kriterium 1.4.20 für Folgen in $\mathbb{R}$ folgt dann:

**Satz 9.1.19** *Eine Folge im $\mathbb{R}^n$ ist genau dann konvergent, wenn sie eine Cauchy-Folge ist.*

Wir behandeln nun Abbildungen auf kompakten Mengen. Man kann zeigen:

**Satz 9.1.20** *Sind $X, Y$ metrische Räume, ist $X$ kompakt und $f : X \to Y$ stetig, so ist $f$ gleichmäßig stetig.*

Wir zeigen, dass bei stetigen Abbildungen das Bild kompakter Mengen wieder kompakt ist.

**Satz 9.1.21** *Sind $X, Y$ metrische Räume, ist $K \subset X$ kompakt und $f : X \to Y$ stetig, so ist $f(K)$ kompakt.*

**Beweis.** Es sei $(V_j)_{j \in J}$ eine offene Überdeckung von $f(K)$; setzt man

$$U_j := \overset{-1}{f}(V_j),$$

so ist $(U_j)_{j \in J}$ eine offene Überdeckung von $K$. Es gibt endlich viele $j_1, \ldots, j_k \in J$ mit $K \subset U_{j_1} \cup \ldots \cup U_{j_k}$. Dann ist $f(K) \subset V_{j_1} \cup \ldots \cup V_{j_k}$. $\qquad\square$
Daraus folgt:

**Satz 9.1.22** *Ist $K \subset X$ kompakt, so ist jede stetige Funktion $f : K \to \mathbb{R}$ beschränkt und nimmt Maximum und Minimum an.*

**Beweis.** Nach dem Satz von Heine-Borel ist die kompakte Menge $f(K)$ beschränkt und abgeschlossen. Weil $\mathbb{R}$ vollständig ist, existiert $s := \sup f(K)$; weil $f(K)$ abgeschlossen ist, gilt $s \in f(K)$. Somit nimmt $f$ das Maximum an; analog verfährt man mit dem Minimum.                                                                              □

Für viele Fragen der Analysis ist der Begriff der Funktion mit kompaktem Träger wichtig (vgl. dazu auch 3.1.12):

**Definition 9.1.23** *Ist $f : \mathbb{R}^n \to \mathbb{R}$ eine Funktion, so heißt*

$$Trf := \overline{\{x \in \mathbb{R}^n \mid f(x) \neq 0\}}$$

*der* **Träger** *von $f$. Den Vektorraum aller stetigen Funktionen mit kompaktem Träger bezeichnet man mit $\mathcal{C}_0^0(\mathbb{R}^n)$; also*

$$\mathcal{C}_0^0(\mathbb{R}^n) := \{f : \mathbb{R}^n \to \mathbb{R} \mid f \text{ ist stetig und besitzt kompakten Träger}\}.$$

Zu jedem $p \notin Trf$ gibt es also eine Umgebung $U$ von $p$, in der $f$ identisch verschwindet. Nach dem Satz von Heine-Borel hat $f$ genau dann kompakten Träger, wenn es ein $R > 0$ gibt mit $f(x) = 0$ für $\|x\| > R$.

**Zusammenhang**

Beim Begriff „zusammenhängender metrischer Raum" kann man entweder von der Vorstellung ausgehen, die wir in 9.5.7 aufgreifen: $X$ ist zusammenhängend, wenn man je zwei Punkte von $X$ immer durch eine Kurve verbinden kann; oder man stellt sich „nicht zusammenhängend" so vor: $X$ zerfällt in zwei (oder mehrere) Teile. Wir beginnen mit dieser Interpretation:

**Definition 9.1.24** *Ein metrischer Raum $X$ heißt* **zusammenhängend,** *wenn es keine offenen Mengen $A, B \subset X$ gibt mit folgenden Eigenschaften:*

$$X = A \cup B, \quad A \cap B = \emptyset, \quad A \neq \emptyset, \quad B \neq \emptyset.$$

Wichtige Beispiele zusammenhängender Räume sind die Intervalle und Quader:

**Beispiel 9.1.25** Quader $Q \subset \mathbb{R}^n$ sind zusammenhängend; dabei darf $Q$ abgeschlossen, offen, halboffen und auch uneigentlich sein.                                                 ∎

Auf zusammenhängenden metrischen Räumen gilt der Zwischenwertsatz:

**Satz 9.1.26 (Zwischenwertsatz)** *Es sei $X$ ein zusammenhängender metrischer Raum und $f : X \to \mathbb{R}$ eine stetige Funktion. Es seien $p, q \in X$ und es gelte $f(p) < f(q)$. Dann gibt es zu jedem $w$ mit $f(p) < w < f(q)$ ein $\xi \in X$ mit $f(\xi) = w$.*

**Beweis.** Wir nehmen an, es existiere ein $w$ mit $f(p) < w < f(q)$ und $f(x) \neq w$ für alle $x \in X$. Dann sind $A := \{x \in X \mid f(x) < w\}$ und $B := \{x \in X \mid f(x) > w\}$ offen und es ist $A \cap B = \emptyset$. Wegen $p \in A$, $q \in B$ sind beide nicht-leer. Weil $f$ den Wert $w$ nicht annimmt, ist $A \cup B = X$; dann ist $X$ nicht zusammenhängend.    □
Es gilt:

**Satz 9.1.27** *Es seien* $X, Y$ *metrische Räume und* $f : X \to Y$ *stetig und surjektiv. Wenn* $X$ *zusammenhängend ist, dann auch* $Y$.

**Beweis** Wenn $Y$ nicht zusammenhängend ist, dann gibt es offene Mengen $A, B$ in $Y$ wie in 9.1.24. Dann setzt man $\tilde{A} := \overset{-1}{f}(A)$ und $\tilde{B} := \overset{-1}{f}(B)$ und prüft leicht nach, dass auch $X$ nicht zusammenhängend ist.    □

Nützlich ist der folgende einfache Hilfssatz:

**Hilfssatz 9.1.28** *Ist* $X$ *zusammenhängend und ist* $M$ *eine nicht-leere offene und abgeschlossene Teilmenge von* $X$, *so folgt* $M = X$.

**Beweis.** Man setzt $A := M$ und $B := X \setminus M$; dann sind $A, B$ offen und $A \neq \emptyset$, $A \cup B = X$, $A \cap B = \emptyset$. Weil $X$ zusammenhängend ist, folgt $B = \emptyset$, also $M = X$.    □

Daraus ergibt sich folgende Aussage:

**Satz 9.1.29** *Ist* $X$ *zusammenhängend und* $g : X \to \mathbb{R}$ *eine lokal-konstante Funktion, so ist* $g$ *konstant; dabei heißt* $g$ *lokal-konstant, wenn es zu jedem* $x \in X$ *eine Umgebung* $U$ *von* $x$ *gibt, so dass* $g|U$ *konstant ist.*

**Beweis.** Wir wählen ein $p \in X$ und setzen $M := \{x \in X | \, g(x) = g(p)\}$. Dann ist $M$ offen und abgeschlossen und $p \in M$. Daraus folgt $M = X$, also $g(x) = g(p)$ für alle $x \in X$.    □

In der reellen und komplexen Analysis sind die offenen zusammenhängenden Mengen wichtig:

**Definition 9.1.30** *Eine offene zusammenhängende Menge im* $\mathbb{R}^n$ *oder in* $\mathbb{C}$ *bezeichnet man als Gebiet.*

In einem Gebiet kann man zwei Punkte immer durch eine Kurve verbinden (Satz 9.5.7)

Für weitergehende Aussagen benötigt man Gebiete ohne „Löcher", nämlich konvexe, sternförmige und einfach-zusammenhängende Gebiete ( vgl. dazu die Definitionen 9.4.1, 9.6.6 und 14.5.8).

## 9.2 Differenzierbare Funktionen

Wenn man den Begriff der Differenzierbarkeit für Funktionen $f(x_1, ..., x_n)$ einführen will, so ist es naheliegend, dies folgendermaßen auf die Differenzierbarkeit von Funktionen einer Variablen zurückzuführen:

Für fest gewählte $x_2, ..., x_n$ ist $x_1 \mapsto f(x_1, x_2, ..., x_n)$ eine Funktion einer Variablen, deren Ableitung man jetzt mit $\frac{\partial f}{\partial x_1}$ bezeichnet. Auf diese Weise kommt man zum Begriff der partiellen Differenzierbarkeit.

**Definition 9.2.1** *Sei* $D \subset \mathbb{R}^n$ *offen und* $p \in D$. *Eine Funktion* $f : D \to \mathbb{R}$ *heißt in* $p \in D$ **partiell nach** $x_i$ **differenzierbar,** *wenn*

$$\frac{\partial f}{\partial x_i}(p) := \lim_{h \to 0} \frac{f(p_1, ..., p_{i-1}, p_i + h, p_{i+1}, ..., p_n) - f(p)}{h}$$

*existiert. Die Funktion $f$ heißt* **partiell differenzierbar,** *wenn sie in jedem Punkt von $D$ partiell nach $x_1, ..., x_n$ differenzierbar ist. Sie heißt* **stetig partiell differenzierbar,** *wenn darüber hinaus die $\frac{\partial f}{\partial x_1}, ..., \frac{\partial f}{\partial x_n}$ stetig sind.*

Wir erläutern den Begriff der partiellen Ableitung an einem Beispiel, mit dem wir zeigen, wie man Funktionen von mehreren Variablen untersucht.

**Beispiel 9.2.2** Es sei

$$f : \mathbb{R}^2 \to \mathbb{R}, \ x \mapsto \begin{cases} \frac{2xy}{x^2+y^2} & \text{für } (x,y) \neq (0,0) \\ 0 & \text{für } (x,y) = (0,0) \end{cases}$$

Es ist leicht zu sehen, dass diese Funktion partiell differenzierbar ist:

Für $y \neq 0$ ist $\frac{\partial f}{\partial x}(x,y) = \frac{2y(y^2-x^2)}{(x^2+y^2)^2}$ und für $y = 0$ ist $\frac{\partial f}{\partial x}(x,0) = 0$.

Analog gilt $\frac{\partial f}{\partial y}(x,y) = \frac{2x(x^2-y^2)}{(x^2+y^2)^2}$ für $x \neq 0$ und für $x = 0$ ist $\frac{\partial f}{\partial y}(0,y) = 0$.

Nun betrachten wir diese Funktion auf den achsenparallelen Geraden:

Für jedes $y \in \mathbb{R}$ ist $\mathbb{R} \to \mathbb{R}, \ x \mapsto f(x,y)$, stetig, denn für $y \neq 0$ ist dies $x \mapsto \frac{2xy}{x^2+y^2}$; für $y = 0$ hat man die stetige Funktion $x \mapsto 0$.

Für festes $x$ ergibt sich wegen der Symmetrie von $f$ ebenso, dass $y \mapsto f(x,y)$ stetig ist. Die Funktion ist also als Funktion von jeweils einer Variablen stetig.

Es ist jedoch leicht zu zeigen, dass $f$ unstetig ist: Für $x \neq 0$ ist $f(x,x) = 1$; wegen $f(0,0) = 0$ ist $f$ im Nullpunkt unstetig.

Wir untersuchen $f$ noch auf den Geraden $y = cx$ durch den Nullpunkt. Sei $c \in \mathbb{R}$, für $x \neq 0$ ist $f(x,cx) = \frac{2c}{1+c^2}$. Auf diesen Geraden ohne $(0,0)$ ist also $f$ konstant; damit erhält man die Niveaumengen von $f$.

In der Abbildung sind die Funktionen $x \mapsto \frac{2xy}{x^2+y^2}$ für $y = 0.5, \ y = 1, \ y = 1.5$ eingezeichnet; außerdem sind einige Niveaumengen von $f$ dargestellt.

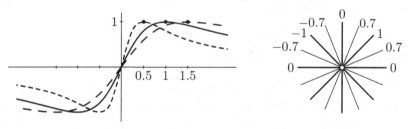

Wir geben den Verlauf der Funktionen $x \mapsto \frac{2xy}{x^2+y^2}$ für $y \neq 0$ noch genauer an:

Das Minimum $-1$ wird im Punkt $-y$ und das Maximum $+1$ in $+y$ angenommen; die Steigung im Nullpunkt ist $\frac{\partial f}{\partial x}(0,y) = \frac{2}{y}$.

Zu jedem $\varepsilon > 0$ und $c \in \mathbb{R}$ existiert ein $x \in \mathbb{R}$ mit $(x, cx) \in U_\varepsilon(0,0)$ und daher gilt $f(U_\varepsilon(0,0)) = [-1, +1]$ für jedes $\varepsilon > 0$. Daraus ergibt sich wieder, dass $f$ unstetig ist. ∎

Dieses Beispiel zeigt, dass aus der partiellen Differenzierbarkeit noch nicht einmal die Stetigkeit folgt. Man führt daher einen schärferen Begriff ein; dazu geht man aus von der in 3.1.3 hergeleiteten Formel

$$f(x) = f(x_0) + c(x - x_0) + (x - x_0)\varphi(x), \quad \lim_{x \to x_0} \varphi(x) = 0$$

mit $c = f'(x_0)$. Man definiert:

**Definition 9.2.3** *Sei $D \subset \mathbb{R}^n$ offen und $p \in D$. Eine Funktion $f : D \to \mathbb{R}$ heißt* **in $p \in D$ differenzierbar,** *wenn es ein $c = (c_1, ..., c_n) \in \mathbb{R}^n$ und eine Funktion $\varphi : D \to \mathbb{R}$ gibt mit*

$$f(x) = f(p) + \sum_{j=1}^{n} c_j(x_j - p_j) + \|x - p\| \cdot \varphi(x) \text{ für } x \in D \text{ und } \lim_{x \to p} \varphi(x) = 0.$$

*Die Funktion $f$ heißt* **differenzierbar,** *wenn sie in jedem Punkt von $D$ differenzierbar ist (Man bezeichnet dies auch als „totale" Differenzierbarkeit).*

Mit $h := x - p$ und dem Skalarprodukt $<c, h> = \sum_{j=1}^{n} c_j(x_j - p_j)$ kann man dies auch so schreiben:

$$f(p + h) = f(p) + <c, h> + \|h\| \cdot \varphi(p + h), \quad \lim_{h \to 0} \varphi(p + h) = 0.$$

Setzt man $\psi(h) := \|h\| \cdot \varphi(p + h)$, so lautet die Differenzierbarkeitsbedingung:

$$f(p + h) = f(p) + <c, h> + \psi(h), \quad \lim_{h \to 0} \frac{\psi(h)}{\|h\|} = 0,$$

dabei ist $\psi : U \to \mathbb{R}$ in einer offenen Umgebung von $0 \in \mathbb{R}^n$ definiert.
Offensichtlich ist jede differenzierbare Funktion stetig.
Um zu zeigen, dass sie auch partiell differenzierbar ist, setzt man $h = (h_1, 0, ..., 0)$ mit $h_1 \neq 0$. Dann ist

$$f(p_1 + h_1, p_2, ..., p_n) = f(p) + c_1 h_1 + |h_1| \cdot \varphi(p + h),$$

also $\frac{f(p_1+h_1,...)-f(p)}{h_1} = c_1 + \frac{|h_1|}{h_1}\varphi(p + h)$, und daraus folgt, dass $\frac{\partial f}{\partial x_1}(p)$ existiert und gleich $c_1$ ist. Auf diese Weise ergibt sich:

**Satz 9.2.4** *Jede differenzierbare Funktion ist partiell differenzierbar und für den in 9.2.3 definierten Vektor $c = (c_1, ..., c_n)$ gilt: $c_j = \frac{\partial f}{\partial x_j}(p)$ für $j = 1, ..., n$.*

**Definition 9.2.5** *Ist $f$ partiell differenzierbar, so heißt*

$$grad \, f := (\frac{\partial f}{\partial x_1}, \, ... \, , \frac{\partial f}{\partial x_n})$$

*der* **Gradient** *von $f$. Es ist also $c = grad \, f(p)$.*

Wenn man die Differenzierbarkeit einer gegebenen Funktion nachweisen will, ist es oft recht umständlich, die in der Definition auftretenden Größen $c$ und $\varphi$ zu untersuchen. In vielen Fällen sieht man sofort, dass die partiellen Ableitungen existieren und stetig sind. Wir leiten nun ein Kriterium für die Differenzierbarkeit her: Wenn die partiellen Ableitungen existieren und stetig sind, dann ist die Funktion differenzierbar.

**Satz 9.2.6** *Sei $D \subset \mathbb{R}^n$ offen und $f : D \to \mathbb{R}$ stetig partiell differenzierbar. Dann ist $f$ differenzierbar.*

**Beweis.** Zur Vereinfachung führen wir den Beweis für $n = 2$. Es ist zu zeigen, dass $f$ in jedem Punkt $p \in D \subset \mathbb{R}^2$ differenzierbar ist. Wir dürfen $p = (0, 0)$ annehmen. Es gibt ein $r > 0$ mit $U_r(0,0) \subset D$; für $(x, y) \in U_r(0, 0)$ ist

$$f(x, y) = f(0, 0) + (f(x, 0) - f(0, 0)) + (f(x, y) - f(x, 0)).$$

Wendet man den Mittelwertsatz der Differentialrechnung auf $x \mapsto f(x, 0)$ an, so folgt: Es gibt ein $t_1 \in [0, 1]$ mit

$$f(x, 0) - f(0, 0) = x \cdot \frac{\partial f}{\partial x}(t_1 x, 0).$$

Analog folgt die Existenz von $t_2 \in [0, 1]$ mit

$$f(x, y) - f(x, 0) = y \cdot \frac{\partial f}{\partial y}(x, t_2 y).$$

Setzt man

$$\psi(x, y) := x \cdot \left( \frac{\partial f}{\partial x}(t_1 x, 0) - \frac{\partial f}{\partial x}(0, 0) \right) + y \left( \frac{\partial f}{\partial y}(x, t_2 y) - \frac{\partial f}{\partial x}(0, 0) \right),$$

so ist

$$f(x, y) = f(0, 0) + x \frac{\partial f}{\partial x}(0, 0) + y \frac{\partial f}{\partial y}(0, 0) + \psi(x, y)$$

und aus der Stetigkeit der partiellen Ableitungen sowie aus $\left| \frac{x}{\|(x,y)\|} \right| \le 1$ und $\left| \frac{y}{\|(x,y)\|} \right| \le 1$ folgt: $\lim\limits_{(x,y)\to 0} \frac{\psi(x,y)}{\|(x,y)\|} = 0$ und daher ist $f$ in 0 differenzierbar.    $\square$

Wir behandeln nun partielle Ableitungen höherer Ordnung.

**Definition 9.2.7** *$f$ heißt zweimal partiell differenzierbar, wenn $\frac{\partial f}{\partial x_j}$ für $j = 1, \ldots, n$ existieren und ebenfalls partiell differenzierbar sind; man setzt*

$$f_{x_i x_j} := \frac{\partial^2 f}{\partial x_i \partial x_j} := \frac{\partial}{\partial x_i} \frac{\partial f}{\partial x_j} \qquad f_{x_i x_i} := \frac{\partial^2 f}{\partial x_i^2} := \frac{\partial}{\partial x_i} \frac{\partial f}{\partial x_i}.$$

*$f$ heißt zweimal stetig partiell differenzierbar, wenn alle $\frac{\partial^2 f}{\partial x_i \partial x_j}$ stetig sind.*

Wir beweisen nun den wichtigen Satz von H. A. Schwarz, der besagt, dass man unter geeigneten Voraussetzungen die Reihenfolge der Ableitungen vertauschen darf (KARL HERMANN AMANDUS SCHWARZ (1843 - 1921)):

**Satz 9.2.8 (Satz von H. A. SCHWARZ)** *Wenn $f$ zweimal stetig partiell differenzierbar ist, dann gilt für $i, j = 1, ..., n$:*

$$\frac{\partial^2 f}{\partial x_i \partial x_j} = \frac{\partial^2 f}{\partial x_j \partial x_i}.$$

**Beweis.** Wir führen den Beweis für $n = 2$ und zeigen, dass die Gleichung im Punkt $p = (0,0)$ richtig ist. Dann ist $f$ in $D := \{(x,y) \in \mathbb{R}^2 | \, |x| < \varepsilon, \, |y| < \varepsilon\}$ definiert und dort zweimal stetig partiell differenzierbar.

Nun sei $y$ mit $|y| < \varepsilon$ gegeben. Wir wenden den Mittelwertsatz der Differentialrechnung auf $x \mapsto f(x,y) - f(x,0)$ an: Es existiert ein $\xi$ mit $|\xi| < |x|$ und

$$(f(x,y) - f(x,0)) - (f(0,y) - f(0,0)) = x\frac{\partial f}{\partial x}(\xi, y) - x\frac{\partial f}{\partial x}(\xi, 0).$$

Zu jedem $c$ mit $|c| < \varepsilon$ gibt es, wenn man den Mittelwertsatz auf $y \mapsto \frac{\partial f}{\partial x}(c, y)$ anwendet, ein $\eta$ mit $|\eta| < |y|$, so dass gilt:

$$\frac{\partial f}{\partial x}(c, y) - \frac{\partial f}{\partial x}(c, 0) = y \cdot \frac{\partial}{\partial y}\frac{\partial f}{\partial x}(c, \eta).$$

Nun setzt man $c = \xi$, dann ergibt sich:

$$(f(x,y) - f(x,0)) - (f(0,y) - f(0,0)) = xy\frac{\partial}{\partial y}\frac{\partial f}{\partial x}(\xi, \eta).$$

Analog zeigt man: Zu $(x,y)$ existiert $(\tilde{\xi}, \tilde{\eta})$ mit $|\tilde{\xi}| < |x|$, $|\tilde{\eta}| < |y|$ und

$$(f(x,y) - f(0,y)) - (f(x,0) - f(0,0)) = yx\frac{\partial}{\partial x}\frac{\partial f}{\partial y}(\tilde{\xi}, \tilde{\eta}).$$

Für $x \cdot y \neq 0$ folgt daraus

$$\frac{\partial}{\partial y}\frac{\partial f}{\partial x}(\xi, \eta) = \frac{\partial}{\partial x}\frac{\partial f}{\partial y}(\tilde{\xi}, \tilde{\eta}).$$

Wenn $(x,y)$ gegen $(0,0)$ geht, dann auch $(\xi, \eta)$ und $(\tilde{\xi}, \tilde{\eta})$ und wegen der Stetigkeit der zweiten partiellen Ableitungen folgt

$$\frac{\partial}{\partial y}\frac{\partial f}{\partial x}(0,0) = \frac{\partial}{\partial x}\frac{\partial f}{\partial y}(0,0).$$

$\square$

Als weiteres Beispiel für die Untersuchung von Funktionen zweier Variablen behandeln wir noch eine Funktion, die in der Thermodynamik eine Rolle spielt:

**Beispiel 9.2.9 (Zur VAN DER WAALSschen Gleichung)** Die VAN DER WAALS-
sche Zustandsgleichung für den Druck $p$, das spezifische Volumen $v$ und die Temperatur $T$ eines Gases lautet (vgl. [23]):

$$\left(p + \frac{a}{v^2}\right)(v - b) = RT;$$

dabei ist $R$ die allgemeine Gaskonstante; die positiven Konstanten $a, b$ hängen vom
jeweiligen Gas ab. Für $v > b$ ist dann

$$p(v, T) = \frac{RT}{v - b} - \frac{a}{v^2},$$

$$\frac{\partial p}{\partial v}(v, T) = -\frac{RT}{(v - b)^2} + \frac{2a}{v^3}, \qquad \frac{\partial^2 p}{\partial v^2}(v, T) = \frac{2RT}{(v - b)^3} - \frac{6a}{v^4}.$$

Wir untersuchen die Isothermen $v \mapsto p(v, T)$ und zeigen:
Es gibt eine kritische Temperatur $T_k$ mit folgenden Eigenschaften:
Für $T \geq T_k$ sind die Isothermen streng monoton fallend.
Für $T < T_k$ gibt es Intervalle, in denen die Isotherme monoton steigt.
Zunächst macht man sich eine Vorstellung vom ungefähren Verlauf der Isothermen:
Für große $T$ überwiegt der Summand $\frac{RT}{v-b}$ und die Isothermen sind angenähert mo-
noton fallende Hyperbelstücke. Für alle $T$ gilt: Wenn $v$ nahe beim linken Randpunkt
$b$ ist $(v > b)$, dann ist $\frac{\partial p}{\partial v} < 0$; dies gilt ebenso für sehr große $v$. Dort fallen also
alle Isothermen.
Nun untersuchen wir die Funktion genauer: Die kritische Temperatur findet man so:
Man berechnet einen kritischen Punkt $(v_k, p_k, T_k)$, in dem sowohl $\frac{\partial p}{\partial v}$ als auch $\frac{\partial^2 p}{\partial v^2}$
verschwindet. Zu lösen sind also

$$\frac{RT_k}{(v_k - b)^2} = \frac{2a}{v_k^3}, \qquad \frac{2RT_k}{(v_k - b)^3} = \frac{6a}{v_k^4}.$$

Der Quotient dieser beiden Gleichungen liefert $v_k$, durch Einsetzen in die erste Gleichung erhält man dann $T_k$ und schließlich $p_k$; es ergibt sich

$$v_k = 3b, \quad T_k = \frac{8a}{27Rb}, \quad p_k = \frac{a}{27b^2}.$$

Für die weitere Rechnung ist es zweckmäßig,

$$\tilde{v} := \frac{v}{v_k}, \qquad \tilde{T} := \frac{T}{T_k}, \qquad \tilde{p} := \frac{p}{p_k}$$

zu setzen; wegen $v > b$ ist $\tilde{v} > \frac{1}{3}$. Die VAN DER WAALSsche Gleichung wird dann

$$\left(\tilde{p} + \frac{3}{\tilde{v}^2}\right)(3\tilde{v} - 1) = 8\tilde{T}$$

und der zugehörige kritische Punkt ist $(1, 1, 1)$. Für $\tilde{v} > \frac{1}{3}$ gilt:

$$\tilde{p}(\tilde{v}, \tilde{T}) = \frac{8\tilde{T}}{3\tilde{v} - 1} - \frac{3}{\tilde{v}^2}, \quad \frac{\partial \tilde{p}}{\partial \tilde{v}}(\tilde{v}, \tilde{T}) = -\frac{24\tilde{T}}{(3\tilde{v} - 1)^2} + \frac{6}{\tilde{v}^3}.$$

Nun setzt man $\tilde{T} = 1$ und rechnet aus:

$$\frac{\partial \tilde{p}}{\partial \tilde{v}}(\tilde{v}, 1) = -\frac{6}{\tilde{v}^3(3\tilde{v} - 1)^2}\left(4\tilde{v}^3 - 9\tilde{v}^2 + 6\tilde{v} - 1\right) = -\frac{6 \cdot (4\tilde{v} - 1)(\tilde{v} - 1)^2}{\tilde{v}^3(3\tilde{v} - 1)^2}.$$

Dies ist $= 0$ für $\tilde{v} = 1$ und sonst $< 0$. Für $\tilde{T} > 1$ und $\tilde{v} > \frac{1}{3}$ ist $\frac{\partial \tilde{p}}{\partial \tilde{v}}(\tilde{v}, \tilde{T}) < 0$.
Nun wählt man $\tilde{v} = 1$ und $\tilde{T} < 1$; dann ergibt sich

$$\frac{\partial \tilde{p}}{\partial \tilde{v}}(1, \tilde{T}) = 6(1 - \tilde{T}) > 0.$$

Bei $\tilde{T} < 1$ gibt es also immer eine Umgebung von $\tilde{v} = 1$, in der die Isotherme wächst.
Wir kehren nun zur ursprünglichen Bezeichnung $v, p, T$ zurück; wir haben gezeigt: Für $T \geq T_k$ sind alle Isothermen streng monoton fallend; dagegen gibt es bei Temperaturen $T < T_k$ unterhalb der kritischen Temperatur $T_k$ immer ein Intervall um $v_k$, in dem die Isotherme streng monoton wächst.
Die physikalische Bedeutung dieser Aussagen ist folgende (vgl. [23]): Oberhalb der kritischen Temperatur tritt auch bei sehr hohem Druck keine Verflüssigung ein. Wenn dagegen die Temperatur $T$ kleiner als $T_k$ ist, dann würde in der Nähe von $v_k$ bei einer Verkleinerung des Volumens der Druck sinken. Dies führt zu einer teilweisen Verflüssigung des Gases.

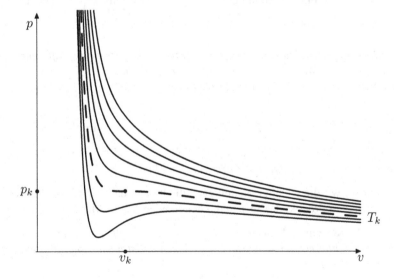

**Differenzierbare Abbildungen**

Nun behandeln wir differenzierbare Abbildungen $f : D \to \mathbb{R}^m$ mit $D \subset \mathbb{R}^n$, ausführlich geschrieben

$$f : D \to \mathbb{R}^m, \ (x_1, \ldots, x_n) \mapsto \begin{pmatrix} f_1(x_1, \ldots, x_n) \\ \cdots\cdots \\ f_m(x_1, \ldots, x_n) \end{pmatrix}.$$

**Definition 9.2.10** *Sei $D \subset \mathbb{R}^n$ offen; eine* **Abbildung** *$f : D \to \mathbb{R}^m$ heißt* **differenzierbar***, wenn es die Funktionen $f_i : D \to \mathbb{R}$ sind, $i = 1, \ldots, m$. Die Matrix*

$$J_f(x) := \begin{pmatrix} \frac{\partial f_1}{\partial x_1}(x) & \cdots & \frac{\partial f_1}{\partial x_n}(x) \\ & \cdots\cdots & \\ \frac{\partial f_m}{\partial x_1}(x) & \cdots & \frac{\partial f_m}{\partial x_n}(x) \end{pmatrix}$$

*heißt die* **Funktionalmatrix** *oder* **Jacobi-Matrix** *von $f$ in $x$.*

Die Zeilen der Funktionalmatrix sind also die Gradienten der $f_i$; für $m = 1$ ist $J_f = \text{grad} f$.

Wenn die Funktionen $f_i$ in $x \in D$ differenzierbar sind, so ist für $i = 1, \ldots, m$ :

$$f_i(x + \xi) = f_i(x) + \sum_{j=1}^n a_{ij} \cdot \xi_j + \psi_i(\xi)$$

mit $a_{ij} = \frac{\partial f_i}{\partial x_j}(x)$. Für die Abbildung $\psi := \begin{pmatrix} \psi_1 \\ \cdots \\ \psi_m \end{pmatrix}$ ist $\lim\limits_{\xi \to 0} \frac{\psi(\xi)}{\|\xi\|} = 0$; somit ergibt

sich:

**Satz 9.2.11** *Eine Abbildung $f : D \to \mathbb{R}^m$ ist in $x \in D$ genau dann differenzierbar, wenn eine $(m \times n)$-Matrix $A = (a_{ij})$ und eine in einer Umgebung $U$ von $0$, $U \subset \mathbb{R}^n$, definierte Abbildung $\psi : U \to \mathbb{R}^m$ existiert mit*

$$\boxed{f(x + \xi) = f(x) + A \cdot \xi + \psi(\xi) \quad \textit{für } \xi \in U \quad \textit{und} \quad \lim_{\xi \to 0} \frac{\psi(\xi)}{\|\xi\|} = 0.}$$

*Dabei ist $A = J_f(x)$ die Jacobi-Matrix von $f$ im Punkt $x$.*

Nun erläutern wir die wichtige Kettenregel, die besagt, dass die Jacobi-Matrix von $f \circ g$ gleich dem Produkt der zu $f$ und $g$ gehörenden Jacobi-Matrizen ist.

**Satz 9.2.12 (Kettenregel)** *Seien $D \subset \mathbb{R}^k$, $\tilde{D} \subset \mathbb{R}^n$ offen, $f : \tilde{D} \to \mathbb{R}^m$ und $g : D \to \mathbb{R}^n$ differenzierbar und $g(D) \subset \tilde{D}$. Dann ist auch $f \circ g$ differenzierbar und für $x \in D$ gilt:*

$$\boxed{J_{f \circ g}(x) = J_f(g(x)) \cdot J_g(x).}$$

Wir skizzieren den Beweis, ausführliche Beweise findet man in [7] und [18]. Es sei $x \in D, y := g(x), A := J_f(y), B := J_g(x)$. Dann ist

$$f(y + \eta) = f(y) + A\eta + \varphi(\eta)$$
$$g(x + \xi) = g(x) + B\xi + \psi(\xi)$$

mit $\lim\limits_{\eta \to 0} \frac{\varphi(\eta)}{\|\eta\|} = 0, \lim\limits_{\xi \to 0} \frac{\psi(\xi)}{\|\xi\|} = 0$.

Setzt man $\eta := g(x + \xi) - y$, dann ist $\eta = B\xi + \psi(\xi)$, und man erhält

$$(f \circ g)(x + \xi) = f(g(x + \xi)) = f(y + \eta) =$$
$$= f(g(x)) + A \cdot (B\xi + \psi(\xi)) + \varphi(B\xi + \psi(\xi)) =$$
$$= (f \circ g)(x) + (A \cdot B)\xi + \chi(\xi)$$

mit $\chi(\xi) := A\psi(\xi) + \varphi(B\xi + \psi(\xi))$. Man beweist nun, dass $\lim\limits_{\xi \to 0} \frac{\chi(\xi)}{\|\xi\|} = 0$ ist;

daraus folgt die Behauptung.    □

Wir erläutern die Aussage der Kettenregel: Ausführlich geschrieben hat man die Abbildungen

$$f(y) = \begin{pmatrix} f_1(y_1, \ldots, y_n) \\ \cdots \\ f_m(y_1, \ldots, y_n) \end{pmatrix}, \qquad g(x) = \begin{pmatrix} g_1(x_1, \ldots, x_k) \\ \cdots \\ g_n(x_1, \ldots, x_k) \end{pmatrix}$$

und für $h := f \circ g$ ist

$$h(x) = \begin{pmatrix} f_1(g_1(x_1, \ldots, x_k), \ldots, g_n(x_1, \ldots, x_k)) \\ \cdots\cdots \\ f_m(g_1(x_1, \ldots, x_k), \ldots, g_n(x_1, \ldots, x_k)) \end{pmatrix}.$$

Die Aussage der Kettenregel bedeutet:

**Satz 9.2.13  (Kettenregel)** *Für $j = 1, \ldots, k$, und $l = 1, \ldots, m$ gilt:*

$$\boxed{\frac{\partial h_l}{\partial x_j}(x_1, ..., x_k) = \sum_{i=1}^{n} \frac{\partial f_l}{\partial y_i}(g_1(x_1, ..., x_k), \ldots, g_n(x_1, ..., x_k)) \cdot \frac{\partial g_i}{\partial x_j}(x_1, ..., x_k).}$$

Für $m = 1$ ist $h(x_1, \ldots, x_k) = f(g_1(x_1, \ldots, x_k), \ldots, g_n(x_1, \ldots, x_k))$ und wegen $J_h = \text{grad } h$ erhält man:

$$\boxed{(\text{grad } h)(x) = (\text{grad } f)(g(x)) \cdot J_g(x)}$$

Für $m = 1, k = 1$ hat man:

$$\boxed{\frac{dh}{dx}(x) = \sum_{i=1}^{n} \frac{\partial f}{\partial y_i}(g_1(x), ..., g_n(x)) \cdot \frac{dg_i}{dx}(x).}$$

Für $m = 1$, $k = 1$ und $n = 1$ erhält man die Kettenregel für eine Variable:

$$\frac{dh}{dx}(x) = \frac{df}{dy}(g(x)) \cdot \frac{dg}{dx}(x).$$

Wir führen nun den Begriff der Richtungsableitung ein und untersuchen diese mit Hilfe der Kettenregel.

**Definition 9.2.14** *Sei $D \subset \mathbb{R}^n$, $f : D \to \mathbb{R}$ eine Funktion, $x \in D$, und $v \in \mathbb{R}^n$, $\|v\| = 1$. Unter der* **Ableitung** *von $f$ im Punkt $x$* **in Richtung** *$v$ versteht man*

$$D_v f(x) := \lim_{t \to 0} \frac{f(x + tv) - f(x)}{t}.$$

Es gilt

**Satz 9.2.15** *Sei $D \subset \mathbb{R}^n$ offen und $f : D \to \mathbb{R}$ differenzierbar; dann gilt*

$$D_v f(x) = <v, \mathrm{grad}\, f(x)>.$$

**Beweis.** Setzt man $g(t) := f(x + tv)$, so ist $D_v f(x) = g'(0)$ und nach der Kettenregel ist mit $v = (v_1, ..., v_n)$ :

$$D_v f(x) = g'(0) = \sum_{i=1}^{n} \frac{\partial f}{\partial x_i}(x) \cdot v_i.$$

$\square$

Wegen $\|v\| = 1$ folgt aus der Cauchy-Schwarzschen Ungleichung:

$$D_v f(x) \leq \|\mathrm{grad}\, f(x)\|$$

und das Gleichheitszeichen gilt genau dann, wenn $v$ in die Richtung des Gradienten zeigt. In dieser Richtung ist also der Anstieg von $f$ maximal. Etwas ausführlicher: Ist $\mathrm{grad}\, f(x) \neq 0$ und bezeichnet man mit $\varphi$ den Winkel zwischen $v$ und $\mathrm{grad}\, f(x)$, so ist

$$<v, \mathrm{grad}\, f(x)> = \|v\| \cdot \|\mathrm{grad}\, f(x)\| \cdot \cos \varphi = \|\mathrm{grad}\, f(x)\| \cdot \cos \varphi,$$

also

$$D_v f(x) = \|\mathrm{grad}\, f(x)\| \cdot \cos \varphi.$$

Die Richtungsableitung wird also maximal für $\varphi = 0$; somit weist der Gradient in die Richtung des stärksten Anstiegs von $f$.

Für $c \in \mathbb{R}$ ist $N_c := \{x \in D | f(x) = c\}$ die zugehörige Niveaumenge. Ist

$$\gamma : \, ] - \varepsilon, +\varepsilon[ \to N_c, t \mapsto (x_1(t), ..., x_n(t))$$

eine differenzierbare Kurve, die in $N_c$ liegt, so gilt $f(\gamma(t)) = c$ für alle $t \in\, ] - \varepsilon, +\varepsilon[$ und nach der Kettenregel ist $\sum_{\nu=1} \frac{\partial f}{\partial x_\nu}(\gamma(t)) \cdot \dot{x}_\nu(t) = 0$. Mit $\dot{\gamma}(t) = (\dot{x}_1(t), ..., \dot{x}_n(t))$ ergibt sich

$$< \operatorname{grad} f(\gamma(t)), \dot{\gamma}(t) >= 0 :$$

Der Gradient steht senkrecht auf der Niveaumenge. Wenn grad $f \neq 0$ ist, dann sind die Niveaumengen immer (n-1)-dimensionale Untermannigfaltigkeiten (vgl. 11.1.1).

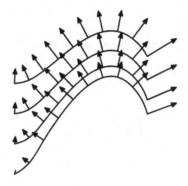

**Differentiation von Integralen**

Wir beweisen noch, dass man unter dem Integral differenzieren darf:

**Satz 9.2.16** *Die Funktion*

$$f : [a, b] \times [c, d] \to \mathbb{R}, \ (x, y) \mapsto f(x, y)$$

*sei stetig, die partielle Ableitung $\frac{\partial f}{\partial y}$ existiere und sei ebenfalls stetig. Dann ist*

$$g : [c, d] \to \mathbb{R}, y \mapsto \int_a^b f(x, y) \mathrm{d}x$$

*differenzierbar und*

$$\frac{\mathrm{d}g}{\mathrm{d}y}(y) = \int_a^b \frac{\partial f}{\partial y}(x, y) \mathrm{d}x,$$

*also*

$$\boxed{\frac{\mathrm{d}}{\mathrm{d}y} \int_a^b f(x, y) \mathrm{d}x \ = \ \int_a^b \frac{\partial f}{\partial y}(x, y) \mathrm{d}x.}$$

**Beweis.** Es sei $p \in [c, d]$ und $(y_n)$ eine Folge in $[c, d]$ mit $y_n \neq p$ für $n \in \mathbb{N}$ und $\lim_{n \to \infty} y_n = p$. Wir setzen

$$q_n : [a, b] \to \mathbb{R}, \ x \mapsto \frac{f(x, y_n) - f(x, p)}{y_n - p}, \quad \text{und} \quad q : [a, b] \to \mathbb{R}, \ x \mapsto \frac{\partial f}{\partial y}(x, p),$$

und zeigen, dass $(q_n)$ gleichmäßig gegen $q$ konvergiert. Sei $\varepsilon > 0$ vorgeben. Weil $\frac{\partial f}{\partial y}$ gleichmäßig stetig ist, existiert ein $\delta > 0$ mit

$$|\frac{\partial f}{\partial y}(x,y) - \frac{\partial f}{\partial y}(\tilde{x},\tilde{y})| < \varepsilon \quad \text{für} \quad \|(x,y) - (\tilde{x},\tilde{y})\| < \delta.$$

Es gibt ein $N \in \mathbb{N}$ mit $|y_n - p| < \delta$ für $n \geq N$. Nach dem Mittelwertsatz der Differentialrechnung existiert zu $n \in \mathbb{N}$ und $x \in [a,b]$ ein $\eta_n$ zwischen $y_n$ und $p$ mit $q_n(x) = \frac{\partial f}{\partial y}(x,\eta_n)$. Für $n \geq N$ und alle $x \in [a,b]$ ist $\|(x,\eta_n) - (x,p)\| < \delta$ und daher $|\frac{\partial f}{\partial y}(x,\eta_n) - \frac{\partial f}{\partial y}(x,p)| < \varepsilon$, also $|q_n(x) - q(x)| < \varepsilon$. Daher konvergiert $(q_n)$ gleichmäßig gegen $q$ und nach 6.1.4 folgt

$$\lim_{n\to\infty} \int_a^b q_n(x)\mathrm{d}x = \int_a^b q(x)\mathrm{d}x.$$

Damit erhalten wir:

$$\lim_{n\to\infty} \frac{g(y_n)-g(p)}{y_n-p} = \lim_{n\to\infty} \int_a^b \frac{f(x,y_n)-f(x,p)}{y_n-p}\mathrm{d}x =$$
$$= \lim_{n\to\infty} \int_a^b q_n(x)\mathrm{d}x \qquad = \int_a^b q(x)\mathrm{d}x = \int_a^b \frac{\partial f}{\partial y}(x,p)\mathrm{d}x.$$

Daraus ergibt sich die Behauptung. $\qquad\qquad\qquad\qquad\qquad\qquad\qquad$ $\square$

Wir behandeln nun einen etwas anderen Fall: Es soll ein Integral differenziert werden, bei dem die Variable sowohl als Parameter im Integranden als auch als obere Grenze auftaucht. Dabei darf man folgendes Ergebnis vermuten: wenn die Variable $x$ die obere Grenze ist und im Integranden nicht vorkommt, ist die Ableitung der Integrand; wenn die obere Grenze konstant ist, differenziert man unter dem Integral. In unserem Fall kommen beide Summanden vor:

**Satz 9.2.17** *Die Funktion*

$$g : [a,b] \times [a,b] \to \mathbb{R}, (x,t) \mapsto g(x,t)$$

*sei stetig partiell differenzierbar. Dann ist*

$$\boxed{\frac{\mathrm{d}}{\mathrm{d}x} \int_a^x g(x,t)\mathrm{d}t = g(x,x) + \int_a^x \frac{\partial g}{\partial x}(x,t)\mathrm{d}t.}$$

**Beweis.** Wir setzen

$$h : [a,b] \times [a,b] \to \mathbb{R}, (x,y) \mapsto \int_a^y g(x,t)\mathrm{d}t.$$

Nach dem vorhergehenden Satz ist $\frac{\partial h}{\partial x}(x,y) = \int_a^y \frac{\partial g}{\partial x}(x,t)\mathrm{d}t$ und nach dem Hauptsatz der Differential- und Integralrechnung ist $\frac{\partial h}{\partial y}(x,y) = g(x,y)$. Nun setzt man $y = x$ und berechnet nach der Kettenregel:

$$\frac{\mathrm{d}h}{\mathrm{d}x}(x,x) = \frac{\partial h}{\partial x}(x,x) + \frac{\partial h}{\partial y}(x,x) = \int_a^x \frac{\partial g}{\partial x}(x,t)\mathrm{d}t + g(x,x).$$

$\square$

In 13.1.1 werden wir diese Aussage noch verallgemeinern.

**Variationsrechnung**

Wir geben nun eine kurze Einführung in die Variationsrechnung; bei den dort vorkommenden Beweisen benötigt man Differentiation unter dem Integralzeichen.

In der Variationsrechnung behandelt man Extremalprobleme. Bisher hatten wir für eine Funktion $f$ eine reelle Zahl $x$ gesucht, für die $f(x)$ extremal wird; eine notwendige Bedingung ist $f'(x) = 0$. In der Variationsrechnung hat man als Variable nicht mehr $x \in \mathbb{R}$, sondern eine Funktion oder eine Kurve $\varphi$. Man sucht etwa zu gegebenen Punkten $p, q$ eine Verbindungskurve $\varphi$ mit minimaler Länge (man erwartet als Lösung, dass $\varphi$ linear ist und die Verbindungsstrecke durchläuft). Ein anderes Beispiel ist das Problem der DIDO: Wie muss man eine einfach geschlossene Kurve $\varphi$ der Länge 1 wählen, so dass das von $\varphi$ berandete Gebiet maximalen Flächeninhalt hat? (Vermutlich ist das Gebiet ein Kreis.)

In der Physik kommen Variationsprobleme häufig im Zusammenhang mit der Lagrangefunktion $L$ vor; dabei soll ein Integral über $L(t, \varphi(t), \varphi'(t))$ minimal werden. Daher benützt man die folgenden Bezeichnungen:

Es sei $I = [a,b] \subset \mathbb{R}$ ein Intervall und

$$L : I \times \mathbb{R} \times \mathbb{R} \to \mathbb{R}, \ (t,y,p) \mapsto L(t,y,p)$$

zweimal stetig differenzierbar. Weiter seien $c, \tilde{c} \in \mathbb{R}$ und

$$M := \{\varphi \in \mathcal{C}^2(I) | \varphi(a) = c, \ \varphi(b) = \tilde{c}\}, \quad S : M \to \mathbb{R}, \varphi \mapsto \int_a^b L(t, \varphi(t), \varphi'(t))\mathrm{d}t.$$

Gesucht wird eine notwendige Bedingung dafür, dass $S(\varphi)$ minimal wird; diese Bedingung ist die Euler-Lagrangesche Differentialgleichung:

**Satz 9.2.18 (Differentialgleichung von Euler-Lagrange)** *Wenn es ein $\varphi \in M$ gibt mit*

$$S(\varphi) \leq S(\chi) \quad \textit{für alle} \quad \chi \in M,$$

*dann gilt:*

$$\boxed{\frac{\mathrm{d}}{\mathrm{d}t} \frac{\partial L}{\partial p}(t, \varphi(t), \varphi'(t)) - \frac{\partial L}{\partial y}(t, \varphi(t), \varphi'(t)) = 0}$$

**Beweis.** Die Beweisidee ist folgende: für geeignetes $\eta$ und $\varepsilon \in \mathbb{R}$ betrachtet man $\varepsilon \mapsto S(\varphi + \varepsilon\eta)$; diese Funktion von $\varepsilon$ hat für $\varepsilon = 0$ ein Minimum und daher verschwindet die Ableitung im Punkt $\varepsilon = 0$.

Es sei $\eta \in \mathcal{C}^2(I)$ und $\eta(a) = \eta(b) = 0$. Für alle $\varepsilon \in \mathbb{R}$ ist dann $\varphi + \varepsilon\eta \in M$ und daher $S(\varphi) \le S(\varphi + \varepsilon\eta)$. Nach 9.2.16 differenziert man unter dem Integral und erhält (wir schreiben $(\ldots)$ für $(t, \varphi(t) + \varepsilon\eta(t), \varphi'(t) + \varepsilon\eta'(t)))$ :

$$\tfrac{\mathrm{d}S(\varphi+\varepsilon\eta)}{\mathrm{d}\varepsilon} = \int\limits_a^b \tfrac{\partial}{\partial\varepsilon} L(\ldots)\mathrm{d}t = \int\limits_a^b \left( \tfrac{\partial L}{\partial y}(\ldots) \cdot \eta(t) + \tfrac{\partial L}{\partial p}(\ldots) \cdot \eta'(t) \right)\mathrm{d}t.$$

Mit partieller Integration ergibt sich

$$\int\limits_a^b \tfrac{\partial L}{\partial p}\eta'(t)\mathrm{d}t = \tfrac{\partial L}{\partial p}\eta(t)\Big|_a^b - \int\limits_a^b \eta(t)\tfrac{\mathrm{d}}{\mathrm{d}t}\left(\tfrac{\partial L}{\partial p}\right)\mathrm{d}t = -\int\limits_a^b \eta(t)\tfrac{\mathrm{d}}{\mathrm{d}t}\left(\tfrac{\partial L}{\partial p}\right)\mathrm{d}t$$

und daher ist

$$\tfrac{\mathrm{d}S(\varphi+\varepsilon\eta)}{\mathrm{d}\varepsilon} = \int\limits_a^b \left( \tfrac{\partial L}{\partial y}(\ldots) - \tfrac{\mathrm{d}}{\mathrm{d}t}\tfrac{\partial L}{\partial p}(\ldots) \right) \cdot \eta(t)\mathrm{d}t.$$

Für $\varepsilon = 0$ ist dies $= 0$, also

$$\int\limits_a^b \left( \frac{\partial L}{\partial y}(t, \varphi, \varphi') - \frac{\mathrm{d}}{\mathrm{d}t}\frac{\partial L}{\partial p}(t, \varphi, \varphi') \right) \cdot \eta\mathrm{d}t = 0.$$

Dies gilt für alle $\eta$, und aus dem Lemma der Variationsrechnung 5.1.9 folgt:

$$\frac{\partial L}{\partial y}(t, \varphi, \varphi') - \frac{\mathrm{d}}{\mathrm{d}t}\frac{\partial L}{\partial p}(t, \varphi, \varphi') = 0.$$

$\square$

**Bemerkung.** Die Euler-Lagrangeschen Differentialgleichungen gelten auch im n-dimensionalen Fall. Man hat dann (die genaue Formulierung findet man in [18]):

$$L : I \times \mathbb{R}^n \times \mathbb{R}^n \to \mathbb{R}, (t, y_1, \ldots, y_n, p_1, \ldots, p_n) \mapsto L(t, y_1, \ldots, y_n, p_1, \ldots, p_n)$$

und

$$\varphi : I \to \mathbb{R}^n, t \mapsto (\varphi_1(t), \ldots, \varphi_n(t))$$

und die Euler-Lagrangeschen Differentialgleichungen lauten:

$$\boxed{\frac{\mathrm{d}}{\mathrm{d}t}\frac{\partial L}{\partial p_j}(t, \varphi(t), \varphi'(t)) - \frac{\partial L}{\partial y_j}(t, \varphi(t), \varphi'(t)) = 0 \qquad (j = 1\ldots, n)}$$

**Beispiel 9.2.19 (Das Hamiltonsche Prinzip)** Wir untersuchen die Bewegung eines Massenpunktes mit der Masse $m$ bei einem gegebenen Potential $U$. Wir beschränken uns auf den eindimensionalen Fall. Es sei $t$ die Zeit; die Bewegung des

Massenpunktes werde durch eine Funktion $\varphi(t)$ beschrieben. Es sei $T$ die kinetische Energie und $U$ die zeitunabhängige potentielle Energie. Dann ist die Lagrange-Funktion $L = T - U$; das Hamiltonsche Prinzip besagt, dass das Wirkungsintegral

$$S(\varphi) = \int_0^{t_0} L(t, \varphi(t), \dot{\varphi}(t)) \, dt \text{ minimal ist. Die kinetische Energie ist } T = \tfrac{m}{2}\dot{\varphi}^2 \text{ und}$$

die Lagrange-Funktion ist $L(\varphi, \dot{\varphi}) = \tfrac{m}{2}\dot{\varphi}^2 - U(\varphi)$. Die Eulersche Differentialgleichung ist

$$\frac{d}{dt}(m\dot{\varphi}(t)) + \frac{d}{dx}U(\varphi(t)) = 0.$$

Es ergibt sich

$$m\,\ddot{\varphi} = -U'(\varphi).$$

■

## 9.3 Implizite Funktionen

Ist eine Funktion $f(x, y)$ gegeben, so stellt sich die Frage, ob man die Gleichung $f(x, y) = 0$ nach $y$ auflösen kann. Ist etwa $f(x, y) = x^2 y - 3x + y$, so kann man $y$ aus der Gleichung $x^2 y - 3x + y = 0$ ausrechnen: $y = \frac{3x}{x^2+1}$.

Zu $f(x, y)$ sucht man also eine Funktion $g(x)$, so dass die Gleichung $f(x, y) = 0$ genau dann gilt, wenn $y = g(x)$ ist; insbesondere ist dann $f(x, g(x)) = 0$. Man sagt, durch $f(x, y) = 0$ sei implizit die Funktion $y = g(x)$ gegeben. Geometrisch interpretiert: Der Graph von $g$ soll gleich dem Nullstellengebilde von $f$ sein:

$$\{(x, y)\mid f(x, y) = 0\} = \{(x, y)\mid y = g(x)\}.$$

Bei den folgenden Beispielen ist leicht zu sehen, dass nicht jedes Nullstellengebilde ein Graph ist, denn bei einem Graphen $G_g$ gibt es zu jedem $x$ genau ein $y$ mit $(x, y) \in G_g$.

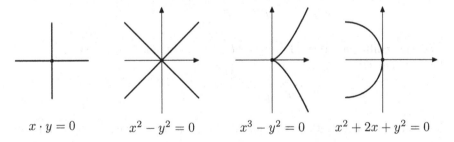

$$x \cdot y = 0 \qquad x^2 - y^2 = 0 \qquad x^3 - y^2 = 0 \qquad x^2 + 2x + y^2 = 0$$

Man muss natürlich voraussetzen, dass $f$ wirklich von $y$ abhängt; schon das triviale Beispiel $f(x, y) := x^2$ zeigt, dass man hier nicht nach $y$ auflösen kann. So ist naheliegend, vorauszusetzen, dass $\frac{\partial f}{\partial y}$ nicht verschwindet.

**Satz 9.3.1 (Satz über implizite Funktionen)** *Seien $U, V \subset \mathbb{R}$ offene Intervalle; die Funktion*

$$f : U \times V \to \mathbb{R}, \ (x, y) \mapsto f(x, y),$$

*sei zweimal stetig partiell differenzierbar; für ein $(x_0, y_0) \in U \times V$ gelte*

$$f(x_0, y_0) = 0, \qquad \frac{\partial f}{\partial y}(x_0, y_0) \neq 0.$$

*Dann gibt es offene Intervalle $U_1, V_1$ mit $x_0 \in U_1 \subset U$, $y_0 \in V_1 \subset V$, und eine stetig differenzierbare Funktion*

$$g : U_1 \to V_1,$$

*so dass gilt:*

$$\{(x, y) \in U_1 \times V_1 | \ f(x, y) = 0\} \ = \ \{(x, y) \in U_1 \times V_1 | \ y = g(x)\}.$$

**Beweis.** Zunächst wählen wir die Intervalle $U_1, V_1$ so, dass in $U_1 \times V_1$ gilt: $\frac{\partial f}{\partial y} \neq 0$. Nun sei $(x, y_1), (x, y_2) \in U_1 \times V_1$ und $f(x, y_1) = 0$, $f(x, y_2) = 0$. Wenn $y_1 < y_2$ ist, so folgt aus dem Mittelwertsatz, angewandt auf $y \mapsto f(x, y)$, dass ein $\eta$ zwischen $y_1, y_2$ existiert mit $\frac{\partial f}{\partial y}(x, \eta) = 0$. Dies widerspricht der Voraussetzung $\frac{\partial f}{\partial y} \neq 0$. Daher gibt es zu jedem $x \in U_1$ höchstens ein $y \in V_1$ mit $f(x, y) = 0$. Falls eine Funktion $g$ mit den im Satz genannten Eigenschaften existiert, gilt $f(x, g(x)) = 0$. Differenziert man diese Gleichung, so erhält man

$$\frac{\partial f}{\partial x}(x, g(x)) + \frac{\partial f}{\partial y}(x, g(x)) \cdot g'(x) = 0$$

oder

$$g'(x) = -\frac{\frac{\partial f}{\partial x}(x, g(x))}{\frac{\partial f}{\partial y}(x, g(x))}.$$

Die gesuchte Funktion genügt also einer Differentialgleichung. Nach 8.1.6 können wir $U_1, V_1$ so verkleinern, dass die Differentialgleichung

$$y' = -\frac{\frac{\partial f}{\partial x}(x, y)}{\frac{\partial f}{\partial y}(x, y)}$$

eine (stetig differenzierbare) Lösung $g : U_1 \to V_1$ mit $g(x_0) = y_0$ besitzt. Setzt man $h(x) := f(x, g(x))$ für $x \in U_1$, so ist

$$h'(x) = \frac{\partial f}{\partial x}(x, g(x)) + \frac{\partial f}{\partial y}(x, g(x)) \cdot g'(x) = 0$$

und daher ist $h$ konstant und wegen $h(x_0) = f(x_0, y_0) = 0$ ist $h(x) = 0$ für alle $x \in U_1$.

Daraus folgt $f(x, g(x)) = 0$; es gibt also zu jedem $x \in U_1$ genau ein $y \in V_1$ mit $f(x, y) = 0$, nämlich $y = g(x)$. □

Wir geben ohne Beweis eine Verallgemeinerung dieses Satzes an; Beweise findet man in [7] und [18].

**Satz 9.3.2 (Allgemeiner Satz über implizite Funktionen)** *Seien* $U \subset \mathbb{R}^k$, *und* $V \subset \mathbb{R}^m$ *offen, sei*

$$f : U \times V \to \mathbb{R}^m, \ (x,y) \mapsto (f_1(x,y), \dots, f_m(x,y))$$

*stetig partiell differenzierbar; sei* $(x_0, y_0) \in U \times V$ *ein Punkt mit*

$$f(x_0, y_0) = 0 \quad und \quad \det \begin{pmatrix} \frac{\partial f_1}{\partial y_1} & \cdots & \frac{\partial f_1}{\partial y_m} \\ & \cdots \cdots & \\ \frac{\partial f_m}{\partial y_1} & \cdots & \frac{\partial f_m}{\partial y_m} \end{pmatrix} \neq 0.$$

*Dann gibt es offene Mengen* $U_1, V_1$ *mit* $x_0 \in U_1 \subset U$, $y_0 \in V_1 \subset V$, *und eine stetig partiell differenzierbare Abbildung*

$$g : U_1 \to V_1$$

*mit*

$$\{(x,y) \in U_1 \times V_1 | f(x,y) = 0\} \ = \ \{(x,y) \in U_1 \times V_1 | y = g(x)\}.$$

Nun behandeln wir Diffeomorphismen; der Begriff des Diffeomorphismus spielt in der Analysis eine vergleichbare Rolle wie der des Isomorphismus von Vektorräumen in der linearen Algebra.

**Definition 9.3.3** *Seien* $U, V \subset \mathbb{R}^n$ *offene Mengen; eine Abbildung* $f : U \to V$ *heißt* **Diffeomorphismus**, *wenn gilt:* $f$ *ist bijektiv,* $f$ *und* $f^{-1}$ *sind differenzierbar. Man bezeichnet* $f$ *als* **lokalen Diffeomorphismus**, *wenn es zu jedem* $x \in U$ *offene Mengen* $\tilde{U}, \tilde{V}$ *gibt mit* $x \in \tilde{U} \subset U, f(x) \in \tilde{V} \subset V$, *so dass* $f|\tilde{U} \to \tilde{V}$ *ein Diffeomorphismus ist.*

Aus der Kettenregel folgt:

**Satz 9.3.4** *Wenn* $f : U \to V$ *ein Diffeomorphismus ist, dann ist für alle* $x \in U$ *die Jacobi-Matrix* $J_f(x)$ *invertierbar; es gilt*

$$(J_f(x))^{-1} = J_{f^{-1}}(f(x)).$$

**Beweis.** Es ist
$$J_f(x) \cdot J_{f^{-1}}(f(x)) = J_{f \circ f^{-1}}(f(x)) = E,$$

denn die Jacobi-Matrix der identischen Abbildung $f \circ f^{-1} : V \to V, y \mapsto y$, ist die Einheitsmatrix $E \in \mathbb{R}^{(n,n)}$. $\qquad\qquad\qquad\qquad\qquad\qquad\qquad\qquad\qquad$ □

Nun stellen wir die Frage, ob auch die Umkehrung gilt: Kann man aus der Invertierbarkeit der Jacobi-Matrix schließen, dass $f$ invertierbar ist? Dies gilt in der Tat lokal: Aus 9.3.2 leiten wir das wichtige Theorem über lokale Diffeomorphismen her. Es besagt: Wenn bei einer differenzierbaren Abbildung $f$ die Jacobi-Matrix invertierbar ist, dann ist $f$ ein lokaler Diffeomorphismus.

**Satz 9.3.5 (Satz über lokale Diffeomorphismen)** *Es sei $U \subset \mathbb{R}^n$ offen und $f : U \to \mathbb{R}^n$ einmal stetig differenzierbar. Für ein $x_0 \in U$ sei*

$$\det J_f(x_0) \neq 0.$$

*Dann gibt es offene Mengen $V, W \subset \mathbb{R}^n$, $x_0 \in V \subset U$, so dass $f|V \to W$ ein Diffeomorphismus ist.*
*Daher gilt: Wenn $\det J_f(x) \neq 0$ für alle $x \in U$ ist, dann ist $f$ ein lokaler Diffeomorphismus.*

**Beweis.** Wir setzen $y_0 := f(x_0)$ und definieren

$$F : U \times \mathbb{R}^n \to \mathbb{R}^n, \ (x, y) \mapsto y - f(x),$$

also

$$F(x_1, \ldots, x_n, y_1, \ldots, y_n) = \begin{pmatrix} y_1 - f_1(x_1, \ldots, x_n) \\ \ldots\ldots\ldots \\ y_n - f_n(x_1, \ldots, x_n) \end{pmatrix}.$$

Dann ist $F(x_0, y_0) = 0$ und

$$\begin{pmatrix} \frac{\partial F_1}{\partial x_1} & \cdots & \frac{\partial F_1}{\partial x_n} \\ \ldots\ldots \\ \frac{\partial F_n}{\partial x_1} & \cdots & \frac{\partial F_n}{\partial x_n} \end{pmatrix} = -J_f;$$

im Punkt $x_0$ ist also die Determinante dieser Matrix $\neq 0$. Wir wenden nun den vorhergehenden Satz an, wobei wir die Rollen von $x$ und $y$ vertauschen. Die Gleichung $F(x, y) = 0$ kann nach $x$ aufgelöst werden: Es gibt offene Mengen $W, U_1$ mit $y_0 \in W \subset \mathbb{R}^n, x_0 \in U_1 \subset U$ und eine differenzierbare Abbildung $g : W \to U_1$, so dass für $y \in W, x \in U_1$ die Gleichung $x = g(y)$ äquivalent zu $F(x, y) = 0$, also äquivalent zu $y = f(x)$ ist. Daher ist $g$ die Umkehrabbildung zu $f$.    $\square$

### Polarkoordinaten, Zylinderkoordinaten und Kugelkoordinaten
Wichtige Diffeomorphismen erhält man durch Polarkoordinaten, Zylinderkoordinaten und Kugelkoordinaten.

**Beispiel 9.3.6 (Polarkoordinaten)** Unter Polarkoordinaten $(r, \varphi)$ versteht man wie in 4.3.19

$$x = r \cdot \cos\varphi, \quad y = r \cdot \sin\varphi,$$

genauer: definiert man offene Mengen $U, V$ im $\mathbb{R}^2$ durch

$$U := \mathbb{R}^+ \times\, ]0, 2\pi[, \qquad V := \mathbb{R}^2 \setminus \{(x, y) \in \mathbb{R}^2 \mid x \geq 0, y = 0\},$$

so ist die Abbildung

$$\phi : U \to V, (r, \varphi) \mapsto (r \cdot \cos\varphi, \ r \cdot \sin\varphi)$$

ein Diffeomorphismus; die Umkehrabbildung ist in der „oberen Halbebene"

$$\phi^{-1} : V \cap \{(x, y) \in \mathbb{R}^2 | y \geq 0\} \to U \cap ]0, \pi],$$
$$(x, y) \mapsto ( \sqrt{x^2 + y^2}, \arccos \frac{x}{\sqrt{x^2+y^2}} );$$

die Jacobi-Matrix ist

$$J_\phi(r, \varphi) = \begin{pmatrix} \cos\varphi & -r \cdot \sin\varphi \\ \sin\varphi & r \cdot \cos\varphi \end{pmatrix}$$

und

$$\det J_\phi(r, \varphi) = r.$$

Wenn man $\phi$ als Abbildung $\phi : \{(r, \varphi) \in \mathbb{R}^2 | \ r \geq 0, 0 \leq \varphi < 2\pi\} \to \mathbb{R}^2$ auffasst, dann ist $\phi$ surjektiv. Jedoch ist der Definitionsbereich nicht offen und $\phi$ ist nicht injektiv; das Geradenstück $\{r = 0\}$ wird in den Nullpunkt abgebildet; auf $\{r = 0\}$ verschwindet det $J_\phi$. ∎

**Beispiel 9.3.7 (Zylinderkoordinaten)** Zylinderkoordinaten $(r, \varphi, z)$ führt man ein durch

$$x = r \cdot \cos\varphi, \quad y = r \cdot \sin\varphi, \quad z = z.$$

Man setzt

$$\Theta(r, \varphi, z) = (r \cdot \cos\varphi, \ r \cdot \sin\varphi, \ z).$$

Die Jacobimatrix ist

$$J_\Theta(r, \varphi, z) = \begin{pmatrix} \cos\varphi & -r \cdot \cos\varphi & 0 \\ \sin\varphi & r \cdot \cos\varphi & 0 \\ 0 & 0 & 1 \end{pmatrix}$$

und es ist

$$\det J_\Theta(r, \varphi, z) = r. \qquad \blacksquare$$

**Beispiel 9.3.8 (Kugelkoordinaten)** Unter Kugelkoordinaten $(r, \varphi, \vartheta)$ versteht man

$$x = r \cdot \sin\vartheta \cdot \cos\varphi, \quad y = r \cdot \sin\vartheta \cdot \sin\varphi, \quad z = r \cdot \cos\vartheta.$$

Definiert man im $\mathbb{R}^3$ die offenen Mengen

$$U := \{(r, \vartheta, \varphi) \in \mathbb{R}^3 | \ r > 0, \ 0 < \vartheta < \pi, \ 0 < \varphi < 2\pi\},$$

$$V := \mathbb{R}^3 \setminus \{(x, y, z) | \ x \geq 0, \ y = 0\},$$

so ist

$$\Psi : U \to V, (r, \vartheta, \varphi) \mapsto (r \cdot \sin\vartheta \cdot \cos\varphi, \ r \cdot \sin\vartheta \cdot \sin\varphi, \ r \cdot \cos\vartheta)$$

ein Diffeomorphismus. Die Jacobi-Matrix ist

$$J_\Psi(r, \vartheta, \varphi) = \begin{pmatrix} \sin\vartheta\cos\varphi & r\cdot\cos\vartheta\cos\varphi & -r\cdot\sin\vartheta\sin\varphi \\ \sin\vartheta\sin\varphi & r\cdot\cos\vartheta\sin\varphi & r\cdot\sin\vartheta\cos\varphi \\ \cos\vartheta & -r\cdot\sin\vartheta & 0 \end{pmatrix}$$

und

$$\det J_\Psi(r, \vartheta, \varphi) = r^2 \sin\vartheta.$$

■

Wir wollen nun zeigen, wie man einen beliebigen Differentialoperator auf neue Koordinaten umrechnet und führen dies exemplarisch aus. Es sei $f : \mathbb{R}^2 \to \mathbb{R}$ eine beliebig oft stetig partiell differenzierbare Funktion. Wir behandeln den **Laplace-Operator**

$$\triangle := \frac{\partial^2}{\partial x^2} + \frac{\partial^2}{\partial y^2},$$

also $\triangle f := \frac{\partial^2 f}{\partial x^2} + \frac{\partial^2 f}{\partial y^2}$. Für $r > 0$ sei $\phi(r, \varphi) = (r\cos\varphi, r\sin\varphi)$ die Polarkoordinatenabbildung. Wir wollen nun $\triangle$ in Polarkoordinaten umrechnen, das heißt, wir suchen einen Differentialoperator $\tilde{\triangle}$ in $\frac{\partial}{\partial r}, \frac{\partial}{\partial \varphi}$ mit

$$(\triangle f) \circ \phi = \tilde{\triangle}(f \circ \phi).$$

Es gilt:

**Satz 9.3.9 (Der Laplace-Operator in Polarkoordinaten)** *Der Laplace-Operator in Polarkoordinaten ist*

$$\boxed{\tilde{\triangle} = \frac{\partial^2}{\partial r^2} + \frac{1}{r}\cdot\frac{\partial}{\partial r} + \frac{1}{r^2}\cdot\frac{\partial^2}{\partial\varphi^2}}$$

**Beweis.** Es ist $\phi(r, \varphi) = (r\cdot\cos\varphi, \, r\cdot\sin\varphi)$ und

$$J_\phi(r, \varphi) = \begin{pmatrix} \cos\varphi & -r\sin\varphi \\ \sin\varphi & r\cos\varphi \end{pmatrix}, \quad (J_\phi(r, \varphi))^{-1} = \begin{pmatrix} \cos\varphi & \sin\varphi \\ -\frac{1}{r}\sin\varphi & \frac{1}{r}\cos\varphi \end{pmatrix}.$$

Wir schreiben die Ableitung als Index: $f_x := \frac{\partial}{\partial x}f$. Nach der Kettenregel ist

$$J_{f\circ\phi} = (J_f \circ \phi)\cdot J_\phi,$$

also $\quad ((f\circ\phi)_r, (f\circ\phi)_\varphi) = (f_x \circ \phi, f_y \circ \phi)\cdot J_\phi$

oder $\quad (f_x \circ \phi, f_y \circ \phi) = ((f\circ\phi)_r, (f\circ\phi)_\varphi)\cdot J_\phi^{-1}.$

Damit erhält man die Gleichungen

$$(1) \quad f_x \circ \phi = (f\circ\phi)_r \cdot \cos\varphi - (f\circ\phi)_\varphi \cdot \frac{1}{r}\sin\varphi$$

$$(2) \quad f_y \circ \phi = (f\circ\phi)_r \cdot \sin\varphi + (f\circ\phi)_\varphi \cdot \frac{1}{r}\cos\varphi.$$

Nun setzt man in (1) $f_x$ an Stelle von $f$ und in (2) $f_y$ statt $f$ ein und addiert; damit ergibt sich

$$(3) \qquad f_{xx} \circ \phi + f_{yy} \circ \phi \; =$$

$$= (f_x \circ \phi)_r \cdot \cos\varphi - (f_x \circ \phi)_\varphi \cdot \frac{1}{r}\sin\varphi + (f_y \circ \phi)_r \cdot \sin\varphi + (f_y \circ \phi)_\varphi \cdot \frac{1}{r}\cos\varphi.$$

In dieser Gleichung setzt man für $f_x \circ \phi$ und $f_y \circ \phi$ die rechten Seiten von (1) und (2) ein und erhält nach längerer, aber einfacher Rechnung:

$$f_{xx} \circ \phi + f_{yy} \circ \phi \; =$$

$$= \cos\varphi \cdot \quad \frac{\partial}{\partial r}\left( (f \circ \phi)_r \cdot \cos\varphi - (f \circ \phi)_\varphi \cdot \frac{1}{r}\sin\varphi \right) -$$

$$-\frac{1}{r}\sin\varphi \cdot \frac{\partial}{\partial\varphi}\left( (f \circ \phi)_r \cdot \cos\varphi - (f \circ \phi)_\varphi \cdot \frac{1}{r}\sin\varphi \right) +$$

$$+\sin\varphi \cdot \frac{\partial}{\partial r}\left( (f \circ \phi)_r \cdot \sin\varphi + (f \circ \phi)_\varphi \cdot \frac{1}{r}\cos\varphi \right) +$$

$$+\frac{1}{r}\cos\varphi \cdot \frac{\partial}{\partial\varphi}\left( (f \circ \phi)_r \cdot \sin\varphi + (f \circ \phi)_\varphi \cdot \frac{1}{r}\cos\varphi \right) \quad =$$

$$= \cos\varphi \cdot \left( (f \circ \phi)_{rr} \cdot \cos\varphi - (f \circ \phi)_{\varphi r} \cdot \frac{\sin\varphi}{r} + (f \circ \phi)_\varphi \cdot \frac{\sin\varphi}{r^2} \right) -$$

$$-\frac{\sin\varphi}{r} \cdot \left( (f \circ \phi)_{r\varphi} \cdot \cos\varphi - (f \circ \phi)_r \cdot \sin\varphi - \right.$$
$$\left. - (f \circ \phi)_{\varphi\varphi} \cdot \frac{\sin\varphi}{r} - (f \circ \phi)_\varphi \cdot \frac{\cos\varphi}{r} \right) +$$

$$+\sin\varphi \cdot \left( (f \circ \phi)_{rr} \cdot \sin\varphi + (f \circ \phi)_{\varphi r} \cdot \frac{\cos\varphi}{r} - (f \circ \phi)_\varphi \cdot \frac{\cos\varphi}{r^2} \right) +$$

$$+\frac{\cos\varphi}{r} \cdot \left( (f \circ \phi)_{r\varphi} \cdot \sin\varphi + (f \circ \phi)_r \cdot \cos\varphi + \right.$$
$$\left. + (f \circ \phi)_{\varphi\varphi} \cdot \frac{\cos\varphi}{r} - (f \circ \phi)_\varphi \cdot \frac{\sin\varphi}{r} \right) =$$

$$= (f \circ \phi)_{rr} + \frac{1}{r}(f \circ \phi)_r + \frac{1}{r^2}(f \circ \phi)_{\varphi\varphi},$$

also

$$\tilde{\triangle} = \frac{\partial^2}{\partial r^2} + \frac{1}{r}\frac{\partial}{\partial r} + \frac{1}{r^2}\frac{\partial}{\partial\varphi^2}.$$

□

Mit dieser Methode kann man auch den Laplace-Operator im $\mathbb{R}^3$ in Zylinder- oder Kugelkoordinaten umrechnen:

**Satz 9.3.10 (Laplace-Operator im $\mathbb{R}^3$ in Zylinder- und Kugelkoordinaten )** *Der Laplace-Operator*

$$\triangle = \frac{\partial^2}{\partial x^2} + \frac{\partial^2}{\partial y^2} + \frac{\partial^2}{\partial z^2}$$

*ist in Zylinderkoordinaten*

$$\frac{1}{r} \cdot \frac{\partial}{\partial r}\left( r\frac{\partial}{\partial r} \right) + \frac{1}{r^2} \cdot \frac{\partial^2}{\partial\varphi^2} + \frac{\partial^2}{\partial z^2}$$

*und in Kugelkoordinaten*

$$\frac{1}{r^2} \cdot \left( \frac{\partial}{\partial r}(r^2 \cdot \frac{\partial}{\partial r}) + \frac{1}{\sin^2\vartheta} \cdot \frac{\partial^2}{\partial\varphi^2} + \frac{1}{\sin\vartheta} \cdot \frac{\partial}{\partial\vartheta}(\sin\vartheta\frac{\partial}{\partial\vartheta}) \right).$$

## 9.4 Lokale Extrema

### Die Taylorsche Formel

Zunächst zeigen wir, wie man die Taylorsche Formel 6.2.6 auf Funktionen mehrerer Variablen verallgemeinern kann.

Wir führen dazu einige Bezeichnungen ein: Es sei $\nu := (\nu_1, ..., \nu_n) \in \mathbb{N}_0^n$ und $x = (x_1, ..., x_n) \in \mathbb{R}^n$; dann setzen wir

$$|\nu| := \nu_1 + ... + \nu_n, \qquad \nu! := \nu_1! \cdot ... \cdot \nu_n!, \qquad x^\nu := x_1^{\nu_1} \cdot ... \cdot x_n^{\nu_n},$$

$$D^\nu f := \frac{\partial^{\nu_1}}{\partial x_1^{\nu_1}} \cdots \frac{\partial^{\nu_n}}{\partial x_n^{\nu_n}} f.$$

Außerdem benötigen wir den Begriff der konvexen Menge.

**Definition 9.4.1** *Eine Menge $D \subset \mathbb{R}^n$ heißt* **konvex***, wenn gilt: Sind $p, q \in D$, so liegt auch die Verbindungsstrecke von p nach q in D; es ist also*

$$(1 - t)p + tq \in D \text{ für alle } t \in [0, 1].$$

Nun geben wir die Taylorsche Formel an.

**Satz 9.4.2 (Taylorsche Formel)** *Sei $D \subset \mathbb{R}^n$ offen und konvex, sei $k \in \mathbb{N}$ und $f : D \to \mathbb{R}$ eine $(k + 1)$-mal stetig differenzierbare Funktion. Sind dann $x, x + \xi \in D$, so existiert ein $\theta \in [0, 1]$ mit*

$$\boxed{f(x + \xi) = \sum_{\substack{\nu \\ |\nu| \le k}} \frac{1}{\nu!} D^\nu f(x) \cdot \xi^\nu + \sum_{\substack{\nu \\ |\nu| = k+1}} \frac{1}{\nu!} D^\nu f(x + \theta\xi) \cdot \xi^\nu.}$$

Diese Formel wird in [7] bewiesen. Die Beweisidee besteht darin, dass man auf die Funktion $g(t) := f(x + t\xi)$, $t \in [0, 1]$, die Taylorformel 6.2.6 anwendet und die Ableitungen $g^{(\nu)}(t)$ für $\nu = 0, ..., k + 1$ nach der Kettenregel ausrechnet.

Wir geben die Taylorsche Formel für $n = 2$, $x = (0, 0)$, $k = 1$ explizit an; es ist

$$f(\xi_1, \xi_2) = f(0, 0) + f_x(0, 0) \cdot \xi_1 + f_y(0, 0) \cdot \xi_2 +$$

$$+ \frac{1}{2!} f_{xx}(\theta\xi_1, \theta\xi_2) \cdot \xi_1^2 + f_{xy}(\theta\xi_1, \theta\xi_2) \cdot \xi_1\xi_2 + \frac{1}{2!} f_{yy}(\theta\xi_1, \theta\xi_2)\xi_2^2.$$

$\nu \in \mathbb{N}_0^n$ heißt auch Multiindex des $\mathbb{R}^n$ und die bei der Taylorformel verwendete Schreibweise Multiindex-Schreibweise. Sie ist auch für die Übertragung der Leibniz-Regel 3.1.13 auf mehrere Variable von Vorteil. Zunächst sagen wir von zwei Multiindizes $\alpha, \varrho$ des $\mathbb{R}^n$, dass $\alpha \ge \varrho$ ist, wenn dies komponentenweise gilt, d.h. $\alpha_i \ge \varrho_i$, $i = 1, ..., n$. Dann setzen wir

$$\binom{\alpha}{\varrho} := \frac{\alpha!}{(\alpha - \varrho)! \varrho!} \quad \text{für } \alpha \ge \varrho$$

als Verallgemeinerung der Binomialkoeffizienten $\binom{n}{k}$ aus 1.6.3. Durch Induktion über $|\alpha|$ zeigt man als Verallgemeinerung der binomischen Formel:

$$
\begin{aligned}
(x_1 + y_1)^{\alpha_1} \cdot \ldots \cdot (x_n + y_n)^{\alpha_n} &= \sum_{\varrho, \varrho \leq \alpha} \binom{\alpha}{\varrho} x_1^{\alpha_1 - \varrho_1} \cdot \ldots \cdot x_n^{\alpha_n - \varrho_n} \cdot y_1^{\varrho_1} \cdot \ldots \cdot y_n^{\varrho_n} \\
&= \sum_{\varrho, \varrho \leq \alpha} \binom{\alpha}{\varrho} x^{\alpha - \varrho} y^{\varrho}
\end{aligned}
$$

Analog zu 3.1.13 folgt nun durch Induktion über $|\alpha|$ die Leibniz-Regel in mehreren Variablen für $|\alpha|$-mal differenzierbare Funktionen $f, g$, nämlich

$$
D^{\alpha}(f \cdot g) = \sum_{\varrho, \varrho \leq \alpha} \binom{\alpha}{\varrho} D^{\alpha - \varrho} f \cdot D^{\varrho} g.
$$

**Lokale Extrema**

Wenn man bei einer Funktion $f(x)$ *einer* Variablen die Stellen sucht, an denen lokale Extrema liegen, dann hat man als notwendige Bedingung $f'(x) = 0$. Ist $f'(x) = 0$ und $f''(x) > 0$, so besitzt $f$ dort ein lokales Minimum. Diese Aussagen sollen nun auf Funktionen von $n$ Variablen übertragen werden; wir beschränken uns auf den Fall $n = 2$. Es ergibt sich als notwendige Bedingung: grad $f = 0$. Ist dies erfüllt und ist zusätzlich die Hesse-Matrix $\left( \frac{\partial^2 f}{\partial x_i \partial x_j} \right)$ positiv-definit, so liegt ein lokales Minimum vor. Bei zwei Variablen treten also an Stelle von $f'$ und $f''$ der Gradient und die nach Hesse benannte Matrix der zweiten Ableitungen (LUDWIG OTTO HESSE (1811-1874)).

**Satz 9.4.3** *Sei $D \subset \mathbb{R}^2$ offen und $f : D \to \mathbb{R}$ partiell differenzierbar. Wenn $f$ in $p \in D$ ein lokales Extremum besitzt, dann ist grad $f(p) = 0$.*

**Beweis.** Sei $p = (x_0, y_0)$; die Funktion $x \mapsto f(x, y_0))$ hat in $x_0$ ein lokales Extremum, daher ist $\frac{\partial f}{\partial x}(x_0, y_0) = 0$. Analog folgt $\frac{\partial f}{\partial y}(p) = 0$ □

**Definition 9.4.4** *Ist $f : D \to \mathbb{R}$ zweimal stetig partiell differenzierbar, so heißt*

$$
H_f := \left( \frac{\partial^2 f}{\partial x_i \partial x_j} \right) = \begin{pmatrix} \frac{\partial^2 f}{\partial x^2} & \frac{\partial^2 f}{\partial y \partial x} \\ \frac{\partial^2 f}{\partial x \partial y} & \frac{\partial^2 f}{\partial y^2} \end{pmatrix}
$$

*die Hesse-Matrix von $f$.*

In 7.10.11 hatten wir definiert: Eine symmetrische Matrix $A \in \mathbb{R}^{(2,2)}$ heißt positiv-definit, wenn für alle $x \in \mathbb{R}^n$, $x \neq 0$, gilt: $\langle Ax, x \rangle > 0$. Nach 7.10.12 ist dies genau dann der Fall, wenn alle Eigenwerte von $A$ positiv sind. Es gilt:

**Satz 9.4.5** *Sei $D \subset \mathbb{R}^2$ offen, $f : D \to \mathbb{R}$ zweimal stetig partiell differenzierbar. In einem Punkt $p \in D$ sei*

$$\boxed{grad\ f(p) = 0 \quad und \quad H_f(p)\ positiv\ definit.}$$

*Dann besitzt $f$ in $p$ ein isoliertes lokales Minimum, d.h. es gibt eine Umgebung $U$ von $p$ mit $U \subset D$, so dass für alle $x \in U$, $x \neq p$, gilt: $f(x) > f(p)$.*

**Beweis.** Wir setzen $a := \operatorname{grad} f(p)$ und $H := H_f(p)$. Aus der Taylorschen Formel kann man herleiten, dass für hinreichend kleines $\xi \in \mathbb{R}^n$ gilt:

$$f(p + \xi) = f(p) + \langle a, \xi \rangle + \frac{1}{2} \langle H\xi, \xi \rangle + \|\xi\|^2 r(\xi),$$

dabei ist $r$ in einer Umgebung von $0 \in \mathbb{R}^2$ definiert und $\lim_{\xi \to 0} r(\xi) = 0$.

Ist $\lambda > 0$ der kleinste Eigenwert von $H$, so gilt nach 7.10.10: $\langle H\xi, \xi \rangle \geq \lambda \cdot \|\xi\|^2$. Es gibt ein $\delta > 0$ mit $\|r(\xi)\| \leq \frac{1}{4}\lambda$ für $\|\xi\| < \delta$. Für $0 < \|\xi\| < \delta$ ist dann

$$f(p + \xi) \geq f(p) + \frac{1}{2}\lambda \cdot \|\xi\|^2 - \frac{1}{4}\lambda\|\xi\|^2 > f(p).$$

$\square$

**Beispiel 9.4.6** Sei $f(x, y) := x^3 + x^2 + y^2$, dann ist $\operatorname{grad} f(x, y) = (3x^2 + 2x, 2y)$ und

$$H_f(x, y) = \begin{pmatrix} 6x + 2 & 0 \\ 0 & 2 \end{pmatrix}.$$

Der Gradient verschwindet in den Punkten $(0, 0)$ und $(-\frac{2}{3}, 0)$. Die Hesse-Matrix im Nullpunkt ist $\begin{pmatrix} 2 & 0 \\ 0 & 2 \end{pmatrix}$; sie ist positiv definit und daher besitzt $f$ in $(0, 0)$ ein isoliertes lokales Minimum. Im Punkt $(-\frac{2}{3}, 0)$ ist die Hessematrix gleich $\begin{pmatrix} -2 & 0 \\ 0 & 2 \end{pmatrix}$; die Funktion $x \mapsto f(x, 0) = x^2 + x^3$ hat bei $x = -\frac{2}{3}$ ein isoliertes lokales Maximum und $y \mapsto f(-\frac{2}{3}, y) = \frac{4}{27} + y^2$ hat bei $y = 0$ ein Minimum. Der Punkt $(-\frac{2}{3}, 0)$ ist also ein Sattelpunkt.

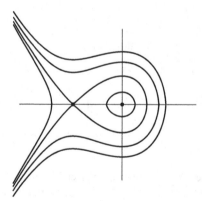

■

**Lokale Extrema unter Nebenbedingungen.**
Ist eine Funktion $f : \mathbb{R}^2 \to \mathbb{R}$ gegeben, so will man häufig nicht die Extrema von $f$ in $\mathbb{R}^2$ bestimmen, sondern die Extrema von $f$ auf einer Menge $\{g = 0\}$, etwa auf dem Rand des Einheitskreises $\{x^2 + y^2 - 1 = 0\}$. Man sagt kurz: man sucht die Extrema von $f$ unter der Nebenbedingung $g = 0$.

**Definition 9.4.7** *Sei $D \subset \mathbb{R}^2$ offen, seien $f : D \to \mathbb{R}$ und $g : D \to \mathbb{R}$ stetig partiell differenzierbar; $M := \{x \in D | g(x) = 0\}$. Man sagt, dass $f$ in einem Punkt $p \in M$ ein* **lokales Maximum unter der Nebenbedingung** *$\{g = 0\}$ besitzt, wenn es eine Umgebung $U$ von $p$ in $D$ gibt mit $f(x) \leq f(p)$ für alle $x \in M \cap U$;*
*in naheliegender Weise werden die Begriffe „lokales Minimum" und „lokales Extremum" unter $\{g = 0\}$ definiert.*

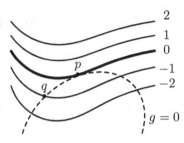

In der Abbildung sind Niveaumengen von $f$ und die „Kurve" $\{g = 0\}$ skizziert. Im Punkt $q$ schneidet $\{g = 0\}$ die Niveaumenge $\{f = -1\}$; in der Nähe von $q$ gibt es auf $\{g = 0\}$ Punkte mit $f < -1$ und Punkte mit $f > -1$; dort liegt also kein lokales Extremum. Dagegen berühren sich in $p$ die Kurven $\{g = 0\}$ und $\{f = 0\}$; dort hat man ein lokales Maximum unter der Nebenbedingung $\{g = 0\}$. Weil sich die Kurven berühren, weisen in $p$ die Gradienten von $f$ und $g$ in die gleiche oder entgegengesetzte Richtung. Dies besagt der folgende Satz:

**Satz 9.4.8** *Für alle $x \in D$ sei grad $g(x) \neq 0$. Wenn $f$ in $p \in M$ ein lokales Extremum unter der Nebenbedingung $\{g = 0\}$ besitzt, dann existiert ein $\lambda \in \mathbb{R}$ mit*

$$\boxed{\text{grad } f(p) = \lambda \cdot \text{grad } g(p).}$$

**Beweis.** Es sei $p = (x_0, y_0)$. Wir können annehmen, dass $g_y(p) \neq 0$ ist. Nach dem Satz über implizite Funktionen können wir die Umgebung $U$ von $p$ so wählen, dass eine differenzierbare Funktion $\varphi :]x_0 - \varepsilon, x_0 + \varepsilon[ \to \mathbb{R}$ existiert mit $y_0 = \varphi(x_0)$, $(x, \varphi(x)) \in U$ und $\{(x, y) \in U | g(x, y) = 0\} = \{(x, y) \in U | y = \varphi(x)\}$.
Für $|x - x_0| < \varepsilon$ ist $g(x, \varphi(x)) = 0$ und daher

$$g_x(x, \varphi(x)) + g_y(x, \varphi(x)) \cdot \varphi'(x) = 0.$$

Die Funktion $h :]x_0 - \varepsilon, x_0 + \varepsilon[ \to \mathbb{R}$, $x \mapsto f(x, \varphi(x))$, besitzt in $x_0$ ein lokales Extremum, somit ist $h'(x_0) = 0$, also

$$f_x(x_0, \varphi(x_0)) + f_y(x_0, \varphi(x_0)) \cdot \varphi'(x_0) = 0.$$

Es ist also

$$f_x(p) + f_y(p) \cdot \varphi'(x_0) = 0, \qquad g_x(p) + g_y(p) \cdot \varphi'(x_0) = 0$$

und mit $\lambda := \frac{f_y(p)}{g_y(p)}$ folgt die Behauptung. $\qquad \square$

**Beispiel 9.4.9** In 7.10.9 haben wir mit Methoden der linearen Algebra die Extrema einer quadratischen Form $f = q_A$ auf dem Rand des Einheitskreises $S_1$ untersucht; wir behandeln dieses Problem nun mit Methoden der Differentialrechnung und wenden 9.4.8 an. Es sei $A \in \mathbb{R}^{(2,2)}$ eine symmetrische Matrix und

$$q_A(x_1, x_2) := x^t A x = a_{11} x_1^2 + 2a_{12} x_1 x_2 + a_{22} x_2^2.$$

Wir setzen $g(x_1, x_2) := x_1^2 + x_2^2 - 1$; dann ist $S_1 = \{x \in \mathbb{R}^2 | \ g(x) = 0\}$. Es sei $x = \binom{x_1}{x_2}$, wir schreiben nun auch die Gradienten als Spaltenvektoren. Es ist

$$\text{grad } q_A(x) = \begin{pmatrix} 2a_{11}x_1 + 2a_{12}x_2 \\ 2a_{12}x_1 + 2a_{22}x_2 \end{pmatrix} = 2Ax \qquad \text{und} \qquad \text{grad } g(x) = 2x.$$

Auf der kompakten Menge $S_1$ nimmt $q_A$ in einem Punkt $p_1 \in S_1$ das Minimum und in einem $p_2 \in S_1$ das Maximum an. Daher existieren nach 9.4.8 reelle Zahlen $\lambda_j$, $j = 1, 2$, mit grad $f(p_j) = \lambda_j \cdot$ grad $g(p_j)$, also

$$A p_j = \lambda_j p_j.$$

Wegen $p_j \in S_1$ ist $p_j \neq 0$, somit sind $\lambda_1, \lambda_2$ Eigenwerte und $p_1, p_2$ Eigenvektoren. Wir haben also mit Methoden der Differentialrechnung die Existenz reeller Eigenwerte der symmetrischen Matrix $A \in \mathbb{R}^{(2,2)}$ hergeleitet. Es gilt

$$q_A(p_j) = p_j^t(A p_j) = p_j^t(\lambda_j p_j) = \lambda_j p_j^t p_j = \lambda_j.$$

Somit ist $\lambda_1$ das Minimum von $q_A | S_1$ und $\lambda_2$ das Maximum.

Wir behandeln nun mit diesen Methoden das Beispiel 7.10.13: Es sei $A = \begin{pmatrix} 5 & -2 \\ -2 & 2 \end{pmatrix}$. Dann sind folgende drei Gleichungen für die drei Unbekannten $x_1, x_2, \lambda$ zu lösen:

$$5x_1 - 2x_2 = \lambda x_1$$
$$-2x_1 + 2x_2 = \lambda x_2$$
$$x_1^2 + x_2^2 = 1.$$

Man erhält die Punkte $\pm \frac{1}{\sqrt{5}}\binom{2}{-1}$ und $\pm \frac{1}{\sqrt{5}}\binom{1}{2}$; in den ersten beiden Punkten hat $q_A$ den Wert 6, in den anderen den Wert 1.

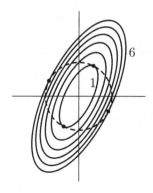

# 9.5 Kurven

**Definition 9.5.1** *Es sei $I \subset \mathbb{R}$ ein Intervall und $X \subset \mathbb{R}^n$, eine stetige Abbildung*

$$\gamma : I \to X, t \mapsto (x_1(t), \ldots, x_n(t)),$$

*heißt* **Kurve** *in $X$.*

Es ist zweckmäßig, $\gamma(t) = (x_1(t), \ldots, x_n(t))$ zu schreiben; bei einer Kurve im $\mathbb{R}^2$ schreiben wir auch $\gamma(t) = (x(t), y(t))$ und bei einer Kurve in $\mathbb{C}$ schreibt man $\gamma(t) = x(t) + iy(t)$. Die Kurve heißt stetig oder auch stetig differenzierbar, wenn die Funktionen $x_1, \ldots, x_n$ die entsprechende Eigenschaft haben. Bei einer differenzierbaren Kurve setzt man $\dot{\gamma}(t) := (\dot{x}_1(t) \ldots, \dot{x}_n(t))$; dabei ist $\dot{x}_j := \frac{\mathrm{d}x_j}{\mathrm{d}t}$.
Eine Kurve $\gamma : [a, b] \to \mathbb{R}^n$ heißt **stückweise stetig differenzierbar**, wenn es eine Zerlegung $a = t_0 < t_1 < \ldots < t_m = b$ des Intervalls $[a, b]$ gibt, so dass für $k = 1, \ldots, m$ jede Kurve $\gamma| [t_{k-1}, t_k] \to \mathbb{R}^n$ stetig differenzierbar ist.
Wenn jede Kurve $\gamma| [t_{k-1}, t_k] \to \mathbb{R}^n$ linear ist, also die Strecke von $\gamma(t_{k-1})$ nach $\gamma(t_k)$durchläuft, bezeichnet man $\gamma$ als **Polygonzug.**

**Definition 9.5.2** *Ist $\gamma : [a, b] \to \mathbb{R}^n$ eine stückweise stetig differenzierbare Kurve, so heißt*

$$L_\gamma := \int\limits_a^b \sqrt{\left(\frac{\mathrm{d}x_1}{\mathrm{d}t}(t)\right)^2 + \ldots + \left(\frac{\mathrm{d}x_n}{\mathrm{d}t}(t)\right)^2}\, \mathrm{d}t = \int\limits_a^b \|\dot{\gamma}(t)\|\mathrm{d}t$$

*die* **Länge** *von $\gamma$.*

**Definition 9.5.3** *Zwei Kurven $\gamma : I \to \mathbb{R}^n$ und $\chi : \tilde{I} \to \mathbb{R}^n$ heißen* **äquivalent,** *wenn es eine stetig differenzierbare bijektive Abbildung $\varphi : I \to \tilde{I}$ gibt mit $\dot{\varphi}(t) > 0$ für $t \in I$ und*

$$\gamma = \chi \circ \varphi,$$

*$\varphi$ heißt* **Parametertransformation.**

Es gilt:

**Satz 9.5.4** *Wenn zwei stetig differenzierbare Kurven $\gamma$ und $\chi$ äquivalent sind, dann gilt: $L_\gamma = L_\chi$.*

**Beweis.** Ist $\gamma : [a, b] \to \mathbb{R}^n$, $\chi : [c, d] \to \mathbb{R}^n$, $\gamma = \chi \circ \varphi$, so folgt mit der Substitution $u = \varphi(t)$:

$$L_\gamma = \int\limits_a^b \|\dot{\gamma}(t)\|\mathrm{d}t = \int\limits_a^b \|\dot{\chi}(\varphi(t))\|\dot{\varphi}(t)\mathrm{d}t = \int\limits_c^d \|\dot{\chi}(u)\|\mathrm{d}u = L_\chi.$$

$\square$

Nun seien $\gamma$ und $\chi$ zwei Kurven; der Endpunkt von $\gamma$ sei gleich dem Anfangspunkt von $\chi$. Dann kann man diese Kurven aneinanderhängen, man durchläuft zuerst $\gamma$ und dann $\chi$; auf diese Weise erhält man eine Kurve, die man mit $\gamma + \chi$ bezeichnet. Durch Übergang zu äquivalenten Kurven kann man annehmen, dass beide in $[0, 1]$ definiert sind.

**Definition 9.5.5** *Es seien* $\gamma : [0, 1] \to \mathbb{R}^n$ *und* $\chi : [0, 1] \to \mathbb{R}^n$ *Kurven mit*

$$\gamma(1) = \chi(0);$$

*dann setzt man*

$$\gamma + \chi : [0, 1] \to \mathbb{R}^n, \ t \mapsto \begin{cases} \gamma(2t) & \text{für} & 0 \le t \le \frac{1}{2} \\ \chi(2t - 1) & \text{für} & \frac{1}{2} < t \le 1 \end{cases}$$

Wenn man eine Kurve $\gamma$ in der entgegengesetzten Richtung durchläuft, so erhält man $-\gamma$:

**Definition 9.5.6** *Ist* $\gamma : [0, 1] \to \mathbb{R}^n$ *eine Kurve, so setzt man*

$$-\gamma : [0, 1] \to \mathbb{R}^n, \ t \mapsto \gamma(1 - t).$$

*An Stelle von* $\gamma + (-\chi)$ *schreibt man* $\gamma - \chi$.

Sei $G \subset \mathbb{R}^n$ ein Gebiet und $p, q, x \in G$. Ist dann $\gamma$ eine Kurve in $G$ von $p$ nach $q$ und $\chi$ eine von $q$ nach $x$, so ist $\gamma + \chi$ eine Verbindungskurve von $p$ nach $x$ in $G$. Man kann leicht zeigen, dass man in einem Gebiet je zwei Punkte immer durch eine in $G$ verlaufende stückweise stetig differenzierbare Kurve (sogar durch einen Polygonzug) verbinden kann:

**Satz 9.5.7** *Ist* $G \subset \mathbb{R}^n$ *ein Gebiet, so existiert zu je zwei Punkten* $p, q \in G$ *eine stückweise stetig differenzierbare Kurve* $\gamma : [a, b] \to G$ *mit* $\gamma(a) = p$, $\gamma(b) = q$.

**Beweis.** Wir wählen ein $p \in G$ und definieren $M$ als die Menge aller $q \in G$, die mit $p$ durch einen Polygonzug in $G$ verbindbar sind. Nun zeigen wir, dass $M$ offen und abgeschlossen ist. Nach 9.1.28 folgt dann $M = G$. Ist $q \in M$, so wählen wir $r > 0$ mit $U_r(q) \subset G$. Jeder Punkt $x \in U_r(q)$ ist durch eine Kurve, die die Strecke von $x$ nach $q$ durchläuft, mit $q$ verbindbar. Daher ist $x$ auch mit $p$ verbindbar und somit folgt $U_r(q) \subset M$. Damit ist gezeigt, dass $M$ offen ist. Nun beweisen wir die Abgeschlossenheit von $M$. Zu $q \notin M$ wählen wieder $r > 0$ so, dass $U_r(q) \subset G$ ist. Wäre ein $x \in U_r(q)$ mit $p$ verbindbar, so wäre auch $q$ mit $p$ verbindbar; also wäre $q \in M$. Es ist also $U_r(q) \cap M = \emptyset$ und damit ist gezeigt, dass $M$ abgeschlossen ist. $\square$

**Definition 9.5.8** *Eine stetig differenzierbare Kurve* $\gamma : I \to \mathbb{R}^n$ *heißt* **regulär**, *wenn* $\dot{\gamma}(t) \ne 0$ *für alle* $t \in I$ *ist; dann heißt*

$$T(t) := \frac{1}{\|\dot{\gamma}(t)\|} \dot{\gamma}(t)$$

*der* **Tangentenvektor** *zu* $t \in I$; *man hat also* $T : I \to \mathbb{R}^n, t \mapsto \frac{1}{\|\dot{\gamma}(t)\|} \dot{\gamma}(t)$.

*Man sagt,* $\gamma$ *ist* **nach der Bogenlänge parametrisiert**, *wenn für alle* $t \in I$ *gilt:*

$$\|\dot{\gamma}(t)\| = 1.$$

Bei einer nach der Bogenlänge parametrisierten Kurve $\gamma : [a, b] \to \mathbb{R}^n$ ist also $\dot{\gamma} = T$ und $L_\gamma = b - a$.

Man kann durch Übergang zu einer äquivalenten Kurve immer die Parametrisierung nach der Bogenlänge erreichen:

**Satz 9.5.9** *Zu jeder regulären Kurve* $\gamma : [a, b] \to \mathbb{R}^n$ *existiert eine äquivalente Kurve* $\chi$, *die nach der Bogenlänge parametrisiert ist.*

**Beweis.** Für die Abbildung

$$s : [a, b] \to [0, L_\gamma], t \mapsto \int_a^t \|\dot{\gamma}(x)\| \mathrm{d}x$$

gilt $\dot{s}(t) = \|\dot{\gamma}(t)\| > 0$ und $s(a) = 0$, $s(b) = L_\gamma$; daher ist sie bijektiv.

Ist $\varphi : [0, L_\gamma] \to [a, b], u \mapsto \varphi(u)$, die Umkehrabbildung und setzt man $t = \varphi(u)$, so gilt nach 3.3.5:

$$\frac{\mathrm{d}\varphi}{\mathrm{d}u}(u) = \frac{1}{\|\dot{\gamma}(t)\|}.$$

Nun definiert man $\chi := \gamma \circ \varphi$, dann ist

$$\frac{\mathrm{d}\chi}{\mathrm{d}u}(u) = \frac{\mathrm{d}(\gamma \circ \varphi)}{\mathrm{d}u}(u) = \dot{\gamma}(\varphi(u)) \cdot \frac{\mathrm{d}\varphi}{\mathrm{d}u}(u) = \frac{\dot{\gamma}(t)}{\|\dot{\gamma}(t)\|}.$$

Daher ist $\chi$ äquivalent zu $\gamma$ und hat Parameter Bogenlänge.    □

Der Tangentenvektor einer regulären Kurve hat die Länge 1; die Änderung von $T$ ist also eine Richtungsänderung; man stellt sich vor, dass diese um so größer ist, je mehr die Kurve gekrümmt ist. Dies führt zu folgender Definition:

**Definition 9.5.10** *Ist* $\gamma : I \to \mathbb{R}^n$ *eine reguläre Kurve mit Parameter Bogenlänge, so heißt*

$$\kappa : I \to \mathbb{R}, t \mapsto \|\dot{T}(t)\|,$$

*die* **Krümmung**.

**Beispiel 9.5.11** Wir betrachten den Kreis mit Radius $r > 0$:

$$\gamma : [0, 2\pi] \to \mathbb{R}^2, t \mapsto (r \cdot \cos t, r \cdot \sin t).$$

Es ist

$$\dot{\gamma}(t) = (-r \cdot \sin t, r \cdot \cos t) \quad \text{und} \quad \|\dot{\gamma}(t)\| = r.$$

Die Kurve ist regulär, hat aber für $r \neq 1$ nicht Parameter Bogenlänge.

Die Länge ist $L_\gamma = \int\limits_0^{2\pi} r \cdot dt = 2r\pi$ und es ist $s(t) = \int\limits_0^t r \cdot dx = r \cdot t$. Die äquivalente Kurve mit Parameter Bogenlänge ist dann

$$\chi : [0, 2r\pi] \to \mathbb{R}^2, s \mapsto (r \cdot \cos \frac{s}{r}, r \cdot \sin \frac{s}{r})$$

und man erhält

$$T(s) = (-\sin \frac{s}{r}, \cos \frac{s}{r}), \quad \dot{T}(s) = (-\frac{1}{r} \cdot \cos \frac{s}{r}, -\frac{1}{r} \cdot \sin \frac{s}{r}), \quad \kappa(s) = \frac{1}{r}.$$

∎

**Beispiel 9.5.12**  Für $r > 0$, $h > 0$ erhält man die Schraubenlinie

$$\gamma : [0, 2\pi] \to \mathbb{R}^3, t \mapsto (r \cdot \cos t, \; r \cdot \sin t, \; h \cdot t).$$

Es ist

$$\dot{\gamma}(t) = (-r \cdot \sin t, r \cdot \cos t, h), \quad \|\dot{\gamma}(t)\| = \sqrt{r^2 + h^2}, \quad L_\gamma = 2\pi \sqrt{r^2 + h^2}.$$

Wir setzen $\varrho := \sqrt{r^2 + h^2}$; die Schraubenlinie mit Parameter Bogenlänge ist

$$\chi : [0, 2\pi\varrho] \to \mathbb{R}^3, s \mapsto (r \cdot \cos \frac{s}{\varrho}, \; r \cdot \sin \frac{s}{\varrho}, \frac{h}{\varrho} \cdot s);$$

dann ergibt sich

$$T(s) = (-\frac{r}{\varrho} \sin \frac{s}{\varrho}, \; \frac{r}{\varrho} \cos \frac{s}{\varrho}, \frac{h}{\varrho}), \quad \dot{T}(s) = (-\frac{r}{\rho^2} \cos \frac{s}{\varrho}, \; -\frac{r}{\varrho^2} \sin \frac{s}{\varrho}, \; 0)$$

die Krümmung ist konstant, nämlich $\kappa(s) = \frac{r}{r^2 + h^2}$. ∎

**Beispiel 9.5.13**  Wir bringen einige Beispiele von Kurven, die schon vor Jahrhunderten eingehend untersucht wurden: die Archimedische Spirale, die Neilsche Parabel und die Zykloide, die so definiert sind:

| | | |
|---|---|---|
| Archimedische Spirale | $\alpha(t)$ | $= (t \cdot \cos t, \; t \cdot \sin t)$ |
| Neilsche Parabel | $\beta(t)$ | $= (t^2, \; t^3)$ |
| Zykloide | $\gamma(t)$ | $= (t - \sin t, \; 1 - \cos t)$ |

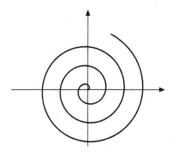

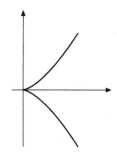

*ArchimedischeSpirale*                    *NeilscheParabel*

Auf die Zykloide wollen wir ausführlicher eingehen; sie entsteht folgendermaßen: Wenn eine Kreisscheibe vom Radius 1 entlang der x-Achse abrollt, so beschreibt ein Punkt, der auf dem Kreisrand liegt, eine Zykloide. Falls der Punkt vom Mittelpunkt des Kreises einen Abstand $a$ hat und fest mit dem Kreis (Rad) verbunden ist, wird die Kurve durch

$$\gamma_a(t) \;=\; (t - a\sin t \,,\; 1 - a\cos t)$$

gegeben. Für $a < 1$ liegt der Punkt im Innern des Kreises, auf einer Speiche des Rades; für $a > 1$ liegt er außerhalb.

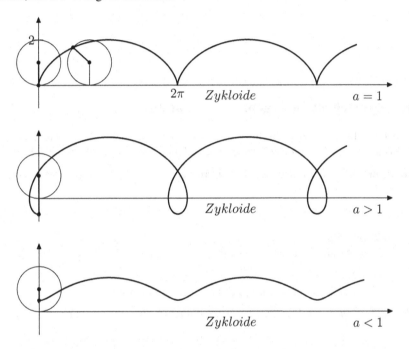

Die Zykloide ist in mehrfacher Hinsicht interessant. Sie wurde von Christian Huygens zur Herstellung eines Pendels verwendet, dessen Schwingungsdauer nicht von der Amplitude abhängt; daher wird sie auch als *Tautochrone* bezeichnet. Die Zykloide heißt auch *Brachystochrone*, also Kurve kürzester Laufzeit. Johann Bernoulli stellte 1696 die folgende Aufgabe: Ein Massenpunkt bewegt sich unter dem Einfluss der Schwerkraft auf einer Kurve vom Nullpunkt 0 zu einem tiefer gelegenen Punkt $p$. Für welche Kurve ist die Laufzeit am kürzesten? Die von Bernoulli, Newton und Leibniz gefundene Lösung ist eine Zykloide

$$t \mapsto (\frac{c}{2}(t - \sin t) \,,\; -\frac{c}{2}(1 - \cos t)); \qquad c > 0$$

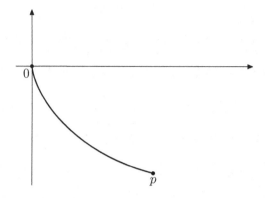

## 9.6 Vektorfelder, Divergenz und Rotation

Wir behandeln in diesem Abschnitt Vektorfelder $\mathbf{v}$ auf einer offenen Menge $U$ im $\mathbb{R}^n$. Insbesondere werden Bedingungen hergeleitet, wann $\mathbf{v}$ ein Potential $h$ besitzt.

**Definition 9.6.1** *Eine auf einer offenen Menge $U \subset \mathbb{R}^n$ definierte stetig partiell differenzierbare Abbildung*

$$\mathbf{v}: U \to \mathbb{R}^n, \quad x \mapsto (v_1(x), ..., v_n(x)),$$

*heißt* **Vektorfeld** *auf $U$.*
*Unter einem* **Potential** *$h$ von $\mathbf{v}$ versteht man eine zweimal stetig partiell differenzierbare Funktion $h: U \to \mathbb{R}$ mit $\mathbf{v} = \operatorname{grad} h$, also $v_i = \frac{\partial h}{\partial x_i}$ für $i = 1, ..., n$.*

Eine notwendige Bedingung für die Existenz eines Potentials ist:

**Satz 9.6.2** *Wenn $\mathbf{v}$ ein Potential $h$ besitzt, dann gilt für $i, j = 1, ..., n$:*

$$\boxed{\frac{\partial v_i}{\partial x_j} = \frac{\partial v_j}{\partial x_i}.}$$

**Beweis.** Es ist $\frac{\partial^2 h}{\partial x_j \partial x_i} = \frac{\partial}{\partial x_j} v_i$ und $\frac{\partial^2 h}{\partial x_i \partial x_j} = \frac{\partial}{\partial x_i} v_j$; aus $\frac{\partial^2 h}{\partial x_j \partial x_i} = \frac{\partial^2 h}{\partial x_i \partial x_j}$ folgt die Behauptung. □

Nun führen wir den Begriff des Kurvenintegrals von $\mathbf{v}$ längs einer Kurve $\gamma$ ein.

**Definition 9.6.3** *Ist $\mathbf{v}: U \to \mathbb{R}^n, x \mapsto (v_1(x), ..., v_n(x))$, ein Vektorfeld und $\gamma: [a, b] \to U, t \mapsto (x_1(t), ..., x_n(t))$, eine stückweise stetig differenzierbare Kurve in $U$, so heißt*

$$\int_{\gamma} \mathbf{v}\,\mathrm{d}s := \int_a^b \sum_{j=1}^n v_j(\gamma(t)) \cdot \frac{\mathrm{d}x_j}{\mathrm{d}t}(t)\,\mathrm{d}t = \int_a^b \,<\mathbf{v}(\gamma(t)),\, \dot{\gamma}(t)>\,\mathrm{d}t.$$

*das* **Kurvenintegral** *von $\mathbf{v}$ längs $\gamma$.*

Es gilt:

**Satz 9.6.4** *Wenn* **v** *ein Potential h besitzt, dann gilt für jede stückweise stetig differenzierbare Kurve γ in U:*

$$\int_\gamma \mathbf{v}\, \mathrm{d}s = h(\gamma(b)) - h(\gamma(a)).$$

*Falls γ geschlossen ist, gilt*

$$\int_\gamma \mathbf{v}\, \mathrm{d}s = 0.$$

**Beweis.** Es ist $\frac{\mathrm{d}}{\mathrm{d}t} h(\gamma(t)) = \sum_{j=1}^{n} \frac{\partial h}{\partial x_j}(\gamma(t)) \cdot \dot{x}_j(t) = \sum_{j=1}^{n} v_j(\gamma(t)) \cdot \dot{x}_j(t)$ und daher ist $\int_\gamma \mathbf{v}\, \mathrm{d}s = h \circ \gamma|_a^b$. $\square$

Nun zeigen wir, dass die in 9.6.2 angegebene Bedingung $\frac{\partial v_i}{\partial x_j} = \frac{\partial v_j}{\partial x_i}$ für die Existenz zwar notwendig, aber nicht hinreichend ist.

**Beispiel 9.6.5** In $U := \mathbb{R}^2 \setminus \{(0,0)\}$ sei

$$\mathbf{v}(x,y) := \left( \frac{-y}{x^2 + y^2},\ \frac{x}{x^2 + y^2} \right).$$

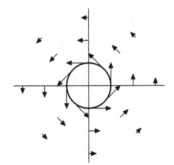

Wir zeigen: Es gilt $\frac{\partial v_1}{\partial y} = \frac{\partial v_2}{\partial x}$, aber **v** besitzt kein Potential: Es ist

$$\frac{\partial}{\partial y}\left( \frac{-y}{x^2 + y^2} \right) = \frac{y^2 - x^2}{(x^2 + y^2)^2}, \quad \frac{\partial}{\partial x}\left( \frac{x}{x^2 + y^2} \right) = \frac{y^2 - x^2}{(x^2 + y^2)^2}.$$

Nun sei $\gamma : [0, 2\pi] \to U, t \mapsto (\cos t, \sin t)$, dann ist

$$\int_\gamma \mathbf{v}\, \mathrm{d}s = \int_0^{2\pi} \left( \frac{-\sin t}{\cos^2 t + \sin^2 t} \cdot (-\sin t) + \frac{\cos t}{\cos^2 t + \sin^2 t} \cdot \cos t \right) \mathrm{d}t = 2\pi.$$

Wenn $\mathbf{v}$ ein Potential besitzen würde, dann wäre nach 9.6.4 dieses Kurvenintegral gleich 0. Wir gehen in 9.6.16 nochmals auf dieses Beispiel ein.     ∎

Man wird vermuten, dass bei diesem Beispiel das „Loch", das $U$ besitzt, eine Rolle spielt. Gebiete ohne „Löcher" sind zum Beispiel die sternförmigen Gebiete:

**Definition 9.6.6** *Eine offene Menge $U \subset \mathbb{R}^n$ heißt* **sternförmig** *bezüglich $p \in U$, wenn für jedes $q \in U$ die Verbindungsstrecke von $p$ nach $q$ in $U$ liegt, also*

$$(1-t)p + tq \in U \text{ für alle } t \in [0,1].$$

Die Kurve $\gamma : [0,1] \to \mathbb{R}^n, t \mapsto (1-t)p + tq$, durchläuft die Strecke von $p$ nach $q$ und wir setzen

$$\int_p^q := \int_\gamma.$$

Ist $U$ sternförmig bezüglich 0 und ist $\mathbf{v} : U \to \mathbb{R}^n$ ein Vektorfeld, so gilt nach 9.6.4: Wenn $\mathbf{v}$ ein Potential $h$ besitzt (wir dürfen $h(0) = 0$ annehmen), so ist:

$$h(x) = \int_0^x \mathbf{v}\mathrm{d}\mathbf{s}.$$

Die Kurve von 0 nach $x \in U$ ist $\gamma : [0,1] \to U, t \mapsto tx = (tx_1, ..., tx_n)$, und daher gilt:

$$\int_0^x \mathbf{v}\mathrm{d}\mathbf{s} = \int_0^1 \sum_{j=1}^n x_j \cdot v_j(tx)\, \mathrm{d}t.$$

Nun ist klar, wie man die Existenz eines Potentials auf sternförmigen Gebieten beweist. Man definiert $h$ durch diesen Ausdruck und zeigt:

**Satz 9.6.7** *Ist $\mathbf{v} : U \to \mathbb{R}^n$ ein Vektorfeld auf dem bezüglich 0 sternförmigen Gebiet $U \subset \mathbb{R}^n$ und gilt*

$$\frac{\partial v_i}{\partial x_j} = \frac{\partial v_j}{\partial x_i} \quad \text{für } i, j = 1, ..., n,$$

*so besitzt $\mathbf{v}$ ein Potential $h : U \to \mathbb{R}$, nämlich*

$$\boxed{h(x) := \sum_{j=1}^n x_j \int_0^1 v_j(tx)\, \mathrm{d}t.}$$

**Beweis.** Es gelten die beiden Gleichungen

$$\frac{\partial}{\partial x_i}\left(\sum_{j=1}^n x_j v_j(tx)\right) = v_i(tx) + \sum_{j=1}^n x_j \cdot \frac{\partial v_j}{\partial x_i}(tx) \cdot t$$

$$\frac{\partial}{\partial t}\left(t v_i(tx)\right) = v_i(tx) + \sum_{j=1}^n t \cdot \frac{\partial v_i}{\partial x_j}(tx) \cdot x_j.$$

Wegen $\frac{\partial v_i}{\partial x_j} = \frac{\partial v_j}{\partial x_i}$ sind die rechten Seiten gleich und es folgt:

$$(*) \qquad \frac{\partial}{\partial x_i} \left( \sum_{j=1}^{n} x_j v_j(tx) \right) = \frac{\partial}{\partial t} \left( t v_i(tx) \right).$$

Nun differenzieren wir nach 9.2.16 unter dem Integral und berücksichtigen (*); damit ergibt sich:

$$\frac{\partial h}{\partial x_i}(x) = \int_0^1 \frac{\partial}{\partial x_i} \left( \sum_{j=1}^{n} x_j v_j(tx) \right) \mathrm{dt} \overset{(*)}{=} \int_0^1 \frac{\partial}{\partial t} \left( t v_i(tx) \right) \mathrm{dt} =$$

$$= t v_i(tx)|_0^1 = v_i(x).$$

$\square$

Wir werden diese Aussage im Kalkül der Differentialformen nochmals beweisen (Satz 11.3.20 und Satz 11.5.5).

Kurz zusammengefasst besagen die Sätze 9.6.2 und 9.6.7:

Die Bedingung $\frac{\partial v_i}{\partial x_j} = \frac{\partial v_j}{\partial x_i}$ ist notwendig für die Existenz eines Potentials, auf sternförmigen Gebieten ist sie auch hinreichend.

Wir wollen noch erläutern, wie man im Fall $n = 2$ ein Potential explizit angeben kann.

**Beispiel 9.6.8** Es sei $U \subset \mathbb{R}^2$ ein offenes Rechteck und $\mathbf{v}$ ein Vektorfeld, das wir jetzt so schreiben:

$$\mathbf{v}: U \to \mathbb{R}^2, \ (x,y) \mapsto (f(x,y), g(x,y)),$$

es gelte $\frac{\partial f}{\partial y} = \frac{\partial g}{\partial x}$. Zuerst bestimmt man eine Stammfunktion $F$ von $f$ bezüglich $x$, also eine zweimal stetig differenzierbare Funktion $F : U \to \mathbb{R}$ mit $\frac{\partial F}{\partial x} = f$. Dann macht man für das gesuchte Potential $h$ den Ansatz

$$h(x,y) = F(x,y) + \varphi(y),$$

wobei $\varphi$ nur von $y$ abhängen soll. Dann ist $\frac{\partial h}{\partial x} = \frac{\partial F}{\partial x} = f$ und $\varphi$ soll so gewählt werden, dass $\frac{\partial h}{\partial y} = g$ ist, also $g(x,y) = \frac{\partial F}{\partial y}(x,y) + \varphi'(y)$ oder

$$\varphi'(y) = g(x,y) - \frac{\partial F}{\partial y}(x,y).$$

Daraus berechnet man $\varphi$. Der Ausdruck $g - \frac{\partial F}{\partial y}$ hängt nur von $y$ und nicht von $x$ ab, denn es ist

$$\frac{\partial}{\partial x} \left( g - \frac{\partial F}{\partial y} \right) = \frac{\partial g}{\partial x} - \frac{\partial^2 F}{\partial x \partial y} = \frac{\partial g}{\partial x} - \frac{\partial f}{\partial y} = 0.$$

Ist etwa $\mathbf{v}(x,y) := (2xy, x^2 + 2y)$, so kann man $F(x,y) := x^2 y$ setzen. Dann ist $\varphi'(y) = (x^2 + 2y) - \frac{\partial}{\partial y}(x^2 y) = 2y$ und man kann $\varphi(y) = y^2$ wählen. Dann ist $h(x,y) = x^2 y + y^2$ ein Potential. ∎

**Divergenz und Rotation**
Bei einem Vektorfeld kann man die Divergenz bilden; man interpretiert sie als Quellenstärke der durch das Vektorfeld gegebenen Strömung. Im $\mathbb{R}^3$ hat man auch noch die Rotation, mit der man die Wirbelstärke eines Vektorfeldes beschreibt.

**Definition 9.6.9** *Ist $U \subset \mathbb{R}^n$ offen und $\mathbf{v} : U \to \mathbb{R}^n, x \mapsto (v_1(x), \ldots, v_n(x))$, ein Vektorfeld, so heißt die Funktion*

$$div\, \mathbf{v} : U \to \mathbb{R}, \; x \mapsto \frac{\partial v_1}{\partial x_1}(x) + \ldots + \frac{\partial v_n}{\partial x_n}(x),$$

*die* **Divergenz** *von* $\mathbf{v}$. *Ein Vektorfeld heißt* **quellenfrei**, *wenn* $div\, \mathbf{v} = 0$ *ist.*
*Ist $U \subset \mathbb{R}^3$ offen und $\mathbf{v} : U \to \mathbb{R}^3, x \mapsto (v_1(x), v_2(x), v_3(x))$ ein Vektorfeld, so heißt das durch*

$$rot\, \mathbf{v} := \left( \frac{\partial v_3}{\partial x_2} - \frac{\partial v_2}{\partial x_3}, \; \frac{\partial v_1}{\partial x_3} - \frac{\partial v_3}{\partial x_1}, \; \frac{\partial v_2}{\partial x_1} - \frac{\partial v_1}{\partial x_2} \right)$$

*definierte Vektorfeld* $rot\, \mathbf{v} : U \to \mathbb{R}^3$ *die* **Rotation** *von* $\mathbf{v}$. *Ein Vektorfeld heißt* **wirbelfrei**, *wenn* $rot\, \mathbf{v} = 0$ *ist.*

Es ist zweckmäßig, nun zwei Differentialoperatoren einzuführen: den Nabla-Operator $\nabla$ und den Laplace-Operator $\triangle$. Mit Hilfe des Nabla-Operators kann man die Begriffe $grad,\, div,\, rot$ einheitlich formulieren (vgl. dazu auch 13.4 und 11.5).

**Definition 9.6.10** *Man bezeichnet den (symbolischen) Vektor*

$$\nabla := \left( \frac{\partial}{\partial x_1}, \ldots, \frac{\partial}{\partial x_n} \right)$$

*als* **Nabla-Operator** *und interpretiert ihn so: Für eine differenzierbare Funktion $f : U \to \mathbb{R}$ mit $U \subset \mathbb{R}^n$ setzt man*

$$\nabla f := \left( \frac{\partial f}{\partial x_1}, \ldots, \frac{\partial f}{\partial x_n} \right) = grad\, f.$$

*Ist $\mathbf{v}$ ein Vektorfeld in $U \subset \mathbb{R}^n$, so interpretiert man $\nabla \mathbf{v}$ als Skalarprodukt und setzt*

$$\nabla \mathbf{v} := \frac{\partial v_1}{\partial x_1} + \ldots + \frac{\partial v_n}{\partial x_n} = div\, \mathbf{v}.$$

*Im $\mathbb{R}^3$ kann man auch das Vektorprodukt bilden: Ist $U \subset \mathbb{R}^3$ und $\mathbf{v} : U \to \mathbb{R}^3$, so setzt man*

$$\nabla \times \mathbf{v} := \left( \frac{\partial v_3}{\partial x_2} - \frac{\partial v_2}{\partial x_3}, \; \frac{\partial v_1}{\partial x_3} - \frac{\partial v_3}{\partial x_1}, \; \frac{\partial v_2}{\partial x_1} - \frac{\partial v_1}{\partial x_2} \right) = rot\, \mathbf{v}.$$

*Der Differentialoperator*

$$\triangle := \frac{\partial^2}{\partial x_1^2} + \ldots + \frac{\partial^2}{\partial x_n^2}$$

*heißt der* **Laplace-Operator.** *Es ist also*

$$\triangle f \;=\; \frac{\partial^2 f}{\partial x_1^2} + ... + \frac{\partial^2 f}{\partial x_n^2}.$$

*Eine zweimal stetig differenzierbare Funktion f heißt* **harmonisch***, wenn gilt:*

$$\triangle f \;=\; \frac{\partial^2 f}{\partial x_1^2} + ... + \frac{\partial^2 f}{\partial x_n^2} = 0.$$

*Harmonische Funktionen werden wir in 14.14 behandeln.*

**Vektorfelder im $\mathbb{R}^3$**

Wir wollen zunächst die Bedeutung von $div$ und $rot$ etwas veranschaulichen.

**Beispiel 9.6.11** Beim Vektorfeld $\mathbf{v}(x) := x$ weisen die Vektoren vom Nullpunkt weg und vermitteln den Eindruck einer im Nullpunkt liegenden Quelle. Es ist, wie man leicht nachrechnet:

$$\operatorname{div} \mathbf{v} \;=\; 3, \qquad \operatorname{rot} \mathbf{v} = 0.$$

Das Vektorfeld $\mathbf{w} := (-x_2, x_1, 0)$ beschreibt eine Rotation um 0 und es ist

$$\operatorname{div} \; \mathbf{w} = 0, \qquad \operatorname{rot} \mathbf{w} = (0, 0, 2).$$

∎

Die Sätze 9.6.2 und 9.6.7 besagen:
Wenn das Vektorfeld $\mathbf{v} : U \to \mathbb{R}^3$ ein Potential besitzt, dann ist rot $\mathbf{v} = 0$. Wenn $U$ sternförmig ist und rot $\mathbf{v} = 0$ gilt, dann besitzt $\mathbf{v}$ ein Potential.

Es gelten folgende Rechenregeln:

**Satz 9.6.12** *Ist $U \subset \mathbb{R}^3$ offen, so gilt für jede zweimal stetig differenzierbare Funktion f und jedes Vektorfeld $\mathbf{v}$ auf $U$:*

$$\begin{aligned}
rot \; (grad \; f) &= \; 0, &\text{also} && \nabla \times (\nabla f) &= \; 0, \\
div \; (rot \; \mathbf{v}) &= \; 0, &\text{also} && \nabla \, (\nabla \times \mathbf{v}) &= \; 0, \\
div \; (grad \; f) &= \triangle f, &\text{also} && \nabla \, (\nabla f) &= \triangle f.
\end{aligned}$$

*Ein Gradientenfeld $\mathbf{v} = grad \; f$ ist also immer wirbelfrei; es ist genau dann quellenfrei, wenn f harmonisch ist.*

Diese Aussagen rechnet man leicht nach; man benutzt dabei, dass man die Reihenfolge der Ableitungen vertauschen kann. Wir behandeln dies im allgemeinen Rahmen nochmals in 13.4 und in 11.5.

Wir geben nun weitere Beispiele an:

**Beispiel 9.6.13 (Lineare Vektorfelder)** Einfache Beispiele liefern die linearen Vektorfelder. Sei $A \in \mathbb{R}^{(3,3)}$ und $\mathbf{v}(x) := Ax$. Dann ist

$$\text{div } \mathbf{v} = a_{11} + a_{22} + a_{33}, \qquad \text{rot } \mathbf{v} = (a_{32} - a_{23}, a_{13} - a_{31}, a_{21} - a_{12}).$$

Spezielle lineare Vektorfelder erhält man durch das Vektorprodukt: Ist $w \in \mathbb{R}^3$ und definiert man $\mathbf{v}(x) := w \times x$, so ist

$$w \times x = \begin{pmatrix} 0 & -w_3 & w_2 \\ w_3 & 0 & -w_1 \\ -w_2 & w_1 & 0 \end{pmatrix} x$$

und daher

$$\text{div } \mathbf{v} = 0, \qquad \text{rot } \mathbf{v} = 2w.$$

Der Vektor $w \times x$ steht senkrecht auf $w$ und auf $x$; das Vektorfeld $\mathbf{v}(x) = w \times x$ ist das Geschwindigkeitsfeld einer Drehung um die durch $w$ gegebene Drehachse. Man interpretiert $\|w\|$ als (skalare) Winkelgeschwindigkeit. ∎

Eine weitere Klasse von Beispielen sind die folgenden:

**Beispiel 9.6.14** Wir behandeln Vektorfelder der Form

$$\mathbf{v}(x) := g(\|x\|) \cdot x,$$

dabei ist $g$ eine stetig differenzierbare Funktion. Zunächst rechnet man nach:

$$\text{für} \quad r(x) := \|x\|, \quad x \in \mathbb{R}^3 \setminus \{0\}, \quad \text{ist} \quad \text{grad } r(x) = \frac{x}{\|x\|}.$$

Nun macht man für das gesuchte Potential $h$ den Ansatz $\text{grad } h(r) = g(r) \cdot x$, also $h'(r) \cdot \frac{x}{r} = g(r) \cdot x$ und somit $h'(r) = r \cdot g(r)$. Wählt man $h$ als Stammfunktion von $r \cdot g(r)$, so ist die Funktion $x \mapsto h(\|x\|)$ ein Potential zum Vektorfeld $g(\|x\|) \cdot x$. Damit kann man nun die Vektorfelder

$$\mathbf{v}(x) := \|x\|^k \cdot x \quad \text{für } x \in \mathbb{R}^3 \setminus \{0\}, \; k \in \mathbb{Z}$$

behandeln. Es ist $g(r) = r^k$ und für $k \neq -2$ ist $h(r) = \frac{r^{k+2}}{k+2}$; für $k = -2$ wählt man $h(r) = \ln r$. Damit erhält man: Für $k \in \mathbb{Z}$ und $x \in \mathbb{R}^3 \setminus \{0\}$ gilt:

| ein Potential zu | $\|x\|^k \cdot x$ | ist | $\frac{1}{k+2} \cdot \|x\|^{k+2}$, | falls | $k \neq -2$, |
|---|---|---|---|---|---|
| ein Potential zu | $\frac{x}{\|x\|^2}$ | ist | $\ln \|x\|$. | | |

Insbesondere ist also

$$\text{grad } (\tfrac{1}{2}\|x\|^2) = x, \qquad\qquad \text{grad } (\|x\|) = \frac{x}{\|x\|},$$
$$\text{grad } (\ln \|x\|) = \frac{x}{\|x\|^2}, \qquad\qquad \text{grad } \left(-\frac{1}{\|x\|}\right) = \frac{x}{\|x\|^3}.$$

Für alle $k \in \mathbb{Z}$ und $x \in \mathbb{R}^3 \setminus \{0\}$ gilt :

$$\text{rot } (\|x\|^k \cdot x) = 0, \qquad\qquad \text{div } (\|x\|^k \cdot x) = (k+3) \cdot \|x\|^k.$$

∎

**Beispiel 9.6.15** Die Sonne mit der Masse $M$ befinde sich im Nullpunkt, ein Planet mit der Masse 1 sei an der Stelle $x$. Die skalare Anziehungskraft ist dann $\gamma \cdot \frac{M}{\|x\|^2}$, dabei ist $\gamma$ die Gravitationskonstante. Die auf den Planeten wirkende Kraft wird also durch einen Einheitsvektor $-\frac{x}{\|x\|}$ multipiziert mit der Anziehungskraft dargestellt. Man erhält somit das Vektorfeld

$$\mathbf{v}(x) = -\gamma \cdot M \frac{x}{\|x\|^3};$$

ein Potential dazu ist das Gravitationspotential $V(x) = \frac{\gamma M}{\|x\|}$.    ∎

**Beispiel 9.6.16** Wir gehen nochmals auf das Vektorfeld $\mathbf{v}(x,y) := \left( \frac{-y}{x^2+y^2}, \frac{x}{x^2+y^2} \right)$ ein, das wir in 9.6.5 untersucht haben. Nach Satz 9.6.7 besitzt dieses Vektorfeld, wenn man es auf einer sternförmigen Menge $U$ betrachtet, ein Potential, das man mit 9.6.8 so erhält: Setzt man etwa

$$U := \{(x,y) \in \mathbb{R}^2 \mid x > 0\},$$

so kann man $\frac{-y}{x^2+y^2} = -\frac{y}{x^2} \cdot \frac{1}{1+(\frac{y}{x})^2}$ schreiben. Eine Stammfunktion bezüglich $x$ ist $\text{arctg}\frac{y}{x}$ und

$$\phi : U \to \mathbb{R}, \ (x,y) \mapsto \text{arctg}\,\frac{y}{x}$$

ist ein Potential zu $\mathbf{v}|U$.
Die physikalische Bedeutung dieses Vektorfeldes ist folgende: Ein Strom, der in einem in der z-Achse liegenden Draht fließt, erzeugt außerhalb des Drahtes, also in $\{(x,y,z) \in \mathbb{R}^3 \mid (x,y) \neq (0,0)\}$, ein Magnetfeld $\mathbf{H}$; bis auf einen konstanten Faktor ist

$$\mathbf{H}(x,y,z) = \left( \frac{-y}{x^2+y^2}, \frac{x}{x^2+y^2}, 0 \right).$$

    ∎

**Aufgaben**

**9.1.** Sei

$$f : \mathbb{R}^2 \to \mathbb{R}, (x,y) \mapsto \begin{cases} \frac{2x^2 y}{x^2+y^2} & \text{für } (x,y) \neq (0,0) \\ 0 & \text{für } (x,y) = (0,0) \end{cases}$$

Man untersuche, ob $f$ im Nullpunkt stetig, partiell differenzierbar, stetig partiell differenzierbar, (total) differenzierbar ist.

**9.2.** Untersuchen Sie analog wie in 9.1 die Funktion

$$f : \mathbb{R}^2 \to \mathbb{R}, (x,y) \mapsto \begin{cases} \frac{2x^2 y^2}{x^2+y^2} & \text{für } (x,y) \neq (0,0) \\ 0 & \text{für } (x,y) = (0,0) \end{cases}$$

**9.3.** Sei

$$f : \mathbb{R}^2 \to \mathbb{R}, (x,y) \mapsto \begin{cases} \frac{xy(x^2-4y^2)}{x^2+y^2} & \text{für } (x,y) \neq (0,0) \\ 0 & \text{für } (x,y) = (0,0). \end{cases}$$

Zeigen Sie:

$$\frac{\partial}{\partial y}\frac{\partial f}{\partial x}(0,0) \neq \frac{\partial}{\partial x}\frac{\partial f}{\partial y}(0,0)$$

**9.4.** Man gebe jeweils ein Potential $h$ zu $\mathbf{v}$ an (falls es existiert):

   a)   $\mathbf{v} : \mathbb{R}^2 \to \mathbb{R}^2, (x,y) \mapsto (2xy, x^2 - 3y^2)$
   b)   $\mathbf{v} : \mathbb{R}^2 \to \mathbb{R}^2, (x,y) \mapsto (3xy, x^2 - 3y^2)$
   c)   $\mathbf{v} : \mathbb{R}^2 \to \mathbb{R}^2, (x,y) \mapsto (ye^{xy} + e^y, xe^{xy} + xe^y)$
   d)   $\mathbf{v} : \mathbb{R}^3 \to \mathbb{R}^3, (x,y,z) \mapsto (2xy + z, x^2 + z^2, x + 2yz)$

**9.5.** Berechnen Sie die Länge $L_\gamma$ der Zykloide

$$\gamma : [0, 2\pi] \to \mathbb{R}^2, \ t \mapsto (t - \sin t, \ 1 - \cos t).$$

(Zeigen Sie: $\sqrt{2 - 2\cos t} = 2\sin\frac{t}{2}$ für $0 \leq t \leq 2\pi$.)

**9.6.** Sei $\mathbf{v} : \mathbb{R}^2 \to \mathbb{R}^2, (x,y) \mapsto (x - y, \ x + y)$ ; berechnen Sie $\int_\gamma \mathbf{v}ds$ für folgende Kurven:

   a)   $\gamma : [0, 2\pi] \to \mathbb{R}^2, \quad t \mapsto (r\cos t, r\sin t)$
   b)   $\gamma : [0, 1] \ \ \to \mathbb{R}^2, \quad t \mapsto (t, t)$
   c)   $\gamma : [0, 1] \ \ \to \mathbb{R}^2, \quad t \mapsto (t, t^2)$

**9.7.** Sei $\mathbf{v} : \mathbb{R}^2 \to \mathbb{R}^2, (x,y) \mapsto (3x^2 - 3y^2 - 3, -6xy)$. Untersuchen Sie, ob $\mathbf{v}$ ein Potential $h$ besitzt und berechnen Sie $\int_\gamma \mathbf{v}ds$ für die in Aufgabe 9.6 angegebenen Kurven.

# 10

# Das Lebesgue-Integral

## 10.1 Definition des Lebesgue-Integrals in $\mathbb{R}^n$

### Das Riemann-Integral

Die Bedeutung der Integration wie wir sie in Kapitel 5 kennengelernt haben, liegt zum einen im Ausmessen wenigstens teilweise krummlinig berandeter Flächen, zum anderen in der Umkehrung der Differentiation. Die letzte Operation kann man auch anders charakterisieren. $\int_a^b f(x)\mathrm{d}x$ wird in einen Ausdruck umgewandelt, der aus dem „Randterm" $F(b) - F(a)$ besteht. Es ist ein wichtiges Anliegen dieses Buches, beide Gesichtspunkte in mehrdimensionalen Bereichen weiterzuverfolgen. Beim ersten Gesichtspunkt geht es um Volumenmessung „unterhalb des Graphen einer Funktion" wie in Kapitel 5. Wir befassen uns zunächst mit diesem geometrischen Aspekt. Sei $I = \{x = (x_1,\ldots,x_n)|a_1 \leq x_1 \leq b_1,\ldots,a_n \leq x_n \leq b_n\}$ ein abgeschlossener Quader des $\mathbb{R}^n$. Wir zerlegen ihn in abgeschlossene Quader $I_{\nu_1\ldots\nu_n}, \nu_1 = 1,\ldots,N_1,\ldots,\nu_n = 1,\ldots,N_n$, deren Konstruktion aus der folgenden Skizze klar wird.

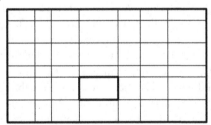

Die $I_{\nu_1\ldots\nu_n}$ überlappen sich also nicht. Legt man das Volumen eines Quaders durch

$$\mu(I) = (b_1 - a_1) \cdot \ldots \cdot (b_n - a_n)$$

fest, so ist

$$\mu(I) = \sum_{\nu_1,\ldots,\nu_n=1}^{N_1,\ldots,N_n} \mu(I_{\nu_1\ldots\nu_n}).$$

H. Kerner, W. von Wahl, *Mathematik für Physiker*, Springer-Lehrbuch,
DOI 10.1007/978-3-642-37654-2_10, © Springer-Verlag Berlin Heidelberg 2013

Das weitere Vorgehen ist nun ganz ähnlich dem in Kapitel 5. Bezeichnen wir die Zerlegung von $I$ in die $I_{\nu_1\ldots\nu_n}$ mit $Z$, so definieren wir für eine beschränkte Funktion $f : I \to \mathbb{R}$ die Untersumme $\underline{S}_Z(f)$ und die Obersumme $\overline{S}_Z(f)$ durch

$$\underline{S}_Z(f) = \sum_{\nu_1,\ldots,\nu_n=1}^{N_1,\ldots,N_n} m_{\nu_1\ldots\nu_n}\, \mu(I_{\nu_1\ldots\nu_n}) \text{ mit } m_{\nu_1\ldots\nu_n} := \inf\{f(x)|\ x \in I_{\nu_1\ldots\nu_n}\}$$

und

$$\overline{S}_Z(f) = \sum_{\nu_1,\ldots,\nu_n=1}^{N_1,\ldots,N_n} M_{\nu_1\ldots\nu_n}\, \mu(I_{\nu_1\ldots\nu_n}) \text{ mit } M_{\nu_1\ldots\nu_n} := \sup\{f(x)|\ x \in I_{\nu_1\ldots\nu_n}\}.$$

Ist $m = \inf\{f(x)|\ x \in I\}$, $M = \sup\{f(x)|\ x \in I\}$, so haben wir

$$m\mu(I) \le \underline{S}_Z(f) \le \overline{S}_Z(f) \le M\mu(I).$$

Wenn $\mathcal{Z}(I)$ die Menge aller Zerlegungen von $I$ bezeichnet, so existieren wieder das Unterintegral

$$\mathcal{U}(f) = \sup\{\underline{S}_Z(f)|\ Z \in \mathcal{Z}(I)\}$$

und das Oberintegral

$$\mathcal{O}(f) = \inf\{\overline{S}_Z(f)|\ Z \in \mathcal{Z}(I)\}.$$

Die beschränkte Funktion $f : I \to \mathbb{R}$ heißt nun wieder (Riemann-)integrierbar, wenn $\mathcal{U}(f) = \mathcal{O}(f)$ ist und man setzt

$$\int_I f\,\mathrm{d}x = \int_I f(x)\mathrm{d}x = \mathcal{U}(f) = \mathcal{O}(f).$$

Das Integral misst dann wieder das Volumen, das im $\mathbb{R}^{n+1}$ über $I$ „unterhalb" des Graphen $\{(x, f(x))|\ x \in I\}$ liegt, jedoch heben sich Teile, in denen $f$ positiv ist, mit solchen, in denen $f$ negativ ist, teilweise oder ganz auf. Darauf kommen wir später im Zusammenhang mit dem Lebesgue-Integral zurück. Durch weitere Unterteilung der $I_{\nu_1\ldots\nu_n}$ gewinnt man eine Verfeinerung der Zerlegung $Z$, es gilt Hilfssatz 5.1.2 und damit das Riemannsche Integrabilitätskriterium aus Satz 5.1.4. Wie in Kapitel 5 zeigt man, dass auf dem $\mathbb{R}$-Vektorraum $\mathcal{R}(I)$ der beschränkten Riemann-integrierbaren Funktionen das Riemann-Integral eine positive Linearform darstellt (Hilfssatz 5.1.5). Positiv heißt, dass aus $f \le g$, $f, g \in \mathcal{R}(I)$, auch $\int_I f(x)\mathrm{d}x \le \int_I g(x)\mathrm{d}x$ folgt. Wie in 5 zeigt man, dass jede stetige Funktion $f$ in $\mathcal{R}(I)$ liegt. Durch Aufspaltung einer komplexwertigen beschränkten Funktion $f : I \to \mathbb{C}$ in ihren Real- und Imaginärteil können wir das Riemann-Integral auch für komplexwertige Funktionen erklären und erhalten so den $\mathbb{C}$-Vektorraum $\mathcal{R}(I)$. Er ist gegen Multiplikationen abgeschlossen, d.h. mit $f, g \in \mathcal{R}(I)$ ist auch $f \cdot g \in \mathcal{R}(I)$.

**Das Lebesgue-Integral**

Wir wollen nun den Vektorraum $\mathcal{R}(I)$ in einen größeren Raum von Funktionen einbetten. Um die Gründe zu erklären, müssen wir etwas weiter ausholen und beginnen mit der Frage nach der Vertauschbarkeit des Riemann-Integrals mit Grenzübergängen. Sei $(f_\nu)$ eine Folge beschränkter Funktionen $I \to \mathbb{R}$, die dort gleichmäßig gegen ein $f : I \to \mathbb{R}$ konvergiert. Sind die $f_\nu \in \mathcal{R}(I)$, so ist auch $f \in \mathcal{R}(I)$ und

$$\lim_{\nu \to \infty} \int_I f_\nu(x)\mathrm{d}x = \int_I f(x)\mathrm{d}x,$$

d.h. man darf Grenzwertbildung mit der Integration vertauschen. Die Forderung der gleichmäßigen Konvergenz ist sehr stark. Will man sie durch eine schwächere, etwa durch punktweise Konvergenz, ersetzen, so benötigt man Zusatzeigenschaften der Folge $(f_\nu)$. Insbesondere muss die Grenzfunktion $f$ auch in $\mathcal{R}(I)$ liegen. Dies ist eine Folge der fehlenden Vollständigkeit von $\mathcal{R}(I)$, d.h.: Ähnlich wie die Grenzwertbildung aus den rationalen Zahlen $\mathbb{Q}$ herausführt, tut sie dies bei $\mathcal{R}(I)$. Man wird daher, ähnlich zur Einbettung von $\mathbb{Q}$ in den vollständigen Körper der reellen Zahlen $\mathbb{R}$, $\mathcal{R}(I)$ in einen größeren Vektorraum $L_1(I)$ einbetten, dessen Elemente wir als die integrierbaren Funktionen bezeichnen werden. $L_1(I)$ ist vollständig. Die Vollständigkeit der Räume integrierbarer Funktionen hat die moderne Analysis und Funktionalanalysis überhaupt erst ermöglicht. Wir werden dies im Laufe dieses Kapitels noch sehen, einen ersten Eindruck vermittelt aber bereits 10.4. Unser Ausgangspunkt, die Vertauschbarkeit von Grenzübergang und Integration, läßt sich in $L_1(I)$ ebenfalls befriedigender behandeln als in $\mathcal{R}(I)$.

Bei der Einführung des Lebesgue-Integrals richten wir uns nach [29], Kap. II.

Wir führen zunächst einige weitere Bezeichnungen ein: Folgende Teilmengen des $\mathbb{R}^n$ bezeichnet man ebenfalls als Quader:

$$I = \{(x_1,\ldots,x_n) \in \mathbb{R}^n \mid a_1 \le x_1 < b_1,\ldots, a_n \le x_n < b_n\}$$
$$I = \{(x_1,\ldots,x_n) \in \mathbb{R}^n \mid a_1 < x_1 \le b_1,\ldots, a_n < x_n \le b_n\}$$
$$I = \{(x_1,\ldots,x_n) \in \mathbb{R}^n \mid a_1 < x_1 < b_1,\ldots, a_n < x_n < b_n\}$$

Das Volumen $\mu(I)$ eines Quaders wird auch hier definiert durch

$$\mu(I) := (b_1 - a_1) \cdot \ldots \cdot (b_n - a_n).$$

Ein wichtiger Begriff der Lebesgue-Theorie ist der der Lebesgue-Nullmenge:

**Definition 10.1.1 (Lebesgue-Nullmenge)** *Eine Menge* $N \subset \mathbb{R}^n$ *heißt* **Lebesgue-Nullmenge** *(oder kurz* **Nullmenge**)*, wenn es zu jedem* $\varepsilon > 0$ *eine Folge von Quadern* $(I_k)_{k\in\mathbb{N}}$ *gibt mit*

$$N \subset \bigcup_{k=1}^{\infty} I_k \quad und \quad \sum_{k=1}^{\infty} \mu(I_k) < \varepsilon.$$

**Satz 10.1.2** *Die Vereinigung abzählbar vieler Lebesgue-Nullmengen ist wieder eine Lebesgue-Nullmenge.*

**Beweis.** Für $j \in \mathbb{N}$ sei $N_j$ eine Lebesgue-Nullmenge und $N := \bigcup\limits_{j=1}^{\infty} N_j$. Nun sei $\varepsilon > 0$ vorgegeben. Weil $N_j$ eine Lebesgue-Nullmenge ist, gibt es Quader $I_{k,j}$ mit

$$N_j \subset \bigcup_{k=1}^{\infty} I_{k,j} \quad \text{und} \quad \sum_{k=1}^{\infty} \mu(I_{k,j}) < \frac{\varepsilon}{2^j}.$$

Dann ist

$$N \subset \bigcup_{k,j} I_{k,j} \quad \text{und} \quad \sum_{j=1}^{\infty} \sum_{k=1}^{\infty} \mu(I_{k,j}) < \sum_{j=1}^{\infty} \frac{\varepsilon}{2^j} = \varepsilon.$$

□

**Beispiel 10.1.3** Einpunktige Mengen $\{p\}$ mit $p \in \mathbb{R}^n$ sind offensichtlich Lebesgue-Nullmengen; daher sind auch alle abzählbaren Teilmengen des $\mathbb{R}^n$ Lebesgue-Nullmengen, zum Beispiel $\mathbb{Q}^n$. Ebenso sind die Seiten und Kanten von Quadern Lebesgue-Nullmengen. ∎

Wir kommen nun zum Begriff „fast überall", abgekürzt „f. ü.", das soll bedeuten, dass etwas bis auf eine Lebesgue-Nullmenge gilt. Dies wird folgendermaßen präzisiert:

**Definition 10.1.4** *Es sei $I$ ein Quader, $N$ eine Lebesgue-Nullmenge, $N \subset I \subset \mathbb{R}^n$. Ist dann $f : I \backslash N \to \mathbb{R}$ eine Funktion, so sagt man, $f$ sei fast überall in $I$ definiert und schreibt:*

$$f : I \to \mathbb{R} \ f.\ddot{u}.$$

*Sind $f$ und $g$ zwei derartige Funktionen, so sagt man*

$$f = g \quad f.\ddot{u}.,$$

*wenn eine Lebesgue-Nullmenge $\widetilde{N}$ in $I$ existiert, so dass $f$ und $g$ in $I \backslash \widetilde{N}$ definiert sind und für alle $x \in I \backslash \widetilde{N}$ gilt: $f(x) = g(x)$.*
*Analog ist*

$$f \leq g \quad f.\ddot{u}.$$

*definiert.*

**Definition 10.1.5** *Für $j \in \mathbb{N}$ sei $f_j : I \to \mathbb{R}$ f. ü. definiert. Es existiere eine Lebesgue-Nullmenge $\widetilde{N} \in I$, so dass für jedes $x \in I \backslash \widetilde{N}$ die Folge $(f_j(x))_j$ konvergiert. Setzt man $f(x) := \lim\limits_{j \to \infty} f_j(x)$ für $x \in I \backslash \widetilde{N}$, so ist $f : I \to \mathbb{R}$ f. ü. in $I$*

*definiert und man sagt, dass die Folge $(f_j)_j$ f. ü. in $I$ gegen $f$ konvergiert; dafür schreibt man auch*

$$f = \lim_{j \to \infty} f_j \ f. \ ü. \ in I.$$

Mit Hilfe von Treppenfunktionen führen wir nun den Begriff der Lebesgue-integrierbaren Funktionen ein.

**Definition 10.1.6 (Treppenfunktion)** *Eine Funktion $\varphi : I \to \mathbb{R}$ auf einem Quader $I \subset \mathbb{R}^n$ heißt **Treppenfunktion**, wenn es endlich viele Quader $I_1, \dots, I_r \subset I$ gibt und $c_1, \dots, c_r \in \mathbb{R}$ mit folgenden Eigenschaften:*

*(1) Für $j \neq k$ ist $\overset{\circ}{I}_j \cap \overset{\circ}{I}_k = \emptyset$,*

*(2) auf jedem $\overset{\circ}{I}_j$ ist $\varphi$ konstant: $\varphi|\overset{\circ}{I}_j = c_j$,*

*(3) außerhalb $\bigcup\limits_{j=1}^{r} I_j$ ist $\varphi = 0$.*

*Man setzt dann*

$$\int_I \varphi \mathrm{d}x := \sum_{j=1}^{r} c_j \mu(I_j).$$

**Definition 10.1.7** *Sei $f : I \to \mathbb{R}$ f. ü. erklärt. Wir setzen*

$$f^+(x) = \max(f(x), 0), \qquad f^-(x) = \max(-f(x), 0).$$

*Dann ist*

$$f = f^+ - f^-, \qquad |f| = f^+ + f^-.$$

*$f^+, f^-$ nennt man auch Positiv- und Negativteil von $f$.*

**Definition 10.1.8** *Eine Funktion $f : I \to \mathbb{R}$ heißt **messbar**, wenn es eine Folge von Treppenfunktionen von $I$ in $\mathbb{R}$ gibt, die f. ü. in $I$ gegen $f$ konvergiert. Die Menge der messbaren Funktionen auf $I$ bezeichnen wir mit*

$$M(I).$$

**Bemerkung.** Man kann zeigen, dass eine Funktion $f : I \to \mathbb{R}$ genau dann messbar ist, wenn es f. ü. erklärte $g, h : I \to \mathbb{R}$ gibt derart, dass $f = g - h$ ist und zu $g, h$ jeweils eine Folge von Treppenfunktionen $(\varphi_j)_j, (\psi_j)_j$ existiert mit

$$\varphi_j \leq \varphi_{j+1}, \quad \psi_j \leq \psi_{j+1}, \quad \lim_{j \to \infty} \varphi_j = g \ f.ü., \quad \lim_{j \to \infty} \psi_j = h \ f.ü.$$

Es gelten für $|f|, f^+, f^-$ die folgenden Formeln, wenn wieder $f = g - h$ ist:

$$|f| = \max(g, h) - \min(g, h), \ f^+ = \max(g, h) - h = g - \min(g, h),$$

$$f^- = \max(g, h) - g = h - \min(g, h).$$

Da $\max(\varphi_j, \psi_j)$, $\min(\varphi_j, \psi_j)$ ebenfalls monotone Folgen von Treppenfunktionen sind, sind $|f|$, $f^+$, $f^-$ insbesondere messbar.

Der Raum $M(I)$ der messbaren Funktionen ist ein Vektorraum, der gegen Maximum- und Minimumbildung endlich vieler Funktionen, f. ü. Konvergenz und Multiplikation abgeschlossen ist; d.h. diese Operationen führen nicht aus $M(I)$ heraus. Ist $g \in M(I)$ und $g(x) \neq 0$ für $x \in I$, so ist auch $\frac{1}{g} \in M(I)$. $M(I)$ ist sehr groß, d.h. es ist schwierig, eine Funktion zu konstruieren, die nicht in $M(I)$ liegt. Für praktische Zwecke ist es völlig ausreichend, davon auszugehen, dass jede Funktion in $M(I)$ liegt. Aus $M(I)$ werden nun die Lebesgue-integrierbaren Funktionen herausgefiltert.

**Definition 10.1.9** *Ist $f : I \to \mathbb{R}$ eine Funktion, so sagt man*

$$f \in L^+(I),$$

*wenn es eine Folge $(\varphi_j)_j$ von Treppenfunktionen $\varphi_j : I \to \mathbb{R}$ gibt mit folgenden Eigenschaften*

*(1) $\varphi_j \leq \varphi_{j+1}$ f. ü.,*
*(2) $\lim_{j \to \infty} \varphi_j = f$ f. ü.,*
*(3) es gibt ein $M > 0$ mit $\int_I \varphi_j \mathrm{d}x \leq M$ für alle $j \in \mathbb{N}$.*

*Man setzt dann*

$$\int_I f \mathrm{d}x = \lim_{j \to \infty} \int_I \varphi \mathrm{d}x.$$

Kurz zusammengefasst:
Eine Funktion $f$ ist genau dann in $L^+(I)$, wenn sie Grenzwert ( f. ü. ) einer monoton wachsenden Folge von Treppenfunktionen mit beschränkter Integralfolge ist; die Integralfolge konvergiert, weil sie monoton wachsend und beschränkt ist.

Nun kommen wir zum Grundbegriff dieser Theorie, dem Lebesgue-Integral (HENRI LEBESGUE (1875-1941))

**Definition 10.1.10** *Eine Funktion $f : I \to \mathbb{R}$ heißt* **Lebesgue-integrierbar**, *wenn es Funktionen $g, h, \in L^+(I)$ gibt mit $f = g - h$; man setzt*

$$\int_I f \mathrm{d}x := \int_I g \mathrm{d}x - \int_I h \mathrm{d}x.$$

*Der Wert des Integrals ist unabhängig von der Zerlegung $f = g - h$.*
*Die Menge der Lebesgue-integrierbaren Funktionen bezeichnet man mit $L(I)$.*

Man zeigt nun:

**Satz 10.1.11** $L(I)$ *ist ein Vektorraum; für* $f_1, f_2 \in L(I), c_1, c_2 \in \mathbb{R}$ *haben wir*

*(1)* $\int_I (c_1 f_1 + c_2 f_2) \mathrm{d}x = c_1 \int_I f_1 \mathrm{d}x + c_2 \int_I f_2 \mathrm{d}x,$
*(2) aus* $f_1 \leq f_2$ *f. ü. folgt* $\int_I f_1 \mathrm{d}x \leq \int_I f_2 \mathrm{d}x.$

**Beispiel 10.1.12** Wie in 5.1.10 sei $I = [0,1]$ und

$$f : I \to \mathbb{R}, \ x \mapsto \begin{cases} 1 & \text{falls} \quad x \in \mathbb{Q} \\ 0 & \text{falls} \quad x \notin \mathbb{Q} \end{cases}$$

Dann ist $f$ nicht in $R(I)$: Da die irrationalen Zahlen im Intervall $[0,1]$ dicht liegen, ist $\mathcal{U}(f) = 0$; ebenso gilt dies von den rationalen Zahlen, so dass $\mathcal{O}(f) = 1$ ist. Jedoch bilden die rationalen Zahlen eine Nullmenge und $f$ ist daher f. ü. gleich der Treppenfunktion $\varphi \equiv 0$. Also ist $f \in L(I)$ und $\int_I f \mathrm{d}x = 0$.  ∎

In allen vorhergehenden Betrachtungen dürfen die halboffenen oder offenen Quader $I$ auch uneigentlich sein, d.h. Endpunkte $a_i, b_i$ dürfen $-\infty$ oder $+\infty$ sein. So erhalten wir etwa für $n = 2$ mit $I = \{-\infty < x_1 \leq b_1, a_2 < x_2 \leq b_2\}$ einen zur $x_1$-Achse parallelen Halbstreifen der Breite $b_2 - a_2$; setzen wir $I = \{-\infty < x_1 < +\infty, a_2 < x_2 \leq b_2\}$, so erhalten wir einen Streifen der Breite $b_2 - a_2$. Für beliebiges $n$ ist $I = \{-\infty < x_1 < +\infty, \ldots, -\infty < x_n < +\infty\}$ der ganze $\mathbb{R}^n$. Damit können wir Funktionen $f : I \to \mathbb{R}$ auch über unbeschränkte $I$ integrieren. Ein Vergleich mit den uneigentlichen Riemann-Integralen aus Kapitel 5 drängt sich auf. Wir gehen im nächsten Abschnitt darauf ein. In diesem Zusammenhang merken wir noch an:

**Satz 10.1.13** *$I$ sei eigentlicher oder uneigentlicher Quader. $f$ aus $M(I)$ ist dann und nur dann aus $L(I)$, wenn $|f|$ es ist.*

**Beweis.** $f$ sei aus $L(I)$. Dann sind nach unserer Bemerkung auch die Funktionen $f^+, f^- \in L(I)$. Mit $|f| = f^+ + f^-$ folgt die erste Richtung. Sei nun $|f| \in L(I)$. Im Rahmen einer erweiterten Theorie kann man den Integralbegriff auf messbare Funktionen $f \geq 0$ f. ü. ausdehnen, indem man Funktionen, die im bisherigen Sinn nicht integrierbar sind, als Integral $\int_I f \mathrm{d}x = +\infty$ zuordnet. Dann gilt weiter (2) aus 10.1.11 und wir erhalten $f^+, f^- \in L(I)$ und damit $f = f^+ - f^- \in L(I)$.  □
Wir stellen noch einige Sätze über $L(I)$ zusammen, die häufig nützlich sind.

**Satz 10.1.14** *Sei $I$ eigentlich oder uneigentlich. Seien $f \in L(I)$, sei $f = g$ f. ü. in $I$. Dann ist $g \in L(I)$ und*

$$\int_I f(x) \mathrm{d}x = \int_I g(x) \mathrm{d}x.$$

*Ist $f = 0$ f. ü. in $I$, so ist $f \in L(I)$ und $\int_I f \mathrm{d}x = 0$. Sei $f \in L(I)$. Dann gibt es zu $f$ eine Folge von Treppenfunktionen $(\varphi_j)$ von $I$ in $\mathbb{R}$ mit $\int_I |f - \varphi_j| \mathrm{d}x \to 0$, $\varphi_j \to f$ f. ü., $j \to \infty$.*

Die ersten beiden Aussagen folgen aus der Definition von $L(I)$, die dritte können wir hier nicht beweisen.

Insbesondere kommt es bei der Integration auf Nullmengen nicht an und die Treppenfunktionen liegen in $L(I)$ dicht bezüglich der „Norm" $\int_I |f| dx$.

**Definition 10.1.15** *Ist $D$ eine beliebige Teilmenge des $\mathbb{R}^n$, $f : D \to \mathbb{R}$ eine Funktion. Dann liegt $D$ im uneigentlichen Quader $\mathbb{R}^n$ und wir setzen*

$$\widetilde{f} = \widetilde{f}_D : \mathbb{R}^n \to \mathbb{R}, \ x \to \begin{cases} f(x) \ \textit{für } x \in D, \\ 0 \quad \textit{für } x \in \mathbb{R}^n \setminus D. \end{cases}$$

*Man nennt $f$ messbar bzw. Lebesgue-integrierbar über $D$, wenn $\widetilde{f} \in M(\mathbb{R}^n)$ bzw. $\in L(\mathbb{R}^n)$ ist, und setzt*

$$\int_D f dx := \int_{\mathbb{R}^n} \widetilde{f} dx.$$

Mit Hilfe der integrierbaren Funktionen können wir beschränkten Mengen ein endliches Maß zuordnen.

**Definition 10.1.16** *Sei $D$ eine beliebige Teilmenge des $\mathbb{R}^n$. $D$ heißt messbar, wenn $f \equiv 1$ über $D$ integrierbar ist, und*

$$\mu(D) = \int_D 1 dx \geq 0$$

*heißt das Lebesgue-Maß der Menge $D$.*

Die Nullmengen, die wir in 10.1.1 eingeführt haben, sind genau die Mengen mit Maß 0. Es ist klar, dass beschränkte messbare Mengen ein Maß haben, das nicht größer als der Inhalt eines Quaders ist, der sie einschließt. Das Beispiel einer Hyperebene im $\mathbb{R}^n$ zeigt, dass unbeschränkte sogar das Maß 0 haben können, wenn sie „hinreichend dünn" sind. Analog zur Klasse der messbaren Funktionen ist die Klasse der messbaren Mengen sehr groß, so dass wir für praktische Zwecke jede Teilmenge einer messbaren Menge und insbesondere jede beschränkte Menge als messbar ansehen können.

Wir merken eine Regel für Integrale und Maße an.

**Satz 10.1.17** *Seien $A, B \subset \mathbb{R}^n$ messbare Mengen. Dann gilt:*

*(1) Aus $A \subset B$, $f \in L(B)$, $f \geq 0$ f. ü. folgt:*

$$\int_A f dx \leq \int_B f dx \quad \textit{und} \quad \mu(A) \leq \mu(B).$$

*(2) Wenn $A \cap B$ eine Nullmenge und $f \in L(A \cup B)$ ist, dann gilt:*

$$\int_{A \cup B} f dx = \int_A f dx + \int_B f dx \quad \textit{und} \quad \mu(A \cup B) = \mu(A) + \mu(B).$$

*(3) Aus $f \in L(A)$, $f \geq 0$ f. ü. und $\int_A f \mathrm{d}x = 0$ folgt $f = 0$ f. ü.*

**Beweis.** Wir erklären $\tilde{f}$ wie in 10.1.15. Dann haben wir im ersten Fall $\tilde{f}_A \leq \tilde{f}_B$ f. ü., woraus die erste Behauptung folgt. Im zweiten Fall ist $\tilde{f}_A + \tilde{f}_B = \tilde{f}_{A \cup B}$ f. ü. Daraus folgt die zweite Behauptung. Der Beweis der dritten Behauptung ist etwas schwieriger. Wir setzen

$$A_m := \left\{ x \,\middle|\, \tilde{f}_A(x) \geq \frac{1}{m} \right\};$$

dann ist

$$\{ x \,|\, \tilde{f}_A(x) > 0 \} = \bigcup_{m=1}^{\infty} A_m$$

und mit der Messbarkeit der $A_m$ folgt

$$0 = \int_{\mathbb{R}^n} \tilde{f}_A \mathrm{d}x \geq \int_{\mathbb{R}^n} \tilde{f}_{A_m} \mathrm{d}x \geq \frac{1}{m} \mu(A_m).$$

Also ist $\mu(A_m) = 0$ und mit 10.1.2 folgt, dass $\{ x \,|\, \tilde{f}_A(x) > 0 \}$ eine Nullmenge ist. $\qquad \square$

Wie in 10.1.13 kann man sich ein wichtiges Kriterium für die Integrierbarkeit einer Funktion verschaffen.

**Satz 10.1.18** *Sei $D \subset \mathbb{R}^n$, $f : D \to \mathbb{R}$, $\tilde{f}_D$ messbar, $g \in L(D)$, $|f| \leq g$. Dann ist $f \in L(D)$. Insbesondere sind mit $f, g \in L(D)$ auch $\max(f, g)$, $\min(f, g)$ aus $L(D)$.*

## 10.2 Die Sätze von Levi und Lebesgue, der Satz von Fubini

Als Literatur zu diesem Abschnitt verweisen wir auf [33], § 9 und § 10.

Die Menge aller Treppenfunktionen auf $I$, $I$ eigentlich oder uneigentlich, wurde zu $L^+(I)$ und dann zu $L(I)$ erweitert, indem man die Grenzwerte von monotonen konvergenten Folgen mit beschränkter Integralfolge hinzunimmt. Nun stellt sich die Frage, ob man durch einen analogen Prozess die Menge $L(I)$ nochmals erweitern kann. Der folgende Satz von BEPPO LEVI (1875-1961) besagt, dass derartige Grenzfunktionen bereits in $L(I)$ liegen:

**Satz 10.2.1 (Satz von B. Levi)** *Es sei $(f_m)_m$ eine Folge von Funktionen $f_m \in L(I)$ und es gelte:*

*(1) $f_m \leq f_{m+1}$ f. ü.,*
*(2) es gibt ein $M > 0$ mit $\int_I f_m \mathrm{d}x \leq M$ für $m \in \mathbb{N}$.*

*Dann existiert ein $f \in L(I)$ mit*

$$\lim_{m \to \infty} f_m = f \text{ f. ü. und } \lim_{m \to \infty} \int_I f_m \mathrm{d}x = \int_I f \mathrm{d}x.$$

**Satz 10.2.2 (Konvergenzsatz von Lebesgue)** *Es sei* $(f_m)$ *eine Folge,* $f_m : I \to \mathbb{R}$, *die f. ü. gegen eine Funktion* $f : I \to \mathbb{R}$ *konvergiert; es existiere ein* $g \in L(I)$ *mit* $|f_m| \leq g$ *für* $m \in \mathbb{N}$. *Dann gilt*

$$f \in L(I) \ und \ \lim_{m \to \infty} \int_I f_m \mathrm{d}x = \int_I f \mathrm{d}x.$$

Daraus folgt:

**Satz 10.2.3** *Es seien*

$$I_1 \subset I_2 \subset \ldots \subset I \subset \mathbb{R}^n$$

*Intervalle mit* $\displaystyle\bigcup_{m=1}^{\infty} I_m = I$. *Es sei* $f : I \to \mathbb{R}$ *eine Funktion und es gelte*

*(1) für jedes* $m \in \mathbb{N}$ *ist* $f|I_m$ *Lebesgue-integrierbar,*
*(2) es gibt ein* $M > 0$ *mit* $\int_I |f_m| \mathrm{d}x \leq M$ *für alle* $m \in \mathbb{N}$.

*Dann gilt*

$$f \in L(I) \ und \ \lim_{m \to \infty} \int_{I_m} f \mathrm{d}x = \int_I f \mathrm{d}x.$$

Wir erläutern die Beweisidee: Für $f \geq 0$ setzt man

$$f_m : I \to \mathbb{R}, \ x \mapsto \begin{cases} f(x) & \text{für } x \in I_m \\ 0 & \text{für } x \notin I_m \end{cases}$$

und wendet den Satz von Levi an.

Dass die Lebesgue-Integration eine echte Erweiterung der Riemann-Integration ist, zeigt zusammen mit Beispiel 10.1.12 der

**Satz 10.2.4** *Sei* $I$ *ein abgeschlossener Quader,* $f \in R(I)$. *Dann ist* $f \in L(I)$ *und*

$$\int_I f(x)\mathrm{d}x \ (Riemann) \ = \ \int_I f(x)\mathrm{d}x \ (Lebesgue).$$

Bevor wir den Beweis geben, führen wir eine gebräuchliche Bezeichnungsweise ein. Ist $D$ eine beliebige Teilmenge des $\mathbb{R}^n$, so schreiben wir statt der bereits in 10.1 verwendeten Fortsetzung von $f : D \to \mathbb{R}$, $x \longmapsto 1$, durch 0 das Symbol

$$\chi_D(x) = \begin{cases} 1 & \text{falls} \quad x \in D \\ 0 & \text{falls} \quad x \notin D \end{cases}$$

und bezeichnen $\chi_D$ als die **charakteristische Funktion von** $D$.

**Beweis des Satzes 10.2.4** Sei $(Z_\lambda)$ eine Folge von sukzessiven Verfeinerungen einer Zerlegung des abgeschlossenen Quaders $I$ mit

$\underline{S}_{Z_\lambda}(f)$ strebt monoton wachsend gegen $\int_I f(x)\mathrm{d}x$ (Riemann), $\lambda \to \infty$,

$\overline{S}_{Z_\lambda}(f)$ strebt monoton fallend gegen $\int_I f(x)\mathrm{d}x$ (Riemann), $\lambda \to \infty$,

die nach dem Riemannschen Integrabilitätskriterium existiert; $\underline{S}_{Z_\lambda}(f), \overline{S}_{Z_\lambda}(f)$ sind gleichzeitig die Riemann- und Lebesgue-Integrale über die Treppenfunktion

$$\Phi_\lambda(x) = \sum_{\nu_1,\dots,\nu_n=1}^{N_1(\lambda),\dots,N_n(\lambda)} M^{(\lambda)}_{\nu_1\dots\nu_n} \chi_{I^{(\lambda)}_{\nu_1\dots\nu_n}}(x),$$

$$\varphi_\lambda(x) = \sum_{\nu_1,\dots,\nu_n=1}^{N_1(\lambda),\dots,N_n(\lambda)} m^{(\lambda)}_{\nu_1\dots\nu_n} \chi_{I^{(\lambda)}_{\nu_1\dots\nu_n}}(x), \ \lambda = 1, 2, \dots,$$

wenn $Z_\lambda$ bedeutet, dass $I$ in die Quader $I^{(\lambda)}_{\nu_1\dots\nu_n}$ mit $M^{(\lambda)}_{\nu_1\dots\nu_n}, m^{(\lambda)}_{\nu_1\dots\nu_n}$ als Suprema bzw. Infima von $f$ über diese Quader zerlegt wird. Dann haben wir $\Phi_\lambda \geq \Phi_{\lambda+1}$, $\varphi_\lambda \leq \varphi_{\lambda+1}$ f.ü. und die Folgen $(\int_I \phi_\lambda(x)\mathrm{d}x)$, $(\int_I \varphi_\lambda(x)\mathrm{d}x)$ sind nach unten bzw. oben beschränkt. Aus Satz 10.2.1 folgt die Existenz von $\overline{h}, \underline{h} \in L(I)$ mit

$$\overline{h} = \lim_{\lambda\to\infty} \Phi_\lambda \text{ f. ü. }, \ \int_I \overline{h}\mathrm{d}x = \lim_{\lambda\to\infty} \int_I \Phi_\lambda \mathrm{d}x = \int_I f\mathrm{d}x \text{ (Riemann)},$$

$$\underline{h} = \lim_{\lambda\to\infty} \varphi_\lambda \text{ f. ü. }, \ \int_I \underline{h}\mathrm{d}x = \lim_{\lambda\to\infty} \int_I \varphi_\lambda \mathrm{d}x = \int_I f\mathrm{d}x \text{ (Riemann)}.$$

Nun ist $\overline{h} \geq \underline{h}$ f. ü., weil $\Phi_\lambda \geq \varphi_\lambda$ f. ü. ist, und $\int_I(\overline{h} - \underline{h})\mathrm{d}x = 0$. Nach 10.1.17 ist $\overline{h} = \underline{h} = h$ f. ü. Mit

$$\Phi_\lambda \geq f \geq \varphi_\lambda \text{ und } \Phi_\lambda \geq h \geq \varphi_\lambda, \ \Phi_\lambda \to h, \ \varphi_\lambda \to h, \ \lambda \to \infty \text{ f. ü.}$$

folgt $f = h$ f. ü. Satz 10.1.14 zeigt $f \in L(I)$,

$$\int_I f\mathrm{d}x \text{ (Riemann)} = \int_I f\mathrm{d}x \text{ (Lebesgue)}.$$

$\square$

Mit dem Lebesgue-Integral haben wir das Riemann-Integral auf den größtmöglichen Bereich von Funktionen fortgesetzt, über dem noch sinnvoll Integration betrieben werden kann. Als Kandidaten für einen Test auf Integrierbarkeit stehen mit den messbaren Funktionen praktisch alle Funktionen zur Verfügung.

**Beispiel 10.2.5** Sei $I = ]0,1[$, $f : I \to \mathbb{R}$, $x \longmapsto \frac{1}{x^\lambda} \cdot \frac{1}{(1-x)^\mu}$ mit Exponenten $\lambda, \mu, 0 \leq \lambda, \mu < 1$. Dann ist $f \in L(I)$, denn sei $I_m = ]\frac{1}{m}, 1 - \frac{1}{m}[$, $m \geq 3$, so ist

$$\int_{\frac{1}{m}}^{1-\frac{1}{m}} \frac{1}{x^\lambda(1-x)^\mu}\mathrm{d}x = \int_{\frac{1}{m}}^{\frac{1}{2}} \frac{1}{x^\lambda(1-x)^\mu}\mathrm{d}x + \int_{\frac{1}{2}}^{1-\frac{1}{m}} \frac{1}{x^\lambda(1-x)^\mu}\mathrm{d}x \leq$$

$$\leq \frac{2^\mu}{(1-\lambda)2^{1-\lambda}} + \frac{2}{(1-\mu)2^{1-\mu}} =: M$$

und die Behauptung folgt aus 10.2.3 durch Grenzübergang $m \to \infty$. Ist jedoch einer der Exponenten $\lambda, \mu$ größer oder gleich 1, so ist $f \notin L(I)$. Dagegen ist $f : [a, +\infty[ \to \mathbb{R}, \; x \longmapsto \frac{1}{x^\lambda}$ für $\lambda > 1$ in $L([a, +\infty[)$, $a > 0$, aber für $\lambda \leq 1$ nicht mehr in $L([a, +\infty[)$. $f(x) = \frac{1}{x}$ trennt also gerade die folgenden Bereiche: Die Funktionen, die etwa auf $]0, +\infty[$ erklärt, auf jedem Intervall $[a, b]$, $0 < a < b < +\infty$ beschränkt sind, bei Null schwächer anwachsen als $\frac{1}{x}$ und für $x \to +\infty$ schwächer oder wie $\frac{1}{x}$ abfallen, sind zwar aus $L(]0, a[)$ für alle $a > 0$, aber in keinem $L(]a, +\infty[)$, $a > 0$. Man sagt, sie sind bei Null integrierbar, aber nicht im Unendlichen. Wachsen die Funktionen bei Null stärker oder wie $\frac{1}{x}$ und fallen sie im Unendlichen schneller ab als $\frac{1}{x}$, so sind die Verhältnisse umgekehrt. Die Funktionen des Beispiels werden häufig als Majoranten im Sinn von 10.2.2 benutzt, um Funktionen auf Integrierbarkeit zu testen. ∎

Wir befassen uns nun mit Methoden zur Berechnung mehrfacher Integrale und bringen den Satz von Fubini (GUIDO FUBINI (1879-1943)):

**Satz 10.2.6  (Satz von Fubini)** *Gegeben seien Quader*

$$I_1 \subset \mathbb{R}^p, \; I_2 \subset \mathbb{R}^q, \; I := I_1 \times I_2 \subset \mathbb{R}^n, \; n := p + q,$$

*und eine Lebesgue-integrierbare Funktion*

$$f : I_1 \times I_2 \to \mathbb{R}, \; (x, y) \mapsto f(x, y).$$

*Dann gilt:*

*(1) Es existiert eine Lebesgue-Nullmenge $N \subset I_2$, so dass für alle $y \in I_2 \backslash N$ die Funktion*

$$I_1 \to \mathbb{R}, \; x \mapsto f(x, y),$$

*Lebesgue-integrierbar ist,*
*(2) Die fast überall auf $I_2$ definierte Funktion*

$$g : I_2 \to \mathbb{R}, \; y \mapsto \int_{I_1} f(x, y) \mathrm{d}x,$$

*ist Lebesgue-integrierbar,*
*(3) es ist*

$$\int_{I_2} g(y) \mathrm{d}y = \int_I f \mathrm{d}(x, y),$$

*also*

$$\boxed{\int_{I_2} \left( \int_{I_1} f(x, y) \mathrm{d}x \right) \mathrm{d}y = \int_I f \mathrm{d}(x, y),}$$

*analog gilt*

$$\int_{I_1} \left( \int_{I_2} f(x, y) \mathrm{d}y \right) \mathrm{d}x = \int_I f \mathrm{d}(x, y).$$

Der Satz besagt für $p = q = 1$ und $n = 2$, dass man das Integral von $f(x,y)$ über ein Rechteck $I = [a,b] \times [c,d]$ so ausrechnen kann:
Man integriert bei festem $y$ zuerst nach der Variablen $x$ (nach (1) ist das fast immer möglich), man bildet also $\int_a^b f(x,y)\mathrm{d}x$. Das Ergebnis hängt von $y$ ab und nun integriert man nach $y$ ((2) besagt, dass dieses Integral existiert), dann erhält man $\int_c^d \left( \int_a^b f(x,y)\mathrm{d}x \right) \mathrm{d}y$. Nach (3) ist dies gleich dem gesuchten Integral $\int_I f(x,y)\mathrm{d}(x,y)$. Man darf auch zuerst nach $y$ und dann nach $x$ integrieren.

Oft weiß man nicht, dass $f : I = I_1 \times I_2 \to \mathbb{R}$ über $I_1 \times I_2$ integrierbar ist und möchte durch Ausführung einer iterierten Integration auf die Integrierbarkeit über $I_1 \times I_2$ und damit die Vertauschbarkeit der Reihenfolge der Integrationen schließen. Hier ist der folgende Satz von Tonelli (LEONIDA TONELLI (1885-1946)) nützlich.

**Satz 10.2.7 (Satz von Tonelli)** *Sei $f : I = I_1 \times I_2 \to \mathbb{R}$ eine Funktion, die f. ü. $\geq 0$ ist. Sei $f(x,.)$ für fast alle $x \in I_1$ aus $L(I_2)$. Die f. ü. in $I_1$ erklärte Funktion $\int_{I_2} f(x,y)\mathrm{d}y$ sei aus $L(I_1)$. Dann ist $f \in L(I_1 \times I_2)$ und*

$$\int_I f\mathrm{d}(x,y) = \int_{I_1} \left( \int_{I_2} f(x,y)\mathrm{d}y \right) \mathrm{d}x = \int_{I_2} \left( \int_{I_1} f(x,y)\mathrm{d}x \right) \mathrm{d}y.$$

*Dasselbe gilt, wenn $f(.,y)$ für fast alle $y \in I_2$ aus $L(I_1)$ und $\int_{I_1} f(x,y)\mathrm{d}y$ aus $L(I_2)$ ist.*

**Beispiel 10.2.8** Sei $I_1 = I_2 = ]0,1[$, $f(x,y) = \frac{1}{x+y^2}$. Dann ist

$$\int_0^1 \left( \int_0^1 \frac{1}{x+y^2}\mathrm{d}y \right) \mathrm{d}x = \int_0^1 \frac{1}{x} \left( \int_0^1 \frac{1}{1+(\frac{y}{\sqrt{x}})^2}\mathrm{d}y \right) \mathrm{d}x = \int_0^1 \frac{1}{x}\sqrt{x}\arctan\frac{1}{\sqrt{x}}\mathrm{d}x$$

und nach Beispiel 10.2.5 ist $f \in L(I_1 \times I_2)$. Dagegen ist $f(x,y) = \frac{1}{x^2+y^2}$ nicht in $L(I_1 \times I_2)$, weil sonst das iterierte Integral

$$\int_0^1 \left( \int_0^1 \frac{1}{x^2+y^2}\mathrm{d}y \right) \mathrm{d}x = \int_0^1 \frac{1}{x^2}x\arctan\frac{1}{x}\mathrm{d}x$$

endlich ausfallen würde. M. a. W., die Funktion $\frac{1}{x^2+y^2}$ wächst zu schnell an, um noch integrierbar zu sein. ∎

Aus der Substitutionsregel 5.4.2 wissen wir schon bei einer Variablen, dass die Einführung neuer Variablen bei der Auswertung von Integralen oft hilfreich ist. Für Lebesgue-Integrale im $\mathbb{R}^n$ trifft dies ebenfalls zu, doch muss man sich auf umkehrbar stetig differenzierbare Variablensubstitutionen beschränken. Es gilt

**Satz 10.2.9 (Transformationsformel)** *Seien $U \subset \mathbb{R}^n$, $V \subset \mathbb{R}^n$ offen; die Abbildung $g : U \to V$ sei bijektiv, $g$ und $g^{-1}$ seien stetig differenzierbar. Ist dann $f \in L(V)$, so ist $f \circ g \cdot |\det J_g|$ aus $L(U)$ und umgekehrt. In diesem Fall ist*

$$\int_V f(y)\mathrm{d}y = \int_U (f \circ g) \cdot |\det J_g|\mathrm{d}x.$$

Da $g^{-1}$ stetig differenzierbar in $U$ ist, folgt sofort $\det J_g \neq 0$ in $U$. Durch eine Variablentransformation $g$ versucht man oft, eine krumm berandete Menge $V$ auf einen Quader $U$ abzubilden, da man nach dem Satz 10.2.6 von Fubini ein Integral über einen Quader durch sukzessive Integration über Intervalle ausführen kann. Bei der Integration über Intervalle hat man eventuell die Möglichkeit, auf Kenntnisse aus Kapitel 5 zurückzugreifen (z.B. Fundamentalsatz der Differential- und Integralrechnung).

**Beispiel 10.2.10** a) Wir führen wie in 9.3.6 Polarkoordinaten in der Ebene ein:

$$g : \mathbb{R}^2 \to \mathbb{R}^2, \ (r, \varphi) \longmapsto (r\cos\varphi, r\sin\varphi).$$

Dann ist $\det J_g = r$. Sei $V = \{(x, y) : x^2 + y^2 < 1, x > 0, y > 0\}$, $U = \{(r, \varphi) : 0 < r < 1, 0 < \varphi < \frac{\pi}{2}\}$. Dann genügt $g$ den Voraussetzungen des Satzes 10.2.9. Mit $f(x, y) = \sqrt{1 - x^2 - y^2}$ folgt

$$\int_V f(x, y)\mathrm{d}(x, y) = \int_U f(r\cos\varphi, r\sin\varphi)r\mathrm{d}(r, \varphi) = \int_U \sqrt{1 - r^2}r\mathrm{d}(r, \varphi) =$$
$$= \frac{\pi}{2}\int_0^1 \sqrt{1 - r^2}r\mathrm{d}r = \frac{\pi}{4}\int_0^1 \sqrt{\sigma}\mathrm{d}\sigma = \frac{\pi}{6},$$

wobei wir die eindimensionale Substitutionsregel mit $\sigma = 1 - r^2$ verwendet haben.
b) Wir berechnen das Lebesgue-Maß (Volumen) der dreidimensionalen Kugel. Wir führen Kugelkoordinaten ein:

$$g : \mathbb{R}^3 \to \mathbb{R}^3, \ (r, \varphi, \vartheta) \longmapsto (r\sin\vartheta\cos\varphi, r\sin\vartheta\sin\varphi, r\cos\vartheta),$$

$0 \leq r, 0 \leq \varphi \leq 2\pi, 0 \leq \vartheta \leq \pi$. Sei $V = \{(x, y, z) : x^2 + y^2 + z^2 < 1, x \neq 0$ oder $y \neq 0\}$, $U = \{(r, \varphi, \vartheta) : 0 < r < 1, 0 < \varphi < 2\pi, 0 < \vartheta < \pi\}$. Bis auf die Nullmenge $\{x = 0, y = 0\}$ der $z$-Achse ist $V$ die offene Einheitskugel $K_1(0)$ um 0 des $\mathbb{R}^3$. $g : U \to V$ genügt den Voraussetzungen des Satzes 10.2.9. Es ist $\det J_g = r^2\sin\vartheta$, und wir erhalten für das Kugelvolumen

$$\mu(K_1(0)) = \mu(V) = \int_V \mathrm{d}(x, y, z) =$$
$$= \int_0^\pi \left(\int_0^{2\pi}\left(\int_0^1 r^2\sin\vartheta\mathrm{d}r\right)\mathrm{d}\varphi\right)\mathrm{d}\vartheta = \frac{4\pi}{3}.$$

Wir integrieren nun die Funktion $f$, $f(x, y, z) = 1/\sqrt{x^2 + y^2 + z^2}^\lambda$ für $\lambda > 0$ über $V$. Diese Funktion wächst bei Annäherung an den Nullpunkt. Wir erhalten aus Satz 10.2.9 die Formel

$$\int_V \frac{1}{\sqrt{x^2 + y^2 + z^2}^\lambda}\mathrm{d}x\mathrm{d}y\mathrm{d}z = 4\pi\int_0^1 \frac{1}{r^{\lambda-2}}\mathrm{d}r.$$

Nach 10.2.5 ist $f$ genau dann aus $L(V)$, wenn $\lambda < 3$ ist.

c) Im Fall $n = 1$ seien $U, V$ offene Intervalle, $f \in \mathcal{R}(\overline{U})$; dann folgt aus 10.2.9

$$\int_V f(y)\mathrm{d}y = \int_U f \circ g(x)|g'(x)|\mathrm{d}x.$$

Ist $V = ]a, b[$, $U = ]a', b'[$, so ergibt sich also

$$\int_V f(y)\mathrm{d}y = \int_{\overline{V}} f(y)\mathrm{d}y = \int_a^b f(y)\mathrm{d}y = \int_U f(g(x)) \cdot |g'(x)|\mathrm{d}x =$$
$$= \int_{\overline{U}} f(g(x))|g'(x)|\mathrm{d}x = \int_{a'}^{b'} f(g(x))|g'(x)|\mathrm{d}x.$$

Dies ist die aus Satz 5.4.2 bekannte Substitutionsregel, falls $g$ sogar auf $[a', b']$ stetig differenzierbar und $g' \neq 0$ in $]a', b'[$ ist. Die letzte Voraussetzung wird jedoch in einer Dimension nicht benötigt. ∎

Nun vergleichen wir das in 5.5 eingeführte uneigentliche Riemann-Integral mit dem Lebesgue-Integral.

**Satz 10.2.11** *Sei $I$ ein eigentliches oder uneigentliches Intervall. Sei $f : I \to \mathbb{R}$ stetig. Es existiere das uneigentliche Riemann-Integral $\int_I f(x)\mathrm{d}x$. Existiert auch $\int_I |f|\mathrm{d}x$ als uneigentliches Riemann-Integral, so ist $f \in L(I)$ und uneigentliches Riemann-Integral und Lebesgue-Integral von $f$ stimmen überein.*

**Beweis** Sei etwa $I = ]0, \infty[$, $I_m = ]\frac{1}{m}, m[$, $m \in \mathbb{N}$. Dann ist

$$\int_{I_m} f(x)\mathrm{d}x \ (\text{Riemann}) = \int_{I_m} f(x)\mathrm{d}x \ (\text{Lebesgue})$$

nach Satz 10.2.4. Wegen $|f\chi_{I_m}| \leq |f|$ ist $\int_{I_m} |f|\mathrm{d}x \leq M = \int_I |f|\mathrm{d}x(\text{Riemann})$ und Satz 10.2.3 liefert die Behauptung. □

**Beispiel 10.2.12** Uneigentliche Riemann-Integrierbarkeit und Lebesgue-Integrierbarkeit fallen also auseinander, wenn $|f|$ nicht in $L(I)$ ist. Sei $f(x) = \frac{\sin x}{x}$, $x > 0$, $I = ]0, +\infty[$. Dann ist

$$\int_0^\infty \frac{\sin x}{x}\mathrm{d}x = \sum_{\nu=0}^\infty \int_{\nu\pi}^{(\nu+1)\pi} \frac{1}{x}\sin x\,\mathrm{d}x$$

und die letzte Reihe konvergiert nach Satz 1.5.12. Dagegen ist die Reihe

$$\sum_{\nu=0}^\infty \int_{\nu\pi}^{(\nu+1)\pi} \frac{1}{x}|\sin x|\mathrm{d}x \text{ divergent und daher } |f| \notin L(I).$$

Bei der uneigentlichen Riemann-Integrierbarkeit dürfen sich also positive Berge und negative Täler ausgleichen. ∎

Wie wir in 5.1 bereits erwähnt haben, ist für einen kompakten Quader $I$ mit $f, g \in \mathcal{R}(I)$ auch $f \cdot g \in \mathcal{R}(I)$. Dies gilt schon nicht mehr für uneigentlich Riemann-integrierbare Funktionen über einem Intervall und erst recht nicht für Lebesgue-integrierbare Funktionen (s. 10.2.5).

## 10.3  Die Banachräume $L_p(I)$

Wir definieren nun einen Raum $L_p(I)$, der die in 10.1 angekündigte Einbettung von $R(I)$ in einen vollständigen Raum integrierbarer Funktionen, aus dem also die Grenzwertbildung nicht herausführt, liefert.

Zuerst definieren wir für $p \geq 1$ den Raum $\mathcal{L}_p(I)$ der messbaren Funktionen $f$, bei denen $|f|^p$ Lebesgue-integrierbar ist. Durch Übergang zu einem Quotientenraum $\mathcal{L}_p(I)/\mathcal{N}$ erhalten wir den Vektorraum $L_p(I)$.

**Definition 10.3.1** *Für $p \in \mathbb{R}$, $p \geq 1$ setzt man*

$$\mathcal{L}_p(I) := \{f \in M(I) |\ |f|^p \in L(I)\}$$

*und definiert für $f \in \mathcal{L}_p(I)$*

$$\|f\|_p := \left( \int_I |f|^p \mathrm{d}x \right)^{\frac{1}{p}}.$$

Es gilt:

**Satz 10.3.2** *$\mathcal{L}_p(I)$ ist ein Vektorraum; für $f, g \in \mathcal{L}_p(I)$ und $c \in \mathbb{R}$ gilt:*

*(1) $\|c \cdot f\|_p = |c| \cdot \|f\|_p$,*
*(2) $\|f + g\|_p \leq \|f\|_p + \|g\|_p$,*
*(3) $\|f\|_p = 0$ ist äquivalent zu $f = 0$ f. ü.*

**Beweis.** (1) ist klar, (2) können wir hier nicht zeigen, (3) folgt aus 10.1.14 und 10.1.17 (3).                                                                     $\square$

Damit hat man in $\mathcal{L}_p(I)$ eine „Pseudonorm" definiert: bei einer Norm folgt aus $\|f\| = 0$, dass $f = 0$ ist.

Nun identifiziert man zwei Funktionen, $f, g \in \mathcal{L}_p(I)$, wenn $f = g$ f. ü. gilt; genauer: Man setzt $\mathcal{N}(I) := \{f = 0 \text{ f. ü.}\}$ und bezeichnet Funktionen $f, g \in \mathcal{L}_p(I)$ als äquivalent, wenn gilt: $f - g \in \mathcal{N}(I)$. Die Menge der Äquivalenzklassen bezeichnet man als den Quotientenraum

$$L_p(I) := \mathcal{L}_p(I)/\mathcal{N}(I).$$

Mit den Elementen aus $L_p(I)$ rechnet man einfach, indem man mit den Repräsentanten $f \in \mathcal{L}_p(I)$ einer Äquivalenzklasse aus $L_p(I)$ rechnet. Ein Repräsentant bestimmt eindeutig die Äquivalenzklasse, in der er liegt, und alle Operationen, die wir bisher mit mess- oder integrierbaren Funktionen eingeführt haben, sind von der Auswahl der Repräsentanten einer Äquivalenzklasse unabhängig. Da wir also statt mit den Äquivalenzklassen mit ihren Repräsentanten wie bisher rechnen, sprechen wir von den Elementen von $L_p(I)$ ebenfalls als Funktionen.

$L_p(I)$ ist ein Vektorraum und $\|\ \|_p$ induziert eine Norm in $L_p(I)$, die wir ebenfalls mit $\|\ \|_p$ bezeichnen. Somit ist $(L_p(I), \|\ ; \|_p)$ oder kurz $L_p(I)$ ein normierter Raum (vgl. 7.9.11), in dem die Begriffe Konvergenz und Cauchy-Folge definiert sind:

Eine Folge $(f_j)$ mit $f_j \in L_p(I)$ für $j \in \mathbb{N}$ ist konvergent gegen $f \in L_p(I)$, wenn zu jedem $\varepsilon > 0$ ein $N \in \mathbb{N}$ existiert mit $\|f_j - f\|_p < \varepsilon$ für $j \geq N$.

Eine Folge $(f_j)$ in $L_p(I)$ heißt Cauchy-Folge, wenn zu jedem $\varepsilon > 0$ ein $N \in \mathbb{N}$ existiert mit $\|f_j - f_k\|_p < \varepsilon$ für $j, k \geq N$.

Damit kommen wir zum Begriff des Banachraumes (STEFAN BANACH (1892-1945)):

**Definition 10.3.3** *Ein normierter Raum über* $\mathbb{R}$ *oder* $\mathbb{C}$ *heißt vollständig oder ein* **Banachraum**, *wenn in ihm jede Cauchy-Folge konvergent ist.*

Es gilt der wichtige

**Satz 10.3.4 (Satz von Riesz-Fischer)** *Für jedes* $p \in \mathbb{R}$, $p \geq 1$ *ist* $L_p(I)$ *ein Banachraum.*

Beweise findet man in [18], [20], [26].

Die Produktbildung in den Banachräumen $L_p(I)$ behandelt

**Satz 10.3.5** *Für* $p, q \in \mathbb{R}$, $p > 1$, $q > 1$ *mit*

$$\frac{1}{p} + \frac{1}{q} = 1$$

*gilt: Aus* $f \in L_p(I)$ *und* $g \in L_q(I)$ *folgt:*

$$f \cdot g \in L_1(I) \quad und \quad \|f \cdot g\|_1 \leq \|f\|_p \cdot \|g\|_q.$$

*Wir bemerken noch, dass* $\mathcal{L}_1(I) = L(I)$ *ist.*

Was bedeutet nun die Konvergenz in $L_p(I)$ für die punktweise Konvergenz der beteiligten Funktionen $f_j$? Diese naheliegende Frage beantwortet

**Satz 10.3.6** *Die Folge* $(f_j)$ *konvergiere für ein* $p \geq 1$ *in* $L_p(I)$ *gegen* $f$. *Dann gibt es eine Teilfolge* $(f_{j_\nu})$ *von* $(f_j)$, *die fast überall in* $I$ *gegen* $f$ *konvergiert.*

Ist $I$ uneigentlich, also in wenigstens einer Richtung unendlich ausgedehnt, so muss ein $f \in L^p(I)$ im Unendlichen gegen Null streben. Auf eine Präzisierung verzichten wir hier.

Ersetzt man $I$ durch eine Teilmenge $D$ des $\mathbb{R}^n$, so gelten entsprechende Aussagen. Jedoch ergibt sich bei unbeschränkem $D$ mit $\chi_D \notin L_1(D)$, d.h. $D$ hat das Maß $+\infty$, wie man auch sagt, ein wichtiger Unterschied. Ist $D$ beschränkt und $f \in L_p(D)$ für ein $p > 1$, so folgt aus Satz 10.3.5, dass

$$\int\limits_D |f|^{p'} \mathrm{d}x = \int\limits_D |f|^{p'} \cdot 1 \mathrm{d}x \leq (\int\limits_D |f|^p \mathrm{d}x)^{\frac{p'}{p}} \mu(D)^{1 - \frac{p'}{p}}, \ 1 \leq p' \leq p$$

ist. Also ist $L_{p'}(D) \subset L_p(D)$. Für unbeschränktes $D$ wird diese Inklusion im allgemeinen falsch.

## 10.4 Hilberträume, Fourierreihen

Eine wichtige Rolle in der Funktionalanalysis spielen neben den Banachräumen die Hilberträume. Ein Hilbertraum $\mathcal{H}$ ist ein Banachraum, dessen Norm durch ein Skalarprodukt definiert ist (DAVID HILBERT (1862-1943)). Durch das Skalarprodukt ist im Hilbertraum eine zusätzliche Struktur gegeben, insbesondere hat man den Begriff der Orthogonalität.

**Definition 10.4.1** *Ein euklidischer Vektorraum* $(\mathcal{H}, < , >)$, *der, versehen mit der Norm*

$$\|x\| := \sqrt{<x,x>}$$

*vollständig ist, heißt* **Hilbertraum**. *Man bezeichnet einen unitären Vektorraum* $\mathcal{H}$, *der bezüglich der durch das Skalarprodukt definierten Norm vollständig ist, als* **komplexen Hilbertraum.**

Ein einfaches Beispiel eines Hilbertraum ist der $\mathbb{R}^n$, versehen mit dem kanonischen Skalarprodukt

$$<x,y> = x_1 y_1 + \ldots + x_n y_n.$$

Versieht man den $\mathbb{C}^n$ mit dem Skalarprodukt

$$<x,y> = x_1 \bar{y}_1 + \ldots + x_n \bar{y}_n,$$

so erhält man einen komplexen Hilbertraum.

Das für die Analysis wichtige Beispiel ist der $L_2(I)$.

**Satz 10.4.2** *Für jeden Quader* $I \subset \mathbb{R}^n$ *ist* $L_2(I)$ *ein Hilbertraum.*

**Beweis.** Aus Satz 10.3.5 folgt, wenn man $p = q = 2$ setzt: Sind $f, g \in L_2(I)$, so ist $f \cdot g \in L_1(I) = L(I)$, also ist $f \cdot g$ Lebesgue-integrierbar und man kann definieren:

$$<f,g> := \int_I f \cdot g \, \mathrm{d}x.$$

Die durch dieses Skalarprodukt definierte Norm ist

$$\|f\| = \left( \int_I f^2 \mathrm{d}x \right)^{\frac{1}{2}} = \|f\|_2.$$

Nach Satz 10.3.4 ist $L_2(I)$ vollständig, also ein Hilbertraum. $\qquad\qquad\square$

In einem normierten Vektorraum ist der Begriff der Konvergenz definiert. Im Hilbertraum $L_2(I)$ bedeutet dies: Eine Folge $(f_n)$ konvergiert gegen $f$, wenn zu jedem $\varepsilon > 0$ ein $N$ existiert mit

$$\int_I (f(x) - f_n(x))^2 \mathrm{d}x < \varepsilon \quad \text{für } n \geq N.$$

Daher bezeichnet man den in $L_2(I)$ definierten Konvergenzbegriff als „*Konvergenz im quadratischen Mittel*".

Wir zeigen nun, dass das Skalarprodukt stetig in beiden Faktoren ist:

**Satz 10.4.3 (Stetigkeit des Skalarprodukts)** *In einem euklidischen Vektorraum gilt:*
*(1) Wenn die Folgen* $(v_n)$ *und* $(w_n)$ *konvergieren, dann ist*

$$< \lim_{n \to \infty} v_n, \lim_{n \to \infty} w_n > = \lim_{n \to \infty} < v_n, w_n >,$$

*(2) wenn die Reihe* $\sum_{n=1}^{\infty} v_n$ *konvergiert, dann ist*

$$< \sum_{n=1}^{\infty} v_n , w > = \sum_{n=1}^{\infty} < v_n, w > .$$

**Beweis.** Nach der Cauchy-Schwarzschen Ungleichung ist

$$| < v_n, w_n > - < v, w > | = | < v_n, w_n - w > + < v_n - v, w > | \le$$
$$\le \|v_n\| \cdot \|w_n - w\| + \|v_n - v\| \cdot \|w\|,$$

daraus folgt (1) und, wenn man dies auf die Folge der Partialsummen der Reihe anwendet, ergibt sich (2).    □

**Zerlegungssatz und Projektionssatz**

Wir verallgemeinern nun 7.9.28 auf unendlich-dimensionale Untervektorräume, die jedoch abgeschlossen sein müssen; damit erhalten wir dann den Zerlegungssatz und den Projektionssatz für Hilberträume.

Wir zeigen zuerst: Zu einem *abgeschlossenen Unterraum* $\mathcal{U}$ und jedem $f \in \mathcal{H}$ existiert ein Element kleinsten Abstandes in folgendem Sinn:

**Satz 10.4.4** *Sei* $\mathcal{U}$ *ein abgeschlossener Unterraum des Hilbertraumes* $\mathcal{H}$*. Dann existiert zu jedem* $f \in \mathcal{H}$ *ein* $f_0 \in \mathcal{U}$ *mit*

$$\|f - f_0\| \le \|f - g\| \quad \textit{für alle } g \in \mathcal{U}.$$

**Beweis.** Sei $\delta := \inf_{g \in \mathcal{U}} \|f - g\|$. Zu $n \in \mathbb{N}$ existiert ein $g_n \in \mathcal{U}$ mit

$$\delta - \frac{1}{n} < \|f - g_n\| \le \delta.$$

Wir zeigen, dass $(g_n)$ eine Cauchy-Folge ist. In der Parallelogrammgleichung 7.9.8

$$\|v + w\|^2 + \|v - w\|^2 = 2\|v\|^2 + 2\|w\|^2$$

setzen wir

$$v := f - g_n, \qquad w := f - g_m.$$

Es ist

$$v - w = g_m - g_n, \qquad v + w = 2(f - \frac{g_n + g_m}{2}),$$

und aus $\frac{g_n + g_m}{2} \in \mathcal{U}$ folgt $\|f - \frac{g_n + g_m}{2}\|^2 \ge \delta^2$; damit erhalten wir

$$\|g_m - g_n\|^2 = 2\|f - g_n\|^2 + 2\|f - g_m\|^2 - 4\|f - \tfrac{g_n + g_m}{2}\|^2 \leq$$
$$\leq 2\|f - g_n\|^2 + 2\|f - g_m\|^2 - 4\delta^2.$$

Daher ist $(g_n)$ eine Cauchyfolge. Aus der Vollständigkeit von $\mathcal{H}$ folgt, dass $(g_n)$ gegen ein $f_0$ konvergiert; aus der Abgeschlossenheit von $\mathcal{U}$ folgt $f_0 \in \mathcal{U}$ und es gilt $\delta = \|f_0 - f\|$. $\qquad\qquad\qquad\qquad\qquad\qquad\qquad\qquad\qquad\qquad\qquad\qquad\qquad\quad$ $\square$

Für 10.4.4 genügen bereits die folgenden Voraussetzungen: $\mathcal{H}$ ist ein euklidischer (oder unitärer) Vektorraum, $\mathcal{U} \subset \mathcal{H}$ ist Untervektorraum und $\mathcal{U}$ ist vollständig. Zusammen mit 7.9.26 ergibt sich:

**Satz 10.4.5 (Zerlegungssatz)** *Ist $\mathcal{U}$ ein abgeschlossener Unterraum des Hilbertraumes $\mathcal{H}$, so gilt*

$$\boxed{\mathcal{H} = \mathcal{U} \oplus \mathcal{U}^{\perp}}$$

Damit hat man die in 7.9.32 eingeführte Projektion von $\mathcal{H}$ auf $\mathcal{U}$, für die sich wie in 7.9.33 ergibt:

**Satz 10.4.6 (Projektionssatz)** *Sei $\mathcal{H}$ ein Hilbertraum, $\mathcal{U} \subset \mathcal{H}$ ein abgeschlossener Unterraum; dann ist*

$$\mathcal{P}_{\mathcal{U}} : \mathcal{H} \to \mathcal{H}, \ f \mapsto f_0 \quad \text{für} \quad f = f_0 + f_1 \quad \text{mit} \quad f_0 \in \mathcal{U}, \ f_1 \in (\mathcal{U})^{\perp},$$

*eine Projektion; $\mathcal{P}_{\mathcal{U}}$ ist selbstadjungiert.*

**Hilbertbasen**

Wir betrachten nun Orthonormalfolgen und Hilbertbasen im Hilbertraum $\mathcal{H}$.

**Definition 10.4.7** *Eine Folge $(b_n)_{n \in \mathbb{N}}$ in $\mathcal{H}$ heißt **Orthonormalfolge**, wenn für alle $n, m \in \mathbb{N}$ gilt*

$$< b_n, b_m > = \delta_{nm}.$$

Wenn man in einem Hilbertraum $\mathcal{H}$ eine Orthonormalfolge $(b_n)_{n \in \mathbb{N}}$ hat, so ist die Frage naheliegend, wann eine Reihe $\sum\limits_{n=1}^{\infty} x_n b_n$ konvergiert. Dazu beweisen wir zuerst einen Satz des Pythagoras:

**Satz 10.4.8** *Seien $b_1, \dots, b_n \in \mathcal{H}$ und es gelte $< b_i, b_j > = 0$ für $i \neq j$. Dann ist*

$$\|b_1 + \dots + b_n\|^2 = \|b_1\|^2 + \dots + \|b_n\|^2.$$

**Beweis.** $\|b_1 + \dots + b_n\|^2 = < \sum\limits_{i=1}^{n} b_i, \sum\limits_{j=1}^{n} b_j > = \|b_1\|^2 + \dots + \|b_n\|^2.$ $\qquad\qquad$ $\square$

Daraus ergibt sich:

**Satz 10.4.9** *Ist $(b_n)_{n \in \mathbb{N}}$ eine Orthonormalfolge in $\mathcal{H}$, so gilt:*

$$\sum\limits_{n=1}^{\infty} x_n b_n \quad \text{ist genau dann konvergent, wenn} \quad \sum\limits_{n=1}^{\infty} x_n^2 \quad \text{konvergiert.}$$

**Beweis.** Nach dem Satz von Pythagoras gilt für $k \le m$: $\| \sum\limits_{n=k}^{m} x_n b_n \|^2 = \sum\limits_{n=k}^{m} x_n^2$ .

Daher ist $\sum\limits_{n=1}^{\infty} x_n b_n$ genau dann eine Cauchyreihe, wenn $\sum\limits_{n=1}^{\infty} x_n^2$ eine ist. Weil $\mathcal{H}$ und $\mathbb{R}$ vollständig sind, folgt daraus die Behauptung. $\square$

Bei Orthonormalfolgen hat man die Besselsche Ungleichung, die bei einer Hilbertbasis, die wir anschließend behandeln, zur Besselschen Gleichung wird.

**Satz 10.4.10 (Besselsche Ungleichung)** *Ist* $(b_n)$ *eine Orthonormalfolge in* $\mathcal{H}$, *so gilt für alle* $f \in \mathcal{H}$:

$$\sum_{n=1}^{\infty} (< f, b_n >)^2 \le \|f\|^2$$

**Beweis.** Für $N \in \mathbb{N}$ ist

$$0 \le < f - \sum_{n=1}^{N} < f, b_n > b_n, f - \sum_{n=1}^{N} < f, b_n > b_n > =$$

$$= \|f\|^2 - \sum_{n=1}^{N} (< f, b_n >)^2,$$

also

$$\sum_{n=1}^{N} (< f, b_n >)^2 \le \|f\|^2$$

und daraus folgt die Konvergenz der Reihe $\sum\limits_{n=1}^{\infty} (< f, b_n >)^2$ und die Besselsche Ungleichung. $\square$

**Definition 10.4.11** *Eine* **Hilbert-Basis** *in* $\mathcal{H}$ *ist eine Folge* $(b_n)_{n \in \mathbb{N}}$ *in* $\mathcal{H}$ *mit folgenden Eigenschaften:*

*(1) Für alle* $m, n \in \mathbb{N}$ *ist* $< b_m, b_n > = \delta_{mn}$ *(Orthonormalität),*
*(2) ist* $f \in \mathcal{H}$ *und gilt* $< f, b_n > = 0$ *für alle* $n \in \mathbb{N}$, *so folgt* $f = 0$.

Mit Bedingung (2) erreicht man, dass die Folge $(b_n)$ „maximal" oder „unverlängerbar" ist: Wenn es nämlich ein $f \ne 0$ gibt mit $< f, b_n > = 0$ für alle $n$, so ist auch $(\frac{1}{\|f\|} f, b_1, b_2, \dots)$ eine Orthonormalfolge.
Eine Hilbertbasis bezeichnet man auch als **vollständiges Orthornormalsystem**, abgekürzt VONS.

Nun beweisen wir eine wichtige Charakterisierung der Hilbertbasis:

**Satz 10.4.12 (Charakterisierung der Hilbert-Basis)** *Es sei* $(b_n)_{n\in\mathbb{N}}$ *eine Ortho-normalfolge im Hilbertraum* $\mathcal{H}$. *Dann sind folgende Aussagen äquivalent:*

> (1)     $(b_n)_{n\in\mathbb{N}}$ *ist eine Hilbert-Basis in* $\mathcal{H}$,
>
> (2)     *für* $\mathcal{M} := span\{b_n \,|\, n \in \mathbb{N}\}$ *ist* $\overline{\mathcal{M}} = \mathcal{H}$,
>
> (3)     *für jedes* $f \in \mathcal{H}$ *gilt* $\quad f = \sum\limits_{n=1}^{\infty} <f, b_n> \cdot b_n$,
>
> (4)     *für alle* $f, g \in \mathcal{H}$ *gilt die Parsevalsche Gleichung*
>
> $$<f, g> = \sum\limits_{n=1}^{\infty} <f, b_n> \cdot <g, b_n>,$$
>
> (5)     *für jedes* $f \in \mathcal{H}$ *gilt die Besselsche Gleichung*
>
> $$\|f\|^2 = \sum\limits_{n=1}^{\infty} (<f, b_n>)^2.$$

**Beweis.** Wir zeigen :

Aus (1) folgt (3). Sei also $(b_n)$ eine Hilbert-Basis und $f \in \mathcal{H}$. Nach der Besselschen Ungleichung 10.4.10 konvergiert $\sum\limits_{n=1}^{\infty} (<f, b_n>)^2$. Aus 10.4.9 folgt, dass auch

$$\sum\limits_{n=1}^{\infty} <f, b_n> b_n =: g$$

konvergiert. Nun ist wegen der Stetigkeit des Skalarprodukts für $m \in \mathbb{N}$

$$<f - g, b_m> = <f, b_m> - \sum\nolimits_{n=1}^{\infty} <f, b_n> <b_n, b_m> =$$
$$= <f, b_m> - <f, b_m> = 0,$$

und, da $(b_n)$ eine Hilbert-Basis ist, folgt $f = g$.

Aus (3) folgt (1) ist klar.

Aus (3) folgt (4) wegen der Stetigkeit des Skalarprodukts.

Aus (4) folgt (5) mit $f = g$.

Aus (5) folgt (1): Aus $<f, b_n> = 0$ und (5) folgt $\|f\|^2 = 0$ und somit $f = 0$.

Aus (3) folgt (2): Für $f \in \mathcal{H}$ ist $f = \sum\limits_{n=1}^{\infty} <f, b_n> b_n$ , also $f \in \overline{\mathcal{M}}$, somit $\overline{\mathcal{M}} = \mathcal{H}$.

Aus (2) folgt (1): Wir zeigen: wenn $(b_n)$ keine Hilbertbasis ist, dann ist $\overline{\mathcal{M}} \neq \mathcal{H}$. Wenn $(b_n)$ keine Hilbertbasis ist, dann existiert ein $f \in \mathcal{H}$ mit $\|f\| = 1$ und $f \perp b_n$ für alle n. Für jedes $g \in \mathcal{M}$ ist $f \perp g$ und daher $\|f - g\|^2 = \|f\|^2 + \|g\|^2 \geq 1$; daraus folgt $f \notin \overline{\mathcal{M}}$; somit $\overline{\mathcal{M}} \neq \mathcal{H}$.

Damit ist der Satz bewiesen.      □

Damit wurde insbesondere gezeigt:

**Satz 10.4.13** *Ist* $(b_n)_{n \in \mathbb{N}}$ *eine Hilbertbasis im Hilbertraum* $\mathcal{H}$, *so kann man jedes Element* $f \in \mathcal{H}$ *in eine Reihe*

$$f = \sum_{n=1}^{\infty} < f, b_n > b_n$$

*entwickeln, die man als (verallgemeinerte) Fourierreihe bezeichnet; es gilt die Besselsche Gleichung* $\|f\|^2 = \sum_{n=1}^{\infty} (< f, b_n >)^2$.

**Beispiel 10.4.14** Wie in 7.9.3 sei $l_2$ der euklidische Vektorraum

$$l_2 := \{(x_n)_{n \in \mathbb{N}} | \sum_{n=1}^{\infty} x_n^2 \text{ konvergiert}\}$$

mit dem Skalarprodukt $< (x_n), (y_n) > := \sum_{n=1}^{\infty} x_n y_n$. Man kann zeigen, dass $l_2$ ein Hilbertraum ist. Setzt man $b_n := (0, \ldots, 0, 1, 0, \ldots)$, so ist $(b_n)$ eine Hilbert-Basis in $l_2$. ∎

Wir beweisen nun, dass es bis auf Isomorphie nur einen Hilbertraum mit (abzählbarer) Hilbertbasis $(b_n)_{n \in \mathbb{N}}$ gibt, nämlich $l_2$:

**Satz 10.4.15** *Sei* $\mathcal{H}$ *ein Hilbertraum mit einer Hilbertbasis* $(b_n)_{n \in \mathbb{N}}$. *Dann ist* $\mathcal{H}$ *Hilbertraum-isomorph zu* $l_2$ ; *die Abbildung*

$$\Phi : l_2 \to \mathcal{H}, \ (x_n)_n \mapsto \sum_{n=1}^{\infty} x_n \cdot b_n$$

*ist ein Hilbertraum-Isomorphismus, d.h. es gilt:*

*(1)*     $\Phi$ *ist ein Vektorraum-Isomorphismus,*
*(2)*     $< x, y >_{l_2} = < \Phi x, \Phi y >_{\mathcal{H}}$   *für* $x, y \in l_2$.

**Beweis.** Nach 10.4.8 ist $\Phi$ sinnvoll definiert. Die Umkehrabbildung ist wegen 10.4.12

$$\Phi^{-1} : \mathcal{H} \to l_2, f \mapsto (< f, b_n >).$$

Die zweite Aussage folgt aus der Parsevalschen Gleichung.     □

**Fourierreihen**

Es wurde soeben gezeigt, dass man bei einer Hilbertbasis $(b_n)$ in $\mathcal{H}$ jedes $f \in \mathcal{H}$ als Reihe $f = \sum_{n=1}^{\infty} < f, b_n > b_n$ darstellen kann. Wir behandeln nun die klassischen Fourierreihen, nämlich die Entwicklung nach den trigonometrischen Funktionen $\cos nx$, $\sin nx$; diese Funktionen bilden bei geeigneter Normierung eine Hilbertbasis.

Wir hatten in 7.9.36 bereits Fourierpolynome behandelt und zu einer Funktion $f$ die **Fourierkoeffizienten** definiert:

$$a_0 := \frac{1}{\pi} \int_{-\pi}^{\pi} f\,\mathrm{d}x, \quad a_n := \frac{1}{\pi} \int_{-\pi}^{\pi} f(x)\cos nx\,\mathrm{d}x, \quad b_n := \frac{1}{\pi} \int_{-\pi}^{\pi} f(x)\sin nx\,\mathrm{d}x.$$

Man nennt die mit diesen Koeffizienten gebildete Reihe

$$\frac{a_0}{2} + \sum_{n=1}^{\infty} (a_n \cos nx + b_n \sin nx)$$

die **Fourierreihe von** $f$.

Auf die Geschichte der Fourierreihen können wir hier nur kurz eingehen; sie wird in [19] und [24] geschildert. Mit Hilfe dieser Reihen wurde das Problem der schwingenden Saite u.a von Daniel Bernoulli, Euler und Fourier behandelt. Die Frage, unter welchen Voraussetzungen die Fourierreihe von $f$ gegen $f$ konvergiert, führte zur Klärung grundsätzlicher Fragen:

die Präzisierung des Funktionsbegriffs durch Dirichlet, des Integralbegriffs durch Riemann und die Verallgemeinerung des Riemann-Integrals durch Lebesgue.

Es zeigte sich, dass Aussagen über punktweise oder gleichmäßige Konvergenz der Fourierreihe nur unter speziellen und oft komplizierten Voraussetzungen gelten. Dagegen sind im Rahmen der Lebesgue-Theorie allgemeine Aussagen möglich. Bei der Konvergenzuntersuchung der Fourierreihe unterscheidet man verschiedene Konvergenzbegriffe:

- punktweise Konvergenz
- gleichmäßige Konvergenz
- Konvergenz bezüglich der in $L_2([-\pi, \pi])$ definierten Norm, also „im Quadratmittel".

Auf die umfangreichen und schwierigen Untersuchungen zur punktweisen oder gleichmäßigen Konvergenz können wir hier nicht eingehen (man vergleiche dazu [18], [19], [24]); wir bringen daraus zwei Beipiele. Über **punktweise Konvergenz** hat man etwa die Aussage:

**Satz 10.4.16 (Punktweise Konvergenz der Fourierreihe)** *Sei* $f : [-\pi, \pi] \to \mathbb{R}$ *von beschränkter Variation und* $f(-\pi) = f(\pi)$; $f$ *werde periodisch auf* $\mathbb{R}$ *fortgesetzt und die Fortsetzung ebenfalls mit* $f$ *bezeichnet. Wenn* $f$ *in einem Punkt* $x \in \mathbb{R}$ *stetig ist, dann konvergiert die Fourierreihe in* $x$ *gegen* $f(x)$.

Dabei heißt $f$ von beschränkter Variation, wenn es ein $M > 0$ gibt, so dass für jede Zerlegung $-\pi = x_0 < x_1 < \ldots < x_{k-1} < x_k = \pi$ gilt

$$\sum_{j=1}^{k} |f(x_j) - f(x_{j-1})| \le M.$$

Unter ziemlich einschneidenden Voraussetzungen gibt es Aussagen über **gleichmäßige Konvergenz**, zum Beispiel

**Satz 10.4.17 (Gleichmäßige Konvergenz der Fourierreihe)** *Wenn eine Funktion* $f : [-\pi, \pi] \to \mathbb{R}$ *mit* $f(-\pi) = f(\pi)$ *stetig und stückweise stetig differenzierbar ist, dann konvergiert die Fourierreihe der periodischen Fortsetzung von* $f$ *gleichmäßig gegen* $f$.

Im Hilbertraum $L_2([-\pi, \pi])$ ist die Theorie der Fourierreihen ganz einfach: Für jedes $f \in L_2([-\pi, \pi])$ konvergiert die Fourierreihe von $f$ gegen $f$; natürlich bezüglich der in $L_2([-\pi, \pi])$ gegebenen Norm, also im Quadratmittel:

**Satz 10.4.18 (Fourierentwicklung)** *In* $L_2([-\pi, \pi])$ *definieren wir Funktionen* $u_n : [-\pi, \pi] \to \mathbb{R}$ *durch*

$$u_0(x) := \frac{1}{\sqrt{2\pi}}, \quad u_{2n-1}(x) := \frac{1}{\sqrt{\pi}} \cos nx, \quad u_{2n}(x) := \frac{1}{\sqrt{\pi}} \sin nx, \quad (n \in \mathbb{N}).$$

*Dann gilt:*
*Im Hilbertraum* $L_2([-\pi, \pi])$ *ist* $(u_n)_{n \in \mathbb{N}_0}$ *eine Hilbert-Basis.*
*Für jedes* $f \in L_2([-\pi, \pi])$ *gilt daher*

$$f = \sum_{n=0}^{\infty} c_n u_n \quad mit\ c_n = <f, u_n>,$$

*also*

$$f = \frac{a_0}{2} + \sum_{n=1}^{\infty} (a_n \cos nx + b_n \sin nx)$$

Bei der Behandlung der Fourierpolynome haben wir in 7.9.35 bereits gezeigt, dass $(u_n)$ eine Orthonormalfolge ist; einen Beweis für die Vollständigkeit der Folge $(u_n)$ findet man in [18].
Die Gleichung $f = \sum_{n=0}^{\infty} c_n u_n$ darf nicht so interpretiert werden, dass für gewisse $x$ diese Reihe reeller Zahlen gegen $f(x)$ konvergiert. Die Konvergenz der auf der rechten Seite stehenden Fourierreihe ist natürlich bezüglich der in $L_2([-\pi, \pi])$ definierten Norm gemeint, also „Konvergenz im Quadratmittel"; das bedeutet: Zu jedem $\varepsilon > 0$ existiert ein $N \in \mathbb{N}$ mit

$$\int_{-\pi}^{\pi} \left( f(x) - \left( \frac{a_0}{2} + \sum_{n=1}^{m} (a_n \cos nx + b_n \sin nx) \right) \right)^2 dx < \varepsilon \quad \text{für } m \geq N.$$

Nach 10.3.6 konvergiert lediglich eine Teilfolge der Folge der Partialsummen f. ü. gegen $f$. Es war lange Zeit ein offenes Problem, ob die Folge der Partialsummen selbst f. ü. gegen $f$ konvergiert, bis diese Frage bejahend beantwortet wurde.
Da es sich bei der in den Sätzen 10.4.16 und 10.4.17 geforderten Periodizitätsbedingung $f(-\pi) = f(\pi)$ um eine punktweise Eigenschaft handelt, spielt sie in Satz 10.4.18 keine Rolle. Dieser Satz handelt nämlich nur von der $L_2$-Konvergenz der Fourierreihe. Es ist offensichtlich, dass wegen Satz 10.4.12, (3), die Vollständigkeit

des Hilbertraums $L_2([-\pi, \pi])$ von entscheidender Bedeutung für den allgemeinen Satz 10.4.18 ist.

Wir schildern nun ein Problem, bei dessen Behandlung Fourierreihen eine wesentliche Rolle spielen. Dabei wollen wir die Bedeutung der Fourierentwicklung aufzeigen; auf genaue Begründungen, insbesondere Konvergenzbeweise, können wir nicht eingehen.

**Beispiel 10.4.19 (Temperaturverteilung auf einer kreisförmigen Platte)** Gegeben sei eine Substanz mit der Dichte $\vartheta$, dem Wärmeleitvermögen $k$ und der spezifischen Wärme $c$. Für die Temperatur $T = T(x, y, z, t)$ an der Stelle $(x, y, z) \in \mathbb{R}^3$ zur Zeit $t$ gilt die Wärmeleitungsgleichung

$$\Delta T = \frac{\vartheta c}{k} \frac{\partial T}{\partial t}.$$

Wenn die Temperatur unabhängig von der Zeit ist, erhält man die Potentialgleichung

$$\triangle T = 0.$$

Wir betrachten nun das ebene Problem: Auf dem Rand $\partial E$ einer kreisförmigen Platte $\bar{E} = \{(x, y) \in \mathbb{R}^2 |\ x^2 + y^2 \leq 1\}$ sei eine zeitunabhängige Temperatur $\varrho : \partial E \to \mathbb{R}$ vorgegeben. Gesucht ist die Temperaturverteilung im Innern dieser Kreisscheibe, also eine stetige Funktion $T : \bar{E} \to \mathbb{R}$, die in $E$ harmonisch ist und für die $T = \varrho$ auf $\partial E$ gilt. Behandelt man das Problem in Polarkoordinaten $x = r \cdot \cos \varphi$, $y = r \cdot \sin \varphi$, so ist die Randtemperatur $\varrho$ gegeben durch eine beliebig oft differenzierbare $2\pi$-periodische Funktion $\varrho : \mathbb{R} \to \mathbb{R}$; gesucht wird eine in $\{(r, \varphi) \in \mathbb{R}^2 |\ 0 \leq r \leq 1\}$ stetige Funktion $T = T(r, \varphi)$ mit

$$T(1, \varphi) = \varrho(\varphi),$$

die für $0 \leq r < 1$ beliebig oft stetig differenzierbar ist und der auf Polarkoordinaten umgeschriebenen Gleichung $\triangle T = 0$ genügt. Diese Gleichung lautet nach 9.3.9

$$\frac{\partial^2 T}{\partial r^2} + \frac{1}{r} \cdot \frac{\partial T}{\partial r} + \frac{1}{r^2} \cdot \frac{\partial^2 T}{\partial \varphi^2} = 0.$$

Nun machen wir den Ansatz

$$T(r, \varphi) = v(r) \cdot w(\varphi);$$

mit $v' := \frac{dv}{dr}$ , $\dot{w} := \frac{dw}{d\varphi}$ erhalten wir

$$v'' w + \frac{1}{r} \cdot v' w + \frac{1}{r^2} \cdot v\, \ddot{w} = 0.$$

Für alle $r, \varphi$ ist dann

$$\frac{r^2 v''(r) + r v'(r)}{v(r)} = -\frac{\ddot{w}(\varphi)}{w(\varphi)}.$$

Daher ist dieser Ausdruck konstant $=: \lambda$ und man erhält

$$r^2 v'' + r v' - \lambda v = 0, \quad \ddot{w} + \lambda w = 0.$$

Die 2. Gleichung ergibt $w(\varphi) = c_1 \cos \sqrt{\lambda}\varphi + c_2 \sin \sqrt{\lambda}\varphi$. Die Funktion $w$ soll die Periode $2\pi$ haben; daraus folgt $\sqrt{\lambda} \in \mathbb{N}_0$, also $\lambda = n^2$ mit $n \in \mathbb{N}_0$. Die 1. Gleichung ist dann

$$r^2 v'' + r v' - n^2 v = 0;$$

sie hat die Lösungen

$$v(r) = C_1 r^n + C_2 r^{-n}.$$

Die Funktion $v$ soll auch in $0$ definiert sein, also

$$v(r) = C r^n, \quad C \in \mathbb{R}, n \in \mathbb{N}_0.$$

Damit hat man Lösungen

$$r^n (a_n \cos n\varphi + b_n \sin n\varphi).$$

Um eine Lösung $T$ zu finden, die auf $\partial E$ gleich $\varrho$ ist, macht man für $T$ den Ansatz

$$T(r, \varphi) = \frac{A_0}{2} + \sum_{n=1}^{\infty} r^n (A_n \cos n\varphi + B_n \sin n\varphi).$$

Die Koeffizienten $A_n, B_n$ bestimmt man dann so:
Man entwickelt die Randwertfunktion $\varrho$ nach 10.4.18 in ihre Fourierreihe:

$$\varrho(\varphi) = \frac{a_0}{2} + \sum_{n=1}^{\infty} (a_n \cos n\varphi + b_n \sin n\varphi),$$

setzt $A_n := a_n$, $B_n := b_n$ und

$$T(r, \varphi) := \frac{a_0}{2} + \sum_{n=1}^{\infty} r^n (a_n \cos n\varphi + b_n \sin n\varphi).$$

Dann genügt $T$ für $r < 1$ der Potentialgleichung und es ist $T(1, \varphi) = \varrho(\varphi)$.  ■

Wir erläutern dies noch an einem einfachen Spezialfall:

**Beispiel 10.4.20** Auf dem Rand der kreisförmigen Platte $E$ sei die zeitlich konstante Temperaturverteilung

$$\partial E \to \mathbb{R}, (x, y) \mapsto 100 x^2$$

vorgegeben; in Polarkoordinaten ist also

$$\varrho(\varphi) = 100 \cos^2 \varphi.$$

Wegen $\cos 2\varphi = 2\cos^2 \varphi - 1$ hat man für $\varrho$ die Fourierentwicklung

$$\varrho(\varphi) = 100\cos^2 \varphi = 50 + 50\cos 2\varphi.$$

Damit erhält man

$$T(r, \varphi) = 50 + 50\, r^2 \cos 2\varphi.$$

In $(x, y)$-Koordinaten ergibt sich :

$$T(x, y) = 50(x^2 - y^2 + 1);$$

diese Funktion ist offensichtlich harmonisch und auf dem Kreisrand $x^2 + y^2 = 1$ ist $T(x, y) = 100x^2$. Die Isothermen $\{(x, y) \in E \mid T(x, y) = c\}$ für $0 \leq c \leq 100$ sind die Hyperbelstücke $\{(x, y) \in E \mid x^2 - y^2 = \frac{c}{50} - 1\}$.

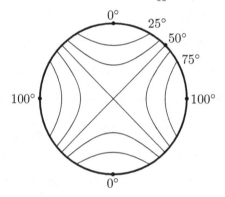

Um diese Methode zu verdeutlichen, behandeln wir noch eine weitere Randtemperatur:

Wir geben uns nun

$$\tilde{\varrho}(x, y) := 100x^3$$

vor, in Polarkoordinaten ist also $\tilde{\varrho}(\varphi) = 100\cos^3 \varphi$.
Wegen $4\cos^3 \varphi = 3\cos \varphi + \cos 3\varphi$ hat man die Fourierentwicklung

$$\varrho(\varphi) = 100\cos^3 \varphi = 75\cos \varphi + 25\cos 3\varphi$$

und erhält die Temperaturverteilung

$$\tilde{T}(r, \varphi) = 75r\cos \varphi + 25r^3 \cos 3\varphi.$$

Wir gehen auf dieses Beispiel nochmals in 14.14.10 ein.    ∎

## Komplexe Hilberträume

Die Theorie der Hilberträume lässt sich analog auch für komplexe Vektorräume durchführen. Für viele Anwendungen ist dies sogar zweckmäßig, z. B. hat man aufgrund des Fundamentalsatzes der Algebra die Existenz von Eigenwerten.

Wir hatten schon in 10.1 erwähnt, dass man das Riemann-Integral auf komplexwertige Funktionen $f : I \to \mathbb{C}$ erweitert, indem man $f = f_1 + i \cdot f_2$ mit reellen $f_1, f_2$ in Real-und Imaginärteil zerlegt und $f$ als Riemann-integrierbar bezeichnet, wenn die Funktionen $f_1$, $f_2$ es sind; man setzt dann $\int_I f dx = \int_I f_1 dx + i \int_I f_2 dx$.

Wir verfahren jetzt genauso wie bei der Einführung der Räume $L_p(D)$, $p \geq 1$, und erhalten so den Banachraum der Äquivalenzklassen komplexwertiger Funktionen $f : D \to \mathbb{C}$ mit endlicher Norm

$$\|f\|_p = \left( \int_D |f|^p dx \right)^{1/p},$$

den wir nun mit

$$L_p^{\mathbb{C}}(D)$$

bezeichnen. Die Sätze 10.3.2, 10.3.4, 10.3.5, 10.3.6 gelten unverändert; Definition 10.3.3 bezieht sich natürlich auch auf normierte Räume über $\mathbb{C}$.

Entsprechend 10.4.2 ist der komplexe Banachraum $L_2^{\mathbb{C}}(D)$ ein Hilbertraum mit dem Skalarprodukt

$$< f , g >= \int_D f \, \bar{g} \, dx.$$

Den Begriff 10.4.11 der Hilbert-Basis übernehmen wir wörtlich für komplexe Hilberträume. Die Charakterisierung der Hilbert-Basis durch Satz 10.4.12 gilt auch für komplexe Hilberträume; nur die Parsevalsche Gleichung lautet jetzt

$$< f, g > = \sum_{n=1}^{\infty} < f, b_n > \cdot \overline{< g, b_n >}$$

und es gilt unverändert

$$\|f\|^2 = \sum_{n=1}^{\infty} | < f, b_n > |^2.$$

Es gilt:

**Satz 10.4.21** *Definiert man im komplexen Hilbertraum $L_2^{\mathbb{C}}([-\pi, \pi])$ die Funktionen*

$$b_n : [-\pi, \pi] \to \mathbb{C}, \quad x \mapsto \frac{1}{\sqrt{2\pi}} \cdot e^{inx}, \qquad n \in \mathbb{Z},$$

*so ist $(b_n)_{n \in \mathbb{Z}}$ eine Hilbertbasis.*

*Daher gilt für jede komplexwertige Funktion $f \in L_2^{\mathbb{C}}([-\pi, \pi])$ die Entwicklung*

$$f = \sum_{n=-\infty}^{\infty} c_n e^{inx} \qquad \textit{mit} \quad c_n := \frac{1}{2\pi} \int_{-\pi}^{\pi} f(x) \cdot e^{-inx} \, dx.$$

**Beweis.** Die Orthonormalität folgt hier ganz leicht aus

$$< b_k, b_l >= \frac{1}{2\pi} \int\limits_{-\pi}^{\pi} e^{ikx} \cdot e^{-ilx} dx = \delta_{kl}.$$

Aus den Eulerschen Gleichungen $e^{inx} = \cos nx + i \sin nx$ und der in 10.4.18 erwähnten Vollständigkeit der $(u_n)$ folgt die Vollständigkeit der $(b_k)$.    □
Man beachte, dass bei dem zu $e^{inx}$ gehörenden Koeffizienten $c_n$ unter dem Integral nun der Faktor $e^{-inx}$ steht.

Definiert man die $a_n, b_n$ wie oben, so gilt für $n \in \mathbb{N}$:

$$a_0 = 2c_0, \qquad a_n = c_n + c_{-n}, \qquad b_n = i(c_n - c_{-n})$$
$$c_0 = \frac{a_0}{2}, \qquad c_n = \frac{1}{2}(a_n - ib_n), \qquad c_{-n} = \frac{1}{2}(a_n + ib_n)$$

und es ist

$$\frac{a_0}{2} + \sum_{n=1}^{\infty} (a_n \cos nx + b_n \sin nx) = \sum_{n=-\infty}^{\infty} c_n e^{inx}.$$

## 10.5  Fourier-Transformation und Faltung

Die Fourier-Transformation ist das kontinuierliche Analogon zur Fourier-Reihe. Wir schildern die Ideen dazu und skizzieren die wichtigsten Beweisschritte; auf genaue Begründungen gehen wir nicht ein.
Für $f \in \mathcal{H} = L_2^{\mathbb{C}}([-\pi, \pi])$ hat man die Fourierreihe

$$f(x) = \frac{1}{\sqrt{2\pi}} \cdot \sum_{n=-\infty}^{\infty} \widehat{c}_n \cdot e^{inx} \quad \text{mit} \quad \widehat{c}_n = \frac{1}{\sqrt{2\pi}} \int\limits_{-\pi}^{\pi} f(x) \cdot e^{-inx} \, dx.$$

Von der Fourierreihe zur Fourier-Transformierten kommt man nun so: Statt $n \in \mathbb{Z}$ schreibt man $\xi \in \mathbb{R}$, statt $\widehat{c}_n$ schreibt man $\widehat{f}(\xi)$ und an Stelle des Summenzeichens $\sum_n$ ein Integral $\int d\xi$. Dann ist

$$f(x) = \frac{1}{\sqrt{2\pi}} \int\limits_{-\infty}^{+\infty} \widehat{f}(\xi) \cdot e^{+i\xi x} d\xi, \qquad\qquad \widehat{f}(\xi) = \frac{1}{\sqrt{2\pi}} \int\limits_{-\infty}^{+\infty} f(\eta) \cdot e^{-i\xi\eta} d\eta$$

und man bezeichnet $\widehat{f}$ als die Fourier-Transformierte von $f$. Genauer verfahren wir folgendermaßen:

**Definition 10.5.1** *Sei $f \in L_1(\mathbb{R})$. Dann definieren wir*

$$\widehat{f} : \mathbb{R} \to \mathbb{C}, \; \xi \mapsto \frac{1}{\sqrt{2\pi}} \int\limits_{-\infty}^{+\infty} e^{-i\xi x} f(x) dx;$$

$\widehat{f}$ *heißt die* **Fourier-Transformierte** *von $f$.*

Die Fourier-Transformierte $\widehat{f}$ ist beschränkt, denn es ist

$$|f(\xi)| \leq \frac{1}{\sqrt{2\pi}} \int\limits_{-\infty}^{+\infty} |f(x)| \, dx \; < \; +\infty.$$

$\widehat{f}$ ist auch stetig: Sei $\xi_n \in \mathbb{R}$, und $\lim\limits_{n\to\infty} \xi_n = \xi$; dann ist

$$\widehat{f}(\xi_n) - \widehat{f}(\xi) = \frac{1}{\sqrt{2\pi}} \int\limits_{-\infty}^{+\infty} \left( e^{-i\xi_n x} - e^{-i\xi x} \right) \cdot f(x) dx;$$

da für $x \in \mathbb{R}$

$$\lim_{n\to\infty} \left( e^{-i\xi_n x} - e^{-i\xi x} \right) \cdot f(x) = 0 \quad \text{und} \quad \left| \left( e^{-i\xi_n x} - e^{-i\xi x} \right) \cdot f(x) \right| \leq 2|f(x)|,$$

folgt mit dem Satz von Lebesgue 10.2.2:

$$\lim \widehat{f}(\xi_n) = \widehat{f}(\xi).$$

$\square$

Nun notieren wir den wichtigen Satz von der Umkehrformel:

**Satz 10.5.2 (Umkehrformel)** *Sei $f \in L_1(\mathbb{R})$ und es sei auch $\widehat{f} \in L_1(\mathbb{R})$; dann gilt*

$$\boxed{f(x) = \frac{1}{\sqrt{2\pi}} \int\limits_{-\infty}^{+\infty} e^{+i\xi x} \widehat{f}(\xi) d\xi.}$$

**Definition 10.5.3** *Die Abbildung*

$$f \mapsto \left( x \mapsto \frac{1}{\sqrt{2\pi}} \int\limits_{-\infty}^{+\infty} e^{+ix\xi} \cdot f(\xi) d\xi \right)$$

*heißt* **Umkehrabbildung zur Fourier-Transformation** *oder* **inverse Fourier-Transformation.**

Wenn z.B. $f \in \mathcal{C}_0^\infty(\mathbb{R})$ ist, dann ist $\widehat{f} \in L_1(\mathbb{R})$. Es gelten jedoch auch schärfere Aussagen.

Differenzieren wir die Fourierreihe $f(x) = \sum_n \widehat{c}_n e^{inx}$ formal, so hat man

$$f'(x) = \sum_{n=-\infty}^{+\infty} i \cdot n \cdot \widehat{c}_n \cdot e^{inx}.$$

Ersetzen wir wieder $\widehat{c}_n$ durch $\widehat{f}(\xi)$, so entsteht

**Satz 10.5.4 (Algebraisierung der Differentiation)** *Sei $f : \mathbb{R} \to \mathbb{C}$ stetig differenzierbar mit kompaktem Träger. Dann gilt*

$$\boxed{\widehat{f'}(\xi) = i \cdot \xi \cdot \widehat{f}(\xi).}$$

**Beweis.** Es ist $f' \in L_1(\mathbb{R})$, also

$$\widehat{f'}(\xi) = \tfrac{1}{\sqrt{2\pi}} \cdot \int\limits_{-\infty}^{+\infty} e^{-i\xi x} \cdot f'(x)\mathrm{d}x =$$

$$= \tfrac{1}{\sqrt{2\pi}} \left[ e^{-i\xi x} f(x) \right]_{x=a}^{x=b} - \tfrac{1}{\sqrt{2\pi}} \cdot \int\limits_{-\infty}^{+\infty} (-i\xi) \, e^{-i\xi x} \cdot f(x)\mathrm{d}x =$$

$$= i\xi \cdot \tfrac{1}{\sqrt{2\pi}} \cdot \int\limits_{-\infty}^{+\infty} e^{-i\xi x} \cdot f(x)\mathrm{d}x.$$

$\square$

**Satz 10.5.5 (Umkehrung von Satz 10.5.4)** *Sei $x \cdot f(x) \in L_1(\mathbb{R})$ (mit $x \cdot f(x)$ meinen wir die Funktion $x \mapsto x \cdot f(x)$). Dann ist $\widehat{f}$ differenzierbar und*

$$\boxed{i \cdot (\widehat{f}\,)' = \widehat{x \cdot f(x)}}$$

**Beweis.** Formal ist

$$\frac{\mathrm{d}}{\mathrm{d}\xi} \widehat{f}(\xi) = \frac{1}{\sqrt{2\pi}} \int\limits_{-\infty}^{+\infty} \frac{\mathrm{d}}{\mathrm{d}\xi} e^{-i\xi x} f(x)\mathrm{d}x = \frac{1}{\sqrt{2\pi}}(-i) \int\limits_{-\infty}^{+\infty} e^{-i\xi x} \cdot x \cdot f(x)\mathrm{d}x =$$

$$= \frac{1}{i} \cdot \widehat{x \cdot f(x)}.$$

Mit Bildung des Differenzenquotienten und Anwendung des Satzes von Lebesgue 10.2.2 macht man daraus leicht einen strengen Beweis. $\square$

Für die Multiplikation zweier absolut konvergenter Reihen gilt bekanntlich die Cauchysche Formel 1.5.13

$$\sum_m a_m \cdot \sum_l b_l = \sum_n c_n \quad \text{mit} \quad c_n = \sum_k a_k \cdot b_{n-k}.$$

Hat man zwei Funktionen $f, g \in L_1(\mathbb{R})$, ersetzt man die Reihen durch Integration von $-\infty$ bis $+\infty$, $k$ durch die Variable $t$ und $n$ durch $x$, also $n - k$ durch $x - t$, so entsteht

$$\int_{-\infty}^{+\infty} f(x)\mathrm{d}x \cdot \int_{-\infty}^{+\infty} g(x)\mathrm{d}x = \int_{-\infty}^{+\infty} \int_{-\infty}^{+\infty} (f(t)g(x - t)\mathrm{d}t)\mathrm{d}x,$$

wie man mit dem Satz 10.2.7 von Tonelli leicht verifiziert.

**Definition 10.5.6 (Faltung)** *Seien $f, g \in L_1(\mathbb{R})$. Dann ist $t \mapsto f(t) \cdot g(x - t)$ für fast alle $x \in \mathbb{R}$ aus $L_1(\mathbb{R})$. Also ist die Funktion*

$$(f * g)(x) := \int\limits_{-\infty}^{+\infty} f(t)g(x - t)\mathrm{d}t$$

*für fast alle $x \in \mathbb{R}$ wohldefiniert. Sie heißt* **Faltung** *von $f$ und $g$.*

Aus der Formel für das Produkt der Integrale sieht man sofort:

$$f * g \in L_1(\mathbb{R}), \quad \|f * g\|_{L_1(\mathbb{R})} \le \|f\|_{L_1(\mathbb{R})} \|g\|_{L_1(\mathbb{R})}.$$

Wenden wir die Formel für das Reihenprodukt auf Fourierreihen an mit den Fourier-koeffizienten $a_n$ von $f$ und $b_n$ von $g$ und nehmen wir die Fourierreihen als absolut konvergent an, so entsteht für die Fourierkoeffizienten $c_n$ des Produkts $h := f \cdot g$:

$$c_n = (\sqrt{2\pi})^{-1} \cdot \sum_{k=-\infty}^{+\infty} a_k \cdot b_{n-k}.$$

Ersetzen wir $a_k$ durch $\widehat{f}(t)$, $b_{n-k}$ durch $\widehat{g}(x - t)$ und die Reihe durch Integration, so entsteht

$$\widehat{f \cdot g} = (\sqrt{2\pi})^{-1} \cdot \widehat{f} * \widehat{g}.$$

Bezeichnen wir die Umkehrabbildung zur Fouriertransformation mit $\overset{\vee}{\phantom{\cdot}}$ (s. Satz 10.5.2), so folgt

$$f \cdot g = (\sqrt{2\pi})^{-1} \widecheck{\widehat{f} * \widehat{g}} \quad \text{für} \quad \widehat{f}, \widehat{g} \in L_1(\mathbb{R}).$$

Dies ist, wie aus $\check{f} = \overline{\widehat{\overline{f}}}$ folgt, nur eine Umformulierung von

**Satz 10.5.7** *Seien $f, g \in L_1(\mathbb{R})$. Dann ist*

$$\boxed{\widehat{f * g} = \sqrt{2\pi} \cdot \widehat{f} \cdot \widehat{g}.}$$

**Beweis.** Es ist $f * g \in L_1(\mathbb{R})$ wie eben gezeigt; mit dem Satz 10.2.7 von Tonelli (∗) erhält man

$$(\widehat{f * g})\,(\xi) = \frac{1}{\sqrt{2\pi}} \int\limits_{-\infty}^{+\infty} \int\limits_{-\infty}^{+\infty} f(t)g(x-t)\mathrm{d}t \cdot \mathrm{e}^{-\mathrm{i}\xi x}\mathrm{d}x \stackrel{(*)}{=}$$

$$= \int\limits_{-\infty}^{+\infty} \left( \frac{1}{\sqrt{2\pi}} \int\limits_{-\infty}^{+\infty} g(x-t) \cdot \mathrm{e}^{-\mathrm{i}(x-t)\xi}\mathrm{d}x \right) f(t)\mathrm{e}^{-\mathrm{i}t\xi}\mathrm{d}t =$$

$$= \widehat{g}(\xi) \int\limits_{-\infty}^{+\infty} f(t)\mathrm{e}^{-\mathrm{i}t\xi}\mathrm{d}t = \sqrt{2\pi}\widehat{g}(\xi)\widehat{f}(\xi).$$

$\square$

## Aufgaben

**10.1.** Zeigen Sie: Eine kompakte Menge $K \subset \mathbb{R}^n$ ist genau dann eine Nullmenge, wenn es zu jedem $\varepsilon > 0$ endlich viele (offene oder abgeschlossene) beschränkte Quader $I_1, \ldots, I_k$ gibt mit

$$K \subset \bigcup_{j=1}^{k} I_j \quad \text{und} \quad \sum_{j=1}^{k} \mu(I_j) < \varepsilon.$$

**10.2.** Auf $\mathbb{R}^2$ sei $f$ gegeben durch

$$f(x,y) := \begin{cases} \frac{1}{\sin x \cdot \sin y} & \text{für} \quad x \neq k\pi, y \neq k\pi, k \in \mathbb{Z}, x \text{ oder } y \text{ irrational} \\ 0 & \text{sonst} \end{cases}$$

Ist $f$ auf $]0,\pi[\times]0,\pi[$ integrierbar? Ist $f$ auf $]\delta, \pi - \delta[\times]\delta, \pi - \delta[$ integrierbar $(0 < \delta < \pi)$?

**10.3.** a) Sei $f : [0, \infty[\to \mathbb{R}$ stetig. Zeigen Sie für alle $R > 0$:

$$\int\limits_{\{x\in\mathbb{R}^n\mid\, \|x\|\leq R\}} f(\|x\|)\mathrm{d}x \;=\; ne_n \int\limits_{0}^{R} f(r)r^{n-1}\mathrm{d}r,$$

wobei

$$e_n = \int\limits_{\{x\in\mathbb{R}^n\mid\, \|x\|\leq 1\}} \mathrm{d}x$$

das Volumen der n-dimensionalen Einheitskugel ist.

Hinweis: Differenzieren Sie beide Seiten der Behauptung bezüglich $R$.

b) Berechnen Sie für $R > 0$ die Integrale

$$\int\limits_{\{(x,y)\in\mathbb{R}^2\mid\, x^2+y^2\leq R^2\}} \mathrm{e}^{-(x^2+y^2)}\mathrm{d}(x,y) \quad \text{und} \quad \int\limits_{\mathbb{R}^2} \mathrm{e}^{-(x^2+y^2)}\mathrm{d}(x,y).$$

Verwenden Sie dieses Resultat und den Satz von Fubini, um

$$\int\limits_{\mathbb{R}} \mathrm{e}^{-x^2}\mathrm{d}x$$

zu berechnen.

**10.4.** Es sei $0 < r < R$. Durch Rotation des in der $xy$-Ebene liegenden Kreises $(x - R)^2 + z^2 \leq r^2$ um die $z$-Achse entsteht im $\mathbb{R}^3$ der Torus $T$. Man berechne das Trägheitsmoment von $T$ um die $z$-Achse, d.h. man berechne

$$\int_T (x^2 + y^2)\mathrm{d}(x, y, z).$$

**10.5.** Ist $S \subset \mathbb{R}^3$ beschränkt, so ist der Schwerpunkt $z = (z_1, z_2, z_3) \in \mathbb{R}^3$ von $S$ gegeben durch

$$z_j = \frac{1}{\mu(S)} \int_S x_j \mathrm{d}x, \quad j = 1, 2, 3.$$

Man berechne den Schwerpunkt
a) der Halbkugel     $\{(x, y, z) \in \mathbb{R}^3 \,|\, x^2 + y^2 + z^2 \leq 1,\ z \geq 0\}$,
b) des Tetraeders     $\{(x, y, z) \in \mathbb{R}^3 \,|\, x + y + z \leq 1,\ x \geq 0, y \geq 0, z \geq 0\}$.

**10.6.** a) Sei $a < b$ und $f : [a, b] \to \mathbb{R}$ stetig. Der Graph von $f$ werde um die z-Achse rotiert. Berechnen Sie das Volumen des so entstehenden Rotationskörpers.

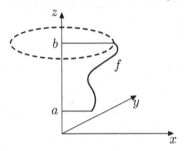

Welcher Körper ergibt sich für $f(x) = x,\ 0 \leq x \leq 1$ ? Welches Volumen hat er?

b) Das Volumen der Einheitskreisscheibe in der Ebene ist $\pi$. Stellen Sie eine Ellipse mit den Halbachsen $a$ und $b$ als Bild der Einheitskreisscheibe unter einer linearen Abbildung dar und berechnen Sie dann das Volumen dieser Ellipse.

**10.7.** a) Seien $I \subset \mathbb{R}$ ein beschränktes Intervall, $p, q \geq 1$, $p \leq q$; $f \in L_q(I)$. Zeigen Sie: Dann ist $f \in L_p(I)$ und es gilt

$$\mu(I)^{-1/p}\|f\|_p \leq \mu(I)^{-1/q}\|f\|_q.$$

b) Geben Sie Funktionen $f, g : \mathbb{R} \to \mathbb{R}$ an mit

$$f \in L_1(\mathbb{R}) \setminus L_2(\mathbb{R}), \quad \text{und} \quad g \in L_2(\mathbb{R}) \setminus L_1(\mathbb{R}).$$

c) Sei $I$ ein beliebiges Intervall, $r, p, q \geq 1$, $\frac{1}{r} = \frac{1}{p} + \frac{1}{q}$. Ferner seien $f \in L_p(I)$, $g \in L_q(I)$. Zeigen Sie: Dann ist $f \cdot g \in L_r(I)$ und es gilt: $\|f \cdot g\|_r \leq \|f\|_p \cdot \|g\|_q$.
d) Sei $I \subset \mathbb{R}$ ein beliebiges Intervall, $r, p, q \geq 1$, $p \leq q \leq r$. Ferner sei $f \in L_p(I) \cap L_r(I)$. Zeigen Sie: Dann ist $f \in L_q(I)$. Ist $\lambda \in \mathbb{R}$ so gewählt, dass $\frac{1}{q} = \frac{\lambda}{p} + \frac{1-\lambda}{r}$ ist, so ist $\lambda \in [0, 1]$ und

$$\|f\|_q \leq \|f\|_p^\lambda \cdot \|f\|_r^{1-\lambda}.$$

Hinweis: Verwenden Sie die Höldersche Ungleichung.

**10.8.** Bestimmen Sie die Fourier-Reihen der folgenden auf $]-\pi,\pi]$ erklärten und $2\pi$-periodisch fortgesetzten Funktionen:

a) $f(x) = x$     b)  $g(x) = \begin{cases} h & \text{für} & x \in ]0,\pi[ \\ 0 & \text{für} & x = 0, x = \pi \\ -h & \text{für} & x \in ]-\pi,0[ \end{cases}$     $(h > 0)$

**10.9.** a) Seien $f_n, g_n, f, g \in L_2([a,b])$; $\lim\limits_{n\to\infty} f_n = f$, $\lim\limits_{n\to\infty} g_n = g$ in $L_2([a,b])$. Zeigen Sie:

$$\lim_{n\to\infty} <f_n, g_n> = <f,g>.$$

b) $f \in L_2([-\pi,\pi])$ sei reell und besitze die Fourier-Koeffizienten $a_0, a_1, \ldots, b_1, b_2, \ldots$. Zeigen Sie die Parseval-Relation:

$$\int\limits_{-\pi}^{+\pi} |f(x)|^2 \, dx = \pi \left[ \frac{a_0^2}{2} + \sum_{n=1}^{\infty} (a_n^2 + b_n^2) \right].$$

c) Benutzen Sie die Parseval-Relation und die Fourier-Reihe der $2\pi$-periodischen Funktion $f(x) = x^3$ für $x \in ]-\pi,\pi]$, um

$$\sum_{n=1}^{\infty} \frac{1}{n^6}$$

zu berechnen. Verwenden Sie dabei

$$\sum_{n=1}^{\infty} \frac{1}{n^2} = \frac{\pi^2}{6}, \qquad \sum_{n=1}^{\infty} \frac{1}{n^4} = \frac{\pi^4}{90}$$

und vergleichen Sie mit 14.11.9.

**10.10.** Sei $\mathcal{H}$ ein Hilbertraum über $\mathbb{C}$, $f \in \mathcal{H}$ und $\varphi_1, \ldots, \varphi_N \in \mathcal{H}$ orthonormiert. Zeigen Sie:

a)     $$\left\| f - \sum_{k=1}^{N} f_k \varphi_k \right\|^2 = \|f\|^2 - \sum_{k=1}^{N} |f_k|^2,$$

wobei $f_k = <f, \varphi_k>$ die Fourierkoeffizienten sind.
b) Sind $c_1, \ldots, c_N \in \mathbb{C}$ beliebig, so ist

$$\left\| f - \sum_{k=1}^{N} c_k \varphi_k \right\|^2 = \|f\|^2 - \sum_{k=1}^{N} |f_k| + \sum_{k=1}^{N} |f_k - c_k|^2.$$

**10.11.** Auf dem Rand $\partial E$ des Einheitskreises sei die zeitlich konstante Temperatur

$$\varrho : \partial E \to \mathbb{R}, (x,y) \mapsto 100 \cdot x^4$$

vorgegeben; bestimmen Sie die Temperaturverteilung $T : E \to \mathbb{R}$.

**10.12.** Sei $\mathcal{H}$ ein Hilbertraum über $\mathbb{C}$, $f_j, f \in \mathcal{H}$. Zeigen Sie:
a) $\lim\limits_{j\to\infty} f_j = f$ in $\mathcal{H}$ gilt genau dann, wenn $\lim\limits_{j\to\infty} \|f_j\| = \|f\|$ und wenn für alle $g \in \mathcal{H}$ gilt: $\lim\limits_{j\to\infty} <f_j, g> = <f, g>$.
b) Für alle $g \in \mathcal{H}$ gelte $\lim\limits_{j\to\infty} <f_j, g> = <f, g>$. Dann folgt:

$$\|f\| \leq \lim_{j\to\infty} \inf \|f_j\|,$$

wenn $\lim_{j\to\infty} \inf \|f_j\|$ endlich ist.

**10.13.** Sei $-\infty < a < b < +\infty$ und

$$\chi_{[a,b]} := \begin{cases} 1 & \text{für} \quad a \leq x \leq b \\ 0 & \text{sonst} \end{cases}$$

die charakteristische Funktion des Intervalls $[a, b]$. Dann ist $\chi_{[a,b]} \in L_1(\mathbb{R})$. Man berechne die Fouriertransformierte von $\chi_{[a,b]}$.

**10.14.** Mit der vorhergehenden Aufgabe zeige man:

a) $$\hat{\chi}_{[a,b]} \in L_2([a,b])$$

b) Für $b \in \mathbb{R}$ existiert

$$\lim_{\varepsilon\to\infty,\varepsilon>0} \left( \int_{-\infty}^{-\varepsilon} \frac{e^{i\xi b} - 1}{\xi^2} d\xi + \int_{\varepsilon}^{+\infty} \frac{e^{i\xi b} - 1}{\xi^2} d\xi \right)$$

und hängt nur von $|b|$ ab.

**10.15.** Sei $\chi = \chi_{[0,1]} : \mathbb{R} \to \mathbb{R}$ die charakteristische Funktion des Einheitsintervalls. Berechnen Sie explizit

$$\chi * \chi(x) = \int_{\mathbb{R}} \chi(x - y)\chi(y)dy \qquad \text{und} \qquad (\chi * \chi) * \chi.$$

# 11

# Untermannigfaltigkeiten und Differentialformen

## 11.1 Untermannigfaltigkeiten

Untermannigfaltigkeiten sind „glatte" Teilmengen $M \subset \mathbb{R}^n$, die man lokal als Nullstellengebilde differenzierbarer Funktionen darstellen kann. Man setzt voraus, dass die Gradienten dieser Funktionen linear unabhängig sind. Dann ist das Nullstellengebilde glatt, d.h. es sieht lokal aus wie eine offene Menge im $\mathbb{R}^k$ mit $k \leq n$. Insbesondere können wir uns Untermannigfaltigkeiten des $\mathbb{R}^3$ als gekrümmte Flächenstücke im $\mathbb{R}^3$ vorstellen, z. B. als die Oberfläche einer Kugel oder eines Ellipsoids. Sie haben die Dimension 2, da sie mit zwei unabhängig variierenden Parametern beschrieben werden können, im Falle der Kugel etwa die Winkel $\varphi, \vartheta$ der Kugelkoordinaten. Solche Beschreibungen gelten in der Regel aber nur für kleine Stücke der Fläche. Ein anderes Beispiel sind ebene Kurven, bei denen man bei senkrechter Tangente vom Kurvenparameter $x$ zum Kurvenparameter $y$ übergehen muss. Sie sind eindimensionale Untermannigfaltigkeiten des $\mathbb{R}^2$.

**Definition 11.1.1** *Eine Teilmenge $M$ des $\mathbb{R}^n$ heißt eine $k$-**dimensionale Untermannigfaltigkeit**, wenn es zu jedem Punkt $p \in M$ eine offene Umgebung $U$ von $p$ im $\mathbb{R}^n$ und unendlich oft differenzierbare Funktionen*

$$f_1, \ldots, f_{n-k} : U \to \mathbb{R}$$

*gibt mit folgenden Eigenschaften:*

*(1) $M \cap U = \{x \in U \mid f_1(x) = 0, \ldots, f_{n-k}(x) = 0\}$,*
*(2) rg $J_{f_1,\ldots,f_{n-k}}(x) = n - k$ für alle $x \in U$,*
    *d.h. die Gradienten grad $f_1, \ldots$, grad $f_{n-k}$ sind in jedem Punkt linear unabhängig.*

Wir geben zwei wichtige Beispiele an: Ebenen und Graphen.

**Beispiel 11.1.2 (Ebenen)** Für $0 \leq d \leq n$ sei

$$E_d := \{(x_1, \ldots, x_n) \in \mathbb{R}^n \mid x_{d+1} = 0, \ldots, x_n = 0\}.$$

H. Kerner, W. von Wahl, *Mathematik für Physiker*, Springer-Lehrbuch,
DOI 10.1007/978-3-642-37654-2_11, © Springer-Verlag Berlin Heidelberg 2013

$E_d$ ist eine $d$-dimensionale Untermannigfaltigkeit des $\mathbb{R}^n$, man bezeichnet $E_d$ als **$d$-dimensionale Ebene**.
Für $d = 0$ hat man $E_0 = \{0\}$, für $d = n$ ist $E_n = \mathbb{R}^n$.    ■

**Beispiel 11.1.3 (Graphen)** Es sei $V \subset \mathbb{R}^k$ offen und $g : V \to \mathbb{R}^m$ eine differenzierbare Abbildung. Dann ist der Graph

$$G_g := \{(x,y) \in V \times \mathbb{R}^m \mid y = g(x)\}$$

eine $k$-dimensionale Untermannigfaltigkeit des $\mathbb{R}^{k+m}$. Dies soll noch etwas erläutert werden: Für $x = (x_1, \ldots, x_k) \in V$ ist $g(x) = (g_1(x), \ldots, g_m(x))$; die Gleichung $y = g(x)$ bedeutet: $y_1 = g_1(x_1, \ldots, x_k), \ldots, y_m = g_m(x_1, \ldots, x_k)$. Setzt man

$$f_1(x_1, .., x_k;\ y_1, .., y_m) := g_1(x_1, .., x_k) - y_1,$$
$$\ldots\ldots\ldots\ldots$$
$$f_m(x_1, .., x_k;\ y_1, .., y_m) := g_m(x_1, .., x_k) - y_m,$$

so ist

$$G_g = \{(x,y) \in V \times \mathbb{R}^m \mid f_1(x,y) = 0, \ldots, f_m(x,y) = 0\},$$
$$\operatorname{grad} f_1 = \left( \tfrac{\partial g_1}{\partial x_1}, \ldots, \tfrac{\partial g_1}{\partial x_k},\ -1, 0, \ldots,\ 0 \right),$$
$$\ldots\ldots\ldots\ldots$$
$$\operatorname{grad} f_m = \left( \tfrac{\partial g_m}{\partial x_1}, \ldots, \tfrac{\partial g_m}{\partial x_k},\ 0, 0, \ldots, -1 \right)$$

und diese Gradienten sind linear unabhängig.    ■

Diese beiden Beispiele sind deswegen wichtig, weil man zeigen kann, dass jede Untermannigfaltigkeit $M$ lokal ein Graph $G_g$ ist und in geeigneten Koordinaten als Ebene $E_k$ dargestellt werden kann.
Die grundlegenden Aussagen über k-dimensionale Untermannigfaltigkeiten $M$ sind:

- $M$ ist lokal ein Graph,
- $M$ ist, nach einer Koordinatentransformation, lokal eine Ebene $E_k$,
- $M$ ist lokal diffeomorph äquivalent zu einer offenen Menge des $\mathbb{R}^k$; es gibt Karten und einen Atlas zu $M$.

Wir wollen dies zunächst für den Spezialfall einer $(n-1)$-dimensionalen Untermannigfaltigkeit $M \subset \mathbb{R}^n$ erläutern, für diesen Fall skizzieren wir auch die Beweise. Eine $(n-1)$-dimensionale Untermannigfaltigkeit $M \subset \mathbb{R}^n$ bezeichnet man als **Hyperfläche**. Zu jedem $p \in M$ gibt es also eine in einer Umgebung $U$ von $p$ differenzierbare Funktion $f : U \to \mathbb{R}$ mit

$$M \cap U = \{x \in U \mid f(x) = 0\} \quad \text{und} \quad \operatorname{grad} f(x) \neq 0 \ \text{für}\ x \in U.$$

**Satz 11.1.4** *Ist $M \subset \mathbb{R}^n$ eine Hyperfläche, so existiert zu jedem $p \in M$ nach Umnummerierung der Koordinaten eine offene Umgebung $V \times I \subset U$ von $p$ mit offenen Mengen $V \subset \mathbb{R}^{n-1}$, $I \subset \mathbb{R}$ und eine unendlich oft differenzierbare Funktion $g : V \to I$, so dass gilt*

$$M \cap (V \times I) = \{(x_1, \ldots, x_n) \in (V \times I) \mid g(x_1, \ldots, x_{n-1}) = x_n\}.$$

**Beweis.** Es sei $M \cap U = \{x \in U | f(x) = 0\}$. Wegen grad $f(p) \neq 0$ kann man die Koordinaten so umnummerieren, dass $\frac{\partial f}{\partial x_n} \neq 0$ in $U$ gilt. Nach dem Satz über implizite Funktionen 9.3.2 existiert eine Umgebung $V \times I \subset U$ von $p$ und eine differenzierbare Funktion $g : V \to I, V \subset \mathbb{R}^{n-1}, I \subset \mathbb{R}$, so dass für $(x_1, ..., x_n) \in V \times I$ die Gleichungen $f(x_1, ..., x_{n-1}, x_n) = 0$ und $x_n = g(x_1, ..., x_{n-1})$ äquivalent sind. $\square$

Wir erinnern an den in 9.3.3 eingeführten Begriff des Diffeomorphismus ($h$ ist bijektiv, $h$ und $h^{-1}$ sind differenzierbar) und zeigen:

**Satz 11.1.5** *Ist $M \subset \mathbb{R}^n$ eine Hyperfläche, so existiert zu jedem Punkt $p \in M$ eine offene Umgebung $U$ von $p$, eine offene Menge $\tilde{U} \subset \mathbb{R}^n$ und ein Diffeomorphismus $h : U \to \tilde{U}$ mit*

$$h(M \cap U) = E_{n-1} \cap \tilde{U}.$$

**Beweis.** Wie oben sei $g : V \to I$. Wir setzen

$$h : V \times \mathbb{R} \to \mathbb{R}^n, (x_1, ..., x_n) \mapsto (x_1, ..., x_{n-1}, x_n - g(x_1, ..., x_{n-1})).$$

Dann ist $h$ ein Diffeomorphismus auf eine offene Menge $\tilde{U} \subset \mathbb{R}^n$; die Umkehrabbildung ist $(x_1, ..., x_n) \mapsto (x_1, ..., x_{n-1}, x_n + g(x_1, ..., x_{n-1}))$. Für $x \in V \times I$ gilt $x \in M$ genau dann, wenn $x_n = g(x_1, ..., x_{n-1})$ ist; dies ist gleichbedeutend mit $h(x) \in E_{n-1}$. $\square$

Daraus folgt mit dem in 9.1.12 eingeführten Begriff des Homöomorphismus:

**Satz 11.1.6** *Ist $M \subset \mathbb{R}^n$ eine Hyperfläche, so existiert zu jedem Punkt $p \in M$ eine bezüglich $M$ offene Umgebung $W$ von $p$, eine offene Menge $V \subset \mathbb{R}^{n-1}$ und unendlich oft differenzierbarer Homöomorphismus $\varphi : V \to W$.*

**Beweis.** Mit den Bezeichnungen von 11.1.4 setzen wir $W := M \cap (V \times I)$ und

$$\varphi : V \to W, (x_1, ..., x_{n-1}) \mapsto (x_1, ..., x_{n-1}, g(x_1, ..., x_{n-1})).$$

$\varphi$ ist ein unendlich oft differenzierbarer Homöomorphismus, die Umkehrabbildung ist

$$\varphi^{-1} : W \to V, (x_1, ..., x_{n-1}, x_n) \mapsto (x_1, ..., x_{n-1}).$$

$\square$

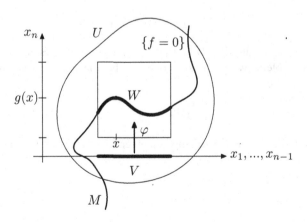

Wir geben nun die allgemeinen Aussagen für k-dimensionale Untermannigfaltigkeiten an:

**Satz 11.1.7** *Ist $M \subset \mathbb{R}^n$ eine k-dimensionale Untermannigfaltigkeit und $p \in M$, so gilt:*

*(1) Nach Umnummerierung der Koordinaten existiert eine Umgebung $U = V \times V'$ von $p$ mit offenen Mengen $V \subset \mathbb{R}^k$, $V' \subset \mathbb{R}^{n-k}$, und eine differenzierbare Abbildung $g : V \to V'$, so dass gilt:*

$$\boxed{M \cap U = \{(x,y) \in V \times V' \mid y = g(x) \}.}$$

*(2) Es gibt eine in $\mathbb{R}^n$ offene Umgebung $U$ von $p$ und eine offene Umgebung $\tilde{U}$ von $0 \in \mathbb{R}^n$ und einen Diffeomorphismus $h : U \to \tilde{U}$ mit $h(p) = 0$ und*

$$\boxed{h(M \cap U) = \{(t_1,...,t_n) \in \tilde{U} \mid t_{k+1} = 0, ..., t_n = 0 \} = E_k \cap \tilde{U}.}$$

*(3) Es gibt eine bezüglich $M$ offene Umgebung $W$ von $p$ und eine offene Menge $V \subset \mathbb{R}^k$ und einen unendlich oft differenzierbaren Homöomorphismus $\varphi : V \to W$.*

**Definition 11.1.8** *Unter einer **Karte** von $M$ um $p \in M$ versteht man einen unendlich oft differenzierbaren Homöomorphismus $\varphi : V \to W$ einer offenen Menge $V \subset \mathbb{R}^k$ auf eine in $M$ offene Umgebung $W$ von $p$.*
*Eine Familie von Karten $(\varphi_i : V_i \to W_i)_{i \in J}$ mit $\bigcup_{i \in J} W_i = M$ heißt **Atlas** von $M$; dabei ist $J$ eine beliebige Indexmenge.*

Aus 11.1.7 (3) kann man folgern:

**Satz 11.1.9** *Zu jeder Untermannigfaltigkeit $M$ des $\mathbb{R}^n$ existiert ein Atlas.*

Die $W_i$ werden sich in der Regel überlappen, so dass für $W_i \cap W_j$ $(i \neq j)$ zwei Abbildungen

$$\varphi_i : \varphi_i^{-1}(W_i \cap W_j) \to W_i \cap W_j$$
$$\varphi_j : \varphi_j^{-1}(W_i \cap W_j) \to W_i \cap W_j$$

zur Verfügung stehen, die $W_i \cap W_j$ als offene Menge des $\mathbb{R}^k$ beschreiben. Die damit auftretenden Probleme werden uns noch in 13.5 beschäftigen. Sie werden durch die Wechselabbildungen

$$\varphi_j^{-1} \circ \varphi_i : \varphi_i^{-1}(W_i \cap W_j) \to \varphi_j^{-1}(W_i \cap W_j)$$

charakterisiert, die also den Übergang von einer Karte zu einer anderen darstellen.

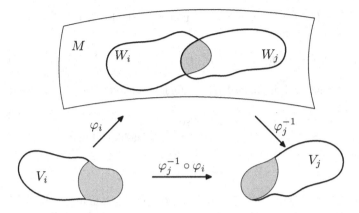

Das System der Abbildungen $\varphi_i$ heißt lokales Koordinatensystem von $M$. Es ist

$$x^{(i)} = \varphi_i^{-1}(w), \ x^{(i)} = (x_1^{(i)}, \ldots, x_k^{(i)}) = \varphi_i^{(-1)}(w), \ x^{(i)} \in V_i, \ w \in W_i.$$

Die $x^{(j)}(\varphi_i(x^{(i)})) = \varphi_j^{-1} \circ \varphi_i$ beschreiben also den Übergang von einem lokalen Koordinatensystem zu einem anderen.

Wir erläutern diese Aussagen am Beispiel der Kugeloberfläche $S_2$:

**Beispiel 11.1.10 (Die Sphäre $S_2$)** Es sei

$$S_2 := \{x \in \mathbb{R}^3 | x_1^2 + x_2^2 + x_3^2 = 1\}.$$

Setzt man $f(x) := x_1^2 + x_2^2 + x_3^2 - 1$, so ist

$$S_2 = \{x \in \mathbb{R}^3 | f(x) = 0\} \quad \text{und} \quad \text{grad } f(x) = 2 \cdot (x_1, x_2, x_3) = 2x;$$

in $\mathbb{R}^3 \setminus \{0\}$ ist grad $f(x) \neq 0$ und daher ist $S_2$ eine zweidimensionale Untermannigfaltigkeit des $\mathbb{R}^3$. Nun sei $p := (0, 0, 1)$ der „Nordpol" von $S_2$.

Zuerst lösen wir die Gleichung $f(x_1, x_2, x_3) = 0$ in einer Umgebung von $p$ nach $x_3$ auf. Wir setzen

$$V := \{(x_1, x_2) \in \mathbb{R}^2 | x_1^2 + x_2^2 < 1\}, \quad g : V \to \mathbb{R}^+, \ (x_1, x_2) \mapsto \sqrt{1 - x_1^2 - x_2^2}.$$

In $U := V \times \mathbb{R}^+$ gilt $x_1^2 + x_2^2 + x_3^2 = 1$ genau dann, wenn $x_3 = \sqrt{1 - x_1^2 - x_2^2}$ ist, also

$$S_2 \cap U = \{(x_1, x_2, x_3) \in U | x_3 = \sqrt{1 - x_1^2 - x_2^2}\}.$$

Dies ist die Aussage von Satz 11.1.4: $S_2$ ist in $U$ der Graph von $g$.

Nun setzen wir

$$h : V \times \mathbb{R} \to \mathbb{R}^3, (x_1, x_2, x_3) \mapsto (x_1, x_2, x_3 - \sqrt{1 - x_1^2 - x_2^2}).$$

Für $x \in S_2 \cap U$ ist $x_1^2 + x_2^2 + x_3^2 = 1$ und $x_3 > 0$, also $\sqrt{1 - x_1^2 - x_2^2} = x_3$ und daher $h(x) \in E_2$; somit

$$h(S_2 \cap U) = E_2 \cap \tilde{U} \quad \text{mit} \quad \tilde{U} := \{x \in \mathbb{R}^3 |\, x_1^2 + x_2^2 + x_3^2 < 1\};$$

dies besagt Satz 11.1.5: Nach der Koordinatentransformation $h$ ist $S_2$ ein offener Teil der Ebene $E_2$.

Eine Karte um $p = (0, 0, 1)$ erhält man so:

Es sei $W_+ := S_2 \cap \{x \in \mathbb{R}^3 | x_3 > 0\}$ die obere Halbkugel und

$$\varphi_+ : V \to W_+, \quad (x_1, x_2) \mapsto (x_1, x_2, \sqrt{1 - x_1^2 - x_2^2}).$$

Dann ist $\varphi_+$ eine Karte wie in Satz 11.1.6; die Abbildung $\varphi_+$ bildet den offenen Einheitskreis auf die obere Halbkugel ab, die Umkehrabbildung von $\varphi_+$ ist $(x_1, x_2, \sqrt{1 - x_1^2 - x_2^2}) \mapsto (x_1, x_2)$.

Offenbar sind jetzt weitere Karten zur Überdeckung von $S_2$ nötig. Zunächst parametrisieren wir die untere Halbkugel, indem wir $W_- := S_2 \cap \{x \in \mathbb{R}^3 | x_3 < 0\}$,

$$\varphi_- : V \to W_-, \quad (x_1, x_2) \mapsto (x_1, x_2, -\sqrt{1 - x_1^2 - x_2^2}),$$

einführen. Jetzt ist der Äquator noch nicht erfasst. Wir überdecken ihn mit den Karten

$$V_1 := \{(\vartheta, \varphi) \in \mathbb{R}^2 |\, \tfrac{\pi}{4} < \vartheta < \tfrac{3\pi}{4}, \, 0 < \varphi < 2\pi\},$$
$$\varphi_1(\vartheta, \varphi) := (\cos\varphi \sin\vartheta, \, \sin\varphi \sin\vartheta, \, \cos\vartheta),$$
$$W_1 := \varphi_1(V_1),$$

$$V_2 := \{(\vartheta, \varphi) \in \mathbb{R}^2 |\, \tfrac{\pi}{4} < \vartheta < \tfrac{3\pi}{4}, \, -\tfrac{\pi}{4} < \varphi < \tfrac{\pi}{4}\},$$
$$\varphi_2(\vartheta, \varphi) := (\cos\varphi \sin\vartheta, \, \sin\varphi \sin\vartheta, \, \cos\vartheta),$$
$$W_2 := \varphi_2(V_2).$$

Dazu bemerken wir, dass eine Ausdehnung der Karten $\varphi_+$, $\varphi_-$ nicht möglich ist, da die Ableitungen von $\varphi_+$, $\varphi_-$ in Richtung Äquator singulär werden. $\varphi_1(V_1)$ stellt einen Streifen um den Äquator dar, der jedoch bei $\varphi = 0$ bzw. $\varphi = 2\pi$ geschlitzt ist, so dass wir zur endgültigen Übedeckung $\varphi_2$ benötigen. Generell tritt die hier beschriebene Schwierigkeit bei der Überdeckung geschlossener räumlicher Gebilde schon bei geschlossenen Kurven in der Ebene auf; da $V$ offen und $\varphi$ eine topologische Abbildung ist, benötigen wir etwa für einen Atlas der Kreislinie wenigstens zwei Karten, denn $V$ ist nicht kompakt und die Kreislinie ist kompakt. ■

## Der Tangentialraum $T_p M$

Ziel ist es, den Begriff der Tangente an eine Kurve zu verallgemeinern. Wir zeigen, dass eine $k$-dimensionale Untermannigfaltigkeit $M$ in jedem Punkt $p \in M$ einen Tangentialraum $T_p M$ besitzt; $T_p M$ ist ein $k$-dimensionaler Vektorraum.

Dazu erinnern wir an den Begriff des Tangentenvektors einer Kurve:

Ist $I_\varepsilon = ]-\varepsilon, +\varepsilon[$ und $\alpha : I_\varepsilon \to \mathbb{R}^n$, $t \mapsto (x_1(t), ..., x_n(t))$, eine Kurve im $\mathbb{R}^n$, so heißt $\dot{\alpha}(0) := (\dot{x}_1(0), ..., \dot{x}_n(0))$ der Tangentenvektor zu $t = 0$.

Wir definieren nun $T_pM$ so: Man betrachtet alle Kurven $\alpha : I_\varepsilon \to M$, die auf $M$ liegen und durch $p$ gehen, und definiert $T_pM$ als die Menge aller Vektoren $\dot\alpha(0)$.

**Definition 11.1.11** *Es sei $M$ eine $k$-dimensionale Untermannigfaltigkeit des $\mathbb{R}^n$ und $p \in M$. Dann heißt*

$$T_pM := \{v \in \mathbb{R}^n | \text{es gibt eine Kurve } \alpha : I_\varepsilon \to M \text{ mit } \alpha(0) = p \text{ und } \dot\alpha(0) = v\}$$

*der* **Tangentialraum** *von $M$ in $p$.*

$$N_pM := (T_pM)^\perp$$

*heißt der* **Normalenraum** *von $M$ in $p$. Es ist also $\mathbb{R}^n = (T_pM) \oplus (N_pM)$.*

Für $M = \mathbb{R}^n$ ist $T_p\mathbb{R}^n = \mathbb{R}^n$ für alle $p \in \mathbb{R}^n$, denn zu jedem $v \in \mathbb{R}^n$ existiert ein $\alpha$ mit $\dot\alpha(0) = v$. Man wählt $\alpha : \mathbb{R} \to \mathbb{R}^n$, $t \mapsto p + tv$, dann ist $\alpha$ eine Kurve auf $\mathbb{R}^n$ mit $\alpha(0) = p$ und $\dot\alpha(0) = v$. Natürlich ist $N_p\mathbb{R}^n = \{0\}$.
Nun sei

$$M \cap U = \{x \in U | f_1(x) = 0, ..., f_{n-k}(x) = 0\}$$

und es sei

$$\varphi : V \to W, \quad (t_1, ..., t_k) \mapsto \varphi(t_1, ..., t_k)$$

eine Karte mit $\varphi(0) = p$.
Wir zeigen, wie man $T_pM$ und $N_pM$ durch $f_1, ..., f_{n-k}$ und $\varphi$ beschreiben kann.

**Satz 11.1.12** *$T_pM$ ist ein $k$-dimensionaler Vektorraum,*

$$\boxed{(\frac{\partial\varphi}{\partial t_1}(0), ..., \frac{\partial\varphi}{\partial t_k}(0)) \text{ ist eine Basis von } T_pM.}$$

*$N_pM$ ist ein $(n - k)$-dimensionaler Vektorraum,*

$$\boxed{(\text{grad } f_1(p), ..., \text{grad} f_{n-k}(p)) \text{ ist eine Basis von } N_pM.}$$

**Beweis.** Wir setzen

$$T_1 := \text{span}\{\frac{\partial\varphi}{\partial t_1}(0), ..., \frac{\partial\varphi}{\partial t_k}(0)\}, \quad T_2 := \text{span}\{\text{grad} f_1(p), ..., \text{grad} f_{n-k}(p)\}$$

und zeigen:

$$T_1 \subset T_pM \subset T_2^\perp.$$

Sei $v \in T_1$, also $v = \sum_{j=1}^{k} c_j \frac{\partial\varphi}{\partial t_j}(0)$. Dann ist $\alpha : I_\varepsilon \to M, t \mapsto \varphi(c_1t, ..., c_kt)$ eine Kurve auf $M$ (dabei wählt man $\varepsilon > 0$ so, dass für $|t| < \varepsilon$ gilt: $(c_1t, ..., c_kt) \in V$).
Es ist $\dot\alpha(0) = \sum_{j=1}^{k} \frac{\partial\varphi_j}{\partial t_j}(0) \cdot c_j = v$, somit $T_1 \subset T_pM$.
Nun sei $\dot\alpha(0) \in T_pM$; dabei ist $\alpha : I_\varepsilon \to M, t \mapsto (x_1(t), ..., x_n(t))$, eine Kurve auf

$M$ mit $\alpha(0) = p$. Aus $\alpha(t) \in M$ folgt $f_l(\alpha(t)) = 0$ für $t \in I_\varepsilon$, $l = 1, ..., n - k$, und
daher $\sum\limits_{i=1}^{n} \frac{\partial f_l}{\partial x_i}(\alpha(t)) \cdot \dot{x}_i(t) = 0$ und mit $t = 0$ folgt daraus $\langle$ grad $f_l(p), \dot{\alpha}(0)\rangle = 0$.
Daraus folgt $\dot{\alpha}(0) \in T_2^{\perp}$ und damit $T_p M \subset T_2^{\perp}$.

Offensichtlich sind $T_1$ und $T_2^{\perp}$ Vektorräume der Dimension $k$; aus $T_1 \subset T_2^{\perp}$ folgt
$T_1 = T_2^{\perp}$ und daher $T_1 = T_p M = T_2^{\perp}$.
Somit ist $T_p M$ ein $k$-dimensionaler Vektorraum, $(\frac{\partial \varphi}{\partial t_1}(0), ..., \frac{\partial \varphi}{\partial t_k}(0))$ ist Basis von
$T_1 = T_p M$.
Aus $T_p M = T_2^{\perp}$ folgt $N_p M = (T_p M)^{\perp} = T_2$ und somit ist $N_p M$ ein $(n - k)$-
dimensionaler Vektorraum mit Basis (grad $f_1(p), ...,$grad $f_{n-k}(p)$).    □
Wir erläutern diese Aussagen wieder am Beispiel der $S_2$:

**Beispiel 11.1.13** Mit den Bezeichnungen von 11.1.10 erhält man den Tangentialraum $T_p S_2$ im Nordpol $p = (0, 0, 1)$ so: Es ist

$$\frac{\partial}{\partial t_1} \sqrt{1 - t_1^2 - t_2^2} = \frac{-t_1}{\sqrt{1 - t_1^2 - t_2^2}}, \qquad \frac{\partial}{\partial t_2} \sqrt{1 - t_1^2 - t_2^2} = \frac{-t_2}{\sqrt{1 - t_1^2 - t_2^2}},$$

also

$$\frac{\partial \varphi}{\partial t_1}(0) = (1, 0, 0), \qquad \frac{\partial \varphi}{\partial t_2}(0) = (0, 1, 0),$$

daher ist

$$T_p S_2 = \text{span}\{(1, 0, 0), (0, 1, 0)\} = \{x \in \mathbb{R}^3 | x_3 = 0\}.$$

Außerdem gilt grad $f(p) = (0, 0, 2)$, also ist

$$N_p S_2 = \text{span}\{(0, 0, 2)\} = \{x \in \mathbb{R}^3 | x_1 = 0, \ x_2 = 0\}.$$

Wir betrachten nun den in 11.1.10 konstruierten Atlas von $S_2$. In jedem Punkt
$p \in S_2$ haben wir eine Basis des $\mathbb{R}^3$, die aus dem Normalenvektor $p = (x_1, x_2, x_3)$
und den jeweiligen Tangentialvektoren in $p$ besteht. Wir wollen zeigen, dass ihre
Orientierung in jedem $p$ dieselbe ist.
In $\varphi_+(V)$ haben wir

$$\det\left(\begin{pmatrix} x_1 \\ x_2 \\ x_3 \end{pmatrix}, \frac{\partial \varphi_+}{\partial t_1}, \frac{\partial \varphi_+}{\partial t_2}\right) = \frac{1}{\sqrt{1 - x_1^2 - x_2^2}} > 0 \qquad t_1 = x_1, t_2 = x_2,$$

in $\varphi_-(V)$ haben wir

$$\det\left(\begin{pmatrix} x_1 \\ x_2 \\ x_3 \end{pmatrix}, \frac{\partial \varphi_-}{\partial t_1}, \frac{\partial \varphi_-}{\partial t_2}\right) = \frac{1}{\sqrt{1 - x_1^2 - x_2^2}} > 0 \qquad t_1 = x_1, t_2 = x_2.$$

Weiter ist

$$\det\left(\begin{pmatrix}\cos\varphi\sin\vartheta\\\sin\varphi\sin\vartheta\\\cos\vartheta\end{pmatrix}, \frac{\partial\varphi_1}{\partial\vartheta}, \frac{\partial\varphi_1}{\partial\varphi}\right) = \sin\vartheta > 0,$$

$$\det\left(\begin{pmatrix}\cos\varphi\sin\vartheta\\\sin\varphi\sin\vartheta\\\cos\vartheta\end{pmatrix}, \frac{\partial\varphi_2}{\partial\vartheta}, \frac{\partial\varphi_2}{\partial\varphi}\right) = \sin\vartheta > 0.$$

Man sagt auch, dass $S_2$ einen positiv orientierten Atlas trägt (vgl.13.5.3). Die Frage der Orientierung einer Mannigfaltigkeit spielt bei den Integralsätzen in 13.5 eine wichtige Rolle.    ∎

## 11.2 Das Differential

Die Grundidee der Differentialrechnung ist die Linearisierung; man ersetzt eine in $x_0$ differenzierbare Funktion $f : [a,b] \to \mathbb{R}$ durch die lineare Funktion $x \mapsto f(x_0) + f'(x_0) \cdot (x - x_0)$, deren Graph die Tangente an den Graphen von $f$ ist. Dies wird nun ganz allgemein durchgeführt. Ist $f : M \to \tilde{M}$ eine differenzierbare Abbildung zwischen differenzierbaren Untermannigfaltigkeiten , so linearisiert man nicht nur die Abbildung $f$, sondern auch die Mannigfaltigkeiten $M$ und $\tilde{M}$. Etwas ausführlicher: Ist $p \in M$ so ersetzt man $M$ durch den Tangentialvektorraum $T_pM$ und $\tilde{M}$ durch $T_{f(p)}\tilde{M}$; die Abbildung $f$ ersetzt man durch eine lineare Abbildung $\mathrm{d}f(p) : T_pM \to T_{\tilde{p}}\tilde{M}$, die man als das Differential von $f$ in $p$ bezeichnet.

In diesem Abschnitt sei immer $M \subset \mathbb{R}^n$ eine $k$-dimensionale und $\tilde{M} \subset \mathbb{R}^m$ eine $l$-dimensionale Untermannigfaltigkeit.

Insbesondere ist jede offene Menge $U \subset \mathbb{R}^n$ eine n-dimensionale Untermannigfaltigkeit des $\mathbb{R}^n$ mit der einzigen Karte $\varphi = id_U : U \to U$ und dem Tangentialraum $T_pU = \mathbb{R}^n$.

**Definition 11.2.1** *Eine Abbildung* $f : M \to \tilde{M}$ *heißt* **differenzierbar**, *wenn es zu jedem* $p \in M$ *eine offene Umgebung* $U$ *von* $p$ *im* $\mathbb{R}^n$ *und eine differenzierbare Abbildung* $F : U \to \mathbb{R}^m$ *gibt mit* $F(x) = f(x)$ *für alle* $x \in M \cap U$.

Nun kommen wir zur Definition des Differentials $\mathrm{d}f(p)$. Die Idee dazu ist folgende: Ein Element von $T_pM$ ist von der Form $\dot{\alpha}(0)$, dabei ist $\alpha$ eine Kurve auf $M$ mit $\alpha(0) = p$. Nun betrachtet man die Bildkurve $\tilde{\alpha} := f \circ \alpha$, die auf $\tilde{M}$ liegt und durch $\tilde{p} = f(p)$ geht, und ordnet dem Tangentenvektor $\dot{\alpha}(0)$ den Vektor $\dot{\tilde{\alpha}}(0)$ zu.

**Definition 11.2.2** *Sei* $f : M \to \tilde{M}$ *differenzierbar,* $p \in M$, *und* $\tilde{p} := f(p)$. *Zu* $v \in T_pM$ *wählt man eine Kurve* $\alpha : I_\varepsilon \to M$ *mit* $\alpha(0) = p$ *und* $\dot{\alpha}(0) = v$ *und setzt* $\tilde{\alpha} := f \circ \alpha$. *Dann heißt die Abbildung*

$$\mathrm{d}f(p) : T_pM \to T_{\tilde{p}}\tilde{M}, \; \dot{\alpha}(0) \mapsto \dot{\tilde{\alpha}}(0),$$

*das* **Differential** *von* $f$ *in* $p$.

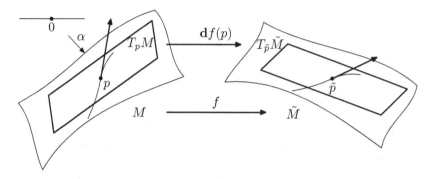

Wir zeigen nun, dass die Abbildung $df(p)$ durch die Multiplikation mit der Jacobi-Matrix $J_F(p)$ beschrieben werden kann; dabei ist $F$ wie in 11.2.1 gewählt. Insbesondere ergibt sich, dass die Definition des Differentials sinnvoll ist (nämlich unabhängig von der Wahl von $\alpha$); außerdem folgt, dass die Abbildung $df(p)$ linear ist.

**Satz 11.2.3** *Die Abbildung* $df(p) : T_pM \to T_{\tilde{p}}\tilde{M}$ *ist linear; für alle* $v \in T_pM$ *gilt:*

$$df(p)(v) = J_F(p) \cdot v.$$

**Beweis.** Ist $\alpha$ wie in 11.2.2 gewählt und

$$F = (F_1, \ldots, F_m), \qquad \frac{\partial F}{\partial x_j} := (\frac{\partial F_1}{\partial x_j}, \ldots, \frac{\partial F_m}{\partial x_j}),$$

so gilt $\frac{d}{dt}f(\alpha(t)) = \frac{d}{dt}F(\alpha(t)) = \sum_{j=1}^{n} \frac{\partial F}{\partial x_j}(\alpha(t)) \cdot \dot{x}_j(t)$ und für $t = 0$ ergibt sich:

$$df(p)(v) = \dot{\tilde{\alpha}}(0) = \sum_{j=1}^{n} \frac{\partial F}{\partial x_j}(p) \cdot \dot{x}_j(0) = J_F(p) \cdot v.$$

$\square$

Wir behandeln nun wichtige Spezialfälle:

- $\tilde{M} = \mathbb{R}$:

Ist $f : M \to \mathbb{R}$ eine differenzierbare Funktion und $p \in M$, $\tilde{p} := f(p)$, so ist $T_{\tilde{p}}\mathbb{R} = \mathbb{R}$ und

$$df(p) : T_pM \to \mathbb{R}$$

ist linear; somit ist $df(p)$ ein Element des zu $T_pM$ dualen Vektorraumes (vgl. 7.12.1):

$$df(p) \in (T_pM)^*.$$

- $M = U \subset \mathbb{R}^n$ offen, $\tilde{M} = \mathbb{R}^m$:

Für $p \in U$ ist $T_p U = \mathbb{R}^n$ ; ist $f : U \to \mathbb{R}^m$ eine differenzierbare Abbildung, so ist

$$\mathrm{d}f(p) : \mathbb{R}^n \to \mathbb{R}^m, \; v \mapsto J_f(p) \cdot v.$$

Bezeichnet man die durch die Matrix $J_f(p)$ definierte Abbildung ebenfalls mit $J_f(p)$, so gilt:

$$\mathrm{d}f(p) = J_f(p).$$

- $M = U \subset \mathbb{R}^n$ offen, $\tilde{M} = \mathbb{R}$ :

Nun sei $U \subset \mathbb{R}^n$ offen und $f : U \to \mathbb{R}$ differenzierbar; für $p \in U$ ist dann

$$\mathrm{d}f(p) : \mathbb{R}^n \to \mathbb{R}, \; v \mapsto \sum_{j=1}^n \frac{\partial f}{\partial x_j}(p) \cdot v_j,$$

also

$$\mathrm{d}f(p)(v) = < \mathrm{grad}\, f(p), v > .$$

Für $j = 1, \ldots, n$ bezeichnen wir nun die „Koordinatenfunktionen"

$$\mathbb{R}^n \to \mathbb{R}, (x_1, \ldots, x_n) \mapsto x_j,$$

ebenfalls mit $x_j$; dann ist

$$\mathrm{d}x_j(p)(v) = v_j$$

und für $v \in \mathbb{R}^n$ ist $\mathrm{d}f(p)v = \sum\limits_{j=1}^n \frac{\partial f}{\partial x_j}(p)\mathrm{d}x_j(p)v$, also

$$\boxed{\mathrm{d}f(p) = \sum_{j=1}^n \frac{\partial f}{\partial x_j}(p) \cdot \mathrm{d}x_j(p).}$$

- $M = I \subset \mathbb{R}, \tilde{M} = \mathbb{R}$:

Für $n = 1$ ist $U = I$ ein offenes Intervall, für eine differenzierbare Funktion $f : I \to \mathbb{R}$ ist

$$\boxed{\mathrm{d}f(p) = f'(p) \cdot \mathrm{d}x(p);}$$

dabei bezeichnet $x$ die Funktion $\mathbb{R} \to \mathbb{R}, x \mapsto x$, und es ist $\mathrm{d}x(p) : \mathbb{R} \to \mathbb{R}, v \mapsto v$. Ist $(e_1, \ldots, e_n)$ die kanonische Basis des $\mathbb{R}^n$, so gilt $\mathrm{d}x_j(p)(e_k) = \delta_{jk}$, daher ist $(\mathrm{d}x_1(p), \ldots, \mathrm{d}x_n(p))$ die zu $(e_1, \ldots, e_n)$ duale Basis von $(\mathbb{R}^n)^* = (T_p U)^*$ (man vergleiche dazu 7.12.4).

## 11.3 Differentialformen

Jede Untermannigfaltigkeit wird im Kleinen durch Karten eines Atlanten beschrieben. Offenbar gibt es mannigfache Möglichkeiten, eine Untermanigfaltigkeit durch ein lokales Koordinatensystem zu beschreiben. Von Interesse sind diejenigen Eigenschaften einer Untermannigfaltigkeit, die nicht von der Auswahl des Atlanten (vgl. 11.1.8) abhängen. Zum Beispiel wollen wir über eine Untermannigfaltigkeit $M$ oder Teilmengen $A \subset M$ integrieren und das Integral über $A$ in ein Integral über den Rand $\partial A$, den $A$ in $M$ hat, verwandeln (Satz von Stokes). Ein Beispiel ist eine Teilmenge $A$ einer Fläche $M$ des $\mathbb{R}^3$, die in der Fläche von einer Kurve $\partial A$ berandet wird. Das Ergebnis soll natürlich nicht von der Auswahl des lokalen Koordinatensystems abhängen. Ein geeignetes Hilfsmittel zur Erreichung dieses Ziels stellen die sogenannten Differentialformen dar, die wir jetzt einführen wollen.

Wir benötigen dazu den Begriff des dualen Vektorraumes, den wir in 7.12 behandelt haben, und vor allem den Vektorraum $\Lambda^k V^*$ der $k$-Formen aus 7.13.

Wir bezeichnen mit $U \subset \mathbb{R}^n$ immer eine offene Menge, $p \in U$, und schreiben für den zu $T_p U$ dualen Vektorraum

$$T_p^* U := (T_p U)^*.$$

Es sei

$$T^* U := \bigcup_{p \in U} T_p^* U.$$

**Definition 11.3.1** *Eine Abbildung*

$$\omega : U \to T^* U \quad mit \quad \omega(p) \in T_p^* U \quad für\ p \in U$$

*heißt* **Differentialform 1. Ordnung** *(oder* **Pfaffsche Form***) auf* $U$.

**Hilfssatz 11.3.2** *Setzt man* $\mathrm{d}x_j : \mathbb{R}^n \to T^* \mathbb{R}^n$, $p \mapsto \mathrm{d}x_j(p)$ *für* $j = 1, \ldots, n$, *so sind* $\mathrm{d}x_1, \ldots, \mathrm{d}x_n$ *Differentialformen 1. Ordnung auf* $\mathbb{R}^n$ *und* $(\mathrm{d}x_1(p), \ldots, \mathrm{d}x_n(p))$ *ist eine Basis von* $T_p^* U$. *Daher gibt es eindeutig bestimmte* $f_1(p), \ldots, f_n(p) \in \mathbb{R}$ *mit*

$$\omega(p) = \sum_{j=1}^{n} f_j(p) \cdot \mathrm{d}x_j(p).$$

*Es gilt also: Jede Differentialform 1. Ordnung* $\omega$ *auf* $U$ *lässt sich darstellen als*

$$\omega = \sum_{j=1}^{n} f_j\, \mathrm{d}x_j$$

*mit Funktionen* $f_j : U \to \mathbb{R}$, *die eindeutig bestimmt sind.*

Nun können wir definieren:

**Definition 11.3.3** *Eine Differentialform* $\omega = \sum\limits_{j=1}^{n} f_j \, \mathrm{d}x_j$ *auf U heißt* **differenzier-**
**bar**, *wenn die Funktionen* $f_1, \ldots, f_n$ *beliebig oft differenzierbar sind. Mit* $\Omega^1 U$ *be-*
*zeichnet man die Menge aller differenzierbaren Differentialformen 1.Ordnung auf*
*U.*

**Definition 11.3.4** *Ist* $f : U \to \mathbb{R}$ *beliebig oft differenzierbar, so heißt*

$$\mathrm{d}f := \sum_{j=1}^{n} \frac{\partial f}{\partial x_j} \cdot \mathrm{d}x_j$$

*das* **totale Differential** *von* $f$*; es ist* $\mathrm{d}f \in \Omega^1 U$.

In 7.13.1 hatten wir für einen Vektorraum $V$ den Vektorraum $\Lambda^k V^*$ aller $k$-Formen
auf $V$ definiert. Wir setzen nun $V := T_p U$ und definieren mit Hilfe von $\Lambda^k T_p^* U$
Differentialformen höherer Ordnung. Es sei

$$\Lambda^k T^* U := \bigcup_{p \in U} \Lambda^k T_p^* U.$$

**Definition 11.3.5** *Eine Abbildung*

$$\omega : U \to \Lambda^k T^* U \quad mit \quad \omega(p) \in \Lambda^k T_p^* U \quad für \quad p \in U$$

*heißt* **Differentialform der Ordnung** $k$ *auf U.* □

Durch

$$\mathrm{d}x_{i_1} \wedge \ldots \wedge \mathrm{d}x_{i_k} : \mathbb{R}^n \to \Lambda^k T^* \mathbb{R}^n, \ p \mapsto \mathrm{d}x_{i_1}(p) \wedge \ldots \wedge \mathrm{d}x_{i_k}(p),$$

sind Differentialformen $k$-ter Ordnung auf $\mathbb{R}^n$ definiert.
Es gilt (vgl. 7.13.3):

**Satz 11.3.6** *Jede Differentialform* $\omega$ *der Ordnung* $k$ *auf U ist eindeutig darstellbar*
*als*
$$\omega = \sum f_{i_1,\ldots,i_k} \, \mathrm{d}x_{i_1} \wedge \ldots \wedge \mathrm{d}x_{i_k}$$

*mit Funktionen* $f_{i_1,\ldots,i_k} : U \to \mathbb{R}$. *Dabei ist über alle* $k$-*Tupel* $(i_1,\ldots,i_k)$
*natürlicher Zahlen mit* $1 \leq i_1 < i_2 < \ldots < i_k \leq n$ *zu summieren.*

**Definition 11.3.7** *Eine Differentialform* $\omega$ *der Ordnung* $k$ *heißt* **differenzierbar**,
*wenn die* $f_{i_1,\ldots,i_k}$ *beliebig oft differenzierbar sind; die Menge der differenzierbaren*
*Differentialformen der Ordnung* $k$ *auf U bezeichnen wir mit*

$$\Omega^k U.$$

Für das Rechnen mit Differentialformen sind zwei Operationen wichtig, nämlich
- das **Dachprodukt** $\omega \wedge \sigma$,
- die **Ableitung** $\mathrm{d}\omega$.

**Definition 11.3.8 (Dachprodukt)** *Für*

$$\omega = \sum f_{i_1,\ldots,i_k} \, dx_{i_1} \wedge \ldots \wedge dx_{i_k} \in \Omega^k U,$$

$$\sigma = \sum g_{j_1,\ldots,j_l} \, dx_{j_1} \wedge \ldots \wedge dx_{j_l} \in \Omega^l U$$

*setzt man*

$$\omega \wedge \sigma := \sum \sum f_{i_1,\ldots,i_k} g_{j_1,\ldots,j_l} dx_{i_1} \wedge \ldots \wedge dx_{i_k} \wedge dx_{j_1} \wedge \ldots \wedge dx_{j_l} \in \Omega^{k+l} U,$$

*dabei ist über alle $k - Tupel$ $(i_1,\ldots,i_k)$ mit $1 \leq i_1 < i_2 < \ldots < i_k \leq n$ und über alle $l - Tupel$ $(j_1,\ldots,j_l)$ mit $1 \leq j_1 < j_2 < \ldots < j_l \leq n$ zu summieren.*

Es ist leicht zu zeigen, dass für $\omega, \tilde{\omega} \in \Omega^k U$, $\sigma \in \Omega^l U$, $\tau \in \Omega^m U$ gilt:

$$(\omega + \tilde{\omega}) \wedge \sigma = \omega \wedge \sigma + \tilde{\omega} \wedge \sigma, \qquad \omega \wedge (\sigma \wedge \tau) = (\omega \wedge \sigma) \wedge \tau.$$

Es gilt folgende Rechenregel:

**Hilfssatz 11.3.9** *Für $\omega \in \Omega^k U$ und $\sigma \in \Omega^l U$ gilt:*

$$\omega \wedge \sigma = (-1)^{k \cdot l} \sigma \wedge \omega.$$

Die Ableitung $d\omega$ einer Differentialform $\omega$ definiert man so:

**Definition 11.3.10 (Ableitung)** *Für*

$$\omega = \sum f_{i_1,\ldots,i_k} dx_{i_1} \wedge \ldots \wedge dx_{i_k}$$

*setzt man*

$$d\omega = \sum df_{i_1,\ldots,i_k} \wedge dx_{i_1} \wedge \ldots \wedge dx_{i_k},$$

*also*

$$d\omega = \sum_{i_1,\ldots,i_k} \sum_{\nu=1}^{n} \frac{\partial f_{i_1,\ldots,i_k}}{\partial x_\nu} dx_\nu \wedge dx_{i_1} \wedge \ldots \wedge dx_{i_k}.$$

Es gelten die Rechenregeln:

**Hilfssatz 11.3.11** *Für $\omega, \tilde{\omega} \in \Omega^k U$, $\sigma \in \Omega^l U$, $c_1, c_2 \in \mathbb{R}$ ist*

$$d(c_1\omega + c_2\tilde{\omega}) = c_1 d\omega + c_2 d\tilde{\omega}, \qquad d(\omega \wedge \sigma) = (d\omega) \wedge \sigma + (-1)^k \omega \wedge d\sigma.$$

**Beispiel 11.3.12** Ist $\omega = \sum f_{i_1,\ldots,i_k} dx_{i_1} \wedge \ldots \wedge dx_{i_k}$ und sind alle $f_{i_1,\ldots,i_k}$ konstant, so ist $d\omega = 0$; insbesondere gilt immer

$$d(dx_{i_1} \wedge \ldots \wedge dx_{i_k}) = 0.$$

■

Nun berechnen wir die Ableitung von 1-Formen:

**Hilfssatz 11.3.13** *Für* $\omega = \sum f_j dx_j \in \Omega^1 U$ *ist*

$$d\omega = \sum_{1 \le i < j \le n} \left( \frac{\partial f_j}{\partial x_i} - \frac{\partial f_i}{\partial x_j} \right) dx_i \wedge dx_j.$$

**Beweis.** Es ist $d\omega = \sum_j \sum_i \frac{\partial f_j}{\partial x_i} dx_i \wedge dx_j$, dabei ist über alle Paare $(i,j)$ zu summieren, $i,j \in \{1,\dots,n\}$. Wegen $dx_i \wedge dx_i = 0$ kann man die Paare mit $i = j$ weglassen. Wenn $i > j$ ist, vertauscht man $i$ mit $j$, dann ist der zu diesem Paar gehörende Summand gleich

$$\frac{\partial f_i}{\partial x_j} dx_j \wedge dx_i = -\frac{\partial f_i}{\partial x_j} dx_i \wedge dx_j$$

und man summiert nur über Paare $(i,j)$ mit $i < j$.    $\square$
Nun ergibt sich:

**Hilfssatz 11.3.14** *Für* $f \in \Omega^0 U$ *ist* $d(df) = 0$.

**Beweis.** Es ist $df = \sum_j \frac{\partial f}{\partial x_j} dx_j$ und

$$d(df) = \sum_{i<j} \left( \frac{\partial}{\partial x_i}(\frac{\partial f}{\partial x_j}) - \frac{\partial}{\partial x_j}(\frac{\partial f}{\partial x_i}) \right) dx_i \wedge dx_j = 0.$$

$\square$

Damit erhält man die grundlegende Aussage:

**Satz 11.3.15** *Für jedes* $\omega \in \Omega^k U$, $k \ge 0$, *ist*

$$\boxed{d(d\omega) = 0.}$$

**Beweis.** Für $\omega = \sum f_{i_1,\dots,i_k} dx_{i_1} \wedge \dots \wedge dx_{i_k}$ ist nach 11.3.11:

$$d(d\omega) = d\left( \sum(df_{i_1,\dots,i_k}) \wedge dx_{i_1} \wedge \dots \wedge dx_{i_k} \right) =$$
$$= \sum(d(df_{i_1,\dots,i_k})) \wedge dx_{i_1} \wedge \dots \wedge dx_{i_k} - \sum(df_{i_1,\dots,i_k}) \wedge d(dx_{i_1} \wedge \dots \wedge dx_{i_k}).$$

Wegen 11.3.14 verschwindet der erste Summand und wegen 11.3.12 der zweite.    $\square$
Die Aussage dieses Satzes formulieren wir kurz so: Es ist immer

$$\boxed{d \circ d = 0.}$$

Nun soll für Differentialformen $\omega$ und Abbildungen $\varphi$ die Differentialform $\omega \circ \varphi$ definiert werden. Damit beschreiben wir das Verhalten von Differentialformen bei Koordinatentransformationen.

**Definition 11.3.16** *Es seien* $U \subset \mathbb{R}^n$ *und* $\tilde{U} \subset \mathbb{R}^m$ *offen, und*

$$\varphi : \tilde{U} \to U, \ y \mapsto (\varphi_1(y), \ldots, \varphi_n(y)),$$

*beliebig oft differenzierbar. Für*

$$\omega = \sum f_{i_1,\ldots,i_k} \mathrm{d}x_{i_1} \wedge \ldots \wedge \mathrm{d}x_{i_k} \in \Omega^k U$$

*setzt man*

$$\omega \circ \varphi := \sum (f_{i_1,\ldots,i_k} \circ \varphi) \mathrm{d}\varphi_{i_1} \wedge \ldots \wedge \mathrm{d}\varphi_{i_k}.$$

Es gilt:

**Hilfssatz 11.3.17** *Es seien* $U_1 \subset \mathbb{R}^l$, $U_2 \subset \mathbb{R}^m$, $U_3 \subset \mathbb{R}^n$ *offene Mengen und* $\psi : U_1 \to U_2$ *und* $\varphi : U_2 \to U_3$ *differenzierbare Abbildungen; dann gilt:*

$$\boxed{(\omega \circ \varphi) \circ \psi = \omega \circ (\varphi \circ \psi), \qquad \mathrm{d}(\omega \circ \varphi) = (\mathrm{d}\omega) \circ \varphi.}$$

Die erste Formel zeigt die Assoziativität des Ausdrucks $\omega \circ \varphi$ bei mehrfachen Koordinatentransformationen. Eine Anwendung werden wir am Ende dieses Kapitels kennen lernen. Die zweite Formel zeigt, dass d seine Bedeutung bei Koordinatentransformationen behält. d ist, wie man sagt, invariant bei Koordinatentransformationen.

**Beispiel 11.3.18** Es seien $\tilde{U}, U \subset \mathbb{R}^2$ offen, $\varphi : \tilde{U} \to U$, $t \mapsto (\varphi_1(t), \varphi_2(t))$, beliebig oft differenzierbar und $\omega = f\mathrm{d}x_1 \wedge \mathrm{d}x_2 \in \Omega^2 U$; dann gilt

$$\omega \circ \varphi = (f \circ \varphi) \left( \frac{\partial \varphi_1}{\partial t_1} \mathrm{d}t_1 + \frac{\partial \varphi_1}{\partial t_2} \mathrm{d}t_2 \right) \wedge \left( \frac{\partial \varphi_2}{\partial t_1} \mathrm{d}t_1 + \frac{\partial \varphi_2}{\partial t_2} \mathrm{d}t_2 \right) =$$

$$= (f \circ \varphi) \cdot \left( \frac{\partial \varphi_1}{\partial t_1} \cdot \frac{\partial \varphi_2}{\partial t_2} - \frac{\partial \varphi_1}{\partial t_2} \cdot \frac{\partial \varphi_2}{\partial t_1} \right) \mathrm{d}t_1 \wedge \mathrm{d}t_2 =$$

$$= (f \circ \varphi) \cdot \det J_\varphi \cdot \mathrm{d}t_1 \wedge \mathrm{d}t_2;$$

dabei ist $J_\varphi$ die Jacobi-Matrix von $\varphi$. ∎

Diese Aussage gilt allgemein für n-Formen im $\mathbb{R}^n$:

**Satz 11.3.19** *Es seien* $\tilde{U}, U \subset \mathbb{R}^n$ *offen,* $\varphi : \tilde{U} \to U$ *eine beliebig oft differenzierbare Abbildung und* $\omega = f \cdot \mathrm{d}x_1 \wedge \ldots \wedge \mathrm{d}x_n \in \Omega^n U$. *Dann gilt:*

$$\boxed{\omega \circ \varphi = (f \circ \varphi) \cdot \det J_\varphi \cdot \mathrm{d}t_1 \wedge \ldots \wedge \mathrm{d}t_n.}$$

Nun behandeln wir die Frage, wann es zu einer Differentialform $\omega$ eine Differentialform $\tau$ gibt mit $\mathrm{d}\tau = \omega$. Aus $\mathrm{d} \circ \mathrm{d} = 0$ folgt die notwendige Bedingung $\mathrm{d}\omega = \mathrm{d}(\mathrm{d}\tau) = 0$. Wir zeigen, dass diese Bedingung für sternförmige Gebiete auch hinreichend ist. Diese fundamentale Aussage ist das Poincarésche Lemma (HENRI POINCARÉ (1854-1912)).

**Satz 11.3.20 (Poincarésches Lemma).** *Ist $U \subset \mathbb{R}^n$ offen und sternförmig, $k \in \mathbb{N}$, so existiert zu jedem $\omega \in \Omega^k U$ mit $\mathrm{d}\omega = 0$ ein $\tau \in \Omega^{k-1}U$, so dass gilt:*

$$\boxed{\mathrm{d}\tau = \omega.}$$

**Beweis.** (Vgl. dazu [8].) Es sei

$$\omega = \sum f_{i_1,\ldots,i_k}\, \mathrm{d}x_{i_1} \wedge \ldots \wedge \mathrm{d}x_{i_k}.$$

Wir dürfen annehmen, dass $U$ sternförmig bezüglich 0 ist; daher ist die Abbildung

$$\varphi : [0,1] \times U \to U, (t,x) \mapsto tx,$$

wohldefiniert. Es ist $\varphi_\nu(tx) = tx_\nu$ und $\mathrm{d}\varphi_\nu = x_\nu \mathrm{d}t + t\,\mathrm{d}x_\nu$ für $\nu = 1,\ldots,n$. Setzen wir $\tilde{f}_i := f_i \circ \varphi$, so ist

$$\sigma := \omega \circ \varphi = \sum_{i_1,\ldots,i_k} \tilde{f}_{i_1,\ldots,i_k} \cdot (x_{i_1}\mathrm{d}t + t\mathrm{d}x_{i_1}) \wedge \ldots \wedge (x_{i_k}\mathrm{d}t + t\,\mathrm{d}x_{i_k}).$$

Wenn man die rechte Seite ausmultipliziert und zuerst die Summanden zusammenfasst, die kein $\mathrm{d}t$ enthalten, dann die Summanden, in denen der Faktor $\mathrm{d}t$ vorkommt, so ergibt sich: Es gibt differenzierbare Funktionen $g_{j_1,\ldots,j_{k-1}} : [0,1] \times U \to \mathbb{R}$, mit

$$\sigma = \sum_{i_1,\ldots,i_k} t^k \tilde{f}_{i_1,\ldots,i_k}\, \mathrm{d}x_{i_1} \wedge \ldots \wedge \mathrm{d}x_{i_k} + \sum_{j_1,\ldots,j_{k-1}} g_{j_1,\ldots,j_{k-1}}\, \mathrm{d}t \wedge \mathrm{d}x_{j_1} \wedge \ldots \wedge \mathrm{d}x_{j_{k-1}}.$$

Aus $\mathrm{d}\omega = 0$ und $\mathrm{d}(\omega \circ \varphi) = (\mathrm{d}\omega) \circ \varphi$ folgt $\mathrm{d}\sigma = 0$, also

$$0 = \mathrm{d}\sigma = \sum_{i_1,\ldots,i_k} \frac{\partial}{\partial t}(t^k \tilde{f}_{i_1,\ldots,i_k})\mathrm{d}t \wedge \mathrm{d}x_{i_1} \wedge \ldots \wedge \mathrm{d}x_{i_k} +$$

$$+ \sum_{i_1,\ldots,i_k} \sum_{\nu=1}^{n} \frac{\partial}{\partial x_\nu}(t^k \tilde{f}_{i_1,\ldots,i_k})\, \mathrm{d}x_\nu \wedge \mathrm{d}x_{i_1} \wedge \ldots \wedge \mathrm{d}x_{i_k} +$$

$$+ \sum_{j_1,\ldots,j_{k-1}} \sum_{\nu=1}^{n} \frac{\partial g_{j_1,\ldots,j_{k-1}}}{\partial x_\nu}\, \mathrm{d}x_\nu \wedge \mathrm{d}t \wedge \mathrm{d}x_{j_1} \wedge \ldots \wedge \mathrm{d}x_{j_{k-1}}.$$

Daraus folgt die Gleichung

$$(*) \quad \begin{aligned} & \sum_{j_1,\ldots,j_{k-1}} \sum_{\nu=1}^{n} \frac{\partial g_{j_1,\ldots,j_{k-1}}}{\partial x_\nu}\mathrm{d}t \wedge \mathrm{d}x_\nu \wedge \mathrm{d}x_{j_1} \wedge \ldots \wedge \mathrm{d}x_{j_{k-1}} = \\ & = \sum_{i_1,\ldots,i_k} \frac{\partial}{\partial t}(t^k \tilde{f}_{i_1,\ldots,i_k})\mathrm{d}t \wedge \mathrm{d}x_{i_1} \wedge \ldots \wedge \mathrm{d}x_{i_k}. \end{aligned}$$

Nun definieren wir Funktionen

$$G_{j_1,\ldots,j_{k-1}} : U \to \mathbb{R}, \ x \mapsto \int_0^1 g_{j_1,\ldots,j_{k-1}}(t,x)\, \mathrm{d}t,$$

und setzen

$$\tau := \sum G_{j_1,\ldots,j_{k-1}}\, \mathrm{d}x_{j_1} \wedge \ldots \wedge \mathrm{d}x_{j_{k-1}} \in \Omega^{k-1}U.$$

Bei der Berechnung von $\mathrm{d}\tau$ vertauschen wir zunächst nach Satz 9.2.16 Differentiation und Integration und berücksichtigen dann (*):

$$\mathrm{d}\tau = \sum_{j_1,\ldots,j_{k-1}} \sum_{\nu=1}^{n} \frac{\partial G_{j_1,\ldots,j_{k-1}}}{\partial x_\nu}\, \mathrm{d}x_\nu \wedge \mathrm{d}x_{j_1} \wedge \ldots \wedge \mathrm{d}x_{j_{k-1}} \qquad =$$

$$= \int_0^1 \sum_{j_1,\ldots,j_{k-1}} \sum_{\nu=1}^{n} \left(\frac{\partial g_{j_1,\ldots,j_{k-1}}}{\partial x_\nu}\, \mathrm{d}t\right) \wedge \mathrm{d}x_\nu \wedge \mathrm{d}x_{j_1} \wedge \ldots \wedge \mathrm{d}x_{j_{k-1}} \overset{(*)}{=}$$

$$= \sum_{i_1,\ldots,i_k} \int_0^1 \left(\frac{\partial}{\partial t}(t^k \tilde{f}_{i_1,\ldots,i_k})\, \mathrm{d}t\right) \wedge \mathrm{d}x_{i_1} \wedge \ldots \wedge \mathrm{d}x_{i_k} \qquad =$$

$$= \sum_{i_1,\ldots,i_k} [t^k \tilde{f}_{i_1,\ldots,i_k}]_{t=0}^{t=1}\, \mathrm{d}x_{i_1} \wedge \ldots \wedge \mathrm{d}x_{i_k} \qquad =$$

$$= \sum_{i_1,\ldots,i_k} f_{i_1,\ldots,i_k}\, \mathrm{d}x_{i_1} \wedge \ldots \wedge \mathrm{d}x_{i_k} \qquad = \omega.$$

Man vergleiche diesen Beweis mit dem von 9.6.7. □

## 11.4 Differentialformen und Vektorfelder im $\mathbb{R}^3$

Wir zeigen nun, wie man Aussagen über Vektorfelder im $\mathbb{R}^3$ in die Sprache der Differentialformen übersetzen kann. Mit dem Lemma von Poincaré 11.3.20 ziehen wir daraus wichtige Konsequenzen für Vektorfelder. Ein Vektorfeld $\mathbf{v} = (v_1, v_2, v_3)$ im $\mathbb{R}^3$ kann man als 1-Form

$$\omega = v_1 \mathrm{d}x_1 + v_2 \mathrm{d}x_2 + v_3 \mathrm{d}x_3$$

auffassen und umgekehrt definiert jede 1-Form ein Vektorfeld. Man kann aber $\mathbf{v}$ auch als 2-Form

$$\sigma = v_1 \mathrm{d}x_2 \wedge \mathrm{d}x_3 + v_2 \mathrm{d}x_3 \wedge \mathrm{d}x_1 + v_3 \mathrm{d}x_1 \wedge \mathrm{d}x_2$$

auffassen und umgekehrt. Eine Funktion $f$ ist eine 0-Form, liefert aber auch die 3-Form

$$f\, \mathrm{d}x_1 \wedge \mathrm{d}x_2 \wedge \mathrm{d}x_3.$$

Im Kalkül der Differentialformen lassen sich die Operatoren grad, rot, div, die wir in 9.6.9 eingeführt haben, einheitlich durch den Ableitungsoperator $\mathrm{d}$ ausdrücken. Formeln wie rot grad = 0 und div rot = 0 sind äquivalent zu $\mathrm{d} \circ \mathrm{d} = 0$. Die Aussagen über die Existenz eines Potentials oder eines Vektorpotentials folgen aus dem Poincaréschen Lemma.

Dies soll nun ausgeführt werden. Zur Vereinfachung der Schreibweise definieren wir:

**Definition 11.4.1** *Wir setzen*

$$\mathbf{ds} := (\mathrm{d}x_1, \mathrm{d}x_2, \mathrm{d}x_3)$$
$$\mathbf{dF} := (\mathrm{d}x_2 \wedge \mathrm{d}x_3, \mathrm{d}x_3 \wedge \mathrm{d}x_1, \mathrm{d}x_1 \wedge \mathrm{d}x_2)$$
$$\mathrm{d}V := \mathrm{d}x_1 \wedge \mathrm{d}x_2 \wedge \mathrm{d}x_3.$$

Ist $U \subset \mathbb{R}^3$ und $\mathbf{v} : U \to \mathbb{R}^3$, $x \mapsto (v_1(x), v_2(x), v_3(x))$, so definiert man in Analogie zum Skalarprodukt:

$$\mathbf{v}\,\mathbf{ds} := v_1\mathrm{d}x_1 + v_2\mathrm{d}x_2 + v_3\mathrm{d}x_3,$$
$$\mathbf{v}\,\mathbf{dF} := v_1\mathrm{d}x_2 \wedge \mathrm{d}x_3 + v_2\mathrm{d}x_3 \wedge \mathrm{d}x_1 + v_3\mathrm{d}x_1 \wedge \mathrm{d}x_2.$$

Man kann also jede 1-Form als $\mathbf{v}\mathbf{ds}$ und jede 2-Form als $\mathbf{w}\mathbf{dF}$ darstellen. In 7.9.38 hatten wir für Vektoren $v, w \in \mathbb{R}^3$ das Vektorprodukt $v \times w$ definiert. Wir zeigen nun, dass dem Vektorprodukt das Dachprodukt entspricht. Es bezeichne $U \subset \mathbb{R}^3$ immer eine offene Menge, $\mathbf{v}, \mathbf{w}$ seien Vektorfelder in $U$.

**Satz 11.4.2** *Für $\omega := \mathbf{v}\,\mathbf{ds}$ und $\sigma := \mathbf{w}\,\mathbf{ds}$ gilt:*

$$\omega \wedge \sigma = (\mathbf{v} \times \mathbf{w})\mathbf{dF}.$$

Der Beweis ergibt sich durch Ausmultiplizieren von

$$(v_1\mathrm{d}x_1 + v_2\mathrm{d}x_2 + v_3\mathrm{d}x_3) \wedge (w_1\mathrm{d}x_1 + w_2\mathrm{d}x_2 + w_3\mathrm{d}x_3).$$

Die Übersetzung vom Kalkül der Vektorfelder in den der Differentialformen erfolgt nun so:

**Satz 11.4.3** *Sei $U \subset \mathbb{R}^3$ offen, $f \in \Omega^0 U$, $\omega = \mathbf{v}\,\mathbf{ds} \in \Omega^1 U$, $\sigma = \mathbf{w}\,\mathbf{dF} \in \Omega^2 U$, dann gilt:*

$$\boxed{\begin{aligned}
\mathrm{d}f \quad &= (grad\,f)\,\mathbf{ds}, \\
\mathrm{d}(\mathbf{v}\,\mathbf{ds}) \quad &= (rot\,\mathbf{v})\,\mathbf{dF}, \\
\mathrm{d}(\mathbf{w}\,\mathbf{dF}) &= (div\,\mathbf{w})\,\mathrm{d}V
\end{aligned}}$$

**Beweis.**

(1)  $\mathrm{d}f = \sum_{j=1}^{3} \frac{\partial f}{\partial x_j}\,\mathrm{d}x_j = (\mathrm{grad}\,f)\,\mathbf{ds}$

(2)  $\mathrm{d}\omega = (\mathrm{d}v_1) \wedge \mathrm{d}x_1 + (\mathrm{d}v_2) \wedge \mathrm{d}x_2 + (\mathrm{d}v_3) \wedge \mathrm{d}x_3 =$

$\qquad = \left( \frac{\partial v_1}{\partial x_1}\,\mathrm{d}x_1 + \frac{\partial v_1}{\partial x_2}\,\mathrm{d}x_2 + \frac{\partial v_1}{\partial x_3}\,\mathrm{d}x_3 \right) \wedge \mathrm{d}x_1 + \ldots =$

$\qquad = \frac{\partial v_1}{\partial x_1}\,\mathrm{d}x_1 \wedge \mathrm{d}x_1 + \frac{\partial v_1}{\partial x_2}\,\mathrm{d}x_2 \wedge \mathrm{d}x_1 + \frac{\partial v_1}{\partial x_3}\,\mathrm{d}x_3 \wedge \mathrm{d}x_1 + \ldots =$

$= \left( \frac{\partial v_3}{\partial x_2} - \frac{\partial v_2}{\partial x_3} \right) \mathrm{d}x_2 \wedge \mathrm{d}x_3 + \left( \frac{\partial v_1}{\partial x_3} - \frac{\partial v_3}{\partial x_1} \right) \mathrm{d}x_3 \wedge \mathrm{d}x_1 + (\ldots)\,\mathrm{d}x_1 \wedge \mathrm{d}x_2 =$

$\qquad = (\mathrm{rot}\,\mathbf{v})\,\mathbf{dF}$

(3)  $\mathrm{d}\sigma = \left( \frac{\partial w_1}{\partial x_1}\,\mathrm{d}x_1 + \frac{\partial w_1}{\partial x_2}\,\mathrm{d}x_2 + \frac{\partial w_1}{\partial x_3}\,\mathrm{d}x_3 \right) \wedge \mathrm{d}x_2 \wedge \mathrm{d}x_3 + \ldots =$

$\qquad = \left( \frac{\partial w_1}{\partial x_1} + \frac{\partial w_2}{\partial x_2} + \frac{\partial w_3}{\partial x_3} \right) \mathrm{d}x_1 \wedge \mathrm{d}x_2 \wedge \mathrm{d}x_3 = (\mathrm{div}\,\mathbf{w})\,\mathrm{d}V.$

Wir bezeichnen wieder mit $\mathcal{C}^\infty U$ die Menge der beliebig oft differenzierbaren Funktionen auf $U$, also $\mathcal{C}^\infty U = \Omega^0 U$, und mit $\mathcal{F}U$ die Menge der Vektorfelder auf $U$; dann hat man Isomorphismen

$$\mathcal{C}^\infty U \to \Omega^0 U, \quad f \mapsto f;$$
$$\mathcal{F}U \to \Omega^1 U, \quad \mathbf{v} \mapsto \mathbf{v}\,\mathrm{d}\mathbf{s};$$
$$\mathcal{F}U \to \Omega^2 U, \quad \mathbf{w} \mapsto \mathbf{w}\,\mathrm{d}\mathbf{F};$$
$$\mathcal{C}^\infty U \to \Omega^3 U, \quad h \mapsto h\,\mathrm{d}V.$$

Die Aussage des vorhergehenden Satzes stellen wir nun im folgenden kommutativen Diagramm dar; dabei sind die senkrechten Pfeile die soeben definierten Isomorphismen:

$$
\begin{array}{ccccccc}
\mathcal{C}^\infty U & \xrightarrow{grad} & \mathcal{F}U & \xrightarrow{rot} & \mathcal{F}U & \xrightarrow{div} & \mathcal{C}^\infty U \\
\downarrow & & \downarrow & & \downarrow & & \downarrow \\
\Omega^0 U & \xrightarrow{\mathrm{d}} & \Omega^1 U & \xrightarrow{\mathrm{d}} & \Omega^2 U & \xrightarrow{\mathrm{d}} & \Omega^3 U
\end{array}
$$

Aus $\mathrm{d} \circ \mathrm{d} = 0$ folgt:

**Satz 11.4.4** *Ist $U \subset \mathbb{R}^3$ offen, so gilt für jede beliebig oft differenzierbare Funktion $f : U \to \mathbb{R}$:*

$$\boxed{rot(grad\,f) = 0}$$

*und für jedes Vektorfeld $\mathbf{v} : U \to \mathbb{R}^3$ ist*

$$\boxed{div(rot\,\mathbf{v}) = 0.}$$

**Beweis.**

1) Es ist $0 = \mathrm{d}(\mathrm{d}f) = \mathrm{d}((grad\,f)\mathrm{d}\mathbf{s}) = rot(grad\,f)\mathrm{d}\mathbf{F}$, also $rot(grad\,f) = 0$.
2) Für $\omega := \mathbf{v}\mathrm{d}\mathbf{s}$ ist $0 = \mathrm{d}(\mathrm{d}\omega) = \mathrm{d}((rot\mathbf{v})\mathrm{d}\mathbf{F}) = div(rot\mathbf{v})\,\mathrm{d}V$, daher $div(rot\mathbf{v}) = 0$. □

Das Lemma von Poincaré 11.3.20 liefert für sternförmiges $U$:

**Satz 11.4.5** *Ist $U \subset \mathbb{R}^3$ offen und sternförmig, so gilt:*

*(1) Zu jedem Vektorfeld $\mathbf{v} : U \to \mathbb{R}^3$ mit $rot\,\mathbf{v} = 0$ existiert ein Potential $h : U \to \mathbb{R}$, also*

$$grad\,h = \mathbf{v}.$$

*(2) Zu jedem Vektorfeld $\mathbf{w} : U \to \mathbb{R}^3$ mit $div\,\mathbf{w} = 0$ existiert ein Vektorfeld $\mathbf{v} : U \to \mathbb{R}^3$ mit*

$$rot\,\mathbf{v} = \mathbf{w},$$

*man bezeichnet $\mathbf{v}$ als Vektorpotential zu $\mathbf{w}$.*

**Beweis.**

(1) Wir setzen $\omega := \mathbf{v}\mathrm{ds}$ ; nach Voraussetzung ist $\mathrm{d}\omega = (rot\,\mathbf{v})\,\mathrm{d}\mathbf{F} = 0$ und aus dem Lemma von Poincaré folgt, dass eine 0-Form $f$ auf $U$ existiert mit $\mathrm{d}f = \omega$, also $(grad\,f)\,\mathrm{ds} = \mathbf{v}\,\mathrm{ds}$ und somit $grad\,f = \mathbf{v}$.

(2) Nun ordnen wir dem Vektorfeld $\mathbf{w}$ die 2-Form $\sigma := \mathbf{w}\,\mathrm{d}\mathbf{F}$ zu.

Es ist $\mathrm{d}\sigma = (div\,\mathbf{w})\,\mathrm{d}V = 0$ und daher existiert nach dem Lemma von Poincaré eine 1-Form $\tau = \mathbf{v}\,\mathrm{ds}$ mit $\mathrm{d}\tau = \sigma$, also $(rot\,\mathbf{v})\,\mathrm{d}\mathbf{F} = \mathbf{w}\mathrm{d}\mathbf{F}$, somit $rot\,\mathbf{v} = \mathbf{w}$.

$\square$

**Beispiel 11.4.6 (Maxwellsche Gleichungen und Differentialformen)** Es sei $\mathbf{E}$ die elektrische Feldstärke und $\mathbf{H}$ die magnetische Feldstärke ; im Vakuum lauten dann die Maxwellschen Gleichungen (bei geeigneter Normierung):

$$rot\,\mathbf{E} = -\frac{\partial \mathbf{H}}{\partial t}\,, \qquad div\,\mathbf{E} = 0\,,$$
$$rot\,\mathbf{H} = \phantom{-}\frac{\partial \mathbf{E}}{\partial t}\,, \qquad div\,\mathbf{H} = 0.$$

Die Punkte des $\mathbb{R}^3$ bezeichnen wir mit $x = (x_1, x_2, x_3)$ und mit $t$ die Zeit. Wie in [16] definieren wir 2-Formen im $\mathbb{R}^4$:

$$\Omega := \mathbf{E}\mathrm{ds} \wedge \mathrm{d}t + \mathbf{H}\mathrm{d}\mathbf{F}\,, \qquad \Psi := -\mathbf{H}\mathrm{ds} \wedge \mathrm{d}t + \mathbf{E}\mathrm{d}\mathbf{F}.$$

Es ist

$$\mathrm{d}\Omega = (\ rot\,\mathbf{E}\ + \frac{\partial \mathbf{H}}{\partial t})\mathrm{d}\mathbf{F} \wedge \mathrm{d}t\ + \ (div\,\mathbf{H})\mathrm{d}V,$$
$$\mathrm{d}\Psi = (-rot\,\mathbf{H} + \frac{\partial \mathbf{E}}{\partial t})\mathrm{d}\mathbf{F} \wedge \mathrm{d}t\ + \ (div\,\mathbf{E})\mathrm{d}V.$$

Die Maxwellschen Gleichungen sind daher äquivalent zu

$$\mathrm{d}\Omega = 0, \qquad \mathrm{d}\Psi = 0.$$

Für jede Koordinatentransformation $\varphi$ ist

$$\mathrm{d}(\Omega \circ \varphi) = \mathrm{d}\Omega \circ \varphi, \quad \mathrm{d}(\Psi \circ \varphi) = \mathrm{d}\Psi \circ \varphi,$$

daher ist $\mathrm{d}\Omega = 0$, $\mathrm{d}\Psi = 0$ die koordinatenunabhängige Formulierung der Maxwellschen Gleichungen.

Nach dem Lemma von Poincaré existiert in jedem sternförmigen Gebiet des $\mathbb{R}^4$ eine 1-Form $\mathbf{A}\mathrm{ds} + a\mathrm{d}t$ mit $\mathrm{d}(\mathbf{A}\mathrm{ds} + a\mathrm{d}t) = \Omega$, also

$$(rot\,\mathbf{A})\mathrm{d}\mathbf{F} + \frac{\partial \mathbf{A}}{\partial t}\mathrm{d}t \wedge \mathrm{ds} + (grad\,a)\mathrm{ds} \wedge \mathrm{d}t = \mathbf{E}\mathrm{ds} \wedge \mathrm{d}t + \mathbf{H}\mathrm{d}\mathbf{F}.$$

Damit ist gezeigt: Es gibt ein Vektorfeld $\mathbf{A}$ (= magnetisches Vektorpotential) und eine beliebig oft differenzierbare Funktion $a$ (= skalares Potential) mit

$$rot\,\mathbf{A} = \mathbf{H},$$
$$grad\ a - \frac{\partial \mathbf{A}}{\partial t} = \mathbf{E}.$$

Wendet man diese Überlegungen auf $\Psi$ an, so folgt die Existenz eines Vektorfeldes $\mathbf{B}$ (= elektrisches Vektorpotential) und einer Funktion $b$ ( = skalares Potential) mit

$$\operatorname{rot} \mathbf{B} = \mathbf{E},$$
$$\operatorname{grad} b - \frac{\partial \mathbf{B}}{\partial t} = \mathbf{H}.$$

Verlangen wir von $\mathbf{A}$, $a$ noch, dass die „Eichbedingung"

$$\frac{\partial a}{\partial t} - \operatorname{div} \mathbf{A} = 0$$

gilt, so führt uns das wegen

$$\operatorname{rot} \operatorname{rot} \mathbf{A} = -\triangle \mathbf{A} + \operatorname{grad} \operatorname{div} \mathbf{A}$$

auf die Schwingungsgleichung

$$-\triangle \mathbf{A} + \frac{\partial^2 \mathbf{A}}{\partial t^2} = 0.$$

Entsprechend fogt aus

$$\frac{\partial b}{\partial t} - \operatorname{div} \mathbf{B} = 0$$

die Beziehung

$$-\triangle \mathbf{B} + \frac{\partial^2 \mathbf{B}}{\partial t^2} = 0.$$

Wie erfüllen wir nun die Eichbedingung? Wir zeigen dies für $\Omega$. Statt des Paares $(a, \mathbf{A})$ betrachten wir ein Paar $(a_{neu}, \mathbf{A}_{neu}) = (a + \varphi, \mathbf{A} + \operatorname{grad} \Phi)$ mit noch unbekannten Funktionen $\varphi$, $\Phi$. Dann gilt zunächst $\operatorname{rot} \mathbf{A}_{neu} = \mathbf{H}$, und wir erhalten weiter aus der Eichbedingung die Forderung

$$\frac{\partial \varphi}{\partial t} - \triangle \Phi = -\frac{\partial a}{\partial t} + \operatorname{div} \mathbf{A},$$

während die Gleichung für das skalare Potential

$$\operatorname{grad} \varphi - \frac{\partial}{\partial t} \operatorname{grad} \Phi = \frac{\partial \mathbf{A}}{\partial t} - \operatorname{grad} a + \mathbf{E}$$

liefert. Mit $\frac{\partial^2 \varphi}{\partial t^2} - \triangle \frac{\partial \Phi}{\partial t} = -\frac{\partial^2 a}{\partial t^2} + \operatorname{div} \frac{\partial \mathbf{A}}{\partial t}$ folgt

$$\frac{\partial^2 \varphi}{\partial t^2} - \triangle \varphi = -\frac{\partial^2 a}{\partial t^2} + \triangle a.$$

Bestimmt man hieraus $\varphi$, so kann man $\Phi$ aus

$$\frac{\partial \varphi}{\partial t} - \triangle \Phi = -\frac{\partial a}{\partial t} + \operatorname{div} \mathbf{A}$$

ermitteln.                                                                      ∎

## 11.5 Differentialformen und Differentialgleichungen

In 8.2.2 hatten wir die Differentialgleichung $\frac{dy}{dx} = -\frac{x}{y}$ betrachtet und dabei $y > 0$ vorausgesetzt; als Lösungen erhielten wir Halbkreise $y = \sqrt{r^2 - x^2}$, $|x| < r$. Im Kalkül der Differentialformen können wir $\frac{dy}{dx} = -\frac{x}{y}$ umformulieren zur Gleichung $x\,dx + y\,dy = 0$. Definiert man nun die Differentialform $\omega := x\,dx + y\,dy$ und schreibt diese Differentialgleichung in der Form $\omega = 0$, so ist nicht nur die Voraussetzung $y > 0$ unnötig; es ist auch naheliegend, nicht mehr eine Lösungs*funktion* $y(x)$ zu suchen, sondern Funktionen $x(t), y(t)$, die diese Gleichung lösen. Man sucht also Lösungs*kurven* $\gamma(t) = (x(t), y(t))$. Für $x\,dx + y\,dy = 0$ erhält man nun als Lösungskurven Kreise $x(t) = r \cdot \cos t$, $y(t) = r \cdot \sin t$.

Wir betrachten nun allgemein eine Differentialgleichung

$$\frac{dy}{dx} = -\frac{f(x,y)}{g(x,y)}$$

und schreiben sie in der Form

$$f(x,y)dx + g(x,y)dy = 0;$$

dabei setzt man voraus, dass $(f(x,y), g(x,y)) \neq (0,0)$ ist. Nun definieren wir die Differentialform 1. Ordnung

$$\omega := f\,dx + g\,dy$$

und bezeichnen Funktionen $x(t), y(t)$ als Lösung, wenn

$$f(x(t), y(t))\dot{x}(t) + g(x(t), y(t))\dot{y}(t) = 0$$

ist. Dies soll nun präzisiert werden. Wir führen dazu einige Begriffe ein:

**Definition 11.5.1** *Eine Differentialform* $\omega = f\,dx + g\,dy \in \Omega^1 U$ *heißt* **regulär**, *wenn die Funktionen $f, g$ keine gemeinsame Nullstelle in $U$ haben.*

**Definition 11.5.2** *Es sei $U \subset \mathbb{R}^2$ offen und $\omega = f\,dx + g\,dy \in \Omega^1 U$ eine reguläre Differentialform. Eine (stetig differenzierbare) reguläre Kurve*

$$\gamma : [a,b] \to U, t \mapsto (x(t), y(t)),$$

*heißt* **Lösung der Differentialgleichung** $\omega = 0$, *wenn gilt:*

$$\omega \circ \gamma = 0,$$

*also*

$$f(x(t), y(t)) \cdot \frac{dx}{dt}(t) + g(x(t), y(t)) \cdot \frac{dy}{dt}(t) = 0 \quad \textit{für alle} \quad t \in [a,b].$$

Eine Lösungskurve kann man oft folgendermaßen finden: Wenn es eine Funktion $h$ mit $dh = \omega$ gibt, dann sind Lösungen Niveaumengen von $h$:

**Satz 11.5.3** *Wenn zu* $\omega = f dx + g dy \in \Omega^1 U$ *eine beliebig oft differenzierbare Funktion* $h : U \to \mathbb{R}$ *mit* $dh = \omega$ *existiert, dann gilt: Eine reguläre Kurve* $\gamma : [a, b] \to U$ *ist genau dann eine Lösungskurve zu* $\omega = 0$, *wenn* $h \circ \gamma$ *konstant ist;* $\gamma[a, b]$ *liegt also in einer Niveaumenge von* $h$.

**Beweis** Es ist $h_x = f$ und $h_y = g$, daher

$$\frac{d}{dt} h(x(t), y(t)) = h_x(x(t), y(t))\dot{x}(t) + h_y(x(t), y(t))\dot{y}(t) =$$
$$= f(\gamma(t))\dot{x}(t) + g(\gamma(t))\dot{y}(t)$$

und daraus folgt die Behauptung.    □

Wenn ein derartiges $h$ existiert, kann man also Lösungskurven dadurch erhalten, dass man die Gleichung $h(x, y) = c$ nach $y$ oder $x$ auflöst.

Bei unserem Beispiel $\omega = x dx + y dy$ kann man $h(x, y) = \frac{1}{2}(x^2 + y^2)$ wählen; Lösungskurven liegen dann auf $x^2 + y^2 = c$.

**Definition 11.5.4** *Eine Differentialform* $\omega = f dx + g dy \in \Omega^1 U$ *heißt* **exakt**, *wenn* $d\omega = 0$, *also* $f_y = g_x$ *gilt.*
*Sie heißt* **total**, *wenn eine beliebig oft differenzierbare Funktion* $h : U \to \mathbb{R}$ *existiert mit* $dh = \omega$.

Aus $d \circ d = 0$ und dem Lemma von Poincaré folgt:

**Satz 11.5.5** *Jede totale Differentialform* $\omega \in \Omega^1 U$ *ist exakt; wenn* $U$ *sternförmig ist, gilt auch die Umkehrung.*

Wenn $\omega$ nicht exakt ist, hilft gelegentlich das Auffinden eines Eulerschen Multiplikators.

### Eulerscher Multiplikator

**Definition 11.5.6** *Eine beliebig oft differenzierbare und nirgends verschwindende Funktion* $\mu : U \to \mathbb{R}$ *heißt* **Eulerscher Multiplikator (integrierender Faktor)** *der Differentialgleichung* $\omega = 0$, *wenn* $d(\mu\omega) = 0$ *ist.*

$\mu\omega = 0$ hat dieselben Lösungskurven wie $\omega = 0$. Man kann beweisen, dass es zu einer regulären Differentialform lokal immer einen Eulerschen Multiplikator $\mu$ gibt (vgl. [12]).

**Beispiel 11.5.7** Es sei

$$\omega = 2y dx + x dy \in \Omega^1(\mathbb{R}^2 \setminus \{0\}),$$

dann ist $d\omega = -dx \wedge dy \neq 0$ und wir suchen einen Eulerschen Mukltiplikator $\mu$, also $d(\mu\omega) = 0$. Es soll also gelten:

$$(2y\mu)_y = (x\mu)_x \quad \text{oder} \quad 2\mu + 2y\mu_y = \mu + x\mu_x.$$

Man kann demnach $\mu(x, y) = x$ (in $\mathbb{R}^2 \setminus \{0\}$) wählen; dann ist $x\omega = 2xy\mathrm{d}x + x^2\mathrm{d}y$ exakt. Setzt man $h(x, y) := x^2y$, so gilt $\mathrm{d}h = \mu\omega$ und die Lösungen von $\omega = 0$ erhält man durch $x^2y = c$. ∎

Ganz allgemein kann man ebene autonome Systeme (das sind Systeme mit zwei Komponenten, bei denen die Variable $t$ auf der rechten Seite explizit nicht vorkommt),

$$(1) \qquad \dot{x} = \frac{\mathrm{d}x}{\mathrm{d}t} = g(x, y), \qquad \dot{y} = \frac{\mathrm{d}y}{\mathrm{d}t} = -f(x, y)$$

mit $(f, g) \neq (0, 0)$, in der Form

$$\omega = f\mathrm{d}x + g\mathrm{d}y = 0$$

mit der 1-Form $\omega$ schreiben. Da über den Kurvenparameter bei ebenen autonomen Systemen nichts festgelegt ist, wird man nach einer parameterunabhängigen Schreibweise für solche Systeme suchen. Sie ist durch $\omega = 0$ gegeben und hat den Vorteil, dass man unsere Resultate 11.3.17 über das Transformationsverhalten von Differentialformen anwenden kann, wenn man den Kurvenparameter wechselt. Häufig nimmt man den Polarwinkel $t$. Setzt man

$$(x, y) = (r \cdot \cos t, r \cdot \sin t) = (\varphi_1(t, r), \varphi_2(t, r)) = \varphi(t, r),$$

so folgt aus $\omega \circ \gamma = 0$ mit der ersten Relation in 11.3.17 die Beziehung

$$(\omega \circ \varphi) \circ \varphi^{-1} \circ \gamma = \omega \circ \gamma = 0.$$

$\varphi^{-1} \circ \gamma$ ist die Lösungskurve in Polarkoordinaten. Für $\omega \circ \varphi$ folgt mit 11.3.16 die Gleichung

$$r(-f \circ \varphi(t, r) \sin t + g \circ \varphi(t, r) \cos t)\mathrm{d}t + (f \circ \varphi(t, r) \cos t + g \circ \varphi(t, r) \sin t)\mathrm{d}r = 0.$$

Ist $f \circ \varphi(t, r) \cos t + g \circ \varphi(t, r) \sin t \neq 0$, so erhalten wir für $r$ in Abhängigkeit vom Polarwinkel $t$ die Differentialgleichung

$$\frac{\mathrm{d}r}{\mathrm{d}t} = r \cdot \frac{f \circ \varphi(t, r) \sin t - g \circ \varphi(t, r) \cos t}{f \circ \varphi(t, r) \cos t + g \circ \varphi(t, r) \sin t}$$

und diese ist die häufig verwendete Umschreibung von (1) auf Polarkoordinaten. Als Richtungsfeld zu $f\mathrm{d}x + g\mathrm{d}y = 0$ definiert man nun in jedem Punkt $(x, y)$ die zum Vektor $(f(x, y), g(x, y))$ senkrechte Richtung.

Aus der letzten Gleichung kann man wegen $(f, g) \neq (0, 0)$ auf das System (1), aber auch auf $\frac{\mathrm{d}y}{\mathrm{d}x} = -\frac{f}{g}$ oder $\frac{\mathrm{d}x}{\mathrm{d}y} = -\frac{g}{f}$ schließen, je nachdem, ob $f \neq 0$ oder $g \neq 0$ ist. Dies bedeutet, dass wir $x$ oder $y$ als Kurvenparameter verwenden. Wird also $g = 0$ und die Kurventangente an $(x, y(x))$ mit $\frac{\mathrm{d}y}{\mathrm{d}x} = -\frac{f}{g}$ senkrecht, so muss man, wie schon zu Beginn dieses Kapitels erwähnt, $y$ als Kurvenparameter einführen oder einen ganz anderen Kurvenparameter wie den Polarwinkel bei der bereits erwähnten

Kreisgleichung $\frac{dy}{dx} = -\frac{x}{y}$.

Das Auffinden von $h$ wie in 11.5.4 ermöglicht es uns, das System (1) in die Hamiltonsche Form

$$\begin{aligned} \dot{x} &= h_y(x, y) \\ \dot{y} &= -h_x(x, y) \end{aligned}$$

zu bringen. $h$ heißt Hamiltonsche Funktion. Die Vorteile sollen am nächsten Beispiel erläutert werden.

**Beispiel 11.5.8** Die Schwingungen des mathematischen Pendels (ohne Reibung) werden durch

$$\ddot{x} = -\sin x$$

beschrieben, wobei $x$ die Auslenkung aus der Ruhelage $x = 0, \dot{x} = 0$ ist (man vergleiche hierzu Beispiel 8.4.8.) Gehen wir wie üblich durch $x, y = \dot{x}$ zum autonomen ebenen System

$$(2) \qquad \begin{aligned} \dot{x} &= y \\ \dot{y} &= -\sin x \end{aligned}$$

im sogenannten Phasenraum der $x, y$ über, so sehen wir, dass

$$h(x, y) = \frac{1}{2}y^2 + 1 - \cos x$$

Hamilton-Funktion ist. Interessant bei (2) ist die Stabilität des Ruhepunktes oder, wie man auch sagt, der Gleichgewichtslage $(0, 0)$, die also als Nullstelle der rechten Seite von (2) erklärt ist. Die Lösungen von (2) sind die Störungen dieser Gleichgewichtslage und die Niveaulinien von $h$. In $(0, 0)$ hat $h$ ein lokales Minimum. Die Niveaulinien in der Nähe des Nullpunkts sind demnach geschlossene Kurven, die sich bei kleiner werdenden Startwerten auf $(0, 0)$ zusammenziehen. Also ist $(0, 0)$ stabil. Da die Störungen in der Nähe von $(0, 0)$ periodisch sind, nennt man $(0, 0)$ ein Zentrum. ∎

**Aufgaben**

**11.1.** Zeigen Sie: Für $a > 0$, $b > 0$ ist $M := \{(a \cdot \cos t, \, b \cdot \sin t) \in \mathbb{R}^2 \mid 0 \leq t \leq 2\pi\}$ eine Untermannigfaltigkeit des $\mathbb{R}^2$. Geben Sie einen Atlas an.

**11.2.** Sei $M := \{(x_1, x_2, x_3) \in \mathbb{R}^3 \mid x_3 = x_1^2 x_2\}$.
a) Zeigen Sie, dass $M$ eine 2-dimensionale Untermannigfaltigkeit des $\mathbb{R}^3$ ist.
b) Geben Sie eine Karte $\varphi.\mathbb{R}^2 \to M$ an.
c) Geben Sie für $p = (0, 0, 0)$ eine Basis von $T_p M$ und von $N_p M$ an.

**11.3.** Zeigen Sie, dass die folgenden Mengen keine eindimensionalen Untermannigfaltigkeiten des $\mathbb{R}^2$ sind:
a) das Achsenkreuz $\{(x, y) \in \mathbb{R}^2 \mid xy = 0\}$,

b) die Neil'sche Parabel $\{(x, y) \in \mathbb{R}^2 \mid x^3 = y^2\}$.

**11.4.** Sei

$$f(x,y) := x + a_1 x^2 + a_2 xy + a_3 y^2 + a_4 x^3, \qquad g(x,y) := y + b_1 x^2 + b_2 xy + b_3 y^2 + b_4 y^3.$$

a) Geben Sie Bedingungen an $a_1, \ldots, b_4$ an, unter denen es eine Funktion $h$ mit

$$h_x = f, \quad h_y = g$$

gibt. Hinweis: Beispiel 9.6.8

b) Zeigen Sie: Wenn es eine Funktion $h$ wie unter a) gibt, dann sind die Lösungen von $\omega = f\,dx + g\,dy = 0$ in der Nähe des Nullpunkts geschlossene Kurven, die um den Nullpunkt laufen. Benutzen Sie eine geometrische Überlegung wie in Beispiel 11.5.8.

**11.5.** a) Stellen Sie die Differentialgleichung für den Eulerschen Multiplikator $\mu$ auf.
b) Finden Sie einen Eulerschen Multiplikator zu

$$9x^2 y\,dx + 4xy^2\,dy = 0.$$

**11.6.** Geben Sie zur Differentialform $\omega$ ein $\tau$ mit $d\tau = \omega$ an, falls es existiert:

a) $\omega = 3x^2 y^2 dx + 2x^3 y\,dy \in \Omega^1(\mathbb{R}^2)$
b) $\omega = (y^3 + 4)dx - (x^5 + 1)dy \in \Omega^1(\mathbb{R}^2)$
c) $\omega = 2z\,dy \wedge dz + e^x dz \wedge dx - 3y^2 dx \wedge dy \in \Omega^2(\mathbb{R}^3)$

# 12

# Distributionen und Greensche Funktion

## 12.1 Distributionen

Bei der Behandlung mancher physikalischer Probleme ist es zweckmäßig, anzu-
nehmen, dass eine Masse oder Ladung in einem Punkt konzentriert ist. Wenn man
annimmt, dass die Masse der Größe 1 im Nullpunkt liegt, dann müsste die Massendichte beschrieben werden durch eine von Dirac (PAUL ADRIEN MAURICE
DIRAC(1902-1984) eingeführte „Funktion" $\delta$, die außerhalb des Nullpunktes verschwindet und in 0 so groß ist, dass das Gesamtintegral gleich 1 ist.
Dirac schreibt dazu im Jahr 1927:
„We shall use the symbol $\delta(x)$ to denote this function, i.e. $\delta(x)$ is defined by

$$\delta(x) = 0 \quad \text{when } x \neq 0, \quad \text{and} \quad \int\limits_{-\infty}^{\infty} \delta(x) = 1.$$

Strictly, of course, $\delta(x)$ is not a proper function of $x$, but can be regarded only as a
limit of a certain sequence of functions."

Nun soll der Funktionsbegriff so verallgemeinert werden, dass man derartige Mas-
sen- und Ladungsverteilungen beschreiben kann. Dies führt zum Begriff der Distribution; insbesondere kann man dann die Diracsche $\delta$-Distribution definieren. Die
Theorie der Distributionen wurde vor allem von LAURENT SCHWARTZ (1915-2002)
entwickelt.

Wesentlich bei der Einführung von Distributionen ist deren Definitionsbereich. Ei-
ne Distribution ist nicht etwa auf reellen Zahlen definiert, sondern auf der Menge
$\mathcal{C}_0^\infty(\mathbb{R})$ der unendlich oft differenzierbaren Funktionen $\varphi : \mathbb{R} \to \mathbb{R}$, die kompakten
Träger besitzen. Diese Funktionen bezeichnet man als Testfunktionen.
In 9.1.23 hatten wir für eine Funktion $\varphi : \mathbb{R} \to \mathbb{R}$ den **Träger** von $\varphi$ definiert durch
$Tr(\varphi) := \overline{\{x \in \mathbb{R} | \varphi(x) \neq 0\}}$. Zu jedem $x \notin Tr(\varphi)$ gibt es also eine Umgebung,
in der $\varphi \equiv 0$ ist. Der Träger $Tr(\varphi)$ ist genau dann kompakt, wenn es ein Intervall
$[a, b]$, $a, b \in \mathbb{R}$, gibt mit $Tr(\varphi) \subset ]a, b[$, also $\varphi(x) = 0$ für $x \notin [a, b]$.

H. Kerner, W. von Wahl, *Mathematik für Physiker*, Springer-Lehrbuch,
DOI 10.1007/978-3-642-37654-2_12, © Springer-Verlag Berlin Heidelberg 2013

Entscheidend für die Einführung von Distributionen ist der Vektorraum $\mathcal{C}_0^\infty(\mathbb{R})$. Dieser Vektorraum wird mit einem sehr starken Konvergenzbegriff versehen, man fordert nämlich gleichmäßige Konvergenz nicht nur der Funktionen, sondern auch aller Ableitungen. Den mit diesem Konvergenzbegriff versehenen Vektorraum $\mathcal{C}_0^\infty(\mathbb{R})$ bezeichnen wir nun mit $\mathcal{D}$.

**Definition 12.1.1** $\mathcal{D} := \mathcal{C}_0^\infty(\mathbb{R}) = \{\varphi \in \mathcal{C}^\infty(\mathbb{R})|\ Tr(\varphi)\ ist\ kompakt\}$ *heißt der Vektorraum aller* **Testfunktionen**, *versehen mit folgendem Konvergenzbegriff: Eine Folge* $(\varphi_n)_{n\in\mathbb{N}}$ *in* $\mathcal{D}$ *heißt* **konvergent** *gegen* $\varphi \in \mathcal{D}$, *wenn gilt:*

*(1) Es gibt ein Intervall* $[a,b]$ *mit* $Tr(\varphi_n) \subset [a,b]$ *für alle* $n \in \mathbb{N}$.
*(2) Für jedes* $k \in \mathbb{N}_0$ *konvergiert die Folge* $(\varphi_n^{(k)})_{n\in\mathbb{N}}$ *gleichmäßig gegen* $\varphi^{(k)}$.

**Definition 12.1.2** *Eine* **Distribution** *ist eine stetige lineare Abbildung*

$$T : \mathcal{D} \to \mathbb{R};$$

*es gilt also:*

*(1) Für* $\varphi, \psi \in \mathcal{D}$ *und* $\lambda, \mu \in \mathbb{R}$ *ist* $T(\lambda\varphi + \mu\psi) = \lambda T(\varphi) + \mu T(\psi)$.
*(2) Ist* $(\varphi_n)_{n\in\mathbb{N}}$ *eine Folge in* $\mathcal{D}$, *die gegen* $\varphi$ *konvergiert, so konvergiert* $T(\varphi_n)$ *gegen* $T(\varphi)$ *(in* $\mathbb{R}$).

*Die Menge der Distributionen bezeichnen wir mit* $\mathcal{D}'$; *es ist also*

$$\mathcal{D}' = \{T : \mathcal{D} \to \mathbb{R}|T\ stetig\ und\ linear\}.$$

Wir schreiben auch $T\varphi$ statt $T(\varphi)$.
Als erstes Beispiel geben wir die Dirac-Distribution $\delta$ an; dass es sich bei den folgenden Beispielen wirklich um Distributionen handelt, prüft man leicht nach.

**Definition 12.1.3** *Die Distribution*

$$\delta : \mathcal{D} \to \mathbb{R}, \quad \varphi \mapsto \varphi(0),$$

*heißt die* **Dirac-Distribution**.

Wir werden diese Distribution noch veranschaulichen und als Grenzwert von Funktionen darstellen.
Zunächst gehen wir auf die Frage ein, auf welche Weise jede stetige (bzw. integrierbare) Funktion $f : \mathbb{R} \to \mathbb{R}$ als Distribution aufgefasst werden kann. Es gilt:

**Satz 12.1.4** *Ist* $f : \mathbb{R} \to \mathbb{R}$ *stetig, so ist*

$$T_f : \mathcal{D} \to \mathbb{R}, \varphi \mapsto \int\limits_{-\infty}^{+\infty} f \cdot \varphi \mathrm{d}x,$$

*eine Distribution. Ist außerdem* $g : \mathbb{R} \to \mathbb{R}$ *stetig und* $T_f = T_g$, *so folgt* $f = g$.

Man hat also eine injektive lineare Abbildung

$$\mathcal{C}^0(\mathbb{R}) \to \mathcal{D}', f \mapsto T_f.$$

Wenn man $f \in \mathcal{C}^0(\mathbb{R})$ mit $T_f \in \mathcal{D}'$ identifiziert, so kann man $\mathcal{C}^0(\mathbb{R})$ als Untervektorraum von $\mathcal{D}'$ auffassen; in diesem Sinne ist eine Distribution eine verallgemeinerte Funktion und

$$\mathcal{C}^0(\mathbb{R}) \subset \mathcal{D}'.$$

Man kann diese Aussage verallgemeinern: Ist $f : \mathbb{R} \to \mathbb{R}$ lokal-integrierbar (d.h. für jedes Intervall $[a, b]$ existiere $\int_a^b f \, dx$), so wird durch $T_f(\varphi) := \int_{-\infty}^{+\infty} f\varphi \, dx$ eine Distribution erklärt.

Bei den hier auftretenden Integralen $\int_{-\infty}^{+\infty} f\varphi dx$ ist zu beachten, dass $\varphi$ kompakten Träger hat; man kann also $a < b$ so wählen, dass für $x \leq a$ und $x \geq b$ gilt: $\varphi(x) = 0$. Es ist also $\int_{-\infty}^{+\infty} f\varphi dx = \int_a^b f\varphi dx$. Entsprechend gilt: weil $\varphi$ kompakten Träger hat, ist $f\varphi|_{-\infty}^{+\infty} = 0$, denn es ist $f\varphi|_{-\infty}^{+\infty} = f(b)\varphi(b) - f(a)\varphi(a) = 0$.

Wir definieren nun die Ableitung einer Distribution; Distributionen sind immer beliebig oft differenzierbar:

**Definition 12.1.5** *Ist $T$ eine Distribution, so heißt*

$$T' : \mathcal{D} \to \mathbb{R}, \quad \varphi \mapsto -T(\varphi'),$$

*die* **Ableitung** *von $T$; für $n \in \mathbb{N}$ ist*

$$T^{(n)}(\varphi) = (-1)^n T(\varphi^{(n)}).$$

Diese Definition wird gerechtfertigt durch folgende Aussage:

**Satz 12.1.6** *Wenn $f : \mathbb{R} \to \mathbb{R}$ stetig differenzierbar ist, dann gilt: $(T_f)' = T_{f'}$.*

**Beweis.** Für $\varphi \in \mathcal{D}$ ist

$$(T_f)'(\varphi) = -T_f(\varphi') = - \int_{-\infty}^{+\infty} f\varphi' \, dx = -f\varphi|_{-\infty}^{+\infty} + \int_{-\infty}^{+\infty} f'\varphi \, dx = T_{f'}(\varphi). \qquad \Box$$

**Definition 12.1.7** *Ist $f \in \mathcal{C}^\infty(\mathbb{R})$ und $T \in \mathcal{D}'$, so setzt man $(f \cdot T)(\varphi) := T(f \cdot \varphi)$ für $\varphi \in \mathcal{D}$; dann ist $f \cdot T$ eine Distribution.*

**Satz 12.1.8 (Produktregel)** *Es gilt:*

$$(f \cdot T)' = f'T + fT'.$$

**Beweis.** Für $\varphi \in \mathcal{D}$ ist $(fT)'(\varphi) = -(fT)(\varphi') = -T(f\varphi')$ und
$(f'T + fT')(\varphi) = T(f'\varphi) - T((f\varphi)') = T(f'\varphi) - T(f'\varphi) - T(f\varphi') = -T(f\varphi').$
$\qquad \Box$

Nun definieren wir für eine Folge $(T_n)_{n \in \mathbb{N}}$ von Distributionen den Grenzwert

$$\lim_{n \to \infty} T_n.$$

**Definition 12.1.9** *Eine Folge* $(T_n)_{n \in \mathbb{N}}$ *von Distributionen* $T_n$ *heißt* **konvergent** *gegen* $T \in \mathcal{D}'$, *wenn für jedes* $\varphi \in \mathcal{D}$ *gilt*:

$$\lim_{n \to \infty} T_n(\varphi) = T(\varphi).$$

*Eine Reihe* $\sum\limits_{n=0}^{\infty} T_n$ *von Distributionen* $T_n$ *heißt konvergent, wenn die Folge der Partialsummen konvergiert.*

Bei Distributionen darf man Limes und Ableitung vertauschen:

**Satz 12.1.10** *Aus* $\lim\limits_{n \to \infty} T_n = T$ *folgt:* $\lim\limits_{n \to \infty} T_n' = T'$.

*Für eine konvergente Reihe* $\sum\limits_{n=0}^{\infty} T_n$ *gilt:* $(\sum\limits_{n=0}^{\infty} T_n)' = \sum\limits_{n=0}^{\infty} (T_n)'$.

**Beweis.** Aus $\lim\limits_{n \to \infty} T_n(\varphi) = T(\varphi)$ für alle $\varphi \in \mathcal{D}$ folgt $\lim\limits_{n \to \infty} T_n(\varphi') = T(\varphi')$ und daher ist $\lim\limits_{n \to \infty} T_n'(\varphi) = T'(\varphi)$. □

Wir gehen nun auf die Diracsche $\delta$-Distribution ein.
An einem einfachen Beispiel können wir uns $\delta$ veranschaulichen.

**Beispiel 12.1.11** Wir definieren die Folge

$$f_n : \mathbb{R} \to \mathbb{R}, x \mapsto \begin{cases} \frac{n}{2} & \text{für} \quad |x| \leq \frac{1}{n} \\ \\ 0 & \text{für} \quad |x| > \frac{1}{n} \end{cases}$$

Die unter dem Graphen von $f_n$ liegende Fläche ist immer gleich $1$ und der Träger zieht sich auf den Nullpunkt zusammen; man wird also vermuten:

$$\lim_{n \to \infty} T_{f_n} = \delta.$$

Dies ist leicht zu beweisen: Für $\varphi \in \mathcal{D}$ ist $T_{f_n}(\varphi) = \int\limits_{-\frac{1}{n}}^{+\frac{1}{n}} \frac{n}{2} \varphi \, \mathrm{d}x$ und aus dem

Mittelwertsatz der Integralrechnung folgt: es existiert ein $\xi_n \in [-\frac{1}{n}, +\frac{1}{n}]$ mit $T_{f_n}(\varphi) = \varphi(\xi_n)$; daher ist $\lim\limits_{n \to \infty} T_{f_n}(\varphi) = \lim\limits_{n \to \infty} \varphi(\xi_n) = \varphi(0) = \delta(\varphi)$. ∎

Weitere Beispiele zur Veranschaulichung von $\delta$ erhält man mit folgendem Satz:

**Satz 12.1.12** *Es seien* $(a_n)_n$ *und* $(b_n)_n$ *Folgen reeller Zahlen mit* $a_n < 0 < b_n$ *und* $\lim\limits_{n \to \infty} a_n = 0$, $\lim\limits_{n \to \infty} b_n = 0$.

*Für* $n \in \mathbb{N}$ *sei* $f_n : \mathbb{R} \to \mathbb{R}$ *stetig,* $f_n \geq 0$, $Tr(f_n) \subset [a_n, b_n]$ *und* $\int\limits_{-\infty}^{+\infty} f_n \, \mathrm{d}x = 1$.

*Dann gilt:*

$$\lim_{n \to \infty} T_{f_n} = \delta.$$

**Beweis.** Für $\varphi \in \mathcal{D}$ ist $T_{f_n}(\varphi) = \int_{a_n}^{b_n} f_n \cdot \varphi \, \mathrm{d}x$; aus dem 2. Mittelwertsatz der Integralrechnung folgt: es existiert ein $\xi_n \in [a_n, b_n]$ mit

$$T_{f_n}(\varphi) = \varphi(\xi_n) \cdot \int_{a_n}^{b_n} f_n \, \mathrm{d}x = \varphi(\xi_n).$$

Daher ist $\lim_{n \to \infty} T_{f_n}(\varphi) = \varphi(0) = \delta(\varphi)$. □

Wir bringen nun weitere Beispiele von Distributionen, die Heaviside-Distribution (OLIVER HEAVISIDE (1850-1925)) und die Dipol-Distribution:

**Definition 12.1.13** *Die Funktion*

$$h : \mathbb{R} \to \mathbb{R}, x \mapsto \begin{cases} 0 & \textit{für} \quad x < 0 \\ 1 & \textit{für} \quad x \geq 0 \end{cases}$$

*heißt* **Heaviside-Funktion**; *die Distribution* $H := T_h$ *heißt* **Heaviside-Distribution**; *es ist also*

$$H(\varphi) = \int_0^{\infty} \varphi \mathrm{d}x.$$

*Die Distribution*

$$T_{dipol} : \mathcal{D} \to \mathbb{R}, \varphi \mapsto \varphi'(0),$$

*heißt* **Dipol-Distribution**.

**Satz 12.1.14** *Es gilt*

$$\boxed{H' = \delta, \qquad \delta' = -T_{dipol}.}$$

**Beweis.** Für $\varphi \in \mathcal{D}$ ist $H'(\varphi) = -T_h(\varphi') = -\int_0^{\infty} \varphi'(x) \, \mathrm{d}x = \varphi(0) = \delta(\varphi)$ und $T_{dipol}(\varphi) = \varphi'(0) = -\delta'(\varphi)$. □

**Beispiel 12.1.15** Folgen von Funktionen, die, aufgefasst als Distributionen, gegen $\delta$ konvergieren, erhält man so: Wenn $\delta$ eine Funktion wäre, dann müsste die Heaviside-Funktion $h$ eine Stammfunktion dazu sein. Nun glättet man $h$ in einer Umgebung des Nullpunktes zu einer stetig differenzierbaren Funktion und bildet davon die Ableitung; diese approximiert dann $\delta$. Dies wird nun präzisiert: Für $n \in \mathbb{N}$ sei

$$h_n : \mathbb{R} \to \mathbb{R} \text{ stetig differenzierbar}, \quad h_n(x) = h(x) \text{ für } |x| \geq \frac{1}{n}.$$

Dann liegt der Träger von $h_n'$ in $[-\frac{1}{n}, +\frac{1}{n}]$ und es gilt

$$\int_{-\infty}^{+\infty} h_n'(x) \mathrm{d}x = h(\frac{1}{n}) - h(-\frac{1}{n}) = 1,$$

also folgt nach Satz 12.1.12

$$\lim_{n\to\infty} T_{h'_n} = \delta.$$

Wählt man die $h_n$ zweimal stetig differenzierbar, so kann man auch die Dipol-Distribution interpretieren: Wegen $T'_{h'_n} = T_{h''_n}$ und $\delta' = -T_{dipol}$ ergibt sich:

$$\lim_{n\to\infty} T_{h''_n} = -T_{dipol}.$$

Eine solche Folge $(h_n)$ kann man so erhalten: man konstruiert eine (zweimal) stetig differenzierbare Funktion $h_1 : \mathbb{R} \to \mathbb{R}$ mit $h_1(x) = 0$ für $x \leq -1$ und $h(x) = 1$ für $x \geq 1$. Dann setzt man

$$h_n(x) := h_1(nx).$$

In der Abbildung ist für $|x| \leq 1$:

$$h_1(x) = \tfrac{1}{16} \cdot \left(3x^5 - 10x^3 + 15x + 8\right),$$
$$h'_1(x) = \tfrac{15}{16} \cdot (x+1)^2(x-1)^2, \qquad h''_1 = \tfrac{15}{4} \cdot x(x+1)(x-1).$$

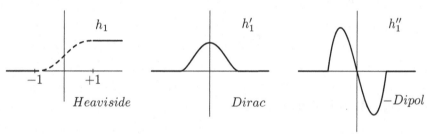

Wir behandeln nun ein Beispiel einer unendlich oft differenzierbaren Funktion mit kompaktem Träger:

**Beispiel 12.1.16** Es sei

$$f : \mathbb{R} \to \mathbb{R}, \; x \mapsto \begin{cases} \exp\left(\frac{1}{x^2-1}\right) & \text{für} \quad |x| < 1 \\ 0 & \text{sonst} \end{cases}$$

Ähnlich wie in 6.2.4 zeigt man, dass $f$ unendlich oft differenzierbar ist; es gilt

$$f' : \mathbb{R} \to \mathbb{R}, \; x \mapsto \begin{cases} \frac{-2x}{(x^2-1)^2} \cdot \exp\left(\frac{1}{x^2-1}\right) & \text{für} \quad |x| < 1 \\ 0 & \text{sonst} \end{cases}$$

Wir haben damit ein Beispiel für eine nicht-identisch verschwindende Funktion $f \in \mathcal{C}_0^\infty(\mathbb{R})$. Der Träger von $f$ und auch der von $f'$ ist $[-1, +1]$; für $\varepsilon > 0$ ist der Träger von $f(\frac{x}{\varepsilon})$ gleich $[-\varepsilon, +\varepsilon]$. Wir können damit eine Folge unendlich oft differenzierbarer Funktionen angeben, die als Distributionenfolge gegen $\delta$ konvergiert. Dazu wählen wir $c \in \mathbb{R}$ so, dass $\int\limits_{-1}^{+1} c \cdot f(x) \, dx = 1$ ist und setzen $g(x) := c \cdot f(x)$

und $g_n(x) := n \cdot g(nx)$. Dann ist $Tr\ g_n \subset [-\frac{1}{n}, +\frac{1}{n}]$ und $\int\limits_{-\infty}^{+\infty} g_n(x)\mathrm{d}x = 1$,

daher gilt:

$$\lim_{n \to \infty} T_{g_n} = \delta, \quad \lim_{n \to \infty} T_{g'_n} = -T_{dipol}.$$

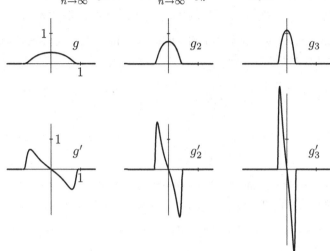

Für eine stetig differenzierbare Funktion $f$ hatten wir gezeigt, dass $(T_f)' = T_{f'}$ gilt; nun beweisen wir: Wenn $f$ im Nullpunkt eine Sprungstelle der Sprunghöhe $s$ besitzt, dann gilt: $(T_f)' = T_{f'} + s \cdot \delta$. Die Sprungstelle liefert den Summanden $s \cdot \delta$, also „Sprunghöhe mal Dirac".

**Satz 12.1.17** *Seien $f_1 :]-\infty, 0] \to \mathbb{R}$ und $f_2 : [0, +\infty[ \to \mathbb{R}$ stetig differenzierbar, sei*

$$f : \mathbb{R} \to \mathbb{R}, \quad x \mapsto \begin{cases} f_1(x) & \text{für} \quad x \le 0 \\ f_2(x) & \text{für} \quad x > 0 \end{cases}$$

*und $s := f_2(0) - f_1(0)$. Dann gilt:*

$$\boxed{(T_f)' = T_{f'} + s \cdot \delta.}$$

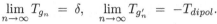

**Beweis.** Sei $\varphi \in D$; durch partielle Integration erhält man:

$$T_f'(\varphi) = -T_f(\varphi') = - \int\limits_{-\infty}^{0} f_1\varphi' \, dx - \int\limits_{0}^{\infty} f_2\varphi' \, dx =$$

$$= -f_1\varphi|_{-\infty}^{0} + \int\limits_{-\infty}^{0} f_1'\varphi \, dx - f_2\varphi|_0^{\infty} + \int\limits_{0}^{\infty} f_2\varphi \, dx =$$

$$= (f_2(0) - f_1(0))\varphi(0) + T_{f'}(\varphi) = s \cdot \delta(\varphi) + T_{f'}(\varphi).$$

**Bemerkung** Die Funktion $f'$ ist im Nullpunkt nicht erklärt, der Beweis zeigt aber, dass $T_{f'}$ sinnvoll definiert ist. □

**Die Faltung $T * \varphi$**

In 10.5.6 haben wir die Faltung für Funktionen $f : \mathbb{R} \to \mathbb{R}$ und $g : \mathbb{R} \to \mathbb{R}$ definiert durch

$$f * g : \mathbb{R} \to \mathbb{R}, \quad x \mapsto \int\limits_{-\infty}^{+\infty} f(t)g(x - t) \, dt.$$

Wir wollen nun die Faltung für Distributionen einführen.

Zunächst setzen wir für $x \in \mathbb{R}$

$$g_{[x]} : \mathbb{R} \to \mathbb{R}, \quad t \mapsto g(x - t),$$

dann können wir die Faltung so schreiben:

$$(f * g)(x) = \int\limits_{-\infty}^{+\infty} f(t)g_{[x]}(t) dt.$$

Nun definieren wir:

**Definition 12.1.18** *Ist $T \in \mathcal{D}'$ eine Distribution, $\varphi \in \mathcal{D}$ eine Testfunktion, so definiert man die* **Faltung** *$T * \varphi$ durch*

$$T * \varphi : \mathbb{R} \to \mathbb{R}, \quad x \mapsto T(\varphi_{[x]}),$$

Die Definition wird motiviert durch den Satz:

**Satz 12.1.19** *Ist $f : \mathbb{R} \to \mathbb{R}$ stetig, so gilt für alle $\varphi \in \mathcal{D}$: $T_f * \varphi = f * \varphi$.*

**Beweis.** $(T_f * \varphi)(x) = T_f(\varphi_{[x]}) = \int\limits_{-\infty}^{+\infty} f(t)\varphi_{[x]}(t) \, dt = (f * \varphi)(x).$ □

Wir zeigen noch, dass $\delta$ das „neutrale Element" bezüglich der Verknüpfung $*$ ist.

**Satz 12.1.20** *Für alle $\varphi \in \mathcal{D}$ ist*

$$\boxed{\delta * \varphi = \varphi.}$$

**Beweis.** $(\delta * \varphi)(x) = \delta(\varphi_{[x]}) = \varphi_{[x]}(0) = \varphi(x).$ □

**Distributionen im $\mathbb{R}^n$**

Es soll noch skizziert werden, wie man Distributionen im $\mathbb{R}^n$ definiert.
Zuerst gehen wir auf den Raum $\mathcal{C}_0^\infty(U)$ ein: Es sei $U \subset \mathbb{R}^n$ eine offene Menge und $\mathcal{C}_0^\infty(U)$ der Vektorraum aller unendlich oft stetig differenzierbaren $\varphi : U \to \mathbb{R}$, die kompakten Träger $Tr\varphi \subset U$ besitzen. Es gibt sehr viele solche Funktionen. Sie bilden für jedes $p \geq 1$ einen Untervektorraum von $L_p(U)$, der in $L_p(U)$ dicht liegt:

**Satz 12.1.21 (Dichtesatz)** *Für jedes $p \geq 1$ liegt der Raum $\mathcal{C}_0^\infty(U)$ dicht in $L_p(U)$; das bedeutet: Zu jedem $\varepsilon > 0$ und zu jedem $f \in L_p(U)$ existiert ein $\varphi \in \mathcal{C}_0^\infty(U)$ mit*

$$\|f - \varphi\|_p < \varepsilon.$$

Der Satz wird in [33] bewiesen.
Im folgenden Beispiel zeigen wir, wie man Funktionen aus $\mathcal{C}_0^\infty(U)$ für die offene Einheitskugel konstruieren kann.

**Beispiel 12.1.22** Sei $0 < r < 1$,

$$\varphi(x) := \begin{cases} \exp(-\frac{1}{r^2 - \|x\|^2}) & \text{für } 0 \leq \|x\|^2 < r \\ 0 & \text{sonst} \end{cases}$$

Dann ist zunächst $\varphi$ stetig und hat kompakten Träger $\overline{K_r(0)} \subset K_1(0)$. Anwendung der Kettenregel und Berücksichtigung der Eigenschaft von $\exp(-\frac{1}{r^2 - \|x\|^2})$, für $\|x\| \to r$, $\|x\| < r$, schneller auf Null abzufallen, als irgendeine rationale Funktion dort unendlich werden kann, zeigt (wie in 6.2.4): $\varphi \in \mathcal{C}_0^\infty(K_1(0))$. ∎

Nun behandeln wir Distributionen im $\mathbb{R}^n$.
Ausgangspunkt ist der Vektorraum $\mathcal{C}_0^\infty(\mathbb{R}^n)$ aller beliebig oft stetig partiell differenzierbaren Funktionen $\varphi : \mathbb{R}^n \to \mathbb{R}$, die kompakten Träger besitzen; zu $\varphi$ existiert also ein $r > 0$ mit $\varphi(x) = 0$ für $\|x\| > r$. Versehen wir $\mathcal{C}_0^\infty(\mathbb{R}^n)$ mit dem Konvergenzbegriff aus 12.1.1, so entsteht $\mathcal{D}(\mathbb{R}^n)$:

Eine Folge $(\varphi_j)_j$ in $\mathcal{D}(\mathbb{R}^n)$ heißt konvergent gegen $\varphi \in \mathcal{D}(\mathbb{R}^n)$, wenn gilt:
(1) Es gibt eine kompakte Menge $K \subset \mathbb{R}^n$ mit $Tr(\varphi_j) \subset K$ für alle $j \in \mathbb{N}$.
(2) Für alle $\nu = (\nu_1, \ldots, \nu_n) \in \mathbb{N}_0^n$ konvergiert $(D^\nu \varphi_j)_j$ gleichmäßig gegen $D^\nu \varphi$; dabei setzt man wieder

$$D^\nu \varphi = \frac{\partial^{\nu_1 + \ldots + \nu_n} \varphi}{\partial^{\nu_1} x_1 \cdot \ldots \cdot \partial^{\nu_n} x_n}.$$

Eine im Sinne von 12.1.1 stetige lineare Abbildung

$$T : \mathcal{D}(\mathbb{R}^n) \to \mathbb{R}$$

heißt Distribution im $\mathbb{R}^n$.
Die partielle Ableitung von $T$ wird definiert durch

$$\frac{\partial T}{\partial x_j}(\varphi) := -T(\frac{\partial \varphi}{\partial x_j}).$$

Dann ist $\frac{\partial^2 T}{\partial x_1^2}(\varphi) = T(\frac{\partial^2 \varphi}{\partial x_1^2})$ und für den Laplace-Operator $\triangle := \frac{\partial^2}{\partial x_1^2} + \ldots + \frac{\partial^2}{\partial x_n^2}$ gilt:

$$(\triangle T)(\varphi) = T(\triangle \varphi).$$

Wir wollen die einer Funktion $f$ zugeordnete Distribution $T_f$ aus 12.1.4 im $\mathbb{R}^n$ erklären. Zunächst heißt eine f.ü. erkärte Funktion $f : \mathbb{R}^n \to \mathbb{R}$ lokal integrierbar, wenn $f|K \to \mathbb{R}$ für jede kompakte Menge $K \subset \mathbb{R}^n$ integrierbar ist. Durch

$$T_f(\varphi) := \int\limits_{\mathbb{R}^n} f\varphi \mathrm{d}x, \quad \varphi \in \mathcal{D}(\mathbb{R}^n),$$

ist dann wieder eine Distribution $T_f$ erklärt.

Ist auch $g : \mathbb{R}^n \to \mathbb{R}$ lokal integrierbar, so folgt aus $T_f(\varphi) = T_g(\varphi)$ für alle $\varphi \in \mathcal{C}_0^\infty(\mathbb{R}^n)$, dass $f = g$ f. ü. ist. Der Grund ist, dass es nach dem Dichtesatz 12.1.21 genügend Testfunktionen $\varphi \in \mathcal{C}_0^\infty(\mathbb{R}^n)$ gibt. Insbesondere können wir die lokal integrierbaren Funktionen $f$ mit den ihnen zugeordneten Distributionen $T_f$ identifizieren und als solche beliebig oft differenzieren.

## 12.2 Distributionen und Differentialgleichungen

Es sei

$$Ly := y^{(n)} + c_{n-1}y^{(n-1)} + \ldots + c_1 y' + c_0 y$$

ein linearer Differentialoperator mit konstanten Koeffizienten. Wir behandeln nun Differentialgleichungen wie $LT = \delta$. Man hat also auf der rechten Seite nicht eine Funktion, sondern eine Distribution und auch als Lösung ist nicht eine Funktion, sondern eine Distribution $T$ gesucht. Lösungen von $LT = \delta$ spielen eine wichtige Rolle; sie heißen Grundlösungen.

**Definition 12.2.1** *Eine Distribution $T$ heißt* **Grundlösung** *zum Differentialoperator $L$, wenn gilt:*
$$LT = \delta.$$

Nun ergeben sich zwei Fragen:
- (1) Wozu benötigt man eine Grundlösung?
- (2) Wie findet man eine Grundlösung?

Wir gehen zunächst auf die erste Frage ein; zur Vorbereitung benötigen wir:

**Satz 12.2.2** *Ist $T \in \mathcal{D}'$ und $\varphi \in \mathcal{D}$, so ist $u := T * \varphi$ differenzierbar und es gilt:*

$$u' = T' * \varphi.$$

Wir skizzieren den Beweis dazu: Es sei wieder $\varphi_{[x]}(t) := \varphi(t - x)$. Für $h \neq 0$ ist dann der Differenzenquotient

$$\frac{u(x+h)-u(x)}{h} = T(\frac{\varphi_{[x+h]} - \varphi_{[x]}}{h}).$$

Es ist

$$\frac{\varphi_{[x+h]}(t) - \varphi_{[x]}(t)}{h} = -\frac{\varphi_{[x]}(t-h) - \varphi_{[x]}(t)}{-h}$$

und dies geht für $h \to 0$ gegen $-\varphi'_{[x]}(t)$. Nun beweist man die schärfere Aussage: Ist $(h_n)_n$ eine Folge mit $h_n \neq 0$ und $\lim_{n\to\infty} h_n = 0$, so konvergiert die Folge $(\frac{1}{h_n}(\varphi_{[x+h_n]} - \varphi_{[x]}))_n$ in $\mathcal{D}$ gegen die Funktion $-\varphi'_{[x]}$.
Daraus folgt dann wegen der Stetigkeit von $T$:

$$\lim_{n\to\infty} \frac{1}{h_n}(u(x+h_n) - u(x)) = T(-\varphi'_{[x]}) = T'(\varphi_{[x]}) = (T' * \varphi)(x),$$

also existiert $u'(x)$ und es gilt: $u' = T' * \varphi$.    $\square$
Daraus folgt

**Satz 12.2.3** *Ist $T$ eine Distribution und $\varphi \in \mathcal{D}$, so ist $T * \varphi$ beliebig oft differenzierbar und für jeden linearen Differentialoperator $L$ mit konstanten Koeffizienten gilt:*

$$L(T * \varphi) = (LT) * \varphi.$$

Daraus ergibt sich:

**Satz 12.2.4** *Ist $T$ eine Grundlösung zu $L$, so gilt für jedes $\rho \in \mathcal{D}$:*

$$\boxed{L(T * \rho) = \rho.}$$

**Beweis.** $L(T * \rho) = (LT) * \rho = \delta * \rho = \rho$.    $\square$
Mit diesem Satz ist die erste Frage beantwortet:
Wenn man zu $L$ eine Grundlösung $T$ hat, so kann man für jedes $\rho \in \mathcal{D}$ eine Lösung $u$ von $Lu = \rho$ angeben: es ist $u = T * \rho$. Man erhält also eine Lösung einer inhomogenen Differentialgleichung $Lu = \varrho$ dadurch, dass man eine Grundlösung $T$ mit der auf der rechten Seite stehenden Funktion $\varrho$ faltet.
Nun behandeln wir die zweite Frage: Wie findet man eine Grundlösung?
Die Idee erläutern wir für den Spezialfall eines Differentialoperators 2. Ordnung mit konstanten Koeffizienten, also $Ly = y'' + c_1 y' + c_0 y$. Man setzt eine Lösung $f$ von $Ly = 0$ mit der trivialen Lösung so zu einer Funktion $g$ zusammen, dass $g$ im Nullpunkt einen Knick von $45^o$ besitzt. Dann existiert $g'$ für $x \neq 0$ und hat in 0 einen Sprung der Höhe 1. Wendet man nun $L$ auf die Distribution $T_g$ an, so kommt nach 12.1.17 der Summand $\delta$ dazu; daher ist die zu $g$ gehörende Distribution $T_g$ eine Grundlösung zu $L$.

**Satz 12.2.5 (Konstruktion einer Grundlösung)** *Eine Grundlösung zum Differentialoperator*

$$L = D^n + c_{n-1}D^{n-1} + ... + c_1 D + c_0 \quad mit \quad c_0, ..., c_{n-1} \in \mathbb{R}$$

*erhält man folgendermaßen: Es sei $f : \mathbb{R} \to \mathbb{R}$ die Lösung von*

$$Lf = 0 \quad \textit{mit} \quad f(0) = 0,\ f'(0) = 0,\ \ldots,\ f^{(n-2)}(0) = 0,\ f^{(n-1)}(0) = 1.$$

*Definiert man*

$$g : \mathbb{R} \to \mathbb{R}, x \mapsto \begin{cases} 0 & \textit{für} \quad x < 0 \\ f(x) & \textit{für} \quad x \geq 0 \end{cases}$$

*so ist $T_g$ eine Grundlösung zu L, also*

$$\boxed{L T_g \ = \ \delta.}$$

**Bemerkung.** Die Bedingung an $f$ ist so zu interpretieren:
Für $n = 1$ bedeutet sie $f(0) = 1$
für $n = 2$ hat man $f(0) = 0, f'(0) = 1$.
**Beweis.** Wir führen den Beweis für $n = 2$; es ist also $L = D^2 + c_1 D + c_0$.

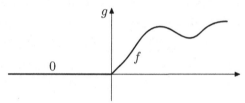

Wir wenden 12.1.17 an: Weil $g$ im Nullpunkt stetig ist, gilt $(T_g)' = T_{g'}$. Die Funktion $g'$ hat in 0 einen Sprung der Höhe 1 und daher ist $(T_{g'})' = T_{g''} + \delta$; somit ergibt sich $(T_g)'' = T_{g''} + \delta$. Daher gilt

$$LT_g = c_0 T_g + c_1 (T_g)' + (T_g)'' = c_0 T_g + c_1 T_{g'} + T_{g''} + \delta.$$

Für $x \neq 0$ ist $c_0 g(x) + c_1 g'(x) + g''(x) = 0$, daher ist $c_0 T_g + c_1 T_{g'} + T_{g''} = 0$ und somit $LT_g = \delta$.    □

**Beispiel 12.2.6** Es sei $L := D^2 + 1$. Die Lösung von

$$f'' + f = 0 \quad \textit{mit} \quad f(0) = 0,\ f'(0) = 1$$

ist $f(x) = \sin x$. Es sei $g : \mathbb{R} \to \mathbb{R}$ definiert durch $g(x) := 0$ für $x \leq 0$ und $g(x) := \sin x$ für $x > 0$. Dann ist $g'(x) = 0$ für $x < 0$ und $g'(x) = \cos x$ für $x > 0$. Weiter gilt $g''(x) = 0$ für $x < 0$ und $g''(x) = -\sin x$ für $x > 0$.
Es ist $(T_g)'' + T_g = \delta$; die Distribution $T_g$ ist eine Grundlösung zu $L = D^2 + 1$.

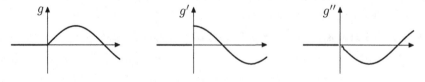

Wir behalten die obigen Bezeichnungen bei und fassen die Sätze 12.2.4 und 12.2.5 zusammen. Man beachte, dass bei dieser Formulierung der Begriff der Distribution nicht mehr vorkommt:

**Satz 12.2.7** *Es sei* $\varrho \in \mathcal{D}$*; definiert man die Funktion* $u : \mathbb{R} \to \mathbb{R}$ *durch*

$$u(x) := \int_{-\infty}^{x} f(x-t)\rho(t)\,\mathrm{d}t,$$

*so gilt* $Lu = \rho$.

**Beweis.** Setzt man $u := T_g * \rho = g * \rho$, so gilt $Lu = \rho$. Es ist $g(x-t) = f(x-t)$ für $t \leq x$ und $g(x-t) = 0$ für $t > x$. Daher ist

$$u(x) = (g * \rho)(x) = \int_{-\infty}^{+\infty} g(x-t)\rho(t)\,\mathrm{d}t = \int_{-\infty}^{x} f(x-t)\rho(t)\,\mathrm{d}t.$$

$\square$

Wir formulieren diese Aussage noch etwas anders und kommen zu einer Greenschen Funktion $G$ zu $L$; in 12.4 werden wir Greensche Funktionen eingehend behandeln.

**Satz 12.2.8** *Definiert man die Funktion* $G : \mathbb{R}^2 \to \mathbb{R}$ *durch*

$$G(x,\xi) := \begin{cases} 0 & \text{für} \quad \xi > x \\ f(x-\xi) & \text{für} \quad \xi \leq x \end{cases}$$

*so gilt: Ist* $\varrho \in \mathcal{D}$ *und setzt man*

$$u(x) := \int_{-\infty}^{+\infty} G(x,\xi)\rho(\xi)\,\mathrm{d}\xi,$$

*so gilt* $Lu = \rho$.

## 12.3 Differentialgleichungen auf abgeschlossenen Intervallen

Im vorhergehenden Abschnitt haben wir Differentialgleichungen $Ly = \rho$ mit $\rho \in \mathcal{D}$ behandelt; die rechte Seite ist also eine in $\mathbb{R}$ definierte unendlich oft differenzierbare Funktion mit kompaktem Träger. In vielen wichtigen Fällen ist aber die auf der rechten Seite stehende Funktion nicht in $\mathcal{D}$; zum Beispiel gilt dies für die sogenannten elementaren Funktionen, etwa Polynome, $e^x$, $\sin x$. Wir zeigen nun, dass entsprechende Aussagen auch dann gelten, wenn $\rho$ eine auf einem abgeschlossenen Intervall $[a, b]$ stetige Funktion ist. Man geht aus von der Formel in 12.2.7 und zeigt: Wählt man $f$ wie in 12.2.5 und setzt man

$$u(x) := \int_a^x f(x-t)\rho(t)\,\mathrm{d}t,$$

so gilt $Lu = \rho$.

**Satz 12.3.1** *Es sei*

$$L = D^n + c_{n-1}D^{n-1} + \ldots + c_1 D + c_0$$

*ein Differentialoperator mit konstanten Koeffizienten und $f : \mathbb{R} \to \mathbb{R}$ die Lösung von*

$$Lf = 0 \quad mit \quad f(0) = 0,\ f'(0) = 0,\ \ldots, f^{(n-2)}(0) = 0,\ f^{(n-1)}(0) = 1.$$

*Ist dann $\rho : [a,b] \to \mathbb{R}$ eine stetige Funktion und definiert man*

$$u : [a,b] \to \mathbb{R}, x \mapsto \int_a^x f(x-t)\rho(t)\,\mathrm{d}t,$$

*so ist*

$$\boxed{Lu = \rho \qquad und \quad u(a) = 0,\ u'(a) = 0, \ldots, u^{(n-1)}(a) = 0.}$$

**Beweis.** Wir erläutern den Beweis wieder für $n = 2$, also für $L = D^2 + c_1 D + c_0$. Wir verwenden nun 9.2.17; daraus folgt wegen $f(0) = 0,\ f'(0) = 1$:

$$u'(x) = \int_a^x f'(x-t)\rho(t)\,\mathrm{d}t\ +\ f(0)\rho(x) = \int_a^x f'(x-t)\rho(t)\,\mathrm{d}t,$$

$$u''(x) = \int_a^x f''(x-t)\rho(t)\,\mathrm{d}t\ +\ f'(0)\rho(x) = \int_a^x f''(x-t)\rho(t)\,\mathrm{d}t\ +\ \rho(x).$$

Daraus ergibt sich

$$(Lu)(x) = \int_a^x \Big(c_0 f(x-t) + c_1 f'(x-t) + f''(x-t)\Big) \cdot \rho(t)\,\mathrm{d}t\ +\ \rho(x) = \rho(x),$$

denn es ist

$$c_0 f(x-t) + c_1 f'(x-t) + f''(x-t) = 0.$$

An dieser Stelle benützt man, dass die Koeffizienten des Differentialoperators konstant sind; andernfalls hätte man hier $c_0(x)f(x-t) + c_1(x)f'(x-t) + f''(x-t)$ und dies ist nicht notwendig gleich 0. $\qquad\square$

**Beispiel 12.3.2** Es sei $L := 1 + D^2$ und $\varrho : [0, 2\pi] \to \mathbb{R}, x \mapsto x$. Die Lösung $f$ von $y'' + y = 0$ mit $f(0) = 0$ und $f'(0) = 1$ ist $f(x) = \sin x$. Die Lösung $u$ von $y'' + y = x$ mit $u(0) = 0$, $u'(0) = 0$ ist also

$$u(x) = \int_0^x t \sin(x - t)\mathrm{d}t = [t\cos(x - t) + \sin(x - t)]_{t=0}^{t=x} = x - \sin x.$$

Man erhält somit

$$u(x) = x - \sin x,$$

es ist $u'(x) = 1 - \cos x$, $u''(x) = \sin x$, also $u + u'' = x$ und $u(0) = 0$, $u'(0) = 0$.

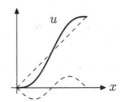

## 12.4 Greensche Funktion

Wir behandeln den Begriff der Greenschen Funktion (GEORGE GREEN (1793-1841)) für Differentialoperatoren

$$L = a_0(x) + a_1(x)D + D^2$$

mit auf $[a, b]$ stetigen Funktionen $a_0, a_1$. Es soll eine Funktion $G$ auf $[a, b] \times [a, b]$ konstruiert werden, so dass man für jede stetige Funktion $\varrho : [a, b] \to \mathbb{R}$ eine Lösung $u$ von $Lu = \varrho$ in der Form

$$u(x) = \int_a^b G(x, t)\rho(t)\,\mathrm{d}t$$

angeben kann.

Wir führen zunächst einige Bezeichnungen ein. Es sei

$$Q := [a, b] \times [a, b], \quad Q^l := \{(x, t) \in Q | \, x \leq t\}, \quad Q^r := \{(x, t) \in Q | x \geq t\}.$$

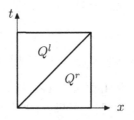

Für eine Funktion

$$G : Q \to \mathbb{R}, \ (x,t) \mapsto G(x,t),$$

setzen wir

$$G^l := G|Q^l, \qquad G^r := G|Q^r.$$

**Definition 12.4.1** *Es sei*

$$L = a_0 + a_1 D + D^2$$

*ein Differentialoperator 2. Ordnung mit stetigen Koeffizienten $a_0, a_1 : [a,b] \to \mathbb{R}$. Eine Funktion*

$$G : Q \to \mathbb{R}, \ (x,t) \mapsto G(x,t)$$

*heißt eine* **Greensche Funktion zu L**, *wenn gilt:*

*(1)    G ist stetig.*

*(2)    $G^\ell$ und $G^r$ sind zweimal stetig partiell nach $x$ differenzierbar.*

*(3)    Für jedes $t \in [a,b]$ gilt:*

$$a_0(x)G^\ell(x,t) + a_1(x)\frac{\partial G^\ell}{\partial x}(x,t) + \frac{\partial^2 G^\ell}{\partial x^2}(x,t) = 0 \quad \text{für } x \in [a,t].$$

$$a_0(x)G^r(x,t) + a_1(x)\frac{\partial G^r}{\partial x}(x,t) + \frac{\partial^2 G^r}{\partial x^2}(x,t) = 0 \quad \text{für } x \in [t,b].$$

*(4)    Für alle $x \in [a,b]$ gilt:*

$$\frac{\partial G^r}{\partial x}(x,x) - \frac{\partial G^\ell}{\partial x}(x,x) = 1.$$

Die Bedingung (1) besagt, dass $G^r$ und $G^\ell$ auf der Diagonale zusammenpassen, also $G^\ell(x,x) = G^r(x,x)$; nach (4) ist dort ein Knick. Die Bedingung (3) bedeutet: $LG^\ell = 0$ und $LG^r = 0$, dabei ist Differentiation nach der Variablen $x$ gemeint.

Falls $L$ konstante Koeffizienten hat, kann man eine Greensche Funktion $G$ zu $L$ leicht angeben:

**Satz 12.4.2** *Ist $L = c_0 + c_1 D + D^2$ ein Differentialoperator mit konstanten Koeffizienten $c_0, c_1 \in \mathbb{R}$ und wählt man $g$ wie in 12.2.5, so ist $G(x,t) := g(x-t)$ eine Greensche Funktion zu L.*

In diesem Fall kann man also

$$G^\ell = 0 \qquad G^r(x,t) = f(x-t)$$

wählen; dabei ist

$$Lf = 0, \ f(0) = 0, \ f'(0) = 1.$$

Wir zeigen nun, dass man mit Hilfe einer Greenschen Funktion $G$ zu $L$ für jede stetige Funktion $\rho : [a,b] \to \mathbb{R}$ eine Lösung $u$ von $Lu = \varrho$ sofort angeben kann.

**Satz 12.4.3** *Ist* $L = a_0 + a_1 D + D^2$ *ein Differentialoperator mit stetigen Koeffizienten* $a_0 : [a,b] \to \mathbb{R}$, $a_1 : [a,b] \to \mathbb{R}$, *und ist G eine Greensche Funktion zu L, so gilt für jede stetige Funktion* $\rho : [a,b] \to \mathbb{R}$: *Setzt man*

$$u : [a,b] \to \mathbb{R}, x \mapsto \int_a^b G(x,t)\rho(t)\,\mathrm{d}t,$$

*so ist u zweimal differenzierbar und*

$$Lu = \rho.$$

**Beweis.** Wir schreiben $G_x^r$ an Stelle von $\frac{\partial G^r}{\partial x}$. Bei der Berechnung von $u'$ und $u''$ benützen wir 9.2.17; mit (1) und (4) aus der Definition von $G$ ergibt sich:

$$u(x) = \int_a^x G^r(x,t)\rho(t)\,\mathrm{d}t - \int_b^x G^\ell(x,t)\rho(t)\,\mathrm{d}t,$$

$$u'(x) = \int_a^x G_x^r(x,t)\rho(t)\,\mathrm{d}t + G^r(x,x)\rho(x) - \int_b^x G_x^\ell(x,t)\rho(t)\,\mathrm{d}t - G^\ell(x,x)\rho(x) =$$

$$\overset{(1)}{=} \int_a^x G_x^r(x,t)\rho(t)\,\mathrm{d}t - \int_b^x G_x^\ell(x,t)\rho(t)\,\mathrm{d}t,$$

$$u''(x) = \int_a^x G_{xx}^r(x,t)\rho(t)\,\mathrm{d}t + G_x^r(x,x)\rho(x) -$$

$$- \int_a^x G_{xx}^\ell(x,t)\rho(t)\,\mathrm{d}t - G_x^\ell(x,x)\rho(x) =$$

$$\overset{(4)}{=} \int_a^x G_{xx}^r(x,t)\rho(t)\,\mathrm{d}t - \int_a^x G_{xx}^\ell(x,t)\rho(t)\,\mathrm{d}t + \rho(x).$$

Daraus folgt mit (3):

$$Lu(x) = \int_a^x LG^r(x,t)\rho(t)\mathrm{d}t - \int_a^x LG^\ell(x,t)\rho(t)\,\mathrm{d}t + \rho(x) \overset{(3)}{=} \rho(x).$$

$\square$

Nun zeigen wir, wie man eine Greensche Funktion konstruieren kann. Die Idee dazu ist folgende:

Die Funktionen $G^\ell(\cdot,t)$ und $G^r(\cdot,t)$ sind (bei festem $t$ als Funktionen von $x$) Lösungen von $Ly = 0$. Wählt man ein Lösungsfundamentalsystem $(\eta_1, \eta_2)$ zu $Ly = 0$, so sind $G^\ell$ und $G^r$ Linearkombinationen von $\eta_1, \eta_2$, wobei die Koeffizienten von $t$ abhängen. Wählt man diese Koeffizienten stetig und so, dass $G^\ell(x,x) = G^r(x,x)$ und $G_x^r(x,x) - G_x^\ell(x,x) = 1$ ist, dann erhält man eine Greensche Funktion.

**Satz 12.4.4 (Konstruktion einer Greenschen Funktion)** *Es sei*

$$L = a_0 + a_1 D + D^2$$

*ein Differentialoperator mit stetigen Koeffizienten* $a_0, a_1 : [a, b] \to \mathbb{R}$*; dann existiert eine Greensche Funktion* $G$ *zu* $L$*. Diese erhält man so:*
*Man wählt ein Lösungsfundamentalsystem* $(\eta_1, \eta_2)$ *von* $Ly = 0$ *und stetige Funktionen*

$$\ell_1, \ell_2, r_1, r_2 : [a, b] \to \mathbb{R}$$

*mit*

$$\begin{array}{ll} (1) & (r_1 - \ell_1)\eta_1 + (r_2 - \ell_2)\eta_2 = 0 \\ (2) & (r_1 - \ell_1)\eta_1' + (r_2 - \ell_2)\eta_2' = 1. \end{array}$$

*Setzt man*

$$G^\ell(x, t) := \ell_1(t)\eta_1(x) + \ell_2(t)\eta_2(x),$$

$$G^r(x, t) := r_1(t)\eta_1(x) + r_2(t)\eta_2(x),$$

*so ist die dadurch definierte Funktion* $G$ *eine Greensche Funktion zu* $L$*. Auf diese Weise erhält man jede Greensche Funktion zu* $L$*.*

**Beweis.** Man wählt ein Lösungsfundamentalsystem $(\eta_1, \eta_2)$ von $Ly = 0$. Dann hat die Wronski-Determinante

$$W := \eta_1 \eta_2' - \eta_2 \eta_1'$$

keine Nullstelle. Setzt man

$$\ell_1 = 0, \quad \ell_2 = 0, \qquad r_1 = -\frac{\eta_2}{W}, \quad r_2 = +\frac{\eta_1}{W},$$

so sind die Bedingungen (1), (2) des Satzes erfüllt und man rechnet nach, dass man mit

$$G^\ell(x, t) = 0, \qquad G^r(x, t) = \frac{1}{W(x)}(-\eta_2(t)\eta_1(x) + \eta_1(t)\eta_2(x))$$

eine Greensche Funktion $G$ zu $L$ erhält.
Für $t \in [a, b]$ ist $x \mapsto G^r(x, t)$ die Lösung $y$ von $Ly = 0$ mit $y(t) = 0$, $y'(t) = 1$.

$\square$

**Beispiel 12.4.5** Wir betrachten auf $[0, 2\pi]$ den Differentialoperator $L := 1 + D^2$; setzt man

$$\eta_1(x) := \cos x, \qquad \eta_2(x) := \sin x,$$

so ist $(\eta_1, \eta_2)$ ein Lösungsfundamentalsystem zu $Ly = y + y'' = 0$.
Es ist $W(x) = 1$ und $r_1(x) = -\sin x$, $r_2(x) = \cos x$. Durch

$$G^\ell(x, t) = 0 \qquad G^r(x, t) = -\sin t \cdot \cos x + \cos t \cdot \sin x = \sin(x - t)$$

wird eine Greensche Funktion $G$ zu $L$ gegeben.

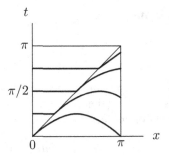

**Beispiel 12.4.6** Sei $L := D^2$; dann setzt man

$$\eta_1(x) = 1, \quad \eta_2(x) = x$$

und hat damit ein Lösungsfundamentalsystem zu $Ly = 0$. Eine Greensche Funktion erhält man durch

$$G^\ell(x,t) = 0 \qquad G^r(x,t) = x - t.$$

**Schlußbemerkungen**

Wenn

$$L = a_0(x) + a_1(x)D + \ldots + a_n(x)D^n$$

ein Differentialoperator $n$-ter Ordnung mit auf $[a,b]$ stetigen Koeffizienten ist, $a_n(x) \neq 0$ für $x \in [a,b]$, dann definiert man den Begriff der Greenschen Funktion $G : Q \to \mathbb{R}$ zu $L$ so:

(1) $G, \frac{\partial G}{\partial x}, \ldots, \frac{\partial^{n-2}G}{\partial x^{n-2}}$ existieren und sind stetig.

(2) Für jedes $t \in [a,b]$ sind $x \mapsto G^\ell(x,t)$ und $x \mapsto G^r(x,t)$ $n$-mal stetig differenzierbar.

(3) Für jedes $t \in [a,b]$ ist $LG^\ell(\,\cdot\,,t) = 0$ in $[t,b]$ und $LG^r(\,\cdot\,,t) = 0$ in $[a,t]$.

(4) $\frac{\partial^{n-1}G^r}{\partial x^{n-1}}(x,x) - \frac{\partial^{n-1}G^\ell}{\partial x^{n-1}}(x,x) = \frac{1}{a_n(x)}$ für $x \in [a,b]$.

Für $n = 1$ ist dies so zu interpretieren: Bedingung (1) ist leer und Bedingung (4) besagt:

$$G^r(x,x) - G^\ell(x,x) = \frac{1}{a_1(x)};$$

für $n = 1$ ist die Funktion $G$ also unstetig.

Setzt man

$$\tilde{L} := \frac{1}{a_n}L = \frac{a_0}{a_n} + \frac{a_1}{a_n}D + \ldots + D^n,$$

so gilt: Ist $\tilde{G}$ eine Greensche Funktion zu $\tilde{L}$, so ist $G := \frac{1}{a_n}\tilde{G}$ eine Greensche Funktion zu $L$; es genügt also, den normierten Differentialoperator $\tilde{L}$ zu behandeln.

## 12.5 Randwertprobleme

Es sei wieder

$$L = a_0(x) + a_1(x)D + D^2$$

ein Differentialoperator 2. Ordnung mit stetigen Koeffizienten $a_0, a_1 : [a, b] \to \mathbb{R}$; weiter sei gegeben eine stetige Funktion $\rho : [a, b] \to \mathbb{R}$. Gesucht ist eine zweimal stetig differenzierbare Funktion $u : [a, b] \to \mathbb{R}$ mit

$$Lu = \rho, \quad u(a) = 0, \quad u(b) = 0.$$

Dann nennt man $u$ eine Lösung dieses (inhomogenen) Randwertproblems. Beim homogenen Randwertproblem sucht man eine Funktion $u$ mit

$$Lu = 0, \quad u(a) = 0, \quad u(b) = 0.$$

Die Problematik soll an einem einfachen Beispiel verdeutlicht werden: Für $L := 1 + D^2$ sind alle Lösungen von $Lu = 0$ von der Form $c_1 \cos x + c_2 \sin x$, sie sind also $2\pi$-periodisch. Betrachtet man das Randwertproblem auf dem Intervall $[0, 2\pi]$, so gilt: Wenn eine dieser Funktionen in 0 verschwindet, dann auch im Punkt $2\pi$. Das Problem $Lu = 0$, $u(0) = 0$, $u(2\pi) = 0$, hat unendlich viele Lösungen, nämlich $u(x) = c \cdot \sin x$ mit $c \in \mathbb{R}$. Betrachtet man dagegen dieses Randwertproblem auf dem Intervall $[0, \frac{\pi}{2}]$, so gibt es nur die triviale Lösung $u = 0$.

Es ist naheliegend, ein Randwertproblem mit Hilfe einer Greenschen Funktion $G$ zu lösen; dabei wird die Funktion $G$ so gewählt, dass sie in den Randpunkten verschwindet, also $G(a, t) = 0$, $G(b, t) = 0$ für alle $t \in [a, b]$.

**Definition 12.5.1** *Eine Greensche Funktion $G$ zu $L$ mit*

$$G(a, t) = 0 \quad und \quad G(b, t) = 0 \quad für alle \; t \in [a, b]$$

*nennen wir* **Greensche Funktion zum Randwertproblem.**

**Satz 12.5.2** *Wenn das homogene Randwertproblem nur die triviale Lösung besitzt, so gibt es dazu genau eine Greensche Funktion $G$. Ist $\rho : [a, b] \to \mathbb{R}$ stetig und setzt man*

$$u : [a, b] \to \mathbb{R}, \quad x \mapsto \int_a^b G(x, t)\rho(t) \, dt,$$

*so gilt $Lu = \rho$, $u(a) = 0$, $u(b) = 0$.*

**Beweis.** Wir beweisen zuerst die Existenz von $G$. Man wählt Lösungen $\eta_1, \eta_2$ von $Ly = 0$ mit

$$\eta_1(a) = 0, \quad \eta_1'(a) = 1, \quad \eta_2(b) = 0, \quad \eta_2'(b) = 1.$$

Dann sind $\eta_1, \eta_2$ linear unabhängig, andernfalls wäre $\eta_1 = c \cdot \eta_2$ mit $c \in \mathbb{R}$. Daraus folgt aber $\eta_1(b) = 0$ und dann wäre nach Voraussetzung $\eta_1 = 0$. Somit besitzt die Wronski-Determinante $W := \eta_1\eta_2' - \eta_2\eta_1'$ keine Nullstelle in $[a, b]$. Nun setzt man

$$r_1 := 0, \quad r_2 := \frac{\eta_1}{W}, \quad l_1 := \frac{\eta_2}{W}, \quad l_2 := 0.$$

Dann wird durch

$$G^l(x,t) = \frac{\eta_2(t)}{W(t)} \cdot \eta_1(x), \qquad G^r(x,t) = \frac{\eta_1(t)}{W(t)} \cdot \eta_2(x),$$

eine Greensche Funktion $G$ zum Randwertproblem gegeben.

Nach 12.4.3 ist dann $Lu = \rho$; wegen $G(a,t) = 0$ ist $u(a) = \int_a^b G(a,t)\rho(t)\,\mathrm{d}t = 0$, analog $u(b) = 0$. Weil das homogene Problem nur die triviale Lösung besitzt, ist jedes inhomogene Problem eindeutig lösbar.

Nun zeigen wir noch, dass $G$ eindeutig bestimmt ist. Ist $\tilde{G}$ eine weitere derartige Funktion, so gilt für jedes $\rho$: Die Funktion $\tilde{u}(x) := \int_a^b \tilde{G}(x,t)\rho(t)\,\mathrm{d}t$ ist ebenfalls Lösung. Daher ist $u = \tilde{u}$ und somit $\int_a^b (\tilde{G}(x,t) - G(x,t)) \cdot \rho(t)\,\mathrm{d}t = 0$ für jedes $\rho$. Aus 5.1.9 folgt $G = \tilde{G}$.    □

**Beispiel 12.5.3** Wir betrachten das zum Intervall $[0, \frac{\pi}{2}]$ und $L = 1 + D^2$ gehörende Randwertproblem. Es ist $\eta_1(x) = \sin x$, $\eta_2(x) = -\cos x$, $W(x) = 1$. Damit ergibt sich

$$G^l(x,t) = -\cos t \cdot \sin x \qquad G^r(x,t) = -\sin t \cdot \cos x.$$

**Beispiel 12.5.4** Es sei $L := D^2$ auf $[0,1]$. Dann ist $\eta_1(x) = x$, $\eta_2(x) = x - 1$ und

$$G^l(x,t) = (t-1) \cdot x \qquad G^r(x,t) = t \cdot (x-1).$$

**Schlußbemerkung**

Wenn das durch $[a, b]$ und $L$ gegebene homogene Randwertproblem nur die triviale Lösung besitzt, so hat jedes inhomogene Randwertproblem höchstens eine Lösung. Satz 12.5.2 besagt: $Lu = \rho$, $u(b) = 0$, $u(b) = 0$ gilt genau dann, wenn $u(x) = \int_a^b G(x, t)\rho(t)\, dt$ ist. Das bedeutet:

Die Differentialgleichung

$$\boxed{a_0(x) + a_1(x)u'(x) + u''(x) = \varrho(x), \qquad u(a) = 0, \ u(b) = 0}$$

ist äquivalent zu

$$\boxed{u(x) = \int_a^b G(x, t)\rho(t)\, \mathrm{d}t.}$$

Sei $\mathcal{D}(L) := \{u \in \mathcal{C}^2([a, b])|\ u(a) = u(b) = 0\}$; dann haben wir eine lineare Abbildung

$$L : \mathcal{D}(L) \to \mathcal{C}^0([a, b]), \ u \mapsto Lu,$$

mit folgenden Eigenschaften: $L$ ist auf einem Teilraum von $\mathcal{C}^0([a, b])$ erklärt. Ist $L$ injektiv, so ist $L$ surjektiv. Die zu $L$ gehörende inverse Abbildung

$$G : \mathcal{C}^0([a, b]) \to \mathcal{D}(L)$$

ist durch

$$(G\varrho)(x) := \int_a^b G(x, t)\varrho(t)\mathrm{d}t$$

gegeben. Obwohl die zu Grunde liegenden Vektorräume nicht endlich-dimensional sind, haben wir für die Abbildung $L$ ein Ergebnis, das dem Satz 7.4.9 der linearen Algebra entspricht. Auch in Kapitel 15 werden wir auf diesen Gedanken zurückkommen.

## 12.6 Differentialoperatoren vom Sturm-Liouville-Typ

Nun seien

$$a_0, a_1, a_2 : [a, b] \to \mathbb{R}$$

stetig differenzierbare Funktionen; wir behandeln Differentialoperatoren

$$L = a_0(x) + a_1(x)D + a_2(x)D^2.$$

Durch das Integral definieren wir das Skalarprodukt für die auf $[a, b]$ stetigen Funktionen:

$$< f, g >:= \int\limits_a^b f(x)g(x)\, \mathrm{d}x.$$

Nun soll die Frage behandelt werden, wann $L$ selbstadjungiert ist, also

$$< Lf, g >=< f, Lg > .$$

Man modifiziert die Fragestellung und betrachtet nur solche Funktionen, die in den Randpunkten $a, b$ verschwinden. Dann ergibt sich: Wenn

$$a_1 = a_2'$$

ist, dann gilt: $< Lf, g >=< f, Lg >$. Der Differentialoperator $L$ ist dann von der Form

$$L = q(x) + p'(x)D + p(x)D^2;$$

derartige Operatoren bezeichnet man als Differentialoperatoren vom Sturm-Liou-ville-Typ; dabei wird noch $p > 0$ vorausgesetzt;(RUDOLF STURM (1841-1919), JOSEPH LIOUVILLE (1809-1882)).

Wir präzisieren zuerst die benötigten Begriffe:

**Definition 12.6.1** *Es seien $p, q : [a, b] \to \mathbb{R}$ stetig differenzierbare Funktionen und $p(x) > 0$ für alle $x \in [a, b]$. Dann heißt*

$$L := q + p'D + pD^2$$

*ein Differentialoperator vom* **Sturm-Liouville-Typ***; also*

$$Ly = qy + p'y' + py'' = qy + (py')'.$$

Zur Vorbereitung beweisen wir (dabei wird $p(x) > 0$ nicht vorausgesetzt):

**Satz 12.6.2** *Seien $p, q : [a, b] \to \mathbb{R}$ stetig differenzierbar,*

$$L := q + p'D + pD^2,$$

*dann gilt für alle zweimal stetig differenzierbaren Funktionen $f, g : [a, b] \to \mathbb{R}$:*

*(1) $f \cdot (Lg) - g \cdot (Lf) = \left( p \cdot \begin{vmatrix} f & g \\ f' & g' \end{vmatrix} \right)'$ ;*

*(2) $< f, Lg > - < Lf, g >= \left[ p \cdot \begin{vmatrix} f & g \\ f' & g' \end{vmatrix} \right]_a^b$ ;*

*(3) wenn $f(a) = f(b) = g(a) = g(b) = 0$ ist, dann folgt $< Lf, g >=< f, Lg >$;*

*(4) wenn $p(a) = p(b) = 0$ ist, dann folgt ebenfalls $< Lf, g >=< f, Lg >$ .*

**Beweis.** Es ist $(*)$ $(py')' = Ly - qy$ und daher

$$\left(p \cdot \begin{vmatrix} f & g \\ f' & g' \end{vmatrix}\right)' = (f(pg') - g(pf'))' = f'(pg') + f(pg')' - g'(pf') - g(pf')' =$$

$$= f(pg')' - g(pf')' \overset{(*)}{=} f(Lg - qg) - g(Lf - qf) = f(Lg) - g(Lf).$$

Damit ist (1) bewiesen. Durch Integration folgt (2); daraus ergeben sich (3) und (4). $\qquad\square$

Nun sei $L = q + p'D + pD^2$ ein Sturm-Liouville-Operator, wir setzen jetzt also $p(x) > 0$ voraus. Um die Ergebnisse von 12.5 anwenden zu können, betrachten wir

$$\tilde{L} := \frac{1}{p}L = \frac{q}{p} + \frac{p'}{p}D + D^2.$$

Für den normierten Operator $\tilde{L}$ haben wir in 12.5 gezeigt, dass zum Randwertproblem genau eine Greensche Funktion $\tilde{G}$ existiert. Dann ist

$$G(x,t) := \frac{\tilde{G}(x,t)}{p(t)}$$

die zu $L$ gehörende Greensche Funktion. Es gilt:

**Satz 12.6.3** *Wenn das zum Sturm-Liouville-Operator $L = q+p'D+pD^2$ gehörende homogene Randwertproblem $Ly = 0$, $y(a) = y(b) = 0$ nur die triviale Lösung besitzt, dann existiert zu diesem Randwertproblem genau eine Greensche Funktion $G$ und diese ist symmetrisch, d.h. für alle $x,t \in [a,b]$ ist*

$$G(x,t) = G(t,x).$$

**Beweis.** Nach 12.5.2 existiert genau eine Greensche Funktion $G$, die man so erhält: Man wählt $\eta_1, \eta_2$ mit $L\eta_1 = 0$, $\eta_1(a) = 0$, $\eta_1'(a) = 1$ und $L\eta_2 = 0$, $\eta_2(b) = 0$, $\eta_2'(b) = 1$. Setzt man $W := \eta_1\eta_2' - \eta_2\eta_1'$, so ist

$$G^l(x,t) = \frac{\eta_2(t)\eta_1(x)}{p(t)W(t)}, \qquad G^r(x,t) = \frac{\eta_1(t)\eta_2(x)}{p(t)W(t)}.$$

Wir zeigen, dass für einen Sturm-Liouville-Operator der Nenner $p \cdot W$ konstant ist. Aus 12.6.2 folgt (wegen $L\eta_1 = L\eta_2 = 0$):

$$(pW)' = f \cdot (L\eta_2) - g \cdot (L\eta_1) = 0,$$

daher ist $c := p \cdot W$ konstant. Für $a \le x < t \le b$ ist dann

$$G(x,t) = G^l(x,t) = \frac{1}{c}\eta_2(t)\eta_1(x), \qquad G(t,x) = G^r(t,x) = \frac{1}{c}\eta_1(x)\eta_2(t),$$

also $G(x,t) = G(t,x)$ für $x < t$. Analog behandelt man den Fall $x > t$. $\qquad\square$

Man vergleiche dazu 12.5.3; dort ist $pW = 1$ und die dort angegebene Greensche Funktion ist symmetrisch.

Mit Hilfe der Greenschen Funktion behandeln wir nun Eigenwertprobleme.

**Definition 12.6.4** *Eine reelle Zahl* $\lambda$ *heißt* **Eigenwert zum Randwertproblem,** *wenn es eine nicht-identisch verschwindende zweimal stetig differenzierbare Funktion* $u : [a, b] \to \mathbb{R}$ *gibt mit*

$$Lu + \lambda u = 0, \quad u(a) = 0, \quad u(b) = 0.$$

*Die Funktion* $u$ *heißt* **Eigenfunktion** *zum Eigenwert* $\lambda$.

(Man beachte, dass die Eigenwertgleichung, anders als in der linearen Algebra, hier $Lu = -\lambda u$ ist.)

Zum Beispiel besitzt ein homogenes Randwertproblem genau dann eine nichttriviale Lösung, wenn 0 ein Eigenwert ist. Es gilt

**Satz 12.6.5** *Ist* $L$ *ein Sturm-Liouville-Operator auf* $[a, b]$ *und sind* $\lambda_1 \neq \lambda_2$ *Eigenwerte zum Randwertproblem und* $u_1, u_2$ *Eigenfunktionen zu* $\lambda_1, \lambda_2$, *so gilt:*

$$< u_1, u_2 >= 0.$$

**Beweis.** Die Eigenfunktionen $u_1, u_2$ verschwinden in $a, b$ und daher gilt nach 12.6.2:

$$< Lu_1, u_2 >=< u_1, Lu_2 >.$$

Daraus folgt nach 7.10.5 $< u_1, u_2 >= 0$.     □

Die Lösung eines Eigenwertproblems lässt sich mit Hilfe der Greenschen Funktion auf eine Integralgleichung zurückführen:

**Satz 12.6.6** *Es sei* 0 *kein Eigenwert des zu* $L$ *auf* $[a, b]$ *gehörenden Sturm-Liouvilleschen Eigenwertproblems. Ist dann* $G$ *die Greensche Funktion, so ist* $u$ *genau dann Eigenfunktion zum Eigenwert* $\lambda$, *wenn gilt:*

$$\int_a^b G(x, t) u(t) \, \mathrm{d}t = -\frac{1}{\lambda} u(x).$$

**Beweis.** Für $u(a) = u(b) = 0$ gilt

$$Lu = \rho \quad \text{genau dann, wenn} \quad \int_a^b G(x, t) \rho(t) \, \mathrm{d}t = u(x).$$

Mit $\rho := -\lambda u$ folgt die Behauptung.     □

Wir zeigen noch:

**Satz 12.6.7** *Ist* $L = q + p'D + pD^2$ *ein Sturm-Liouville-Operator auf* $[a, b]$ *mit* $q(x) \leq 0$ *für alle* $x \in [a, b]$ *und ist* $\lambda \in \mathbb{R}$ *ein Eigenwert, so gilt:* $\lambda > 0$.

**Beweis.** Ist $u$ eine Eigenfunktion zu $\lambda$, so ist $Lu = -\lambda u$ und daher

$$\lambda \cdot \|u\|^2 = <\lambda u, u> = - <Lu, u> = - \int\limits_a^b (qu + (pu')')u \, \mathrm{d}x =$$

$$= - \int\limits_a^b qu^2 \, \mathrm{d}x - \int\limits_a^b (pu')'u \, \mathrm{d}x.$$

Partielle Integration ergibt

$$\int\limits_a^b (pu')'u \, \mathrm{d}x = pu'u\big|_a^b - \int\limits_a^b pu'u' \, \mathrm{d}x = - \int\limits_a^b p(u')^2 \, \mathrm{d}x < 0.$$

Daraus folgt $\lambda \cdot \|u\|^2 > - \int\limits_a^b qu^2 \, \mathrm{d}x \geq 0$ und daher $\lambda > 0$.    $\square$

Aus der Umformung der Sturm-Liouville-Eigenwertaufgabe in das Eigenwertproblem für eine Integralgleichung folgt, wie in 15.10.5 gezeigt wird:

**Satz 12.6.8** *1. Sei $\lambda$ ein Eigenwert zu $L$. Dann bilden die Eigenfunktionen zu $\lambda$ einen endlich-dimensionalen Teilraum von*

$$\mathcal{D}(L) = \{u \in \mathcal{C}^2([a,b])|\ u(a) = u(b) = 0\}.$$

*Seine Dimension $e_\lambda$ heißt die (geometrische) Vielfachheit von $\lambda$.*
*Die Eigenwerte von $L$ bilden eine Folge $\lambda_1, \lambda_2, \ldots$, die sich in der Form*

$$\lambda_1 \leq \lambda_2 \leq \lambda_3 \leq \ldots$$

*anordnen lässt. Wir denken uns jeden Eigenwert so oft angeführt, wie seine endliche Vielfachheit $e_\lambda$ angibt. Dann gilt*

$$\lim_{n\to\infty} \lambda_n = +\infty.$$

*Zu den Eigenwerten $\lambda_n$ gibt es in $L_2([a,b])$ eine Hilbertbasis $v_n \in \mathcal{D}(L)$ von Eigenfunktionen zu $\lambda_n$. Jedes beliebige $f \in L_2([a,b])$ erlaubt also eine Fourierentwicklung*

$$(*) \qquad f = \sum_{n=1}^\infty <f, v_n> v_n$$

*nach den Eigenfunktionen von $L$.*
*Ist $f : [a,b] \to \mathbb{R}$ stetig differenzierbar und nimmt $f$ die Randbedingungen*

$$f(a) = f(b) = 0$$

*an, so konvergiert die Reihe $(*)$ gleichmäßig in $[a,b]$.*

**Beispiel 12.6.9 (Die schwingende Saite)** Wir betrachten eine schwingende elastische Saite der Länge $l$. Der Elastizitätsmodul der Saite sei $p(x) > 0$ und die Massendichte $r(x)$ sei $r \equiv 1$. Für die Auslenkung $u(x,t)$ der Saite an der Stelle $x$ zur Zeit $t$ gilt die partielle Differentialgleichung ($x \in [0,l]$, $t \geq 0$):

$$\frac{\partial}{\partial x}\left(p(x) \cdot \frac{\partial u}{\partial x}(x,t)\right) = \frac{\partial^2 u}{\partial t^2}(x,t);$$

kurz

$$(p(x)u_x(x,t))_x = u_{tt}(x,t) \qquad \text{(Schwingungsgleichung)}.$$

Die Saite sei an ihren Endpunkten fest eingespannt, d.h.

$$u(0,t) = u(l,t) = 0, \ t \geq 0.$$

Die Anfangsbedingungen für Ort und Geschwindigkeit der Saite zur Zeit $t = 0$ seien vorgeschrieben:

$$u(x,0) = f(x), \quad u_t(x,0) = g(x), \quad x \in [0,l].$$

Es sind also gegeben: Zweimal stetig differenzierbare Funktionen

$$p, f, g : [0,l] \to \mathbb{R}, \quad \text{mit} \quad p > 0, \quad f(0) = g(0) = f(l) = g(l) = 0;$$

gesucht wird eine zweimal stetig differenzierbare Funktion

$$u : [0,l] \times [0,\infty[ \to \mathbb{R}, \ (x,t) \mapsto u(x,t)$$

mit

| | | | |
|---|---|---|---|
| (1) | $(p(x)u_x(x,t))_x = u_{tt}(x,t)$ | | |
| (2) | $u(0,t) = 0,$ | $u(l,t) = 0$ | für $t \geq 0$ |
| (3) | $u(x,0) = f(x),$ | $u_t(x,0) = g(x)$ | für $x \in [0,l]$ |

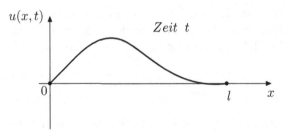

Als Ansatz wählen wir den Separationsansatz

$$u(x,t) = v(x) \cdot w(t)$$

und setzen $u' := \frac{\partial u}{\partial x}$, $\dot u := \frac{\partial u}{\partial t}$. Dann folgt

$$(p(x) \cdot v'(x))' \cdot w(t) \; = \ddot{w}\,(t) \cdot (v(x)).$$

Für alle $x, t$ ist also

$$\frac{(p(x) \cdot v'(x))'}{v(x)} \; = \; \frac{\ddot{w}\,(t)}{w(t)};$$

die linke Seite hängt nur von $x$, die rechte nur von $t$ ab; daher ist dies konstant $=: -\lambda$ und damit erhält man die Gleichungen

$$(pv')' + \lambda v = 0, \qquad \ddot{w} + \lambda w = 0.$$

Setzt man

$$Lv \; = \; \frac{\mathrm{d}}{\mathrm{d}x}(p\,\frac{\mathrm{d}}{\mathrm{d}x}v),$$

so ergibt sich:

$$(4) \qquad \frac{Lv}{v} = \frac{\ddot{w}}{w} = -\lambda.$$

Damit hat man (mit $q = 0$) ein Sturm-Liouville-Eigenwertproblem $Lv + \lambda v = 0$. Die Funktion $v$ soll die Randbedingungen (2) realisieren. Wir setzen also

$$\mathcal{D}(L) = \{y \in \mathcal{C}^2([0,1])|\; y(0) = 0,\; y(l) = 0\}$$

und verlangen $v \in \mathcal{D}(L)$.

Aus $Lv + \lambda v = 0$ folgt: $\lambda$ ist Eigenwert zu $L$. Insbesondere gilt nach 12.6.7: Die Eigenwerte $\lambda_1, \lambda_2, \dots$ zu $L$ sind positiv.

Aus (4) folgt dann für $w$:

$$w_n(t) \; = \; A_n \cos \sqrt{\lambda_n}t + B_n \sin \sqrt{\lambda_n}t$$

mit Konstanten $A_n,\, B_n$.

Ist dann $v_n$ Eigenfunktion von $L$ zum Eigenwert $\lambda_n$, so gewinnen wir eine partikuläre Lösung

$$v_n(x)(A_n \cos \sqrt{\lambda_n}t + B_n \sin \sqrt{\lambda_n}t)$$

von (1), die bereits die Randbedingungen (2) realisiert. Die $v_1, v_2, \dots$ bilden nach 12.6.8 eine Hilbertbasis. Bei genügender Konvergenz wird man die allgemeine Lösung von (1) mit den Randbedingungen (2) in der Form

$$(5) \qquad \sum_{n=1}^{\infty} v_n(x)\Big( A_n \cos \sqrt{\lambda_n}t \; + \; B_b \sin \sqrt{\lambda_n}t \Big)$$

gewinnen. Wegen $v_n \in \mathcal{D}_L$ realisiert $u$ die Randbedingungen (2). Wir müssen uns nun noch um die Anfangsbedingungen (3) kümmern. Die Fourierentwicklungen von $f$ und $g$ lauten

$$(6) \quad f \; = \; \sum_{n=1}^{\infty} a_n v_n \text{ mit } a_n =< f, v_n >, \quad g \; = \; \sum_{n=1}^{\infty} b_n v_n \text{ mit } b_n =< g, v_n > .$$

Koeffizientenvergleich mit (5) für $t = 0$ liefert $A_n = a_n$; Koeffizientenvergleich mit der nach $t$ differenzierten Reihe (5) ergibt, wenn man $t = 0$ setzt: $B_n = \frac{b_n}{\sqrt{\lambda_n}}$. Mit den Fourierkoeffizienten $a_n, b_n$ aus (6) folgt als Lösung des Problems (1) (2) (3):

$$u(x,t) = \sum_{n=1}^{\infty} v_n(x)\left(a_n \cos \sqrt{\lambda_n}t + \frac{b_n}{\sqrt{\lambda_n}} \sin \sqrt{\lambda_n}t\right)$$

Die Randbedingungen (2) heißen „fest-fest". Ist z.B. ein Ende fest (etwa $x = 0$), das andere Ende frei und schreibt man $u_x(l, t) = 0$ vor, so lässt sich dieses Problem entsprechend behandeln, indem man in $\mathcal{D}_L$ die Randbedingungen

$$u(0, t) = 0, \quad u_x(l, t) = 0$$

einführt. Diese Randbedingung heißt „fest-frei".

Wir behandeln noch den Spezialfall des **konstanten Elastizitätsmoduls:** Es sei $a > 0$ und es gelte $p(x) = a^2$ für alle $x$. Die Differentialgleichung ist dann

$$a^2 \cdot \frac{\partial^2 u}{\partial x^2} = \frac{\partial^2 u}{\partial t^2},$$

also

$$a^2 v'' + \lambda v = 0, \qquad \ddot{w} + \lambda w = 0.$$

Wenn man zusätzliche Voraussetzungen an $f, g$ macht, kann man die Lösung sehr einfach darstellen.

Wir setzen voraus, dass es zweimal stetig differenzierbare ungerade Funktionen $\tilde{f}, \tilde{g} : \mathbb{R} \to \mathbb{R}$ gibt, die periodisch mit der Periode $2l$ sind und auf $[0, l]$ mit $f$ bzw. $g$ übereinstimmen. Wegen $v(0) = 0$ ist $v(x) = c \cdot \sin \frac{\sqrt{\lambda}}{a}x$ und aus $v(l) = 0$ folgt $\frac{\sqrt{\lambda}}{a} \cdot l = n\pi$ mit $n \in \mathbb{N}$; also $\sqrt{\lambda_n} = \frac{a\pi n}{l}$. Somit hat man Lösungen $v_n(x) = c_n \cdot \sin \frac{n\pi}{l}x$; man wählt $c_n$ so, dass $\|v_n\| = 1$ ist. Dann ist $c_n = \sqrt{\frac{2}{l}}$.

Nun entwickelt man $\tilde{f}$ und $\tilde{g}$ in die üblichen Fourierreihen; bei einer ungeraden Funktion ist die Fourierreihe eine Sinusreihe. Man erhält

$$\tilde{f}(x) = \sqrt{\frac{2}{l}} \cdot \sum_{n=1}^{\infty} a_n \sin \frac{n\pi}{l}x, \qquad \tilde{g}(x) = \sqrt{\frac{2}{l}} \cdot \sum_{n=1}^{\infty} b_n \sin \frac{n\pi}{l}x$$

mit den Koeffizienten $a_n, b_n$ aus (6). Über $[0, l]$ sind dies also die Entwicklungen (6).
Setzt man $A_n := a_n$, $B_n := \frac{l}{n\pi a}b_n$, so ist die Lösung

$$u(x,t) = \sqrt{\frac{2}{l}} \cdot \sum_{n=1}^{\infty} \left(a_n \cdot \cos \frac{n\pi a}{l}t + \frac{b_n l}{n\pi a} \sin \frac{n\pi a}{l}t\right) \cdot \sin \frac{n\pi}{l}x.$$

Wegen $\sin\alpha \cdot \cos\beta = \frac{1}{2}(\sin(\alpha+\beta) + \sin(\alpha-\beta))$ gilt:

$$\sqrt{\tfrac{2}{l}} \cdot \sum_{n=1}^{\infty} a_n \cos\tfrac{n\pi a}{l}t \cdot \sin\tfrac{n\pi}{l}x =$$
$$= \tfrac{1}{2}\sqrt{\tfrac{2}{l}} \cdot \sum_{n=1}^{\infty} a_n \Big((\sin\tfrac{n\pi}{l}(x+at) + \sin\tfrac{n\pi}{l}(x-at)\Big) =$$
$$= \tfrac{1}{2}(\tilde{f}(x+at) + \tilde{f}(x-at)).$$

Analog folgt aus $\sin\alpha\sin\beta = -\frac{1}{2}(\cos(\alpha+\beta) - \cos(\alpha-\beta))$:

$$\sqrt{\tfrac{2}{l}} \cdot \sum_{n=1}^{\infty} \frac{b_n l}{n\pi a} \sin\frac{n\pi a}{l}t \cdot \sin\frac{n\pi}{l}x = \frac{1}{2}(\tilde{G}(x+at) - \tilde{G}(x+at))$$

mit

$$\tilde{G}(x) := -\sum_{n=1}^{\infty} \frac{b_n l}{n\pi} \cos\frac{n\pi}{l}x;$$

es ist $\tilde{G}' = \tilde{g}$.

Bei konstantem Elastizitätsmodul $a^2$ erhält man somit, unter den genannten zusätzlichen Voraussetzungen, eine Lösung $u$ zu Anfangsbedingungen $f$, $g$ so:
Man wählt eine Stammfunktion $\tilde{G}$ von $\tilde{g}$ und setzt

$$\boxed{u(x,t) \;=\; \frac{1}{2}(\tilde{f}(x+at) + \tilde{f}(x-at)) + \frac{1}{2a}(\tilde{G}(x+at) - \tilde{G}(x-at)).}$$

■

Wir bringen dazu zwei einfache Beispiele:

**Beispiel 12.6.10** Zunächst sei $l := \pi$ und $f(x) := \sin x$, $g(x) := 0$ für $x \in [0,l]$. der Elastzitätsmodul sei konstant $p(x) = a^2$. Dann ist $\tilde{f} = \sin x$ für $x \in \mathbb{R}$ und $\tilde{G} = 0$. Damit ergibt sich

$$u(x,t) \;=\; \frac{1}{2}\Big(\sin(x+at) + \sin(x-at)\Big) = \sin x \cdot \cos at.$$

Für jede Zeit $t$ hat man also eine Sinuskurve mit der Amplitude $\cos at$. Zur Zeit $t = 0$ ist also die Amplitude 1; bei $t = \frac{\pi}{2a}$ ist sie 0 und wird dann negativ und ist bei $t = \frac{2\pi}{a}$ wieder in der Anfangslage. Bei zunehmendem $a$ wird die Schwingung also schneller.

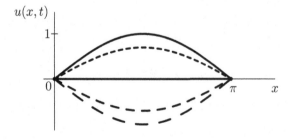

**Beispiel 12.6.11** Nun sei $f = 0$; $g(x) = \sin x$ ; wir wählen wieder $p(x) = a^2$ und $l = \pi$.
Dann ist $\tilde{G}(x) = -\cos x$ und

$$u(x,t) = \frac{1}{2a}\Big( -\cos(x + at) + \sin(x + at)\Big) = \frac{1}{a}\sin x \cdot \sin at.$$

Die Saite schwingt nun mit der Amplitude $\frac{1}{a}\sin at$; bei größerem $a$ wird die Schwingung schneller und die maximale Amplitude kleiner. ∎

## 12.7 Die Legendresche Differentialgleichung

Wenn man die Poissonsche Gleichung auf Polarkoordinaten $r, \varphi, \vartheta$ transformiert und einen Separationsansatz macht, kommt man für $\cos \vartheta = x$ zur Legendreschen Differentialgleichung

$$(1 - x^2)y'' - 2xy' + \lambda y = 0.$$

Man sucht Lösungen, die im abgeschlossenen Intervall $[-1, +1]$ definiert sind, denn die Lösungen des ursprünglichen Problems sollen für alle $\vartheta$ definiert sein.
Für $p(x) := 1 - x^2$ und $q(x) = 0$ hat man

$$(1 - x^2)y'' - 2xy' + \lambda y = qy + p'y' + py'' + \lambda y;$$

der Differentialoperator $Ly := p'y' + py''$ mit $p(x) = 1 - x^2$ ist jedoch auf dem Intervall $[-1, +1]$ nicht vom Sturm-Liouville-Typ, denn $p$ verschwindet in den Randpunkten. Es soll nun untersucht werden, welche Aussagen aus 12.6 auch noch in diesem Fall gelten.

**Definition 12.7.1** *Der Differentialoperator*

$$L := -2xD + (1 - x^2)D^2$$

*heißt der* **Legendresche Differentialoperator**.
*Ein $\lambda \in \mathbb{R}$ heißt* **Eigenwert** *zu $L$, wenn es eine nicht-identisch verschwindende zweimal stetig differenzierbare Funktion $u : [-1, +1] \to \mathbb{R}$ gibt mit*

$$Lu + \lambda u = 0;$$

*$u$ heißt dann* **Eigenfunktion** *zu $\lambda$.*

Man beachte, dass $u$ im abgeschlossenen Intervall $[-1, +1]$ definiert sein soll; Randbedingungen werden nicht gefordert. Die Gleichung $Lu + \lambda u = 0$ bedeutet

$$(1 - x^2)u'' - 2xu' + \lambda u = 0$$

oder

$$((1 - x^2)u')' + \lambda u = 0.$$

Wir zeigen zuerst, dass $L$ selbstadjungiert ist; dabei definieren wir das Skalarprodukt durch

$$< f, g >:= \int\limits_{-1}^{+1} fg \, dx.$$

**Satz 12.7.2** *Sind* $f, g : [-1, +1] \to \mathbb{R}$ *zweimal stetig differenzierbar, so gilt:*

$$< Lf, g >=< f, Lg >.$$

**Beweis.** Für $p(x) = 1 - x^2$ gilt $p(-1) = p(1) = 0$ und aus 12.6.2 (4) folgt die Behauptung.     □

**Satz 12.7.3** *Sind* $u_1, u_2$ *Eigenfunktionen zu verschiedenen Eigenwerten* $\lambda_1, \lambda_2$ *von* $L$, *so gilt*

$$< u_1, u_2 >= 0.$$

**Beweis.** Wie in 12.6.5 folgt dies aus $< Lu_1, u_2 >=< u_1, Lu_2 >$.     □

Um Eigenfunktionen zu finden, machen wir einen Potenzreihenansatz

$$y = \sum_{n=0}^{\infty} a_n x^n,$$

dann ist

$$y' = \sum_{n=1}^{\infty} na_n x^{n-1}, \qquad y'' = \sum_{n=2}^{\infty} n(n-1)a_n x^{n-2} = \sum_{n=0}^{\infty} (n+2)(n+1)a_{n+2} x^n.$$

Setzt man dies in die Differentialgleichung $Ly + \lambda y = 0$ ein, so erhält man:

$$\sum_{n=0}^{\infty} (n+2)(n+1)a_{n+2} x^n - \sum_{n=2}^{\infty} n(n-1)a_n x^n - 2\sum_{n=1}^{\infty} na_n x^n + \lambda \sum_{n=0}^{\infty} a_n x^n = 0.$$

Koeffizientenvergleich liefert für $n \geq 2$:

$$(n+2)(n+1)a_{n+2} - n(n-1)a_n - 2na_n + \lambda a_n = 0.$$

Damit erhält man die Rekursionsformel:

$$a_{n+2} = \frac{n(n+1) - \lambda}{(n+1)(n+2)} \cdot a_n.$$

Man rechnet leicht nach, dass diese auch für $n = 0$ und $n = 1$ gilt. Wenn die $a_n \neq 0$ sind, dann folgt aus der Rekursionsformel, dass $\frac{a_{n+2}}{a_n}$ gegen 1 geht. Dann ist aber $\sum_{n=0}^{\infty} a_n x^n$ für $x = 1$ divergent. Eigenfunktionen, die in $[-1, +1]$ definiert sind, erhält man also nur, wenn die Folge der $a_n$ abbricht; dies ist der Fall, wenn $\lambda = m(m+1)$ mit $m \in \mathbb{N}_0$ ist. Dann folgt aus der Rekursionsformel, dass $a_{m+2} = 0$ ist, ebenso $a_{m+4}, a_{m+6}, \dots$ .

Falls $m$ gerade ist, setzt man $a_0 := 1$ und $a_1 := 0$; dann verschwinden alle $a_n$ mit ungeradem Index $n$ und für gerade $n$ ist $a_n = 0$ falls $n \geq m+2$.

Für ungerades $m$ wählt man $a_0 := 0$ und $a_1 := 1$. Auf diese Weise erhält man zu $\lambda_m = m(m+1)$ Eigenfunktionen $p_m$, die Polynome $m$-ten Grades sind. Für jedes $m \in \mathbb{N}_0$ berechnet man die Koeffizienten $a_n$ von $p_m$ rekursiv durch

$$a_{n+2} = \frac{n(n+1) - m(m+1)}{(n+1)(n+2)} \cdot a_n;$$

(die $a_n$ hängen natürlich von $m$ ab). Wir geben unten die Polynome $p_0, \dots, p_5$ an. Für jedes $c_m \in \mathbb{R}, c_m \neq 0$, ist auch $c_m p_m$ Eigenfunktion zum Eigenwert $m(m+1)$. Durch entsprechende Wahl von $c_m$ „normiert" man die Eigenfunktionen auf drei Arten:

(1) Man wählt $Q_m = c_m p_m$ so, dass gilt:   $Q_m(x) = x^m + \dots$ ;

(2) man setzt $L_m := \frac{1}{\|Q_m\|} Q_m$; somit ist $\|L_m\| = 1$, also $\int\limits_{-1}^{+1} (L_m(x))^2 \, dx = 1$;

(3) man wählt $P_m = \tilde{c}_m p_m$ so, dass gilt:   $P_m(1) = 1$ .

(Die Normierung nach (3) ist möglich, weil $p_m(1) \neq 0$ ist; denn aus $p_m(1) = 0$ und der Differentialgleichung mit $x = 1$ folgt $p_m'(1) = 0$, dann wäre $p_m \equiv 0$).

Man bezeichnet die Polynome $P_m$ als **Legendre-Polynome.**

Wir geben nun diese Polynome für $m = 0, \dots, 5$ an:

| $m$ | $p_m$ | $Q_m$ | $L_m$ | $P_m$ |
|---|---|---|---|---|
| 0 | $1$ | $1$ | $\sqrt{\frac{1}{2}}$ | $1$ |
| 1 | $x$ | $x$ | $\sqrt{\frac{3}{2}}x$ | $x$ |
| 2 | $1 - 3x^2$ | $x^2 - \frac{1}{3}$ | $\frac{1}{2}\sqrt{\frac{5}{2}}(3x^2 - 1)$ | $\frac{3}{2}x^2 - \frac{1}{2}$ |
| 3 | $x - \frac{5}{3}x^3$ | $x^3 - \frac{3}{5}x$ | $\frac{1}{2}\sqrt{\frac{7}{2}}(5x^3 - 3x)$ | $\frac{5}{2}x^3 - \frac{3}{2}x$ |
| 4 | $1 - 10x^2 + \frac{35}{3}x^4$ | $x^4 - \frac{6}{7}x^2 + \frac{3}{35}$ | $\frac{1}{8}\sqrt{\frac{9}{2}}(35x^4 - 30x^2 + 3)$ | $\frac{35}{8}x^4 - \frac{15}{4}x^2 + \frac{3}{8}$ |
| 5 | $x - \frac{14}{3}x^3 + \frac{21}{5}x^5$ | $x^5 - \frac{70}{63}x^3 + \frac{1}{63}x$ | $\frac{1}{8}\sqrt{\frac{11}{2}}(63x^5 - 70x^3 - 15x)$ | $\frac{63}{8}x^5 - \frac{35}{4}x^4 + \frac{15}{8}x$ |

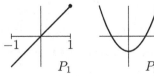

$P_1$

$P_2$

$P_3$

$P_4$

$P_5$

Ohne Beweis geben wir die Formel von Rodrigues an:

$$P_m(x) = \frac{1}{2^m m!} \frac{d^m}{dx^m} (x^2 - 1)^m.$$

Man kann zeigen:

$$\|P_m\|^2 = \frac{2}{2m+1} \quad \text{und} \quad L_m = \sqrt{m + \frac{1}{2}} P_m.$$

Es gilt:

**Satz 12.7.4** *Die $L_m$ bilden ein Orthonormalsystem; d.h. für alle $n, m \in \mathbb{N}_0$ ist*

$$< L_n, L_m >= \delta_{nm}.$$

**Beweis.** Die $L_m$ sind Eigenfunktionen zu $m \cdot (m + 1)$; die Behauptung folgt damit aus 12.7.3. $\qquad\square$

In 7.9.16 hatten wir das Orthonormalisierungsverfahren auf die Polynome

$$1, x, x^2, \ldots, x^n$$

angewandt und dabei Polynome $\tilde{b}_n$ und $b_n$ erhalten. Wir zeigen nun:

**Satz 12.7.5** *Für alle $n \in \mathbb{N}_0$ gilt: $\tilde{b}_n = Q_n$ und $b_n = L_n$.*

**Beweis.** $L_n$ und $b_n$ liegen in $\text{span}\{1, x, \ldots, x^n\}$ und stehen senkrecht auf dem Unterraum $\text{span}(1, x, \ldots, x^{n-1})$. Daraus folgt $b_n = \pm L_n$. Aus $b_n = x^n + \ldots$ und $Q_n(x) = x^n + \ldots$ folgt $\tilde{b}_n = Q_n$ und somit $b_n = L_n$. $\qquad\square$

Wir wollen noch untersuchen, welche Konsequenzen sich aus derartigen Orthogonalitätsvoraussetzungen ergeben.

**Satz 12.7.6** *Es sei $p$ ein Polynom $n$-ten Grades, das orthogonal zu $1, x, \ldots, x^{n-1}$ ist. Dann gilt: $p$ hat im offenen Intervall $]-1, +1[$ genau $n$ (einfache) Nullstellen.*

**Beweis.** Es seien $c_1, \ldots, c_r$ die in $]-1, +1[$ liegenden Nullstellen ungerader Ordnung von $p$, $0 \le r \le n$. Zu zeigen ist: $r = n$. Setzt man $q(x) := (x - c_1) \cdot \ldots \cdot (x - c_r)$, so hat $p \cdot q$ in $]-1, +1[$ nur Nullstellen gerader Ordnung. Daher ist $p \cdot q$ außerhalb der Nullstellen überall positiv oder überall negativ und somit $\int_{-1}^{+1} p \cdot q \, dx \ne 0$. Nun nehmen wir an, es sei $r < n$. Dann ist $q$ ein Polynom vom Grad $\le n - 1$. Aus der Voraussetzung folgt, dass $p$ orthogonal zu $q$ ist also $\int_{-1}^{+1} pq \, dx = 0$. $\qquad\square$

Daraus folgt:

**Satz 12.7.7** *Jedes Legendre-Polynom $P_n$ besitzt in $]-1, +1[$ genau $n$ einfache Nullstellen.*

Die Polynome $Q_n$ kann man durch eine Extremaleigenschaft charakterisieren:

**Satz 12.7.8** *Für alle Polynome n-ten Grades $q(x) = x^n + \ldots + a_1 x + a_0$ gilt*

$$\|q\| \geq \|Q_n\|,$$

*also*

$$\int\limits_{-1}^{+1} (q(x))^2 \, dx \geq \int\limits_{-1}^{+1} (Q_n(x))^2 \, dx;$$

*das Gleichheitszeichen gilt genau dann, wenn $q = Q_n$ ist.*

**Beweis.** Zu jedem $q$ gibt es $c_0, \ldots, c_{n-1} \in \mathbb{R}$ mit

$$q = Q_n + c_{n-1} Q_{n-1} + \ldots + c_0 Q_0.$$

Wegen $< Q_j, Q_k >= 0$ für $j \neq k$ gilt

$$\|q\|^2 = < q, q >= \|Q_n\|^2 + c_{n-1}^2 \|Q_{n-1}\|^2 + \ldots + c_0^2 \|Q_0\|^2 \geq \|Q_n\|^2.$$

Das Gleichheitszeichen gilt genau dann, wenn alle $c_{n-1} = \ldots = c_0 = 0$ sind, also $q = Q_n$. $\qquad\square$

## Aufgaben

**12.1.** (Es gibt genug Testfunktionen.) Sei $f : \mathbb{R} \to \mathbb{R}$ über jedem kompakten Intervall $I$ quadratintegrierbar; sei auch $g \in L_2(I)$ für jedes Intervall $I$ und es gelte $T_g = T_f$. Zeigen Sie: $f = g$ f. ü.

**12.2.** Sei $(T_n)$ die zu den Summen

$$S_n := \sum_{k=-n}^{k=n} \frac{1}{\sqrt{2\pi}} e^{ikx}$$

gehörende Folge von Distributionen. Zeigen Sie: $(T_n)$ ist konvergent und

$$\lim_{n \to \infty} T_n(\varphi) = \sum_{k=-\infty}^{+\infty} \widehat{\varphi}(k),$$

wenn $\widehat{\varphi}$ die Fouriertransformierte von $\varphi$ bedeutet.

**12.3.** Für Distributionen $T \in \mathcal{D}'(\mathbb{R}^n)$ und Funktionen $a \in C^\infty(\mathbb{R}^n)$ erklären wir wie für $n = 1$ die Distribution $aT$ durch

$$aT(\varphi) := T(a\varphi), \quad \varphi \in \mathcal{D}(\mathbb{R}^n).$$

Für die Differentiation von $aT$ gilt wie in 12.1.8 die Produktregel.
Sei $\nu = (\nu_1, \ldots, \nu_n) \in \mathbb{N}_0^n$, $|\nu| = \nu_1 + \ldots + \nu_n$, und

$$L = \sum_{|\nu| \le k} a_\nu D^\nu$$

ein Differentialoperator mit Koeffizientenfunktionen $a_\nu \in \mathcal{C}^\infty(\mathbb{R}^n)$. Zeigen Sie für $\varphi \in \mathcal{D}$:

$$LT(\varphi) = T \left( \sum_{|\nu| \le k} (-1)^{|\nu|} D^\nu (a_\nu \varphi) \right).$$

**12.4.** Bestimmen Sie eine Greensche Funktion $G$ zum Sturm-Liouville-Operator

$$Lu := u'' - \lambda u, \quad \lambda > 0,$$

in $[-1, +1]$ mit Dirichlet-Randwerten $G(-1, \xi) = G(1, \xi) = 0$ für $\xi \in [-1, +1]$. Kann man etwas über das Vorzeichen von $G$ aussagen?
Hinweis: Verwenden Sie ohne Beweis:

$$\sinh(a + b) \sinh(c + d) - \sinh(a + c) \sinh(b + d) = \sinh(a - d) \sinh(c - b).$$

**12.5.** Sei $L$ ein Sturm-Liouville-Operator auf $[a, b]$. Sei $\lambda$ ein Eigenwert. Zeigen Sie:

$$\lambda \ge q_0 = \min_{x \in [a, b]} (-q(x)).$$

**12.6.** Seien $p, q_1, q_2 : [a, b] \to \mathbb{R}$, $p$ sei stetig differenzierbar, $p > 0$; $q_1, q_2$ seien stetig. Es gelte $q_1 > q_2$ auf $]a, b[$. Seien $u_1, u_2$ zweimal stetig differenzierbare Lösungen von

$$-\left( p(x) u_j'(x) \right)' + q_j(x) u_j(x) = 0, \quad j = 1, 2.$$

Zeigen Sie: Ist $u_1(x) > 0$ auf $]a, b[$ und $u_1(a) = u_1(b) = 0$, so hat $u_2$ wenigstens eine Nullstelle in $]a, b[$.
Hinweis: Multiplizieren Sie die Differentialgleichung für $u_1$ mit $u_2$ und umgekehrt und integrieren Sie partiell.

# 13

# Integralsätze

## 13.1 Stokesscher und Gaußscher Integralsatz im $\mathbb{R}^2$

Die Beweise für die Integralsätze von Gauß und Stokes sind ziemlich schwierig. Um die Ideen klar zu machen, soll hier zunächst ein Integralsatz für spezielle Mengen $A$ im $\mathbb{R}^2$ möglichst elementar hergeleitet werden. Danach erläutern wir das Konzept dieses Kapitels.

Es seien $I = [a, b]$ und $I' = [a', b']$ Intervalle in $\mathbb{R}$ und $\varphi, \psi : I \to I'$ stetig differenzierbare Funktionen mit $\varphi(x) \le \psi(x)$ für $x \in I$. Weiter sei

$$A := \{(x, y) \in \mathbb{R}^2 \,|\, a \le x \le b, \ \varphi(x) \le y \le \psi(x)\}.$$

Die Kurven, die den Rand $\partial A$ von $A$ durchlaufen, sind:

$$\gamma_1 : [\varphi(a), \psi(a)] \to \mathbb{R}^2, \ t \mapsto (a, t), \qquad \gamma_2 : [a, b] \to \mathbb{R}^2, \ t \mapsto (t, \varphi(t)),$$
$$\gamma_3 : [\varphi(b), \psi(b)] \to \mathbb{R}^2, \ t \mapsto (b, t), \qquad \gamma_4 : [a, b] \to \mathbb{R}^2, \ t \mapsto (t, \psi(t)).$$

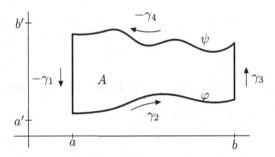

Wir durchlaufen die Kurven so, dass $A$ „links" liegt, wir setzen also

$$\int_{\partial A} := -\int_{\gamma_1} + \int_{\gamma_2} + \int_{\gamma_3} - \int_{\gamma_4}.$$

Für die weitere Berechnung benötigen wir eine Verallgemeinerung von 9.2.17:

H. Kerner, W. von Wahl, *Mathematik für Physiker*, Springer-Lehrbuch,
DOI 10.1007/978-3-642-37654-2_13, © Springer-Verlag Berlin Heidelberg 2013

**Satz 13.1.1** *Es sei $g : I \times I' \to \mathbb{R}$ stetig differenzierbar; dann gilt:*

$$\frac{\mathrm{d}}{\mathrm{d}x} \int\limits_{\varphi(x)}^{\psi(x)} g(x,t)\,\mathrm{d}t = \int\limits_{\varphi(x)}^{\psi(x)} \frac{\partial g}{\partial x}(x,t)\,\mathrm{d}t + \Big(g(x,\psi(x))\cdot\psi'(x) - g(x,\varphi(x))\cdot\varphi'(x)\Big).$$

**Beweis.** Es sei $h : I \times I' \times I' \to \mathbb{R}$, $(x,v,w) \mapsto \int\limits_{v}^{w} g(x,t)\mathrm{d}t$; dann ist

$$\frac{\partial h}{\partial x}(x,v,w) = \int\limits_{v}^{w} \frac{\partial g}{\partial x}(x,t)\,\mathrm{d}t, \quad \frac{\partial h}{\partial w}(x,v,w) = g(x,w), \quad \frac{\partial h}{\partial v}(x,v,w) = -g(x,v).$$

Nun setzt man $v = \varphi(x)$, $w = \varphi(x)$, und berechnet $\frac{\mathrm{d}h}{\mathrm{d}x}(x,\varphi(x),\psi(x))$ nach der Kettenregel; daraus ergibt sich die Behauptung.    $\square$
Nun beweisen wir für derartige Mengen $A \subset \mathbb{R}^2$,

$$A = \{(x,y) \in \mathbb{R}^2 \mid a \le x \le b,\ \varphi(x) \le y \le \psi(x)\}$$

einen Integralsatz:

**Satz 13.1.2 (Stokesscher Integralsatz im $\mathbb{R}^2$)** *Die Funktionen $f, g : I \times I' \to \mathbb{R}$ seien stetig differenzierbar; dann gilt:*

$$\boxed{\int\limits_{\partial A} f\,\mathrm{d}x + g\,\mathrm{d}y = \int\limits_{A} \left(\frac{\partial g}{\partial x} - \frac{\partial f}{\partial y}\right)\mathrm{d}x\,\mathrm{d}y.}$$

**Beweis.** a) Wir berechnen zuerst das Integral über $\frac{\partial f}{\partial y}$ und $f$: Es ist

$$\int\limits_{A} \frac{\partial f}{\partial y}\,\mathrm{d}x\,\mathrm{d}y = \int\limits_{a}^{b} \left( \int\limits_{\varphi(x)}^{\psi(x)} \frac{\partial f}{\partial y}\,\mathrm{d}y \right)\mathrm{d}x = \int\limits_{a}^{b} (f(x,\psi(x)) - f(x,\varphi(x)))\,\mathrm{d}x.$$

Bei der Berechnung von $\int\limits_{\partial A} f\,\mathrm{d}x$ ist zu beachten, dass die erste Komponente der Kurven $\gamma_1$ und $\gamma_3$ konstant ist, daher ist $\int\limits_{\gamma_1} f\,\mathrm{d}x = 0$ und $\int\limits_{\gamma_3} f\,\mathrm{d}x = 0$. Somit ist

$$\int\limits_{\partial A} f\,\mathrm{d}x = \int\limits_{\gamma_2} f\,\mathrm{d}x - \int\limits_{\gamma_4} f\,\mathrm{d}x = \int\limits_{a}^{b} f(t,\varphi(t))\,\mathrm{d}t - \int\limits_{a}^{b} f(t,\psi(t))\,\mathrm{d}t$$

und daraus folgt:

$$\int\limits_{\partial A} f\,\mathrm{d}x = -\int\limits_{A} \frac{\partial f}{\partial y}\,\mathrm{d}x\,\mathrm{d}y.$$

b) Nun integrieren wir $\frac{\partial g}{\partial x}$ und $g$. Dazu benötigen wir 13.1.1 und erhalten damit

$$
\int_A \frac{\partial g}{\partial x}\,\mathrm{d}x\,\mathrm{d}y = \int_a^b \left( \int_{\varphi(x)}^{\psi(x)} \frac{\partial g}{\partial x}\,\mathrm{d}y \right)\,\mathrm{d}x =
$$

$$
= \int_a^b \left( \frac{\mathrm{d}}{\mathrm{d}x} \int_{\varphi(x)}^{\psi(x)} g(x,t)\,\mathrm{d}t \right)\,\mathrm{d}x - \int_a^b (g(x,\psi(x))\psi'(x) - g(x,\varphi(x))\varphi'(x))\,\mathrm{d}x.
$$

Den ersten Summanden der rechten Seite rechnet man aus:

$$
\int_a^b \left( \frac{\mathrm{d}}{\mathrm{d}x} \int_{\varphi(x)}^{\psi(x)} g(x,t)\,\mathrm{d}t \right)\,\mathrm{d}x = \left[ \int_{\varphi(x)}^{\psi(x)} g(x,t)\,\mathrm{d}t \right]_{x=a}^{x=b} =
$$

$$
= \int_{\varphi(b)}^{\psi(b)} g(b,t)\,\mathrm{d}t - \int_{\varphi(a)}^{\psi(a)} g(a,t)\,\mathrm{d}t = \int_{\gamma_3} g\,\mathrm{d}y - \int_{\gamma_1} g\,\mathrm{d}y.
$$

Der zweite Summand ist:

$$
-\int_a^b (g(x,\psi(x)) \cdot \psi'(x) - g(x,\varphi(x))\varphi'(x))\,\mathrm{d}x = -\int_{\gamma_4} g\,\mathrm{d}y + \int_{\gamma_2} g\,\mathrm{d}y.
$$

Insgesamt ergibt sich somit:

$$
\int_{\partial A} g\,\mathrm{d}y = \int_A \frac{\partial g}{\partial x}\,\mathrm{d}x\,\mathrm{d}y.
$$

$\square$

$\frac{\partial g}{\partial x} - \frac{\partial f}{\partial y}$ wird auch als (zweidimensionale) Rotation des Vektorfeldes $\mathbf{v} = (f,g)$ bezeichnet, die also im $\mathbb{R}^3$ eine skalare Größe ist. Demnach nimmt 13.1.2 die Form

$$
\int_A \operatorname{rot}\mathbf{v}\,\mathrm{d}x\,\mathrm{d}y = \int_{\partial A} f\,\mathrm{d}x + g\,\mathrm{d}y
$$

an. Ersetzen wir $(f,g)$ durch $(-g,f)$, so folgt für das ursprüngliche $\mathbf{v}$ die Gleichung

$$
\int_A \operatorname{div}\mathbf{v}\,\mathrm{d}x\,\mathrm{d}y = \int_{\partial A} (-g\mathrm{d}x + f\mathrm{d}y).
$$

Bezeichnen wir wieder mit $\gamma_1, \ldots, \gamma_4$ die Kurven, die $\partial A$ durchlaufen, und setzen $\gamma := -\gamma_1 + \gamma_2 + \gamma_3 - \gamma_4$, so ist

$$
\int_{\partial A} (-g\mathrm{d}x + f\mathrm{d}y) = \int_{-\gamma_1} + \int_{\gamma_2} + \int_{\gamma_3} + \int_{-\gamma_4} = \int_{\gamma} (-g\mathrm{d}x + f\mathrm{d}y).
$$

Wir haben

$$
\int\limits_{-\gamma_1} = \int\limits_{\varphi(a)}^{\psi(a)} \left( g \frac{-\dot{x}}{\sqrt{\dot{x}^2 + \dot{y}^2}} + f \frac{+\dot{y}}{\sqrt{\dot{x}^2 + \dot{y}^2}} \right) \sqrt{\dot{x}^2 + \dot{y}^2} \mathrm{d}t
$$

$$
\int\limits_{\gamma_2} = \int\limits_{a}^{b} \left( g \frac{-\dot{x}}{\sqrt{\dot{x}^2 + \dot{y}^2}} + f \frac{+\dot{y}}{\sqrt{\dot{x}^2 + \dot{y}^2}} \right) \sqrt{\dot{x}^2 + \dot{y}^2} \mathrm{d}t
$$

u. s. w. Nun ist $\left( \frac{\dot{y}}{\sqrt{\dot{x}^2+\dot{y}^2}}, \frac{-\dot{x}}{\sqrt{\dot{x}^2+\dot{y}^2}} \right)$ der jeweils auf $-\gamma_1, \gamma_2, \gamma_3, -\gamma_4$ senkrecht stehende, ins Äußere von $A$ weisende Vektor der Länge 1, d.h. die äußere Normale $\nu$. Führen wir noch die Bogenlänge $s$ als Kurvenparameter ein und bezeichnen mit $L_\gamma$ die Länge von $\gamma$, so folgt

$$
\int\limits_{A} \operatorname{div} \mathbf{v} \, \mathrm{d}x\mathrm{d}y = \int\limits_{0}^{L_\gamma} < \mathbf{v}, \, \nu > \mathrm{d}s,
$$

und dies ist der Satz von Gauß in der Ebene, in der also 13.1.2 die beiden wichtigen Integralsätze umfasst. Wie wir in diesem Kapitel noch sehen werden, ist dies im dreidimensionalen Raum nicht ohne weiteres der Fall.

Wie bereits in 11.3 angesprochen und aus 13.1.2 sofort ersichtlich, besteht die Grundidee der Integralsätze darin, ein Integral über eine Menge $A$ in ein solches über ihren Rand $\partial A$ zu verwandeln. Wir wollen dies auch für Teilmengen $A$ von k-dimensionalen Untermannigfaltigkeiten $M$ des $\mathbb{R}^n$ durchführen. Mit dem Rand $\partial A$ ist dann der Rand von $A$ in $M$ gemeint. Ist also $A$ zum Beispiel eine Teilmenge einer möglicherweise gekrümmten Fläche des $\mathbb{R}^3$, so ist $\partial A$ eine Flächenkurve, die $A$ berandet. Aus 13.1.2 sehen wir auch, dass es auf die Durchlaufungsrichtung der $A$ berandenden Kurve relativ zu $A$ ankommt. Insbesondere hat die $A$ berandende Kurve bis auf die Eckpunkte einen ins Äußere von $A$ weisenden Normalenvektor. Man sagt, $\partial A$ sei bezüglich der äußeren Normalen von $A$ orientiert. Diese Orientierung von $\partial A$ passt gerade mit der Verwendung der üblichen cartesischen Koordinaten im $\mathbb{R}^2$ und damit in $A$ in 13.1.2 zusammen. Generell brauchen wir für Integralsätze auf Mannigfaltigkeiten den Begriff der Orientierung von Mannigfaltigkeiten, auf den wir in diesem Kapitel eingehen. Unsere Ergebnisse sollen von der Auswahl des lokalen Koordinatensystems von $M$ unabhängig sein, solange wir die Orientierung von $M$ beachten. Das geeignete Hilfsmittel zur Formulierung der Integralsätze sind, wie schon in 11.3 angesprochen, Differentialformen.

Wollen wir lediglich stetige Funktionen über Mannigfaltigkeiten integrieren oder k-dimensionale Volumina von Untermannigfaltigkeiten (zum Beispiel Flächeninhalte) ausmessen, wird der Begriff der Orientierung entbehrlich. Auch hier sind unsere Resultate unabhängig von der Auswahl der Karte, d.h. des lokalen Koordinatensystems. Wir führen das Integral $\int\limits_{A} f \mathrm{d}S$ für stetige Funktionen $f$ und Teilmengen

$A$ von $M$ ein. Da die klassischen Integralsätze oft mit Hilfe des „Flächen- oder k-dimensionalen Volumenelements $dS$ " der Mannigfaltigkeit $M$ formuliert werden, gehen wir auf diesen Zugang ein. Die Frage der Orientierung muss dabei gesondert geklärt werden.

Für dieses Kapitel wird nur das Riemann-Integral, wie es in 10.1 eingeführt wurde, benötigt.

## 13.2 Integration auf Untermannigfaltigkeiten

Die Integration auf einer Untermannigfaltigkeit $M$ ist nicht ganz einfach zu definieren. Man benötigt neue Begriffe wie „Teilung der Eins" und die zu einer Karte gehörende „Gramsche Determinante" $g$. Wir schildern die Idee dazu: Es sei $A$ eine kompakte Teilmenge von $M$ und $f : A \to \mathbb{R}$ eine stetige Funktion. Es soll ein Integral von $f$ über $A$ bezüglich $M$ definiert werden, das man mit $\int_A f \, dS$ bezeichnet.

Wenn es eine Karte $\varphi : V \to W$ mit $A \subset W$ gibt, dann bildet man die zu $\varphi$ gehörende Gramsche Determinante $g : V \to \mathbb{R}$. Von der Funktion $f : A \to \mathbb{R}$ geht man über zu der auf $\tilde{A} := \tilde{\varphi}^{-1}(A)$ definierten Funktion $f \circ \varphi$, multipliziert diese mit $\sqrt{g}$ und integriert über die Menge $\tilde{A}$ in $V \subset \mathbb{R}^k$; man setzt also

$$\int_A f \, dS := \int_{\tilde{A}} (f \circ \varphi)\sqrt{g} \, dt.$$

Durch den Faktor $\sqrt{g}$ erreicht man, dass diese Definition unabhängig von der Wahl der Karte ist.

Wenn $A$ so groß ist, dass es nicht in einem einzigen Kartengebiet $W$ liegt, dann wählt man eine geeignete Teilung der Eins: Darunter versteht man Funktionen $\eta_k$ mit $\sum_k \eta_k = 1$, die man so wählt, dass jedes $\eta_k$ seinen Träger in einem Kartengebiet $W_k$ hat, also außerhalb $W_k$ verschwindet. Dann definiert man das Integral von $\eta_k f$ über $A$ durch Integration über $A \cap W_k$. Wegen $f = \sum_k \eta_k f$ kann man auch $\int_A f \, dS$ sinnvoll definieren; man setzt $\int_A f \, dS := \sum_k \int_A (\eta_k f) \, dS$. Dies soll nun durchgeführt werden:

**Teilung der Eins**
In 9.1.23 haben wir für $f : \mathbb{R}^n \to \mathbb{R}$ den Träger $\operatorname{Tr} f := \overline{\{x \in \mathbb{R}^n | f(x) \neq 0\}}$ definiert.

Wir erläutern die Teilung der Eins zunächst in $\mathbb{R}$. In 6.2.5 haben wir die Funktion

$$g : \mathbb{R} \to \mathbb{R}, t \mapsto \begin{cases} \exp(-\frac{1}{1-t^2}) & \text{für} \quad |t| < 1 \\ 0 & \text{für} \quad |t| \geq 1 \end{cases}$$

untersucht. Sie ist beliebig oft differenzierbar und es ist $\operatorname{Tr} g = [-1, +1]$. Für $k \in \mathbb{Z}$ definiert man $g_k(t) := g(t - k)$; dann ist $\operatorname{Tr} g_k = [k - 1, k + 1]$. Nun setzt man

$s := \sum\limits_{k \in \mathbb{Z}} g_k$; dabei gibt es keine Konvergenzprobleme, denn auf jedem kompakten Intervall sind nur endlich viele der $g_k$ von Null verschieden. Daher ist die Funktion $s : \mathbb{R} \to \mathbb{R}$ beliebig oft differenzierbar und positiv. Setzt man $\eta_k := \frac{g_k}{s}$, so ist

$$\sum_{k \in \mathbb{Z}} \eta_k(x) = 1 \text{ für alle } x \in \mathbb{R} \text{ und } \mathrm{Tr}\, \eta_k = [k-1, k-1].$$

Man kann nun die Träger noch verkleinern: Für $\varepsilon > 0$ setzt man $\eta_{k,\varepsilon}(t) := \eta_k(\frac{t}{\varepsilon})$, dann ist

$$\sum_k \eta_{k,\varepsilon} = 1 \quad \text{und} \quad \mathrm{Tr}\, \eta_{k,\varepsilon} = [\varepsilon k - \varepsilon, \varepsilon k + \varepsilon].$$

Diese Konstruktion kann man in naheliegender Weise auch im $\mathbb{R}^n$ durchführen. Mit derartigen Methoden kann man dann folgenden Satz herleiten:

**Satz 13.2.1 (Teilung der Eins)** *Zu jeder Untermannigfaltigkeit $M$ des $\mathbb{R}^n$ existiert eine Folge beliebig oft differenzierbarer Funktionen $\eta_k : \mathbb{R}^n \to \mathbb{R}$ mit folgenden Eigenschaften:*

*(1) Auf jeder kompakten Teilmenge des $\mathbb{R}^n$ sind nur endlich viele der $\eta_k$ nicht identisch 0.*

*(2) Für alle $x \in \mathbb{R}^n$ ist $\sum\limits_{k=1}^{\infty} \eta_k(x) = 1$.*

*(3) Zu jedem $k \in \mathbb{N}$ existiert eine Karte $\varphi_k : V_k \to W_k$ mit $M \cap (\mathrm{Tr}\, \eta_k) \subset W_k$.*

**Integration auf $M$**

Nun behandeln wir die Integration auf einer Untermannigfaltigkeit $M$ des $\mathbb{R}^n$: Es sei

$$\varphi : V \to W, \quad (t_1, ..., t_k) \mapsto (\varphi_1(t), ..., \varphi_n(t))$$

eine Karte von $M$, die Jacobi-Matrix von $\varphi$ sei $J_\varphi$, also

$$J_\varphi = \begin{pmatrix} \frac{\partial \varphi_1}{\partial t_1} & \cdots & \frac{\partial \varphi_1}{\partial t_k} \\ & \cdots & \\ \frac{\partial \varphi_n}{\partial t_1} & \cdots & \frac{\partial \varphi_n}{\partial t_k} \end{pmatrix}.$$

Die Matrix $G := J_\varphi^t \cdot J_\varphi$ heißt die **Gramsche Matrix**, ihre Elemente sind

$$g_{ij} = \sum_{\nu=1}^{n} \frac{\partial \varphi_\nu}{\partial t_i} \cdot \frac{\partial \varphi_\nu}{\partial t_j}.$$

Die Determinante

$$g := \det G$$

heißt die **Gramsche Determinante** zur Karte $\varphi$ von $M$ (man vergleiche dazu 7.14.9).

**Definition 13.2.2** *Es sei $A$ eine kompakte Teilmenge von $M$ und $f : A \to \mathbb{R}$ eine Funktion. Wenn es eine Karte $\varphi : V \to W$ gibt mit $A \subset W$, so setzt man*

$$\int\limits_A f \, dS := \int\limits_{\varphi^{-1}(A)} (f \circ \varphi)\sqrt{g} \, dt$$

*(falls das Integral auf der rechten Seite existiert).*

Wir zeigen nun, dass dies unabhängig von der Wahl der Karte ist:

**Satz 13.2.3 (Invarianzsatz)** *Seien $\varphi : V \to W$ und $\tilde{\varphi} : \tilde{V} \to W$ Karten von $M$, sei $A \subset W$ kompakt und $f : A \to \mathbb{R}$ stetig; dann gilt:*

$$\int\limits_{\varphi^{-1}(A)} (f \circ \varphi)\sqrt{g} \, dt = \int\limits_{\tilde{\varphi}^{-1}(A)} (f \circ \tilde{\varphi})\sqrt{\tilde{g}} \, d\tilde{t},$$

*dabei ist $\tilde{g}$ die Gramsche Determinante zu $\tilde{\varphi}$.*

**Beweis.** Es sei $\tau := \varphi^{-1} \circ \tilde{\varphi}$, also $\tilde{\varphi} = \varphi \circ \tau$. Nun sei $\tilde{t} \in \tilde{V}$, $t := \tau(\tilde{t}) \in V$; nach der Kettenregel ist

$$J_{\tilde{\varphi}}(\tilde{t}) = J_{\varphi}(t) \cdot J_{\tau}(\tilde{t}).$$

Daraus folgt für die Gramsche Matrix $\tilde{G}$ von $\tilde{\varphi}$:

$$\tilde{G}(\tilde{t}) = (J_{\tilde{\varphi}}(\tilde{t}))^t \cdot J_{\tilde{\varphi}}(\tilde{t}) = (J_{\tau}(\tilde{t}))^t (J_{\varphi}(t))^t J_{\varphi}(t) J_{\tau}(\tilde{t}) = (J_{\tau}(\tilde{t}))^t G(t) J_{\tau}(\tilde{t})$$

und daher $\quad \tilde{g}(\tilde{t}) = (\det J_{\tau}(\tilde{t}))^2 \cdot g(t)$, also $\quad \sqrt{\tilde{g}(\tilde{t})} = |det J_{\tau}(\tilde{t})| \cdot \sqrt{g(t)}$.
Daraus ergibt sich

$$\int\limits_{\tilde{\varphi}^{-1}(A)} (f \circ \tilde{\varphi})\sqrt{\tilde{g}} d\tilde{t} = \int\limits_{\tilde{\varphi}^{-1}(A)} (f \circ \varphi \circ \tau)\sqrt{g(\tau(\tilde{t}))} \cdot |det J_{\tau}(\tilde{t})| d\tilde{t}$$

und nach der Transformationsformel 10.2.9 ist dies gleich

$$\int\limits_{\varphi^{-1}(A)} (f \circ \varphi)\sqrt{g} dt.$$

$\square$

Damit ist $\int\limits_A f dS$ sinnvoll definiert, falls $A$ in einer Kartenumgebung $W$ enthalten ist. Andernfalls wählt man eine Teilung der Eins $\sum_k \eta_k = 1$, bei der jeder Träger $Tr(\eta_k)$ in einer Kartenumgebung $W_k$ enthalten ist. Ist dann $f : A \to \mathbb{R}$ eine Funktion, so ist $f = \sum_k \eta_k f$ und für jede Funktion $\eta_k f$ ist

$$\int\limits_A \eta_k f \mathrm{d}S = \int\limits_{A \cap W_k} \eta_k f \mathrm{d}S$$

definiert. Nun setzt man

$$\int\limits_A f \mathrm{d}S := \sum_k \int\limits_A \eta_k f \mathrm{d}S$$

und überlegt sich, dass dies unabhängig von der Wahl der Teilung der Eins ist.

Wir geben nun $\sqrt{g}$ für wichtige Spezialfälle an:

**Beispiel 13.2.4** Es sei $I$ ein offenes Intervall in $\mathbb{R}$ und $\psi : I \to \mathbb{R}$ eine beliebig oft differenzierbare Funktion. Dann ist

$$M := \{(x, y) \in I \times \mathbb{R} \mid y = \psi(x)\}$$

eine eindimensionale Untermannigfaltigkeit des $\mathbb{R}^2$; $M$ ist der Graph von $\psi$. Eine Karte zu $M$ ist

$$\varphi : I \to M, \ t \mapsto (t, \psi(t)).$$

Die Jacobi-Matrix ist

$$J_\varphi = \begin{pmatrix} 1 \\ \psi' \end{pmatrix}$$

und $G$ ist die $1 \times 1$-Matrix $G = (1 + (\psi')^2)$; daher ist

$$\sqrt{g} = \sqrt{1 + (\psi')^2}.$$

■

Allgemein gilt eine Aussage, die wir bei der Integration über den Rand $\partial A$ benötigen:

**Satz 13.2.5** *Sei $V \subset \mathbb{R}^{n-1}$ offen, $\psi : V \to \mathbb{R}$ eine beliebig oft differenzierbare Funktion und*

$$M := \{(x_1, \ldots, x_{n-1}, x_n) \in V \times \mathbb{R} \mid x_n = \psi(x_1, \ldots, x_{n-1})\}$$

*der Graph von $\psi$. Dann ist*

$$\varphi : V \to M, \ t \mapsto (t, \psi(t)),$$

*eine Karte zu $M$ und es gilt:*

$$\sqrt{g} = \sqrt{1 + \|grad\,\psi\|^2}.$$

## 13.3 Der Gaußsche Integralsatz im $\mathbb{R}^n$

Wir beweisen nun einen Integralsatz für kompakte Mengen $A$ im $\mathbb{R}^n$, die einen glatten Rand $\partial A$ besitzen; $\partial A$ ist eine (n-1)-dimensionale Untermannigfaltigkeit.

**Definition 13.3.1** *Eine kompakte Menge $A \subset \mathbb{R}^n$ hat **glatten Rand** $\partial A$, wenn es zu jedem Punkt $p \in \partial A$ eine offene Umgebung $U$ von $p$ und eine stetig differenzierbare Funktion $\varrho : U \to \mathbb{R}$ gibt mit*

$$A \cap U = \{x \in U | \varrho(x) \le 0\} \qquad und \qquad grad\ \varrho(x) \ne 0\ \textit{für alle } x \in U.$$

*Der Vektor*

$$\boldsymbol{\nu}(x) := \frac{grad\ \varrho(x)}{\|grad\ \varrho(x)\|}$$

*heißt die **äußere Normale** von $\partial A$.*

Man kann zeigen (vgl. dazu [8]), dass

$$\partial A \cap U = \{x \in U | \varrho(x) = 0\}$$

ist; daher ist $\partial A$ eine (n-1)-dimensionale Untermannigfaltigkeit. Außerdem gilt: Zu jedem $x \in \partial A$ existiert ein $\varepsilon > 0$ mit

$$x + t\boldsymbol{\nu}(x) \notin A \quad \text{für} \quad 0 < t < \varepsilon;$$

der Vektor $\boldsymbol{\nu}(x)$ zeigt also in das Äußere von $A$. Entsprechend 13.5.5 beinhaltet der Begriff des glatten Randes die zu cartesischen Koordinaten in $A$ passende Orientierung von $\partial A$. Wir führen nun folgende Bezeichnungen ein: Es sei

$$V = \{(x_1, \ldots, x_{n-1}) \in \mathbb{R}^{n-1} | a_1 < x_1 < b_1, \ldots, a_{n-1} < x_{n-1} < b_{n-1}\}$$

ein offener Quader im $\mathbb{R}^{n-1}$ und $I =\ ]a, b[$ ein offenes Intervall sowie $U = V \times I$. Zur Abkürzung setzen wir $v := (x_1, \ldots, x_{n-1})$ und schreiben nun die Punkte $x \in U = V \times I$ in der Form $x = (v, x_n)$ mit $v \in V, x_n \in I$.

Wenn $A$ glatten Rand hat, dann kann man wegen grad $\varrho(x) \ne 0$ nach Umnummerierung der Koordinaten annehmen, dass $\frac{\partial \varrho}{\partial x_n}(x) \ne 0$ ist. Mit dem Satz über implizite Funktionen zeigt man dann (vgl. [8]):

**Satz 13.3.2** *Wenn $A$ glatten Rand $\partial A$ hat, dann existiert nach Umnummerierung der Koordinaten zu jedem Punkt $p \in \partial A$ eine Umgebung $U = V \times I$ und eine stetig differenzierbare Funktion $\psi : V \to I$, so dass gilt:*

$$A \cap U = \{x \in U | x_n \le \psi(v)\}, \qquad \partial A \cap U = \{x \in U | x_n = \psi(v)\}.$$

(Es kann auch $A \cap U = \{x \in U | x_n \ge \psi(v)\}$ sein; wir behandeln nur den obigen Fall und nehmen an, dass $A$ in $U$ durch $x_n \le \psi(v)$ und $\partial A$ durch $x_n = \psi(v)$ beschrieben wird.)

Man kann dann $\varrho(v, x_n) = x_n - \psi(v)$ wählen; es ist

$$\operatorname{grad} \varrho = (-\frac{\partial \psi}{\partial x_1}, \ldots, -\frac{\partial \psi}{\partial x_{n-1}}, 1) \quad \text{und} \quad \|\operatorname{grad} \varrho\|^2 = 1 + \|\operatorname{grad} \psi\|^2.$$

Zu U hat man die Karte

$$\varphi : V \to \partial A \cap U, \; v \mapsto (v, \psi(v))$$

und die Gramsche Determinante $g$ dazu ist $g = 1 + \|\operatorname{grad} \psi\|^2$. Die äußere Normale ist

$$\boldsymbol{\nu}(v, x_n) = \frac{1}{\sqrt{g(v)}} (-\operatorname{grad} \psi(v), 1)$$

und mit $\boldsymbol{\nu} = (\nu_1, \ldots, \nu_n)$ ist

$$\nu_j(v, x_n) = -\frac{1}{\sqrt{g(v)}} \cdot \frac{\partial \psi}{\partial x_j}(v) \text{ für } j = 1, \ldots, n-1 \text{ und } \nu_n(v, x_n) = \frac{1}{\sqrt{g(v)}}.$$

Wir behalten diese Bezeichnungen bei und zeigen:

**Satz 13.3.3** *Es sei* $f : U \to \mathbb{R}$ *eine stetig differenzierbare Funktion mit kompaktem Träger. Dann gilt für* $j = 1, \ldots, n$:

$$\int_{A \cap U} \frac{\partial f}{\partial x_j} \mathrm{d}x = \int_{\partial A \cap U} f \cdot \nu_j \mathrm{d}S.$$

**Beweis.** Weil $f$ kompakten Träger hat, dürfen wir annehmen, dass $f$ auf dem Rand von $U$ definiert und dort gleich $0$ ist. Es ist

$$\int_{A \cap U} \frac{\partial f}{\partial x_j} \mathrm{d}x = \int_{a_1}^{b_1} \cdots \int_{a_{n-1}}^{b_{n-1}} \int_{a_n}^{\psi(v)} \frac{\partial f}{\partial x_j} \mathrm{d}x_1 \cdot \ldots \cdot \mathrm{d}x_n.$$

Für $j = n$ kann man dieses Integral so ausrechnen: Weil $(v, a_n)$ auf dem Rand von $U$ liegt, ist $f(v, a_n) = 0$ und daher $\int_{a_n}^{\psi(v)} \frac{\partial f}{\partial x_n} \mathrm{d}x_n = f(v, \psi(v))$. Daraus folgt

$$\int_{A \cap U} \frac{\partial f}{\partial x_n} \mathrm{d}x = \int_V f(v, \psi(v)) \mathrm{d}v.$$

Das Integral von $f \cdot \nu_n$ über $\partial A \cap U$ ist definiert durch:

$$\int_{\partial A \cap U} f \cdot \nu_n \cdot \mathrm{d}S = \int_V ((f \cdot \nu_n) \circ \varphi) \cdot \sqrt{g} \mathrm{d}v = \int_V (f \circ \varphi)(v) \mathrm{d}v = \int_V f(v, \psi(v)) \mathrm{d}v.$$

Daraus ergibt sich:

$$\int\limits_{A\cap U} \frac{\partial f}{\partial x_n}\mathrm{d}x = \int\limits_{\partial A\cap U} f\cdot\nu_n\mathrm{d}S.$$

Damit ist die Behauptung für $j = n$ bewiesen.

Nun sei $j = 1,\dots,n-1$. Aus 13.1.1 folgt:

$$\int\limits_{a_n}^{\psi(v)} \frac{\partial f}{\partial x_j}(v,x_n)\mathrm{d}x_n = \left(\frac{d}{dx_j}\int\limits_{a_n}^{\psi(v)} f(v,x_n)\mathrm{d}x_n\right) - f(v,\psi(v))\cdot\frac{\partial\psi}{\partial x_j}(v).$$

Wir integrieren den ersten Summanden der rechten Seite zuerst nach $x_j$:

$$\int\limits_{a_j}^{b_j}\left(\frac{\mathrm{d}}{\mathrm{d}x_j}\int\limits_{a_n}^{\psi(v)} f(v,x_n)\mathrm{d}x_n\right)\mathrm{d}x_j = \left.\int\limits_{a_n}^{\psi(v)} f(\dots,x_j,\dots,x_n)\mathrm{d}x_n\right|_{x_j=a_j}^{x_j=b_j}.$$

Weil $f$ auf dem Rand von $A$ verschwindet, ist $f(..,b_j,..) = 0$ und $f(..,a_j,..) = 0$ und daher ist dieses Integral gleich 0. Damit ergibt sich:

$$\int\limits_{A\cap U} \frac{\partial f}{\partial x_j}\mathrm{d}x = -\int\limits_{V} f(v,\psi(v))\cdot\frac{\partial\psi}{\partial x_j}(v)\mathrm{d}v.$$

Wegen $\sqrt{g}\cdot\nu_j = -\frac{\partial\psi}{\partial x_j}$ ist

$$\int\limits_{V} f(v,\psi(v))\frac{\partial\psi}{\partial x_j}(v)\mathrm{d}v = -\int\limits_{V} f(v,\psi(v))\cdot\nu_j(v)\cdot\sqrt{g(v)}\mathrm{d}v = -\int\limits_{\partial A\cap U} f\cdot\nu_j\mathrm{d}S.$$

Also gilt auch für $j = 1,\dots,n-1$:

$$\int\limits_{A\cap U} \frac{\partial f}{\partial x_j}\mathrm{d}x = \int\limits_{\partial A\cap U} f\cdot\nu_j\cdot\mathrm{d}S.$$

$\square$

Wir benötigen noch eine einfache Aussage:

**Hilfssatz 13.3.4** *Es sei* $\bar U = \{x\in\mathbb{R}^n|a_1\le x_1\le b_1,\dots,a_n\le x_n\le b_n\}$ *ein abgeschlossener Quader und* $f:\bar U\to\mathbb{R}$ *eine stetig differenzierbare Funktion, die auf dem Rand* $\partial U$ *verschwindet. Dann gilt für* $j = 1,\dots,n$:

$$\int\limits_{\bar U} \frac{\partial f}{\partial x_j}\mathrm{d}x = 0.$$

**Beweis.** Die Behauptung folgt aus $\int_{a_j}^{b_j}\frac{\partial f}{\partial x_j}\mathrm{d}x_j = f(..,b_j,..) - f(..,a_j,..) = 0$.  $\square$

Nun leiten wir mit Hilfe einer Teilung der Eins eine globale Version von 13.3.3 her:

**Satz 13.3.5** *Es sei $U \subset \mathbb{R}^n$ offen, $f : U \to \mathbb{R}$ eine stetig differenzierbare Funktion und $A \subset U$ kompakt mit glattem Rand $\partial A$. Dann gilt für $j = 1, \ldots, n$:*

$$\int_A \frac{\partial f}{\partial x_j} dx = \int_{\partial A} f \cdot \nu_j \cdot dS.$$

**Beweis.** Wir überdecken $A$ so mit offenen Quadern $U_k$, so dass gilt:

(1)     $U_k \subset \overset{\circ}{A}$, also $\partial A \cap U_k = \emptyset$

oder

(2)     $\partial A \cap U_k$ kann wie in 13.3.2 durch $x_n = \psi(v)$  beschrieben werden.

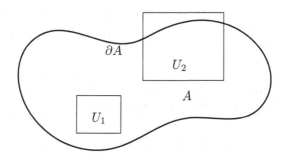

Dann wählen wir eine Teilung der Eins $\sum_k \eta_k = 1$ mit Tr $\eta_k \subset U_k$ und zeigen, dass in beiden Fällen gilt:

$$(*) \qquad \int_{A \cap U_k} \frac{\partial}{\partial x_j}(\eta_k f) dx = \int_{\partial A \cap U_k} (\eta_k f) \cdot \nu_j \cdot dS.$$

Im Fall (2) folgt dies aus 13.3.3. Im Fall (1) sind beide Integrale null, denn wegen $\partial A \cap U = \emptyset$ verschwindet das Integral auf der rechten Seite; links hat man

$$\int_{A \cap U_k} \frac{\partial}{\partial x_j}(\eta_k f) dx = \int_{U_k} \frac{\partial}{\partial x_j}(\eta_k f) dx,$$

und dies ist nach 13.3.4 gleich 0.

Nun folgt:

$$\int_A \frac{\partial f}{\partial x_i} dx = \sum_k \int_A \frac{\partial}{\partial x_j}(\eta_k f) dx = \sum_k \int_{A \cap U_k} \frac{\partial}{\partial x_j}(\eta_k f) dx \overset{(*)}{=}$$

$$= \sum_k \int_{\partial A \cap U_k} (\eta_k f) \cdot \nu_j \cdot dS = \int_{\partial A \cap U_k} (\eta_k f) \cdot \nu_j \cdot dS = \int_{\partial A} f \cdot \nu_j \cdot dS.$$

$\square$

Wir schreiben nun

$$dS := \nu \cdot dS.$$

Für ein Vektorfeld $\mathbf{v} = (v_1, \ldots, v_n)$ interpretiert man $\mathbf{v} \cdot dS$ als Skalarprodukt, also

$$\mathbf{v} \cdot dS = (v_1\nu_1 + \ldots + v_n\nu_n) \cdot dS.$$

Mit diesen Bezeichnungen gilt dann

**Satz 13.3.6 (Gaußscher Integralsatz im $\mathbb{R}^n$)** *Es sei $U \subset \mathbb{R}^n$ offen, $\mathbf{v} : U \to \mathbb{R}^n$ ein stetig differenzierbares Vektorfeld und $A \subset U$ eine kompakte Teilmenge mit glattem Rand. Dann gilt:*

$$\boxed{\int_A div\ \mathbf{v}\ dx = \int_{\partial A} \mathbf{v} \cdot dS.}$$

**Beweis.** Es ist $div\ \mathbf{v} = \sum_{j=1}^n \frac{dv_j}{dx_j}$. Wendet man den soeben bewiesenen Satz auf $f = v_j$ an, so erhält man $\int_A \frac{\partial v_j}{\partial x_j} dx = \int_{\partial A} v_j \cdot \nu_j \cdot dS$. Summation über $j = 1, \ldots, n$ liefert die Behauptung. $\qquad\square$

Das Integral über das Quellenfeld von $\mathbf{v}$ ist also gleich dem gesamten Fluss von $\mathbf{v}$ durch die berandende Fläche.

## 13.4 Die Greensche Formel

Wir leiten nun Folgerungen aus dem Gaußschen Integralsatz her. Dazu sind einige Bezeichnungen zweckmäßig: Für ein Vektorfeld $\mathbf{v} = (v_1, \ldots, v_n)$ setzen wir

$$\int_A \mathbf{v} \cdot dx := \left( \int_A v_1 dx, \ldots, \int_A v_n dx \right).$$

Das Integral über das n-Tupel $(v_1, \ldots, v_n)$ ist also komponentenweise zu verstehen; man erhält ein n-Tupel von Integralen.

In Definition 9.6.10 haben wir den **Nabla-Operator** $\nabla$ und den **Laplace-Operator** $\triangle$ definiert:

$$\nabla := \left( \frac{\partial}{\partial x_1}, \ldots, \frac{\partial}{\partial x_n} \right), \qquad \triangle := \frac{\partial^2}{\partial x_1^2} + \ldots + \frac{\partial^2}{\partial x_n^2}.$$

Für eine zweimal stetig differenzierbare Funktion $f$ ist also

$$\nabla f := \left( \frac{\partial f}{\partial x_1}, \ldots, \frac{\partial f}{\partial x_n} \right) = grad\ f, \qquad \triangle f = \frac{\partial^2 f}{\partial x_1^2} + \ldots + \frac{\partial^2 f}{\partial x_n^2}.$$

Für ein Vektorfeld $\mathbf{v}$ ist

$$\nabla \mathbf{v} \; := \; \frac{\partial v_1}{\partial x_1} + \ldots + \frac{\partial v_n}{\partial x_n} \; = \; div \; \mathbf{v}.$$

Im $\mathbb{R}^3$ kann man auch das Vektorprodukt bilden und setzt

$$\nabla \times \mathbf{v} := rot \; \mathbf{v}.$$

Bei den folgenden Aussagen sei immer $U \subset \mathbb{R}^n$ offen, $f$, $g$ und $\mathbf{v}$ seien stetig differenzierbar in $U$ und $A \subset U$ sei kompakt mit glattem Rand.

Zuerst formulieren wir 13.3.5 neu und fassen die $n$ Gleichungen dieses Satzes zusammen:

**Satz 13.4.1** *Es gilt:*

$$\int\limits_A (\nabla f) \cdot \mathrm{d}x = \int\limits_{\partial A} f \cdot \mathrm{d}\mathbf{S}.$$

Folgende Aussagen rechnet man leicht nach:

**Satz 13.4.2** *Es gilt:*
(1)     $\nabla(\nabla f)) = \triangle f$
(2)     $\nabla(f \cdot g) = g\nabla f + f\nabla g$
(3)     $\nabla(f\nabla g) = (\nabla f)(\nabla g) + f\triangle g.$

Die Aussage (1) schreibt man kurz

$$\nabla \, \nabla \; = \; \triangle,$$

bei (3) bedeutet $(\nabla f)(\nabla g)$ das Skalarprodukt $\sum_{j=1}^n \frac{\partial f}{\partial x_j} \cdot \frac{\partial g}{\partial x_j}$. In Analogie zur Regel der partiellen Integration $\int_a^b fg'\mathrm{d}x = fg\big|_a^b - \int_a^b f'g\mathrm{d}x$ gilt:

**Satz 13.4.3 (Partielle Integration)** *Es gilt:*

$$\int\limits_A f\nabla g\mathrm{d}x = \int\limits_{\partial A} f \cdot g\mathrm{d}\mathbf{S} - \int\limits_A g\nabla f\mathrm{d}x.$$

**Beweis.** Man wendet 13.4.1 auf $f \cdot g$ an und erhält:

$$\int\limits_{\partial A} (f \cdot g)\mathrm{d}\mathbf{S} = \int\limits_A \nabla(f \cdot g)\mathrm{d}x = \int\limits_A g\nabla f\mathrm{d}x + \int\limits_A f\nabla g\mathrm{d}x.$$

$\square$

Eine weitere Formel für partielle Integration erhält man aus dem Satz von Gauß:

**Satz 13.4.4 (Partielle Integration)** *Es gilt:*

$$\int\limits_A (\nabla f)(\nabla g)\mathrm{d}x = \int\limits_{\partial A} f\nabla g\mathrm{d}\mathbf{S} - \int\limits_A f\triangle g\mathrm{d}x.$$

**Beweis.** Man wendet den Satz von Gauß 13.3.6 auf $\mathbf{v} := f\nabla g$ an und berücksichtigt $div\ \mathbf{v} = \nabla(f\nabla g) = (\nabla f)(\nabla g) + f\triangle g$.    □

Daraus leiten wir die Formel von Green her:

**Satz 13.4.5 (Greensche Formel)** *Es gilt:*

$$\int_A (f\triangle g - g\triangle f)\mathrm{d}x = \int_{\partial A} (f\nabla g - g\nabla f)\mathrm{d}\mathbf{S}.$$

**Beweis.** Es ist

$$\int_A (\nabla f)(\nabla g)\mathrm{d}x = \int_{\partial A} f\nabla g\mathrm{d}\mathbf{S} - \int_A f\triangle g\mathrm{d}x$$

und durch Vertauschung von $f$ und $g$ ergibt sich:

$$\int_A (\nabla g)(\nabla f)\mathrm{d}x = \int_{\partial A} g\nabla f\mathrm{d}\mathbf{S} - \int_A g\triangle f\mathrm{d}x.$$

Daraus folgt die Behauptung.    □

Setzt man $g = 1$, so erhält man:

**Satz 13.4.6** *Es gilt:*

$$\int_A \triangle f\mathrm{d}x = \int_{\partial A} \nabla f\mathrm{d}\mathbf{S}.$$

Eine zweimal stetig differenzierbare Funktion $g$ heißt harmonisch (man vergleiche dazu 9.6.10), wenn $\triangle g = 0$ ist. Somit gilt:

**Satz 13.4.7** *Wenn $g$ harmonisch ist, dann gilt:*

$$\int_A g\triangle f\mathrm{d}x = \int_{\partial A} (g\nabla f - f\nabla g)\mathrm{d}\mathbf{S}.$$

In 9.2.14 hatten wir den Begriff der Richtungsableitung eingeführt. Die Ableitung von $f$ in Richtung $\boldsymbol{\nu}$ ist

$$D_{\boldsymbol{\nu}} f = <\boldsymbol{\nu}, grad f> = (\nabla f) \cdot \boldsymbol{\nu}.$$

Wegen $d\mathbf{S} = \boldsymbol{\nu}\mathrm{d}S$ können wir die Greensche Formel so schreiben:

**Satz 13.4.8 (Greensche Formel)** *Es gilt:*

$$\int_A (f\triangle g - g\triangle f)\mathrm{d}x = \int_{\partial A} (fD_{\boldsymbol{\nu}}g - gD_{\boldsymbol{\nu}}f)\mathrm{d}S.$$

## 13.5 Der Satz von Stokes

In diesem Abschnitt leiten wir einen allgemeinen Stokes'schen Integralsatz für Differentialformen her. Der Satz von Stokes erhält im Kalkül der Differentialformen die einfache Formulierung:

$$\int_{\partial A} \omega = \int_A d\omega.$$

Wir benötigen dazu den Begriff der Integration von Differentialformen über glatte Ränder $\partial A$, allgemein: Integration von Differentialformen über orientierte Untermannigfaltigkeiten.

Es bezeichne wieder $U \subset \mathbb{R}^n$ eine offene Menge und $A \subset U$ eine kompakte Teilmenge mit glattem Rand $\partial A$. Zunächst definiert man:

**Definition 13.5.1** *Für* $\omega = f dx_1 \wedge \ldots \wedge dx_n \in \Omega^n(U)$ *setzt man*

$$\int_A \omega := \int_A f dx_1 \cdot \ldots \cdot dx_n.$$

Kurz zusammengefasst: Integration einer n-Form im $\mathbb{R}^n$ definiert man, indem man $dx_1 \wedge \ldots \wedge dx_n$ durch $dx_1 \cdot \ldots \cdot dx_n$ ersetzt: $\wedge$ weglassen.

Integration über orientierte Untermannigfaltigkeiten wird mit Hilfe von Karten definiert; dazu benötigt man, analog zu 13.2.3, Invarianz-Aussagen, aus denen folgt, dass die Definition unabhängig von der Wahl der Karte ist.

**Satz 13.5.2 (Invarianzlemma)** *Seien* $U$ *und* $\tilde{U}$ *offen im* $\mathbb{R}^n$, *sei*

$$\tau : \tilde{U} \to U, (t_1, \ldots, t_n) \mapsto \tau(t_1, \ldots, t_n) \text{ ein Diffeomorphismus mit } \det J_\tau > 0.$$

*Ist dann* $A \subset U$ *und* $\tilde{A} := \overset{-1}{\tau}(A)$, *so gilt für* $\omega \in \Omega^n U$:

$$\int_A \omega = \int_{\tilde{A}} \omega \circ \tau.$$

**Beweis.** Nach 11.3.19 ist für $\omega = f dx_1 \wedge \ldots \wedge dx_n$:

$$\omega \circ \tau = (f \circ \tau) \cdot \det J_\tau dt_t \wedge \ldots \wedge dt_n.$$

Die Substitutionsregel 10.2.9 besagt

$$\int_A f dx = \int_{\tilde{A}} (f \circ \tau) \cdot |\det J_\tau| \cdot dt$$

und wegen $\det J_\tau > 0$ ergibt sich:

$$\int\limits_A \omega = \int\limits_A f\,\mathrm{d}x = \int\limits_{\tilde A} (f \circ \tau) \det J_\tau \mathrm{d}t = \int\limits_{\tilde A} \omega \circ \tau.$$

□

Dies führt zu folgenden Definitionen (man vergleiche dazu 11.1.8):

**Definition 13.5.3** *Ein Diffeomorphismus* $\tau$ *heißt* **orientierungstreu,** *wenn gilt:*

$$\det J_\tau > 0.$$

*Ist* $(\varphi_i : V_i \to W_i)_{i \in I}$ *ein Atlas einer Untermannigfaltigkeit* $M$, *so heißen zwei Karten* $\varphi_i : V_i \to W_i$ *und* $\varphi_j : V_j \to W_j$ **gleichorientiert,** *wenn die Abbildung*

$$\varphi_j^{-1} \circ \varphi_i : \varphi_i^{-1}(V_i \cap V_j) \to \varphi_j^{-1}(V_i \cap V_j)$$

*orientierungstreu ist, also* $\det J_{\varphi_j^{-1} \circ \varphi_i} > 0$.
*Ein Atlas heißt* **orientiert,** *wenn je zwei Karten gleichorientiert sind.*
$M$ *heißt* **orientierbar,** *wenn es auf* $M$ *einen orientierten Atlas gibt.*

Es gilt:

**Satz 13.5.4 (Invarianzsatz)** *Sind* $\varphi : V \to W$ *und* $\psi : \tilde V \to W$ *gleichorientierte Karten einer* $k$-*dimensionalen Untermannigfaltigkeit* $M \subset \mathbb{R}^n$ *und ist* $U \subset \mathbb{R}^n$ *offen,* $A \subset W \subset U$, *so gilt für* $\omega \in \Omega^k U$:

$$\int\limits_{\overset{-1}{\varphi}(A)} \omega \circ \varphi = \int\limits_{\overset{-1}{\psi}(A)} \omega \circ \psi.$$

**Beweis.** Es sei $\tau := \psi^{-1} \circ \varphi$; dann ist $(\omega \circ \psi) \circ \tau = \omega \circ \varphi$ und aus dem Invarianzlemma folgt die Behauptung. □

Nun sei $M$ eine orientierte $k$-dimensionale Untermannigfaltigkeit im $\mathbb{R}^n$, $U \subset \mathbb{R}^n$ offen, $A \subset M \cap U$ kompakt und $\omega \in \Omega^k U$; dann kann man $\int_A \omega$ folgendermaßen definieren:
Wenn es eine Karte $\varphi : V \to W$ gibt mit $A \subset W$, so setzt man $\int_A \omega := \int_{\overset{-1}{\varphi}(A)} \omega \circ \varphi$.
Nach dem Invarianzsatz ist dies unabhängig von der Wahl der Karte. Andernfalls wählt man eine Teilung der Eins $\sum_k \eta_k = 1$, so dass für jedes $k$ eine Karte $\varphi_k : V_k \to W_k$ existiert mit $Tr(\eta_k) \subset W_k$.
Es sei $A_k := A \cap Tr(\eta_k)$; dann ist $A_k \subset W_k$ und daher ist Integration über $A_k$ definiert. Nun setzen wir $\int\limits_A \eta_k \omega := \int\limits_{A_k} \eta_k \omega$ und definieren

$$\int\limits_A \omega := \sum_k \int\limits_A \eta_k \omega.$$

Man beachte, dass auf einer $k$-dimensionalen orientierten Untermannigfaltigkeit nur die Integration von $k$-Formen definiert ist.
Wir benötigen vor allem Integration über glatte Ränder $\partial A$. Mit Hilfe des Normalenfeldes $\nu$ kann man die $(n$-$1)$-dimensionale Untermannigfaltigkeit $\partial A$ orientieren:

**Satz 13.5.5** *Es sei $A \subset \mathbb{R}^n$ kompakt mit glattem Rand $\partial A$ und $\boldsymbol{\nu}$ das Vektorfeld der äußeren Normalen. Dann existiert ein Atlas $(\varphi_i)_{i \in I}$ von $\partial A$, so dass für alle $i \in I$ gilt:*

$$det(\boldsymbol{\nu} \circ \varphi_i, \frac{\partial \varphi_i}{\partial t_1}, \ldots, \frac{\partial \varphi_i}{\partial t_{n-1}}) > 0$$

*und dieser Atlas ist orientiert. Diese Orientierung von $\partial A$ bezeichnet man als* **Orientierung bezüglich der äußeren Normalen.**

**Beweisidee.** Man wählt zuerst einen beliebigen Atlas. Falls für ein $i \in I$ die obenstehende Determinante negativ ist, ersetzt man die in einem geeigneten Quader definierte Karte $\varphi_i(t_1, \ldots, t_{n-1})$ durch die Karte $\varphi_i(t_1, \ldots, t_{n-2}, -t_{n-1})$; dadurch erreicht man, dass sie positiv ist. Nun zeigt man, dass zwei Karten, bei denen diese Determinante positiv ist, immer gleichorientiert sind. $\qquad\square$

Nun vergleichen wir Integration von Differentialformen und von Vektorfeldern:

**Satz 13.5.6** *Es sei $U \subset \mathbb{R}^n$ offen, $A \subset U$ kompakt mit glattem Rand $\partial A$ und*

$$\omega = \sum_{j=1}^n (-1)^{j+1} v_j \mathrm{d}x_1 \wedge \ldots \wedge \mathrm{d}x_{j-1} \wedge \mathrm{d}x_{j+1} \wedge \ldots \wedge \mathrm{d}x_n \in \Omega^{n-1} U.$$

*Mit $\mathbf{v} := (v_1, \ldots, v_n)$ gilt dann:*

$$\int_{\partial A} \omega = \int_{\partial A} \mathbf{v} \mathrm{d}\mathbf{S}.$$

**Beweis.** Zur Vereinfachung schildern wir den Beweis für $n = 3$. Es sei

$$\varphi : V \to \partial A \cap U, \ (t_1, t_2) \mapsto (t_1, t_2, \psi(t_1, t_2))$$

eine Karte zu $\partial A$; dann ist

$$\int_{\partial A \cap U} \mathbf{v} \mathrm{d}\mathbf{S} = \int_{\varphi^{-1}(\partial A)} (\mathbf{v} \circ \varphi) \sqrt{g} \cdot (\boldsymbol{\nu} \circ \varphi) \mathrm{d}t$$

mit $\sqrt{g} \cdot (\boldsymbol{\nu} \circ \varphi) = (-\frac{\partial \psi}{\partial t_1}, -\frac{\partial \psi}{\partial t_2}, 1)$. Nun geben wir das Integral auf der linken Seite an: Es ist $\varphi = (\varphi_1, \varphi_2, \varphi_3)$ mit

$$\varphi_1(t_1, t_2) = t_1, \quad \varphi_2(t_1, t_2) = t_2, \quad \varphi_3(t_1, t_2) = \psi(t_1, t_2).$$

Daher ist

$$\begin{aligned}
\mathrm{d}\varphi_2 \wedge \mathrm{d}\varphi_3 &= \mathrm{d}t_2 \wedge (\frac{\partial \psi}{\partial t_1} \mathrm{d}t_1 + \frac{\partial \psi}{\partial t_2} \mathrm{d}t_2) = -\frac{\partial \psi}{\partial t_1} \mathrm{d}t_1 \wedge \mathrm{d}t_2, \\
\mathrm{d}\varphi_3 \wedge \mathrm{d}\varphi_1 &= (\frac{\partial \psi}{\partial t_1} \mathrm{d}t_1 + \frac{\partial \psi}{\partial t_2} \mathrm{d}t_2) \wedge \mathrm{d}t_1 = -\frac{\partial \psi}{\partial t_2} \mathrm{d}t_1 \wedge \mathrm{d}t_2, \\
\mathrm{d}\varphi_1 \wedge \mathrm{d}\varphi_2 &= \mathrm{d}t_1 \wedge \mathrm{d}t_2.
\end{aligned}$$

Daraus folgt

$$\omega \circ \varphi = \left( (v_1 \circ \varphi) \cdot (-\frac{\partial \psi}{\partial t_1}) + (v_2 \circ \varphi)(-\frac{\partial \psi}{\partial t_2}) + (v_3 \circ \varphi) \right) dt_1 \wedge dt_2 =$$

$$= ((\mathbf{v} \circ \varphi) \cdot \sqrt{g} \cdot (\boldsymbol{\nu} \circ \varphi)) dt_1 \wedge dt_2.$$

Daraus ergibt sich die Behauptung.                                    □

Nun können wir den Satz von Stokes für Differentialformen herleiten:

**Satz 13.5.7 (Satz von Stokes)** *Es sei* $U \subset \mathbb{R}^n$ *offen,* $A \subset U$ *kompakt mit glattem Rand* $\partial A$ *und* $\omega \in \Omega^{n-1}U$; *dann gilt:*

$$\boxed{\int_A d\omega = \int_{\partial A} \omega.}$$

**Beweis.** Es ist $\int_{\partial A} \omega = \int_{\partial A} v dS$ und es gilt $d\omega = (div\, \mathbf{v}) dx_1 \wedge \ldots \wedge dx_n$, also $\int_A d\omega = \int_A div\, \mathbf{v} dx$. Nach dem Integralsatz von Gauß ist $\int_{\partial A} \mathbf{v} dS = \int_A div\, \mathbf{v} dx$. Daraus folgt die Behauptung.                                    □

Wir geben ohne Beweis eine Verallgemeinerung an: Ist $M$ eine k-dimensionale orientierte Untermannigfaltigkeit, so kann man mit Hilfe von Karten für $A \subset M$ definieren, wann $A$ glatten Rand $\partial A$ hat; genauer verfahren wir wie folgt:
Sei $p \in M$ und $\varphi$ eine zugehörige Karte und $p = \varphi(c)$. Die Funktionalmatrix $J_\varphi(c)$ ist eine $n \times k$-Matrix. Die Vektoren $\frac{\partial \varphi}{\partial t_1}(c), \ldots, \frac{\partial \varphi}{\partial t_k}(c)$ bilden eine Basis von $T_p M$. Demnach ist

$$J_\varphi(c) : \mathbb{R}^k \to T_p M$$

ein Isomorphismus. Irgendeine Basis von $T_p M$ heißt **positiv orientiert**, wenn sie unter der Funktionalmatrix $J_\varphi(c)$ Bild einer positiv orientierten Basis des $\mathbb{R}^k$ ist (man vergleiche dazu 7.9.43). Insbesondere ist die Basis $\frac{\partial \varphi}{\partial t_1}, \ldots, \frac{\partial \varphi}{\partial t_k}$ positiv orientiert, da $\frac{\partial \varphi}{\partial t_j} = J_\varphi(c) e_j$ ist; dabei sind $e_1, \ldots, e_k$ die Einheitsvektoren des $\mathbb{R}^k$. Für $A \subset M$ ist $\partial A$ die Menge der Randpunkte von $A$ in $M$. Ist also zum Beispiel $M$ eine Fläche im $\mathbb{R}^3$, so ist $A$ eine kompakte Teilmenge, die von einer Flächenkurve $\partial A$ berandet wird. $\partial A$ ist demnach im allgemeinen Fall eine (k-1)-dimensionale Untermannigfaltigkeit von $M$. Für eine Karte $\psi$ von $\partial A$ liegen also $\frac{\partial \psi}{\partial t_t}, \ldots, \frac{\partial \psi}{\partial t_{k-1}}$ im Tangentialraum an $A$. Wir fordern, dass in $\partial A$ ein in $M \setminus A$, also in das Äußere von $A$ in $M$ weisender Vektor $\mathbf{n}$ der Länge 1 existiert (äußere Normale), der

- 1. im Tangentialraum an $A$ liegt,
- 2. orthogonal zu $\frac{\partial \psi}{\partial t_1}, \ldots, \frac{\partial \psi}{\partial t_{k-1}}$ ist.

Entsprechend 13.5.5 sagen wir, dass $\partial A$ bezüglich der äußeren Normalen orientiert ist oder glatten Rand hat, wenn auf $\partial A$ die Vektoren $\mathbf{n} \circ \psi, \frac{\partial \psi}{\partial t_t}, \ldots, \frac{\partial \psi}{\partial t_{k-1}}$ eine positiv orientierte Basis des jeweiligen Tangentialraums an $M$ bilden. Also hängt diese Definition mit dem Atlas von $M$ zusammen. Ein wichtiges Beispiel werden wir gleich kennenlernen.

**Satz 13.5.8 (Allgemeiner Satz von Stokes)** *Ist $M$ eine k-dimensionale orientierte Untermannigfaltigkeit, die in einer offenen Menge $U$ des $\mathbb{R}^n$ liegt, ist $A \subset M$ kompakt mit glattem Rand, so gilt für $\omega \in \Omega^{k-1}U$:*

$$\int_A d\omega = \int_{\partial A} \omega.$$

Daraus ergibt sich:

**Satz 13.5.9 (Spezieller Satz von Stokes)** *Es sei $M$ eine zweidimensionale orientierte Untermannigfaltigkeit des $\mathbb{R}^3$ und $A \subset M$ eine kompakte Teilmenge von $M$ mit glattem Rand $\partial A$. Ist dann $U \subset \mathbb{R}^3$ offen, $A \subset U$, und ist*

$$\mathbf{v} : U \to \mathbb{R}^3$$

*ein Vektorfeld, so gilt:*

$$\boxed{\int_A rot\, \mathbf{v}\, d\mathbf{S} = \int_{\partial A} \mathbf{v} ds}$$

**Beweis.** Man definiert durch $\omega := \mathbf{v}ds$ eine 1-Form in $U$; dann ist $d\omega = rot\,\mathbf{v}d\mathbf{S}$ und aus dem allgemeinen Satz von Stokes folgt die Behauptung. $\square$

Wir erläutern den speziellen Satz von Stokes 13.5.9, indem wir ihn in eine oft in Lehrbüchern zu findende Form umschreiben und auf die Frage der Orientierung eingehen. Als orientierte Untermannigfaltigkeit hat $M$ ein stetiges Normalenfeld $\nu$ und wir erhalten

$$\int_A rot\, \mathbf{v}\, d\mathbf{S} = \pm \int_A rot\, \mathbf{v} \cdot \nu dS.$$

$M$ braucht nicht notwendig ein Volumen zu beranden. Also gilt: Neben $\nu$ steht auch $-\nu$ als Normalenfeld zur Verfügung. $\partial A$ können wir uns als geschlossene Flächenkurve mit der Einfachheit halber ein und demselben Kurvenparameter $t$, $a \leq t \leq b$, und Tangentenvektor $\mathbf{t}$ vorstellen. $\mathbf{n}$ ist die nach außen weisende Normale an $\partial A$ im Tangentialraum an $M$. Sei $\mathbf{n}$, $\mathbf{t}$ in $\partial A$ positiv orientierte Basis des Tangentialraums an $M$. Dann haben wir mit

$$\int_{\partial A} \mathbf{v} \cdot ds = \int_a^b \mathbf{v} \cdot \mathbf{t} dt$$

entweder

$$\int\limits_{A} rot\,\mathbf{v}\cdot\boldsymbol{\nu}\mathrm{d}S \;=\; \int\limits_{a}^{b}\mathbf{v}\cdot\mathbf{t}\mathrm{d}t, \qquad \text{falls } \det(\boldsymbol{\nu},\mathbf{n},\mathbf{t})>0,$$

oder

$$-\int\limits_{A} rot\,\mathbf{v}\cdot\boldsymbol{\nu}\mathrm{d}S \;=\; \int\limits_{a}^{b}\mathbf{v}\cdot\mathbf{t}\mathrm{d}t, \qquad \text{falls } \det(\boldsymbol{\nu},\mathbf{n},\mathbf{t})<0.$$

Die Vektoren $\boldsymbol{\nu}, \mathbf{n}, \mathbf{t}$ müssen also eine positiv orientierte Basis des $\mathbb{R}^3$ bilden.

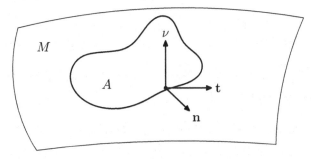

In diesem Satz wird also das Wirbelfeld von $\mathbf{v}$ mit dem Integral von $\mathbf{v}$ über die $A$ berandende Kurve $\partial A$ verknüpft, der Zirkulation von $\mathbf{v}$ über $\partial A$. Offenbar kommt es nur auf diese Kurve und nicht auf die in $\partial A$ eingespannte Fläche an.

Nun ordnen wir Satz 13.5.7 dem allgemeinen Satz von Stokes 13.5.8 unter und diskutieren den Zugewinn aus Satz 13.5.8 gegenüber Formulierungen wie dem Gauß-schen Integralsatz im $\mathbb{R}^n$ 13.3.6 oder dem speziellen Satz von Stokes 13.5.9. Versehen wir U wie in 13.5.7 mit der trivialen Karte $\varphi = id_U : U \to U$, so ist $U$ Mannigfaltigkeit der Dimension n. Sie ist orientiert. $\varphi$ hat die Einheitsmatrix als Funktionalmatrix. Die Tangentialvektoren sind die Einheitsvektoren des $\mathbb{R}^n$. Die Voraussetzung „glatter Rand" in 13.5.7 garantiert also die Anwendbarkeit des Satzes 13.5.8 und unsere Erörterungen zeigen, dass es sich um einen einfachen Fall handelt. Die Formulierung in der Sprache der Differentialformen lässt sofort erkennen, dass Satz 13.5.8 sowohl bei Koordinatentransformationen des umgebenden Raumes als auch bei Einführung neuer lokaler Koordinaten seine Gültigkeit behält, sofern die Orientierungen der Atlanten von $M$ und $\partial A$ sich nicht ändern. Führen wir etwa in $U$ durch $x = \Phi(y)$ mit positiver Funktionaldeterminante neue Koordinaten $y$ ein, so haben wir, wenn $\Phi^{-1}(\partial A) = \partial \Phi(\partial A)$ der Rand von $\Phi^{-1}(A)$ in $\Phi^{-1}(M)$ ist, die Beziehungen

$$\int\limits_{\partial A}\omega = \int\limits_{A}\mathrm{d}\omega = \int\limits_{\Phi^{-1}(A)}\mathrm{d}\omega\circ\Phi = \int\limits_{\Phi^{-1}(A)}\mathrm{d}(\omega\circ\Phi) = \int\limits_{\partial\Phi^{-1}(A)}\omega\circ\Phi = \int\limits_{\Phi^{-1}(\partial A)}\omega\circ\Phi.$$

Dabei haben wir den Satz von Stokes, die Invarianzeigenschaften 13.5.4 und 11.3.17, wieder den Satz von Stokes und dann unsere Annahme benutzt. Satz 13.5.8 ist die invariante Formulierung des Satzes von Stokes. Weil sie invariant ist, erkennt man sofort, dass zum Beweis nur eine möglichst einfache Koordinatenbeschreibung herangezogen zu werden braucht. Das haben wir bei 13.5.7 ausgenutzt, indem wir auf den Gaußschen Integralsatz im $\mathbb{R}^n$ 13.3.6 zurückgegriffen haben. Generell sind Rechnungen mit der äußeren Ableitung d und transformierten Differentialformen einfacher als mit div, rot, grad und ihren Umschreibungen auf neue Koordinaten.

## Aufgaben

**13.1.** Sei $Q := [0,1] \times [0,1]$; berechnen Sie direkt und durch Integration über $Q$ das folgende Integral: $\int\limits_{\partial Q} y^2 \mathrm{d}x + x^3 y \mathrm{d}y$.

**13.2.** Sei $A := \{(x,y) \in \mathbb{R}^2 \mid 1 \le x \le 2, \ x \le y \le x^2\}$; berechnen Sie direkt und durch Integration über $A$ das Integral $\int\limits_{\partial A} \frac{x^2}{y} \mathrm{d}x$.

**13.3.** Sei $Q := [0,1] \times [0,\pi]$; berechnen Sie $\int\limits_{Q} y \cdot \sin(xy) \mathrm{d}x \mathrm{d}y$.

**13.4.** Sei $A \subset \mathbb{R}^2$ der im ersten Quadranten liegende Teil der Einheitskreisscheibe; berechnen Sie $\int\limits_{A} xy \cdot \mathrm{d}x \mathrm{d}y$ direkt und durch Transformation auf Polarkoordinaten.

**13.5.** Berechnen Sie den Flächeninhalt von $\{(x,y) \in \mathbb{R}^2 \mid 0 \le x \le 1, \ x^3 \le y \le x^2\}$.

**13.6.** Sei $M := \{(x_1, x_2, x_3) \in \mathbb{R}^3 \mid x_3 = x_1^2 x_2\}$,

$$\omega := \mathrm{d}x_3 \wedge \mathrm{d}x_1 + x_1^2 \mathrm{d}x_1 \wedge \mathrm{d}x_2$$

und $A := \{(x_1, x_2, x_3) \in M \mid x_1^2 + x_2^2 \le 1\}$. Berechnen Sie $\int\limits_{A} \omega$.

Es liege im folgenden die Situation des Satzes 13.5.9 (Spezieller Satz von Stokes) vor. Seien $(T_i, \varphi_i, W_i)$ die Karten von $M$, für die wir einfach $(T, \varphi, W)$ schreiben. Als Normalenvektor nehmen wir

$$\boldsymbol{\nu}(t) = \boldsymbol{\nu}(\varphi(t)) = \frac{1}{\sqrt{g(\varphi(t))}} \cdot \left( \frac{\partial \varphi}{\partial t_1} \times \frac{\partial \varphi}{\partial t_2} \right),$$

so dass $M$ positiv orientiert ist. $\mathbf{v}$ ist wie in Satz 13.5.9.

**13.7.** a) Zeigen Sie für $a, b, c \in \mathbb{R}^3$:

$$a \times (b \times c) = <a,c> b - <a,b> c.$$

b) $\boldsymbol{\nu} \times \mathbf{v}$ ist Tangentialfeld an $M$. Berechnen Sie mit a) den Vektor $\boldsymbol{\nu} \times \mathbf{v}$ als Linearkombination von $\frac{\partial \varphi}{\partial t_1}$ und $\frac{\partial \varphi}{\partial t_2}$.

**13.8.** Sei $\mathbf{a}(t)$ ein stetig differenzierbares Tangentialfeld auf $M$, d.h.

$$\mathbf{a}(t) \;=\; a_1(t)\frac{\partial \varphi}{\partial t_1} + a_2(t)\frac{\partial \varphi}{\partial t_2}.$$

Zeigen Sie, dass es immer ein stetig differenzierbares Tangentialfeld $\mathbf{v}$ auf $M$ gibt mit

$$\mathbf{a}(t) \;=\; \boldsymbol{\nu}(t) \times \mathbf{v}(t).$$

Hinweis: Benutzen Sie 13.7 a).

**13.9.** a) Für ein Tangentialfeld

$$\mathbf{a}(t) \;=\; a_1(t)\frac{\partial \varphi}{\partial t_1} + a_2(t)\frac{\partial \varphi}{\partial t_2}$$

heißt

$$\mathrm{Div}\,\mathbf{a} := \frac{1}{\sqrt{g}}\left(\frac{\partial}{\partial t_1}(\sqrt{g}a_1) + \frac{\partial}{\partial t_2}(\sqrt{g}a_2)\right)$$

die Flächendivergenz von $\mathbf{a}$. Berechnen Sie $\mathrm{Div}\,(\boldsymbol{\nu} \times \mathbf{v})$ für $\boldsymbol{\nu} \times \mathbf{v}$ aus 13.7 b).
b) Berechnen Sie $<\mathrm{rot}\,\mathbf{v}, \boldsymbol{\nu}>$ und zeigen Sie

$$<\mathrm{rot}\mathbf{v}, \boldsymbol{\nu}> \;=\; -\mathrm{Div}(\boldsymbol{\nu} \times \mathbf{v}).$$

Hinweis: In Teil b) lässt sich der sogenannte $\varepsilon$-Tensor anwenden, insbesondere Satz 7.14.17 und Satz 7.14.16.

**13.10.** Sei $\mathbf{a}$ ein Tangentialfeld auf $M$, sei $\mathbf{n}$ wie in der Abbildung zum speziellen Satz von Stokes und $s$ die Bogenlänge auf $\partial A$; weiter sei $|\partial A|$ die Länge der geschlossenen Kurve $\partial A$. Zeigen Sie

$$\int_A (\,\mathrm{Div}\,\mathbf{a})\,\mathrm{d}S \;=\; \int_0^{|\partial A|} <\mathbf{a}, \mathbf{n}>\,\mathrm{d}s.$$

Hinweis: Benutzen Sie zunächst Aufgabe 13.8 für die Darstellung $\mathbf{a} = \boldsymbol{\nu} \times \mathbf{v}$. Von $\mathbf{v}$ dürfen Sie voraussetzen, dass $\mathbf{v}$ sich zu einem stetig differenzierbaren Vektorfeld $\mathbf{v} : U \to \mathbb{R}^3$, $M \subset U \subset \mathbb{R}^3, U$ offen, fortsetzen lässt. Dann kann man Aufgabe 13.9 b) und Satz 13.5.9 anwenden.

# 14

# Funktionentheorie

## 14.1 Holomorphe Funktionen

In der Funktionentheorie befassen wir uns mit komplexwertigen Funktionen einer komplexen Variablen $z$. Von besonderem Interesse sind die nach $z$ (komplex) differenzierbaren sogenannten holomorphen Funktionen. Sie sind durch ihr Verhalten im Kleinen vollständig bestimmt und gestatten um jeden Punkt ihres Definitionsbereiches eine Potenzreihenentwicklung. In Kapitel 4 hatten wir bereits wichtige elementare Funktionen durch Potenzreihenentwicklung als holomorphe Funktionen gewonnen. Wir gehen auf einige der zahlreichen Anwendungen ein wie etwa Berechnung von uneigentlichen Integralen, Berechnung des Hauptwertes von Integralen, ebene Strömungen und Randwertprobleme harmonischer Funktionen.

Wir erinnern zuerst an Grundbegriffe für die komplexen Zahlen $\mathbb{C}$:
Ist $z = x + \mathrm{i}y \in \mathbb{C}$ mit $x, y \in \mathbb{R}$, so heißt $x$ der Realteil und $y$ der Imaginärteil von $z$; wir schreiben $x = \mathrm{Re}(z), y = \mathrm{Im}(z)$. Die konjugiert komplexe Zahl ist $\bar{z} = x - \mathrm{i}y$, also $\mathrm{Re}(z) = \frac{z+\bar{z}}{2}$ und $\mathrm{Im}(z) = \frac{z-\bar{z}}{2\mathrm{i}}$. Der Betrag ist $|z| = \sqrt{x^2 + y^2} = \sqrt{z \cdot \bar{z}}$.
Für $z_0 \in \mathbb{C}$ und $r \in \mathbb{R}$, $r > 0$, ist $U_r(z_0) = \{z \in \mathbb{C} | \; |z - z_0| < r\}$ die offene Kreisscheibe um $z_0$ mit Radius $r$ und $\bar{U}_r(z_0) = \{z \in \mathbb{C} | \; |z - z_0| \leq r\}$ ist die abgeschlossene Kreisscheibe; mit $\partial U_r(z_0) = \{z \in \mathbb{C} | \; |z - z_0| = r\}$ bezeichnet man den Rand.
Eine Menge $D \subset \mathbb{C}$ heißt offen, wenn es zu jedem $z_0 \in D$ ein $r > 0$ gibt mit $U_r(z_0) \subset D$.
Eine Menge $A \subset \mathbb{C}$ heißt abgeschlossen, wenn $\mathbb{C} \setminus A = \{z \in \mathbb{C} | z \notin A\}$ offen ist.
Die abgeschlossene Hülle von $X$ ist $\bar{X} = \{z \in \mathbb{C} | U_r(z) \cap X \neq \emptyset \text{ für alle } r > 0\}$.

**Definition 14.1.1** *Es sei $D \subset \mathbb{C}$ offen; ist $f : D \to \mathbb{C}$ eine Funktion, $c \in \mathbb{C}$, und $p \in \bar{D}$, so schreibt man*

$$\lim_{z \to p} f(z) = c,$$

*wenn es zu jedem $\varepsilon > 0$ ein $\delta > 0$ gibt, so dass für alle $z \in D$ mit $|z - p| < \delta$ gilt: $|f(z) - c| < \varepsilon$.*

H. Kerner, W. von Wahl, *Mathematik für Physiker*, Springer-Lehrbuch,
DOI 10.1007/978-3-642-37654-2_14, © Springer-Verlag Berlin Heidelberg 2013

*Für $p \in D$ und $f : D \setminus \{p\} \to \mathbb{C}$ schreibt man*

$$\lim_{z \to p} f(z) = \infty,$$

*wenn zu jedem $M > 0$ ein $\delta > 0$ existiert, so dass für alle $z \in D$ mit $0 < |z-p| < \delta$ gilt: $|f(z)| > M$.*

*Ist $f : \mathbb{C} \to \mathbb{C}$ eine Funktion, so dass zu jedem $M > 0$ ein $R > 0$ existiert mit $|f(z)| > M$ für $|z| > R$, so schreibt man*

$$\lim_{z \to \infty} f(z) = \infty.$$

*Eine Funktion $f : D \to \mathbb{C}$ ist in $z_0 \in D$ genau dann stetig, wenn $\lim_{z \to z_0} f(z) = f(z_0)$ ist.*

Mit Einführung der komplexen Zahlen haben wir $\mathbb{R}^2$ zu einem Körper $\mathbb{C}$ gemacht, in dem wir zusätzlich über offene Mengen (dieselben wie im $\mathbb{R}^2$) und den Grenzwertbegriff verfügen. Damit können wir außer der Stetigkeit komplexwertiger Funktionen durch Bildung des Differenzenquotienten die Grundbegriffe der Funktionentheorie: *komplexe Differenzierbarkeit* und *Holomorphie* einführen.

**Definition 14.1.2** *Es sei $D \subset \mathbb{C}$ offen; eine Funktion $f : D \to \mathbb{C}$ heißt in $z_0 \in D$* **komplex differenzierbar,** *wenn es eine komplexe Zahl $f'(z_0)$ gibt mit folgender Eigenschaft: Zu jedem $\varepsilon > 0$ existiert ein $\delta > 0$, so dass für alle $z \in D$ mit $0 < |z - z_0| < \delta$ gilt:*

$$\left| \frac{f(z) - f(z_0)}{z - z_0} - f'(z_0) \right| < \varepsilon,$$

*also*

$$\lim_{z \to z_0} \frac{f(z) - f(z_0)}{z - z_0} = f'(z_0).$$

*Wenn $f$ in jedem Punkt $z_0 \in D$ komplex differenzierbar ist, dann heißt $f$* **holomorph.**

Wie im Reellen gilt (man vergleiche 3.1.2):

**Satz 14.1.3** *Ist $f : D \to \mathbb{C}$ eine Funktion, so gilt:*

*(1) Wenn $f$ in $z_0 \in D$ komplex differenzierbar ist, so ist die Funktion*

$$q : D \to \mathbb{C}, \ z \mapsto \begin{cases} \frac{f(z)-f(z_0)}{z-z_0} & \text{falls } z \neq z_0 \\ f'(z_0) & \text{falls } z = z_0 \end{cases}$$

*in $z_0$ stetig.*

*(2) Wenn es eine in $z_0 \in D$ stetige Funktion $q : D \to \mathbb{C}$ gibt mit $q(z) = \frac{f(z)-f(z_0)}{z-z_0}$ für $z \neq z_0$, so ist $f$ in $z_0$ komplex differenzierbar und $f'(z_0) = q(z_0)$.*

Setzt man $c = f'(z_0)$ und $\varphi(z) = q(z) - c$, so erhält man:

**Satz 14.1.4** *Es sei $D \subset \mathbb{C}$ offen; eine Funktion $f : D \to \mathbb{C}$ ist in $z_0 \in D$ genau dann komplex differenzierbar, wenn es ein $c \in \mathbb{C}$ und eine Funktion $\varphi : D \to \mathbb{C}$ gibt mit*

$$f(z) = f(z_0) + c \cdot (z - z_0) + (z - z_0) \cdot \varphi(z) \text{ für } z \in D \text{ und } \lim_{z \to z_0} \varphi(z) = 0.$$

Es ist naheliegend, den Begriff der Fortsetzbarkeit einer Funktion einzuführen:

**Definition 14.1.5** *Es sei $z_0 \in D \subset \mathbb{C}$ und $f : D \setminus \{z_0\} \to \mathbb{C}$ sei eine stetige bzw. holomorphe Funktion. $f$ heißt* **stetig bzw. holomorph in den Punkt $z_0$ fortsetzbar,** *wenn ein $c \in \mathbb{C}$ existiert, so dass die Funktion*

$$\tilde{f} : D \to \mathbb{C}, z \mapsto \begin{cases} f(z) & \text{für } z \neq z_0 \\ c & \text{für } z = z_0 \end{cases}$$

*stetig bzw. holomorph ist.*

Eine Funktion ist also in $z_0$ genau dann komplex differenzierbar, wenn der Differenzenquotient $\frac{f(z)-f(z_0)}{z-z_0}$ stetig in $z_0$ fortsetzbar ist.
Die Menge der in $D$ holomorphen Funktionen bezeichnet man mit

$$\mathcal{O}(D).$$

Für $f, g \in \mathcal{O}(D)$ sind auch $f + g$ und $f \cdot g$ in $\mathcal{O}(D)$ und für die Ableitung gelten die üblichen Rechenregeln.

Die wichtigsten holomorphen Funktionen sind die Potenzreihen. Wir zeigen analog zu 4.1.3, dass jede konvergente Potenzreihe holomorph ist und gliedweise differenziert werden darf. Anders als im Reellen gilt jedoch hier auch die Umkehrung: In 14.6.2 werden wir beweisen, dass man jede holomorphe Funktion lokal durch eine Potenzreihe darstellen kann.

**Satz 14.1.6** *Die Potenzreihe $\sum\limits_{n=0}^{\infty} a_n z^n$ mit $a_n \in \mathbb{C}$ sei in $D := \{z \in \mathbb{C} | |z| < r\}$ konvergent. Dann ist die Funktion*

$$f : D \to \mathbb{C}, z \mapsto \sum_{n=0}^{\infty} a_n z^n$$

*holomorph und es gilt:*

$$f'(z) = \sum_{n=1}^{\infty} n a_n z^{n-1}.$$

**Beweis.** Man kann den Beweis wie bei 4.1.3 führen.

Wir geben noch einen anderen Beweis, bei dem wir Aussagen über gleichmäßige Konvergenz heranziehen, die uns bei 4.1.3 noch nicht zur Verfügung standen (man vergleiche dazu R. REMMERT [28]).

Es sei $|w| < r$; es ist zu zeigen, dass $f$ in $w$ komplex differenzierbar ist. Wir wählen $\varrho$ mit $|w| < \varrho < r$ und definieren in $|z| \leq \varrho$:

$$
q(z) := \begin{cases} \frac{f(z)-f(w)}{z-w} & \text{falls } z \neq w \\ \sum\limits_{n=1}^{\infty} n a_n w^{n-1} & \text{falls } z = w \end{cases}
$$

Zu beweisen ist $\lim\limits_{z \to w} q(z) = q(w)$, also die Stetigkeit von $q$ in $w$. Setzt man $g_1(z) := 1$ und

$$
g_n(z) := z^{n-1} + z^{n-2}w + \ldots + zw^{n-2} + w^{n-1} \quad \text{für } n > 1,
$$

so ist

$$
(z-w)g_n(z) = z^n - w^n \quad \text{und} \quad g_n(w) = nw^{n-1}.
$$

Für $|z| \leq \varrho$ gilt:

$$
q(z) = \sum_{n=1}^{\infty} a_n g_n(z)
$$

und

$$
|g_n(z)| \leq n\varrho^{n-1}.
$$

Somit ist $\sum\limits_{n=1}^{\infty} n|a_n|\varrho^{n-1}$ eine konvergente Majorante zu $\sum\limits_{n=1}^{\infty} a_n g_n$. Nach dem Majorantenkriterium 6.1.8 konvergiert diese Reihe dort gleichmäßig gegen $q$ und daher ist $q$ in $|z| \leq \varrho$ stetig.    □

**Beispiel 14.1.7** Aus diesem Satz folgt, dass die Exponentialfunktion

$$
\exp : \mathbb{C} \to \mathbb{C}, z \mapsto \sum_{n=0}^{\infty} \frac{z^n}{n!}
$$

holomorph und $(e^z)' = e^z$ ist. Oft schreiben wir $e^z = \exp(z)$; für $z = x + \mathrm{i}y$ ist $e^z = e^x \cdot e^{\mathrm{i}y} = e^x(\cos y + \mathrm{i} \sin y)$.

Wir wollen nun die dadurch gegebene Abbildung näher beschreiben:

Bei festem $y_0 \in \mathbb{R}$ ist das Bild der Geraden $\{x + \mathrm{i}y \in \mathbb{C} \mid x \in \mathbb{R}, y = y_0\}$ ein von 0 im Winkel $y_0$ ausgehender Halbstrahl ohne Nullpunkt.

Wählt man ein $x_0 \in \mathbb{R}$, so wird die Strecke $\{x + \mathrm{i}y \in \mathbb{C} \mid x = x_0, 0 \leq y < 2\pi\}$ durch die Exponentialfunktion auf die Kreislinie um 0 mit Radius $e^{x_0}$ abgebildet; für $x_0 < 0$ ist der Radius $< 1$ und für $x_0 > 0$ ist er $> 1$.

Die Abbildung

$$
\{x + \mathrm{i}y \in \mathbb{C} \mid x \in \mathbb{R}, 0 \leq y < 2\pi\} \to \mathbb{C}^*, z \mapsto e^z,
$$

ist bijektiv.

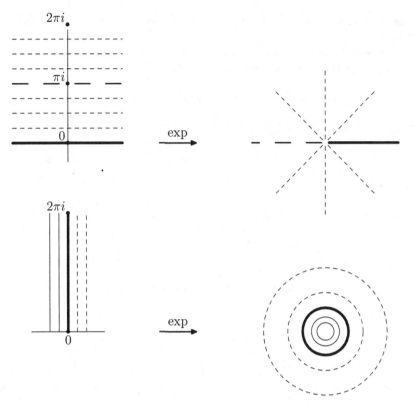

## 14.2 Die Cauchy-Riemannschen Differentialgleichungen

Es sollen nun die Beziehungen zwischen komplexer und reeller Differenzierbarkeit untersucht werden. Ist $D \subset \mathbb{C}$ offen und $f : D \to \mathbb{C}$, so fassen wir $D$ als Teilmenge des $\mathbb{R}^2$ auf und setzen

$$u : D \to \mathbb{R}, (x,y) \mapsto \operatorname{Re} f(x+iy), \quad v : D \to \mathbb{R}, (x,y) \mapsto \operatorname{Im} f(x+iy).$$

Dann ist $f(x+iy) = u(x,y) + iv(x,y)$ und wir schreiben kurz

$$f = u + iv.$$

Es gilt:

**Satz 14.2.1 (Cauchy-Riemannsche Differentialgleichungen)**     *Eine Funktion $f = u + iv$ ist genau dann holomorph, wenn die Funktionen $u, v$ (total) differenzierbar sind und wenn gilt:*

$$\boxed{\frac{\partial u}{\partial x} = \frac{\partial v}{\partial y}, \qquad \frac{\partial u}{\partial y} = -\frac{\partial v}{\partial x}.}$$

Diese Differentialgleichungen nennt man die Cauchy-Riemannschen Differentialgleichungen.

**Beweis.** Wir beweisen die Aussagen für jedes $z_0 \in D$ und nehmen $z_0 = 0$ an.
(1) Es sei $f$ in $D$ holomorph, dann ist

$$f(z) = f(0) + c \cdot z + z \cdot \varphi(z), \qquad \lim_{z \to 0} \varphi(z) = 0.$$

Zerlegung in Real- und Imaginärteil liefert:

$$z = x + iy, \qquad f = u + iv, \qquad \varphi = \alpha + i\beta, \qquad c = a + ib.$$

Damit folgt:

$$u(x,y) + iv(x,y) = (u(0) + iv(0)) + (a + ib)(x + iy) + (x + iy)(\alpha(x,y) + i\beta(x,y))$$

und somit (in abgekürzter Schreibweise):

$$u = u(0) + (ax - by) + (x\alpha - y\beta)$$
$$v = v(0) + (bx + ay) + (x\beta + y\alpha).$$

Wir setzen

$$\Phi(x,y) := \frac{x\alpha - y\beta}{\sqrt{x^2 + y^2}} \quad \text{und} \quad \Psi(x,y) := \frac{x\beta + y\alpha}{\sqrt{x^2 + y^2}}.$$

Wegen $|\frac{x}{\sqrt{x^2+y^2}}| \le 1$, $|\frac{y}{\sqrt{x^2+y^2}}| \le 1$ ist $|\Phi| \le |\alpha| + |\beta|$ und daher gilt $\Phi \to 0$ und
ebenso $\Psi \to 0$. Aus

$$u(x,y) = u(0) + (ax - by) + \sqrt{x^2 + y^2} \cdot \Phi(x,y)$$
$$v(x,y) = v(0) + (bx + ay) + \sqrt{x^2 + y^2} \cdot \Psi(x,y)$$

folgt die Differenzierbarkeit von $u, v$ in $0$ und

$$u_x(0) = a, \qquad u_y(0) = -b,$$
$$v_x(0) = b, \qquad v_y(0) = a,$$

also $u_x = v_y$, $\qquad u_y = -v_x$.
(2) Nun seien $u, v$ differenzierbar und die Cauchy-Riemannschen Differentialgleichungen seien erfüllt. Mit

$$a := u_x(0) = v_y(0) \quad , \quad b := -u_y(0) = v_x(0)$$

ist dann

$$u(x,y) = u(0) + (ax - by) + \sqrt{x^2 + y^2}\varphi_1(x,y), \qquad \lim_{(x,y) \to 0} \varphi_1(x,y) = 0,$$

$$v(x,y) = v(0) + (bx + ay) + \sqrt{x^2 + y^2}\varphi_2(x,y), \qquad \lim_{(x,y) \to 0} \varphi_2(x,y) = 0.$$

Daher ist :

$$f(z) = u(x,y) + \mathrm{i}v(x,y) = f(0) + (a + \mathrm{i}b)z + |z| \cdot (\varphi_1(x,y) + \mathrm{i}\varphi_2(x,y))$$

und daraus folgt, dass $f$ in $z_0 = 0$ holomorph ist und

$$f'(0) = a + \mathrm{i}b = u_x(0) + \mathrm{i}v_x(0) = \frac{1}{\mathrm{i}}(\mathrm{i}v_y(0) + u_y(0)).$$

□

Wir formulieren die Aussage über $f'(0)$ noch als Satz:

**Satz 14.2.2** *Wenn $f = u + \mathrm{i}v$ holomorph ist, dann gilt*

$$f' = u_x + \mathrm{i}v_x = \frac{1}{\mathrm{i}}(u_y + \mathrm{i}v_y) = u_x - \mathrm{i}u_y = v_y + \mathrm{i}v_x.$$

**Beispiel 14.2.3** Es sei $f : \mathbb{C} \to \mathbb{C}, z \mapsto z^2$ also $f(z) = (x^2 - y^2) + 2\mathrm{i}xy$, somit $u(x,y) = x^2 - y^2$, $v(x,y) = 2xy$ und daher

$$u_x(x,y) = 2x = v_y(x,y), \qquad u_y(x,y) = -2y = -v_x(x,y);$$

$f$ ist holomorph. ■

**Beispiel 14.2.4** Es sei $f(z) := \frac{1}{2}(z + \bar{z}) = x$. Dann ist $u(x,y) = x, v(x,y) = 0$. Die Cauchy-Riemannschen Differentialgleichungen sind offensichtlich nicht erfüllt; $f$ ist nicht holomorph. Dies sieht man auch direkt: Für reelles $h \neq 0$ ist der Differenzenquotient $\frac{f(h)-f(0)}{h} = \frac{h}{h} = 1$ und $\frac{f(\mathrm{i}h)-f(0)}{\mathrm{i}h} = 0$: daher existiert der Limes des Differenzenquotienten für $h \to 0$ nicht. ■

## 14.3 Kurvenintegrale

Es sei immer $D$ eine offene Menge in $\mathbb{C}$ und $\gamma : [a,b] \to D, t \mapsto x(t) + \mathrm{i}y(t)$, eine stückweise stetig differenzierbare Kurve in $D$; die Ableitung von $\gamma$ nach $t$ ist $\dot{\gamma}(t) = \dot{x}(t) + \mathrm{i}\dot{y}(t)$ und die Länge der Kurve ist $L_\gamma := \int_a^b |\dot{\gamma}(t)| \mathrm{d}t$ (vgl.9.5.1).

**Definition 14.3.1** *Ist $f : D \to \mathbb{C}$ eine stetige Funktion und $\gamma : [a,b] \to D$ eine stückweise stetig differenzierbare Kurve in $D$, so heißt*

$$\int_\gamma f(z)\mathrm{d}z := \int_a^b f(\gamma(t))\dot{\gamma}(t)\mathrm{d}t$$

*das* **Kurvenintegral von $f$ längs $\gamma$**; *ausführlich geschrieben:*

$$\int_\gamma f(z)\mathrm{d}z := \int_a^b \Big( u(x(t),y(t)) \cdot \dot{x}(t) - v(x(t),y(t)) \cdot \dot{y}(t) \Big) \mathrm{d}t +$$
$$+\mathrm{i} \int_a^b \Big( u(x(t),y(t)) \cdot \dot{y}(t) + v(x(t),y(t)) \cdot \dot{x}(t) \Big) \mathrm{d}t.$$

Natürlich heißt eine holomorphe Funktion $F$ Stammfunktion von $f$, wenn $F' = f$ ist. Es gilt:

**Satz 14.3.2** *Ist* $f : D \to \mathbb{C}$ *stetig und* $F : D \to \mathbb{C}$ *eine Stammfunktion von* $f$, *so gilt für jede stückweise stetig differenzierbare Kurve* $\gamma : [a, b] \to D$:

$$\int_{\gamma} f(z)\mathrm{d}z = F(\gamma(b)) - F(\gamma(a))$$

*und für jede geschlossene Kurve* $\gamma$ *in D ist*

$$\int_{\gamma} f(z)\mathrm{d}z = 0.$$

**Beweis.** Es ist $\frac{\mathrm{d}}{\mathrm{d}t} F \circ \gamma(t) = F'(\gamma(t)) \cdot \dot\gamma(t) = f(\gamma(t)) \cdot \dot\gamma(t)$ und daraus folgt $\int_{\gamma} f(z)\mathrm{d}z = F \circ \gamma|_a^b$. $\qquad\qquad\qquad\qquad\qquad\qquad\qquad\qquad\qquad\quad\square$

Wir führen nun einige Bezeichnungen für Kurvenintegrale ein:

Die Kurve $\gamma : [0, 1] \to \mathbb{C}$, $t \mapsto z_1 + t(z_2 - z_1)$ durchläuft die Strecke von $z_1$ nach $z_2$ und wir setzen

$$\int_{z_1}^{z_2} := \int_{\gamma}.$$

Ist $Q$ ein achsenparalleles Rechteck mit den Eckpunkten $z_1, z_2, z_3, z_4$, die wir so durchlaufen, dass $Q$ links liegt, so setzen wir

$$\int_{\partial Q} := \int_{z_1}^{z_2} + \int_{z_2}^{z_3} + \int_{z_3}^{z_4} + \int_{z_4}^{z_1}.$$

Mit $\gamma : [0, 1] \to \mathbb{C}$, $t \mapsto z_0 + r \cdot e^{2\pi \mathrm{i}t}$ definieren wir

$$\int_{|z - z_0| = r} := \int_{\gamma}.$$

**Beispiel 14.3.3** Für $r > 0$ gilt:

$$\boxed{\int_{|z| = r} \frac{\mathrm{d}z}{z} = 2\pi \mathrm{i},}$$

denn es ist $\int_{|z| = r} \frac{\mathrm{d}z}{z} = \int_0^1 \frac{2\pi \mathrm{i} r e^{2\pi \mathrm{i}t}}{r e^{2\pi \mathrm{i}t}} \mathrm{d}t = 2\pi i$. Dieses Integral ist $\neq 0$ und daher besitzt

$$\mathbb{C} \setminus \{0\} \to \mathbb{C}, \ z \mapsto \frac{1}{z}$$

keine Stammfunktion. $\qquad\qquad\qquad\qquad\qquad\qquad\qquad\qquad\qquad\qquad\qquad\qquad\blacksquare$

Ein Gebiet ist eine offene zusammenhängende Menge (vgl. 9.1.30); in einem Gebiet kann man zwei Punkte immer durch eine stückweise stetig differenzierbare Kurve verbinden (Satz 9.5.7). Aus Satz 14.3.2 folgt

**Satz 14.3.4** *Ist* $f : D \to \mathbb{C}$ *im Gebiet* $D \subset \mathbb{C}$ *stetig und sind* $F$ *und* $G$ *Stammfunktionen von* $f$*, so ist* $F - G$ *konstant.*

**Beweis.** Es seien $z_1, z_2 \in D$; man wählt eine Verbindungskurve $\gamma$ in $D$ von $z_1$ nach $z_2$. Dann ist $F(z_2) - F(z_1) = \int_\gamma f(z)\mathrm{d}z = G(z_2) - G(z_1)$ und daraus folgt $(G - F)(z_1) = (G - F)(z_2)$.    $\square$

**Satz 14.3.5** *Ist* $f : D \to \mathbb{C}$ *stetig und* $|f(z)| \leq M$ *für* $z \in D$*, so gilt für jede Kurve* $\gamma$ *in* $D$*:*

$$\left| \int_\gamma f(z)\mathrm{d}z \right| \leq M \cdot L_\gamma.$$

**Beweis.** $|\int_\gamma f(z)\mathrm{d}z| = |\int_a^b f(\gamma(t))\dot{\gamma}(t)\mathrm{d}t| \leq M \cdot \int_a^b |\dot{\gamma}(t)|\mathrm{d}t = ML_\gamma.$    $\square$

Wir benötigen noch Aussagen über die Vertauschung von Grenzprozessen. Dazu führen wir folgenden Begriff ein:

**Definition 14.3.6** *Eine Folge* $(f_n)_n$ *von Funktionen* $f_n : D \to \mathbb{C}$ *heißt* **kompakt konvergent** *gegen* $f : D \to \mathbb{C}$*, wenn sie auf jeder kompakten Teilmenge* $K \subset D$ *gleichmäßig gegen* $f$ *konvergiert;*
*es gibt also zu jedem* $\varepsilon > 0$ *und jedem kompakten* $K \subset D$ *einen Index* $N$*, so dass für alle* $n \geq N$ *und alle* $z \in K$ *gilt:* $|f_n(z) - f(z)| < \varepsilon$*.*
*Eine Reihe* $\sum_n f_n$ *heißt kompakt konvergent, wenn dies für die Folge der Partialsummen gilt.*

Es gilt:

**Satz 14.3.7 (Vertauschung von Limes und Integration)** *Wenn die Folge* $(f_n)_n$ *stetiger Funktionen* $f_n : D \to \mathbb{C}$ *kompakt gegen* $f : D \to \mathbb{C}$ *konvergiert, so gilt für jede stückweise stetig differenzierbare Kurve* $\gamma$ *in* $D$*:*

$$\lim_{n \to \infty} \int_\gamma f_n(z)\mathrm{d}z = \int_\gamma f(z)\mathrm{d}z$$

*und für eine kompakt konvergente Reihe stetiger Funktionen ist*

$$\sum_{n=1}^\infty \int_\gamma f_n(z)\mathrm{d}z = \int_\gamma \left(\sum_{n=1}^\infty f_n(z)\right)\mathrm{d}z.$$

**Beweis.** Weil $\gamma([a,b])$ kompakt ist, gibt es zu jedem $\varepsilon > 0$ ein $N$, so dass für $z \in \gamma([a,b])$ und $n \geq N$ gilt: $|f_n(z) - f(z)| < \varepsilon$. Dann folgt:

$$\left| \int_\gamma f_n(z)\mathrm{d}z - \int_\gamma f(z)\mathrm{d}z \right| \le \int_\gamma |f_n(z) - f(z)|\mathrm{d}z \le \varepsilon \cdot L_\gamma.$$

Daraus folgt die Behauptung. □

In der Funktionentheorie ist der Begriff der kompakten Konvergenz wichtig, denn konvergente Potenzreihen sind kompakt konvergent:

**Satz 14.3.8** *Wenn die Potenzreihe* $\sum\limits_{n=0}^{\infty} a_n z^n$ *in* $|z| < r$ *konvergiert, so ist sie dort kompakt konvergent.*

**Beweis.** Zu jeder kompakten Menge $K \subset U_r(0)$ existiert ein $\varrho < r$ mit $K \subset U_\varrho(0)$; für $z \in K$ ist dann $\sum\limits_{n=0}^{\infty} |a_n|\varrho^n$ eine konvergente Majorante zu $\sum\limits_{n=0}^{\infty} a_n z^n$ und aus dem Majorantenkriterium 6.1.8 folgt die gleichmäßige Konvergenz. □

## 14.4 Stammfunktionen

In diesem Abschnit zeigen wir, dass jede in einer offenen Kreisscheibe holomorphe Funktion eine Stammfunktion besitzt. Zunächst beweisen wir:

**Satz 14.4.1** *Es sei* $D := \{z \in \mathbb{C}|\ |z - z_0| < r\}$ *eine offene Kreisscheibe und* $f : D \to \mathbb{C}$ *eine stetige Funktion. Für jedes achsenparallele Rechteck* $Q \subset D$ *gelte*

$$\int_{\partial Q} f(z)\mathrm{d}z = 0.$$

*Dann existiert eine holomorphe Funktion* $F : D \to \mathbb{C}$ *mit* $F' = f$.

**Beweis.** Wir dürfen $z_0 = 0$ annehmen. Für $z = x + \mathrm{i}y \in D$ setzen wir

$$F(z) := \int_0^x f(\zeta)\mathrm{d}\zeta + \int_x^{x+\mathrm{i}y} f(\zeta)\mathrm{d}\zeta.$$

Es sei $Q$ das Rechteck mit den Ecken $0, x, x + \mathrm{i}y, \mathrm{i}y$; weil

$$\int_0^x f(\zeta)\mathrm{d}\zeta + \int_x^{x+\mathrm{i}y} f(\zeta)\mathrm{d}\zeta + \int_{x+\mathrm{i}y}^{\mathrm{i}y} f(\zeta)\mathrm{d}\zeta + \int_{\mathrm{i}y}^{0} f(\zeta)\mathrm{d}\zeta = \int_{\partial Q} f(\zeta)\mathrm{d}\zeta = 0$$

ist, gilt:

$$F(z) = \int_0^{\mathrm{i}y} f(\zeta)\mathrm{d}\zeta + \int_{\mathrm{i}y}^{x+\mathrm{i}y} f(\zeta)\mathrm{d}\zeta.$$

Es sei $f = u + iv$ und $F = U + iV$; wir berechnen nun $U_x$. Sei $z = x + iy \in D$, $h \in \mathbb{R}$, $h \neq 0$ und $z + h \in D$. Dann gilt

$$F(z + h) - F(z) = \int_{x+iy}^{x+h+iy} f(\zeta)\mathrm{d}\zeta = \int_0^1 \Big( u(x + th, y) + iv(x + th, y) \Big) \cdot h \cdot \mathrm{d}t.$$

Der Übergang zum Realteil liefert

$$U(x + h, y) - U(x, y) = h \cdot \int_0^1 u(x + th, y)\mathrm{d}t.$$

Nach dem Mittelwertsatz der Integralrechnung existiert ein $\vartheta$ mit $0 \leq \vartheta \leq 1$, so dass gilt:

$$\int_0^1 u(x + th, y)\mathrm{d}t = u(x + \vartheta h, y).$$

Daraus folgt:

$$\lim_{h \to 0} \frac{U(x + h, y) - U(x, y)}{h} = \lim_{h \to 0} u(x + \vartheta h, y) = u(x, y).$$

Daher existiert $U_x$ und aus $U_x = u$ folgt, das $U_x$ stetig ist. Analog berechnet man die anderen partiellen Ableitungen von $U, V$. Es ergibt sich:

$$\begin{aligned} U_x &= u, & U_y &= -v, \\ V_x &= v, & V_y &= u. \end{aligned}$$

Daher sind $U, V$ stetig partiell differenzierbar und die Cauchy-Riemannschen Differentialgleichungen sind erfüllt. Somit ist $F = U + iV$ holomorph und es gilt $F' = U_x + iV_x = u + iv = f$. $\qquad\square$

Nun beweisen wir eine Aussage, die man als das Integrallemma von Goursat bezeichnet (EDOUARD GOURSAT (1858 - 1936)):

**Satz 14.4.2 (Integrallemma von Goursat)** *Es sei $D$ offen und $f : D \to \mathbb{C}$ holomorph. Dann gilt für jedes achsenparallele Rechteck $Q \subset D$*

$$\int_{\partial Q} f(z)\mathrm{d}z = 0.$$

**Beweis.** Durch Halbieren der Seiten teilen wir $Q$ in vier Teilrechtecke $Q^1, ..., Q^4$. Es ist

$$\int_{\partial Q} f(z)\mathrm{d}z = \int_{\partial Q^1} f(z)\mathrm{d}z + ... + \int_{\partial Q^4} f(z)\mathrm{d}z.$$

Unter den Teilrechtecken $Q^1, ..., Q^4$ kann man eines, das wir nun mit $Q_1$ bezeichnen, so auswählen, dass gilt:

$$\left|\int_{\partial Q_1} f(z)\mathrm{d}z\right| \geq \frac{1}{4}\left|\int_{\partial Q} f(z)\mathrm{d}z\right|.$$

Nun teilt man $Q_1$ in vier Teilrechtecke und wählt unter diesen ein $Q_2$ so, dass gilt:

$$\left|\int_{\partial Q_2} f(z)\mathrm{d}z\right| \geq \frac{1}{4}\left|\int_{\partial Q_1} f(z)\mathrm{d}z\right|.$$

Auf diese Weise erhält man eine Folge von Rechtecken

$$Q \supset Q_1 \supset Q_2 \supset \ldots \supset Q_m \supset \ldots$$

mit

$$\left|\int_{\partial Q_m} f(z)\mathrm{d}z\right| \geq \frac{1}{4^m}\left|\int_{\partial Q} f(z)\mathrm{d}z\right|.$$

Bezeichnet man mit $L(\partial Q)$ den Umfang von $Q$, so gilt :

$$L(\partial Q_m) = 2^{-m} L(\partial Q).$$

Für jedes $m \in \mathbb{N}$ wählt man nun einen Punkt $q_m \in Q_m$; dann ist $(q_m)_m$ eine Cauchyfolge, die gegen einen Punkt $q \in Q$ konvergiert. Nun sei $\varepsilon > 0$ vorgegeben. Weil $f$ holomorph ist, existiert ein $\delta > 0$ und ein $\varphi : D \to \mathbb{C}$, so dass für $z \in U_\delta(q) \subset D$ gilt:

$$f(z) = f(q) + (z - q)f'(q) + (z - q)\varphi(z) \quad \text{und} \quad |\varphi(z)| < \varepsilon.$$

Nun wählen wir $m$ so groß dass $Q_m \subset U_\delta(q)$ ist, dann gilt:

$$\int_{\partial Q_m} f(z)\mathrm{d}z = \int_{\partial Q_m} \Big(f(q) + f'(q)(z - q)\Big)\mathrm{d}z + \int_{\partial Q_m} (z - q)\varphi(z)\mathrm{d}z.$$

Die Funktion $z \mapsto f(q)+f'(q)(z-q)$ hat eine Stammfunktion und daher verschwindet der erste Summand auf der rechten Seite. Für $z \in Q_m$ ist $|z - q| \leq L(\partial Q_m)$ und $|\varphi(z)| < \varepsilon$, daher ergibt sich

$$\left|\int_{\partial Q_m} f(z)\mathrm{d}z\right| = \left|\int_{\partial Q_m} (z - q)\varphi(z)\mathrm{d}z\right| \leq L(\partial Q_m) \cdot \varepsilon \cdot L(\partial Q_m).$$

Daraus folgt:

$$\left| \int_{\partial Q} f(z) \mathrm{d}z \right| \le 4^m \left| \int_{\partial Q_m} f(z) \mathrm{d}z \right| \le 4^m \cdot \varepsilon \cdot L(\partial Q_m)^2 =$$
$$= 4^m \cdot \varepsilon \cdot \left( 2^{-m} \cdot L(\partial Q) \right)^2 = \varepsilon \cdot L(\partial Q)^2.$$

Dies gilt für jedes $\varepsilon > 0$, somit folgt

$$\int_{\partial Q} f(z) \mathrm{d}z = 0.$$

□

Aus 14.4.1 und 14.4.2 folgt:

**Satz 14.4.3** *Ist $D \subset \mathbb{C}$ eine offene Kreisscheibe, so existiert zu jeder holomorphen Funktion $f : D \to \mathbb{C}$ eine Stammfunktion $F : D \to \mathbb{C}$.*

Wir benötigen eine Verallgemeinerung des Integrallemmas:

**Satz 14.4.4 (Verallgemeinertes Integrallemma)** *Es sei $D \subset \mathbb{C}$ eine offene Kreisscheibe, $p \in D$. Ist dann $\eta : D \to \mathbb{C}$ eine stetige Funktion, die in $D \setminus \{p\}$ holomorph ist, so gilt für jedes achsenparallele Rechteck $Q \subset D$*

$$\int_{\partial Q} \eta(z) \mathrm{d}z = 0$$

*und daher besitzt $\eta$ eine Stammfunktion.*

**Beweis.** Es sei $Q$ ein achsenparalleles Rechteck in $D$ mit $p \in Q$. Wenn $p$ kein Eckpunkt von $Q$ ist, dann unterteilen wir $Q$ in Teilrechtecke, in denen $p$ Eckpunkt ist.

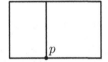 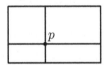

Es genügt, die Aussage für jedes Teilrechteck zu beweisen. Somit dürfen wir annehmen, dass $p$ Eckpunkt von $Q$ ist. Nun unterteilen wir $Q$ in vier Teilrechtecke $R_1, \ldots, R_4$ so, dass $p \in R_1$ gilt und $R_1$ ein Quadrat mit Seitenlänge $\varepsilon > 0$ ist.

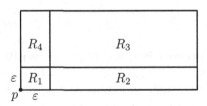

Für $j = 2, 3, 4$ ist $\int_{\partial R_j} \eta(z) \mathrm{d}z = 0$, denn dort ist $\eta$ holomorph. In $Q$ ist die stetige Funktion $\eta$ beschränkt: $|\eta(z)| \le M$ für $z \in Q$. Dann folgt:

$$\left| \int_{\partial Q} \eta(z)\mathrm{d}z \right| = \left| \int_{\partial R_1} \eta(z)\mathrm{d}z \right| \leq 4\varepsilon M.$$

Daher ist dieses Integral gleich 0.                                    □

## 14.5 Der Cauchysche Integralsatz

In 14.3.1 hatten wir $\int_{\gamma} f(z)\mathrm{d}z$ für stückweise stetig differenzierbare Kurven $\gamma$ und
stetige Funktionen $f$ definiert. Im Zusammenhang mit Homotopien kommen nun
stetige Kurven vor und wir benötigen Kurvenintegrale für Kurven $\gamma$, die nicht notwendig differenzierbar, sondern lediglich stetig sind; die Funktion $f$ wird nun als
holomorph vorausgesetzt.

**Satz 14.5.1** *Es sei $f : D \to \mathbb{C}$ eine holomorphe Funktion in $D \subset \mathbb{C}$ und
$\gamma : [a,b] \to D$ eine (stetige) Kurve; $p := \gamma(a)$, $q := \gamma(b)$.
Dann gibt es eine Zerlegung $a = t_0 < t_1 < \ldots < t_{m-1} < t_m = b$, offene Kreisscheiben $K_j$ in $D$ und holomorphe Funktionen $F_j : K_j \to \mathbb{C}$, $(j = 1, \ldots, m)$ mit
folgenden Eigenschaften:*

*(1)   $\gamma([t_{j-1}, t_j]) \subset K_j$      $(j = 1, \ldots, m)$*
*(2)   $(F_j)' = f$   in $K_j$      $(j = 1, \ldots, m)$*
*(3)   $F_{j-1} = F_j$   in   $K_{j-1} \cap K_j$      $(j = 2, \ldots, m)$*

*und es gilt:*

- *$F_m(q) - F_1(p)$ ist unabhängig von der Wahl der $t_j, K_j, F_j$;*
- *falls $\gamma$ stückweise stetig differenzierbar ist, gilt: $\int_{\gamma} f(z)\mathrm{d}z = F_m(q) - F_1(p)$.*

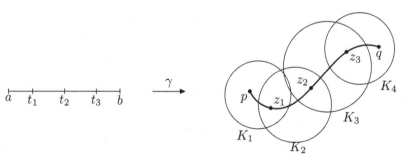

Wir geben einige Beweisideen dazu an, ein ausführlicher Beweis findet sich in [1].
Man überdeckt $\gamma([a,b])$ durch endlich viele offene Kreisscheiben und wählt dazu
die Punkte $t_j$ so, dass (1) erfüllt ist. In jeder Kreisscheibe $K_j$ gibt es eine Stamm-
funktion $F_j$ zu $f|K_j$. In dem Gebiet $K_1 \cap K_2$ ist $F_2 - F_1$ konstant. Man addiert
nun zu $F_2$ eine geeignete Konstante, so dass $F_1 = F_2$ in $K_1 \cap K_2$ ist. Analog ändert
man $F_3$ so ab, dass $F_2 = F_3$ in $K_2 \cap K_3$ ist. Auf diese Weise erreicht man, dass (3)
erfüllt ist.

Nun definiert man durch $\tilde{F}(t) := F_j(\gamma(t))$ für $t_{j-1} \leq t \leq t_j$ eine Funktion $\tilde{F} : [a, b] \to \mathbb{C}$ und zeigt: Wählt man andere $t_j, K_j, F_j$ und erhält so ein $\tilde{G} : [a, b] \to \mathbb{C}$, so ist $\tilde{F} - \tilde{G}$ lokal-konstant. Dies folgt aus der Tatsache, dass in einer Umgebung jedes Punktes $t \in [a, b]$ gilt: Es ist $\tilde{F} = F \circ \gamma$ und $\tilde{G} = G \circ \gamma$, dabei sind $F$ und $G$ Stammfunktionen von $f$ in einer Umgebung von $\gamma(t)$. Nach 14.3.4 ist $\tilde{F} - \tilde{G}$ konstant und daher ist

$$F_m(\gamma(b)) - F_1(\gamma(a)) = \tilde{F}(b) - \tilde{F}(a)$$

unabhängig von der Wahl der $t_j, K_j, F_j$.

Nun sei $\gamma$ stückweise stetig differenzierbar. Wir setzen $z_j := \gamma(t_j)$ und

$$\gamma_j : [t_{j-1}, t_j] \to D, t \mapsto \gamma(t).$$

Dann ist $\int_{\gamma_j} f(\zeta) d\zeta = F_j(z_j) - F_j(z_{j-1})$ und daher

$$\int_\gamma f(\zeta) d\zeta = \sum_j (F_j(z_j) - F_j(z_{j-1})) = F_m(\gamma(b)) - F_1(\gamma(a)).$$

Dies ermöglicht folgende Definition:

**Definition 14.5.2** *Ist $\gamma$ eine stetige Kurve, so definiert man*

$$\int_\gamma f(z) dz := F_m(\gamma(b)) - F_1(\gamma(a)).$$

Nun führen wir den Begriff der Homotopie ein.

**Definition 14.5.3** *Zwei (stetige) Kurven*

$$\gamma : [a, b] \to D, \quad \chi : [a, b] \to D \quad mit \quad \gamma(a) = \chi(a) =: p, \quad \gamma(b) = \chi(b) =: q$$

*heißen in $D$* **homotop,** *wenn es eine stetige Abbildung*

$$h : [a, b] \times [0, 1] \to D$$

*gibt mit folgenden Eigenschaften:*

$$h(a, s) = p, \qquad h(b, s) = q \qquad \textit{für alle } s \in [0, 1],$$
$$h(t, 0) = \gamma(t), \qquad h(t, 1) = \chi(t) \qquad \textit{für alle } t \in [a, b].$$

*Die Abbildung $h$ heißt* **Homotopie** *von $\gamma$ nach $\chi$.*

Eine Homotopie $h$ kann man sich so veranschaulichen:
Für jedes $s \in [0, 1]$ ist

$$\gamma_s : [a, b] \to D, \ t \mapsto h(t, s)$$

eine Kurve von $p$ nach $q$ und es ist $\gamma_0 = \gamma$ und $\gamma_1 = \chi$.
Eine Homotopie ist also eine Kurvenschar $(\gamma_s)_s$, durch die $\gamma$ in $\chi$ deformiert wird; dabei verlaufen alle Kurven in $D$ und haben gleichen Anfangspunkt $p$ und gleichen Endpunkt $q$.

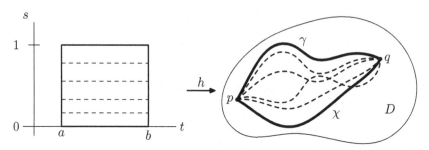

Nun beweisen wir einen der wichtigsten Sätze der Funktionentheorie, den Cauchyschen Integralsatz.

**Satz 14.5.4 (Cauchyscher Integralsatz)** *Es sei $D \subset \mathbb{C}$ offen, $f : D \to \mathbb{C}$ eine holomorphe Funktion und $\gamma, \chi$ zwei in $D$ homotope Kurven. Dann gilt:*

$$\int_\gamma f(z)\mathrm{d}z = \int_\chi f(z)\mathrm{d}z.$$

**Beweis.** Ist $h$ eine Homotopie von $\gamma$ nach $\chi$, so setzt man für $s \in [0,1]$ wieder:

$$\gamma_s : [a,b] \to D, t \mapsto h(t,s).$$

Nun sei $s_0 \in [0,1]$; zur Kurve $\gamma_{s_0}$ wählt man $t_j, K_j, F_j$ wie in 14.5.1. Dann gibt es ein $\varepsilon > 0$, so dass für alle $s \in [0,1]$ mit $|s - s_0| < \varepsilon$ und alle $j$ gilt:

$$\gamma_s([t_{j-1}, t_j]) \subset K_j.$$

Daher ist

$$\int_{\gamma_s} f(z)\mathrm{d}z = F_m(q) - F_1(p) = \int_{\gamma_{s_0}} f(z)\mathrm{d}z.$$

Nun betrachten wir die Funktion

$$g : [0,1] \to \mathbb{C}, s \mapsto \int_{\gamma_s} f(z)\mathrm{d}z.$$

Wie soeben gezeigt wurde, ist sie lokal-konstant, also nach 9.1.29 konstant. Daraus folgt $g(0) = g(1)$, und wegen $\gamma_0 = \gamma, \gamma_1 = \chi$ ergibt sich

$$\int_\gamma f(z)\mathrm{d}z = g(0) = g(1) = \int_\chi f(z)\mathrm{d}z.$$

$\square$

Es ist zweckmäßig, noch einen anderen Begriff der Homotopie einzuführen:

**Definition 14.5.5** *Es sei $D \subset \mathbb{C}$ und es seien $\gamma : [a, b] \to D$ und $\chi : [a, b] \to D$ zwei geschlossene Kurven. Man nennt $\gamma, \chi$* **homotop in $D$ als geschlossene Kurven,** *wenn es eine stetige Abbildung $h : [a, b] \times [0, 1] \to D$ gibt mit*

$$h(a, s) = h(b, s) \quad \text{für alle } s \in [0, 1],$$
$$h(t, 0) = \gamma(t), h(t, 1) = \chi(t) \quad \text{für alle } t \in [a, b].$$

Für jedes $s \in [0, 1]$ ist $\gamma_s : [a, b] \to D, t \mapsto h(t, s)$, eine geschlossene Kurve und $\gamma_0 = \gamma$ und $\gamma_1 = \chi$. Im Unterschied zur vorhergehenden Definition brauchen die Anfangspunkte $\gamma_s(a)$ und die Endpunkte $\gamma_s(b)$ nicht mehr fest zu sein.

**Beispiel 14.5.6** Es sei $0 < r < R$ und

$$\gamma : [0, 2\pi] \to \mathbb{C}^*, t \mapsto r \cdot e^{it}, \qquad \chi : [0, 2\pi] \to \mathbb{C}^*, t \mapsto R \cdot e^{it}.$$

Dann sind $\gamma, \chi$ in $\mathbb{C}^*$ als geschlossene Kurven homotop; eine Homotopie ist

$$h : [0, 2\pi] \times [0, 1] \to \mathbb{C}^*, (t, s) \mapsto (r + s(R - r)) \cdot e^{it}.$$

∎

Der Cauchysche Integralsatz gilt auch für diesen Homotopiebegriff:

**Satz 14.5.7 (Cauchyscher Integralsatz für geschlossene Kurven)** *Ist $f : D \to \mathbb{C}$ eine holomorphe Funktion und sind $\gamma$ und $\chi$ homotop in $D$ als geschlossene Kurven, so gilt:*

$$\int_\gamma f(z) \mathrm{d}z = \int_\chi f(z) \mathrm{d}z.$$

**Beweis.** Ist $h$ eine Homotopie wie in 14.5.5, so definieren wir für $s \in [0, 1]$

$$\alpha_s : [0, 1] \to D, \ t \mapsto h(a, st),$$

eine Kurve von $\alpha_s(0) = \gamma_0(a)$ nach $\alpha_s(1) = \gamma_s(a)$. Daher kann man definieren (man vergleiche dazu 9.5.5 und 9.5.6):

$$\beta_s := (\alpha_s + \gamma_s) + (-\alpha_s).$$

Dann ist $\beta_s$ eine geschlossene Kurve mit Anfangs- und Endpunkt $\gamma(a)$ und man prüft nach, dass $\beta_0, \beta_1$ homotop im Sinne von 14.5.2 sind. Aus dem Cauchyschen Integralsatz 14.5.4 folgt $\int_{\beta_0} f(z)\mathrm{d}z = \int_{\beta_1} f(z)\mathrm{d}z$. Weil sich die Integrale über $\alpha_s$ und $-\alpha_s$ wegheben, ergibt sich $\int_{\gamma_0} f(z)\mathrm{d}z = \int_{\gamma_1} f(z)\mathrm{d}z$. □

**Definition 14.5.8** *Eine geschlossene Kurve $\gamma$ in $D$ heißt* **homotop zu einem Punkt** *$p \in D$, wenn $\gamma$ und $\eta$ als geschlossene Kurven in $D$ homotop sind, wobei $\eta$ die konstante Kurve $\eta : [a, b] \to D, t \mapsto p$ ist.*
*Kurven, die zu einem Punkt homotop sind, bezeichnet man als* **nullhomotop.**
*Ein Gebiet $G \subset \mathbb{C}$ heißt* **einfach-zusammenhängend,** *wenn jede geschlossene Kurve in $G$ nullhomotop ist.*

Es gilt:

**Satz 14.5.9** *Ist* $f : D \to \mathbb{C}$ *holomorph und* $\gamma$ *eine in* $D$ *nullhomotope geschlossene Kurve, so gilt:*

$$\int_\gamma f(z)\mathrm{d}z = 0.$$

**Beweis.** Die Kurve $\gamma$ ist homotop zu einer konstanten Kurve $\eta$; aus 14.5.7 folgt dann $\int_\gamma f(z)\mathrm{d}z = \int_\eta f(z)\mathrm{d}z$ und wegen $\dot\eta = 0$ ist $\int_\eta f(z)\mathrm{d}z = \int_a^b f(\eta(t))\dot\eta(t)\mathrm{d}t = 0$. □

In einem einfach-zusammenhängenden Gebiet hängt das Kurvenintegral nur von Anfangs- und Endpunkt der Kurve ab:

**Satz 14.5.10** *Es sei* $G$ *ein einfach-zusammenhängendes Gebiet und* $f : G \to \mathbb{C}$ *eine holomorphe Funktion. Sind dann* $\gamma : [a,b] \to G$ *und* $\chi : [a,b] \to G$ *Kurven mit* $\gamma(a) = \chi(a)$ , $\gamma(b) = \chi(b)$, *so gilt:*

$$\int_\gamma f(z)\mathrm{d}z = \int_\chi f(z)\mathrm{d}z$$

*und für jede geschlossene Kurve* $\omega$ *in* $G$ *ist*

$$\int_\omega f(z)\mathrm{d}z = 0.$$

**Beweis.** Aus dem vorhergehenden Satz folgt $\int_\omega f(z)\mathrm{d}z = 0$ für jede geschlossene Kurve $\omega$. Setzt man $\omega = \gamma + (-\chi)$, so ist diese Kurve geschlossen und es ergibt sich: $\int_\gamma f(z)\mathrm{d}z - \int_\chi f(z)\mathrm{d}z = \int_\omega f(z)\mathrm{d}z = 0$. □
Nun können wir 14.4.3 verallgemeinern:

**Satz 14.5.11** *In einem einfach-zusammenhängenden Gebiet* $G$ *existiert zu jeder holomorphen Funktion* $f : G \to \mathbb{C}$ *eine Stammfunktion* $F : G \to \mathbb{C}$.

**Beweis.** Wir wählen ein $p \in G$;zu $z \in G$ gibt es eine Kurve $\gamma_z$ in $G$ von $p$ nach $z$ und wir setzen $F(z) := \int_{\gamma_z} f(z)\mathrm{d}z$. Diese Definition ist sinnvoll, denn dieses Integral hängt nicht von der Wahl der Kurve ab. Nun sei $z_0 \in G$. Wir wählen $r > 0$ so, dass $U_r(z_0) \subset G$ ist. Für $z \in U_r(z_0)$ setzen wir $z - z_0 =: h + \mathrm{i}k$ mit $h, k \in \mathbb{R}$. Dann ist

$$F(z) = F(z_0) + \int_{z_0}^{z_0+h} f(z)\mathrm{d}z + \int_{z_0+h}^{z_0+h+\mathrm{i}k} f(z)\mathrm{d}z$$

und in 14.4.1 wurde gezeigt, dass die Ableitung davon gleich $f(z)$ ist. □
Wir zeigen noch:

**Satz 14.5.12** *Jedes sternförmige Gebiet ist einfach-zusammenhängend.*

**Beweis.** $G$ ist nach 9.6.6 sternförmig bezüglich $p \in G$, wenn für jedes $z \in G$ die Verbindungsstrecke von $p$ nach $z$ in $G$ liegt. Nun sei $\gamma : [a, b] \to G$ eine geschlossene Kurve in $G$; dann liegt die Strecke von $p$ nach $\gamma(t)$ in $G$ und wir definieren

$$h : [a, b] \times [0, 1] \to G, (t, s) \mapsto p + (1 - s)(\gamma(t) - p).$$

Wegen $\gamma(a) = \gamma(b)$ ist $h(a, s) = h(b, s)$ für $s \in [0, 1]$. Weiter ist $h(t, 0) = \gamma(t)$ und $h(t, 1) = p$. Daraus folgt, dass $\gamma$ homotop zum Punkt $p$ ist.  $\square$

Nun können wir ein wichtiges Integral berechnen:

**Satz 14.5.13** *Es gilt:*

$$\int\limits_{|z-z_0|=r} \frac{dz}{z - a} = \begin{cases} 2\pi i & \text{für } |a - z_0| < r \\ 0 & \text{für } |a - z_0| > r \end{cases}$$

**Beweis.** Die Substitution $\zeta := z - a$ ergibt $\int\limits_{|z-z_0|=r} \frac{dz}{z-a} = \int\limits_{|\zeta-(z_0-a)|=r} \frac{d\zeta}{\zeta}$. Daher genügt es, das Integral $\int\limits_{|z-z_0|=r} \frac{dz}{z}$ für $|z_0| < r$ und für $|z_0| > r$ zu berechnen. Es sei $|z_0| > r$, also $|z_0| = r + 2\varepsilon$ mit $\varepsilon > 0$. Dann ist die Funktion $z \mapsto \frac{1}{z}$ in der offenen Kreisscheibe $U_{r+\varepsilon}(z_0)$ holomorph und daher $\int\limits_{|z-z_0|=r} \frac{dz}{z} = 0$.

Nun sei $|z_0| < r$; in diesem Fall verschieben wir die Kreislinie um $z_0$ in $\mathbb{C}^*$ bei unverändertem Radius $r$ in die Kreislinie um $0$. Wir zeigen also, dass die Kurven

$$\gamma : [0, 2\pi] \to \mathbb{C}^*, \ t \mapsto z_0 + r \cdot e^{it}, \quad \chi : [0, 2\pi] \to \mathbb{C}^*, \ t \mapsto r \cdot e^{it}$$

als geschlossene Kurven in $\mathbb{C}^*$ homotop sind. Für $t \in [0, 2\pi], s \in [0, 1]$ setzen wir:

$$h(t, s) := s \cdot z_0 + r \cdot e^{it}.$$

Es ist $h(t, s) \neq 0$, denn sonst wäre $s z_0 = -r e^{it}$ und daher $|s| \cdot |z_0| = |r|$; dies ist wegen $|s| \leq 1, |z_0| < r$ unmöglich. Somit ist $h : [0, 2\pi] \times [0, 1] \to \mathbb{C}^*$ eine Homotopie von $\chi$ nach $\gamma$ in $\mathbb{C}^*$. Aus dem Cauchyschen Integralsatz folgt $\int\limits_{|z-z_0|=r} \frac{dz}{z} = \int\limits_{|z|=r} \frac{dz}{z}$ und nach 14.3.3 ist dies gleich $2\pi i$.  $\square$

## 14.6 Die Cauchysche Integralformel

Eine der wichtigsten Formeln der Funktionentheorie ist die Cauchysche Integralformel, die wir nun herleiten:

**Satz 14.6.1 (Cauchysche Integralformel)** *Es sei $D \subset \mathbb{C}$ offen, $f : D \to \mathbb{C}$ eine holomorphe Funktion und $\{z \in \mathbb{C} | \ |z - z_0| \leq r\} \subset D$. Dann gilt für $|z - z_0| < r$:*

$$f(z) = \frac{1}{2\pi i} \int\limits_{|\zeta - z_0| = r} \frac{f(\zeta)}{\zeta - z} d\zeta.$$

**Beweis.** Es sei $z \in U_r(z_0)$; wir definieren

$$q : D \to \mathbb{C}, \zeta \mapsto \begin{cases} \frac{f(\zeta) - f(z)}{\zeta - z} & \text{falls} \quad \zeta \neq z \\ f'(z) & \text{falls} \quad \zeta = z \end{cases}$$

Dann ist $q$ in $D \setminus \{z\}$ holomorph und in $z$ stetig. Aus 14.4.4 folgt, dass $q$ eine Stammfunktion besitzt und daher ist

$$\int\limits_{|\zeta - z_0| = r} q(\zeta) d\zeta = 0.$$

Mit 14.5.13 folgt daraus:

$$0 = \int\limits_{|\zeta - z_0| = r} q(\zeta) d\zeta = \int\limits_{|\zeta - z_0| = r} \frac{f(\zeta)}{\zeta - z} d\zeta - f(z) \cdot \underbrace{\int\limits_{|\zeta - z_0| = r} \frac{d\zeta}{\zeta - z}}_{2\pi i}.$$

□

Daraus ergibt sich, wenn wir diese Bezeichnungen beibehalten:

**Satz 14.6.2 (Mittelwerteigenschaft holomorpher Funktionen)**

$$f(z_0) = \frac{1}{2\pi} \int_0^{2\pi} f(z_0 + re^{it}) dt.$$

*Der Funktionswert im Mittelpunkt ist also der Mittelwert der Funktionswerte auf dem Kreisrand.*

**Beweis.**

$$f(z_0) = \frac{1}{2\pi i} \int\limits_{|\zeta - z_0| = r} \frac{f(\zeta)}{\zeta - z_0} d\zeta = \frac{1}{2\pi i} \int_0^{2\pi} \frac{f(z_0 + re^{it})}{re^{it}} \cdot rie^{it} dt.$$

□

Aus der Cauchyschen Integralformel kann man nun herleiten:

- Jede holomorphe Funktion $f$ kann man in eine Potenzreihe entwickeln;
- jede Funktion, die einmal komplex differenzierbar ist, ist beliebig oft differenzierbar.

**Satz 14.6.3 (Potenzreihenentwicklung holomorpher Funktionen)** *Es sei $D \subset \mathbb{C}$ offen und $\{z \in \mathbb{C} \mid |z - z_0| \leq r\} \subset D$. Ist dann $f : D \to \mathbb{C}$ eine holomorphe Funktion und setzt man für $n \in \mathbb{N}_0$*

$$a_n := \frac{1}{2\pi i} \int\limits_{|\zeta - z_0| = r} \frac{f(\zeta)}{(\zeta - z_0)^{n+1}} d\zeta,$$

*so gilt für $|z - z_0| < r$:*

$$f(z) = \sum_{n=0}^{\infty} a_n (z - z_0)^n.$$

*Daher ist $f$ beliebig oft komplex differenzierbar, für $n \in \mathbb{N}_0$ ist*

$$f^{(n)}(z_0) = n! \cdot a_n = \frac{n!}{2\pi i} \int\limits_{|\zeta - z_0| = r} \frac{f(\zeta)}{(\zeta - z_0)^{n+1}} d\zeta.$$

**Beweis.** Wir können $z_0 = 0$ annehmen und wählen $R \in \mathbb{R}$ so, dass gilt: $R > r$ und $\{z \in \mathbb{C} \mid |z| \leq R\} \subset D$. Nun sei $z$ mit $|z| < r$ gegeben; wir wählen $\varrho$ mit $|z| < \varrho < r < R$. Nach der Cauchyschen Integralformel gilt

$$f(z) = \frac{1}{2\pi i} \int\limits_{|\zeta| = r} \frac{f(\zeta)}{\zeta - z} d\zeta$$

und wir entwickeln $\frac{1}{\zeta - z}$ in eine geometrische Reihe:

$$\frac{1}{\zeta - z} = \frac{1}{\zeta} \cdot \frac{1}{1 - (z/\zeta)} = \frac{1}{\zeta} \cdot \sum_{n=0}^{\infty} (\frac{z}{\zeta})^n.$$

Für $\varrho < |\zeta| < R$ ist $|\frac{z}{\zeta}| \leq \frac{|z|}{\varrho} < 1$. Nach dem Majorantenkriterium für gleichmäßige Konvergenz 6.1.8 konvergiert diese geometrische Reihe bei festem $z$ als Funktion von $\zeta$ gleichmäßig in $\{\zeta \in \mathbb{C} \mid \varrho < |\zeta| < R\}$ und nach 14.3.7 darf man gliedweise integrieren. Man erhält:

$$f(z) = \frac{1}{2\pi i} \int\limits_{|\zeta| = r} \frac{f(\zeta)}{\zeta - z} d\zeta = \frac{1}{2\pi i} \int\limits_{|\zeta| = r} \frac{f(\zeta)}{\zeta} \sum_{n=0}^{\infty} (\frac{z}{\zeta})^n d\zeta =$$

$$= \sum_{n=0}^{\infty} \Big( \frac{1}{2\pi i} \int\limits_{|\zeta| = \varrho} \frac{f(\zeta)}{\zeta^{n+1}} d\zeta \Big) z^n = \sum_{n=0}^{\infty} a_n z^n.$$

Weil man Potenzreihen gliedweise differenzieren darf, folgt daraus: Jede holomorphe Funktion ist beliebig oft komplex differenzierbar. □
Daraus leiten wir nun die Cauchyschen Integralformeln für die Ableitungen her:

**Satz 14.6.4 (Cauchysche Integralformeln für die Ableitungen)** *Es sei $D \subset \mathbb{C}$ offen und $\{z \in \mathbb{C} | \, |z - z_0| \leq r\} \subset D$. Ist dann $f : D \to \mathbb{C}$ eine holomorphe Funktion, so gilt für $|z - z_0| < r$ und $n \in \mathbb{N}_0$:*

$$f^{(n)}(z) = \frac{n!}{2\pi i} \int\limits_{|\zeta - z_0| = r} \frac{f(\zeta)}{(\zeta - z)^{n+1}} \mathrm{d}\zeta.$$

**Beweis.** Wir nehmen $z_0 = 0$ an. Es sei also $|z| < r$; wir wählen $\varepsilon > 0$ so, dass $|z| + \varepsilon < r$ ist. Zunächst integrieren wir über die Kreislinie $|\zeta - z| = \varepsilon$; dann ist

$$f^{(n)}(z) = \frac{n!}{2\pi i} \int\limits_{|\zeta - z| = \varepsilon} \frac{f(\zeta)}{(\zeta - z)^{n+1}} \mathrm{d}\zeta.$$

Nun zeigen wir, dass diese Kreislinie in $D \setminus \{z\}$ homotop zu $|\zeta| = r$ ist: Es seien

$$\gamma : [0, 2\pi] \to D \setminus \{z\}, t \mapsto z + \varepsilon \cdot e^{it}, \qquad \chi : [0, 2\pi] \to D \setminus \{z\}, t \to r \cdot e^{it}.$$

Für $t \in [0, 2\pi]$, $s \in [0, 1]$ setzt man

$$h(t, s) := (1 - s)\gamma(t) + s\chi(t) = (1 - s)z + ((1 - s)\varepsilon + sr)e^{it}.$$

Man rechnet leicht nach, dass $|h(t, s)| \leq r$ und $h(t, s) \neq z$ ist. Somit ist

$$h : [0, 2\pi] \times [0, 1] \to D \setminus \{z\}$$

eine Homotopie in $D \setminus \{z\}$ von $\gamma$ nach$\chi$. Die Funktion $\zeta \mapsto \frac{f(\zeta)}{\zeta - z}$ ist in $D \setminus \{z\}$ holomorph und daher gilt:

$$\frac{n!}{2\pi i} \int\limits_{|\zeta| = r} \frac{f(\zeta)}{(\zeta - z)^{(n+1)}} \mathrm{d}\zeta = \frac{n!}{2\pi i} \int\limits_{|\zeta - z| = \varepsilon} \frac{f(\zeta)}{(\zeta - z)^{n+1}} \mathrm{d}\zeta = f^{(n)}(z).$$

$\square$

Unter den Voraussetzungen dieses Satzes gilt:

**Satz 14.6.5 (Cauchysche Abschätzung für die Koeffizienten)** *Es existiere ein $M > 0$ mit $|f(z)| \leq M$ für $|z - z_0| = r$; dann gilt für alle $n \in \mathbb{N}_0$:*

$$|a_n| \leq \frac{M}{r^n}.$$

**Beweis.**

$$|a_n| = \left| \frac{1}{2\pi i} \int\limits_{|\zeta - z_0| = r} \frac{f(\zeta)}{(\zeta - z_0)^{n+1}} \mathrm{d}\zeta \right| \leq (2\pi r)\frac{1}{2\pi} \cdot \frac{M}{r^{n+1}} = \frac{M}{r^n}.$$

$\square$

## 14.7 Fundamentalsätze der Funktionentheorie

Wir bringen als Folgerungen aus dem Cauchyschen Integralsatz den Satz von Liouville, den Fundamentalsatz der Algebra, den Satz von Morera und den Identitätssatz. Wir beginnen mit dem Satz von Liouville (JOSEPH LIOUVILLE (1809- 1882)):

**Satz 14.7.1 (Satz von Liouville)** *Jede beschränkte holomorphe Funktion*

$$f : \mathbb{C} \to \mathbb{C}$$

*ist konstant.*

Eine Funktion, die in der ganzen komplexen Ebene holomorph ist, bezeichnet man auch als *ganze Funktion*; dann lautet der Satz von Liouville:

Jede beschränkte ganze Funktion ist konstant.

**Beweis.** Es sei $|f(z)| \leq M$ für $z \in \mathbb{C}$. Man entwickelt $f$ in eine Potenzreihe $f(z) = \sum_{n=0}^{\infty} a_n z^n$ . Diese konvergiert für alle $z \in \mathbb{C}$ und nach 14.6.5 gilt für jedes $r > 0$ und $n \in \mathbb{N}_0$:

$$|a_n| \leq \frac{M}{r^n}.$$

Daraus folgt $a_n = 0$ für $n = 1, 2, 3\ldots$ ; also ist $f(z) = a_0$. □

### Der Fundamentalsatz der Algebra

Wir kommen nun zum Fundamentalsatz der Algebra; dieser besagt:

Jedes Polynom mit komplexen Koeffizienten besitzt in $\mathbb{C}$ eine Nullstelle; es zerfällt über $\mathbb{C}$ in Linearfaktoren.

Die Geschichte des Fundamentalsatzes der Algebra wird in [3] ausführlich dargestellt; allein Gauß publizierte vier Beweise; den ersten 1799 in seiner Doktorarbeit, den vierten Beweis zu seinem Goldenen Doktorjubiläum 1849.
Zur Vorbereitung zeigen wir:

**Hilfssatz 14.7.2** *Es sei* $p(z) := z^n + a_{n-1}z^{n-1} + \ldots + a_1 z + a_0$ *ein Polynom,* $n \geq 1$; $a_{n-1}, \ldots, a_0 \in \mathbb{C}$. *Dann gilt*

$$\lim_{z \to \infty} p(z) = \infty.$$

*Insbesondere ist* $p$ *nicht-konstant.*

**Beweis.** Für $z \neq 0$ ist

$$p(z) = z^n \cdot (1 + \frac{a_{n-1}}{z} + \ldots + \frac{a_0}{z^n}).$$

Es existiert ein $r > 1$, so dass für $|z| \geq r$ gilt:
$|\frac{a_{n-1}}{z} + \ldots + \frac{a_0}{z^n}| \leq \frac{1}{2}$, also $|1 + \frac{a_{n-1}}{z} + \ldots + \frac{a_0}{z^n}| \geq \frac{1}{2}$ und daher $|p(z)| \geq \frac{1}{2} \cdot |z|^n$.
Daraus folgt die Behauptung. □

**Satz 14.7.3 (Fundamentalsatz der Algebra)** *Jedes Polynom*

$$p(z) = a_n z^n + a_{n-1} z^{n-1} + \ldots + a_1 z + a_0$$

*mit* $a_n, \ldots, a_0 \in \mathbb{C}$, $a_n \neq 0$, $n \geq 1$, *besitzt in* $\mathbb{C}$ *eine Nullstelle. Es gibt* $c_1, \ldots, c_n \in \mathbb{C}$ *mit*

$$\boxed{p(z) = a_n (z - c_1) \cdot \ldots \cdot (z - c_n).}$$

*Jedes Polynom zerfällt also über* $\mathbb{C}$ *in Linearfaktoren.*

**Beweis.** Wenn $p$ keine Nullstelle besitzt, dann ist die Funktion $f := \frac{1}{p}$ in $\mathbb{C}$ holomorph. Es gibt ein $r > 0$ mit $|p(z)| \geq 1$ für $|z| \geq r$, also $|f(z)| \leq 1$ in $|z| \geq r$. In der abgeschlossenen Kreisscheibe $|z| \leq r$ ist $f$ beschränkt, somit ist $f : \mathbb{C} \to \mathbb{C}$ beschränkt und nach dem Satz von Liouville konstant. Dann ist aber auch $p$ konstant. Die zweite Behauptung folgt aus 1.6.10. □

Wir haben gezeigt, dass für jede holomorphe Funktion $F$ auch $F'$ holomorph ist; daher gilt:

**Satz 14.7.4** *Jede Funktion* $f : D \to \mathbb{C}$, *die eine Stammfunktion besitzt, ist holomorph.*

Daraus folgt mit 14.4.1 der Satz von Morera (GIACINTO MORERA (1856-1909)):

**Satz 14.7.5 (Satz von Morera)** *Wenn* $f : D \to \mathbb{C}$ *stetig ist und wenn für jedes achsenparallele Rechteck* $Q \subset D$ *gilt:*

$$\int_{\partial Q} f(z) \mathrm{d}z = 0,$$

*dann ist* $f$ *holomorph.*

Mit 14.4.4 folgt daraus:

**Satz 14.7.6** *Wenn die Funktion* $\eta : G \to \mathbb{C}$ *in* $G \setminus \{p\}$ *holomorph und in* $p$ *stetig ist, so ist sie in ganz* $G$ *holomorph.*

Wir werden diesen Satz in 14.8.5 verallgemeinern; es genügt, die Beschränktheit von $\eta$ in $p$ vorauszusetzen.

Nun beweisen wir den Identitätssatz, der besagt: wenn zwei in einem Gebiet holomorphe Funktionen auf einer Punktfolge, die gegen einen Punkt des Gebietes konvergiert, übereinstimmen, dann sind sie gleich. Zur Vorbereitung zeigen wir:

**Satz 14.7.7 (Identitätssatz für Potenzreihen )** *Es sei* $f(z) = \sum\limits_{n=0}^{\infty} a_n z^n$ *in* $|z| < r$ *konvergent. Es existiere eine Folge* $(z_k)_k$ *mit* $0 < |z_k| < r$, $\lim\limits_{k \to \infty} z_k = 0$ *und*

$$f(z_k) = 0 \quad \text{für alle } k \in \mathbb{N}_0.$$

*Dann folgt*

$$\boxed{a_n = 0 \quad \text{für alle } n \in \mathbb{N}_0 \qquad \text{und daher } f = 0.}$$

**Beweis.** Wir nehmen an, es existiere ein $m \in \mathbb{N}_0$ mit $a_m \neq 0$. Dann wählen wir $m$ minimal, also $a_n = 0$ für $n < m$ und $a_m \neq 0$. Somit ist

$$f(z) \;=\; a_m z^m + a_{m+1} z^{m+1} + \ldots \;=\; z^m \cdot g(z) \quad \text{mit} \quad g(z) := a_m + a_{m+1} z + \ldots.$$

Aus $0 = f(z_k) = z_k^m g(z_k)$ folgt $g(z_k) = 0$ für $k \in \mathbb{N}_0$. Weil $(z_k)_k$ gegen 0 konvergiert, ist $g(0) = 0$; dies steht im Widerspruch zu $g(0) = a_m \neq 0$. $\qquad\square$

**Satz 14.7.8 (Identitätssatz)** *Die Funktion $f : G \to \mathbb{C}$ sei im Gebiet $G$ holomorph; es existiere ein $p \in G$ und eine Folge $(z_k)_k$ in $G$ mit $\lim\limits_{k \to \infty} z_k = p$, $z_k \neq p$ und $f(z_k) = 0$ für $k \in \mathbb{N}_0$. Dann ist $f(z) = 0$ für alle $z \in G$.*

**Beweis.** Wir setzen

$$M := \{ z \in G \mid f^{(n)}(z) = 0 \quad \text{für alle } n \in \mathbb{N}_0 \}.$$

Man kann $f$ um $p$ in eine Potenzreihe entwickeln; nach dem Identitätssatz für Potenzreihen ist $f$ in einer Umgebung von $p$ identisch 0; daraus folgt $p \in M$ und somit ist $M \neq \emptyset$.

Die Menge $M$ ist abgeschlossen, weil die $f^{(n)}$ stetig sind.

Wir zeigen, dass $M$ auch offen ist: Ist $q \in M$, so entwickeln wir $f$ in eine Potenzreihe um $q$; deren Koeffizienten sind $\frac{1}{n!} f^{(n)}(q) = 0$. Daher verschwindet $f$ in einer offenen Umgebung $U$ von $q$ und es gilt $U \subset M$.

Weil $G$ zusammenhängend ist, folgt $M = G$. $\qquad\square$

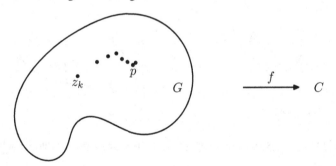

Daraus ergibt sich:

**Satz 14.7.9 (Identitätssatz)** *Die Funktionen $f$ und $g$ seien im Gebiet $G$ holomorph. Es existiere ein $p \in G$ und eine Folge $(z_k)_k$ in $G$ mit $\lim\limits_{k \to \infty} z_k = p$, $z_k \neq p$ und $f(z_k) = g(z_k)$ für $k \in \mathbb{N}_0$. Dann folgt $f = g$.*

## 14.8 Der Satz von der offenen Abbildung und das Maximumprinzip

In der reellen Analysis ist es ein wichtiges Problem, die Maxima einer Funktion zu bestimmen. Im Komplexen tritt diese Fragestellung nicht auf, denn es gilt: Wenn eine in einem Gebiet holomorphe Funktion ihr Maximum annimmt, so ist sie konstant. Dieses Maximumprinzip leiten wir aus dem Satz von der offenen Abbildung her: Wir zeigen, dass bei einer in einem Gebiet $G$ holomorphen und nicht-konstanten Funktion das Bild jeder offenen Menge wieder offen ist.

**Definition 14.8.1** *Eine Abbildung $f : G \to \mathbb{C}$ heißt* **offen,** *wenn für jede offene Menge $V \subset G$ das Bild $f(V)$ offen ist.*

Zuerst zeigen wir (vgl. [28]):

**Satz 14.8.2** *Es sei $f : D \to \mathbb{C}$ eine holomorphe Funktion in der offenen Menge $D \subset \mathbb{C}$; sei $K := \{z \in \mathbb{C}| \ |z - z_0| \le r\} \subset D$, also $\partial K = \{z \in \mathbb{C}| \ |z - z_0| = r\}$. Wir setzen:*

$$M := \max\{|f(z)| \mid z \in \partial K\},$$
$$m := \min\{|f(z)| \mid z \in \partial K\},$$
$$d := \min\{|f(z) - f(z_0)| \mid z \in \partial K\}.$$

*Dann gilt:*

*(1)*    $|f(z_0)| \le M$.

*(2)*    *Wenn $|f(z_0)| < m$ ist, dann hat $f$ in $K$ eine Nullstelle.*

*(3)*    *Zu jedem $w \in \mathbb{C}$ mit $|w - f(z_0)| < \frac{d}{2}$ existiert ein $v \in K$ mit $f(v) = w$.*

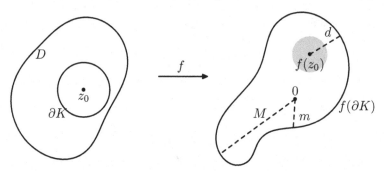

**Beweis.** (1) Diese Aussage folgt aus den Cauchyschen Koeffizientenabschätzungen für $a_0 = f(z_0)$.

(2) Wenn $f$ in $K$ keine Nullstelle hat, dann ist $\frac{1}{f}$ in einer Umgebung von $K$ holomorph und Aussage (1), angewandt auf $\frac{1}{f}$, liefert $|\frac{1}{f(z_0)}| \le \frac{1}{m}$, also $|f(z_0)| \ge m$.

(3) Wenn $|w - f(z_0)| < \frac{d}{2}$ ist, dann gilt für alle $z \in \partial K$ :

$$|f(z) - w| \ge |f(z) - f(z_0)| - |f(z_0) - w| > \frac{d}{2} > |f(z_0) - w|.$$

Daraus folgt $|f(z_0) - w| < \min\{|f(z) - w| \mid z \in \partial K\}$. Setzt man $g(z) := f(z) - w$, so ist

$$|g(z_0)| < \min\{|g(z)| \mid z \in \partial K\}$$

und aus (2) ergibt sich, dass $g$ eine Nullstelle $v \in K$ hat; somit ist $f(v) = w$. $\quad\square$
Nun folgt:

**Satz 14.8.3 (Satz von der offenen Abbildung)** *Ist $G$ ein Gebiet und $f : G \to \mathbb{C}$ eine nicht-konstante holomorphe Funktion, so ist $f$ eine offene Abbildung.*

**Beweis.** Es sei $V \subset G$ eine offene Menge und $w_0 \in f(V)$. Dann existiert ein $z_0 \in V$ mit $f(z_0) = w_0$. Aus dem Identitätssatz folgt, dass man eine abgeschlossene Kreisscheibe $K$ um $z_0$ in $V$ so wählen kann, dass $f$ den Wert $w_0$ auf $\partial K$ nicht annimmt. Dann ist im vorhergehenden Satz $d > 0$ und

$$\{w \in \mathbb{C}\mid |w - w_0| < \frac{d}{2}\} \subset f(K) \subset f(V).$$

Daraus folgt, dass $f(V)$ offen ist. $\quad\square$
Damit erhält man:

**Satz 14.8.4 (Satz von der Gebietstreue)** *Ist $G$ ein Gebiet und $f : G \to \mathbb{C}$ eine nicht-konstante holomorphe Funktion, so ist auch $f(G)$ ein Gebiet.*

**Beweis.** Bei einer stetigen Abbildung ist das Bild $f(G)$ einer zusammenhängenden Menge $G$ wieder zusammenhängend; außerdem ist $f(G)$ offen, also ein Gebiet. $\quad\square$

Aus dem Satz von der offenen Abbildung ergibt sich nun das Maximumprinzip:

**Satz 14.8.5 (Maximumprinzip)** *Es sei $G \subset \mathbb{C}$ ein Gebiet und $f : G \to \mathbb{C}$ eine holomorphe Funktion. Wenn es einen Punkt $z_0 \in G$ gibt mit*

$$|f(z)| \leq |f(z_0)| \quad \text{für alle } z \in G,$$

*dann ist $f$ konstant.*

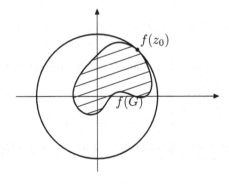

**Beweis.** Aus der Voraussetzung folgt, dass es keine Kreisscheibe um $f(z_0)$ gibt, die in $f(G)$ enthalten ist. Daher ist $f(G)$ nicht offen und somit ist $f$ konstant.    □

Man kann diesen Satz auch so formulieren:

**Satz 14.8.6 (Maximumprinzip)** *Es sei G ein Gebiet und* $f : G \to \mathbb{C}$ *eine holomorphe Funktion. Wenn es eine Kreisscheibe* $U_r(z_0) \subset G$ *gibt,* $r > 0$, *mit*

$$|f(z)| \leq |f(z_0)| \quad \textit{für alle } z \in U_r(z_0),$$

*dann ist f konstant.*

**Beweis.** Nach dem vorhergehenden Satz ist $f$ in $U_r(z_0)$ konstant und aus dem Identitätssatz folgt, dass dann $f$ in $G$ konstant ist.    □

Aus dem Satz von der offenen Abbildung kann man leicht weitere Aussagen herleiten:
Wenn $|f|$ konstant ist oder wenn $f$ nur reelle Werte annimmt oder wenn etwa $3u + 7v = 5$ ist, so ist $f$ konstant; dies folgt daraus, dass eine Kreislinie oder eine Gerade keine nicht-leere offene Menge enthält.
Unmittelbar aus der folgenden Abbildung ergibt sich auch ein Maximumprinzip (und auch ein Minimumprinzip) für $u, v$:

**Satz 14.8.7** *Sei* $f : G \to \mathbb{C}$ *im Gebiet holomorph,* $f = u + iv$; *es existiere ein Punkt* $(x_0, y_0) \in G$ *mit* $u(x, y) \leq u(x_0, y_0)$ *für alle* $(x, y) \in G$. *Dann ist u konstant.*

(Eine analoge Aussage gilt, wenn $u(x, y) \geq u(x_0, y_0)$ ist.)

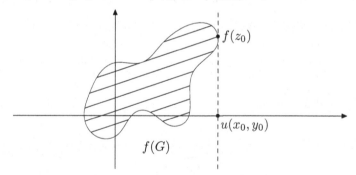

Aus dem Satz von der offenen Abbildung leiten wir noch einen Identitätssatz für den Realteil $u$ von $f$ her:

**Satz 14.8.8** *Es sei* $f : G \to \mathbb{C}$ *im Gebiet G holomorph;* $f = u + iv$. *Wenn u in einer nicht-leeren offenen Menge* $U \subset G$ *verschwindet, dann ist* $u = 0$.

**Beweis.** $f(U)$ liegt in der imaginären Achse und ist daher nicht offen. Somit ist $f$ und daher auch $u$ konstant.    □

# 14.9 Laurentreihen

In 14.6.3 haben wir gezeigt, dass man jede in einer offenen **Kreisscheibe**

$$\{z \in \mathbb{C} \mid |z - z_0| < r\}$$

holomorphe Funktion in eine **Potenzreihe**

$$a_0 + a_1(z - z_0) + a_2(z - z_0)^2 + \ldots\ldots$$

entwickeln kann.

Nun beweisen wir, dass man jede in einem **Kreisring**

$$\{z \in \mathbb{C} \mid r < |z - z_0| < R\}$$

holomorphe Funktion in eine **Laurentreihe** entwickeln kann (HERMANN LAU-RENT (1841-1908)); diese ist von der Form

$$\ldots\ldots + \frac{a_{-2}}{(z - z_0)^2} + \frac{a_{-1}}{z - z_0} + a_0 + a_1(z - z_0) + a_2(z - z_0)^2 + \ldots\ldots$$

Analog zu 14.6.1 leiten wir zuerst eine Integralformel her und erhalten dann wie in 14.6.3 die Laurententwicklung.

**Satz 14.9.1 (Cauchysche Integralformel für Kreisringe)** *Es sei $D \subset \mathbb{C}$ offen, $0 \leq r < R$ und $\{z \in \mathbb{C} \mid r \leq |z - z_0| \leq R\} \subset D$. Ist dann $f : D \to \mathbb{C}$ eine holomorphe Funktion, so gilt für $r < |z - z_0| < R$:*

$$f(z) = \frac{1}{2\pi i} \int\limits_{|\zeta - z_0| = R} \frac{f(\zeta)}{\zeta - z} d\zeta - \frac{1}{2\pi i} \int\limits_{|\zeta - z_0| = r} \frac{f(\zeta)}{\zeta - z} d\zeta.$$

**Beweis.** Wir nehmen $z_0 = 0$ an und definieren wie in 14.6.1 für $z \in D$ die Funktion $q : D \to \mathbb{C}$ durch

$$q(\zeta) := \frac{f(\zeta) - f(z)}{\zeta - z} \text{ falls } \zeta \neq z, \qquad q(z) := f'(z).$$

Nach 14.4.4 ist $q$ holomorph und aus dem Cauchyschen Integralsatz folgt

$$\int\limits_{|\zeta| = r} q(\zeta) d\zeta = \int\limits_{|\zeta| = R} q(\zeta) d\zeta,$$

also gilt wegen 14.5.10

$$\int\limits_{|\zeta| = r} \frac{f(\zeta)}{\zeta - z} d\zeta - f(z) \cdot \underbrace{\int\limits_{|\zeta| = r} \frac{d\zeta}{\zeta - z}}_{0} = \int\limits_{|\zeta| = R} \frac{f(\zeta)}{\zeta - z} d\zeta - f(z) \cdot \underbrace{\int\limits_{|\zeta| = R} \frac{d\zeta}{\zeta - z}}_{2\pi i}.$$

Daraus folgt die Behauptung.                                                    □

**Satz 14.9.2 (Laurententwicklung in Kreisringen)** *Sei $D \subset \mathbb{C}$ offen, $0 \leq r < R$, und $\{z \in \mathbb{C}| \ r \leq |z - z_0| \leq R\} \subset D$. Ist dann $f : D \to \mathbb{C}$ eine holomorphe Funktion und setzt man für $r \leq \varrho \leq R$ und $n \in \mathbb{Z}$*

$$a_n := \frac{1}{2\pi i} \int\limits_{|\zeta - z_0| = \varrho} \frac{f(\zeta)}{(\zeta - z_0)^{n+1}} d\zeta,$$

*so gilt für $r < |z - z_0| < R$:*

$$f(z) = \sum_{n=-\infty}^{+\infty} a_n (z - z_0)^n.$$

*Die Koeffizienten $a_n$ sind eindeutig bestimmt.*

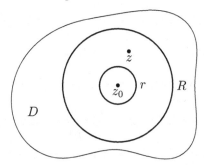

**Beweis.** Der Beweis verläuft wie in 14.6.3; insbesondere die Vertauschung von Integration und Reihenentwicklung begründet man analog. Wir nehmen wieder $z_0 = 0$ an. Es sei $z \in \mathbb{C}$ mit $r < |z| < R$, dann ist

$$f(z) = \frac{1}{2\pi i} \int\limits_{|\zeta| = R} \frac{f(\zeta)}{\zeta - z} d\zeta - \frac{1}{2\pi i} \int\limits_{|\zeta| = r} \frac{f(\zeta)}{\zeta - z} d\zeta.$$

Beim Integral über $|\zeta| = R$ ist $|z| < R = |\zeta|$, also $\frac{|z|}{|\zeta|} < 1$ und man entwickelt wieder nach Potenzen von $\frac{z}{\zeta}$; setzen wir $a_n := \frac{1}{2\pi i} \int\limits_{|\zeta| = R} \frac{f(\zeta)}{\zeta^{n+1}} d\zeta$, so erhalten wir:

$$\frac{1}{2\pi i} \int\limits_{|\zeta| = R} \frac{f(\zeta)}{\zeta - z} d\zeta = \frac{1}{2\pi i} \int\limits_{|\zeta| = R} f(\zeta) \cdot \frac{1}{\zeta} \cdot \frac{1}{1 - \frac{z}{\zeta}} d\zeta = \sum_{n=0}^{\infty} a_n z^n.$$

Beim Integral über $|\zeta| = r$ ist $|\zeta| = r < |z|$, also $\frac{|\zeta|}{|z|} < 1$, und man entwickelt nun nach Potenzen von $\frac{\zeta}{z}$; wir setzen jetzt $a_n := \frac{1}{2\pi i} \int\limits_{|\zeta| = r} \frac{f(\zeta)}{\zeta^{n+1}} d\zeta$ und es ergibt sich:

$$-\frac{1}{2\pi i} \int\limits_{|\zeta| = r} \frac{f(\zeta)}{\zeta - z} d\zeta = \frac{1}{2\pi i} \int\limits_{|\zeta| = r} f(\zeta) \cdot \frac{1}{z} \cdot \frac{1}{1 - \frac{\zeta}{z}} d\zeta =$$

$$= \sum_{m=0}^{\infty} \left( \frac{1}{2\pi i} \int\limits_{|\zeta| = r} f(\zeta) \cdot \zeta^m d\zeta \right) \frac{1}{z^{m+1}} = \sum_{n=-\infty}^{-1} \left( \frac{1}{2\pi i} \int\limits_{|\zeta| = r} \frac{f(\zeta)}{\zeta^{n+1}} d\zeta \right) z^n = \sum_{n=-\infty}^{-1} a_n z^n.$$

Berücksichtigt man bei $a_n$ noch, dass für $r \leq \varrho \leq R$ der Wert des Integrals $\int_{|\zeta|=\varrho} \frac{f(\zeta)}{\zeta^{n+1}} d\zeta$ unabhängig von $\varrho$ ist, so folgt die Behauptung.    □

Mit Hilfe der Laurententwicklung kann man nun die isolierten Singularitäten klassifizieren.

**Definition 14.9.3** *Es sei $D \subset \mathbb{C}$ offen, $z_0 \in D$, und $f : D \setminus \{z_0\} \to \mathbb{C}$ eine holomorphe Funktion mit der Laurententwicklung*

$$f(z) = \sum_{n=-\infty}^{+\infty} a_n(z - z_0)^n.$$

*Man definiert:*

*(1) $f$ hat in $z_0$ eine* **hebbare Singularität**, *wenn für alle $n < 0$ gilt: $a_n = 0$;*

*(2) $f$ hat in $z_0$ einen* **Pol der Ordnung** $k \in \mathbb{N}$, *wenn gilt: $a_{-k} \neq 0$ und $a_n = 0$ für alle $n < -k$;*

*(3) $f$ hat in $z_0$ eine* **wesentliche Singularität**, *wenn es unendlich viele Indizes gibt mit $n < 0$ und $a_n \neq 0$.*

Wir erläutern die Definition an einfachen Beispielen:

(1) Die Funktion

$$\frac{\sin z}{z} = 1 - \frac{z^2}{3!} + \frac{z^4}{5!} - \cdots$$

hat in 0 eine hebbare Singularität.

(2) Die Funktion

$$\frac{e^z - 1}{z^3} = \frac{1}{z^2} + \frac{1}{2!z} + \frac{1}{3!} + \frac{z}{4!} + \cdots$$

hat einen Pol zweiter Ordnung in 0.

(3) Die Funktion

$$\exp\left(\frac{1}{z^2}\right) = \cdots\cdots + \frac{1}{3!z^6} + \frac{1}{2!z^4} + \frac{1}{1!z^2} + 1$$

hat eine wesentliche Singularität.

In 14.1.5 hatten wir den Begriff der holomorphen Fortsetzbarkeit eingeführt. Wenn $f$ in $z_0$ eine hebbare Singularität besitzt, so hat $f$ in einer punktierten Kreisscheibe $0 < |z - z_0| < r$ die Laurententwicklung

$$f(z) = \sum_{n=0}^{\infty} a_n(z - z_0)^n;$$

setzt man $f(z_0) := a_0$, so ist $f$ auch in $z_0$ holomorph.

In 14.7.7 haben wir gezeigt, dass eine Funktion, die in einem Punkt $z_0$ stetig und in allen anderen Punkten holomorph ist, auch in $z_0$ holomorph ist. Nun können wir beweisen, dass es genügt, die Beschränktheit von $f$ bei $z_0$ vorauszusetzen: Dies ist die Aussage des Riemannschen Hebbarkeitssatzes:

**Satz 14.9.4 (Riemannscher Hebbarkeitssatz)** *Es sei $D \subset \mathbb{C}$ offen, $z_0 \in D$; die Funktion $f : D \setminus \{z_0\} \to \mathbb{C}$ sei holomorph und bei $z_0$ beschränkt; d.h. es existiere eine Umgebung $U_r(z_0) \subset D$ und ein $M > 0$, so dass für $0 < |z - z_0| < r$ gilt: $|f(z)| \leq M$. Dann ist $f$ nach $z_0$ holomorph fortsetzbar.*

**Beweis.** Wir nehmen wieder $z_0 = 0$ an; in $0 < |z| < r$ gilt die Laurententwicklung $f(z) = \sum_{n=-\infty}^{+\infty} a_n z^n$. Für jedes $\varrho$ mit $0 < \varrho < r$ ist dann $|a_n| \leq \frac{M}{\varrho^n}$. Ist $n \leq -1$, so folgt mit $\varrho \to 0$, dass $a_n = 0$ ist. Daher hat $f$ in $0$ eine hebbare Singularität. $\qquad\square$

Nun geben wir eine Charakterisierung der isolierten Singularitäten durch das Verhalten von $f$ in der Nähe von $z_0$ an; es sei also immer $f : D \setminus \{z_0\} \to \mathbb{C}$ eine holomorphe Funktion.

Aus dem Riemannschen Hebbarkeitssatz folgt:

**Satz 14.9.5 (Charakterisierung der hebbaren Singularitäten)** *Äquivalent sind:*

*(1)  $f$ hat in $z_0$ eine hebbare Singularität,*
*(2)  es gibt ein $r > 0$, so dass $f$ in $U_r(z_0) \setminus \{z_0\}$ beschränkt ist,*
*(3)  $f$ ist nach $z_0$ holomorph fortsetzbar.*

Es gilt:

**Satz 14.9.6 (Charakterisierung der Pole)** *Äquivalent sind:*

*(1)  $f$ hat in $z_0$ einen Pol,*
*(2)  es gibt ein $k > 0$, so dass gilt:*
    *$z \mapsto (z - z_0)^k f(z)$ hat in $z_0$ eine hebbare Singularität,*
    *$z \mapsto (z - z_0)^{k-1} f(z)$ hat in $z_0$ keine hebbare Singularität,*
*(3)  $\lim_{z \to z_0} f(z) = \infty$.*

**Beweis.** Sei $z_0 = 0$ und $f$ besitze die Laurententwicklung $f(z) = \sum_{n=-\infty}^{+\infty} a_n z^n$.

Aus (1) folgt (2): Wenn $f$ einen Pol der Ordnung $k > 0$ hat, dann ist $a_{-k} \neq 0$ und

$$f(z) = \frac{a_{-k}}{z^k} + \ldots, \qquad z^k f(z) = a_{-k} + \ldots, \qquad z^{k-1} f(z) = \frac{a_{-k}}{z} + \ldots;$$

daraus ergibt sich Aussage (2).

Aus (2) folgt (3): Wenn die Funktion $g(z) := z^k f(z)$ in $0$ holomorph ist und $z^{k-1} f(z)$ nicht, dann ist $a_n = 0$ für $n < -k$ und $a_{-k} \neq 0$. Daraus folgt $g(0) = a_{-k} \neq 0$; es gibt dann eine Umgebung $U_r(0)$, in der $|g(z)| > c > 0$ ist. Somit gilt $|f(z)| > \frac{c}{|z|^k}$ für $0 < |z| < r$ und daraus folgt (3).

Den Rest des Beweises bringen wir nach dem nächsten Satz. $\qquad\square$

**Satz 14.9.7 (Satz von Casorati-Weierstrass; Charakterisierung der wesentlichen Singularitäten)** *Die Funktion $f$ hat in $z_0$ genau dann eine wesentliche Singularität, wenn es zu jedem $c \in \mathbb{C}$, jedem $\varepsilon > 0$ und jedem $\delta > 0$ ein $z \in D$ gibt mit*

$$0 < |z - z_0| < \delta \qquad und \qquad |f(z) - c| < \varepsilon.$$

Man kann den Satz so formulieren:

> Die Funktion kommt in jeder beliebig kleinen Umgebung einer wesentlichen Singularität jedem beliebigen Wert beliebig nahe.

Äquivalent dazu ist die Aussage:

> Ist $z_0$ eine wesentliche Singularität von $f$, so ist für jedes $\delta > 0$ mit $U_\delta(z_0) \subset D$ die abgeschlossene Hülle von $f(U_\delta(z_0) \setminus \{z_0\})$ gleich $\mathbb{C}$; das Bild jeder punktierten Umgebung von $z_0$ ist dicht in $\mathbb{C}$.

**Beweis.** (a) Wenn es ein $c \in \mathbb{C}$, ein $\varepsilon > 0$ und ein $\delta > 0$ gibt mit $|f(z) - c| \geq \varepsilon$ für alle $0 < |z - z_0| < \delta$, dann ist $g(z) := \frac{1}{f(z) - c}$ in $0 < |z - z_0| < \delta$ holomorph und besitzt wegen $|g(z)| \leq \frac{1}{\varepsilon}$ in $z_0$ eine hebbare Singularität. Dann hat aber $f(z) = \frac{1}{g(z)} + c$ in $z_0$ eine hebbare Singularität (falls $g(z_0) \neq 0$ ist) oder einen Pol (falls $g(z_0) = 0$).

(b) Wir nehmen nun an, zu jedem $c \in \mathbb{C}, \varepsilon > 0, \delta > 0$ existiere ein derartiges $z$. Wenn $f$ in $z_0$ eine hebbare Singularität besitzt, dann ist $f$ in einer Umgebung von $z_0$ beschränkt; falls $z_0$ Polstelle ist, gilt $\lim_{z \to z_0} f(z) = \infty$. Beides widerspricht der Voraussetzung und daher handelt es sich um eine wesentliche Singularität. $\square$

Wir vervollständigen nun den Beweis von 14.9.6: Aus $\lim_{z \to z_0} f(z) = \infty$ folgt: $f$ hat in $z_0$ keine hebbare Singularität und nach dem Satz von Casorati-Weierstrass auch keine wesentliche Singularität; also besitzt $f$ dort einen Pol. $\square$

**Beispiel 14.9.8 (Die Bernoullischen Zahlen)** Wir untersuchen die Funktion

$$f : \{z \in \mathbb{C} \mid z \neq 2n\pi\mathrm{i}; n \in \mathbb{Z}\} \to \mathbb{C}, z \mapsto \frac{z}{e^z - 1}.$$

Der Nenner

$$e^z - 1 = z + \frac{z^2}{2!} + \ldots$$

hat in $z = 0$ und wegen der Periodizität der Exponentialfunktion in den Punkten $2n\pi\mathrm{i}, n \in \mathbb{Z}$, eine Nullstelle 1. Ordnung. Somit hat $f$ in $z = 2n\pi\mathrm{i}, n \in \mathbb{Z}, n \neq 0$, jeweils einen Pol 1. Ordnung; im Nullpunkt ist eine hebbare Singularität. Setzt man $f(0) = 1$, so ist $f$ in einer Umgebung des Nullpunkts holomorph. Daher kann man $f$ in $|z| < 2\pi$ in eine Taylorreihe entwickeln, für die wir mit noch zu bestimmenden Koeffizienten $B_n$ den Ansatz

$$f(z) = \sum_{n=0}^{\infty} \frac{B_n}{n!} z^n$$

machen. Die $B_n$ heißen die Bernoullischen Zahlen (JAKOB BERNOULLI (1654 - 1705)). Wir berechnen sie aus

$$\left( \sum_{n=0}^{\infty} \frac{B_n}{n!} \cdot z^n \right) \cdot \left( \sum_{k=0}^{\infty} \frac{z^k}{(k+1)!} \right) = 1,$$

also

$$\left(B_0 + B_1 z + \frac{B_2}{2!} z^2 + \dots\right) \cdot \left(1 + \frac{z}{2!} + \frac{z^2}{3!} + \dots\right) = 1.$$

Daraus ergibt sich

$$B_0 = 1$$
$$\tfrac{1}{2!} B_0 + B_1 = 0$$
$$\tfrac{1}{3!} B_0 + \tfrac{1}{2!} B_1 + \tfrac{1}{2!} B_2 = 0$$

und die allgemeine Gleichung für $n \geq 2$ ist:

$$\frac{1}{n!} \cdot \frac{B_0}{0!} + \frac{1}{(n-1)!} \cdot \frac{B_1}{1!} + \frac{1}{(n-2)!} \cdot \frac{B_2}{2!} + \dots + \frac{1}{1!} \cdot \frac{B_{n-1}}{(n-1)!} = 0.$$

Multipliziert man diese Gleichung mit $n!$, so erhält man die Rekursionsformel:

$$\boxed{\binom{n}{0} B_0 + \binom{n}{1} B_1 + \binom{n}{2} B_2 + \dots + \binom{n}{n-1} B_{n-1} = 0.}$$

Es ist $B_0 = 1$ und für $n = 2, 3, 4$ ist:

$$2B_1 + 1 = 0$$
$$3B_2 + 3B_1 + 1 = 0$$
$$4B_3 + 6B_2 + 4B_1 + 1 = 0.$$

Auf diese Weise berechnet man die Bernoullischen Zahlen. In 14.11.9 ergibt sich, dass für ungerade $n \in \mathbb{N}$ mit $n \geq 3$ gilt: $B_n = 0$. Es ist also $B_0 = 1$, $B_1 = -\frac{1}{2}$ und aus der Rekursionsformel erhält man:

$$\boxed{B_2 = \frac{1}{6}, \ B_4 = -\frac{1}{30}, \ B_6 = \frac{1}{42}, \ B_8 = -\frac{1}{30}, \ B_{10} = \frac{5}{66}, \ B_{12} = -\frac{691}{2730}.}$$

Wir behandeln die Bernoullischen Zahlen nochmals in 14.11.9.    ∎

## 14.10 Logarithmus und Umlaufzahl

Den Logarithmus definiert man im Reellen entweder als *Umkehrfunktion der Exponentialfunktion* oder als *Stammfunktion* von $\mathbb{R}_+ \to \mathbb{R}, x \mapsto \frac{1}{x}$. Im Komplexen ist die Exponentialfunktion $\mathbb{C} \to \mathbb{C}, z \mapsto e^z$, nicht injektiv, besitzt also keine Umkehrfunktion; daher kann man den Logarithmus im Komplexen nicht ohne weiteres als Umkehrfunktion der Exponentialfunktion definieren. Auch die Definition als Stammfunktion von $\frac{1}{z}$ bereitet Schwierigkeiten, denn die Funktion $\mathbb{C}^* \to \mathbb{C}, z \mapsto \frac{1}{z}$ hat nach 14.3.3 keine Stammfunktion.

Auf einem sternförmigen Gebiet $G$ mit $0 \notin G$ hat $\frac{1}{z}$ jedoch eine Stammfunktion und so ist es naheliegend, die Existenz eines Logarithmus auf diesem Wege zu zeigen.

**Definition 14.10.1** *Eine in einem Gebiet $G \subset \mathbb{C}$ holomorphe Funktion $L : G \to \mathbb{C}$* *heißt* **Logarithmusfunktion (oder Zweig des Logarithmus)***, wenn für alle $z \in G$* *gilt:*

$$\exp(L(z)) = z.$$

Natürlich ist dann $0 \notin G$, denn es ist $z = e^{L(z)} \neq 0$. Zur Vorbereitung zeigen wir:

**Satz 14.10.2** *Ist $G \subset \mathbb{C}$ ein Gebiet mit $0 \notin G$, so gilt:*

*(1) Wenn $L : G \to \mathbb{C}$ eine Logarithmusfunktion ist, dann gilt $L'(z) = \frac{1}{z}$ für alle* *$z \in G$.*

*(2) Wenn $F : G \to \mathbb{C}$ holomorph ist und $F'(z) = \frac{1}{z}$ gilt, dann existiert ein $c \in \mathbb{C}$,* *so dass $L(z) := F(z) - c$ eine Logarithmusfunktion ist.*

**Beweis.** (1) Aus $\exp(L(z)) = z$ folgt: $L'(z)(\exp(L(z)) = 1$, also $L'(z) = \frac{1}{z}$.

(2) Aus $F'(z) = \frac{1}{z}$ folgt: $(z \cdot e^{-F(z)})' = e^{-F(z)} - z \cdot F'(z) \cdot e^{-F(z)} = 0$;
daher ist $z \cdot e^{-F(z)} =: C$ konstant. Wählt man $c \in \mathbb{C}$ so, dass $e^{-c} = C$ ist, so folgt
$z \cdot e^{-F(z)} = e^{-c}$ oder $z = e^{F(z)-c}$. $\qquad\qquad\square$

Daraus ergibt sich:

**Satz 14.10.3 (Existenz einer Logarithmusfunktion)** *Ist $G \subset \mathbb{C}$ sternförmig und* *$0 \notin G$, so gilt:*

*(1) Es gibt eine Logarithmusfunktion $L : G \to \mathbb{C}$ ;*
*(2) sind $L$ und $\tilde{L}$ Logarithmusfunktionen in $G$, so existiert ein $n \in \mathbb{Z}$, so dass für* *alle $z \in G$ gilt:*

$$L(z) - \tilde{L}(z) = 2\pi \mathrm{i} n;$$

*(3) für jede Logarithmusfunktion $L$ gilt: Ist $z = |z| e^{\mathrm{i}\varphi(z)} \in G$, so ist*

$$\boxed{L(z) = \ln|z| + \mathrm{i}\varphi(z) \ \text{ und daher } \ \mathrm{Re}\, L(z) = \ln|z|.}$$

**Beweis.** (1) Auf dem sternförmigen Gebiet $G$ hat $\frac{1}{z}$ eine Stammfunktion; aus dem vorhergehenden Satz folgt dann die Existenz einer Logarithmusfunktion.
(2) Es ist $\exp(L(z) - \tilde{L}(z)) = z \cdot \frac{1}{z} = 1$, daher ist $\frac{1}{2\pi \mathrm{i}}(L(z) - \tilde{L}(z)) \in \mathbb{Z}$: Diese Funktion ist stetig und ganzzahlig, also konstant gleich $n \in \mathbb{Z}$.
(3) Es gibt reelle Funktionen $u, \varphi$ in $G$ mit $L(z) = u(z) + \mathrm{i} \cdot \varphi(z)$.
Aus $z = e^{L(z)} = e^{u(z)} \cdot e^{\mathrm{i}\varphi(z)}$ und $|e^{\mathrm{i}\varphi(z)}| = 1$ folgt $|z| = e^{u(z)}$, also $u(z) = \ln|z|$
und somit $L(z) = \ln|z| + \mathrm{i} \cdot \varphi(z)$. $\qquad\qquad\square$

**Beispiel 14.10.4** Das Gebiet

$$\mathbb{C}^- = \mathbb{C} \setminus \{x + \mathrm{i} y \in \mathbb{C} \mid x \leq 0, y = 0\}$$

ist sternförmig bezüglich 1. Jedes $z \in \mathbb{C}^-$ lässt sich eindeutig in Polarkoordinaten
$z = |z| e^{\mathrm{i}\varphi(z)}$ mit $-\pi < \varphi(z) < +\pi$ darstellen; die Funktion

$$L : \mathbb{C}^- \to \mathbb{C}, z \mapsto \ln|z| + \mathrm{i}\varphi(z)$$

ist eine Logarithmusfunktion; für $x \in \mathbb{R}^+$ ist $L(x) = \ln x$. ∎

Wir kommen nun zum Begriff der Umlaufzahl $I(\gamma, c)$; diese gibt an, wie oft eine geschlossene Kurve $\gamma$ den Punkt $c \in \mathbb{C}$ umläuft.

**Definition 14.10.5** *Es sei* $\gamma : [a, b] \rightarrow \mathbb{C}$ *eine (stetige) geschlossene Kurve und* $c \in \mathbb{C}$ *mit* $c \notin \gamma([a, b])$*. Dann heißt*

$$I(\gamma, c) := \frac{1}{2\pi i} \int\limits_{\gamma} \frac{dz}{z - c}$$

*die* **Umlaufzahl** *von* $\gamma$ *um* $c$*.*

Die Umlaufzahl ist immer eine ganze Zahl:

**Satz 14.10.6** *Es gilt* $I(\gamma, c) \in \mathbb{Z}$*.*

**Beweis.** Wir dürfen $c = 0$ annehmen und verwenden die Bezeichnungen von 14.5.1. Das Kurvenintegral $\int_{\gamma} \frac{dz}{z}$ ist nach 14.5.2 so definiert: Man wählt eine Zerlegung

$a = t_0 < t_1 < \ldots < t_m = b$ und offene Kreisscheiben $K_j \subset \mathbb{C}^*$ und in $K_j$ Stammfunktionen $L_j$ von $\frac{1}{z}$ ; die $L_j$ sind also Logarithmusfunktionen und es gilt $L_j(z) = \ln|z| + i\varphi_j(z)$. Mit $p = \gamma(a) = \gamma(b) = q$ ist nach 14.10.3 :

$$I(\gamma, 0) = \frac{1}{2\pi i} \int\limits_{\gamma} \frac{dz}{z} = \frac{1}{2\pi i}(L_m(p) - L_1(p)) \in \mathbb{Z}.$$

$\square$

Damit erhält man eine anschauliche Interpretation der Umlaufzahl: Setzt man $\gamma_j := \gamma|[t_{j-1}, t_j]$ und $z_j = \gamma(t_j)$, so ist

$$\int\limits_{\gamma_j} \frac{dz}{z} = L_j(z_j) - L_j(z_{j-1}) = (\ln|z_j| - \ln|z_{j-1}|) + i(\varphi_j(z_j) - \varphi_j(z_{j-1})).$$

Nun definiert man Winkel $\alpha_j := \varphi_j(z_j) - \varphi_j(z_{j-1})$, dann ergibt sich:

$$I(\gamma, 0) = \frac{1}{2\pi i} \sum_j (\ln|z_j| - \ln|z_{j-1}|) + \frac{1}{2\pi} \sum_j \alpha_j.$$

Weil $\gamma$ geschlossen ist, verschwindet der erste Summand und man erhält:

$$I(\gamma, 0) = \frac{1}{2\pi} \sum_j \alpha_j.$$

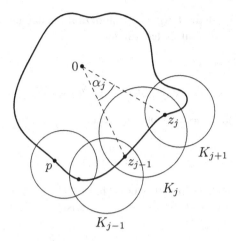

Nützlich zur Berechnung der Umlaufzahl ist folgender Satz:

**Satz 14.10.7** *In jedem Gebiet $G \subset \mathbb{C} \setminus \gamma([a,b])$ ist $G \to \mathbb{C}, z \mapsto I(\gamma, z)$ konstant. Ist $\gamma$ eine Kurve im sternförmigen Gebiet $G$, so gilt für alle $z \notin G$: $I(\gamma, z) = 0$.*

**Beweis.** Die Funktion $G \to \mathbb{C}, z \mapsto I(\gamma, z)$, ist stetig und ganzzahlig, also konstant. Ist $G$ sternförmig und $z \notin G$, so ist $\zeta \mapsto \frac{1}{\zeta - z}$ in G holomorph und besitzt eine Stammfunktion; daher ist das Integral über die geschlossene Kurve $\gamma$ gleich null. □

Wir beweisen nun eine allgemeine Cauchysche Integralformel mit Umlaufzahl:

**Satz 14.10.8 (Cauchysche Integralformel mit Umlaufzahl)** *Es sei $f : G \to \mathbb{C}$ eine im Gebiet $G$ holomorphe Funktion und $\gamma : [a, b] \to G$ eine in $G$ nullhomotope geschlossene Kurve. Dann gilt für $z \in G \setminus \gamma([a,b])$:*

$$\boxed{I(\gamma, z) \cdot f(z) \;=\; \frac{1}{2\pi i} \int\limits_{\gamma} \frac{f(\zeta)}{\zeta - z} \mathrm{d}\zeta}$$

**Beweis.** Wir definieren für $z \in G \setminus \gamma([a, b])$ wieder die Funktion $q : G \to \mathbb{C}$,

$$q(\zeta) := \frac{f(\zeta) - f(z)}{\zeta - z} \text{ falls } \zeta \neq z, \qquad q(z) := f'(z).$$

Dann ist $q$ holomorph in $G$ und das Kurvenintegral über die nullhomotope Kurve $\gamma$ ist null:

$$0 = \int\limits_{\gamma} q(\zeta)\mathrm{d}\zeta = \int\limits_{\gamma} \frac{f(\zeta)}{\zeta - z}\mathrm{d}\zeta \;-\; f(z) \int\limits_{\gamma} \frac{\mathrm{d}\zeta}{\zeta - z} \;=\; \int\limits_{\gamma} \frac{f(\zeta)}{\zeta - z}\mathrm{d}\zeta \;-\; f(z) \cdot 2\pi i \cdot I(\gamma, z).$$

□

**Beispiel 14.10.9 (Die Bedeutung der Umlaufzahl bei ebenen autonomen Systemen gewöhnlicher Differentialgleichungen)**

Wir betrachten die Gleichung

$$\omega = f(x,y)dx + g(x,y)dy = 0$$

aus 11.5 oder äquivalent das autonome System

$$\dot{x} = g(x,y)$$
$$\dot{y} = -f(x,y),$$

das die Gleichgewichtslage $(0,0)$ besitze, d.h. $f(0,0) = g(0,0)$. In einer punktierten Umgebung $U(0,0) \setminus \{(0,0)\}$ sei die charakteristische Funktion des Systems

$$G(x,y) = -f(x,y)x - g(x,y)y \neq 0.$$

Wir interessieren uns für die Frage, ob eine in $U(0,0) \setminus \{(0,0)\}$ verlaufende geschlossene Lösungskurve $\gamma(t) = (x(t), y(t))$, $a \leq t \leq b$, den Punkt $(0,0)$ umläuft. Für eine bejahende Antwort müssen wir $I(\gamma, 0) \neq 0$ zeigen. Es ist (wir schreiben kurz $x$ statt $x(t)$ und auch $f$ statt $f(x(t), y(t))$)

$$I(\gamma, 0) = \frac{1}{2\pi i} \int_a^b \frac{1}{x^2(t)+y^2(t)} \Big(\dot{x}(t) + i\dot{y}(t)\Big)\Big(x(t) - iy(t)\Big)dt =$$

$$= \frac{1}{2\pi i} \int_a^b \frac{1}{x^2+y^2}(g - if)(x - iy)dt =$$

$$= \frac{1}{2\pi i} \int_a^b \frac{1}{x^2+y^2}\Big((gx - fy) + i(-fx - gy)\Big)dt.$$

Da die stetige Funktion $\frac{-fx-gy}{x^2+y^2} : [a,b] \to \mathbb{R}$ nach unserer Annahme beständig $\neq 0$ ist, ist $I(\gamma, 0) \neq 0$ und $\gamma$ umläuft $(0,0)$. Die Annahme $G \neq 0$ in $U(0,0)\setminus\{(0,0)\}$ ist übrigens im Beispiel 11.5.8 erfüllt. Außerdem zeigt die Transformation von $\omega = 0$ auf Polarkoordinaten in 11.5, dass im Fall $G \neq 0$ die Transformation von $\omega = 0$ auf Polarkoordinaten $(t, r)$ eine wohldefinierte Differentialgleichung der Form $r' = \dots$ liefert, da der Nenner $f(r\cos t, r\sin t)\cos t + g(r\cos t, r\sin t)\sin t$ in $[0, 2\pi]$ nie verschwindet. ∎

## 14.11 Der Residuensatz

Wir kommen nun zu einem der wichtigsten Sätze der Funktionentheorie; dem Residuensatz. Dieser ist für theoretische Überlegungen wichtig, er ermöglicht aber auch die Berechnung vieler Integrale.

Zur Vorbereitung zeigen wir, dass man eine holomorphe Funktion $f : D\setminus\{z_0\} \to \mathbb{C}$ immer zerlegen kann in einen Summanden, der in ganz $D$ holomorph ist und in einen in $\mathbb{C} \setminus \{z_0\}$ holomorphen Anteil.

**Satz 14.11.1** *Ist $f : D \setminus \{z_0\} \to \mathbb{C}$ holomorph, so existieren holomorphe Funktionen $g : D \to \mathbb{C}$ und $h : \mathbb{C} \setminus \{z_0\} \to \mathbb{C}$ mit*

$$f = g + h \quad in \; D \setminus \{z_0\}.$$

**Beweis.** Es sei $z_0 = 0$; wir wählen $r > 0$ so, dass $U_r(0) \subset D$ ist und entwickeln $f$ um 0 in eine in $0 < |z| < r$ konvergente Laurentreihe:

$$f(z) = \sum_{n=0}^{\infty} a_n z^n + \sum_{n=-1}^{-\infty} a_n z^n = \sum_{n=0}^{\infty} a_n z^n + \sum_{n=1}^{\infty} a_{-n} \left( \frac{1}{z} \right)^n.$$

Die Reihe $\sum\limits_{n=1}^{\infty} a_{-n} (\frac{1}{z})^n$ konvergiert für $0 < |z| < r$; nach 4.1.1 konvergiert sie dann für alle $z \neq 0$. Somit wird durch

$$h : \mathbb{C} \setminus \{0\} \to \mathbb{C}, z \mapsto \sum_{n=-1}^{-\infty} a_n z^n$$

eine holomorphe Funktion definiert. Setzt man $g(z) := f(z) - h(z)$ für $z \in D \setminus \{0\}$, so gilt $g(z) = \sum\limits_{n=0}^{\infty} a_n z_n$ für $0 < |z| < r$. Definiert man $g(0) := a_0$, so ist $g$ in ganz $D$ holomorph und in $D \setminus \{0\}$ gilt $g = f - h$. $\qquad \square$

Wenn man dieses Verfahren iteriert, so erhält man:

**Satz 14.11.2** *Ist $f : D \setminus \{z_1, \ldots, z_m\} \to \mathbb{C}$ holomorph, so gibt es holomorphe Funktionen*

$$g : D \to \mathbb{C} \quad und \quad h_k = \mathbb{C} \setminus \{z_k\} \to \mathbb{C}, \quad k = 1, \ldots, m$$

*mit*

$$f = g + h_1 + \ldots + h_m \quad in \; D \setminus \{z_1, \ldots, z_m\}.$$

Nun kommen wir zum Begriff des Residuums:

**Definition 14.11.3** *Ist $f : D \setminus \{z_0\} \to \mathbb{C}$ holomorph und $f(z) = \sum\limits_{n=-\infty}^{+\infty} a_n (z - z_0)^n$ die Laurentreihe in $0 < |z - z_0| < r$, so heißt*

$$Res_{z_0} f := a_{-1}$$

*das* **Residuum** *von $f$ in $z_0$; für $0 < \varrho < r$ gilt :*

$$Res f_{z_0} = \frac{1}{2\pi i} \int_{|\zeta - z_0| = \varrho} f(\zeta) d\zeta.$$

**Satz 14.11.4 (Residuensatz)** *Es sei $G \subset \mathbb{C}$ ein Gebiet, es seien $z_1, \ldots, z_m$ paarweise verschiedene Punkte in $G$ und $\tilde{G} := G \setminus \{z_1, \ldots, z_m\}$. Ist dann $f : \tilde{G} \to \mathbb{C}$ eine holomorphe Funktion und $\gamma : [a, b] \to \tilde{G}$ eine geschlossene Kurve in $\tilde{G}$, die in $G$ nullhomotop ist, so gilt:*

$$\boxed{\int_\gamma f(z)\mathrm{d}z \;=\; 2\pi\mathrm{i} \sum_{k=1}^m I(\gamma, z_k) \cdot Res_{z_k} f.}$$

**Beweis.** Wie oben ist $f = g + h_1 + \ldots + h_m$ mit holomorphen Funktionen

$$g : G \to \mathbb{C}, \quad h_k : \mathbb{C} \setminus \{z_k\} \to \mathbb{C}; \; k = 1, \ldots, m.$$

Im Punkt $z_k$ sind die Funktionen

$$g, h_1, \ldots, h_{k-1}, h_{k+1}, \ldots, h_m$$

holomorph und daher ist

$$Res_{z_k} h_k = Res_{z_k} f.$$

Ist $h_k(z) = \sum_n c_n^{(k)} (z - z_k)^n$ die Laurententwicklung von $h_k$ in $0 < |z - z_k|$, so gilt also $c_{-1}^{(k)} = Res_{z_k} f$. In $\mathbb{C} \setminus \{z_k\}$ besitzen die Funktionen $z \mapsto (z - z_k)^n$ für $n \neq -1$ Stammfunktionen und daher ist $\int_\gamma (z - z_k)^n \mathrm{d}z = 0$ für $n \neq -1$. Somit folgt:

$$\int_\gamma h_k(z)\mathrm{d}z = \sum_{n=-\infty}^{+\infty} c_n^{(k)} \int_\gamma (z-z_k)^n \mathrm{d}z = c_{-1}^{(k)} \int_\gamma \frac{\mathrm{d}z}{z - z_k} = 2\pi\mathrm{i} \cdot I(\gamma, z_k) \cdot Res_{z_k} f.$$

In $G$ ist $g$ holomorph und $\gamma$ nullhomotop, also $\int_\gamma g(z)\mathrm{d}z = 0$. Somit ergibt sich:

$$\int_\gamma f(z)\mathrm{d}z \;=\; \int_\gamma g(z)\mathrm{d}z \;+\; \sum_{k=1}^m \int_\gamma h_k(z)\mathrm{d}z = 0 + 2\pi\mathrm{i} \cdot \sum_{k=1}^m I(\gamma, z_k) Res_{z_k} f.$$

$\square$

**Beispiel 14.11.5** Wir berechnen $\int_{|z|=1} \frac{\sin z}{z^4}\mathrm{d}z$. Es ist $\frac{\sin z}{z^4} = \frac{1}{z^3} - \frac{1}{3! z} + \frac{z}{5!} - \ldots$; daher ist das Residuum dieser Funktion in $0$ gleich $-\frac{1}{3!}$, somit

$$\int_{|z|=1} \frac{\sin z}{z^4}\mathrm{d}z = 2\pi\mathrm{i} \cdot \left(-\frac{1}{3!}\right) = -\frac{\pi\mathrm{i}}{3}.$$

Bei der Berechnung von $\int_{|z|=1} \frac{\sin z}{z^n}\mathrm{d}z$ für ungerade $n \in \mathbb{N}$ kann man so schließen:

In der Entwicklung von $\frac{\sin z}{z^n}$ kommen nur gerade Potenzen von $z$ vor, daher ist das Residuum gleich 0, somit $\int_{|z|=1} \frac{\sin z}{z^n}\mathrm{d}z = 0$ für ungerade $n \in \mathbb{N}$. $\blacksquare$

Wir zeigen nun, wie man in vielen Fällen das Residuum einfach berechnen kann.

**Satz 14.11.6** *Wenn $f$ in $z_0$ einen Pol 1.Ordnung hat, dann ist*

$$Res_{z_0} f = \lim_{z \to z_0} (z - z_0) f(z).$$

**Beweis.** Die Behauptung folgt aus $(z - z_0) f(z) = a_{-1} + a_0 (z - z_0) + \dots$    □

**Satz 14.11.7** *Wenn $f$ in $z_0$ einen Pol der Ordnung $k > 0$ hat, dann ist die Funktion $g(z) := (z - z_0)^k f(z)$ in $z_0$ holomorph und*

$$Res_{z_0} f = \frac{1}{(k-1)!} g^{(k-1)}(z_0).$$

**Beweis.** Wir nehmen $z_0 = 0$ an ; es ist $f(z) = \frac{a_{-k}}{z^k} + \dots + \frac{a_{-1}}{z} + \dots$ mit $a_{-k} \neq 0$ und $g(z) = a_{-k} + \dots + a_{-1} z^{k-1} + \dots$, daher $g^{(k-1)}(0) = (k-1)! a_{-1}$.    □

**Satz 14.11.8** *Die Funktionen $g$ und $h$ seien in $z_0$ holomorph und $h$ besitze in $z_0$ eine Nullstelle 1.Ordnung; dann gilt:*

$$Res_{z_0} \frac{g}{h} = \frac{g(z_0)}{h'(z_0)}.$$

**Beweis.** Sei $z_0 = 0$ und $g(z) = a_0 + a_1 z + \dots$, $h(z) = b_1 z + \dots$; $b_1 \neq 0$. Dann ist nach 14.11.6:

$$Res_{z_0} \frac{g}{h} = \lim_{z \to z_0} z \cdot \frac{a_0 + a_1 z + \dots}{b_1 z + \dots} = \frac{a_0}{b_1}.$$

□

**Beispiel 14.11.9 (Die Bernoullischen Zahlen und $\sum\limits_{n=1}^{\infty} \frac{1}{n^{2s}}$)** In 14.9.8 haben wir die Funktion $\frac{z}{e^z - 1}$ untersucht und die Taylorentwicklung

$$\frac{z}{e^z - 1} = \sum_{n=0}^{\infty} \frac{B_n}{n!} z^n \quad \text{für} \quad |z| < 2\pi$$

hergeleitet; dabei sind $B_n$ die Bernoullischen Zahlen. Nun berechnen wir für $s \in \mathbb{N}$ die Residuen von

$$h_s : \{z \in \mathbb{C} | z \neq 2n\pi i, n \in \mathbb{Z}\} \to \mathbb{C}, z \mapsto \frac{1}{z^s (e^z - 1)}$$

und leiten damit eine Formel für

$$\sum_{n=1}^{\infty} \frac{1}{n^{2s}}$$

her. Die Laurententwicklung von $h_s$ um 0 ist

$$h_s(z) = \frac{1}{z^{s+1}} \sum_{n=0}^{\infty} \frac{B_n}{n!} z^n = \frac{B_0}{z^{s+1}} + \ldots + \frac{B_s}{s!} \cdot \frac{1}{z} + \ldots$$

und daher ist

$$Res_0 \ h_s = \frac{B_s}{s!}.$$

Für die Berechnung des Residuums von $h_s$ in den Punkten $2n\pi i$ mit $n \neq 0$ setzen wir $e^z = e^{z-2n\pi i}$ ein:

$$h_s(z) = \frac{1}{z^s(e^z-1)} = \frac{1}{z^s(e^{z-2n\pi i}-1)} = \frac{1}{z^s} \sum_{k=0}^{\infty} \frac{B_k}{k!} \cdot (z - 2n\pi i)^{k-1} =$$

$$= \frac{1}{z^s} \cdot \frac{B_0}{z-2n\pi i} + \frac{1}{z^s} \cdot B_1 + \ldots$$

Nach 14.11.6 ist

$$Res_{2n\pi i} \ h_s = \lim_{z \to 2n\pi i} (z - 2n\pi i) \cdot h_s(z) = \frac{B_0}{(2n\pi i)^s} = \frac{1}{(2n\pi i)^s}.$$

Damit sind alle Residuen von $h_s$ für $s \in \mathbb{N}$ berechnet.

Nun berechnen wir das Kurvenintegral von $h_{2s}$ über die Kreislinie mit dem Radius $(2m + 1)\pi$, zeigen, dass es für $m \to \infty$ verschwindet und erhalten so eine Formel für $\sum \frac{1}{n^{2s}}$.

Es sei $m \in \mathbb{N}$, der Kreis $|\zeta| = (2m + 1)\pi$ geht durch keine Singularität; im Innern dieses Kreises liegen die Polstellen $2n\pi i$ mit $-m \leq n \leq m$. Aus dem Residuensatz folgt:

$$\frac{1}{2\pi i} \int_{|\zeta|=(2m+1)\pi} h_{2s}(\zeta)d\zeta = \frac{B_{2s}}{(2s)!} + \sum_{n=1}^{m} \frac{1}{(2n\pi i)^{2s}} + \sum_{n=-1}^{-m} \frac{1}{(2n\pi i)^{2s}} =$$

$$= \frac{B_{2s}}{(2s)!} + 2 \sum_{n=1}^{m} \frac{1}{(2n\pi i)^{2s}} = \frac{B_{2s}}{(2s)!} + \frac{2}{(2\pi i)^{2s}} \cdot \sum_{n=1}^{m} \frac{1}{n^{2s}}.$$

Nun schätzen wir das Integral ab: Wir setzen $z = x + iy$ und behandeln zuerst $\frac{1}{e^z-1}$. Für $x \leq -1$ ist $|e^z - 1| \geq 1 - |e^z| = 1 - e^x \geq 1 - e^{-1} = \frac{e-1}{e}$, also $|\frac{1}{e^z-1}| \leq \frac{e}{e-1}$. Für $x \geq 1$ ist $|e^z - 1| \geq |e^z| - 1 = e^x - 1 \geq e - 1$, also $|\frac{1}{e^z-1}| \leq \frac{1}{e-1}$. Damit haben wir gezeigt:

$$|\frac{1}{e^z - 1}| \leq \frac{e}{e - 1} \quad \text{für} \quad |x| \geq 1.$$

In der kompakten Menge $V := \{z \in \mathbb{C}| \ |z| \geq 1, |x| \leq 1, |y| \leq \pi\}$ hat $\frac{1}{e^z-1}$ keine Singularitäten, ist also dort beschränkt; es gibt ein $M \in \mathbb{R}$, so dass für $z \in V$ gilt:$|\frac{1}{e^z-1}| \leq M$; wir wählen $M \geq \frac{e}{e-1}$. Zusammen mit der für $|x| \geq 1$ hergeleiteten Abschätzung ergibt sich: Setzt man $W := \{z \in \mathbb{C}| \ |z| \geq 1, |y| \leq \pi\}$, so ist

$$\left|\frac{1}{e^z - 1}\right| \le M \quad \text{für} \quad z \in W.$$

Diese Funktion ist also in dem gelochten Streifen $W$ beschränkt und die gleiche Abschätzung gilt in jedem um $2n\pi i$, $n \in \mathbb{Z}$, verschobenen Streifen.

Für $n \in \mathbb{Z}$ sei $K_n := \{z \in \mathbb{C}|\ |z - 2n\pi i| < 1\}$ die Kreisscheibe um $2n\pi i$ mit Radius 1; es ist

$$\left|\frac{1}{e^z - 1}\right| \le M \quad \text{für alle} \quad z \in \mathbb{C} \setminus \bigcup_{n \in \mathbb{Z}} K_n.$$

Die Kreislinie $|\zeta| = (2m + 1)\pi$ liegt in dieser Menge und sie hat die Länge $2\pi \cdot (2m + 1)\pi$; damit ergibt sich:

$$\left|\frac{1}{2\pi i} \int_{|\zeta|=(2m+1)\pi} h_{2s}(\zeta)\mathrm{d}\zeta\right| \le \left|\frac{1}{2\pi i} \int_{|\zeta|=(2m+1)\pi} \frac{\mathrm{d}\zeta}{\zeta^{2s} \cdot (e^\zeta - 1)}\right| \le$$

$$\le (2m + 1)\pi \cdot \frac{M}{(2m+1)^{2s}}.$$

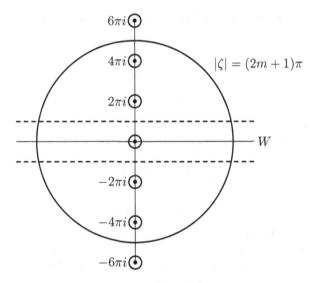

Daher geht dieses Integral für $m \to \infty$ gegen 0 und man erhält für $s \in \mathbb{N}$:

$$\frac{B_{2s}}{(2s)!} + \frac{2}{(2\pi i)^{2s}} \cdot \sum_{n=1}^{\infty} \frac{1}{n^{2s}} = 0$$

und daraus folgt:

$$\zeta(2s) = \sum_{n=1}^{\infty} \frac{1}{n^{2s}} = (-1)^{s-1} \cdot \frac{2^{2s-1}\pi^{2s}}{(2s)!} \cdot B_{2s}.$$

Bernoullische Zahlen haben wir mit der in 14.9.8 hergeleiteten Rekursionsformel berechnet; so erhält man:

$$\sum_{n=1}^{\infty} \frac{1}{n^2} = \frac{\pi^2}{6} \qquad \sum_{n=1}^{\infty} \frac{1}{n^4} = \frac{\pi^4}{90} \qquad \sum_{n=1}^{\infty} \frac{1}{n^6} = \frac{\pi^6}{945}$$

$$\sum_{n=1}^{\infty} \frac{1}{n^8} = \frac{\pi^8}{9540} \qquad \sum_{n=1}^{\infty} \frac{1}{n^{10}} = \frac{\pi^{10}}{93555} \qquad \sum_{n=1}^{\infty} \frac{1}{n^{12}} = \frac{691}{638512875} \pi^{12}$$

Es ist uns keine Formel für die Berechnung von $\sum_{n=1}^{\infty} \frac{1}{n^{2s+1}}$ bekannt. Berechnet man wie oben das Integral über $h_{2s+1}$, so fallen auf der rechten Seite die beiden Summen weg und man erhält:

$$\frac{1}{2\pi i} \int\limits_{|\zeta|=(2m+1)\pi} h_{2s+1}(\zeta)d\zeta = \frac{B_{2s+1}}{(2s+1)!} + \sum_{n=1}^{m} \frac{1}{(2n\pi i)^{2s+1}} + \sum_{n=-1}^{-m} \frac{1}{(2n\pi i)^{2s+1}} =$$
$$= \frac{B_{2s+1}}{(2s+1)!}.$$

Diese Methode liefert also keine Aussage über $\sum_{n=1}^{\infty} \frac{1}{n^{2s+1}}$ ; weil das Integral für $m \to \infty$ gegen 0 geht, ergibt sich aus dieser Gleichung:

$$B_{2s+1} = 0 \quad \text{für} \quad s \in \mathbb{N}.$$

■

## 14.12 Folgerungen aus dem Residuensatz

**Vorbemerkung.** Ist $f : D \to \mathbb{C}$ holomorph und besitzt $f$ in $z_1, \ldots, z_r$ Nullstellen der Ordnung $n_1, \ldots, n_r$ so bezeichnet man mit

$$N := n_1 + \ldots + n_r$$

die Anzahl der Nullstellen.
Analog definiert man für eine holomorphe Funktion $f : D \setminus \{w_1, \ldots, w_s\} \to \mathbb{C}$, die in $w_1, \ldots, w_s$ Pole der Ordnung $m_1, \ldots, m_s$ hat, die Anzahl der Polstellen durch

$$P := m_1 + \ldots + m_s.$$

Aus dem Residuensatz leiten wir her:

**Satz 14.12.1 (Satz über die Null- und Polstellen)** *Es sei* $\overline{U_r(z_0)} \subset G \subset \mathbb{C}$ *und es seien* $z_1, \ldots, z_s \in U_r(z_0)$; *die Funktion* $f : G \setminus \{z_1, \ldots, z_s\} \to \mathbb{C}$ *sei holomorph und besitze in* $z_1, \ldots, z_s$ *Pole; sie besitze auf* $\partial U_r(z_0)$ *keine Nullstelle. Ist dann* $N$ *die Anzahl der Nullstellen und* $P$ *die Anzahl der Polstellen von* $f$ *in* $U_r(z_0)$, *so gilt:*

$$\boxed{\frac{1}{2\pi i} \int\limits_{|z-z_0|=r} \frac{f'(z)}{f(z)} dz = N - P.}$$

**Beweis.** $f$ besitze in $p$ eine n-fache Nullstelle; wir berechnen das Residuum von $\frac{f'}{f}$ in $p$. Es gibt eine in $p$ holomorphe Funktion $h$ mit $f(z) = (z - p)^n h(z)$ und $h(p) \neq 0$. Dann ist $f'(z) = n(z - p)^{n-1} h(z) + (z - p)^n h'(z)$ und

$$\frac{f'(z)}{f(z)} = \frac{n}{z - p} + \frac{h'(z)}{h(z)}.$$

Weil $\frac{h'}{h}$ in $p$ holomorph ist, erhält man als Residuum :

$$Res_p \frac{f'}{f} = n.$$

Bei einer n-fachen Polstelle schließt man analog mit $-n$ statt $n$. Mit dem Residuensatz ergibt sich die Behauptung.    □

Wenn $f$ keine Pole hat, so ergibt sich, wenn man diesen Satz auf $z \mapsto f(z) - w$ anwendet:

**Satz 14.12.2** *Es sei* $f : G \to \mathbb{C}$ *holomorph und* $\overline{U_r(z_0)} \subset G$; *sei* $w \in \mathbb{C}$ *und sei* $f(z) \neq w$ *für* $z \in \partial U_r(z_0)$. *Dann gilt für die Anzahl* $N_w$ *der w-Stellen von* $f$ *in* $U_r(z_0)$:

$$N_w = \frac{1}{2\pi i} \int\limits_{|z - z_0| = r} \frac{f'(z)}{f(z) - w} dz.$$

Wir zeigen nun, wie man mit Hilfe des Residuensatzes uneigentliche reelle Integrale berechnen kann:

**Beispiel 14.12.3** Wir berechnen

$$\int\limits_{-\infty}^{+\infty} \frac{dx}{x^2 - 2x + 2}.$$

Es ist $p(z) := z^2 - 2z + 2 = (z - (1 + i)) \cdot (z - (1 - i))$ und das Residuum von $\frac{1}{p(z)}$ im Punkt $1 + i$ ist $\frac{1}{2i}$. Wir berechnen nun zuerst das Integral über den Rand des oberen Halbkreises mit Radius $r$: Es sei

$$\gamma_r : [0, \pi] \to \mathbb{C}, t \mapsto r \cdot e^{it};$$

für $r > 2$ liegt der Punkt $1 + i$ im oberen Halbkreis mit Radius $r$ und nach dem Residuensatz gilt: :

$$(*) \qquad \int\limits_{-r}^{+r} \frac{dz}{p(z)} + \int\limits_{\gamma_r} \frac{dz}{p(z)} = 2\pi i \cdot \frac{1}{2i} = \pi.$$

Für $r \to \infty$ geht das erste Integral gegen das zu berechnende uneigentliche Integral; wir zeigen, dass das Integral über $\gamma_r$ gegen $0$ geht.
Für $z \neq 0$ ist

$$p(z) = z^2 \cdot (1 - \frac{2}{z} + \frac{2}{z^2}).$$

Es gibt ein $R > 2$ mit $|1 - \frac{2}{z} + \frac{2}{z^2}| \geq \frac{1}{2}$ für $|z| \geq R$ und für $|z| \geq r \geq R > 2$ ist dann

$$\left| \frac{1}{p(z)} \right| \leq \frac{2}{r^2}.$$

Daher ist

$$\left| \int_{\gamma_r} \frac{dz}{p(z)} \right| \leq \pi r \cdot \frac{2}{r^2} = \frac{2\pi}{r}.$$

Für $r \to \infty$ folgt nun aus der Gleichung (*):

$$\int_{-\infty}^{+\infty} \frac{dx}{x^2 - 2x + 2} = \pi. \qquad \blacksquare$$

Im folgenden Satz schätzt man $\frac{p}{q}$ analog durch $\frac{const.}{r^2}$ ab und erhält:

**Satz 14.12.4** *Seien $p, q$ Polynome mit $grq \geq grp + 2$; $q$ besitze keine reelle Null-stelle. Sind dann $z_1, \ldots, z_m$ die in der oberen Halbebene liegenden Singularitäten von $\frac{p}{q}$, so gilt:*

$$\int_{-\infty}^{+\infty} \frac{p(x)}{q(x)} dx = 2\pi i \sum_{j=1}^{m} Res_{z_j} \frac{p}{q}.$$

### Der Cauchysche Hauptwert

Der Cauchysche Hauptwert ist in einer allgemeinen Situation folgendermaßen er-klärt: Es sei $X \subset \mathbb{R}^n$, $p \in X$, und $f : X \setminus \{p\} \to \mathbb{R}$ eine stetige Funktion; man entfernt nun eine $\varepsilon$-Kugel um $p$, integriert über den Rest und lässt $\varepsilon$ gegen 0 gehen; dann heißt

$$\mathcal{P} \int_X f(x)dx = \lim_{\varepsilon \to 0} \int_{X \setminus U_\varepsilon(p)} f(x)dx$$

der Cauchysche Hauptwert (falls dieser Grenzwert existiert).

Mit dem Cauchyschen Hauptwert kann man dem Integral $\int_X f(x)dx$ einen Sinn geben, wenn $f$ weder Lebesgue- noch (im eindimensionalen Fall) uneigentlich Riemann-integrierbar ist.

Wir behandeln hier den eindimensionalen Fall und zeigen, wie man mit funktionen-theoretischen Methoden den Cauchyschen Haupwert berechnen kann.

**Definition 14.12.5** *Es sei $[a, b] \subset \mathbb{R}$, $p \in ]a, b[$ und $f : [a, b] \setminus \{p\} \to \mathbb{R}$ eine stetige Funktion. Dann heißt*

$$\mathcal{P} \int_a^b f(x)dx = \lim_{\varepsilon \to 0} \left( \int_a^{p-\varepsilon} f(x)dx + \int_{p+\varepsilon}^b f(x)dx \right)$$

*der* **Cauchysche Hauptwert.**

Zunächst ein einfaches Beispiel:

**Beispiel 14.12.6** Das *uneigentliche* Integral $\int_{-1}^{+1} \frac{\mathrm{d}x}{x} = \lim_{\varepsilon_1 \to 0} \int_{-1}^{-\varepsilon_1} \frac{\mathrm{d}x}{x} + \lim_{\varepsilon_2 \to 0} \int_{\varepsilon_2}^{+1} \frac{\mathrm{d}x}{x}$ exi-

stiert wegen $\int_{\varepsilon}^{1} \frac{\mathrm{d}x}{x} = -\ln \varepsilon$ nicht.
Dagegen existiert der *Cauchysche Hauptwert*

$$\mathcal{P} \int_{-1}^{+1} \frac{\mathrm{d}x}{x} = \lim_{\varepsilon \to 0} \left( \int_{-1}^{-\varepsilon} \frac{\mathrm{d}x}{x} + \int_{\varepsilon}^{1} \frac{\mathrm{d}x}{x} \right),$$

denn $\frac{1}{x}$ ist eine ungerade Funktion und daher ist für $0 < \varepsilon < 1$: $\int_{-1}^{-\varepsilon} \frac{\mathrm{d}x}{x} + \int_{\varepsilon}^{+1} \frac{\mathrm{d}x}{x} = 0$.
Daraus folgt

$$\mathcal{P} \int_{-1}^{+1} \frac{\mathrm{d}x}{x} = 0.$$

∎

Nun gehen wir von folgender Situation aus:
Wir nehmen $p = 0$ an; es sei $a < 0 < b$ und $D$ eine offene Teilmenge von $\mathbb{C}$ und es gelte $[a, b] \subset D$; weiter sei $f : D \setminus \{0\} \to \mathbb{C}$ holomorph. Wir berechnen den Cauchyschen Hauptwert dadurch, dass wir den durch den singulären Punkt 0 gehenden Integrationsweg von $a$ nach $b$ ersetzen durch Kurven, die 0 umgehen.
Es sei $r > 0$, $\{z \in \mathbb{C} |\ |z| \le r\} \subset D$ und $a < -r < 0 < r < b$. Wir betrachten die beiden Halbkreise

$$\alpha_r : [0, \pi] \to \mathbb{C}, t \mapsto r \cdot \mathrm{e}^{\mathrm{i}t}, \qquad \beta_r : [\pi, 2\pi] \to \mathbb{C}, t \mapsto r \cdot \mathrm{e}^{\mathrm{i}t}.$$

Für $0 < \varepsilon < r$ ist dann nach dem Cauchyschen Integralsatz:

$$(1) \qquad \int_{-r}^{-\varepsilon} f(x)\mathrm{d}x - \int_{\alpha_\varepsilon} f(z)\mathrm{d}z + \int_{\varepsilon}^{r} f(x)\mathrm{d}x + \int_{\alpha_r} f(z)\mathrm{d}z = 0,$$

also

$$(2) \qquad \int_{a}^{-r} f(x)\mathrm{d}x - \int_{\alpha_r} f(z)\mathrm{d}z + \int_{r}^{b} f(x)\mathrm{d}x = \int_{a}^{-\varepsilon} f(x)\mathrm{d}x - \int_{\alpha_\varepsilon} f(z)\mathrm{d}z + \int_{\varepsilon}^{b} f(x)\mathrm{d}x.$$

Daher ist folgende Definition unabhängig von der Wahl von $\varepsilon$:

$$\mathcal{R} \int_{a}^{b} f(z)\mathrm{d}z := \int_{a}^{-\varepsilon} f(x)\mathrm{d}x - \int_{\alpha_\varepsilon} f(z)\mathrm{d}z + \int_{\varepsilon}^{b} f(x)\mathrm{d}x,$$

dabei umgehen wir den singulären Punkt $p = 0$ so, dass er rechts vom Integrationsweg liegt. Wenn wir diesen Punkt links liegen lassen, definieren wir:

$$
\mathcal{L}\int\limits_a^b f(z)\mathrm{d}z := \int\limits_a^{-\varepsilon} f(x)\mathrm{d}x + \int\limits_{\beta_\varepsilon} f(z)\mathrm{d}z + \int\limits_\varepsilon^b f(x)\mathrm{d}x.
$$

Aus dem Residuensatz folgt

$$
(3) \qquad \mathcal{L}\int\limits_a^b f(z)\mathrm{d}z - \mathcal{R}\int\limits_a^b f(z)\mathrm{d}z = \int\limits_{|z|=\varepsilon} f(z)\mathrm{d}z = 2\pi\mathrm{i}\cdot Res_0 f.
$$

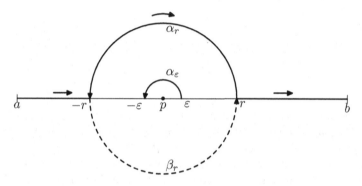

Unter geeigneten Voraussetzungen kann man den Cauchyschen Hauptwert mit dem
Residuensatz berechnen:

**Satz 14.12.7** *Sei* $[a,b] \subset D \subset \mathbb{C}$, $a < p < b$. *Die Funktion* $f : D \setminus \{p\} \to \mathbb{C}$
*sei holomorph und besitze in $p$ einen Pol 1.Ordnung. Dann existiert der Cauchysche
Hauptwert und es gilt:*

$$
\mathcal{P}\int\limits_a^b f(x)\mathrm{d}x = \tfrac{1}{2}\left( \mathcal{L}\int\limits_a^b f(z)\mathrm{d}z + \mathcal{R}\int\limits_a^b f(z)\mathrm{d}z \right) =
$$

$$
= \mathcal{R}\int\limits_a^b f(z)\mathrm{d}z + \pi\mathrm{i}\cdot Res_p f = \mathcal{L}\int\limits_a^b f(z)\mathrm{d}z - \pi\mathrm{i}\cdot Res_p f.
$$

**Beweis.** Wir nehmen wieder $p = 0$ an; es ist

$$
\int\limits_a^{-\varepsilon} f(x)\mathrm{d}x + \int\limits_\varepsilon^b f(x)\mathrm{d}x = \mathcal{R}\int\limits_a^b f(z)\mathrm{d}z + \int\limits_{\alpha_\varepsilon} f(z)\mathrm{d}z.
$$

Nach Voraussetzung ist $f(z) = \frac{a_{-1}}{z} + a_0 + a_1 z + \dots$ in einer Umgebung von
$|z| \leq r$. Setzt man $g(z) := f(z) - \frac{\tilde{a}_{-1}}{z}$, so ist $g$ dort holomorph, also beschränkt;

somit $|g(z)| \leq M$ und daher $|\int_{\alpha_\varepsilon} g(z)\mathrm{d}z| \leq \pi M \varepsilon$. Außerdem ist $\int_{\alpha_\varepsilon} \frac{a_{-1}}{z}\mathrm{d}z =$

$a_{-1} \int_0^\pi \frac{\varepsilon \cdot i \cdot e^{it}}{\varepsilon \cdot e^{it}}\mathrm{d}t = i\pi a_{-1}$ und daher $\lim_{\varepsilon \to 0} \int_{\alpha_\varepsilon} f(z)\mathrm{d}z = \pi \cdot i \cdot a_{-1}$. Daraus folgt:

$$\mathcal{P} \int_a^b f(x)\mathrm{d}x = \mathcal{R} \int_a^b f(z)\mathrm{d}z + \pi \cdot i \cdot a_{-1}.$$

Die anderen Aussagen ergeben sich aus (3).    □

**Beispiel 14.12.8** Wir berechnen

$$\mathcal{P} \int_{-\infty}^{+\infty} \frac{\mathrm{d}x}{x^3 - 1}.$$

Mit $\varrho := \frac{-1+i\sqrt{3}}{2}$, $\varrho^2 = \frac{-1-i\sqrt{3}}{2}$ ist $x^3 - 1 = (x-1)(x-\varrho)(x-\varrho^2)$ und nach 14.11.6 ist

$$\mathrm{Res}_1 \frac{1}{x^3 - 1} = \lim_{x \to 1} \frac{x - 1}{(x-1)(x-\varrho)(x-\varrho^2)} = \frac{1}{(1-\varrho)(1-\varrho^2)} = \frac{1}{3},$$

$$\mathrm{Res}_\varrho \frac{1}{x^3 - 1} = \frac{1}{(\varrho-1)(\rho-\rho^2)} = -\frac{1}{6} + \frac{i}{6}\sqrt{3}.$$

Wie in 14.12.4 zeigt man $\mathcal{R} \int_{-\infty}^{+\infty} \frac{\mathrm{d}x}{x^3-1} = 2\pi i \cdot \mathrm{Res}_\varrho \frac{1}{x^3-1}$ und nach 14.12.7 ergibt sich:

$$\mathcal{P} \int_{-\infty}^{+\infty} \frac{\mathrm{d}x}{x^3 - 1} = 2\pi i \left( \mathrm{Res}_\varrho \frac{1}{x^3-1} + \frac{1}{2}\mathrm{Res}_1 \frac{1}{x^3-1} \right) = -\frac{\pi}{3}\sqrt{3}.$$

∎

Auf diese Weise zeigt man:

**Satz 14.12.9** *Seien $p, q$ Polynome mit $\mathrm{grq} \geq \mathrm{grp} + 2$ und $f := \frac{p}{q}$. Die Funktion $f$ besitze auf der reellen Achse nur Polstellen 1. Ordnung $x_1, \dots, x_k$; sind dann $z_1, \dots, z_m$ die in der oberen Halbebene liegenden Singularitäten von $f$, so existiert der Cauchysche Hauptwert und es gilt:*

$$\mathcal{P} \int_{-\infty}^{+\infty} \frac{p(x)}{q(x)}\mathrm{d}x = 2\pi i \cdot \left( \sum_{j=1}^m \mathrm{Res}_{z_j} \frac{p}{q} + \frac{1}{2} \cdot \sum_{i=1}^k \mathrm{Res}_{x_i} \frac{p}{q} \right).$$

**Beispiel 14.12.10 (Die Distribution $\mathcal{P}\frac{1}{x}$)** Es sei $\varphi \in \mathcal{D}$, dann ist $\varphi : \mathbb{R} \to \mathbb{R}$ eine beliebig oft differenzierbare Funktion und es existiert ein $R > 0$ mit $\varphi(x) = 0$ für $|x| \geq R$. Wir berechnen $\mathcal{P} \int\limits_{-\infty}^{+\infty} \frac{\varphi(x)}{x} \mathrm{d}x$.

Es sei $q : \mathbb{R} \to \mathbb{R}$, $x \mapsto \begin{cases} \frac{\varphi(x)-\varphi(0)}{x} & \text{für} \quad x \neq 0 \\ \varphi'(0) & \text{für} \quad x = 0 \end{cases}$

Weil $\varphi$ differenzierbar ist, ist $q$ stetig; nach Beispiel 14.12.6 gilt: $\int\limits_{-R}^{-\varepsilon} \frac{\mathrm{d}x}{x} + \int\limits_{\varepsilon}^{R} \frac{\mathrm{d}x}{x} = 0$;

damit ergibt sich, dass der folgende Cauchysche Hauptwert existiert:

$$\mathcal{P} \int\limits_{-\infty}^{+\infty} \frac{\varphi(x)}{x} \mathrm{d}x = \mathcal{P} \int\limits_{-R}^{R} \left( q(x) + \frac{\varphi(0)}{x} \right) \mathrm{d}x =$$

$$= \lim_{\varepsilon \to 0} \left( \int\limits_{-R}^{-\varepsilon} q(x)\mathrm{d}x + \int\limits_{\varepsilon}^{R} q(x)\mathrm{d}x \right) + \varphi(0) \lim_{\varepsilon \to 0} \left( \int\limits_{-R}^{-\varepsilon} \frac{\mathrm{d}x}{x} + \int\limits_{\varepsilon}^{R} \frac{\mathrm{d}x}{x} \right) = \int\limits_{-R}^{R} q(x)\mathrm{d}x.$$

Man zeigt nun, dass durch

$$\mathcal{P}\frac{1}{x} : \mathcal{D} \to \mathbb{R}, \varphi \mapsto \mathcal{P} \int\limits_{-\infty}^{+\infty} \frac{\varphi(x)}{x} \mathrm{d}x$$

eine Distribution definiert wird. In der Quantenmechanik definiert man im Zusammenhang mit der Dirac-Distribution $\delta$ die Distributionen

$$\delta^+ := \frac{1}{2}\delta + \frac{1}{2\pi\mathrm{i}} \mathcal{P}\frac{1}{x}, \qquad \delta^- := \frac{1}{2}\delta - \frac{1}{2\pi\mathrm{i}} \mathcal{P}\frac{1}{x}. \qquad \blacksquare$$

## 14.13 Konforme Abbildungen, Strömungen

### Konforme Abbildungen

Wir untersuchen zuerst, welche Eigenschaften eine durch eine holomorphe Funktion gegebene Abbildung hat; wir zeigen, dass sie lokal eine Drehung darstellt; insbesondere ist sie winkeltreu.

**Satz 14.13.1** *Es sei $f : D \to \mathbb{C}$ holomorph, $z_0 \in D$ und $f'(z_0) = r \cdot \mathrm{e}^{\mathrm{i}\varphi} \neq 0$. Ist dann $\gamma : [-\varepsilon, +\varepsilon] \to D$ eine reguläre differenzierbare Kurve mit $\gamma(0) = z_0$ und $\dot{\gamma}(0) = s \cdot \mathrm{e}^{\mathrm{i}\alpha}$, so gilt für die Bildkurve $\tilde{\gamma} := f \circ \gamma$:*

$$\dot{\tilde{\gamma}}(0) = (rs) \cdot \mathrm{e}^{\mathrm{i}(\alpha+\varphi)}.$$

**Beweis.** Nach der Kettenregel ist $\dot{\tilde{\gamma}}(0) = f'(z_0) \cdot \dot{\gamma}(0) = (rs) \cdot e^{i(\alpha+\varphi)}$.    $\square$

Bei jeder regulären Kurve durch $z_0$ wird also die Tangente um den gleichen Winkel $\varphi$ gedreht; daher folgt:

**Satz 14.13.2** *Ist* $f : D \to \mathbb{C}$ *holomorph,* $z_0 \in D$ *und* $f'(z_0) \neq 0$, *so gilt: Sind* $\gamma_1, \gamma_2$ *reguläre Kurven durch* $z_0$, *die sich im Winkel* $\alpha$ *schneiden, so schneiden sich die Bildkurven* $f \circ \gamma_1$ *und* $f \circ \gamma_2$ *ebenfalls im Winkel* $\alpha$.

Eine derartige Abbildung bezeichnet man als *winkeltreu* oder *konform*.
Daraus ergibt sich:

**Satz 14.13.3** *Ist* $f = u + \mathrm{i}v$ *holomorph und verschwindet* $f'$ *nirgends, so schneiden sich* $u(x,y) = c_1$ *und* $v(x,y) = c_2$ *orthogonal.*

**Beispiel 14.13.4** In $\mathbb{C}^*$ betrachten wir $f(z) := z^2 = (x^2 - y^2) + 2\mathrm{i}xy$; dann ist $u = x^2 - y^2$, $v = 2xy$. Die Hyperbeln $x^2 - y^2 = c_1$ und $xy = c_2$ schneiden einander orthogonal.    ∎

**Beispiel 14.13.5** Für $z \neq 0$ sei $f(z) := \frac{1}{z} = \frac{\bar{z}}{z \cdot \bar{z}} = \frac{x}{x^2+y^2} + \mathrm{i} \cdot \frac{-y}{x^2+y^2}$. Die Niveaulinien $x = c_1(x^2 + y^2)$ und $y = c_2(x^2 + y^2)$ sind Kreise, die sich orthogonal schneiden.    ∎

### Strömungen

Man kann Strömungen durch holomorphe Funktionen beschreiben. Wir gehen aus vom Vektorfeld (Geschwindigkeitsfeld) einer ebenen Strömung

$$\mathbf{v} : G \to \mathbb{R}^2; (x,y) \mapsto (p(x,y), q(x,y))$$

in einem Gebiet $G \subset \mathbb{R}^2$, das wir als sternförmig voraussetzen. Die Funktionen $p, q$ seien beliebig oft stetig differenzierbar. Von der Strömung nehmen wir an, dass sie quellenfrei und wirbelfrei ist. Wir setzen also voraus:

$$(1) \quad p_x + q_y = 0, \qquad (2) \quad p_y - q_x = 0.$$

Die erste Bedingung bedeutet div $\mathbf{v} = 0$, die zweite Bedingung kann man als Verschwinden der Rotation deuten. Nach 9.6.7 gibt es wegen (2) zu $\mathbf{v} = (p, q)$ ein Potential $u : G \to \mathbb{R}$ und aus (1) folgt, dass das Vektorfeld $(-q, p)$ ein Potential $v : G \to \mathbb{R}$ besitzt. Es gilt also:

$$u_x = p, \; u_y = q \qquad \text{und} \qquad v_x = -q, \; v_y = p.$$

Nun fassen wir $G$ als Gebiet in $\mathbb{C}$ auf und setzen $f := u + \mathrm{i}v$.
Wegen $u_x = p = v_y$ und $v_x = -q = -u_y$ sind die Cauchy-Riemannschen Differentialgleichungen erfüllt und daher ist $f : G \to \mathbb{C}$ holomorph. Es gilt

$$f' = u_x + iv_x = p - iq.$$

Wir schreiben $(p, q) = p + iq$, dann ist

$$\bar{f}' = p + iq = \mathbf{v}.$$

Die Niveaumengen $\{(x,y) \in G | \ u(x,y) = c\}$ mit $c \in \mathbb{R}$ deutet man als Potentiallinien und $\{(x,y) \in G | \ v(x,y) = c\}$ als Stromlinien der durch $\mathbf{v} = \bar{f}'$ gegebenen Strömung.

Zu jedem quellen- und wirbelfreien Vektorfeld $\mathbf{v}$ in einem sternförmigen Gebiet gibt es also eine holomorphe Funktion $f = u + iv$ mit $\bar{f}' = \mathbf{v}$ und die Niveaumengen von $u, v$ liefern die Strom- und Potentiallinien.

Wenn man umgekehrt von einer in einem (nicht notwendig sternförmigen) Gebiet $G \subset \mathbb{C}$ holomorphen Funktion $f : G \to \mathbb{C}$ mit $f = u + iv$ ausgeht, so erhält man durch $\mathbf{v} := \bar{f}'$ das Vektorfeld einer Strömung, bei der man die Potentiallinien $u(x,y) = const.$ und die Stromlinien $v(x,y) = const.$ bereits kennt. Wir bringen dazu einige Beispiele.

**Beispiel 14.13.6** Sei $f(z) := z^2$, also $u = x^2 - y^2$, $v = 2xy$.
Dann ist das zugehörige Vektorfeld

$$\mathbf{v}(z) = \bar{f}'(z) = 2 \cdot \bar{z} \quad \text{oder} \quad \mathbf{v}(x,y) = (2x, -2y).$$

Die Stromlinien sind die Hyperbeln

$$2xy = const.,$$

die Potentiallinien sind die dazu orthogonalen Hyperbeln

$$x^2 - y^2 = const.$$

Es ist $|\bar{f}'(z)| = 2|z|$, die Strömung ist also für große $z$ schnell, in der Nähe des Nullpunkts ist sie langsam.

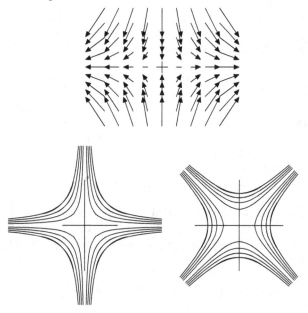

**Beispiel 14.13.7** Für $f(z) := z$ ist $\bar{f}'(z) = 1$ und $\mathbf{v}(x, y) = (1, 0)$. Die Strom-linien $y = const.$ verlaufen waagrecht, man hat eine gleichmäßige Strömung mit Geschwindigkeit 1.    ∎

**Beispiel 14.13.8** Das Gebiet

$$\mathbb{C}^- := \mathbb{C} \setminus \{x + \mathrm{i}y \in \mathbb{C}|\, x \le 0, y = 0\}$$

ist sternförmig und nach 14.10.3 und 14.10.4 ist dort eine (holomorphe) Logarith-musfunktion

$$L(z) = \ln|z| + \mathrm{i}\varphi(z)$$

definiert. Für $z \in \mathbb{C}^-$ ist $z = |z| \cdot \mathrm{e}^{\mathrm{i}\varphi(z)}$ und das zugehörige Vektorfeld ist

$$\bar{L}'(z) = \frac{1}{\bar{z}} = \frac{1}{r}\mathrm{e}^{+\mathrm{i}\varphi(z)}$$

mit $r = |z|$. Die Stromlinien sind die vom Nullpunkt ausgehenden Halbstrahlen (ohne 0) $\varphi(z) = const.$  Die Äquipotentiallinien sind die Kreislinien $\ln|z| = const.$, also $|z| = const.$, soweit sie in $\mathbb{C}^-$ liegen. Es ist $|\bar{L}'(z)| = \frac{1}{r}$; in der Nähe des Nullpunkts ist also die Geschwindigkeit sehr groß, sie nimmt nach außen ab. Das Vektorfeld $\bar{L}'$ beschreibt die von einer im Nullpunkt liegenden Quelle ausgehende Strömung. Dies widerspricht nicht unserer Voraussetzung der Quellenfreiheit, denn der Nullpunkt liegt nicht im Gebiet $\mathbb{C}^-$.

Wenn man einen Wirbel erhalten will, dividiert man die Funktion $L$ durch i, dadurch vertauscht man Stromlinien und Potentiallinien: Für

$$f(z) := -\mathrm{i}L(z) = \varphi(z) - \mathrm{i} \cdot \ln|z|$$

ist das zugehörige Vektorfeld $\bar{f}'(z) = \frac{\mathrm{i}}{\bar{z}}$ und die Stromlinien sind die in $\mathbb{C}^-$ liegen-den Kreislinien $|z| = const.$ Man erhält einen Wirbel um 0.

Man kann diese Beispiele miteinander kombinieren; die Funktion $f(z) = z$ be-schreibt die Strömung eines Flusses mit konstanter Geschwindigkeit, $L(z)$ liefert eine Quelle. Durch die in $\mathbb{C}^-$ holomorphe Funktion $z + L(z)$ erhält man dann die Strömung eines Flusses, in dem eine Quelle liegt. Die gleichmäßige Strömung des Flusses 14.13.7 überlagert sich mit der von der Quelle ausgehenden Strömung (vgl. dazu [31]).    ∎

**Biholomorphe Abbildungen**

**Definition 14.13.9** *Seien $D, \tilde{D}$ offene Mengen in $\mathbb{C}$; eine Abbildung $f : D \to \tilde{D}$ heißt* **biholomorph,** *wenn $f$ bijektiv ist und $f$ und $f^{-1}$ holomorph sind* .

Zunächst erläutern wir **gebrochen lineare Transformationen**: Dies sind Abbildun-gen von der Form

$$z \mapsto \frac{az + b}{cz + d}.$$

Aus $w = \frac{az+b}{cz+d}$ rechnet man aus: $z = \frac{-dw+b}{cw-a}$. Wir setzen $c \neq 0$ voraus; außerdem soll diese Abbildung nicht-konstant sein, daher verlangen wir $\begin{vmatrix} a & b \\ c & d \end{vmatrix} \neq 0$. Zunächst ist auch noch $z \neq -\frac{d}{c}$ vorauszusetzen. Es ist naheliegend, $-\frac{d}{c} \mapsto \infty$ zu setzen. Man erweitert die komplexe Ebene durch Hinzunahme eines Punktes, den man mit $\infty$ bezeichnet, zur **Riemannschen Zahlenkugel**; man setzt

$$\hat{\mathbb{C}} := \mathbb{C} \cup \{\infty\}.$$

Die Interpretation von $\hat{\mathbb{C}}$ als Zahlenkugel dürfte bekannt sein: Man legt eine Kugel $S$ vom Durchmesser 1 auf die komplexe Ebene und projiziert vom Nordpol $N$ aus auf die Ebene.

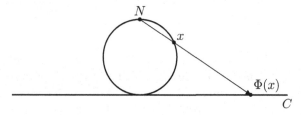

Damit kann man $S \setminus \{N\}$ mit $\mathbb{C}$ identifizieren; außerdem identifiziert man noch $N$ mit $\infty$. Wir setzen also

$$S := \{x \in \mathbb{R}^3 \mid x_1^2 + x_2^2 + (x_3 - \frac{1}{2})^2 = \frac{1}{4}\} = \{x \in \mathbb{R} \mid x_1^2 + x_2^2 + x_3(x_3 - 1) = 0\}$$

und $N := (0, 0, 1)$. Die Projektion von $S \setminus \{N\}$ in die komplexe Ebene $\mathbb{C}$ ist

$$\Phi : S \setminus \{N\} \to \mathbb{C}, (x_1, x_2, x_3) \mapsto \frac{x_1 + \mathrm{i}x_2}{1 - x_3};$$

die Umkehrabbildung ist

$$\Phi^{-1} : \mathbb{C} \to S \setminus \{N\}, x + \mathrm{i}y \mapsto \frac{1}{x^2 + y^2 + 1} \cdot (x, y, x^2 + y^2).$$

Setzt man noch $\Phi(N) := \infty$, so hat man eine bijektive Abbildung

$$\Phi : S \to \hat{\mathbb{C}}.$$

Nun definiert man die durch $\frac{az+b}{cz+d}$ gegebene Abbildung so:

Es seien $a, b, c, d \in \mathbb{C}, c \neq 0, \begin{vmatrix} a & b \\ c & d \end{vmatrix} \neq 0$, dann definiert man

$$f : \hat{\mathbb{C}} \to \hat{\mathbb{C}}, z \mapsto \begin{cases} \frac{az+b}{cz+d} & \text{für} & z \neq \infty, z \neq -\frac{d}{c} \\ \infty & \text{für} & z = -\frac{d}{c} \\ \frac{a}{c} & \text{für} & z = \infty \end{cases}$$

Die Umkehrabbildung ist

$$f^{-1}: \hat{\mathbb{C}} \to \hat{\mathbb{C}}, w \mapsto \begin{cases} \frac{-dw+b}{cw-a} & \text{für} \quad w \neq \infty, \; w \neq \frac{a}{c} \\ \infty & \text{für} \quad\quad\quad\quad\; w = \frac{a}{c} \\ -\frac{d}{c} & \text{für} \quad\quad\quad\quad\; w = \infty \end{cases}$$

Eine derartige Abbildung kann man immer zerlegen in Abbildungen $z \mapsto az+b$ und $z \mapsto \frac{1}{z}$;
man setzt $f_1(z) := cz+d$ und $f_2(z) := \frac{1}{z}$ sowie $f_3(z) := \frac{bc-ad}{c}z + \frac{a}{c}$, dann ist

$$f_3 \circ f_2 \circ f_1(z) = \frac{az+b}{cz+d}.$$

Damit kann man leicht zeigen, dass bei gebrochen linearen Abbildungen Kreise und Geraden wieder in solche übergehen; man interpretiert dabei Geraden als Kreise durch $\infty$. Für Abbildungen $z \mapsto az+b$ ist dies klar; es genügt, die Aussage für die Abbildung $z \mapsto \frac{1}{z}$ zu beweisen.
Die Abbildung $z \mapsto \frac{1}{z}$, ist reell geschrieben: $(x,y) \mapsto (\frac{x}{x^2+y^2}, -\frac{y}{x^2+y^2})$. Die Menge $A(x^2+y^2) + Bx + Cy + D = 0$ ist für $A \neq 0$ ein Kreis und für $A = 0$ eine Gerade (durch 0 falls $D = 0$). Man setzt $x = \frac{u}{u^2-v^2}, y = -\frac{v}{u^2+v^2}$ und erhält als Bild $A + Bu - Cv + D(u^2+v^2) = 0$, also wieder einen Kreis (falls $D \neq 0$) oder eine Gerade (falls $D = 0$).

**Beispiel 14.13.10** Wir geben eine biholomorphe Abbildung der oberen Halbebene $H = \{x + \mathrm{i}y \in \mathbb{C} \mid y > 0\}$ auf den Einheitskreis $E := \{z \in \mathbb{C} \mid |z| < 1\}$ an und zeigen:

$$\Phi: H \to E, z \mapsto \frac{z - \mathrm{i}}{z + \mathrm{i}}$$

ist biholomorph, die Umkehrabbildung ist

$$\Phi^{-1}: E \to H, w \mapsto -\mathrm{i} \cdot \frac{w+1}{w-1}.$$

Es sei $z \in H$; zu zeigen ist $\left|\frac{z-\mathrm{i}}{z+\mathrm{i}}\right| < 1$ oder $|z - \mathrm{i}| < |z + \mathrm{i}|$. Das ist anschaulich klar: die Punkte der oberen Halbebene liegen näher bei $\mathrm{i}$ als bei $-\mathrm{i}$. Wir rechnen dies nach: Für $z = x + \mathrm{i}y \in \mathbb{C}$ ist

$$|z + \mathrm{i}|^2 - |z - \mathrm{i}|^2 = \left(x^2 + (y+1)^2\right) - \left(x^2 + (y-1)^2\right) = 4y,$$

also gilt

$$\frac{|z-\mathrm{i}|}{|z+\mathrm{i}|} \begin{cases} < 1 & \text{für} \quad y > 0 \\ = 1 & \text{für} \quad y = 0 \\ > 1 & \text{für} \quad y < 0 \end{cases}$$

Damit ist alles bewiesen.                                                                 ∎

**Beispiel 14.13.11** Wir behandeln nun die biholomorphen Abbildungen $E \to E$ des Einheitskreises und zeigen: Für $\zeta \in E$ ist

$$\Phi : E \to E, z \mapsto \frac{z - \zeta}{1 - \bar{\zeta}z}$$

biholomorph, die Umkehrabbildung ist

$$\Phi^{-1} : E \to E, w \mapsto \frac{w + \zeta}{1 + \bar{\zeta}w}.$$

Aus $\zeta \in E$ und $z \in E$ folgt nämlich der Reihe nach:

$$(1 - |z|^2)(1 - |\zeta|^2) > 0$$

$$|z|^2 + |\zeta|^2 < 1 + |\zeta|^2|z|^2$$

$$|z|^2 + |\zeta|^2 - (\zeta\bar{z} + \bar{\zeta}z) < 1 + |\zeta|^2|z|^2 - (\zeta\bar{z} + \bar{\zeta}z)$$

$$(z - \zeta)(\bar{z} - \bar{\zeta}) < (1 - \bar{\zeta}z)(1 - \zeta\bar{z})$$

und daher $|\Phi(z)| < 1$. Ebenso gilt $\left|\frac{w+\zeta}{1+\bar{\zeta}w}\right| < 1$ für $|w| < 1$ und daraus folgt die Behauptung.

Es gibt also zu jedem $\zeta \in E$ eine biholomorphe Abbildung $\Phi : E \to E$ mit $\Phi(\zeta) = 0$.

Daraus fogt: Zu $\zeta_1, \zeta_2 \in E$ existiert eine biholomorphe Abbildung $\Phi : E \to E$ mit $\Phi(\zeta_1) = \zeta_2$. Man kann beweisen, dass alle biholomorphen Abbildungen $E \to E$ gegeben sind durch:

$$E \to E, z \mapsto e^{i\alpha}\frac{z - \zeta}{1 - \bar{\zeta}z} \quad \text{mit} \quad \alpha \in \mathbb{R}, \zeta \in E.$$

■

## 14.14 Harmonische Funktionen

Die Theorie der harmonischen Funktionen steht in engem Zusammenhang mit der Theorie der holomorphen Funktionen, denn es gilt: Wenn $f = u + iv$ holomorph ist, dann sind $u, v$ harmonisch; umgekehrt ist auf sternförmigen Gebieten jede harmonische Funktion Realteil einer holomorphen Funktion. Dies ermöglicht es, aus Aussagen über holomorphe Funktionen Sätze über harmonische Funktionen herzuleiten. Insbesondere ergibt sich, dass harmonische Funktionen beliebig oft differenzierbar und sogar analytisch sind. Außerdem gilt die Mittelwerteigenschaft, das Maximumprinzip und ein Identitätssatz.

Den Begriff der harmonischen Funktion hatten wir bereits in 9.6.10 eingeführt: Sei $D \subset \mathbb{R}^2$ offen; eine zweimal stetig differenzierbare Funktion

$$h : D \to \mathbb{R}, \ (x,y) \mapsto h(x,y),$$

heißt **harmonisch,** wenn gilt:

$$\triangle h \ := \ \frac{\partial^2 h}{\partial x^2} + \frac{\partial^2 h}{\partial y^2} = 0.$$

Für eine holomorphe Funktion $f = u + iv$ haben wir gezeigt, dass sie lokal durch eine Potenzreihe dargestellt werden kann. Daher sind $u$ und $v$ beliebig oft stetig differenzierbar. Aus den Cauchy-Riemannschen Differentialgleichungen folgt:

**Satz 14.14.1** *Ist $f = u + iv$ holomorph, so sind $u$ und $v$ harmonisch.*

**Beweis.** Aus $u_x = v_y$ und $u_y = -v_x$ folgt: $u_{xx} = v_{yx} = v_{xy} = -u_{yy}$, also $u_{xx} + u_{yy} = 0$. Analog zeigt man die Aussage für $v$. □

Nun behandeln wir die Frage, wann eine harmonische Funktion $h$ Realteil einer holomorphen Funktion $f$ ist.

**Satz 14.14.2** *Wenn das Gebiet $G$ sternförmig ist, dann existiert zu jeder harmonischen Funktion $h : G \to \mathbb{R}$ eine holomorphe Funktion $f : G \to \mathbb{C}$ mit $\text{Re} f = h$.*

**Beweis.** Für das Vektorfeld $(-h_y, h_x)$ gilt $(-h_y)_y = (h_x)_x$; aus 9.6.7 folgt, dass es dazu ein Potential $v : G \to \mathbb{R}$ gibt; es ist also $v_x = -h_y$, $v_y = h_x$.

Nun setzen wir $f := h + iv$; dann sind die Cauchy-Riemannschen Differentialgleichungen $h_x = v_y$, $h_y = -v_x$ erfüllt und aus 14.2.1 folgt, dass $f$ holomorph ist. □

Weil jede harmonische Funktion lokal Realteil einer holomorphen Funktion ist, ergibt sich, dass sie analytisch, d.h. um jeden Punkt $(x_0, y_0) \in G$ in einer Umgebung $U$ von $(x_0, y_0)$ in eine Potenzreihe $\sum\limits_{m,n=0}^{\infty} a_{mn}(x-x_0)^m(y-y_0)^n$ entwickelbar ist:

**Satz 14.14.3** *Jede harmonische Funktion ist analytisch, insbesondere ist sie beliebig oft differenzierbar.*

Weiter ergibt sich:

**Satz 14.14.4 (Mittelwerteigenschaft harmonischer Funktionen)** *Ist $h : G \to \mathbb{R}$ harmonisch und $\{z \in \mathbb{C} \mid |z - z_0| \leq r\} \subset G$, so gilt:*

$$h(z_0) \ = \ \frac{1}{2\pi} \int\limits_0^{2\pi} h(z_0 + re^{it}) \mathrm{d}t.$$

**Beweis.** Es gibt eine in einer Umgebung dieser Kreisscheibe holomorphe Funktion $f$, deren Realteil $h$ ist. Die Mittelwertformel 14.6.2 für $f$ liefert durch Übergang zum Realteil die analoge Formel für $h$. □

Aus dem Identitätssatz für holomorphe Funktionen 14.7.8 leiten wir her:

**Satz 14.14.5 (Identitätssatz für harmonische Funktionen)** *Ist $h : G \to \mathbb{R}$ im Gebiet $G$ harmonisch und verschwindet $h$ auf einer nicht-leeren offenen Menge $U \subset G$, so ist $h$ identisch null.*

**Beweis.** Es sei $M := \{p \in G | $ es gibt eine Umgebung $V \subset G$ von $p$ mit $h|V = 0\}$. Dann ist $M$ nicht-leer und offen. Nun sei $q \in \bar{M} \cap G$ und wir wählen eine offene Kreisscheibe $W \subset G$ um $q$. In $W$ ist $h$ Realteil einer holomorphen Funktion und $h$ verschwindet in der nicht-leeren offenen Menge $W \cap M$. Aus 14.8.6 folgt $h|W = 0$, also $p \in M$. Weil $G$ zusammenhängend ist, folgt $M = G$ und somit $h = 0$ in $G$.
□

Nun können wir beweisen:

**Satz 14.14.6 (Maximum- und Minimumprinzip für harmonische Funktionen)**
*Die Funktion $h : G \to \mathbb{R}$ sei im Gebiet $G \subset \mathbb{R}^2$ harmonisch. Wenn ein $(x_0, y_0) \in G$ existiert mit*

$$h(x, y) \leq h(x_0, y_0) \quad \textit{für alle } (x, y) \in G,$$

*so ist $h$ konstant; eine analoge Aussage gilt, wenn $h(x, y) \geq h(x_0, y_0)$ ist.*

**Beweis.** Wir wählen eine offene Kreisscheibe $U \subset G$ um $(x_0, y_0)$. In $U$ ist $h$ Realteil einer holomorphen Funktion; aus 14.8.8 folgt, dass $h$ in $U$ konstant ist und aus dem Identitätssatz ergibt sich, dass $h$ in $G$ konstant ist.
□

Daraus ergibt sich:

**Satz 14.14.7** *Ist $G \subset \mathbb{R}^2$ ein beschränktes Gebiet und ist $h : \bar{G} \to \mathbb{R}$ stetig, $h|G$ harmonisch und $h|\partial G = 0$, so ist $h$ identisch null.*

**Beweis.** Weil $G$ beschränkt ist, ist $\bar{G}$ kompakt und die stetige Funktion $h$ nimmt in einem Punkt $(x_0, y_0) \in \bar{G}$ das Maximum an. Wäre $h(x_0, y_0) > 0$, dann folgt $(x_0, y_0) \in G$ und nach dem Maximumprinzip ist $h$ in $G$ und daher auch in $\bar{G}$ konstant; dies ist wegen $h(x_0, y_0) > 0$ und $h|\partial G = 0$ unmöglich. Wenn $h(x_0, y_0) < 0$ ist, schließt man analog.
□

In diesem Zusammenhang behandeln wir das Dirichlet-Problem
(JOHANN PETER GUSTAV LEJEUNE DIRICHLET (1805-1859)).

**Dirichlet-Problem**

Gegeben sei ein Gebiet $G \subset \mathbb{R}^2$ und eine stetige Funktion $\varrho : \partial G \to \mathbb{R}$, gesucht ist eine Funktion $h : \bar{G} \to \mathbb{R}$ mit folgenden Eigenschaften:

(1)    in $\bar{G}$ ist $h$ stetig,
(2)    in $G$ ist $h$ harmonisch,
(3)    auf $\partial G$ gilt $h = \varrho$.

Aus 14.14.7 folgt, dass das Dirichlet-Problem auf einem beschränkten Gebiet höchstens eine Lösung hat.
Wir zeigen zunächst:

**Hilfssatz 14.14.8** *Wenn $g : G_1 \to G_2$ holomorph und $h : G_2 \to \mathbb{R}$ harmonisch ist, dann ist auch $h \circ g$ harmonisch.*

**Beweis.** Lokal existiert eine holomorphe Funktion $f$ mit $\mathrm{Re} f = h$; dann ist $f \circ g$ holomorph und daher ist $h \circ g = \mathrm{Re}(f \circ g)$ harmonisch.
□

Damit kann man manchmal ein Dirichlet-Problem für ein Gebiet $G_1$ folgendermaßen lösen: Man geht mit einer geeigneten holomorphen Abbildung $g : G_1 \to G_2$

zu einem „einfacheren" Gebiet $G_2$ über, löst dort das Dirichlet-Problem durch eine Funktion $h$ und erhält mit $h \circ g$ eine Lösung auf $G_1$.

Wir erläutern dies an einem Beispiel:

**Beispiel 14.14.9** Es sei

$$\bar{G} := \{(x,y) \in \mathbb{R}^2 \mid x \geq 0, \; y \geq 0\};$$

wir suchen eine nicht identisch verschwindende stetige Funktion $h : \bar{G} \to \mathbb{R}$, die in $G$ harmonisch ist und auf dem Rand verschwindet. Zuerst lösen wir ein einfacheres Problem, nämlich das analoge Problem für die abgeschlossene obere Halbebene

$$\bar{H} := \{(x,y) \in \mathbb{R}^2 \mid y \geq 0\}.$$

Offensichtlich ist die Funktion

$$\tilde{h}(x,y) := y = \mathrm{Im}(z)$$

eine Lösung. Durch

$$g : \bar{G} \to \bar{H}, \; z \mapsto z^2$$

wird $G$ holomorph auf $H$ und $\partial G$ auf $\partial H$ abgebildet. Die Funktion $h := \tilde{h} \circ g$ ist harmonisch und löst das Problem für $G$; man erhält also

$$h(x,y) = \mathrm{Im}(z^2) = 2xy.$$

Die Niveaumengen von $h$ sind Hyperbeln.

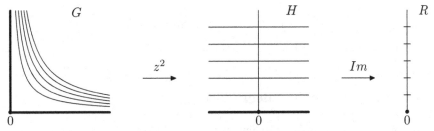

Mit dieser Methode kann man leicht weitere Beispiele behandeln; etwa das Problem für das durch den $45°$-Winkel gegebene Gebiet $\{(x,y) \in \mathbb{R}^2 \mid 0 \leq x \leq y\}$; als Abbildung wählt man nun $z \mapsto z^4$. Man kann sich leicht vorstellen, wie die Niveaumengen aussehen werden: Die Hyperbeln des vorhergehenden Problems werden so deformiert, dass sie in den halbierten Winkelraum hineinpassen. Man erhält als Lösung

$$\mathrm{Im}(z^4) = 4x^3 y - 4xy^3 = 4xy(x+y)(x-y).$$

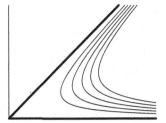

**Beispiel 14.14.10 (Temperaturverteilung auf $\bar{E}$)** Wir gehen nochmals auf die in 10.4.20 behandelte Temperaturverteilung auf der kreisförmigen Platte $\bar{E}$ ein. Gesucht ist also eine stetige Funktion $T : \bar{E} \to \mathbb{R}$, die in $E$ harmonisch ist und auf dem Rand $\partial E$ mit der vorgegebenen (zeitlich konstanten) Temperaturverteilung $\varrho(x,y) = 100x^2$ übereinstimmt. Nach 14.14.2 ist $T$ Realteil einer holomorphen Funktion $f$. Bei der Vorgabe von $100x^2$ ist es naheliegend, $f$ als Polynom 2. Grades anzusetzen.

Daher berechnen wir zunächst $Re(z^2) = x^2 - y^2$ auf dem Rand $\partial E$; dort ist $x^2 - y^2 = x^2 - (1 - x^2) = 2x^2 - 1$. Nun setzen wir

$$f(z) := 50z^2 + 50;$$

dann ist $Ref(x+iy) = 50(x^2-y^2)+50$, auf $\partial E$ ist dies gleich $100x^2$. Die Funktion $T(x,y) := Ref(x+iy)$ ist als Realteil einer holomorphen Funktion harmonisch und hat die vorgegebenen Randwerte. Die Lösung dieses Dirichlet-Problems ist somit

$$T(x,y) = \text{Re}\,(50z^2 + 50) = 50(x^2 - y^2) + 50.$$

Bei der Behandlung der Randtemperatur $100x^3$ wird man vermuten, dass die gesuchte Temperaturverteilung $\tilde{T}$ Realteil eines Polynoms $\tilde{f}$ dritten Grades ist. Man geht nun aus von $Re z^3 = x^3 - 3xy^2$; auf $x^2 + y^2 = 1$ ist $Re z^3$ gleich $x^3 - 3x(1 - x^2) = 4x^3 - 3x$. Nun setzt man $\tilde{f}(z) := 25z^3 + 75z$ und hat die Lösung

$$\tilde{T}(x,y) := \text{Re}\,(25z^3 + 75z) = 25x(x^2 - 3y^2 + 3);$$

diese hatten wir in 10.4.20 in Polarkoordinaten angegeben.    ∎

## 14.15 Die Poissonsche Integralformel

Wir beginnen mit einem Beispiel einer harmonischen Funktion:

**Beispiel 14.15.1** Es sei

$$u : \mathbb{R}^2 \setminus \{(1,0)\} \to \mathbb{R}, \ (x,y) \mapsto \frac{1 - (x^2 + y^2)}{(x - 1)^2 + y^2}.$$

Wir zeigen: Diese Funktion ist harmonisch, denn sie ist Realteil einer holomorphen Funktion:
Für $z = x + iy \neq 1$ ist nämlich

$$\frac{1+z}{1-z} = \frac{(1+z)(1-\bar{z})}{(1-z)(1-\bar{z})} = \frac{1 - z\bar{z} + z - \bar{z}}{|1 - z|^2} = \frac{1 - |z|^2}{|1 - z|^2} + i\frac{2y}{|1 - z|^2}$$

und daher

$$u(z) = \text{Re}\frac{1+z}{1-z} = \frac{1 - |z|^2}{|1 - z|^2}.$$

Wir untersuchen die Niveaumengen: Für $c \in \mathbb{R}$ ist $u(x,y) = c$ äquivalent zu

$$(c+1)x^2 - 2cx + cy^2 = 1 - c.$$

Die Niveaumengen sind also Kreislinien, die alle durch den singulären Punkt $(1,0)$ gehen und den Mittelpunkt auf der x-Achse haben. Durch $z \mapsto \frac{1+z}{1-z}$ wird der Einheitskreis E biholomorph auf die rechte Halbebene $\{x + iy \in \mathbb{C} \mid x > 0\}$ abgebildet (vgl.14.13.10). Wenn die Singularität der Funktion nicht im Punkt 1, sondern in einem Punkt $\zeta$ mit $|\zeta| = 1$ liegen soll, ersetzt man $z$ durch $\frac{z}{\zeta}$ und erhält $\frac{1-|z|^2}{|\zeta-z|^2}$. ∎

**Definition 14.15.2** *Sei $\zeta \in \mathbb{C}, |\zeta| = 1$, dann heißt die Funktion*

$$P(\zeta, z) := Re\frac{\zeta + z}{\zeta - z} = \frac{1 - |z|^2}{|\zeta - z|^2}$$

*der zum Einheitskreis E gehörende* **Poisson-Kern.**

Für die folgenden Untersuchungen ist es zweckmäßig, wieder die Bezeichnung $z^* = \frac{1}{\bar{z}}$ zu verwenden: Für $z = r \cdot e^{i\varphi} \neq 0$ ist $z^* := \frac{1}{\bar{z}} = \frac{1}{r} \cdot e^{i\varphi}$. Man erhält $z^*$, indem man $z$ am Einheitskreis spiegelt.

Wir benötigen eine einfache Rechnung:

**Hilfssatz 14.15.3** *Für $z \neq 0, |\zeta| = 1, \zeta \neq z$, gilt:*

$$\frac{\zeta}{\zeta - z} - \frac{\zeta}{\zeta - z^*} = \frac{1 - |z|^2}{|\zeta - z|^2}.$$

**Beweis.** Wir beweisen die Aussage zuerst für $\zeta = 1$: Es ist

$$\frac{1}{1-z} - \frac{1}{1-z^*} = \frac{1}{1-z} + \frac{\bar{z}}{1-\bar{z}} = \frac{1 - \bar{z} + \bar{z} - z\bar{z}}{(1-z)(1-\bar{z})} = \frac{1 - |z|^2}{|1-z|^2}.$$

Setzt man nun $\frac{z}{\zeta}$ an Stelle von $z$ ein und berücksichtigt $|\zeta| = 1$, also $\zeta^* = \zeta$, so erhält man die Behauptung. □

Nun sei $D$ eine offene Menge in $\mathbb{R}^2$, die wir auch als Teilmenge von $\mathbb{C}$ auffassen; es sei wieder $E := \{z \in \mathbb{C} \mid |z| < 1\}$ und $\bar{E} := \{z \in \mathbb{C} \mid |z| \leq 1\}$; wir zeigen:

**Satz 14.15.4 (Poissonsche Integralformel)** *Ist $h : D \to \mathbb{R}$ eine harmonische Funktion und $\bar{E} \subset D$, so gilt für $z = r \cdot e^{it} \in E$:*

$$h(z) = \frac{1}{2\pi} \int_0^{2\pi} h(e^{i\vartheta}) \cdot P(e^{i\vartheta}, z) d\vartheta = \frac{1}{2\pi} \int_0^{2\pi} h(e^{i\vartheta}) \cdot \frac{1 - |z|^2}{|e^{i\vartheta} - z|^2} d\vartheta,$$

*also*

$$h(r \cdot e^{it}) = \frac{1}{2\pi} \int_0^{2\pi} h(e^{i\vartheta}) \frac{1 - r^2}{1 - 2r\cos(\vartheta - t) + r^2} d\vartheta.$$

**Beweis.** Man wählt $R > 1$ so, dass $U_R(0) \subset D$ ist; dann existiert eine in $U_R(0)$ holomorphe Funktion $f$ mit $\operatorname{Re} f = h$. Für $|z| < 1$ ist $|z^*| > 1$, daher

$$f(z) = \frac{1}{2\pi i} \int\limits_{|\zeta|=1} \frac{f(\zeta)}{\zeta - z} d\zeta, \qquad \frac{1}{2\pi i} \int\limits_{|\zeta|=1} \frac{f(\zeta)}{\zeta - z^*} d\zeta = 0.$$

Mit dem vorhergehenden Hilfssatz erhält man, wenn man $\zeta = e^{i\vartheta}$ setzt:

$$f(z) = \frac{1}{2\pi i} \int\limits_{|\zeta|=1} \frac{f(\zeta)}{\zeta - z} d\zeta - \frac{1}{2\pi i} \int\limits_{|\zeta|=1} \frac{f(\zeta)}{\zeta - z^*} d\zeta =$$

$$= \frac{1}{2\pi} \int\limits_{|\zeta|=1} f(\zeta) \cdot \frac{1 - |z|^2}{|\zeta - z|^2} \cdot \frac{d\zeta}{i\zeta} = \frac{1}{2\pi} \int\limits_0^{2\pi} f(e^{i\vartheta}) \cdot P(e^{i\vartheta}, z) d\vartheta.$$

Der Übergang zum Realteil liefert die Integralformel für $h = \operatorname{Re} f$.
Die letzte Behauptung rechnet man nach:

$$|e^{i\vartheta} - z|^2 = (e^{i\vartheta} - r \cdot e^{it}) \cdot (e^{-i\vartheta} - r \cdot e^{-it}) =$$
$$= 1 - r \cdot (e^{i(\vartheta - t)} - e^{-i(\vartheta - t)}) - r^2 = 1 - 2r \cos(\vartheta - t) - r^2.$$

$\square$

Mit der Poissonschen Integralformel stellt man also die Funktionswerte von $h$ durch die Werte dar, die $h$ auf dem Rand $\partial E$ annimmt. Es ist naheliegend, mit Hilfe des Poisson-Kerns $P$ das Dirichlet-Problem für den Einheitskreis zu lösen:

**Satz 14.15.5 (Lösung des Dirichlet-Problems für den Einheitskreis)** *Ist*

$$\varrho : \partial E \to \mathbb{R}$$

*eine stetige Funktion und setzt man*

$$h : \bar{E} \to \mathbb{R}, z \mapsto \begin{cases} \frac{1}{2\pi} \int\limits_0^{2\pi} \varrho(e^{i\vartheta}) \cdot \frac{1 - |z|^2}{|e^{i\vartheta} - z|^2} \cdot d\vartheta & \text{für } z \in E \\ \varrho(z) & \text{für } z \in \partial E \end{cases}$$

*so ist $h$ Lösung des Dirichlet-Problems für den Einheitskreis $E$ zu $\varrho$, d.h. die Funktion $h$ ist auf dem abgeschlossenen Einheitskreis stetig, in $E$ harmonisch und auf $\partial E$ ist $h = \varrho$.*

Dass $h$ in $E$ harmonisch ist, ist klar, denn $z \mapsto P(\zeta, z)$ ist harmonisch und man darf unter dem Integral differenzieren. Auf den ziemlich schwierigen Nachweis der Stetigkeit von $h$ in den Randpunkten verzichten wir; einen Beweis findet man in [8].

**Die Poisson-Gleichung**

Wir behandeln nun das **Poisson-Problem** (SIMEON DENIS POISSON (1781-1840)): Zu vorgegebener Funktion $\varrho$ sucht man eine Funktion $u$ mit

$$\Delta u = \varrho.$$

Man rechnet leicht nach (vgl. dazu auch Beispiel 9.6.14), dass für

$$h : \mathbb{R}^2 \setminus \{0\} \to \mathbb{R}, x \mapsto \ln \|x\|,$$

gilt

$$\operatorname{grad} h(x) = \frac{x}{\|x\|^2}, \qquad \Delta\, h(x) = 0.$$

Nun ergibt sich die Lösung des Poisson-Problems für Funktionen $\varrho$ mit kompaktem Träger:

**Satz 14.15.6 (Poisson-Gleichung)** *Ist $\varrho : \mathbb{R}^2 \to \mathbb{R}$ eine zweimal stetig differenzierbare Funktion mit kompaktem Träger und setzt man*

$$u : \mathbb{R}^2 \to \mathbb{R}, x \mapsto \frac{1}{2\pi} \int\limits_{\mathbb{R}^2} \ln \|x - \xi\| \cdot \varrho(\xi) \mathrm{d}\xi,$$

*so ist $u$ zweimal stetig differenzierbar und es gilt:*

$$\boxed{\Delta u = \varrho.}$$

Der Satz wird in [8] bewiesen. Wir skizzieren die wichtigsten Beweisschritte, um die Bedeutung der Greenschen Formel hervorzuheben. Mit $t := \xi - x$ ist

$$u(x) = \frac{1}{2\pi\mathrm{i}} \int\limits_{\mathbb{R}^2} \ln \|t\| \cdot \varrho(t + x) dt.$$

Man darf unter dem Integral differenzieren und daher gilt für $\Delta := \frac{\partial^2}{\partial x_1^2} + \frac{\partial^2}{\partial x_2^2}$ :

$$(*) \qquad \Delta u(x) = \frac{1}{2\pi\mathrm{i}} \int\limits_{\mathbb{R}^2} \ln \|t\| \cdot \Delta\varrho(t + x) dt.$$

Zu $x \in \mathbb{R}^2$ wählt man nun $R' > 0$ so, dass $\varrho(x + t) = 0$ für $\|t\| \geq R'$ ist. Nun wählt man $R > R'$, setzt für $0 < \varepsilon < R$

$$A_\varepsilon := \{t \in \mathbb{R}^2 |\ \varepsilon \leq \|t\| \leq R\}$$

und berechnet das Integral (*) durch $\int\limits_{\mathbb{R}^2} \cdots = \lim\limits_{\varepsilon \to 0} \int\limits_{A_\varepsilon} \cdots$. Aus der Greenschen Formel 13.4.7 und 13.4.8 folgt

$$\int\limits_{A_\varepsilon} \ln \|t\| \cdot \Delta\varrho(x + t) dt = \int\limits_{\partial A_\varepsilon} \left( \ln \|t\| \frac{\partial}{\partial \boldsymbol{\nu}} \varrho(x + t) - \varrho(x + t) \frac{\partial}{\partial \boldsymbol{\nu}} \ln \|t\| \right) \mathrm{d}S.$$

Bei der Integration über $\partial A_\varepsilon$ ist zu beachten, dass der Integrand auf $\|t\| = R$ verschwindet; bei der Integration über $\|t\| = \varepsilon$ ist die äußere Normale bezüglich $A_\varepsilon$ gleich $-\frac{t}{\|t\|}$. Beim ersten Summanden

$$\int\limits_{\partial A_\varepsilon} \ln \|t\| \cdot \frac{\partial}{\partial \boldsymbol{\nu}} \varrho(x + t) \mathrm{d}S$$

kann man das Integral durch $\varepsilon \ln \varepsilon$ abschätzen und dies geht für $\varepsilon \to 0$ gegen 0. Beim zweiten Summanden rechnet man aus

$$\lim_{\varepsilon \to 0} \int\limits_{\partial A_\varepsilon} \varrho(x + t) \cdot \frac{\partial}{\partial \boldsymbol{\nu}} \ln \|t\| \mathrm{d}S = - \lim_{\varepsilon \to 0} \int\limits_{\|t\| = \varepsilon} \frac{\varrho(x+t)}{\|t\|} \mathrm{d}S =$$

$$= - \lim_{\varepsilon \to 0} \int\limits_0^{2\pi} \varrho(x_1 + \varepsilon \cdot \cos \varphi, x_2 + \varepsilon \cdot \sin \varphi) \mathrm{d}\varphi = -2\pi \cdot \varrho(x).$$

Daraus folgt:$\Delta u(x) = \varrho(x)$. $\qquad\qquad\qquad\qquad\qquad\qquad\qquad\qquad\qquad\square$
Mit der Gleichung (*) ergibt sich:

**Satz 14.15.7** *Ist $\varrho : \mathbb{R}^2 \to \mathbb{R}$ eine zweimal stetig differenzierbare Funktion mit kompaktem Träger, so gilt für $x \in \mathbb{R}^2$:*

$$\varrho(x) = \frac{1}{2\pi} \int\limits_{\mathbb{R}^2} \ln \|x - \xi\| \cdot \Delta \varrho(\xi) \mathrm{d}\xi.$$

Übersetzt man dies in den Kalkül der Distributionen, so ergibt sich:

**Satz 14.15.8 (Grundlösung zu $\Delta$)** *Setzt man*

$$h : \mathbb{R}^2 \setminus \{0\} \to \mathbb{R}, t \mapsto \frac{1}{2\pi} \ln \|t\|,$$

*so ist die Distribution $T_h$ eine Grundlösung zu $\Delta$, also*

$$\boxed{\Delta T_h = \delta.}$$

**Beweis.** Ist $\varphi : \mathbb{R}^2 \to \mathbb{R}$ eine beliebig oft stetig differenzierbare Funktion mit kompaktem Träger, so gilt nach dem soeben bewiesenen Satz

$$\varphi(0) = \int\limits_{\mathbb{R}^2} h(t) \Delta \varphi(t) \, \mathrm{d}t.$$

Es ist also $\delta(\varphi) = \varphi(0) = T_h(\Delta \varphi) = (\Delta T_h)(\varphi)$, also $\delta = \Delta T_h$. $\qquad\square$
Für $\varphi \in \mathcal{D}(\mathbb{R}^2)$ erhält man eine Lösung der Poisson-Gleichung $Lu = \varphi$ durch

$$u(x) = \frac{1}{2\pi} \int\limits_{\mathbb{R}^2} \ln \|x - t\| \cdot \varphi(t) \, \mathrm{d}t;$$

also

$$u = T_h * \varphi = h * \varphi.$$

**Greensche Funktion zu $\Delta$**

Wir behandeln nun die Greensche Funktion zum Differentialoperator

$$\Delta = \frac{\partial^2}{\partial x_1^2} + \frac{\partial^2}{\partial x_2^2}.$$

In 12.4.1 und 12.5.1 hatten wir den Begriff der Greenschen Funktion zu einem Differentialoperator $L = a_0 + a_1\frac{d}{dx} + \frac{d^2}{dx^2}$ definiert. Nun führen wir den Begriff der Greenschen Funktion zum Differentialoperator $\Delta$ ein, die auf dem Rand eines gegebenen Gebietes $D \subset \mathbb{R}^2$ verschwindet; wir fassen dabei auch $D \subset \mathbb{C}$ auf und identifizieren $(x, y)$ mit $z = x + iy$ und $(\xi, \eta)$ mit $\zeta = \xi + i\eta$.

**Definition 14.15.9** *Es sei $D \subset \mathbb{R}^2$ ein Gebiet; eine Funktion*

$$G : \{(z, \zeta) \in \bar{D} \times D\,|\, z \neq \zeta\} \to \mathbb{R}$$

*heißt* **Greensche Funktion zu** $\Delta$ *und* $D$, *wenn für alle* $\zeta \in D$ *gilt:*

*(1) $G(\,\cdot\,, \zeta) : \bar{D} \setminus \{\zeta\} \to \mathbb{R}, z \mapsto G(z, \zeta)$, ist stetig und in $D \setminus \{\zeta\}$ harmonisch,*
*(2) $G(z, \zeta) = 0$ für $z \in \partial D$,*
*(3) es gibt eine harmonische Funktion $h(\,\cdot\,, \zeta) : D \to \mathbb{R}, z \mapsto h(z, \zeta)$, so dass für $z \in D \setminus \{\zeta\}$ gilt:*

$$G(z, \zeta) = -\frac{1}{2\pi} \ln|z - \zeta| + h(z, \zeta).$$

**Bemerkungen.** Die Bedingung (1) bedeutet, dass $G$ in $z \neq \zeta$ der Differentialgleichung $\Delta G(\,\cdot\,, \zeta) = 0$ genügt; (2) ist die Randbedingung und (3) besagt, dass $G$ in $z = \zeta$ eine logarithmische Singularität hat: die Funktion

$$z \mapsto G(z, \zeta) + \frac{1}{2\pi} \ln|z - \zeta|$$

ist in den Punkt $\zeta$ hinein harmonisch fortsetzbar.

Es ist zweckmäßig, zu $G$ eine Funktion $H$ einzuführen, deren Definitionsbereich ganz $\bar{D} \times D$ ist: Es sei

$$H : \bar{D} \times D \to \mathbb{R}, \ (z, \zeta) \mapsto \begin{cases} h(z, \zeta) & \text{für} \quad z \in D \\ \frac{1}{2\pi} \ln|z - \zeta| & \text{für} \quad z \in \partial D \end{cases}$$

Es gilt für jedes $\zeta \in D$:

(1) $H(\,\cdot\,, \zeta)$ ist stetig in $\bar{D}$ und harmonisch in $D$,
(2) $G(z, \zeta) = H(z, \zeta) - \frac{1}{2\pi} \ln|z - \zeta|$ für $z \in D \setminus \{\zeta\}$.

Wenn man zeigen kann, dass es (genau) ein $H$ gibt, gilt entsprechendes auch für $G$. Damit ergibt sich;

**Satz 14.15.10** *Auf einem beschränkten Gebiet $D$ gibt es höchstens eine Greensche Funktion $G$ zu $\Delta$. Wenn im beschränkten Gebiet $D$ jedes Dirichlet-Problem lösbar ist (z.B. wenn $D$ glatten Rand hat), dann existiert genau eine Greensche Funktion.*

**Beweis.** Für $\zeta \in D$ ist $z \mapsto H(z, \zeta)$ Lösung des Dirichlet-Problems zur Randwertfunktion $\varrho(z) = \frac{1}{2\pi} \ln |z - \zeta|$. Daraus folgt die Behauptung.                    $\square$
Es gilt nun:

**Satz 14.15.11** *Es sei $D$ ein beschränktes Gebiet mit glattem Rand und $G$ die Greensche Funktion zu $\Delta$ und $D$; dann gilt:*
*Ist $\varphi : \bar{D} \to \mathbb{R}$ stetig, in $D$ beliebig oft differenzierbar und setzt man*

$$u : \bar{D} \to \mathbb{R}, z \mapsto - \int_{\bar{D}} G(z, \zeta) \varphi(\zeta) \mathrm{d}\zeta,$$

*so ist $u$ stetig, in $D$ beliebig oft differenzierbar und erfüllt*

$$\Delta u = \varphi \quad in\ D \quad und \quad u = 0 \quad auf\ \partial D.$$

Beim Beweis dieser Aussage differenziert man wieder unter dem Integral; weil $H$ harmonisch ist, erhält man:

$$\Delta u = - \int_{\bar{D}} \Delta G(z, \zeta) \varphi(\zeta) \mathrm{d}\zeta = - \int_{\bar{D}} \Delta \left( H(z, \zeta) - \tfrac{1}{2\pi} ln|z - \zeta| \right) \cdot \varphi(\zeta) \mathrm{d}\zeta =$$
$$= \tfrac{1}{2\pi} \int_{\bar{D}} \Delta(ln|z - \zeta|) \cdot \varphi(\zeta) \mathrm{d}\zeta.$$

Wie in 14.15.6 ergibt sich daraus die Behauptung.

Wir wollen nun die Greensche Funktion $G$ zu $\Delta$ zum Einheitskreis $E$ angeben. Offensichtlich ist

$$G(z, 0) = \frac{1}{2\pi} \ln |z|,$$

denn diese Funktion hat im Nullpunkt eine logarithmische Singularität und verschwindet für $|z| = 1$. Die Abbildung

$$E \to E, \ z \mapsto \frac{z - \zeta}{1 - \overline{\zeta}\, z}$$

ist biholomorph und bildet $\partial E$ auf $\partial E$ ab; außerdem gilt $\zeta \mapsto 0$. Daher ist

$$G(z, \zeta) := \frac{1}{2\pi} \ln \left| \frac{z - \zeta}{1 - \overline{\zeta}\, z} \right|$$

die gesuchte Funktion.

**Satz 14.15.12 (Greensche Funktion zu $\Delta$ und $E$)** *Die Greensche Funktion zu $\Delta$ zum Einheitskreis $E$ ist (mit $\zeta^* = 1/\overline{\zeta}$):*

$$G(z, \zeta) = -\frac{1}{2\pi} \ln \left| \frac{z - \zeta}{1 - \overline{\zeta}\, z} \right| = -\frac{1}{2\pi} \ln |z - \zeta| + \left( \frac{1}{2\pi} \ln |z - \zeta^*| + \frac{1}{2\pi} \ln |\zeta| \right).$$

Es ist

$$H(z, \zeta) = \frac{1}{2\pi} \ln |z - \zeta^*| + \frac{1}{2\pi} \ln |\zeta|.$$

Die in der Definition der Greenschen Funktion vorkommende Funktion $h$ ist also in diesem Beispiel

$$h(z, \zeta) = \frac{1}{2\pi} \ln |z - \zeta^*| + \frac{1}{2\pi} \ln |\zeta|,$$

wegen $|\zeta^*| > 1$ ist $z \mapsto h(z, \zeta)$ im Einheitskreis harmonisch.

**Aufgaben**

**14.1.** Geben Sie zu vorgegebenem Realteil $u$ eine holomorphe Funktion $f : \mathbb{C} \to \mathbb{C}$ an:

a) $u(x, y) = 2xy + x$     b) $u(x, y) = 2xy + x^2$     c) $u(x, y) = x^2 - y^2 - y$

**14.2.** Bestimmen Sie bei den folgenden Funktionen den Typ der isolierten Singularität im Nullpunkt:

a) $\dfrac{z^2}{e^z - 1 - z}$     b) $z \cdot \sin \dfrac{1}{z}$     c) $\dfrac{1}{\sin z}$     d) $\dfrac{1}{\sin \frac{1}{z}}$

**14.3.** Berechnen Sie folgende Integrale ($r > 0$):

a) $\displaystyle\int_{|z|=r} |z| \mathrm{d}z$     b) $\displaystyle\int_{|z|=r} \frac{|z|}{z} \mathrm{d}z$     c) $\displaystyle\int_{|z|=2} \frac{\mathrm{d}z}{z^2 - 4z + 3}$

d) $\displaystyle\int_{|z|=5} \frac{\mathrm{d}z}{z^2 - 4z + 3}$     e) $\displaystyle\int_{|z|=1} \frac{z^2 + 7z^4 - 98z^7}{z^9} \mathrm{d}z$     f) $\displaystyle\int_{|z|=3} \left( \frac{z^2+5}{z-2} \right)^2 \mathrm{d}z$

**14.4.** Berechnen Sie: a) $\displaystyle\int_{-\infty}^{+\infty} \frac{x \, \mathrm{d}x}{x^4+1}$     b) $\displaystyle\int_{-\infty}^{+\infty} \frac{x^2 \, \mathrm{d}x}{x^4+1}$     c) $\displaystyle\int_{-\infty}^{+\infty} \frac{x^3 \, \mathrm{d}x}{x^4+1}$

**14.5.** Sei $D \subset \mathbb{C}$ und sei $\gamma : [0, 1] \to D$ eine Kurve. Zeigen Sie, dass $(-\gamma) + \gamma$ in $D$ nullhomotop ist. (Hinweis: Eine Homotopie erhält man, wenn man auf $\gamma$ immer früher umkehrt.)

**14.6.** a) Zeigen Sie:
Es gibt keine holomorphe Funktion $f : \mathbb{C} \to \mathbb{C}$ mit $(f(z))^2 = z$ für alle $z \in \mathbb{C}$.
b) Gibt es eine holomorphe Funktion $f : \mathbb{C}^* \to \mathbb{C}$ mit $(f(z))^2 = z$ für $z \in \mathbb{C}^*$ ?

**14.7.** Zeigen Sie: Jede positive harmonische Funktion $h : \mathbb{R}^2 \to \mathbb{R}$ ist konstant.

**14.8.** Seien $b, c \in \mathbb{R}$ und $d := 4c - b^2 > 0$. Berechnen Sie

a) $\displaystyle\int_{|z|=r} \frac{\mathrm{d}z}{z^2 + bz + c}$   für $r \neq \sqrt{c}$,     b) $\displaystyle\int_{-\infty}^{+\infty} \frac{\mathrm{d}x}{x^2 + bx + c}$.

**14.9.** Berechnen Sie (mit der Substitution $z = e^{\mathrm{i}t}$) : $\displaystyle\int_0^{2\pi} \frac{\mathrm{d}t}{2 + \sin t}$.

# Einführung in die Funktionalanalysis

## 15.1 Zielsetzungen. Einführende Bemerkungen

Das Ziel dieses Abschnitts ist die Untersuchung linearer Abbildungen, sogenannter linearer Operatoren, in Vektorräumen unendlicher Dimension. Solche Vektorräume, die für die Anwendungen interessant sind, werden durch Funktionenräume geliefert, etwa $L_2([a,b])$ oder $L_2(V)$, $V \subset \mathbb{R}^n$ offen. Diese Räume hatten wir in 10.3.4 kennengelernt. Dabei handelt es sich um Hilberträume, die in 10.4 behandelt wurden. Die linearen Abbildungen, die uns in erster Linie interessieren, sind Differentialoperatoren wie sie etwa in 12.6 (Sturm-Liouville-Operatoren oder $\Delta$) eingeführt wurden. Wie schon in der linearen Algebra ist das Spektrum eines linearen Operators Hauptgegenstand unserer Untersuchungen. Eine charakteristische Schwierigkeit bei Differentialoperatoren besteht darin, dass sie, im Gegensatz zu den Abbildungen der linearen Algebra, nicht auf dem ganzen zu Grunde liegenden Funktionenraum erklärt sind. Wir umgehen diese Schwierigkeit, indem wir mit der zum Differentialoperator gehörenden inversen Abbildung arbeiten, vgl. 12.6. Dazu brauchen wir die Greenschen Funktionen, auf deren Konstruktion wir in 12.4, 14.15.10 einige Mühe verwandt haben. Was man mit dem Spektrum eines Differentialoperators anfangen kann, haben wir bei der Lösung der Wellengleichung in 12.6.9 gesehen (Gleichung der schwingenden Saite).

Es bereitet keine Mühe, den Begriff des Spektrums im etwas allgemeineren Rahmen des Banachraums einzuführen und einige einfache Konsequenzen zu ziehen. Daher gehen wir diesen Weg. Gegenüber dem Hilbertraum weist der Banachraum eine weniger reichhaltige Struktur auf, da es sich bei ihm zwar um einen vollständigen normierten Vektorraum handelt, jedoch das Skalarprodukt und damit der Begriff der Orthogonalität fehlt. Charakteristische Beispiele für Banachräume sind etwa $\mathcal{C}^0([a,b]), \mathcal{C}^1([a,b]), \mathcal{C}^2([a,b]), \ldots$ (vgl. Beispiel 15.7.1).
Primär arbeiten wir jedoch in Hilberträumen $\mathcal{H}$ über $\mathbb{C}$ mit Skalarprodukt $< , >$, etwa $L_2([a,b])$ oder $L_2(V)$, die zudem stets eine Hilbert-Basis $\varphi_1, \varphi_2, \ldots$ (man bezeichnet sie auch als vollständiges Orthonormalsystem (VONS)) besitzen. Daher

H. Kerner, W. von Wahl, *Mathematik für Physiker*, Springer-Lehrbuch,
DOI 10.1007/978-3-642-37654-2_15, © Springer-Verlag Berlin Heidelberg 2013

lässt sich jedes $f \in \mathcal{H}$ in eine Fourier-Reihe

$$f = \sum_{k=1}^{\infty} f_k \varphi_k$$

mit den Fourier-Koeffizienten $f_k = < f, \varphi_k >$ entwickeln. S. hierzu 10.4.21.
Ist $\mathcal{M} \subset \mathcal{H}$ ein abgeschlossener Teilraum von $\mathcal{H}$, so ist

$$\mathcal{H} = \mathcal{M} \oplus \mathcal{M}^{\perp}$$

mit einer eindeutig bestimmten Zerlegung

$$\mathcal{H} \ni u = u_1 + u_2, \ u_1 \in \mathcal{M}, \ u_2 \in \mathcal{M}^{\perp}$$

(Satz von der orthogonalen Projektion 10.4.6).

Das aus 7.9.14 bekannte Orthogonalisierungsverfahren von E. Schmidt lässt sich auf Hilberträume $\mathcal{H}$ übertragen. Damit erhält man Orthonormalfolgen und unter geeigneten Voraussetzungen eine Hilbertbasis.

## 15.2 Beschränkte lineare Funktionale

**Definition 15.2.1** *Es seien $V$ und $W$ normierte Vektorräume; eine lineare Abbildung $A : V \to W$ heißt* **beschränkt**, *wenn ein $c > 0$ existiert mit*

$$\|A(f)\| \leq c\|f\| \qquad \textit{für alle } f \in V.$$

*Statt $A(f)$ schreiben wir auch $Af$. Für eine lineare Abbildung $A$ definieren wir weiter*

$$\|A\| = \sup_{f \in V \setminus \{0\}} \frac{\|Af\|}{\|f\|} = \sup_{\|g\|=1} \|Ag\|.$$

$\|A\| = +\infty$ *ist zugelassen.*

$A$ ist genau dann beschränkt, wenn $\|A\| < \infty$ ist.
Zunächst beweisen wir eine einfache Aussage:

**Satz 15.2.2** *Seien $V, W$ normierte Vektorräume und $A : V \to W$ eine lineare Abbildung. Die Abbildung $A$ ist genau dann stetig, wenn $A$ beschränkt ist.*

**Beweis.** a) Sei $A$ beschränkt: $\|Ax\| \leq c\|x\|$ für $x \in V$. Zu $v \in V$ und $\varepsilon > 0$ wählt man $\delta := \frac{\varepsilon}{2c}$. Aus $\|x - v\| < \delta$ folgt dann : $\|Ax - Av\| \leq c\|x - v\| \leq c\delta < \varepsilon$. Daher ist $A$ in $v$ stetig.
b) Sei $A$ stetig (in 0); dann existiert zu $\varepsilon = 1$ ein $\delta > 0$ mit $\|Ay\| < 1$ für $\|y\| < \delta$. Ist $x \in V$, $x \neq 0$, so setzt man $y := \frac{\delta}{2\|x\|}x$. Dann ist $\|Ay\| < 1$, also $\|Ax\| < \frac{2}{\delta}\|x\|$ und mit $c := \frac{2}{\delta}$ folgt, dass $A$ beschränkt ist. $\qquad \square$

Wir zeigen nun: Ist $V$ ein endlich-dimensionaler Vektorraum über $\mathbb{C}$ mit Norm $\|.\|$ und $(b_1, ..., b_n)$ eine Basis von $V$, so konvergiert eine Folge $(v_k)_k$ in der Norm genau dann gegen $v \in V$, wenn die Koeffizienten in den Basisdarstellungen dies tun. Damit folgt, dass jede lineare Abbildung $A : V \to \mathbb{C}$ von selbst stetig ist. Im unendlich-dimensionalen Fall liegen die Verhältnisse jedoch anders, wie wir noch in 15.6 genauer sehen werden. Die Stetigkeit von $A$ ist eine besondere Eigenschaft. Wir zeigen zuerst (vgl. dazu [19]):

**Hilfssatz 15.2.3** *Ist $V$ ein normierter Vektorraum und sind $b_1, \ldots, b_n \in V$ linear unabhängig, so gibt es ein $c > 0$, so dass für alle $x_1, \ldots, x_n \in \mathbb{R}$ gilt:*

$$\sum_{j=1}^{n} |x_j| \leq c \cdot \| \sum_{j=1}^{n} x_j b_j \|.$$

**Beweis.** Die Menge $M := \{x \in \mathbb{R}^n | \sum_{j=1}^{n} |x_j| = 1\}$ im $\mathbb{R}^n$ ist kompakt und daher nimmt die stetige Funktion $M \to \mathbb{R}, x \mapsto \| \sum_{j=1}^{n} x_j b_j \|$, das Minimum $m \geq 0$ an. Weil die $b_1, \ldots, b_n$ linear unahhängig sind, ist $m > 0$; also

$$\| \sum_{j=0}^{n} x_j b_j \| \geq m > 0 \qquad \text{für} \qquad \sum_{j=1}^{n} |x_j| = 1.$$

Sei nun $x \in \mathbb{R}^n$, $x \neq 0$, und $s := \sum_{j=1}^{n} |x_j|$. Dann ist $\sum_{j=1}^{n} |\frac{x_j}{s}| = 1$ und daher

$$\| \sum_{j=1}^{n} \frac{x_j}{s} b_j \| \geq m;$$

setzt man $c := \frac{1}{m}$, so folgt

$$s \leq c \cdot \| \sum_{j=1}^{n} x_j b_j \|.$$

$\square$

Der Hilfssatz besagt: Ist $(b_1, \ldots, b_n)$ eine Basis von $V$, so existiert ein $c > 0$, so dass für $v = \sum_{j=1}^{n} x_j b_j$ gilt:

$$\sum_{j=1}^{n} |x_j| \leq c \cdot \|v\|.$$

Daraus folgt, dass bei endlich-dimensionalen normierten Vektorräumen Konvergenz gleichbedeutend mit komponentenweiser Konvergenz ist:

**Satz 15.2.4** *Sei $V$ ein endlich-dimensionaler normierter Vektorraum, sei $(v_k)_{k \in \mathbb{N}}$ eine Folge in $V$ und $v \in V$. Ist dann $(b_1, \ldots, b_n)$ irgendeine Basis in $V$, und ist*

$$v_k = \sum_{j=1}^{n} x_j^{(k)} b_j, \quad v = \sum_{j=1}^{n} x_j b_j, \text{ so gilt}$$

$$\lim_{k \to \infty} v_k = v \quad \text{genau dann, wenn} \quad \lim_{k \to \infty} x_j^{(k)} = x_j \quad (j = 1, \ldots, n).$$

**Beweis.** Aus $\lim_{k \to \infty} v_k = v$ und

$$\sum_{j=1}^{n} |x_j^{(k)} - x_j| \leq c \cdot \|v_k - v\|$$

folgt

$$\lim_{k \to \infty} x_j^{(k)} = x_j, \quad (j = 1, \ldots, n).$$

Die umgekehrte Richtung rechnet man leicht nach.    □
Daraus ergibt sich:

**Satz 15.2.5** *Ist $V$ ein endlich-dimensionaler normierter Vektorraum, so ist $V$ ein Banachraum und jede lineare Abbildung $V \to W$ in einen normierten Vektorraum $W$ ist stetig.*

**Beweis.** a) Es sei $(v_k)_k$ eine Cauchy-Folge in $V$. Wir wählen eine Basis $(b_1, \ldots, b_n)$ in $V$; für $k, m \in \mathbb{N}$ ist (mit den Bezeichnungen des vorhergehenden Satzes)

$$\sum_{j=1}^{n} |x_j^{(k)} - x_j^{(m)}| \leq c \cdot \|v_k - v_m\|.$$

Daher ist jede Folge $(x_j^{(k)})_k$ eine Cauchy-Folge, die wegen der Vollständigkeit von $\mathbb{R}$ gegen ein $x_j$ konvergiert. Somit konvergiert $(v_k)_k$ gegen $\sum_{j=1}^{n} x_j b_j$.

b) Sei $A : V \to W$ linear; wir wählen wieder eine Basis $(b_1, \ldots, b_n)$ in $V$; es gibt ein $r > 0$ mit

$$\|Ab_1\| \leq r, \ldots, \|Ab_n\| \leq r.$$

Für $v = \sum_{j=1}^{n} x_j b_j \in V$ ist dann nach 15.2.3

$$\|Av\| = \|\sum_{j=1}^{n} x_j (Ab_j)\| \leq r \cdot \sum_{j=1}^{n} |x_j| \leq r \cdot c \cdot \|\sum_{j=1}^{n} x_j b_j\| = r \cdot c \cdot \|v\|;$$

daher ist $A$ beschränkt.    □

Wir gehen nun auf normierte Vektorräume, vor allem Hilberträume, die auch unendliche Dimension haben dürfen, ein.

Zuerst geben wir ein einfaches Beispiel für eine unbeschränkte, also unstetige lineare Abbildung an:

**Beispiel 15.2.6** Es sei $I := [0, 2\pi]$ und $V := \mathcal{C}^\infty(I)$ mit der Supremumsnorm

$$\|f\|_I := \sup_{x \in I} |f(x)| \quad \text{für} \quad f \in V.$$

Wie in Beispiel 6.1.1 sei für $n \in \mathbb{N}$

$$h_n : I \to \mathbb{R}, x \mapsto \frac{1}{n} \sin(n^2 x).$$

Es ist

$$\|h_n\|_I = \frac{1}{n}, \qquad \|\frac{\mathrm{d}}{\mathrm{d}x} h_n\|_I = n;$$

daher konvergiert $(h_n)$ gegen 0, aber $(h_n')$ nicht. Somit ist die lineare Abbildung

$$\frac{\mathrm{d}}{\mathrm{d}x} : V \to V, f \mapsto \frac{\mathrm{d}}{\mathrm{d}x} f$$

unstetig. ∎

Wir behandeln nun komplexe Hilberträume $\mathcal{H}$ und lineare Abbildungen $\mathcal{H} \to \mathbb{C}$, die man in der Funktionalanalysis auch Funktionale nennt.

**Definition 15.2.7** *Eine lineare Abbildung* $A : \mathcal{H} \to \mathbb{C}$ *bezeichnet man auch als* **lineares Funktional.**

Ein wichtiges Beispiel für ein stetiges oder beschränktes lineares Funktional in einem Hilbertraum $\mathcal{H}$ erhält man, indem man zu einem festen Element $g \in \mathcal{H}$ die Abbildung $A$ durch

$$Af = <f, g>, f \in \mathcal{H},$$

festsetzt. Nach Cauchy-Schwarz ist $| <f, g> | \leq \|g\| \|f\|$ und somit $\|A\| \leq \|g\|$. Der folgende Darstellungssatz von Riesz-Fréchet (FRIGYES (FRIEDRICH) RIESZ (1880 -1956 ), RENÉ MAURICE FRÉCHET (1878-1973)) zeigt, dass man damit auch alle stetigen linearen Funktionale erfasst hat.

**Satz 15.2.8 (Darstellungssatz von Riesz-Fréchet)** *Sei $A$ ein beschränktes lineares Funktional im komplexen Hilbertraum $\mathcal{H}$. Dann gibt es genau ein $g \in \mathcal{H}$ mit*

$$\boxed{Af = <f, g> \quad \text{für alle} \quad f \in \mathcal{H}.}$$

*g heißt das erzeugende Element von A; es ist ist $\|A\| = \|g\|$.*

**Beweis.** Es ist leicht zu sehen, dass es höchstens ein derartiges $g$ gibt: Wenn auch $g_1$ diese Eigenschaft hat, dann gilt $<f, g - g_1> = 0$ für alle $f \in \mathcal{H}$; setzt man $f := g - g_1$ ein, so folgt $<g - g_1, g - g_1> = 0$, und daher ist $g - g_1 = 0$. Nun zeigen wir die Existenz von $g$ und dürfen $A \neq 0$, also Ker $A \neq \mathcal{H}$ annehmen. Weil $A$ stetig ist, ist Ker $A$ abgeschlossen und aus dem Zerlegungssatz 10.4.5 folgt

$$\mathcal{H} = (\text{Ker } A) \oplus (\text{Ker } A)^\perp.$$

Daher existiert ein $h \in (\text{Ker } A)^{\perp}$ mit $\|h\| = 1$. Nun setzen wir $c := A(h)$. Dann gilt für jedes $f \in \mathcal{H}$:

$$A\big(c \cdot f \ - \ A(f) \cdot h\big) = c \cdot A(f) - A(f) \cdot A(h) = 0,$$

also ist $c \cdot f \ - \ A(f) \cdot h \in \text{Ker } A$. Wegen $h \in (\text{Ker } A)^{\perp}$ folgt:

$$0 \ = \ <c \cdot f - A(f) \cdot h, h> \ = \ <c \cdot f, h> -A(f)<h,h> \ = \ <f, \bar{c} \cdot h> -A(f),$$

somit $A(f) \ = \ <f, \bar{c} \cdot h>$; nun setzt man $g := \bar{c} \cdot h$.

Aus der Cauchy-Schwarzschen Ungleichung $| <f, g> | \leq \|f\| \cdot \|g\|$ folgt, wie schon oben erwähnt, $\|A\| \leq \|g\|$; aus $Ag \ =<g,g>$, also $\frac{|Ag|}{\|g\|} = \|g\|$, folgt $\|A\| = \|g\|$.    □

**Beispiel 15.2.9** Sei $\mathcal{H} = L_2^{\mathbb{C}}(\mathbb{R}^n)$ und $A$ ein stetiges lineares Funktional. Dann gibt es also genau ein $g \in L_2^{\mathbb{C}}(\mathbb{R}^n)$ derart, dass

$$Af = \int\limits_{\mathbb{R}^n} f\bar{g}\,dx$$

ist für alle $f \in L_2^{\mathbb{C}}(\mathbb{R}^n)$.    ∎

In 7.12 hatten wir zu einem Vektorraum $V$ den Dualraum $V^*$ aller linearen Abbildungen $V \to \mathbb{R}$ eingeführt. Bei einem Hilbertraum $\mathcal{H}$ betrachtet man nun den Vektorraum $\mathcal{H}'$ der **stetigen oder beschränkten linearen Funktionale**, der durch 15.2.1 normiert ist. Die Abbildung $J$, erklärt durch

$$A \mapsto g = \text{ erzeugendes Element von } A,$$

bildet $\mathcal{H}'$ nach 15.2.8 normtreu auf $\mathcal{H}$ ab. Es ist

$$J(A_1 + A_2) = J(A_1) + J(A_2), \qquad J(\lambda A) = \bar{\lambda} J(A), \ \lambda \in \mathbb{C}.$$

$J$ ist also nur fastlinear, oder wie man sagt, antilinear. Auf Grund der eben eingeführten Abbildung $J$ identifiziert man meist $\mathcal{H}$ mit seinem Dualraum und sagt, $\mathcal{H}$ sei zu sich selbst dual.

## 15.3 Lineare Operatoren in $\mathcal{H}$, die Fourier-Transformation

Nah verwandt mit den linearen Funktionalen in $\mathcal{H}$ sind die linearen Operatoren in $\mathcal{H}$. Sie bilden einen Teilraum von $\mathcal{H}$ oder ganz $\mathcal{H}$ in $\mathcal{H}$ ab. Insbesondere brauchen Sie also nicht im ganzen Hilbertraum erklärt zu sein und ihr Wertebereich wird im allgemeinen unendliche Dimension besitzen. Näheres wird aus den Beispielen klar.

**Definition 15.3.1** *Sei $\mathcal{H}$ ein Hilbertraum, $\mathcal{D}$ ein Teilraum von $\mathcal{H}$ mit $\mathcal{D} \neq \{0\}$. Ein* **linearer Operator (lineare Transformation)** *$T$ in $\mathcal{H}$ ist eine lineare Abbildung*

$$T : \mathcal{D} \to \mathcal{H},$$

*$\mathcal{D} = \mathcal{D}(T)$ heißt Definitionsbereich von $T$, $T(\mathcal{D}(T)) = \mathcal{R}(T)$ heißt Wertebereich von $T$.*

Wie man sofort sieht, ist $\mathcal{R}(T)$ ebenfalls ein Teilraum von $\mathcal{H}$.
Wir bringen einige **Beispiele**:

**Beispiel 15.3.2** Sei $\mathcal{H} = L_2([a, b])$, $\mathcal{D} = C^0([a, b])$. Sei $K : [a, b] \times [a, b] \to \mathbb{C}$ stetig, etwa die Greensche Funktion zu einem Sturm-Liouville Operator wie in 12.6. Dann ist für $f \in \mathcal{D}$ das Bild von $f$ unter $T$ erklärt durch

$$(Tf)(x) = \int_a^b K(x, y) f(y) \, \mathrm{d}y.$$

$Tf$ ist offenbar stetig, also insbesondere aus $L_2([a, b])$, und $T$ ist linear. ∎

**Beispiel 15.3.3** Sei $\mathcal{H} = L_2(V)$, $V \subset \mathbb{R}^n$ offen und beschränkt. Sei $\mathcal{D} = \mathcal{H}$. Sei $K \in L_2(V \times V)$. Nach dem Satz von Fubini 10.2.6 ist für fast alle $x \in V$ die Funktion $K(x, .)$ aus $L_2(V)$. Für $f \in L_2(V)$ ist somit die Funktion

$$(Tf)(x) = \int_V K(x, y) f(y) \, \mathrm{d}y \tag{1}$$

wohldefiniert. Wegen

$$\int_V \int_V |K(x, y)| \, |f(y)| \, \mathrm{d}y \, \mathrm{d}x \leq (\mu(V) \int_V \int_V |K(x, y)|^2 \, \mathrm{d}x \, \mathrm{d}y)^{\frac{1}{2}} \|f\|_{L^2(V)}$$

ist nach dem Satz von Tonelli 10.2.7 die Funktion $Tf$ aus $L_1(V)$. Darüber hinaus gilt

$$|Tf(x)|^2 = |\int_V K(x, y) f(y) \, \mathrm{d}y|^2 \leq \int_V |K(x, y)|^2 \, \mathrm{d}y \|f\|_{L_2(V)}^2$$

und durch Integration beider Seiten über $V$ folgt

$$\|Tf\|_{L_2(V)} \leq \|K\|_{L_2(V \times V)} \|f\|_{L_2(V)}. \tag{2}$$

Insbesondere ist $Tf \in L_2(V)$ und wir haben mit (1) einen auf ganz $\mathcal{H}$ erklärten linearen Operator in $\mathcal{H}$ definiert. $T$ heißt Integraloperator vom Hilbert-Schmidtschen Typ, $K$ Hilbert-Schmidt Kern. Auch Kerne vom Hilbert-Schmidt Typ sind uns schon begegnet. Sei $V = E$ der offene Einheitskreis der komplexen Ebene, also des $\mathbb{R}^2$. In

14.15.12 hatten wir die Greensche Funktion $G$ zu $\Delta$ konstruiert. In der komplexen Schreibweise war

$$G(z, \zeta) = \frac{1}{2\pi} \log \left| \frac{z - \zeta}{1 - \bar{z}\zeta} \right|,$$

so dass jetzt für $x$ das Symbol $z$ und für $y$ das Symbol $\zeta$ stehen. Ihre Integrierbarkeitseigenschaft ist wegen $|1 - z\bar{\zeta}| \geq |z - \zeta|$, $\ln \left| \frac{1-z\bar{\zeta}}{z-\zeta} \right| \leq c \left| \frac{1}{z-\zeta} \right|^{1/2}$ in $E \times E$ mit einer von $z, \zeta$ unabhängigen Konstante sogar $(\zeta = \xi + i\eta)$

$$\int_E |G(z, \zeta)|^2 \, d\xi \, d\eta \leq c, \ z \in E,$$

mit einer von $z$ unabhängigen Konstante (vgl.10.2.9 und 10.2.10.) Demnach ist der Integraloperator

$$(Gf)(z) = \int_E (G(z, \zeta)) f(\zeta) \, d\xi \, d\eta$$

vom Hilbert-Schmidtschen Typ.

Er invertiert $-\Delta$ unter der Randbedingung $u(z) = 0$, $z \in \partial E$ (s. Satz 14.15.10). Offenbar ist der Integraloperator des ersten Beispiels insbesondere vom Hilbert-Schmidtschen Typ, präziser: Mit Hilfe unserer Erkenntnisse aus dem gegenwärtigen Beispiel können wir ihn auf ganz $L_2([a,b])$ fortsetzen. Wir werden in Satz 15.3.5 sehen, dass die beschränkte Fortsetzung auf eine und nur eine Weise geschehen kann und somit $T$ durch Festlegung auf den stetigen Funktionen $C^0([a,b])$ bereits völlig bestimmt ist. ∎

**Beispiel 15.3.4** Sei $\mathcal{H} = L_2([a,b])$. Sei

$$\mathcal{D} = \mathcal{D}(L) = \{u \in C^2([a,b]) \mid u(a) = 0, \ u(b) = 0\}$$

Sei weiter

$$Lf = (pf')' + qf, \ f \in \mathcal{D}(L)$$

mit Koeffizientenfunktionen $p \in C^1([a,b])$, $p > 0$, $q \in C^0([a,b])$, so dass $L$ der aus 12.6 bekannte Sturm-Liouville Operator ist. Offenbar ist $L$ linearer Operator in $\mathcal{H}$. ∎

Wir wollen nun die angeführten Beispiele darauf untersuchen, ob sie beschränkte Operatoren liefern.

Zu **Beispiel** 15.3.2: Es ist $\mathcal{H} = L_2([a,b])$ und für $f \in \mathcal{D}(T)$ ist

$$\|Tf\| \leq \sqrt{b-a}\|Tf\|_{C^0([a,b])} \leq \sqrt{b-a} \sup_{x,y \in [a,b]} |K(x,y)| \cdot \|f\|_{L_1([a,b])} \leq$$

$$\leq (b-a) \sup_{x,y \in [a,b]} |K(x,y)| \cdot \|f\|.$$

Demnach ist $T$ beschränkt und außerdem folgt $\|T\| \leq \sup\limits_{x,y \in [a,b]} |K(x,y)| \cdot (b-a)$.

Zu **Beispiel** 15.3.3: Hier haben wir bereits gezeigt, dass $T$ beschränkt ist und, dass

$$\|T\| \leq \|K\|_{L_2(V \times V)}$$

gilt. Natürlich erlauben die Rechnungen zu diesem Beispiel auch den Schluss, dass der Operator $T$ aus Beispiel 15.3.2 beschränkt ist. Da die Argumentation im zweiten Beispiel etwas subtiler als im ersten ist, erhält man für das erste Beispiel auch mehr, nämlich die Schranke

$$\|T\| \leq \|K\|_{L_2(]a,b[ \times ]a,b[)} \leq \sup\limits_{x,y \in [a,b]} |K(x,y)| \cdot (b-a),$$

die also schärfer als die vorhin gewonnene ist.

Zu **Beispiel** 15.3.4: Differentialoperatoren sind grundsätzlich nicht beschränkt, also nach 15.2.2 auch nicht stetig. Invertieren wir jedoch den Operator $L$, so erhalten wir nach 12.6 einen Operator gemäß Beispiel 15.3.2. $K$ ist dann die Greensche Funktion. Dass Differentialoperatoren nicht beschränkt sind, sehen wir am Beispiel des Sturm-Liouville-Operators $L$ mit

$$Lf = f'', \quad \text{für} \quad f \in \mathcal{D}(L) = \{u \in C^2([0,\pi]) \mid u(a) = u(b) = 0\}.$$

Für die Eigenfunktionen $\sin kx$, $k \in \mathbb{N}$, zu den Eigenwerten $k^2$ gilt also

$$\frac{\|L \sin kx\|_{L_2(]0,\pi[)}}{\|\sin kx\|_{L_2(]0,\pi[)}} = k^2,$$

so dass $L$ nicht beschränkt sein kann.

Wir erinnern zunächst an den Begriff des dichten Teilraums aus 9.1. Offenbar liegt, wie die Beispiele 15.3.2 und 15.3.3 zeigen, in der Auswahl des Definitionsbereiches $\mathcal{D}(T)$ eine gewisse Willkür. Falls $T$ beschränkt und $\mathcal{D}(T)$ dichter Teilraum von $\mathcal{H}$ ist, ist diese Willkür nur scheinbar. Man kennt dann in Wahrheit den Operator $T$ sogar auf ganz $\mathcal{H}$. Dies zeigt

**Satz 15.3.5 (Fortsetzung durch Abschließung)** *Sei $T$ ein beschänkter linearer Operator in $\mathcal{H}$ mit Definitionsbereich $\mathcal{D}(T)$; $\mathcal{D}(T)$ sei dichter Teilraum von $\mathcal{H}$. Dann hat $T$ eine und nur eine beschränkte Fortsetzung $\overline{T}$ auf $\mathcal{H}$. Es ist $\|T\| = \|\overline{T}\|$.*

**Beweis.** Wir setzen $\mathcal{D} := \mathcal{D}(T)$. Weil $T$ beschränkt ist, existiert ein $c > 0$ mit

$$\|Tx\| \leq c \cdot \|x\| \quad \text{für alle } x \in \mathcal{D}.$$

Nun sei $x \in \mathcal{H}$; wegen $\overline{\mathcal{D}} = \mathcal{H}$ existiert eine Folge $(x_n)$ in $\mathcal{D}$, die gegen $x$ konvergiert. Wegen

$$\|Tx_n - Tx_m\| \leq c\|x_n - x_m\|$$

ist $(Tx_n)$ eine Cauchyfolge, die also gegen ein Element $\overline{T}(x) \in \mathcal{H}$ konvergiert. Ist auch $(x_n')$ eine Folge in $\mathcal{D}$, die gegen $x$ konvergiert, so ist $\lim(x_n - x_n') = 0$

und daher auch $\lim(Tx_n - Tx_n') = 0$. Somit ist die Definition $\overline{T}x := \lim Tx_n$ unabhängig von der Wahl der Folge $(x_n)$ und wir haben eine Abbildung $\overline{T} : \mathcal{H} \to \mathcal{H}$ sinnvoll definiert, die auf $\mathcal{D}$ mit $T$ übereinstimmt.

Wir zeigen: $\overline{T}$ ist linear:

Zu $x, y \in \mathcal{H}$ wählt man Folgen $(x_n), (y_n)$ in $\mathcal{D}$, die gegen $x$ bzw. $y$ konvergieren. Dann ist

$$\overline{T}(\lambda x + \mu y) = \lim T(\lambda x_n + \mu y_n) = \lambda \lim T(x_n) + \mu \lim T(y_n) = \lambda \overline{T}(x) + \mu \overline{T}(y).$$

Aus $\|Tx_n\| \leq \|T\| \cdot \|x_n\|$ für $x_n \in \mathcal{D}$ folgt $\|\overline{T}(x)\| \leq \|T\| \cdot \|x\|$ für $x \in \mathcal{H}$. Daraus folgt $\|\overline{T}\| = \|T\|$.

Weil es zu jedem $x \in \mathcal{H}$ eine Folge $(x_n)$ in $\mathcal{D}$ gibt, die gegen $x$ konvergiert, ist die stetige Fortsetzung von $T$ auf $\mathcal{H}$ eindeutig bestimmt.    □

**Beispiel 15.3.6** In 10.5 hatten wir die **Fourier-Transformierte** einer Funktion

$$(Tf)(x) = \frac{1}{\sqrt{2\pi}} \int_{\mathbb{R}} e^{-ixy} f(y) \, dy$$

für $f \in L_1(\mathbb{R})$, also insbesondere für $f \in C_0^\infty(\mathbb{R})$ erklärt. Aus dem Dichtesatz 12.1.21 wissen wir schon, dass $C_0^\infty(\mathbb{R})$ dichter Teilraum von $L_2(\mathbb{R})$ ist. Man kann nun zeigen, dass

$$\|Tf\|_{L_2(\mathbb{R})} = \|f\|_{L_2(\mathbb{R})}, \; f \in C_0^\infty(\mathbb{R})$$

gilt. Daher erlaubt $T$ nach Satz 15.3.5 eine und nur eine beschränkte Fortsetzung $\overline{T}$ auf $L_2(\mathbb{R})$, die offenbar zudem noch die Eigenschaft

$$\|\overline{T}f\|_{L_2(\mathbb{R})} = \|f\|_{L_2(\mathbb{R})}$$

besitzt. $\overline{T}$ erhält also die Norm von $L_2(\mathbb{R})$. Jedoch kann man $\overline{T}f$, $f \in L_2(\mathbb{R})$, nicht mehr so einfach hinschreiben wie oben, da $|e^{ix\cdot} f(.)|$ nicht mehr über $\mathbb{R}$ integrierbar zu sein braucht, wenn $f$ "nur" aus $L_2(\mathbb{R})$ ist, vgl. das Ende von 10.3. Erklären wir die $n$-dimensionale Fourier-Transformierte einer Funktion durch

$$(Tf)(x) = \frac{1}{(\sqrt{2\pi})^n} \int_{\mathbb{R}^n} e^{-i<x,y>} f(y) \, dy =: \hat{f}(x)$$

zunächst für $f \in L_1(\mathbb{R}^n)$, also insbesondere für $f \in C_0^\infty(\mathbb{R}^n)$, so gelten zum Fall $n = 1$ völlig analoge Aussagen, also z.B.

$$T(f * g) = Tf \cdot Tg \text{ mit } f, g \in L_1(\mathbb{R}^n),$$

$$f * g(x) = \int_{\mathbb{R}} f(x - y) g(y) \, dy,$$

$$\widehat{\frac{\partial}{\partial x_j} u}(\xi) = i\,\xi_j \, \hat{u}(\xi)$$

und
$$\|\overline{T}f\|_{L_2(\mathbb{R}^n)} = \|f\|_{L_2(\mathbb{R}^n)}, \; f \in L_2(\mathbb{R}^n).$$

Hierzu siehe auch die Aufgaben 15.2-15.5.    ■

Zum Auffinden weiterer Eigenschaften der Fourier-Transformierten ist es günstig, den Begriff des zu einem in $\mathcal{H}$ erklärten beschränkten Operator $T$ adjungierten Operators $T^*$ heranzuziehen; aus der linearen Algebra 7.12.10 ist bereits der Begriff der adjungierten Abbildung bekannt:

**Satz 15.3.7** *Sei $\mathcal{H}$ ein Hilbertraum und $T$ ein beschränkter Operator in $\mathcal{H}$ mit $\mathcal{D}(T) = \mathcal{H}$. Dann gibt es einen und nur einen Operator $T^*$ in $\mathcal{H}$ mit $\mathcal{D}(T^*) = \mathcal{H}$ und*
$$< Tx, y >=< x, T^*y >, \; x, y \in \mathcal{H}.$$

*$T^*$ ist beschränkt, es gilt $\|T^*\| = \|T\|$.*
*$T^*$ heißt die Adjungierte zu $T$ oder der zu $T$ adjungierte Operator. Außerdem gilt*
$$T^{**} = (T^*)^* = T.$$

**Beweis.** Wir beschränken uns auf die Hauptidee des Beweises. Sie besteht in der Anwendung von Satz 15.2.8 (Satz von Riesz-Fréchet). Sei $y \in \mathcal{H}$ fest, aber beliebig. Dann ist
$$A_y x :=< Tx, y >$$

wegen $|A_y x| \leq \|Tx\| \, \|y\| \leq \|T\| \, \|y\| \, \|x\|$ ein beschränktes lineares Funktional in $\mathcal{H}$ mit $\|A_y\| \leq \|T\| \, \|y\|$. Also existiert genau ein $y^* \in \mathcal{H}$ mit
$$A_y x =< Tx, y >=< x, y^* > .$$

$T^*$ ist dann erklärt als die Abbildung $y \mapsto y^*$.    □

Das entscheidende Kennzeichen der Adjungierten ist es also, dass man mit ihrer Hilfe $T$ vom ersten Faktor im $\mathcal{H}$-Skalarprodukt auf den zweiten abwälzt. Vermöge partieller Integration lässt sich dies auch mit (unbeschränkten) Differentialoperatoren tun. Genauere Erläuterungen liefern die folgenden **Beispiele**.

**Beispiel 15.3.8** Sei $\mathcal{H} = L_2(V)$, $V \subset \mathbb{R}^n$ offen und beschränkt, $K$ ein Hilbert-Schmidt Kern, also aus $L_2(V \times V)$. Vermöge
$$\int_V (\int_V K(x,y)f(y)\, dy) \, \overline{g(x)}\, dx = \int_V f(y) \overline{\int_V \overline{K(x,y)}g(x)\, dx}\, dy$$

ist der zu einem Integraloperator $T$ vom Hilbert-Schmidtschen Typ adjungierte Operator $T^*$ durch
$$(T^*g)(y) = \int_V \overline{K(x,y)}\, g(x)\, dx, \quad g \in \mathcal{H},$$

gegeben und somit selbst vom Hilbert-Schmidtschen Typ.    ■

**Beispiel 15.3.9** Die **Fourier-Transformierte** $T$ in $\mathcal{H} = L_2(\mathbb{R}^n)$ besitzt nach Satz 15.3.7 eine (und nur eine) Adjungierte $T^*$. Sie ist auch beschränkt. Wählen wir in 15.3.8 $f, g \in C_0^\infty(\mathbb{R}^n)$, so lassen sich wörtlich dieselben Rechnungen mit $K(x, y) = \frac{1}{(\sqrt{2\pi})^n} e^{-i<x,y>}$ ausführen und wir erkennen, dass

$$< Tf, g > = \int\limits_{\mathbb{R}^n} f(y) \frac{1}{(\sqrt{2\pi})^n} \overline{\int\limits_{\mathbb{R}^n} e^{i<x,y>} g(x)\, dx}\, dy$$

ist. Gleichzeitig gilt

$$< Tf, g > = < f, T^* g > .$$

Da $C_0^\infty(\mathbb{R}^n)$ nach 12.1.21 dichter Teilraum von $\mathcal{H}$ ist, folgt, indem wir ein beliebiges $f \in \mathcal{H}$ durch $C_0^\infty(\mathbb{R}^n)$-Funktionen approximieren, mit der Stetigkeit des Skalarprodukts (s. 10.4.3), dass

$$< f, \frac{1}{(\sqrt{2\pi})^n} \int\limits_{\mathbb{R}^n} e^{i<\cdot,x>} g(x)\, dx - T^* g > = 0,$$

also

$$(T^* g)(y) = \frac{1}{(\sqrt{2\pi})^n} \int\limits_{\mathbb{R}^n} e^{i<y,x>} g(x)\, dx, \quad g \in C_0^\infty(\mathbb{R}^n),$$

ist, sofern wir nur schon wissen, dass $(1/(\sqrt{2\pi})^n) \int\limits_{\mathbb{R}^n} e^{i<\cdot,x>} g(x)\, dx$ in $L_2(\mathbb{R}^n)$ liegt. Wegen

$$\frac{1}{(\sqrt{2\pi})^n} \int\limits_{\mathbb{R}^n} e^{i<y,x>} g(x)\, dx = \frac{1}{(\sqrt{2\pi})^n} \overline{\int\limits_{\mathbb{R}^n} e^{-i<y,x>} \bar{g}(x)\, dx} = \overline{T\bar{g}(y)}$$

ist dies tatsächlich der Fall. Nutzen wir wieder aus, dass $C_0^\infty(\mathbb{R}^n)$ dichter Teilraum von $\mathcal{H}$ ist, so folgt aus 15.3.5 und 15.3.7 noch

$$\|T^* g\| = \|\overline{T\bar{g}}\| = \|T\bar{g}\| = \|g\|, \ g \in \mathcal{H},$$

so dass also auch $T^*$ die Norm erhält. Auf Grund der Umkehrformel 10.5.2 wird man vermuten, dass $T^*$ der zu $T$ inverse Operator ist. Auf diesen Zusammenhang gehen wir im folgenden Abschnitt ein.  ∎

**Beispiel 15.3.10** Betrachten wir Differentialoperatoren

$$L. = \sum_{|\alpha| \leq k} b_\alpha(x) D.^\alpha$$

der Ordnung $k$ mit unendlich oft stetig differenzierbaren reellen Koeffizientenfunktionen $b_\alpha$ in $\mathcal{H} = L_2(\mathbb{R}^n)$ und setzen wir $\mathcal{D}(L) = \mathcal{C}_0^\infty(\mathbb{R}^n)$. Der Operator

$$L^*. = \sum_{|\alpha| \leq k} (-1)^{|\alpha|} D^\alpha (b_\alpha(x). )$$

heißt der adjungierte Operator und ist formal dadurch gekennzeichnet, dass im $L_2(\mathbb{R}^n)$-Skalarprodukt $<,>$ gilt

$$< L\varphi, \psi > = < \varphi, L^*\psi >, \ \varphi, \psi \in \mathcal{C}_0^\infty(\mathbb{R}^n).$$

Auf eine mathematische Präzisierung des Begriffs der Adjungierten für nicht überall erklärte Operatoren gehen wir in 16.1 ein. ∎

**Definition 15.3.11** *Es sei $H$ ein linearer Operator im Hilbertraum $\mathcal{H}$ mit dichtem Definitionsbereich $\mathcal{D}(H)$. Für alle $f, g \in \mathcal{D}(H)$ sei*

$$< Hf, g > = < f, Hg > .$$

*Dann heißt $H$ hermitesch. Ist $\mathcal{D}(H) = \mathcal{H}$, so bezeichnet man $H$ als selbstadjungiert.*

**Bemerkung.** Ist $H$ hermitesch mit $\mathcal{D}(H) = \mathcal{H}$, so ist $H$ beschränkt.

**Beispiel 15.3.12** Die Sturm-Liouville Operatoren aus Beispiel 15.3.4 sind hermitesch; $L$ aus Beispiel 15.3.10 ist hermitesch, wenn für alle Multiindizes $\rho \in \mathbb{R}^n$ mit $|\rho| \leq k$ gilt:

$$\sum_{\substack{\alpha, \alpha \geq \rho, \\ |\alpha| \leq k}} (-1)^{|\alpha|} \binom{\alpha}{\rho} D^{\alpha - \rho} b_\alpha(x) = b_\rho(x), \ x \in \mathbb{R}^n.$$

Dies folgt aus der Leibniz-Regel in Abschnitt 9.4. Insbesondere ist $\Delta$ hermitesch. S. hierzu 16.3.1 ∎

**Beispiel 15.3.13** Der Projektor

$$\mathcal{P}_\mathcal{U} : \mathcal{H} \to \mathcal{U}$$

auf einen abgeschlossenen Teilraum $\mathcal{U}$ eines Hilbertraums (s. 10.4.6) ist hermitesch mit $\mathcal{D}(\mathcal{P}_\mathcal{U}) = \mathcal{H}$. Für weitere Beispiele s. den Anfang von 15.9, 15.10.1 und die Beispiele 15.10.5 und 15.10.6. ∎

## 15.4 Die Inverse eines linearen Operators

Wir erklären zunächst den Begriff der Inversen eines linearen Operators

**Definition 15.4.1** *Sei $\mathcal{H}$ ein Hilbertraum, $T$ ein linearer Operator in $\mathcal{H}$ mit Definitionsbereich $\mathcal{D}(T)$ und Wertebereich $\mathcal{R}(T)$. Die Abbildung $T : \mathcal{D}(T) \to \mathcal{R}(T)$ sei bijektiv. Die inverse Abbildung $T^{-1} : \mathcal{R}(T) \to \mathcal{D}(T)$ heißt der zu $T$ inverse Operator $T^{-1}$.*

Es ist leicht zu sehen, dass $T^{-1}$ linearer Operator in $\mathcal{H}$ ist mit $\mathcal{D}(T^{-1}) = \mathcal{R}(T)$, $\mathcal{R}(T^{-1}) = \mathcal{D}(T)$.

**Beispiel 15.4.2** Sei $L$ Sturm-Liouville Operator in $\mathcal{H} = L_2([a, b])$ mit Definitionsbereich $\mathcal{D}(L)$ (s. 12.6). Das Problem $Lu = 0$ besitze in $\mathcal{D}(L)$ nur die Lösung $u \equiv 0$. Dann hatten wir in 12.6.6 den inversen Operator $L^{-1}$ konstruiert. ∎

Der folgende Satz von Toeplitz (OTTO TOEPLITZ (1881-1940)) bringt ein notwendiges und hinreichendes Kriterium dafür, dass der Operator $T$ eine in ganz $\mathcal{H}$ erklärte beschränkte Inverse besitzt.

**Satz 15.4.3** *(**Kriterium von Toeplitz***) Ein beschränkter linearer Operator $T$ im Hilbertraum $\mathcal{H}$ hat genau dann einen in $\mathcal{H}$ erklärten beschränkten inversen Operator $T^{-1}$ (insbesondere ist dann $\mathcal{D}(T^{-1}) = \mathcal{R}(T) = \mathcal{H}$), wenn gilt:*
*1) Es gibt ein $d > 0$ derart, dass $\|Tx\| \geq d\|x\|$ ist, $x \in \mathcal{H}$.*
*2) Ist $T^*x = 0$, so folgt $x = 0$.*

**Beispiel 15.4.4** Man sieht aus Beispiel 15.3.9 sofort, dass die Fourier-Transformierte $T$ in $L_2(\mathbb{R}^n)$ eine überall erklärte beschränkte Inverse hat. ∎

**Beispiel 15.4.5** Der Operator $T : l_2 \to l_2$, $(a_n) \mapsto (b_n)$ mit $b_1 = 0$, $b_n = a_{n-1}$ für $n \geq 2$, genügt zwar der Bedingung 1) des Satzes von Toeplitz, aber nicht der Bedingung 2). Offenbar ist $\mathcal{R}(T) \overset{\subset}{\neq} \mathcal{H} = l_2$ und $T$ kann keine überall erklärte beschränkte Inverse besitzen. ∎

Die Begriffe des linearen Operators und der inversen Abbildung lassen sich leicht auf Banachräume übertragen. Wir gehen darauf in 15.7 ein. Ein Satz 15.4.3 vergleichbares Kriterium steht jedoch nicht zur Verfügung, da der Begriff der Adjungierten im Raum selbst ein Skalarprodukt, also einen Hilbertraum benötigt.

## 15.5 Unitäre Operatoren

Aus der linearen Algebra ist der Begriff der unitären Matrix $U$ bekannt (Definition 7.11.3). Eine Matrix $U = (u_{ik})$ mit komplexen Koeffizienten heißt unitär genau dann, wenn ihre Adjungierte mit der Inversen von $U$ zusammenfällt. Beschränkt man sich auf reelle $n \times n$-Matrizen, so erhält man die orthogonalen Matrizen. Ihre Realisierung im $\mathbb{R}^n$ als lineare Abbildungen sind die Drehungen, die alle Abstände und also auch das (euklidische) Skalarprodukt im $\mathbb{R}^n$ ungeändert lassen. Entsprechendes gilt für die unitären Matrizen im Hilbertraum $\mathbb{C}^n$. Wir wollen den Begriff der unitären Abbildung auf Hilberträume übertragen und insbesondere erkennen, dass die Fouriertransformierte unitär ist in $\mathcal{H} = L_2(\mathbb{R}^n)$. Da die unitären Abbildungen das Skalarprodukt in $\mathcal{H}$ invariant lassen, kann man einen Sachverhalt in $\mathcal{H}$ ebenso gut in der Sprache der Bilder unter einer unitären Abbildung beschreiben. Bei der Fouriertransformation spricht man dann vom Fourierbild irgendeiner zu untersuchenden Beziehung in $L_2(\mathbb{R}^n)$. Nun zu

**Definition 15.5.1** *Ein im Hilbertraum $\mathcal{H}$ erklärter linearer Operator $U$ heißt unitär, wenn er*

*1)   isometrisch ist,*
     *d.h. für $x, y \in \mathcal{H}$ gilt $\|Ux\| = \|x\|$ und damit $< Ux, Uy > = < x, y >$,*
*2)   surjektiv ist.*

Ist $U$ unitär, so ist $U$ bijektiv, $U^{-1}$ existiert und ist in ganz $\mathcal{H}$ erklärt.
Aus $< Ux, Uy > = < x, y >$ folgt $< x', y' > = < U^{-1}x', U^{-1}y' >$, wenn wir $x' = Ux$, $y' = Uy$ setzen. Also ist auch $U^{-1}$ unitär und man sieht auch leicht, dass die unitären Operatoren eine Gruppe bilden.

**Satz 15.5.2** *Ein beschränkter linearer Operator $U$ in $\mathcal{H}$ mit $\mathcal{D}(U) = \mathcal{H}$ ist genau dann unitär, wenn*
$$U(U^*) = (U^*)U = I$$
*gilt (dabei ist $I : \mathcal{H} \to \mathcal{H}, x \mapsto x$).*

**Beweis.** Sei $U$ unitär, also $< f, g > = < Uf, Ug > = < U^*Uf, g >$ und $U^*U = I$.
$U^{-1}$ ist ebenfalls unitär, also
$< f, U^*g > = < Uf, g > = < U^{-1}Uf, U^{-1}g > = < f, U^{-1}g >$ und $U^* = U^{-1}$.
Damit folgt $U(U^*) = I$. Ist nun umgekehrt $U(U^*) = (U^*)U = I$, so folgt
$< U^*f, U^*g > = < UU^*f, g > = < f, g >$ und
$< Uf, Ug > = < U^*Uf, g > = < f, g >$.
$U$ und $U^*$ sind also isometrisch. Nach Satz 15.4.3 (Kriterium von Toeplitz) ist $U^*$ der zu $U$ inverse Operator und es ist $\mathcal{D}(U^{-1}) = \mathcal{R}(U) = \mathcal{H}$.    $\square$

**Beispiel 15.5.3** Die Fouriertransformierte in $L_2(\mathbb{R}^n)$. Nach Beispiel 15.4.4 besitzt die Fouriertransformierte $T$ eine in ganz $\mathcal{H}$ erklärte beschränkte Inverse $T^{-1}$. Nach 10.5.2 und 10.5.3 stimmen $T^{-1}$ und $T^*$ auf dem dichten Teilraum $C_0^\infty(\mathbb{R}^n)$ von $L_2(\mathbb{R}^n)$ überein. Nach Satz 15.3.5 stimmen $T^{-1}$ und $T^*$ überhaupt überein. Also ist nach Satz 15.5.2 die Fouriertransformierte $T$ unitär. Nun haben wir in 10.5.2 den Satz über die Inversion der Fouriertransformation nur für $n = 1$ formuliert und auch nicht bewiesen. Man kommt auch ohne diesen Satz aus, wenn man aus Beispiel 15.3.9 die Information $\|T^*g\| = \|g\|$ verwendet. Wie in 7.11.11 gezeigt wurde, folgt daraus $< T^*g, T^*f > = < f, g >$. Dann ist für $f, g \in L_2(\mathbb{R}^n)$

$$< Tf, Tg > \; = \; < T^*Tf, g >,$$
$$< T^*f, T^*g > \; = \; < TT^*f, g >,$$

und mit Satz 15.5.2 folgt, dass die Fouriertransformierte unitär ist.    ∎

**Beispiel 15.5.4** Wir suchen Lösungen der Schrödinger-Gleichung

$$\partial_t u(t, x) - i\Delta u(t, x) = 0, \; t \geq 0, \; x \in \mathbb{R}^n,$$
$$u(0, x) = u_0(x),$$

die in $L_2(\mathbb{R}^n)$ liegen. Die Schrödinger-Gleichung wird für jedes $t \geq 0$ Fourier-transformiert und die Fouriertransformierte wie in 15.3 mit $\widehat{\phantom{x}}$ bezeichnet. Dann folgt

$$\partial_t \hat{u}(t, \xi) + i|\xi|^2 \hat{u}(t, \xi) = 0, \ \hat{u}(t, \xi) = e^{-i|\xi|^2 t} \cdot \hat{u}_0(\xi),$$

so dass wir die Lösung im Fourierbild gewonnen haben (Variable $\xi$). Übrigens ist der Multiplikationsoperator $e^{-i|\xi|^2 t}$ in $L_2(\mathbb{R}^n)$ unitär, also auch der durch

$$T^{-1}(e^{-i|\xi|^2 t} \hat{f}(\xi)) =: e^{it\Delta} f, \ f \in L_2(\mathbb{R}^n)$$

in $L_2(\mathbb{R}^n)$ erklärte Operator $e^{it\Delta}$. ∎

## 15.6 Schwache Konvergenz

Im endlichdimensionalen unitären Raum $\mathbb{C}^n$ gilt das Häufungsstellenprinzip von Bolzano-Weierstraß . Ist der Hilbertraum unendlich-dimensional, so ist dies nicht mehr der Fall. Wir bringen ein Beispiel: Sei $l_2$ der bereits eingeführte Folgenraum. Für ein Element $x = (x_p)$ ist $\|x\|$ erklärt durch

$$\|x\|^2 = \sum_{p=1}^{\infty} |x_p|^2.$$

Sei $(x^{(k)})$ mit $x^{(k)} = (x_p^{(k)})$ eine Folge in $l_2$ mit $\|x^{(k)}\| \leq c$, $k = 1, 2, \dots$ . Wir sagen, dass die Folge $(x^{(k)})$ schwach (in $L_2$) gegen ein $x^* = (x_p^*) \in l_2$ konvergiert, wenn

$$x_p^{(k)} \to x_p^*, \ k \to \infty.$$

Die schwache Konvergenz ist also durch die komponentenweise Konvergenz erklärt (Komponenten bezüglich der Hilbertbasis $x^{(k)} = (\delta_{pk})$, $k = 1, 2, \dots$). Man sieht sofort, dass auch $\|x^*\| \leq c$ ist. In $\mathbb{C}^n$ war die komponentenweise Konvergenz einer Folge äquivalent zur Konvergenz in der Norm. Nun ist es anders. Die Hilbertbasis $(\delta_{pk})$, $k = 1, 2, \dots$, konvergiert nach dieser Definition schwach gegen Null, obwohl $\|(\delta_{pk})\| = 1$ ist.

Der Wert des Begriffs der schwachen Konvergenz besteht darin, dass sich mit seiner Hilfe das Häufungsstellenprinzip von Bolzano-Weierstraß wenigstens teilweise in den unendlich-dimensionalen Raum hinüberretten lässt. Im Fall des allgemeinen Hilbertraums $\mathcal{H}$ geben wir die

**Definition 15.6.1** *Sei $\mathcal{H}$ ein Hilbertraum. Sei $(x_n)$ eine Folge aus $\mathcal{H}$. Man sagt, $(x_n)$ konvergiert für $n \to \infty$ schwach gegen ein $x^* \in \mathcal{H}$ (in Zeichen $x_n \rightharpoonup x^*$, $n \to \infty$), wenn für alle $y \in \mathcal{H}$ gilt:*

$$< x_n, y > \to < x^*, y >, \ n \to \infty.$$

Man kann zeigen, dass jede schwach konvergente Folge $(x_n)$ beschränkt ist, d.h. $\|x_n\| \leq c$, $n \in \mathbb{N}$.

Wenn es ihn gibt, ist der schwache Limes offenbar eindeutig bestimmt. Wir knüpfen an an unsere Bemerkung über Orthonormalsysteme in $l_2$. Sei $\{\varphi_1, \varphi_2, ...\}$ ein abzählbar unendliches Orthonormalsystem, insbesondere ist also

$$\|\varphi_n\| = 1, \qquad n = 1, 2, ...$$

Für $y \in \mathcal{H}$ ist dann zufolge der Besselschen Ungleichung 10.4.10

$$\sum_{i=1}^{\infty} |<y, \varphi_i>|^2 \leq \|y\|^2.$$

Insbesondere folgt

$$\lim_{n \to \infty} <\varphi_n, y> = 0, \quad y \in \mathcal{H}.$$

Damit erhalten wir

$$\varphi_n \rightharpoonup 0, \quad n \to \infty.$$

Das wichtigste Resultat im Zusammenhang mit dem Begriff der schwachen Konvergenz ist das folgende Substitut für das Häufungsstellenprinzip von Bolzano-Weierstraß in Räumen endlicher Dimension.

**Satz 15.6.2** *Sei $\mathcal{H}$ ein Hilbertraum, sei $(x_n)$ eine beschränkte Folge in $\mathcal{H}$, d.h. $\|x_n\| \leq c$, $n = 1, 2, ...$. Dann gibt es eine Teilfolge $(x_{n_j})$ von $(x_n)$, die schwach gegen ein $x^* \in \mathcal{H}$ konvergiert. Es ist $\|x^*\| \leq c$ mit der bereits eingeführten Schranke $c$.*

Ein Beweis dieses wichtigen Satzes geht über den Rahmen unserer Darstellung hinaus. Jedoch folgt aus $<x_{n_j}, x^*> \to \|x^*\|^2$, $j \to \infty$, und $|<x_{n_j}, x^*>| \leq c\|x^*\|$ sofort, dass $\|x^*\| \leq c$ ist. Insbesondere führt also die schwache Konvergenz aus der (abgeschlossenen) Kugel $\{x | \|x\| \leq c\}$ in $\mathcal{H}$ nicht hinaus. Wir verweisen auf [19].

Aus 10.4.3 kennen wir bereits die Stetigkeit des Skalarprodukts $(x, y)$ in einem Hilbertraum $\mathcal{H}$ bei (starker) Konvergenz der Faktoren in $\mathcal{H}$, d.h.

$$x_n \to x \text{ in } \mathcal{H}, \ n \to \infty, \ y_n \to y \text{ in } \mathcal{H}, \ n \to \infty \text{ impliziert}$$

$$<x_n, y_n> \to <x, y>, \ n \to \infty.$$

Diese Aussage können wir mit Hilfe des Begriffs der schwachen Konvergenz verschärfen:

**Satz 15.6.3** *Sei $\mathcal{H}$ ein Hilbertraum, sei $x_n \rightharpoonup x$, $n \to \infty$, $y_n \to y$, $n \to \infty$. Dann gilt $<x_n, y_n> \to <x, y>$, $n \to \infty$. Für die Konvergenz des Skalarprodukts ist es also hinreichend, wenn ein Faktor schwach in $\mathcal{H}$ konvergiert und der andere stark.*

Die gewöhnliche (Norm-)Konvergenz in $\mathcal{H}$ bezeichnet man, um den Unterschied zur schwachen Konvergenz hervorzuheben, auch als starke Konvergenz.

## 15.7 Das Spektrum eines Operators in einem Banachraum

Wir erinnern zunächst an den grundlegenden Begriff des Banachraums $\mathcal{B}$ (Definition 10.3.3):
$\mathcal{B}$ ist ein normierter Vektorraum über $\mathbb{R}$ oder $\mathbb{C}$, der vollständig ist; d.h. jede Cauchyfolge in $\mathcal{B}$ ist konvergent.

Beispiele für Banachräume sind nach Satz 10.3.4 die Räume $L_p([a,b])$. Offenbar hat ein Hilbertraum gegenüber dem Banachraum eine zusätzliche Struktureigenschaft, nämlich ein Skalarprodukt. Als weitere typische Beispiele für Banachräume erwähnen wir die Räume $\mathcal{C}^k([a,b])$ der k-mal stetig differenzierbaren Funktionen:

**Beispiel 15.7.1** Sei $J = [a,b] \subset \mathbb{R}$; dann ist $\mathcal{C}^0(J)$, versehen mit der Maximumnorm

$$\|f\|_J := \max_{x \in J} |f(x)|$$

ein Banachraum. Dies folgt so: Ist $(f_j)$ eine Cauchyfolge bezüglich der Norm $\| \ \|_J$, so konvergiert sie nach Satz 6.1.7 gleichmäßig gegen eine Funktion $f$, die nach Satz 6.1.3 stetig ist.
Wir betrachten nun den Vektorraum $\mathcal{C}^1(J)$ der stetig differenzierbaren Funktionen. Wenn wir $\mathcal{C}^1(J)$ wie oben mit der Maxixmumnorm $\| \ \|_J$ versehen, so erhalten wir keinen Banachraum. Denn es gibt gleichmäßig konvergente Folgen stetig differenzierbarer Funktionen, deren Grenzfunktion nicht differenzierbar ist. Wir wählen nun als Norm

$$\|f\| = \max_{x \in J} |f(x)| + \max_{x \in J} |f'(x)| = \|f\|_J + \|f'\|_J.$$

Wenn eine Folge $(f_j)$ bezüglich dieser Norm konvergiert, so konvergieren $(f_j)$ und $(f_j')$ gleichmäßig gegen ein $f : J \to \mathbb{R}$ und nach Satz 6.1.5 ist $f$ stetig differenzierbar. Daher ist $\mathcal{C}^1(J)$ mit dieser Norm ein Banachraum.
Dies lässt sich leicht verallgemeinern: Ist $k \geq 1$, so definiert man in $\mathcal{C}^k(J)$ eine Norm durch

$$\|f\| := \|f\|_J + \|f'\|_J + \ldots + \|f^{(k)}\|_J;$$

man kann analog zeigen, dass $\mathcal{C}^k(J)$, versehen mit dieser Norm, ein Banachraum ist.  ∎

Wir geben noch ein weiteres Beispiel an:

**Beispiel 15.7.2** Es sei $D \subset \mathbb{R}^n$; dann ist

$$\mathcal{B} := \{f : D \to \mathbb{C} | \ f \text{ stetig und beschränkt}\} \quad \text{mit} \quad \|f\| := \sup_{x \in D} |f(x)|$$

ein Banachraum.  ∎

Wir machen im folgenden Gebrauch von einem tiefliegenden Satz von Banach, dem Satz von der inversen Abbildung, der in [19], [20], [26] bewiesen wird:

**Satz 15.7.3 (Satz von Banach)** *Sei $\mathcal{B}$ ein Banachraum und $T : \mathcal{B} \to \mathcal{B}$ ein beschränkter linearer Operator. $T$ sei bijektiv. Dann ist die inverse Abbildung $T^{-1}$ ein stetiger linearer Operator in $\mathcal{B}$ mit Definitionsbereich $\mathcal{D}(T^{-1}) = \mathcal{B}$, mit anderen Worten: $T$ ist genau dann bijektiv, wenn $T$ homöomorph ist.*

Bei Erfülltsein der Voraussetzungen dieses Satzes sprechen wir auch davon, dass $T$ beschränkt invertierbar ist.

**Definition 15.7.4** *Die Menge der in $\mathcal{B}$ erklärten beschränkten linearen Operatoren wird mit $\mathcal{L}(\mathcal{B})$ bezeichnet.*

**Beispiel 15.7.5** Ein Beispiel für einen Operator $T \in \mathcal{L}(\mathcal{C}^0([a,b]))$ erhält man so: Man wählt einen Kern $K \in \mathcal{C}^0([a,b] \times [a,b])$ und setzt

$$T : \mathcal{C}^0([a,b]) \to \mathcal{C}^0([a,b]), \quad f \mapsto \left( x \mapsto \int\limits_a^b K(x,y)f(y)\,\mathrm{d}y \right).$$

Man erhält $\|T\| \leq (b-a) \max\limits_{(x,y)\in[a,b]\times[a,b]} |K(x,y)|$. S. hierzu auch Beispiel 15.3.2. Es gilt sogar $T(L_2([a,b])) \subset \mathcal{C}^0([a,b])$. ∎

Wir leiten nun Kriterien her, wann ein Operator $T \in \mathcal{L}(\mathcal{B})$ invertierbar ist.
Für $S,T \in \mathcal{L}(\mathcal{B})$ sind $ST := S \circ T$ und $T^n := T \circ \ldots \circ T$, $n \in \mathbb{N}$, durch Hintereinanderausführung der Abbildungen erklärt. Es ist $ST \in \mathcal{L}(\mathcal{B}), T^n \in \mathcal{L}(\mathcal{B})$, $\|ST\| \leq \|S\|\,\|T\|$, $\|T^n\| \leq \|T\|^n$.
Wir setzen $T^0 = I$, dabei ist $I : \mathcal{B} \to \mathcal{B}, x \mapsto x$, die Identität.

Mit einer Methode, die an die geometrische Reihe $\sum\limits_{n=0}^{\infty} x^n = \frac{1}{1-x}$ für $|x| < 1$ erinnert, zeigen wir:

**Hilfssatz 15.7.6** *Sei $T \in \mathcal{L}(\mathcal{B})$. Ist $\|T\| < 1$, so ist $I - T$ beschränkt invertierbar und*

$$\|(I-T)^{-1}\| \leq \frac{1}{1 - \|T\|}.$$

**Beweis.** Sei $x \in \mathcal{B}$, $N, M \in \mathbb{N}$, $M + 1 \leq N$; die Reihe

$$\sum_{n=0}^{\infty} T^n x, \ x \in \mathcal{B},$$

ist wegen $\|T\| < 1$,

$$\|\sum_{n=M+1}^{N} T^n x\| \leq \sum_{n=M+1}^{N} \|T\|^n \|x\|$$

konvergent in $\mathcal{B}$. Aus

$$(I - T) \sum_{n=0}^{N} T^n x = (I - T^{N+1} x)$$

folgt mit $N \to \infty$ die Behauptung. □

Daraus ergibt sich: Wenn ein Operator in der Nähe eines invertierbaren Operators liegt, ist er ebenfalls invertierbar.

**Hilfssatz 15.7.7** *Seien $S, T \in \mathcal{L}(\mathcal{B})$, sei $S$ beschränkt invertierbar. Sei*

$$\|S - T\| < \frac{1}{\|S^{-1}\|}.$$

*Dann ist auch $T$ beschränkt invertierbar.*

**Beweis.** Sei $Q = (S - T)S^{-1}$, also $\|Q\| < 1$. Nach dem vorhergehenden Hilfssatz ist $I - Q$ beschränkt invertierbar. Mit $Q = I - TS^{-1}$ folgt $TS^{-1} = I - Q$, $T = (I - Q)S$, $T^{-1} = S^{-1}(I - Q)^{-1}$. □

Wir kommen nun zum Begriff des Spektrums:

**Definition 15.7.8** *Für $T \in \mathcal{L}(\mathcal{B})$ definiert man:*

*Spektrum* $\qquad\qquad\quad \sigma(T) = \{\lambda \in \mathbb{C} \mid T - \lambda I \text{ nicht bijektiv}\}$,

*Punktspektrum* $\qquad\quad \sigma_P(T) = \{\lambda \in \mathbb{C} \mid T - \lambda I \text{ nicht injektiv}\}$,

*kontinuierliches Spektrum* $\sigma_C(T) = \{\lambda \in \sigma(T) \setminus \sigma_P(T) \mid \overline{(T - \lambda I)(\mathcal{B})} = \mathcal{B}\}$,

*Restspektrum* $\qquad\qquad \sigma_R(T) = \{\lambda \in \mathbb{C} \mid T - \lambda I \text{ injektiv}, \overline{\mathcal{R}(T - \lambda I)} \neq \mathcal{B}\}$.

$\lambda \in \sigma(T)$ bezeichnet man als Spektralwert; dann ist $T - \lambda I$ nicht bijektiv.

Für $\lambda \in \sigma_P(T)$ ist $T - \lambda I$ nicht injektiv; es gibt also ein $x \neq 0$ mit $Tx = \lambda x$; somit ist $\sigma_P(T)$ die Menge aller Eigenwerte.

Für $\lambda \in \sigma_C(T)$ gilt: $T - \lambda I$ ist injektiv, nicht surjektiv, aber das Bild $\mathcal{R}(T - \lambda I)$ ist dicht in $\mathcal{B}$.

Ist $\lambda \notin \sigma(T)$, so heißt $(T - \lambda I)^{-1}$ **die Resolvente von $T$ an der Stelle** $\lambda \in \mathbb{C}$.

Offensichtlich gilt:

**Satz 15.7.9** *Sei $T \in \mathcal{L}(\mathcal{B})$. Dann ist $\sigma(T)$ disjunkte Vereinigung*

$$\sigma(T) = \sigma_P(T) \cup \sigma_C(T) \cup \sigma_R(T).$$

Nun zeigen wir:

**Satz 15.7.10** *Sei $T \in \mathcal{L}(\mathcal{B})$. Dann ist $\sigma(T)$ kompakt. Es gilt*

$$\sigma(T) \subset \{z \mid z \in \mathbb{C}, \ |z| \leq \|T\|\}.$$

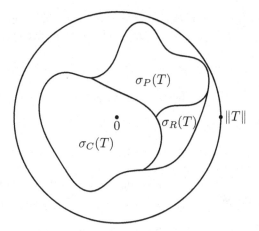

**Beweis.** Wir zeigen zunächst, dass $\sigma(T)$ abgeschlossen ist. Sei $\lambda_0 \notin \sigma(T)$. Sei $S = T - \lambda_0 I$. Also ist $S$ beschränkt invertierbar. Für alle $\lambda$ mit $|\lambda - \lambda_0| < 1/\|S^{-1}\|$ gilt

$$\|T - \lambda_0 I - (T - \lambda I)\| = |\lambda - \lambda_0| < 1/\|S^{-1}\|,$$

so dass nach Hilfssatz 15.7.7 der Operator $T - \lambda I$ beschränkt invertierbar ist, $|\lambda - \lambda_0| < 1/\|S^{-1}\|$. Also ist $\mathbb{C} - \sigma(T)$ offen. Sei nun $\lambda \in \mathbb{C}$, $|\lambda| > \|T\|$. $S = -\lambda I$ ist beschränkt invertierbar, $S^{-1} = -\frac{1}{\lambda} I$, $1/\|S^{-1}\| = |\lambda|$. Es ist $\|S - (T - \lambda I)\| = \|T\| < |\lambda| = 1/\|S^{-1}\|$. Mit Hilfssatz 15.7.7 folgt: $T - \lambda I$ ist beschränkt invertierbar, also ist $\lambda \notin \sigma(T)$. Insbesondere ist $\sigma(T)$ beschränkt und abgeschlossen, also kompakt. $\qquad\Box$

Aus dem Satz von Banach 15.7.3 folgt, dass $(T - \lambda I)^{-1}$ ein beschränkter Operator in der offenen Menge $\mathbb{C} \setminus \sigma(T)$ ist. Man kann dort $(T - \lambda I)^{-1}$ sogar in eine Potenzreihe nach $\lambda$ entwickeln.

**Beispiel 15.7.11** Im ersten Beispiel betrachten wir den unitären Raum $\mathbb{C}^n$, der vermöge $< z, \zeta > = z_1\overline{\zeta_1} + ... + z_n\overline{\zeta_n}$, $\|z\| = |z|^{1/2} = (z, z)^{1/2}$, $z = (z_1, ..., z_n)$, $\zeta = (\zeta_1, ..., \zeta_n)$ zu einem Hilbertraum $\mathcal{H}$ wird. Sei $A$ eine $n \times n$-Matrix mit den Eigenwerten $\lambda_1, ..., \lambda_n$. Dann ist durch $x \mapsto Ax$ ein Operator $T \in \mathcal{L}(\mathcal{H})$ gegeben, für den gilt:

$$\sigma(T) = \sigma_P(T) = \{\lambda_1, ..., \lambda_n\}, \qquad \sigma_C(T) = \sigma_R(T) = \emptyset.$$

Dies liegt daran, dass im vorliegenden Fall aus der Injektivität von $T - \lambda I$ auch die Surjektivität folgt. $\qquad\blacksquare$

**Beispiel 15.7.12** Im zweiten Beispiel wählen wir den Hilbertraum $\mathcal{H} = L_2([a, b])$ und definieren ein Element $T \in \mathcal{L}(\mathcal{H})$ durch

$$(Tf)(x) = \int\limits_a^b K(x, y)f(y)\,\mathrm{d}y$$

mit $K \in C^0([a,b] \times [a,b])$ oder $K \in L_2([a,b] \times [a,b])$ (vgl. hierzu die ersten beiden Beispiele in 15.3). $\lambda \in \mathbb{C}$ ist dann und nur dann Eigenwert von $T$, wenn es ein $f \in \mathcal{H} \setminus \{0\}$ gibt mit

$$\lambda f(x) = \int_a^b K(x,y) f(y) \, \mathrm{d}y$$

f.ü. in $]a,b[$. ∎

**Beispiel 15.7.13** Im dritten Beispiel befassen wir uns mit dem in 10.4.14 eingeführten Hilbertraum $\mathcal{H} = l_2$. Wir definieren wie in Beispiel 15.4.5 ein Element $T \in \mathcal{L}(\mathcal{H})$ durch die Vorschrift

$$T : l_2 \to l_2, \ (x_1, x_2, \ldots) \mapsto (0, x_1, x_2, \ldots).$$

$T = T - 0 \cdot I$ ist injektiv, aber nicht surjektiv. Also ist $0 \in \sigma(T)$. Offenbar ist $0 \notin \sigma_P(T)$ und $0$ ist auch nicht in $\sigma_C(T)$, da

$$\|(1,0,0,\ldots) - (0,x_1,x_2,\ldots)\| \geq 1$$

ist für alle $(x_1, x_2, \ldots) \in l_2$. Also ist $0$ in $\sigma_R(T)$. ∎

Wir beschließen diesen Paragraphen mit dem

**Satz 15.7.14** *Sei $\mathcal{B}$ ein Banachraum endlicher Dimension. Sei $T \in \mathcal{L}(\mathcal{B})$. Dann ist*

$$\sigma(T) = \sigma_P(T), \qquad \sigma_C(T) = \sigma_R(T) = \emptyset.$$

**Beweis.** Wenn $T - \lambda I$ injektiv ist, so ist $\dim(T - \lambda I)(\mathcal{B}) = \dim \mathcal{B}$ und daher $(T - \lambda I)(\mathcal{B}) = \mathcal{B}$. Somit ist $T - \lambda I$ surjektiv, also ist $T - \lambda I$ beschränkt invertierbar (vgl. dazu Satz 7.4.9). □

## 15.8 Kompakte Operatoren

**Definition 15.8.1** *Ein stetiger linearer Operator $T : \mathcal{B} \to \mathcal{B}$ heißt **kompakt (vollstetig)**, wenn für jede beschränkte Folge $(x_n)$ in $\mathcal{B}$ gilt: $(Tx_n)$ enthält eine konvergente Teilfolge.*
*Eine Teilmenge $\mathcal{M} \subset \mathcal{B}$ ist kompakt, wenn sie abgeschlossen ist und jede Folge aus $\mathcal{M}$ eine konvergente Teilfolge besitzt (deren Limes dann in $\mathcal{M}$ liegt). $\mathcal{M}$ heißt präkompakt, wenn $\overline{\mathcal{M}}$ kompakt ist.*

Die Kompaktheit von $\mathcal{M}$ ist bereits in 9.1.13 erklärt. Beide Definitionen sind äquivalent. Auf Grund von 9.1.14 und 9.1.17 ist dies naheliegend.

**Hilfssatz 15.8.2** *Sei $E = \{x \,|\, x \in \mathcal{B}, \ \|x\| \leq 1\}$. Ein stetiger linearer Operator $T : \mathcal{B} \to \mathcal{B}$ ist genau dann kompakt, wenn $\overline{T(E)}$ kompakt ist.*

**Beweis.** Sei $\overline{T(E)}$ nicht kompakt, also $T(E)$ nicht präkompakt. Dann existiert eine Folge $(y_n)$, $y_n \in T(E)$, $n \in \mathbb{N}$, die keinen Häufungspunkt besitzt. Wegen $y_n = Tx_n$, $x_n \in E$, $n \in \mathbb{N}$, ist dann $T$ nicht kompakt. Also folgt aus der Kompaktheit von $T$ die Kompaktheit von $\overline{T(E)}$.

Sei $\overline{T(E)}$ kompakt. Sei $(x_n)$ eine beschränkte Folge aus $\mathcal{B}$. Dann ist $\|x_n\| \leq M$, $n \in \mathbb{N}$, $x_n' = \frac{1}{M}x_n \in E$, $n \in \mathbb{N}$ (o.E. sei $M > 0$). $(Tx_n')$ hat einen Häufungspunkt in $\overline{T(E)}$. Es gibt also eine Teilfolge $(x_{n_k}')$ mit $Tx_{n_k}' \to y'$, $k \to \infty$, in $\mathcal{B}$. Also folgt $Tx_{n_k} \to M \cdot y'$, $k \to \infty$, in $\mathcal{B}$.  □

**Beispiel 15.8.3** Der Operator $T : l_2 \to l_2$, $x \mapsto x$, ist **nicht** kompakt. Sei $x_n = (0, ..., 0, 1, 0, ...)$, dabei steht 1 an der n-ten Stelle. $(x_n)$ hat keinen Häufungspunkt, weil $\|x_n - x_m\|_{l_2} = \sqrt{2}$, $n \neq m$, $n, m \in \mathbb{N}$, ist.  ■

**Hilfssatz 15.8.4** *Sei $K : [a, b] \times [a, b] \to \mathbb{C}$ stetig. Dann ist*

$$T : L_2([a, b]) \to L_2([a, b]), \quad f \mapsto \int_a^b K(\cdot, s)f(s)\,\mathrm{d}s$$

*kompakter Operator in $\mathcal{H} = L_2([a, b])$.*

**Beweis.** Sei $(f_n)$ eine Folge in $L_2([a, b])$ mit $\|f_n\|_{L_2([a,b])} \leq M$, $n \in \mathbb{N}$. Dann gilt (vgl. Beispiel 15.3.2): $Tf_n \in C^0([a, b])$, $\max|Tf_n| \leq \text{const} \cdot M$, $n \in \mathbb{N}$. Die Folge $(Tf_n)$ enthält, wie man zeigen kann, eine gleichmäßig in $[a, b]$ konvergente Teilfolge $(Tf_{n_j})$. Es ist $C^0([a, b]) \subset L_2([a, b])$, $\|f\|_{L_2([a,b])} \leq c \cdot \max|f|$ mit einer von $f \in C^0([a, b])$ unabhängigen Konstante. Also konvergiert $(Tf_{n_j})$ in $L_2([a, b])$.  □

Wir ersetzen jetzt den Banachraum $\mathcal{B}$ durch einen Hilbertraum $\mathcal{H}$. Wir zeigen:

**Hilfssatz 15.8.5** *Sei $T : \mathcal{H} \to \mathcal{H}$ ein kompakter Operator und $E_\lambda = Ker(T - \lambda I)$; dann gilt:*

$$\boxed{\dim E_\lambda < \infty \quad \text{für } \lambda \neq 0}$$

**Beweis.** Wenn $E_\lambda$ nicht von endlicher Dimension wäre, so existierte eine Folge $(x_n)$, $x_n \in E_\lambda$, $n \in \mathbb{N}$, derart, dass jeweils endlich viele der $x_1, x_2, ...$ linear unabhängig sind. Das Schmidtsche Orthogonalisierungsverfahren (s. 7.9.14) liefert eine Folge $(b_n)$ mit $b_n \in E_\lambda$, $n \in \mathbb{N}$, $b_n \perp b_m$, $n \neq m$, $\|b_n\| = 1$, $n \in \mathbb{N}$. Wir haben $Tb_n = \lambda b_n$, und für $n \neq m$ ist

$$\|Tb_n - Tb_m\| = |\lambda|\, \|b_n - b_m\| = |\lambda|\sqrt{< b_n - b_m, b_n - b_m >} = |\lambda|\sqrt{2}.$$

Also enthält $(Tb_n)$ keine konvergente Teilfolge, obwohl die Folge $(b_n)$ beschränkt ist.  □

**Satz 15.8.6** *Sei $\mathcal{H}$ ein Hilbertraum, $T : \mathcal{H} \to \mathcal{H}$ ein kompakter linearer Operator. Sei $\varepsilon > 0$. Dann gibt es nur endlich viele linear unabhängige Eigenvektoren von $T$, die zu Eigenwerten $\lambda$ mit $|\lambda| \geq \varepsilon$ gehören.*

**Beweis.** Seien $x_1, x_2, \ldots \in \mathcal{H}$, je endlich viele seien linear unabhängig, es sei $T x_n = \lambda_n x_n$. Wir wollen zeigen: $\lambda_n \to 0$, $n \to \infty$. Das Schmidtsche Orthonormalisierungsverfahren liefert $e_1, e_2, \ldots$, die paarweise orthogonal sind und die Eigenschaft $\|e_n\| = 1$ haben. Diese sind aber im allgemeinen keine Eigenvektoren. Wir zeigen zunächst

$$(T - \lambda_n I) e_n \perp e_n.$$

$e_n$ liegt im $\mathbb{C}$-Vektorraum, der von $x_1, \ldots, x_n$ aufgespannt wird, also gibt es $c_\nu \in \mathbb{C}$ mit

$$e_n = \sum_{\nu=1}^{n} c_\nu x_\nu.$$

Sei $y_n := (T - \lambda_n I) e_n$, also

$$y_n = \sum_{\nu=1}^{n} (c_\nu T x_\nu - \lambda_n c_\nu x_\nu) = \sum_{\nu=1}^{n} c_\nu (\lambda_\nu - \lambda_n) x_\nu,$$

so dass $y_n$ im $\mathbb{C}$-Vektorraum liegt, der von $x_1, \ldots, x_{n-1}$ aufgespannt wird. Da nach dem Schmidtschen Orthogonalisierungsverfahren $e_n$ senkrecht auf diesem Vektorraum steht, ist in der Tat $(T - \lambda_n I) e_n \perp e_n$. Also folgt

$$\lambda_n = < T e_n, e_n >.$$

Da die $e_1, e_2, \ldots$ ein Orthonormalsystem bilden, folgt aus der Besselschen Ungleichung (s. 10.4.10) die Konvergenz der Reihe $\sum_{n=1}^{\infty} | < x, e_n > |^2$ für $x \in \mathcal{H}$ und daher

$$0 = \lim_{n \to \infty} < x, e_n > \quad \text{für } x \in \mathcal{H}.$$

Wir zeigen jetzt, dass $\lim_{n \to \infty} \|T e_n\| = 0$ ist. Nehmen wir an, dass die $\|T e_n\|$ nicht gegen 0 konvergieren. Wegen der Kompaktheit von $T$ existiert eine Teilfolge $(e_{n_k})$ von $(e_n)$ derart, dass $T e_{n_k} \to f$, $k \to \infty$, in $\mathcal{H}$ mit $f \neq 0$ (man wähle eine Teilfolge aus $(T e_n)$ aus, deren Normen von Null weg nach unten beschränkt sind). Dann ist

$$\|f\|^2 = < \lim_{k \to \infty} T e_{n_k}, f > = \lim_{k \to \infty} < T e_{n_k}, f > = \lim_{k \to \infty} < e_{n_k}, T^* f > = 0,$$

wie eben gezeigt. Dies ist ein Widerspruch, also $\lim_{n \to \infty} \|T e_n\| \to 0$. Zuletzt zeigen wir: $|\lambda_n| \leq \|T e_n\|$, $n \in \mathbb{N}$. Aus der schon bewiesenen Relation $\lambda_n = < T e_n, e_n >$ folgt

$$|\lambda_n| = | < T e_n, e_n > | \leq \|T e_n\| \|e_n\| = \|T e_n\|.$$

Aus $|\lambda_n| \leq \|T e_n\|$ und $\|T e_n\| \to 0$, $n \to \infty$, folgt der Satz.    □
Daraus ergibt sich

**Satz 15.8.7** *Sei $T : \mathcal{H} \to \mathcal{H}$ ein kompakter linearer Operator im Hilbertraum $\mathcal{H}$. Dann hat $T$ entweder keinen Eigenwert oder endlich viele Eigenwerte oder die Eigenwerte bilden eine Nullfolge.*

**Beispiel 15.8.8** Sei $\mathcal{H} = l_2$. Wir definieren einen Operator $T \in \mathcal{L}(\mathcal{H})$ durch

$$(x_1, x_2, ...) \mapsto (0, x_1, \frac{1}{2}x_2, \frac{1}{3}x_3, ...).$$

Zunächst ist $T$ kompakt. Sei nämlich $(x^{(n)})$ eine Folge in $l_2$ mit $\|x^{(n)}\| \leq M$, $n \in \mathbb{N}$. Mit $x^{(n)} = (x_1^{(n)}, x_2^{(n)}, ...)$, $n \in \mathbb{N}$, folgt aus Satz 15.6.2: Es gibt eine Teilfolge $(x^{(n_k)})$ von $(x^{(n)})$ derart, dass $x^{(n_k)} \rightharpoonup x^*$, $k \to \infty$. Dann ist $\|x^*\| \leq M$ und $x_j^{(n_k)} \to x_j^*$, $j \in \mathbb{N}$, $k \to \infty$, s. 15.6. Wegen

$$\|Tx^{(n_k)} - Tx^*\|^2 \leq \sum_{j=1}^{N} |x_j^{(n_k)} - x_j^*|^2 + \frac{1}{N^2} \sum_{j=N+1}^{+\infty} |x_j^{(n_k)} - x_j^*|^2 \leq$$

$$\leq \sum_{j=1}^{N} |x_j^{(n_k)} - x_j^*|^2 + \frac{1}{N^2} 2M^2$$

folgt: $Tx^{(n_k)} \to Tx^*$, $k \to \infty$. Sei $Tx = \lambda x$. Falls $\lambda = 0$ ist, folgt $x_1 = 0$, $\frac{1}{2}x_2 = 0$, ..., also $x = 0$. Also ist 0 kein Eigenwert. Sei $\lambda \neq 0$. Dann ist $\lambda x_1 = 0$, also $x_1 = 0$, $x_1 = \lambda x_2$, also $x_2 = 0$, $\frac{1}{2}x_2 = \lambda x_3$, also $x_3 = 0$ usw., also $x = 0$. Also ist $\sigma_P(T) = \phi$. Andererseits ist $0 \in \sigma(T)$, weil $T = T - 0 \cdot I$ nicht surjektiv ist. Sei $\lambda \neq 0$, $S = T - \lambda I$. Also ist

$$Sx = (0 - \lambda x_1, x_1 - \lambda x_2, \frac{x_2}{2} - \lambda x_3, ..., \frac{x_n}{n} - \lambda x_{n+1}, ...).$$

Sei

$$y = (y_1, y_2, y_3, ..., y_{n+1}, ...)$$

aus $l_2$ beliebig. Sei $x_1 = -\frac{1}{\lambda}y_1, ..., x_{n+1} = -\frac{1}{\lambda}(y_{n+1} - \frac{x_n}{n}), ....$ . Wir zeigen: $(x_1, x_2, ...) \in l_2$. Der Beweis verläuft so: Es ist

$$|x_{n+1}| \leq \frac{1}{|\lambda|}|y_{n+1}| + \frac{1}{|\lambda|}\frac{|x_n|}{n}$$

daher

$$|x_{n+1}|^2 \leq \frac{2}{|\lambda|^2}|y_{n+1}|^2 + \frac{2}{|\lambda|^2}\frac{|x_n|^2}{n^2},$$

$$\sum_{n=1}^{N} |x_{n+1}|^2 \leq \frac{2}{|\lambda|^2} \sum_{n=1}^{N} |y_{n+1}|^2 + \frac{2}{|\lambda|^2} \sum_{n=1}^{N} \frac{|x_n|^2}{n^2},$$

$$\sum_{n=2}^{N-1} (1 - \frac{2}{|\lambda|^2}\frac{1}{(n+1)^2})|x_{n+1}|^2 \leq \frac{2}{|\lambda|^2} \sum_{n=1}^{N} |y_{n+1}|^2 + \frac{2}{|\lambda|^2}|x_1|^2;$$

für $2 + [\frac{2}{|\lambda|}] \leq n \leq N - 1$ folgt $(1 - \frac{2}{|\lambda|^2}\frac{1}{(n+1)^2}) \geq 1/2$,

$$\sum_{n=2+[\frac{2}{|\lambda|}]}^{N} |x_{n+1}|^2 \leq \frac{4}{|\lambda|^2}(\|y\|^2 + |x_1|^2).$$

Insbesondere ist $S$ surjektiv. Wie schon bewiesen, ist $S$ injektiv. Also haben wir $\sigma(T) = \{0\}$. 0 liegt nicht in $\sigma_C(T)$, weil $\|(1, 0, 0, ...) - Tx\| \geq 1$, $x \in \mathcal{H}$. ∎

## 15.9 Selbstadjungierte beschränkte und selbstadjungierte kompakte Operatoren in einem Hilbertraum

Der Begriff des hermiteschen Operators wurde in Definition 15.3.11 eingeführt. Ein besonders einfaches Beispiel ist eine lineare Abbildung $A : \mathbb{C}^n \to \mathbb{C}^n$, gegeben durch die Matrix $A = (a_{ik})$ mit $a_{ik} = \overline{a_{ki}}$. Mit dem Skalarprodukt $< x, y > = \sum_{k=1}^{n} x_i \overline{y_i}$ ist der unitäre Raum $\mathbb{C}^n$ ein Hilbertraum. Andere Beispiele sind die Integraloperatoren aus Beispiel 15.3.3, wenn $K(x, y) = \overline{K(y, x)}$ ist. Hierunter fallen die Inversen zu Sturm-Liouville-Operatoren und zu $-\Delta$, da die Greensche Funktion symmetrisch ist. Die genannten Operatoren sind alle beschränkt; für unbeschränkte s. Beispiel 15.3.12. Wir wollen in Zukunft die in einem Hilbertraum $\mathcal{H}$ überall erklärten hermiteschen Operatoren auch als (beschränkte) selbstadjungierte Operatoren bezeichnen. Jeder in $\mathcal{H}$ erklärte hermitesche Operator ist, wie man zeigen kann, beschränkt. Wenn $\lambda \in \mathbb{C}$ Eigenwert eines selbstadjungierten Operators $T$ ist, so haben wir mit $x \neq 0$ jedenfalls $< Tx, x > = \lambda \|x\|^2$ und $< Tx, x > = < x, Tx > = \overline{\lambda} \|x\|^2$. Also ist $\lambda = \overline{\lambda}$ und somit fällt jeder Eigenwert eines selbstadjungierten Operators reell aus (vgl. 7.10.4).

Wie in Satz 7.10.5 gezeigt wurde, gilt für die Eigenräume eines selbstadjungierten Operators:

$$E_\lambda \perp E_\mu \quad \text{falls} \quad \lambda \neq \mu.$$

Den nächsten Hilfssatz beweisen wir nicht, Beweise findet man in [19] und [20].

**Hilfssatz 15.9.1** *Sei $T$ ein beschränkter selbstadjungierter Operator in einem Hilbertraum $\mathcal{H}$. Sei $c > 0$, sei*

$$| < Tx, x > | \leq c\|x\|^2, \ x \in \mathcal{H}.$$

*Dann ist $\|T\| \leq c$.*

Die Besonderheit des Hilfssatzes besteht darin, dass nicht

$$| < Tx, y > | \leq c\|x\| \|y\| \quad \text{für} \quad x, y \in \mathcal{H}$$

gefordert wird, woraus sofort $\|T\| \leq c$ folgt, sondern nur $| < Tx, x > | \leq c\|x\|^2$, $x \in \mathcal{H}$, woraus $\|T\| \leq c$ mit Hilfe der Selbstadjungiertheit von $T$ geschlossen werden muss. Für jeden Eigenwert $\lambda$ gilt nach Satz 15.7.3: $|\lambda| \leq \|T\|$. Der folgende Satz zeigt eine Extremaleigenschaft der Eigenwerte für kompaktes selbstadjungiertes $T$:

**Satz 15.9.2** *Sei $T \in \mathcal{L}(\mathcal{H})$ selbstadjungiert und kompakt. Dann ist $\|T\|$ oder $-\|T\|$ ein Eigenwert von $T$.*

**Beweis.** Ohne Einschränkung sei $T$ nicht der Nulloperator. Sei $0 < c < \|T\|$. Dann kann gemäß Hilfssatz 15.9.1 nicht für alle $x \in \mathcal{H} \setminus \{0\}$ die Ungleichung

$$| < Tx, x > | \leq c\|x\|^2$$

gelten. Also existiert zu $c_n = \|T\| - \frac{1}{n}$, $n \in \mathbb{N}$, ein $x_n \in \mathcal{H}$ mit $\|x_n\| = 1$ und

$$\|T\| - \frac{1}{n} \leq | < Tx_n, x_n > |.$$

Es gilt

$$| < Tx_n, x_n > | \leq \|Tx_n\| \, \|x_n\| \leq \|T\|,$$

also

$$\lim_{n \to \infty} | < Tx_n, x_n > | = \|T\|.$$

Nach Übergang zu einer Teilfolge von $(< Tx_n, x_n >)$, die wir ohne Einschränkung auch wieder mit $(< Tx_n, x_n >)$ bezeichnen, haben wir

$$\lim_{n \to \infty} < Tx_n, x_n >= \lambda$$

mit $\lambda = \|T\|$ oder $\lambda = -\|T\|$. Weil $T$ **kompakt** ist, können wir die Teilfolge von $(< Tx_n, x_n >)$ so wählen, dass

$$y = \lim_{n \to \infty} Tx_n$$

existiert. Dann ist

$$
\begin{aligned}
0 \leq \|Tx_n - \lambda x_n\|^2 &=< Tx_n - \lambda x_n, Tx_n - \lambda x_n >= \\
&= \|Tx_n\|^2 - 2\lambda < Tx_n, x_n > + \lambda^2 \leq \\
&\leq \|T\|^2 + \lambda^2 - 2\lambda < Tx_n, x_n >= 2\lambda^2 - 2\lambda < Tx_n, x_n > .
\end{aligned}
$$

Wegen $\lim_{n \to \infty} < Tx_n, x_n >= \lambda$ folgt

$$\lim_{n \to \infty} \|Tx_n - \lambda x_n\| = 0,$$

also

$$\lim_{n \to \infty} \lambda x_n = y, \ \lim_{n \to \infty} x_n = x, \ x = \frac{1}{\lambda} y.$$

Wir haben

$$Tx = T(\lim_{n \to \infty} x_n) = \lim_{n \to \infty} Tx_n = y = \lambda x$$

und $x \neq 0$.  $\qquad\qquad\qquad\qquad\qquad\qquad\qquad\qquad\qquad\qquad\qquad\qquad$ $\square$

Insbesondere reicht $\sigma(T)$ an den Rand des Kreises mit dem Radius $\|T\|$ heran. In Wahrheit ist $\sigma(T) \subset \mathbb{R}$, was wir in Satz 15.9.4 zeigen. Satz 15.9.2 vermittelt folgendes Verfahren zur Konstruktion der Eigenwerte, das wir hier nicht in allen Einzelheiten darstellen können: Sei $T \in \mathcal{L}(\mathcal{H})$ kompakt und selbstadjungiert, $T$ sei nicht der Nulloperator.

**1. Schritt:** Man bestimmt $u_1 \in \mathcal{H}$ mit $\|u_1\| = 1$ und

$$| < Tu_1, u_1 > | = \max\{| < Tx, x > | \, | x \in \mathcal{H}, \|x\| = 1\}.$$

Dann ist $Tu_1 = \lambda_1 u_1$ mit $|\lambda_1| = \max\{| < Tx, x > | \, | x \in \mathcal{H}, \|x\| = 1\} = \|T\|$.

**2. Schritt:** $\mathcal{M}_1 = \{\lambda u_1 | \lambda \in \mathbb{C}\}$ sei der von $u_1$ aufgespannte abgeschlossene Teilraum von $\mathcal{H}$. Sei $\mathcal{H}_1 = \mathcal{M}_1^{\perp}$. Dann ist $T(\mathcal{H}_1) \subset \mathcal{H}_1$, denn für $x \in \mathcal{H}_1$ ist $< Tx, u_1 > = < x, Tu_1 > = \lambda_1 < x, u_1 > = 0$. $T$ ist also aus $\mathcal{L}(\mathcal{H}_1)$, kompakt und selbstadjungiert. Falls $\mathcal{H}_1 \neq \{0\}$ ist, erhalten wir mit der Methode aus dem ersten Schritt einen Eigenwert $\lambda_2$ mit $|\lambda_1| \geq |\lambda_2|$. Auf diese Weise fährt man fort. Wir können nun das Hauptergebnis dieses Paragraphen formulieren, nämlich

### Satz 15.9.3 (Spektralsatz für kompakte selbstadjungierte Operatoren)

*Sei $T \in \mathcal{L}(\mathcal{H})$ kompakt und selbstadjungiert. Sei $T$ nicht der Nulloperator. Dann hat $T$ endlich viele oder abzählbar unendlich viele Eigenwerte $\lambda_n \neq 0, 1 \leq n \leq N$ oder $n \in \mathbb{N}$, die sich in der Form*

$$\|T\| = |\lambda_1| \geq |\lambda_2| \geq ... \geq |\lambda_N| \quad \text{bzw.} \quad \|T\| = |\lambda_1| \geq |\lambda_2| \geq |\lambda_3| \geq ...$$

*anordnen lassen. Jeder Eigenwert wird so oft notiert, wie seine endliche Vielfachheit angibt. Es gibt ein Orthonormalsystem $\{u_1, ..., u_N\}$ bzw. $\{u_1, u_2, ...\}$ in $\mathcal{H}$ mit*

$$Tu_n = \lambda_n u_n,$$

*so dass sich jedes $x \in \mathcal{H}$ eindeutig darstellen lässt als*

$$x = \sum_{n=1}^{N} a_n u_n + x_0 \quad \text{bzw.} \quad x = \sum_{n=1}^{\infty} a_n u_n + x_0$$

*mit $a_n = < x, u_n >$, $x_0 \in Ker\, T$. Es ist $Ker\, T = \overline{\langle u_1, u_2, ...\rangle}^{\perp}$,*

$$Tx = \sum_{n=1}^{N} \lambda_n a_n u_n \quad \text{bzw.} \quad Tx = \sum_{n=1}^{\infty} \lambda_n a_n u_n.$$

*Wenn es abzählbar unendlich viele Eigenwerte $\lambda_n \neq 0$ gibt, dann ist $\lim\limits_{n \to \infty} \lambda_n = 0$. Ist $Ker\, T = \{0\}$, so bilden die $u_1, u_2, ...$ eine Hilbertbasis.*

**Beweis.** Wir befassen uns mit dem Fall abzählbar unendlich vieler Eigenwerte $\lambda_n \neq 0$. Diese werden wie vorher erläutert konstruiert. Zunächst haben wir $\lambda_1$ mit $|\lambda_1| = \|T\|$, dann $\lambda_2$ mit $|\lambda_1| \geq |\lambda_2|$ usw. Sei $k_n = \dim E_{\lambda_n}$, die Größe $\dim E_{\lambda_n}$ ist nach Hilfssatz 15.8.5 endlich. Wir denken uns $\lambda_n$ $k_n$-mal hingeschrieben. In $E_{\lambda_n}$ wählen wir eine Orthonormalbasis $\{u_1^{(n)}, ..., u_{k_n}^{(n)}\}$ aus Eigenvektoren zum Eigenwert $\lambda_n$. Weil Eigenvektoren zu verschiedenen Eigenwerten zueinander orthogonal sind, sind die $u_1, u_2, ...$ mit

$$u_1 = u_1^{(1)}, ..., u_{k_1} = u_{k_1}^{(1)},$$

$$u_{k_1+1} = u_1^{(2)}, ..., u_{k_1+k_2} = u_{k_2}^{(2)},$$

$$......$$

ein Orthonormalsystem. Sei $\tilde{\mathcal{H}}_1$ der Hilbertraum, der aus dem Abschluss aller endlichen Linearkombinationen der $u_1, u_2, ...$ besteht. In $\tilde{\mathcal{H}}_1$ bildet $\{u_1, u_2, ...\}$ nach

10.4.12 eine Hilbertbasis und wir haben nach dem Zerlegungssatz 10.4.5 die orthogonale Zerlegung

$$\mathcal{H} = \tilde{\mathcal{H}}_1 \oplus \tilde{\mathcal{H}}_1^{\perp}.$$

Sei $x \in \tilde{\mathcal{H}}_1^{\perp}$. Wegen $< Tx, u_n > = \tilde{\mu} < x, u_n > = 0$, $n \in \mathbb{N}$ ($\tilde{\mu}$ ist eine der Zahlen $\lambda_1, \lambda_2, ...$) folgt $T(\tilde{\mathcal{H}}_1^{\perp}) \subset \tilde{\mathcal{H}}_1^{\perp}$. Damit ist $T_0 : \tilde{\mathcal{H}}_1^{\perp} \to \tilde{\mathcal{H}}_1^{\perp}$, $x \mapsto Tx$, aus $\mathcal{L}(\tilde{\mathcal{H}}_1^{\perp})$, kompakt und selbstadjungiert. Wenn $T_0$ nicht der Nulloperator ist, so hat $T_0$ einen Eigenwert $\neq 0$, etwa $\mu$. Also existiert ein $x \neq 0$, $x \in \tilde{\mathcal{H}}_1^{\perp}$ mit $T_0 x = \mu x$. Ist $\mu$ eine der Zahlen $\lambda_1, \lambda_2, ...$, so folgt: $x \in \tilde{\mathcal{H}}_1$, also wegen $\tilde{\mathcal{H}}_1 \cap \tilde{\mathcal{H}}_1^{\perp} = \{0\}$ jedenfalls $x = 0$. Nun sei $\mu$ keine der Zahlen $\lambda_1, \lambda_2, ...$ . Aus Satz 15.8.7 folgt: $\lim_{n \to \infty} \lambda_n = 0$. Also gibt es einen Index $j$ mit $|\lambda_j| \geq |\mu| \geq |\lambda_{j+1}|$. Wir beziehen uns auf das vor diesem Satz erläuterte Verfahren zur Konstruktion der Eigenwerte $\lambda_1, \lambda_2, ...$ . Es ist $\mathcal{H}_0 = \mathcal{H}$,

$$|\lambda_j| = \max\{| < Ty, y > | \, | \, y \in \mathcal{H}_{j-1}, \|y\| = 1\},$$
$$\mathcal{H} = \mathcal{M}_1 + \mathcal{M}_2 + ... + \mathcal{M}_{j-1} + \mathcal{H}_{j-1}$$

mit paarweise orthogonalen abgeschlossenen Teilräumen $\mathcal{M}_1, ..., \mathcal{M}_{j-1}, \mathcal{H}_{j-1}$. Ist $x \neq 0$ das vorhin eingeführte Element aus $\mathcal{H}$ mit $Tx = \mu x$, so haben wir

$$x = \sum_{k=1}^{j-1} x_k + h_{j-1} \text{ mit } x_k \in \mathcal{M}_k, \, 1 \leq k \leq j - 1, \, h_{j-1} \in \mathcal{H}_{j-1}.$$

Aus der Orthogonalität der Eigenräume folgt $< x, x_k > = 0$, $1 \leq k \leq j - 1$, und nach Konstruktion ist $< h_{j-1}, x_k > = 0$, $1 \leq k \leq j - 1$. Also ist $x_k = 0$, $1 \leq k \leq j - 1$, $x = h_{j-1} \in \mathcal{H}_{j-1}$. Wir haben die Zerlegung

$$\mathcal{H}_{j-1} = \mathcal{M}_j + \mathcal{H}_j$$

in paarweise orthogonale Unterräume $\mathcal{M}_j, \mathcal{H}_j$. Also ist

$$x = x_j + h_j, \; x_j \in \mathcal{M}_j, \; h_j \in \mathcal{H}_j,$$
$$Tx = \lambda_j x_j + T h_j = \mu x = \mu x_j + \mu h_j.$$

Aus $T h_j \in \mathcal{H}_j$ folgt $\lambda_j x_j = \mu x_j$, $T h_j = \mu h_j$, also $\mu = \lambda_j$, im Widerspruch zu unserer Annahme. Wie eben gezeigt, ist dann $x = 0$. Also hat $T_0$ keinen von Null verschiedenen Eigenwert. Daher ist nach Satz 15.9.2 jedenfalls $T_0$ der Nulloperator. Somit ist $\tilde{\mathcal{H}}_1^{\perp} \subset Ker\, T$. Wir haben

$$x = \sum_{n=1}^{\infty} a_n u_n + x_0$$

mit $x_0 \in \tilde{\mathcal{H}}_1^{\perp}$, also

$$Tx = \sum_{n=1}^{\infty} \lambda_n a_n u_n.$$

Nun müssen wir noch zeigen: $Ker\, T \subset \tilde{\mathcal{H}}_1^\perp$. Sei nämlich $Tx = 0$; für $n \in \mathbb{N}$ ist dann $< Tx, u_n >= 0$, also $< x, Tu_n >= \lambda_n < x, u_n >= 0$, und wegen $\lambda_n \neq 0$ folgt $< x, u_n >= 0$. Somit ist $x \in \tilde{\mathcal{H}}_1^\perp$. Satz 15.9.3 ist bewiesen.    □

**Konsequenzen** aus den Erörterungen dieses Paragraphen sind:

**Satz 15.9.4** *Sei $T \in \mathcal{L}(\mathcal{H})$ und selbstadjungiert. Dann ist $\sigma(T) \subset \mathbb{R}$.*

**Beweis.** Sei $z \in \mathbb{C}$. Wir haben

$$\|(T - zI)f\| \geq |Im\, z|, \qquad (T - zI)^* = T - \bar{z}I.$$

Ist Im $z \neq 0$, so ist $|Imz| > 0$ und aus $(T - zI)^* f = 0$ folgt $f = 0$. Satz 15.4.3 von Toeplitz zeigt, dass für Im $z \neq 0$ der Operator $T - zI$ beschränkt invertierbar ist.    □

Vom Spektrum eines selbstadjungierten beschränkten Operators können wir uns demnach folgendes Bild machen:

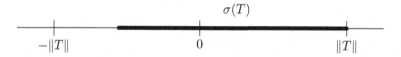

Das Spektrum eines selbstadjungierten kompakten Operators sieht so aus:

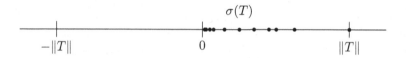

**Satz 15.9.5** *Sei $T \in \mathcal{L}(\mathcal{H})$ kompakt und selbstadjungiert. Sei $0 \neq \sigma_P(T)$. Es gebe unendlich viele Eigenwerte $\lambda_1, \lambda_2, \ldots$ von $T$. Dann ist $0 \in \sigma_C(T)$.*

**Beweis.** Aus Satz 15.9.3 folgt: $\lim\limits_{n\to\infty} \lambda_n = 0$. Aus Satz 15.7.9 entnehmen wir, dass $0 \in \sigma(T)$ liegt. $R(T)$ ist dichter Teilraum von $\mathcal{H}$, da die Eigenvektoren $u_1, u_2, \ldots$ zu $\lambda_1, \lambda_2, \ldots$ in $R(T)$ liegen und nach Satz 15.9.3 eine Hilbertbasis bilden.    □

Die naheliegende Frage ist, ob genau $\sigma(T) = \{0, \lambda_1, \lambda_2, \ldots\}$ ist. Wir beantworten sie bejahend im nächsten Paragraphen, falls $T$ ein Integraloperator ist. Doch wird von dieser speziellen Gestalt von $T$ kein wesentlicher Gebrauch gemacht, so dass die Aussage allgemein gilt.

## 15.10 Integralgleichungen

Im folgenden sei

$$K : [a, b] \times [a, b] \to \mathbb{C}$$

stetig. Sei $\mathcal{H} = L_2([a, b])$ und $T$ der kompakte Operator in $\mathcal{H}$, der gegeben ist durch

$$Tf(x) = \int\limits_a^b K(x,y)f(y)\,\mathrm{d}y, \ f \in \mathcal{H}$$

(s. hierzu auch Hilfssatz 15.8.4).

**Hilfssatz 15.10.1** *Sei*

$$K(s,t) = \overline{K(t,s)} \quad \text{für } a \leq s,t \leq b.$$

*Dann ist $T$ hermitesch oder selbstadjungiert in $\mathcal{H} = L_2([a,b])$.*

**Beweis.** Wir verweisen auf Beispiel 15.3.8.

**Satz 15.10.2** *Sei $g \in \mathcal{H} = L_2([a,b])$ und $K(s,t) = \overline{K(t,s)}$. Sei $\lambda \in \mathbb{C} \setminus \{0\}$. Dann gilt für die Integralgleichung*

$$(*) \quad f(s) = \lambda \int\limits_a^b K(s,t)f(t)\,\mathrm{d}t + g(s):$$

*1. Wenn $1/\lambda$ kein Eigenwert von $T$ ist, dann besitzt (*) für jedes $g \in \mathcal{H}$ genau eine Lösung.*

*2. Wenn $1/\lambda$ ein Eigenwert von $T$ ist, dann ist (*) genau dann lösbar, wenn $g \in E_{1/\lambda}^\perp$ ist. In diesem Fall gibt es unendlich viele Lösungen.*

Dies wird in der Physik gelegentlich als die Fredholmsche Alternative bezeichnet (IVAR FREDHOLM (1866-1927)).

**Beweis.** Wegen

$$Tf(s) = \int\limits_a^b K(s,t)f(t)\,\mathrm{d}t$$

haben wir $f = \lambda Tf + g$ oder $(I - \lambda T)f = g$ oder $(-\lambda)\cdot(T - \lambda^{-1}I)f = g$ zu lösen. Nach dem Spektralsatz 15.9.3 haben wir (o.E. habe $T$ unendlich viele Eigenwerte $\lambda_1, \lambda_2, ... \neq 0$)

$$g = \sum_{n=1}^\infty b_n u_n + g_0$$

mit $b_n = <g, u_n>$, $g_0 \in Ker\,T$. Für $f$ setzen wir an

$$f = \sum_{n=1}^\infty a_n u_n + f_0$$

mit $a_n = <f, u_n>$, $f_0 \in Ker\,T$. Also ist

$$\sum_{n=1}^\infty (a_n - \lambda\lambda_n a_n)u_n + f_0 = \sum_{n=1}^\infty b_n u_n + g_0$$

oder $f_0 = g_0$, $(1 - \lambda\lambda_n)a_n = b_n$ für eine Lösung $f$. Diese beiden Gleichungen heißen im folgenden „Ansatz". Sei $\lambda^{-1} \neq \lambda_n$, $n \in \mathbb{N}$, d.h. $\lambda^{-1}$ ist kein Eigenwert von $T$ (aus dem Beweis von Satz 15.9.3 folgt, dass das von uns beschriebene Konstruktionsverfahren alle von Null verschiedenen Eigenwerte liefert). Wir setzen also

$$f_0 := g_0, \quad a_n := \frac{b_n}{1 - \lambda\lambda_n} = \frac{1}{\lambda}\frac{b_n}{\frac{1}{\lambda} - \lambda_n}, \quad f := \sum_{n=1}^{\infty}\frac{b_n}{1 - \lambda\lambda_n}u_n + g_0,$$

und haben zu zeigen, dass die letzte Reihe konvergiert. Wegen $\lim\limits_{n\to\infty}\lambda_n = 0$ ist $|\frac{1}{1-\lambda\lambda_n}| \leq 2$, $n \geq n_0$. Daher ist

$$\sum_{n=1}^{\infty}|\frac{b_n}{1 - \lambda\lambda_n}|^2 \leq \text{const} \cdot \sum_{n=1}^{\infty}|b_n|^2 < +\infty.$$

Es ist

$$f - \lambda Tf = \sum_{n=1}^{\infty}(1 - \lambda\lambda_n)\frac{b_n}{1 - \lambda\lambda_n}u_n + g_0 = g.$$

Aus dem Ansatz folgt die Eindeutigkeit. Sei jetzt $\lambda^{-1}$ ein Eigenwert, also $\lambda^{-1} = \lambda_m = ... = \lambda_{m+k}$ für ein $k \in \mathbb{N} \cup \{0\}$ und $\lambda^{-1}$ von allen anderen Eigenwerten verschieden. Falls (*) lösbar ist, so folgt aus dem Ansatz $b_m = ... = b_{m+k} = 0$, also ist $g \in E_{1/\lambda}^{\perp}$. Sei umgekehrt $g \in E_{1/\lambda}^{\perp}$, so sind wegen $b_n = (g, u_n)$, $n \in \mathbb{N}$, jedenfalls $b_m = ... = b_{m+k} = 0$ und man kann dann $a_m, ..., a_{m+k}$ beliebig wählen und die anderen $a_n$ wie im Ansatz ausrechnen. □

**Satz 15.10.3** *Für den Integralkern $K$ gilt für jedes $t \in [a,b]$ die in $\mathcal{H} = L_2([a,b])$ konvergente Entwicklung*

$$K(.,t) = \sum_{n=1}^{\infty}\lambda_n\overline{u_n(t)}u_n.$$

**Beweis.** Mit $K = K(.,t)$, $t$ fest aber beliebig $\in [a,b]$ und $f \in \mathcal{H}$ haben wir

$$< f, K >= \int_a^b f(s)\overline{K(s,t)}\,ds = \int_a^b K(t,s)f(s)\,ds = Tf(t).$$

Für $f \in Ker\,T$ ist also $< f, K >= 0$, also $K \in (Ker\,T)^{\perp}$. Aus Satz 15.9.3 folgt

$$K(.,t) = \sum_{n=1}^{\infty}a_n(t)u_n$$

mit $a_n(t) =< K(.,t), u_n >= \overline{(Tu_n)(t)} = \lambda_n\overline{u_n(t)}$
(Man beachte: $u_n \in C^0([a,b])$). □
Zum Abschluss des ersten Teils dieses Abschnitts formulieren wir die Fredholmsche Alternative für den Integralkern $K$:

**Satz 15.10.4** *Sei* $\lambda \in \mathbb{C} \setminus \{0\}$. *Es mögen die Voraussetzungen von Satz 15.10.2 erfüllt sein. Entweder besitzt die Gleichung*

$$f - \lambda \int_a^b K(.,t)f(t)\,\mathrm{d}t = g \tag{1}$$

*für jedes* $g \in \mathcal{H} = L_2([a,b])$ *genau eine Lösung oder die homogene Gleichung*

$$f - \lambda \int_a^b K(.,t)f(t)\,\mathrm{d}t = 0 \tag{2}$$

*besitzt eine nichttriviale Lösung.*

**Beweis.** Wenn $\lambda^{-1}$ kein Eigenwert von $T$ ist, ist nach Satz 15.10.2 die Gleichung (1) eindeutig lösbar. Dann hat (2) nur die Null-Lösung. Hat (2) eine nichttriviale Lösung, ist $\lambda^{-1}$ Eigenwert von $T$. Für $g \in E_{1/\lambda} - \{0\}$ ist nach Satz 15.10.2 die Gleichung (1) nicht lösbar. □

**Beispiel 15.10.5** Sei $-\infty < a < b < +\infty$, seien $p \in C^1([a,b])$, $p > 0$, $q \in C^0([a,b])$ und reell. Sei $Lu = +(pu')' + qu$ in $\mathcal{D}(L) = \{u | u \in C^2([a,b])$, $u(a) = u(b) = 0\}$ erklärt. $Lu = 0$ habe nur die Lösung $u = 0$ in $\mathcal{D}(L)$, so dass nach 12.6 $Lu = f \in C^0([a,b])$ eindeutig lösbar in $\mathcal{D}(L)$ ist. Es ist $u(s) = \int_a^b G(s,t)f(t)\,\mathrm{d}t$, $G$ = Greensche Funktion mit $G \in C^0([a,b] \times [a,b])$, $G$ hat nur reelle Werte. Symmetrie: $G(s,t) = G(t,s)$. Der Kern genügt also den Voraussetzungen des Satzes 15.10.2 und den Operator $G$ mit $Gf(s) = \int_a^b G(s,t)f(t)\,\mathrm{d}t$ setzt man durch Abschließung auf $\mathcal{H} = L_2([a,b])$ fort (Satz 15.3.5). Dann entsteht

$$Tf(s) = \overline{G}f(s) = \int_a^b G(s,t)f(t)\,\mathrm{d}t, \ f \in L_2([a,b]),$$

$$T(L_2([a,b]) \subset C^0([a,b]).$$

$T$ ist kompakt, selbstadjungiert in $\mathcal{H} = L_2([a,b])$. $\lambda \in \mathbb{R} \setminus \{0\}$ ist genau dann Eigenwert von $L$, wenn $\frac{1}{\lambda}$ (vermöge $u = \lambda Tu$) Eigenwert von $T$ ist. Insbesondere steht die ganze abstrakte Theorie aus 15.9, 15.10 zur Verfügung. Ist nun $\int_a^b G(s,t)f(t)\,\mathrm{d}t = 0$ für ein stetiges $f$, so folgt sofort $f \equiv 0$. Ist $Tf = 0$ für ein $f \in L_2([a,b])$, so ist $0 = < Tf,u > = < f,Tw >$ für alle stetigen $w$. Also ist $< f,u > = 0$, $u \in \mathcal{D}(L)$. $\mathcal{D}(L)$ ist dichter Teilraum von $L_2([a,b])$, da schon $C_0^\infty([a,b])$ dies ist. Somit ist $f = 0$ . Damit folgt:

$$0 \notin \sigma_P(T), \ Ker\,T = \{0\}.$$

**Jede** Funktion aus $L_2([a,b])$ ist nach Eigenfunktionen von $L$ (oder $T$) in eine Fourierreihe entwickelbar. Nach Satz 15.9.3 gibt es unendlich viele Eigenwerte

$$1/\lambda_1,\ 1/\lambda_2,\ ... \text{ von } T,\ \frac{1}{\lambda_i} \to 0,\ i \to \infty,$$

da $L_2([a,b])$ unendliche Dimension hat. Aus dem Konstruktionsverfahren zur Lösung des inhomogenen Problems im Beweis des Satzes 15.10.2 folgt

$$\sigma(T) \subseteq \{0\} \cup \{\frac{1}{\lambda_1}, \frac{1}{\lambda_2}, ...\}. \tag{3}$$

Da $\sigma(T)$ kompakt und $\mathcal{R}(T) \supset \mathcal{D}(L)$ dicht sind, folgt $0 \in \sigma_C(T)$ und die Gleichheit in (3). $\lambda_1, \lambda_2, ...$ sind genau die Eigenwerte von $L$. Sie haben endliche Vielfachheit (genauer kann man noch zeigen: $\lambda_i \to +\infty$ für $i \to \infty$). Man sagt „$L$ hat diskretes Spektrum". Insbesondere folgt Satz 12.6.8. ∎

**Beispiel 15.10.6** Seien $[a,b] = [0,\pi]$, $\mathcal{H}, \mathcal{D}(L)$ wie im vorigen Beispiel,

$$Lu = u''.$$

Aus $-u'' = \lambda u,\ u \in \mathcal{D}(L) - \{0\}$, folgt, $\lambda > 0$, s. 12.6.7. Nun ist

$$u(x) = A \sin \sqrt{\lambda} x + B \cos \sqrt{\lambda} x$$

die allgemeine Lösung von $-u'' = \lambda u$ ($A, B$ konstant).

$$u(0) = 0 \text{ impliziert } B = 0,$$
$$u(\pi) = 0 \text{ impliziert } \sin \sqrt{\lambda} \pi = 0, \text{ also}$$
$$\sqrt{\lambda} = k,\ \lambda = k^2.$$

Die Eigenwerte sind genau die Zahlen $k^2$, $k \in \mathbb{N}$. 1 ist der kleinste Eigenwert. Also ist $\max\limits_{u \neq 0} \frac{|(Tu,u)|}{\|u\|^2} = 1$ nach Satz 15.9.2. Sei $w \in \mathcal{D}(L)$. Entwicklung nach den normierten Eigenfunktionen $\varphi_k(x) = \sqrt{\frac{2}{\pi}} \sin kx$ liefert zunächst für die Lösung von $-w'' = f$ durch Koeffizientenvergleich der Fourierreihen links und rechts

$$w = \sum_{k=1}^{\infty} \frac{1}{k^2} f_k \varphi_k,$$

wenn $f_k$ die Fourierkoeffizienten von $f$ sind. Seien $w_k$ die Fourierkoeffizienten von $w$. Dann setzen wir

$$u = (-L)^{\frac{1}{2}} w := \sum_{k=1}^{\infty} k w_k \varphi_k.$$

Die Reihe rechts konvergiert in $\mathcal{H}$, da aus $w \in \mathcal{D}(L)$,

$$-Lw = \sum_{k=1}^{\infty} k^2 w_k \varphi_k$$

sogar

$$\sum_{k=1}^{\infty} k^4 |w_k|^2 < +\infty$$

folgt. Es ist

$$T(-L)^{\frac{1}{2}} w = (-L)^{-1}(-L)^{\frac{1}{2}} w = \sum_{k=1}^{\infty} \frac{1}{k} w_k \varphi_k,$$

$$< T(-L)^{\frac{1}{2}} w, (-L)^{\frac{1}{2}} w > = < Tu, u > = \|w\|^2,$$

$$\|(-L)^{\frac{1}{2}} w\|^2 = \|u\|^2 = < -Lw, w > = \|w'\|^2.$$

Insgesamt folgt

$$1 \cdot \|w\|^2 \leq \|w'\|^2, \ w \in \mathcal{D}(L)$$

mit 1 = kleinster Eigenwert von $L$ als bestmöglicher Konstante. Das Gleichheitszeichen tritt nur für $w \equiv 0$ und die Eigenfunktionen von $L$ zum Eigenwert 1 ein.

Für Hilbert-Schmidt Kerne $K$ mit $K(x, y) = \overline{K(y, x)}$ lassen sich zu den Sätzen 15.10.2 und 15.10.3 analoge Sätze beweisen, da der zugehörige Integraloperator kompakt und selbstadjungiert ist. Die Selbstadjungiertheit folgt aus 15.3.3 und 15.3.8. Die Kompaktheit folgt aus Aufgabe 15.9.

Betrachten wir die zur Einheitskreisscheibe $E$ der Ebene und Randwerten 0 gehörende Greensche Funktion. Sie stellt nach Beispiel 15.3.3 einen Hilbert-Schmidt Kern dar, für den $K(x, y) = \overline{K(y, x)}$ gilt. Daher gelten für den Operator $\Delta$ unter Null-Randbedingungen auf $\partial E$ Aussagen, die denen aus Beispiel 15.10.5 für $Lu = u''$ entsprechen. Insbesondere hat $\Delta$ diskretes Spektrum. ∎

## 15.11 Die allgemeine Fredholmsche Alternative im Hilbertraum

Im vorigen Paragraphen hatten wir uns in Satz 15.10.4 mit der sogenannten Fredholmschen Alternative für kompakte selbstadjungierte Operatoren beschäftigt. In der Physik spielen auch nicht-selbstadjungierte Eigenwertprobleme eine Rolle. Sie treten zum Beispiel in der Hydrodynamik auf und lassen sich dann oft als Eigenwertprobleme für Differentialoperatoren höherer Ordnung formulieren. Den abstrakten Satz, der gleich folgt, werden wir daher an Hand gewöhnlicher Differentialoperatoren höherer Ordnung erläutern.

**Satz 15.11.1 (Fredholmsche Alternative)** *Es sei $T$ ein kompakter Operator im Hilbertraum $\mathcal{H}$; dann ist $T^*$ ebenfalls kompakt; für $\lambda \in \mathbb{C} \setminus \{0\}$ ist*

$$(I - \lambda T)^* = I - \overline{\lambda} T^*,$$

$$\dim Ker(I - \lambda T) = \dim Ker(I - \lambda T)^* = \dim Ker(I - \overline{\lambda} T^*) < +\infty$$

*und es gilt:*

- *Ist* dim $Ker(I - \lambda T) = 0$, *so hat* $I - \lambda T$ *eine in* $\mathcal{H}$ *erklärte beschränkte Inverse.*

- *Ist* dim $Ker(I - \lambda T) \neq 0$, *so hat zu vorgegebenem* $y \in \mathcal{H}$ *die Gleichung* $(I - \lambda T)x = y$ *genau dann eine Lösung, wenn* $y \in (Ker(I - \lambda T)^*)^\perp$ *ist.*

Über die Eigenwerte $\mu = \frac{1}{\lambda}$ von $T$ geben Satz 15.8.6 bzw. Satz 15.8.7 Auskunft. Aus Satz 15.11.1 folgt, dass $\sigma(T) \cap (\mathbb{C} \setminus \{0\})$ nur aus Eigenwerten besteht. Da $T$ kompakt ist, kann $T$ nicht beschränkt invertierbar sein. In diesem Fall erhielten wir nämlich $\|Tx\| \geq c\|x\|$ mit einer positiven Konstanten $c$. Einsetzen beispielsweise einer Hilbertbasis $\varphi_1, \varphi_2, \ldots$ zeigt, dass $(T\varphi_n)$ keine Cauchy-Folge enthält, also $T$ nicht kompakt ist (s. Beweis des Hilfssatzes 15.8.5). Also erhalten wir

$$\sigma(T) = \{\mu | \mu \in \mathbb{C}, \ \mu \text{ Eigenwert von } T\} \cup \{0\}.$$

Diese Zerlegung ist nicht notwendig disjunkt, da 0 Eigenwert sein kann, aber nicht sein muss. 0 kann als Häufungspunkt von Eigenwerten auftreten ohne selbst Eigenwert zu sein. Für ein Beispiel verweisen wir auf 15.10.5. Für uns ist der Fall von besonderem Interesse, dass $\sigma_c(T) = \{0\}$ ist, da er bei Differentialoperatoren auftritt. In 12.4 hatten wir für

$$Lu = a_2 u'' + a_1 u' + a_0 u, \ u \in \mathcal{D}(L),$$
$$a_i \in C^0([a,b]), \ i = 0, 1, 2, \ a_2(x) \neq 0, \ x \in [a,b]$$

die Greensche Funktion konstruiert, obwohl die Koeffizientenfunktionen nur stetig waren. Seien die Randbedingungen durch

$$\mathcal{D}(L) = \{u \in C^2([a,b]) | \ u(a) = 0, \ u(b) = 0\}$$

festgelegt. Aus $Lu = 0$, $u \in \mathcal{D}(L)$, sollte $u = 0$ folgen. Das folgende Beispiel stellt eine Erweiterung dieser Theorie dar.

**Beispiel 15.11.2** Sei $m \in \mathbb{N}$, seien $a_0, \ldots, a_{2m} \in C^0([a,b])$, $a_{2m} > 0$ in $[a,b]$,

$$Lu = \sum_{\nu=0}^{2m} a_\nu(x) u^{(\nu)} \text{ für}$$

$$u \in \mathcal{D}(L) = \{u \in C^{2m}([a,b]) | \ u(a) = u'(a) = \ldots = u^{(m-1)}(a) =$$
$$= u(b) = u'(b) = \ldots = u^{(m-1)}(b) = 0\}.$$

Aus $u = 0$, $u \in \mathcal{D}(L)$, folge $u = 0$. Mit Hilfe eines Fundamentalsystems konstruiert man ähnlich wie in 12.4.6 die zugehörige Greensche Funktion, d.h. invertiert $L$, und erhält

$$L^{-1}f(x) = \int_a^b G(x,y)f(y)\,\mathrm{d}y$$

für die Lösung von $Lu = f \in C^0([a,b])$, $u \in \mathcal{D}(L)$. $G = L^{-1}$ wird durch Abschließung (s. 15.3.5) zu einem Operator $\overline{G}$ fortgesetzt. In welchem Sinn es sich
dabei noch um die Inverse von $L$ handelt, kann hier nicht im einzelnen erörtert wer-
den. $L$ muss dazu auf $\dot{H}^{2m,2}(\Omega) = \{u \in C^{2m-1}([a,b])|$, die Distributionsableitung
$u^{(2m)}$ liegt in $L_2(]a,b[)$, $u(a) = u'(a) = ... = u^{(m-1)}(a) = u(b) = u'(b) = ... =$
$u^{(m-1)}(b) = 0\}$ fortgesetzt werden. Diese Fortsetzung bezeichnen wir mit $\overline{L}$ und
wir haben dann in

$$\overline{L}^{-1}f(x) = \int\limits_a^b G(x,y)f(y)\,\mathrm{d}y, \ f \in L_2([a,b])$$

die beschränkte Inverse zu $\overline{L}$. Nach Beispiel 15.3.8 ist durch

$$(\overline{L}^{-1})^*f(x) = \int\limits_a^b \overline{G(x,y)}f(y)\,\mathrm{d}y, \ f \in L_2([a,b])$$

der adjungierte Operator gegeben. Wie wir hier nicht zeigen können, ist

$$(\overline{L}^*)^{-1} = (\overline{L}^{-1})^*.$$

Obwohl wir also die Adjungierte zu $L$ oder $\overline{L}$ im Sinne von Beispiel 15.3.10 konkret
gar nicht bilden können, da die Koeffizienten von $L$ nur stetige Funktionen sind, ist
es doch möglich, über die Greensche Funktion zu $L$ die Inverse zu $\overline{L}^*$ in die Hand zu
bekommen. Die Adjungierte $\overline{L}^*$ selbst steht uns nur abstrakt zur Verfügung. Wegen

$$(\overline{L}^{-1} - \lambda)^* = (\overline{L}^{-1})^* - \overline{\lambda} = (\overline{L}^*)^{-1} - \overline{\lambda}$$

ist, wenn wir mit $\overline{\sigma(\overline{L}^{-1})}$ die konjugierten Zahlen aus $\sigma(\overline{L}^{-1})$ meinen,

$$\sigma(\overline{L}^{-1}) = \overline{\sigma((\overline{L}^{-1})^*)} = \overline{\sigma((\overline{L}^*)^{-1})}.$$

Setzen wir $Gf(x) = \int\limits_a^b G(x,y)f(y)\,\mathrm{d}y$, $f \in L_2([a,b])$, so sind die Eigenwerte von
$L$ genau die komplexen Zahlen $\lambda \neq 0$, für die es ein $f \in C^0([a,b]) \setminus \{0\}$ gibt mit

$$f - (-1)^m\lambda Gf = 0, \ \text{also} \ Lf - (-1)^m\lambda f = 0.$$

Wie in 12.6 weichen wir von der linearen Algebra ab und nehmen $Lu = (-1)^m\lambda u$
als Eigenwertgleichung. Gibt es Eigenwerte? Die Antwort ist bejahend, es gibt
sogar abzählbar unendlich viele, aber auch nicht mehr (s. Satz 15.8.6). Da aus
$Gu = \overline{L}^{-1}u = 0$ folgt, dass $u = 0$ ist, und $\dot{H}^{2m,2}(\Omega)$ in $L_2([a,b])$ dicht liegt,
ist $\sigma_c(\overline{L}^{-1}) = \{0\}$. ∎

**Aufgaben**

**15.1.** Sei $\mathcal{H} := L_2([-1,1])$; zeigen Sie:
a) Ist $f \in \mathcal{H}$ gerade und $g \in \mathcal{H}$ ungerade, so gilt: $< f, g >= 0$.
b) Sei $\mathcal{M} := \{f \in \mathcal{H} \mid f \text{ gerade}\}$. Dann ist $\mathcal{M}$ ein abgeschlossener Teilraum und in der Zerlegung $\mathcal{H} = \mathcal{M} \oplus \mathcal{M}^\perp$ ist

$$(\mathcal{P}_\mathcal{M}f)(x) = \frac{1}{2}(f(x) + f(-x))\text{f. ü.},$$

also

$$f(x) = \frac{1}{2}(f(x) + f(-x)) + \frac{1}{2}(f(x) - f(-x)).$$

(Zerlegung von $f$ in geraden und ungeraden Anteil.)

**15.2.** Seien $\widehat{\chi_{[a,b]}}, \widehat{\chi_{[c,d]}}$ die Fouriertransformierten der charakteristischen Funktionen $\chi_{[a,b]}, \chi_{[c,d]}$, die in Aufgabe 10.13 untersucht wurden; $\mathcal{P}\int$ bezeichne den in 14.12.5 definierten Cauchychen Hauptwert. Zeigen Sie für $b \in \mathbb{R}$:
a)

$$< \widehat{\chi_{[a,b]}}, \widehat{\chi_{[c,d]}} > =$$
$$= \frac{1}{2\pi}\left( \mathcal{P}\int\limits_{-\infty}^{\infty} \frac{e^{-i\xi(b-d)}-1}{\xi^2}d\xi - \mathcal{P}\int\limits_{-\infty}^{\infty} \frac{e^{-i\xi(b-c)}-1}{\xi^2}d\xi - \right.$$
$$\left. - \mathcal{P}\int\limits_{-\infty}^{\infty} \frac{e^{-i\xi(a-d)}-1}{\xi^2}d\xi + \mathcal{P}\int\limits_{-\infty}^{\infty} \frac{e^{-i\xi(a-c)}-1}{\xi^2}d\xi \right)$$

b) Zeigen Sie

$$\mathcal{P}\int\limits_{-\infty}^{\infty} \frac{e^{i\xi b}-1}{\xi^2}d\xi = -|b|\pi.$$

Hinweis: Integrieren Sie $(e^{iz} - 1)/z^2$ über die Kurve $\gamma_{\varepsilon,R}$ der folgenden Figur:

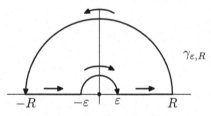

Wenden Sie den Cauchyschen Integralsatz an und lassen Sie $R \to \infty$ streben. Zeigen Sie dann

$$\mathcal{P}\int\limits_{-\infty}^{+\infty} \frac{e^{i\xi b}-1}{\xi^2}d\xi = |b|\mathcal{P}\int\limits_{-\infty}^{+\infty} \frac{e^{i\xi}-1}{\xi^2}d\xi.$$

**15.3.** a) Zeigen Sie mit Aufgabe 15.2:

$$< \widehat{\chi_{[a,b]}}, \widehat{\chi_{[c,d]}} > = < \chi_{[a,b]}, \chi_{[c,d]} >$$

b) Sei jetzt die Fouriertransformation einer Funktion $f$ mit $Tf$ bezeichnet. Seien

$$f_i = \sum_{k=1}^{N} c_k^{(i)} \chi_{[a_k^{(i)}, b_k^{(i)}]}, \quad i = 1, 2$$

zwei Treppenfunktionen. Zeigen Sie mit a):

$$< Tf_1, Tf_2 > = < f_1, f_2 > .$$

c) Betrachten Sie die Fouriertransformation $T$ auf den Treppenfunktionen. Existiert die Abschließung?

**15.4.** a) Seien $I = \{x \in \mathbb{R}^n | \ a_j \leq x_j \leq b_j, \ j = 1, \ldots, n\}$ und $I_1, I_2$ abgeschlossene Quader des $\mathbb{R}^n$. Zeigen Sie für die Fouriertransformation

$$T\chi_I(x) = \frac{1}{\sqrt{2\pi}^n} \int_{\mathbb{R}^n} e^{-i<x,y>} \chi_I dy$$

die Gleichung

$$< T\chi_{I_1}, T\chi_{I_2} > = < \chi_{I_1}, \chi_{I_2} > .$$

Hinweis: es ist

$$\chi_I(x) = \prod_{j=1}^{n} \chi_{[a_j, b_j]}(x_j).$$

b) Seien

$$f_i = \sum_{k=1}^{N_i} c_k^{(i)} \chi_{I_k^{(i)}}, \quad i = 1, 2$$

zwei Treppenfunktionen. Zeigen Sie

$$< Tf_1, Tf_2 > = < f_1, f_2 > .$$

**15.5.** Nach Aufgabe 15.4 kann man mit der gleichen Argumentation wie in Aufgabe 15.3 die Fouriertransformation $T$ in $L_2(\mathbb{R}^n]$ abschließen und erhält $\bar{T}$. Sei $f \in L_2(\mathbb{R}^n)$ und $f(x) = 0$ für fast alle $x$ außerhalb eines abgeschlossenen Quaders $I$. Zeigen Sie

$$(\bar{T}f)(x) = \frac{1}{(\sqrt{2\pi})^n} \int_{\mathbb{R}^n} e^{-i<x,y>} f(y) dy.$$

Hinweis. Approximieren Sie $f$ durch Treppenfunktionen $t_k$, die außerhalb $I$ verschwinden, und verwenden Sie Satz 10.3.6.

**15.6.** Sei $T : \mathcal{H} \to \mathcal{H}$ ein beschränkter, überall erklärter linearer Operator im Hilbertraum $\mathcal{H}$. Sei $x_n \rightharpoonup x, \quad j \to \infty$ in $\mathcal{H}$. Zeigen Sie: $Tx_n \rightharpoonup Tx, \quad j \to \infty$.

**15.7.** Sei $U$ unitärer Operator im Hilbertraum $\mathcal{H}$ und $\lambda$ ein Spektralwert. Zeigen Sie, dass dann $|\lambda| = 1$ ist.

**15.8.** Zeigen Sie:

$$\widehat{\exp\left(-\frac{x^2}{2}\right)}(\xi) = \exp\left(-\frac{\xi^2}{2}\right),$$

1 ist also Eigenwert der Fouriertransformierten.
Hinweis: Differenzieren Sie die linke Seite nach $\xi$.

**15.9.** In 15.2.1 wurde die Norm $\|T\|$ eines linearen Operators $T$, in 15.7.4 der $\mathbb{C}$-Vektorraum $\mathcal{L}(\mathcal{H})$ der in $\mathcal{H}$ erklärten beschränkten linearen Operatoren $T : \mathcal{H} \to \mathcal{H}$ eingeführt. Benutzen Sie in dieser Aufgabe die folgende Aussage: Ist $(V_j)$ eine Folge aus $\mathcal{L}(\mathcal{H})$, ist $V \in \mathcal{L}(\mathcal{H})$, sind die $V_j$ kompakt und

$$\|V_j - V\| \to 0, \quad j \to \infty,$$

so ist auch $V$ kompakt. Sie dürfen weiter voraussetzen, dass man jedes $K \in L_2(]a, b[\times]a, b[)$ durch stetige Funktionen $K_j : [a, b] \times [a, b] \to \mathbb{C}$ in $L_2(]a, b[\times]a, b[)$ approximieren kann. Zeigen Sie: Der zu $K$ gehörende Integraloperator vom Hilbert-Schmidtschen Typ ist kompakt.

# Unbeschränkte Operatoren im Hilbertraum

## 16.1 Zielsetzungen. Abgeschlossene Operatoren

Aus den Beispielen 15.2.6 und 15.3.4 wissen wir schon, dass Differentialoperatoren zwar einen dichten Definitionsbereich besitzen, aber nicht beschränkt sind. Im Fall des Sturm-Liouville-Operators $L$ über einem Intervall $[a, b]$ unter den Randbedingungen $u(a) = u(b) = 0$ umgingen wir diese Schwierigkeit, indem wir seine Inverse bestimmten. Diese ist kompakt und selbstadjungiert. So war es möglich, einen Überblick über ihr Spektrum und damit über das Spektrum von $L$ zu gewinnen. Entsprechendes gilt für $\triangle$ über einem beschränkten Gebiet $D$ (Satz 14.15.11). Wieder ist das Spektrum von Differentialoperatoren Hauptgegenstand unseres Interesses, doch ist der Ansatz diesmal allgemeiner als in Kapitel 15. Wir lassen auch unbeschränkte Grundgebiete wie etwa $\mathbb{R}$ oder $\mathbb{R}^n$ zu. Dabei werden neue Typen von Spektren vorkommen, etwa die positive reelle Halbachse bei $-\triangle$ oder die positive reelle Halbachse und eine Folge von Punkteigenwerten endlicher Vielfachheit bei den Schrödingeroperatoren $-\triangle + V$ mit Potential $V$ wie sie in der Quantenmechanik auftreten.

Wir benötigen die in Kapitel 15 entwickelte Theorie, doch werden wir das Spektrum selbstadjungierter Operatoren anders einteilen als in 15.7.8.

Sei also $\mathcal{H}$ ein komplexer Hilbertraum. Wir gehen von der Definition 15.3.1 eines linearen Opertors in $\mathcal{H}$ aus. Die identische Abbildung wird wie in 15.7 (vor Hilfssatz 15.7.6) mit $I$ bezeichnet.

**Definition 16.1.1** *Ein linearer Operator $T$ in $\mathcal{H}$ mit Definitionsbereich $\mathcal{D}(T)$ heißt abgeschlossen, wenn aus $\lim\limits_{n \to \infty} f_n = f$, $f_n \in \mathcal{D}(T)$, und $\lim\limits_{n \to \infty} T f_n = g$, $f, g \in \mathcal{H}$, folgt: $f \in \mathcal{D}(T)$, $g = T f$.*

$T$ ist also abgeschlossen, wenn $T(\lim\limits_{n \to \infty} f_n) = \lim\limits_{n \to \infty} T f_n$ ist, sofern die beiden Grenzwerte existieren. Offenbar ist jeder beschränkte lineare Operator mit $\mathcal{D}(T) = \mathcal{H}$ abgeschlossen. In Satz 15.3.5 hatten wir einen beschränkten Operator $T$ mit dichtem Definitionsbereich $\mathcal{D}(T)$ durch „Abschließung" auf $\mathcal{H}$ fortgesetzt. Wir

H. Kerner, W. von Wahl, *Mathematik für Physiker*, Springer-Lehrbuch,
DOI 10.1007/978-3-642-37654-2_16, © Springer-Verlag Berlin Heidelberg 2013

interessieren uns ganz allgemein für die Frage, ob man einen linearen Operator zu einem abgeschlossenen Operator fortsetzen kann. Dazu geben wir die

**Definition 16.1.2** *Seien $T_1, T_2$ zwei lineare Operatoren in $\mathcal{H}$ mit Definitionsbereichen $\mathcal{D}(T_1), \mathcal{D}(T_2)$. $T_2$ heißt eine Fortsetzung von $T_1$, in Zeichen $T_2 \supset T_1$, wenn $\mathcal{D}(T_1) \subset \mathcal{D}(T_2)$ und $T_1 x = T_2 x, x \in \mathcal{D}(T_1)$ ist.*

Wenn $T$ eine abgeschlossene Fortsetzung $T_1$ hat, so folgt für $f_n \in \mathcal{D}(T), n \in \mathbb{N}$, $f_n \to 0, n \to \infty$, und $(T f_n)$ konvergent, dass wegen $T_1 f_n \to 0$ auch $(T f_n)$ eine Nullfolge ist. Diese Formulierung verwendet nur $T$ und dient uns daher als Kriterium für die Existenz einer abgeschlossenen Fortsetzung.

**Definition 16.1.3** *Ein linearer Operator $T$ in $\mathcal{H}$ heißt abschließbar, wenn gilt: Ist $f_n \in \mathcal{D}(T), n \in \mathbb{N}, f_n \to 0, n \to \infty$, und ist $(T f_n)$ konvergent, so folgt: $T f_n \to 0$.*

Es erweist sich, dass die notwendige Bedingung aus Definition 16.1.3 für die Existenz einer abgeschlossenen Fortsetzung auch hinreichend ist.

**Satz 16.1.4** *Ein linearer Operator $T$ in $\mathcal{H}$ hat genau dann eine abgeschlossene Fortsetzung $T_1$, wenn $T$ abschließbar ist. In diesem Fall gibt es eine (ausgezeichnete) abgeschlossene Fortsetzung $\overline{T}$ mit folgenden Eigenschaften:*
*1) Es ist $T \subset \overline{T}$.*
*2) Ist $T_1 \supset T$ und $T_1$ abgeschlossen, so ist $T_1 \supset \overline{T}$.*
*$\overline{T}$ heißt die Abschließung von $T$.*

**Beweis.** Wie beschränken uns auf die entscheidende Idee, die in der Konstruktion von $\overline{T}$ besteht. Es sei $T$ abschließbar und

$$\mathcal{D}(\overline{T}) = \{ f \in \mathcal{H} |\ \text{es gibt eine Folge } (f_n) \text{ mit: } f_n \in \mathcal{D}(T),\ f_n \to f, n \to \infty,$$
$$\text{und } (T f_n) \text{ ist eine Cauchy-Folge} \}.$$

Dann ist $\mathcal{D}(\overline{T}) \supset \mathcal{D}(T)$. Wegen der Abschließbarkeit von $T$ ist die Abbildung

$$\overline{T} f = \lim_{n \to \infty} T f_n, f \in \mathcal{D}(\overline{T}),$$

eindeutig definiert. Man zeigt leicht, dass sie auch linear und abgeschlossen ist. Aus der Konstruktion von $\overline{T}$ folgt, dass $\overline{T} \subset T_1$ für jede abgeschlossene Fortsetzung von $T$ ist.     $\square$

**Beispiel 16.1.5** Es gibt lineare Operatoren, die nicht abschließbar sind.
Sei $\mathcal{H} = L_2([-1,1]), \mathcal{D}(T) = \mathcal{C}([-1,1]), (T f)(x) = f(0)$ in $[-1,1], f \in \mathcal{D}(T)$. Sei $(f_n)$ eine Folge aus $\mathcal{D}(T)$ mit $f_n(0) = 1$ und $\|f_n\| \to 0, n \to \infty$. $f_n$ können wir als „Dreiecksfunktion" wie in der folgenden Figur wählen. Dann ist $T f_n \equiv 1$ und $\|T f_n\| = \sqrt{2}$.

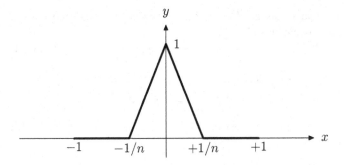

**Beispiel 16.1.6** Der **Impulsoperator** $\frac{1}{i}\frac{d}{dx}$. Sei $\mathcal{H} = L_2(\mathbb{R})$,

$$\mathcal{D}(\frac{1}{i}\frac{1}{dx}) = \{f \in \mathcal{H}|\ f \text{ besitzt eine Distributionsableitung } f' \text{ aus } \mathcal{H}\},$$

$$\frac{1}{i}\frac{d}{dx}f = \frac{1}{i}f'.$$

Dann ist $\frac{1}{i}\frac{1}{dx}$ abgeschlossen, denn seien $f_n \in \mathcal{D}(\frac{1}{dx})$, sei $f_n \to f, f_n' \to g, n \to \infty$, so folgt

$$T_{f_n'}(\varphi) = \int_{\mathbb{R}} f_n'\varphi dx = -\int_{\mathbb{R}} f_n\varphi' dx,$$

$$\lim_{n\to\infty} \int_{\mathbb{R}} f_n'\varphi dx = \int_{\mathbb{R}} g\varphi dx,$$

$$\lim_{n\to\infty} -\int_{\mathbb{R}} f_n\varphi dx = -\int_{\mathbb{R}} f\varphi' dx$$

für alle $\varphi \in \mathcal{C}_0^\infty(\mathbb{R})$. Also ist $f = g'$.
**Hinweis:** $\mathcal{D}(\frac{1}{i}\frac{d}{dx})$ wird auch mit $H^1(\mathbb{R})$ bezeichnet.

In 15.3.7 hatten wir den Begriff des zu einem beschränkten, überall erklärten Operator $T$ gehörenden adjungierten Operators $T^*$ eingeführt. Dies wollen wir jetzt auch mit unbeschränkten Operatoren tun und den formalen Charakter des Beispiels 15.3.10 präzisieren. Dabei muss $\mathcal{D}(T)$ dicht in $\mathcal{H}$ sein.

**Definition 16.1.7** *Sei $T$ linearer Operator in $\mathcal{H}$. Der Definitionsbereich $\mathcal{D}(T)$ sei dicht in $\mathcal{H}$. Sei $\mathcal{D}(T^*)$ die Menge aller $g \in \mathcal{H}$, zu denen es ein $g^* \in \mathcal{H}$ gibt derart, dass*

$$< Tf, g >=< f, g^* > \text{ für alle } f \in \mathcal{D}(T)$$

*ist. Da $\mathcal{D}(T)$ dicht ist, ist $g^*$ eindeutig bestimmt und wir setzen*

$$T^*g := g^*.$$

**Satz 16.1.8** *Sei $T$ ein linearer Operator in $\mathcal{H}$ mit dichtem Definitionsbereich $\mathcal{D}(T)$. Dann ist $T^*$ ein linearer und abgeschlossener Operator in $\mathcal{H}$.*

**Beweis.** Der Nachweis der Linearität ist ganz naheliegend und wird übergangen. Die Abgeschlossenheit sieht man so:
Seien $g_n \in \mathcal{D}(T^*), n \in \mathbb{N}$. Seien $g_n \to g, T^*g_n \to h, n \to \infty$. Dann ist

$$< Tf, g_n >=< f, T^*g_n > \to < f, h >, n \to \infty,$$

$$< Tf, g_n > \to < Tf, g >, n \to \infty$$

für jeweils alle $f \in \mathcal{D}(T)$. Also ist mit $< Tf, g >=< f, h >$ das Element $g$ in $\mathcal{D}(T^*)$ und $h = T^*g$. $\qquad\square$

**Beispiel 16.1.9** Wir ergänzen und präzisieren Beispiel 15.3.10.
**1. Gewöhnliche Differentialoperatoren.** Sei $k \in \mathbb{N}$, seien $p_0, p_1, \ldots, p_k : \mathbb{R} \to \mathbb{C}$ unendlich oft stetig differenzierbar. Sei $\mathcal{H} = L_2(\mathbb{R})$, sei $\mathcal{D}(T) = \mathcal{C}_0^\infty(\mathbb{R})$. Dann ist $\mathcal{D}(T)$ dicht in $\mathcal{H}$. Sei

$$T\varphi = \sum_{j=0}^{k} p_j \varphi^{(j)}, \ \varphi \in \mathcal{D}(T).$$

Dann haben wir durch partielle Integration ($f, g \in \mathcal{D}(T)$)

$$< Tf, g >= \sum_{j=0}^{k} \int_\mathbb{R} p_j f^{(j)} \overline{g} dx = \sum_{j=0}^{k} \int_\mathbb{R} f(-1)^j \frac{d_j}{dx^j} \overline{(p_j g)} dx.$$

Mit 3.1.13 folgt, dass $T^*$ eine Fortsetzung von

$$\sum_{j=0}^{k}(-1)^j \frac{d}{dx^j}(\overline{p_j}g) = \sum_{l=0}^{k} \left( \sum_{j=l}^{k}(-1)^j \binom{j}{l} \frac{d^{j-l}}{dx^{j-l}} \overline{p_j} \right) g^{(l)} \text{ mit } g \in \mathcal{D}(T)$$

ist.
**2. Partielle Differentialoperatoren.** Wir können hier vom Operator $L$ des Beispiels 15.3.10 ausgehen. Die unendlich oft stetig nach $x_1, \ldots, x_n$ differenzierbaren Koeffizientenfunktionen $b_\alpha$ dürfen jetzt auch komplexwertig sein. Dann ist $L^*$ eine Fortsetzung von (vergleiche Beispiel 15.3.12)

$$\sum_{|\alpha| \leq k} (-1)^{|\alpha|} D^\alpha (\overline{b_\alpha}g) = \sum (-1)^{|\alpha|} \sum_{\varrho, \varrho \leq \alpha} \binom{\alpha}{\varrho} D^{\alpha-\varrho} \overline{b_\alpha} D^\varrho g =$$

$$= \sum_{|\varrho| \leq k} \left( \sum_{\alpha, |\alpha| \leq k, \varrho \leq \alpha} (-1)^\alpha \binom{\alpha}{\varrho} D^{\alpha-\varrho} \overline{b_\alpha} \right) D^\varrho g \text{ mit } g \in \mathcal{D}(L).$$

$\blacksquare$

Für spätere Zwecke benötigen wir:

**Satz 16.1.10** *Sei $T$ linearer Operator in $\mathcal{H}$. Die Definitionsbereiche $\mathcal{D}(T)$ und $\mathcal{D}(T^*)$ seien dicht. Dann ist $T$ abschließbar und $\overline{T}^* = T^*$.*

**Beweis.** Aus $f_n \in \mathcal{D}(T)$, $\|f_n\| \to 0$ und $T f_n \to g, n \to \infty$, folgt mit $< T f_n, h >=< f_n, T^* h >\to 0, n \to \infty$, für alle $h$ aus dem dichten Definitionsbereich $\mathcal{D}(T^*)$, die erste Behauptung.

Sei $g \in \mathcal{D}(\overline{T}^*)$. Für $f \in \mathcal{D}(\overline{T})$ gilt $< \overline{T} f, g >=< f, \overline{T}^* g >$. Daraus folgt $< T f, g >=< f, \overline{T}^* g >$ für $f \in \mathcal{D}(T)$ und damit $\overline{T}^* \subset T^*$.

Ist umgekehrt $g \in \mathcal{D}(T^*)$, so folgt mit $f_n \in \mathcal{D}(T), f \in \mathcal{D}(\overline{T}), f_n \to f, T f_n \to \overline{T} f$, dass $< \overline{T} f, g >= \lim_{n \to \infty} < T f_n, g >= \lim_{n \to \infty} < f_n, T^* g >=< f, T^* g >$ für alle $g \in \mathcal{D}(T^*)$ ist. Also ist $T^* \subset \overline{T}^*$. $\qquad\square$

## 16.2 Der Graph eines linearen Operators

Wir machen zunächst aus der Menge $\mathcal{H} \times \mathcal{H}$ der Paare $(f, g)$ mit $f, g \in \mathcal{H}$ einen Hilbertraum, indem wir für $f, g, \varphi, \psi \in \mathcal{H}$ und $\alpha, \beta \in \mathbb{C}$

$$\alpha(f, g) + \beta(\varphi, \psi) := (\alpha f + \beta \varphi, \alpha g + \beta \psi)$$

$$< (f, g), (\varphi, \psi) > := < f, \varphi > + < g, \psi >$$

festsetzen und als Nullelement $(0, 0)$ einführen. Die Norm von $(f, g)$ ist dann $(\|f\|^2 + \|g\|^2)^{\frac{1}{2}}$. Der Begriff des Graphen eines linearen Operators wurde bereits in 1.1 eingeführt. Zum besseren Verständnis wiederholen wir ihn.

**Definition 16.2.1** *Sei $T$ ein linearer Operator in $\mathcal{H}$ mit Definitionsbereich $\mathcal{D}(T)$. Die Menge aller Paare $(f, T f)$, $f \in \mathcal{D}(T)$, heißt der Graph $G_T$ des Operators $T$.*

$G_T$ ist ein Teilraum des Hilbertraumes $\mathcal{H} \times \mathcal{H}$. Offenbar ist für zwei lineare Operatoren $T_1, T_2$ der Operator $T_2$ genau dann eine Fortsetzung von $T_1$, wenn $G_{T_1} \subset G_{T_2}$ ist.

Offensichtlich ist auch

**Hilfssatz 16.2.2** *$G_T$ ist genau dann abgeschlossen, wenn $T$ es ist. Es ist $\overline{G_T} = G_{\overline{T}}$.*

Wir führen einen Hilfsoperator $U$ zur Charakterisierung der Adjungierten ein:

$$U : \mathcal{H} \times \mathcal{H} \to \mathcal{H} \times \mathcal{H}, (f, g) \mapsto (-g, f).$$

Dann ist $U$ ein überall erklärter beschränkter Operator im Hilbertraum $\mathcal{H} \times \mathcal{H}$ mit

$$U^2 = -I.$$

**Hilfssatz 16.2.3** *Sei $T$ ein abgeschlossener linearer Operator in $\mathcal{H}$ mit dichtem Definitionsbereich $\mathcal{D}(T)$. Dann gilt für das Orthogonalkomplement $G_T^{\perp}$ zu $G_T$:*

$$G_T^{\perp} = U G_{T^*}.$$

**Beweis.** Sei $(\varphi, \psi) \in G_T^\perp$, also $< (f, Tf), (\varphi, \psi) >= 0$ für alle $f \in \mathcal{D}(T)$. Dann ist $\psi \in \mathcal{D}(T^*)$ und $T^*\psi = -\varphi$. Hieraus folgt $(\varphi, \psi) = U(\psi, T^*\psi) \in U G_{T^*}$. Sei umgekehrt $(-T^*\psi, \psi) \in U G_{T^*}$. Dann ist $< (f, Tf), (-T^*\psi, \psi) >= 0$ für alle $f \in \mathcal{D}(T)$. □

Bekanntlich ist $T^{**} = (T^*)^* = T$ für in $\mathcal{H}$ erklärte beschränkte Operatoren $T$ (Satz 15.3.7). Wir befassen uns mit der Übertragung dieses Resultats auf unbeschränkte Operatoren. Es gilt

**Satz 16.2.4** *Sei $T$ abgeschlossener linearer Operator in $\mathcal{H}$ mit dichtem Definitionsbereich $\mathcal{D}(T)$. Dann ist $\mathcal{D}(T^*)$ ebenfalls dicht und es gilt $T^{**} = T$.*

**Beweis.** Ist $\mathcal{D}(T^*)$ nicht dicht, so ist $\overline{\mathcal{D}(T^*)}^\perp$ nicht der Nullraum und enthalte etwa $h \neq 0$. Dann ist $< (-T^*g, g), (0, h) >= 0$ für $g \in \mathcal{D}(T^*)$, also $(0, h) \in (U G_{T^*})^\perp$. Mit $U G_{T^*} = G_T^\perp$ nach Hilfssatz 16.2.3 und der Abgeschlossenheit von $G_T$ folgt $(0, h) \in G_T$ und $h = 0$. Da $\mathcal{D}(T^*)$ dicht ist, existiert $T^{**}$. Die Behauptung folgt dann aus $G_{T^{**}} = (U G_{T^*})^\perp = (G_T^\perp)^\perp$. □

**Satz 16.2.5** *Sei $T$ ein linearer abschließbarer Operator in $\mathcal{H}$ mit dichtem Definitionsbereich $\mathcal{D}(T)$. Dann ist $\mathcal{D}(T^*)$ dicht in $\mathcal{H}$ und $\overline{T} = T^{**}$.*

**Beweis.** $\mathcal{D}(\overline{T})$ ist dicht in $\mathcal{H}$ und nach dem vorhergehenden Satz ist $\overline{T}^{**} = \overline{T}$. Nun ist nach Satz 16.1.10 jedenfalls $\overline{T}^{**} = (\overline{T}^*)^* = (T^*)^* = T^{**}$. □

## 16.3 Hermitesche Operatoren

Für die Definition der Hermitizität legen wir die Definition 15.3.11 zu Grunde. Im Lichte von 16.2 bedeutet das: Ein linearer Operator $H$ in $\mathcal{H}$ mit dichtem Definitionsbereich $\mathcal{D}(H)$ ist genau dann hermitesch, wenn

$$H \subset H^*$$

ist. Jeder hermitesche Operator ist nach 16.1.8 abschließbar.

**Beispiel 16.3.1** Wir legen Beispiel 16.1.9, Nr. 2, zu Grunde, d.i. Beispiel 15.3.12 mit komplexwertigen Koeffizienten $b_\alpha$. Soll $L$ hermitesch sein, so folgt

$$\sum_{|\alpha| \leq k} b_\alpha(x) D^\alpha \psi(x) = \sum_{|\varrho| \leq k} \left( \sum_{\alpha, \alpha \geq \varrho, |\alpha| \leq k} (-1)^{|\alpha|} \binom{\alpha}{\varrho} D^{\alpha - \varrho} \overline{b_\alpha(x)} \right) D^\varrho \psi(x)$$

für alle $x \in \mathbb{R}^n$ und alle $\psi \in \mathcal{C}_0^\infty(\mathbb{R}^n)$. Hieraus kann man auf die Übereinstimmung der Koeffizientenfunktionen vor den Ableitungen von $\psi$ schließen, d.h.

$$b_\varrho(x) = \sum_{\alpha, \alpha \geq \varrho, |\alpha| \leq k} (-1)^{|\alpha|} \binom{\alpha}{\varrho} D^{\alpha - \varrho} \overline{b_\alpha(x)}.$$

Offenbar ist diese Bedingung auch hinreichend für $L \subset L^*$. Eine wesentliche Vereinfachung ergibt sich, wenn $k = 2m$ gerade und $L$ von Divergenzstruktur ist, d.h.

$$L\varphi = \sum_{|\alpha| \leq m, |\beta| \leq m} D^\alpha (b_{\alpha\beta} D^\beta \varphi), \quad \varphi \in \mathcal{D}(L) = \mathcal{C}_0^\infty(\mathbb{R}^n)$$

mit unendlich oft differenzierbaren Koeffizientenfunktionen. Durch partielle Integration folgt die Bedingung

$$b_{\beta\alpha} = (-1)^{|\alpha|+|\beta|} \overline{b_{\alpha\beta}}$$

für die Hermitizität. So ist $\triangle$ hermitesch. $\blacksquare$

**Definition 16.3.2** *Ein linearer Operator $A$ in $\mathcal{H}$ mit dichtem Definitionsbereich $\mathcal{D}(A)$ heißt selbstadjungiert, wenn $A^* = A$ ist.*

Demnach ist $A$ genau dann selbstadjungiert, wenn $A$ hermitesch ist und wenn aus $v, v^* \in \mathcal{H}$ und $< Au, v > = < u, v^* >$ für alle $u \in \mathcal{D}(A)$ folgt: $v \in \mathcal{D}(A)$, $v^* = Av$. Jeder selbstadjungierte Operator ist hermitesch und abgeschlossen.

**Beispiel 16.3.3  1. Der Impulsoperator**
In Beispiel 16.1.6 wurde der Impulsoperator

$$L = \frac{1}{i}\frac{d}{dx}$$

in $\mathcal{H} = L_2(\mathbb{R})$ mit $\mathcal{D}(L) = H^1(\mathbb{R})$ behandelt.
$H^1(\mathbb{R})$ macht man zu einem Hilbertraum, indem man ihn mit dem Skalarprodukt

$$< f, g >_{H^1} = \int_{\mathbb{R}} f\, \overline{g}\, dx + \int_{\mathbb{R}} f'\, \overline{g'}\, dx$$

ausstattet. Man kann zeigen, dass $\mathcal{C}_0^\infty(\mathbb{R})$ dicht in diesem Hilbertraum ist. Damit folgt $\overline{f'} = \overline{f}'$, $f \in H^1(\mathbb{R})$, und die Hermitizität von $L$. Sei

$$\int_{\mathbb{R}} \frac{1}{i} f'\, \overline{v} dx = \int_{\mathbb{R}} f\, \overline{v^*}\, dx \quad \text{für alle } f \in H^1(\mathbb{R}) \text{ und für } v, v^* \in L_2(\mathbb{R}).$$

Insbesondere gilt dies für alle $f \in \mathcal{C}_0^\infty(\mathbb{R})$. Als Relation zwischen Distributionen heißt das: $\frac{1}{i} T_{\overline{v}}(f') = T_{\overline{v^*}}(f)$, $\overline{v^*} = -(\frac{1}{i}\overline{v})'$, $v^* = \frac{1}{i}v'$ mit $v \in H^1(\mathbb{R}) = \mathcal{D}(L)$. $L$ ist also selbstadjungiert in $L_2(\mathbb{R})$.
**2. Der Multiplikationsoperator**
Der Multiplikationsoperator ist

$$(Af)(x) = x f(x)$$

in $\mathcal{H} = L_2(\mathbb{R})$ mit $\mathcal{D}(A) = \{f | \int_{\mathbb{R}} x^2 |f(x)|^2 dx < \infty\}$.

$A$ ist hermitesch und aus $\int_{\mathbb{R}} x f(x)\overline{v(x)} = \int_{\mathbb{R}} f(x)\overline{v^*(x)} dx$ für alle $f \in \mathcal{D}(A)$ folgt $x v(x) = v^*(x)$ f.ü. und damit die Selbstadjungiertheit von $A$. $\blacksquare$

Zum folgenden Satz vergleiche man die Bemerkung nach 15.3.11.

**Satz 16.3.4** *Sei $H$ hermitesch in $\mathcal{H}$ mit $\mathcal{D}(H) = \mathcal{H}$. Dann ist $H$ selbstadjungiert und beschränkt.*

**Beweis.** Die Selbstadjungiertheit ist klar. Wegen $H = H^*$ ist $H$ abgeschlossen. Daraus kann man auf die Stetigkeit schließen (Satz vom abgeschlossenen Graphen in [19], Satz 39.5). □

**Definition 16.3.5** *Ein hermitescher Operator $H$ in $\mathcal{H}$ heißt wesentlich selbstadjungiert, wenn die Abschließung $\overline{H}$ selbstadjungiert ist.*

Wir bemerken zunächst, dass mit $H$ auch $\overline{H}$ hermitesch ist, da $\overline{H}$ aus $H$ durch Grenzübergang entsteht (Beweis des Satzes 16.1.4). Weiter heißt die wesentliche Selbstadjungiertheit, dass $\overline{H}^* = \overline{H}$ ist. Nach Satz 16.1.10 ist

$$\overline{H}^* = \overline{H} \quad \text{äquivalent zu} \quad H^* = \overline{H}$$

und nach Satz 16.2.4 ist

$$H^* = \overline{H} \quad \text{äquivalent zu} \quad H^* = H^{**}.$$

Also bedeutet

$$
\begin{aligned}
\text{wesentliche Selbstadjungiertheit:} \quad & H^* = H^{**}, \\
\text{Selbstadjungiertheit:} \quad & H^* = H.
\end{aligned}
$$

Ein wichtiges Kriterium für die Selbstadjungiertheit von $H$ ist

**Satz 16.3.6** *Ein hermitescher Operator $H$ in $\mathcal{H}$ ist genau dann selbstadjungiert, wenn die beiden Wertebereiche $\mathcal{R}(H \pm \mathrm{i}I) = \mathcal{H}$ sind.*

**Beweis.** Sei $H$ selbstadjungiert. Es ist

$$(*) \quad \|(H \pm \mathrm{i}I)f\|^2 = \; <(H \pm \mathrm{i}I)f, (H \pm \mathrm{i}I)f> = \|Hf\|^2 + \|f\|^2 \geq \|f\|^2.$$

Also existieren $(H \pm \mathrm{i}I)^{-1} : \mathcal{R}(H \pm \mathrm{i}I) \to \mathcal{D}(H \pm \mathrm{i}I) = \mathcal{D}(H)$ und sind dort beschränkt durch $\|(H \pm \mathrm{i}I)^{-1}\| \leq 1$. Aus $(*)$ folgt die Abgeschlossenheit der beiden Räume $\mathcal{R}(H \pm \mathrm{i}I)$. Ist $\mathcal{R}(H + \mathrm{i}I) \neq \mathcal{H}$, so existiert also ein $g$ mit $\|g\| = 1$ und $<(H + \mathrm{i}I)f, g> = 0$ für alle $f \in \mathcal{D}(H)$. Dann ist $<Hf, g> = <f, \mathrm{i}g>$. Also ist $g \in \mathcal{D}(H)$ und $Hg = \mathrm{i}g$, also $(H - \mathrm{i}I)g = 0$ und nach $(*)$ $g = 0$, im Widerspruch zu $\|g\| = 1$. Analog wird $\mathcal{R}(H - \mathrm{i}I) = \mathcal{H}$ bewiesen. Sei umgekehrt $\mathcal{R}(H \pm \mathrm{i}I) = \mathcal{H}$. Dann sind die Gleichungen $(H + \mathrm{i}I)f = g$ und $(H - \mathrm{i}I)u = v$ für jedes $g$ bzw. für jedes $v$ lösbar. Sei nun $<Hf, g> = <f, g^*>$ für alle $f \in \mathcal{D}(H)$ und zwei Elemente $g, g^*$ aus $\mathcal{H}$. Dann ist

$$<(H + \mathrm{i}I)f, g> = <f, g^* - \mathrm{i}g> \quad \text{und} \quad g^* - \mathrm{i}g = (H - \mathrm{i}I)h$$

für ein $h \in \mathcal{D}(H)$. Damit folgt

$$<(H + \mathrm{i}I)f, g> = <f, (H - \mathrm{i}I)h> = <(H + \mathrm{i}I)f, h> \quad \text{für alle } f \in \mathcal{D}(H).$$

Da $\mathcal{R}(H + \mathrm{i}I) = \mathcal{H}$ ist, ist $g = h \in \mathcal{D}(H)$. □

**Hilfssatz 16.3.7** *Sei $H$ hermitesch mit Definitonsbereich $\mathcal{D}(H)$. Dann gilt für die ebenfalls hermitesche Abschließung $\overline{H}$ die Gleichung*

$$\mathcal{R}(\overline{H} \pm \mathrm{i}I) = \overline{\mathcal{R}(H \pm \mathrm{i}I)}.$$

*Weiter ist*

$$\|(H - zI)f\| \geq |Imz| \, \|f\|, \quad z \in \mathbb{C}.$$

*Insbesondere existiert für jedes $z \in \mathbb{C}$ mit $Imz \neq 0$ die Inverse*

$$(H - zI)^{-1} : \mathcal{R}(H - zI) \to \mathcal{D}(H - zI)$$

*und es ist*

$$\|(H - zI)^{-1}\| \leq \frac{1}{|Imz|}.$$

**Beweis.** Zur ersten Aussage: Sei $g \in \overline{\mathcal{R}(H + \mathrm{i}I)}$, also $g = \lim\limits_{n\to\infty} (H + \mathrm{i}I)f_n$ für eine Folge $(f_n)$ aus $\mathcal{D}(H)$. Nach $(*)$ existiert $f = \lim\limits_{n\to\infty} f_n$. Also ist $\lim\limits_{n\to\infty} Hf_n = g - \mathrm{i}f$ und $f \in \mathcal{D}(\overline{H})$, $(\overline{H} + \mathrm{i}I)f = g$, $g \in \mathcal{R}(\overline{H} + \mathrm{i}I)$, $\overline{\mathcal{R}(H + \mathrm{i}I)} \subset \mathcal{R}(\overline{H} + \mathrm{i}I)$. Ist umgekehrt $g = \overline{H}f + \mathrm{i}f$ für ein $f \in \mathcal{D}(\overline{H})$, so haben wir nach Definition der Abschließung eine Folge $(f_n)$ aus $\mathcal{D}(H)$ mit $\overline{H}f = \lim\limits_{n\to\infty} Hf_n$, $f = \lim\limits_{n\to\infty} f_n$, also $g \in \overline{\mathcal{R}(H \pm \mathrm{i}I)}$. Wir bemerken zur zweiten Aussage, dass $(*)$ auch für hermitesche Operatoren gilt. Mit $z = a + \mathrm{i}b$, $b \neq 0$, ist

$$\|(H - zI)f\| = |b| \cdot \|(\frac{H - a}{b} - \mathrm{i}I)f\| \geq |b| \cdot \|f\|.$$

$\square$

Dass die wesentliche Selbstadjungiertheit der Selbstadjungiertheit sozusagen beliebig nahe kommt, sehen wir aus

**Satz 16.3.8** *Ein hermitescher Operator $H$ mit Definitionsbereich $\mathcal{D}(H)$ ist genau dann wesentlich selbstadjungiert, wenn $\mathcal{R}(H \pm \mathrm{i}I)$ dicht in $H$ sind.*

**Beweis.** Folgt aus Hilfssatz 16.3.7, erste Aussage. $\square$

Nützlich ist der folgende Hilfssatz, der die wesentliche Selbstadjungiertheit eines hermiteschen Operators $H$ in Zusammenhang mit seinen Eigenvektoren bringt. Eigenwert und Eigenvektor für unbeschränkte Operatoren sind wie üblich erklärt. Die Eigenvektoren müssen jetzt in $\mathcal{D}(H)$ liegen.

**Hilfssatz 16.3.9** *Sei $H$ hermitesch. Alle Eigenwerte sind reell. Eigenvektoren zu verschiedenen Eigenwerten sind orthogonal. Wenn $H$ ein vollständiges System orthonormierter Eigenfunktionen $\varphi_1, \varphi_2, \ldots \in \mathcal{D}(H)$ besitzt, so ist $H$ wesentlich selbstadjungiert.*

**Beweis.** Zu beweisen ist nur die letzte Aussage. Die Menge $\mathcal{D}$ der endlichen Linearkombinationen

$$f = \sum_{k=1}^{N=N(f)} c_k \varphi_k$$

ist in $\mathcal{D}(H)$ enthalten und liegt dicht in $\mathcal{H}$. Es ist

$$(H \pm \mathrm{i}I)f = \sum_{k=1}^{N} (\lambda_k \pm \mathrm{i}) c_k \varphi_k,$$

wenn $\varphi_k$ zum Eigenwert $\lambda_k$ gehört. Ist $g \in \mathcal{H}, \varepsilon > 0$, und $\|g - \sum_{k=1}^{N} d_k \varphi_l\| < \varepsilon$, so

setzen wir $c_k = \frac{d_k}{\lambda_k \pm \mathrm{i}}$ und $f_N = \sum_{k=1}^{N} c_k \varphi_k$. Dann ist

$$\|(H \pm \mathrm{i}I)f_N - g\| < \varepsilon.$$

Also sind $\mathcal{R}(H \pm \mathrm{i}I)$ dicht in $\mathcal{H}$.                                             □

**Beispiel 16.3.10** Wir untersuchen die Eigenschaften des Differentialoperators $-u''$ auf unterschiedlichen Definitionsbereichen.
**1.** Sei

$$\mathcal{H} = L_2([-\pi, \pi]), \quad \mathcal{D}(T_1) = \mathcal{C}_0^\infty(]-\pi, \pi[), \quad T_1 u = -u''.$$

$T_1$ ist hermitesch nach Beispiel 16.3.1. Jedoch ist für $v(x) = \mathrm{e}^{\sqrt{-\mathrm{i}}x}$ der Ausdruck

$$\int_{-\pi}^{\pi} (-u'' + \mathrm{i}u)\overline{v}\mathrm{d}x = -\int_{pi}^{\pi} u\overline{v}''\mathrm{d}x + \mathrm{i}\int_{-\pi}^{\pi} u\overline{v}\mathrm{d}x = 0,$$

da $v'' = -\mathrm{i}v, -\overline{v} = -\mathrm{i}\overline{v}$ ist. Also ist $\mathcal{R}(T_1 + \mathrm{i}I)$ nicht dicht in $\mathcal{H}$.
$T_1$ ist nicht wesentlich selbstadjungiert, da $\mathcal{D}(T_1)$ zu klein ist.
**2.** Sei $\mathcal{H}$ wie oben,

$$\mathcal{D}(T_2) = \{u \in \mathcal{C}^2([-\pi, \pi])| \, u(-\pi) = u(\pi) = 0\}, \quad T_2 u = -u''.$$

$T_2$ ist hermitesch. Aus $T_2 u + \mathrm{i}u = 0$ oder $T_2 u - \mathrm{i}u = 0$ folgt jeweils $u = 0$. Daher können wir zu $-T_2 \mp \mathrm{i}I$ die Greensche Funktion $G = G(x, t)$ gemäß Schlussbemerkung, Kapitel 12.5, konstruieren. Die Greensche Funktion wird jetzt komplexwertig, doch bleibt das Konstruktionsverfahren dasselbe. Damit sind $T_2 u + \mathrm{i}u = f$ oder $T_2 u - \mathrm{i}u = f$ für jedes stetige $f$ lösbar und $\mathcal{R}(T_2 \pm \mathrm{i}I)$ sind dicht in $\mathcal{H}$, $T_2$ ist wesentlich selbstadjungiert. Es ist $T_2 \supset T_1$. Da aus $T_2 u = 0$ das Verschwinden von $u$ folgt, können wir gemäß Beispiel 15.10.5 ein VONS von Eigenfunktionen finden und ebenso 16.3.9 anwenden.
**3.** Sei $\mathcal{H}$ wie oben, die Randbedingungen seien periodisch, d.h.

$$\mathcal{D}(T_3) = \{u \in \mathcal{C}^2([-\pi, \pi])| \, u(-\pi) = u(\pi), \ u'(-\pi) = u'(\pi)\}, \quad T_3 u = -u''.$$

$T_3$ ist hermitesch. Da die Funktionen $\varphi_k(x) = \frac{1}{\sqrt{2\pi}}e^{ikx}, k \in \mathbb{Z}$, ein VONS in $L_2([-\pi, \pi])$ bilden (Satz 10.4.21) und Eigenfunktionen zum Eigenwert $k^2$ sind, können wir 16.3.9 anwenden. $T_3$ ist also wesentlich selbstadjungiert. Offenbar sind $T_2, T_3$ nicht selbstadjungiert, da $\mathcal{R}(T_j \pm iI) \subset C^0([-\pi, \pi]) \overset{\subset}{\neq} \mathcal{H}$ ist $(j = 2, 3)$. Bei $T_3$ können wir die selbstadjungierte Fortsetzung jedoch angeben. Sei

$$\mathcal{D}(T_4) = \{ u \in \mathcal{H} | \text{ es gibt } N \in \mathbb{N}, \ c_{-N}, \ldots, c_0, \ldots, c_N \in \mathbb{C} \text{ mit}$$
$$u(x) = \sum_{k=-N}^{N} c_k \frac{1}{\sqrt{2\pi}}e^{ikx} \text{ f.ü. in } [-\pi, \pi]\},$$
$$T_4 u = -u''.$$

$T_4$ ist hermitesch. Der Beweis von Hilfssatz 16.3.9 zeigt, dass $T_4$ wesentlich selbstadjungiert ist. Wir haben

$$T_4 \subset T_3, \quad \text{also } \overline{T_4} \subset \overline{T_3} = \overline{T_3}^* \subset \overline{T_4}^* = \overline{T_4},$$

da sich bei Übergang zu den Adjungierten die Inklusionen umkehren. Die Koeffizienten $c_k$ in $\mathcal{D}(T_4)$ sind notwendig die Fourierkoeffizienten $\frac{1}{\sqrt{2\pi}} \int_{-\pi}^{\pi} e^{-ikx}u(x)\mathrm{d}x$. Sei

$$\mathcal{D}(T_5) = \{u \in \mathcal{H} | \sum_{k \in \mathbb{Z}} k^4 \left| \int_{-\pi}^{\pi} e^{-ikx}u(x)\mathrm{d}x \right|^2 < +\infty\},$$

$$T_5 u = \sum_{k \in \mathbb{Z}} k^2 \left( \int_{-\pi}^{\pi} \frac{e^{-ikx}}{\sqrt{2\pi}} u(x)\mathrm{d}x \right) \frac{e^{ik\cdot}}{\sqrt{2\pi}}.$$

Wenn $c_k$ die Fourierkoeffizienten von $u$ sind, so sind $k^2 c_k$ die von $T_5 u$. Demnach ist $T_4 \subset T_5$. Die Parsevalsche Gleichung in 10.4.12 liefert die Hermitizität von $T_5$. Hat $f \in \mathcal{H}$ die Fourierkoeffizienten $f_k$, so ist $u$ mit den Fourierkoeffizienten $f_k/(k^2 \pm i)$ die eindeutig bestimmte Lösung von $(T_5 \pm iI)u = f$. Offenbar ist $u \in \mathcal{D}(T_5)$. Daher ist $T_5$ selbstadjungiert. $\blacksquare$

In Beispiel 16.3.10 ging es darum, hermitesche Operatoren so lange fortzusetzen, bis sie selbstadjungiert werden. Hierzu gilt:

**Satz 16.3.11** *Seien $T_1, T_2$ zwei lineare Operatoren in $\mathcal{H}$ mit den dichten Definitionsbereichen $\mathcal{D}(T_1)$, $\mathcal{D}(T_2)$. Sei $T_1 \subset T_2$. Dann ist $T_2^* \subset T_1^*$. Jeder selbstadjungierte Operator $A$ ist maximal hermitesch, d.h. ist $A \subset H$, $H$ hermitesch, so ist $A = H$.*

**Beweis.** Aus $< T_1x, y >=< T_2x, y >=< x, T_2^* y >$ für $y \in \mathcal{D}(T_2^*)$ und $x \in \mathcal{D}(T_1)$ folgt $y \in \mathcal{D}(T_1^*), T_2^* y = T_1^* y$. Aus $A \subset H$ folgt somit $A \subset H \subset H^* \subset A$. $\square$

Der nächste Satz liefert ein Kriterium für die Selbstadjungiertheit bzw. wesentliche Selbstadjungiertheit eines hermiteschen Operators $H$ durch Untersuchung von $\mathcal{R}(H + cI)$ für ein reelles $c$ (statt $\pm i$ wie vorher).

**Satz 16.3.12** *Sei H hermitesch. Wenn es ein $c \in \mathbb{R}$ gibt mit $\mathcal{R}(H + cI) = \mathcal{H}$, so ist H selbstadjungiert. Wenn es ein $c \in \mathbb{R}$ gibt derart, dass $(H + cI)^{-1}$ existiert, dichten Definitionsbereich $\mathcal{R}(H + cI)$ hat und beschränkt ist (d.h. es gibt $a > 0$ mit $\|(H + cI)f\| \geq a\|f\|, f \in \mathcal{D}(H))$, so ist H wesentlich selbstadjungiert.*

## 16.4 Die Resolvente eines selbstadjungierten Operators

Die Resolvente eines beschränkten Operators wurde bereits in 15.7 eingeführt. Wir übertragen diesen Begriff in naheliegender Weise auf unbeschränkte Operatoren in $\mathcal{H}$.

**Definition 16.4.1** *Sei T ein linearer Operator in $\mathcal{H}$ mit Definitionsbereich $\mathcal{D}(T)$. Dann ist $\varrho(T)$ die Menge aller $z \in \mathbb{C}$ so, dass $(T - zI)^{-1}$ in ganz $\mathcal{H}$ existiert und beschränkt ist. $\varrho(T)$ heißt die Resolventenmenge von T.*
*$\sigma(T) = \mathbb{C} \setminus \varrho(T)$ heißt das Spektrum von T und $(T - zI)^{-1}$ heißt die Resolvente von T.*
*$\lambda$ heißt Eigenwert von T, wenn es ein $x \in \mathcal{D}(T) \setminus \{0\}$ gibt mit $Tx = \lambda x$. Alle Eigenwerte von T liegen in $\sigma(T)$.*

**Satz 16.4.2** *Sei A selbstadjungiert. Dann liegen alle $z \in \mathbb{C}$ mit $Im z \neq 0$ in $\varrho(A)$. Es ist dort*

$$\|(A - zI)^{-1}\| \leq \frac{1}{|Im z|}.$$

**Beweis.** Aus $\|(A - zI)f\| \geq |Im z| \cdot \|f\|$ folgt die Existenz der Inversen

$$(A - zI)^{-1} : \mathcal{R}(A - zI) \to \mathcal{D}$$

und $\|(A - zI)^{-1}\| \leq \frac{1}{|Im z|}$ (Hilfssatz 16.3.7), aber auch die Abgeschlossenheit von $\mathcal{R}(A - zI)$. Ist $\mathcal{R}(A - zI) \overset{\subsetneq}{\neq} \mathcal{H}$, so muss es nach Satz 10.4.5 ein $g \neq 0$ geben mit $< (A - zI)f, g >=$ für alle $f \in \mathcal{D}(A)$. Dann ist $< Af, g >=< f, \overline{z}g >$ für alle $f \in \mathcal{D}$. Also ist $g \in \mathcal{D}, (A - \overline{z}I)g = 0$ und damit $g = 0$.    □

**Satz 16.4.3** *Eine reelle Zahl $\lambda_0$ liegt dann und nur dann in $\varrho(A)$, wenn es ein $c > 0$ gibt mit*

$$(*) \qquad \|(A - \lambda_0 I)f\| \geq c\|f\|, \ f \in \mathcal{D}(A).$$

**Beweis.** Aus $\lambda_0 \in \varrho(A)$ folgt $(*)$. Umgekehrt folgt aus $(*)$, dass $\mathcal{R}(A - cI)$ abgeschlossen ist (s. etwa Beweis des Satzes 16.3.6). Hieraus folgt wie im Beweis des vorhergehenden Satzes die Behauptung.    □

**Satz 16.4.4** *Sei A selbstadjungiert, seien $z_1, z_2 \in \varrho(A)$. Dann ist*

$$(A - z_1 I)^{-1} - (A - z_2 I)^{-1} = (z_1 - z_2)(A - z_1 I)^{-1}(A - z_2 I)^{-1}.$$

**Beweis.** Für $g \in \mathcal{H}$ ist

$$(A - z_1 I)^{-1} g - (A - z_2 I)^{-1} g =$$
$$= (A - z_1 I)^{-1}(A - z_2 I)(A - z_2 I)^{-1} g - (A - z_1 I)^{-1}(A - z_1 I)(A - z_2 I)^{-1} g$$
$$= (A - z_1 I)^{-1} \big( (A - z_2 I) - (A - z_1 I) \big)(A - z_2 I)^{-1} g.$$

$\square$

Zur Abkürzung schreiben wir

$$R_z = R_z(A) = (A - z I)^{-1}, \; z \in \varrho(A).$$

Aus Satz 16.4.4 folgt in der Norm von $\mathcal{L}(\mathcal{H})$ (Definitionen 15.2.1, 15.7.4):

$$\lim_{\substack{h \to 0 \\ z, z+h \in \varrho(A)}} R_{z+h}(A) = R_z(A), \qquad \lim_{\substack{h \to 0 \\ z, z+h \in \varrho(A)}} \tfrac{1}{h}(R_{z+h}(A) - R_z(A)) = R_z^2(A).$$

Es ist daher nicht überraschend, dass $R_z$ in eine Potenzreihe nach $z$ entwickelbar ist, die in der Norm von $\mathcal{L}(\mathcal{H})$ konvergiert. Genauer gilt:

**Satz 16.4.5** *Sei $z_0 \in \varrho(A)$ und $|z - z_0| < \|R_{z_0}\|^{-1}$. Dann ist $z \in \varrho(A)$ und*

$$R_z = \sum_{k=0}^{\infty} (z - z_0)^k R_{z_0}^{k+1}.$$

*Insbesondere ist $\varrho(A)$ offen.*

**Beweis.** Wir verwenden Hilfssatz 15.7.6 mit $T = (z - z_0)^k R_{z_0}$. Dann ist

$$C = \sum_{k=0}^{\infty} (z - z_0)^k R_{z_0}^{k+1} = R_{z_0}(I - (z - z_0) R_{z_0})^{-1}, \; Cf \in \mathcal{D}(A), \; \text{für } f \in \mathcal{H},$$

$$(A - z I) Cf = C(A - z I)f = f, \qquad f \in \mathcal{D}(A).$$

$\square$

Insbesondere ist $\Phi : \varrho(A) \to \mathbb{C}, \; z \mapsto\; <R_z f, g>$, holomorph. Aus

$$< (A - z I)f, g > = < f, (A - \bar{z} I)g >, \quad f, g \in \mathcal{D}(A),$$

folgt

$$R_z^* = R_{\bar{z}}.$$

## 16.5 Die Spektralschar

Wir wollen zur Einführung die Darstellung eines Vektors $f$ aus dem unitären Raum $\mathbb{C}^n$ durch das VONS der Eigenvektoren einer hermiteschen Matrix $A$ (Satz 7.11.9) unter einem anderen Gesichtspunkt betrachten.

Seien $\lambda_1 \leq \lambda_2 \leq \ldots \leq \lambda_n$ die (reellen) Eigenwerte von $A$. Sei $\varphi_1, \ldots, \varphi_n$ ein

VONS aus Eigenvektoren zu $A$ mit $A\varphi_i = \lambda_i\varphi_i$.
Dann ist für $f \in \mathcal{H} = \mathbb{C}^n$, $z \in \mathbb{C} \setminus \{\lambda_1, \ldots, \lambda_n\}$

$$f = \sum_{i=1}^n <f, \varphi_i> \varphi_i, \qquad Af = \sum_{i=1}^n \lambda_i <f, \varphi_i> \varphi_i,$$
$$R_z(A)f = \sum_{i=1}^n \frac{1}{\lambda_i - z} <f, \varphi_i> \varphi_i.$$

Sei

$$E(\lambda)f = \sum_{i, \lambda_i \le \lambda} <f, \varphi_i> \varphi_i, \quad f \in \mathcal{H},$$
$$= 0, \text{wenn die obige Summe leer ist.}$$

Zunächst ist $E(\lambda)$ konstant, falls $\lambda \ne \lambda_i$ ist. Genauer ist $E(\lambda) = 0$ für $\lambda < \lambda_1$, $E(\lambda) = I$ für $\lambda \ge \lambda_n$. Zwischen zwei aufeinanderfolgenden Eigenwerten $\lambda_i, \lambda_k$ mit $\lambda_i < \lambda_k$ ist $E(\lambda)$ konstant, und zwar ist

$$E(\lambda) = E(\lambda_i), \quad \lambda_i \le \lambda < \lambda_k.$$

Für hinreichend kleines $\varepsilon > 0$ ist in einem Eigenwert $\lambda_i$

$$(E(\lambda_i + \varepsilon) - E(\lambda_i - \varepsilon))f = \sum_{i, A\varphi_i = \lambda_i\varphi_i} <f, \varphi_i> \varphi_i.$$

Offenbar ist $E(\lambda)E(\mu) = E(\min\{\lambda, \mu\})$ und $<E(\lambda)f, g> = <f, E(\lambda)g>$. $E(\lambda)$ ist die (selbstadjungierte) Projektion auf

$$\mathcal{M}(\lambda) = \{\sum_{\lambda_i \le \lambda} <f, \varphi_i> \varphi_i | f \in \mathcal{H}\} = E(\lambda)\mathcal{H}.$$

In einem abstrakten Hilbertraum geben wir die

**Definition 16.5.1** *Sei $\{E(\lambda)|\lambda \in \mathbb{R}\}$ eine Menge überall erklärter hermitescher Operatoren in $\mathcal{H}$, die also insbesondere beschränkt und selbstadjungiert sind (Satz 16.3.4); die $E(\lambda)$ mögen die folgenden weiteren Eigenschaften besitzen $(f \in \mathcal{H})$:*

(1)     $$E(\lambda)E(\mu) = E(\min\{\lambda, \mu\}),$$
(2)     $$E(\lambda + 0)f := \lim_{\varepsilon \to 0, \varepsilon > 0} E(\lambda + \varepsilon)f = E(\lambda)f \quad \textit{(Rechtsstetigkeit)},$$
(3)     $$E(\lambda)f \to 0, \quad \lambda \to -\infty,$$
(4)     $$E(\lambda)f \to I, \quad \lambda \to +\infty.$$

*Dann heißt $\{E(\lambda)|\lambda \in \mathbb{R}\}$ eine Spektralschar.*

Die $E(\lambda)$ bilden also eine Schar miteinander vertauschbarer Projektionen, d.h.

$$E(\lambda)E(\mu) = E(\mu)E(\lambda),$$

auf die Unterräume $E(\lambda)\mathcal{H}$, die wegen $E^2(\lambda) = E(\lambda)$ abgeschlossen sind. Die $E(\lambda)$ besitzen wegen (1) die folgenden Monotonieeigenschaften:

$$\|E(\lambda)f\|^2 \le \|E(\mu)f\|^2 \text{ für } \lambda \le \mu, \ f \in \mathcal{H};$$
$$E(\lambda)\mathcal{H} \subset E(\mu)\mathcal{H} \text{ dann und nur dann, wenn } \lambda \le \mu \text{ ist.}$$

Insbesondere ist $< E(\lambda)f, f > = \|E(\lambda)f\|^2$ monoton wachsend.

Mit Hilfe der $E(\lambda)$ einer Spektralschar führen wir eine operatorwertige Inhaltsbestimmung in $\mathbb{R}$ ein. Für ein Intervall $J = [a, b]$ sei

$$E(J) = E(b) - E(a).$$

**Satz 16.5.2** *$E(J)$ ist selbstadjungierte Projektion auf $E(J)\mathcal{H}$. Sind $J'$ und $J''$ zwei sich nicht überlappende Intervalle, d.h. $\overset{\circ}{J'} \cap \overset{\circ}{J''} = \emptyset$, so ist*

$$E(J')E(J'') = 0.$$

**Beweis.** Folgt aus 16.5.1. □

Haben wir eine operatorwertige Inhaltsbestimmung, so lässt sich mit Riemannschen Summen (vgl. 5.1, Bemerkung) auch ein operatorwertiges Integral über stetige Funktionen erklären.

**Definition 16.5.3** *Sei $E = \{E(\lambda)\}$ eine Spektralschar. Sei $\varphi : [a, b] \to \mathbb{C}$ stetig. Sei $(Z_n)$ eine Folge von Zerlegungen $(a = x_0^{(n)}, x_1^{(n)}, \dots, x_{m(n)}^{(n)} = b)$ von $J = [a, b]$ in die Teilintervalle $J_i^{(n)} = [x_{i-1}^{(n)}, x_i^{(n)}]$, die sich also nicht überlappen. Für die Feinheiten $\eta(Z_n)$ von $(Z_n)$ gelte*

$$(1) \qquad \eta(Z_n) = \max_{1 \le i \le m(n)} |J_i^{(n)}| \to 0, n \to \infty.$$

*Dann konvergieren die Summen*

$$T_n = \sum_{i=1}^{m(n)} \varphi(\lambda_i^{(n)}) E(J_i^{(n)}), \ \lambda_i^{(n)} \in J_i^{(n)}$$

*für $n \to \infty$ in der Norm von $\mathcal{L}(\mathcal{H})$ gegen*

$$\varphi(E, J) = \int_a^b \varphi(\lambda) \mathrm{d}E(\lambda) = \int_J \varphi(\lambda) \mathrm{d}E(\lambda) \in \mathcal{L}(\mathcal{H}).$$

*Dieser Grenzwert ist von der Auswahl der Folge $(Z_n)$ mit (1) und der Zerlegungspunkte $\lambda_i^{(n)} \in J_i^{(n)}$ unabhängig.*

Wir stellen einige Eigenschaften von $\varphi(E, J)$ zusammen.

**Hilfssatz 16.5.4** *Sei $E$ eine Spektralschar in $\mathcal{H}$. Dann ist*

$$(1) \qquad \varphi(E, J)^* = \overline{\varphi}(E, J) \ \text{mit} \ \overline{\varphi}(\lambda) = \overline{\varphi(\lambda)},$$
$$(2) \qquad \|\varphi(E, J)\| \le \max_{\lambda \in J} |\varphi(\lambda)|,$$
$$(3) \qquad \|\varphi(E, J)f\| \le \max_{\lambda \in J} |\varphi(\lambda)| \cdot \|E(J)f\|.$$

*Seien $J_1, J_2$ zwei abgeschlossene Intervalle, die sich nicht überlappen; dann ist*

$$(4) \qquad \varphi(E, J_1)\psi(E, J_2) = 0 \ \textit{für } \varphi \in \mathcal{C}^0(J_1), \ \psi \in \mathcal{C}^0(J_2).$$

**Beweis.** Während $(1, 2, 4)$ unmittelbar aus 16.5.3 folgen, muss man für $(3)$ genauer argumentieren. Es ist ($T_n$ aus Definition 16.5.3)

$$\|T_n f\|^2 = <T_n f, T_n f> = \sum_{i,k=1}^{m(n)} \varphi(\lambda_i^{(n)})\overline{\varphi(\lambda_k^{(n)})} < E(J_i^{(n)})f, E(J_k^{(n)})f > .$$

Mit Satz 16.5.2 folgt die Behauptung.                                      □
Aus Definition 16.5.1 folgt:

**Satz 16.5.5** *Sei $E$ eine Spektralschar in $\mathcal{H}$. Sei $\varphi : \mathbb{R} \to \mathbb{C}$ stetig und beschränkt, d.h. $\sup\limits_{\lambda \in \mathbb{R}} |\varphi(\lambda)|$ existiert. Dann existiert*

$$(1) \qquad \varphi(E)f := \left( \int_{-\infty}^{\infty} \varphi(\lambda)\mathrm{d}E(\lambda) \right) f := \lim_{\substack{a \to -\infty \\ b \to +\infty}} \int_a^b \varphi(\lambda)\mathrm{d}E(\lambda)f$$

*für jedes $f \in \mathcal{H}$ und ist aus $\mathcal{L}(\mathcal{H})$. Es ist*

$$\|\varphi(E)\| \le \sup_{\lambda \in \mathbb{R}} |\varphi(\lambda)|.$$

*Gilt noch $\varphi(\lambda) \to 0$ für $\lambda \to \pm\infty$, so verschärft sich die Aussage in (1) zu*

$$\| \int_{-\infty}^{+\infty} \varphi(\lambda)\mathrm{d}E(\lambda) \ - \ \int_a^b \varphi(\lambda)\mathrm{d}E(\lambda)\| \to 0 \ \textit{für } a \to -\infty, \ b \to +\infty$$

*in der Norm von $\mathcal{L}(\mathcal{H})$ (Operatorennorm).*

## 16.6 Funktionen von beschränkter Variation. Die Stieltjessche Umkehrformel

Reelle Funktionen $f$ über einem Intervall $[a, b]$, die dort von beschränkter Variation sind, wurden bereits in Satz 10.4.16 verwendet. Jede monotone Funktion ist von beschränkter Variation. Sie stellen die Grundbausteine der reellen Funktionen $f$ von beschränkter Variation dar, denn $f$ lässt sich in

$$f = f_1 - f_2, \quad f_1, f_2 \text{ monoton,}$$

zerlegen. Zu komplexwertigen Funktionen von beschränkter Variation geht man durch Aufspaltung in Real- und Imaginärteil über.

$$T(f, [a, b]) := \inf\{M \mid M \geq \sum_{j=1}^{n} |f(x_j) - f(x_{j-1})| \text{ für jede}$$

$$\text{Zerlegung } (x_0 = a, x_1, \ldots, x_k = b) \text{ von } [a, b]\} \quad =: \int_a^b |\mathrm{d}f(x)|$$

heißt die Totalvariation von $f$ (über $[a, b]$). Ist $f : \mathbb{R} \to \mathbb{C}$ über jedem Intervall $[a, b]$ von beschränkter Variation und ist $T(f, [a, b]) \leq M$ für alle $a, b,\ a < b$, so setzen wir

$$\int_{-\infty}^{+\infty} |\mathrm{d}f(x)| := \inf\{M \mid M \geq T(f, [a, b]) \text{ für alle } a, b,\ a < b\}.$$

$\int_{-\infty}^{+\infty} |\mathrm{d}f(x)|$ heißt wieder die Totalvariation von $f$ (über $]-\infty, +\infty[$). Analog sind $\int_a^{+\infty} |\mathrm{d}f(x)|$, $\int_{-\infty}^b |\mathrm{d}f(x)|$ erklärt. Funktionen $f$ von beschränkter Variation besitzen einige bemerkenswerte Eigenschaften: Sie haben in jedem Punkt einen rechts- und linksseitigen Limes $f(\lambda + 0)$, $f(\lambda - 0)$. Sie sind in höchstens abzählbar vielen Punkten unstetig. Ist $f : \mathbb{R} \to \mathbb{C}$ von endlicher Totalvariation, so ist $f$ beschränkt und $\lim_{\lambda \to -\infty} f(\lambda)$ existiert.

Mit Funktionen $f$ von beschränkter Variation über $[a, b]$ kann man den Inhalt von Teilintervallen $[a', b']$ durch $f(b') - f(a')$ festlegen. Dies führt für stetige Funktionen $\varphi : [a, b] \to \mathbb{C}$ auf die Riemannschen Summen

$$T_n = \sum_{i=1}^{m(n)} \varphi(\lambda_i^{(n)}) \left( f(x_i^{(n)}) - f(x_{i-1}^{(n)}) \right)$$

für Zerlegungsfolgen $(Z_n)$ wie in Definition 16.5.3. Ihr Grenzwert für $n \to \infty$ existiert und erlaubt, analog zu 16.5.3, die Definition

$$\int_a^b \varphi(x)\mathrm{d}f(x) = \lim_{n \to} T_n.$$

Uneigentliche Integrale wie $\int_{-\infty}^{+\infty} \varphi \, \mathrm{d}f$ erklärt man durch den Grenzübergang $a \to -\infty,\ b \to +\infty$. Es ist

$$|\int_a^b \varphi(x)\mathrm{d}f(x)| \leq \sup_{x \in [a,b]} |\varphi(x)| \cdot \int_a^b |\mathrm{d}f(x)|.$$

Ein für uns wichtiges Beispiel für Funktionen von beschränkter Variation findet sich in

**Satz 16.6.1** *Sei $E$ eine Spektralschar in $\mathcal{H}$. Dann ist $f(\lambda) = <E(\lambda)h, g>$ für alle $h, g \in \mathcal{H}$ von beschränkter Variation über $] -\infty, +\infty[$. Es gilt*

$$\int_{-\infty}^{+\infty} |\mathrm{d} <E(\lambda)h, g>| \leq \|h\| \cdot \|g\|$$

*und*

$$<\varphi(E, J)h, g> = \int_{a}^{b} \varphi(\lambda)\mathrm{d} <E(\lambda)h, g>, \quad \varphi \in \mathcal{C}^0([a, b]).$$

**Beweis.** Für eine Zerlegung des Intervalls $J$ in sich nicht überlappende Teilintervalle $J_1, \ldots, J_n$ ist

$$\sum_{k=1}^{n} | <E(J_k)h, g>| = \sum_{k=1}^{n} | <E(J_k)h, E(J_k)g> \leq$$

$$\leq \left(\sum_{k=1}^{n} \|E(J_k)h\|^2\right)^{\frac{1}{2}} \left(\sum_{k=1}^{n} \|E(J_k)g\|^2\right)^{\frac{1}{2}} =$$

$$= \left(\sum_{k=1}^{n} <E(J_k)h, h>\right)^{\frac{1}{2}} \left(\sum_{k=1}^{n} <E(J_k)g, g>\right)^{\frac{1}{2}} =$$

$$= \|E(J)h\| \cdot \|E(J)g\| = \|h\| \cdot \|g\|.$$

Damit folgt die erste Behauptung. Zum Beweis der zweiten bildet man $<T_n h, g>$, $T_n$ aus 16.5.3, und dann den Grenzwert für $n \to \infty$.    □

In 10.5.2 haben wir eine Umkehrformel kennengelernt. Dies ist so etwas wie eine Formel für die Inversion einer Abbildung. Wir befassen uns jetzt mit einer weiteren Formel dieser Art. Ist $\varrho : ] -\infty, +\infty[ \to \mathbb{C}$ bis auf endlich viele Sprungstellen $\lambda_1, \ldots, \lambda_n$ konstant, so hat $\varrho$ endliche Totalvariation über $] -\infty, +\infty[$. Die in $\mathbb{C} \setminus \{\lambda_1, \ldots, \lambda_n\}$ holomorphe Funktion

$$F(z) = \sum_{k=1}^{n} \frac{\varrho_k}{\lambda_k - z} \text{ mit } \varrho_k = \varrho(\lambda_k + 0) - \varrho(\lambda_k - 0)$$

hat die Darstellung

$$F(z) = \int_{-\infty}^{+\infty} \frac{1}{\lambda - z} \mathrm{d}\varrho(\lambda).$$

Umgekehrt können wir $\varrho$ durch $F$ darstellen, denn sind $\lambda, \mu$ keine Sprungstellen von $\varrho$, so folgt aus dem Residuensatz 14.11.4 durch Integration wie im Bild

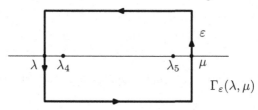

$$-\frac{1}{2\pi i}\int_{\Gamma_\varepsilon(\lambda,\mu)} F(z)\mathrm{d}z = \sum_{\lambda<\lambda_k<\mu} \varrho_k = \varrho(\mu) - \varrho(\lambda).$$

Für $\varepsilon \to 0$ erhalten wir

$$\lim_{\varepsilon\to 0,\varepsilon>0}\frac{1}{2\pi i}\int_\lambda^\mu (F(t+i\varepsilon)-F(t-i\varepsilon))\mathrm{d}t = \varrho(\mu)-\varrho(\lambda) =$$

$$= \frac{1}{2}(\varrho(\mu+0)-\varrho(\mu-0)) - \frac{1}{2}(\varrho(\lambda+0)-\varrho(\lambda-0)).$$

Der folgende Satz ist eine Verallgemeinerung dieser Formel und erlaubt für $\lambda,\mu$ auch Unstetigkeitsstellen von $\varrho$.

**Satz 16.6.2 (Stieltjessche Umkehrformel)** *Sei $\varrho$ von beschränkter Variation über* $]-\infty,+\infty[$, *d.h.* $\int_{-\infty}^{+\infty}|\mathrm{d}\varrho(\lambda)|$ *ist endlich. Dann ist die für $Im z \neq 0$ erklärte Funktion*

$$F(z) = \int_{-\infty}^{+\infty}\frac{\mathrm{d}\varrho(\lambda)}{\lambda-z}$$ *dort holomorph, und es ist* $|F(z)| \leq \frac{1}{|Im z|}\int_{-\infty}^{+\infty}|\mathrm{d}\varrho(\lambda)|$.

*Für* $-\infty < \lambda_1 < \lambda_2 < +\infty$ *gilt die Stieltjessche Umkehrformel*

$$\lim_{\varepsilon\to 0,\varepsilon>0}\frac{1}{2\pi i}\int_{\lambda_1}^{\lambda_2}(F(\lambda+i\varepsilon)-F(\lambda-i\varepsilon))\mathrm{d}\lambda =$$

$$= \tfrac{1}{2}(\varrho(\lambda_2+0)+\varrho(\lambda_2-0)) - \tfrac{1}{2}(\varrho(\lambda_1+0)+\varrho(\lambda_1-0)).$$

Die für uns interessanten Funktionen $\varrho$ werden in der nachfolgenden Definition eingeführt.

**Definition 16.6.3** *Für $M > 0$ sei $\Gamma(M)$ die Menge aller Funktionen $\varrho : \mathbb{R} \to \mathbb{C}$ von endlicher Totalvariation* $\int_{-\infty}^{+\infty}|\mathrm{d}\varrho(\lambda)| \leq M$, *die nachfolgende Eigenschaften besitzen:*

$\varrho$ *ist von rechts stetig,*     *d.h.* $\lim\limits_{\varepsilon\to 0,\varepsilon>0}\varrho(\lambda+\varepsilon) =: \varrho(\lambda+0) = \varrho(\lambda),$

$\varrho$ *verschwindet bei* $-\infty$, *d.h.* $\lim\limits_{\lambda\to-\infty}\varrho(\lambda) = 0.$

Wie bereits erwähnt, existieren für eine Funktion $f : \mathbb{R} \to \mathbb{C}$ von endlicher Totalvariation immer

$$f(\lambda+0) := \lim_{\varepsilon\to 0,\varepsilon>0} f(\lambda+\varepsilon),$$
$$f(\lambda-0) := \lim_{\varepsilon\to 0,\varepsilon>0} f(\lambda-\varepsilon),$$
$$f(-\infty) := \lim_{\lambda\to-\infty} f(\lambda).$$

Ist $M \geq \int_{-\infty}^{+\infty} |df(\lambda)|$, so ist daher $\varrho$ mit

$$\varrho(\lambda) = f(\lambda + 0) - f(-\infty)$$

aus $\Gamma(M)$. Die Bedeutung von $\Gamma(M)$ besteht im folgenden Eindeutigkeitssatz, der aus der Stieltjesschen Umkehrformel folgt:

**Satz 16.6.4** *Seien* $\varrho_1, \varrho_2 \in \Gamma(M)$ *und*

$$\int_{-\infty}^{+\infty} \frac{1}{\lambda - z} d\varrho_1(\lambda) = F(z) = \int_{-\infty}^{+\infty} \frac{1}{\lambda - z} d\varrho_2(\lambda), \quad Im\,z \neq 0.$$

*Dann ist* $\varrho_1 = \varrho_2$.

## 16.7 Der Spektralsatz für selbstadjungierte Operatoren

Sei $A$ ein selbstadjungierter Operator in $\mathcal{H}$. Wir beschreiben einige Ideen, die zur Herleitung der Formeln

$$(1) \qquad < R_z f, g > = \int_{-\infty}^{+\infty} \tfrac{1}{\lambda - z} \varrho(\lambda; f, g), \quad f, g \in \mathcal{H}, \ Im\,z \neq 0,$$

mit einem nach 16.6.4 eindeutig bestimmten $\varrho \in \Gamma(\|f\| \cdot \|g\|)$ und

$$(2) \qquad \varrho(\lambda; f, g) = < E(\lambda)f, g >, \quad \lambda \in \mathbb{R},$$

mit einer eindeutig bestimmten Spektralschar $E = \{E(\lambda)\}$, der zu $A$ gehörigen Spektralschar, führen. $\mathcal{H}$ hat nach Voraussetzung stets ein vollständiges Orthonormalsystem. Also liegt eine abzählbare Menge dicht in $\mathcal{H}$. Dies erlaubt es, $A$ durch selbstadjungierte Operatoren $A_n \in \mathcal{L}(\mathcal{H})$ zu approximieren, die in endlichdimensionalen Teilräumen von $\mathcal{H}$ operieren, d.h. außerhalb dieser Räume verschwinden. Für diese lässt sich ein $\varrho_n$ wie in (1) mit Hilfe der Spektralschar $E_n$, die wir schon vom Anfang von 16.5 kennen, konstruieren. Es ist $\varrho_n(\lambda; f, g) = < E_n(\lambda)f, g >$. Grenzübergang $n \to \infty$ liefert (1). Danach wird mit 16.6.4 die Gleichung (2) bewiesen. Mit 16.5.5 kann man (1) verschärfen: Es gibt zu $A$ genau eine Spektralschar $E$ derart, dass

$$(3) \qquad R_z = \int_{-\infty}^{+\infty} \tfrac{1}{\lambda - z} dE(\lambda), \quad Im\,z \neq 0,$$

ist.

Das Integral konvergiert in der Norm von $\mathcal{L}(\mathcal{H})$. (1) in 16.5.5 kann man auf beliebige stetige Funktionen $\varphi : \mathbb{R} \to \mathbb{C}$ erweitern und damit einen Funktionalkalkül selbstadjungierter Operatoren aufbauen, zu dem (3) ein Beispiel ist. Wir begnügen uns im Spektralsatz mit $\varphi(\lambda) = \lambda$. Ist $\varphi$ unbeschränkt, so wird man in 16.5.5 (1) nicht mehr alle $f \in \mathcal{H}$ zulassen können.

**Satz 16.7.1** *Sei A selbstadjungiert in* $\mathcal{H}$ *mit Definitionsbereich* $\mathcal{D}(A)$. *Dann gibt es zu A genau eine Spektralschar E derart, dass folgendes gilt:*
*1.* $\mathcal{D}(A)$ *ist die Menge aller* $f \in \mathcal{H}$, *für die*

$$\int\limits_{-\infty}^{+\infty} \lambda^2 \mathrm{d}(E(\lambda)f, f) := \int\limits_{-\infty}^{+\infty} \lambda^2 \mathrm{d}\|E(\lambda)f\|^2 := \lim\limits_{\substack{a\to-\infty\\b\to+\infty}} \int\limits_{a}^{b} \lambda^2 \mathrm{d}\|E(\lambda)f\|^2$$

*existiert.*
*2. Für* $f \in \mathcal{D}(A)$ *gilt*

$$Af = \int\limits_{-\infty}^{+\infty} \lambda \mathrm{d}E(\lambda)f := \lim\limits_{\substack{a\to-\infty\\b\to+\infty}} \int\limits_{a}^{b} \lambda \mathrm{d}E(\lambda)f.$$

*Insbesondere existiert der Limes rechts.*
*E stimmt mit der Spektralschar aus* (2, 3) *überein.*

**Beweis.** Dieser ist nicht mehr besonders schwer, da man natürlich das $E$ aus (2, 3) nimmt. $\qquad\qquad\square$

## 16.8 Untersuchung des Spektrums eines selbstadjungierten Operators

Das wichtigste Hilfsmittel für die Untersuchung des Spektrums $\sigma(A)$ eines selbstadjungierten Operators $A$ in $\mathcal{H}$ ist seine Spektralschar. Zunächst ist $\sigma(A) \neq \emptyset$, da sonst $< R_z f, g >$ in $\mathbb{C}$ holomorph wäre. Nach der Stieltjesschen Umkehrformel ist dann in allen Stetigkeitspunkten von $< E(\lambda)f, g >$, etwa in $\lambda_1, \lambda_2$

(1) $\qquad < E(\lambda_2)f, g > - < E(\lambda_1)f, g > =$

$$= \lim\limits_{\substack{\varepsilon\to 0\\\varepsilon>0}} \tfrac{1}{2\pi i} \int\limits_{\lambda_1}^{\lambda_2} (< R_{\lambda+i\varepsilon}f, g > - < R_{\lambda-i\varepsilon}f, g >)\mathrm{d}\lambda = 0, \quad f, g \in \mathcal{H}.$$

$< E(\lambda)f, g >$ ist in höchstens abzählbar vielen Punkten unstetig, $\|E(\lambda)f\|^2$ ist monoton wachsend, also im Fall $\sigma(A) = \emptyset$ einfach konstant. Dies ist wegen $E(\lambda) \to 0, \lambda \to -\infty, E(\lambda) \to f, \lambda \to +\infty$, nicht möglich. Die Formel (1) stellt die Spektralschar in Stetigkeitspunkten durch die Resolvente dar. Als Funktion von beschränkter Variation hat $< E(\lambda)f, g >$ stets einen Limes von links. Daraus folgt:

$$\lim\limits_{\varepsilon\to 0, \varepsilon>0} E(\lambda - \varepsilon)f =: E(\lambda - 0)f$$

existiert für alle $f \in \mathcal{H}$ und alle $\lambda \in \mathbb{R}$. Wir wissen schon:

$$E(\lambda + 0)f := \lim\limits_{\varepsilon\to 0, \varepsilon>0} E(\lambda + \varepsilon)f = E(\lambda)f, \ f \in \mathcal{H}, \lambda \in \mathbb{R}.$$

Wir erinnern an die zu $J = [a, b]$ gehörende Projektion $E(J) = E(b) - E(a)$ und bezeichnen $\mathcal{M}(J) = E(J)\mathcal{H}$ als den zu $J$ gehörenden **Spektralraum.** Dann gilt

**Satz 16.8.1** *Sei $A$ selbstadjungiert in $\mathcal{H}$. $\lambda \in \mathbb{R}$ liegt dann und nur dann in $\sigma(A)$, wenn für die Dimension der sogenannten Spektralräume um $\lambda$ gilt:*

$$\dim \mathcal{M}(J) \geq 1 \text{ für jedes Intervall } J = [a, b] \text{ mit } \lambda \in \overset{0}{J} = ]a, b[.$$

*$\lambda$ ist Eigenwert von $A$ dann und nur dann, wenn*

$$E(\lambda + 0) - E(\lambda - 0) = E(\lambda) - E(\lambda - 0) \neq \text{Nulloperator}$$

*ist, also die Spektralschar in $\lambda$ einen Sprung hat.*

$R_z$ vertauscht mit $A$, d.h. $A R_z f = R_z A f$, $f \in \mathcal{D}(A)$. Aus (1) folgt dann, dass $E(\lambda)$ mit $A$ vertauscht und mit Satz 16.7.1 erhalten wir

$$E(J)f \in \mathcal{D}(A), f \in \mathcal{H}, \quad A E(J)\mathcal{H} \subset E(J)\mathcal{H}$$

für jedes Intervall $J = [a, b]$. Die Spektralräume $\mathcal{M}(J)$ sind also invariante Teilräume zu $A$. Für die Untersuchung von $\sigma(A)$ ist es also ausreichend, $A$ auf den nach 16.5.2 paarweise orthogonalen Spektralräumen $\mathcal{M}(J_i)$ zu untersuchen, wenn gilt

$$\mathbb{R} = \bigcup_{i=1}^{\infty} J_i \text{ mit } \overset{0}{J_i} \cap \overset{0}{J_j} = \emptyset \text{ für } i \neq j,$$

die $J_i$ sich also nicht überlappen.

Ist $m = \dim \mathcal{M}(J) < +\infty$, so sind wir im endlichdimensionalen Fall der linearen Algebra. $A$ hat dann $m$ orthonormierte Eigenvektoren $\varphi_1, \ldots, \varphi_m \in \mathcal{M}(J)$ zu Eigenwerten $\lambda_1, \ldots, \lambda_m$, $a < \lambda_i \leq b$, $i = 1, \ldots, m$ $(J = [a, b])$.

Der Fall $\dim \mathcal{M}(J) = +\infty$ gibt Anlass für eine von Definition 15.7.8 abweichende Einteilung von $\sigma(A)$. Wie wir noch sehen werden, ist sie auch physikalisch von großer Bedeutung.

**Definition 16.8.2** *Sei $A$ selbstadjungiert in $\mathcal{H}$. $\lambda \in \mathbb{R}$ gehört zum wesentlichen Spektrum $\sigma_{ess}(A)$ von $A$ (auch als Häufungsspektrum bezeichnet) dann und nur dann, wenn*

$$\dim \mathcal{M}(J) = +\infty \text{ für alle abgeschlossenen Intervalle } J = [a, b] \text{ mit } \lambda \in \overset{0}{J} = ]a, b[.$$

*$\lambda \in \mathbb{R}$ gehört zum diskreten Spektrum $\sigma_d(A)$ von $A$, wenn $\lambda$ Eigenwert von $A$ mit endlichdimensionalem Eigenraum ist.*

Man zeigt nun

$$\sigma(A) = \sigma_d(A) \cup \sigma_{ess}(A).$$

Offenbar ist $\sigma_d(A) \cap \sigma_{ess}(A) = \emptyset$. $\sigma_{ess}(A)$ kann also insbesondere Eigenwerte unendlicher Vielfachheit enthalten. Jeder Häufungspunkt von $\sigma(A)$ ist offenbar aus $\sigma_{ess}(A)$.

**Beispiel 16.8.3  1.** Ist $\mathcal{H}'$ ein abgeschlossener Teilraum von $\mathcal{H}$ mit $\dim \mathcal{H}' = +\infty$, so hat die selbstadjungierte Projektion $P : \mathcal{H} \to \mathcal{H}$, $\mathcal{H}' = P\mathcal{H}$, das Spektrum $\sigma(P) = \{0, 1\}$. Es ist $1 \in \sigma_{ess}(A)$ und $1$ ist Eigenwert unendlicher Vielfachheit.
**2.** Das folgende Beispiel benötigt $\dim \mathcal{H} = +\infty$. Sei $H \in \mathcal{L}(\mathcal{H})$ hermitesch, also selbstadjungiert. $H$ ist dann und nur dann kompakt, wenn $\sigma_{ess}(H) = \{0\}$ ist. In diesem Fall gibt es ein VONS von Eigenvektoren $\{\varphi_n\}$ mit

$$H\varphi_n = \lambda_n \varphi_n, \qquad |\lambda_1| \geq |\lambda_2| \geq \ldots \geq 0.$$

Wir müssen zum Beweis ein Kriterium von H. Weyl (HERMANN WEYL (1885-1955)) über die Mitgliedschaft in $\sigma_{ess}(H)$ heranziehen, das wir hier nicht beweisen können (s. [29], S. 348).    ∎

Das essentielle Spektrum von $A$ weist eine Stabilitätseigenschaft gegen Störungen auf, die wir jetzt studieren wollen.

**Definition 16.8.4** *Seien $A$ und $B$ zwei lineare Operatoren in $\mathcal{H}$ mit demselben Definitonsbereich $\mathcal{D}(A) = \mathcal{D}(B) = \mathcal{D}$. Dann heißt $B$ kompakt bezüglich $A$ (kurz: $A$-kompakt), wenn aus jeder Folge $(u_k)$ in $\mathcal{D}$ mit $\|u_k\| + \|Au_k\| \leq c$, $k \in \mathbb{N}$, eine Teilfolge $(u_{k_j})$ ausgewählt werden kann derart, dass $(Bu_{k_j})$ konvergiert.*

**Satz 16.8.5** *Sei $A$ selbstadjungiert in $\mathcal{H}$ mit Definitionsbereich $\mathcal{D}(A)$. Sei $V$ ein linearer Operator mit Definitionsbereich $\mathcal{D}(V) = \mathcal{D}(A)$. Sei $V$ hermitesch und $A$-kompakt. Sei $C = A + V, \mathcal{D}(C) = \mathcal{D}(A)$, selbstadjungiert. Dann ist*

$$\sigma_{ess}(A) \subset \sigma_{ess}(C).$$

*Ist $V$ auch $C$-kompakt, so ist*

$$\sigma_{ess}(A) = \sigma_{ess}(A + V).$$

Kurz gesagt ändert sich $\sigma_{ess}(A)$ unter relativ kompakten Störungen nicht. Als Beispiel wollen wir das Teilchen im Potentialfeld, wie es in der Quantenmechanik auftritt, behandeln. Zunächst befassen wir uns mit $-\triangle$ in $L_2(\mathbb{R}^n)$.

**Beispiel 16.8.6  1.** In Analogie zu 16.1.6 setzen wir

$$H^2(\mathbb{R}^n) = \{\, u \in L_2(\mathbb{R}^n) | \text{die Distributionsableitungen } \tfrac{\partial u}{\partial x_i}, \tfrac{\partial^2 u}{\partial x_i \partial x_j}$$
$$\text{sind Funktionen aus } L_2(\mathbb{R}^n), \ 1 \leq i, j \leq n\}.$$

Zu dieser Definition vergleiche man 12.1.4. Für die durch $u$ erzeugte Distribution $T_u$ schreiben wir $u$; für $u \in H^2(\mathbb{R}^n)$ ist also $\frac{\partial}{\partial x_i} T_u = T_{\frac{\partial u}{\partial x_i}}$ und wir schreiben $\frac{\partial u}{\partial x_i}$ für diese Distribution, entsprechend gehen wir bei $\frac{\partial^2}{\partial x_i \partial x_j} T_u = T_{\frac{\partial^2 u}{\partial x_i \partial x_l}}$ vor. Mit Hilfe der Fouriertransformation aus 15.3 lässt sich $H^2(\mathbb{R}^n)$ sehr einfach charakterisieren. Es ist

$$H^2(\mathbb{R}^n) = \{u \in L_2(\mathbb{R}^n)| \ \hat{u}(\xi) \cdot |\xi|^2 \text{ ist aus } L_2(\mathbb{R}^n)\}.$$

Wenn wir $\triangle u = \frac{\partial^2 u}{\partial x_1^2} + \ldots + \frac{\partial^2 u}{\partial x_n^2}$ für $u \in H^2(\mathbb{R}^n) = \mathcal{D}(\triangle)$ setzen, so kann man die Formel aus 15.3 für die Fouriertransformierte der Ableitung anwenden und erhält $\widehat{\triangle u}(\xi) = -|\xi|^2 \hat{u}(\xi)$, $\xi \in \mathbb{R}^n$. Im Fourierbild ist also $\triangle$ ein Multiplikationsoperator ( Faktor $-|\xi|^2$), ist daher hermitesch und hat keine Eigenwerte.

Da $\widehat{(\triangle u - \lambda u)} = (-|\xi|^2 - \lambda)\hat{u} = \hat{f}$ für $\lambda \le 0$ nicht unbeschränkt nach $\hat{u}$ auflösbar ist, liegen alle $\lambda \le 0$ im Spektrum von $\triangle$. Für $z \in \mathbb{R}$, $z > 0$, und $z \in \mathbb{C}$, $Im z \neq 0$, lösen wir $(\triangle - z)u = f$ in $H^2(\mathbb{R}^n)$ durch $\hat{u} = (-|\xi|^2 - z)\hat{f}$ auf und sehen, dass diese $z$ in der Resolventenmenge von $\triangle$ liegen.

Insbesondere ist $\triangle$ mit $\mathcal{D}(\triangle) = H^2(\mathbb{R}^n)$ selbstadjungiert und

$$\sigma_d(\triangle) = \emptyset, \qquad \sigma(\triangle) = \sigma_{ess}(\triangle) = \{\lambda \in \mathbb{R}|\, \lambda \le 0\}.$$

**2.** Statt $\triangle$ betrachten wir $-\triangle + Vu$ mit einer radialsymmetrischen Funktion $V = V(|x|)$. Sei etwa $n = 3$, $V = \frac{c}{|x|}$ mit einer negativen Konstante $c$ (Coulombpotential). Bis auf einen positiven Faktor vor $\triangle$ handelt es sich um den Schrödingeroperator des Wasserstoffatoms. Sei

$$\mathcal{H} = L_2(\mathbb{R}^n), \quad A = -\triangle, \quad \mathcal{D}(A) = H^2(\mathbb{R}^3),$$
$$Bu = Vu, \quad u \in \mathcal{D}(A), \quad Cu = Au + Bu, \quad u \in \mathcal{D}(A).$$

Dann ist $B$ hermitesch und $A$-kompakt. Da $C$ sich auch als selbstadjungiert herausstellt und $B$ auch als $C$-kompakt, ist nach 16.8.5

$$\sigma(C) = \sigma_d(C) \cup \sigma_{ess}(A) = \sigma_d(C) \cup \{\lambda \in \mathbb{R}|\, \lambda \ge 0\},$$

so dass jetzt bei Übergang von $-\triangle$ zu $-\triangle + V$ nur ein diskreter Teil zum Spektrum von $-\triangle$ hinzutreten kann. In der Tat rechnet man beim Potential $V = \frac{c}{|x|}$ $(c < 0)$ aus, dass $\sigma_d(C)$ aus einer Folge negativer Eigenwerte, die gegen Null konvergiert, besteht.

**3.** Das rein diskrete Spektrum, also $\sigma_{ess}(A) = \emptyset$, tritt bei beschränkten Grundgebieten auf. In den Beispielen 16.3.10, **2.** und **3.** erhalten wir jeweils die diskreten Spektren $\{k^2|k \in \mathbb{Z}\}$. ∎

Wir beenden diesen Abschnitt mit einigen **Literaturhinweisen.**

Zu Funktionen beschränkter Variation und dem Spektralsatz verweisen wir auf RIESZ-NAGY [29],
zum Spektralsatz und der Stieltjesschen Umkehrformel auf STONE [30], GROSSMANN [14].
Außerdem enthält das Werk NATANSON [27] umfangreiches Material zur Theorie der Funktionen von beschränkter Variation.

# 17

# Lösungen

**1.1** Für $x \geq y$ ist $\max(x, y) = x$ und $\frac{1}{2}(x+y+|x-y|) = \frac{1}{2}(x+y+(x-y)) = x$; bei $y > x$ vertauscht man $x, y$. Die Aussage für $\min(x, y)$ beweist man analog.

**1.2** Zu $\varepsilon > 0$ wählt man $N \in \mathbb{N}$ so, dass $\frac{1}{N} < \varepsilon^2$ ist. Für $n \geq N$ ist dann $\sqrt{\frac{1}{n}} < \varepsilon$. Aus $\sqrt{n+1} - \sqrt{n} = \frac{(\sqrt{n+1}-\sqrt{n})(\sqrt{n+1}+\sqrt{n})}{\sqrt{n+1}+\sqrt{n}} = \frac{1}{\sqrt{n+1}+\sqrt{n}} < \frac{1}{2\sqrt{n}}$ folgt die zweite Behauptung.

**1.3** $9 \cdot \sum\limits_{n=1}^{\infty} (\frac{1}{10})^n$ ist eine konvergente Majorante zum Dezimalbruch.

Es ist $0,373737\ldots = 37 \sum\limits_{n=1}^{\infty} (\frac{1}{100})^n = 37 \cdot \frac{1/100}{1-(1/100)} = \frac{37}{99}$.

**1.4** Die Reihe konvergiert nach dem Quotientenkriterium: Sei $a_n := \frac{n^3}{3^n}$; für $n \geq 4$ ist
$$\frac{a_{n+1}}{a_n} = \frac{1}{3} \cdot (1 + \frac{1}{n})^3 < \frac{2}{3}.$$

**1.5** Für $k \geq 2$ ist $s_k := \sum\limits_{n=2}^{k} \frac{1}{n^2-1} = \frac{1}{2} \sum\limits_{n=2}^{k} \left( \frac{1}{n-1} - \frac{1}{n+1} \right) = \frac{1}{2}(1 + \frac{1}{2} - \frac{1}{k} - \frac{1}{k+1})$, daher ist $\sum\limits_{n=2}^{\infty} \frac{1}{n^2-1} = \frac{3}{4}$.

**1.6** Beweis mit vollständiger Induktion; der Induktionsanfang $n = 1$ ist jeweils klar.
a) Sei $1 + 2 + \ldots + n = \frac{1}{2}n(n+1)$; dann folgt
$1 + 2 + \ldots n + (n+1) = \frac{1}{2}n(n+1) + (n+1) = (n+1)(\frac{n}{2}+1) = \frac{1}{2}(n+1)(n+2)$.

b) Nun sei $(1 + 2 + \ldots + n)^2 = 1^3 + 2^3 + \ldots + n^3$, dann folgt
$(1+2+\ldots+n+(n+1))^2 = (1+2+\ldots+n)^2 + 2(1+2+\ldots+n)(n+1) + (n+1)^2 =$
$= (1 + 2 + \ldots + n)^2 + 2 \cdot \frac{1}{2}n(n+1)(n+1) + (n+1)^2 =$
$= (1 + 2 + \ldots + n)^2 + (n+1)^2(n+1) = 1^3 + 2^3 + \ldots + n^3 + (n+1)^3$.

H. Kerner, W. von Wahl, *Mathematik für Physiker*, Springer-Lehrbuch,
DOI 10.1007/978-3-642-37654-2_17, © Springer-Verlag Berlin Heidelberg 2013

**1.7** Der Induktionsanfang für $m = 1$ ist: $1 = \frac{1}{6} \cdot 1 \cdot 2 \cdot 3$.
Induktionsschritt: Sei die Aussage für ein $m$ richtig, dann folgt:

$$\sum_{n=1}^{m+1} n^2 = \frac{1}{6}m(m+1)(2m+1)+(m+1)^2 = (m+1)\frac{1}{6}\Big(m(2m+1)+6(m+1)\Big) =$$

$$= \frac{1}{6}(m+1)\Big(2m^2 + m + 6m + 6\Big) = \frac{1}{6}(m+1)(m+2)(2m+3).$$

**1.8** Die Behauptung folgt aus dem binomischen Lehrsatz 1.6.5 mit $x = y = 1$.

**1.9** $\quad \frac{1}{3+2i} = \frac{3-2i}{(3+2i)(3-2i)} = \frac{3}{13} - \frac{2}{13}i, \qquad \frac{1+i}{1-i} = \frac{(1+i)(1+i)}{(1-i)(1+i)} = i,$

sei $\varrho := \frac{-1+i\sqrt{3}}{2}$ , dann ist $\varrho^3 = \frac{1}{8}\Big(-1 + 3i\sqrt{3} + 9 - 3i\sqrt{3}\Big) = 1$ , daher

$\varrho^{30} = 1$. -
Es ist $x^3 - 1 = (x-1)(x^2+x+1)$ und $x^2 + x + 1$ hat die Nullstellen $\varrho$ und $-\varrho$,
daher $\varrho^3 = 1$.

**1.10** Für $p(x) = x^5 - x^4 + 2x^3 - 2x^2 + x - 1$ ist $p(1) = 0$; mit dem Hornerschen
Schema rechnet man aus: $p(x) : (x-1) = x^4 + 2x^2 + 1 = (x^2+1)^2$. Daher hat $p$
die Nullstellen $1; i; -i$ und es ist $p(x) = (x-1)(x-i)^2(x+i)^2$.

**1.11** $p(x) = 2 - 2x + x(x-1)(x-2) = x^3 - 3x^2 + 2$

**1.12** Es ist $b_n = a_n - \frac{1}{n}$ und

$$a_n - a_{n+1} = \frac{1}{n} - \frac{1}{2n+1} - \frac{1}{2n+2} > 0, \qquad b_{n+1} - b_n = \frac{1}{2n+1} + \frac{1}{2n+2} - \frac{1}{n+1} > 0,$$

also

$$b_1 < \ldots < b_n < b_{n+1} < a_{n+1} < a_n \ldots < a_1.$$

Daher konvergieren $(a_n)_n$ und $(b_n)_n$ und zwar gegen den gleichen Grenzwert, den
wir mit $L$ bezeichnen. Es ist

$$\begin{aligned}
c_{2n} &= 1 - \frac{1}{2} + \frac{1}{3} - \frac{1}{4} + \ldots + \frac{1}{2n-1} - \frac{1}{2n} = \\
&= (1 + \frac{1}{2} + \frac{1}{3} + \frac{1}{4} + \ldots + \frac{1}{2n-1} + \frac{1}{2n}) - 2(\frac{1}{2} + \frac{1}{4} + \frac{1}{6} + \ldots + \frac{1}{2n}) = \\
&= (1 + \frac{1}{2} + \frac{1}{3} + \frac{1}{4} + \ldots + \frac{1}{2n-1} + \frac{1}{2n}) - (1 + \frac{1}{2} + \frac{1}{3} + \ldots + \frac{1}{n}) = \\
&= \frac{1}{n+1} + \frac{1}{n+2} + \ldots + \frac{1}{2n-1} + \frac{1}{2n} = b_n.
\end{aligned}$$

Es ist also $c_{2n} = b_n$ und wegen $c_{2n+1} = c_{2n} + \frac{1}{2n+1} = b_n + \frac{1}{2n+1}$ existiert

$$\lim_{n\to\infty} c_n = \lim_{n\to\infty} b_n = L.$$

**2.1** a) Zu $\varepsilon > 0$ wählt man $\delta = \varepsilon$. Aus $|x - x'| < \delta$, folgt dann:
$|b(x) - b(x')| = |\,|x| - |x'|\,| \le |x - x'| < \delta = \varepsilon$.
b) Die Funktion $b(x) := |x|$ ist stetig, daher auch $b \circ f = |f|$.
c)Aus $f^+ = \frac{1}{2}(f + |f|)$ und $f^- = -\frac{1}{2}(f - |f|)$ folgt die Stetigkeit von $f^+$ und $f^-$.
d) Nach Aufgabe 1.1 ist $\max(f, g) = \frac{1}{2}(f + g + |f - g|)$, also stetig; analog folgt
die Stetigkeit von $\min(f, g)$.

**2.2** Wir nehmen an, $f(x) = x^3$ sei gleichmäßig stetig. Dann existiert zu $\varepsilon = 1$ ein geeignetes $\delta > 0$. Nun wählt man $x > \frac{1}{\delta}$ und $x > 1$ und setzt $x' := x + \frac{1}{x}$. Dann ist $|x' - x| < \delta$, aber $|f(x') - f(x)| = (x + \frac{1}{x})^3 - x^3 > 3x > 3$. Somit ist $x^3$ nicht gleichmäßig stetig.

**3.1** Sei $\varepsilon > 0$; man wählt $\delta > 0$ so, dass für $0 < |x - b| < \delta$ gilt:

$$\left| \frac{f(x) - f(b)}{x - b} - f'(b) \right| < \varepsilon \text{ falls } a \le x < b; \left| \frac{g(x) - g(b)}{x - b} - g'(b) \right| < \varepsilon \text{ falls } b < x \le c.$$

Für $x \in [a, c]$, $0 < |x - b| < \delta$ ist dann wegen $f(b) = g(b) = h(b)$ und $f'(b) = g'(b)$:

$$\left| \frac{h(x) - h(b)}{x - b} - f'(b) \right| < \varepsilon$$

und daher existiert $h'(b)$ und es gilt $h'(b) = f'(b)$.

**3.2** Es existiert $g'(0) = \lim_{h \to 0} \frac{g(h) - g(0)}{h} = \lim_{h \to 0} \frac{h \cdot f(h)}{h} = \lim_{h \to 0} f(h) = f(0)$.

**3.3** a) Sei $|f'(x)| \le M$ für $x \in \mathbb{R}$. Zu $x, x' \in \mathbb{R}$, $x < x'$ existiert ein $\xi$ zwischen $x$ und $x'$ mit $\frac{f(x') - f(x)}{x' - x} = f'(\xi)$ und daher ist $|f(x) - f(x')| \le M|x' - x|$.
b) Zu $\varepsilon > 0$ wählt man $\delta := \frac{\varepsilon}{L}$; aus $|x - x'| < \delta$ folgt $|f(x) - f(x')| < L \cdot \delta < \varepsilon$.

**3.4** Es ist $(x^4 - 2x^3 - 5x^2 + 4x + 2) : (x - 1) = x^3 - x^2 - 6x - 2$ und daher ist $f$ in $x = 1$ differenzierbar.

**3.5** Wenn man die ersten Ableitungen von $f$ ausrechnet, kommt man zu der Vermutung:

$$f^{(k)}(x) = \frac{k!}{(1 - x)^{k+1}}$$

und beweist sie mit vollständiger Induktion: Der Induktionsanfang $k = 0$ ist klar; nun sei die Formel für ein $k$ richtig; dann ist

$$f^{(k+1)}(x) = (k! \, (1 - x)^{-k-1})' = k!(k + 1)(1 - x)^{-k-2} = \frac{(k + 1)!}{(1 - x)^{k+2}}.$$

**3.6** Für $0 < |h| < 1$ ist $\left| \frac{f(h) - f(0)}{h} \right| \le |h|$ und daher ist $f'(0) = 0$. (Dies folgt auch aus Aufgabe 3.1.) Somit ist

$$f'(x) = \begin{cases} 2x & \text{für } x \le 0 \\ 3x^2 & \text{für } x > 0 \end{cases}$$

Wegen

$$\frac{f'(h) - f'(0)}{h} = \begin{cases} 2 & \text{für } h < 0 \\ 3h & \text{für } h > 0 \end{cases}$$

existiert $f''(0)$ nicht.

**4.1**   $2\sin x \cos x$,   $-2\cos x \sin x$,   $2x\cos(x^2)$,   $\cos x \cdot e^{\sin x}$,   $e^x \cdot \cos(e^x)$.

**4.2**   $e^x \ln x + \frac{1}{x} \cdot e^x$,   $2x\ln x + x$,   $\frac{1 - 2\ln x}{x^3}$

**4.3**   $-\frac{2f'}{f^3}$,   $f'e^f$,   $f' \cdot (1 + \ln f)$,   $f' \cdot (1 + \ln f)f^f$

**4.4** a) Wendet man die l'Hospitalsche Regel zweimal an so erhält man   $\frac{1}{2}$ .
b) Wendet man die l'Hospitalsche Regel zweimal an, so erhält man das falsche Resultat $\frac{1}{2}$: Der Zähler geht gegen 0 und der Nenner gegen 1, also ist die l'Hospitalsche Regel nicht anwendbar. Der richtige Grenzwert ist 0.
c) Wegen $\left| \frac{\sin \frac{1}{x}}{\frac{1}{x}} \right| = |x \cdot \sin \frac{1}{x}| \le |x|$ ist der Grenzwert 0.

**4.5** Für $x \in \mathbb{R}$ setzt man $y := \operatorname{ar sinh} x$, also $x = \sinh y$; mit $w := e^y$ ist dann $x = \frac{1}{2}(w - \frac{1}{w})$. Daraus folgt $w^2 - 2xw - 1 = 0$; daher $w = x \pm \sqrt{x^2 + 1}$. Wegen $w = e^y > 0$ ist $w = x + \sqrt{x^2 + 1}$, also $e^y = x + \sqrt{x^2 + 1}$ und daher $\operatorname{ar sinh} x = y = \ln(x + \sqrt{x^2 + 1})$.

**4.6** a) $f(x) := \sum\limits_{n=1}^{\infty} nx^n = x \cdot \sum\limits_{n=1}^{\infty} nx^{n-1} = x \cdot \frac{d}{dx}\left(\frac{1}{1-x}\right) = \frac{x}{(1-x)^2}$, also
$\sum\limits_{n=1}^{\infty} \frac{n}{10^n} = f(\frac{1}{10}) = \frac{10}{81}$.

b) Gemeint ist natürlich $\sum\limits_{n=1}^{\infty} \frac{1}{n \cdot 10^n}$. Wir untersuchen also in $|x| < 1$ die Funktion
$f(x) := \sum\limits_{n=1}^{\infty} \frac{x^n}{n}$; es ist $f'(x) = \sum\limits_{n=1}^{\infty} x^{n-1} = \frac{1}{1-x}$. Für $g(x) := -\ln(1 - x)$ ist
$g'(x) = \frac{1}{1-x} = f'(x)$ und wegen $f(0) = 0 = g(0)$ ist $f(x) = g(x)$, also (vgl.
6.2.10)
$$\sum\limits_{n=1}^{\infty} \frac{x^n}{n} = -\ln(1 - x)$$
und somit $\sum\limits_{n=1}^{\infty} \frac{1}{n \cdot 10^n} = f(\frac{1}{10}) = \ln \frac{10}{9}$.

**4.7** Es ist $f'(x) = 2x\ln x$ und $f''(x) = 2(1 + \ln x)$. In $]0, e^{-1}[$ ist $f'' < 0$ und $f'$ streng monoton fallend; in $]e^{-1}, \infty[$ ist $f'' > 0$ und $f'$ steigend.

Es gilt $f''(\frac{1}{e}) = 0$ und $f'(\frac{1}{e}) = -\frac{2}{e}$ sowie $f'(1) = 0$. Somit ist $f' < 0$ in $]0, 1[$ und $f' > 0$ in $]1, \infty[$. Daher fällt $f$ in $]0, 1[$ und steigt in $]1, \infty[$; in $x = 1$ hat f das Minimum $f(1) = -\frac{1}{2}$; die einzige Nullstelle von $f$ ist $\sqrt{e} = 1,648 \dots$.

**4.8** Es ist nach 4.3.4 $\cos 2x = 1 - 2\sin^2 x$ und daher ist $f$ konstant: $f(x) = \frac{1}{2}$ für $x \in \mathbb{R}$.

**4.9** $f(x) = x^x = \exp(x \ln x)$,   $f'(x) = (\ln x + 1) \cdot x^x$,   $f'(\frac{1}{e}) = 0$.
In $]0, \frac{1}{e}[$ ist $f' < 0$, also $f$ streng monoton fallend; in $]\frac{1}{e}, \infty[$ ist $f' > 0$ und $f$ wächst streng monoton.

In $\frac{1}{e}$ nimmt $f$ also das Minimum $\exp(-\frac{1}{e})$ an.

Es ist $\lim\limits_{x\to 0} x \cdot \ln x = \lim\limits_{x\to 0} \frac{\ln x}{1/x} = \lim\limits_{x\to 0} \frac{1/x}{-1/x^2} = 0$ und wegen der Stetigkeit der Exponentialfunktion folgt:

$$\lim\limits_{x\to 0} x^x = \lim\limits_{x\to 0} \exp(x \ln x) = 1.$$

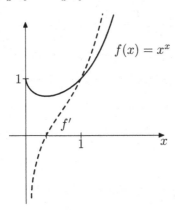

**4.10** Es ist $\ln(4 \cdot 10^9) = 2 \cdot \ln 2 + 9 \cdot \ln 10 = 22,1\ldots$; es reicht also, wenn das Blatt etwa $22,2 cm$ hoch ist.

Beim doppelten Erdumfang hat man $\ln(2 \cdot 4 \cdot 10^9) = \ln 2 + \ln(4 \cdot 10^9)$; es kommt also der Summand $\ln 2$ dazu und das Blatt muss um $0,69 cm$, also etwa $7 mm$, höher sein.

Man kann sich damit nicht nur das langsame Wachstum von $\ln x$, sondern auch das schnelle Wachstum von $e^x$ veranschaulichen: bei $x = 22,1$ ist $e^x$ gleich dem Erdumfang, geht man $7 mm$ weiter, ist es der doppelte Erdumfang.

**5.1** a) $\int\limits_0^1 \frac{x^4}{1+x^5} dx = \frac{1}{5}(\ln(1+x^5))\Big|_0^1 = \frac{1}{5}\ln 2.$

b) $\int\limits_0^1 \frac{x}{1+x^4} dx = \frac{1}{2} \int\limits_0^1 \frac{dy}{1+y^2} = \frac{1}{2}\arctan y\Big|_0^1 = \frac{\pi}{8}$ mit $y = x^2$.

c) Zweimalige partielle Integration ergibt: $\int x^2 \sin x\, dx = -x^2 \cos x + \int 2x \cos x\, dx$ $= -x^2 \cos x + 2x \sin x + \int 2 \sin x\, dx = 2x \sin x - (x^2 - 2)\cos x.$ Daher ist $\int\limits_0^{\pi/2} x^2 \sin x\, dx = \pi - 2.$

d) $\int\limits_0^{\pi/4} \frac{\cos x - \sin x}{\cos x + \sin x} dx = \int\limits_1^{\sqrt{2}} \frac{dy}{y} = \frac{1}{2}\ln 2$ mit $y = \cos x + \sin x$.

**5.2** a) Partielle Integration: $\int x \ln x\, dx = \frac{x^2}{2}\ln x - \int \frac{x^2}{2}\frac{1}{x} dx = \frac{1}{2}x^2(\ln x - \frac{1}{2}).$
b) $\int \frac{1}{x} \ln x\, dx = \frac{1}{2}(\ln x)^2.$
c) Partielle Integration: $\int \frac{1}{x^2}\ln x\, dx = -\frac{1}{x}\ln x + \int \frac{dx}{x^2} = -\frac{1}{x}(1 + \ln x).$
d) Substitution $y = \ln x$ und zweimalige partielle Integration liefert:

$$\int(\ln x)^2\mathrm{d}x = \int y^2\cdot e^y\mathrm{d}y = (y^2-2y+2)\cdot e^y = x\cdot\Big((\ln x)^2-2\ln x+2\Big).$$

**5.3** Für den Nenner gilt: $x^2-6x+10 = (x-3)^2+1 > 0$.

a) $\int\frac{x-3}{(x^2-6x+10)^2}\mathrm{d}x = \frac12\int\frac{\mathrm{d}y}{y^2} = -\frac12 y^{-1} = -\frac12\cdot\frac{1}{x^2-6x+10}$ mit der Substitution $y := x^2-6x+10$.

b) $\int\frac{x-3}{x^2-6x+10}\mathrm{d}x = \frac12\ln(x^2-6x+10)$.

c) $\int\frac{\mathrm{d}x}{(x-3)^2+1} = \arctan(x-3)$.

d) $\int\frac{x\mathrm{d}x}{x^2-6x+10} = \int\frac{x-3}{x^2-6x+10}+3\cdot\int\frac{\mathrm{d}x}{x^2-6x+10} = \frac12\ln(x^2-6x+10)+3\cdot\arctan(x-3)$.

**5.4** Für $0\le x\le 3$ ist $y = 2\cdot\sqrt{1-(x^2/9)}$ und mit $x=3\cdot\sin t$ ergibt sich $\frac18$ der gesuchten Fläche:

$$\int\limits_0^3\sqrt{1-\frac{x^2}{9}}\mathrm{d}x = \int\limits_0^{\pi/2}\sqrt{1-\frac{9\sin^2 t}{9}}\cdot 3\cos t\,\mathrm{d}t = 3\int\limits_0^{\pi/2}\cos^2 t\,\mathrm{d}t =$$

$$= \frac32(t+\sin t\cos t)\Big|_0^{\pi/2} = \frac34\pi$$

und die Ellipsenfläche ist $6\pi$.

**5.5**

$$a_n = \int\limits_0^{\pi/2}\sin x\cdot\sin^{n-1} x\,\mathrm{d}x =$$

$$= -\cos x\cdot\sin^{n-1} x\Big|_0^{\pi/2} + \int\limits_0^{\pi/2}\cos^2 x\cdot(n-1)\cdot\sin^{n-2} x\,\mathrm{d}x =$$

$$= 0+(n-1)\int\limits_0^{\pi/2}(1-\sin^2 x)\cdot\sin^{n-2} x\,\mathrm{d}x = (n-1)a_{n-2}-(n-1)a_n$$

und daher

$$a_n = \frac{n-1}{n}a_{n-2}.$$

Es ist $a_0 = \int\limits_0^{\pi/2}\mathrm{d}x = \frac{\pi}{2}$, $a_1 = \int\limits_0^{\pi/2}\sin x\,\mathrm{d}x = 1$, somit

$$a_{2n} = \frac{2n-1}{2n}\cdot\frac{2n-3}{2n-2}\cdot\ldots\cdot\frac34\cdot\frac12\cdot\frac{\pi}{2}, \qquad a_{2n+1} = \frac{2n}{2n+1}\cdot\frac{2n-2}{2n-1}\cdot\ldots\cdot\frac45\cdot\frac23.$$

**5.6** $a_n = \int\limits_0^1 x^n e^x\mathrm{d}x = x^n e^x\Big|_0^1 - n\int\limits_0^1 x^{n-1}e^x\mathrm{d}x$, daher $a_n = e - n\cdot a_{n-1}$.

Man erhält:

$$a_0 = e-1,\ a_1 = 1,\ a_2 = e-2,\ a_3 = 6-2e.$$

**5.7** Es ist

$$\int\limits_n^{2n}\frac{\mathrm{d}x}{x} = \ln(2n)-\ln n = \ln 2.$$

Wählt man zum Intervall $[n, 2n]$ die Zerlegung $Z = (n, n+1, \ldots, 2n-1, 2n)$, so ist $b_n = \underline{S}_Z < \ln 2$ und $a_n = (\frac{1}{n} + \ldots + \frac{1}{2n-1}) + \frac{1}{2n} = \bar{S}_Z + \frac{1}{2n} > \bar{S}_Z > \ln 2$. Damit hat man $b_n < \ln 2 < a_n$ und daraus folgt $L = \ln 2$.

**5.8** Sei $s > 1$ und $N, R \in \mathbb{N}$, $N < R$, dann ist $\sum\limits_{n=N+1}^{R} n^{-s}$ eine Untersumme zum

Integral $\int\limits_{N}^{R} x^{-s} \mathrm{d}x = \frac{1}{s-1}(\frac{1}{N^{s-1}} - \frac{1}{R^{s-1}})$. Daher ist

$$\sum_{n=N+1}^{\infty} \frac{1}{n^s} \leq \frac{1}{s-1} \cdot \frac{1}{N^{s-1}}.$$

Daraus folgt mit $s = 12$ und $N = 3$:

$$\sum_{n=4}^{\infty} \frac{1}{n^{12}} \leq \frac{1}{11} \cdot \frac{1}{3^{11}} = \frac{1}{1948617} < 10^{-6},$$

man hat also mit den drei Gliedern $1 + 2^{-12} + 3^{-12}$ diese Reihe bis auf einen Fehler $< 10^{-6}$ berechnet. Es ist $1 + 2^{-12} + 3^{-12} = 1,00024602\ldots$ und nach 14.11.9 ist $\sum\limits_{n=1}^{\infty} n^{-12} = 1,00024608\ldots$.

**6.1** $\frac{1+x}{1-x} = \frac{1}{1-x} + \frac{x}{1-x} = \sum\limits_{n=0}^{\infty} x^n + \sum\limits_{n=1}^{\infty} x^n = 1 + 2 \cdot \sum\limits_{n=1}^{\infty} x^n$ für $|x| < 1$.

**6.2** $\frac{1}{1+x+x^2+x^3+x^4+x^5} = \frac{1-x}{1-x^6} = \sum\limits_{n=0}^{\infty} x^{6n} - \sum\limits_{n=0}^{\infty} x^{6n+1} =$

$= 1 - x + x^6 - x^7 + x^{12} - x^{13} + \ldots$.

**6.3** Es ist $\frac{1}{a-x} = \frac{1}{a} \frac{1}{1-(x/a)} = \sum\limits_{n=0}^{\infty} \frac{x^n}{a^{n+1}}$ und daher gilt für $|x| < a$:

$\frac{1}{(x-a)(x-b)} = \frac{1}{a-b}\left(\frac{1}{x-a} - \frac{1}{x-b}\right) = \frac{1}{a-b} \sum\limits_{n=0}^{\infty} \left(a^{-(n+1)} - b^{-(n+1)}\right) x^n$.

**6.4** Für $|x| < 1$ gilt: $x \cdot (x g'(x))' = x(\frac{x}{(1-x)^2})' = \frac{x(1+x)}{(1-x)^3} = f(x)$ und daher

$$f(x) = x \cdot \left(x \cdot \sum_{n=1}^{\infty} n x^{n-1}\right)' = x \cdot \left(\sum_{n=1}^{\infty} n x^n\right)' = x \cdot \sum_{n=1}^{\infty} n^2 x^{n-1} = \sum_{n=1}^{\infty} n^2 x^n.$$

Daraus folgt

$$\sum_{n=1}^{\infty} \frac{n^2}{2^n} = f(\frac{1}{2}) = 6.$$

**6.5** Sei $g(x) := \frac{1}{1-x}$, für $|x| < 1$ gilt (vgl. Aufgabe 3.5):

$$\frac{2}{(1-x)^3} = g''(x) = \left(\sum_{n=0}^{\infty} x^n\right)'' = \sum_{n=2}^{\infty} n(n-1)x^{n-2}$$

und daher

$$\frac{x+x^2}{(1-x)^3} = \tfrac{1}{2}\Big( \sum_{n=2}^{\infty} n(n-1)x^{n-1} + \sum_{n=2}^{\infty} n(n-1)x^n \Big) =$$

$$= \tfrac{1}{2}\Big( x + \sum_{n=2}^{\infty} (n+1)nx^n + \sum_{n=2}^{\infty} (n-1)nx^n \Big) = \sum_{n=1}^{\infty} n^2 x^n.$$

**6.6** Nach der Taylorschen Formel 6.2.6 existiert ein $\xi$ mit

$$\sin x - \Big(x - \frac{x^3}{3!} + \frac{x^5}{5!}\Big) = \frac{x^7}{7!}\cdot(-\sin\xi)$$

und aus $\frac{|x|^7}{7!}\cdot|-\sin\xi| \le \frac{1}{2^7\cdot 7!} = \frac{1}{645120} < 2\cdot 10^{-6}$ folgt die Behauptung.

**7.1** Wir schreiben die Lösungen als **Zeilenvektoren**, bei der Rechnung sollen sie unbedingt als **Spalten** geschrieben werden.

(1) $\{(-1,\,3,\,2)\}$
(2) $\{(9,15,0) + c(-2,-3,1)|\ c \in \mathbb{R}\}$
(3) $\{(1,2,0,0) + c_1(-4,1,-1,0) + c_2(5,-1,0,-1)|\ c_1,c_2 \in \mathbb{R}\}$
(4) unlösbar
(5) $\{(7,-5,3) + c(3,-2,1)|\ c \in \mathbb{R}\}$
(6) $\{(1,-3,1,0) + c(1,2,3,-1)|\ c \in \mathbb{R}\}$
(7) unlösbar
(8) $\{(8,6,0) + c(-1,-1,1)|\ c \in \mathbb{R}\}$

**7.2** Wir geben zuerst das charakteristische Polynom $\chi_A$ an, dann die Eigenwerte EW und schließlich zu jedem Eigenwert einen Eigenvektor EV, die Eigenvektoren schreiben wir in Zeilenform, beim Matrizenkalkül müssen sie als Spalten geschrieben werden. In den letzten beiden Spalten geben wir an, ob die Matrix diagonalisierbar (d) oder trigonalisierbar (t) ist.

|      | $\chi_A$ | EW | EV | $d$ | $t$ |
|------|----------|-----|-----|-----|-----|
| (1)  | $t^2 - 5t - 50 = (t-10)(t+5)$ | 10; $-5$ | $(1,-2)$; $(2,1)$ | $+$ | $+$ |
| (2)  | $t^2 + t - 2 = (t+2)(t-1)$ | 1; $-2$ | $(-2,1)$; $(1,-2)$ | $+$ | $+$ |
| (3)  | $t^2 - 1 = (t-1)(t+1)$ | 1; $-1$ | $(1,1)$; $(1,-1)$ | $+$ | $+$ |
| (4)  | $t^2 - 30t + 125 = (t-15)^2$ | 15 | $(1,-2)$ | $-$ | $+$ |
| (5)  | $t^2 - 7t + 10 = (t-5)(t-2)$ | 2; 5 | $(1,-2)$; $(1,1)$ | $+$ | $+$ |
| (6)  | $t^2 - 3t + 8 = (t-\tfrac{3}{2})^2 + \tfrac{23}{4} > 0$ | | | $-$ | $-$ |
| (7)  | $t^3 - 5t^2 + 2t + 8 = (t+1)(t-2)(t-4)$ | $-1$; 2; 4 | $(0,2,1)$; $(1,1,0)$; $(-5,1,-2)$ | $+$ | $+$ |
| (8)  | $t^3 - 4t^2 + 5t - 2 = (t-1)^2(t-2)$ | 1; 2 | $(0,1,0)$; $(3,-5,1)$ | $-$ | $+$ |
| (9)  | $t^3 - 4t^2 + 5t - 2 = (t-1)^2(t-2)$ | 1; 2 | $(1,0,1)$; $(1,1,1)$; $(0,3,1)$ | $+$ | $+$ |
| (10) | $t^3$ | 0 | $(1,0,0)$; $(0,1,0)$ | $-$ | $+$ |

Die Matrix (6) hat keine Eigenwerte und ist daher nicht trigonalisierbar. Alle anderen Matrizen sind trigonalisierbar, weil $\chi_A$ zerfällt. Bei (4), (8), (10) gibt es keine Basis aus Eigenwerten; diese Matrizen sind nicht diagonalisierbar. Die Matrizen (1), (2), (3), (5), (7), (9) sind diagonalisierbar. Bei den Matrizen (1) und (3) sieht man dies ohne Rechnung, denn sie sind symmetrisch und besitzen daher eine Orthonormalbasis aus Eigenvektoren.

**7.3** Aus $\sum_j \lambda_j v_j = 0$ folgt $\sum_j \lambda_j f(v_j) = 0$ und nach Voraussetzung ergibt sich daraus $\lambda_1 = 0, \ldots, \lambda_k = 0$.

**7.4** Es ergibt sich

$$\frac{1}{\sqrt{2}} \begin{pmatrix} 1 \\ 1 \\ 0 \end{pmatrix}, \quad \frac{1}{\sqrt{2}} \begin{pmatrix} 1 \\ -1 \\ 0 \end{pmatrix}, \quad \begin{pmatrix} 0 \\ 0 \\ 1 \end{pmatrix}$$

**7.5** Die zu $f$ gehörende Matrix ist $A = \begin{pmatrix} 2 & 1 \\ -4 & -2 \end{pmatrix}$; daraus folgt, dass $\begin{pmatrix} 1 \\ -2 \end{pmatrix}$ eine Basis von Bild $f$ und, wie man leicht nachrechnet, auch von Ker $f$ ist. Daher ist Bild $f$ = Ker $f$ und somit $f \circ f = 0$.

**7.6** Die zugehörige Matrix ist $A = \begin{pmatrix} 3 & -2 \\ 4 & -3 \end{pmatrix}$; sie ist offensichtlich invertierbar, nach 7.7.14 ist $A^{-1} = \begin{pmatrix} 3 & -2 \\ 4 & -3 \end{pmatrix} = A$. Daher ist $f$ ein Isomorphismus und somit Bild $f$ = $\mathbb{R}^2$ und Ker $f$={0}. Es ist $A \cdot A = E$, also $(f \circ f)(x) = x$ und daher $f^{-1} = f$.

**7.7**

$(a)$ es ist $f(e_1) = -e_2$, $f(e_2) = -e_1$; also $A = \begin{pmatrix} -1 & 0 \\ 0 & -1 \end{pmatrix}$

$(b)$ es ist $f(e_1) = e_1$, $f(e_2) = -e_2$; also $A = \begin{pmatrix} 1 & 0 \\ 0 & -1 \end{pmatrix}$

$(c)$ es ist $f(e_1) = e_2$; $f(e_2) = e_1$; also $A = \begin{pmatrix} 0 & 1 \\ 1 & 0 \end{pmatrix}$.

**7.8**

$A^2 - (spA)A + (\det A)E =$

$$= \begin{pmatrix} a_{11}^2 + a_{12}a_{21} & a_{11}a_{12} + a_{12}a_{22} \\ a_{21}a_{11} + a_{22}a_{21} & a_{21}a_{12} + a_{22}^2 \end{pmatrix} - \begin{pmatrix} a_{11}^2 + a_{11}a_{22} & a_{11}a_{12} + a_{22}a_{12} \\ a_{11}a_{21} + a_{22}a_{21} & a_{11}a_{22} + a_{22}^2 \end{pmatrix} +$$

$$+ \begin{pmatrix} a_{11}a_{22} - a_{12}a_{21} & 0 \\ 0 & a_{11}a_{22} + a_{12}a_{21} \end{pmatrix} = \begin{pmatrix} 0 & 0 \\ 0 & 0 \end{pmatrix}$$

Dies ist ein Spezialfall des Satzes von Hamilton-Cayley:
Für $A \in K^{(n,n)}$ ist immer $\chi_A(A) = 0$.
Ist $A \in K^{(2,2)}$ eine Matrix mit $spA = 0$, so folgt aus diesem Satz:
$A^2 = -(\det A)E$.
In 7.5 ist $spA = 0$ und $\det A = 0$, somit erhält man: $A^2 = 0$.
In 7.6 ist $spA = 0$ und $\det A = -1$, also folgt $A^2 = E$.

**7.9** Es ist $a_{11}a_{22} - a_{12}^2 = \det A > 0$, daher $a_{11}a_{22} > 0$ und wegen $a_{11} > 0$ folgt $a_{22} > 0$. Für die Eigenwerte $\lambda_1, \lambda_2$ von $A$ gilt dann $\lambda_1 + \lambda_2 = a_{11} + a_{22} > 0$ und $\lambda_1\lambda_2 = \det A > 0$. Aus $\lambda_1\lambda_2 > 0$ folgt, dass beide Eigenwerte positiv oder beide negativ sind. Wegen $\lambda_1 + \lambda_2 > 0$ sind beide positiv.

**8.1** Die Substitution $v := y + x$ liefert $v' = v$, also $v = ce^x$ und damit $y = ce^x - x$. Die allgemeine Lösung ist $y = (y_0 + x_0)e^{x-x_0} - x$.

**8.2** Die homogene Gleichung $y' = y$ hat die Lösung $y = cx$. Variation der Konstanten liefert mit dem Ansatz $y = c(x)y$ die Gleichung $c'(x)e^x + c(x)e^x = c(x)e^x + \frac{e^x}{x}$, also $c'(x) = \frac{1}{x}$ und damit $c(x) = \ln x$. Die inhomogene Gleichung hat also die Lösungen $y = e^x(c + \ln x)$ und die Lösung mit $y(1) = 1$ ist $e^x(1 + \ln x)$.

**8.3** Die Lösungen von $y' = y$ sind $y = ce^x$ und mit dem Ansatz $y = c(x)e^x$ erhält man $c'(x) = 1$, also $c(x) = x$. Die Lösungen sind $y = (x+c)e^x$ und die allgemeine Lösung ist $(x - x_0 + y_0 \cdot e^{-x_0})e^x$.

**8.4** Trennung der Variablen ergibt $\frac{dy}{1+y^2} = dx$, also arctg $y = x + c$ und damit $y = \text{tg}(x + c)$. Die allgemeine Lösung ist dann

$$\varphi(x) = \text{tg}(x - x_0 + \text{arctg } y_0).$$

Wegen $|\text{arctg } y_0| < \frac{\pi}{2}$ gibt es ein $\delta > 0$ mit $|\delta + \text{arctg } y_0| < \frac{\pi}{2}$ und daher ist $\varphi(x)$ in $|x - x_0| < \delta$ definiert.

**8.5** Trennung der Variablen $\frac{dy}{y} = (a - bt)dt$ liefert die Lösung

$$y(t) = c \cdot \exp(at - \frac{1}{2}bt^2).$$

Es ist

$$\dot{y}(t) = (a - bt) \cdot c \cdot \exp(at - \frac{1}{2}bt^2)$$

und $\dot{y}(\frac{a}{b}) = 0$. Sei $t_0 := \frac{a}{b}$; für $0 \leq t < t_0$ ist $\dot{y}(t) > 0$; für $t_0 < t$ ist $\dot{y}(t) < 0$. Die Bakterienkultur wächst also bis zum Zeitpunkt $t_0$ an, hat bei $t_0$ den Maximalwert $y(t_0)$; dann fällt sie streng monoton, es ist $y(2t_0) = c$, sie hat also bei $2t_0$ wieder den Anfangswert und geht für $t \to \infty$ gegen 0; für alle $t$ ist $y(t) > 0$. (Den Verlauf von $\exp(at - \frac{1}{2}bt^2)$ kann man sich leicht vorstellen, wenn man zuerst die Parabel $at - \frac{1}{2}bt^2$ skizziert.)

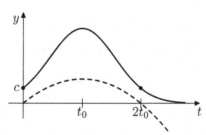

**8.6** $c_1 e^{-3x} + c_2 e^{-4x}$.

**8.7** $e^{-x}(c_1 \cos 2x + c_2 \sin 2x)$.

**8.8** $(c_1 + c_2 x)e^{-2x}$.

**8.9** Sei
$$A := \begin{pmatrix} -1 & -3\sqrt{3} \\ -3\sqrt{3} & 5 \end{pmatrix}.$$

Es ist $\chi_A(t) = t^2 - 4t - 32 = (t-8)(t+4)$. Man berechnet einen auf Länge 1 normierten Eigenvektor $t_1$ zu 8 und einen normierten Eigenvektor $t_2$ zu $-4$. Die Matrix $T$ mit den Spalten $t_1, t_2$ ist orthogonal; man erhält etwa

$$T = \begin{pmatrix} -\frac{1}{2} & \frac{1}{2}\sqrt{3} \\ \frac{1}{2}\sqrt{3} & \frac{1}{2} \end{pmatrix}.$$

Dann ist
$$T^{-1}AT = \begin{pmatrix} 8 & 0 \\ 0 & -4 \end{pmatrix}$$

und
$$\begin{aligned} \tilde{y}_1' &= 8\tilde{y}_1 \\ \tilde{y}_2' &= -4\tilde{y}_2 \end{aligned}$$

hat die Lösung
$$\tilde{y} = c_1 \cdot e^{8x} \cdot \begin{pmatrix} 1 \\ 0 \end{pmatrix} + c_2 \cdot e^{-4x} \cdot \begin{pmatrix} 0 \\ 1 \end{pmatrix}.$$

Dann ist $y = T\tilde{y}$ die Lösung von $y' = Ay$ und man erhält

$$y = c_1 \cdot e^{8x} \cdot \begin{pmatrix} -\frac{1}{2} \\ \frac{1}{2}\sqrt{3} \end{pmatrix} + c_2 \cdot e^{-4x} \cdot \begin{pmatrix} \frac{1}{2}\sqrt{3} \\ \frac{1}{2} \end{pmatrix}, \qquad c_1, c_2 \in \mathbb{R}.$$

**8.10** Sei
$$A = \begin{pmatrix} 1 + \frac{1}{2}\sqrt{3} & \frac{1}{2} \\ -\frac{3}{2} & 1 - \frac{1}{2}\sqrt{3} \end{pmatrix},$$

dann ist

$$\chi_A(t) = t^2 - 2t + 1 = (t-1)^2 \quad \text{und} \quad t_1 = \frac{1}{2}\begin{pmatrix} -1 \\ \sqrt{3} \end{pmatrix} \quad \text{ist ein Eigenvektor.}$$

Man wählt den Vektor $t_2$ so, dass die Matrix $T$ mit den Spalten $t_1, t_2$ orthogonal ist, etwa

$$T = \frac{1}{2}\begin{pmatrix} -1 & -\sqrt{3} \\ \sqrt{3} & -1 \end{pmatrix}.$$

Dann ist
$$T^{-1}AT = \begin{pmatrix} 1 & 2 \\ 0 & 1 \end{pmatrix}.$$

Man löst nun
$$\begin{aligned} \tilde{y}_1' &= \tilde{y}_1 + 2\tilde{y}_2 \\ \tilde{y}_2' &= \tilde{y}_2, \end{aligned}$$

aus der 2. Gleichung folgt $\tilde{y}_2 = c_2 e^x$, dann ist die 1. Gleichung $\tilde{y}_1' = \tilde{y}_1 + 2c_2 e^x$ und deren Lösung ist $\tilde{y}_1 = c_1 e^x + 2c_2(x+1)e^x$. Somit ist

$$\tilde{y} = c_1 e^x \begin{pmatrix} 1 \\ 0 \end{pmatrix} + c_2 e^x \begin{pmatrix} 2x+1 \\ 1 \end{pmatrix}.$$

Dann ist $y = T\tilde{y}$ Lösung von $y' = Ay$, also

$$y = c_1 \cdot e^x \cdot \begin{pmatrix} -\frac{1}{2} \\ \frac{1}{2}\sqrt{3} \end{pmatrix} + c_2 \cdot e^x \cdot \begin{pmatrix} -x-1-\frac{1}{2}\sqrt{3} \\ (x+1)\sqrt{3}-\frac{1}{2} \end{pmatrix}, \qquad c_1, c_2 \in \mathbb{R}.$$

**9.1** Aus $0 \leq (|x| - |y|)^2 = x^2 + y^2 - 2|xy|$ folgt $\left|\frac{2xy}{x^2+y^2}\right| \leq 1$ für $(x,y) \neq (0,0)$ und daher ist $|f(x,y)| \leq |x|$ für alle $x$; daraus folgt die Stetigkeit von $f$ in 0. Man sieht unmittelbar, dass $f_x(0,0) = 0$ und $f_y(0,0) = 0$ ist. Für $(x,y) \neq (0,0)$ ist

$$f_x(x,y) = \frac{4xy^3}{(x^2+y^2)^2}, \qquad f_y(x,y) = \frac{2x^4 - 2x^2y^2}{(x^2+y^2)^2}.$$

Aus $f_x(x,x) = 1$ und $f_y(x,2x) = -\frac{6}{25}$ für $x \neq 0$ folgt, dass $f_x$ und $f_y$ im Nullpunkt unstetig sind.

Wenn $f$ in 0 (total) differenzierbar ist, dann geht die Funktion $\varphi(x,y) := \frac{f(x,y)}{\sqrt{x^2+y^2}}$ gegen 0; für $x > 0$ ist aber $\varphi(x,x) = \frac{1}{\sqrt{2}}$ und daher ist $f$ nicht differenzierbar.

**9.2** Es ist $f_x(0,0) = 0$ und $f_y(0,0) = 0$ und für $(x,y) \neq (0,0)$ ist

$$f_x(x,y) = \frac{4xy^4}{(x^2+y^2)^2}, \qquad f_y(x,y) = \frac{4x^4y}{(x^2+y^2)^2}.$$

Für $y \neq 0$ ist $|f_x(x,y)| = \frac{4x}{((x/y)^2+1)^2}| \leq 4|x|$ und daraus folgt, dass $f_x$ im Nullpunkt stetig ist.

Durch Vertauschung von $x, y$ erhält man die Stetigkeit von $f_y$.

Somit ist $f$ stetig partiell differenzierbar, daher ist $f$ stetig und auch (total) differenzierbar.

**9.3** Man rechnet aus: $\frac{\partial f}{\partial x}(0,0) = 0$, $\frac{\partial f}{\partial y}(0,0) = 0$ und für $(x,y) \neq (0,0)$ ist:

$$\frac{\partial f}{\partial x}(x,y) = \frac{x^4y + 7x^2y^3 - 4y^5}{(x^2+y^2)^2}, \qquad \frac{\partial f}{\partial y}(x,y) = \frac{x^5 - 13x^3y^2 - 4xy^4}{(x^2+y^2)^2}.$$

Daraus ergibt sich:

$$\frac{\partial}{\partial y}\frac{\partial f}{\partial x}(0,0) = \lim_{h \to 0} \frac{1}{h}\frac{\partial f}{\partial x}(0,h) = \lim_{h \to 0} \frac{1}{h}\frac{(-4h^5)}{h^4} = -4,$$
$$\frac{\partial}{\partial x}\frac{\partial f}{\partial y}(0,0) = \lim_{h \to 0} \frac{1}{h}\frac{\partial f}{\partial y}(h,0) = \lim_{h \to 0} \frac{1}{h}\frac{h^5}{h^4} = 1.$$

**9.4**

a)  $h(x,y) = x^2 - y^3$

b)  es gibt kein Potential

c) $h(x, y) = e^{xy} + xe^y$

d) $h(x, y, z) = x^2y + xz + yz^2$.

**9.5** Aus $\cos 2t = \cos^2 t - \sin^2 t = 1 - 2\sin^2 t$ folgt $4(\sin \frac{t}{2})^2 = 2 - 2\cos t$ und für $0 \le t \le 2\pi$ ergibt sich: $2\sin \frac{t}{2} = \sqrt{2 - 2\cos t}$. Daher ist

$$L_\gamma = \int_0^{2\pi} \sqrt{(1 - \cos t)^2 + \sin^2 t}\,\mathrm{d}t = \int_0^{2\pi} \sqrt{2 - 2\cos t}\,\mathrm{d}t =$$
$$= 2 \int_0^{2\pi} \sin \frac{t}{2}\,\mathrm{d}t = -4\cos \frac{t}{2}\Big|_0^{2\pi} = 8.$$

**9.6 a)**

$$\int_\gamma \mathbf{v}\,\mathrm{d}s = \int_0^{2\pi} \Big((r\cos t - r\sin t)(-r\sin t) + (r\cos t + r\sin t)(r\cos t)\Big)\mathrm{d}t = 2\pi r^2.$$

b) $\int_\gamma \mathbf{v}\,\mathrm{d}s = \int_0^1 \Big((t - t) + (t + t)\Big)\mathrm{d}t = 1.$

c) $\int_\gamma \mathbf{v}\,\mathrm{d}s = \int_0^1 \Big((t - t^2) + (t + t^2)(2t)\Big)\mathrm{d}t = \frac{4}{3}.$

**9.7** $h(x, y) = x^3 - 3xy^2 - 3x$. a) Das Integral ist 0, weil ein Potential existiert. b), c) Beide Integrale sind gleich $h(1, 1) - h(0, 0) = -5$.

**10.1** Wenn das Kriterium gilt, dann ist $K$ trivialerweise eine Nullmenge. Sei nun $K$ eine kompakte Nullmenge und $\varepsilon > 0$ beliebig. Dann existieren Quader $I_j$, $j \in \mathbb{N}$, mit

$$K \subset \bigcup_{j=1}^\infty I_j, \quad \sum_{j=1}^\infty \mu(I_j) < \frac{\varepsilon}{2}.$$

Die $I_j$ können offen, halboffen oder abgeschlossen sein. Vergrößern wir die Kanten um $\delta_j > 0$ und nennen den so erhaltenen offenen Quader $I_j'$, so ist $\bar{I}_j \subset I_j'$. Wählen wir $\delta_j$ so klein, dass

$$\mu(I_j') - \mu(I_j) < 2^{-j}\frac{\varepsilon}{2}$$

ist, so erhalten wir

$$K \subset \bigcup_{j=1}^\infty I_j', \quad \sum_{j=1}^\infty \mu(I_j') = \sum_{j=1}^\infty \mu(I_j) + \sum_{j=1}^\infty (\mu(I_j') - \mu(I_j)) < \varepsilon.$$

Weil $K$ kompakt ist, können wir endlich viele $I_j'$ auswählen, die das Kriterium erfüllen.

**10.2** $f$ ist auf $]0, \pi[\times]0, \pi[$ nicht integrierbar. Wäre $f$ integrierbar, so wäre nach 10.2.6 die Funktion $\frac{1}{\sin x}$ über $]0, \pi[$ integrierbar. Nach 10.2.2 ist dann

$$\int\limits_0^\pi \frac{1}{\sin x}\mathrm{d}x = \lim_{\varepsilon \to 0, \varepsilon > 0} \int\limits_\varepsilon^{\pi-\varepsilon} \frac{1}{\sin x}\mathrm{d}x.$$

Es ist aber

$$\int\limits_\varepsilon^{\pi-\varepsilon} \frac{1}{\sin x}\mathrm{d}x = 2 \cdot \int\limits_\varepsilon^{\pi/2} \frac{1}{\sin x}\mathrm{d}x, \quad 0 < \varepsilon < \pi/2.$$

Wegen $\sin x \leq x$ auf $[0, \pi/2]$ folgt:

$$\int\limits_\varepsilon^{\pi-\varepsilon} \frac{1}{\sin x}\mathrm{d}x \geq 2 \cdot \int\limits_\varepsilon^{\pi/2} \frac{\mathrm{d}x}{x}\mathrm{d}x = 2 \cdot (\ln(\pi/2) - \ln \varepsilon) \to \infty \quad \text{für} \quad \varepsilon \to 0.$$

Die Funktion $f$ ist auf $]\delta, \pi-\delta[\times]\delta, \pi-\delta[$ integrierbar, da $f$ dort fast überall mit der auf $]\delta, \pi-\delta[\times]\delta, \pi-\delta[$ Riemann-integrierbaren Funktion $\frac{1}{\sin x \cdot \sin y}$ übereinstimmt.

**10.3** a) Sei

$$F(R) := \int\limits_{\|x\|\leq R} f(\|x\|)\mathrm{d}x, \quad G(R) := ne_n \int\limits_0^R f(r)f^{n-1}\mathrm{d}r$$

und $\triangle_{R,R+h} = \{R < \|x\| < R + h\}$ für $h > 0$. Dann ist, falls $F'$ und die Grenzwerte existieren:

$$(1) \quad F'(R) = \Big(\lim_{h \to 0} \frac{1}{h} \int\limits_{\triangle_{R,R+h}} (f(\|x\|) - f(R))\mathrm{d}x\Big) + f(R) \lim_{h \to 0} \frac{1}{h} \int\limits_{\triangle_{R,R+h}} \mathrm{d}x.$$

Nach der Transformationsformel ist

$$\int\limits_{\|x\|\leq R} \mathrm{d}x = R^n e_n.$$

Da $f$ in jedem abgeschlossenen Intervall gleichmäßig stetig ist, existiert zu $\varepsilon > 0$ ein $\delta > 0$ derart, dass

$$|f(\|x\|) - f(R)| \leq \frac{\varepsilon}{nR^{n-1}e_n} \quad \text{auf} \quad R \leq \|x\| \leq R+h, \ 0 \leq h < \delta,$$

ist. Also ist

$$\frac{1}{h}\Big|\int\limits_{\triangle_{R,R+h}} (f(\|x\|) - f(R))\mathrm{d}x\Big| \leq \frac{\varepsilon}{nR^{n-1}} \frac{1}{h}e_n \cdot ((R+h)^n - R^n) =$$

$$= \frac{\varepsilon}{hnR^{n-1}}(nR^{n-1}h + \binom{n}{2}R^{n-2}h^2 + \ldots).$$

Damit verschwindet der erste Grenzwert in (1).

Für den zweiten erhält man $f(R)nR^{n-1}e_n$. Für die Differenzenquotienten, die mit der Grundmenge $\{R - h < \|x\| < R\}$ gebildet werden, ergibt sich dasselbe Ergebnis. Offenbar ist ebenfalls

$$G'(R) = f(R)nR^{n-1}e_n.$$

Mit $F(0) = G(0)$ folgt die erste Behauptung.
b) Es ist

$$\int\limits_{\{x^2+y^2 \leq R^2\}} e^{-(x^2+y^2)}d(x,y) = 2\pi \int\limits_0^R e^{-r^2}r\mathrm{d}r = \pi(1 - e^{-R^2});$$

$$\int\limits_{\mathbb{R}^2} e^{-(x^2+y^2)}d(x,y) = \pi.$$

Der Satz von Fubini liefert

$$\int\limits_{\mathbb{R}^2} e^{-(x^2+y^2)}d(x,y) = (\int\limits_{\mathbb{R}} e^{-x^2}\mathrm{d}x)^2,$$

also

$$\int\limits_{\mathbb{R}} e^{-x^2}\mathrm{d}x = \sqrt{\pi}.$$

**10.4** Wir wählen geeignete Koordinaten, nämlich $\varphi \in [0, 2\pi[$, $\vartheta \in [0, 2\pi[$, $\varrho \in [0, r]$; dabei ist $\varphi$ ein Winkel in der $xz$-Ebene und $\vartheta$ ein Winkel in der $xy$-Ebene. Mit diesen ist

$$\begin{pmatrix} x \\ y \\ z \end{pmatrix} = \begin{pmatrix} (R + \varrho)\cos\varphi\cos\vartheta \\ (R + \varrho)\cos\varphi\sin\vartheta \\ \varrho\sin\varphi \end{pmatrix} =: \Phi(\varphi, \vartheta, \varrho).$$

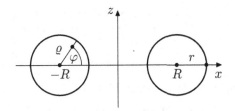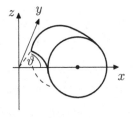

$\Phi$ bildet $[0, 2\pi[\times[0, 2\pi[\times[0, r]$ auf $T$ ab.
Wir definieren nun die Menge

$$M = \left\{ \begin{pmatrix} (R + \varrho)\cos\vartheta, \\ (R + \varrho)\sin\vartheta, \\ 0 \end{pmatrix} \mid 0 \le \vartheta < 2\pi, 0 \le \varrho < r \right\} \cup$$

$$\cup \left\{ \begin{pmatrix} R + \varrho\cos\varphi, \\ 0 \\ \varrho\sin\varphi \end{pmatrix} \mid 0 \le \varphi < 2\pi, 0 \le \varrho < r \right\} \cup$$

$$\cup \left\{ \begin{pmatrix} R\cos\vartheta \\ R\sin\vartheta \\ 0 \end{pmatrix} \mid 0 \le \vartheta < 2\pi \right\} \cup$$

$$\cup \left\{ \begin{pmatrix} (R + r\cos\varphi)\cos\vartheta \\ (R + r\cos\varphi)\sin\vartheta \\ r\sin\varphi \end{pmatrix} \mid 0 \le \varphi < 2\pi, \ 0 \le \vartheta < 2\pi \right\}$$

und setzen

$$U := ]0, 2\pi[\times]0, 2\pi[\times]0, r[ \qquad V := \overset{\circ}{T} \setminus M.$$

Da die letzte Menge bei $M$ bereits den Rand von $T$ darstellt, kann sie weggelassen werden. $\Phi$ bildet $U$ auf $V$ ab. $V$ ist offen. $\Phi : U \to V$ ist auch injektiv: es sei

$$\varrho_1\sin\varphi_1 = \varrho_2\sin\varphi_2$$
$$(R + \varrho_1\cos\varphi_1)\cos\vartheta_1 = (R + \varrho_2\cos\varphi_2)\cos\vartheta_2$$
$$(R + \varrho_1\cos\varphi_1)\sin\vartheta_1 = (R + \varrho_2\cos\varphi_2)\sin\vartheta_2$$

Sind $\cos\vartheta_1 \ne 0, \cos\vartheta_2 \ne 0$, so folgt $\tan\vartheta_1 = \tan\vartheta_2$ und $\vartheta_1 = \vartheta_2$ oder $\vartheta_1 = \vartheta_2 \pm \pi$. Im letzten Fall ist $\cos\vartheta_1 = -\cos\vartheta_2$. Daraus folgt

$$\varrho_1\cos\varphi_1 = \varrho_2\cos\varphi_2$$
$$\varrho_1\sin\varphi_1 = \varrho_2\sin\varphi_2$$

also $\varrho_1 = \varrho_2$, $\varphi_1 = \varphi_2$ und damit $\vartheta_1 = \vartheta_2$. Ist $\cos\vartheta_1 = 0$, so auch $\cos\vartheta_2$ und insbesondere $\cot\vartheta_1 = \cot\vartheta_2$. Dieselbe Argumentation wie eben liefert die Gleichheit. Wegen

$$J_\Phi(\varphi, \vartheta, \varrho) = \begin{pmatrix} -\varrho\sin\varphi\cos\vartheta & -(R + \varrho\cos\varphi)\sin\vartheta & \cos\varphi\cos\vartheta \\ -\varrho\sin\varphi\sin\vartheta & -(R + \varrho\cos\varphi)\cos\vartheta & \cos\varphi\sin\vartheta \\ \varrho\cos\varphi & 0 & \sin\varphi \end{pmatrix}$$

ist

$$|\det J_\Phi(\varphi, \vartheta, \varrho)| = \varrho(R + \varrho\cos\varphi) \ne 0$$

in $U = ]0, 2\pi[\times]0, 2\pi[\times]0, r[$. Also ist $\Phi : U \to V$ ein Diffeomorphismus. Bis auf eine Nullmenge ist $V = T$. Damit folgt unter Benutzung der Transformationsformel

$$\int_T (x^2 + y^2)\mathrm{d}(x, y, z) = \int_0^{2\pi}\int_0^{2\pi}\int_0^r (R + \varrho\cos\varphi)^3 \varrho\,\mathrm{d}\varrho\,\mathrm{d}\varphi\,\mathrm{d}\vartheta =$$

$$= 2\pi\int_0^r\int_0^{2\pi} (R^3 + 3R\varrho^2\cos^2\varphi)\,\mathrm{d}\varphi\,\mathrm{d}\varrho = 2\pi R r^2(R^2 + \tfrac{3}{4}r^2).$$

**10.5** a) Es ist $\mu(S) = \frac{2}{3}\pi$.
Wir führen Kugelkoordinaten ein:

$$\begin{pmatrix} x \\ y \\ z \end{pmatrix} = \begin{pmatrix} r\sin\vartheta\cos\varphi \\ r\sin\vartheta\sin\varphi \\ r\cos\vartheta \end{pmatrix} =: \Phi(\varphi,\vartheta,r), \quad 0 \le \varphi < 2\pi, 0 \le \vartheta \le \pi, r \ge 0.$$

Dann ist

$$|\det J_\Phi(\varphi,\vartheta,r)| = r^2\sin\vartheta$$

und $\Phi$ bildet die offene Menge $U := ]0, 2\pi[\times]0, \frac{\pi}{2}[\times]0, 1[$ bijektiv auf die folgendermaßen definierte offene Menge $V$ ab: Es sei

$$M := \{(r\sin\vartheta, 0, r\cos\vartheta)|\, 0 \le r \le 1, 0 \le \vartheta \le \tfrac{\pi}{2}\} \cup \{(0,0,r)|\, 0 \le r \le 1\} \cup$$
$$\cup \ \{(r\cos\varphi, r\sin\varphi, 0)|\, 0 \le \varphi < 2\pi, 0 \le r \le 1\} \cup$$
$$\cup \ \{(\sin\vartheta\cos\varphi, \sin\vartheta\sin\varphi, \cos\vartheta)|\, 0 \le \varphi < 2\pi, 0 \le \vartheta \le \tfrac{\pi}{2}\}.$$

Nun sei $K^+$ die abgeschlossene obere Halbkugel und $V := \overset{o}{K^+}\setminus M$.
Dann ist $\Phi : U \to V$ ein Diffeomorphismus. $V$ füllt die obere Halbkugel bis auf eine Nullmenge aus. Es folgt mit der Transformationsformel:

$$z_1 = \frac{3}{2\pi} \int_0^1 \int_0^{\pi/2} \int_0^{2\pi} r\sin\vartheta\cos\varphi\, r^2 \sin\vartheta\, d\varphi d\vartheta dr = 0,$$

$$z_2 = \frac{3}{2\pi} \int_0^1 \int_0^{\pi/2} \int_0^{2\pi} r\sin\vartheta\sin\varphi\, r^2 \sin\vartheta\, d\varphi d\vartheta dr = 0,$$

$$z_3 = \frac{3}{2\pi} \int_0^1 \int_0^{\pi/2} \int_0^{2\pi} r\cos\vartheta\sin\vartheta\, d\varphi d\vartheta dr = \frac{3}{8}.$$

b) $\mu(S) = \int_0^1 \int_0^{1-x} \int_0^{1-x-y} dz dy dx = \frac{1}{6}$,

$z_1 = 6\int_S x d(x,y,z) = 6\int_0^1 \int_0^{1-x} \int_0^{1-x-y} dz dy dx = \frac{1}{4}$. Ebenso folgt $z_2 = z_3 = \frac{1}{4}$.

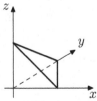

**10.6** a) Zu berechnen ist das Volumen von

$$K = \{(x, y, z) \in \mathbb{R}^3 \mid a \le z \le b, \, x^2 + y^2 \le (f(z))^2\}.$$

Nach dem Satz von Fubini ist

$$\mu(K) = \int\limits_a^b \left( \int\limits_{\{x^2+y^2 \le (f(z))^2\}} dx dy \right) dz = \pi \int\limits_a^b (f(z))^2 dz.$$

Für $f(x) = x$, $0 \le x \le 1$, ergibt sich ein Kegel mit dem Inhalt $\pi/3$.

b) Wir nehmen die lineare Abbildung $A = \begin{pmatrix} a & 0 \\ 0 & b \end{pmatrix} \begin{pmatrix} x \\ y \end{pmatrix}$, die die offene Einheits-kreisscheibe $E$ umkehrbar stetig differenzierbar auf das Innere der Ellipse mit den Halbachsen $a$ und $b$ abbildet. Die Transformationsformel liefert: das Volumen dieser Ellipse ist $\pi a b$.

**10.7** a) Sei $p < q$. Aus der Hölderschen Ungleichung folgt:

$$\int\limits_I |f|^p dx = \int\limits_I 1 \cdot |f|^p dx \le \mu(I)^{(q-p)/q} \cdot \|f\|_q^p.$$

Hieraus folgt a).

b) Sei

$$f(x) = \begin{cases} 1/\sqrt{|x|} & \text{für} \quad |x| \le 1, x \ne 0, \\ 0 & \text{sonst} \end{cases}$$

dann ist $f \in L_1(\mathbb{R})$, da $f$ sowohl bei Null als auch im Unendlichen integrierbar ist. $f$ ist jedoch nicht aus $L_2(\mathbb{R})$, da $\frac{1}{|x|}$ nicht bei Null integrierbar ist. $g(x) = \frac{1}{1+|x|}$ ist aus $L_2(\mathbb{R})$, da $\left(\frac{1}{1+|x|}\right)^2$ bei Null und im Unendlichen integrierbar ist. $\frac{1}{1+|x|}$ ist jedoch nicht im Unendlichen integrierbar, also ist $g$ nicht in $L_1(\mathbb{R})$.

c) Es ist $r < p, r < q, 1 = \frac{r}{p} + \frac{r}{q}$. Die Höldersche Ungleichung liefert

$$\int\limits_I |f|^r |g|^r dx \le \left( \int\limits_I |f|^p dx \right)^{r/p} \left( \int\limits_I |g|^q dx \right)^{r/q}.$$

d) $\lambda \in [0, 1]$ folgt aus $\frac{1}{p} \ge \frac{1}{q} \ge \frac{1}{r}$. Für $\lambda = 0$ oder $\lambda = 1$ ist nichts zu zeigen. Sei also $0 < \lambda < 1$. Auf $\tilde{f} := |f|^\lambda$, $\tilde{g} := |f|^{1-\lambda}$ können wir wegen $\frac{1}{q} = \frac{1}{p/\lambda} + \frac{1}{r/(1-\lambda)}$ Teil c) anwenden.

**10.8** a) $f$ ist ungerade, also $a_n = 0$ für $n \in \mathbb{N}_0$.

$$b_n = \frac{1}{\pi} \int\limits_{-\pi}^{+\pi} x \cdot \sin nx dx = \frac{2}{n}(-1)^{n+1}$$

durch partielle Integration. Also

$$f(x) = 2 \sum_{n=1}^{\infty} \frac{(-1)^{n+1}}{n} \sin nx.$$

b) $g$ ist ungerade, also $a_n = 0$ für $n \in \mathbb{N}_0$.

$$b_n = \frac{1}{\pi} \int_{-\pi}^{+\pi} g(x) \sin nx \mathrm{d}x = \frac{1}{\pi} \int_{-\pi}^{0} (-h) \sin nx \mathrm{d}x + \frac{1}{\pi} \int_{0}^{\pi} h \sin nx \mathrm{d}x =$$

$$= \frac{2h}{n\pi}(1 - (-1)^n) = \begin{cases} 0 & \text{falls } n \text{ gerade} \\ \frac{4h}{n\pi} & \text{falls } n \text{ ungerade} \end{cases}$$

**10.9** a) $|<f_n, g_n> - <f, g>| \leq |<f_n - f, g_n>| + |<f, g_n - g>| \leq$
$\leq \|f_n - f\| \cdot \|g_n\| + \|f\| \cdot \|g_n - g\|$.
Wegen $\|g_n - g\| \geq |\|g_n\| - \|g\||$ ist $(\|g_n\|)$ als konvergente Folge beschränkt.
Daraus folgt die Behauptung.
b) Mit a) und der Orthonormalität der $u_n$ in 10.4.18 folgt

$$\int_{-\pi}^{+\pi} |f(x)|^2 \mathrm{d}x = <f, f> = \sum_{n,l=1}^{\infty} a_n a_l \pi \delta_{nl} + \sum_{n,l=1}^{\infty} b_n b_l \pi \delta_{nl} + \frac{\pi a_0^2}{2} =$$

$$= \pi \left[ \sum_{n=1}^{\infty} (a_n^2 + b_n^2) + \frac{a_0^2}{2} \right]$$

c) $f$ ist ungerade, also $a_n = 0$ für $n \in \mathbb{N}_0$. Durch wiederholte partielle Integration folgt

$$b_n = \frac{1}{\pi} \int_{-\pi}^{+\pi} x^3 \cdot \sin nx \mathrm{d}x = (-1)^n \left( \frac{12}{n^3} - \frac{2\pi^2}{n} \right),$$

indem man die Potenz $x^3$ sukzessive erniedrigt. Damit liefert b) die Gleichung

$$\frac{2}{7}\pi^7 = \int_{-\pi}^{+\pi} x^6 \mathrm{d}x = \pi \sum_{n=1}^{\infty} \left( \frac{12}{n^3} - \frac{2\pi^2}{n} \right) = \pi \sum_{n=1}^{\infty} \left( \frac{144}{n^6} - \frac{48\pi^2}{n^4} + \frac{4\pi^4}{n^2} \right).$$

Einsetzen der gegebenen Werte für die Reihen über $\frac{1}{n^2}$ und $\frac{1}{n^4}$ liefert

$$\sum_{n=1}^{\infty} \frac{1}{n^6} = \frac{\pi^6}{945}.$$

**10.10** Wir benutzen $\|f\|^2 = <f, f>$ und erhalten

a) $\|f - \sum_{k=1}^{N} f_k \varphi_k\|^2 =$
$= \|f\|^2 - \sum_{k=1}^{N} \bar{f}_k <f, \varphi_k> - \sum_{k=1}^{N} f_k <\varphi_k, f> + \sum_{k,l=1}^{N} f_k \bar{f}_l <\varphi_k, \varphi_l> =$
$= \|f\|^2 - 2 \sum_{k=1}^{N} |f_k|^2 + \sum_{k=1}^{N} |f_k|^2.$

b) $\|f - \sum\limits_{k=1}^{N} c_k \varphi_k\|^2 = \|F + G\|^2$ mit $F := f - \sum\limits_{k=1}^{N} f_k \varphi_k$, $G := \sum\limits_{k=1}^{N} (f_k - c_k) \varphi_k$.

Wir haben

$$< F + G, F + G >= \|F\|^2 + 2\mathrm{Re} < F, G > + \|G\|^2 =$$

$$= \|f\|^2 - \sum_{k=1}^{n} |f_k|^2 + \sum_{k=1}^{N} |c_k - f_k|^2 + 2\mathrm{Re} < f - \sum_{k=1}^{N} f_k \varphi_k , \sum_{k=1}^{N} (f_k - c_k) \varphi_k > .$$

Mit

$$< f - \sum_{k=1}^{N} f_k \varphi_k , \sum_{k=1}^{N} (f_k - c_k) \varphi_k >= \sum_{k=1}^{N} f_k \overline{(f_k - c_k)} - \sum_{k=1}^{N} f_k \overline{(f_k - c_k)} = 0$$

folgt die Behauptung.

**10.11** Wir müssen nur die Fourierreihe von $100x^4|\ \partial E$ bestimmen. Mit

$$x^4|\ \partial R = \cos^4 \varphi \quad \text{und} \quad \cos^2 \varphi = \frac{1}{2}(1 + \cos 2\varphi)$$

folgt: $\cos^4 \varphi = \frac{1}{4} + \frac{1}{2}\cos 2\varphi + \frac{1}{4}\cos^2 2\varphi = \frac{1}{4} + \frac{1}{2}\cos 2\varphi + \frac{1}{4}(\frac{1}{2}(1 + \cos 4\varphi)) = \frac{3}{8} + \frac{1}{2}\cos 2\varphi + \frac{1}{8}\cos 4\varphi$.

Die Fourierentwicklung von $100\cos^4 \varphi$ ist daher

$$100\cos^4 \varphi = \frac{75}{2} + 50\cos 2\varphi + \frac{25}{2}\cos 4\varphi$$

und die Temperaturverteilung auf $\bar{E}$ ist in Polarkoordinaten

$$T(r,\varphi) = \frac{75}{2} + 50r^2 \cos 2\varphi + \frac{25}{2}r^4 \cos 4\varphi.$$

Mit der Methode von 14.14.10 berechnet man zuerst $\mathrm{Re}z^4$ und $\mathrm{Re}z^2$ : Auf $\partial E$ ist $\mathrm{Re}z^4 = 8x^4 - 8x^2 + 1$ und $\mathrm{Re}z^2 = 2x^2 - 1$. Damit errechnet man: Setzt man $f(z) := \frac{25}{2}(z^4 + 4z^2 + 3)$ und

$$T(x,y) := \mathrm{Re}f(x + iy) = \frac{25}{2}(x^4 - 6x^2y^2 + y^4 + 4x^2 - 4y^2 + 3),$$

so ist $T$ als Realteil von $f$ harmonisch und auf $\partial E$ ist $T(x,y) = 100x^4$.

**10.12** a) Es gelte das Kriterium. Dann ist

$$\|f_j - f\|^2 = \|f_j\|^2 - 2\mathrm{Re} < f_j, f > + \|f\|^2 \to 0, \ j \to \infty.$$

Ist umgekehrt $\lim\limits_{j \to \infty} f_j = f$ in $\mathcal{H}$, so folgt aus $\|f_j - f\| \geq |\ \|f_j\| - \|f\|\ |$, dass $\lim \|f_j\| = \|f\|$ gilt. Aus der Ungleichung von Cauchy-Schwarz ergibt sich

$$|<f_j,g> - <f,g>| \leq \|f_j - g\| \cdot \|g\|$$

und daraus die Behauptung.

b) Wir wählen $g = f$. Dann folgt

$$|<f_j,f> - \|f\|^2| \to 0.$$

Mit $|<f_j,f> - \|f^2\|| \geq ||<f_j,f>| - \|f\|^2|$ erhalten wir für $\|f\| > 0$, dass es zu jedem $\varepsilon > 0$ ein $N = N(\varepsilon)$ gibt, so dass für $j \geq N$ gilt:

$$\|f\|^2 < \varepsilon\|f\| + |<f,f_j>| \leq \varepsilon\|f\| + \|f\| \cdot \|f_j\|.$$

Wir wählen eine Teilfolge $(f_{j_k})$ mit $\|f_{j_k}\| \to \lim\inf_{j\to\infty} \|f_j\|$ und dividieren durch $\|f\|$. Für $\|f\| = 0$ ist nichts zu zeigen.

**10.13** $\chi_{[a,b]} \in L_1(\mathbb{R})$ ist klar. Wir haben

$$\hat{\chi}_{[a,b]}(\xi) = \frac{1}{\sqrt{2\pi}} \int_{-\infty}^{+\infty} e^{-i\xi x}\chi_{[a,b]}(x)dx = \frac{1}{\sqrt{2\pi}} \int_{a}^{b} e^{-i\xi x}dx =$$

$$= \begin{cases} -\frac{1}{\sqrt{2\pi}\cdot i\xi}\left(e^{-i\xi b} - e^{-i\xi a}\right) & \text{für } \xi \neq 0 \\ \frac{1}{\sqrt{2\pi}}(b - a) & \text{für } \xi = 0 \end{cases}$$

**10.14** a) $\left|\frac{e^{-i\xi b} - e^{-i\xi a}}{\xi}\right|$ ist um 0 und damit auf $\mathbb{R}$ beschränkt. Damit ist $\hat{\chi}_{[a,b]}$ bei 0 quadratintegrierbar. Wegen

$$\left|\frac{e^{-i\xi b} - e^{-i\xi a}}{\xi^2}\right| \leq \frac{2}{|\xi|^2}$$

ist $\hat{\chi}_{[a,b]}$ auch im Unendlichen quadratintegrierbar.

b) Es ist

$$\int_{-\infty}^{-\varepsilon} \frac{e^{i\xi b}-1}{\xi^2}d\xi + \int_{\varepsilon}^{+\infty} \frac{e^{i\xi b}-1}{\xi^2}d\xi =$$

$$= \int_{-\infty}^{-\varepsilon} \left(\frac{\cos\xi b-1}{\xi^2} + i\frac{\sin\xi b-1}{\xi^2}\right) d\xi + \int_{\varepsilon}^{+\infty} \left(\frac{\cos i\xi b-1}{\xi^2} + i\frac{\sin\xi b}{\xi^2}\right) d\xi.$$

Da $\sin\xi b$ ungerade ist, ist

$$\int_{-\infty}^{-\varepsilon} \frac{\sin\xi b}{\xi^2}d\xi + \int_{+\varepsilon}^{+\infty} \frac{\sin\xi b}{\xi^2}d\xi = 0.$$

Die Reihe für $\cos\xi b-1$ beginnt mit der Potenz $\xi^2 b^2$ und enthält nur gerade Potenzen von $\xi b$. Falls die Limiten der Aufgabe existieren, hängen sie also nur von $|b|$ ab. Da $\frac{\cos\xi b-1}{\xi^2}$ bei Null beschränkt ist und wegen des Faktors $\frac{1}{\xi^2}$ im Unendlichen integrierbar ist, ist sogar $\frac{\cos\xi b-1}{\xi^2}$ aus $L_1(\mathbb{R})$.

**10.15** Es ist

$$\chi(x-y) = \begin{cases} 1 & \text{für} \quad 0 \le x - y \le 1 \\ 0 & \text{sonst} \end{cases}$$

also

$$\chi(x-y) = \begin{cases} 1 & \text{für} \quad y \le x \ \text{und} \ y \ge x-1 \\ 0 & \text{sonst} \end{cases},$$

und mit $z = x - y$ ergibt sich

$$\chi * \chi(x) = \int_0^1 \chi(x-y)\mathrm{d}y = -\int_x^{x-1} \chi(z)\mathrm{d}z =$$

$$= \begin{cases} 0 \\ \int_0^x \mathrm{d}z \\ \int_{x-1}^1 z\mathrm{d}z2 \\ 0 \end{cases} = \begin{cases} 0 & \text{für} \quad x \le 0 \\ x & \text{für} \quad 0 \le x \le 1 \\ 2-x & \text{für} \quad 1 \le x \le 2 \\ 0 & \text{für} \quad x \ge 2 \end{cases}$$

Somit folgt

$$(\chi*\chi)*\chi(x) = \int_{-\infty}^{+\infty} (\chi*\chi)(x-y)\chi(y)\mathrm{d}y = \int_0^1 (\chi*\chi)(x-y)\mathrm{d}y = \int_{x-1}^x (\chi*\chi)(z)\mathrm{d}z =$$

$$= \begin{cases} 0 \\ \int_0^z z\mathrm{d}z \\ \int_{x-1}^1 z\mathrm{d}z + \int_1^x z\mathrm{d}z \\ \int_{x-1}^2 \mathrm{d}z \\ 0 \end{cases} = \begin{cases} 0 & \text{für} \quad x \le 0 \\ \frac{1}{2}x^2 & \text{für} \quad 0 \le x \le 1 \\ -x^2 + 3x - \frac{3}{2} & \text{für} \quad 1 \le x \le 2 \\ \frac{1}{2}x^2 - 3x + \frac{9}{2} & \text{für} \quad 2 \le x \le 3 \\ 0 & \text{für} \quad x \ge 3 \end{cases}$$

Hinweis: $\chi * \chi * \ldots * \chi$ liefert die aus der Numerik bekannten B-Splines.

**11.1** Wir setzen $M' := \{(x,y) \in \mathbb{R}^2 | \, (\frac{x}{a})^2 + (\frac{y}{b})^2 = 1\}$. Es sei
$f(x,y) := (\frac{x}{a})^2 + (\frac{y}{b})^2 - 1$, in $\mathbb{R}^2 \setminus \{(0,0)\}$ ist grad $f \neq 0$ und daher ist $M'$ eine
eindimensionale Untermannigfaltigkeit des $\mathbb{R}^2$. Nun zeigen wir: $M = M'$. Wegen
$(\frac{a \cos t}{a})^2 + (\frac{b \cdot \sin t}{b})^2 = 1$ ist $M \subset M'$.
Nach 4.3.19 existiert zu $(x,y) \in M'$ ein $t \in [0, 2\pi]$ mit $\frac{x}{a} = \cos t$ und $\frac{y}{b} = \sin t$;
daraus folgt $M' \subset M$.
Einen Atlas kann man so erhalten: Sei $\varphi(t) := (a \cos t, b \sin t)$; ein Atlas ist z.B.

$$(T_1 =] - \pi, \pi[, \; \varphi, \varphi(] - \pi, \pi[)), \qquad (T_2 =]0, 2\pi[, \; \varphi, \varphi \, (]0, 2\pi[)).$$

**11.2** a) $M$ ist das Nullstellengebilde von $f(x_1, x_2, x_3) := x_3 - x_1^2 x_2$ ;
es ist grad $f(x_1, x_2, x_3) = (-2x_1 x_2, -x_1^2, 1)$ und dieser Gradient verschwindet
nirgends.
b) $\varphi(t_1, t_2) := (t_1, t_2, t_1^2 t_2)$.
c) Es ist grad $f(0,0,0) = (0,0,1)$ und dieser Vektor ist eine Basis von $N_p M$.
Weiter ist $\frac{\partial \varphi}{\partial t_1}(t) = (1, 0, 2t_1 t_2)$ , $\frac{\partial \varphi}{\partial t_2}(t) = (0, 1, t_1^2)$ und $((1,0,0), \, (0,1,0))$ ist
eine Basis von $T_p M$.

**11.3** Wenn $M$ eine eindimensionale Untermannigfaltigkeit des $\mathbb{R}^2$ mit $(0,0) \in M$
ist, dann gibt es eine offene Umgebung $U = I \times I'$ von $(0,0)$ und
(1) eine beliebig oft differenzierbare Funktion $g : I \to I'$ mit
$M \cap U = \{(x,y) \in U | y = g(x)\}$ oder
(2) eine beliebig oft differenzierbare Funktion $h : I' \to I$ mit
$M \cap U = \{(x,y) \in U | x = h(y)\}$.
a) Im Fall (1) ist $x \cdot g(x) = 0$ für $x \in I$ und für $x \neq 0$ ist dann $g(x) = 0$. Wegen der
Stetigkeit von $g$ folgt $g(x) = 0$ für alle $x \in I$. Dann wäre aber $M \cap U = \{y = 0\}$;
ein Widerspruch. Im Fall (2) schließt man analog.
b) Im Fall (1) ist $x^3 = (g(x))^2 \geq 0$ für $x \in I$, aber für $x < 0$ ist $x^3 < 0$.
Im Fall (2) ist $y^2 = (h(y))^3$, also $h(0) = 0$. Zweimaliges Differenzieren liefert
$h(y) \cdot \left( 6h'(y))^2 + 3h(y)h''(y) \right) = 2$; aber für $y = 0$ verschwindet die linke Seite.

**11.4** a) Wie in Beispiel 9.6.8 erhalten wir

$$h = \tfrac{1}{2}x^2 + \tfrac{1}{3}a_1 x^3 + \tfrac{1}{2}a_2 x^2 y + a_3 xy^2 + a_4 \tfrac{x^4}{4} + \varphi(y) =$$
$$= \tfrac{1}{2}y^2 + b_1 x^2 y + \tfrac{1}{2}b_2 xy^2 + \tfrac{1}{3}b_3 y^3 + b_4 \tfrac{y^4}{4},$$

woraus folgt:

$$b_1 = \frac{1}{2}a_2, \;\; b_2 = 2a_3.$$

b) Die Taylorentwicklung von $h$ um $(0,0)$ lautet

$$h(x,y) = h(0,0) + x^2 + y^2 + \text{Terme höherer Ordnung}.$$

Ohne Einschränkung sei $h(0,0) = 0$. Der Graph von $h$ im $\mathbb{R}^3$ ist demnach in der
Nähe des Nullpunkts ein „Krater" mit Minimum in $(0,0)$, aus dem die Hyperebenen
$z = c$ die Niveaulinien als geschlossene Wanderwege herausschneiden.

**11.5** a) Aus

$$(\mu f)_y = \mu f_y + \mu_y f = (\mu g)_x = \mu g_x + \mu_x g$$

folgt

$$\mu(f_y - g_x) = \mu_x g - \mu_y f.$$

b) Aus a) folgt

$$\mu_x 4xy^2 - \mu_y 9x^2 y = \mu(9x^2 - 4y^2).$$

Hieraus entnimmt man den Ansatz

$$\mu_x = \frac{1}{x}\mu, \ \mu_y = -\frac{1}{y}\mu, \ \mu = exp(-(\ln x + \ln y)),$$

also

$$\mu = +\frac{1}{xy} \quad \text{für} \quad xy \neq 0.$$

**11.6**

a) $\tau = x^3 y^2$.
b) $\tau$ existiert nicht, denn $d\omega \neq 0$.
c) $\tau = y^3 dx - z^2 dy - e^x dz$.

**12.1** Wir haben für irgendein Intervall $I$ $\int\limits_I (f - g)\varphi dx = 0$, $\varphi \in C_0^\infty(I)$. Sei $h \in L_2(I)$. Nach Satz 12.1.21 existiert eine Folge $(\varphi_n)$ in $C_0^\infty(I)$ mit $\varphi_n \to h$ in $L_2(I)$. Also ist $\int\limits_I (f - g)h dx = 0$ für alle $h \in L_2(I)$. Damit folgt $f = g$ f. ü.

**12.2** Für $m \in \mathbb{N}$ und $\varphi \in C_0^\infty(\mathbb{R})$ ist

$$(\xi^{2m} + 1)\widehat{\varphi}(\xi) = \frac{1}{\sqrt{2\pi}} \int\limits_{-\infty}^{+\infty} (\xi^{2m} + 1)e^{-i\xi x}\varphi(x)dx =$$

$$= \frac{1}{\sqrt{2\pi}} \left( \int\limits_{-\infty}^{+\infty} (-1)^m \frac{d^{2m}}{dx^{2m}}(e^{-i\xi x})\varphi(x)dx + \int\limits_{-\infty}^{+\infty} e^{-i\xi x}\varphi(x)dx \right) =$$

$$= \frac{1}{\sqrt{2\pi}} \left( \int\limits_{-\infty}^{+\infty} e^{-i\xi x}(-1)^m \frac{d^{2m}}{dx^{2m}}\varphi(x)dx + \int\limits_{-\infty}^{+\infty} e^{-i\xi x}\varphi(x)dx \right).$$

Insbesondere fällt $\widehat{\varphi}$ für $|\xi| \to \infty$ schneller als jede Potenz von $1/|\xi|$ ab. Also konvergiert $\sum\limits_{k=-\infty}^{+\infty} \widehat{\varphi}(k)$. Daher ist mit $T_n := T_{S_n}$:

$$T_n(\varphi) = \frac{1}{\sqrt{2\pi}} \int\limits_{-\infty}^{+\infty} \sum_{k=-n}^{n} e^{ikx}\varphi(x)dx = \sum_{k=-n}^{n} \frac{1}{\sqrt{2\pi}} \int\limits_{-\infty}^{+\infty} e^{-ikx}\varphi(x)dx = \sum_{k=-n}^{n} \widehat{\varphi}(k),$$

woraus die Behauptung folgt.

**12.3** Für $\varphi \in \mathcal{D}$ ist

$$LT(\varphi) = \sum_{|j| \leq k} a_j(D^j T)(\varphi) = \sum_{|j| \leq k} (D^j T)(a_j \varphi) =$$

$$= \sum_{|j| \leq k} T((-1)^{|j|} D^j(a_j \varphi)) = T\left(\sum_{|j| \leq k} (-1)^{|j|} D^j(a_j \varphi)\right).$$

**12.4** Ein Fundamentalsystem zu $Lu = 0$ wird durch $e^{\sqrt{\lambda}x}$, $e^{-\sqrt{\lambda}x}$ gebildet. Wir bestimmen

$$\eta_1(x) = Ae^{\sqrt{\lambda}x} + Be^{-\sqrt{\lambda}x} \quad \text{mit} \quad \eta_1(-1) = 0, \ \eta_1'(-1) = 1;$$
$$\eta_2(x) = \tilde{A}e^{\sqrt{\lambda}x} + \tilde{B}e^{-\sqrt{\lambda}x} \quad \text{mit} \quad \eta_2(+1) = 0, \ \eta_2'(+1) = 1;$$

und erhalten

$$A = \frac{e^{\sqrt{\lambda}}}{2\sqrt{\lambda}}, \ B = -\frac{e^{-\sqrt{\lambda}}}{2\sqrt{\lambda}}, \ \tilde{A} = \frac{e^{-\sqrt{\lambda}}}{2\sqrt{\lambda}}, \ \tilde{B} = -\frac{e^{\sqrt{\lambda}}}{2\sqrt{\lambda}}.$$

Damit ergibt sich

$$\eta_1 \eta_2' - \eta_2 \eta_1' = \frac{1}{2\sqrt{\lambda}}(e^{2\sqrt{\lambda}} - e^{-2\sqrt{\lambda}})$$
$$\eta_2(t)\eta_1(x) = (\tilde{A}e^{\sqrt{\lambda}t} + \tilde{B}e^{-\sqrt{\lambda}t}) \cdot (Ae^{\sqrt{\lambda}x} + Be^{-\sqrt{\lambda}x}),$$
$$\eta_1(t)\eta_2(x) = (Ae^{\sqrt{\lambda}t} + Be^{-\sqrt{\lambda}t}) \cdot (\tilde{A}e^{\sqrt{\lambda}x} + \tilde{B}e^{-\sqrt{\lambda}x}),$$

woraus mit dem Hinweis folgt:

$$G^l(x,t) = \frac{-1}{\sqrt{\lambda}\sinh(2\sqrt{\lambda})} \sinh(\sqrt{\lambda}(1+x)) \cdot \sinh(\sqrt{\lambda}(1-t))$$
$$G^r(x,t) = \frac{-1}{\sqrt{\lambda}\sinh(2\sqrt{\lambda})} \sinh(\sqrt{\lambda}(1-x)) \cdot \sinh(\sqrt{\lambda}(1+t)).$$

Die Greensche Funktion ist also negativ in $]-1, +1[\times]-1, +1[$.

**12.5** Wir haben für eine Eigenfunktion $u \in \mathcal{D}(L)$ zum Eigenwert $\lambda$:

$$\lambda u = -qu - (pu')'$$
$$\lambda \|u\|^2 = \int_a^b (-q)|u|^2 dx + \int_a^b p|u'|^2 dx > \int (-q)|u|^2 dx \geq q_0 \|u\|^2.$$

Mit $\|u\|^2 > 0$ folgt die Behauptung.

**12.6** Es ist

$$0 = \int_a^b [q_1 u_1 - (pu_1')']u_2 dx = \int_a^b q_1 u_1 u_2 dx + \int_a^b pu_1' u_2' dx - [pu_1' u_2]_a^b.$$

Andererseits gilt

$$0 = \int_a^b [q_2 u_2 - (pu_2')']u_1 dx = \int_a^b q_2 u_1 u_2 dx + \int_a^b pu_1' u_2' dx - [pu_2' u_1]_a^b.$$

Wegen $u_1(a) = u_1(b) = 0$ ist $[pu_2'u_1]_a^b = 0$. Damit folgt

$$0 = \int\limits_a^b (q_1 - q_2)u_1u_2\mathrm{d}x + p(a)u_1'(a)u_2(a) - p(b)u_1'(b)u_2(b).$$

Annahme: $u_2$ hat keine Nullstelle in $]a, b[$. Ohne Einschränkung sei $u_2 > 0$ in $]a, b[$. Dann sind $u_2(a) \geq 0$, $u_2(b) \geq 0$. Wegen $u_1(a) = u_1(b) = 0$, $u_1 > 0$ in $]a, b[$ sind $u_1'(a) \geq 0$, $u_1'(b) \leq 0$. Damit ist

$$0 < \int\limits_a^b (q_1 - q_2)u_1u_2\mathrm{d}x + p(a)u_1'(a)u_2(a) - p(b)u_1'(b)u_2(b),$$

und dies ist ein Widerspruch.

**13.1** Es ist $\int\limits_{\partial Q} y^2\mathrm{d}x + x^3y\mathrm{d}y = 0 + \int\limits_0^1 t\mathrm{d}t - \int\limits_0^1 \mathrm{d}t + 0 = -\frac{1}{2}$ und
$\int\limits_{\partial Q} y^2\mathrm{d}x + x^3y\mathrm{d}y = \int\limits_Q (3x^2y - 2y)\mathrm{d}x\mathrm{d}y = -\frac{1}{2}$.

**13.2** a) Es ist $\int\limits_{\partial A} = \int\limits_{\gamma_1} + \int\limits_{\gamma_2} - \int\limits_{\gamma_3}$ mit $\gamma_1 : [1, 2] \to \mathbb{R}^2, t \mapsto (t, t)$,
$\gamma_2 : [2, 4] \to \mathbb{R}^2, t \mapsto (2, t), \gamma_3 : [1, 2] \to \mathbb{R}^2, t \mapsto (t, t^2)$.
Daher ist $\int\limits_{\partial A} \frac{x^2}{y}\mathrm{d}x = \int\limits_1^2 \frac{t^2}{t}\mathrm{d}t + 0 - \int\limits_1^2 \frac{t^2}{t^2}\mathrm{d}t = \frac{1}{2}$.

b) Nach Gauß ist $\int\limits_{\partial A} \frac{x^2}{y}\mathrm{d}x = -\int\limits_A \frac{\partial}{\partial y}\left(\frac{x^2}{y}\right)\mathrm{d}x\mathrm{d}y = +\int\limits_A \frac{x^2}{y^2}\mathrm{d}x\mathrm{d}y =$

$= \int\limits_1^2 \int\limits_x^{x^2} \frac{x^2}{y^2}\mathrm{d}x\mathrm{d}y = \int\limits_1^2 x^2 \left(\int\limits_x^{x^2} \frac{\mathrm{d}y}{y^2}\right)\mathrm{d}x = \int\limits_1^2 x^2 \left[-\frac{1}{y}\right]_x^{x^2}\mathrm{d}x = \int\limits_1^2 (x - 1)\mathrm{d}x = \frac{1}{2}$.

**13.3** $\int\limits_Q y \cdot \sin(xy)\mathrm{d}x\mathrm{d}y = \int\limits_0^\pi \left(\int\limits_0^1 y \cdot \sin(xy)\mathrm{d}x\right)\mathrm{d}y = \int\limits_0^\pi [-\cos(xy)]_0^1\,\mathrm{d}y =$

$= \int\limits_0^\pi (-\cos y + 1)\mathrm{d}y = [-\sin y + y]_0^\pi = \pi$.

**13.4** a) direkt: $\int\limits_A xy\mathrm{d}x\mathrm{d}y = \int\limits_0^1 \left(\int\limits_0^{\sqrt{1-x^2}} xy\mathrm{d}x\right)\mathrm{d}y = \int\limits_0^1 \frac{x}{2} \cdot [x^2]_{y=0}^{y=\sqrt{1-x^2}}\,\mathrm{d}x =$

$\int\limits_0^1 \frac{x}{2} \cdot (1 - x^2)\mathrm{d}x = \frac{1}{8}$.

b) mit Polarkoordinaten $x = r \cdot \cos\varphi$, $y = r \cdot \sin\varphi$ ergibt sich:

$\int\limits_A xy\mathrm{d}x\mathrm{d}y = \int\limits_0^1 \int\limits_0^{\pi/2} r\cos\varphi \cdot r\sin\varphi \cdot r \cdot \mathrm{d}\varphi\,\mathrm{d}r = \frac{1}{2}\int\limits_0^1 r^3 [\sin^2\varphi]_{\varphi=0}^{\varphi=\pi/2}\,\mathrm{d}r =$

$\frac{1}{2}\int\limits_0^1 r^3\mathrm{d}r = \frac{1}{8}$.

**13.5** $\int\limits_{0}^{1}\int\limits_{x^3}^{x^2}\mathrm{d}y\mathrm{d}x = \int\limits_{0}^{1}(x^2-x^3)\mathrm{d}x = \frac{1}{12}$.

**13.6** Eine Karte zu $M$ ist $\varphi : \mathbb{R}^2 \to M$, $(t_1,t_2) \mapsto (t_1,t_2,t_1^2t_2)$.
Es ist $\omega \circ \varphi = (2t_1t_2\mathrm{d}t_1 + t_1^2\mathrm{d}t_2) \wedge \mathrm{d}t_1 + t_1^2\mathrm{d}t_1 \wedge \mathrm{d}t_2 = (-t_1^2+t_1^2)\mathrm{d}t_1 \wedge \mathrm{d}t_2 = 0$ ;
somit ergibt sich $\int\limits_{A} \omega = \int\limits_{\varphi^{-1}(A)} \omega \circ \varphi = 0$.

**13.7** a) Sind $\mathbf{e}_1, \mathbf{e}_2, \mathbf{e}_3$ die drei Einheitsvektoren des $\mathbb{R}^3$, so ist

$$
\begin{aligned}
a \times (b \times c) = \quad & (a_2(b_1c_2 - b_2c_1) \ - \ a_3(b_3c_1 - b_1c_3))\,\mathbf{e_1} \ + \\
& + (a_3(b_2c_3 - b_3c_2) \ - \ a_1(b_1c_2 - b_2c_1))\,\mathbf{e_2} \ + \\
& + (a_1(b_3c_1 - b_1c_3) \ - \ a_2(b_2c_3 - b_3c_2))\,\mathbf{e_3}.
\end{aligned}
$$

Vergleich mit $<a,c>b-<a,b>c$ zeigt die Behauptung.

b) $\boldsymbol{\nu} \times \mathbf{v}$ ist orthogonal zu $\boldsymbol{\nu}$ und daher tangential. Nach a) ist

$$
\begin{aligned}
\tfrac{1}{\sqrt{g}}\left(\left(\tfrac{\partial\varphi}{\partial t_1} \times \tfrac{\partial\varphi}{\partial t_2}\right) \times \mathbf{v}\right) &= -\tfrac{1}{\sqrt{g}}\left(\mathbf{v} \times \left(\tfrac{\partial\varphi}{\partial t_1} \times \tfrac{\partial\varphi}{\partial t_2}\right)\right) = \\
= -\tfrac{1}{\sqrt{g}}\left(\left\langle\mathbf{v},\tfrac{\partial\varphi}{\partial t_2}\right\rangle \cdot \tfrac{\partial\varphi}{\partial t_1}\right. & \left.- \left\langle\mathbf{v},\tfrac{\partial\varphi}{\partial t_1}\right\rangle \cdot \tfrac{\partial\varphi}{\partial t_2}\right).
\end{aligned}
$$

**13.8** Nach Aufgabe 13.7 a) leistet $\mathbf{v}(t) := \mathbf{a}(t) \times \boldsymbol{\nu}(t)$ das Gewünschte.

**13.9** a) Aus Aufgabe 13.7 b) folgt:

$$
\begin{aligned}
\mathrm{Div}\,(\boldsymbol{\nu} \times \mathbf{v}) &= \tfrac{1}{\sqrt{g}}\left(\tfrac{\partial}{\partial t_1}(-<\mathbf{v},\tfrac{\partial\varphi}{\partial t_2}>) + \tfrac{\partial}{\partial t_2}<\mathbf{v},\tfrac{\partial\varphi}{\partial t_1}>\right) = \\
&= \tfrac{1}{\sqrt{g}}\left(-<\tfrac{\partial\mathbf{v}}{\partial t_1},\tfrac{\partial\varphi}{\partial t_2}> + <\tfrac{\partial\mathbf{v}}{\partial t_2},\tfrac{\partial\varphi}{\partial t_1}>\right).
\end{aligned}
$$

b)  $<\mathrm{rot}\,\mathbf{v},\boldsymbol{\nu}> = \tfrac{1}{\sqrt{g}}\left\langle(\tfrac{\partial\varphi}{\partial t_1} \times \tfrac{\partial\varphi}{\partial t_2}), \mathrm{rot}\,\mathbf{v}\right\rangle$,

$$\tfrac{\partial\varphi}{\partial t_1} \times \tfrac{\partial\varphi}{\partial t_2} = \sum_{i,j,k=1}^{3}\varepsilon_{ijk}\tfrac{\partial\varphi_i}{\partial t_1} \cdot \tfrac{\partial\varphi_j}{\partial t_2}\mathbf{e}_k,$$

$$\mathrm{rot}\,\mathbf{v} = \sum_{l,m,k=1}^{3}\varepsilon_{lmk}\tfrac{\partial v_m}{\partial x_l}\mathbf{e}_k,$$

$$
\begin{aligned}
\sqrt{g}\,<\mathrm{rot}\,\mathbf{v},\boldsymbol{\nu}> &= \sum_{i,j,l,m=1}^{3}\left(\sum_{k=1}^{3}\varepsilon_{ijk}\varepsilon_{lmk}\right) \cdot \tfrac{\partial\varphi_i}{\partial t_1}\tfrac{\partial\varphi_j}{\partial t_2}\tfrac{\partial v_m}{\partial x_l} = \\
&= \sum_{i,j,l,m=1}^{3}(\delta_{il}\delta_{jm} - \delta_{jl}\delta_{im}) \cdot \tfrac{\partial\varphi_i}{\partial t_1}\tfrac{\partial\varphi_j}{\partial t_2}\tfrac{\partial v_m}{\partial x_l} = \\
&= \sum_{i,j=1}^{3}\left(\tfrac{\partial\varphi_i}{\partial t_1}\tfrac{\partial\varphi_j}{\partial t_2}\tfrac{\partial v_j}{\partial x_i} - \tfrac{\partial\varphi_i}{\partial t_1}\tfrac{\partial\varphi_j}{\partial t_2}\tfrac{\partial v_i}{\partial x_j}\right),
\end{aligned}
$$

$$\mathrm{Div}\,(\boldsymbol{\nu} \times \mathbf{v}) = \tfrac{1}{\sqrt{g}}\sum_{i,j=1}^{3}\left(-\tfrac{\partial v_j}{\partial x_i}\tfrac{\partial\varphi_i}{\partial t_1}\tfrac{\partial\varphi_j}{\partial t_2} + \tfrac{\partial v_j}{\partial x_i}\tfrac{\partial\varphi_i}{\partial t_2}\tfrac{\partial\varphi_j}{\partial t_1}\right),$$

also  $\mathrm{Div}\,(\boldsymbol{\nu} \times \mathbf{v}) = -<\mathrm{rot}\,\mathbf{v},\boldsymbol{\nu}>$.

**13.10** Wir benützen Aufgabe 13.8 und Aufgabe 13.7 sowie Satz 7.9.39 und erhalten:

$$\int\limits_A (\text{Div } \mathbf{a}) \, dS = \int\limits_A \text{Div } (\boldsymbol{\nu} \times \mathbf{v}) dS = -\int\limits_A <\text{rot } \mathbf{v}, \boldsymbol{\nu}> dS = -\int\limits_{\partial A} \mathbf{v} \cdot d\mathbf{t} =$$

$$= -\int\limits_0^{|\partial A|} <\mathbf{v}, \tfrac{\mathbf{t}}{\|\mathbf{t}\|}> \, ds = \int\limits_0^{|\partial A|} <\boldsymbol{\nu} \times \mathbf{a}, \tfrac{\mathbf{t}}{\|\mathbf{t}\|}> \, ds =$$

$$= \int\limits_0^{|\partial A|} \det( \mathbf{a}, \tfrac{\mathbf{t}}{\|\mathbf{t}\|}, \boldsymbol{\nu}) \, ds = \int\limits_0^{|\partial A|} <\mathbf{a}, \mathbf{n}> \, ds.$$

**14.1**

a)  $f(z) = -iz^2 + z$.

b)  $u_{xx}(x, y) + u_{yy}(x, y) = 2 \neq 0$, daher existiert kein $f$.

c)  $f(z) = z^2 + iz$.

**14.2** a) hebbar,    b) wesentliche Singularität,    c) Pol 1. Ordnung,
d) $\sin \frac{1}{z}$ hat Nullstellen in $\frac{1}{n\pi}$, $n \in \mathbb{Z}$, in 0 liegt also keine *isolierte* Singularität.

**14.3** a) $\int\limits_{|z|=r} |z| dz = \int\limits_0^{2\pi} rir \cdot e^{it} dt = 0$.

b) $\int\limits_{|z|=r} \frac{|z|}{z} dz = \int\limits_0^{2\pi} \frac{r}{r \cdot e^{it}} ri \cdot e^{it} dt = 2r\pi i$.

c), d) Es ist $z^2 - 4z + 3 = (z-1)(z-3)$; das Residuum in $z = 1$ ist $\lim\limits_{z \to 1} \frac{z-1}{z^2 - 4z + 3} = \lim\limits_{z \to 1} \frac{1}{z-3} = -\frac{1}{2}$. Analog ergibt sich: Das Residuum in $z = 3$ ist $\frac{1}{2}$. Daher ist das Integral c) gleich $-\pi i$ und d) ist 0.

e) Das Residuum von $z^{-7} + 7z^{-5} - 98z^{-2}$ ist 0, daher auch das Integral .

f) Mit $w = z - 2$ ergibt sich $\left( \frac{z^2 - 5}{z - 2} \right)^2 = \frac{\cdots - 8w + \cdots}{w^2}$, somit ist das Residuum gleich $-8$ und das Integral ist gleich $-16\pi i$.

**14.4** Man berechnet diese Integrale mit 14.12.4. a) Die in der oberen Halbebene gelegenen Polstellen von $\frac{z}{z^4 + 1}$ sind $z_1 = \frac{1+i}{\sqrt{2}}$ und $z_2 = \frac{-1+i}{\sqrt{2}}$. Mit $p(z) := z$, $q(z) := z^4 + 1$ erhält man nach 14.11.8 : $Res_{z_1} \frac{p}{q} = \frac{p(z_1)}{q'(z_1)} = \frac{1}{4z_1^2} = -\frac{i}{4}$ und $Res_{z_2} \frac{p}{q} = \frac{i}{4}$; somit ist das Integral $= 0$.

b) Nun setzt man $p := z^2$ und erhält: $Res_{z_1} \frac{p}{q} = \frac{z_1^2}{4z_1^3} = \frac{1}{4z_1} = \frac{\sqrt{2}}{8}(1 - i)$ und $Res_{z_2} \frac{p}{q} = \frac{\sqrt{2}}{8}(-1 - i)$; somit ist das Integral gleich $\frac{1}{2}\pi\sqrt{2}$.

c) Dieses Integral existiert nicht, denn es ist $\int\limits_0^R \frac{x^3 dx}{x^4 + 1} = \frac{1}{4}\ln(R^4 + 1)$.

**14.5** Eine Homotopie von $\gamma$ zu $p := \gamma(0)$ ist

$$h(t, s) := \begin{cases} \gamma(2t \cdot (1 - s)) & \text{für} \quad 0 \leq t \leq \frac{1}{2} \\ \gamma((2 - 2t) \cdot (1 - s)) & \text{für} \quad \frac{1}{2} < t \leq 1 \end{cases}$$

Für jedes $s \in [0,1]$ läuft die Kurve $t \mapsto h(t,s)$ von $p$ bis zum Punkt $\gamma(1-s)$ und dann zurück nach $p$; für $s = \frac{1}{2}$ kehrt sie auf halbem Weg um; für $s = \frac{9}{10}$ kehrt sie bereits bei $\gamma(\frac{1}{10})$ um.

**14.6** a) $f$ hat in 0 eine Nullstelle einer Ordnung $k > 1$; dann hat $f^2$ eine Nullstelle der Ordnung $2k \neq 1$. Oder: aus $(f(z))^2 = z$ folgt $f(0) = 0$ und $2f(z) \cdot f'(z) = 1$; für $z = 0$ ein Widerspruch.

b) nein: denn aus $(f(z))^2 = z$ für $z \in \mathbb{C}^*$ folgt: für $0 < |z| < 1$ ist $|f(z)|^2 = |z|^2 \leq 1$, dann hat $f$ in 0 eine hebbare Singularität und dies widerspricht a).

**14.7** Zu $h$ existiert eine holomorphe Funktion $f : \mathbb{C} \to \mathbb{C}$ mit $\operatorname{Re} f = h$; dann ist $f : \mathbb{C} \to H$ eine Abbildung in die obere Halbebene $H$. Es gibt eine biholomorphe Abbildung $\Phi : H \to E$. Die Abbildung $\Phi \circ f : \mathbb{C} \to E$ ist nach Liouville konstant, also auch $f$ und somit auch $h$.

**14.8** a) Das Polynom $p(z) = z^2 + bz + c$ hat die Nullstellen $z_1 = \frac{-b+i\sqrt{d}}{2}$ und $z_2 = \frac{-b-i\sqrt{d}}{2}$; es ist $|z_1| = |z_2| = \sqrt{c}$. Für $r < \sqrt{c}$ ist $\frac{1}{p}$ in $|z| < r$ holomorph und das Integral ist 0.

Für $r > \sqrt{c}$ ist $\int\limits_{|z|=r} \frac{dz}{p(z)} = 2\pi i(\operatorname{Res}_{z_1}\frac{1}{p} + \operatorname{Res}_{z_2}\frac{1}{p})$. Es ist $\operatorname{Res}_{z_1}\frac{1}{p} = \frac{1}{z_1 - z_2} = \frac{1}{i\sqrt{d}}$

und $\operatorname{Res}_{z_2}\frac{1}{p} = \frac{1}{z_2 - z_1}$. Daher ist $\int\limits_{|z|=r} \frac{dz}{p(z)} = 0$.

b) Es ist $\int\limits_{-\infty}^{+\infty} \frac{dx}{p(x)} = 2\pi i \operatorname{Res}_{z_1}\frac{1}{p} = \frac{2\pi}{\sqrt{d}}$.

**14.9** Mit $z = e^{it}$ ist $\sin t = \frac{1}{2i}(z - \frac{1}{z})$ und

$$\int\limits_0^{2\pi} \frac{dt}{2+\sin t} = \int\limits_{|z|=1} \frac{1}{2+\frac{1}{2i}(z-\frac{1}{z})} \cdot \frac{dz}{iz} = \int\limits_{|z|=1} \frac{2dz}{4iz+z^2-1}.$$

Das Polynom $p(z) = z^2 + 4iz - 1$ hat die Nullstellen

$$z_1 = i \cdot (-2 + \sqrt{3}); \quad z_2 = i \cdot (-2 - \sqrt{3});$$

es ist $|z_1| < 1 < |z_2|$ und $\operatorname{Res}_{z_1}\frac{1}{p} = \frac{1}{z_1 - z_2} = \frac{1}{2i\sqrt{3}}$. Mit dem Residuensatz ergibt sich dann:

$$\int\limits_0^{2\pi} \frac{dt}{2+\sin t} = 2 \cdot \int\limits_{|z|=1} \frac{dz}{p(z)} = \frac{2\pi}{\sqrt{3}}.$$

**15.1** a ) Mit der Substitution $y = -x$ erhält man:

$$\int\limits_{-1}^{1} f(x)\overline{g(x)}dx = -\int\limits_{-1}^{1} f(-y)\overline{g(-y)}dy = -\int\limits_{-1}^{1} f(y)\overline{g(y)}dy.$$

b) Sei $f_n \to f$ in $\mathcal{H}$, $f_n$ gerade. Dann gibt es eine Teilfolge $(f_{n_j})$ von $(f_n)$ mit $f_{n_j} \to f$ f. ü. in $]-1,1[$. Also ist $f$ gerade. Offenbar ist

$$\left\{ \frac{1}{2}(f(x) - f(-x)) \mid f \in \mathcal{H} \right\} \subset \mathcal{M} \subset \left\{ \frac{1}{2}(g(x) + g(-x)) = g(x) \mid g \in \mathcal{M} \right\}.$$

Daher gilt das Gleichheitszeichen. Der „Anteil" $\mathcal{P}_{\mathcal{M}} f$ von $f$ in $\mathcal{M}$ ist eindeutig bestimmt. $\frac{1}{2}(f(x) - f(-x))$ ist ungerade und daher orthogonal zu $\frac{1}{2}(f(x) + f(-x))$. Daraus folgt die Behauptung.

**15.2** a) Wir haben nach den Aufgaben 10.13 und 10.14

$$< \widehat{\chi_{[a,b]}}, \widehat{\chi_{[c,d]}} > = \frac{1}{2\pi} \int\limits_{-\infty}^{+\infty} \frac{1}{\xi^2} \left( e^{-i\xi b} - e^{-i\xi a} \right) \left( e^{i\xi d} - e^{i\xi c} \right) d\xi =$$

$$= \frac{1}{2\pi} \left( \mathcal{P} \int\limits_{-\infty}^{+\infty} \frac{1}{\xi^2} \left( e^{-i\xi(b-d)} - 1 \right) d\xi - \ldots \right).$$

b) Nach dem Cauchyschen Integralsatz ist

$$\int\limits_{\gamma_{\varepsilon,R}} \frac{1}{z^2} \left( e^{iz} - 1 \right) = 0;$$

weiter ist

$$\lim_{R \to \infty} \int\limits_{|z|=R, Im z \geq 0} \frac{1}{z^2} \left( e^{iz} - 1 \right) dz = 0$$

$$\lim_{\varepsilon \to \infty} \int\limits_{|z|=R, Im z \geq 0, neg. or.} \frac{1}{z^2} \left( e^{iz} - 1 \right) dz = i \lim_{\varepsilon \to 0} \int\limits_{|z|=\varepsilon,\ldots} \frac{1}{z} dz = \pi.$$

Damit folgt

$$\mathcal{P} \int\limits_{-\infty}^{+\infty} \frac{e^{i\xi} - 1}{\xi^2} d\xi = -\pi.$$

Aus Aufgabe 10.13 folgt

$$\mathcal{P} \int\limits_{-\infty}^{+\infty} \frac{e^{i\xi b} - 1}{\xi^2} d\xi = \mathcal{P} \int\limits_{-\infty}^{+\infty} \frac{\cos \xi |b| - 1}{\xi^2} d\xi.$$

Die Variablensubstitution $\eta = |b|\xi$ liefert die Behauptung.

**15.3** a) Aus der vorhergehenden Aufgabe 15.2 folgt

$$< \widehat{\chi_{[a,b]}}, \widehat{\chi_{[c,d]}} > = -\frac{1}{2}(|b - d| - |b - d| - |a - d| + |a - c| = I(a, b, c, d).$$

Dieser Ausdruck ist gerade $< \chi_{[a,b]}, \chi_{[c,d]} >$.
b) folgt aus a).
c) Zu zeigen ist, dass die Treppenfunktionen (1) in $L_2(\mathbb{R})$ dicht liegen. Zunächst ist

$$\mathbb{R} = \bigcup_{k=1}^{\infty} [-k, +k].$$

Nach Satz 10.2.2 (Konvergenzsatz von Lebesgue) haben wir in $L_2(\mathbb{R})$

$$f \cdot \chi_{[-k,k]} \to f, \quad k \to \infty.$$

Wir können uns daher auf $f \in L_2(\mathbb{R})$ beschränken, die außerhalb eines Intervalls $[a, b]$ f. ü. verschwinden. Nach 10.1.8 gibt es eine Folge $(t_j)$ von Treppenfunktionen, die f. ü. gegen $f$ konvergieren. Wir können annehmen, dass sie ausserhalb $[a, b]$ verschwinden. Sei $k \in \mathbb{N}$ und

$$f_k(x) := \begin{cases} k & \text{falls} & f(x) \geq k \\ f(x) \text{ falls} & -k \leq f(x) \leq k \\ -k & \text{falls} & f(x) \leq -k \end{cases}$$

Dann sind auch die $t_{jk}$ Treppenfunktionen und

$$t_{jk} \to f_k \text{ f. ü. in } \mathbb{R}, j \to \infty,$$

$$t_{jk} = 0 \quad \text{außerhalb} \quad [a, b].$$

Wir haben die Majoranten

$$|f_k| \leq |f|, \quad k \in \mathbb{N}, \text{in} \quad [a, b]$$

$$|t_{jk}| \leq k \quad \text{in} \quad [a, b]$$

und

$$f_k, t_{jk} = 0$$

außerhalb $[a, b]$. Weiter erhalten wir $f_k \to f$ f. ü. in $\mathbb{R}$. Aus 10.2.2 (Konvergenzsatz von Lebesgue) folgt

$$\|f_k - f\|_{L_2(\mathbb{R})} \to 0, \; k \to \infty.$$

Ebenso haben wir

$$\|t_{jk} - f_k\|_{L_2(\mathbb{R})} \to 0, \; j \to \infty$$

für jedes $k \in \mathbb{N}$. Damit folgt die Dichtheit der Treppenfunktionen in $L_2(\mathbb{R})$; die Treppenfunktionen bilden einen $\mathbb{C}$-Vektorraum. Wir können also $T$ abschließen.

**15.4** Es seien $[a_j^{(1)}, b_j^{(1)}], [a_j^{(2)}, b_j^{(2)}]$ die Kanten von $I_1, I_2, j = 1, \ldots, n$; aus dem Satz von Fubini folgt

$$< T_{\chi_{I_1}}, T_{\chi_{I_2}} >_{L_2(\mathbb{R})} = \prod_{j=1}^{n} < T_{\chi_{[a_j^{(1)}, b_j^{(1)}]}}, T_{\chi_{[a_j^{(2)}, b_j^{(2)}]}} >_{L_2(\mathbb{R})} \overset{(*)}{=}$$

$$= \prod_{j=1}^{n} < \chi_{[a_j^{(1)}, b_j^{(1)}]}, \chi_{[a_j^{(2)}, b_j^{(2)}]} >_{L_2(\mathbb{R})} = < \chi_{I_1}, \chi_{I_2} >_{L_2(\mathbb{R})}$$

(*) nach der vorhergehenden Aufgabe 15.3.
b) folgt aus a).

**15.5** Sei also $(t_j)$ eine Folge von Treppenfunktionen, die außerhalb $I$ verschwinden und in $L_2(\mathbb{R})$ gegen $f$ konvergieren. Dann ist

$$\left| \frac{1}{(\sqrt{2\pi})^n} \left( \int\limits_{\mathbb{R}^n} e^{-i<x,y>} f(y) dy - \int\limits_{\mathbb{R}^n} e^{-i<x,y>} t_j(y) dy \right) \right| \leq$$

$$\leq \frac{1}{(\sqrt{2\pi})^n} \left( \int\limits_{Q} |f(y) - t_j(y)| dy \right) \leq \frac{1}{(\sqrt{2\pi})^n} \mu(Q) \|f - t_j\|_{L_2(\mathbb{R}^n)}.$$

Insbesondere ist die Konvergenz gleichmäßig in $x \in \mathbb{R}^n$. Nach 10.3.6 konvergiert eine Teilfolge $(T_{j_i})$ f. ü. in $\mathbb{R}^n$ gegen $\bar{T} f$.

**15.6**
$$< Tx_n, g > = < x_n, {}^*Tg > \rightarrow < x, {}^*Tg > = < Tx, g >$$

nach 15.3.7

**15.7** Sei $|\lambda| < 1$. Dann ist

$$\|(U - \lambda)x\| \geq (1 - |\lambda|)\|x\|, \qquad \|(U^* - \bar{\lambda})x\| \geq (1 - |\lambda|)\|x\|.$$

Nach 15.4.3 besitzt $U - \lambda$ eine überall erklärte beschränkte Inverse. Für $|\lambda| > 1$ folgt

$$\|(U - \lambda)x\| \geq (|\lambda| - 1)\|x\|, \qquad \|(U^* - \bar{\lambda})x\| \geq (|\lambda| - 1)\|x\|$$

und $U - \lambda$ hat ebenfalls nach 15.4.3 eine überall erklärte beschränkte Inverse.

**15.8** Mit

$$F(\xi) := \frac{1}{\sqrt{2\pi}} \int\limits_{-\infty}^{+\infty} e^{-i\xi x} \cdot e^{-x^2/2} dx$$

folgt:

$$\sqrt{2\pi} F'(\xi) = i \int\limits_{-\infty}^{+\infty} e^{-i\xi x} \cdot (-x e^{-x^2/2}) dx = i \int\limits_{-\infty}^{+\infty} e^{-i\xi x} \cdot \frac{d}{dx}(e^{-x^2/2}) dx =$$

$$= -\xi \cdot \int\limits_{-\infty}^{+\infty} e^{-i\xi x} \cdot e^{-x^2/2} dx = -\xi \sqrt{2\pi} F(\xi).$$

Also ist $F(\xi) = F(0) \cdot e^{-\xi^2/2}$. Aus der Lösung zu Aufgabe 10.3 b) wissen wir, dass $F(0) = 1$ ist.

**15.9** Sei also $K_j \to K$ in $L_2(]a, b[\times]a, b[)$, $K$ stetig in $[a, b] \times [a, b]$. Nach 15.8.4 sind Integraloperatoren $K_j$ kompakt. $K - K_j$ ist auch vom Hilbert-Schmidtschen Typ. Also ist nach Beispiel 15.3.3

$$\|K - K_j\| \leq \|K - K_j\|_{L_2(]a,b[\times]a,b[)}.$$

Daraus folgt die Behauptung.

# Literaturverzeichnis

1. CARTAN, H.: Elementare Theorie der analytischen Funktionen einer oder mehrerer komplexen Veränderlichen. B I-Hochschultaschenbücher 1966
2. COURANT R. , HILBERT D.: Methoden der Mathematischen Physik I. Springer, 3. Auflage 1968
3. EBBINGHAUS H.-D., HERMES H., HIRZEBRUCH F., KOECHER M., MAINZER K., NEUKIRCH J., PRESTEL A., REMMERT R.: Zahlen. Springer. 2. Auflage 1988
4. FISCHER, G.: Lineare Algebra. Vieweg. 10.Auflage 1995
5. FISCHER W., LIEB I.: Funktionentheorie. Vieweg 1980
6. FORSTER O.: Analysis 1. Differential- und Integralrechnung einer Veränderlichen. Vieweg. 3. Auflage 1980
7. FORSTER O.: Analysis 2. Differentialrechnung im $\mathbb{R}^n$. Gewöhnliche Differentialgleichungen. Vieweg. 4. Auflage 1981
8. FORSTER O.: Analysis 3. Integralrechnung im $\mathbb{R}^n$ mit Anwendungen. Vieweg. 3. Auflage 1984
9. GERICKE H.: Mathematik in Antike, Orient und Abendland. fourierverlag Wiesbaden. 7. Auflage 2003
10. GERTHSEN CH., KNESER H. O. Physik. Springer 1960
11. GRAUERT H., LIEB I.: Differential- und Integralrechnung I. Springer 1967
12. GRAUERT H., FISCHER W.: Differential- und Integralrechnung II. Springer 1968
13. GRAUERT H., LIEB I.: Differential- und Integralrechnung III. Springer 1968
14. GROSSMANN S.: Funktionalanalysis im Hinblick auf Anwendugnen in der Physik.Aula-Verlag Wiesbaden. 4. Auflage 1988
15. GROSSMANN S.: Mathematischer Einführungskurs für die Physik. Teubner. 7. Auflage 1993
16. HEIL E.: Differentialformen und Anwendungen auf Vektoranalysis, Differentialgleichungen, Geometrie. B.I.Wissenschaftsverlag 1974
17. HEUSER H.: Lehrbuch der Analysis . Teil 1. B.G. Teubner. 7. Auflage 1990
18. HEUSER H.: Lehrbuch der Analysis . Teil 2. B.G. Teubner 1981
19. HEUSER H.: Funktionalanalysis. B.G.Teubner. 3. Auflage 1992
20. HIRZEBRUCH F., SCHARLAU W.: Einführung in die Funktionalanalysis. B. I. Wissenschaftsverlag 1971
21. JÄNICH K.: Analysis für Physiker und Ingenieure. Springer 1983
22. JÄNICH K.: Funktionentheorie. Eine Einführung. Springer 3. Auflage 1991

H. Kerner, W. von Wahl, *Mathematik für Physiker*, Springer-Lehrbuch,
DOI 10.1007/978-3-642-37654-2, © Springer-Verlag Berlin Heidelberg 2013

23. JOOS G. : Lehrbuch der Theoretischen Physik. Akademische Verlagsgesellschaft Leipzig. 8. Auflage 1954

24. KÖNIGSBERGER K.: Analysis 1. Springer 1990

25. KÖNIGSBERGER K.: Analysis 2. Springer 1993

26. MEISE R., VOGT D.: Einführung in die Funktionalanalysis. Vieweg 1992

27. NATANSON I. P.:Theorie der Funktionen einer reellen Veränderlichen. Verlag Harri Deutsch 1981

28. REMMERT R.: Funktionentheorie I. Springer 1992

29. RIESZ F., SZ.- NAGY B.: Vorlesungen über Funktionanalanalysis. Deutscher Verlag der Wisssenschaften. Berlin 1956

30. STONE, M. H.:Linear Transformations in Hilbert Space. Am Math. Society, New York 1964

31. TRIEBEL H. : Analysis und mathematische Physik. Carl Hanser Verlag 1981

32. WALTER W.: Analysis 1. Springer 1992

33. WALTER W.: Analysis 2. Springer 1991

34. WALTER W.: Einführung in die Theorie der Distributionen. B.I.Wissenschaftsverlag 1974

# Sachverzeichnis

# Symbole